国外名校名著

有机化学

学习指导与解题攻略

[原著第八版]

Study Guide and Solutions Manual for

Organic Chemistry: Structure and Function

Eighth Edition

[美] 尼尔 · E. 肖尔（Neil E. Schore） 著

席振峰 罗三中 等 译

化学工业出版社

· 北 京 ·

内容简介

《有机化学学习指导与解题攻略》是国外名校名著《有机化学：结构与功能》（原著第八版）配套学习指导的中译本。本书基于《有机化学：结构与功能》的逻辑框架，以极具新颖性、创新性与启发性的大量章节习题，再次将有机化学“结构决定性质，性质决定功能”的“内核”呈现给读者，启发读者将有机化学的学习思维应用到习题解答中。本书每章的“本章概要”“本章重点”对章节内容进行了简要概况，凝练知识点，可作为复习之用；“习题”部分来自《有机化学：结构与功能》（原著第八版），以方便读者脱离教材独立解题；“习题解答”部分给出详细的解题思路，以启发读者掌握解题攻略。通过本书的深入学习，有助于提高与进阶读者的思维能力，全方面掌握并精通有机化学。

《有机化学学习指导与解题攻略》可作为化学、化工、生命科学、医学、药学等专业本科生深入学习有机化学和考研的参考书籍。

北京市版权局著作权合同登记号：01-2022-2509。

图书在版编目（CIP）数据

有机化学学习指导与解题攻略 /（美）尼尔 · E. 肖尔（Neil E. Schore）著；席振峰等译. —北京：化学工业出版社，2022.10（2025.5 重印）

（国外名校名著）

书名原文：Study Guide and Solutions Manual for Organic Chemistry Structure and Function

ISBN 978-7-122-41382-6

Ⅰ. ①有… Ⅱ. ①尼… ②席… Ⅲ. ①有机化学 Ⅳ. ①O62

中国版本图书馆 CIP 数据核字（2022）第 079313 号

责任编辑：褚红喜　宋林青　　　文字编辑：汪　靓　葛文文

责任校对：杜杏然　　　装帧设计：关　飞

出版发行：化学工业出版社（北京市东城区青年湖南街 13 号　邮政编码 100011）

印　　装：大厂回族自治县聚鑫印刷有限责任公司

880mm×1230mm　1/16　印张 36¼　字数 933 千字

2025 年 5 月北京第 1 版第 3 次印刷

购书咨询：010-64518888　　　售后服务：010-64518899

网　　址：http://www.cip.com.cn

凡购买本书，如有缺损质量问题，本社销售中心负责调换。

定　　价：128.00 元

《有机化学学习指导与解题攻略》

（原著第八版）

翻译组

译审

席振峰　北京大学化学与分子工程学院，教授，中国科学院院士
罗三中　清华大学化学系，教授

参加翻译人员

罗三中	第 1～2 章	清华大学化学系
王剑波	第 3～4 章	北京大学化学与分子工程学院
许家喜	第 5～6 章	北京化工大学化学学院
裴　坚	第 7～8 章	北京大学化学与分子工程学院
杨震、陈家华	第 9～10 章	北京大学化学与分子工程学院
席振峰	第 11～12 章	北京大学化学与分子工程学院
罗三中	第 13～15 章	清华大学化学系
张德清、张西沙	第 16 章	中国科学院化学研究所
罗三中	第 17～20 章	清华大学化学系
刘文博	第 21～22 章	武汉大学化学与分子科学学院
杨炳辉	第 23～26 章	中国科学院上海有机化学研究所

译者序

2019年，在戴立信先生的倡议和带领下，我们组织翻译了K. Peter C. Vollhardt和Neil E. Schore的《有机化学：结构与功能》（第八版）（以下简称Vollhardt教材）并于2020年正式出版。该教材以反应机理贯穿始终，脉络清晰，又辅以丰富的素材和真实案例讲解，图文并茂，内容饱满而又生动活泼，深受读者喜爱。中译本出版发行以来，不断有读者反馈希望提供该教材的学习指导。近期，我们组织Vollhardt教材原班翻译队伍，完成了学习指导的翻译工作。本学习指导延续了教材的编写风格，贯彻以学生视角组织内容。在每章参考答案之前，对本章概要、重点和各章节关联做了系统梳理，这些内容并非对知识点的简单罗列，而是融入了作者从学生学习角度的思考和建议，逻辑严谨而又淡化教条主义，可读性和代入感极强。所以本书不止于提供了课后习题答案，也可作为复习巩固、温故知新的助力。我们也真诚希望读者不单纯在本书中寻找习题解答，在配合教材练习时，努力遏制直接看答案的冲动，三思而后寻，努力尝试自己独立解题。有机化学内容繁杂，变幻多端，只有在理解吃透原理和机理的基础上去学习，才能避免落入“死记硬背”的巨坑，化繁为简，收获“蓦然回首”的解题惊喜，体会“柳暗花明”的学习乐趣。这是本书作者大力倡议的有机化学学习主旨，也是译者的初心。

Vollhardt教材和本书都是在戴立信先生倡议下翻译完成的，先生虽年事已高，仍十分关心每一步进展，鞭策我们高质量完成学习指导翻译，在此向先生致敬！我们真诚感谢参与的每一位译者：北京大学化学与分子工程学院王剑波、裴坚、杨震、陈家华教授，北京化工大学化学学院许家喜教授，中国科学院化学研究所张德清研究员和张西沙副研究员，武汉大学化学与分子科学学院刘文博教授和中国科学院上海有机化学研究所杨炳辉研究员，他们高质量的翻译奠定了本书的基石。我们也感谢由于时间原因没能参与学习指导翻译的教材译者（中国科学院化学研究所王东、俞初一和陈传峰研究员以及贾月梅和李意羡副研究员，北京师范大学化学学院成莹教授和米学玲副教授）的辛勤付出。在翻译过程中，杨琪、郝伟、潘畑润、杨子毅、朱永祺、李金航、孙思敏、郑语清、付子豪、鲍志成、刘浩源、张振宇等做了资料整理和图文录入工作，保证了翻译工作的顺利按时完成，在此对他们的工作表示感谢。我们也十分感谢化学工业出版社的编辑，他们的精心组织和细致协调确保了本书的顺利出版。我们诚挚欢迎读者对中译本中的疏漏和不当之处提出批评指正，以便不断改进和完善。

席振峰　罗三中

2022年4月

前言：做不一样的有机化学老师

“我一直在学习，我能听懂您上课时所讲的内容，我做了所有的习题。但我怎么才考了12分呢?”啊！我们的学生都这样对我们抱怨过，不是吗?（至少我自认为我不是唯一一个遇见这种情况的）。为什么足够优秀且足够聪明的学生有时会对这门课失望透顶呢?更重要的是，如果确实如此，我们老师能做些什么？显然，在理想情况下，学生们应该已经掌握了所需的基础知识，并且有充足的时间去完成他们需要做的事情，这些无疑会改善他们的学习状况。然而，现实情况并非如此。学生们不得不自行规划时间，将其分配到课程、工作和生活中。他们通常不能在学期中花费足够的时间去学习每一门课程，因而有时会在学习上落后太多，以至于临近考试，他们陷入了一个“大陷阱”中：他们试着将所有内容背下来，然而却得到了12分，他们想知道哪里出了问题。

嗯，我们是老师，我们应该知道哪里出了问题，以及如何帮助学生做得更好。我的经验告诉我，这些困境几乎总是与两个关键因素有关：对基础知识理解不佳，以及缺乏把概念应用于新的、不熟悉的情景的能力。

第一个因素是对以描述和信息为主的内容的把握能力不足。学生们必须像学习一门外语的词汇和语法一样去扎实地学习这些基础知识。这些基础知识通常可以通过认真学习来掌握。本学习指导将继续强调概念和机理，包括教材中颜色的一致性和标识功能，同时在每章的“本章概要”和“本章重点”部分再次强调主题间的联系，这些都尽可能使学生易于掌握。

第二个让教师感到头疼的因素：如何教苦苦挣扎的学生找出与给定问题相关的概念和模型并将它们有逻辑地应用于推演答案。我们都认识到，我们应该传授给学生的不仅仅是一些信息，更是一个思维过程。我们怎样去传授思维过程？我用“WHIP”策略在具体问题中一步一步地引导学生，让他们可以体会整个思维过程，即便最初只能看到其表面。我们要给他们展示在解答过程中需要做的选择，为什么有的选择是错误的，可以立即被驳回，以及如何评估其他的选择。在准备章末习题参考答案时的目标也是如此：说明从问题到合理答案的思维过程。在前几个章节中，提供了最详尽的解题细节，到本书的后面，部分答案中故意省略了一些解题细节。学习的过程总是需要学生们亲自参与。学生阅读一个答案就算能完全理解也是不够的！学生必须有机会自己体验思考的过程。因此，在很多情况下，习题答案的开头是一些提示，如果他们在题中第一次遇到困难，我会让他们回头再试一遍。开头往往是最困难的部分，而这一策略至少给了认真的学生第二次机会，带着提示到习题中寻找联系，继续解决问题。这是我在办公时间帮助学生时使用的一种解题技巧，它似乎是有效的。

我还尝试尽可能严谨和完整地呈现反应机理，甚至在简单的质子迁移过程中也展示了双电子弯箭头。这对于一些人来说可能有些多余，但请记住，我们的学生可能会从最不起眼的知识点中获得启发。最后，我们必须认清一个事实，我们的真正工作并不是“教学生有机化学”，我们的目标应当是教学生如何学习有机化学，以及它是怎样运作的。教学生“如何学习”是一个艰巨的任务，希望这本书中的方法可以有助于实现这一目标。

对《有机化学：结构与功能》（第八版）的说明

《有机化学：结构与功能》（第八版）的每一章都包含了大量的例题和习题。章节内和结尾的多个已解答习题（“解题练习：综合运用概念”）展示了对单个概念和多个概念问题的解答。有机化学学习中解决问题的“WHIP”策略，应用于本书第六版中的1/3内容与整个第七版，并实际应用于第八版中的所有已解答习题。无论如何，重点都是鼓励学生找到适合自己的方法技巧去解决问题。这些策略的目的是引导学生分阶段思考每一个问题——考虑可能的方法，看它们可能会导向哪里，评估它们是否有用，然后以有规律的、循序渐进的方式继续进行下去。目的是让学生们开发“思维导图”用以指导构建成功的解题策略。如果学生不把这本书作为简单的答题手册，而是作为一个指导，那么他们会在这门充满挑战的学科中收获更大的成功。

致　谢

一如既往地，我感谢许多人，他们发现并帮我纠正了早期学习指导中的错误。加州大学伯克利分校的 K. Peter C. Vollhardt 教授和他的学生，以及我在加州大学戴维斯分校的同事和学生，都提供了宝贵的意见。特别感谢 Melekeh Nasiri 博士，他总是注意到书中的错误和前后不一致。非常感谢 W. H. Freeman 友好且乐于助人的团队，以及这一版的所有审稿人。

像平常一样，我个人要感谢我的妻子 Carrie 和我的已经不再是小孩的孩子们，电脑奇才 Mike 和小提琴大师 Stef，感谢他们容忍我常常把草稿、校样、模型和日记弄得满地狼藉。现在这个房子又属于你们了，至少几年内是这样。

Neil E. Schore

Davis，California

写给学生
或
这是谁的“好”主意让我来学有机化学？

这是一个好问题。有机化学到底有什么问题，让这么多学生对这门课充满了焦虑？我认为这至少有以下两个原因：

1. 一年级化学课上的糟糕经历。即使是对化学感兴趣的学生，也会发现“化学 1”这一重要阶段枯燥得令人难以忍受。

2. 刚学完有机化学的学生对这门课的评论。例如，“你不得不记住八亿个反应，而他们却不考你在课堂上见过的反应。”

让我们逐一分析这些原因。基础化学有点像拌了许多不同配料的沙拉：理论化学（电子结构、化学键），物理化学（气体定律、平衡、动力学），无机化学（元素周期表、元素化学、配位化合物），有机化学（碳氢化合物、其他类型的化合物、命名法），天知道还有其他什么。难怪这么多学生在完成第一年的化学课程后，对他们所学的内容没有丝毫的整体印象，也没有一丁点儿头绪接下来学习些什么。问题在于“化学”是一个非常大的领域，涵盖甚广。它从原子开始，可以向多个方向发展，而且往任何一个方向深入都会变得非常复杂。但现在，你只需要知道，你在基础化学中学到的仅仅只有一部分是有机化学的必要背景知识。这将是“有机化学”课本中第一章的主题。

至于人们害怕有机化学的第二个原因，是那些你不得不做的著名“记忆”，就像大多数我们听了一遍又一遍的故事一样，这是有道理的。你将必须记住很多有机化学知识。然而，你不必记下八亿个反应。如果你去这样做，即使成功了，你考试通过这门课程也只能说是运气很好。事实上，你真正需要记住的是一些原子和分子的基本性质，许多为什么会反应以及如何发生反应的原理，还有一些反应类型，之后将这些反应类型推广到整个课程中你所见到的各种有机化合物的反应。从这个框架出发，你将看到有机化学的各个细节是如何从一些基本原理或“基本规则”中衍生出来的。你将学习并真正理解这些基本规则，从而通过逻辑推理将它们应用到全新的情景中，并得出合理的答案。这有点像学习算术，小时候大家都学过加法。所以如果有人让你加和 $-1845\frac{2}{3}$ 与 $793\frac{1}{2}$，你能想出来怎么去做，尽管你从前几乎不可能算过 $-1845\frac{2}{3}$ 加 $793\frac{1}{2}$。这是因为你熟悉那些基本规则：正号和负号分别意味着什么，怎样处理分数，做加法的一般方法（进位等）。两者的区别仅在于在小学你是学算术，而在大学是学有机化学。这些原理、基本规则和有机化学的方法很快就会讲到，你必须把它们学得足够好才能够快速应用。

这就是这本学习指导的用处所在。教科书通常具有线性结构。它从第一页开始，沿着一条主线直到结束。举一个例子，在历史学科里，教材将一段时期内的大事件以类似日历的形式呈现出来。但是，这在化学中就不那么行得通，在第 2 章中发挥作用的反应原理也同时应用于第 12 章和第 20 章。某种意义上说，有机化学是三维的：从基本原理中衍生出许多子主题，各个子主题之间有一个相互关联的网络，这很难从教科书的线性框架中清晰地展现出来。但正是对这些相互关系的认识，才能让学习有机化学对于学生而言成为一项更具内在逻辑性的工作。所以，在本学习指导的每一章中，你都将发现一些旨在将所学内容关联在一起的专栏，这样你就可以在课程的各个阶段看到新知识、之前所学的内容和将要出现的内容之间的关系。本学习指导的每一章至少包含以下四个部分。

1. 在前述章节的基础上，对本章内容的整体介绍。
2. 本章概要是对每一节性质和意义的简要评论。
3. 本章重点是对章节特点更详细的讨论，这对于课程整体而言更加重要。
4. 习题的参考答案在每章的最后，许多带有（希望是有用的）解释。

由于本书是一份参考答案手册，所以这里再讨论一下这些习题。书中的习题有只需你重复应用单一新知识点的“练手题”，也有需要综合应用新旧知识的“思考题”，这些思考题乍一看可能和教材中给出的例子非常不一样。这种交叉习题旨在展现分析问题的思维过程，也是模拟在考试中将遇到的题。

尝试去解答这些习题!!! 先对着课本和笔记去看几道，确保你能准确应用了基本原理等知识。然后合上书本，收起笔记，试着独立完成剩下的部分。如果你一开始不知道如何解答一个问题，在到学习指导中寻找答案之前，先试着分析这道题：它涉及哪些概念，对应于教材中的哪些内容。如果你依然卡在这里，注意本指导中在直接的答案之前常常有的一段简短的讨论。这是向你指出这个问题对应教材中的哪些章节内容，或许也能给你足够的提示让你自己再做出来。接着是习题答案，以及相应的解释。如果你做错了某个习题，试着做这两件事：①真正理解得到答案的推理过程，如指导中所示，以至于你可以在没有其他帮助的情况下解答类似的问题；②思考为什么作者要问这个问题——它说明了什么观点，对该章的主题有哪些类比、补充或外推。如果有一类习题总是让你感到很困难，建议使用“WHIP”策略来解决这些问题。这一策略在教材的第一章进行了介绍，并将贯穿全书。这类习题是从某单一概念寻求答案，还是需要更深入广泛的思考？“WHIP”策略能帮你回答上述问题。遵循“WHIP”讲述的思考过程，直到想通这类习题的解题策略。这些练习可以让你更好地面对在考试中可能遇到的问题。

祝你好运！

目录

1

有机分子的结构与成键

教材的第一章涵盖了原子成键成为分子的基本知识。很多内容（至少是1-1至1-8小节）实际上是对你们熟悉的普通化学内容的复习。换言之，第一章介绍了普通化学中对学习有机化学最重要的知识，如化学键、路易斯（Lewis）结构、共振、原子和分子轨道、杂化轨道，以为之后的课程做铺垫。请阅读本章，尝试着完成习题，并阅读下面的总结。如果有必要的话，可以查看其他补充资料来寻找额外的习题和示例。

本章概要

1-1　概况

1-2　库仑力

原子间成键的简单物理基础，这在概念上很重要。

1-3　离子键和共价键：八隅律

回顾：为什么有些键是离子键而有些键是共价键。

1-4　路易斯结构式

这也许是这一章最重要的部分。必须学会如何画出正确的路易斯结构式。

1-5　共振式

适用于一个路易斯结构式不能充分描述其真实结构的物种。

1-6　原子轨道

复习。

1-7　分子轨道和共价键

复习。

1-8　杂化轨道

利用VSEPR理论确定分子的几何形状。利用杂化轨道解释分子的几何形状。

1-9　有机分子的结构和分子式

一些常识以及书写结构式的惯例。

本章重点

1-2 和 1-3　库仑力；键

“异荷相吸”“同荷相斥”。这些有关静电和库仑定律的物理知识对理解化学十分重要。它们不仅决定了原子之间作用力的有无及大小，也影响了更为复杂的过程：两个分子是否互相反应的可能性。我们将利用简单的静电学，通过元素本身的性质来解释有机化学的反应。绝大多数有机分子含有极化的共价键。在这种类型的键中，一对或更多对电子被两个原子共用，但是由于电负性的差异，成键电子不均匀地分布于两个原子之间。它们更倾向于靠近电负性更强的原子，由此产生部分电荷分离的现象。一般来说，如果成键原子 A 的电负性弱于 B，则会记作 $A^{\delta+}:B^{\delta-}$。具体实例请参见 1-3 节。1-3 节中由计算机生成的静电势能图是电荷分布的可视化表达，同时也展现了键的极性。在这样的静电势能图中，原子附近红色越深，则包含更多的部分负电荷；原子附近蓝色越深，则代表有更多的部分正电荷（注意不要试图通过比较不同静电势能图的颜色来判断电荷的多少，为了把微小的极性差异尽可能地显示清楚，每张势能图的比例尺都不尽相同）。正如所看到的，有机化学中绝大多数的反应遵循着普适的规律。首先，两个电荷或极性相反的非键原子相互吸引；然后，电子从“富电子”原子转移到“贫电子”原子以形成新的化学键。为了描述由电子构成的键，电子数目和位置的标注是必要的。画出路易斯结构式是记录电子数目和位置最重要的方法。

1-4　路易斯（Lewis）结构式

无论你之前是否写过路易斯结构式，请严格遵循 1-4 节的指导原则。熟悉常见原子周围的电子数目以及这些电子在成键分子中的一般排布。这种熟悉感的获得要依靠大量的习题，这也是确保你能够快速而自信地画出任何将要遇到的分子的路易斯结构式的最好方法。当你足够自信后，可以用线代替点来表示成键电子对。

请一定注意指导原则中的规则 2：它对构建有机共价分子的路易斯结构式很有帮助。比较现有电子数（分子中所有原子的价电子数目之和）与需求电子数（所有原子达到闭壳层结构所需要的价电子数目之和），它们的差再除以 2 便是构成最终结构所需要成键的数目。形式电荷的归属（规则 4）对正确书写路易斯结构式也是必要的。形式电荷是自由中性原子的价电子与其在分子中所“占有”的价电子的数目之差。原子“占有”的价电子数目等于自身未共用的电子数加上其参与共享的电子数的一半。

有机化学包含了有机化合物之间的反应以及有机化合物与无机化合物的反应。这些反应包含化学键的断裂和形成，它们的关键在于“电子流动”。路易斯结构式可帮助我们跟踪反应过程中的电子。

1-5　共振式

本节介绍了两个涉及箭头的重要规定。第一个是在共振式之间使用双箭头。我们使用这种特殊的标注来表达共振关系。如本小节所示，许多化合物不能单纯地用一种路易斯结构式表示。它们本质上只能被描述为两种或两种以上的共振式的形式，任何一种单独的路易斯结构式都不能完整地刻画该分子结构。对于这种分子，我们通过在方括号内画出各种共振式并用双箭头进行连接来表达其结构。真正的结构被称为共振杂化体，是各种路易斯结构共振式的一种“加权平均”。电子占据的空间位置不同是共振式之间的唯一区别。

在同一种化合物的所有共振式中，原子的空间排布都是相同的：只有一种真正的结构，那就是共振杂化体。注意：在描述实际以共振杂化体存在的分子时，通常只会写出它的一个极限共振式。要明白这种情况只是为了方便，实际的结构仍然是共振杂化的，即便其他共振式没有被写出来。

第二个规定是使用弯箭头来表示电子对的移动。本节中仅展示了如何描述电子在不同极限共振式之间的转移。用弯箭头来描述电子运动的标记法是帮助你学习掌握有机化学非常有用的工具。

仔细观察电子在不同极限共振式之间的转移，你会注意到其有几种固定的转移模式。课本 18 页中碳酸根离子的共振式展示了两种最常见的电子转移方式。

• “从键向原子的转移”：一对 π 电子移动到该 π 键所在的两个原子中的一个，成为孤对电子。π 键将因此被破坏。

• “从原子向键的转移”：一个原子上的一对孤对电子与相邻原子形成 π 键。单键因此变成了双键。

再次回到课本 18 页的碳酸根离子。注意要避免八隅体结构的破坏（不如此做的代价将体现在你的考试成绩上）：如果一对电子将要转移到已经形成八隅体的原子上，那么与此同时，这个原子上必须要移走一对电子。

课本中关于确定每种共振式对实际共振杂化体的贡献比例的指导原则十分实用，在处理有机化学中常见的原子时是最常用的。课本中的方法有些简略，下面将介绍关于共振式的其他注意事项（以及一些有关基本规则的提醒）。

总是对的（这些是给你的提醒）：

1. 极限共振式是不存在的。只有共振杂化体，即各个有贡献的共振式的“加权平均”才是结构的真实反映。

2. 一种物质的各个共振式必须有相同的价电子数量和总电荷数目。

3. 在任何情况下第二周期元素（即最远到氖）共振式的价电子数目不能超过其价层电子能容纳的最大值 8。换言之，路易斯结构式的书写规则同样适用于共振式的书写。

4. 原子的位置和几何构型不会因为共振式的改变而改变——对于所表示的化学物质，其只有一种几何构型和一组原子位置。

通常是对的（这些多数已经暗含在教科书的指导原则中——这里只是将它们再复述一遍）：

1. 共振式之间只有 π 和（或）非键电子的差别，σ 电子通常不会有变化。

2. 可以通过将电子对从富电子的区域转移到贫电子区域来将一种共振式转换为另一种。

3. 共价键较多的共振式通常比共价键少的共振式对共振杂化体有更多的贡献（但不要忘记对于第二周期元素，八隅律是更优先的）。

4. 带有更少形式电荷的共振式通常对共振杂化体有更多贡献。

5. 第三周期原子（P、S、Cl）和更高周期的原子（Br、I）不受八隅律的限制。事实上，这些元素的路易斯结构式通常有 10 个或者 12 个价电子。

关于书写共振式的常见问题（FAQ）：

Q：如何知道某个分子是否存在共振式？

A：只要分子中存在以 p 轨道成键的两个原子，就一定可以画出其共振式。

Q：即使只有一个双键或者叁键也可以吗？

A：是的！如果两个原子是相同的，可以将 π 电子移向任意双键或叁键中的另一个原子。如果原子的电荷或电负性不同，那么就将它们移向（a）一个带正电的原子，（b）远离带负电的原子，或者（c）当两个原子都不带电荷时移向电负性更强的原子。例：

(a) $H_2C{=}N^+H_2 \longleftrightarrow H_2C^+{-}\ddot{N}H_2$

(b) $(HO)_2B^-{=}\ddot{O}: \longleftrightarrow (HO)_2B{-}\ddot{O}:^-$

(c) $H_2C{=}\ddot{O}: \longleftrightarrow H_2C^+{-}\ddot{O}:^-$

Q：如果有一个含 p 轨道的原子与一个（很显然地）sp^3 杂化的含孤对电子的原子成键，也可以画出共振式吗？

A：仍然是可以的！我们通常认为含有孤对电子的 sp^3 杂化原子可以进行 sp^2 杂化。它的几何形状因此是平面三角形而不是三角锥形。所以，孤对电子可以占据与其相邻的 p 轨道。这种重叠扩大了离域作用并稳定了化合物。例：

(d) $H_2\overset{+}{C}-\ddot{N}H_2 \longleftrightarrow H_2C=\overset{+}{N}H_2$

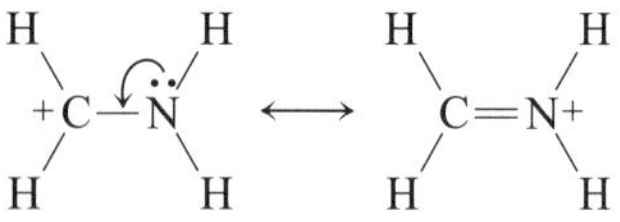

［上述例子（a）中电子反向移动］

(e) $O=C(H)-\ddot{N}H_2 \longleftrightarrow {}^{-}O-C(H)=\overset{+}{N}H_2$

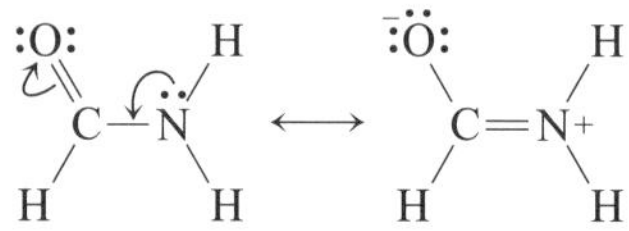

（电子从 C═O 键转移到氧以避免八隅体被破坏）

Q：该如何检查是否画出了一个分子的所有共振式？

A：如果严格遵守指导规则，是不会漏画任何共振式的。但是，具体情况要具体分析，通常来说画出 2～4 种共振式就足够了。更多的结构式不再会对共振杂化有重要的贡献，可以放心地忽略掉。

1-6、1-7 和 1-8　轨道

原子轨道是表述原子中电子分布的一种方便的方法。要注意轨道的“＋”和“－”并不代表电荷分布。它们是与电子分布有关的函数（波函数）的数学符号。分子轨道与原子轨道类似，它们分布在多个原子上。它们为描述化学键提供了一种有别于路易斯结构式的方法。描述一个化学键所涉及的分子轨道数目总是完全等于每个原子所贡献的原子轨道的数目。原子轨道的重叠导致成键轨道、反键轨道和非键轨道的形成。

成键轨道的能量比起始原子轨道的能量更低（更加稳定），而反键轨道中的能量总是升高的。填充于成键轨道中的电子将比填充在非键轨道中的更加稳定，并产生最强的键；而在反键轨道中的电子将降低键的强度。

杂化轨道是将原子波函数混合而推导出来的。它们被用来解释分子的几何形状。杂化对成键有利，具体体现在以下几个方面：杂化轨道的大波瓣位于成键原子之间，原子核之间较高的电子云密度有利于键的形成；杂化过程中不同数量的 s 和 p 轨道的参与使得杂化轨道的键角范围很广，从而可以保证电子对尽可能互相远离，使不利的静电斥力最小化（回想一下 VSEPR 理论）。

要牢记使用杂化理论分析分子结构的几个要点。如果一个原子有 1 个 s 轨道和三个 p 轨道，那么无论采取什么杂化方式，这个原子最终仍然会有四个轨道。根据杂化过程中使用的原子轨道的比例，将产生的杂化轨道描述为一定百分比的“s 轨道”和“p 轨道”的组合。例如，一个 sp 杂化轨道含有 50％的 s 轨道和 50％的 p 轨道，相应的 sp^2 杂化轨道本质上是 1/3 的 s 轨道和 2/3 的 p 轨道的组合。也就是说 s 和 p 轨道占比在杂化前后是一致的。

① sp 杂化原子（直线形）：包含两个 sp 轨道（每一个含有 1/2 的 s 成分和 1/2 的 p 成分）以及两个未参与杂化的 p 轨道。

两个 sp＋两个 p＝两个（1/2s＋1/2p）＋两个 p＝一个 s＋三个 p

② sp^2 杂化原子（平面三角形）：包含三个 sp^2 轨道（每一个含有 1/3 的 s 成分和 2/3 的 p 成分）以及一个未参与杂化的 p 轨道。

三个 sp^2＋一个 p＝三个（1/3s＋2/3p）＋一个 p＝一个 s＋三个 p

③ sp^3 杂化原子（四面体构型）：包含四个 sp^3 轨道（每一个含有 1/4 的 s 成分和 3/4 的 p 成分）。

四个 sp^3＝四个（1/4s＋3/4p）＝一个 s＋三个 p

综上所述，尽管每一类杂化的成键形式与分子形状都大不相同，但在所有情况下杂化原子周围都有四个轨道，并且它们的组成加在一起正好是一个 s 和三个 p。正如这些例子所展示的，杂化理论的数学本质十分灵活，可以最大限度地增加有利于成键的吸引力并尽量减少不利的电子-电子排斥。

请准备好使用这些知识：它们是根基，是构建一切其他内容的基础。

习题

25. 画出下列分子的 Lewis 结构，必要时标出电荷。括号内标出了原子的连接顺序。

(**a**) ClF　(**b**) BrCN

(**c**) $SOCl_2$(ClS(O)Cl)　可以同时画出一个八隅体结构和价层扩充的结构。参考以下的结构信息，选出最佳的一个：$SOCl_2$ 中 S—O 键长测得为 1.43Å。作为对比，SO_2 中键长为 1.43Å [练习 1-9(b)]，CH_3SOH（甲基次磺酸）中 S—O 键长为 1.66Å。

(**d**) CH_3NH_2　(**e**) CH_3OCH_3

(**f**) N_2H_2(HNNH)　(**g**) CH_2CO

(**h**) HN_3(HNNN)　(**i**) N_2O(NNO)

26. 使用教材中表 1-2（1-3 节）的电负性值，来确定习题 25 若干结构中的极性共价键，并标出原子合理的 δ^+ 和 δ^-。

27. 画出下面物质的 Lewis 结构，如果必要同时标出电荷。

(**a**) H^-　(**b**) CH_3^-　(**c**) CH_3^+

(**d**) CH_3　(**e**) $CH_3NH_3^+$　(**f**) CH_3O^-

(**g**) CH_2　(**h**) HC_2^-(HCC^-)　(**i**) H_2O_2(HOOH)

28. 标注下列结构中可能的电荷，写出正确的 Lewis 结构。所有成键和未成键价电子已显示。

(**a**) 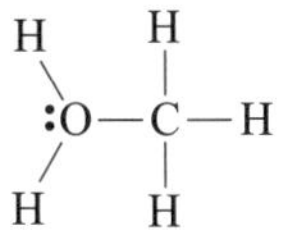 $(H)_2\ddot{O}—CH_3$（:O 与两个 H 及 C 相连，C 上连三个 H）　(**b**) $H_2C{=}\ddot{O}—H$

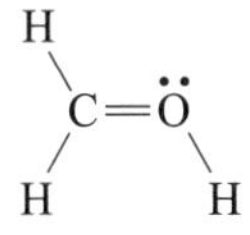

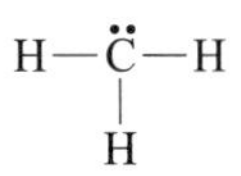

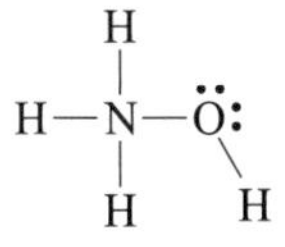

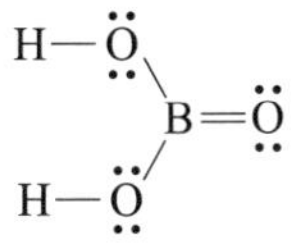

(**c**) $H—\ddot{C}(H)—H$　(**d**) $H—N(H)(H)—\ddot{O}:—H$

(**e**) $(H—\ddot{O})_2B{=}\ddot{O}$　(**f**) $H—\ddot{O}—\ddot{N}—\ddot{O}—H$

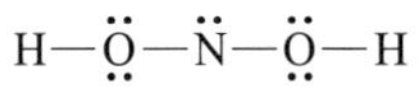

29. (**a**) 碳酸氢根离子（HCO_3^-）的结构最好用几个共振式的杂化体来描述，其中的两个共振式如下：

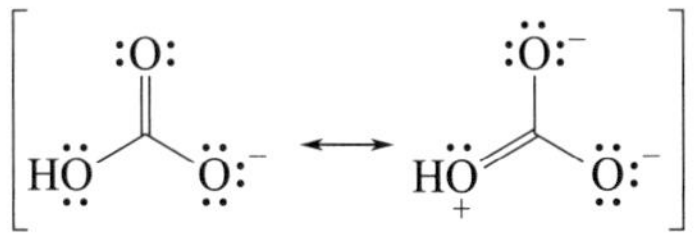

$$\left[\ \mathrm{H\ddot{O}}—\mathrm{C}({=}\ddot{\mathrm{O}}\text{:})—\ddot{\mathrm{O}}\text{:}^- \longleftrightarrow \mathrm{H\overset{+}{\ddot{O}}}{=}\mathrm{C}(—\ddot{\mathrm{O}}\text{:}^-)—\ddot{\mathrm{O}}\text{:}^-\ \right]$$

碳酸氢根对控制体液 pH 值（如血液 pH=7.4）很重要。它是小苏打中 CO_2 的来源，可使面包和糕点更为松软。

(i) 画出至少一个其他共振式。

(ii) 使用“推电子”弯箭头，来表示电子对的运动是如何使这些 Lewis 结构相互转化的。

(iii) 确定哪一个或哪几个是碳酸氢根真实结构的主要贡献者，根据 1-5 节的指导原则来解释答案。

(**b**) 画出甲醛肟（H_2CNOH）的两个共振式，参照 (a) 中的 (ii) 和 (iii) 所述，利用弯箭头标出共振式之间的相互转化，并指出哪个共振式是主要贡献者。

(**c**) 对甲醛肟离子 $[H_2CNO]^-$ 重复 (b) 的练习。

30. 在习题 25 和习题 28 中有几种化合物有共振式？标出这些分子并写出其中一个 Lewis 结构共振式。使用“推电子”弯箭头说明两种结构的相互转化，判断这些共振杂化中哪个是主要贡献者。

31. 画出下列物质的两个或三个共振式，并判断哪个或哪几个是主要的贡献者。

(**a**) OCN^-　(**b**) CH_2CHNH^-

(**c**) $HCONH_2$(HC(O)NH$_2$)　(**d**) O_3(OOO)

(**e**) $CH_2CHCH_2^-$

(**f**) ClO_2^-(OClO) 可以同时画出一个八隅体结构和价层扩充的结构。参考以下的结构信息，选出最佳的一个：ClO_2^- 中两个 Cl—O 键长都为 1.56Å。作为对比，HOCl 中 Cl—O 键长为 1.69Å，ClO_2 中为 1.47Å。

(**g**) $HOCHNH_2^+$　(**h**) CH_3CNO

32. 判断习题 31 中各物质中间原子可能的几何结构。

33. 比较硝基甲烷（CH_3NO_2）和亚硝酸甲酯（CH_3ONO）的 Lewis 结构异同点，每个分子写出至少两个共振式。根据这些共振结构，判断每种物质中两个 NO 键的极性和键级？（两个原子之间的成键数目称为键级）（硝基甲烷常用作有机合成溶剂和合成砌块。氮上带的两个氧使其在燃烧时需氧量较少，常被加入燃料中用于改装赛车提供额外动力。）

34. 画出下列每种物质的 Lewis 结构。在每组中，比较 (i) 电子数，(ii) 原子（或多个原子）

上的电荷（如果有的话），(iii) 每个键的本质和（iv）几何形状。

(a) 氯原子（Cl）和氯离子（Cl^-）

(b) 硼烷（BH_3）、膦和磷化氢（PH_3）

(c) 碳和溴的四氟化物 CF_4 和 BrF_4（C 和 Br 位于中央）

(d) 二氧化氮（NO_2）和亚硝酸根（NO_2^-）（氮原子位于中央）

(e) NO_2、SO_2 和 ClO_2（N、S 和 Cl 位于中央）

35. 使用分子轨道来分析预测下列每组中哪一个物质中原子间的键更强。(**提示：**参考 1-12 节。)

(a) H_2 与 H_2^+　　(b) He_2 与 He_2^+

(c) O_2 与 O_2^+　　(d) N_2 与 N_2^+

36. 预测下列分子中指定原子的几何结构，利用其杂化理论解释该结构。

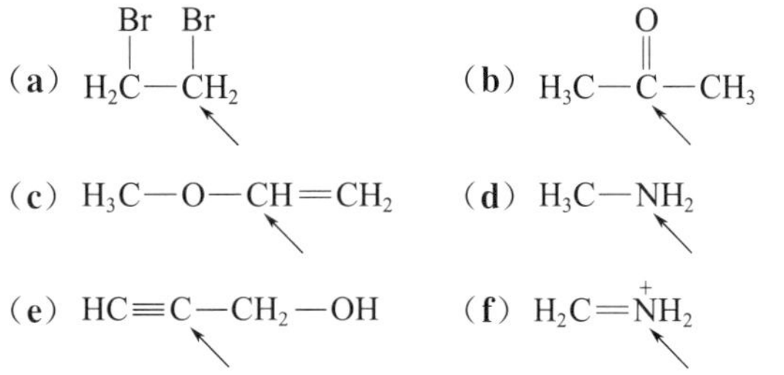

(a) $BrH_2C—CH_2Br$（↑ 指向右侧 C）　　(b) $H_3C—C(=O)—CH_3$（↑ 指向羰基 C）

(c) $H_3C—O—CH═CH_2$（↑ 指向 CH）　　(d) $H_3C—NH_2$（↑ 指向 N）

(e) $HC≡C—CH_2—OH$（↑ 指向 C）　　(f) $H_2C═\overset{+}{N}H_2$（↑ 指向 N）

37. 给出习题 36 中每个分子指定原子与每一个相邻原子成键的轨道（原子轨道 s，p；杂化轨道 sp，sp^2 或 sp^3）。

38. 画出习题 37 中所涉及的成键轨道重叠图。

39. 描述下列结构中每一个碳原子的杂化态，你的答案应基于相应碳的几何结构。

(a) CH_3Cl　　(b) CH_3OH

(c) $CH_3CH_2CH_3$　　(d) $CH_2═CH_2$（三角形碳）

(e) HC≡CH（线形结构）

(f) 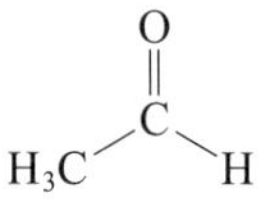 $H_3C—C(=O)—H$

(g) $[\,^-H_2C—C(=O)—H \longleftrightarrow H_2C═C(—O^-)—H\,]$

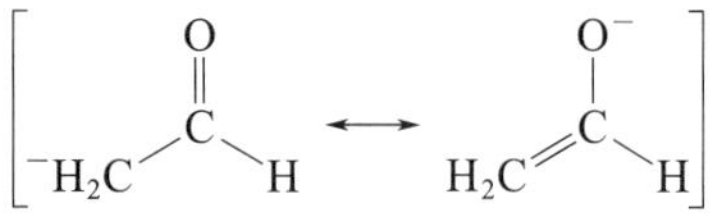

40. 用 Kekulé（直线）表示法画出下列缩写式的结构（习题 43）。

(a) CH_3CN　　(b) 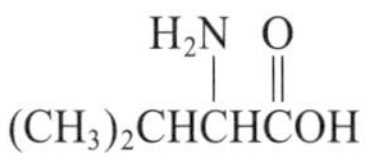 $(CH_3)_2CHCH(NH_2)COOH$

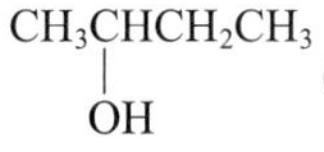

(c) $CH_3CH(OH)CH_2CH_3$　　(d) $CH_2BrCHBr_2$

(e) 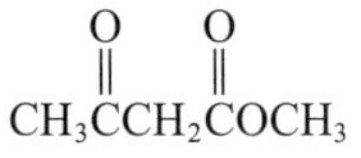 $CH_3C(=O)CH_2C(=O)OCH_3$

(f) $HOCH_2CH_2OCH_2CH_2OH$

41. 把下列键线式转化成 Kekulé（直线）结构。

(a) OH　　(b) O, N

(c) Br, Br　　(d)

(e) O, CN　　(f) S

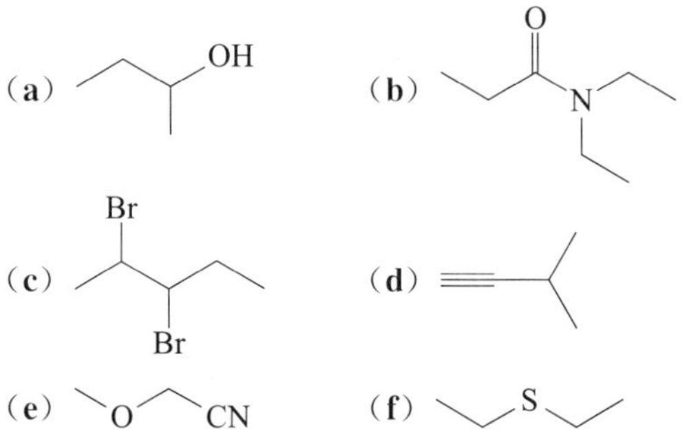

42. 把下面的虚-实楔形线分子式转化成缩写式。

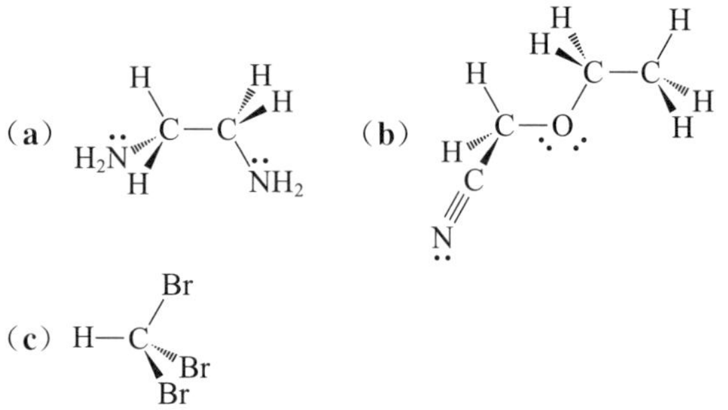

(a) $H_2\ddot{N}$, H, C—C, H, H, $\ddot{N}H_2$　　(b) H, H, C—C, H, H, H, C, $\ddot{O}$, H, C, $\ddot{N}$

(c) H—C, Br, Br, Br

43. 画出下列 Kekulé（直线）结构式的缩写式。

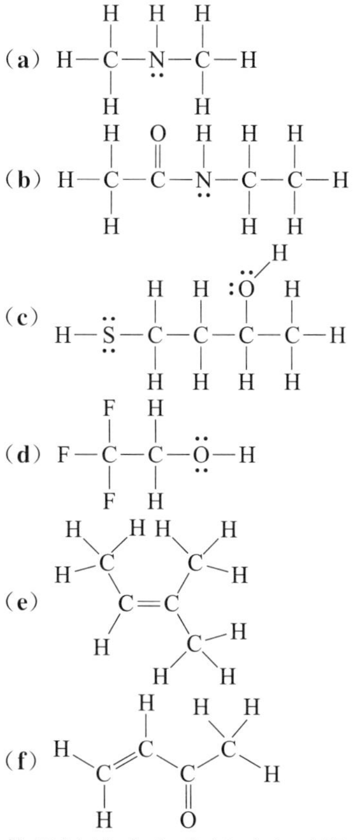

(a) H—C(H)(H)—$\ddot{N}$(H)—C(H)(H)—H

(b) H—C(H)(H)—C(=O)—$\ddot{N}$(H)—C(H)(H)—C(H)(H)—H

(c) H—$\ddot{S}$—C(H)(H)—C(H)(H)—C(H)($\ddot{O}$H)—C(H)(H)—H

(d) F—C(F)(F)—C(H)(H)—$\ddot{O}$—H

(e)

(f)

44. 使用键线式来重新画出习题 40 和习题 43 的结构。

45. 把下面的缩写式转化成虚-实楔形线结构式。

(a)  $CH_3CH(CN)OCH_3$　　(b) $CHCl_3$

（c）$(CH_3)_2NH$　　（d）$CH_3CH(SH)CH_2CH_3$

46. 写出以下两个分子式（**a**）C_5H_{12} 和（**b**）C_3H_8O 尽可能多的构造异构体，并画出每个异构体的缩写式和键线式。

47. 画出下列每组构造异构体的缩写式，标出多重键、电荷和孤对电子（如果有）。其中哪个分子有共振式？（**提示：**首先确保你能画出每个分子正确的 Lewis 结构。）

（**a**）$HCCCH_3$ 和 H_2CCCH_2

（**b**）CH_3CN 和 CH_3NC

（**c**）$CH_3C(=O)$—H 和 H_2CCHOH

48. 挑战题　三价硼和一个带一对孤对电子的原子所形成的键可以写出 2 种共振式。（**a**）画出下面化合物的这两种共振式（i）$(CH_3)_2BN(CH_3)_2$；（ii）$(CH_3)_2BOCH_3$；（iii）$(CH_3)_2BF$。（**b**）按照 1-5 节的指导原则，决定两个共振式中哪一个更重要？（**c**）N、O、F 之间的电负性差异是如何影响共振式的贡献的？（**d**）预测在（i）中 N 和（ii）中 O 的杂化情况。

49. 挑战题　下图所示是奇特的［2.2.2］螺桨烷（propellane）分子。根据给出的结构参数，哪一种杂化形式能最好地描述带星号的碳原子？（做一个模型来帮你了解它的形状。）它们之间的键使用了哪种类型的轨道？这个键比通常的碳-碳单键（一般长度为 1.54Å）是更强还是更弱呢？

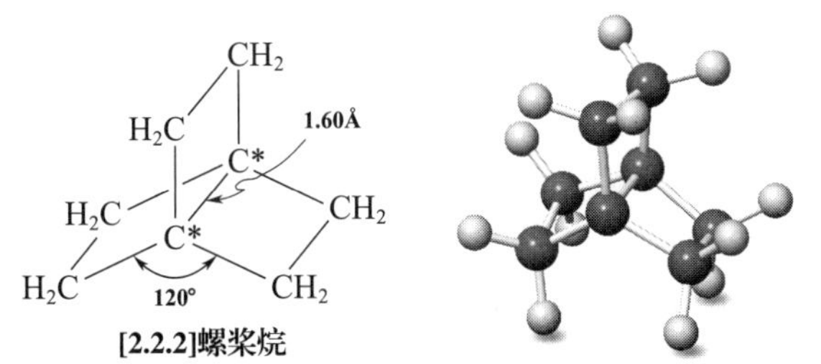

[2.2.2]螺桨烷

50. 挑战题　（**a**）根据习题 39 的信息，给出下列含有非共享电子对（由此产生了相应的负电荷）轨道的可能杂化情况：$CH_3CH_2^-$；$CH_2{=}CH^-$；$HC{\equiv}C^-$。（**b**）sp、sp^2 和 sp^3 轨道中的电子有不同的能量。因为 2s 轨道比 2p 轨道能量低，在杂化轨道中拥有越多的 s 成分，能量就越低。所以 sp^3 杂化（1/4s 和 3/4p 成分）能量最高，sp 杂化（1/2s 和 1/2p 成分）能量最低。根据这些信息来确定（a）中三个阴离子稳定负电荷的相对能力。（**c**）酸 HA 的强度与其共轭碱 A^- 稳定负电荷的能力相关。换句话说，稳定的 A^- 对电离式 $HA \longrightarrow H^+ + A^-$ 有利。虽然 CH_3CH_3、$CH_2{=}CH_2$ 和 $HC{\equiv}CH$ 都是弱酸，它们的酸性并不相同。根据你对（b）的回答，对它们的酸性强度进行排序。

51. 许多含有正极化碳原子的物质被认为是"癌症疑似物"（即可疑致癌物或诱发癌症的化合物）。有人认为这些碳原子的存在是其分子致癌的原因。假设极化的程度正比于致癌的潜力，该怎样把下列化合物按致癌能力排序？

（**a**）CH_3Cl　　（**b**）$(CH_3)_4Si$

（**c**）$ClCH_2OCH_2Cl$　　（**d**）CH_3OCH_2Cl

（**e**）$(CH_3)_3C^+$

（**注意：**极化只是已知的与癌症有关的很多因素中的一种。另外，这些因素中没有任何一种显示如本题所假设的直接关系）

52. 某化合物，如下图所示，对前列腺癌细胞具有很强的生物活性。在图示的结构中，举例标出下列类型的键或原子：（**a**）强极性的共价单键；（**b**）强极性的共价双键；（**c**）几乎无极性的共价键；（**d**）sp 杂化的碳原子；（**e**）sp^2 杂化的碳原子；（**f**）sp^3 杂化的碳原子；（**g**）不同杂化类型原子之间的键；（**h**）该分子中最长的键；（**i**）除与氢相连的键之外最短的键。

团队练习

团队练习是为了鼓励讨论和学习过程中的互相协作。尝试同一个合作者或学习小组解决团队练习题。注意习题已分成几个部分。不要独立解决每个部分，应该在一起讨论习题的每个部分。在你转向下一个部分前，尽量使用你在本章所学的词汇提问，确信自己采取了正确方法。一般来说，课本中的一些术语和概念用得越多，就越能更好地理解分子结构与化学反应性之间的联系，也就能更直观理解化学键的断裂与形成。你将开始体会到有机化学优美的符号而不会成为记忆的奴隶。与同伴或小组成员一起学习的过程能迫使你表达自己的想法，将习题的答案在听众面前而不是对自己讲出来，有利于对答案的检查和验证。当你说"我想你明白我的意思"时，你的听众不会让你轻易逃脱，因为他们可能不明白。你需要对他人同时对自己负责。通过教导他人和从他人那里学习，你能巩固自己的理解。

53. 考虑下面的反应：

$$\underset{\mathbf{A}}{CH_3CH_2CH_2\overset{O}{\overset{\|}{\mathbf{C}}}CH_3} + HCN \longrightarrow \underset{\mathbf{B}}{CH_3CH_2CH_2\underset{C \atop N}{\overset{H \atop O}{\mathbf{C}}}CH_3}$$

(**a**) 把这些缩写式改写成 Lewis 结构式。标出化合物 **A** 和 **B** 中黑体碳原子的几何形状和杂化情况。在这个反应过程中杂化情况有变化吗？

(**b**) 把这些缩写式改写成键线式。

(**c**) 检查这个反应中各化合物键的极化情况，使用部分电荷分离符号 δ^+ 和 δ^- 在键线结构上标记每个极性键。

(**d**) 这个反应实际上分两步进行：氰根进攻后接着质子化。使用 1-5 节描述共振结构的“推电子”弯箭头来描写这个过程，但这里是表示这个两步反应的电子流动情况。要清楚地确定箭头的起始点（一个电子对）和箭头的结束点（一个正极化或带正电的原子核）。

预科练习

预科练习为你提供进入职业学校入学考试训练，包括 MCAT（美国医学院入学考试）、DAT（美国牙医入学考试）、化学专业 GRE 和 ACS 考试，以及许多大学生的考试。学习本课程时要做这些多重选择题，在你参加专业学校的考试前再复习这些题目。答题时要“闭卷考试”，也就是说，不能携带元素周期表、计算器和一些类似的工具。

54. 一个有机化合物在燃烧分析中发现含有 84% 的碳和 16% 的氢（C＝12.0，H＝1.00），这个化合物的分子式可能是：

(**a**) CH_4O (**b**) $C_6H_{14}O_2$ (**c**) C_7H_{16}
(**d**) C_6H_{10} (**e**) $C_{14}H_{22}$

55. 化合物 $Br-\underset{Br}{\overset{Br}{Al}}-\underset{CH_3}{\overset{CH_3}{N}}-CH_2CH_3$ 带有的形式电荷为：

(**a**) N 上为－1 (**b**) N 上为＋2
(**c**) Al 上为－1 (**d**) Br 上为＋1
(**e**) 以上选择都不对

56. 下图结构中箭头所指的键是按下面方式形成的：

$CH_2{=}C(CH_3)H$（箭头指向 C—H 键）

(**a**) H 上的 s 轨道和 C 上的 sp^2 轨道重叠
(**b**) H 上的 s 轨道和 C 上的 sp 轨道重叠
(**c**) H 上的 s 轨道和 C 上的 sp^3 轨道重叠
(**d**) 以上都不是

57. 下列哪一个化合物的键角接近 120°？

(**a**) O═C═S (**b**) CHI_3
(**c**) $H_2C{=}O$ (**d**) H—C≡C—H
(**e**) CH_4

58. 下面哪一对是共振式结构？

(**a**) $H\ddot{\underset{\cdot\cdot}{O}}-\overset{+}{C}HCH_3$ 和 $H\overset{+}{\underset{\cdot\cdot}{O}}{=}CHCH_3$

(**b**) □ 和 $CH_2{=}CH-CH{=}CH_2$

(**c**)
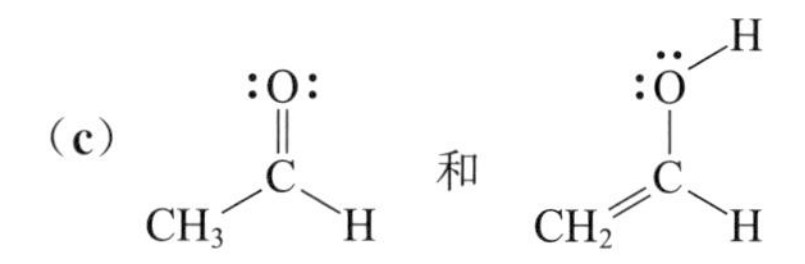

(**d**) $CH_3\overset{+}{C}H_2$ 和 $\overset{+}{C}H_2CH_3$

习题解答

25. (和习题 **26**——参见下面)

(**a**) $\overset{\delta^+}{:\ddot{\underset{\cdot\cdot}{Cl}}}:\overset{\delta^-}{\ddot{\underset{\cdot\cdot}{F}}}:$ (**b**) $\overset{\delta^-}{:\ddot{\underset{\cdot\cdot}{Br}}}:\overset{\delta^+}{C}:::\overset{\delta^-}{N}:$ 为了使 C 和 N 满足八隅律，它们之间必须形成叁键。

(**c**)
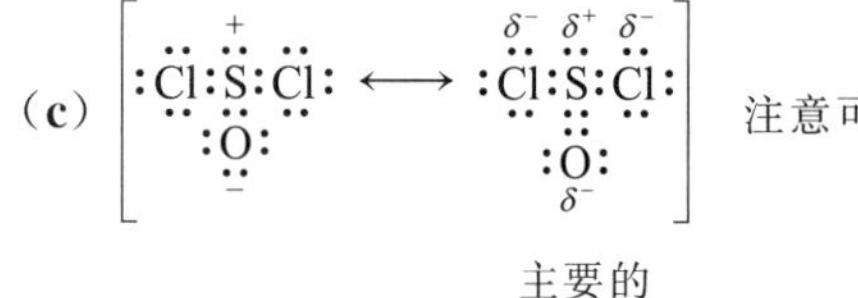

注意可供使用的 d 轨道允许 S 被第五对电子填充。

主要的

已知 S—O 单键的键长是 1.66Å（在 CH_3SOH 中），S═O 双键的键长（在 SO_2 中）为 1.43Å。所测 $SOCl_2$ 中的硫-氧键的键长和硫-氧双键更加匹配，表明最接近真实情况的共振式是含有 S═O 双键的扩展八隅体（expanded octet）。因此，对于第三周期及更高周期的元素，有时涉及 5 对或者更多电子对的扩展八隅体也会成为共振杂化体的主要贡献者。

（d）H:C:N:H（δ^+ 标于 C 上的 H，δ^- 标于 N）

（e）H:C:O:C:H（δ^- 标于 O，δ^+ 标于 C）

（f）$\overset{\delta^+}{H}$:$\overset{\delta^-}{N}$::$\overset{\delta^-}{N}$:$\overset{\delta^+}{H}$　氮原子之间形成双键。

（g）H:C::$\overset{\delta^+}{C}$::$\overset{\delta^-}{O}$:　一种含有累积双键的分子。

（h）[H:$\overset{-}{N}$::$\overset{+}{N}$::$\overset{-}{N}$: ⟷ H:$\overset{-}{N}$:$\overset{+}{N}$:::N:]（δ^+ H，δ^- N）

（i）[:$\overset{-}{N}$::$\overset{+}{N}$:O: ⟷ :N:::$\overset{+}{N}$:$\overset{-}{O}$:]（δ^+ N，δ^- O）

主要形式

（O 的电负性比 N 更强）

26. δ^+ 和 δ^- 在习题 25 的答案中已被标注在相应原子的上方或下方。在极性共价键中，根据元素周期表中元素的电负性，电负性更强的原子被标注为 δ^-，电负性更弱的原子被标注为 δ^+。

27.

（a）$H:^-$　氢负离子。请将 H^+（质子）和 H•(氢自由基）进行对比。

（b）H:C:$^-$（C 上另连两个 H）　碳负离子。C 具有八隅体结构并带有一个负电荷。

（c）H:C^+（C 上另连两个 H）　碳正离子。C 只形成了六隅体并带有一个正电荷。

（d）H:C•（C 上另连两个 H）　碳自由基。C 是中性的，只和 3 个原子成键，周围有 7 个电子。

（e）H:C:$\overset{+}{N}$:H（C、N 上各另连两个 H）　甲基铵盐正离子。CH_3NH_2 与 H^+ 的产物，可以类比于 $NH_3+H^+ \longrightarrow NH_4^+$。

（f）H:C:$\overset{-}{O}$:（C 上另连两个 H）　甲氧基负离子。甲醇电离的产物，$CH_3OH \rightleftharpoons CH_3O^- + H^+$。可以类比于 $H_2O \rightleftharpoons HO^- + H^+$。

（g）H:C:（C 上另连一个 H）　卡宾。一种中性物质，连有两个其他原子，并具有六隅体结构。

（h）H:C:::C:$^-$　另外一种碳负离子。

碳负离子［(b) 和 (h)］，碳正离子 (c)，碳自由基 (d) 和卡宾 (g) 是相对高能的物质。但是它们也可以作为反应的“中间体”，在一个反应过程中形成但很快转化为其他更加稳定的物质。

（i）H:O:O:H　过氧化氢

28. 这道题目该从何处下手？观察每个原子并将其成键模式与更常见的简单结构进行类比。统计价键和价电子的数目。这个练习将使你在以后遇到相似情景时（比如在考试中）能够快速反应过来。接着用文中的方法确定原子的带电情况。

（a）氧上有三个单键以及一对孤对电子。你知道什么类似的更为简单的物质吗？水合氢离子大概是其中最简单的一种。已知水合氢离子中氧所带的形式电荷，可以由以下形式计算：

O 的价层电子－[（共用成键电子的一半）＋（未共用的电子）]＝6－(3＋2)＝＋1。

该问题中的氧采取与水合氢离子类似的构型。

碳原子有四根键，正如甲烷一样，是“正常”的中性排布。因此，根据模型，将左、右两个简单分子拼接在一起就可以得到答案（下图中间的分子）。

$H-\overset{+}{O}(H)-H$　　$H-\overset{+}{O}(H)-C(H)(H)-H$　　$H-C(H)(H)-H$

(b) 和（a）大同小异，只不过是碳-氧之间使用双键连接。计数是一样的：碳周围有四根键，因此将和甲烷一样呈中性；氧周围有三根键和一对孤对电子，因此将和水合氢离子一样带有一个正电荷：

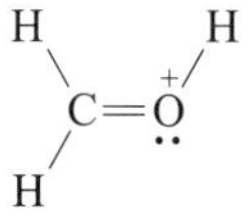

H
C=O⁺
H H

(c) 的电子排布是一个新的模式，但也不难看懂。这个结构已经不能再简化了，所以直接进行计算：

C 的价层电子－[(共用成键电子的一半)＋(未共用的电子)]＝4－(3＋2)＝－1

这是一个碳负离子。它和中性的氨、水合氢离子互为等电子体。它们的中心原子周围的电子数是一样的（5 个；可以用于计算各自的形式电荷）。

(d) 按照（a）的方法进行，通过简化和类比进行解题。将分子简化为有四根键的铵根离子和有两根键以及两对孤对电子的水分子。因此可以写出答案（下方中间的分子）。

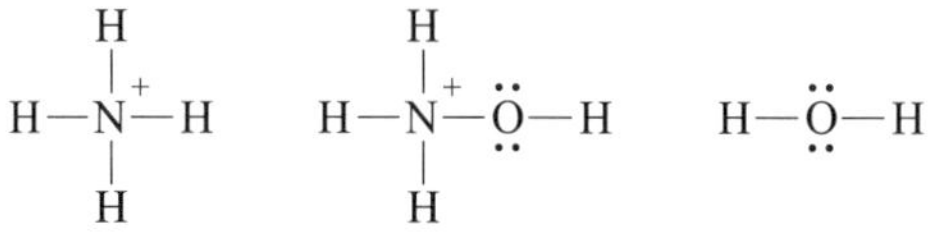

H—N⁺(H)(H)—H　　H—N⁺(H)(H)—Ö—H　　H—Ö—H

这个物质被称为羟胺离子。

(e) 所有的氧原子都是“正常”的：两根键和两对孤对电子，因此这三个氧原子都是中性的。硼该如何处理？已经遇到过两种相关的例子：甲硼烷（BH_3），含有三根键的中性分子；以及四氢硼酸根阴离子（BH_4^-），含有四根键的阴离子。可以通过计算得到上述结果：

B 的价层电子－[(共用成键电子的一半)＋(未共用的电子)]＝3－(4＋0)＝－1

由此，我们可以得出答案（下图中间的分子）：

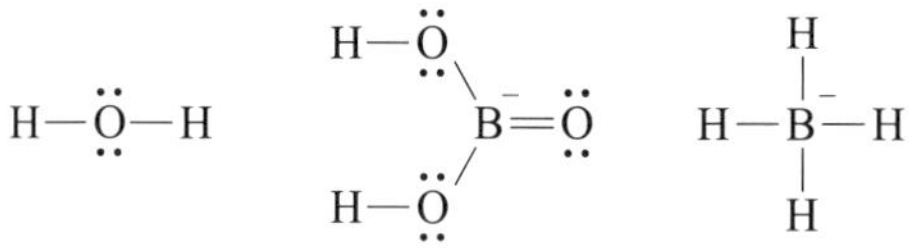

H—Ö—H　　(H—Ö)₂B⁻=Ö　　H—B⁻(H)(H)—H

(f) 氧原子的带电情况是容易给出的，因为它和水分子中氧的成键方式别无二致。氮原子比较特殊：它有两根键和一对孤对电子，并不能找到合适的类似结构。经过计算：

N 的价层电子－[(共用成键电子的一半)＋(未共用的电子)]＝5－(2＋2)＝＋1

答案是 H—Ö—N⁺—Ö—H。

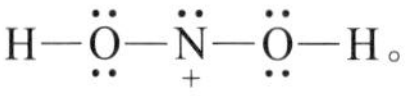

29.

(a)（i）和（ii）并不涉及原子的移动！共振式之间只在电子的位置上有所不同。题中给出的共振式中两个氧原子上均带有一个负的形式电荷。继续移动路易斯结构式中的电子，让第三个氧上带有电荷，便可以得到第三种共振式。

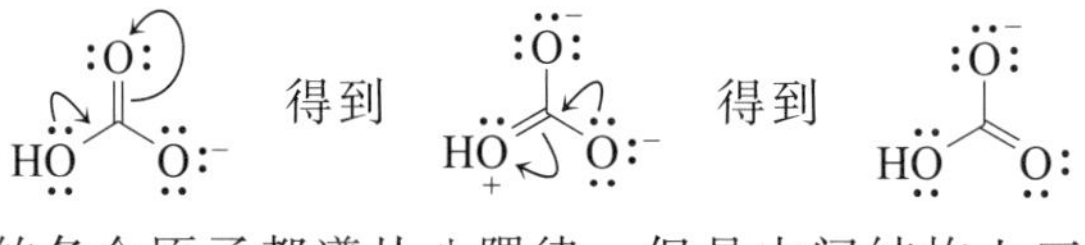

:O: ‖ C(HÖ)(Ö:⁻)　得到　:Ö:⁻ C(HO⁺)(Ö:⁻)　得到　:Ö:⁻ C(HÖ)(=O:)

（iii）三个路易斯结构式的各个原子都遵从八隅律，但是中间结构上三个带电原子以及两处正负电荷的分离，使得这个结构对共振杂化体的贡献相对更小，第一和第三个共振式只有一个带电原子，是碳酸根真实结构的主要贡献者。

(b) 首先画出一个容易得到的结构：H₂C=N:—Ö—H。所有的原子都是中性的，接着可以通过移动电子来得到其他共振式。首先移动双键上的电子。该向哪一侧移动？无所谓——随意移动并看看能得到什么！如果结果是合理的就采用，如果结果不合理就舍弃它。所以，让我们毫无顾忌地将电子对移向氮原子：

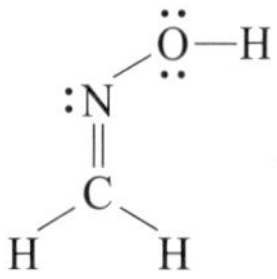

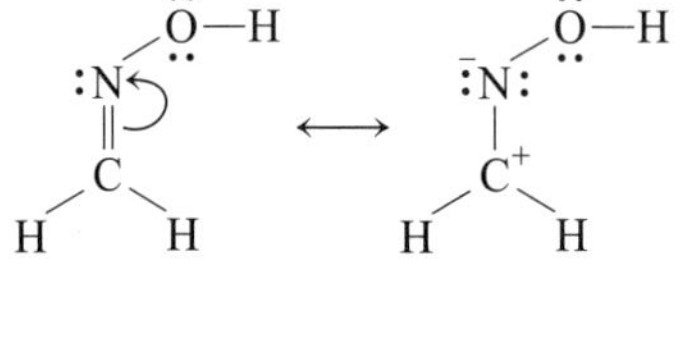

H₂C=N:—Ö—H　⟷　H₂C⁺—N:⁻—Ö—H

负电荷位于电负性更强的氮原子上。但是这样不仅分离了电荷，还破坏了碳原子的八隅体结构。所以这个新的共振式不太可能占有主要的贡献。

如果把电子移向另一侧呢？氮不仅失去了八隅体结构，还带上了一个正电荷。然而，我们可以通过将氧上的一对孤对电子移向氮原子，使它回到八隅体结构：

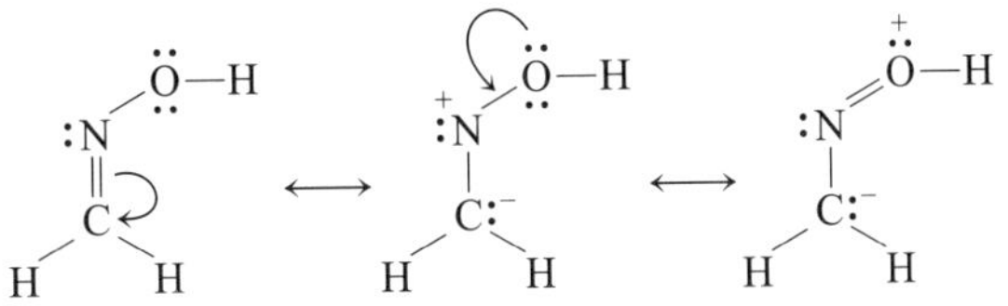

这个结构并不值得大惊小怪。仅仅没有违背成键规则（例如存在超过 8 个外围电子的短周期元素）并不说明这些结构式有多么稳定。最初的不含形式电荷的分子最能够代表这种化合物。其他的共振式不过仅有微不足道的贡献。

(c) 现在甲醛肟离子中有一个带负电的原子。从它开始进行电子移动：

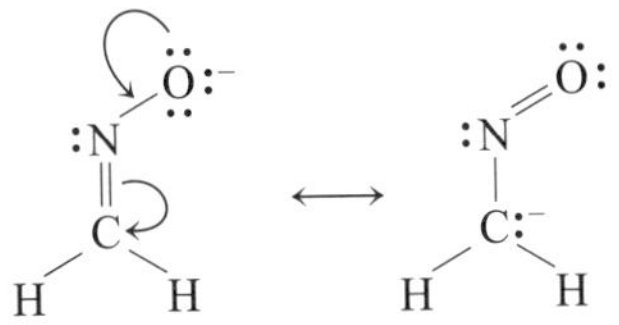

注意，必须将 C ═N 的一对电子移向 C，这样可以避免 N 周围电子超过八隅律的限制。在任何一种共振式中，所有的原子（除了 H）都是八隅体结构。唯一的区别在于负电荷的位置：负电荷在氧上比在碳上更加有利（氧的电负性更强）。所以第一个路易斯结构式更加稳定。

30. 习题 25 中（c）、（h）、（i）的共振式已经在答案中给出，另外两个物质（a）和（g）的其他共振式，将在下面给出。但是，它们并没有 25 题答案中给出的共振式稳定，原因如下：

(b)  （碳原子六隅体） （电荷分离）

(g)  （碳原子六隅体）

可以画出习题 28 中（b）、（e）、（f）的共振结构。在前两个例子中，要记得只要结构中存在双键，就一定可以画出共振式，尽管共振式可能并不是化合物的主要贡献者。对于（f），只要不违反价键规则，就可以画出一个将邻位孤对电子移向带正电原子的共振式。如果对四甲氧铵离子做同样的事情会有什么问题？

(b) 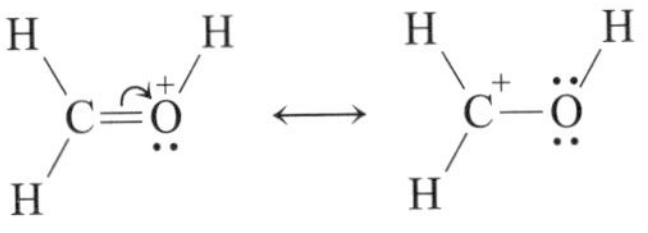 将电子移向带有正电荷的原子

次要贡献者：
碳原子不遵循八隅律

(e) 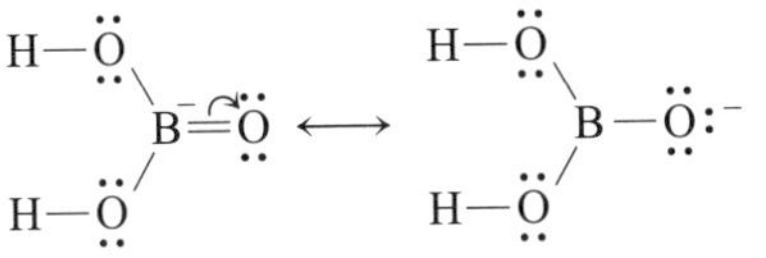 移动电子，使其远离带有负电荷的原子

次要贡献者：
硼原子不遵循八隅律

(f)

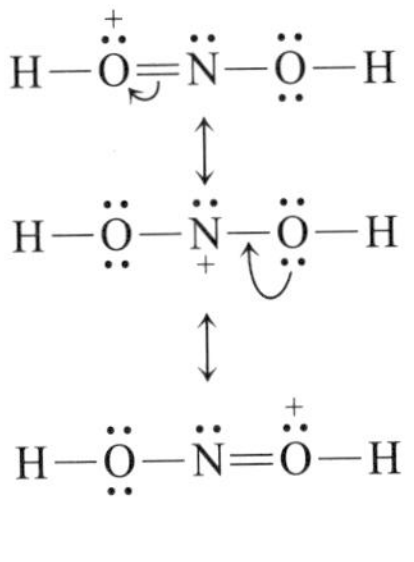

将电子移向带有正电荷的原子

31.

(a)  [:Ö:C:::N: ⟷ :Ö::C::N̈:]

主要的（负电荷倾向于电负性更强的原子——氧原子）

在一部分例子中，出于比较之用给出了一些没那么稳定的次要形式。弯箭头展示了该如何将一种结构转化成它右侧的结构。

(b) 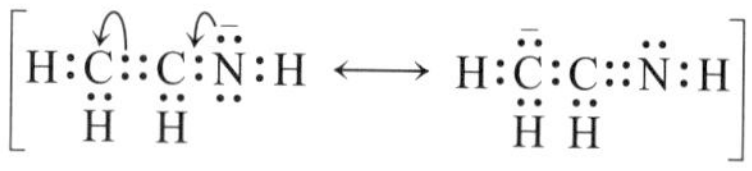 [H:C:C:N̈:H ⟷ H:C:C::N:H]

主要的（负电荷更倾向于位于电负性更强的原子——氮原子）

(c) 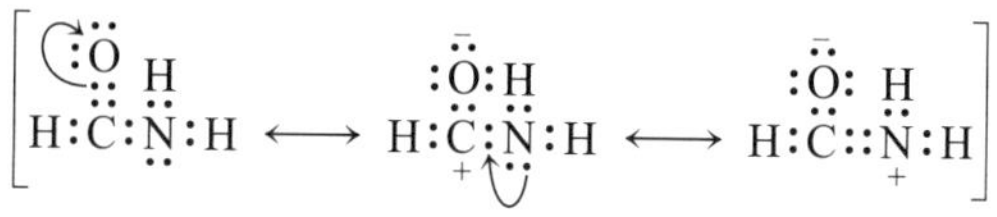 [H:C:N:H (O, H) ⟷ H:C:N:H ⟷ H:C::N:H]

主要的（没有电荷分离）

(d) 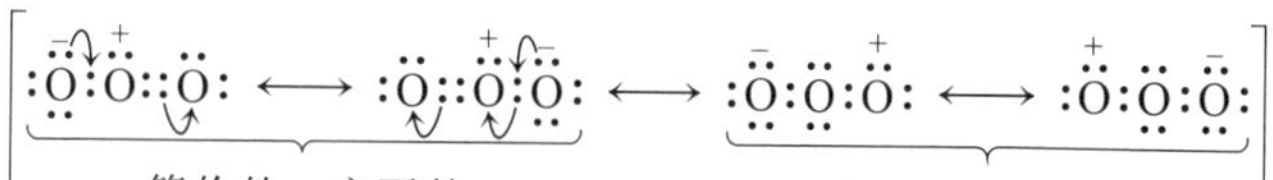 [:Ö:Ö::Ö: ⟷ :Ö::Ö:Ö: ⟷ :Ö:Ö:Ö: ⟷ :Ö:Ö:Ö:]

等价的，主要的　　次要的（氧周围只有六个电子）

(e) 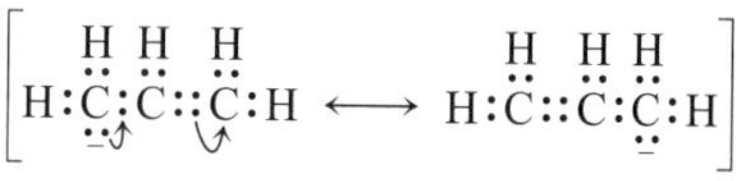 [H:C:C::C:H ⟷ H:C::C:C:H]

等价的

(f) 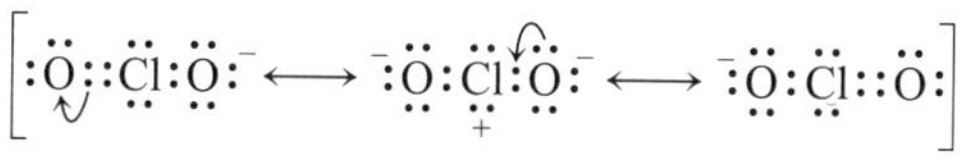 [:Ö::Cl:Ö:⁻ ⟷ ⁻:Ö:Cl:Ö:⁻ ⟷ ⁻:Ö:Cl::Ö:]

主要的　　主要的

更稳定的结构上的形式电荷更少，并且暗示了Cl—O键介于单键和双键之间的性质。键长数据支持这一个结论。正如习题25中的$SOCl_2$，更稳定的路易斯结构式的中心原子为扩展的八隅体结构。

(g) 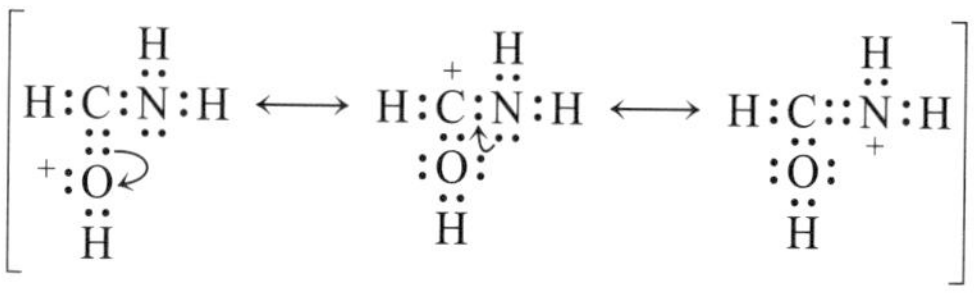 [H:C:N:H ⟷ H:C:N:H ⟷ H:C::N:H]

（带正电的氧原子）　（碳原子为六隅体）　主要的

(h) 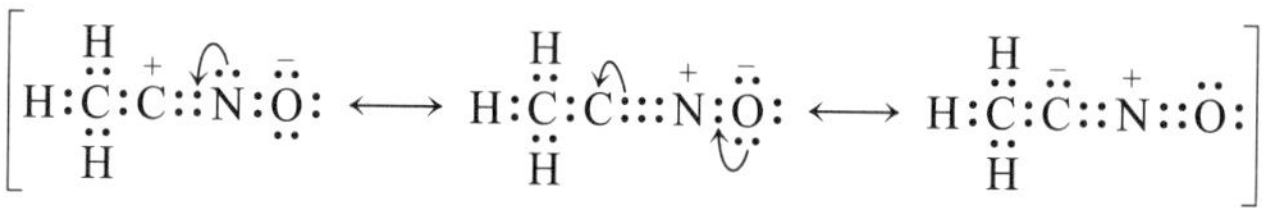 [H:C:C::N:Ö: ⟷ H:C:C:::N:Ö: ⟷ H:C:C::N::Ö:]

（碳原子为六隅体）　主要的（氧原子比碳原子的电负性更强）

32. 请回忆一下价层电子对互斥理论（VSEPR）。你可以从确定原子周围价层电子对的几何形状开始考虑，再由此确定杂化方式。最后，通过符合杂化规则的原子排列来确定分子的几何结构。注意双键或叁键被认为是一组电子。因此，在一种共振式中以孤对电子存在而在另一种共振式中以多重键上π电子形式存在的电子一定位于p轨道上，所以这对电子并不影响杂化或几何构型。

小提示：一种方便确定杂化和几何构型的方法是使用键级最高的共振式判断（叁键＞双键＞单键）。但请注意对于第二周期元素，价层电子不要超过8个！

(a) 第一个共振式中碳原子有一个叁键，所以它一定是sp杂化的。它的立体构型是直线形的。

(b) 三个中心原子在共振式中都至少一次与双键连接过，所以它们一定是sp^2杂化的。碳原子是平面三角形结构，氮原子采取V形的几何构型，其中sp^2轨道上具有一对孤对电子。

(c) C和N都至少在共振式中出现一次双键键连的形式，因此它们一定是平面三角形sp^2杂化的。

注：不要以为前两个共振式中氮原子和三个其他原子相连并有一对孤对电子，就犯下将其判定为像NH_3一样的sp^3杂化的错误。这是错误的！正如第三个共振式展示的，为了和C═N共轭，孤对电子一定位于p轨道上。

(d) 中心氧原子在前两个共振式中采取双键键连形式。它是sp^2杂化的，有一对孤对电子，具有弯曲结构。

（**e**）所有的三个碳原子在各个共振式中至少存在一次双键键连，因此它们都是平面三角形的 sp^2 杂化。

（**f**）ClO_2^- 是亚氯酸根离子，它的中心原子 Cl 属于第三周期元素。因此中心原子有形成扩展八隅体的可能。所有的共振式都有四组价层电子对，这暗示了四面体构型 sp^3 的杂化形式。事实上，实际的键角为 111°，十分接近理想的正四面体构型。我们也在习题 31 中了解了亚氯酸根的氯-氧键键长介于单键和双键之间的事实。扩展的八隅体暗示了氯原子 d 轨道的参与。你至少要理解：第三周期及更高周期的元素并不总是“恪守规则”。它们的原子半径更大，键长更长，并且涉及孤对电子的扩展八隅体的杂化形式往往不够明确，尽管几何构型往往和使用 VSEPR 预测的一致。

（**g**）所有的三个非氢原子在所有共振式中至少存在一次双键键连，因此都是 sp^2 杂化的。C 和 N 是平面三角形结构，O 因带一对孤对电子而具有弯曲结构。

（**h**）左侧的碳上有四根键，是四面体的 sp^3 杂化。在中间的共振式上，中心的 C 和 N 以叁键相连，因而是直线形 sp 杂化的。

33. 在开始分析之前，要注意到题目已经给出了这两种分子各自的原子键连方式：每个化合物都有两个 N—O 键。所以 N 在硝基甲烷中应该位于中心位置。从 σ 开始构建：

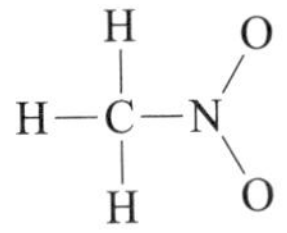

到目前为止，碳原子的价层电子已经被填满，可氮原子和氧原子的价层电子还是不够。不过我们只用掉了 24 个总价电子（3 个来自 H，4 个来自 C，5 个来自 N，12 个来自氧）中的 12 个。另外可以用剩下的 12 个电子来为每一个氧原子添加三对孤对电子。接下来将形式电荷标注在原子上：

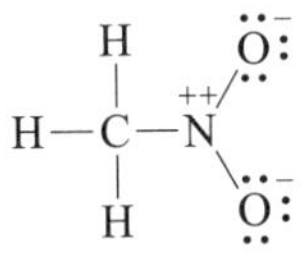

这是一个“合理”的路易斯结构式，没有违反任何原则，同时 O 已经全数符合八隅律了。然而 N 很难达到稳定：它不仅是六隅体，还带有两个正电荷。能让它变得更加稳定吗？让我们尝试将一对孤对电子从带负电的氧原子移向带正电的氮原子：

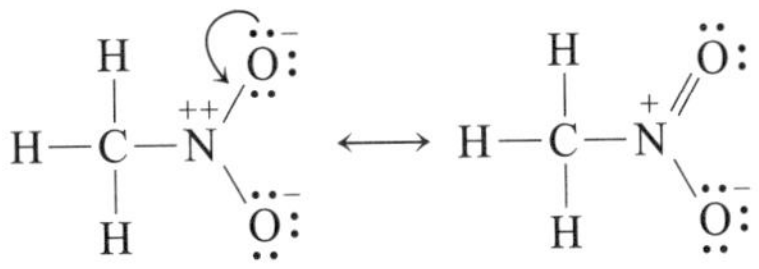

现在结构变得更稳定了：氮原子也成了八隅体。当然，也可以移动另一个氧原子上的孤对电子，同时单双键和负电荷也随之移动，结果跟之前得到的共振式等价，只是单双键和负电荷的位置有所不同：

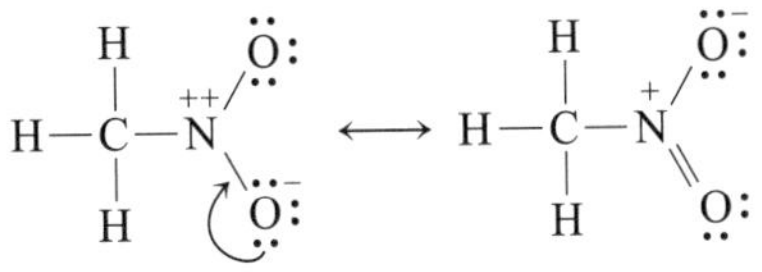

可以同时移动两个氧原子上的孤对电子供给氮原子吗？并不行。那将违背氮原子的八隅律并得到不合理的路易斯结构式：

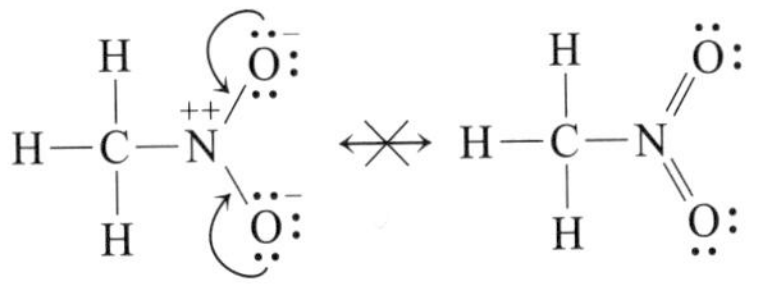

不合理的！违背了八隅律——
氮原子周围有 10 个价层电子

所以最好的共振式结构是首先推导出来的两个，它们的全部非氢原子都符合八隅律，同时只有一对形式电荷。下面的箭头展示了两种结构互相转化的电子转移：

$$H-\underset{H}{\overset{H}{C}}-\overset{+}{N}(=\ddot{O}:)-\ddot{O}:^- \longleftrightarrow H-\underset{H}{\overset{H}{C}}-\overset{+}{N}(-\ddot{O}:^-)=\ddot{O}:$$

因为这两种形式是等价的，它们对共振杂化体的贡献是一样的。N—O 键是极性键，N 上有一个正电荷，两个 O 均分了一个负电荷。

也许你会问：如果在最开始将一对额外的电子分配给 N 而不是 O，结果会发生什么呢？好问题。我们最开始将会得到氮原子和一个氧原子符合八隅律，而另一个氧原子只有六个价层电子的路易斯结构（见左下）。使该结构稳定的补救措施是将氮原子上的一对电子移向缺电子的氧原子，所得结果与之前得到的最终结构相同：

$$H-\underset{H}{\overset{H}{C}}-\ddot{N}(-\ddot{O}:^+)-\ddot{O}:^- \longleftrightarrow H-\underset{H}{\overset{H}{C}}-\overset{+}{N}(=\ddot{O}:)-\ddot{O}:^-$$

因此，只要起始结构中 σ 电子排布是正确的，并且剩下的电子没有违背八隅律，那么这些结构都会在电子转移后变成最稳定的一个或几个结构。

现在我们再来看看亚硝酸甲酯。按照相同的流程，从单键开始，接着只需要避免超过八隅律，随意地把剩下的电子以孤对电子的形式填入结构中。左下的结构是一种结果，它含有一个严重缺电子的氮原子，就像硝基甲烷中的那个氮原子一样。接着，使用相同的方法“修补”这个结构，将末端氧的一对电子移向氮原子：

$$H-\underset{H}{\overset{H}{C}}-\ddot{O}-\overset{+}{\ddot{N}}-\ddot{O}:^- \longleftrightarrow H-\underset{H}{\overset{H}{C}}-\ddot{O}-\ddot{N}=\ddot{O}:$$

这很棒：所有的非氢原子都是八隅体，并且它们全都不带电。还能找到其他合理的共振式吗？教材中描述了这样一类体系，多重键相连的原子上带有至少一对孤对电子，画出该体系共振式的通用方法是将孤对电子“移入”并将 π 电子“移出”：

$$\ddot{X}-Y=Z \longleftrightarrow \overset{+}{X}=Y-\ddot{Z}^-$$

按照这种模式，可以得到：

$$H-\underset{H}{\overset{H}{C}}-\ddot{O}-\ddot{N}=\ddot{O}: \longleftrightarrow H-\underset{H}{\overset{H}{C}}-\overset{+}{\ddot{O}}=\ddot{N}-\ddot{O}:^-$$

这是第二好的共振式——符合八隅律，但是电荷是分离的，所以会比左侧对整个分子的贡献更小。共振杂化体将更像左侧的结构，拥有着两根不等价的 N—O 键。即使贡献不多，但是右边的结构仍然预示着末端 N—O 键的高极性，因为在这个结构中出现了带有负电的氧原子。

与已推导出的路易斯结构以及共振形式一致，CH_3ONO 中两个 N—O 键键长不同，CH_3O—NO 键长为 1.42Å，而 $CH_3ON{=}O$ 的键长为 1.17Å。相反，CH_3NO_2 中 N—O 键的键长都为 1.22Å，介于单双键之间但更像是双键。这很可能是由于氮原子上的正电荷和氧原子上的部分负电荷增强了库仑引力。

34.

（**a**）氯原子是 $:\ddot{Cl}\cdot$（七电子体，中性）　　氯负离子是 $:\ddot{\underset{..}{Cl}}:^-$（八隅体，带有负电）

（**b**）甲硼烷是平面的（B 是六隅体），膦是三角锥形的（P 周围有 8 个电子，就像氨中的 N 一样）：

$$BH_3 \text{ (平面)} \quad \text{vs.} \quad \ddot{P}H_3 \text{ (三角锥)}$$

（**c**）CF_4 是四面体构型的，而 BrF_4^- 由于溴原子含有六对价层电子所以它是平面四边形的，同时拥有两对位于 Br 上下方的孤对电子。注意只需用 VSEPR 理论就可得出答案，没必要先弄清楚杂化情况。

:F: —C(—F:)(—F:)(—F:) vs. $[BrF_4]^-$

(**d**) 操作流程是一样的：首先构建路易斯结构式，接着使用 VSEPR 推断立体构型。请切记不要在一开始便试图考虑杂化情况。

二氧化氮含有 17 个价层电子（每个氧提供六个，氮提供五个），而亚硝酸根离子含有 18 个电子（额外的负电荷提供了一个电子）。氮原子在中间，所以从 O—N—O 开始构筑（σ 键用去四个电子）。对于这两个物质，我们都可以为每个氧原子添加三对孤对电子。其余的电子（NO_2 剩余一个电子，NO_2^- 剩余两个电子）可以填充在氮原子上，分别得到 :Ö—N—Ö: 和 :Ö—N—Ö:。每一个路易斯结构式的氮原子都不满足八隅律，但是可以通过移动氧原子的孤对电子来优化它们：

对于 NO_2：:Ö—N—Ö: ⟷ :O=N—Ö: ⟷ :Ö—N=O:

对于 NO_2^-：:Ö—N—Ö: ⟷ :O=N—Ö: ⟷ :Ö—N=O:

所以氮原子在 NO_2 中最终获得了 7 个外层电子，而在 NO_2^- 中获得了 8 个外层电子。

那么它们的立体结构是怎么样的呢？先从 NO_2^- 开始，因为它的所有电子都是配对的，可以直接使用 VSEPR 理论解释。中间的氮原子被两个 σ 键和一对孤对电子包围（π 电子在 VSEPR 理论中不被考虑），三对电子将会呈现 V 字形的结构（可以用 sp^2 杂化解释），事实上，O—N—O 的夹角是 115°。它比 120°稍小，这是由于孤对电子只被一个原子核束缚，所以对其他键的排斥力更大，压缩了键角。

现在来检查一下二氧化氮。氮原子现在有一个单电子而不是一对孤对电子。一个电子的斥力比一对孤对电子的小，所以可以预测二氧化氮中的 O—N—O 键角要比亚硝酸根离子中的大。事实上它的键角为 134°，甚至比 120°还要大。这说明两个成键电子呈现出的斥力比单个未成键电子更大。

毋庸置疑，NO_2 是城市大气烟雾的重要组成成分。光化学烟雾的很多性质便来源于这种剧毒、难闻的棕色气体。

(**e**) 现在将已经见识过的 NO_2 与两种新的二氧化物（SO_2 和 ClO_2）做一个比较。先看看它们的共振式：

:Ö—S—Ö: ⟷ :O=S—Ö: ⟷ :Ö—S=O: ⟷ :O=S=O:

:Ö—Cl—Ö: ⟷ :O=Cl—Ö: ⟷ :Ö—Cl=O: ⟷ :O=Cl=O:

最右侧的共振式拥有扩展的八隅体结构（价层电子数大于 8），这对第三周期元素来说是允许的。

根据 SO_2 和 ClO_2 的 VSEPR 模型，可以判断它们的构型都是 V 字形的，因为 S 上的一对孤对电子和 Cl 的孤对电子＋单电子并不被两侧的氧原子共享。事实上 SO_2 的键角是 129°，ClO_2 的键角是 116°，它们之间的差异可以用 Cl 额外的单电子对键的排斥来解释。

ClO_2 尽管是一种难闻、剧毒且易爆炸的气体，却是一种主要的工业化学品，用于在造纸业中漂白纸浆。以防万一，这种物质一般会在使用前才进行制备，以消除其储存的问题。

35.

(**a**) 分子轨道如下：

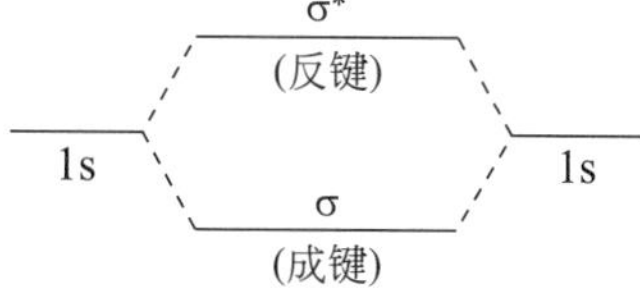

因此，电子构型为：含有两个成键电子的 H_2，$(\sigma)^2$，以及含有一个成键电子的 H_2^+，$(\sigma)^1$。所以 H_2 的键级更强一些。

(**b**) 和教材中解题练习 1-14 中一致。

(**c**) 和 (**d**) 我们需要准备了类似的轨道排布表。该从何处开始？首先看看在本章介绍的各种轨道中，哪些是需要考虑它们的分子轨道的，而哪些是不必须的？对于含有多重键的多原子分子，例如乙烯和乙烷分子（教材 36 页图 1-21），由于要解释它们的几何构型，所以杂化理论是需要的。但是在 O_2 和 N_2 这样的双原子分子中，没有什么“几何构型”需要解释，所以讨论杂化理论没有任何意义，只需考虑简单的原子轨道。这很好，它让这个问题变得简单了。注意到 O 和 N 的 1s 和 2s 轨道是被完全填充的。在这种情况下，一般会忽略掉 s 轨道，因为它们的重叠并不会产生净的成键（就像两个 He 一样）——这是另一个可以被接受的简化。所以只考虑三个 2p 轨道的成键效应，它们是唯一被部分填满的轨道。再参考教材中图 1-21，可以看到刚好指向彼此重叠的 p_x 轨道形成 σ 键，平行于彼此的 p_y 以及 p_z 轨道形成 π 键。

因此，完整的分子轨道能级图将包括三组轨道，组合前的轨道单独地在左下加以展示，组合后的轨道在右侧加以展示。首先展示的是由两个 p_x 轨道头碰头重叠组成的 σ 轨道和 σ*轨道（成键轨道和反键轨道），然后是由两组 p_y 以及 p_z 轨道肩并肩形成的 π 以及 π*轨道。因为 σ 键的重叠比 π 键更好，所以能级图中 σ 轨道和 σ*轨道的能级差与 π 和 π*轨道的相比更大——回想一下，教材图 1-12 中讲过原子和分子轨道的能量差与键的强度有关——正是这种差距造成了由原子形成分子的能量变化（更加复杂的理论分析揭示了第二周期的双原子分子轨道能量高低顺序和这里展示的并不总是一样的，但是你不必担心这点）。

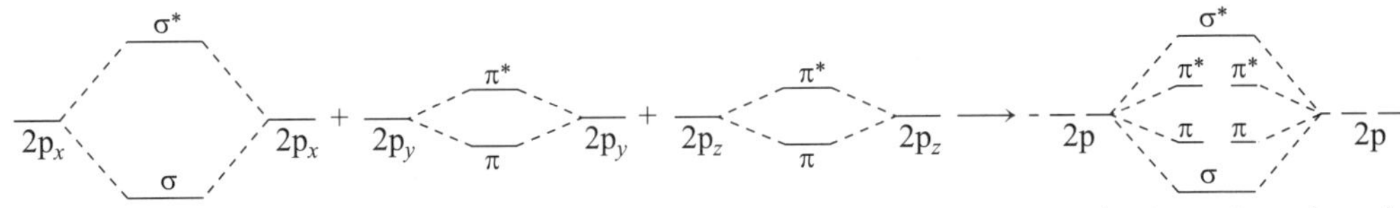

对于（c），O_2 为$(\sigma)^2(\pi)^2(\pi)^2(\pi^*)^1(\pi^*)^1$，拥有 4 个净成键电子；而 O_2^+ 为$(\sigma)^2(\pi)^2(\pi)^2(\pi^*)^1$，拥有 5 个净成键电子。所以 O_2^+ 更加稳定。

对于（d），N_2 为$(\sigma)^2(\pi)^2(\pi)^2$，拥有 6 个净成键电子；而 N_2^+ 为$(\sigma)^2(\pi)^2(\pi)^1$，拥有 5 个净成键电子。所以 N_2 更加稳定。

36. 使用价层电子对互斥理论来预测所有碳原子和氮原子的几何构型。数一数与其相连原子的数目，并与其拥有的孤对电子数相加。如果结果等于 2，那么其为直线形的 sp 杂化；如果结果是 3，那么其为平面三角形的 sp^2 杂化；如果结果为 4，那么其为四面体构型的 sp^3 杂化。是不是很简单？

(a) 四个原子和这个碳原子相连形成四根键，所以它应该是四面体构型的，可以用 sp^3 杂化来解释。它并不是精确的正四面体构型，这是因为四个原子并不是等价的（两个氢、一个碳、一个溴）。

(b) 不要认为多重键有多可怕。这个题目中的碳原子连有三个其他原子，所以它近似是平面三角形的 sp^2 杂化。

(c) 这个碳原子和（b）中的一样被三个其他原子相连，因此它也采取平面三角形的 sp^2 杂化。

(d) 氮原子和三个其他原子相连，并且含有一对孤对电子，所以它是 sp^3 杂化的。但是并不认为这个氮是四面体构型的。当讨论一个原子的几何构型时，通常只会考虑和这个原子相连的其他原子，孤对电子通常是不予考虑的。所以甲胺中氮原子的构型最好被称为三角锥形，就像 NH_3 中的氮原子那样。

(e) 这个碳原子位于两个原子中间。再强调一次，多重键和单键在使用 VSEPR 模型考虑几何构型时是一致的。碳原子将采取直线形的 sp 杂化。

(f) 氮原子和三个其他原子相连，所以它采取 sp^2 杂化，是平面三角形构型。

37.

(a) 这个碳原子采取 sp^3 杂化，并形成了四根 σ 键。分子中的其他碳原子也是这样的，所以它们之间的键是由两个 sp^3 杂化轨道重叠而形成的。C—H 键是由碳原子的 sp^3 轨道和氢原子的 s 轨道重叠而形成的。C—Br 键是由碳原子的 sp^3 杂化轨道和溴原子的一个 p 轨道重叠形成的。

(b) 箭头指向的碳原子杂化形成的三个 sp^2 轨道中的两个和普通的四面体碳原子成键。这两个 σ 键因此是 sp^2-sp^3 重叠。氧原子和我们关注的碳原子相连，并有两对孤对电子。1＋2＝3，所以可能认为它是 sp^2 杂化的，使用 sp^2 杂化轨道和碳原子的 sp^2 杂化轨道进行重叠成键。但是，就像在教材中解题练习 1-17 中讨论的那样，杂化对于氧原子的轨道来说是能量不利的。因此把 C—O 键当成 $C(sp^2)$—O(p) 之间的重叠会更加准确。剩余的一个填有一个电子的 p 轨道和碳原子的 p 轨道平行，它们之间彼此重叠形成了 π 键。

(c) 题中指出碳原子形成 σ 键的三个 sp^2 杂化轨道分别指向了不同的原子。一个指向了同样为平面三角形结构的碳原子，因此应该是 sp^2-sp^2 重叠。每一个碳原子都有一个 p 轨道，它们互相重叠形成了

p-p π 键。氧原子和两个原子相连并有两对孤对电子，它似乎是 sp^3 杂化的，但是正如我们讨论的那样，这种想法对氧原子并不奏效。碳-氧 σ 键是 $C(sp^2)—O(p)$，C—H 键是 $C(sp^2)—H(s)$。

（**d**）碳-氮键是 sp^3-sp^3 重叠。氮-氢键是 sp^3-s 重叠。

（**e**）每个涉及叁键形成的碳原子都是 sp 杂化的，因此它们之间的 σ 键是 sp-sp 重叠的。它们之间有两个 π 键，每一个都由一对“肩并肩”的 p-p 轨道重叠而成。与其他四面体构型的碳原子形成的 σ 键均是 sp-sp^3 重叠的。

（**f**）C—N σ 键是 sp^2-sp^2 重叠的，因为碳原子是平面三角形构型，采取 sp^2 杂化。氮原子和碳原子剩余的 p 轨道“肩并肩”重叠形成了 p-p π 键。N—H 键是 sp^2-s 重叠的。

38.（**a**）

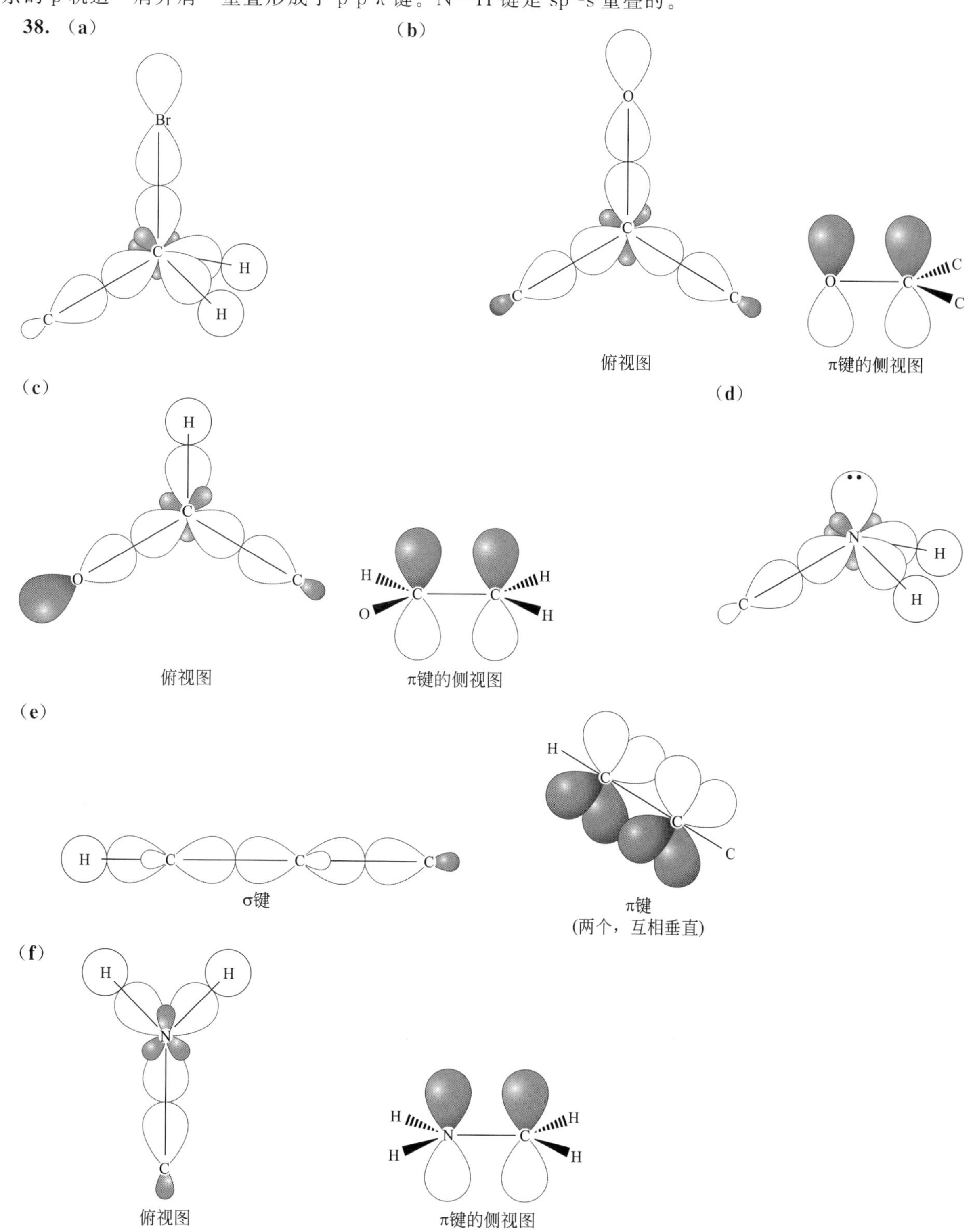

39. (**a**)、(**b**)、(**c**) 中每一个碳原子都和四个其他原子相连，因此应该是近似于四面体构型的。每一个碳原子都是 sp^3 杂化的。

(**d**) 中每一个碳原子都和三个其他原子相连（两个氢原子和一个其他碳原子）。与氢相连的键为 σ 键。与碳相连的键一根为 σ 键，另一根为 π 键。最终，每个碳原子都采取 sp^2 杂化，并采用近似的平面三角形构型（就像 BH_3 中的硼原子那样）。换句话说，每一个碳都用三个 sp^2 轨道形成 σ 键，剩下的 p 轨道用于形成 π 键。

(**e**) 中每一个碳原子都和两个其他原子相连（一个氢原子和一个其他碳原子）。C—H 键以及一根 C—C 键是 σ 键。叁键中的另外的两根 C—C 键为 π 键。它们的几何构型为直线形（就像 BeH_2 中的铍那样），每一个碳原子都是 sp 杂化的。每一个都使用两个 sp 轨道形成 σ 键，两个 p 轨道形成 π 键。

(**f**)
```
          O
          ‖
   H3C — C — H
    ↑     ↑
   sp3   sp2
```

(**g**) 碳原子的杂化方式必须允许两个碳原子都可以形成双键（右边的共振式）。因此，两者都是 sp^2 杂化。

40.

(a)
```
     H
     |
  H—C—C≡N:
     |
     H
```

(b)
```
          H H H
           \|/
      H    C   H  :O:
      |    |   |   ‖   ..
   H—C—C—C—C—O—H
      |    |   |       ..
      H    H   N
              / ..\
             H      H
```

(c)
```
            H
            |
      H  :O:  H   H
      |   |   |   |
   H—C—C—C—C—H
      |   |   |   |
      H   H   H   H
```

(d)
```
      ..
     :Br: H
      |    |    ..
   H—C—C—Br:
      |    |    ..
      H  :Br:
           ..
```

(e)
```
      H  :O:  H  :O:       H
      |   ‖   |   ‖   ..   |
   H—C—C—C—C—O—C—H
      |       |       ..   |
      H       H            H
```

(f)
```
           H   H        H   H
      ..   |   |   ..   |   |   ..
   H—O—C—C—O—C—C—O—H
      ..   |   |   ..   |   |   ..
           H   H        H   H
```

Kekulé（直线）表示法并不要求展示键的真实键角。

41.

(a)
```
                H
                |
      H   H  :O:  H
      |   |   |   |
   H—C—C—C—C—H
      |   |   |   |
      H   H   H   H
```

(b)
```
                        H  H   H  H
                         \ |   | /
      H   H  :O:          C—C—H
      |   |   ‖          /
   H—C—C—C—N:
      |   |          \
      H   H           C—C—H
                     / |   | \
                    H  H   H  H
```

(c)
```
           ..
      H  :Br: H   H   H
      |   |   |   |   |
   H—C—C—C—C—C—H
      |   |   |   |   |
      H   H :Br: H   H
              ..
```

(d)
```
                  H  H
                   \ |
                    C—H
                   /
   H—C≡C—C—H
                   \
                    C—H
                   / |
                  H  H
```

(e)
```
      H        H
      |   ..   |
   H—C—O—C—C≡N:
      |   ..   |
      H        H
```

(f)
```
      H   H        H   H
      |   |   ..   |   |
   H—C—C—S—C—C—H
      |   |   ..   |   |
      H   H        H   H
```

42. (**a**) $H_2NCH_2CH_2NH_2$；(**b**) $CH_3CH_2OCH_2CN$；(**c**) $CHBr_3$

在缩写式中，氢原子通常会紧接在相连的原子后面。但是，当书写最左侧的第一个原子时，这个规则通常会反过来，例如 (a) 中的分子是以 H_2N 而不是 NH_2 开始。同样地，如果首位是一个甲基取代基，也可以写成 H_3C。同时一定要注意，千万小心不要将其他原子符号插入氢原子和与它相连的原子之间。

43.

（**a**）$(CH_3)_2NH$　（**b**）$CH_3C(=O)NHCH_2CH_3$　（**c**）$CH_3CHOHCH_2CH_2SH$

（**d**）CF_3CH_2OH　（**e**）$CH_3CH{=}C(CH_3)_2$　（**f**）$H_2C{=}CHC(=O)CH_3$

习题 42 和习题 43 中的几种结构还有其他的正确书写方式。

44. 对于习题 40 的结构：

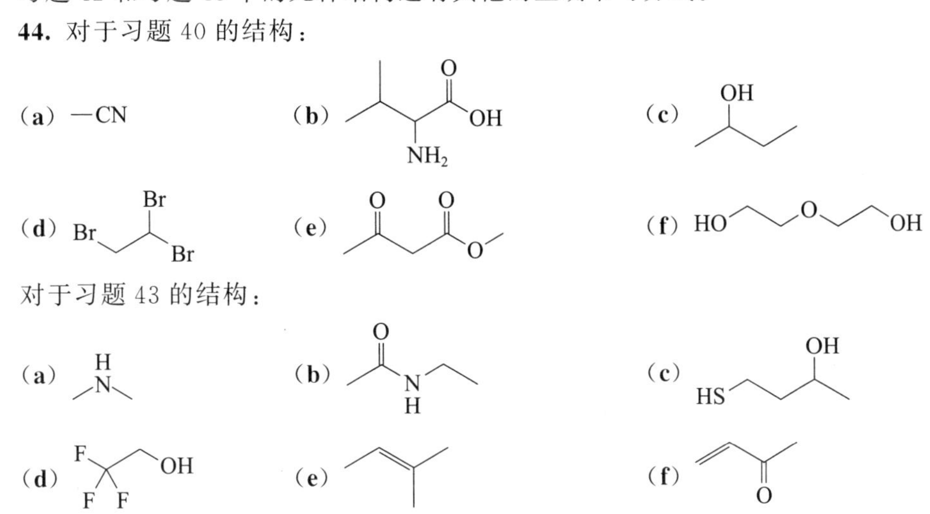

45.

（**a**）H, H, H, C, :Ö:, H, C, C, H, H, H, C, N:

（**b**）H—C, Cl, Cl, Cl

（**c**）H, :N, H, H, C, C, H, H, H, H

（**d**）H H H H, C, C, H, H, C, C, H :S—H H H

46.

（**a**）C_5H_{12}。从包含所有碳原子的直链同分异构体开始。然后每次减少碳链上的一个碳原子，把移走的碳原子作为取代基连接到剩下的碳链上，直到把所有的可能性都画出来。C_5H_{12} 总有三种异构体：

（1）：$H_3C—CH_2—CH_2—CH_2—CH_3$ 或者 $CH_3CH_2CH_2CH_2CH_3$ 或 $CH_3(CH_2)_3CH_3$。这些都是同一个分子常见的缩写式。

其键线式为：

（2）$H_3C—CH(CH_3)—CH_2—CH_3$；$H_3C—CH_2—CH(CH_3)—CH_3$ 经过旋转就会变成同一个分子。

同样也有 $CH_3CH(CH_3)CH_2CH_3$ 和 $(CH_3)_2CHCH_2CH_3$。其键线式为：

（3）$H_3C—C(CH_3)_2—CH_3$，即 $(CH_3)_4C$。其键线式为：

（**b**）C_3H_8O 也有三种异构体：

（1） $H_3C—CH_2—CH_2—OH$，即 $CH_3CH_2CH_2OH$

其键线式为：

（2） $H_3C—CH(OH)—CH_3$ 即 $H_3C—CH(CH_3)—OH$ 同 CH_3CHCH_3，$(CH_3)_2CHOH$

其键线式为：

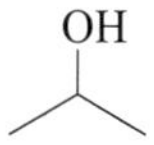

（3） $H_3C—CH_2—O—CH_3$ 即 $CH_3CH_2OCH_3$

其键线式为：

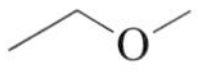

47. 要记住：使尽可能多的原子满足八隅律（当然，H 除外）是首要考虑的事情。在下面的结构中，所有的 C、N 和 O 都符合八隅律。

（**a**） $HC \equiv CCH_3$ 和 $H_2C=C=CH_2$

（**b**） $CH_3C \equiv N:$ 和 $CH_3\overset{+}{N} \equiv \overset{-}{C}:$

CH_3NC 中的原子带电情况如下：对于氮原子，(5 个自带的价层电子)－1/2(8 个形成价键的电子)＝＋1；对于碳原子，(4 个自带的价层电子)－1/2(6 个形成价键的电子)－2（孤对电子）＝－1

（**c**） 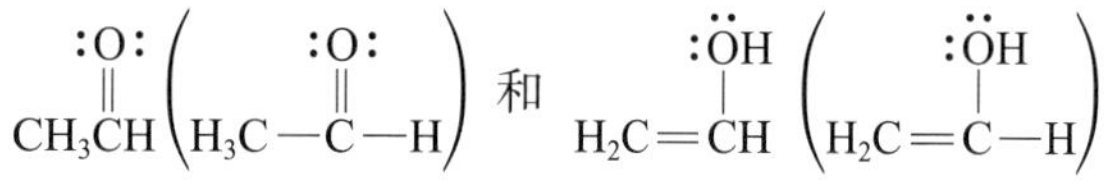 $CH_3CH{=}\ddot{O}:$ $(H_3C—C(=O)—H)$ 和 $H_2C=CH—\ddot{O}H$ $(H_2C=C(OH)—H)$

上述三对分子都不互为共振式：因为在每种情况下，两种结构中原子的相对位置都不同。而共振式仅在电子的排布上有所不同。

48.

（**a**）（i） $[R:\ddot{B}(R):\ddot{N}(R):R \longleftrightarrow R:\overset{-}{B}(R)::\overset{+}{N}(R):R]$ （ii） $[R:\ddot{B}(R):\ddot{O}:R \longleftrightarrow R:\overset{-}{B}(R)::\overset{+}{O}:R]$

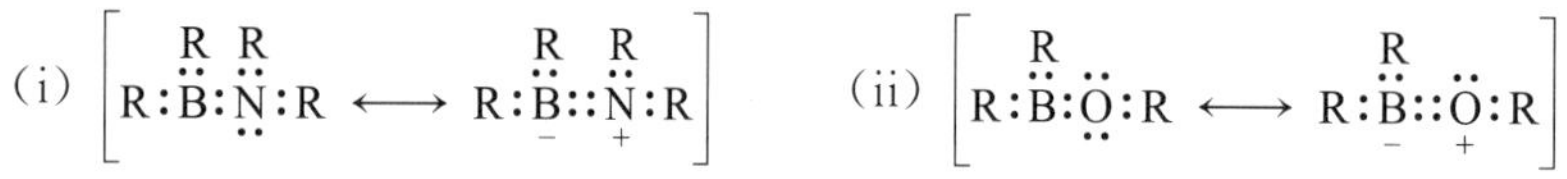

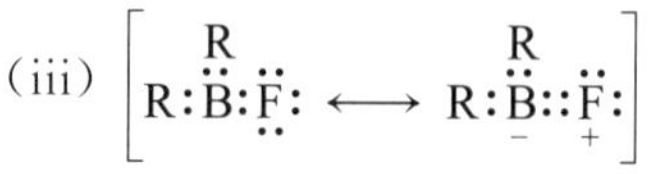

（iii） $[R:\ddot{B}(R):\ddot{F}: \longleftrightarrow R:\overset{-}{B}(R)::\overset{+}{F}:]$ 在这里使用 R 来表示 CH_3。

（**b**） 应该优先于电荷分离规则首先考虑八隅律的满足情况，因此在上述三种情况下都应该优先形成双键。

（**c**） 在每个含有双键的结构中，电负性更强的原子（F、O 或 N）上都有一个正电荷。由于原子的电负性为 F＞O＞N，所以 F 最不能容纳正电荷。因此，R_2BF 电荷分离的共振式将是最不利的。由于电负性越小的原子容纳正电荷的能力越强，所以电荷分离的共振式在 R_2BOR 中更有利，而在 R_2BNR_2 中是最有利的。

（**d**） 每一个原子都是 sp^2 杂化的，通过 sp^2 杂化来形成双键。

49. 每一个标记星号（*）的碳原子都以平面三角形的构型与三个未标记的相邻原子相连的。这种排布可以用 C*的 sp^2 杂化给出最好的解释，其中 3 个 sp^2 轨道参与了每个 C*与相邻 CH_2 的成键。连接两个 C*的键垂直于包含 sp^2 轨道的平面，这是两个 C*未杂化 p 轨道重叠的结果。

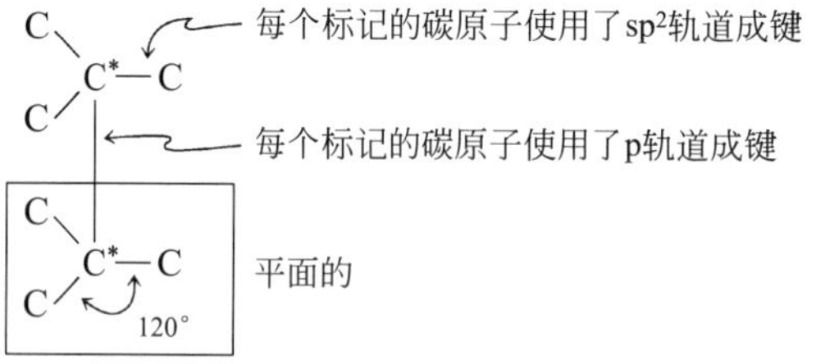

每个标记的碳原子使用了sp²轨道成键

每个标记的碳原子使用了p轨道成键

平面的

120°

这里的 C*—C*键由未杂化的 p 轨道重叠而成，比通常的 sp^3-sp^3 键长得多，也弱得多。

50.

（**a**）（1） 带负电的碳原子与三个其他原子相连，并带有一对孤对电子，就像 NH_3 那样，所以是 sp^3 杂化。

（2） 和习题 39(d) 比较：碳原子是 sp^2 杂化（双键的形成需要一个 p 轨道）。

（3） 和习题 39(e) 比较：碳原子是 sp 杂化（叁键的形成需要两个 p 轨道）。

(b) 轨道的能量与其容纳负电荷的能力之间有什么关系？在低能量轨道中填有电子的物种比在高能量轨道中填有电子的物种更稳定。根据轨道的能量顺序 $sp<sp^2<sp^3$，可以得出相对负电荷承载能力为 $HC{\equiv}C^-$（电荷位于 sp 轨道上）$>H_2C{=}CH^-(sp^2)>CH_3CH_2^-(sp^3)$。

(c) 由（b）可得，$HC{\equiv}C^-$ 比 $H_2C{=}C^-$ 更稳定，而 $H_2C{=}CH^-$ 比 $CH_3CH_2^-$ 更稳定。这些负离子可以通过如下化学平衡反应得到：

$HC{\equiv}CH \rightleftharpoons H^+ + HC{\equiv}C^-$　（最有利的反应—得到的负离子最稳定）

$H_2C{=}CH_2 \rightleftharpoons H^+ + H_2C{=}CH^-$　（较不稳定）

$CH_3CH_3 \rightleftharpoons H^+ + CH_3CH_2^-$　（最不稳定—得到最不稳定的负离子）

因此，它们的酸度顺序：$HC{\equiv}CH>H_2C{=}CH_2>CH_3CH_3$。

51. (e)>(c)>(d)>(a)>(b)。碳原子携带正电荷的多少和这个碳原子与强电负性原子成键（极性键）的数量有关。

52. 下方结构中的字母代表相应的题号。在某些例子中，只有代表性的键或原子被标注了出来。

53.

(a)　H:C:::N:

标粗碳原子（和氧原子相连）是平面三角形构型，sp^2 杂化。

标粗的碳原子变了，现在是 sp^3 杂化的四面体构型了。

(b) 和 **(c)**

(d)

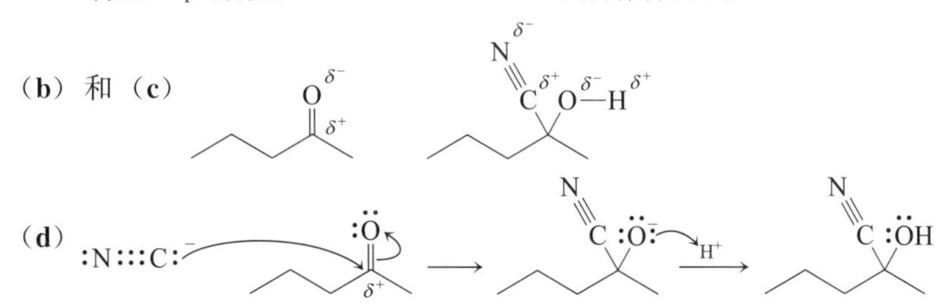

标有 δ^+ 的已经满足八隅律的碳原子被氰基负离子进攻。所以双键中的一对电子被迫移到氧原子上以避免八隅律的破坏。

54. **(c)**。用百分含量除以原子量就可以得到原子组成比。碳：84/12=7；氢：16/1=16。

55. **(c)**。铝：3(原子本身含有的电子)−0(未共用的电子)$-\frac{1}{2}\times 8$(共用电子)=−1。

56. **(a)**。三个原子和碳相连：平面三角形构型，sp^2 杂化。

57. **(c)**。

58. **(a)** 共振式必须满足：①相同的总电子数；②所有的原子都在同一位置（相同的几何骨架）。

2

结构和反应性：酸和碱、极性和非极性分子

大体来说，有机化学是一门研究有机分子化学反应的学科。因此本章我们将从对动力学和热力学原理的复习开始，这些原理对所有的反应都是有效的。然后我们将进行有关酸和碱的讨论，目的有二：首先酸和碱为我们提供了将热力学应用于反应的实例，同时也阐述了一个和绝大多数极性有机化合物转化密切相关的过程：亲核试剂和亲电试剂之间的反应。在介绍官能团以及有机化合物分类后，本章将转而讨论其中最简单的一类有机化合物：非极性的烷烃化合物。这些部分包括：①如何命名有机化合物（化学命名法），②分子结构和其物理性质之间的关系，③分子的柔性以及其形状（构象），④热力学和动力学在分子构象改变中的应用。在第 3 章我们将探讨烷烃的化学反应。

本章概要

2-1　动力学和热力学

支配分子转化的能量因素。

2-2　使用“推电子”弯箭头描述化学反应

介绍了描述有机反应如何发生的表示方法：使用“弯箭头”描述电子对的移动。

2-3　酸和碱；亲电性和亲核性；弯箭头

复习已经学习过的化学知识，它们将在接下来的章节里被多次提及。

2-4　官能团

分子的“用户端”：反应往往在官能团处发生。

2-5　支链和直链烷烃

烷烃的各种结构，异构体。

2-6　命名

有机化合物化学命名法的首次学习。

2-7　物理性质

一个通常不被强调的话题，但是它可以揭示一些关于分子有用且普适的结论。

2-8 和 2-9　构象

有关烷烃中原子可能的空间排列和与它们之间相互转换时能量变化的讨论。

本章重点

2-1　动力学和热力学

这一节介绍了有机化学中有关能量变化的内容。尽管你可能会对某些在普通化学课程上学过的术语感到熟悉，但是本章中的一些讨论或许能为有机化学的学习提供指导性的帮助。在这门课程中你将遇到许多有关分子或其他物质的能量（energy content）方面的讨论。这个术语在物理中一般被称为势能（potential energy）：这种能量以某种方式被储存，并且具有在之后被释放出来的潜质。

关于能量的讨论往往会涉及各种物质或体系的稳定性及不稳定性。能量和稳定性之间的关系如下：高能量的物种将会想方设法地释放一些自己的能量。所以相对来说，高能量物种大多数是不稳定的。

热量和能量也是相关的，所以高能量的物种易于发生释放大量热量的过程。然而，有这种倾向的分子并不总是会快速地发生这种反应，因为反应的速率是由动力学支配的，而能量有利则是热力学范畴，它们之间有很大的不同。能量有利的过程可以发生得很快，也可以发生得很慢，甚至在某些情况下根本不会发生。空气中的一根火柴燃烧是描述后者很好的例子：氧气和木条以及火柴头上的物质之间的反应是极其有利的（热力学上），但是在室温中却没有发生任何反应。为什么？答案是反应的速率太慢了：室温下和氧气发生反应的分子实在是太少了，以至于根本观测不到任何反应的发生（动力学上）。然而，当擦燃火柴时——摩擦火柴头使其升温——它便开始燃烧并一直持续到燃烧殆尽。绝大多数有机化合物和氧气的反应需要吸收能量才能发生，尽管反应结束后净结果是能量的释放。事实上，反应是这样发生的：在绝大多数的反应中，旧键的断裂、新键的生成，但它们并不总是同步发生的。部分旧键的断裂可能会在最开始发生，这时便需要能量的输入来启动反应。只要这些旧键断裂，新键就可以生成，同时放出能量——足够使更多的旧键断裂并以火焰和灼烧的形式释放多余的热量。这种初始的能量输入被称作反应的活化能，它可以决定反应动力学的重要因素——反应速率。

这一部分内容还提供了有机化学动力学以及热力学的简要数学描述。涉及的公式使用起来大多是十分直接的。在习题中，你们将会有很多机会去使用它们。

2-2　使用“推电子”弯箭头描述化学反应

这一部分介绍了“弯箭头”标记法在有机反应中的应用。在第1章首次介绍了弯箭头，那时我们在讨论共振式互相转换时使用弯箭头表示电子对流动。但是在这里，我们使用弯箭头表示伴随着化学反应的发生，即键断裂和生成时电子的流动。由于键是由电子对构成的，理解电子对如何移动对理解反应为什么发生以及如何发生是很重要的。你理解得越多，需要记忆的内容就越少。

2-3　酸和碱

接下来让我们转向对酸碱化学的学习，并进行细节的回顾。指导原则是：这类反应是可逆的并且受热力学控制。强酸、弱酸和强碱、弱碱的划分要基于具体的酸碱反应：

$$\text{强酸}+\text{强碱}\rightleftharpoons\text{弱酸}+\text{弱碱}\quad \Delta G^{\ominus}<0$$

热力学的驱动力有利于强酸和强碱向弱酸和弱碱的转化。虽然你可能很熟悉这个概念，但是你可能并不了解术语中“强”和“弱”的相对性。

换句话说，在某一个反应中扮演强酸角色的化合物可能在另一个反应中承担弱酸甚至碱的工作。毕竟，已知的酸强度跨越了60个数量级，而我们可能在有机化学中遇到这个范围内的任何一种酸。水是最常见的有此表现的分子。

水可以是一种弱酸（就像我们通常认为的那样）：

$$\underset{\text{强酸}}{HCl}+\underset{\text{强碱}}{NaOH}\rightleftharpoons\underset{\text{弱碱}}{NaCl}+\underset{\text{弱酸}}{H_2O}$$

但是水也可能成为（相对）强酸（相反，氢氧根成为弱碱！）：

$$\underset{\text{强酸}}{H_2O}+\underset{\text{强碱}}{NaNH_2}\rightleftharpoons\underset{\text{弱碱}}{NaOH}+\underset{\text{弱酸}}{NH_3}$$

最后，当水遇到了足够强的酸后也可以成为碱：

$$\underset{\text{强酸}}{HCl}+\underset{\text{强碱}}{H_2O}\rightleftharpoons\underset{\text{弱碱}}{Cl^-}+\underset{\text{弱酸}}{H_3O^+}$$

在描述酸碱反应时，我们定义了一个十分简单的关系：酸和它的共轭碱（或者碱和它的共轭酸）。通过这种关系，可以由我们比较熟悉的物质结构来估计从未见过的酸碱的强度。结构和酸碱性之间的关系是：相对来说，强的酸对应弱的共轭碱，反之亦然。通过这种关系，我们可以只分析共轭酸碱对的任意一个组分，就能得到两者相对于其他酸和碱的强度。最常用的方法是通过判断共轭碱的稳定性来判断某种酸的酸性（越稳定的碱代表共轭酸的酸性越强）：体积和负电基团电负性的增大，或者任何有利于分散负电荷的因素（如共振❶）都可以稳定共轭碱。通过分析这些稳定因素的影响程度，就可以比较出一系列共轭酸碱对中酸的相对强弱。

这一章还复习了路易斯酸和路易斯碱的定义，并将它们和有机化学中相似的概念（亲电试剂和亲核试剂）作了比较。亲电试剂和亲核试剂分别用于描述分子缺电子和富电子的属性。拥有这种属性的原子带有部分或整个电荷，因此这些原子的化学反应性相对较高。许多官能团的特征便是由其中亲核性或亲电性的原子所赋予的。简单无机酸碱之间的反应与有机亲核取代反应之间的类比可以说明这些原理。

2-4 官能团

看一看教材里表 2-3 中对 16 种有机化合物（它们仅仅是一些常见化合物的一部分）的分类，是不是感受到了有机化合物的复杂性！但与此同时，经更细致的观察可以发现这些种类有着潜在的共同特征，这些特征可以极大地简化这部分的学习时间。每一个化合物的分类都参考了一组特殊的原子——官能团。

注意，我们只使用到了 9 种元素：C、H、S、N、O 以及 4 种卤素。事实上，16 种化合物中的 11 种有机化合物只包含碳、氢、氧。随着课程的进行，我们会看到这些原子以及它们之间的化学键将揭示由它们组成的官能团的性质。综上所述，官能团将会为我们提供理解所有种类化合物的切入点。比如，所有的醇类化合物都拥有羟基（—OH）官能团，所以它们都有着相似的物理、化学性质。这种同类化合物的可归纳性以及定性层面上的相似性使得我们可以系统、逻辑地学习有机化学。

官能团要么由极化键组成（其原子可以吸引其他被极化或带电的物质从而引发反应），要么由双键或叁键组成（这些键也有着反应活性），我们将在后面讨论其具有活性的原因。官能团是分子中最常参与反应的部分。它们是分子的“反应活性中心”——化学反应将在这里发生。

烷烃最基本的特征和它的官能团信息有关：烷烃没有任何官能团。在下一章将看到这一事实所带来的结果。

2-5 和 2-6 烷烃的结构和命名

有机化合物可谓数不胜数。教材中表 2-4 列出了烷烃化合物同分异构体的数量，最多只到 20 个碳原子，然而已经可以得到成千上万种可能的结构了！想象一下，当存在官能团或者当分子变得更大时，将会产生多少种排列方式！显然并不是所有可能的结构都在自然界或实验室中存在。尽管如此，目前已知的化合物也已超过 1.2 亿种，而化学命名法则是一种语言，它可帮助任何对这些化合物感兴趣的人用清晰合理的方式互相交流。

教材简要介绍了 IUPAC 发展系统命名法之前存在的命名化合物的困难。接着针对简单烷烃的命名介绍了必要的命名规则：该类分子只包含碳原子和氢原子，并且分子中只能存在单键。对于这种情况，

---

❶ 你可能在普通化学中学过，H 和 A 之间的键能和酸 H—A 的酸性之间是负相关的。然而，这种关系并不如你想象得那样普适：只有用于比较的酸来自元素周期表的同一列时才有效，比如氢卤酸。举个例子，当比较 CH_4、NH_3、H_2O 和 HF 的酸性时，这个规则就失效了，事实上它们的酸性和键能是正相关的！这是为什么呢？酸性的体现需要键发生异裂并生成离子，而键的强度则与其均裂并生成不带电的自由基有关。这是两个截然不同的过程。原子间电负性的差距更能影响键的异裂（也就是酸性）。

只需要明确以下四条规则：

1. 找出分子中最长的碳链（主链）并对其命名。

2. 命名所有和这条链相连的基团，并将它们视作取代基。

3. 为主链上的碳原子编号，要从使第一个取代基所连接的碳原子编号最小的一端开始编号。

4. 使用适当的格式将化合物的名字组合起来。

虽然教材和习题中有很多例子，但仍要给出四个额外的练习题，以进一步说明练习过程需要注意的一些要点。

例 1.

```
           3 CH3   2    1  ← 合理的编号
            |
           CHCH2CH3   ← 链“b”(合理的主链)
            |
命名：CH3CH2CH2CHCH2CH2CH3   ← 链“a”
      ↑  ↑  ↑  ↑  ↑  ↑  ↑
      7  6  5  4  3  2  1 ← 不合理的编号
```

分析：最长的链有七个碳原子，所以这是庚烷。但是一共有两种编号方法，哪一种才是正确的呢？规则中说明，拥有最多取代基的最长碳链应被选为主链。标有链“a”的七元链有一个取代基（4-仲丁基），而标有链“b”的七元链有两个取代基（3-甲基和 4-丙基），所以链“b”应该是正确的主链。分子命名为 3-甲基-4-丙基庚烷。

例 2.

```
                                            CH3
                                             |
  1   ②          CH3CH2        CH3       CH2   CH3  ③  2  1
  ↓   ↓             |           |         |     |    ↙  ↙  ↙
命名：CH3CHCH2CH2CH2CH2CHCH2CCH2C——CHCHCH2CH3
         |                      |     |     |
        CH3                    CH3   CH3   CH3
```

分析：这个分子的主链是明确的，它一共有 14 个碳原子——主体为十四烷。然而正确的编号方向是什么呢？绝大多数取代基都更靠近右侧。如果从右侧编号，它们总体来说将有更小的编号。但是这并不是考虑编号方向时的评判标准。从规则上说：要从使第一个取代基所连接的碳原子编号最小的一端开始编号。如果从右往左编号，第一个取代基编号为 C-3；如果从左往右则是 C-2，所以从左往右编号是正确的，故分子的名称是 6,10-二乙基-2,8,8,10,11,12-六甲基十四烷。尽管从另一侧编号会使取代基的编号之和减少（5,9-二乙基-3,4,5,7,7,13-六甲基十四烷，但并不是正确的编号顺序——它的最小编号是“3”，正确结构的最小编号是“2”。

例 3.

```
          CH3  CH3  CH3 CH3
           |    |    |   |
命名：H3C—CH—CH—C—CH—CH3
                     |
                    CH3
```

分析：这是一个已烷。从左到右编号会得到 2,3,4,4,5-五甲基己烷；从右往左编号会得到 2,3,3,4,5-五甲基己烷。正确答案是从低到高比较取代基的编号，即选择取代基编号中第一个不同数字较小的那个名称。因此，与 2,3,4,4,5 相比，2,3,3,4,5 是正确的。

例 4.

```
      1  2  3  4  5 6  7  8  9   ← 主链编号
命名：CH3CH2CH2CH2CHCH2CH2CH2CH3
                   |
        ┌─────────────────┐
        │ H3C — C — CH3   │
        │     1 |         │
        │ H3C — CH        │
        │     2 |         │
        │      3 CH3      │
        └─────────────────┘
               ↑
           取代基编号
```

分析：这是一个在 5 号位带有复杂取代基的壬烷。从与主链相连的位置开始，沿着取代基最长的链由内向外进行编号。取代基的主链有三个碳原子，所以它应该被命名为某丙基。接着为连在取代基上的基团加上合适的编号和名称。像这样，便得到了取代基的名字：1,1,2-三甲基丙基。在这之后，用括号把取代基括起来，并把它和主链的名字连接起来，就能得到整个分子的命名：5-(1,1,2-三甲基丙基)壬烷。请注意符号的规范书写，这并不难，但是确实需要仔细对待。

上面几道习题使用的命名方法是目前常用的系统命名法。然而请注意，因为历史遗留问题，有许多常用的非系统命名法依然因为方便或习惯而被使用。许多化合物的系统名称十分复杂，在业内人士看来很容易理解，但在外行看来可能是天书。有些例子已经在课文中提及了。让我们再来看一个这方面的例子。下图是一种我们每天都在摄入的一种化合物。

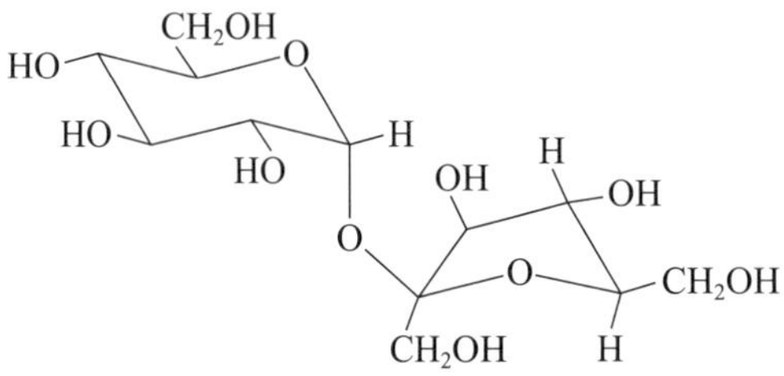

学完这部分内容后，你要做到拿着 IUPAC 规则手册便能从容不迫地给出上面这个化合物的系统名称：1-[3,4-二羟基-2,5-二(羟甲基)氧杂环戊基-2-氧]-3,4,5-三羟基-6-(羟甲基)氧杂环己烷，（但即便如此这个名称也只是部分完成的，因为还缺少能够区分其与其他已知异构体的立体特征！幸运的是，人们对这种分子的普遍称呼要比上面的那个短得多，其实它就是蔗糖。你看，即使是化学家有时也会使用俗名。

不过不用担心，你可能永远也不会使用系统命名法给这样的一个分子命名。我就从来没有过，至少在编写这个学习指导之前。

2-7 物理性质

每次当我们遇到新的化合物时，都会简要地讨论一下它们之间共同的“物理性质”。这些将包含在通常条件下化合物性质的简要梳理（例如，二乙胺，一种无色液体，闻起来像死掉的东西所散发的腐臭味；或者 2-氢过氧基-2-异丙氧基丙烷，无色结晶状固体，如果你在它爆炸的时候用斗鸡眼看它，你会觉得那是原子弹爆炸一样）。展示这些内容的目的在于让你感受到这些物质到底是什么样的（同时也警示你并不是所有的有机化合物都是人类的朋友）。根据记录，烷烃是带有较轻气味的无色气体或液体，也可能是白色的蜡状固体（蜡烛的主要成分是烷烃）。

更具体的讨论将集中于这类化合物分子结构和物理性质之间的关系。这一章对分子间的吸引力作了一个简单的总结。缺少带电原子的烷烃之间既没有静电作用也没有偶极作用。作为一种非极性（nonpolar）分子，烷烃分子仅仅通过很弱的伦敦力（London force）相互吸引。这种作用力理解起来并不难。即使在完全非极性的分子中，电子也在不停移动。尽管电子对平均起来恰好在两个成键原子之间，但是在任何一个特定的时刻，电子也许会更靠近某一个原子：

瞬时偶极 → $\overset{\delta^-}{A}$: $\overset{\delta^+}{A}$ vs. $\overset{0}{A}$: $\overset{0}{A}$ vs. $\overset{\delta^+}{A}$:$\overset{\delta^-}{A}$ ← 瞬时偶极

平均位置

在这些瞬间，键是被极化的。因为这种极化并不是永久的，部分电荷分离现象在自然界中只是转瞬即逝的，所以它们被称为瞬时偶极（fleeting dipole）。当两个非极性分子相互接近并且其中一个分子的某根键表现出瞬时偶极的性质时，另一个分子与其接近的某根键的电子将会被短暂地推离瞬时偶极的“－”端，而被吸引到“＋”端。所有电子的位置和运动都可以被认为是“相互关联的”。

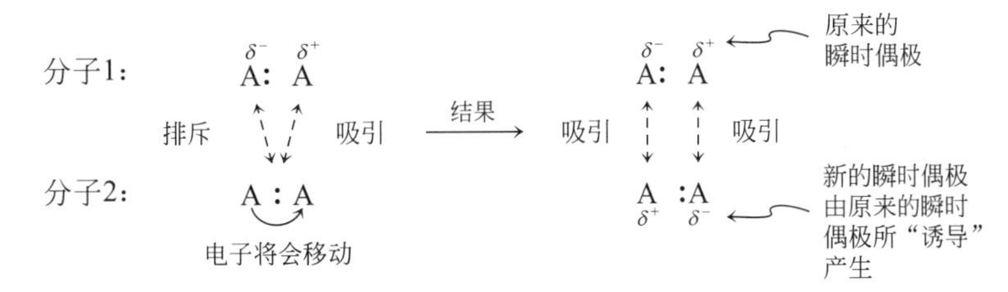

这最终将导致在第二个分子的化学键中形成了一个新的瞬时偶极，这个瞬时偶极是由第一个分子中最初短暂存在的瞬时偶极“诱导”产生的。如上图所示，这种极化作用导致了分子键产生了吸引力，也就是所谓的伦敦力。尽管瞬时偶极只存在了一瞬间并且所有的键都是非极性的，但是事实证明分子中存在这种短暂的瞬时偶极是有利的，最终导致产生了这种弱的但真实存在的作用力——伦敦力。

由于这种作用力十分微弱，烷烃和极性或带电的物质相比有着相对较低的熔点和沸点。烷烃非极性的特点也影响了它们的其他物理性质，例如它们溶解极性化合物的能力十分有限（还记得大一化学中学到的“相似相溶”原理吗?）。极性键的缺乏也极大地限制了烷烃的化学性质。这部分内容将在下一章节进行讨论。

2-8 和 2-9 构象

尽管我们一般用简单的几何图形来表示分子，但是事实上没有任何一个分子有单一的刚性几何图形。成键电子可以看作是把原子黏在一起的弹性胶水。因此，化学键具有一定的弹性，并受到一定程度的弯曲和拉伸。所以，即使在 H_2 这样简单的分子中，原子之间也有着一定程度的相对运动。对于更加复杂的分子，它们还可能存在其他形式的分子内运动。乙烷和更长链烷烃化合物的构象是碳-碳单键旋转的结果，这是一个相对容易发生的事情。这两小节描述了与这种旋转相关的能量学知识，同时讲述了旋转产生的各种分子构象的名称。纽曼投影式为从链端观察这些构象提供了便利：

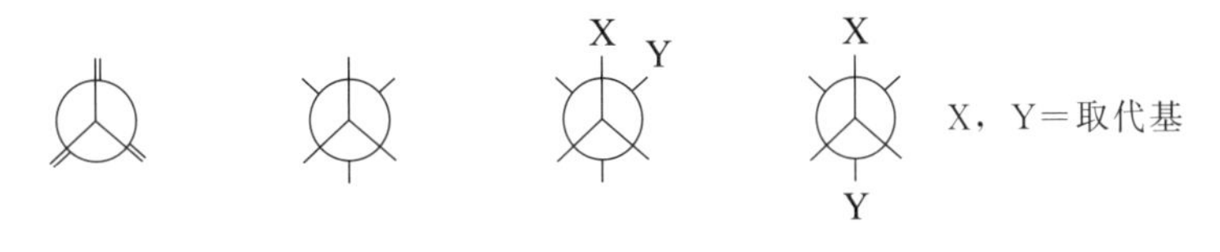

重叠式　　交叉式　　邻位交叉式　　对位交叉式

在这个阶段，你应该找一些分子模型看看（或者在网上找一些有关分子模型的动画和视频），这有助于熟悉这些三维构象。

下面是关于各构象能量方面的总结：

① 对乙烷来说，重叠式构象比交叉式构象的能量高 2.9 $kcal \cdot mol^{-1}$（更不稳定）；

② 每一个 CH_3—H 的重叠要比 H—H 重叠能量高 0.3 $kcal \cdot mol^{-1}$（相对于对应的交叉构象的能量变化）；

③ 每一个 CH_3—CH_3 重叠式的能量要比 H—H 重叠式的能量高 2.0 $kcal \cdot mol^{-1}$；

④ 每一个 CH_3—CH_3 邻位交叉式的能量要比 CH_3—CH_3 对位交叉式的能量高 0.9 $kcal \cdot mol^{-1}$。

有了这些独立的估算，我们可以很容易地画出简单烷烃的能量-旋转角的函数图像。要注意：这些“能量”实际上是焓（含热量，或者 $\Delta H^{\ominus}$）。

习 题

31. 你烘焙好了一个比萨，关掉烤箱。当你打开烤箱门使烤箱降温时，“烤箱＋房间”系统总的焓变有什么变化？体系的总熵变呢？自由能如何变化？该变化过程热力学上有利吗？当达到平衡后，烤箱和厨房的温度有什么变化？

32. 丙烯分子（CH_3—CH ═CH_2）可以通过下列两种方式与溴反应（第 12 章和第 14 章）。

(i) $CH_3—CH═CH_2 + Br_2 \longrightarrow CH_3—CH(Br)—CH_2(Br)$

(ii) $CH_3—CH═CH_2 + Br_2 \longrightarrow CH_2(Br)—CH═CH_2 + HBr$

(a) 用下面所给的键能（kcal•mol^{-1}）计算两反应的 $\Delta H^{\ominus}$。(b)一个反应的 $\Delta S^{\ominus} \approx 0$ cal•K^{-1}•mol^{-1}，另一个反应为 -35 cal•K^{-1}•mol^{-1}。哪个反应对应哪个 $\Delta S^{\ominus}$？简要解释一下答案。(c) 计算 25 ℃和 600 ℃时各反应的 $\Delta G^{\ominus}$，两个反应在 25 ℃和 600 ℃下都是热力学有利的吗？

化学键	平均键能/kcal•mol^{-1}
C—C	83
C═C	146
C—H	99
Br—Br	46
H—Br	87
C—Br	68

33. (i) 确定下列反应各物种中哪个是 Brønsted 酸或碱，并标记出来；(ii) 指出平衡向左还是向右进行；(iii) 如果可能的话，估计每个反应的 K 值。(**提示**：用表 2-2 的数据。)

(a) $H_2O + HCN \rightleftharpoons H_3O^+ + CN^-$

(b) $CH_3O^- + NH_3 \rightleftharpoons CH_3OH + NH_2^-$

(c) $HF + CH_3COO^- \rightleftharpoons F^- + CH_3COOH$

(d) $CH_3^- + NH_3 \rightleftharpoons CH_4 + NH_2^-$

(e) $H_3O^+ + Cl^- \rightleftharpoons H_2O + HCl$

(f) $CH_3COOH + CH_3S^- \rightleftharpoons CH_3COO^- + CH_3SH$

34. 用弯箭头画出习题 33 中酸碱反应正向（从左到右）进行时的电子流动示意图。

35. 若习题 33 中的反应逆向进行（自右向左），下列弯箭头电子流动示意图哪些是正确的，哪些是错误的？解释错在哪，并画出正确的表示方式。

(a) 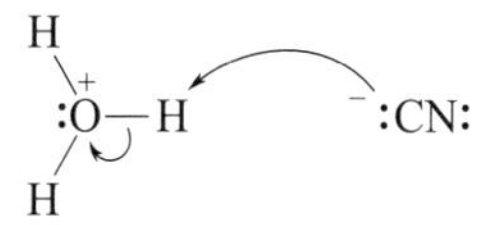 $H_2\overset{+}{O}—H$ 　 $^-$:CN:

(b) 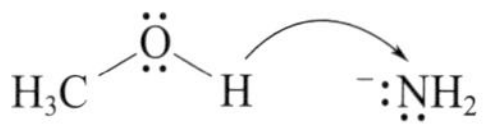 $H_3C—\ddot{O}—H$ 　 $^-$:$\ddot{N}H_2$

(c) 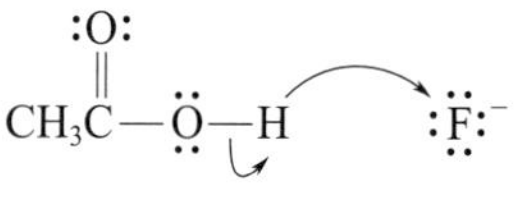 $CH_3C(=\ddot{O})—\ddot{O}—H$ 　 :$\ddot{F}$:$^-$

(d) $H—CH_2—H$（C—H）　 $^-$:$\ddot{N}H_2$

(e) $H—\ddot{O}—H$ 　 H—$\ddot{Cl}$:

(f) $CH_3C(=\ddot{O})—\ddot{O}:^-$ 　 H—$\ddot{S}CH_3$

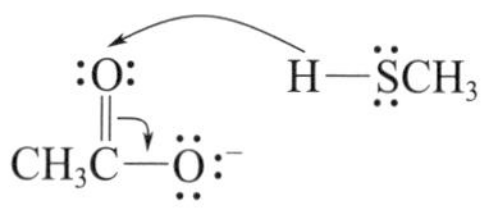

36. 确定下列物质是 Lewis 酸还是 Lewis 碱，对每一个物质写出一个方程式来描述其 Lewis 酸碱反应。用弯箭头表示电子对的转移，准确写出每个反应产物完整的 Lewis 结构式。

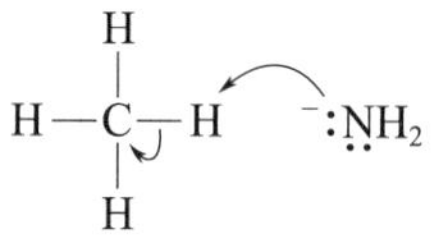

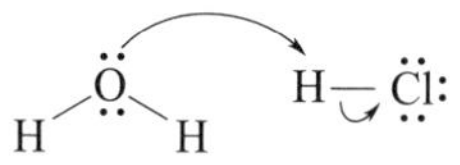

(a) CN^-　(b) CH_3OH　(c) $(CH_3)_2CH^+$

(d) $MgBr_2$　(e) CH_3BH_2　(f) CH_3S^-

37. 对于表 2-3 的所有例子，指出所有的极性共价键，在适当的原子上标明部分正电荷或者负电荷（不考虑碳-氢键）。

38. 确定下列物质是亲电试剂还是亲核试剂。

(a) 碘离子，I^-

(b) 质子，H^+

(c) 甲基正离子中的碳，$^+CH_3$

(d) 硫化氢中的硫，H_2S

(e) 三氯化铝中的铝，$AlCl_3$

(f) 氧化镁中的镁，MgO

39. 圈出并命名下列化合物中的官能团。

(a) 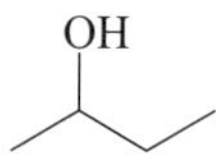 OH（2-丁醇骨架式）　(b)（环戊烯骨架式）

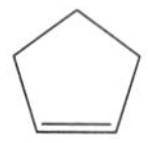

(c)  I（1-碘丁烷骨架式）　(d) O（双环酮骨架式）

(e) O, H（苯甲醛骨架式）　(f)（炔烃骨架式）

(g) O, O（酯骨架式）　(h) H, N, O（酰胺骨架式）

(i) HO, O, O, OH（二酸骨架式）　(j) 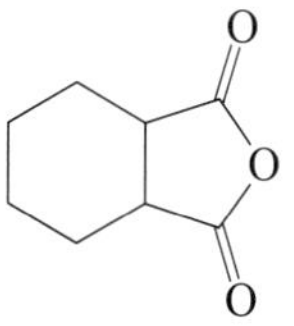 O, O, O（酸酐骨架式）

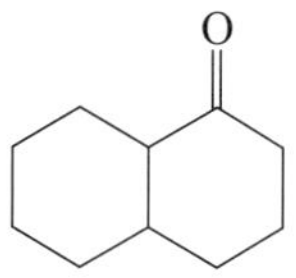

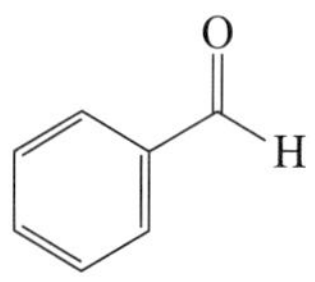

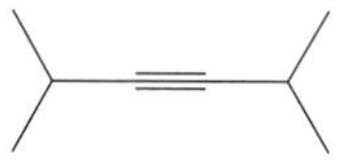

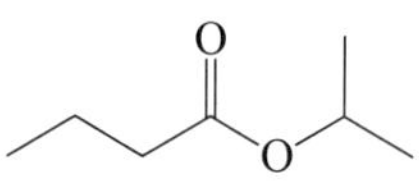

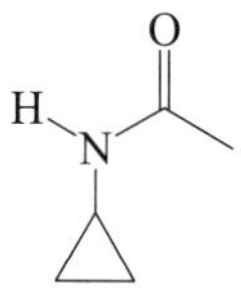

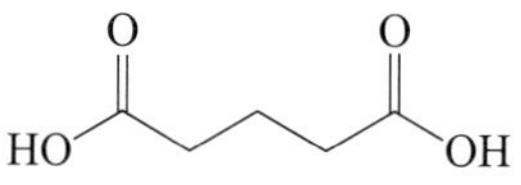

40. 以静电力（库仑引力）为基础预测下列有机分子中哪个原子能和指定的试剂反应。不能

反应的写不反应。（有机分子结构见表 2-3）（**a**）溴乙烷和 HO^- 中的氧；（**b**）丙醛和 NH_3 中的氮；（**c**）甲氧基乙烷和 H^+；（**d**）3-戊酮和 CH_3^- 中的碳；（**e**）乙腈和 CH_3^+ 中的碳；（**f**）丁烷和 HO^-。

41. 用弯箭头表示习题 40 中反应的电子流动。

42. 本题所涉及的反应在后续章节会学到：醇转化制备卤代烃。

OH + HCl ⟶ Cl + H_2O

如下图所示，该反应分三个独立的步骤进行。请用弯箭头画出每一步中原料是如何转化为相应的产物的。（**提示：**标出所有的孤对电子，画出完整的 Lewis 结构式）

OH + HCl ⟶ Cl + H_2O

步骤1. OH + HCl ⟶ $^+OH_2$ + Cl^-

步骤2. $^+OH_2$ ⟶ + + H_2O

步骤3. + + Cl^- ⟶ Cl

43. 下述反应也是后面章节会学到的反应：烯烃转化成醇。

$$CH_3CH{=}CHCH_3 + H_2O \xrightarrow{H^+ 催化剂} CH_3CH(OH)CH_2CH_3$$

此类酸催化加成反应也分三个独立步骤进行。同样，请用弯箭头合理表示每一步起始原料到产物的转化。

$$CH_3CH{=}CHCH_3 + H_2O \xrightarrow{H^+ 催化剂} CH_3CH(OH)CH_2CH_3$$

步骤1. $CH_3CH{=}CHCH_3 + H^+ \longrightarrow CH_3\overset{+}{C}HCH_2CH_3$

步骤2. $CH_3\overset{+}{C}HCH_2CH_3 + H_2O \longrightarrow CH_3CH(\overset{+}{O}H_2)CH_2CH_3$

步骤3. $CH_3CH(\overset{+}{O}H_2)CH_2CH_3 \longrightarrow CH_3CH(OH)CH_2CH_3 + H^+$

44. 利用 IUPAC 系统命名法命名下列分子。

(**a**) $CH_3CH_2CHCH_3$ 上连 CH，CH 上连 H_3C 和 CH_3 (**b**)

(**c**) $CH_3CH_2C(CH_2CH_3)_2$：$CH_3CH_2CCH_2CH_3$，上连 CH_2—CH_3，下连 CH_2—CH_3 (**d**)

(**e**) $CH_3CH(CH_3)CH(CH_3)CH(CH_3)CH(CH_3)_2$

(**f**) CH_3CH_2—$CH_2CH_2CH_2CH_3$

(**g**) (**h**)

(**i**) (**j**)

45. 写出下列名字对应的分子结构，然后检查所有分子的命名是否符合 IUPAC 系统命名规则。如果不符合，给出正确命名。（**a**）2-甲基-3-丙基戊烷；（**b**）5-(1,1-二甲基丙基）壬烷；（**c**）2,3,4-三甲基-4-丁基庚烷；（**d**）4-叔丁基-5-异丙基己烷；（**e**）4-(2-乙基丁基）癸烷；（**f**）2,4,4-三甲基戊烷；（**g**）4-仲丁基庚烷；（**h**）异庚烷；（**i**）新庚烷。

46. 画出对应于下列名称的结构。改正未按照系统命名法命名的名称。

（**a**）4-氯-5-甲基己烷

（**b**）3-甲基-3-丙基戊烷

（**c**）1,1,1-三氟-2-甲基丙烷

（**d**）4-(3-溴丁基)癸烷

47. 画出并命名 C_7H_{16}（庚烷异构体）所有的可能异构体。

48. 确定下列分子中的一级、二级、三级碳原子和氢原子。

（**a**）乙烷；（**b**）戊烷；（**c**）2-甲基丁烷；（**d**）3-乙基-2,2,3,4-四甲基戊烷。

49. 确定下列烷基是一级、二级还是三级，并给出 IUPAC 系统命名。

(**a**) $—CH_2—CH(CH_3)—CH_2—CH_3$

(**b**) $CH_3—CH(CH_3)—CH_2—CH_2—$

(c)
$$\begin{array}{ccc} & CH_3 & CH_3 \\ & | & | \\ CH_3— & CH—— & CH— \end{array}$$

(d)
$$\begin{array}{c} CH_3—CH_2 \\ | \\ CH_3—CH_2—CH—CH_2— \end{array}$$

(e)
$$\begin{array}{c} CH_3—CH— \\ | \\ CH_3—CH_2—CH—CH_3 \end{array}$$

(f)
$$\begin{array}{c} CH_3—CH_2 \\ | \\ CH_3—CH_2—C—CH_3 \\ | \end{array}$$

50. 分子 A 和 B 中是否含有季碳原子？并解释。

$$\underset{\textbf{A}}{\begin{array}{c} CH_3 \\ | \\ H_3C—C—OCH_3 \\ | \\ CH_3 \end{array}} \qquad \underset{\textbf{B}}{\begin{array}{c} CH_3 \\ | \\ H_3C—C—CH_3 \\ | \\ CH_3 \end{array}}$$

51. 按沸点升高顺序排列下列分子（不要去查阅真实数据）。

(a) 2-甲基己烷；(b) 庚烷；(c) 2,2-甲基戊烷；(d) 2,2,3-三甲基丁烷。

52. 用纽曼投影式表示下列分子指定键的最稳定构象。

(a) 2-甲基丁烷，C-2—C-3 键；(b) 2,2-二甲基丁烷，C-2—C-3 键；(c) 2,2-二甲基戊烷，C-3—C-4 键；(d) 2,2,4-三甲基戊烷，C-3—C-4 键。

53. 用图 2-10、图 2-11、图 2-13 中的乙烷、丙烷和丁烷不同构象间的能量差异，求：

(a) 对应于单个 H—H 相互重叠作用的能量；

(b) 对应于单个 CH_3—H 相互重叠作用的能量；

(c) 对应于单个 CH_3—CH_3 相互重叠作用的能量；

(d) 对应于单个 CH_3—CH_3 邻交叉相互作用的能量。

54. 室温下，2-甲基丁烷主要存在两种绕 C-2—C-3 键转动的不同构象。90%的分子以优势构象（能量最低）存在，10%是以非优势构象存在的。(a) 计算构象间自由能变化（$\Delta G^{\ominus}_{\text{优势构象-非优势构象}}$）。(b) 画出 2-甲基丁烷绕 C-2—C-3 键转动的势能图，尽最大能力确定各构象的相对能量值。(c) 画出 (b) 中所有重叠和交叉构象的纽曼投影式，并指出两个最优势的构象。

55. 对于以下天然化合物，确定其化合物种类，圈出其所有的官能团。

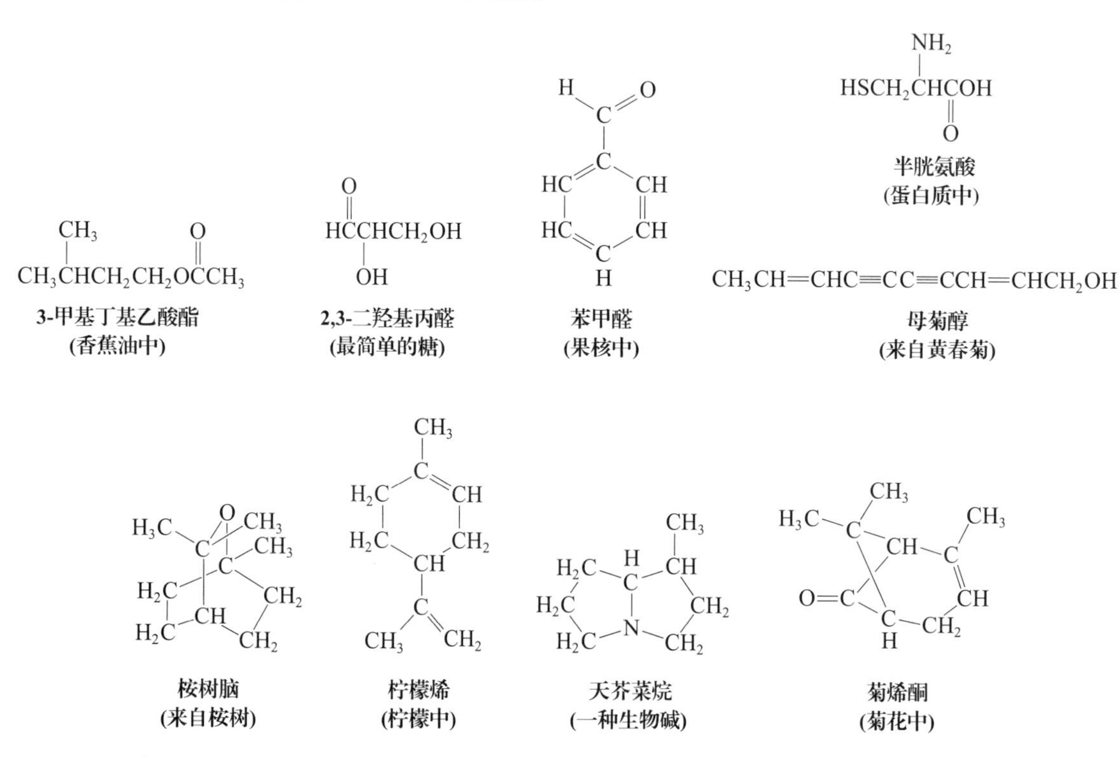

56. 用 IUPAC 命名下列生物上重要的化合物中用虚线框出的烷基。确定其是一级、二级还是三级烷基取代基。

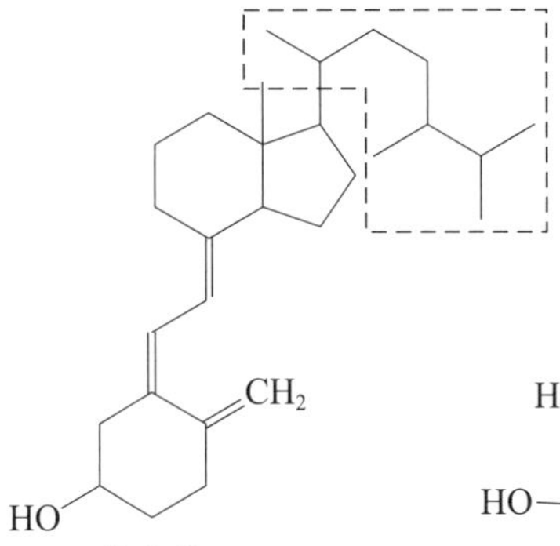

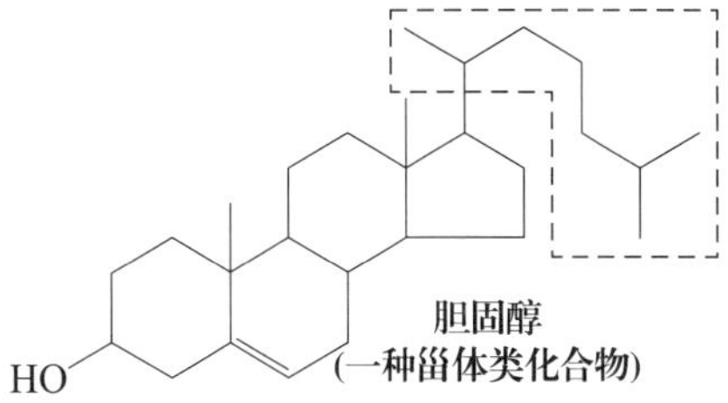

胆固醇
(一种甾体类化合物)

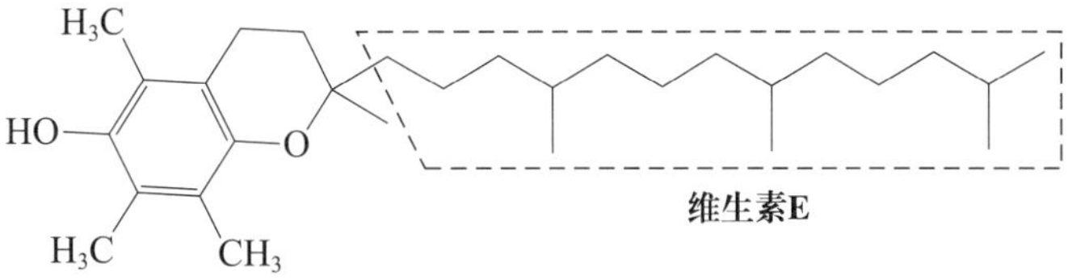

维生素D_4

维生素E

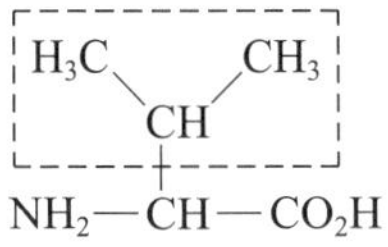

缬氨酸
(一种氨基酸)

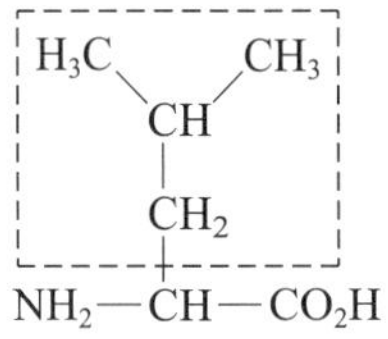

亮氨酸
(另一种氨基酸)

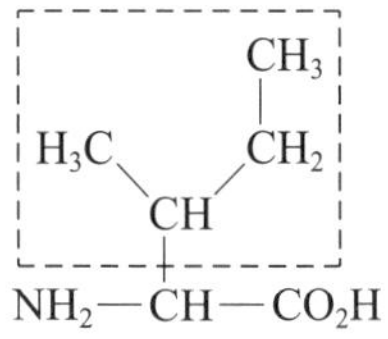

异亮氨酸
(又一种氨基酸)

57. 挑战题 对于下列给定的活化能，用 Arrhenius 公式分别计算温度升高 10 ℃、30 ℃、50 ℃时对 k 的影响。用 300 K（大约室温）作为最初温度值，假定 A 为常数。(**a**) $E_a=15\ \text{kcal}\cdot\text{mol}^{-1}$；(**b**) $E_a=30\ \text{kcal}\cdot\text{mol}^{-1}$；(**c**) $E_a=45\ \text{kcal}\cdot\text{mol}^{-1}$。

58. 挑战题 通过改变 Arrhenius 公式的形式，能够通过实验来测定活化能。出于这个目的，将两边取自然对数，再转为底数为 10 的常用对数。

$\ln k=\ln(Ae^{-E_a/RT})=\ln A-E_a/RT$ 变成 $\lg k=\lg A-E_a/2.3RT$ 在一系列温度下测定速率常数，然后用 $\lg k$ 对 $1/T$ 作图就得到一条直线，斜率是什么？截距是什么（即在 $1/T=0$ 时的 $\lg k$）？E_a 怎么计算？

59. 重新检查一下第 40 题的答案。按照 Lewis 酸和碱过程重写每例的完整方程式。画出产物，用弯箭头指示电子对的移动。[**提示：**对于 (b) 和 (d)，从原料的另外一个 Lewis 共振结构开始。]

60. 挑战题 $\Delta G^\ominus$ 与 k 相关的公式含有温度项。利用题 54(a) 的答案来计算下面的问题。已知 2-甲基丁烷从亚稳定的构象到最稳定的构象的 $\Delta S^\ominus$ 为 $+1.4\ \text{kcal}\cdot\text{mol}^{-1}$。(**a**) 用公式 $\Delta G^\ominus=\Delta H^\ominus-T\Delta S^\ominus$ 计算两构象的焓变。这一结果与用各构象的邻交叉相互作用数目计算得到的 $\Delta H^\ominus$ 是否吻合？(**b**) 假定 $\Delta H^\ominus$、$\Delta S^\ominus$ 不随温度变化，计算在 −250 ℃、−100 ℃、+500 ℃时两构象的 $\Delta G^\ominus$？(**c**) 分别计算在这三个温度下两构象的 K 值。

团队练习

61. 比较下面两个二级取代反应的反应速率。

反应 1：溴乙烷和碘离子反应生成碘乙烷和溴离子是二级反应，即速率取决于溴乙烷和碘离子两物质的浓度：

$r=k[CH_3CH_2Br][I^-](\text{mol}\cdot\text{L}^{-1}\cdot\text{s}^{-1})$

反应 2：1-溴-2,2-二甲基丙烷（溴代新戊烷）与碘离子反应生成 1-碘-2,2-二甲基丙烷和溴离子的反应速率比溴乙烷和碘离子的反应速率慢，是后者的万分之一。

$r=k[\text{溴代新戊烷}][I^-](\text{mol}\cdot\text{L}^{-1}\cdot\text{s}^{-1})$

(**a**) 用键线式结构写出反应式。

(**b**) 确定起始卤代烷烃的反应位点，标明是一级、二级还是三级碳。

(**c**) 讨论反应是怎么发生的，即原料必须按照什么方式相互作用来发生反应。记住因为反应为二级反应，所以两个反应试剂都必须在过渡态中出现。利用模型来观察碘离子向溴代烷接近的轨迹，为了符合其二级反应动力学特征，碳-碘新键的形成和碳-溴键的断裂应该是同时进行。在所有的可能中，哪个能最好地解释实验中测到的反应速率的不同？

(**d**) 用虚-实楔形键结构表示你们所认可的反应轨迹。

预科练习

62. 化合物 2-甲基丁烷中（　　）。

（a）无二级氢
（b）无三级氢
（c）无一级氢
（d）二级氢是一级氢的两倍
（e）一级氢是二级氢的两倍

63.

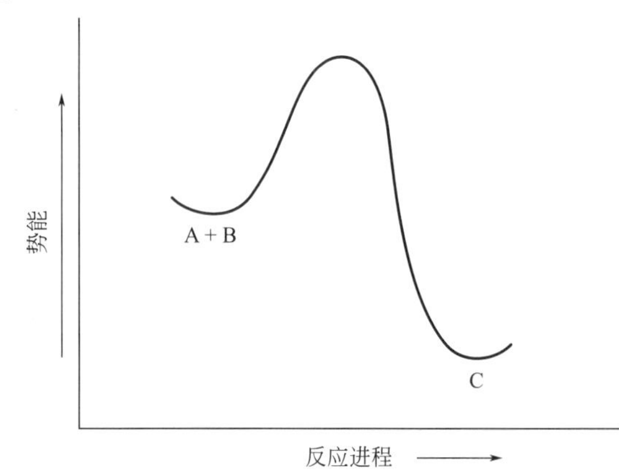

该势能图描述了（　　）。
（a）吸热反应　　（b）放热反应
（c）快速反应　　（d）三分子反应

64. 在 4-(1-甲基乙基)庚烷中，任一 H—C—C 角为（　　）。
（a）120°　（b）109.5°　（c）180°
（d）90°　（e）360°

65. 下图中丁烷的纽曼投影式代表（　　）结构？
（a）邻交叉重叠　（b）反邻位交叉
（c）反交叉　（d）反重叠

66. 栀子苷元是对糖尿病有疗效的中药。栀子苷元不属于下列哪种化合物（　　）。
（a）醇类　（b）烯烃　（c）酯　（d）醚
（e）酮

栀子苷元

习题解答

31. 解题时假设这个带有烤箱的屋子和外界是隔绝的。一旦关闭了烤箱，无论烤箱门是开的还是关的，“房间＋烤箱”体系所含有的总热能就保持不变了。打开烤箱门之后，烤箱内部的热量将会重新分配直到房间达到平衡（房间内各处温度相等），但整个系统的焓值在这个过程中是保持不变的。相比之下，热量从高温烤箱传递到房间的过程是一个熵增的过程。最后，由于 $\Delta S^{\ominus}$ 为正值，利用 $\Delta G^{\ominus}=\Delta H^{\ominus}-T\Delta S^{\ominus}$，可以知道 $\Delta G^{\ominus}$ 是一个负数，对应于一个热力学有利的过程。

32.（a）要记得，$\Delta H^{\ominus}$(反应)＝$\Delta H^{\ominus}$(断键)－$\Delta H^{\ominus}$(成键)。

（i）为了计算断裂碳-碳双键中一根键的焓变，用 $\Delta H^{\ominus}$(C═C) 减去 $\Delta H^{\ominus}$(C—C) 得到 π 键对焓的贡献：

$$\Delta H^{\ominus} = \underset{\text{断裂 C=C}}{146} + \underset{\text{断裂 Br—Br}}{46} - \underset{\text{形成 C—C}}{83} - \underset{\text{形成 2C—Br}}{2\times 68} = -27(\text{kcal}\cdot\text{mol}^{-1})$$

（ii）
$$\Delta H^{\ominus} = \underset{\text{断裂 C—H}}{99} + \underset{\text{断裂 Br—Br}}{46} - \underset{\text{形成 C—Br}}{68} - \underset{\text{形成 H—Br}}{87} = -10(\text{kcal}\cdot\text{mol}^{-1})$$

（b）在反应（i）中，两个分子结合为一个分子。这将使系统的能量集中到更少的分子上，因此这个反应有着很大的负熵值（$-35\ \text{cal}\cdot\text{K}^{-1}\cdot\text{mol}^{-1}$）。也可以说系统变得更加“有序”了，这两种表述是大同小异的。在反应（ii）中，两个分子反应生成两个其他分子。系统的能量并没有很明显的扩散现象，所以熵变近似为 0。

（c）对于反应（i），在 25 ℃时：

$\Delta G^{\ominus}=\Delta H^{\ominus}-T\Delta S^{\ominus}=-27-298\times(-35\times10^{-3})=-17\ (\text{kcal}\cdot\text{mol}^{-1})$

对于反应（i），在 600 ℃时：

$\Delta G^{\ominus}=\Delta H^{\ominus}-T\Delta S^{\ominus}=-27-873\times(-35\times10^{-3})=+4$（$kcal\cdot mol^{-1}$）

对于反应（ii），无论在 25 ℃还是 600 ℃，都有：

$\Delta G^{\ominus}\approx\Delta H^{\ominus}=-10\ kcal\cdot mol^{-1}$，因为 $\Delta S^{\ominus}\approx 0$。

两个反应在 25 ℃时都具有负的吉布斯自由能变，所以它们都是热力学有利的。在 600 ℃时，反应（i）的熵变使得其吉布斯自由能变成正数，这个反应也因此变得热力学不利了。反应（ii）仍然和 25 ℃时一样是热力学有利的。

33. 在没有明确给出质子的物质之前不要断言哪个物质是酸；这里列出的许多物质既可以作为酸又可以作为碱！平衡会偏向酸性/碱性较弱的酸/碱一侧，如下面不等长的可逆箭头所示。从表 2-2 的数据中可以看出，强酸是 K_a 较大或 pK_a 较小的物质。每个反应的平衡常数是用左边酸的 K_a 除以右边酸的 K_a 得出的，为什么这样就可以得到平衡常数？看下面你就知道了。对于下面的一般反应而言：

$$HA_1+A_2^- \rightleftharpoons HA_2+A_1^-$$

有 $K_{a_1}=[H^+][A_1^-]/[HA_1]$以及 $K_{a_2}=[H^+][A_2^-]/[HA_2]$，所以，$K_{a_1}/K_{a_2}=[H^+][A_1^-][HA_2]/[H^+][A_2^-][HA_1]=[A_1^-][HA_2]/[A_2^-][HA_1]=K_{eq}$

(a) $H_2O+HCN \rightleftharpoons H_3O^++CN^-$ $K_{eq}=1.3\times10^{-11}$
弱碱 弱酸 强酸 强碱

(b) $CH_3O^-+NH_3 \rightleftharpoons CH_3OH+NH_2^-$ $K_{eq}=3.1\times10^{-20}$
弱碱 弱酸 强酸 强碱

(c) $HF+CH_3COO^- \rightleftharpoons F^-+CH_3COOH$ $K_{eq}=32$
强酸 强碱 弱碱 弱酸

(d) $CH_3^-+NH_3 \rightleftharpoons CH_4+NH_2^-$ $K_{eq}=10^{15}$
强碱 强酸 弱酸 弱碱

(e) $H_3O^++Cl^- \rightleftharpoons H_2O+HCl$ $K_{eq}\approx5.0\times10^{-7}$
弱酸 弱碱 强碱 强酸

(f) $CH_3COOH+CH_3S^- \rightleftharpoons CH_3COO^-+CH_3SH$ $K_{eq}=2.0\times10^5$
强酸 强碱 弱碱 弱酸

34.

(a) H—Ö—H　H—CN: ⇌ H—O⁺(H)—H + ⁻:CN:

(b) H₃C—Ö:⁻　H—N(H)H ⇌ H₃C—Ö—H + ⁻:N̈H₂

(c) CH₃C(=O:)—Ö:⁻　H—F: ⇌ CH₃C(=O:)—ÖH + ⁻:F:

(d) H—C⁻(H)—H　H—N(H)H ⇌ CH₄ + ⁻:N̈H₂

(e) H₂Ö⁺—H　⁻:Cl: ⇌ H—Ö—H + H—Cl:

(f) H₃CC(=O:)—Ö—H　⁻:SCH₃ ⇌ CH₃C(=O:)—Ö:⁻ + HSCH₃

35. **(a)** 箭头是正确的。一对电子从带负电的亲核性碳原子移向 H，从 H—O 键中释放了一对孤对电子到带正电的 O 上。

(b) 箭头是错误的。尽管 H 看似移向了正确的位置，但是电子的移动方向是错误的——其应该从带负电的 N 移向带正电（δ^+）的 H，同时 O—H 键中的电子移向电负性更强的 O。

$$H_3C{-}\ddot{O}{-}H \quad {}^{-}{:}\ddot{N}H_2$$

（c）基于与（b）相同的原因，这道题也是错误的。F 是电负性最强的元素，你想把电子移向它的心情是可以理解的。但是它已经拥有了一个负电荷并且满足了八隅律，没有位置来再填充一对电子了。就像（b）中的那样，电子的流动方向应该反过来：

$$CH_3C({=}\ddot{O}{:}){-}\ddot{O}{-}H \quad {:}\ddot{F}{:}^{-}$$

（d）和（e）是正确的。

（f）错得十分离谱。就像（b）和（c）中的那样，用形容电子对移动的弯箭头描述了一个氢原子的移动，并且这个氢原子移动时并不带有任何电子！更糟糕的是，第二个箭头描述了一个已经满足八隅律的带负电的氧原子接受了第五对电子。这个结果真要命！正确答案应该是这样的：

$$CH_3C({=}\ddot{O}{:}){-}\ddot{O}{:}^{-} \longrightarrow H{-}\ddot{S}CH_3$$

36.（a）CN^- 是路易斯碱　　（b）CH_3OH 是路易斯碱

（c）$(CH_3)_2CH^+$ 是路易斯酸　　（d）$MgBr_2$ 是路易斯酸

（e）CH_3BH_2 是路易斯酸　　（f）CH_3S^- 是路易斯碱

对于问题的第二部分，我们可以耍个小聪明。因为我们有三个路易斯酸和三个路易斯碱。所以只要把它们组合起来就可以用三组方程式回答了。为了让结构看起来更清楚，每个卤原子周围的三对价电子对被隐藏起来了。

$${:}N{\equiv}C{:}^{-} + {}^{+}CH(CH_3){-}CH_3 \longrightarrow {:}N{\equiv}C{-}CH(CH_3){-}CH_3$$

$$Br{-}Mg(Br) + {:}\ddot{O}(H){-}CH_3 \longrightarrow Br{-}\overset{-}{Mg}(Br){-}\overset{+}{\ddot{O}}(H){-}CH_3$$

$$H_3C{-}BH_2 + {:}\ddot{S}^{-}{-}CH_3 \longrightarrow H_3C{-}\overset{-}{B}H_2{-}\ddot{S}{-}CH_3$$

37. 键极性的判断可以参考元素电负性表。丁烷、异丁烯、2-丁炔和甲苯没有极性键。其他带有极性键的结构如下所示：

$$CH_3\overset{\delta^+}{CH_2}{-}\overset{\delta^-}{Br} \quad (CH_3)_2\overset{\delta^+}{CH}{-}\overset{\delta^-}{O}{-}\overset{\delta^+}{H} \quad CH_3\overset{\delta^+}{CH_2}{-}\overset{\delta^-}{O}{-}\overset{\delta^+}{CH_3} \quad CH_3CH_2{-}\overset{\delta^-}{S}{-}\overset{\delta^+}{H}$$

$$CH_3CH_2{-}\underset{\delta^+}{C}({=}\overset{\delta^-}{O}){-}H \quad CH_3CH_2{-}\underset{\delta^+}{C}({=}\overset{\delta^-}{O}){-}CH_2CH_2CH_3 \quad CH_3CH_2{-}\underset{\delta^+}{C}({=}\overset{\delta^-}{O}){-}\underset{\delta^-}{O}{-}\underset{\delta^+}{H}$$

$$CH_3CH_2{-}\underset{\delta^+}{C}({=}\overset{\delta^-}{O}){-}\underset{\delta^-}{O}{-}\underset{\delta^+}{C}({=}\overset{\delta^-}{O}){-}CH_2CH_3 \quad CH_3CH_2{-}\underset{\delta^+}{C}({=}\overset{\delta^-}{O}){-}\underset{\delta^-}{O}{-}\underset{\delta^+}{CH_3}$$

$$CH_3CH_2CH_2{-}\underset{\delta^+}{C}({=}\overset{\delta^-}{O}){-}\underset{\delta^-}{N}(H^{\delta^+})_2 \quad H_3C{-}\overset{\delta^+}{C}{\equiv}\overset{\delta^-}{N} \quad ({}^{\delta^+}H_3C)_2\overset{\delta^-}{N}{-}\overset{\delta^+}{CH_3}$$

38. 亲核试剂：（**a**）和（**d**）。这两个物质中的 I 和 S 都含有一对或更多的孤对电子，使它们具有路易斯碱性，能够进攻路易斯酸中含有的缺电子原子。

亲电试剂：（**b**）、（**c**）、（**e**）和（**f**）。这四种物质都缺少闭壳的外层电子；它们是路易斯酸，可以接纳诸如路易斯碱（通常可以作为亲核试剂）之类的富电子物质。

39.

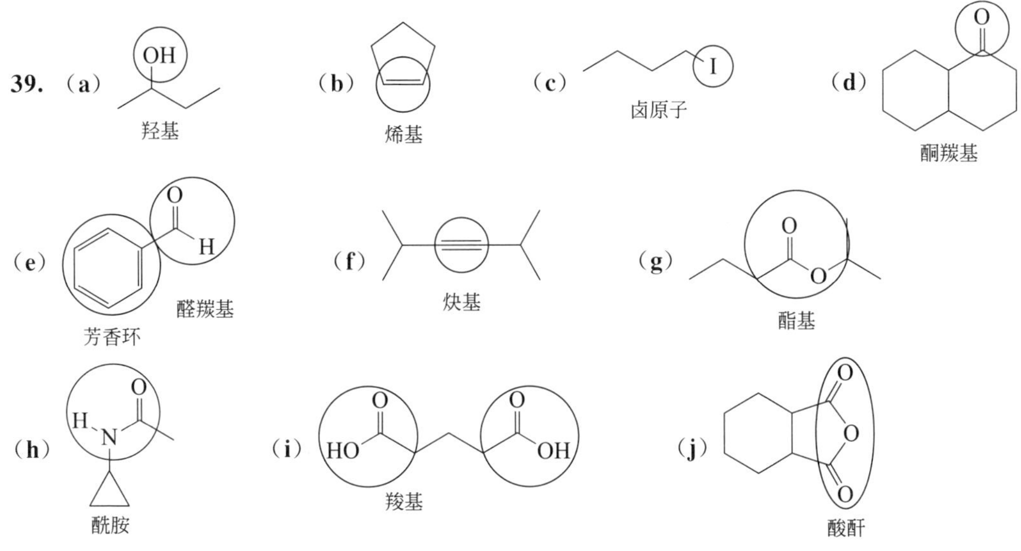

40. (a) $H_3C-\overset{\delta^+}{C}H_2-\overset{\delta^-}{Br}$ 电正性（δ^+）的碳原子（箭头所指的）吸引氢氧根离子中带有负电荷的氧原子。

(b) $H_3C-CH_2-\overset{\delta^+}{C}(=\overset{\delta^-}{O})-H$ 电正性（δ^+）的碳原子将吸引氨中电负性（δ^-）的氮原子。与此同时，电负性（δ^-）的氧原子将吸引氨中电正性（δ^+）的氢原子。

(c) $H_3C-\overset{\delta^+}{C}H_2-\overset{\delta^-}{O}-\overset{\delta^+}{C}H_3$ 电负性（δ^-）的氧原子上的一对电子将与质子成键。

(d) $H_3C-CH_2-\overset{\delta^+}{C}(=\overset{\delta^-}{O})-CH_2-CH_3$ 酮羰基上电正性（δ^+）的碳原子将吸引带负电荷的碳负离子。

(e) $H_3C-\overset{\delta^+}{C}\equiv\overset{\delta^-}{N}$ 氮原子上的孤对电子会吸引带正电荷的碳原子。

(f) 没有反应。丁烷没有极化的原子，所以它和带电或极性的物质之间没有很强的作用。

41. (a) $H-\ddot{\underset{..}{O}}:^- \quad H_2C(CH_3)-Br \longrightarrow HO-CH_2(CH_3) + Br^-$ 参考 2-2 节反应类型 3 中的具体示例（b）。

(b) $H_3C-CH_2-C(=\ddot{O}:)-H \quad :NH_3 \longrightarrow H_3C-CH_2-C(-\ddot{\underset{..}{O}}:^-)(-\overset{+}{N}H_3)-H$ 与 2-2 节反应类型 4（a）大同小异，只不过电子给体是中性的，而不是带负电的。

(c) $H_3C-\ddot{\underset{..}{O}}-CH_2CH_3 \quad H^+ \longrightarrow H_3C-\overset{H}{\underset{..}{O}}{}^+-CH_2CH_3$ 与 2-2 节反应类型 2 相似，只不过电子给体是中性的。

(d) $H_3C-CH_2-CH_2-C(=\ddot{O}:)-CH_2-CH_3 \quad \bar{:}CH_3 \longrightarrow H_3C-CH_2-CH_2-C(-\ddot{\underset{..}{O}}:^-)(CH_3)-CH_2-CH_3$

(e) $H_3C-C\equiv N: \quad {}^+CH_3 \longrightarrow H_3C-C\equiv\overset{+}{N}-CH_3$ 与上面的（c）一样。

42. W：有何信息？这道题让我们做什么？又有哪些已知信息？根据题意，我们要用弯箭头完成三个有机反应的机理描述。本章已经给出了每一步的模板反应。

H：要如何开始呢？首先要补全所有的路易斯结构式，这样就能够知道所有电子的起始位置和结束位置。

I：需要什么信息呢？要明确每一步的反应类型并找到一个相似的例子。

P：继续进行。按照找到的模板反应添加弯箭头。

步骤 1. 可以把水＋HCl 作为这一步的模板反应（2-3 节），这样有：

$$(CH_3)_2CH\ddot{O}H + H{-}\ddot{C}l: \longrightarrow (CH_3)_2CH\overset{+}{O}H_2 + :\ddot{C}l:^-$$

氧原子的一对孤对电子进攻强酸的酸性氢而被质子化，并生成氯离子。

步骤 2. 极性共价键发生解离。可以类比 $(CH_3)_3C—Br$ 中 C—Br 键的解离［2-2 节，例如反应类型 1 中具体示例（b）］。因此：

$$(CH_3)_2CH\overset{+}{O}H_2 \longrightarrow (CH_3)_2\overset{+}{C}H + H_2\ddot{O}:$$

C—O 键发生断裂，其中的电子对转移到电负性强且带正电的氧原子上，剩下了一个带有正电荷的碳原子并释放了一分子 H_2O。

步骤 3. 氯离子和碳正离子之间发生了结合：

$$(CH_3)_2\overset{+}{C}H + :\ddot{C}l:^- \longrightarrow (CH_3)_2CH\ddot{C}l:$$

43. 就像在问题 42 中做的那样，为每一个步骤找到合适的模板反应并使用弯箭头完成相同的转换。

步骤 1. 可以以 2-2 节中反应类型 4 中通式（b）中 H^+ 对乙烯的加成反应作为模板。因此：

$$CH_3CH{=}CHCH_3 \quad H^+ \longrightarrow CH_3\overset{+}{C}HCH_2CH_3$$

这一步使双键上的一个 CH 基团变成了 CH_2 基团，同时使双键上的另一个碳原子变成了碳正离子。因此可以得出酸作为催化剂可以产生一个高亲电性的碳正离子。

步骤 2. 一个亲核性的水分子用它的孤对电子进攻碳正离子以形成化学键：

$$CH_3\overset{+}{C}HCH_2CH_3 + H_2\ddot{O}: \longrightarrow CH_3CH(\overset{+}{O}H_2)CH_2CH_3$$

这一步的产物存在一个连有三根键的带正电的氧原子。连在这种结构上的氢原子有十分强的酸性，就像我们学习过的 H_3O^+ 一样。根据前后逻辑，最后一步如下。

步骤 3. O—H 键之一发生裂解，成键电子对移向带正电的氧原子。H^+ 被释放出来，第一步消耗的用于催化的 H^+ 也因此被重新生成。

$$CH_3CH(\overset{+}{O}H_2)CH_2CH_3 \longrightarrow CH_3CH(\ddot{O}H)CH_2CH_3 + H^+$$

要注意避免一个普遍的错误：在表示去质子化时，从质子开始书写弯箭头并将它指向空白处。这并不符合化学逻辑，在科幻小说中也不可能发生。

44. 回想一下，缩写式只提供了原子之间的连接情况，并不能给出一个分子真正的三维结构。最长的链应该是原子最多的那条，而不必是缩写式中画在同一条水平线上的那条。

（a）$\overset{5}{C}H_3\overset{4}{C}H_2\overset{3}{C}HCH_3$，其中 C3 连接 $\overset{2}{C}H$，C2 上连 $\overset{1}{C}H_3$（H_3C）和 CH_3　　2,3-二甲基戊烷

（b）主链就是水平的那条，从左到右编号（它是壬烷）：2-甲基-5-(1-甲基乙基)-5-(1-甲基丙基)壬烷。

（c）不管怎么看，这个分子都会被命名为：3,3-二乙基戊烷。

（d）主链：

$$H_3C{-}CH(CH_2CH_3){-}C(CH_3)(CH_2CH_3){-}C(CH_3)(CH_2CH(CH_3)_2){-}CH_2CH_2CH_2CH_2CH_3$$

（主链编号从左侧 CH_2CH_3 末端的 CH_3 为 1，至右端 CH_3 为 10）它有 10 个碳原子，是 4-乙基-3,4,5-三甲基-5-(2-

甲基丙基)癸烷。

(e) 重新画出这个化合物的结构：

$$\begin{array}{ccccccccc} & & CH_3 & & CH_3 & & CH_3 & & CH_3 \\ & & | & & | & & | & & | \\ H_3C & - & CH & - & CH & - & CH & - & CH-CH_3 \end{array}$$

所以是 2,3,4,5-四甲基己烷。

(f) 己烷。不要被它的画法唬到了。

(g) 2-甲基丙烷。(实际上，甲基丙烷也是正确的。甲基只能放在 2 号位上，所以这个数字是多余的。)对于这个和接下来的三个化合物，可以在需要的情况下重新画一下它们的结构以显示出所有的原子。

(h) 2,2-二甲基丁烷。

(i) 2-甲基戊烷。

(j) 2,5-二甲基-4-(1-甲基乙基)庚烷。

45. (a)

$$\begin{array}{l} \qquad\quad CH_3 \\ \quad 1\qquad 2| \qquad 3 \\ H_3C-CH-CH-CH_2-CH_3 \\ \qquad\qquad 4| \quad 5 \quad 6 \\ \qquad\qquad CH_2-CH_2-CH_3 \end{array}$$

用戊烷作为母体命名是错误的，正确的命名是 3-乙基-2-甲基己烷。

(b)

$$\begin{array}{l} CH_3CH_2CH_2CH_2CHCH_2CH_2CH_2CH_3 \\ \qquad\qquad\qquad | \\ \qquad H_3C-C-CH_2-CH_3 \\ \qquad\qquad\qquad | \\ \qquad\qquad\quad CH_3 \end{array}$$

命名是正确的。

(c)

$$\begin{array}{l} \qquad\; CH_3 \quad CH_3 \quad CH_3 \\ \;\; 1 \qquad 2| \qquad 3| \qquad 4| \\ H_3C-CH-CH-C-CH_2CH_2CH_3 \\ \qquad\qquad\qquad\quad 5| \qquad\qquad 8 \\ \qquad\qquad\qquad\quad CH_2CH_2CH_2CH_3 \end{array}$$

这不是一个庚烷，2,3,4-三甲基-4-丙基辛烷。

(d)

$$\begin{array}{l} \qquad\qquad\quad 2 \qquad 1 \\ \qquad H_3C-CH-CH_3 \\ 7 \quad 6 \quad 5 \quad 4 \quad 3| \\ CH_3CH_2CH_2C-CH-CH_3 \\ \qquad\qquad\quad | \\ \qquad H_3C-C-CH_3 \\ \qquad\qquad\quad | \\ \qquad\qquad\; CH_3 \end{array}$$

母体选择和编号顺序都错了。应该重命名为 4-(1,1-二甲基乙基)-2,3-二甲基庚烷。

(e)

$$\begin{array}{l} \qquad\qquad\quad 5 \qquad\qquad\qquad\qquad\qquad 11 \\ CH_3CH_2CH_2CHCH_2CH_2CH_2CH_2CH_2CH_2CH_3 \\ \qquad\qquad\quad | \\ \qquad\qquad 4\,CH_2 \\ \quad 1 \quad 2 \quad 3| \\ CH_3CH_2CHCH_2CH_3 \end{array}$$

主链选择错误。这个化合物应该是 3-乙基-5-丙基十一烷。

(f)

$$\begin{array}{l} \qquad\qquad\qquad\qquad\qquad CH_3 \\ \;\; 5 \qquad 4 \qquad\quad 3 \qquad 2| \quad 1 \\ H_3C-CH-CH_2-C-CH_3 \\ \qquad\quad | \qquad\qquad\quad | \\ \qquad CH_3 \qquad\quad CH_3 \end{array}$$

编号方向反了，应该是 2,2,4-三甲基戊烷。

(g)

$$\begin{array}{l} 7 \quad 6 \quad 5 \quad 4 \\ CH_3CH_2CH_2CHCH_2CH_2CH_3 \\ \qquad\quad 3| \quad 2 \quad 1 \\ \quad CH_3CHCH_2CH_3 \end{array}$$

主链选择错了，应该按照“取代基最多”规则。应该命名为 3-甲基-4-丙基庚烷。

(h)

$$\begin{array}{l} \qquad CH_3 \\ \qquad\;\; | \\ H_3C-CH-CH_2CH_2CH_2CH_3 \end{array}$$

异庚烷是这个分子的俗称：“异”表示一类除了末端 $(CH_3)_2CH$ 基团外再无分支的链状烷烃。IUPAC 命名法：2-甲基己烷。

(i)

$$\begin{array}{l} \qquad CH_3 \\ \qquad\;\; | \\ H_3C-C-CH_2CH_2CH_3 \\ \qquad\;\; | \\ \qquad CH_3 \end{array}$$

另一例俗称的化合物：新代表了分子末端存在 $(CH_3)_3C$ 基团。IUPAC 命名为 2,2-二甲基戊烷。

46. (a)

$$\begin{array}{l} \qquad\qquad\qquad Cl \qquad CH_3 \\ \qquad\qquad\qquad | \qquad\quad | \\ CH_3CH_2CH_2CH-CHCH_3 \end{array}$$

命名是不正确的。应该沿着相反的方向（从右到左）编号，命名为 3-氯-2-甲基己烷。

(b)

$$\begin{array}{l} \qquad\qquad CH_3 \\ 1 \qquad\qquad | \\ CH_3CH_2CCH_2CH_3 \\ \qquad\qquad | \\ \qquad\quad CH_2CH_2CH_3 \\ \qquad\qquad\qquad\quad 6 \end{array}$$

命名是不正确的。选择了错误的主链。主链应是标注编号的这个六元碳链，命名为：3-乙基-3-甲基己烷。

（c） $CF_3CH(CH_3)CH_3$ 命名是正确的。

（d） $CH_3CH_2CH_2CH(CH_2CH_2CHBrCH_3)CH_2CH_2CH_2CH_2CH_3$（C-1 为 $CHBr\underline{C}H_3$ 中的甲基碳，C-5 为支链连接处，C-10 为末端甲基）这个化合物的主链也选错了。应该按图所示进行编号，得到2-溴-5-丙基癸烷。

47. 请不要通过没有条理地随意写出结构来回答这类问题。否则极有可能反复画出相同的分子。要系统性地回答这类问题：像答案这样按照长短顺序写出以不同主链为母体的化合物结构。一共有9个 C_7H_{16} 的异构体。

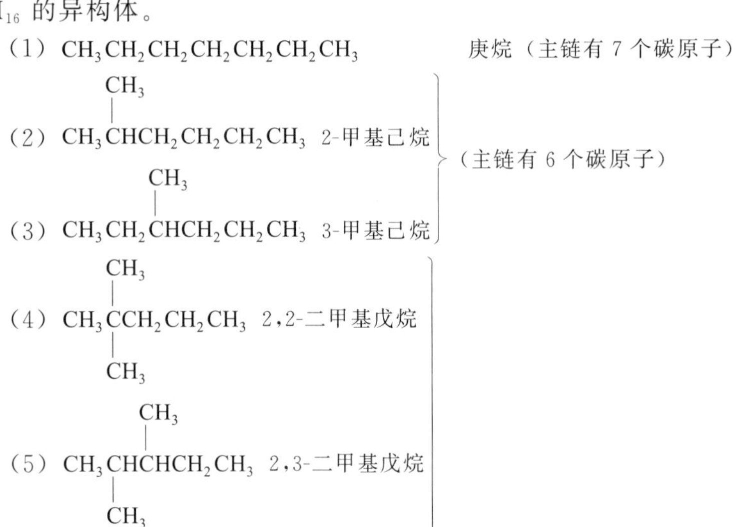

（1） $CH_3CH_2CH_2CH_2CH_2CH_2CH_3$ 庚烷（主链有7个碳原子）

（2） $CH_3CH(CH_3)CH_2CH_2CH_2CH_3$ 2-甲基己烷

（3） $CH_3CH_2CH(CH_3)CH_2CH_2CH_3$ 3-甲基己烷

（2）、（3）：（主链有6个碳原子）

（4） $CH_3C(CH_3)_2CH_2CH_2CH_3$ 2,2-二甲基戊烷

（5） $CH_3CH(CH_3)CH(CH_3)CH_2CH_3$ 2,3-二甲基戊烷

（6） $CH_3CH(CH_3)CH_2CH(CH_3)CH_3$ 2,4-二甲基戊烷

（7） $CH_3CH_2C(CH_3)_2CH_2CH_3$ 3,3-二甲基戊烷

（8） $CH_3CH_2CH(CH_2CH_3)CH_2CH_3$ 3-乙基戊烷

（4）～（8）：（主链有5个碳原子）

（9） $CH_3C(CH_3)_2—CH(CH_3)CH_3$ 2,2,3-三甲基丁烷（主链有4个碳原子）

48. （a） $CH_3—CH_3$ 中每一个碳原子和氢原子都是一级碳/氢。

（b） $H_3C—CH_2—CH_2—CH_2—CH_3$

两端的 H_3C、CH_3：一级；中间的三个 CH_2：二级

（c） $H_3C—CH(CH_3)—CH_2—CH_3$

H_3C、CH_3（支链）、CH_3（末端）：一级；CH：三级；CH_2：二级

（d） $H_3C—C(CH_3)_2—C(CH_3)(CH_2CH_3)—CH(CH_3)—CH_3$ 所有的伯碳都是一级的。

CH：三级；CH_2：二级

49. 基团的级数与其 1 号碳的级数一致（基团和主链的“连接点”处，由“半键”位置给出）。

一级
↓
CH_3
—$\boxed{CH_2}$—CH—CH_2—CH_3
1　2　3　4
半键

（**a**）一级；2-甲基丁基。

（**b**）一级；3-甲基丁基。

（**c**）二级；1,2-二甲基丙基。

（**d**）一级；2-乙基丁基。

（**e**）二级；1,2-二甲基丁基。

（**f**）三级；1-乙基-1-甲基丙基。

50. 季碳是指同时与四个其他碳原子相连的碳原子。化合物 A 有一个叔碳，它和三个碳原子还有一个氧原子直接相连。化合物 B 有一个季碳。

51. 这些都是 C_7H_{16} 的同分异构体，都是缺少极性官能团的化合物。所以唯一需要考虑的影响沸点升高的因素就是它们的表面积：表面积越大，分子间总的吸引力越大。因此，几何上分摊更多表面积的直链化合物将有更高的沸点，而具有更紧凑形状的支链化合物将在较低的温度下沸腾。所以，最合理的顺序是（d）＜（c）＜（a）＜（b）。

52.

（**a**）H_3C—$\underset{2}{CH}$(CH_3)—$\underset{3}{CH_2}$—CH_3　最稳定的构象是
H，H_3C，CH_3，H，CH_3，H。

更多细节请参照习题 54。

（**b**）H_3C—$\underset{2}{C}$(CH_3)$_2$—$\underset{3}{CH_2}CH_3$　最稳定的构象是
H，H_3C，CH_3，H，CH_3，CH_3　所有的三个交叉构象都是等价的

（**c**）H_3C—C(CH_3)$_2$—$\underset{3}{CH_2}$—$\underset{4}{CH_2}$—CH_3　最稳定的构象是
CH_3，H，H，H，H，$C(CH_3)_3$

（**d**）H_3C—C(CH_3)$_2$—$\underset{3}{CH_2}$—$\underset{4}{CH}$(CH_3)—CH_3　最稳定的构象是
CH_3，H，H，H_3C，H，$C(CH_3)_3$

53.（**a**）这个能量应该是乙烷交叉式与重叠式能量差的 1/3，也就是大约 1.0 $kcal \cdot mol^{-1}$。

（**b**）甲基-氢的重叠出现在丙烷和丁烷中。在丙烷中，重叠式比交叉式的能量高 3.2 $kcal \cdot mol^{-1}$，比乙烷的 2.9 $kcal \cdot mol^{-1}$高出 0.3 $kcal \cdot mol^{-1}$。多出的能量应该对应于 CH_3—H 和 H—H 重叠之间的差距，由此得到 CH_3—H 的相互作用能量为 1.3 $kcal \cdot mol^{-1}$。也可以用图 2-13 中丁烷 60°和 300°的重叠构象进一步核验。每一个都存在一个 H—H 重叠作用和两个 CH_3—H 重叠作用，应该具有 $1.0+2\times1.3=3.6$ $kcal \cdot mol^{-1}$的能量差，正好对应于势能图上的数据。从这个例子中可以看出，这些数值是可以相加的，也可以用这些来预测大多数构象的能量。

（**c**）CH_3—CH_3 重叠式构象比最稳定构象的能量高 4.9 $kcal \cdot mol^{-1}$。如果假设其中 2.0 $kcal \cdot mol^{-1}$来自重叠式的两对氢原子，那么就可以得到 CH_3—CH_3 相互重叠作用的能量为 2.9 $kcal \cdot mol^{-1}$。

（**d**）丁烷中甲基-甲基交叉构象的相互作用能可以从丁烷的邻位交叉式与对位交叉式的能量差（0.9

kcal•mol^{-1}）中得到。

54. 这个问题要处理的是（CH_3）$_2\underset{2}{C}H—\underset{3}{C}H_2CH_3$ 中 C-2—C-3 键的构象。

（**a**）使用 $\Delta G^{\ominus}=-RT\ln K=-2.303RT\log K$。$T=298$ K，$K=90\%/10\%=9$，$R=1.986$ cal•K^{-1}•mol^{-1}。所以，$\Delta G^{\ominus}=-2.303\times1.986\times298\times\log 9=-1.360\times0.954=-1297$ cal•mol$^{-1}\approx-1.30$ kcal•mol^{-1}。

（**b**）和（**c**）要一起做：除非知道了所有的构象，否则是画不出这个势能图的！从哪里开始（规定为 0°的构象）绘制并不重要。下面展示了四个 C-3 进行 180°旋转的纽曼投影式：

0°　　60°　　120°　　180°

240°的构象和 120°的一样，300°的构象和 60°的一样（可以做一个模型看看）。接下来，从图表中计算能量的相对变化。注意这些值应是焓变（$\Delta H^{\ominus}$），并不是自由能变（$\Delta G^{\ominus}$）。将能量原点设为没有邻位交叉基团的交叉构象。在所有交叉构象中，120°/240°的是最优的，都只有一个对位交叉 CH_3/CH_3 和一个邻位交叉的 CH_3/CH_3。把这两个构象的能量设为 +0.9 kcal•mol^{-1}（因为有一对邻位交叉的 CH_3/CH_3）。

0°的构象有两对 CH_3/CH_3 邻位交叉作用，因此它的相对能量是 $2\times0.9=1.8$ kcal•mol^{-1}。

60°和 300°的构象有一对 H—H 重叠作用（增加了 1.0 kcal•mol^{-1}），一对 CH_3—H 重叠作用（增加了 1.3 kcal•mol^{-1}），还有一对 CH_3—CH_3 重叠作用（增加 2.9 kcal•mol^{-1}），与规定的能量原点相比总共增加了 5.2 kcal•mol^{-1}，与 120°和 240°时最稳定的交叉构象相比增加了 4.3 kcal•mol^{-1}。

180°的构象是重叠式的，有三个 CH_3—H 重叠作用（增加了 $3\times1.3=3.9$ kcal•mol^{-1}的能量）。比 120°/240°的构象能量高出 3.0 kcal•mol^{-1}。所以势能图应该是这样的：

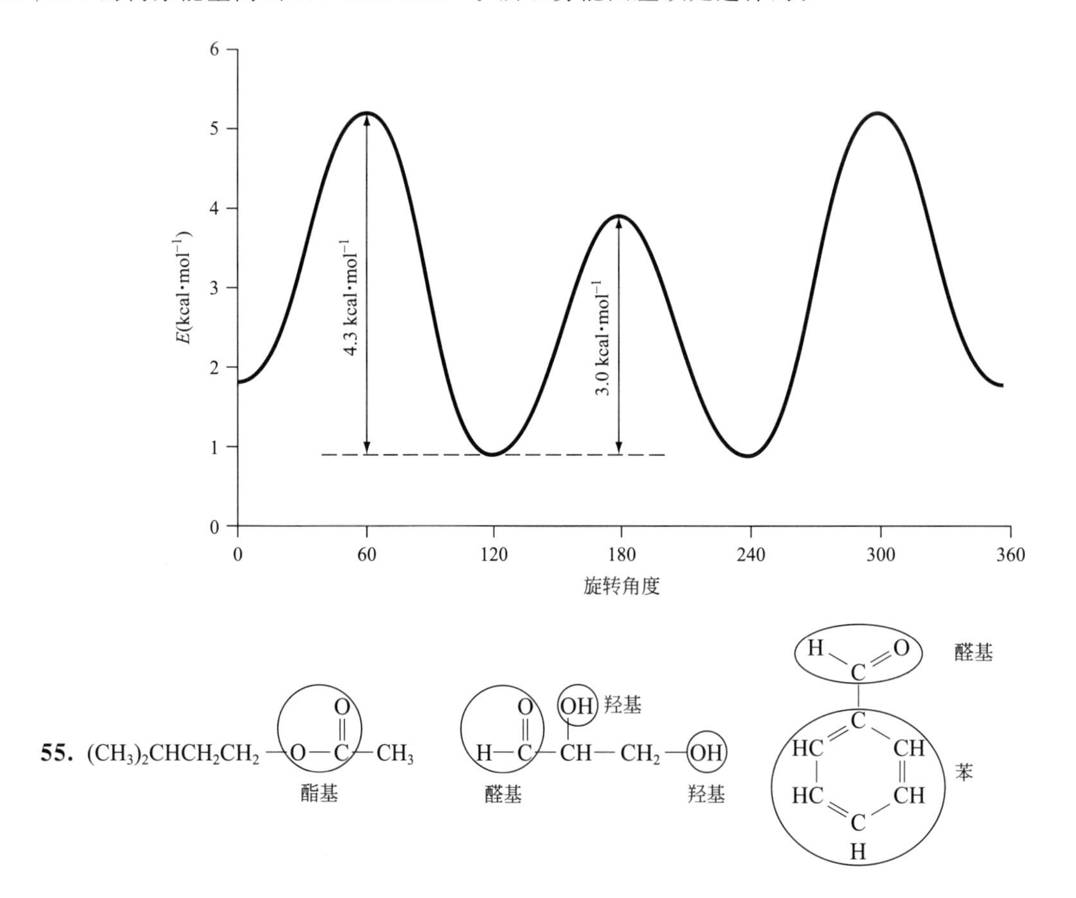

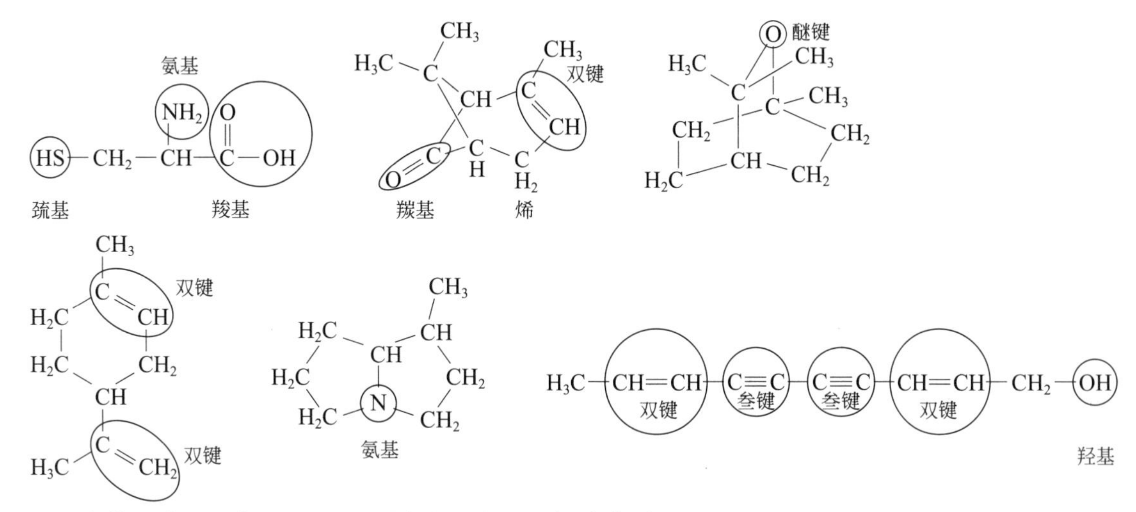

56. 在维生素 D_4 中：1,4,5-三甲基己基（二级取代基）。

在胆固醇中：1,5-二甲基己基（二级取代基）。

在维生素 E 中：4,8,12-三甲基十三烷基（一级取代基）。

在缬氨酸中：1-甲基乙基（二级取代基）。

在亮氨酸中：2-甲基丙基（一级取代基）。

在异亮氨酸中：1-甲基丙基（二级取代基）。

57. 这是一道可以采用“WHIP”（Why，How，Information，Proceed）策略来施展拳脚的问题。在开始之前，必须要在定量的层次上明白这道题问的是什么。“温度变化对 k 的影响”的意思是“温度较高时的 k 比温度较低时的 k 大多少?”换句话说，要计算“$k_{高温}/k_{低温}$”。再次重申，在你能理解一道题讨论的内容之前，是不可能做对这道题的。

(**a**) $E_a=15\ \text{kcal·mol}^{-1}$。

要从哪里开始呢？如果要比较不同温度下的 k 值，首先要知道 k 和 T 有着怎样的函数关系。第一条信息是 2-1 节中的关系式 $k=Ae^{-E_a/RT}$（教材 P58 页）。E_a 是已知的，R 是一个常数，所以比较不同温度下的 k 值——估计上面给出的比值——要求假设 A 值是定值，这样就可以把它从式子中除掉。因此我们可以得到一般式：

$$\frac{k_{T_2}}{k_{T_1}}=\frac{e^{-E_a/RT_2}}{e^{-E_a/RT_1}}\quad 或\quad k_{T_2}=\left(\frac{e^{-E_a/RT_2}}{e^{-E_a/RT_1}}\right)k_{T_1}$$

之后，要记得使用另一条信息，$R=1.986\ \text{cal·deg}^{-1}\text{·mol}^{-1}$，所以必须把 E_a 的单位从 kcal·mol^{-1} 变成 cal·mol^{-1}（回忆一下练习 2-7）。接下来去一步一步地获得你的答案吧。

(1) 温度升高 10°，$k_{310°}=\dfrac{e^{-15000/(1.986\times310)}}{e^{-15000/(1.986\times300)}}k_{300°}$

$$\frac{e^{-24.36}}{e^{-25.18}}=\frac{2.62\times10^{-11}}{1.16\times10^{-11}}=2.26k_{300°}$$

(2) 温度升高 30°，$k_{330°}=\dfrac{e^{-15000/(1.986\times330)}}{1.16\times10^{-11}}=\dfrac{e^{-22.89}}{1.16\times10^{-11}}$

$$=\frac{1.15\times10^{-10}}{1.16\times10^{-11}}=9.91k_{300°}$$

(3) 温度升高 50°，$k_{350°}=36.6k_{300°}$

(**b**) $E_a=30\ \text{kcal·mol}^{-1}=30000\ \text{cal·mol}^{-1}$

(1) 温度升高 10°，$k_{310°}=\dfrac{e^{-30000/(1.986\times310)}}{e^{-30000/(1.986\times300)}}=\dfrac{6.88\times10^{-22}}{1.36\times10^{-22}}$

$$=5.06k_{300°}$$

(2) 温度升高 30°，$k_{330°}=96.9k_{300°}$

（3）温度升高 50°，$k_{350°}=1320k_{300°}$

（c）$E_a=45\ \text{kcal·mol}^{-1}=45000\ \text{cal·mol}^{-1}$

（1）温度升高 10°，$k_{310°}=\dfrac{e^{-45000/(1.986\times310)}}{e^{-45000/(1.986\times300)}}=\dfrac{1.80\times10^{-32}}{1.58\times10^{-33}}$

$=11.4k_{300°}$

（2）温度升高 30°，$k_{330°}=958.6k_{300°}$

（3）温度升高 50°，$k_{350°}=48480k_{300°}$

用表格作一个总结，把所有的答案都放在里面：

E_a	15 kcal·mol^{-1}	30 kcal·mol^{-1}	45 kcal·mol^{-1}
$k_{310°}/k_{300°}$	2	5	10
$k_{330°}/k_{300°}$	10	100	1000
$k_{350°}/k_{300°}$	40	1300	50000

这道题展示了温度对三个有着不同活化能的反应的速率常数的影响。注意以下几点。

① 有着高活化能的反应对温度变化更加敏感。

② 即使活化能较小的反应，其速率常数对温度升高也有明显的响应。这些结论和本课程息息相关，因为有机反应（还有生化反应）的 E_a 值一般在 15～30 kcal·mol^{-1}的范围内。

58. 用直线的一般方程作 y 关于 x 的图：$y=$（截距）+（斜率）×（x）。将这个和题目中的等式作对比：

$$\log k=\log A-\frac{E_a}{2.3RT}$$

如果稍微整理一下，把 $1/T$ 分离出来，可以得到：

$$\log k=\log A-\left(\frac{E_a}{2.3R}\right)\left(\frac{1}{T}\right)$$

将这个和直线的方程式作比较，可以发现，将 $1/T$ 对 k 作图的话得到一条斜率为 $-(E_a/2.3R)$、截距为 $\log A$ 的直线。因此，若将直线斜率乘以 $-2.3R$ 就可以得到 E_a。图表如下：

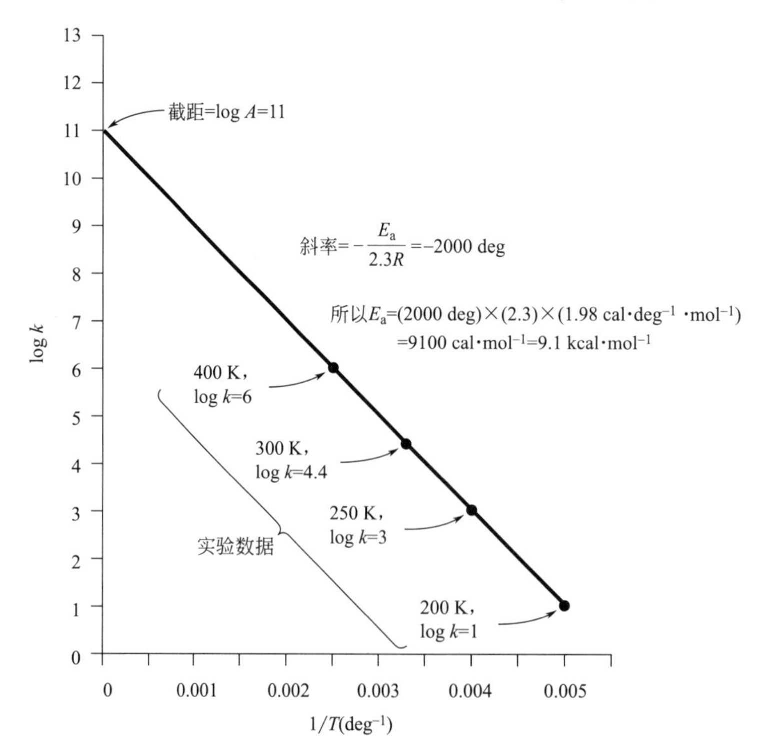

59.（**a**）这里有一个小问题：溴乙烷中因极化带有正电的碳原子［(a) 部分］为闭壳层结构，因此并不是路易斯酸中心。更多关于卤代烷烃和路易斯碱的反应可以参照习题 61。

（**b**）$CH_3CH_2-C^+(O^-)(H) + :NH_3 \longrightarrow CH_3CH_2-C(O^-)(H)-N^+H_3$

（**c**）$H^+ + :\ddot{O}(CH_3)(CH_2CH_3) \longrightarrow H-\ddot{O}^+(CH_3)(CH_2CH_3)$

（**d**）$CH_3CH_2-C^+(O^-)(CH_3CH_2) + :C^-H_3 \longrightarrow CH_3CH_2-C(O^-)(CH_3CH_2)-CH_3$

（**e**）$H_3C-C\equiv N: + {}^+CH_3 \longrightarrow H_3C-C\equiv N^+-CH_3$

60.（**a**）从 54(a) 中可以得到 $\Delta G^\ominus=-1.30\ \text{kcal}\cdot\text{mol}^{-1}$。$T=298\ \text{K}$、$\Delta S^\ominus=+1.4\ \text{cal}\cdot\text{deg}^{-1}\cdot\text{mol}^{-1}$。所以将 $\Delta G^\ominus=\Delta H^\ominus-T\Delta S^\ominus$ 重新整理以求出 $\Delta H^\ominus$。$\Delta H^\ominus=\Delta G^\ominus+T\Delta S^\ominus=-1.30+298\times(+1.4\times10^{-3})=(-1.30+0.42)\ \text{kcal}\cdot\text{mol}^{-1}$。$\Delta H^\ominus=-0.88\ \text{kcal}\cdot\text{mol}^{-1}$。

这个结果和习题 54（b）、(c) 中计算的从 0°到 120°邻位交叉构象的能量差 $\Delta H^\ominus=-0.9\ \text{kcal}\cdot\text{mol}^{-1}$ 非常吻合。

（**b**）别忘记了将单位从℃换算成 K 时要加上 273！

(1) $\Delta G^\ominus(-250\ ℃)=\Delta H^\ominus-T\Delta S^\ominus=-0.88-(23\ \text{K})\times(1.4\times10^{-3})=-0.91(\text{kcal}\cdot\text{mol}^{-1})$

(2) $\Delta G^\ominus(-100\ ℃)=\Delta H^\ominus-T\Delta S^\ominus=-0.88-(173\ \text{K})\times(1.4\times10^{-3})=-1.12(\text{kcal}\cdot\text{mol}^{-1})$

(3) $\Delta G^\ominus(500\ ℃)=\Delta H^\ominus-T\Delta S^\ominus=-0.88-(773\ \text{K})\times(1.4\times10^{-3})=-1.96(\text{kcal}\cdot\text{mol}^{-1})$

（**c**）使用 $\Delta G^\ominus(500\ ℃)=-RT\ln K=-2.303RT\log K$。整理得到 $-\dfrac{\Delta G^\ominus}{2.303RT}=\log K$，或 $K=10^{(-\Delta G^\ominus/2.303RT)}=\text{antilog}\ (-\Delta G^\ominus/2.303RT)$

(1) 在 $T=-250\ ℃=23\ \text{K}$ 时，$\Delta G^\ominus=-0.91\ \text{kcal}\cdot\text{mol}^{-1}=-910\ \text{cal}\cdot\text{L}^{-1}\text{mol}^{-1}$；$-\dfrac{\Delta G^\ominus}{2.303RT}=-\dfrac{-910}{2.303\times1.986\times23}=8.65=\log K$，所以 $K=4.5\times10^8$。

(2) 在 $T=-100\ ℃=173\ \text{K}$ 时，$\Delta G^\ominus=-1.12\ \text{kcal}\cdot\text{mol}^{-1}=-1120\ \text{cal}\cdot\text{mol}^{-1}$；$-\dfrac{\Delta G^\ominus}{2.303RT}=-\dfrac{-1120}{2.303\times1.986\times173}=1.42=\log K$，所以 $K=26$。

(3) 在 $T=500\ ℃=773\ \text{K}$ 时，$\Delta G^\ominus=-1.96\ \text{kcal}\cdot\text{mol}^{-1}=-1960\ \text{cal}\cdot\text{mol}^{-1}$；$-\dfrac{\Delta G^\ominus}{2.303RT}=-\dfrac{-1960}{2.303\times1.986\times773}=0.55=\log K$，所以 $K=3.5$。

将习题 60 以及习题 54 的结果汇总在下表中：

T/K	$\Delta G^\ominus$	K
23	−0.91	4.5×10^8
173	−1.12	26
298	−1.30	9
773	−1.96	3.5

这些数据说明了两个问题。最明显的是温度对 K 有巨大的影响。23 K（这个温度很低）时，每十亿个 2-甲基丁烷分子中只有两个以高能量的构象（0°）存在！周围热能太小以至于键的旋转是很难发生的。与之对比的是，在高温下 K 值随着热力学能量的升高而下降，从而允许了更多的分子以更加不稳定的构象存在。也请注意 $\Delta S^{\ominus}$同样会使 $\Delta G^{\ominus}$随着温度的变化而变化，但是影响是比较小的，因为 $\Delta S^{\ominus}$比较小。

61. 在回答问题时充分利用已知的信息一般来说都是一个好主意——事实上，如果把所有的信息都写出来，答案自然而然地就会出现了。

(**a**) 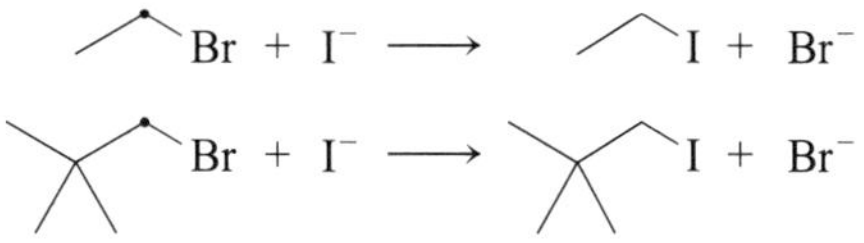 Br + I^- ⟶ I + Br^-

Br + I^- ⟶ I + Br^- 这个反应的反应速率是上面反应的 1/10000。

(**b**) 反应中心在上图中以黑点标注。它们都是伯碳，因为它们都只和一个其他碳原子相连。

(**c**) 静电学指出带负电荷的碘离子将被 C—Br 键中因极化带有正电荷的碳原子吸引。但是，因为这个原子已经满足八隅律，所以除非其他原子如溴原子一样带着一对电子离开，否则碘原子并不能和它成键。二级反应的动力学结果并不支持溴离子在碘离子进攻前离去的假设。所以这两个事件很可能是同时发生的：

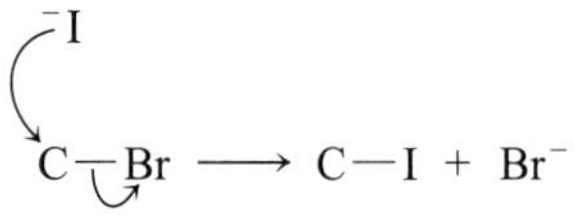

$^-$I

C—Br ⟶ C—I + Br^-

与第一个反应相比，上面的第二个反应中反应速率大幅下降，说明烷基的增大将阻碍碘离子与碳的成键（一个空间位阻的例子：参照教材 2-8 节，第 87 页）。

如果碘离子必须靠近这个烷基才能成键，就可以解释上述实验结果，它可能是沿着下面画出的路径进行反应的：

(**d**)

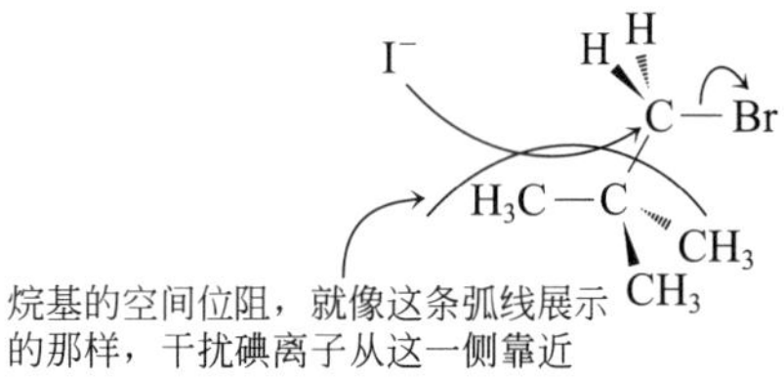

I^- H H C—Br H_3C—C CH_3 CH_3

烷基的空间位阻，就像这条弧线展示的那样，干扰碘离子从这一侧靠近

62. $CH_3CH(CH_3)CH_2CH_3$ 中含有两个二级氢（在 CH_2 基团上）和一个三级氢（CH）。

63. (**b**)。产物的能量比原料低，所以将释放能量。

64. (**b**)。这是一个烷烃。所有的角都是 109.5°。

65. (**c**)。参照教材 91 页的图 2-12。

66. (**e**)。C═O 键是酯基的一部分。

3

烷烃的反应：键解离能，自由基卤化反应和相对反应性

在有机化学课程开始时讨论烷烃的反应，使我们能够学到几个在后续章节中有用的概念。这些概念包括一般的反应机理，它用于描述任何类型的化合物在特定反应条件下可能如何表现。同时也可以看到第2章介绍的能量概念与多步骤反应之间的关系。烷烃不含任何官能团：它们仅由非极性的C—C键和C—H键组成。因此，烷烃基本上不与离子或极性物质反应；事实上，烷烃几乎是所有类别的化合物中反应性最低的。因此，烷烃的化学仅限于可导致非极性键断裂的过程。均裂（homolytic cleavage）是唯一合理的烷烃键断裂方式，每个成键原子都留下一个电子：

$$C—C \longrightarrow C\cdot + \cdot C \text{ 或 } C—H \rightarrow C\cdot + \cdot H$$

这种断裂方式很难发生，只有在高温或某些特别活泼的物种（如卤素原子）存在时才会发生。

本章介绍了烷烃键断裂的三种方式：热裂解（高温）、卤化（卤原子）和燃烧（高温和氧气）。你会注意到讨论中对键能的高度重视，这是因为键的断裂需要输入能量。反应机理以逐步、逐键分析的方式呈现，有助于发现趋势和进行类比。

本章概要

3-10　合成的含氯化合物与平流层中的臭氧层

"真实世界"中的卤素。

3-11　烷烃的燃烧和相对稳定性

其中包括与化学反应相关的能量评估的详细介绍。

本章重点

3-1 烷烃键的强度：自由基

当我们讨论键的强度时，经常会遇到一个次要但令人讨厌的混淆点——键的强度，或更准确地说，键解离能（$DH^{\ominus}$），其定义为破坏一根键时需要输入的能量，它与形成该键时释放的能量相同。

$$\mathrm{A{-}B} \longrightarrow \mathrm{A\cdot} + \mathrm{B\cdot} \quad \Delta H^{\ominus} = DH^{\ominus} \quad \text{消耗能量}$$

$$\mathrm{A\cdot} + \mathrm{B\cdot} \longrightarrow \mathrm{A{-}B} \quad \Delta H^{\ominus} = -DH^{\ominus} \quad \text{释放能量}$$

这两个方程表明，键合分子 A—B 比分离的原子 A 和 B 更稳定，能量更低，差值为 $DH^{\ominus}$。当分子中的键较强（高 $DH^{\ominus}$）时，分子的能量通常相对较低（较稳定）。只要记住 $DH^{\ominus}$ 是破坏键所需的能量，你就不会陷入将高 $DH^{\ominus}$ 值与高能物种相关联的常见陷阱中。高 $DH^{\ominus}$ 值意味着低能量、强键合、稳定的物种。本节中的图表有助于进一步理解 $DH^{\ominus}$ 值的含义，为以后的使用做好准备。

3-2 烷基自由基和超共轭效应

烷烃中键的均裂会产生自由基：在之前连接的基团位置处具有单电子的物种。本节以四个例子来说明：甲基自由基（$\cdot CH_3$）、乙基自由基（$\cdot CH_2CH_3$）、异丙基自由基 [$\cdot CH(CH_3)_2$]、叔丁基自由基 [$\cdot C(CH_3)_3$]。

本节提出了以下几个要点。第一，自由基碳是 sp^2 杂化（平面形），而不是 sp^3 杂化（四面体型，如在烷烃中一样）。为什么是这样呢？部分原因可以追溯到基本的静电作用，即一个物种的构型需要使其中心原子周围电子之间的排斥力最小（价层电子对互斥理论，VSEPR）。在氨（$:NH_3$）中，最优情况是 N 周围的四对电子形成基于 sp^3 杂化的三角锥形：孤对电子与 N—H 键电子对的排斥是最重要的原因，它使得这种几何形状成为首选。将非成键电子的数量从两个减少到一个，如甲基自由基（$\cdot CH_3$），会改变这种情况。现在，C—H 成键电子对之间的排斥作用占主导地位，因此形成 sp^2 杂化的平面三角形结构，可以使 C—H 键电子互相远离。

第二，与自由基碳原子相连的烷基对自由基中心具有稳定化作用。所以，叔丁基自由基比异丙基自由基稳定，异丙基自由基比乙基自由基稳定，甲基自由基最不稳定。超共轭（hyperconjugation）效应是一个常用于解释这种稳定作用的概念。在物理学和静电学上，自由基碳可以认为是缺电子的（7 个价层电子而不是八隅体）。通过超共轭效应，自由基中心可以向相邻烷基“借”一点儿电子云，从而使其不那么缺电子。通过这种效应，烷基有效地将电子缺失部分转移到自己身上，将其分散或“离域”。电子缺失或过量的离域化通常是一个能量上有利、稳定化的过程，与集中在单个原子上相比，可有效地使“问题”在更大的区域内被缓解。

烷基稳定缺电子中心（如自由基）的能力通常意味着它们是比氢原子更好的电子供体。因此烷基被认为是给电子基团。

3-3 石油的转化：热裂解

本节探索了键断裂和自由基形成在“真实世界”中的应用。加热可以断裂长链烷烃中的碳-碳键，得到较低分子量的产物。这一过程通常需要使用催化剂：一种可加速键断裂的反应，但本身在反应时不会被消耗的物质。热裂解经常产生多种产物的混合物，人们已经开发了一些方法（主要在石油工业中）来控制这一反应。因而我们将经常探讨反应控制的问题：改变进行化学转化的条件，从而得到所需的分子作为主要或唯一的产物。

3-4 甲烷的氯化：自由基链式反应机理

本节讨论甲烷与氯气分子的反应。

$$CH_4 + Cl_2 \longrightarrow HCl + CH_3Cl$$

该过程很重要，因为它将非官能化分子（烷烃）转化为含有官能团的分子（卤代烷）。一旦存在官能团，分子就可以发生更多种类的化学反应。本节同时详细介绍了该反应的机理。这个反应不会一下子发生，相反，它有几个不同的步骤。我们不仅要密切关注反应的步骤（链引发、链传递和链终止），还要注意每个步骤更细节的 $\Delta H^{\ominus}$、E_a 和过渡态结构。尽管这里介绍的一些术语仅适用于自由基机理，而不适用于以后出现的大多数反应，但此机理包含的信息类型对于理解有机反应怎样发生、为何发生是至关重要的。请花一些时间在本节中以研究每个反应步骤。它们的能量环境是什么？在什么条件下发生？在整个反应过程中扮演什么角色？尝试判断反应所涉及物种的相对“稳定性”或“不稳定性”，以及“反应性”或“非反应性”。反应机理旨在使你理解有机化学。

请确保你已理解根据参与转化反应的键的 $DH^{\ominus}$值计算化学反应的 $\Delta H^{\ominus}$的方法。一般公式为：

$$\Delta H^{\ominus}_{反应} = \underbrace{\sum DH^{\ominus}\text{（断裂的键）}}_{\uparrow\ 能量输入} - \underbrace{\sum DH^{\ominus}\text{（生成的键）}}_{\uparrow\ 能量输出}$$

为了通过与正文中不同的反应来说明，我们计算反应 $C_2H_6 + H_2 \longrightarrow 2CH_4$ 的 $\Delta H^{\ominus}$。使用教材中表 3-1 和表 3-2 中的数据。

$$H_3C—CH_3 + H—H \longrightarrow 2CH_3—H$$

$$DH^{\ominus} = \quad 90 \qquad 104 \qquad 105 \quad kcal \cdot mol^{-1}$$

$$H^{\ominus}_{反应} = [90+104] - [2 \times 105] = -16(kcal \cdot mol^{-1})$$

↑ 注意：生成了 2 个 C—H 键

评论：这是一个“加氢裂化”过程。反应虽然放热，但需要在非常高的温度下才能发生（和热裂解一样，C—C 键的断裂需要在非常高的温度下发生）

关于能量的说明：自由基链式反应的总焓变仅仅是链传递步骤的 $\Delta H^{\ominus}$值之和。如果将这些步骤中的物种“相加”，可以发现自由原子和自由基“抵消”，只留下总反应的分子物种。

链传递步骤 1	$CH_4 + Cl\cdot \longrightarrow HCl + \cdot CH_3$	$\Delta H^{\ominus} = +2\ kcal \cdot mol^{-1}$
链传递步骤 2	$\cdot CH_3 + Cl_2 \longrightarrow CH_3Cl + Cl\cdot$	$\Delta H^{\ominus} = -27\ kcal \cdot mol^{-1}$
总计：	$CH_4 + \cancel{Cl\cdot} + \cancel{\cdot CH_3} + Cl_2 \longrightarrow HCl + \cancel{\cdot CH_3} + CH_3Cl + \cancel{Cl\cdot}$	$\Delta H^{\ominus} = -25\ kcal \cdot mol^{-1}$

除去出现在等式两边的 Cl• 和 $\cdot CH_3$ 后，只剩下化学方程式中的分子。链引发和链终止步骤以及它们的 $\Delta H^{\ominus}$呢？它们是独立的，其 $\Delta H^{\ominus}$值不是总反应焓变的一部分。当通过实验测量自由基反应的热量时，测得结果不会精确地等于链传递步骤的 $\Delta H^{\ominus}$；链引发和链终止也在同时发生，它们的 $\Delta H^{\ominus}$会引入误差。然而，这种偏差通常很小，因为链引发和链终止步骤相对于链传递步骤很少发生，并且吸热的链引发与放热的链终止过程大部分抵消。

3-5 和 3-6　甲烷的其他自由基卤化反应

有机化学最好的特征之一是一种机理可以适用于多个单独的反应。因此，甲烷与其他卤素的反应遵循与甲烷氯化相同类型的反应步骤。然而，相似之处是定性的。由于能量上的显著差异，反应坐标图表观上的差异在本章的后续部分中将变得重要。这些定量的差异导致了一些后果。

3-7　高级烷烃的氯化

甲烷氯化的机理同样定性地适用于其他烷烃的氯化，唯一的区别在于可断裂的 C—H 键的性质。高级烷烃中键的强度通常不如甲烷，其 $DH^{\ominus}$值遵循 $CH_4 > 1° > 2° > 3°$的顺序（注：1°＝一级，2°＝二级，3°＝三级，这些是常用符号）。最弱的 3° C—H 键最容易断裂。因此，含有不同类型 C—H 键的烷烃在与氯气的反应中显示出 $3° > 2° > 1°$的固有选择性。本节定量描述了这种选择性，通过一些代表性的体系说明了如何结合反应性差异和氢原子的统计数目，从而得到观察到的产物比例。

3-8 其他卤素的选择性

本节是前几节内容的扩展。最重要的一点是自由基卤化的反应性与选择性成负相关。简而言之，相对于反应性较低的卤素而言，反应性较强的卤素不太挑剔，对 3°、2°、1° C—H 键的偏好程度较低。其原因在于 C—H 键断裂步骤的活化能差异。氟的活化能非常小，并且对各种 C—H 键的活化能很接近，因此氟与任何 C—H 键的反应都非常迅速。溴的反应活化能很高，对不同类型的 C—H 键存在显著差异，这导致溴与任何烷烃的反应都比氟慢得多，并且更能区分 3°、2°和 1° C—H 键。不同卤素的反应坐标图之间的对比显示了这种差异。

3-9 合成应用

有机化合物的合成是有机化学的一项主要功能。在合成中，我们力图以高产率和高选择性得到所需产物，以最大限度减少将其与副产物分离纯化得到预期产物所需的工作量。特别地，产生难以分离的多组分混合物的反应在合成上是无用的。本章已经列举了烷烃卤化反应的大量的可能情况。并非所有的示例在合成上都同样有用。最好的情况是，起始物烷烃中所有的氢在化学上都无法区分（如甲烷、乙烷、新戊烷），它们只能产生一种单卤化产物。在大多数情况下，合成效用取决于存在的不同类型的氢，以及目标产物是由分子中反应性更强还是更弱的氢被取代得到。

例如在异丁烷中，有 1 个 3° H 和 9 个 1° H。如果我们希望在 3°碳上卤化，显而易见应选用选择性较好的溴。如果我们希望卤化 1°碳，那么选择性较低、反应性较强的氟可以充分利用每个分子中 9 倍数目的 1° H。

$$H_3C—CH(CH_3)—CH_3 + Br_2 \longrightarrow H_3C—CBr(CH_3)—CH_3 \quad \text{主要产物}$$

$$H_3C—CH(CH_3)—CH_3 + F_2 \longrightarrow F—CH_2—CH(CH_3)—CH_3 \quad \text{主要产物}$$

3-11 烷烃的燃烧和相对稳定性

为了通过实验获得热力学信息，可以使用以下几种方法。平衡常数的测量给出了物质之间的能量差。直接测量反应热可以得到同样的结果。当碳氢化合物燃烧时，燃烧热是反应物与生成的 CO_2 和 H_2O 分子之间的能量差。此数据可用于化合物之间的比较，进而揭示不同结构对稳定性的影响。

习 题

15. 标记以下每种化合物中的一级、二级和三级氢。

(a) $CH_3CH_2CH_2CH_3$ (b) $CH_3CH_2CH_2CH_2CH_3$

(c) (d)

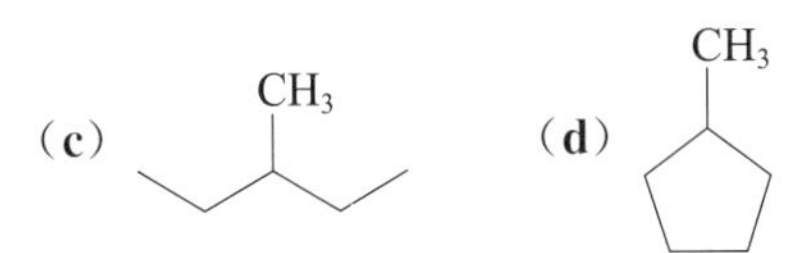

16. 命名下列各组烷基自由基，并判断是一级、二级还是三级自由基；以稳定性降低的顺序依次排序；画出最稳定的自由基的轨道并表示其超共轭作用。

(a) $CH_3CH_2\dot{C}HCH_3$ 和 $CH_3CH_2CH_2CH_2\cdot$

(b) $(CH_3CH_2)_2CHCH_2\cdot$ 和 $(CH_3CH_2)_2\dot{C}CH_3$

(c) $(CH_3)_2CH\dot{C}HCH_3$、$(CH_3)_2\dot{C}CH_2CH_3$ 和 $(CH_3)_2CHCH_2CH_2\cdot$

17. 尽可能多地写出你能够想到的丙烷热裂解的产物。假设 C—C 键的断裂是唯一的链引发步骤。

18. 对于 (a) 丁烷和 (b) 2-甲基丙烷，回答习题 17 中提出的问题。可以用表 3-2 中的数据来判断最可能发生均裂的键，并将这个键的断裂作为第一步。

19. 计算下列反应的 $\Delta H^{\ominus}$。

(**a**) $H_2+F_2 \longrightarrow 2\ HF$；

(**b**) $H_2+Cl_2 \longrightarrow 2\ HCl$；

(**c**) $H_2+Br_2 \longrightarrow 2\ HBr$；

(**d**) $H_2+I_2 \longrightarrow 2\ HI$；

(**e**) $(CH_3)_3CH+F_2 \longrightarrow (CH_3)_3CF+HF$；

(**f**) $(CH_3)_3CH+Cl_2 \longrightarrow (CH_3)_3CCl+HCl$；

(**g**) $(CH_3)_3CH+Br_2 \longrightarrow (CH_3)_3CBr+HBr$；

(**h**) $(CH_3)_3CH+I_2 \longrightarrow (CH_3)_3CI+HI$。

20. 对于习题 15 中的每种化合物，确定单卤化时可形成多少个同分异构体。(**提示：**识别在每个分子中出现的处于不同结构环境的各类氢原子)。

21. (**a**) 使用 3-6 节和 3-7 节中给出的信息，写出 (i) 戊烷和 (ii) 3-甲基戊烷的自由基单氯化产物。(**b**) 对于每一种情况，估计在 25 ℃下形成的各种单卤代化合物异构体的比例。(**c**) 使用表 3-1 中的键解离能数据，确定 3-甲基戊烷在 C-3 位氯化的链传递步骤的 $\Delta H^{\ominus}$ 值。整个反应的 $\Delta H^{\ominus}$值又是多少？

22. 写出甲烷单溴化反应的完整机理。注意要包括链引发、链传递和链终止步骤。

23. 绘制甲烷单溴化的两个链传递步骤的势能/反应坐标图（习题 22）。

24. 写出烃类化合物苯（C_6H_6）的自由基溴化机理（结构见 2-4 节）。用类似 3-4 节至 3-6 节中烷烃卤化的链传递步骤，计算反应每一步以及总反应的 $\Delta H^{\ominus}$ 值。这个反应在热力学上与其他碳氢化合物的溴化有何区别？数据：$DH^{\ominus}(C_6H_5—H)=112\ kcal \cdot mol^{-1}$；$DH^{\ominus}(C_6H_5—Br)=81\ kcal \cdot mol^{-1}$。注意练习 3-5 中（a）部分的**注意事项**。

25. 对于苯的单溴化的两个链传递步骤（习题 24）中的每一步，绘制势能（能量）/反应坐标图。

26. 确定在习题 25 中绘制的每个图表，以显示出前或后过渡状态。

27. 丙烷的单溴化会产生两种异构体产物。(**a**) 画出它们的结构。(**b**) 使用表 3-6 中的数据和 3-7 节中概述的丙烷氯化方法，确定在该过程中形成的产物的大致比例。哪个是主要产物？溴对二级氢与一级氢的选择性，是否足够以高产率形成一种产物异构体？

28. 写出下列反应的主要有机产物（如果有的话）。

(**a**) $CH_3CH_3+I_2 \xrightarrow{\triangle}$

(**b**) $CH_3CH_2CH_3+F_2 \longrightarrow$

(**c**) 甲基环戊烷（环戊烷环上连 CH_3）$+Br_2 \xrightarrow{\triangle}$

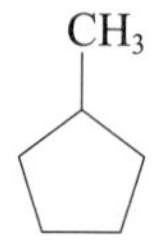

(**d**) $CH_3CH(CH_3)—CH_2—C(CH_3)_2CH_3+Cl_2 \xrightarrow{h\nu}$

(**e**) $CH_3CH(CH_3)—CH_2—C(CH_3)_2CH_3+Br_2 \xrightarrow{h\nu}$

29. 计算习题 28 中每个反应的产物比例。应用 25 ℃时 F_2 和 Cl_2 以及 150 ℃时 Br_2 的相对反应性的数据（表 3-6）。

30. 如果有的话，习题 28 中的哪些反应给出了具有合理选择性的主产物（即有用的“合成方法”）？

31. (**a**) 在 125 ℃下，戊烷单溴化的主要有机产物是什么？(**b**) 画出该产物分子围绕 C-2—C-3 键旋转产生的所有交叉构象的 Newman 投影式。(**c**) 绘制该分子中势能与 C-2—C-3 旋转的扭转角的定性关系图。(**注意：**溴原子在空间体积上比甲基小得多。)

32. (**a**) 绘制戊烷单溴化产生主要产物的两个链传递步骤（习题 31）的势能（能量）/反应坐标图。使用本章中的 $DH^{\ominus}$ 信息（表 3-1、表 3-2 和表 3-4，视情况而定）。(**b**) 指出过渡态的位置，即是前过渡态还是后过渡态。(**c**) 绘制戊烷与 I_2 反应的类似势能/反应坐标图。它与溴化的势能/反应坐标图有何不同？

33. 在室温下，1,2-二溴乙烷是以 89% 的分子处于对位交叉构象，11% 是邻位交叉构象的平衡混合物存在。在相同情况下丁烷的对应比例是 72% 对位交叉构象和 28% 邻位交叉构象。请对该差异进行解释，记住 Br 在空间体积上小于 CH_3（习题 31）。(**提示：**考虑 C—Br 键的极性以及随之的静电效应。)

34. 写下每种物质燃烧的配平方程式（分子式可从表 3-7 中获得）：(**a**) 甲烷；(**b**) 丙烷；(**c**) 环己烷；(**d**) 乙醇；(**e**) 蔗糖。

35. 丙醛（$CH_3CH_2\overset{O}{\overset{\|}{C}}H$）和丙酮（$CH_3\overset{O}{\overset{\|}{C}}CH_3$）是分子式为 C_3H_6O 的异构体。丙醛的燃烧热是 $-434.1\ kcal \cdot mol^{-1}$，丙酮的燃烧热是 $-427.9\ kcal \cdot mol^{-1}$。(**a**) 写出每个化合物

燃烧的配平方程式。(**b**) 丙醛和丙酮的能量差异是多少，哪一个能量更低？(**c**) 哪个物质在热力学上更稳定，丙醛还是丙酮？(**提示**：绘制类似于图 3-14 的图表。)

36. 硫酰氯（SO_2Cl_2，结构如下图所示）是一种液体试剂，可以代替氯气用作烷烃的氯化试剂。写出硫酰氯进行甲烷氯化的可能反应机理。(**提示**：参照通常的自由基链式反应过程，在适当的地方将 Cl_2 替换为 SO_2Cl_2。相关数据：SO_2Cl_2 中的 S—Cl 键，$DH^\ominus=36\ \text{kcal}\cdot\text{mol}^{-1}$)。

:O:
‖
:Cl—S—Cl:
‖
:O:

硫酰氯
(沸点 69℃)

37. 利用 Arrhenius 方程（2-1 节），估算甲烷中 C—H 键分别与氯原子和溴原子在 25 ℃下反应的速率常数 k 的比值。假设两个过程的 A 值相等。Br•和 CH_4 的反应的 $E_a=19\ \text{kcal}\cdot\text{mol}^{-1}$。

38. 挑战题 当具有不同类型的 C—H 键的烷烃（如丙烷）与 Br_2 和 Cl_2 的等物质的量混合物反应时，溴化产物形成的选择性比单独用 Br_2 进行反应时观察到的选择性差得多（事实上，它与氯化反应的选择性非常相似），请解释。

39. 在加热或在催化剂存在下，甲烷根据下式与过氧化氢反应：

$$CH_4+HOOH \longrightarrow CH_3OH+H_2O$$

该过程遵循自由基链式反应机理。

(**a**) 使用下面给出的 $DH^\ominus$ 值，写下与此转化相关的链引发、链传递和链终止步骤，并计算每个过程的 $\Delta H^\ominus$。

$DH^\ominus(\text{H—CH}_3)=105\ \text{kcal}\cdot\text{mol}^{-1}$

$DH^\ominus(\text{HO—CH}_3)=93\ \text{kcal}\cdot\text{mol}^{-1}$

$DH^\ominus(\text{HO—OH})=51\ \text{kcal}\cdot\text{mol}^{-1}$

$DH^\ominus(\text{H—OH})=119\ \text{kcal}\cdot\text{mol}^{-1}$

(**b**) 对于原始方程式中描述的整个过程，计算出 $\Delta H^\ominus$。

(**c**) 该反应在热力学上与甲烷的氯化（其总反应的 $\Delta H^\ominus=-25\ \text{kcal}\cdot\text{mol}^{-1}$）相比有何区别？

(**d**) 第一个链传递步骤的 $E_a=6\ \text{kcal}\cdot\text{mol}^{-1}$，而第二个链传递步骤的 E_a 非常小。对于甲烷氯化反应的第一个链传递步骤的 $E_a=4\ \text{kcal}\cdot\text{mol}^{-1}$，而第二个链传递步骤的 E_a 也很小。假设各个链引发步骤的难易程度没有差异，哪个反应更快？

40. 1-溴丙烷的溴化得到以下二溴丙烷的异构体混合物：

$$CH_3CH_2CH_2Br \xrightarrow{Br_2,\ 200\ ℃} \underset{90\%}{CH_3CH_2CHBr_2} + \underset{8.5\%}{CH_3CHBrCH_2Br} + \underset{1.5\%}{BrCH_2CH_2CH_2Br}$$

计算这三个碳上的氢原子对溴原子的相对反应性。将这些结果与简单烷烃（如丙烷）的相对反应性结果进行比较，并解释有所差异的原因。

41. 甲烷卤化反应的另一个假设的机理具有以下的传递步骤：

(i) $X\cdot + CH_4 \longrightarrow CH_3X + H\cdot$

(ii) $H\cdot + X_2 \longrightarrow HX + X\cdot$

(**a**) 使用来自适当的表中的 $DH^\ominus$ 值，计算任何一个卤素的这些步骤的 $\Delta H^\ominus$ 值。

(**b**) 比较计算所得的 $\Delta H^\ominus$ 与已被人们普遍接受的机理的 $\Delta H^\ominus$ 值（表 3-5）。你认为这种可能的机理能够成功地与已被接受的机理竞争吗？(**提示**：考虑活化能。)

42. 挑战题 在卤化反应中添加某些被称为自由基抑制剂的物质会使反应几乎完全停止。一个例子是 I_2 对甲烷氯化反应的抑制作用。解释这种抑制作用可能是如何发生的。(**提示**：计算 I_2 与体系中存在的各种物质可能发生反应的 $\Delta H^\ominus$ 值，并评估这些反应产物的可能的进一步反应性。)

43. 典型的烃类燃料（如 2，2，4-三甲基戊烷，汽油的常见组分）具有非常相似的燃烧热。(**a**) 计算表 3-7 中几种代表性碳氢化合物的燃烧热（以 $\text{kcal}\cdot\text{g}^{-1}$ 计）。(**b**) 计算乙醇的燃烧热（表 3-7）。(**c**) 在评估“乙醇汽油”（90%汽油和 10%乙醇）作为汽车燃料的可行性时，据估计，使用纯乙醇运行的汽车每加仑［1 加仑（英制）= 4.54609 升，1 加仑（美制）= 3.78541 升］行驶里程数比使用标准汽油行驶的同一辆汽车少约 40%。这个估计是否与（a）和（b）中的结果一致？你能对于含氧分子与碳氢化合物的燃烧性能做出一般的结论吗？

44. 甲醇（CH_3OH）和 2-甲氧基-2-甲基丙烷［叔丁基甲基醚，$(CH_3)_3COCH_3$］这两种简单的有机物是常用的燃料添加剂。甲醇在气相时的 $\Delta H^\ominus_{comb}$ 为 $-182.6\ \text{kcal}\cdot\text{mol}^{-1}$，2-甲氧基-2-甲基丙烷在气相时的 $\Delta H^\ominus_{comb}$ 为 $-809.7\ \text{kcal}\cdot\text{mol}^{-1}$。(**a**) 写出每个分子燃烧生成 CO_2 和 H_2O 的配

平方程式。(**b**) 用表 3-7 比较这些化合物与具有相似分子量的烷烃的燃烧热 $\Delta H^{\ominus}_{comb}$。

45. 挑战题 图 3-10 比较了 Cl• 与丙烷的一级、二级氢的反应。

(**a**) 绘制一个类似的图，比较 Br• 与丙烷的一级和二级氢的反应性。(**提示：** 首先从表 3-1 中获得必要的 $DH^{\ominus}$ 值，并计算攫取一级和二级氢的反应的 $\Delta H^{\ominus}$。其他的数据：Br• 与一级 C—H 键反应的 E_a = 15 kcal•mol^{-1}，Br• 与二级 C—H 键反应的 E_a = 13 kcal•mol^{-1}。)

(**b**) 在这些反应的过渡态中，哪个可以称为是"前过渡态"，哪个是"后过渡态"?

(**c**) 从这些反应沿着反应坐标上的过渡态的位置来看，和相应的氯化反应的过渡态比较（图 3-10），它们是更强还是更弱地显示出自由基的特征?

(**d**) 你对（c）问题的答案与 Cl• 和丙烷以及 Br• 和丙烷反应的选择性的差异一致吗?请解释。

46. 在 Cl•/O_3 体系中两个链传递步骤分别消耗臭氧和氧原子（这是生成臭氧必需的，3-10 节）。

$$Cl\cdot + O_3 \longrightarrow ClO + O_2$$
$$ClO + O \longrightarrow Cl\cdot + O_2$$

计算每个链传递步骤的 $\Delta H^{\ominus}$。可利用下列数据：ClO 的 $DH^{\ominus}$ = 64 kcal•mol^{-1}；O_2 的 $DH^{\ominus}$ = 120 kcal•mol^{-1}；O_3 中 O—O_2 键的 $DH^{\ominus}$ = 26 kcal•mol^{-1}。写出由这些步骤组合描述的总方程式并计算其 $\Delta H^{\ominus}$。讨论此过程在热力学上的可行性。

团队练习

47. (**a**) 给出在练习 2-20(a) 部分中所画的每个异构体的 IUPAC 命名。

(**b**) 列出每个异构体的自由基单氯化和单溴化产物的结构异构体。

(**c**) 参照表 3-6，讨论哪个起始烷烃和哪个卤素生成最少数目的异构体。

预科练习

48. 反应 $CH_4 + Cl_2 \longrightarrow CH_3Cl + HCl$ 是以下哪一种反应的例子：

(**a**) 中和反应　(**b**) 酸性反应
(**c**) 异构化反应　(**d**) 离子反应
(**e**) 自由基链式反应

49.

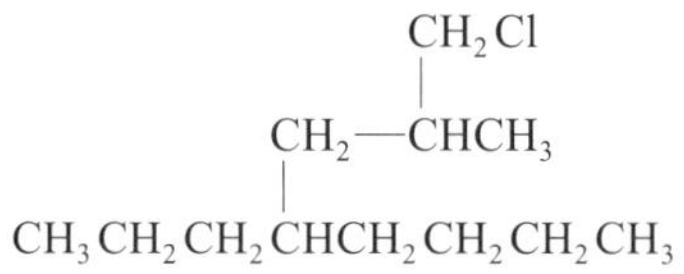

此化合物的 IUPAC 命名中出现的所有数字之和是：

(**a**) 5　(**b**) 6　(**c**) 7
(**d**) 8　(**e**) 9

50. 在一个竞争反应中，等物质的量的下列四种烷烃与一定量的 Cl_2 在 300 ℃ 反应，这些烷烃中哪一种会从混合物中消耗得最多?

(**a**) 戊烷　(**b**) 2-甲基丙烷
(**c**) 丁烷　(**d**) 丙烷

51. CH_4 和 Cl_2 反应生成 CH_3Cl 和 HCl 是众所周知的。在下面简表中数据的基础上，此反应的焓变 $\Delta H^{\ominus}$（kcal•mol^{-1}）是：

(**a**) +135　(**b**) −135
(**c**) +25　(**d**) −25

键解离能 $DH^{\ominus}$/kcal•mol^{-1}			
H—Cl	103	Cl—Cl	58
H_3C—Cl	85	H_3C—H	105

习题解答

15. 本题是对之前章节中内容的回顾。为了便于表示，使用缩写：1° = 一级，2° = 二级，3° = 三级。

(**a**)

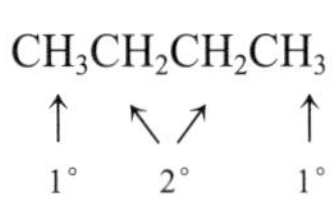

(**b**)

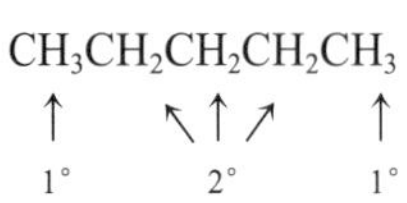

(**c**)

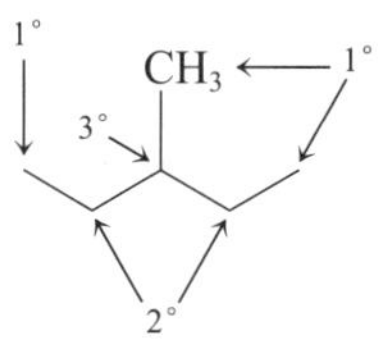

（d）

$3° \rightarrow H \quad CH_3 \leftarrow 1°$ ；中心 C 连接的两个 CH_2（2°）与 CH_2-CH_2（2°）构成环

在第 4 章中将会学到，大多数环状化合物可以当作开链化合物处理。

16.（a）

$CH_3CH_2\dot{C}HCH_3$

1-甲基丙基（仲丁基；见表 2-6）自由基

二级（2°）自由基，较稳定

$CH_3CH_2CH_2CH_2\cdot$

丁基自由基

一级（1°）自由基，较不稳定

注意：自由基的一级、二级或三级是根据自由基碳原子判断的，与其他碳原子无关。1-甲基丙基自由基的超共轭作用可画出两张示意图，其中左图表示两个 C—H 键与自由基 p 轨道部分重叠，右图表示一个 C—H 键和一个 C—C 键参与共轭作用。

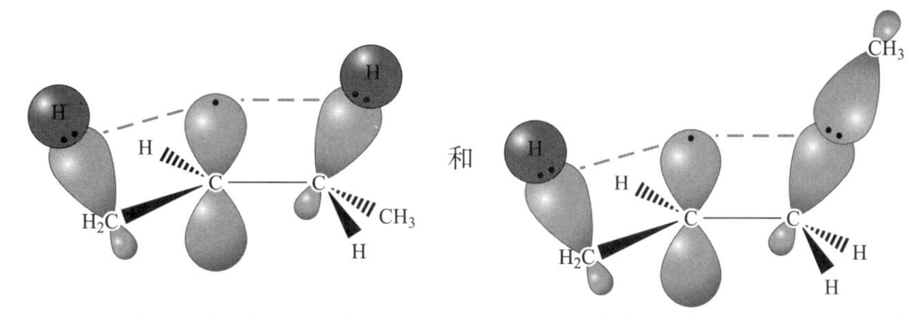

（b）在命名时，自由基碳原子的编号总是为 1（与烷烃中取代基和主链相连处的碳原子类似）。从 1 号碳开始，最长的碳链即为主链，其他连接基团则作为取代基命名。

H_3C-CH_2（连于 2 号碳）

$\underset{4}{H_3C}-\underset{3}{CH_2}-\underset{2}{CH}-\underset{1}{CH_2\cdot}$

2-乙基丁基自由基

一级自由基，较不稳定

H_3C-CH_2（连于 1 号碳）

$\underset{3}{H_3C}-\underset{2}{CH_2}-\underset{1}{\dot{C}}-CH_3$

1-甲基-1-乙基丙基自由基

三级自由基，较稳定

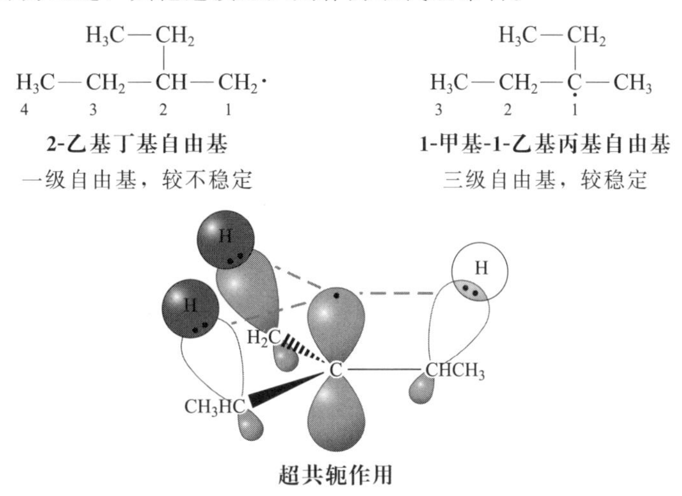

超共轭作用

（C—H 键）

（c）从左到右依次为：1,2-二甲基丙基自由基，二级自由基；1,1-二甲基丙基自由基，三级自由基；3-甲基丁基自由基，一级自由基。稳定性顺序：1,1-二甲基丙基自由基＞1,2-二甲基丙基自由基＞3-甲基丁基自由基。

1,1-二甲基丙基自由基的超共轭作用与（b）中 1-甲基-1-乙基丙基自由基相同，只需用 H 替换其中一个端基 CH_3。

17. 像这样“机械地”解决问题：按照前文所述的热裂解步骤进行反应，直到生成稳定的分子。丙烷的热裂解如下开始：

（a）$CH_3CH_2-CH_3 \longrightarrow CH_3CH_2\cdot + \cdot CH_3$　C—C 键断裂

之后有三种可能的自由基结合方式：

（b）$2CH_3\cdot \longrightarrow CH_3CH_3$

乙烷

（c）$2CH_3CH_2\cdot \longrightarrow CH_3CH_2CH_2CH_3$

丁烷

（d）$CH_3\cdot + CH_3CH_2\cdot \longrightarrow CH_3CH_2CH_3$　（第一步的逆反应）

丙烷

两种可能发生的攫氢反应：

(e) $CH_3\cdot + H{-}CH_2{-}CH_2\cdot \longrightarrow CH_4 + CH_2{=}CH_2$

甲烷　乙烯

(f) $CH_3CH_2\cdot + H{-}CH_2{-}CH_2\cdot \longrightarrow CH_3CH_3 + CH_2{=}CH_2$

乙烷　乙烯

只有与自由基中心相邻的碳上的氢原子可以被夺取。甲基自由基（$\cdot CH_3$）没有与其自由基中心相邻的碳，所以它不能给出氢原子，但仍然可以接受氢原子［如反应（e）］。

因此，丙烷热裂解生成四种新的产物：甲烷、乙烷、丁烷和乙烯。

18. （**a**）丁烷中最弱的键是 C-2—C-3 键，$DH^{\ominus}=88\ kcal\cdot mol^{-1}$（表 3-2）。

热裂解通过以下步骤进行：

(1) $CH_3CH_2{-}CH_2CH_3 \longrightarrow 2\,CH_3CH_2\cdot$　C—C 键断裂

(2) $2\,CH_3CH_2\cdot \longrightarrow CH_3CH_2CH_2CH_3$　反应（1）的逆反应

(3) $CH_3CH_2\cdot\ \ H{-}CH_2{-}CH_2\cdot \longrightarrow CH_3CH_3 + H_2C{=}CH_2$　攫氢反应

乙烷　乙烯

（**b**）最弱的键是三个等价的 C—C 键，$DH^{\ominus}=88\ kcal\cdot mol^{-1}$。

(1) $(CH_3)_2CH{-}CH_3 \longrightarrow (CH_3)_2CH\cdot + \cdot CH_3$　C—C 键断裂

(2) $2\,CH_3\cdot \longrightarrow CH_3CH_3$

乙烷

(3) $2\,(CH_3)_2CH\cdot \longrightarrow (CH_3)_2CHCH(CH_3)_2$

2,3-二甲基丁烷

(4) $CH_3\cdot\ \cdot CH(CH_3)_2 \longrightarrow (CH_3)_3CH$　反应（1）的逆反应；自由基结合

(5) $CH_3\cdot\ \ H{-}CH_2{-}\dot{C}HCH_3 \longrightarrow CH_4 + H_2C{=}CHCH_3$　攫氢反应

甲烷　丙烯

(6) $(CH_3)_2CH\cdot\ \ H{-}CH_2{-}\dot{C}HCH_3 \longrightarrow CH_3CH_2CH_3 + H_2C{=}CHCH_3$

丙烷　丙烯

19. $DH^{\ominus}$可以在教材表 3-1 和表 3-4 中查到（单位：$kcal\cdot mol^{-1}$）。

（**a**）$104+38-2\times136=-130$　（**b**）$104+58-2\times103=-44$

（**c**）$104+46-2\times87=-24$　（**d**）$104+36-2\times71=-2$

（**e**）$96.5+38-(110+136)=-111.5$　（**f**）$96.5+58-(85+103)=-33.5$

（**g**）$96.5+46-(71+87)=-15.5$　（**h**）$96.5+36-(55+71)=+6.5$

20. （**a**）两种：1-卤代丁烷和 2-卤代丁烷。

（**b**）三种［参见 21 题答案（a）中（i）］。

（**c**）四种［参见 21 题答案（a）中（ii）］。

（**d**）四种：

CH_2X 取代环戊烷　卤甲基环戊烷

X、CH_3 同碳取代环戊烷　1-甲基-1-卤代环戊烷

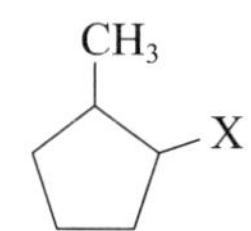

1-甲基-2-卤代环戊烷

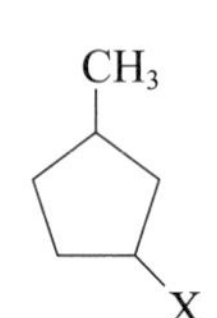

1-甲基-3-卤代环戊烷

21. （**a**）（i）$CH_3CH_2CH_2CH_2CH_2Cl$　（1-氯戊烷）

$CH_3CH_2CH_2CHClCH_3$　（2-氯戊烷）

$CH_3CH_2CHClCH_2CH_3$　（3-氯戊烷）

（ii） $CH_3CH_2CH(CH_3)CH_2CH_2Cl$ （3-甲基-1-氯戊烷）

$CH_3CH_2CH(CH_3)CHClCH_3$ （3-甲基-2-氯戊烷）

$CH_3CH_2CCl(CH_3)CH_2CH_3$ （3-甲基-3-氯戊烷）

$CH_3CH_2CH(CH_2Cl)CH_2CH_3$ （3-氯甲基戊烷）

（**b**）首先判断在起始烷烃分子中出现的处于不同结构环境的各类氢原子（1°，2°，3°），计算各类型氢原子的个数，将氢原子的个数与 25 ℃下 **1°、2°或 3°氢氯化的相对反应性**相乘，可以得到取代这些氢得到的对应异构体的相对数量，再将这些相对数量转化为各异构体的生成比例。

（i）1-氯戊烷由 C-1 和 C-5 上 **6 个一级氢原子**（相对反应性为 1）的氯化生成，相对数量为 6×1＝6。

2-氯戊烷由 C-2 和 C-4 上 **4 个二级氢原子**（相对反应性为 4）的氯化生成，相对数量为 4×4＝16。

3-氯戊烷由 C-3 上 **2 个二级氢原子**（相对反应性为 4）的氯化生成，相对数量为 2×4＝8。每种异构体的比例可以用以下公式计算：

$$\text{该异构体的比例}(\%)=\frac{\text{该异构体的相对数量}}{\text{所有异构体的相对数量之和}}\times 100\%$$

所以，1-氯戊烷的比例＝100%×6/(6＋16＋8)

＝100%×6/30＝20%

2-氯戊烷的比例＝100%×16/30＝53%

3-氯戊烷的比例＝100%×8/30＝27%

（ii）3-甲基-1-氯戊烷由 C-1 和 C-5 上 **6 个一级氢原子**（相对反应性为 1）的氯化生成，相对数量为 6×1＝6。

3-甲基-2-氯戊烷由 C-2 和 C-4 上 **4 个二级氢原子**（相对反应性为 4）的氯化生成，相对数量为 4×4＝16。

3-甲基-3-氯戊烷由 C-3 上 **1 个三级氢原子**（相对反应性为 5）的氯化生成，相对数量为 1×5＝5。

3-氯甲基戊烷由甲基上 **3 个一级氢原子**（相对反应性为 1）的氯化生成，相对数量为 1×3＝3。

所以，3-甲基-1-氯戊烷的比例＝100%×6/(6＋16＋5＋3)

＝100%×6/30＝20%

3-甲基-2-氯戊烷的比例＝100%×16/30＝53%

3-甲基-3-氯戊烷的比例＝100%×5/30＝17%

3-氯甲基戊烷的比例＝100%×3/30＝10%

（**c**）链传递步骤 1［下方数值为生成或断裂的键的 $DH^{\ominus}$］：

$$\underset{96.5\ \text{kcal}\cdot\text{mol}^{-1}}{CH_3CH_2CH(CH_3)CH_2CH_3} + Cl\cdot \longrightarrow \underset{103\ \text{kcal}\cdot\text{mol}^{-1}}{HCl} + CH_3CH_2\dot{C}(CH_3)CH_2CH_3$$

$\Delta H^{\ominus}=(96.5-103)\ \text{kcal}\cdot\text{mol}^{-1}$

$=-6.5\ \text{kcal}\cdot\text{mol}^{-1}$

链传递步骤 2：

$$CH_3CH_2\dot{C}(CH_3)CH_2CH_3 + \underset{58\ \text{kcal}\cdot\text{mol}^{-1}}{Cl_2} \longrightarrow Cl\cdot + \underset{85\ \text{kcal}\cdot\text{mol}^{-1}}{CH_3CH_2CCl(CH_3)CH_2CH_3}$$

$\Delta H^{\ominus}=58\ \text{kcal}\cdot\text{mol}^{-1}-85\ \text{kcal}\cdot\text{mol}^{-1}$

$=-27\ \text{kcal}\cdot\text{mol}^{-1}$

对于整个反应，$\Delta H^{\ominus}=-33.5\ \text{kcal}\cdot\text{mol}^{-1}$。

22. 反应机理与甲烷的氯化相同（3-4 节）：

链引发：

$Br_2 \longrightarrow 2Br\cdot$

链传递：

（1） $Br\cdot + CH_4 \longrightarrow CH_3\cdot + HBr$

（2） $CH_3\cdot + Br_2 \longrightarrow CH_3Br + Br\cdot$

链终止：

$$Br\cdot + Br\cdot \longrightarrow Br_2$$

$$CH_3\cdot + Br\cdot \longrightarrow CH_3Br$$

$$CH_3\cdot + CH_3\cdot \longrightarrow CH_3CH_3$$

23. 图中所用数据可以在教材表 3-5 中查到。图 3-7 和图 3-8 可用作示例。

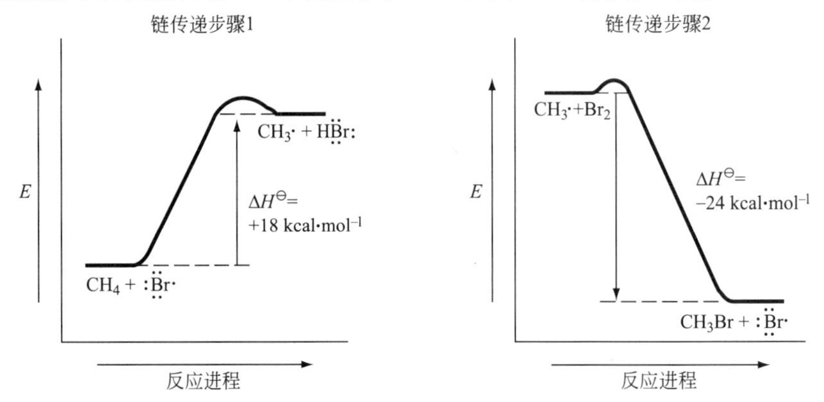

24. 链引发：

$$Br_2 \longrightarrow 2Br\cdot \qquad \Delta H^{\ominus} = +46\ kcal\cdot mol^{-1}$$

链传递：

（1）$Br\cdot + C_6H_6 \longrightarrow HBr + C_6H_5\cdot \qquad \Delta H^{\ominus} = +25\ kcal\cdot mol^{-1}$

（2）$C_6H_5\cdot + Br_2 \longrightarrow C_6H_5Br + Br\cdot \qquad \Delta H^{\ominus} = -35\ kcal\cdot mol^{-1}$

整个反应 $\qquad \Delta H^{\ominus} = -10\ kcal\cdot mol^{-1}$

苯自由基溴化反应的 $\Delta H^{\ominus}$ 与典型烷烃 C—H 键的溴化差别不大：甲烷，$\Delta H^{\ominus} = -6\ kcal\cdot mol^{-1}$；1° C—H，$\Delta H^{\ominus} = -10\ kcal\cdot mol^{-1}$；2° C—H，$\Delta H^{\ominus} = -13.5\ kcal\cdot mol^{-1}$；3° C—H，$\Delta H^{\ominus} = -15.5\ kcal\cdot mol^{-1}$。然而，反应的决速步，即链传递步骤 1 比烷烃的同类反应**吸热更多**，这是因为苯的 C—H 键解离能更高。结果是苯通过这种机理溴化非常困难（非常慢），在动力学上无法与烷烃的溴化相比。

25. 与习题 23 基本相同，只是键能不同。

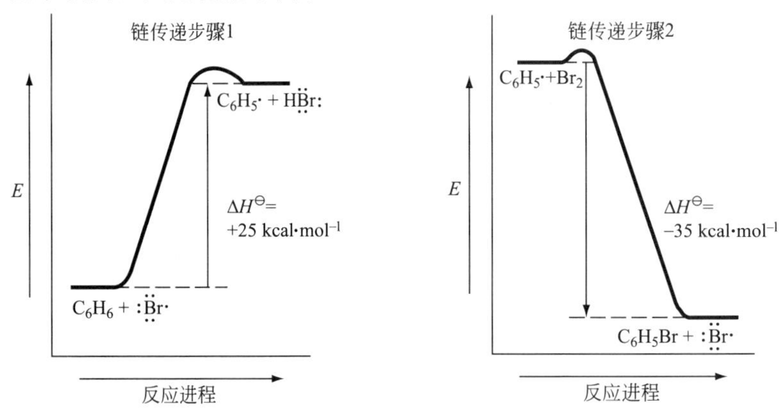

26. 如上题左图所示，链传递步骤 1 显示出后过渡状态，过渡态与产物接近。相比之下，上题右图中链传递步骤 2 显示出前过渡状态，过渡态与起始原料接近。

27.（a）Br 和 Br

1-溴丙烷 **2-溴丙烷**

（b）起始原料为丙烷。1-溴丙烷通过溴原子取代丙烷 C-1 或 C-3 上共 6 个 1°H 生成，2-溴丙烷通过溴取代丙烷 C-2 上共 2 个 2°H 生成。根据表 3-6，溴原子攫取 2°H 的速率比 1°H 快 80 倍。假设一个 1°H 溴化的相对速率为 1，则生成 1-溴丙烷的速率为 6×1=6，生成 2-溴丙烷的速率为 80×2=160，两种产物的生成速率之比为 160/6=26.7，所以 2-溴丙烷是主要产物，产率为 26.7/(26.7+1)×100%=96%，具有良好的选择性，足够以高产率形成一种异构体。

28. 除非另外说明，否则假设每个烷烃分子上连接的卤原子不超过一个。

（**a**）不反应。烷烃的碘化是吸热反应。

（**b**）$CH_3CHFCH_3 + CH_3CH_2CH_2F$　　F_2 的选择性不是很好。

（**c**）1-溴-1-甲基环戊烷（环戊烷同一碳上连 CH_3 和 Br）　溴化尽可能选择 3°H。

（**d**）$(CH_3)_2CClCH_2C(CH_3)_3 + ClCH_2CH(CH_3)CH_2C(CH_3)_3 + (CH_3)_2CHCHClC(CH_3)_3 + (CH_3)_2CHCH_2C(CH_3)_2CH_2Cl$

产物为混合物。Cl_2 的选择性比 F_2 好，但 3°和 1°位置的选择性仍然只有 5∶1。

（**e**）$(CH_3)_2CBrCH_2C(CH_3)_3$　　Br_2 对 3° C—H 键的选择性很高。

29. 一种产物的相对产量＝起始烷烃中给定类型氢原子的数目×相对反应性

$$该产物的比例（\%）=\frac{一种产物的相对产量}{所有产物的相对产量之和}\times 100\%$$

产物	氢原子类型	氢原子数目	相对反应性	相对产量	比例/%
(**b**) CH_3CHFCH_3	2°	2	1.2	2.4	29
$CH_3CH_2CH_2F$	1°	6	1	6	71
(**d**) $(CH_3)_2CClCH_2C(CH_3)_3$	3°	1	5	5	18
$ClCH_2CH(CH_3)CH_2C(CH_3)_3$	1°	6	1	6	21
$(CH_3)_2CHCHClC(CH_3)_3$	2°	2	4	8	29
$(CH_3)_2CHCH_2C(CH_3)_2CH_2Cl$	1°	9	1	9	32

（**c**）3°溴化产物比例约为 73%，（**e**）溴化产物约为 91%。

30. 只有反应（c）和反应（e）是有用的合成方法。其余反应得到多个比例相当的产物，无法应用于合成中。氟化反应（b）看上去选择性较好，然而高反应性的 F_2 难以实际使用。

31.（**a**）戊烷有 3 种不同结构环境的氢，因此可能有 3 种不同的单溴代戊烷生成，这取决于自由基溴化的反应位点。取代 C-1 或 C-5 上的 6 个一级氢之一（下图中 H_a）得到 1-溴戊烷。已知一级氢的反应性是二级氢的 1/80，所以 1-溴戊烷的比例最少。C-2、C-3 和 C-4 上的 6 个二级氢反应性大致相同。取代 C-3 上的氢（H_b）得到 3-溴戊烷，取代 C-2 或 C-4 上的氢（H_c）得到 2-溴戊烷。2-溴戊烷为主要产物，因为它是由起始分子中个数最多的反应性最高的氢被取代生成的。

$$\overset{a}{H_3C}-\overset{c}{CH_2}-\underset{b}{CH_2}-\overset{c}{CH_2}-\overset{a}{CH_3}$$

（**b**）（**c**）首先画出结构式，确定旋转的键：

$$H_3C-\overset{2}{C}HBr\overset{\nearrow}{-}\overset{3}{C}H_2-CH_2-CH_3$$

然后选择 Newman 投影式的投影方向，例如 C-2 在前，C-3 在后。从任一交叉式构象开始，将其中一个碳（例如后方的 C-3）相对于另一个旋转 120°，给出围绕 C-2—C-3 键旋转产生的所有交叉式构象。势能图如下方所示。

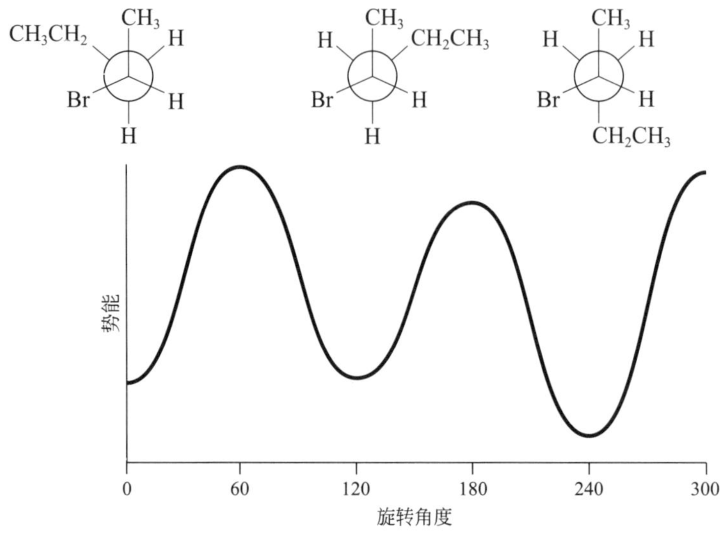

32. 首先写出链传递步骤，计算每一步的 $\Delta H^{\ominus}$。如习题 31 所示，主要产物为 C-2 位卤化的产物。以教材 116 页的图 3-7 为模板，绘制势能/反应进程图。过渡态位于图中势能最大处。

溴化反应步骤如下：

链传递步骤 1

$$CH_3CH_2CH_2CH_2CH_3 + Br\cdot \longrightarrow CH_3\dot{C}HCH_2CH_2CH_3 + HBr \qquad \Delta H^{\ominus}$$

$DH^{\ominus}=98.5\ kcal\cdot mol^{-1}$（二级 C—H 键）　$DH^{\ominus}(HBr)=87\ kcal\cdot mol^{-1}$　$+11.5\ kcal\cdot mol^{-1}$

链传递步骤 2

$$CH_3\dot{C}HCH_2CH_2CH_3 + Br_2 \longrightarrow CH_3CHBrCH_2CH_2CH_3 + Br\cdot \qquad \Delta H^{\ominus}$$

$DH^{\ominus}(Br_2)=46\ kcal\cdot mol^{-1}$　$DH^{\ominus}=71\ kcal\cdot mol^{-1}$（二级 C—Br 键）　$-25\ kcal\cdot mol^{-1}$

溴化总反应 $\Delta H^{\ominus}=-13.5\ kcal\cdot mol^{-1}$

碘化反应步骤如下：

链传递步骤 1

$$CH_3CH_2CH_2CH_2CH_3 + I\cdot \longrightarrow CH_3\dot{C}HCH_2CH_2CH_3 + HI \qquad \Delta H^{\ominus}$$

$DH^{\ominus}=98.5\ kcal\cdot mol^{-1}$（二级 C—H 键）　$DH^{\ominus}(HI)=71\ kcal\cdot mol^{-1}$　$+27.5\ kcal\cdot mol^{-1}$

链传递步骤 2

$$CH_3\dot{C}HCH_2CH_2CH_3 + I_2 \longrightarrow CH_3CHICH_2CH_2CH_3 + I\cdot \qquad \Delta H^{\ominus}$$

$DH^{\ominus}(I_2)=36\ kcal\cdot mol^{-1}$　$DH^{\ominus}=56\ kcal\cdot mol^{-1}$（二级 C—I 键）　$-20\ kcal\cdot mol^{-1}$

碘化总反应 $\Delta H^{\ominus}=+7.5\ kcal\cdot mol^{-1}$

溴化反应势能图：

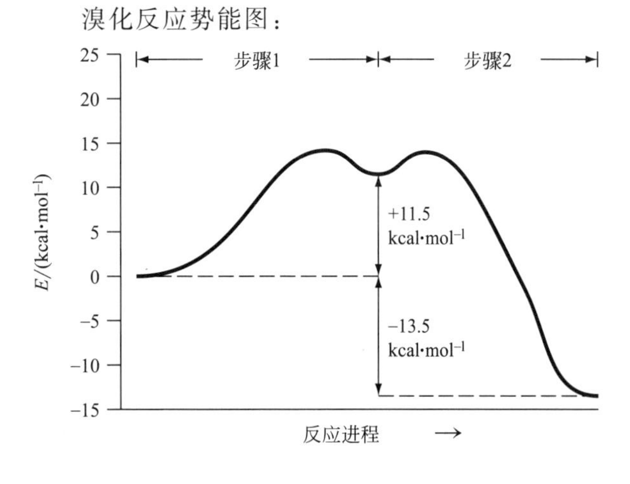

碘化反应势能图：

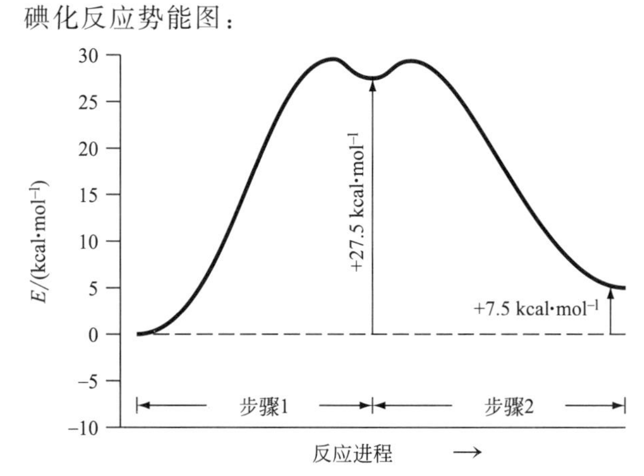

主要的不同之处在于碘化链传递步骤 1 大量吸热，使得总反应也为吸热反应。

33. 尽管 Br 的空间体积比 CH_3 小，但极性 C—Br 键会在分子中产生带有部分正电荷和部分负电荷的区域。如下方结构所示，在邻交叉和对交叉构象中，两个 C—Br 键偶极正电荷部分的距离相似。然而，在邻交叉构象中，偶极负电部分之间的距离比对交叉构象近得多。两个 Br 附近负电荷较高区域的排斥作用，使得邻交叉构象的能量比仅考虑空间效应时进一步升高。因此对交叉构象更为有利。

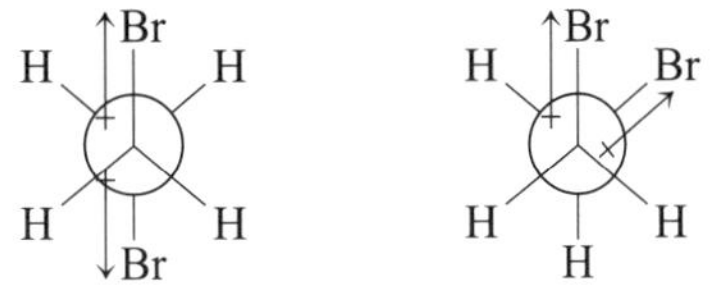

Br H H H H Br　　　Br H Br H H H

34. （**a**） $CH_4+2O_2 \longrightarrow CO_2+2H_2O$

（**b**） $C_3H_8+5O_2 \longrightarrow 3CO_2+4H_2O$

（**c**） $C_6H_{12}+9O_2 \longrightarrow 6CO_2+6H_2O$

（**d**） $C_2H_6O+3O_2 \longrightarrow 2CO_2+3H_2O$

（**e**） $C_{12}H_{22}O_{11}+12O_2 \longrightarrow 12CO_2+11H_2O$

35. （**a**） $C_3H_6O+4O_2 \longrightarrow 3CO_2+3H_2O$

（**b**）两个化合物的能量差即燃烧热的差值，为 $6.2\ kcal \cdot mol^{-1}$。丙酮燃烧放热较少，所以起始能量更低。

（**c**）丙酮能量更低，更稳定。

36. 为了达到与 Cl_2 中 Cl—Cl 键断裂相同的效果，链引发步骤只能是 SO_2Cl_2 中 S—Cl 键的断裂。

链引发：

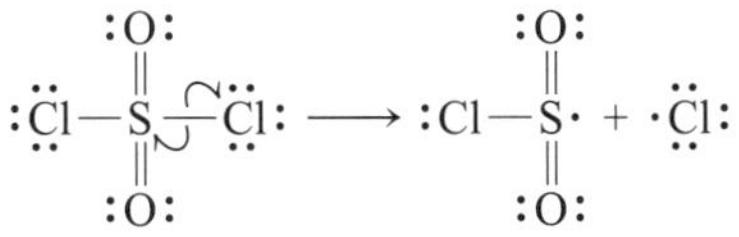

$$:\ddot{Cl}-S(=O)_2-\ddot{Cl}: \longrightarrow :Cl-\dot{S}(=O)_2 + \cdot\ddot{Cl}:$$

链传递：

（1） 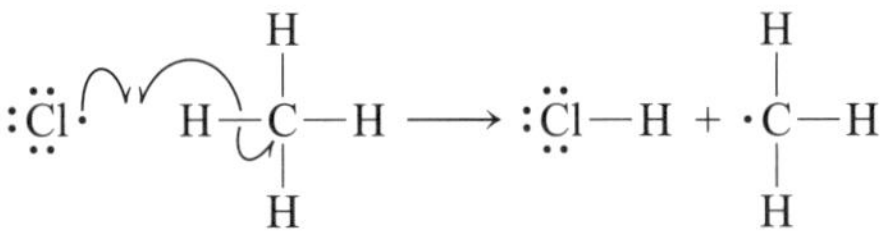 $:\ddot{Cl}\cdot + H-CH_3 \longrightarrow :\ddot{Cl}-H + \cdot CH_3$

（2） $:\ddot{Cl}-SO_2-\ddot{Cl}: + \cdot CH_3 \longrightarrow :\ddot{Cl}-\dot{S}O_2 + :\ddot{Cl}-CH_3$

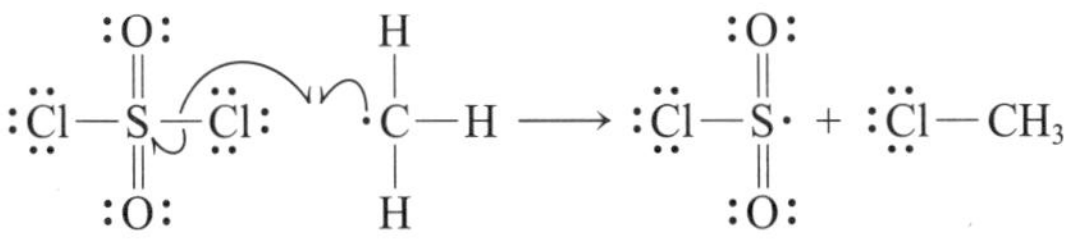

此时需要为 $ClSO_2\cdot$ 找到一条链传递的途径，否则链式反应无法继续进行。存在两种可能的方式：

（a） $ClSO_2\cdot$ 的单分子分解：

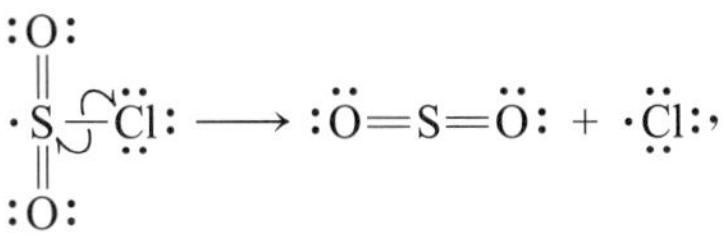

$$\cdot SO_2-\ddot{Cl}: \longrightarrow :\ddot{O}=S=\ddot{O}: + \cdot\ddot{Cl}:$$ 接下来是链传递（1）

或者，

（b）在链传递（1）中用 $SO_2Cl\cdot$ 代替 $Cl\cdot$：

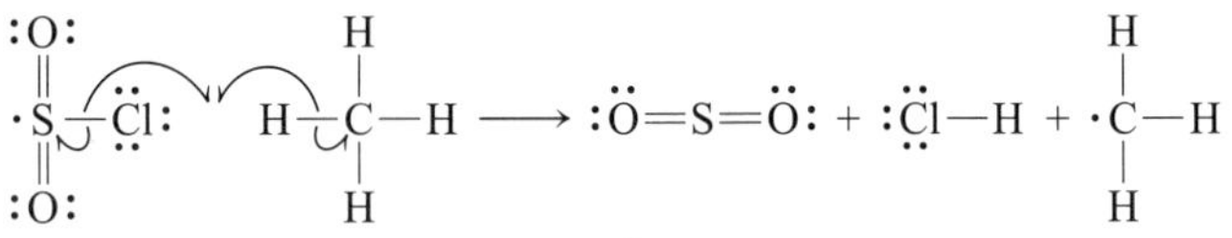

$$\cdot SO_2-\ddot{Cl}: + H-CH_3 \longrightarrow :\ddot{O}=S=\ddot{O}: + :\ddot{Cl}-H + \cdot CH_3$$

两种都是合理的反应机理，（a）的可能性更高。

37. $Cl\cdot$ 与 CH_4 的反应活化能 $E_a=4\ kcal \cdot mol^{-1}=4000\ cal \cdot mol^{-1}$（3-4 节）。

$$k_{(Cl\cdot+CH_4)}=Ae^{-4000/(1.986\times298)},\ k_{(Br\cdot+CH_4)}=Ae^{-19000/(1.986\times298)}$$

$$k_{(Cl\cdot+CH_4)}/k_{(Br\cdot+CH_4)}=e^{15000/(1.986\times298)}=e^{25.3}=9.7\times10^{10}$$

38. 正如在习题 37 的计算结果中看到的那样，丙烷与 Br_2 和 Cl_2 的混合物反应时，动力学上唯一可行的第一个链传递步骤只有 Cl•与丙烷的反应，Br•与丙烷的反应速率太慢而无法与之竞争。正是这一步反应决定了形成的 1°与 2°烷基自由基的比例。因此，观察到的选择性是 Cl•的选择性。这两种烷基自由基都与 Cl_2 或 Br_2 快速反应，由于自由基的比例已经在前一步确定，所以得到的氯化产物和溴化产物各自的比例基本相同，与氯化反应的选择性相似。

39. （**a**）链引发：切断最弱的键（O—O 键），得到羟基自由基。

$$\mathrm{HO{-}OH} \longrightarrow 2\ \mathrm{H\ddot{O}\cdot} \quad \Delta H^{\ominus} = DH^{\ominus}(\mathrm{HO{-}OH}) = 51\ \mathrm{kcal \cdot mol^{-1}}$$

链传递：与卤化反应相似，链引发生成的自由基从底物中攫取氢原子，然后继续得到最终产物。

链传递 1：

$$\mathrm{H\ddot{O}\cdot} + \mathrm{H{-}CH_3} \longrightarrow \mathrm{H_2O} + \mathrm{H_3C\cdot} \quad \Delta H^{\ominus} = DH^{\ominus}(\mathrm{H{-}CH_3}) - DH^{\ominus}(\mathrm{H{-}OH}) = (105-119)\ \mathrm{kcal \cdot mol^{-1}} = -14\ \mathrm{kcal \cdot mol^{-1}}$$

链传递 2：

$$\mathrm{H_3C\cdot} + \mathrm{HO{-}OH} \longrightarrow \mathrm{CH_3OH} + \mathrm{H\ddot{O}\cdot} \quad \Delta H^{\ominus} = DH^{\ominus}(\mathrm{HO{-}OH}) - DH^{\ominus}(\mathrm{H_3C{-}OH}) = (51-93)\ \mathrm{kcal \cdot mol^{-1}} = -42\ \mathrm{kcal \cdot mol^{-1}}$$

链终止：所有可能的自由基互相结合。

$$2\ \mathrm{H\ddot{O}\cdot} \longrightarrow \mathrm{H_2O_2} \quad \Delta H^{\ominus} = -DH^{\ominus}(\mathrm{HO{-}OH}) = -51\ \mathrm{kcal \cdot mol^{-1}}$$

$$2\ \mathrm{H_3C\cdot} \longrightarrow \mathrm{CH_3CH_3} \quad \Delta H^{\ominus} = -DH^{\ominus}(\mathrm{H_3C{-}CH_3}) = -90\ \mathrm{kcal \cdot mol^{-1}}$$

$$\mathrm{H\ddot{O}\cdot} + \mathrm{H_3C\cdot} \longrightarrow \mathrm{CH_3OH} \quad \Delta H^{\ominus} = -DH^{\ominus}(\mathrm{H_3C{-}OH}) = -93\ \mathrm{kcal \cdot mol^{-1}}$$

（**b**）两种计算方法：（i）将两步链传递的 $\Delta H^{\ominus}$ 相加（更简单）；（ii）利用化学方程式中所有生成或断裂的键计算 $\Delta H^{\ominus}$。

（i）$(-14\ \mathrm{kcal \cdot mol^{-1}}) + (-42\ \mathrm{kcal \cdot mol^{-1}}) = -56\ \mathrm{kcal \cdot mol^{-1}}$

（ii）$\mathrm{CH_4 + HOOH \longrightarrow CH_3OH + HOH}$

$$105\ \mathrm{kcal \cdot mol^{-1}} + 51\ \mathrm{kcal \cdot mol^{-1}} - (93\ \mathrm{kcal \cdot mol^{-1}} + 119\ \mathrm{kcal \cdot mol^{-1}}) = (156-212)\ \mathrm{kcal \cdot mol^{-1}} = -56\ \mathrm{kcal \cdot mol^{-1}}$$

（**c**）$\Delta H^{\ominus}$ 越低，该反应在热力学上更有利。

（**d**）与卤化反应相似，第一个链传递步骤是决速步。尽管这一步是放热的，但总体反应速率较慢，这是因为其活化能大于氯化反应第一个链传递步骤的活化能。

40. 使用 3-6 节介绍的方法计算。分子中有三种不同反应性的氢：两个在 C-1 上，两个在 C-2 上，三个在 C-3 上。从产物比例来看，C-3 上氢的反应性最低。因此，可以计算 C-1 和 C-2 上氢的反应性比 C-3 高多少倍。首先计算 C-2 与 C-3 上的：

$$\frac{\text{C-2 上 H 的相对反应性}}{\text{C-3 上 H 的相对反应性}} = \frac{\left(\dfrac{8.5\%}{\text{C-2 溴化产物}}\right) \Big/ \left(\dfrac{2\ 个}{\text{C-2 上的 H}}\right)}{\left(\dfrac{1.5\%}{\text{C-3 溴化产物}}\right) \Big/ \left(\dfrac{3\ 个}{\text{C-3 上的 H}}\right)} = 8.5$$

然后计算 C-1 与 C-3 上的：

$$\frac{\text{C-1 上 H 的相对反应性}}{\text{C-3 上 H 的相对反应性}} = \frac{\left(\dfrac{90\%}{\text{C-1 溴化产物}}\right) \Big/ \left(\dfrac{2\ 个}{\text{C-1 上的 H}}\right)}{\left(\dfrac{1.5\%}{\text{C-3 溴化产物}}\right) \Big/ \left(\dfrac{3\ 个}{\text{C-3 上的 H}}\right)} = 90$$

回顾 3-6 节中丙烷的反应结果，丙烷中 C-2 上 H（二级）的反应性约为 C-1 或 C-3 上 H（一级）的 4 倍，其原因是二级烷基自由基比一级更稳定。在本题的 1-溴丙烷分子中，与 Br 相连的 C-1 上的 H 反应性最高。显然溴原子对 C-1 位的自由基有强稳定作用。已知自由基是缺电子的。烷基自由基可以被超共轭效应稳定，即相邻键的电子离域到半空的自由基 p 轨道上。在 1-溴丙烷中，Br 上含有的孤对电子的 p 轨道可以与自由基碳的半空 p 轨道重叠，也可以用共振表示：

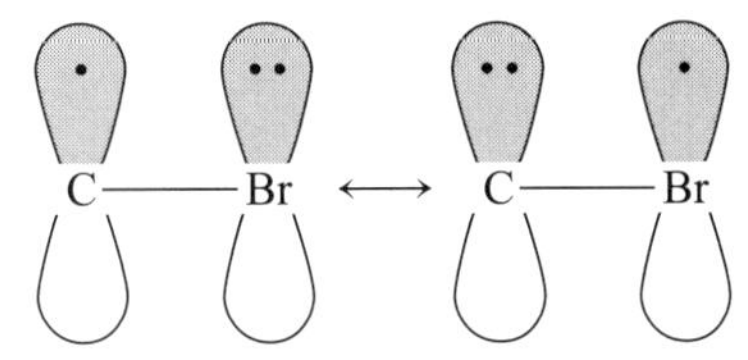

41. $DH^{\ominus}$值可以在表 3-1 中查到（X—X 键的 $DH^{\ominus}$在表 3-4 中查）。

(a) $\Delta H^{\ominus}=DH^{\ominus}$(断裂的键)$-DH^{\ominus}$(形成的键)，单位为 $kcal \cdot mol^{-1}$。

反应步骤	$\Delta H^{\ominus}$ (当 X=F)	$\Delta H^{\ominus}$ (当 X=Cl)	$\Delta H^{\ominus}$ (当 X=Br)	$\Delta H^{\ominus}$ (当 X=I)
(1)$X\cdot+CH_4 \longrightarrow CH_3X+H\cdot$	-5	$+20$	$+35$	$+48$
(2)$H\cdot+X_2 \longrightarrow HX+X\cdot$	-98	-45	-41	-35
(1)+(2)$CH_4+X_2 \longrightarrow CH_3X+HX$	$\Delta H^{\ominus}=-103$	-25	-6	$+13$

(b) 对于每种卤素，上述假设的第一个链传递步骤的 $\Delta H^{\ominus}$都远比普遍接受的机理（见教材表 3-5）不利。因此，上述第一步的活化能 E_a 很可能比正确机理的 E_a 大得多。与普遍接受的机理相比，$X\cdot+CH_4 \longrightarrow CH_3X+H\cdot$ 的反应可能会非常缓慢，在动力学上不太可能进行。

42. 抑制作用通常经由抑制剂与链传递步骤中的“活性”物种之一发生反应来实现。在自由基卤化反应中，烷基自由基容易与抑制剂反应，与抑制剂反应生成的产物的反应活性不足以继续进行下一个链传递步骤。因此，“链”被破坏的方式与链终止步骤大致相同。如下：

$Cl_2 \longrightarrow 2Cl\cdot$　　链引发

$Cl\cdot+CH_4 \longrightarrow HCl+CH_3\cdot$　　链传递步骤1：$\Delta H^{\ominus}=+2\ kcal\cdot mol^{-1}$

然而，I_2 存在下：

$CH_3\cdot+I_2 \longrightarrow CH_3I+I\cdot$　　抑制步骤：$\Delta H^{\ominus}=-21\ kcal\cdot mol^{-1}$

由步骤 1 开始的链式反应被中断，因为 $I\cdot$不与 CH_4 反应（$\Delta H^{\ominus}=+34\ kcal\cdot mol^{-1}$，参见教材中表 3-5)，链用于传递的 $CH_3\cdot$永远离开了反应体系。

43. (a) 用 $\Delta H^{\ominus}_{comb}$ 除以分子量进行单位换算：$(kcal\cdot mol^{-1})\div(g\cdot mol^{-1})=kcal\cdot g^{-1}$。

甲烷：$\Delta H^{\ominus}_{comb}=\dfrac{-212.8\ kcal\cdot mol^{-1}}{16\ g\cdot mol^{-1}\ (CH_4\ 分子量)}=-13.3\ kcal\cdot g^{-1}$

乙烷：$\Delta H^{\ominus}_{comb}=-12.4\ kcal\cdot g^{-1}$

丙烷：$\Delta H^{\ominus}_{comb}=-12.0\ kcal\cdot g^{-1}$

戊烷：$\Delta H^{\ominus}_{comb}=-11.7\ kcal\cdot g^{-1}$

(b) 乙醇(g)：$\Delta H^{\ominus}_{comb}=-7.3\ kcal\ g\ g^{-1}$

(c) 与计算结果一致，乙醇燃烧产生的热比烷烃少得多。含氧分子的燃烧性能确实较差。

44. (a) $2CH_3OH+3O_2 \longrightarrow 2CO_2+4H_2O$　　除 H_2O 为液相外，其他物质均为气相。

$2(CH_3)_3COCH_3+15O_2 \longrightarrow 10CO_2+12H_2O$

(b) 甲醇的分子量（$M_w=32$）与乙烷（$M_w=30$）接近，但是其燃烧热 $\Delta H^{\ominus}_{comb}$ 比乙烷（$\Delta H^{\ominus}_{comb}=-372.8\ kcal\cdot mol^{-1}$）小得多。类似地，$(CH_3)_3COCH_3$ 分子量为 88，与己烷（$M_w=86$）接近，后者的 $\Delta H^{\ominus}_{comb}$ 为$-995.0\ kcal\cdot mol^{-1}$，同样明显高于 2-甲氧基-2-甲基丙烷。尽管向内燃机的混合燃料中添加含氧化合物会降低单位质量燃料燃烧的产热率，但可以达到另外两个目的。首先，添加剂提供的氧原子有助于使混合燃料完全氧化，从而减少部分氧化的副产物（如 CO）的排放。其次，混合燃料不易受到提前点火的影响。提前点火是指燃料在活塞有机会到达其在气缸中的压缩冲程终点之前点燃，其会导致发动机发出“爆震”噪声并浪费能源。

45. (a) 首先计算攫取一级氢和二级氢的 $\Delta H^{\ominus}$。

对于一级 C—H，$DH^{\ominus}=101\ kcal\cdot mol^{-1}$；二级 C—H：$DH^{\ominus}=98.5\ kcal\cdot mol^{-1}$；HBr：$DH^{\ominus}=87\ kcal\cdot mol^{-1}$；因此，

$$\Delta H^{\ominus}_{(1^{\circ}\ \text{C—H攫取})}=101-87=+14\ \text{kcal} \cdot \text{mol}^{-1}$$

$$\Delta H^{\ominus}_{(2^{\circ}\ \text{C—H攫取})}=98.5-87=+11.5\ \text{kcal} \cdot \text{mol}^{-1}$$

画出如下的势能图：

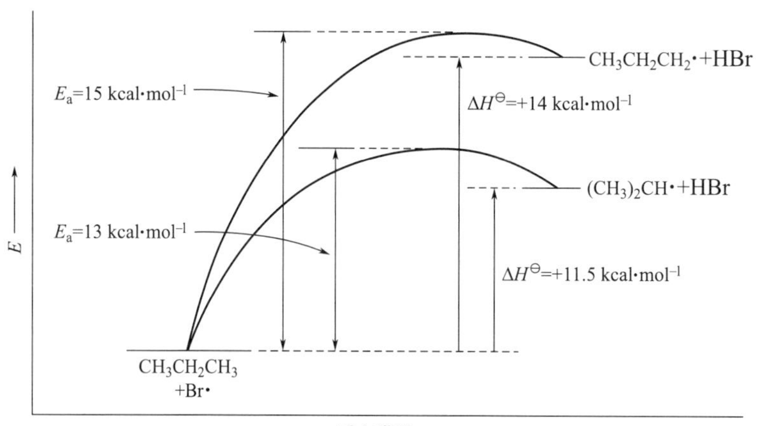

(b) 都是“后过渡态”，能量与产物更为类似（与氯化反应非常“早”的过渡态相比）。

(c) 这些过渡态在结构上与产物自由基非常相似，因此具有相当强的自由基性质。相比之下，教材中图 3-9（氯化）中的过渡态表现出较弱的自由基性质，过渡态更“早”，与产物更不相似。

(d) 一致。对于溴化反应，过渡态的自由基性质强，一级和二级 C—H 的过渡态能量之差（2 kcal•mol^{-1}）与相应自由基的能量差（2.5 kcal•mol^{-1}）密切相关。对于氯化反应，过渡态的自由基性质较弱，几乎不反映产物自由基的能量，因此过渡态之间的能量差小得多（1 kcal•mol^{-1}）。反应的选择性完全由两种途径的过渡态能量差决定，因此溴化的选择性比氯化的更好。

46. $\Delta H^{\ominus}$是用断裂键的 $DH^{\ominus}$值减去形成键的 $DH^{\ominus}$值计算的。

链传递步骤 1：$\Delta H^{\ominus}=(26-64)$ kcal•mol$^{-1}=-38$ kcal•mol^{-1}

链传递步骤 2：$\Delta H^{\ominus}=(64-120)$ kcal•mol$^{-1}=-56$ kcal•mol^{-1}

总方程式为 $O_3+O \longrightarrow 2O_2$，$\Delta H^{\ominus}=-94$ kcal•mol^{-1}。该反应在能量上极为有利，并且如方程式所示，它是由氯原子催化的。在这样的链传递循环中，一个氯原子能够破坏数千个臭氧分子。

47. **(a)** **(b)**

三种单卤代产物分别为：

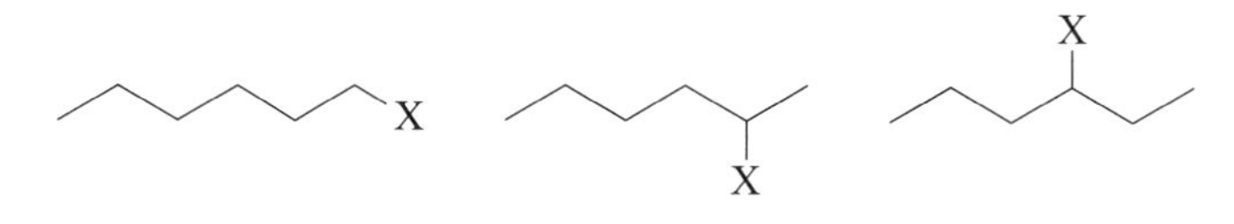

2-甲基戊烷

五种单卤代产物分别为：

X X X X X

3-甲基戊烷

四种单卤代产物分别为：

X X X X

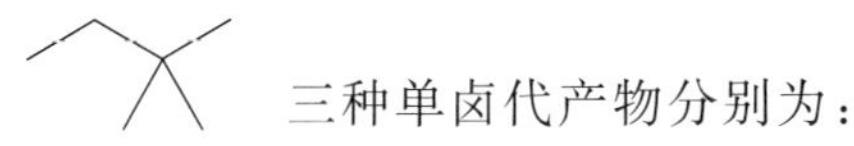
三种单卤代产物分别为：

2,2-二甲基丁烷

两种单卤代产物分别为：

2,3-二甲基丁烷

（c）如上图所示，2,3-二甲基丁烷只有两种不同的卤化位点：2 个等价的 3° H 和 12 个等价的 1° H。当 X＝Br 时，所有产物几乎都由 3° H 的溴化组成。

48. （**e**）。

49. （**c**）。2-甲基-1-氯-4-丙基辛烷。是的，他们确实会问这样的问题！

50. （**a**）。对于氯化反应，（a）中的 6 个二级氢比（b）中的一个三级氢消耗得多。

51. （**d**）。

4

环烷烃

在有机化学教科书中，将链烷烃和环烷烃分别放在不同章节进行讲述是很常见的。然而，在大多数情况下，分子中是否存在环对其物理性质或化学性质影响不大。在第 2 章和第 3 章中学到的知识，实际上可以不加改变地应用到第 4 章的环烷烃分子上。环烷烃是非极性的，没有任何其他官能团，因此相对不活泼，像链烷烃一样。对大多数环烷烃来说，唯一重要的反应是自由基反应。本章主要是掌握这些环的“形状”（构象），以及理解对于不同大小的环而言，这些“形状”对稳定性所产生的影响。本章还罗列了一些新的命名规则。总体而言，本章包含了一个新的主题——小环化合物中键角张力的概念，这并不是之前内容的简单外推。

本章概要

4-1　命名和物理性质
基本原则。

4-2　环张力与结构
将 3 个、4 个或 5 个碳的碳链闭合成环的结果。

4-3　环己烷
最常见和最重要的环：六个碳的环。它的不同“形状”，以及这些“形状”所带来的结果。

4-4　取代环己烷
大同小异。

4-5　较大的环烷烃
简要概述。

4-6　多环烷烃
简要概述。

4-7　含碳环的天然产物
具有生物学功能的重要的含环分子。

本章重点

4-1 命名和物理性质

除了非环类化合物的命名步骤外，环类化合物的命名还需要两个新的步骤。首先，因为环上没有“末端”，所以要从环上使取代基编号最小的那个碳开始编号，这和前面提到的“最小编号”的标准是一样的。第二，相对来说，一个环有“上方”和“下方”。因此，不同碳上的取代基可能在同一侧，也可能在异侧，这就需要在命名中标明顺式或反式。其他命名原则不变，除了一点：在同时包含环和链的碳氢分子中，无论最长链的长度如何，母体结构总是最大的环，其他的都作为取代基。

4-2 环张力与结构

电子对之间相互排斥，并尽量远离彼此。由于环的结构，三元环或四元环会迫使 C—C 键的电子对比正常情况下更靠近。所产生的排斥力是小环化合物能量高的主要原因，也是本章所提到的产生环张力的物理原因。

为了研究这些分子的结构，你会发现构建模型进行辅助学习是必不可少的。环丙烷是环烷烃中唯一的平面的环。所有较大的环烷烃都是非平面的。这种非平面结构的环畸变减少了相邻碳-氢键之间的重叠相互作用。

4-3 和 4-4 环己烷

在做其他事情之前，先构建一个环己烷的模型。一定要使用正确的原子和化学键。完成后的模型不应过于松散，应能很容易地保持教材中图 4-5(B) 和图 4-5(C) 所示的形状。这是椅式构象（chair conformation），其中三个 C—H 键朝上，三个 C—H 键朝下，也即六个直立（axial）C—H 键。剩下的六个 C—H 键交替指向略高于或低于环己烷平面，也即平伏（equatorial）键。你应该能够通过移动一端的碳原子穿过“中间”四个碳组成的平面，从而得到另一个重要的环己烷构象。

学习识别环上的直立和平伏位置及其顺/反相互关系。同样，将所构建的模型与本章节中的文本和插图结合使用。大基团位于直立键将产生 1,3-双直立键相互作用，这是导致取代环己烷两种可能的椅式构象之间能量差异的主要原因。跨环（*trans-annular*，字面意思是“横跨过环”）相互作用会迫使环采用邻交叉式（*gauche*）构象。在尝试解决本章的题目时，一定要使用模型。有了这些模型，你就可以确认顺式和反式关系不会随着构象的改变而改变。另一种看待这个问题的方法是要注意到环的上方和下方是不同的，并且不受构象变化的影响：上方保持在上方，下方保持在下方。

4-5 和 4-6 大环分子；多环分子

这部分内容只是对这一有机化学领域进行简要概述，这一领域在当前的研究中很重要，但超出了本课程的范围。本节只提到了少数特定的分子，并在适当的地方给出了相关的结构和命名。

习 题

21. 写出尽可能多的分子式为 C_5H_{10} 的单环化合物的结构，并对它们进行命名。

22. 写出尽可能多的分子式为 C_6H_{12} 的单环化合物的结构，并对它们进行命名。

23. 根据 IUPAC 系统命名法给下列分子命名。

（a）　（b）　（c）　（d）　（e）　（f）

24. 画出以下每个分子的结构式。并且给出那些名称与 IUPAC 命名法不一致的化合物的系统命名：（**a**）异丁基环戊烷；（**b**）环丙基环丁烷；（**c**）环己基乙烷；（**d**）（1-乙基乙基）环己烷；（**e**）（2-氯丙基）环戊烷；（**f**）叔丁基环庚烷。

25. 画出以下每个分子的结构式：（**a**）反-1-氯-2-乙基环丙烷；（**b**）顺-1-溴-2-氯环戊烷；（**c**）2-氯-1,1-二乙基环丙烷；（**d**）反-2-溴-3-氯-1,1-二乙基环丙烷；（**e**）顺-2,4-二氯-1,1-二甲基环丁烷；（**f**）顺-2-氯-1,1-二氟-3-甲基环戊烷。

26. 一些环烷烃的自由基链式氯化反应动力学数据（参见下方的表格）显示环丙烷及环丁烷的 C—H 键有些异常。（**a**）结合这些数据，你对环丙烷的 C—H 键强度和环丙基自由基的稳定性有什么看法？（**b**）请为环丙基自由基的稳定性特征给出一个合理解释。（**提示**：思考与环丙烷本身有关的自由基的键角张力。）

单个氢原子对 Cl• 的相对反应性

环烷烃	相对反应性
环戊烷	0.9
环丁烷	0.7
环丙烷	0.1

注：环己烷的相对反应性为 1.0；68 ℃，$h\nu$，CCl_4 作为溶剂。

27. 写出环己烷自由基单溴化的机理，表示出链引发、链传递和链终止步骤。画出产物最稳定的构象。

28. 用表 3-2 和表 4-2 中的数据估算下列化合物中 C—C 键的 $DH^{\ominus}$ 值：

（**a**）环丙烷；　（**b**）环丁烷；

（**c**）环戊烷；　（**d**）环己烷。

29. 画出下列各取代环丁烷的两种可以互相转换的"折叠"构象（图 4-3）。当两种构象的能量不同时，判断哪个构象更稳定，并指出是哪种张力引起不稳定构象的相对能量升高。（**提示**：和椅式环己烷相似，折叠环丁烷也存在平伏键和直立键的位置。）

（a）甲基环丁烷

（b）顺-1,2-二甲基环丁烷

（c）反-1,2-二甲基环丁烷

（d）顺-1,3-二甲基环丁烷

（e）反-1,3-二甲基环丁烷

顺-或反-1,2-二甲基环丁烷，顺-或反-1,3-二甲基环丁烷哪一个更稳定？

30. 被称为棱晶烷（下图）的一种不同寻常的分子，其张力能大约为 128 kcal•mol^{-1}。（**a**）这个数值与两个三元环和三个四元环中的总张力相比如何？（**b**）估计在三元环之一中断裂一个键时释放的张力能。

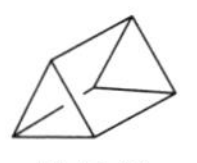

棱晶烷

在没有关于棱晶烷的燃烧热数据的情况下，不可能估计其化学键强度。然而，1973 年制备的这种化合物的样品，简要地宣布了它的存在以及它可以通过爆炸而分解。

31. 指出下面各环己烷衍生物（i）是顺式还是反式异构体，（ii）是否处于最稳定的构象。如果不是最稳定的构象，将环翻转并画出最稳定的构象。

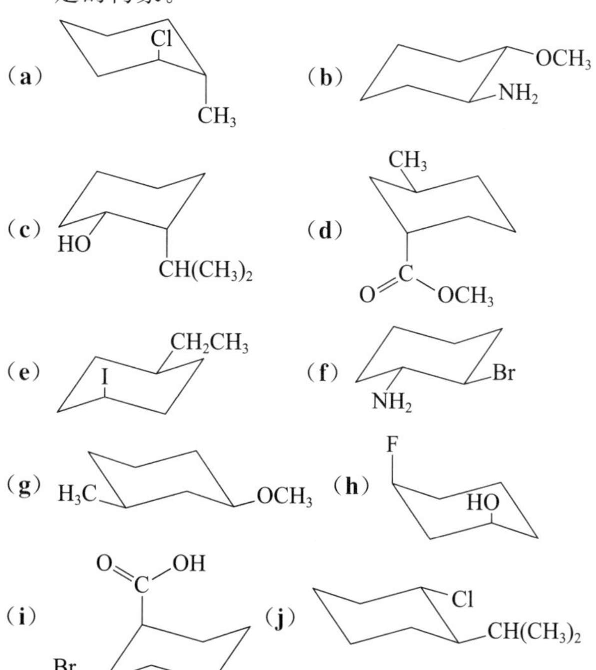

32. 利用表 4-3 中的数据，计算习题 31 中所示的分子由一种构象翻转到另一种构象的 $\Delta G^{\ominus}$ 值。确保计算结果的符号（正还是负）是正确的。

33. 为什么连接在环己烷环上含有 C═O 的取代基，如 CO_2H 和 CO_2CH_3，具有比甲基基团由平伏到直立位置翻转的更小的 $\Delta G^{\ominus}$ 值。请给出原因。(**提示**：考虑三维几何结构。)

34. 画出下列各取代环己烷的最稳定构象。然后对每个构象进行翻转，重新画出这一分子的能量更高的椅式构象。(**a**) 环己醇；(**b**) 反-3-甲基环己醇（参照下面的结构式）；(**c**) 顺-1-甲基-3-(1-甲基乙基)环己烷；(**d**) 反-1-乙基-3-甲氧基环己烷（参照下面的结构式）；(**e**) 反-1-氯-4-(1,1-二甲基乙基)环己烷。

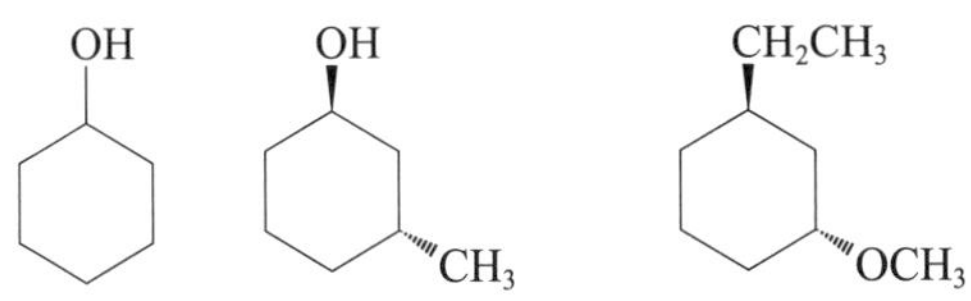

环己醇　反-3-甲基环己醇　反-1-乙基-3-甲氧基环己烷

35. 对于习题 34 中的每一个分子，估计其最稳定构象和亚稳定构象之间的能量差。计算两种构象在 300 K 时的比例。

36. 画出甲基环己烷两个可能的椅式构象相互转化的势能图（与图 4-9 相似），两个可能的椅式构象分别置于反应坐标的左右端。

37. 画出环己基环己烷所有可能的全椅式构象。

38. 四种甲基环己烷的船式构象中最稳定的是哪一个？为什么？

39. 环己烷的扭船式构象要稍微比船式构象更稳定。为什么？

40. 反-1,3-双(1,1-二甲基乙基)环己烷的最稳定构象不是椅式。预测这个分子的构象是什么？请说明。

41. 将环己烷环与环戊烷环稠合形成的双环烃称为六氢茚满（下图）。用反-和顺-十氢萘的结构作为参考（图 4-13），画出反-和顺-六氢茚满的结构，使每个环均处于最稳定的构象 。

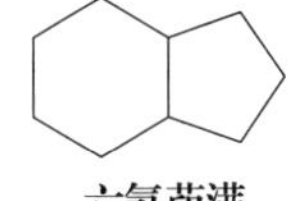
六氢茚满

42. 观察图 4-13 中顺-和反-十氢萘的结构，你认为哪一个是更稳定的异构体？估计两种异构体的能量差。

43. 在自然界中存在几种三环化合物，其中环丙烷环可与顺-十氢萘结构稠合，例如分子三环[5.4.0^{1,3}.0^{1,7}]十一烷，下图所示。在不同的国家，其中一些物质具有作为民间药物用于诸如避孕的历史。构建这种化合物的立体模型。环丙烷环如何影响两个环己烷环的构象？顺-十氢萘本身的环己烷环能够（同时）进行椅式-椅式相互转换（回顾练习 4-15），那么在三环[5.4.0^{1,3}.0^{1,7}]十一烷中也是如此吗？

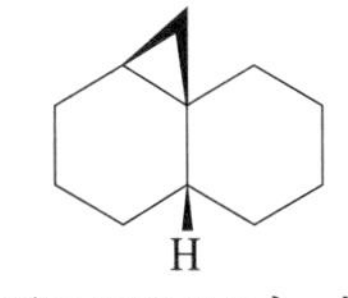

三环[5.4.0^{1,3}.0^{1,7}]十一烷

44. 自然界存在的葡萄糖（第 24 章）以下面两种环状异构体的形式存在。它们分别被称为 α-葡萄糖和 β-葡萄糖，它们之间通过在第 17 章介绍的化学过程而处于平衡中。葡萄糖是所有活细胞的燃料。人的血液中含有约 0.1%葡萄糖。它是植物从二氧化碳和水出发，通过吸收行星的最终燃料来源——太阳的光能，经一个称为光合作用的过程中合成的。“副产物” O_2 对于维持复杂的生命同样重要。

α-葡萄糖　β-葡萄糖

(**a**) 两种形式中哪一种更稳定？

(**b**) 处于平衡时，两种异构体以约 64∶36 的比例存在。计算与该平衡比例相对应的吉布斯自由能差。你所得到的数据和表 4-3 中的数据有多接近？

45. 确定以下的分子是单萜、倍半萜还是二萜？这里所有的名称都是常用名称。

(**a**)

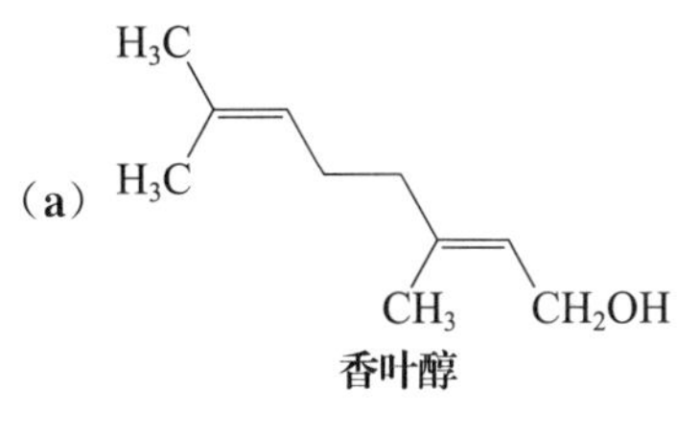

香叶醇

(**b**)

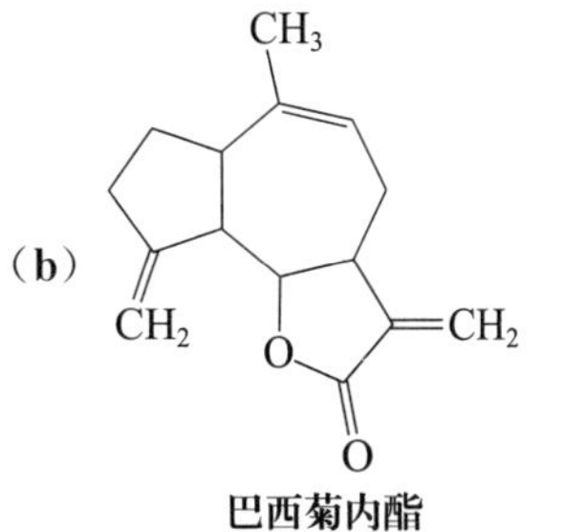

巴西菊内酯

(c)

桉叶油醇

(d)

甘薯黑疤霉酮

(e)

京尼平（栀子苷元）

(f)

海狸胺

(g)

斑蝥素

(h)

维生素A

46. 圈出并且按名称识别习题 45 中所有结构中的每个官能团。

47. 找出习题 45 中所画的每种存在于自然界的有机分子中 2-甲基-1,3-丁二烯（异戊二烯）结构单元。

48. 圈出并按名称识别 4-7 节中所示的任意三种甾族化合物中的所有官能团。用部分正电荷和部分负电荷标记所有的极性键（δ^+ 和 δ^-）。

49. 本题给出了自然界存在的具有张力环结构的分子的几个其他实例。

1-氨基环丙烷羧酸

（存在于植物中，这种分子在使果实成熟和秋叶凋落中起作用）

α-蒎烯

（存在于雪松木油中）

非洲酮 (Africanone)

（也是一种植物叶油）

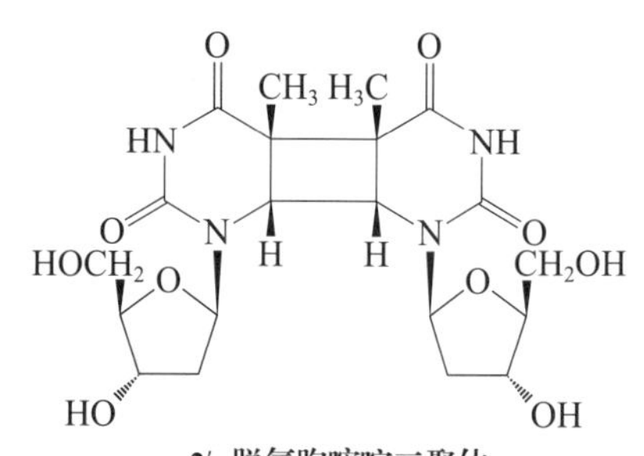

2′-脱氧胞嘧啶二聚体

（紫外线照射后的DNA的一种成分）

确定上述结构中的萜类化合物（如果有的话）。在每个结构中找出 2-甲基-1,3-丁二烯单元并将其按单萜、倍半萜或二萜分类。

50. 挑战题 假如环丁烷是平面的，它将有恰好 90°的 C—C—C 角，并且可以想象用纯的 p 轨道来形成 C—C 键。如果分子中的 C—H 键都是等价的话，那么碳原子可能的杂化状态是什么样的？确切地说，每个碳上的氢将会处于什么位置？和这种假设相矛盾的环丁烷的真实结构是怎样的？

51. 比较处于全椅式构象的环癸烷和反-十氢萘。解释为什么全椅式构象的环癸烷是具有高度张力的，而反-十氢萘却是几乎没有张力的。构建分子模型。

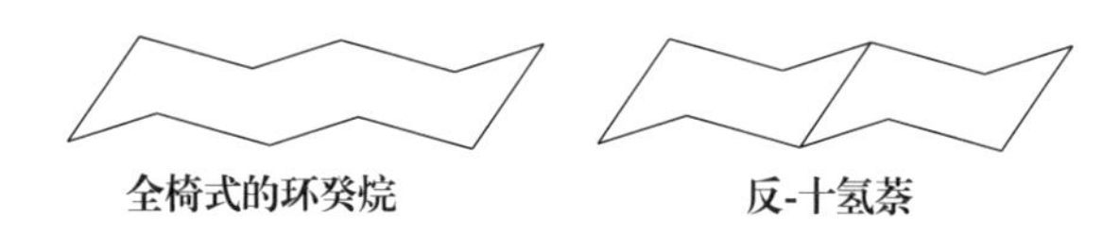

全椅式的环癸烷 **反-十氢萘**

52. 夫西地酸（梭链孢酸，fusidic acid）是一种与甾族化合物相似的、由微生物形成的化合物，它是一种具有广谱生物活性的非常有效的抗生素。它的分子形状最为特别，为科研人员了解甾族化合物在自然界中的合成方法提供了重要线索。

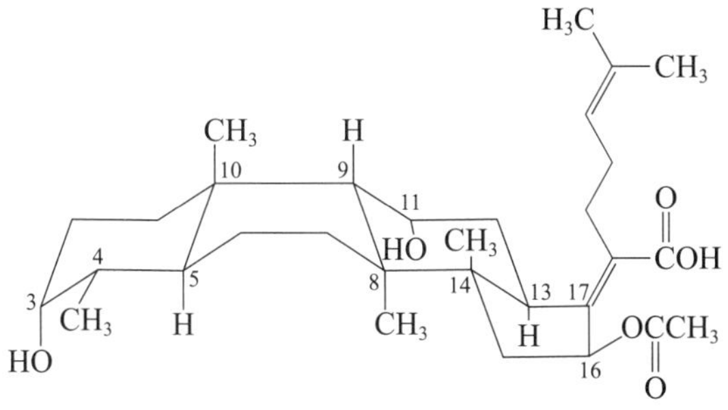

夫西地酸

(a) 找到夫西地酸中的所有环，并描述它们的构象。

(b) 确认分子中的所有环稠合的部分是顺式还是反式。

(c) 确认环上所有的基团是 α-还是 β-取代基。

(d) 详细描述这个化合物与典型的甾族化合物在结构及立体化学上的差异（为了有助于回答这个问题，该分子骨架上的碳原子已标号）。

53. 烷烃酶促氧化生成醇的反应是形成肾上腺皮质甾体激素的一种简单化学反应模型。在从黄体酮（4-7 节）到皮质酮的生物合成中，有连续两步这样的氧化（a，b)。单加氧酶被认为在这些反应中起到复杂的氧原子供体的作用。对于环己烷，假设的机理由下面显示的两步生物合成组成。

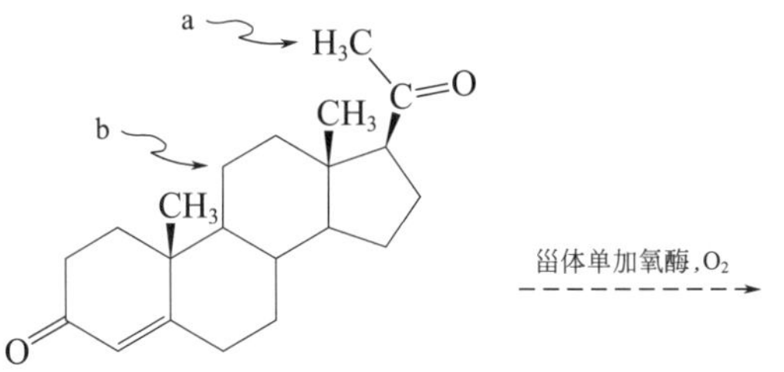

甾体单加氧酶，O_2

黄体酮

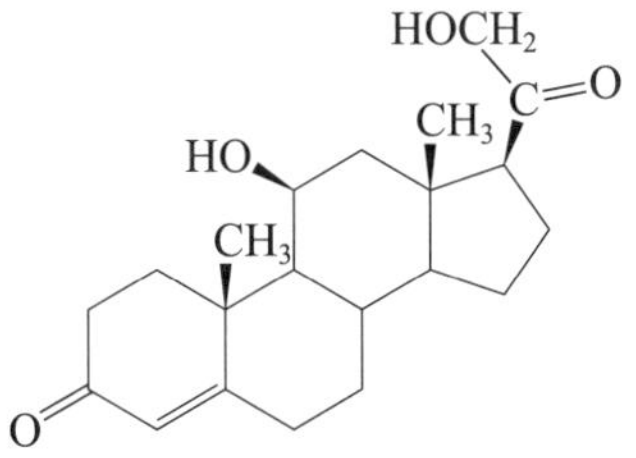

皮质酮

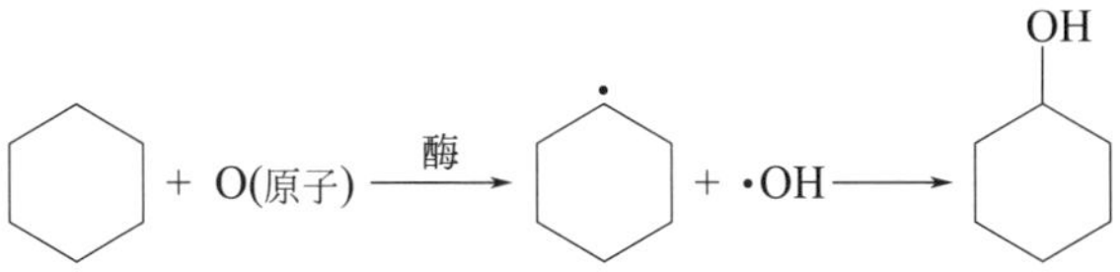

计算环己烷氧化中每一步以及总反应过程的 $\Delta H^{\ominus}$。应用以下的 $DH^{\ominus}$数据：环己烷的 C—H 键为 98.5 $kcal \cdot mol^{-1}$；O—H 自由基中的化学键为 102.5 $kcal \cdot mol^{-1}$；环己醇的 C—O 键为 96 $kcal \cdot mol^{-1}$。

54. 挑战题 二氯化碘苯可以通过碘苯与氯气的反应生成，它是烷烃 C—H 键的氯化试剂。正如价层电子对互斥理论（VSEPR，1-3 节）所预测的那样，二氯化碘苯采用“T 形”几何结构，这样可以保持电子彼此之间的距离最大。

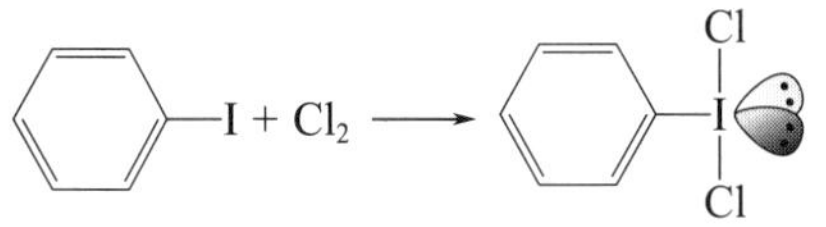

二氯化碘苯

(a) 提出用二氯化碘苯氯化一个典型的烷烃 RH 的自由基链式反应机理。为了有助于开始，下面给出了总的反应方程式以及链引发步骤。

链引发：

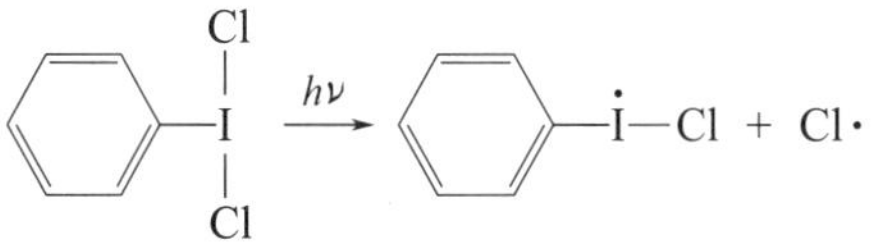

(b) 二氯化碘苯对典型甾族化合物的自由基氯化主要产生三种单氯化的异构产物：

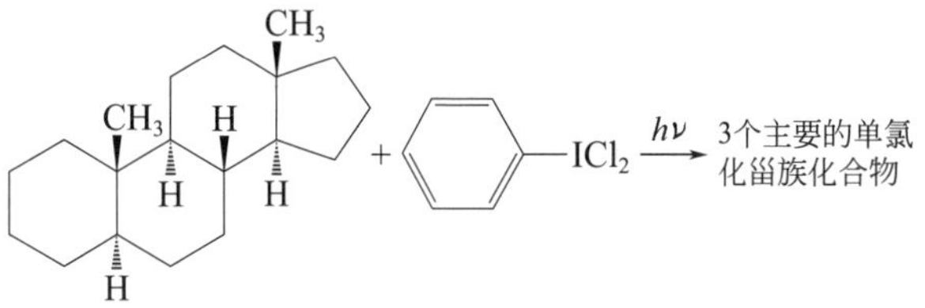

3个主要的单氯化甾族化合物

基于相对反应性（三级、二级、一级）考虑和空间效应（可能会阻碍试剂接近可能存在反应性的 C—H 键），预测这个甾族化合物分子中三个主要的氯化位点。可以构建一个分子模型或者仔细分析 4-7 节的甾体母核的结构图。

55. 挑战题 与习题 54 中描述的实验室氯化不同，在自然界中将官能团引入甾体母核的酶促反应是高度选择性的，如习题 53 所示。然而，巧妙地改编和设计这种反应，就有可能部分地模拟自然界在实验室中的选择性。两个这样的例子在下页示出。

对于这两个反应的结果给出合理的解释。构建上述两个含碘化合物和 Cl_2 反应产物的分子模型（比较习题 54）来帮助分析每个体系。

（a）

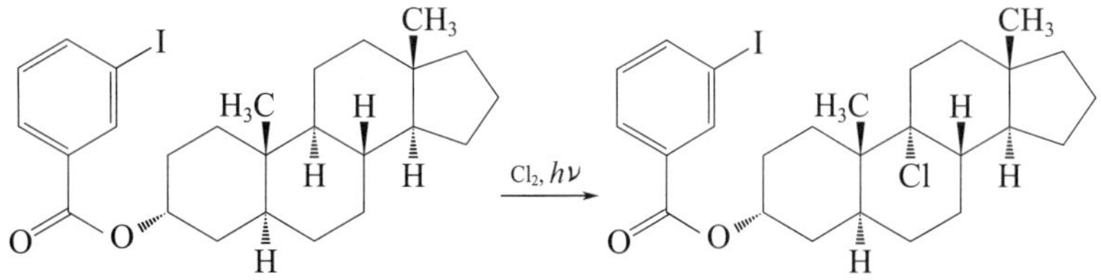

I　CH_3　H_3C　H　H　H　O　O　H　$Cl_2, h\nu$　I　CH_3　H_3C　H　Cl　H　O　O　H

（b）

I　CH_3　H_3C　H　H　H　O　O　H　$Cl_2, h\nu$　I　CH_3　H_3C　H　H　Cl　O　O　H

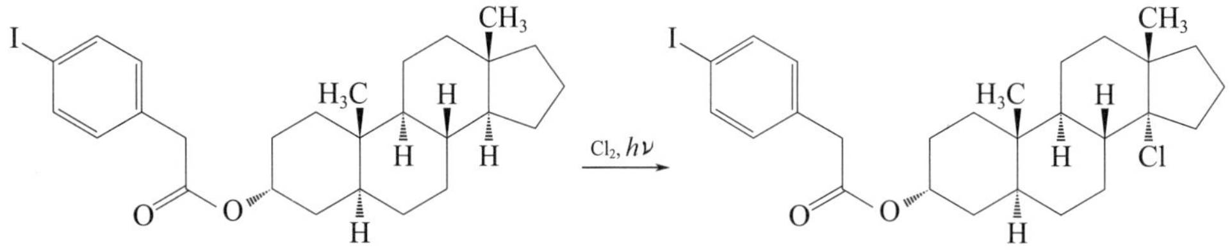

团队练习

56. 考虑以下的化合物：

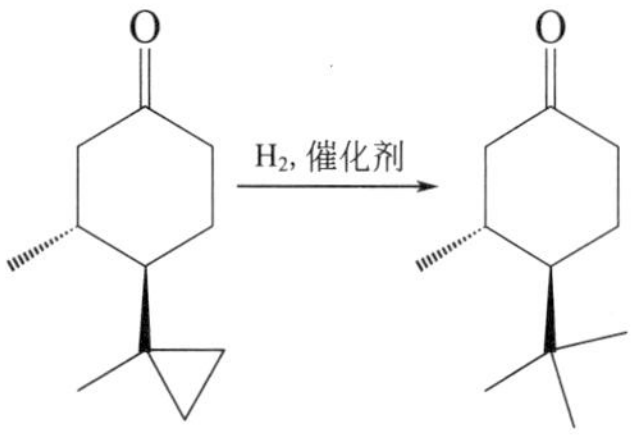

O　H_2, 催化剂　O

A　　B

构象分析表明，虽然化合物 A 以椅式构象存在，但是化合物 B 没有。

（a）构建 A 的分子模型。画出椅式构象并且将取代基标为平伏键或直立键。圈出最稳定的构象。（注意羰基的碳是 sp^2 杂化，因此相连的氧既不是平伏的也不是直立的。不要被这个问题所误导）。

（b）构建 B 的分子模型。分析其两种椅式构象时，同时考虑跨环和邻交叉相互作用。通过与化合物 A 的比较，讨论这些构象的立体问题。用 Newman 投影式来表明讨论的要点。对化合物 B，提出一个具有较小空间位阻的构象。

预科练习

57. 以下环烷烃中的哪一个具有最大的环张力？

（a）环丙烷　（b）环丁烷　（c）环己烷　（d）环庚烷

58. 以下的化合物具有：

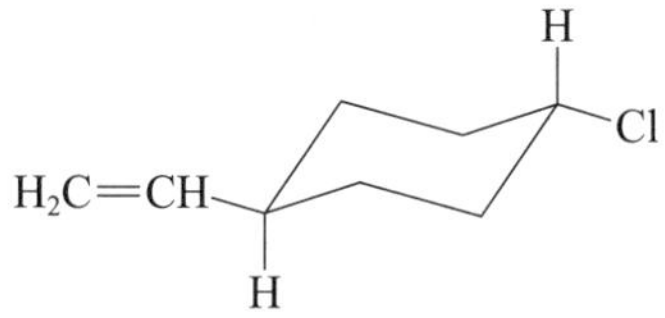

H　Cl　$H_2C{=}CH$　H

（a）一个直立的氯和一个 sp^2 杂化的碳

（b）一个直立的氯和两个 sp^2 杂化的碳

（c）一个平伏的氯和一个 sp^2 杂化的碳

（d）一个平伏的氯和两个 sp^2 杂化的碳

59. 在下面的结构中，哪种表述是正确的

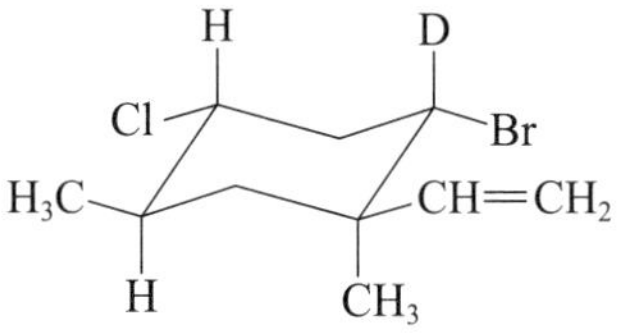

H　D　Cl　Br　H_3C　$CH{=}CH_2$　H　CH_3

（a）D 是平伏的

（b）CH_3 都是平伏的

（c）Cl 是直立的

（d）D 是直立的

60. 以下哪种结构的燃烧热最小？

（a）H　CH_3　H　CH_3

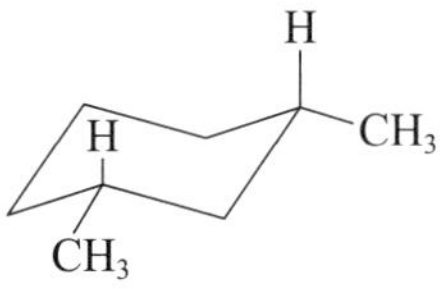

（b）CH_3　H　CH_3　H

（c）H　CH_3　H　CH_3

（d）CH_3　H　CH_3　H

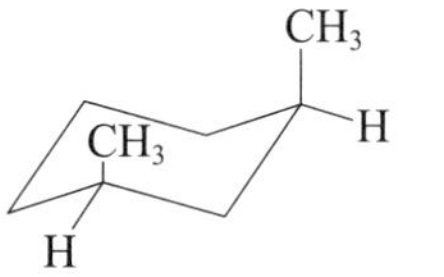

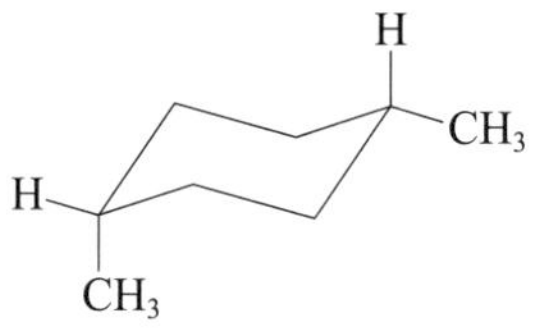

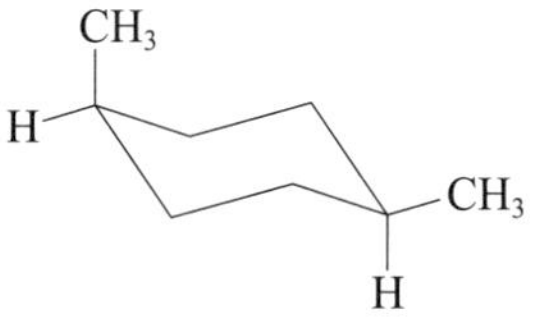

习题解答

21. 从最大的环开始写，随后依次遍历相对更小的环：

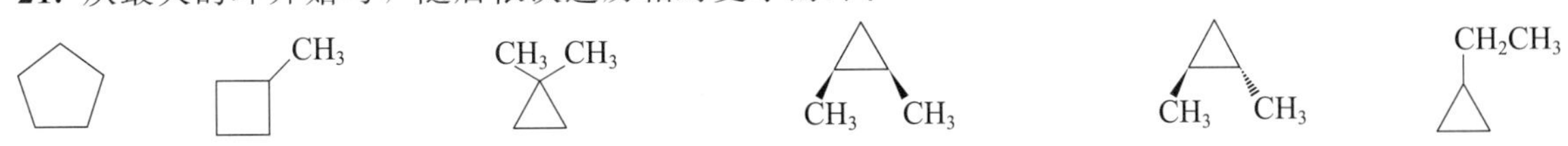

22. 采用和上题一样的方式，从最大的母体结构（这个例子中是环己烷）开始，将环依次减少一个碳原子，在每一种母体结构下排列所有可能的取代基方式以构成所需的结构式。

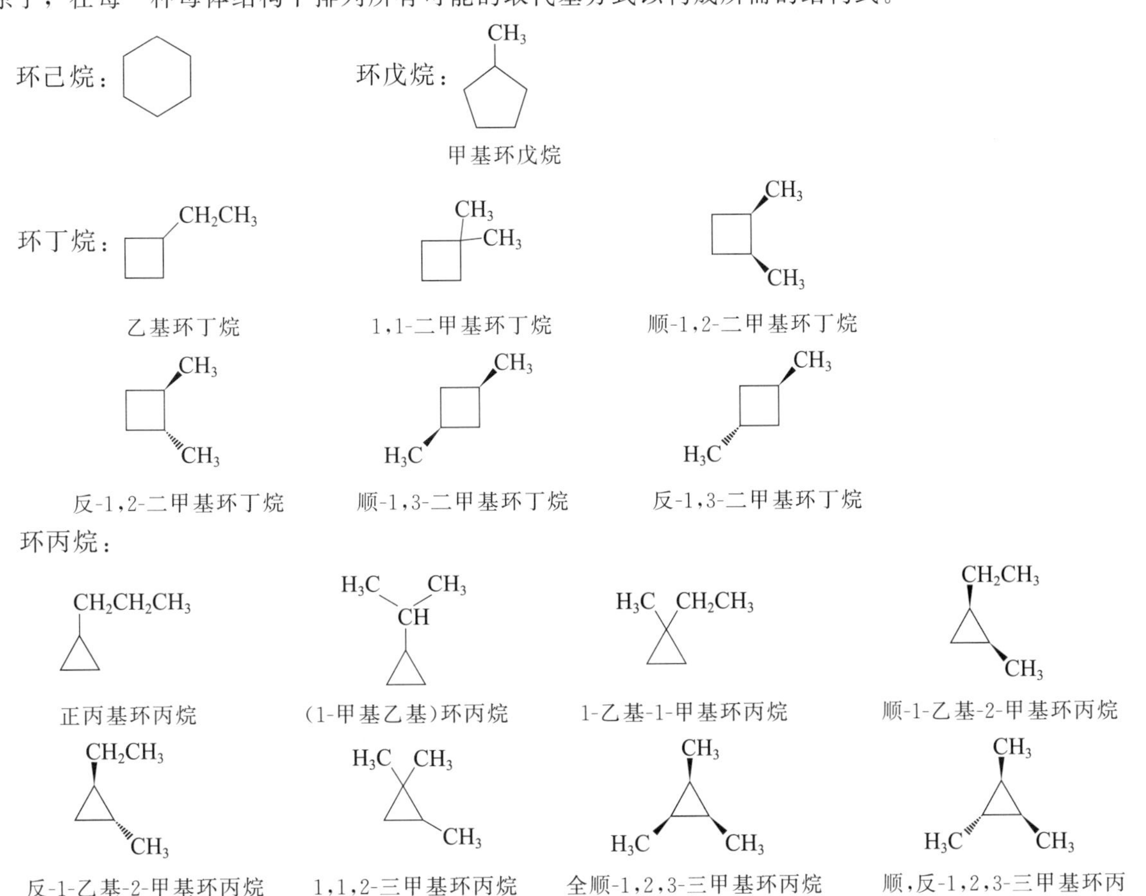

注：顺式/反式名称的这两种应用已不再普遍使用。第 5 章将介绍命名这类化合物的现代方法。

23. (a) 碘代环丙烷

(b) 反-1-甲基-3-(1-甲基乙基)环戊烷

(c) 顺-1,2-二氯环丁烷

(d) 顺-1-环己基-5-甲基环癸烷

(e) 为了区分这是顺式还是反式，可以把取代碳上的氢画出来：

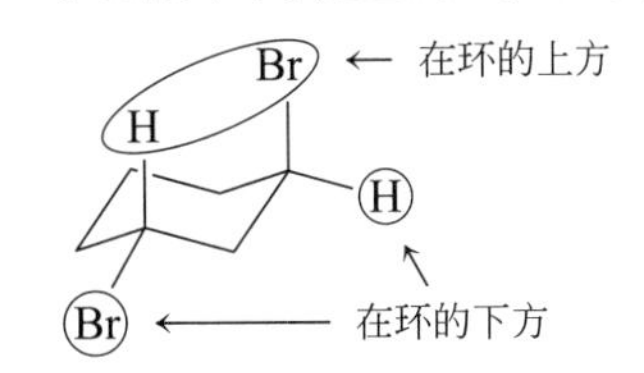

其中一个溴在环上方，另一个溴在环下方，所以命名为反-1,3-二溴环己烷。

(f) 同上，

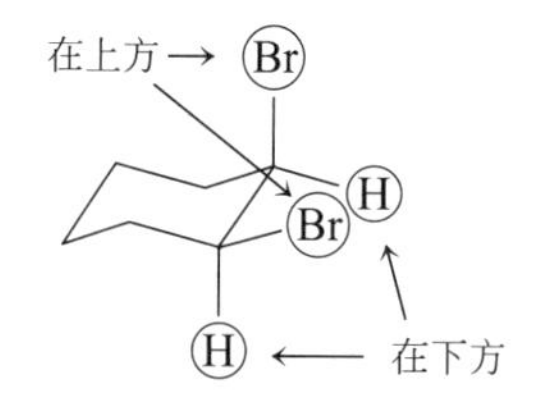

所以命名为顺-1,2-二溴环己烷。

24. (a)

题中所给的名称是可用的，但不遵循 IUPAC 原则。正确的 IUPAC 名称是（2-甲基丙基）环戊烷。

(b)

题中所给的结构式名称是正确的。

(c)

题中命名方式所指的结构是明确的，但 IUPAC 规定，在直链上有环的碳氢化合物中，环是母体。所以该结构应命名为乙基环己烷。

(d)

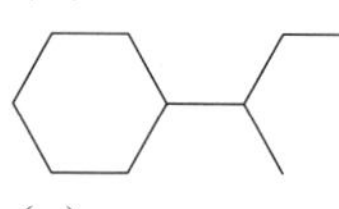

题中所给的取代基命名方式是错误的。该结构式应命名为（1-甲基丙基）环己烷。

(e)

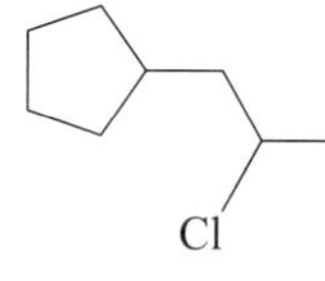

题中所给的结构式名称是正确的。

(f)

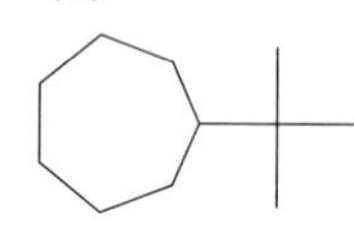

正确的 IUPAC 名称为（1,1-二甲基乙基）环庚烷。

25.

(a)

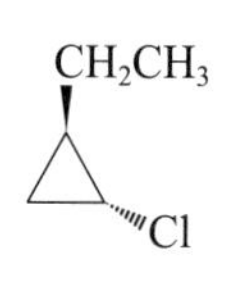

(b)

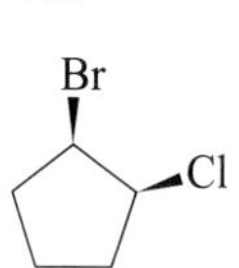

(c)

(d)

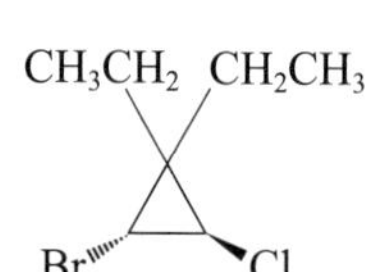

(e)

(f)

26. (a) 环丙烷发生自由基氯化反应的活性非常低，这表明它的 C—H 键异常强和环丙基自由基异常不稳定。

(b) 自由基倾向于 sp^2 杂化，键角为 120°。所以在环丙基自由基中，自由基碳的键角张力（120°－60°＝60°）相对于环丙烷本身碳的键角张力（109.5°－60°＝49.5°）更大。因此，自由基的形成增加了环张力，并且对于环丙烷而言会比本身没有键角扭曲的分子更难形成自由基。

27.

链引发：

$$Br—Br \xrightarrow{\triangle 或 h\nu} 2\,:\ddot{Br}\cdot$$

链传递：

$$:\ddot{Br}\cdot + H\text{-}C_6H_{11} \longrightarrow HBr + \cdot C_6H_{11}$$

$$Br-Br + \cdot C_6H_{11} \longrightarrow :\ddot{Br}\cdot + BrC_6H_{11}$$

链终止：

$$:\ddot{Br}\cdot + \cdot\ddot{Br}: \longrightarrow Br_2$$

$$:\ddot{Br}\cdot + \cdot C_6H_{11} \longrightarrow BrC_6H_{11}$$

$$\cdot C_6H_{11} + \cdot C_6H_{11} \longrightarrow C_6H_{11}-C_6H_{11}$$

28. 在所有情况下，$DH^\ominus$参考值指的是 CH_2（2°）基团之间的 C—C 键，例如 $CH_3CH_2—CH_2CH_3$ 的 $DH^\ominus$为 88 kcal·mol^{-1}（参见教材中表 3-2）。

（**a**）环丙烷中 C—C 键的裂解需要吸收的能量较少，因为在此过程中环张力得到了释放。断裂“正常”的 C—C 键需要吸收 88 kcal·mol^{-1}的能量，但由于在打开三元环时张力得到缓解释放的能量是 28 kcal·mol^{-1}，因此 $DH^\ominus$事实上为 88 kcal·mol^{-1}－28 kcal·mol^{-1}＝60 kcal·mol^{-1}。值得注意的是，这与开环所需能量 E_a 的 65 kcal·mol^{-1}是一致的（4-2 节）。

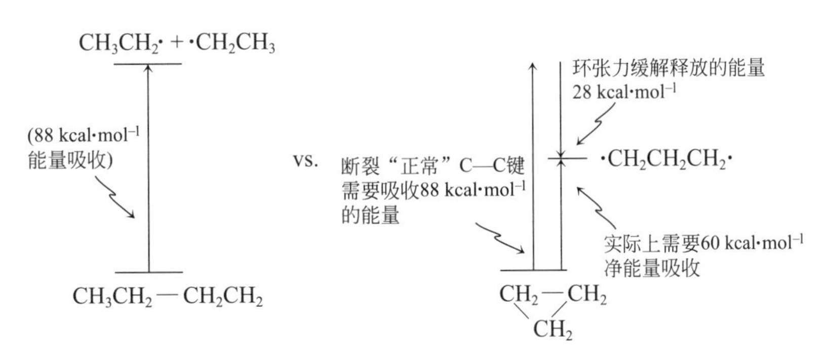

（**b**）对于环丁烷，$DH^\ominus$估计值＝(88－26) kcal·mol^{-1}＝62 kcal·mol^{-1}。

（**c**）$DH^\ominus$＝(88－7) kcal·mol^{-1}＝81 kcal·mol^{-1}。

（**d**）$DH^\ominus$＝(88－0) kcal·mol^{-1}＝88 kcal·mol^{-1}。

因此，环丙烷和环丁烷的异常开环反应（相对于其他烷烃和环烷烃）在热力学上是合理的。

29. 下图为环丁烷的“折叠”构象，直立（a）和平伏（e）的位置已标于图中。

所有的碳都是等价的，构象翻转会交换直立和平伏的位置，就像环己烷椅式构象的翻转一样。

（**a**）

$$H_3C\text{(平伏)} \rightleftharpoons CH_3\text{(直立)}$$

跨环1, 3-双直立键相互作用

平伏位：更稳定

(b)

(c)

两个 CH_3 都在平伏位；更加稳定

反式相对于顺式更稳定。因为此时两个 CH_3 可以同时位于平伏位置。在其顺式化合物（b）中，任一构象中总有一个甲基位于直立位置。

(d)

两个 CH_3 都在平伏位；更加稳定

顺式-1,3 化合物可以同时有两个处于平伏键的 CH_3，相对于其反式结构更稳定［下图(e)］。

(e)

二者能量相等：每个构象中有一个直立甲基和一个平伏甲基。

30.（**a**）由表 4-2 可知，环丙烷的总的环张力为 27.6 $kcal \cdot mol^{-1}$，环丁烷的总的环张力为 26.3 $kcal \cdot mol^{-1}$。如果简单地把两个环丙烷和三个环丁烷的总和加起来，就得到总的环张力 135.4 $kcal \cdot mol^{-1}$，非常接近棱晶烷的总的环张力 128 $kcal \cdot mol^{-1}$。然而，如果回想一下环丙烷中的部分张力是由 C—H 键的重叠引起的，则可以更为精确：环丙烷，C_3H_6，有 6 个重叠的 C—H 键。在乙烷中，每对重叠的 C—H 键为分子的扭转张力贡献 0.9 $kcal \cdot mol^{-1}$。环丙烷中有 6 种这样的相互作用，就等于 5.4 $kcal \cdot mol^{-1}$ 的重叠张力，而对于两个环丙烷环，共 10.8 $kcal \cdot mol^{-1}$ 的重叠张力。棱晶烷，C_6H_6，比两个环丙烷环有更少的重叠 C—H 键：三元环上有 6 个 C—H 键，另外在棱晶烷中，由于四元环被迫是平面的，因此理论上还需加上横跨四元环的三个 C—H 键。因此，棱晶烷的总张力估计至少应该减少 5.4 $kcal \cdot mol^{-1}$，得到的总值最终为 130.0 $kcal \cdot mol^{-1}$，这与真实值更为接近。

（**b**）如果把棱晶烷中的一个环丙烷键拆开，此时就会剩下两个四元环和一个三元环。

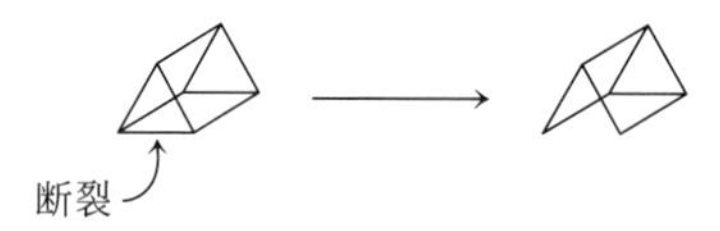

总张力将会大幅度下降至约 80 $kcal \cdot mol^{-1}$。同样可以通过考虑 C—H 重叠相互作用对这个数值进行微调。注意，现在四元环能够进行构象运动来减轻一些不利的重叠。

31. 请参阅问题 23(e) 及 23(f) 的答案作为参考。

（**a**）反式。不是最稳定的形式。环翻转得到双平伏构象：

（**b**）反式。注意氢的位置！

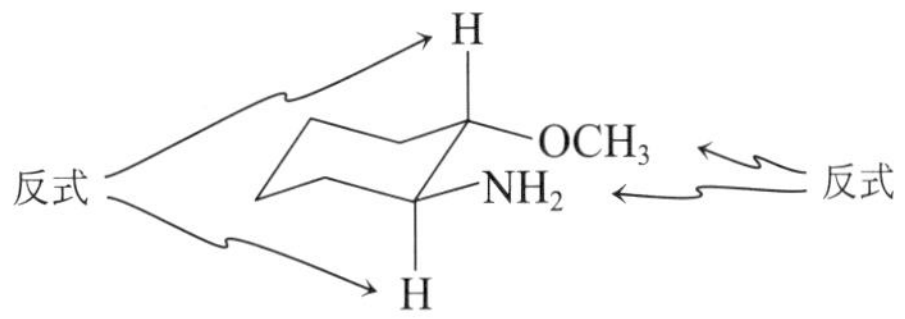

反式 反式 H OCH₃ NH₂ H

这两个氢是反式的，所以显然 NH_2 和 OCH_3 也一定是反式的。NH_2 与上方的氢是顺式的，OCH_3 与下方的氢是顺式的。两个基团都是平伏的，所以这是最稳定的构象。

(**c**) 顺式。

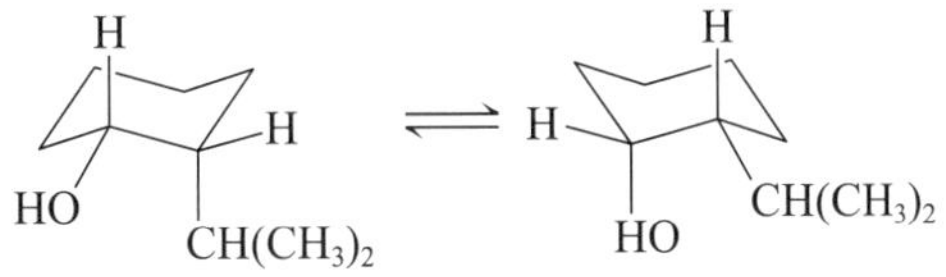

参考表 4-3，可以发现 $CH(CH_3)_2$(2.2 kcal•mol^{-1}) 比 OH(0.94 kcal•mol^{-1}) 更倾向于占据平伏位置。题中所给的结构中，$CH(CH_3)_2$ 位于直立键，OH 位于平伏键。这不是最稳定的构象，因为六元环可以翻转为右边 $CH(CH_3)_2$ 位于平伏键、OH 位于直立键的构象。

(**d**) 反式。

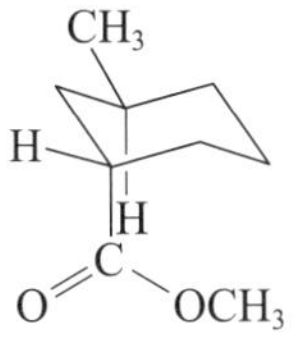

这是最稳定的构象（CH_3 位于平伏键）。表 4-3 的数据清楚地表明：甲基中的四面体碳原子比平面三角形的羰基碳原子"更大"。有关信息请进一步参阅习题 33 的答案。

(**e**) 顺式。

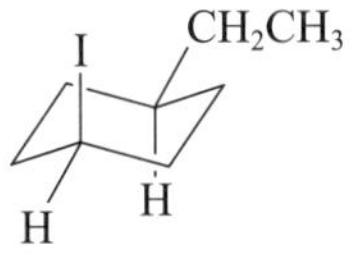

这是最稳定的构象（CH_2CH_3 位于平伏键）。

(**f**) 反式。

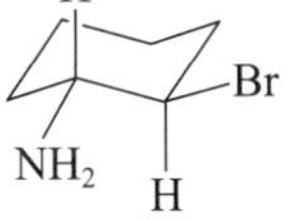

这是最稳定的构象（两个基团均位于平伏键）。

(**g**) 顺式。

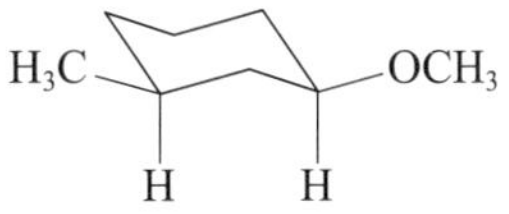

这是最稳定的构象（两个基团均位于平伏键）。

(**h**) 顺式。

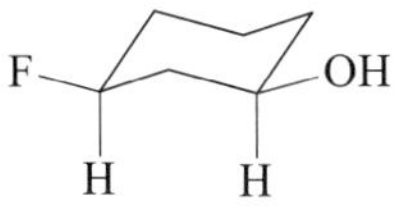

题中所给的并不是最稳定的构象。六元环的翻转可以使它变成如图所示的双平伏构象。

(**i**) 顺式。

题中所给的并不是最稳定的构象。通过六元环的翻转可以使羧基位于平伏键（参考表 4-3）。

(**j**) 反式。这是最稳定的构象［与（b）进行比较］。

32. 如果题中所给的构象相对更不稳定，则 $\Delta G^{\ominus}$为负，反之为正。

(**a**) $-(1.70+0.52)$ kcal•mol^{-1} $=-2.22$ kcal•mol^{-1}

(**b**) $(1.4+0.75)$ kcal•mol^{-1} $=2.15$ kcal•mol^{-1}

(**c**) $-(2.20-0.94)$ kcal•mol^{-1} $=-1.26$ kcal•mol^{-1}

(**d**) $(1.70-1.29)$ kcal•mol^{-1} $=0.41$ kcal•mol^{-1}

(**e**) $(1.75-0.46)$ kcal•mol^{-1} $=1.29$ kcal•mol^{-1}

(**f**) $(1.4+0.55)$ kcal•mol^{-1} $=1.95$ kcal•mol^{-1}

(**g**) $(1.70+0.75)$ kcal•mol^{-1} $=2.45$ kcal•mol^{-1}

(**h**) $-(0.94+0.25)$ kcal•mol^{-1} $=-1.19$ kcal•mol^{-1}

(**i**) $-(1.41-0.55)$ kcal•mol^{-1} $=-0.86$ kcal•mol^{-1}

(**j**) $(2.20+0.52)$ kcal•mol^{-1} $=2.72$ kcal•mol^{-1}

33. 羰基碳原子是平面的——sp^2 杂化。它可以围绕与环己烷环相连的键进行旋转，以减少与环同面其他直立基团的空间相互作用。基本上，它可以很容易“让出空间”。相反，甲基以及以四面体碳的形式连接在环上的任何基团，都不能通过旋转使自己“变小”。含有四面体碳的基团会像螺旋桨一样旋转，导致总是占据三维空间，因此它们会比平面三角构型的碳原子“更大”。

34.

稳定构象　　　　　　不稳定构象

(**a**)

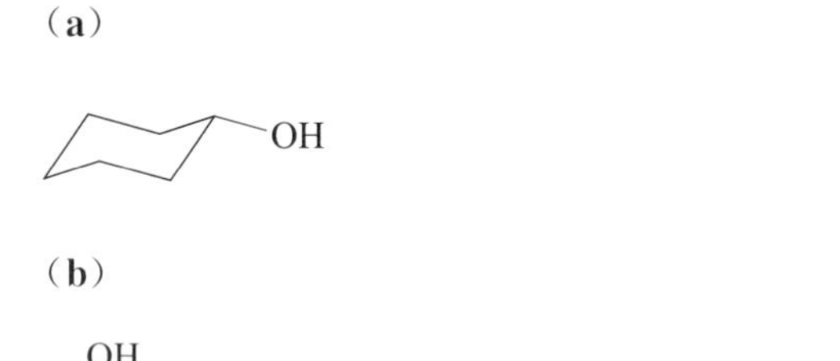

(**b**)

(**c**)

(**d**)

(**e**)

35.

参考教材表 4-3，得 $\Delta G^{\ominus}$

(**a**) 0.94 kcal•mol^{-1}（不稳定的构象会有更高的能量）

计算比例时，利用 $\Delta G^{\ominus}=-RT\ln K_{eq}$

$K_{eq}=4.8$；$\frac{4.8}{4.8+1}=0.83$；

∴两种构象的比例为 83∶17

(**b**) (1.7－0.94) kcal·mol^{-1}＝0.76 kcal·mol^{-1}　　K_{eq}＝3.8；$\frac{3.8}{3.8+1}$＝0.79；

∴两种构象的比例为 79∶21

(**c**) (2.2＋1.7) kcal·mol^{-1}＝3.9 kcal·mol^{-1}　　$K_{eq}\approx10^3$；两种构象的比例为 99.9∶0.1

(**d**) (1.75－0.75) kcal·mol^{-1}＝1.00 kcal·mol^{-1}　　K_{eq}＝5.3；两种构象的比例为 84∶16

(**e**) (5＋0.52) kcal·mol^{-1}＝5.5 kcal·mol^{-1}　　$K_{eq}\approx10^4$；两种构象的比例远大于 99.9∶0.1

在每种情况下，表 4-3 中 $\Delta G^{\ominus}$值更大的基团位于平伏键的构象是更稳定的。

36. 本题基本思路是，下图中两种椅式构象的能量不相等：一个是平伏键的甲基，另一个是直立键的甲基。虽然没有足够的信息来估计扭船式和船式构象的能量，但可以假定它们的能量可能会等于或者（更有可能）高于相应无取代基的环己烷构象的能量。

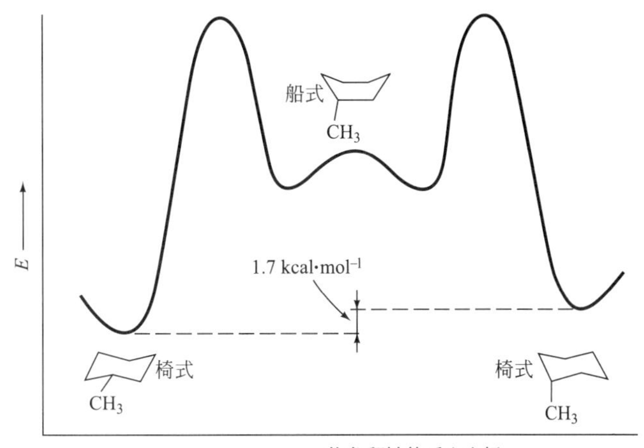

37. 两个环都可以翻转，所以有四种可能的组合，其中两种是相同的：

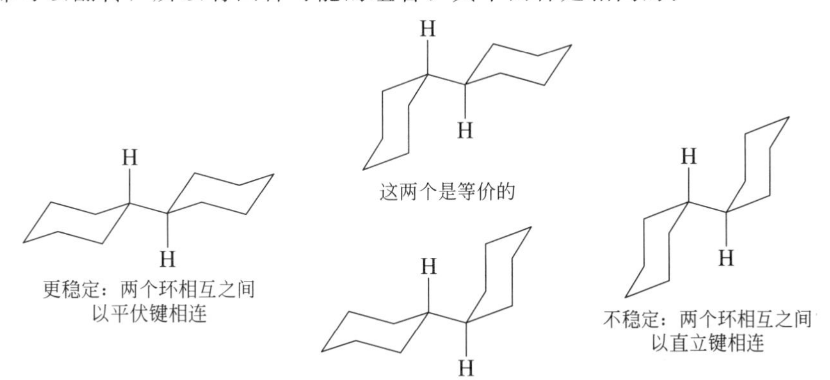

38. 需要注意环己烷船式构象周围的一些位置是直立的（假直立的）以及平伏的（假平伏的）：

a　a
e　e
e　e
a　a
a=假直立
e=假平伏

画出不同位置甲基的相应构象后，对存在的相互作用进行研究，可以发现：

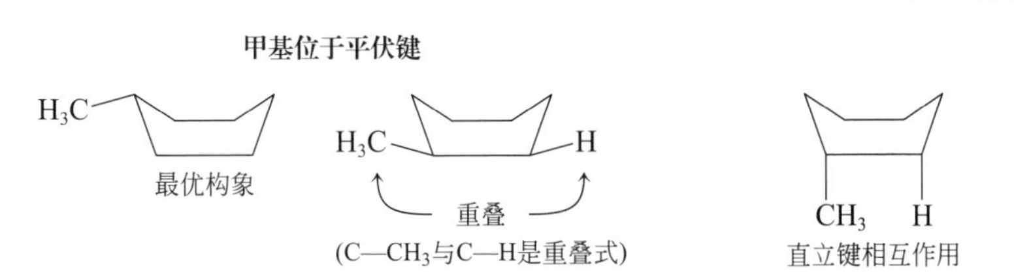

在两个甲基位于假平伏键的构象中，左边构象的 C—CH_3 键与相邻的 C—H 键呈交错式。另一种为如右图所示的重叠式，能量会相对更高。甲基位于假直立键上的两种构象都具有很高的能量。左边的构象实际上有 3 个涉及甲基的双直立键相互作用（图中只显示了其中一个；尝试画出其余的双直立键相互作用!），右边的构象则存在糟糕的跨环相互作用，因为 CH_3 和 H 相互接近会产生排斥作用。

39. 扭转消除了船式构象中存在的 8 个 C—H 键相互重叠带来的相互作用（画一个模型!）。

40. 只有类似船式的构象才可以避免两个大体积的基团处于直立键位置。这个分子将采用两个基团都位于假平伏键的构象。它将以环己烷的扭船式为基础，以最小化船式构象的重叠相互作用（4-3 节）。画一个模型!

41. 模型会对解答提供帮助，你应该学会构建类似下图所示的结构。

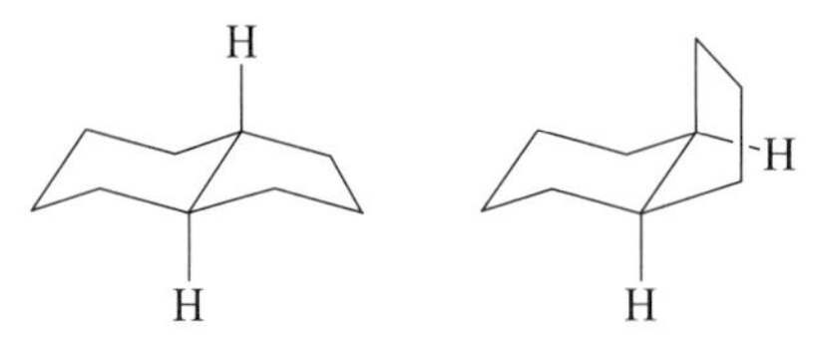

反-六氢茚满　　顺-六氢茚满

注意并环的两个氢在反式六氢茚满中是反式的，在顺式六氢茚满中是顺式的。在图中，环己烷环是椅式构象，而环戊烷环是信封式构象。稍微扭转环戊烷键，就会形成环戊烷的半椅式构象，这种构象在能量上相近，但较难画出来。

42. 在反-十氢萘中，并环上的每个碳-碳键都保持平伏键。在下图中，将环标为 A 和 B，并将四个相连的碳-碳键编为 1～4：

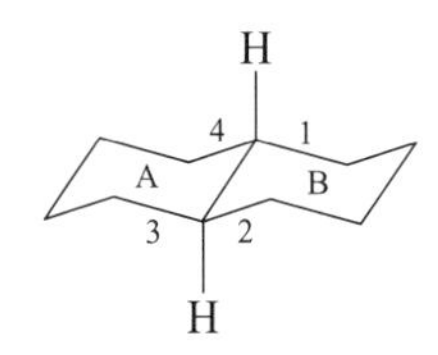

键 1 和键 2（B 环的一部分）是相对于 A 环的平伏取代基。键 3 和键 4（A 环的一部分）是相对于 B 环的平伏取代基，两个环上的氢原子相对于两个环都是位于直立键的。

在顺-十氢萘中情况就不同了。如下图所示：

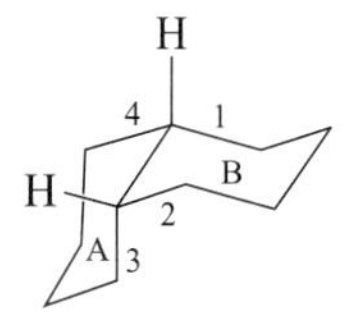

键 1（环 B）现在相对于环 A 是直立的（将本页顺时针旋转 60°看得更清楚），键 2 仍然是平伏键。同时，键 3（A 环）相对于环 B 是直立键，键 4 仍然是平伏键。所以这四个键中有两个处于直立键，因此，会产生 1,3-双直立键相互作用，导致化合物的焓增加。值得注意的是，并环的两个氢一个是平伏的，另一个是直立的。

如果假定顺-十氢萘中每个直立键能量为 1.75 $kcal\cdot mol^{-1}$，即可求得顺式异构体的能量比反式的高 3.5 $kcal\cdot mol^{-1}$（更不稳定）。然而这个数据是高估的，部分原因是环中的碳原子不能自由旋转，因此不会产生像可以自由旋转（360°）的简单烷基那样多的空间相互作用。估计能量差的另一种方法是寻找具有邻交叉式（*gauche*）构象的丁烷结构碎片。可以看到，顺式同分异构体比反式多三个；假设存在一个邻交叉式丁烷碎片的能量增加约 0.9 $kcal\cdot mol^{-1}$，则最终导致的能量差总和为 2.7 $kcal\cdot mol^{-1}$。

43. 建议通过画出模型来解决这个问题。首先看一个更简单的化合物，其中环己烷并上一个环丙烷（下图左边的结构）：

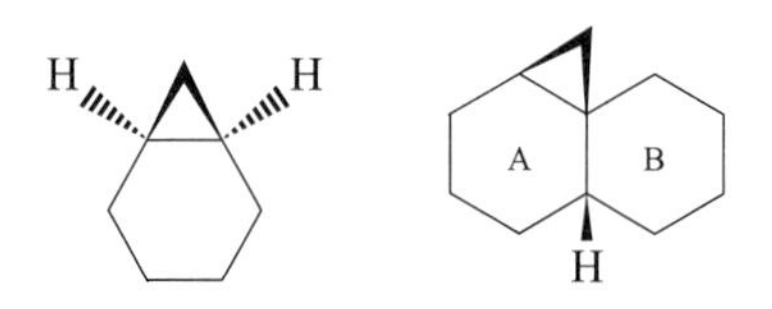

这个结构中的环己烷是椅式构象吗？事实上，它不是。三元环将迫使与它直接相连的两个环己烷碳共四个环己烷环碳处于共平面。只有离并环位置最远的两个环己烷环碳在空间上是可运动的。

在三环［$5.4.0^{1,3}.0^{1,7}$］十一烷（上图右边的结构）中，A 环同样受到三元环的约束。只有两个碳（图中底部的碳和左下方的碳）能够运动。相对于这个六元环中剩下的四个碳组成的平面，做向上或者向下的摆动。至于 B 环，它能够保持近似的椅式构象，如下图所示。

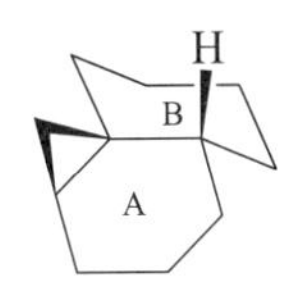

然而，如果尝试在 B 环中进行椅式-椅式构象的翻转，你会遇到更多来自刚性骨架的阻力。这种翻转可以被强迫，但其结果是变形的类扭船式结构。这是因为在并环处的两个碳不能进行相应的旋转，从而完成椅式-椅式构象的翻转。A 环的刚性可以防止这种情况发生。

44.（**a**）*β*-葡萄糖形式更稳定，因为它所有的取代基都位于平伏键上。*α*-葡萄糖中的一个羟基（图中环右边的羟基）位于直立键上。

（**b**）$K_{eq}=64/36=1.78$。通过室温（25 ℃）下的平衡常数并根据 $\Delta G^{\ominus}=-1.36\ \log_{10}K_{eq}$（第 2-1 节）求得 $\Delta G^{\ominus}=-0.34\ \text{kcal}\cdot\text{mol}^{-1}$。表 4-3 中，环己烷上羟基的直立/平伏自由能差为 $0.94\ \text{kcal}\cdot\text{mol}^{-1}$。这种区别主要是因为葡萄糖中的环不是环己烷，而是氧杂环己烷，即环醚。用氧取代环上的 CH_2 有几个效果，包括：去除原先与碳上氢相关的空间相互作用，以及引入两个极性的 C—O 键，其偶极子可以与附近环上的 C—O 键产生吸引或排斥相互作用。

45. 数一下分子中的碳数。如果有 10 个，这个分子就是单萜；如果是 15，则是倍半萜；如果是 20，就是二萜。

（**a**）10 个碳，单萜；（**b**）、（**c**）和（**d**）分别有 15 个碳，倍半萜；

（**e**）11 个碳，但连续的分子“骨架”中只有 10 个，单萜；

（**f**）15 个碳，倍半萜；（**g**）10 个碳，单萜；（**h**）20 个碳，二萜。

46.

47. 用虚线分隔每个异戊二烯单元：

（**a**） H_3C H_3C H_3C CH_2OH

（**b**） CH_3 CH_2 O O CH_2 or CH_3 CH_2 O O CH_2

（**c**） CH_3 CH_2 CH_3 OH CH_3 or CH_3 CH_2 CH_3 OH CH_3

（**d**） O O CH_3 O CH_3 CH_3

（**e**） CO_2CH_3 O $HOCH_2$ OH

（**f**） $HOCH_2$ N CH_3 O

（**g**） O O O CH_3 CH_3 O

（**h**） CH_3 CH_3 CH_3 CH_3 CH_3 CH_2OH

48. 以可的松为例：

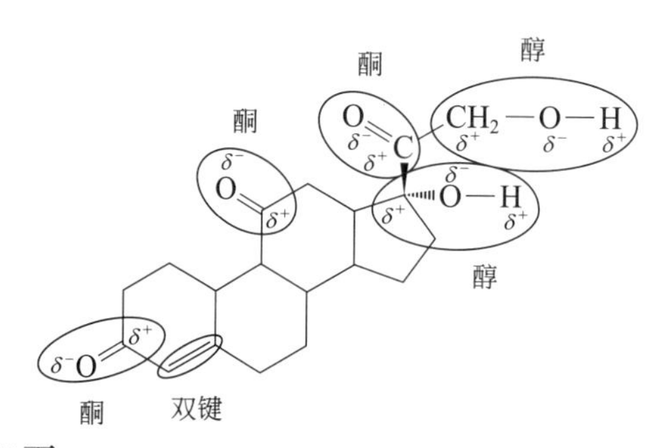

本节中出现的其他官能团如下：

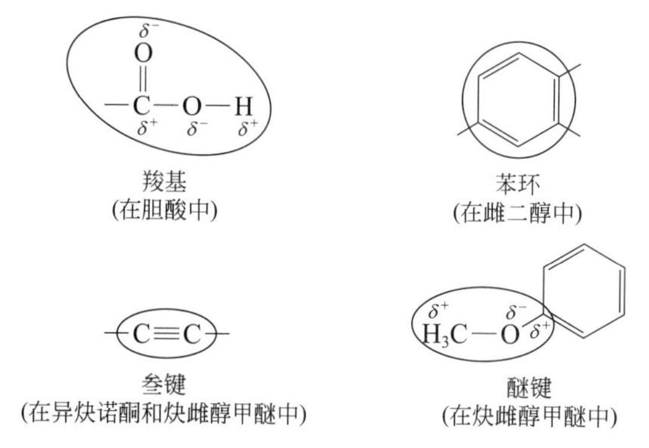

49. α-蒎烯是一种单萜（10 个碳）：

CH_3 CH_3 CH_3

非洲酮是一种倍半萜烯：

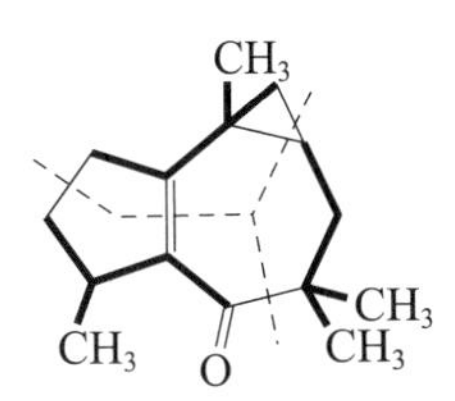

50. 如果环丁烷的 C—C 键使用 p 轨道，那么每个碳都为 sp 杂化：

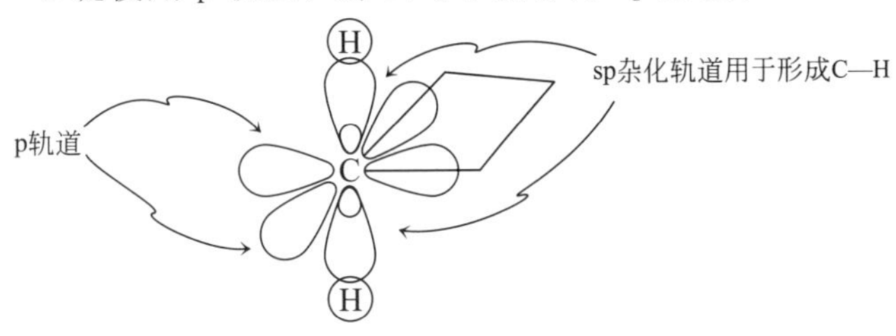

那么 H—C—H 键角将是 180°，环丁烷将采用如下结构：

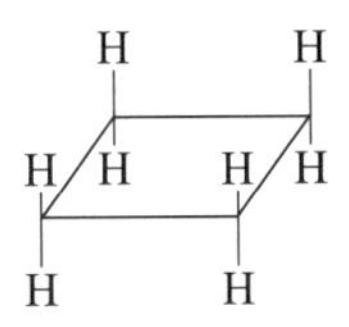

实际上，环丁烷和环丙烷一样使用“弯曲”键，每个碳上的四个键都包含杂化轨道。此外，环丁烷并不是完全平面的结构，H—C—H 键角与正常四面体键角值 109°相差不大（见教材中图 4-3 及习题 **29** 的解答）

51. 需要注意的是，构造“全椅式”环癸烷结构本质上可以类比去掉反式十氢萘的碳-碳键，并加上两个氢（如下图所示）：

去除键　　加入两个 H·

得到的分子中有两个新的氢指向环的中心，各自分别与另一侧环上的碳和氢在空间上紧密接触。这个跨环空间相互作用使它成为一个非常高能量的构象。

52.

（**a**）由左至右的环分别为：椅式环己烷、船式环己烷、椅式环己烷、信封式环戊烷。

（**b**）均为反式。

（**c**）α 代表在环下方，β 代表在环上方。3α、4α、8α、10β、11α、14β、16β。

（**d**）船式环己烷环并不常见，大多数甾族化合物只有椅式环己烷。船式构象是 9 号和 10 号位置以及 5 号和 8 号位置的基团以顺式关系存在的结果。还要注意甲基不同寻常的数目和位置：分别在 4、8、10 和 14 号位置，而不是更常见的成对出现在 10 和 13 号位置。

53.

+ O $\xrightarrow{(a)}$ + HO· $\xrightarrow{(b)}$ OH

对（a），$\Delta H^{\ominus}=(+98.5-102.5)\ \mathrm{kcal\cdot mol^{-1}}=-4.0\ \mathrm{kcal\cdot mol^{-1}}$；对（b），$\Delta H^{\ominus}=-96\ \mathrm{kcal\cdot mol^{-1}}$。将两者相加，得到 $\Delta H^{\ominus}=-100\ \mathrm{kcal\cdot mol^{-1}}$。

54.

（**a**）链传递：

$$\mathrm{Cl\cdot + RH \longrightarrow HCl + R\cdot}$$

可以快速发生

$$\mathrm{R\cdot + C_6H_5ICl_2 \longrightarrow RCl + C_6H_5\dot{I}{-}Cl}$$

和

$$\mathrm{C_6H_5\dot{I}{-}Cl + RH \longrightarrow HCl + R\cdot + C_6H_5I}$$

链传递反应的主要步骤

链终止（一种可能的途径）：

$$\mathrm{R\cdot + C_6H_5\dot{I}{-}Cl \longrightarrow RCl + C_6H_5I}$$

（**b**）共有 4 个三级氢，但环上方（β）的氢位阻太大，不能被氯化，因为它与 β 位置的两个甲基存在 1,3-双直立键相互作用。所以氯化反应的位置是另外三个环下方（α）的叔氢。

位阻太大

CH_3 CH_3 H H H H

氯化的主要位点

55. 两种情况下加入 Cl_2 后都会产生二氯化碘苯基团。然后，在光的作用下，它们成为自由基，并根据其链传递机理对附近的 C—H 键进行氯化，过程如习题 54（a）所示。反应选择性来自：在（a）中反应中自由基最容易攫取 9 号位置的 H，而在（b）反应中最容易攫取 14 号位置的 H。具体模型如下：

（**a**）

CH_3 CH_3 9 H O O Cl I

（**b**）

CH_3 CH_3 14 H O O Cl H_2C I

56.

（**a**）首先为化合物 A 找到最佳的椅式构象。在下图的两种可能中，两个取代基都位于平伏键的构象是更好的：

O CH_3 CH_3 双平伏结构

H_3C 双直立结构 O CH_3

补充：如果更仔细地观察这些结构会发现，六元环和 C-4 位置的三元环之间的构象不是最优的。正如在本章习题 35 的答案中简要讨论的那样，一个简单的烷基（如 CH_3）的自由旋转使得它比一个环上类似的分子片段的空间体积更大。此外，环丙烷的键角仅为 60°，进一步缩小了取代基所占空间的体积。因此，对双平伏结构来说，一个更好的构象是围绕六元环与三元环之间的 C—C 键旋转 120°，使两个甲基尽可能远离，并使环丙烷环的位置在靠近 C-3 甲基的一侧。在双直立结构中，通过类似的旋转使环丙烷上的 CH_3 远离环己烷环上的直立氢原子：

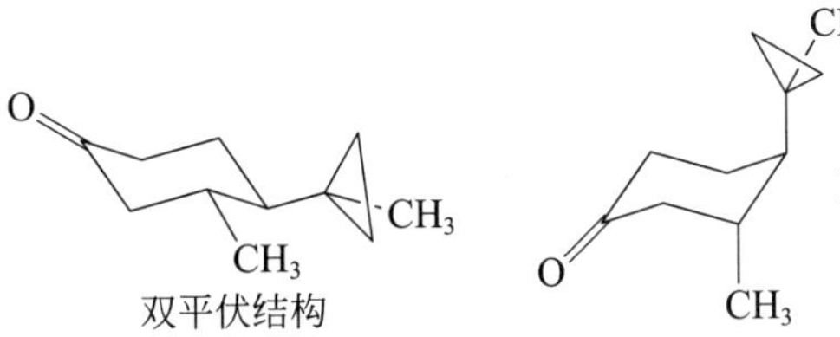

双平伏结构　　双直立结构

(**b**) 化合物B是由A中的环丙烷开环形成的。这个过程由原先的1-甲基环丙基产生一个1,1-二甲基乙基（叔丁基)。新生成的叔丁基是一个大体积基团，原因有二：首先，环丙烷环的刚性—CH_2—CH_2—片段被两个可以自由旋转的CH_3基团取代。其次，在开环后，键角从原来的60°扩大到四面体的109.5°。取代基空间体积的增加是相当大的，这很难用图充分地传达。画出化合物B的构象与A进行比较。双直立结构几乎是不可能的，因为叔丁基的甲基会和一个或两个处于直立键的同面氢在空间上相互排斥。同时，如图中弧线所示，双平伏构象在两个甲基之间存在类似的相互作用。事实上，这两个CH_3上的氢原子都希望占据相同体积的空间，导致了排斥的发生：

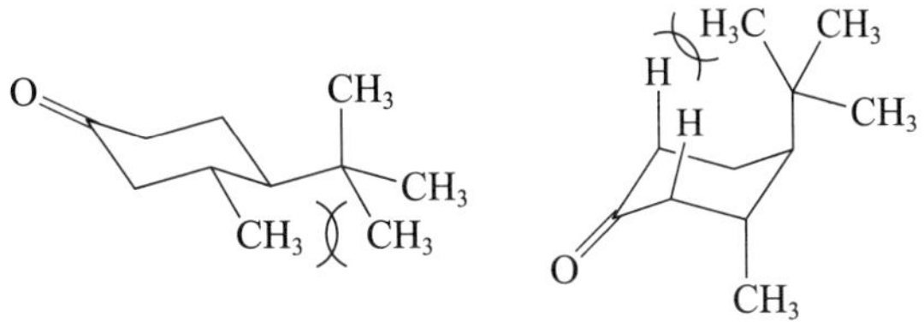

双平伏结构　　双直立结构

事实上，这种分子通过采用下图所示的船式构象摆脱了这个困境，通过扭曲来减轻重叠导致的相互作用。这个“奇怪”的构象具体是甲基在C-3的假直立键上，远离叔丁基（类比习题40)。

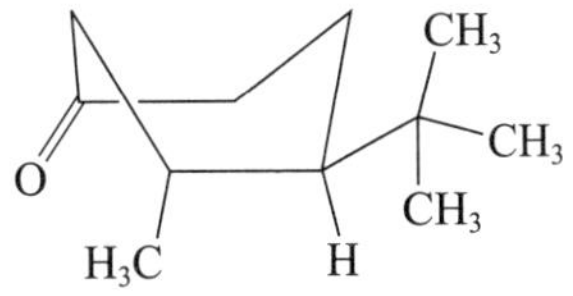

57. (**a**)。

58. (**d**)。

59. (**d**)。

60. (**a**) 最小的燃烧热等同于最稳定的结构（双平伏)。

5

立体异构体

现在你已经很清楚分子是三维物体了。本章探讨这一事实的一些更微妙但极为关键的结论。如果你还没有一套模型，别再等了，请立刻获得一套模型来帮助你深度认知本章描述的结构。对于许多学生来说，这里讨论的异构体关系是其学习有机化学时最困难的地方，它们在后面描述多类化合物和反应时非常重要。不言而喻，立体异构体对生物化学也是特别重要的。

本章概要

5-1　手性分子

关键定义：是什么使物体与其镜像不同？

5-2　光学活性

手性分子的物理性质。

5-3　*R/S* 顺序规则

如何命名手性分子？

5-4　Fischer 投影式

如何在二维空间中表示手性分子？

5-5 和 5-6　具有多个手性中心的分子：非对映异构体

进一步的阐述，包括介绍几个描述更复杂分子之间关系的新术语；并且将非对映异构体引向生物体系。

5-7　化学反应中的立体化学

基本规则。

5-8　对映体的拆分

实用技巧。

本章重点

5-1 手性分子

在本章中，你将了解许多新术语。在它们的定义后给出了结构式作为示例。第一个新术语是本章标题：立体异构体（stereoisomer）。简而言之，立体异构体是具有相同连接顺序的相同原子（即相同连接性），但不具有相同三维形状的分子。5-1 节中的第一个例子，2-溴丁烷，是众多**手性分子**（chiral molecules）之一。手性分子可以以两种立体异构形状中的任何一种存在，它们彼此相关，就像物体与其镜像一样。在进一步讨论之前，让我们先明确一点：显然，每个分子都有一个镜像（mirror image）。手性分子的特殊之处在于**它与其镜像不同**。甲烷与其镜像相同；它不是手性的。手性分子的两种可能形状的不同之处在于右手物体与左手物体的不同，就像手套、鞋子和手一样。因此，手性是分子水平上的“手性”。手性分子的两个镜像构型称为对映体（enantiomers）。

什么使分子具有手性？在使分子具有手性的几种类型结构特征中，最常见的是存在连接四个不同原子或基团的碳原子［不对称碳原子，也称为**立体中心**（stereocenter）］。在这一点上，整理一下你的模型，搭建手性分子是很重要的。通过模型证明给你自己看，一个分子镜像的模型不能完全与原始分子叠合。这是培养清晰地认知这种关系能力的第一步。

5-2 光学活性

对映异构体之间的物理差异非常微妙，以至于它们最终大部分都表现出相同的物理和化学特性。只有通过与本就拥有手性的某些物质相互作用才可以将对映异构体彼此区分开来。类似地，左右手套具有相同的质量、颜色和质地。然而，与右手的相互作用会立即区分开它们。通过观察就能区分它们反映了这样一个事实：我们的大脑解析双目视觉系统感受信号使我们有能力察觉出像左-右关系这样深度的“手性”。之所以是手性分子是因为它们与平面偏振光的相互作用：平面偏振光的偏振平面在穿过手性分子的一种对映异构体溶液时发生旋转。这种称为**旋光**（optical rotation）的现象是检测手性分子的最常用方法，本节将对其进行相当详细的描述。具有旋转偏振光平面能力的分子被称为具有光学活性，或显示出光学活性；对映异构体也称为**光学异构体**（optical isomers）。另一个重要的术语是指手性分子的两种对映异构体的等量混合物：**外消旋混合物**（racemic mixture）。手性分子的两个对映异构体各自以相同的量旋转光，但方向相反，因此外消旋混合物不显示光学活性，因为这两种成分完全抵消了彼此对光的旋转。

同样，由于本节提出了大量相关的新术语和新观点，有必要使用手边的模型仔细研究认真学习。

5-3 *R*/*S* 顺序规则

与所有命名规则相同，命名含立体中心的分子的 *R*/*S* 体系只有一个目的：对单一化学结构的简洁、明确的描述。在大多数情况下，该体系并不是特别难以应用，因为对不对称碳上的基团确定优先级通常很简单，使用模型来正确观看立体中心会解决其余的问题。应该搭建本章中示例的模型，以便你可以确认它们的 *R* 或者 *S* 名称。

在“第一个不同点”的概念被很好地理解之前，优先规则 2 偶尔会引起麻烦。如果这给你带来麻烦，遵照分步进行：

1. 并排写出要比较的取代基，左边是与不对称原子相连的键。

2. 从左侧开始，查看每个取代基链中的第一个原子，并按优先次序确定与其相连的原子。如果每个取代基中优先级最高的原子相同，则降低优先级继续寻找，直至寻找到第一个不相同的原子（**第一个不同点**）。如果在此阶段未发现差异，则从取代基链中的第一个原子移至第二个原子并重复该过程。如果此处存在支链，则应选择检查每个支链最高优先级原子是否不同。如果未发现不同，则检查第二高优先级基团，依此类推。

其实做起来比描述容易，所以我们来分析三个例子。

示例：指出下列化合物的 R/S 构型。

CCl_3
H—C—CH_2Br
CH_3

步骤：H 显然是最低优先级；其他三个需要比较。并排写出它们：

(Cl)　(Br)　(H)
—C—Cl　—C—H　—C—H
Cl　H　H
—CCl₃　**—CH₂Br**　**—CH₃**

根据每个碳上原子的原子序数确定最高优先级的原子。在$—CCl_3$ 中，它是 Cl；在$—CH_2Br$ 中，它是 Br；而在$—CH_3$ 中，它是 H。三者都不同，因此可以立即确定优先级。Br>Cl>H，因此$—CH_2Br$>$—CCl_3$>$—CH_3$。$—CCl_3$ 上有三个 Cl，$—CH_2Br$ 上只有一个 Br，**这一事实对于确定优先级无关紧要**。**第一个不同点**是$—CH_2Br$ 上的 Br 与$—CCl_3$ 上的**第一个** Cl，并且 Br 比 Cl 大。一旦确定了第一个不同点，**其他一切都不重要**。

确定优先级后，可以重新绘制分子，将具有最高优先级基团指定为“a”、第二个为“b”、第三个为“c”和最低为“d”的分子：

CCl_3
H—C—CH_2Br
CH_3

变成

b
d—C—a
c

≡

b
C
c　a

(d在背后)

逆时针=S

示例：确定下列化合物的 R/S 构型。

H
H_2C—C—CH_2CH_3
$(CH_3)_2C$

步骤：手性中心是环的一员，但步骤并没有实质性的不同。H 是最低优先级，必须比较其他 3 个基团。需要说明的问题是环中具有手性中心意味着什么？很明显的是，一个基团是乙基。其他两个“基团”实际上只是连接到手性中心的环上原子基团。其中一个基团，从环上$—CH_2$ 开始并绕环延续；对于另一个基团，从环上$—C(CH_3)_2$ 开始，然后沿另一个方向绕环延续。因此，我们需要比较“基团”$—CH_2—CH_3$、$—CH_2C—(CH_3)_2$—etc.、$—C(CH_3)_2—CH_2$—etc. 的优先次序，这里，“基团”左边的键连接到手性中心，“etc.”意思是“在环上延续”。再次根据优先规则 2 确定优先级，因为在所有 3 个基团中，与不对称碳相连的“链”中的第一个原子是相同的（碳）。因此，我们移到与这些碳相连的原子上进行比较（圈出）：

第一个不同点

(H)　(H)　(C)H_3
—C—(C)H_3　—C—(C)$(CH_3)_2$—etc.　—C—(C)H_2—etc.
(H)　(H)　(C)H_3
乙基　**环上的CH₂**　**环上的C(CH₃)₂**

在每种情况下，上述原子中最大的原子是碳，没有不同。然而，在最右边的基团中，第二大也是碳，而其他两个基团的第二大是氢。因此，这三个基团中的最高优先级是环上的$—C(CH_3)_2—CH_2$—etc.。第二和第三优先级是通过进一步转移到下一个原子确定出来的，如下图所示（圈出）：

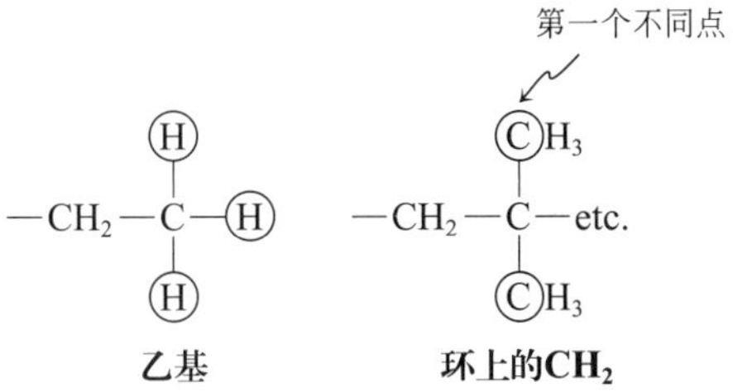

第一个不同点

$$-CH_2-\underset{\textcircled{H}}{\overset{\textcircled{H}}{C}}-\textcircled{H} \qquad -CH_2-\underset{\textcircled{C}H_3}{\overset{\textcircled{C}H_3}{C}}-etc.$$

乙基 **环上的CH_2**

这里的比较很简单。乙基中的 CH_2 仅连接到简单的 CH_3 基团，而环上的 CH_2 连接到—$C(CH_3)_2$—etc. 基团。所以后者的优先级更高（C 大于 H）。因此有：

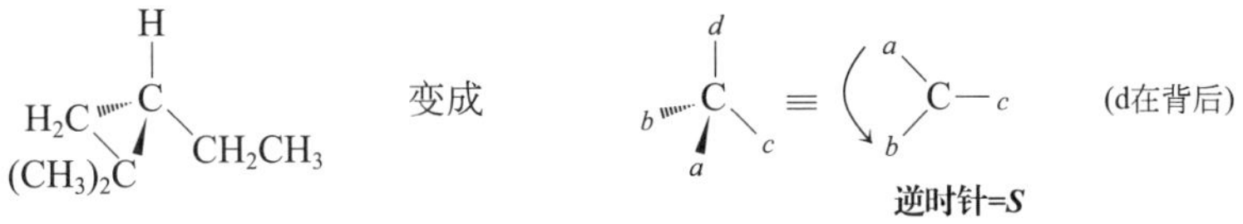

H, H_2C, $(CH_3)_2C$, C, CH_2CH_3 变成 d, b, C, c, a ≡ a, C—c, b (d在背后)

逆时针=*S*

示例：确定下列化合物中标记碱的 R/S 构型。

H, *C, Cl, OCH_2CH_3 | $CHCH(CH_3)_2$, $CHCH_2CH_3$ | OCH_2CH_3

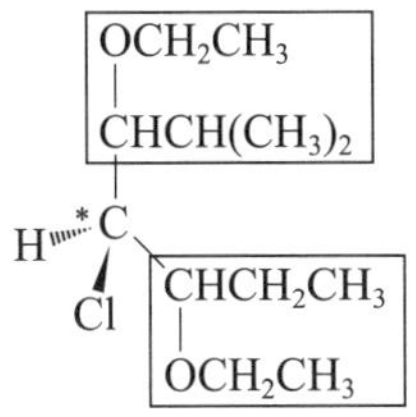

步骤：最高优先级是 Cl，最低优先级是 H。但是，需要在两个框起来的基团之间做出优先级选择。首先并排写出这些基团：

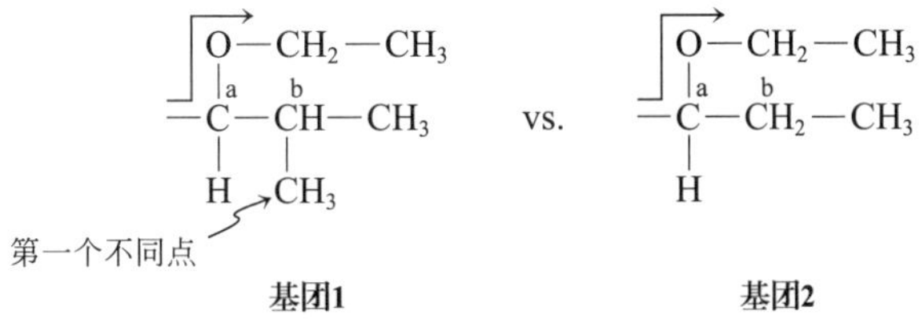

$$\underset{\textbf{基团1}}{\begin{array}{l} O-CH_2-CH_3 \\ -\overset{a}{C}-\overset{b}{C}H-CH_3 \\ \;\;H\quad\; CH_3 \end{array}} \quad \text{vs.} \quad \underset{\textbf{基团2}}{\begin{array}{l} O-CH_2-CH_3 \\ -\overset{a}{C}-\overset{b}{C}H_2-CH_3 \\ \;\;H \end{array}}$$

第一个不同点

然后从每个基团中标记为“a”的碳原子开始。在这两个基团中，与碳“a”相连的优先级最高的原子是氧，次高的是碳，最低的是氢，没有发现差异，所以转移到碳“a”上**最高优先级**的原子上再进行比较：按照箭头移动到氧（**不是碳原子“b”——氧优先级更高**，所以要首先评估）。基团 1 和基团 2 都有相同的 CH_2 直接连接到 O 上，因此它们仍然是相同的。然后，转向连接到“a”的第二大基团——碳“b”，可以发现平局被打破了：在基团 1 中，碳“b”连接两个碳和一个氢，而在基团 2 中，它只连接一个碳和两个氢。因此，基团 1 在原子“b”（第一个不同点）处的优先级高于基团 2。

确定优先级后，可以标记所有基团并确定 R 或 S 构型：

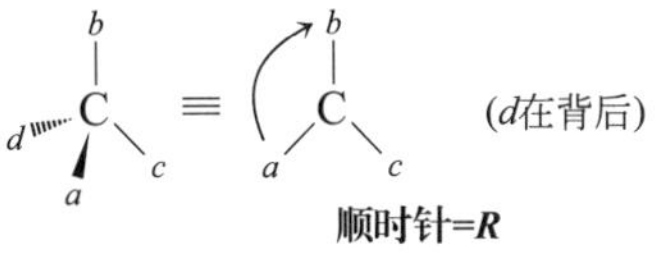

b, d, C, c, a ≡ b, a, C, c (*d*在背后)

顺时针=*R*

此外，如下所示，如果基团 1 中的氧连接到 H 而不是 C，这将成为第一个不同点，基团 2 的优先级更高。碳“b”的不同将变得无关紧要。

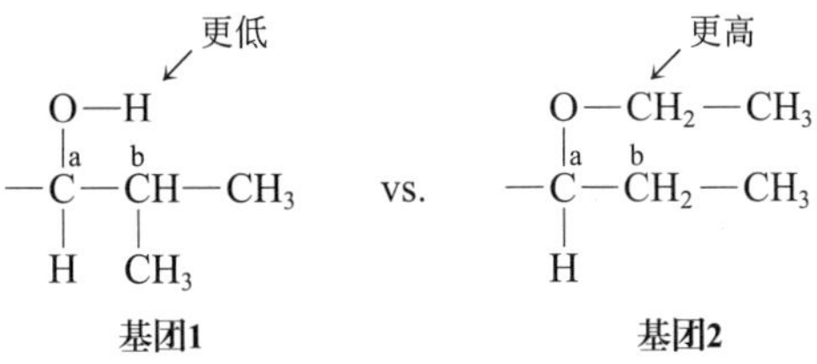

更低 更高

$$\underset{\textbf{基团1}}{\begin{array}{l} O-H \\ -\overset{a}{C}-\overset{b}{C}H-CH_3 \\ \;\;H\quad\; CH_3 \end{array}} \quad \text{vs.} \quad \underset{\textbf{基团2}}{\begin{array}{l} O-CH_2-CH_3 \\ -\overset{a}{C}-\overset{b}{C}H_2-CH_3 \\ \;\;H \end{array}}$$

以上三个示例都包含一个“技巧”——一个不常见的特征，却能详细说明规则的应用。你看到的大多数章节和考试问题都不会“棘手”。但是，通过了解难点，在所有情况下正确应用该步骤都会变得更快、更简单，因为你现在已经明白了当事情变得复杂时该怎么做。

在结束本节之前，还要注意优先规则 3 也有一些技巧。为确定优先级，双键和叁键应改写，使所涉及的两个原子所连接的键变成两个或三个单键。例如，一个碳与另一个碳的双键连接变为一个碳与两个碳以单键连接。

其中一个碳是实际存在的碳，另一个碳是外加的。所以：

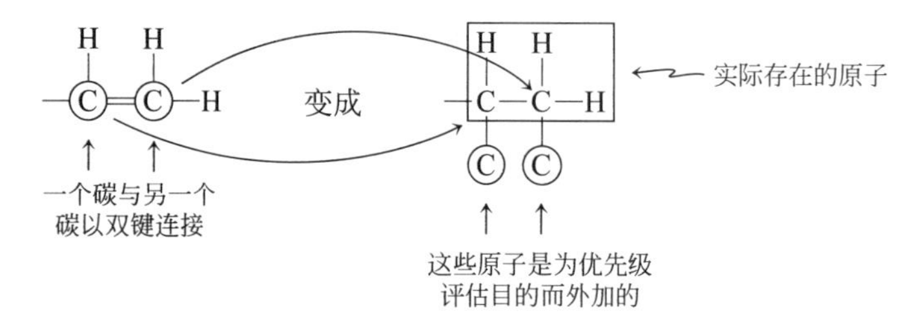

碳-氧双键的过程类似：与碳相连的键被改写为与两个氧连接的两个单键（一个真实的，一个外加的），同样地，与氧相连的键变成与两个碳键合的两个单键（一个是真实的，一个是外加的）。

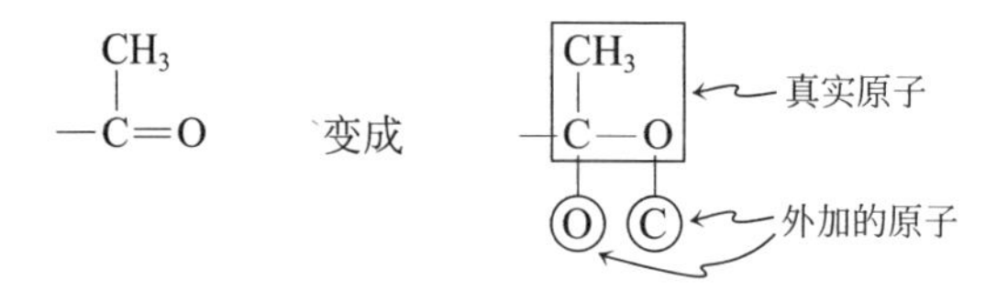

5-4 Fischer 投影式

Fischer 投影式是通过使用简单的规则在纸面上绘制不对称碳原子来表示其三维结构的方法。规则很简单，但同样，灵巧地搭建本章节中的模型将帮助我们更容易地掌握这些知识。最重要的一点是：手性中心的水平键被表示为实楔形键，在纸面上；而竖直键被显示为虚线，在纸面下。

5-5 和 5-6 具有多个手性中心的分子：非对映异构体

当一个分子含有多于一个手性中心时，如 2-溴-3-氯丁烷，它将有两个以上立体异构体。特别是，n 个手性中心产生多达 2^n 个立体异构体。如果考虑 $n=3$ 的情况，则所有 $2^n=8$ 个立体异构体是如何相关的？因为一个物体只有一个镜像，如果选择其中任何一个（立体异构体 A），它只能有不多于一个的对映异构体（立体异构体 B）。其他六种异构体呢？它们也是 A 的立体异构体，但不是 A 的镜像。这六个分子中的任何一个与 A 的关系由一个新术语**非对映异构体**（diastereomer）来描述。非对映异构体是**彼此不是镜像的立体异构体**。因为非对映异构体**不是**彼此的镜像，所以它们**具有不同的物理特性并且可以通过标准实验室技术进行分离**。这个非常重要。这一特征可将非对映异构体与彼此不容易相互分离的对映异构体区分开来。

与对映异构体一样，非对映异构体也是一个非常重要的术语，在结束本节之前，你应该充分理解这一点。请注意，“对映异构体”和“非对映异构体”都描述了成对结构之间的关系。如上所述，A 是 B 的对映异构体；A 也是其他六种异构体中每一种的非对映异构体。一个分子可以同时被称为对映异构体和非对映异构体，这乍一看似乎很奇怪。但是，如果你还记得这些术语仅仅描述了成对结构之间的关系，那就更有意义了。下图不是一个完美的类比，但它可能会帮助你理解。

想象一个舞者在不同的时间举起手和脚的各种组合。右手-右脚抬起和左手-左脚抬起之间的关系是镜像的，它们是对映体的关系。可以说，没有一个是右手-左脚抬起的镜像，因此后者与前两者是非对映异构关系。下图显示的“一只手朝上，一只手朝下，一只脚朝上，一只脚朝下”的四种可能组合类似于具有两个手性碳的分子的四种立体异构体之间的关系。

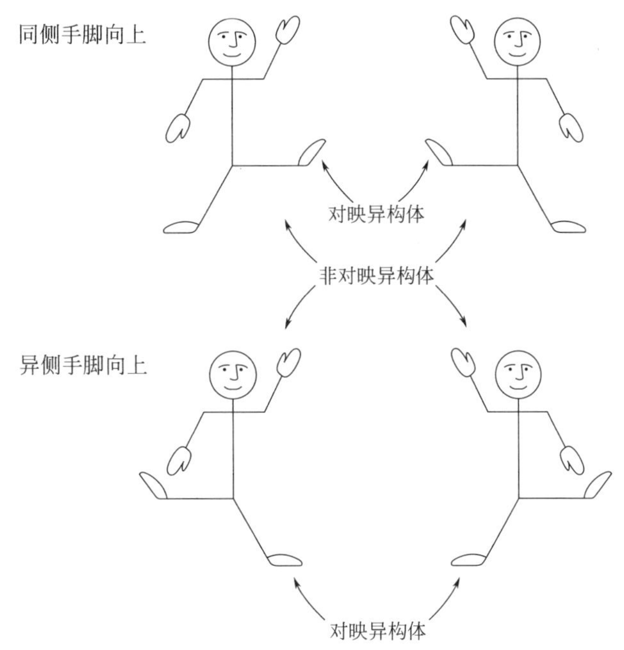

如本节图示，分子也是类似的。实际上，真正的麻烦是，在确定两个结构彼此是对映体或非映异构体时，如何绘制和摆放分子图片，以便于首先能够比较立体中心。举个例子。

每个人都可以看到如下两个化合物，

CH_3
H—Cl
H—Br
CH_3

和

CH_3
Cl—H
Br—H
CH_3

立即可发现它们之间的镜像关系，并将其识别为对映异构体。相似地，

CH_3
H—Cl
Br—H
CH_3

和

CH_3
Cl—H
Br—H
CH_3

上述两个化合物显然缺乏镜像关系，必然是非对映异构体。

例如，确定下图中两者之间的关系时，如果你不搞得一团糟才是比较困难的：

CH_3　Cl
Br—C—C—H
H　CH_3

和

Cl
H—CH_3
H_3C—H
Br

简而言之，你需要能够快速和准确地在纽曼式、楔形式和 Fischer 投影式间转化。从平面图形中可视化三维结构这个能力需要练习，并且需要使用一些特殊的技巧。本书非常全面地介绍了 Fischer 投影式的比较和相互转换。这里要说的一条关键措施就是，在相互转换 Fischer 投影时，不要一次对多个手性中心进行操作。

示例：以下结构之间的关系是什么：相同的、对映体或非对映异构体？

Cl
H_3C—Br
Cl—H
CH_3
结构1

和

Br
Cl—CH_3
Cl—CH_3
H
结构2

步骤：

1. 在顶部手性中心操作。

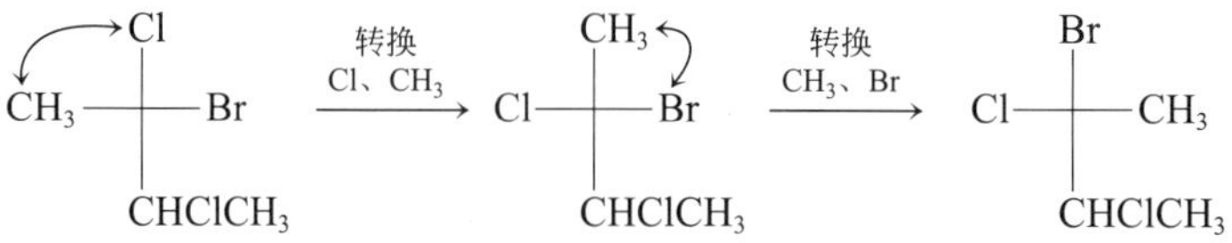

结构1 —转换 Cl、CH_3→ —转换 CH_3、Br→ 与结构2相同

两次互换使结构 1 的顶部手性中心与结构 2 的顶部立体中心相同，因此这些碳的构型是相同的。

2. 在底部手性中心操作。

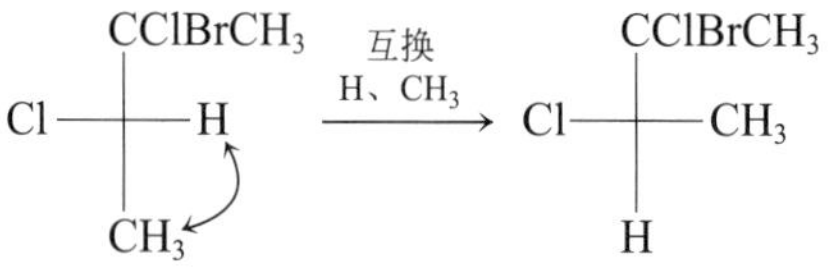

结构1 —互换 H、CH_3→ 结构2

1 次互换使结构 1 的底部手性中心与结构 2 的手性中心相同，因此两个碳的构型相反。

答案：两个结构为非对映异构体（不完全相同，并且不是互为镜像）。

现在让我们检查比较楔形式与 Fischer 投影式之间的问题。实际的问题就是楔形式与 Fischer 投影式间怎样**相互转化**。关键就是 Fischer 投影式是分子的**重叠式构象**（eclipsed conformation）图，这非常重要。所以，第一步就是将楔形式转化为重叠式构象，任意旋转 60°就可与实现，例如左手的甲基朝着纸外，即朝着你旋转 60°：

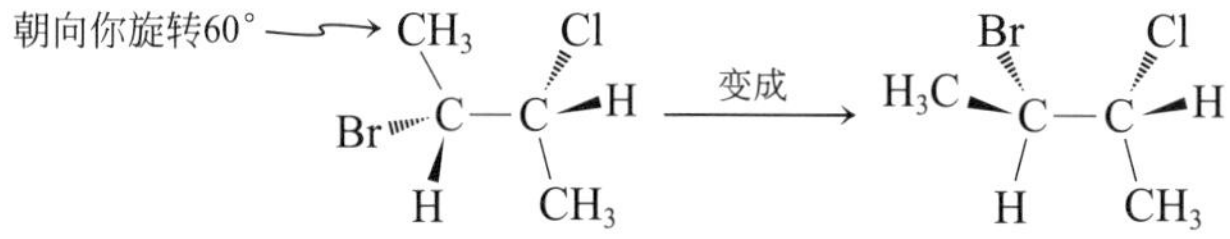

朝向你旋转60° —变成→

在模型的帮助下仔细看看这两个相同的分子，如有必要——说服自己页面上的图片就是我所说的。

同样可以将上面的重叠式结构转化为 Fischer 投影式，想象一下看它的方向，碳-碳键是垂直方向的，其他基团是水平朝着人们的。例如：

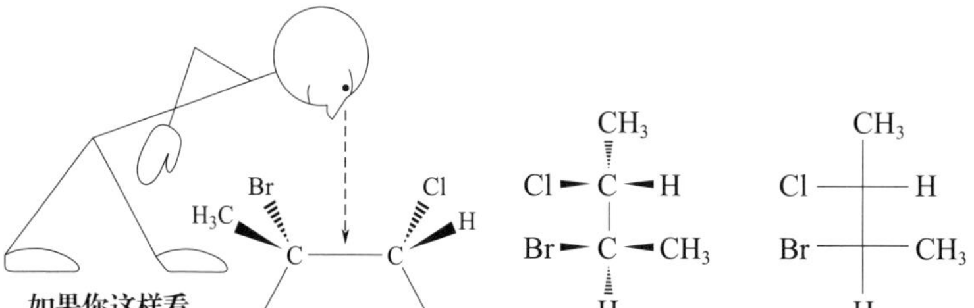

如果你这样看　　这就是你看到的　　这是哪个？

现在你可以通过 Fischer 投影式用我们刚刚画的结构进行比较了。

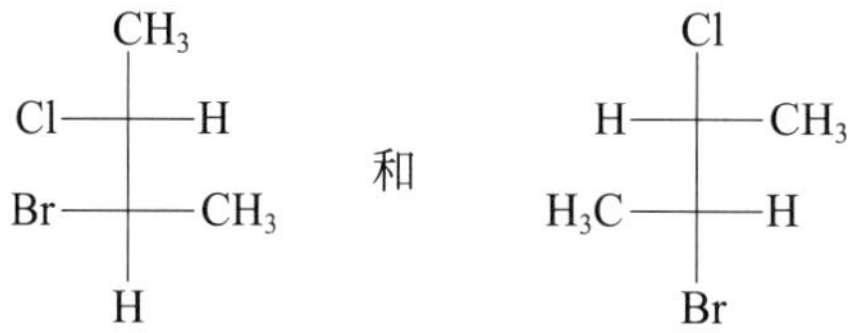

结构3　和　结构4

1. 顶部手性中心

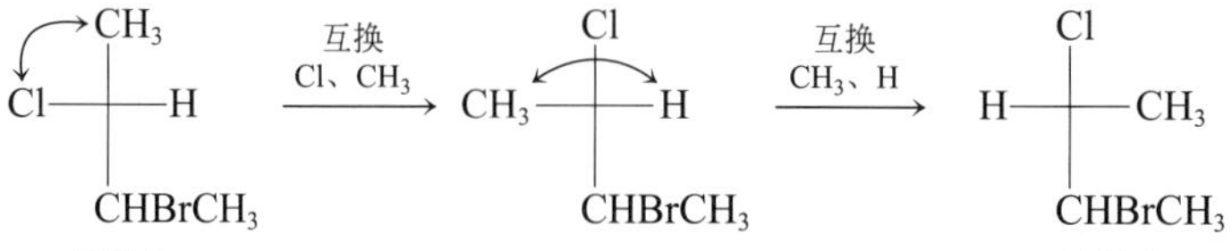

结构3 —互换 Cl、CH_3→ —互换 CH_3、H→ 结构4

经两次互换，因此相同。

2. 底部手性中心

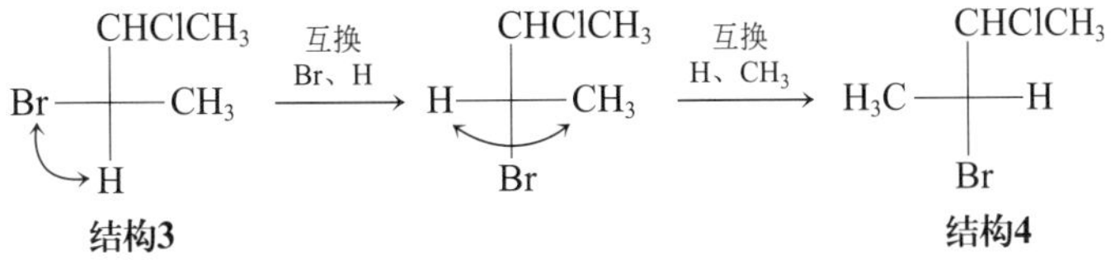

结构3 → (互换 Br、H) → (互换 H、CH_3) → 结构4

也经两次互换，因此，也是相同的。

因此，

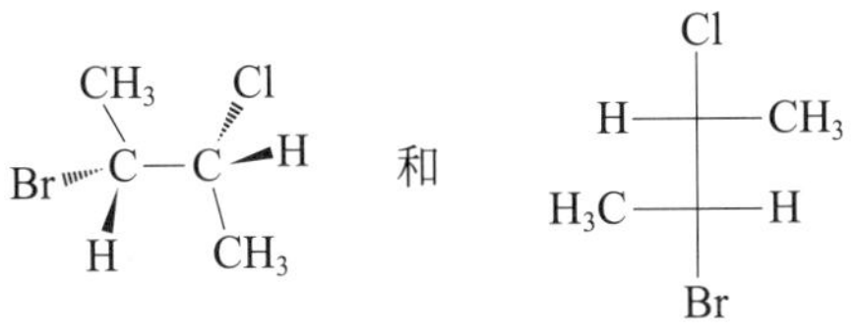

和

它们是完全相同的分子。

在这一点上，比较图形结构，是确定立体异构结构之间可能关系的几种方式中一种比较有用的方法。如果你有时间，搭建模型始终是有用的，特别是为了直观地展现分子结构。更好的方法是将命名规则应用于每个结构，并确定每个手性中心的 *R* 或 *S* 构型。一旦适应了这种方法，你可能会发现这是所有方法中最快的，因为它适用于不同类型的结构图：一旦确定了结构的 *R*/*S*，它们的立体化学关系是显而易见的。对于两个手性中心，(*R*,*R*) 和 (*S*,*S*) 是彼此的对映异构体，(*R*,*S*) 和 (*S*,*R*) 是彼此的对映异构体，并且其他任何组合是一对非对映异构体。

请注意，我从未说过这很容易。它需要练习并延伸到其他绘制三维分子结构的常见方式。然而，在实践中，你需要时间获取经验和信心。这正是你考试时需要的。

5-7　化学反应中的立体化学

本节内容的复杂性显然在于详细解释各种情况。这些内容实际上是非常自然合理的，没有特别的陷阱和圈套。简而言之，如果一个没有手性中心的分子在反应过程中形成一个手性分子，那么这个新的手性中心将以 50∶50 的 *R* 和 *S* 构型混合物的形式出现，除非受某些外部影响偏向于一个。

5-8　对映体的拆分

本节介绍了分离对映异构体的最常用实验室方法。其需要使用可与外消旋混合物发生反应的分子的一种纯对映体。5-2 节（手性分子的物理性质）和 5-5 节（具有多个手性中心的分子）中介绍了该方法的直接应用步骤。

习　题

30. 将下面日常用品按手性和非手性分类。假设每个物体都是以最简单的形式，没有装饰或也没贴有印刷的标签。(**a**) 梯子；(**b**) 门；(**c**) 电风扇；(**d**) 电冰箱；(**e**) 地球；(**f**) 棒球；(**g**) 棒球棍；(**h**) 棒球手套；(**i**) 一张薄纸；(**j**) 餐叉；(**k**) 勺子；(**l**) 小刀。

31. 本题的每个部分都列出了两件物体或者两套物体。用本章的术语尽可能准确地描述两套物体之间的关系；就是说，指出它们是否是相同的，对映体，还是非对映体。(**a**) 一辆美国玩具车和一辆英国玩具车相比（颜色式样相同只是方向盘在相反侧）；(**b**) 两只左脚穿的鞋和两只右脚穿的鞋相比（相同颜色、尺码和款式）；(**c**) 一双袜子和两只右脚穿的袜子相比（相同颜色、尺码和款式）；(**d**) 一只右手手套在左手手套上（掌心对掌心）和一只左手手套在右手手套上面相比（掌心对掌心；相同颜色、尺码和款式）。

32. 对下列每对分子，指出它们是相同的、构造异构体、构象异构体还是立体异构体。当构象在不能互相转换的温度下时怎样描述它们之间的关系？

(a) 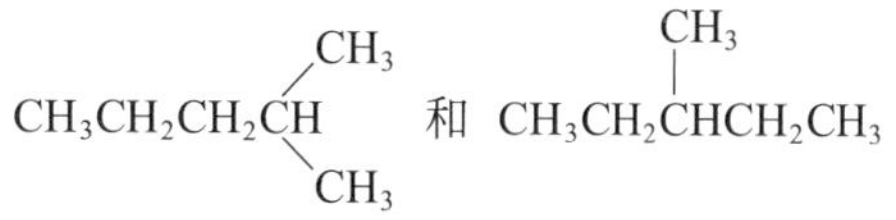 $CH_3CH_2CH_2CH(CH_3)CH_3$ 和 $CH_3CH_2CH(CH_3)CH_2CH_3$

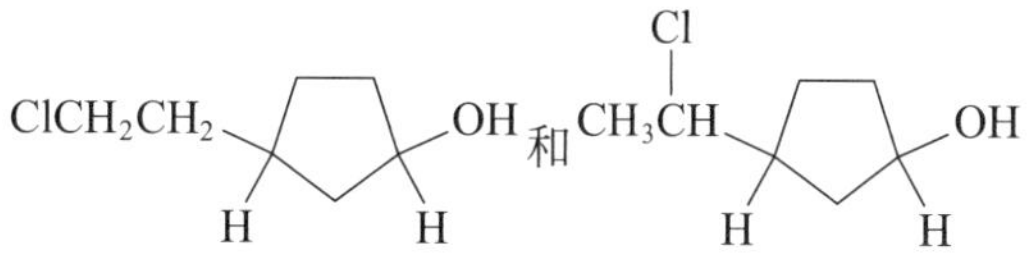

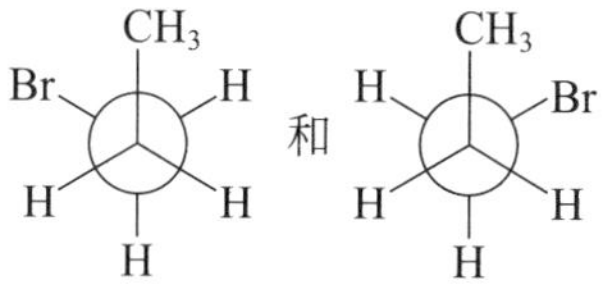

(b) H_3C, H (环丁烷) 和 H, CH_3 (环丁烷)

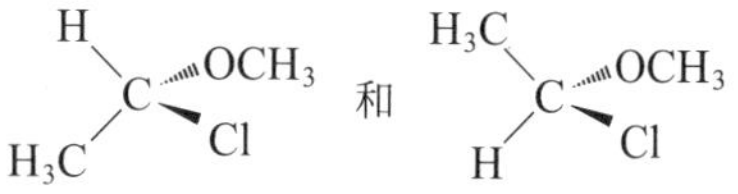

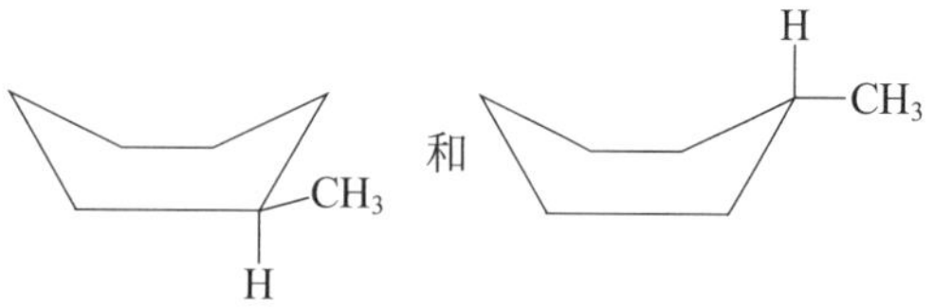

(c) $ClCH_2CH_2$–(环戊烷, H, H)–OH 和 $CH_3CH(Cl)$–(环戊烷, H, H)–OH

(d) CH_3, Br, H, H, H, H (Newman 投影式) 和 CH_3, H, Br, H, H, H (Newman 投影式)

(e) $CH_3C(Cl)(Br)CH_2CH_2CH_3$ 和 $CH_3CH(Br)CH_2CH(Cl)CH_3$

(f) H, H_3C, C, OCH_3, Cl 和 H_3C, H, C, OCH_3, Cl

(g) (环己烷椅式) H, CH_3 和 (环己烷椅式) H, CH_3

(h) Cl, H, H, CH_3 (环丙烷) 和 H, CH_3, Cl, H (环丙烷)

33. 下列哪些化合物是手性的？(**提示：**找手性中心。)

(a) 2-甲基庚烷　(b) 3-甲基庚烷

(c) 4-甲基庚烷　(d) 1,1-二溴丙烷

(e) 1,2-二溴丙烷　(f) 1,3-二溴丙烷

(g) 乙烯，$H_2C{=}CH_2$　(h) 乙炔，$HC{\equiv}CH$

(i) 苯 (注意：像乙烯、苯只有 sp^2 杂化的碳原子，因此是平面形的)

(j) 肾上腺素 HO, HO, $CH(OH)CH_2NHCH_3$

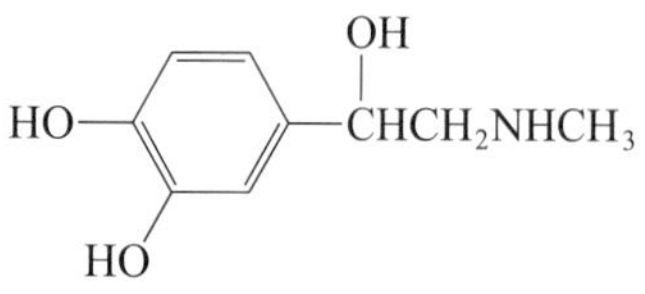

(k) 香草醛 HO, CH_3O, $CH{=}O$

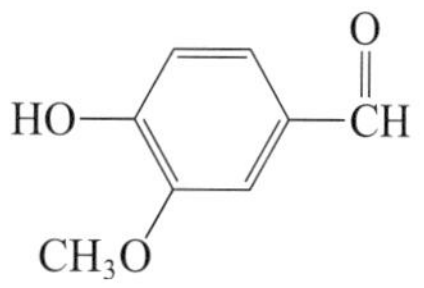

(l) 柠檬酸 $HOOCCH_2C(OH)(COOH)CH_2COOH$

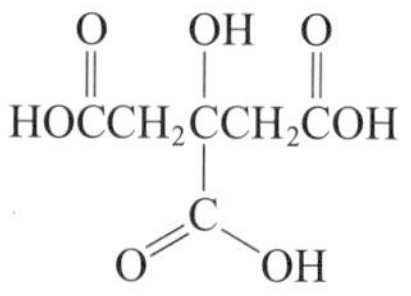

(m) 抗坏血酸 $HOCH_2$, HOCH, O, O, H, HO, OH

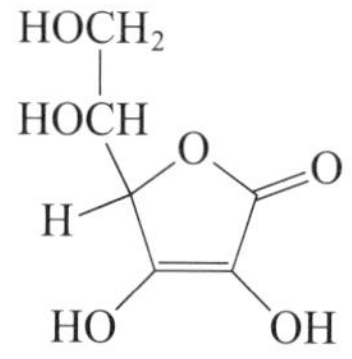

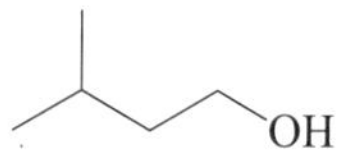

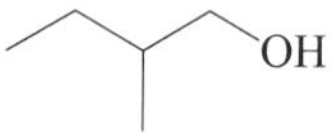

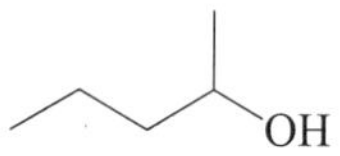

(n) 对薄荷烷-1,8-二醇 (水合萜烷) HO, CH_3, $H_3C{-}C(CH_3){-}OH$

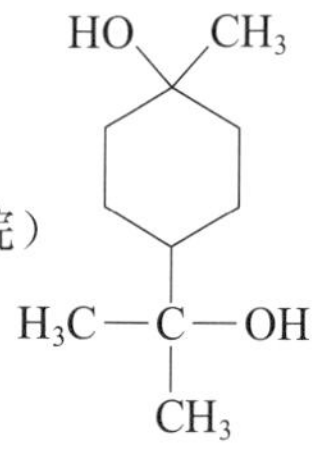

(o) 杜冷丁 CH_3, N, $C(=O)OCH_2CH_3$

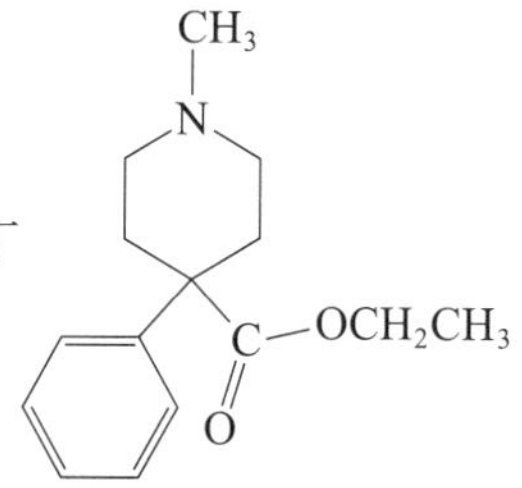

34. 下列每个化合物的分子式均为 $C_5H_{12}O$ (自己再检验)，哪些是手性的？

(a) 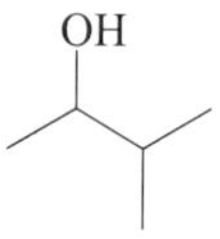 OH　(b) OH

(c) OH　(d) OH

(e) OH　(f) OH

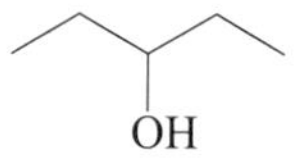

35. 画出习题 34 中每个手性化合物的对映体中的任意一个，用 *R* 或者 *S* 标出其立体中心。

36. 下面环己烷衍生物中，哪些是手性的？为了确定环状化合物的手性，环可以看作是平面的。

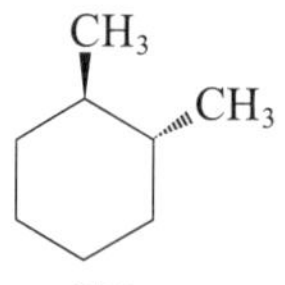

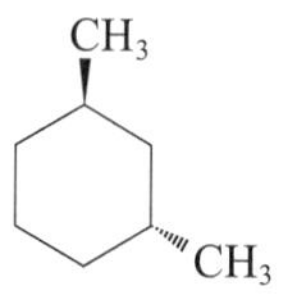

(a) 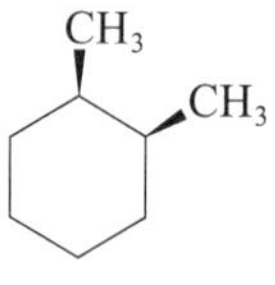 CH_3, CH_3　(b) CH_3, CH_3

(c) CH_3, CH_3　(d) CH_3, CH_3

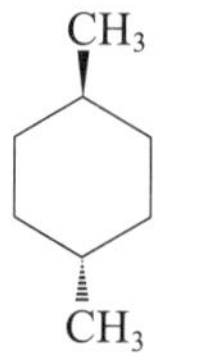

37. 用 *R* 或者 *S* 标出习题 36 中分子的每一个立体中心。

38. 圈出每一个手性分子，给每一个手性碳原子

标上星号*，并标出 R 或者 S。

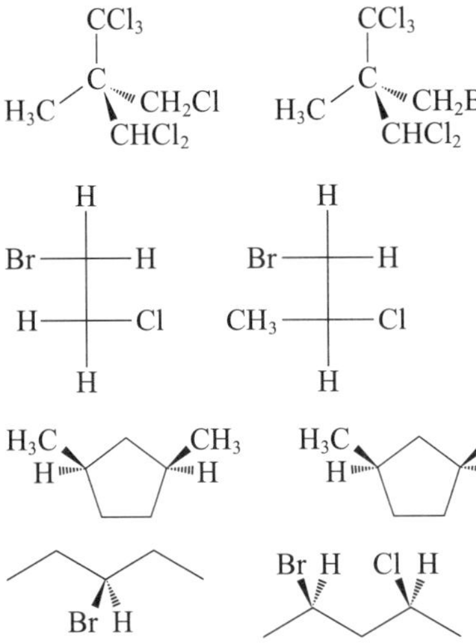

39. 下列结构是药物沙利度胺的结构。(a) 沙利度胺是手性的，确定它的立体中心。

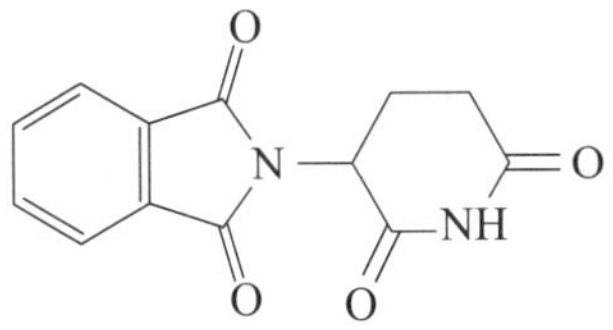

外消旋的沙利度胺于 1957 年在欧洲开始用作怀孕妇女妊娠晨吐的镇静剂。基于大鼠的毒性实验显示无毒性，该药物当时被认为是安全的。然而，一年之内，这个安全实验的局限性，可悲地导致了服用该药的妇女生下了数千个具有一系列严重先天缺陷的婴儿，比如四肢畸形。接下来发现，沙利度胺的 (R)-(+)-对映体具有镇静作用，而 (S)-(−)-对映体是致畸的（出生缺陷的原因）。(b) 画出并标出沙利度胺的两个对映体。使这个问题复杂化的是沙利度胺的立体中心含有一个中等酸性的氢，其在生理条件下就会离子化，导致两个对映体互相转化。(c) 确定沙利度胺中的相关氢，解释它为什么具有酸性特征（**提示**：复习 1-5 节，并考虑能够稳定其共轭碱的效应）。

美国食品药品监督管理局的一位住院实习医生 Frances Kelsey 顶着来自医药公司和导师的压力，拒绝批准沙利度胺。在制药企业提出该药物不能透过胎盘，拒绝遵守她的决定时，她仍然坚持。她的行为拯救了无数的生命，并导致了在美国及世界范围内彻底改革药物审批过程。1962 年 Kelsey 被约翰·F. 肯尼迪总统授予杰出的联邦公务员奖牌。

40. 对于下列每对结构，指出两者是构造异构体、对映异构体、非对映异构体，还是相同的分子。

(a) 和

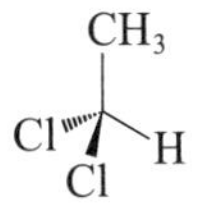

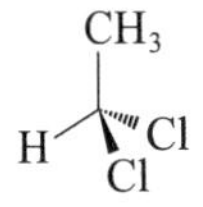

(b) 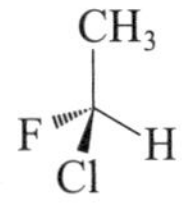 和

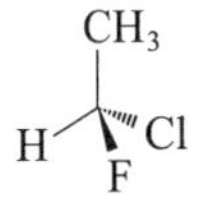

(c) 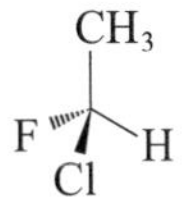 和

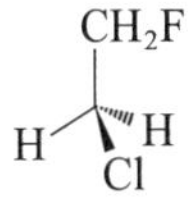

(d) 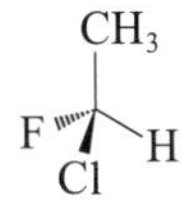 和

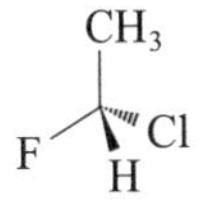

(e) 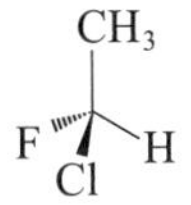 和

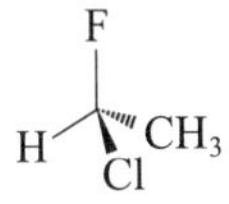

(f) 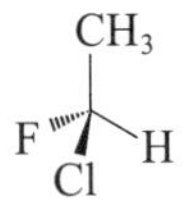 和

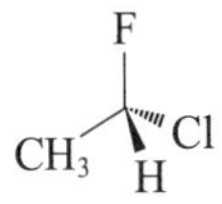

(g) 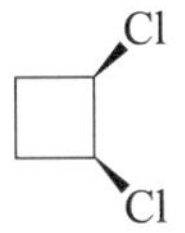 和

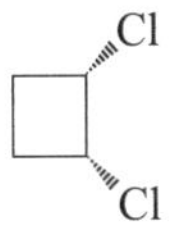

(h) 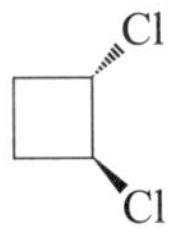 和

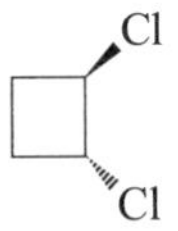

(i) 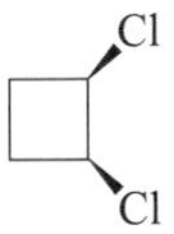 和

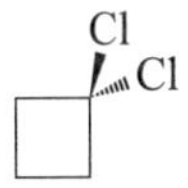

(j) 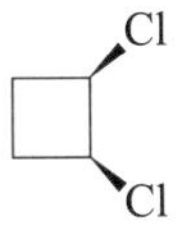 和

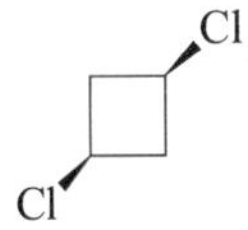

(k) 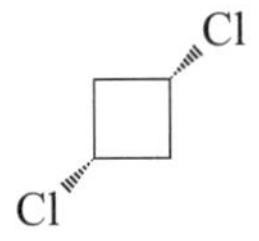 和

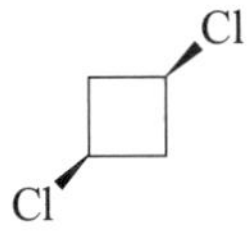

(l) 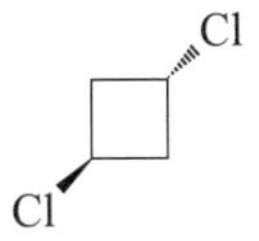 和

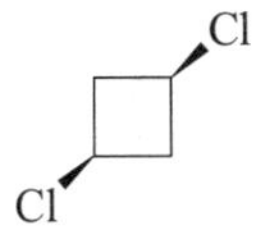

(m) 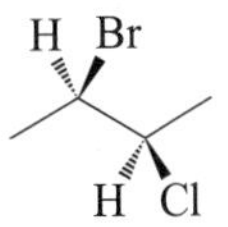 和

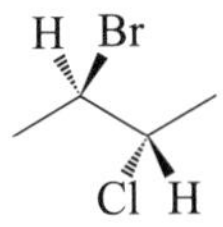

(n) 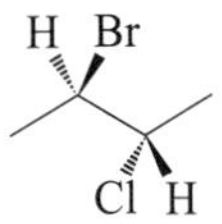 和

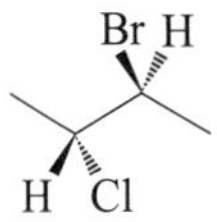

(o) 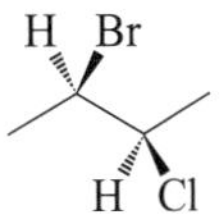 和

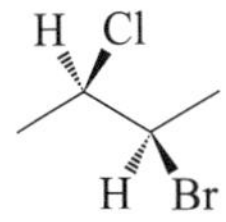

(p) 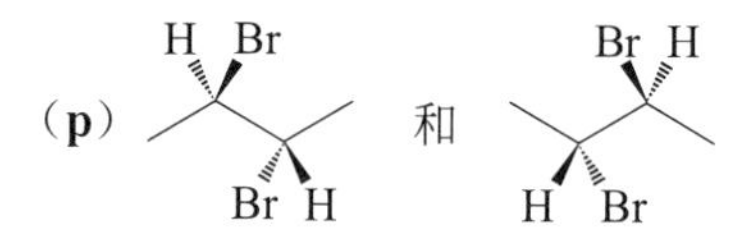

41. 对于下列分子式中的每一个，指出包含一个或多个立体中心的构造异构体；分别给出立体异构体的数量，并且对每种情况画出并命名至少一个立体异构体。

(**a**) C_7H_{16} (**b**) C_8H_{18} (**c**) C_5H_{10}，带一个环

42. 确定下列每个分子中的手性中心的绝对构型（*R* 或 *S*）。（**提示**：对于含手性中心的环状结构，将环看成两个恰好在环的远端连接起来的取代基——找第一个不同点，具体操作同非环结构。）

(a) (b) (c) (d) (e) (f) (g) (h) (i) (j)

43. 标出习题 33 中每个手性分子的手性中心。画出每个分子的任意一个立体异构体，标明每个手性中心的绝对构型（*R* 或 *S*）。

44. 香芹酮的两个异构体［系统命名：2-甲基-5-(1-甲基乙烯基)-2-环己烯酮；真实生活 5-1］如下图所示。哪个是 *R* 型，哪个是 *S* 型？

(+)-香芹酮（来自香菜种子） (−)-香芹酮（来自留兰香）

45. 画出下列每个分子的结构表达式。保证你所画出的结构能明确地表现手性中心的构型。（**提示**：先画出最容易确定构型的对映体，然后有必要的话，修饰它使之符合题中要求的结构。）(**a**) (*R*)-2-氯戊烷；(**b**) (*S*)-3-溴-2-甲基己烷；(**c**) (*S*)-1,3-二氯丁烷；(**d**) (*R*)-2-氯-1,1,1-三氟-3-甲基丁烷。

46. 画出下列每个分子的结构表达式，清楚地表现出每个手性中心的构型。(**a**) (*R*)-3-溴-3-甲基己烷；(**b**) (3*R*,5*S*)-3,5-二甲基庚烷；(**c**) (2*S*,3*R*)-2-溴-3-甲基戊烷；(**d**) (*S*)-1,1,2-三甲基环丙烷；(**e**) (1*S*,2*S*)-1-氯-1-三氟甲基-2-甲基环丁烷；(**f**) (1*R*,2*R*,3*S*)-1,2-二氯-3-乙基环己烷。

47. 画出并命名 $(CH_3)_2CHCHBrCHClCH_3$ 的所有可能的立体异构体。

48. **挑战题** 对下列每个问题，假设所有的测量都是在 10 cm 的旋光仪样品池中进行的。(**a**) 0.4 g 光学活性 2-丁醇的 10 mL 水溶液显示出−0.56°的旋光度。它的比旋光度是多少？(**b**) 蔗糖（食用糖）的比旋光度是+66.4°。含 3 g 蔗糖的 10 mL 溶液的旋光测定值是多少？(**c**) 测得纯 (*S*)-2-溴丁烷的乙醇溶液的旋光度 $\alpha=57.3°$。如果 (*S*)-2-溴丁烷的 $[\alpha]$ 是 23.1°，溶液的浓度是多少？

49. 天然肾上腺素，$[\alpha]_D^{25}=-50°$，用来治疗心脏停搏和突发的严重过敏反应。它的对映体则无药用价值，并且是有毒的。假设你是一名药剂师，一个据称含有 1 g 肾上腺素的 20 mL 液体，但是光学纯度未测定。将它放入一个旋光仪中（10 cm 旋光管），读数为−2.5°。样品的光学纯度如何？药用是否安全？

50. 谷氨酸单钠盐，$[\alpha]_D^{25}=+24°$，是活性的调味剂，也称为 MSG。其结构缩写式如下图所示。(**a**) 画出 MSG 的 *S*-对映体的结构。(**b**) 如果 MSG 的商业样品的 $[\alpha]_D^{25}=+8°$，它的光学纯度是多少？混合物中 *S*-对映体和 *R*-对映体的含量是多少？(**c**) 对于 $[\alpha]_D^{25}=+16°$的样品，请回答同样的问题。

$HOC(=O)CH(NH_2)CH_2CH_2C(=O)O^-Na^+$

51. 下列分子是省略了立体化学的薄荷醇（4-7 节）。(**a**) 确定薄荷醇的所有立体中心。(**b**) 薄荷醇有多少个立体异构体存在？(**c**) 画出薄荷醇的所有立体异构体，确定出成对的对映体。

薄荷醇

52. 挑战题 天然的（－）-薄荷醇，是薄荷香气挥发油的主要成分，是（1*R*，2*S*，5*R*）-立体异构体。（**a**）从习题51（b）画出来的结构中确定（－）-薄荷醇。（**b**）薄荷醇的另外一个天然存在的非对映体是（＋）-异薄荷醇，即（1*S*，2*R*，5*R*）-立体异构体，从画出来的结构中确定（＋）-异薄荷醇。（**c**）第三个是（＋）-新薄荷醇，（1*S*，2*S*，5*R*）-化合物，从画出来的结构中找出（＋）-新薄荷醇。（**d**）根据你对取代环己烷构象的理解（4-4节），薄荷醇、异薄荷醇和新薄荷醇这三个非对映体的稳定性顺序是什么（从最稳定到最不稳定）？

53. 在上面两个问题描述的立体异构体中，（－）-薄荷醇（$[\alpha]_D=-51°$）和（＋）-新薄荷醇（$[\alpha]_D=+21°$）是薄荷油的主要成分。在薄荷油的天然样品中，薄荷醇-新薄荷醇混合物的 $[\alpha]_D=-33°$，在该油中，薄荷醇和新薄荷醇的含量分别是多少？

54. 对于下列每对结构，指出两个化合物是否为同一物质或对映体关系。

（**a**）　和

（**b**）　和

（**c**）　和

（**d**）　和

55. 确定习题54中每个结构中立体中心是 *R* 还是 *S* 构型。

56. 下图中所示的化合物是一种名叫（－）-阿拉伯糖的糖。它的比旋光度为－105°。（**a**）画出（－）-阿拉伯糖的对映体。（**b**）（－）-阿拉伯糖是否还有其他对映体？（**c**）画出（－）-阿拉伯糖的一个非对映体。（**d**）（－）-阿拉伯糖是否还有其他非对映体？（**e**）如果可能，预测（a）中所画的结构的比旋光度。（**f**）如果可能，预测（c）中所画的结构的比旋光度。（**g**）（－）-阿拉伯糖是否有非光学活性的非对映体？如果有，画出一个。

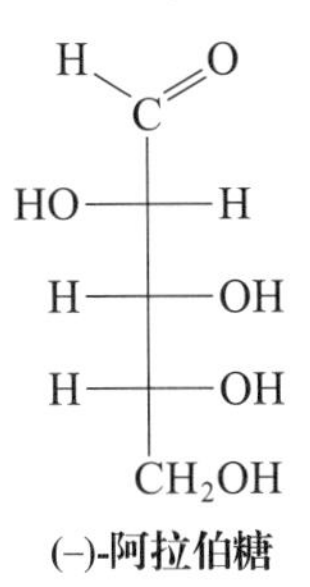

(－)-阿拉伯糖

（＋）-阿拉伯糖是上面所示糖的对映体，作为低卡路里甜味剂销售。

57. 写出下面对映体的完整IUPAC名称（不要忘记立体化学的标记）。

$C_5H_{10}Cl_2$

这个化合物在光照下与1 mol Cl_2 反应生成多种分子式为 $C_5H_9Cl_3$ 的异构体。对于本题的各个部分，给出下列信息：有多少种立体异构体生成？如果生成多于一个异构体，它们是否等量生成？指明每一立体异构体中每个手性中心的 *R* 或 *S* 型。

（**a**）C-3上的氯化　（**b**）C-4上的氯化

（**c**）C-5上的氯化

58. 甲基环戊烷的单氯化反应可以生成多种产物。对于甲基环戊烷在C-1、C-2和C-3上的单氯化，给出与习题57中要求的相同信息。

59. 画出（*S*）-1-溴-2,2-二甲基环丁烷的所有可能氯化产物。指出它们是否是手性的，是否等量生成，哪些在生成时是光学活性的？

60. 演示如何拆分外消旋的1-苯基乙胺（如下所示），用可逆转化为非对映体的方法。

1-苯基乙胺

61. 画出用（*S*）-1-苯基乙胺拆分外消旋2-羟基丙酸（乳酸，表5-1）的流程图。

62. 在下列单溴化反应中，有多少个立体异构体产物生成？（**a**）外消旋的反-1,2-二甲基环己烷；（**b**）纯的（*R*，*R*）-1,2-二甲基环己烷；

（c）对于（a）和（b）的答案，指出各种产物是否等量生成。指出基于不同物理性质（如溶解性、沸点），产物在多大程度上能被分离？

63. 挑战题 做一个顺-1,2-二甲基环己烷的最稳定构象的模型。如果这个分子被锁定在这一构象上不能旋转，它是否是手性的？（构建一个它的镜像的模型，根据它们是否可以叠合来检查你的答案。）

翻转此模型的环。它与原来构象的立体异构关系是什么？本题的答案与习题 36（a）的答案有何联系？

64. 吗啡喃是一大类手性分子吗啡生物碱的母体物质，这一族化合物的（＋）-和（－）-对映体有截然不同的生理性质。（－）-对映体，比如吗啡，是“麻醉止痛剂”（镇痛剂），而（＋）-对映体是“止咳药”（止咳糖浆内的有效成分）。右旋美沙芬就是后者的最简单和常用的一种。

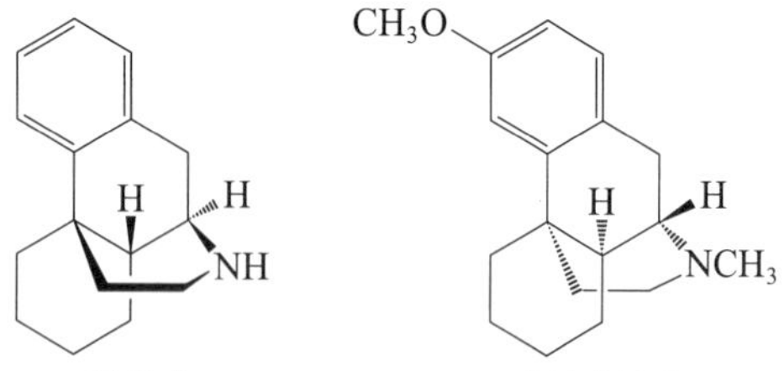

吗啡喃　　右旋美沙芬

（a）指出右旋美沙芬中所有的手性中心。（b）画出右旋美沙芬的对映体。（c）尽你所能（不容易的）确定右旋美沙芬中所有手性中心的 *R* 和 *S* 构型。

65. 在第 18 章中我们会学到与羰基相邻的碳原子上的氢有酸性。当化合物（*S*）-3-甲基-2-戊酮（如下）被溶解在含有催化剂量的碱的溶液中时会失去光学活性。请解释。

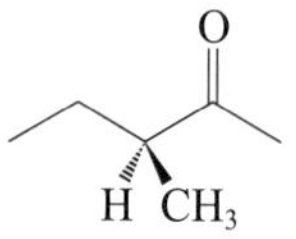

(*S*)-3-甲基-2-戊酮

66. 向具有重要生物活性的分子中用酶引入官能团，不仅对于该分子在反应的定位上是专一的（第 4 章，习题 53），而且通常在立体化学上也是专一的。肾上腺素的生物合成首先需要将一个羟基专一地引入非手性的底物多巴胺上以生成（－）-去甲肾上腺素。（完整的肾上腺素合成将在第 9 章习题 79 中展现）。只有（－）-对映体才在适当的生理活动中有效，所以合成必须是高度立体选择性的。

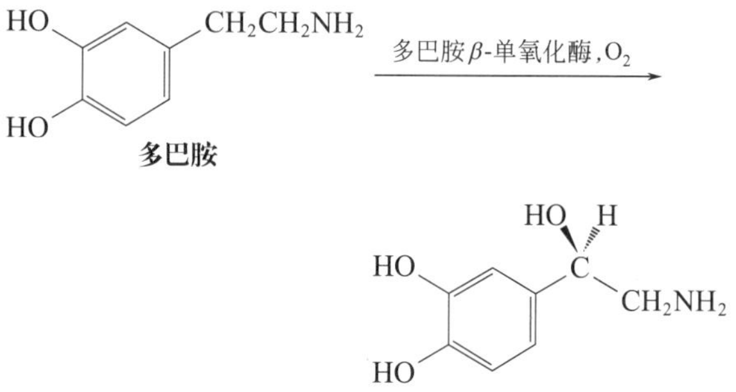

多巴胺 $\xrightarrow{\text{多巴胺}\beta\text{-单氧化酶}, O_2}$ (−)-去甲肾上腺素

（a）（－）-去甲肾上腺素的构型是 *R* 还是 *S*？（b）如果没有酶存在，生成（－）-和（＋）-去甲肾上腺素的自由基氧化的过渡态是否会是等能量的？哪个术语描述了这些过渡态间的关系？（c）用你自己的话描述酶必须怎样影响这些过渡态能量，才能使（－）-对映体选择性生成。酶一定要是手性的吗，或者它可以是非手性的吗？

团队练习

67. 已有研究表明化合物 A 的一个立体异构体是抗某些类型的神经退化紊乱的有效药物。已知结构 A 含有十氢萘型的体系，像 B 所示，其中的氮可以当作一个碳处理。

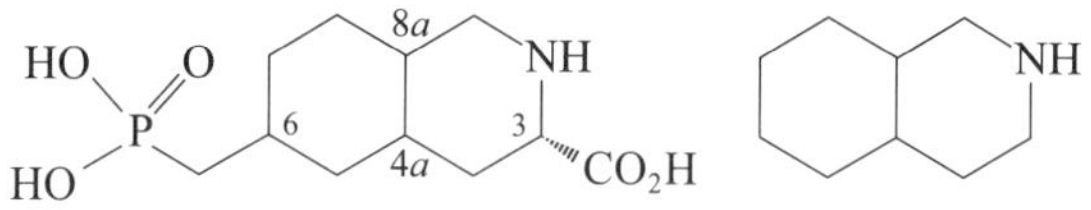

A　　B

（a）用模型来分析环的结合处。做结构 B 的顺式和反式模型，理论上可以做出四种不同的模型。指出它们之间的立体化学关系，比如非对映异构或对映异构。画出异构体并指出环结合处的手性中心的 *R* 或 *S* 构型。

（b）虽然反式的环结合是能量更有利的一种，但含顺式连接环的化合物是表现出生物活性的结构 A 的立体异构体。构建只含有顺式环结合的结构 A 的模型。确定结构 A 中所示 C-3 的立体化学以及与之关联变化的 C-6 的手性中心。这样，又有四个不同的模型。画出它们，并用标明每个化合物中所有四个手性中心的 *R* 或 *S* 构型，确保它们中没有对映体。

（c）表现出最大生物活性的化合物 A 的立体异构体是顺式稠合的环，并且 C-3 和 C-6 上的取代基都是平伏键。所画的立体异构体中哪一个包含了这些要素？通过确定 C-3、C-4a、C-6 和 C-8a 的绝对构型的方法指出它。

预科练习

68. 哪个化合物没有表现出光学活性？（注意它们都是 Fischer 投影式。）

（a）$COOCH_3$；H—C—H；H—C—Cl；H—C—H；H—C—H；H—C—H；$COCH_2CH_3$

（b）$COOCH_3$；H—C—OH；HO—C—H；HO—C—H；HO—C—H；COOH

（c）COOH；H—C—OH；HO—C—H；HO—C—H；HO—C—H；COOH

（d）COOH；H—C—OH；Cl—C—H；Cl—C—H；H—C—OH；COOH

69. 下列化合物的对映体 H—C(Cl)(CH_3)—CH_2CH_3（S）

（a）是 CH_3CH_2—C(Cl)(CH_3)—H（R）

（b）仅能在低温下存在

（c）是非异构的

（d）是不能存在的

70. 按照 Cahn-Ingold-Prelog 规则，R 构型的分子是（记住它们是 Fischer 投影式）：

（a）上 H，左 H_3C，右 CH_2Cl，下 CH_3

（b）上 H，左 H_3C，右 CH_2Cl，下 CH_2Br

（c）上 CH_2Br，左 H_3C，右 CH_2Cl，下 H

（d）上 H，左 H_3C，右 CH_2F，下 CH_2Br

（e）上 CH_2Br，左 H_3C，右 CH_2Br，下 CH_2Cl

71. 哪个化合物不是内消旋化合物？

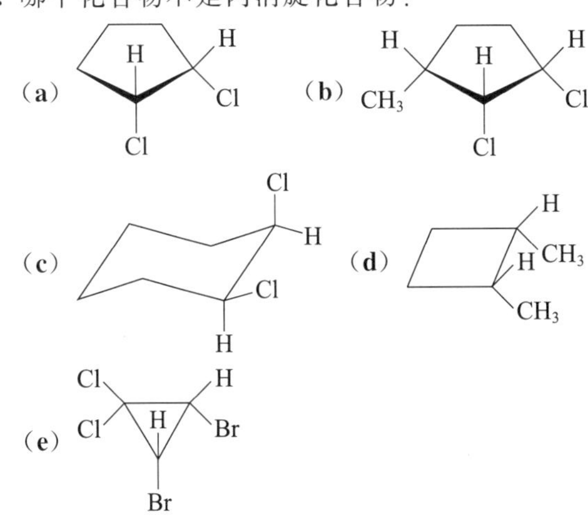

习题解答

30. 手性的：（b）*；（c）（风扇的叶片总是弯曲的）；（d）；（e）；（h）。非手性的：（a）；（f）；（g）；（i）；（j）；（k）；（l）。所有非手性的物体均具有一个对称面。

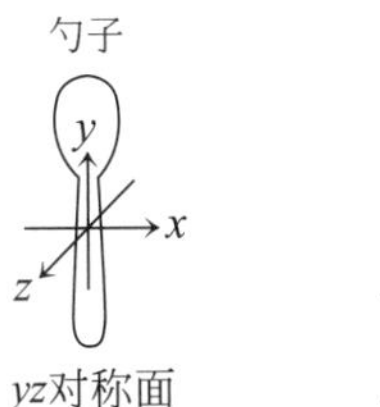

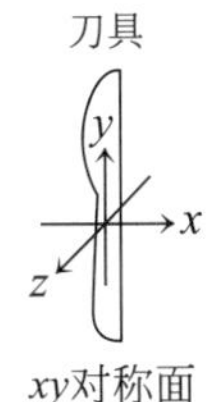

* 如果忽略安装铰链，则门是非手性的。门的平面是对称面。

31. （a）对映异构体；（b）对映异构体；（c）非对映异构体；（d）相同物质（如果一对中的一个完好无损地翻转，它将与另一个完全重合）。

32. （a）构造（结构）异构体　（b）相同物质（一个是把另一个颠倒过来）

（c）构造异构体　（d）构象异构体

（e）构造（结构）异构体　　　　（f）立体异构体（对映体）

（g）构象异构体　　　　（h）立体异构体（对映体）

如果一个分子的两个或多个构象被冷却到足够低的温度以阻止它们通过键旋转或其他运动相互转换时，那么它们可以被描述为立体异构体，即具有相同连接性但在三维空间上具有不同原子排列的结构。如果不允许发生键旋转（制作模型!），则（d）中的构象异构体是不能完全重合的镜像（对映异构体）。（g）中的那些不是对映异构体，但它们仍然是立体异构体。“冻结”构象相互转换所需的温度非常低：取代乙烷约为−200 ℃，环己烷为−100 ℃。这些类型的构象异构体有时被称为可相互转化的立体异构体。

33. 用*标注每个手性分子的立体中心

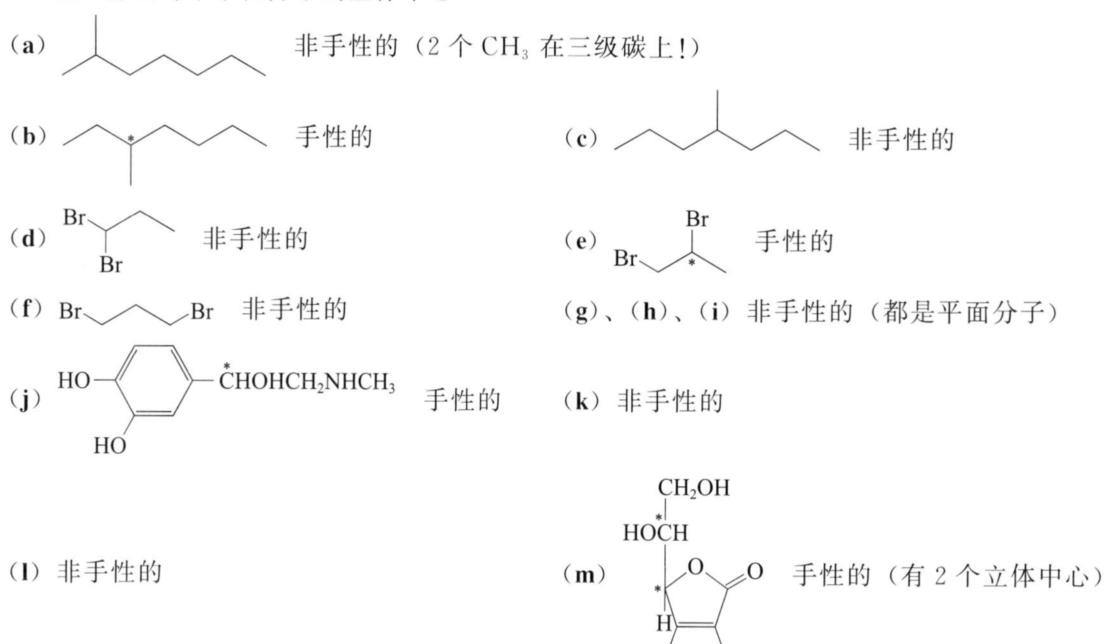

（n）和（o）非手性的。两个分子（如图所画的）都有垂直对称面平分环，做模型!

34. 寻找手性中心：具有四个不同基团的碳原子。化合物（a）、（c）和（e）是手性的。在（a）和（e）中，带有—OH 的碳是手性中心；（c）中的手性中心是 C-2，甲基取代的碳原子。

35. 如上述解答所述，化合物（a）、（c）和（e）是手性的。每个物质的两种对映异构体如下所示。

（a）　R ＝R　和　S ＝S

（c）　S ＝S　和　R ＝R

（e）　R ＝R　和　S ＝S

36. 如何识别环中的手性碳？仔细检查环碳上的四个基团，包括两个环外取代基和环自身的碳原子，以顺时针和逆时针方向进行。例如（a）中的顺-1,2-二甲基环己烷，考虑最上面的环碳（在下面的结构中用点标记）：

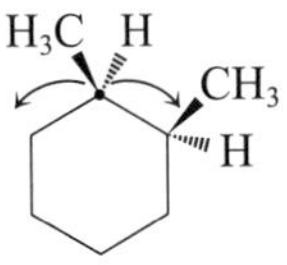

它的四个基团分别是什么？它带有一个 H 和一个 CH_3；另外两个由弯箭头表示：环原子分别顺时针和逆时针前进。它们不同吗？是的，逆时针前进，首先到达 CH_2，而在顺时针方向首先遇到 CH—CH_3。在（b）中可以发现相同的情况。在（c）中，围绕环顺时针和逆时针方向进行，直到每个方向上的第二个碳原子才出现环原子之间的差异。所有这三个结构都包含手性碳（每个两个）。下面（d）呢？

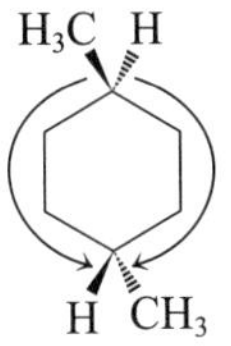

在这种情况下，在环周围的两个方向上遇到的环原子不再不同：沿着两个箭头一直走，在一个方向上遇到的每个基团与另一个在同一点上遇到的基团相同。这个分子没有手性中心！（不要被底部碳的绘制方式所迷惑：H 不是真的在左边，CH_3 也不是在右边。H 在 CH_3 的正上方；只是并排绘制它们，因此可以在图片中看到它们。）现在可以回答问题了。

（**a**）非手性的（内消旋的，包含对称面；见 5-6 节）；

（**b**）手性的；

（**c**）手性的；

（**d**）非手性的（包含对称面，并且如上所述，取代的碳不是手性中心）。

37. 标记环中的立体中心时需要格外小心。分别评估每个立体中心，寻找第一个不同点。

（**a**）

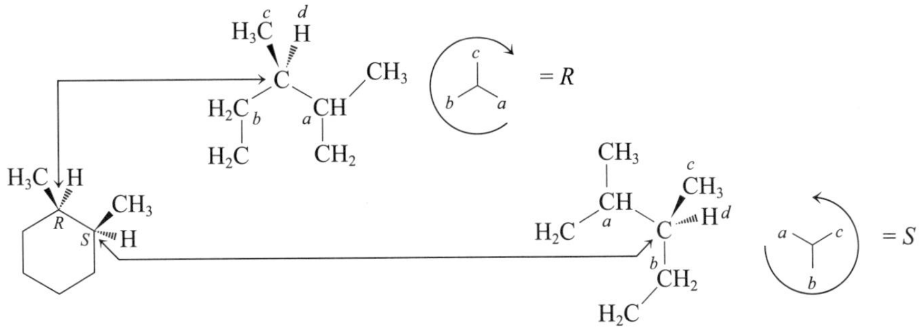

在内消旋化合物中，立体中心的取代基必须相同且构型相反。

与上面相同

（**b**）

与上述相应的碳构型相反= *R*

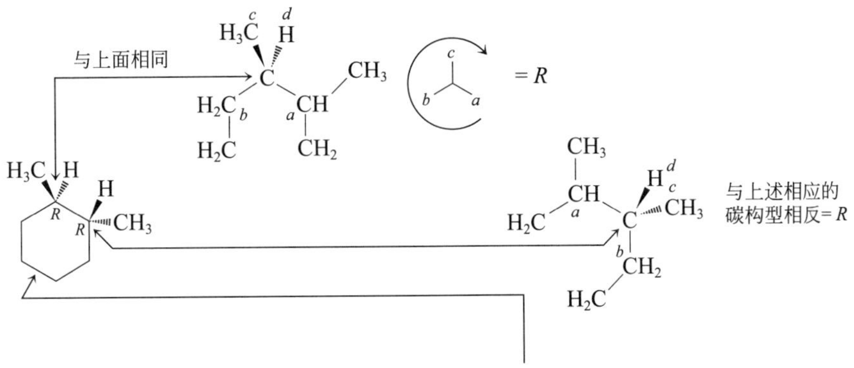

（**提示：**如果在这里绕一个轴旋转分子 180°，就会看到两个立体中心是相同的，因此，如果第一个是 *R*，那么第二个也是。）

（c）与上面相同再一次 = R

与(b)中相似的旋转轴　　与上述(b)相同的优先级模式= R

（d）无立体中心，所以不需要确定构型。

38. 与教材中一样，基团优先级分别被指定为 a（最高）、b、c 和 d（最低）。

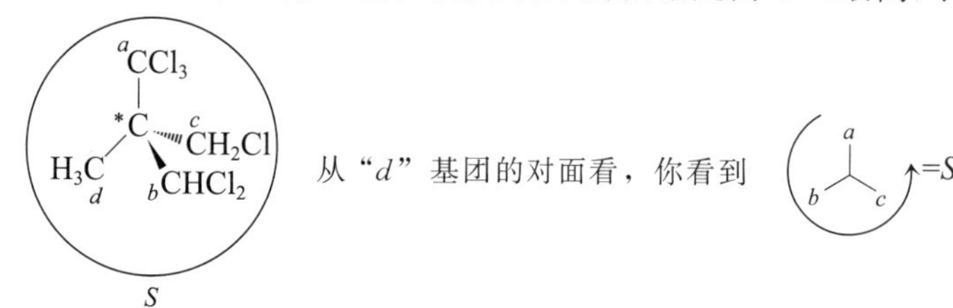

从"d"基团的对面看，你看到

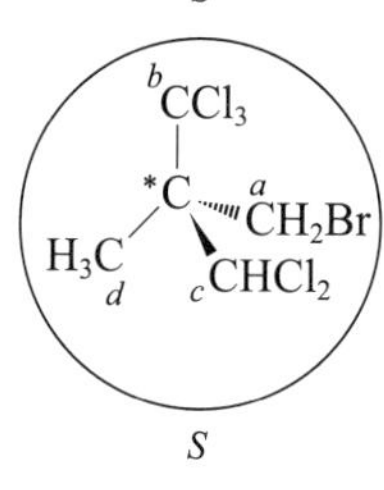

这里 CH_2Br 具有最高优先级，因为 Br>Cl（CCl_3 基团中有三个 Cl 无关紧要）。在这种情况下，它不会改变构型，因为从 a 到 b 再到 c 的路径仍然是逆时针。但是，使自己始终保护警剔：***第一个不同点***！也就是说，Br>CCl_3 基团上的第一个 Cl。其他两个 Cl 原子在比较 CH_2Br 和 CCl_3 时不计算在内。但是，当随后将 CCl_3 与 $CHCl_2$ 进行比较时，它们要参与比较。然后，第一个不同点是 CCl_3 中的第三个 Cl>$CHCl_2$ 中的 H。

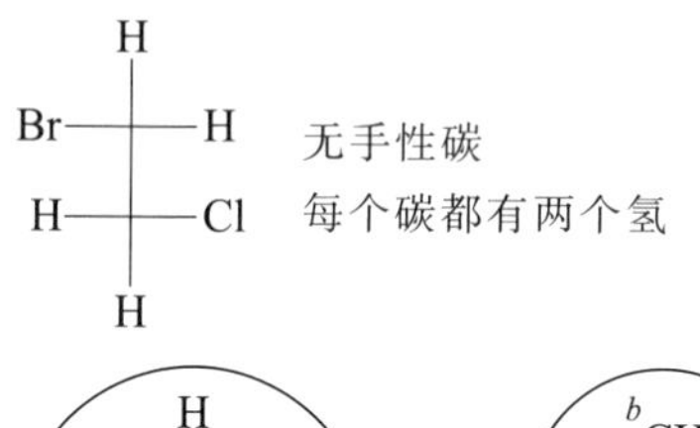

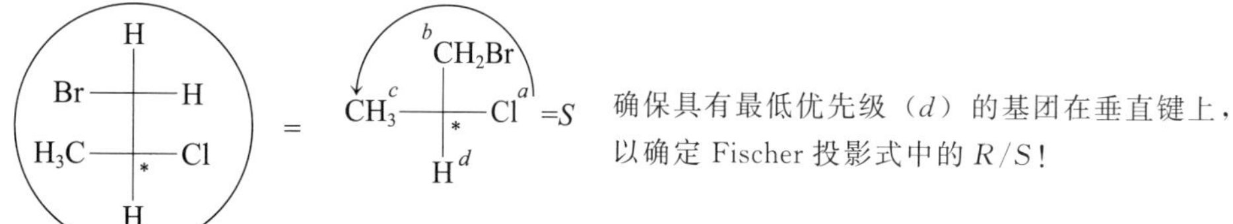

每个碳都有两个氢

=S
确保具有最低优先级（d）的基团在垂直键上，
以确定 Fischer 投影式中的 R/S！

两个手性碳，但垂直的对称面（虚线）使这个分子为内消旋体。

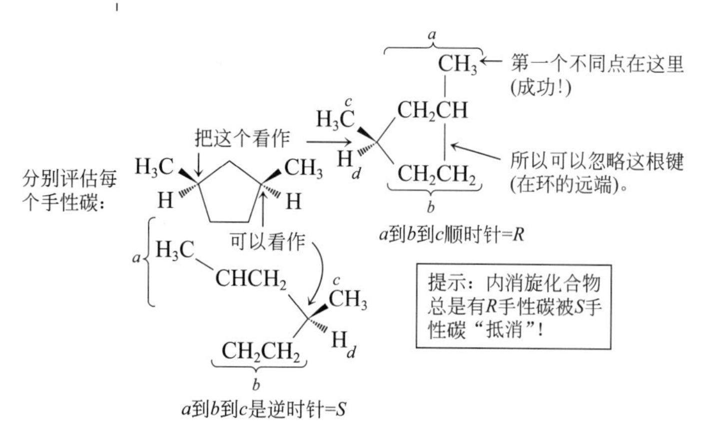

把这个看作

所以可以忽略这根键(在环的远端)。

a到b到c是逆时针=S
提示：内消旋化合物总是有R手性碳被S手性碳"抵消"！

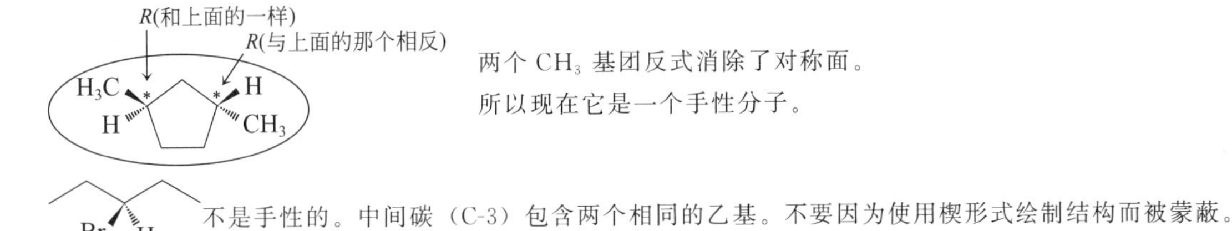

两个 CH_3 基团反式消除了对称面。所以现在它是一个手性分子。

不是手性的。中间碳（C-3）包含两个相同的乙基。不要因为使用楔形式绘制结构而被蒙蔽。

从a到b再到c顺时针=R

从a到b再到c逆时针=S

39. 下面的结构说明了手性中心的位置，两种对映异构体中的每一种的构型和酸性氢（用*标记）。

氢的酸性源自在该位置去质子化形成的共轭碱的多种方式的稳定化作用。负电性氮原子和与其相连C=O基团的 δ^+ 碳原子都吸引并稳定负电荷。此外，C=O基团提供了一种将该电荷共振离域到其氧原子上的方法。去质子化将四面体立体中心转化为平面三角形、sp^2 杂化碳原子，从而使共轭碱成为非手性（画出来!）。当质子重新连接时，可以形成 *R* 或 *S* 对映异构体。因此，该位置的去质子化和再质子化是沙利度胺转化为其对映异构体的机理。习题65探讨了类似的情况。

40. (**a**) 同一个分子的两个视图。写出四面体碳并不自动意味着该分子是手性的。这个分子在同一个碳上有两个氯。

(**b**) 现在分子中有一个手性碳，每个结构中有四个相同的取代基。它们是相同物质，还是对映异构体？提示：在你能够在脑海中旋转这些图像以查看它们是否相同或不同之前，一个很好的判断方法是找出两者的立体构型（*R* 或 *S*）。它们是相同的（围绕垂直轴旋转其中一个180°得到另一个）。

(**c**) 不同的连接方式：构造异构体。

(**d**) 对映异构体。(**e**) 相同物质。(**f**) 相同物质。

(**g**) 对于环状化合物，可以使用一些简化的“技巧”。例如，为了确定它是否包含对称面，可以将环视为平面。这两种结构是相同的。图中的化合物有两个手性中心，但包含一个对称面，使其成为内消旋化合物：-- 对称平面。

(**h**) 更难。不是内消旋的。反式结构中不存在（g）中顺式化合物那样的镜面，因为它不会映射一个Cl到另一个上。所以反式化合物是手性的。这些结构是相同的对映异构体还是镜像？将每个旋转90°并将它们并排放置：

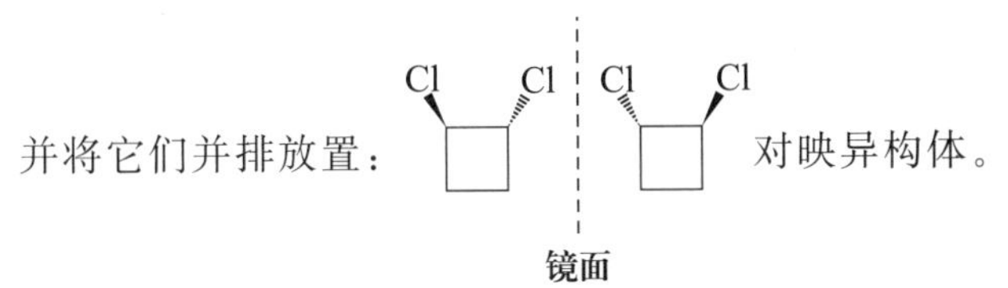

(**i**) 不同的连接方式：构造异构体。

(**j**) 与（i）同样地，构造异构体。

(**k**) 相同物质。

(**l**) 非对映异构体（顺式/反式异构体对是立体异构体，但不是镜像——非对映异构体）。你有没有注意到（k）和（l）中的分子没有手性中心？取代的碳上没有四个不同的基团。

(**m**) 查看是否已转换基团。在手性中心周围互换一对基团会改变该手性中心的立体化学。如果两个手性中心都互换了，则你会得到两个对映异构体。如果只有一个被互换，你就会得到非对映异构体。它们是非对映异构体：只有含 Cl 的手性中心被互换。

(**n**) 比看起来简单：

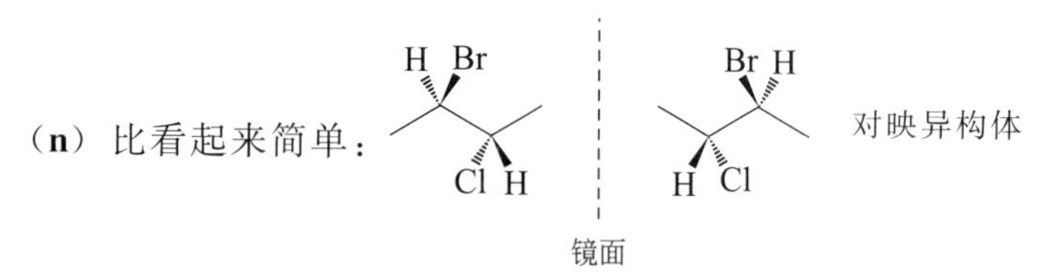

(**o**) 这个需要做些工作。一种方法：确定每个手性中心的构型，比较两个结构。更容易的方法：在纸面内将任意一个旋转 180 度，使其称为另外一个。所以，它们是相同物质。

(**p**) 就像在（n）中一样，这两个结构是彼此的镜像。但是现在每个手性中心都有相同的基团，所以我们可以初步考虑它们是两个对映异构体或单个内消旋化合物的两个镜像。因此，还需要确定每个手性中心的 *R*/*S*，或者旋转成一个（更好的）重叠式构象，以查看是否存在内部对称面。

Br H Br H 变成 Br Br H H 对称面

这些是同一个内消旋化合物的两个镜像。

41.

(**a**) $CH_3CH_2CH_2-\overset{CH_3}{\underset{H}{C^*}}-CH_2CH_3$ 1 个手性中心，2 个立体异构体，(S)-3-甲基己烷

$CH_3CH_2-\overset{CH_3}{\underset{H}{C}}-CH_2CH_2CH_3$ 上述化合物的对映异构体，(*R*)-3-甲基己烷

在所有其余的这些异构体中，*R*-对映异构体是所示结构的镜像。

$CH_3\overset{CH_3}{CH}-\overset{CH_3}{\underset{H}{C^*}}-CH_2CH_3$ 1 个手性中心，2 个立体异构体，(S)-2,3-二甲基戊烷

注意，名称中不需要说"3*S*"——只有 C-3 是手性的，所以"*S*"就足够了。C-2 不是手性中心，因为它包含两个相同的甲基。这些是 C_7H_{16} 仅有的两种手性异构体。

(**b**) $CH_3CH_2CH_2CH_2-\overset{CH_3}{\underset{H}{C^*}}-CH_2CH_3$ 1 个手性中心，2 个立体异构体 (S)-3-甲基庚烷

$CH_3\overset{CH_3}{CH}CH_2-\overset{CH_3}{\underset{H}{C^*}}-CH_2CH_3$ 1 个手性中心，2 个立体异构体 (S)-2,4-二甲基己烷

$CH_3\overset{CH_3}{\underset{CH_3}{C}}-\overset{CH_3}{\underset{H}{C^*}}-CH_2CH_3$ 1 个手性中心，2 个立体异构体 (S)-2,2,3-三甲基戊烷

1 个手性中心，2 个立体异构体

(*S*)-2,3-二甲基己烷

注意异丙基如何优先于正丙基：在第一个不同点（箭头所示），异丙基碳连接到 C、**C**、H，而正丙基碳连接到 C、**H**、H。粗体原子（异丙基的第二个 C 与正丙基的第一个 H）决定了优先级。上面的这些结构仅有一个手性中心。以下是具有多个手性中心的单一异构体。

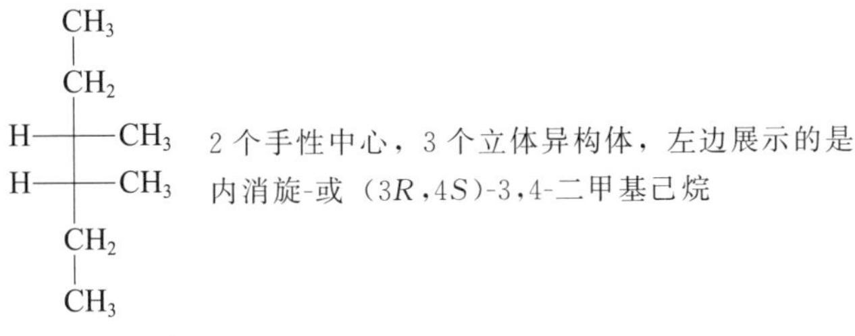

2 个手性中心，3 个立体异构体，左边展示的是内消旋-或 (3*R*,4*S*)-3,4-二甲基己烷

(c) 2 个立体中心，3 个立体异构体

(1*S*,2*S*)-1,2-二甲基环丙烷

化学命名中 (*S*,*S*) 暗示了该结构为“反式”。其他两种立体异构体分别是：(*R*,*R*) 化合物，它是 (*S*,*S*) 的对映异构体（显然也是反式）；而顺式异构体是一种非对映异构体，即内消旋 (*R*,*S*) 化合物 (5-6 节)。这是唯一可能的具有分子式 C_5H_{10} 和一个环的手性分子。

42. (**a**) 优先级是异丙基＞乙基＞甲基＞氢。手性中心是 *R*。

(**b**) 注意！最高优先级的基团（—OH）在后面。手性中心是 *S*。

(**c**) 手性中心是 *R*（Cl 是最高优先级，Br 不在第一个不同点，无关紧要）。

(**d**) *S*。

(**e**) 羟乙基＞羟丙基（因为羟乙基上的氧更接近立体中心）。手性中心是 *R*。

(**f**) 将分子视为 [结构式]。换句话说，仅考虑到达第一个不同点所需的环键。答案是 *R*。

(**g**) *S*。　(**h**) *R*。

(**i**) 把分子当作 [结构式]，答案是 *R*。

(**j**) 把分子当作 [结构式]，但它仍然是最棘手的一个。C═O 与 $C(OCH_3)_2$ 的相对优先级是问题所在。

相关的比较是 [—C(O)(O)—, O 连 C] 与 [—C(O)(H_3CO)—, O 连 CH_3]。第二个基团的优先级更高，因为有碳原子与官能团中的两个氧相连。

答案是 *R*。

43. 仅考虑 (b)、(e)、(j) 和 (m)，即手性化合物。由于你可以选择在每个手性中心绘制任意构型，因此绘制最低优先级基团远离你——在虚线上的构型，以便更轻松地确定 *R* 和 *S*。

(**b**) *R*　　(**e**) *S*

（j） 请注意，CH_2N 优先级战胜了苯环，苯环可看作是—CC_3，因为在第一个不同点 N>C。

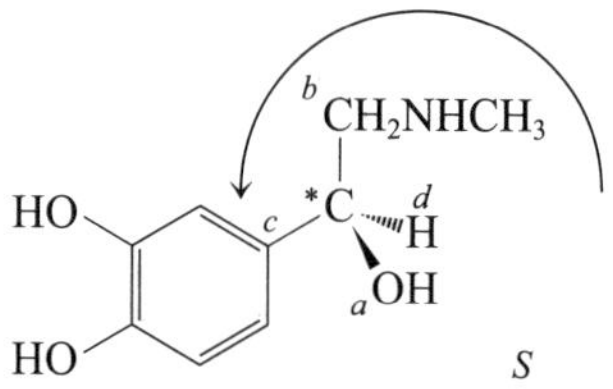

S

（m） 分别评价每个手性中心：

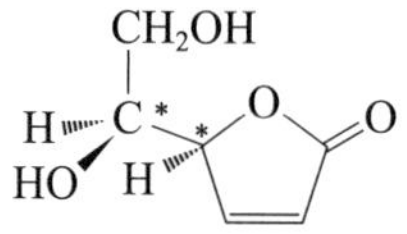

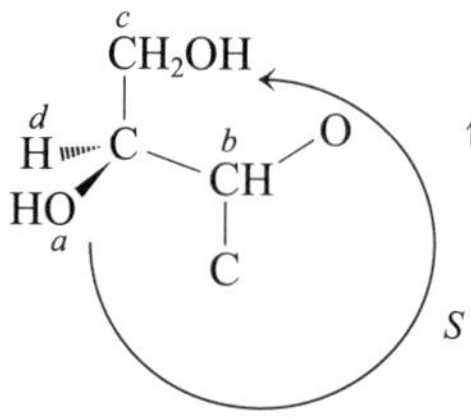

优先级：CHCO>CH_2O

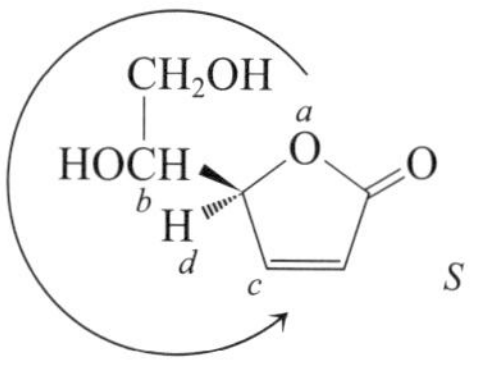

S　　S

44.

2nd(因为氧原子)　3rd　1st

(S)-对映体(注意优先级)

(S)

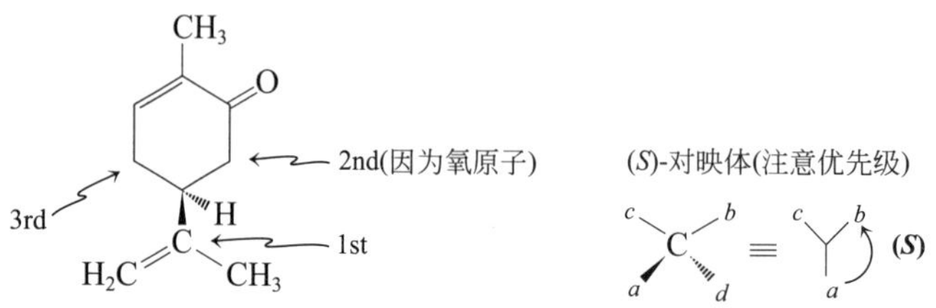

相反，(−)-香芹酮为 R 构型。

45.

（a） 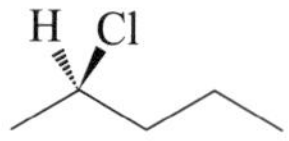　（b） 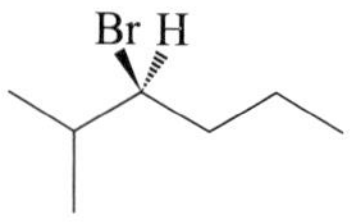　（c） 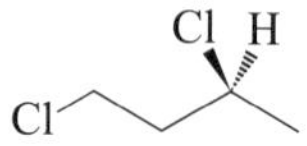　（d）

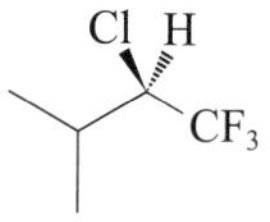

请记住：在三维结构中，实楔形键上的原子实际上位于虚形键上的原子之前。我们把一个向左画一点，另一个向右画一点，这样为了我们就可以看到后面的原子。实楔形键是在左边还是在右边并不重要。例如，在上面的（d）中，如果实楔形键上的 Cl 位于 H 的右侧而不是左侧，它仍然是相同的化合物。无论哪种方式，都是 Cl 在前面，H 在后面。

46. 环状结构尤其具有挑战性。同样，首先绘制任意立体异构体，确定其手性中心的构型，然后只需调换两个外部基团以使其成为你需要的任何结构。

（a） 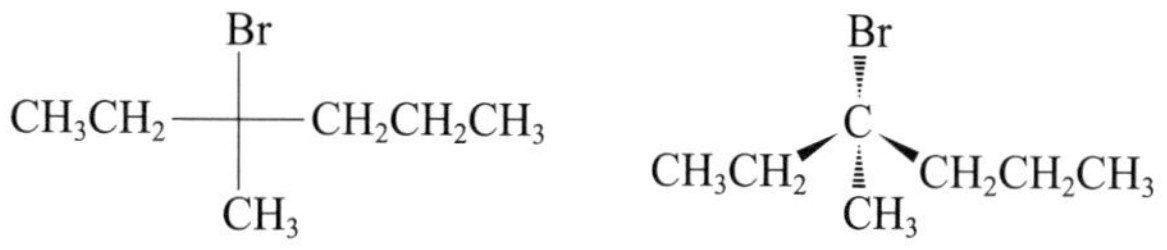　（b） 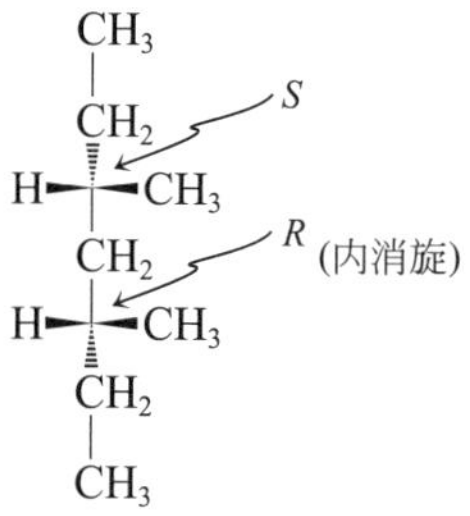 S　R (内消旋)

（c） 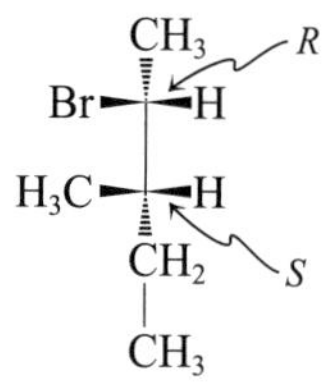 R　S　（d） 3rd　S　1st　2nd

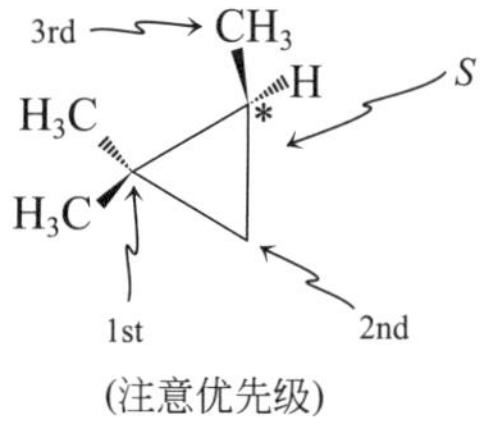

(注意优先级)

（e） 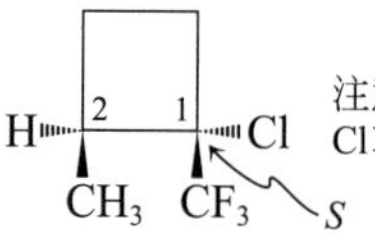 注意C-1上基团的优先级 Cl>CF_3>环$CHCH_3$>环CH_2　S

（f）

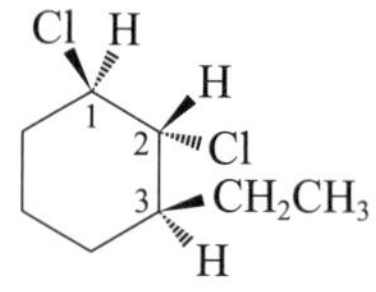

47. 首先扩展缩写结构，以便可以更好地查看连接，为其命名，并确定任何手性中心的位置：

Br 手性中心 Cl 3-溴-2-氯-4-甲基戊烷

接下来确定存在多少种立体异构体。具有两个手性中心的分子最多可以有四个立体异构体。这是这里的情况。如果任何可能的立体异构体结构中存在对称平面，立体异构体的总数将下降，因为其中的两个将变为相同的内消旋形式。但对于上面这个分子，这是不可能的，因此，将有四种结构可供完整地绘制和命名。首先绘制一个结构，通过将 H 放在其手性中心碳原子下方（虚形键上）来简化 *R* 和 *S* 的确定，从而使问题的其余部分尽可能简单：

Br H 3 2 H Cl

C-2 是 *R*

C-3 也是 *R*

命名为（2*R*,3*R*）-3-溴-2-氯-4-甲基戊烷

通过一次转换一个手性中心的立体化学并重新判定 *R*/*S*，由此推导出剩余的三种立体异构体及其名称：

Br H 3 2 Cl H **(2*S*,3*R*)**　　H Br 3 2 H Cl **(2*R*,3*S*)**　　H Br 3 2 Cl H **(2*S*,3*S*)**

48. 根据公式 $[\alpha]_D(\text{比旋光度})=\dfrac{\alpha(\text{旋光度})}{\text{溶液浓度}\ (g\cdot mL^{-1})\times\text{旋光管长度}\ (dm)}$

(a) $c=0.4\ g/10\ mL=0.04\ g\cdot mL^{-1}$；$\alpha=-0.56°$，$l=10\ cm=1\ dm$；因此 $[\alpha]_D=-14.0°$

(b) $[\alpha]_D=+66.4°$，$c=0.3\ g\cdot mL^{-1}$，$l=1\ dm$；因此 $\alpha=+19.9°$

(c) $c=\alpha/[\alpha]_D=57.3°/23.1°=2.48\ g\cdot mL^{-1}$

49. $c=1\ g/20\ mL=0.05\ g\cdot mL^{-1}$，所以 $\alpha/(c\times l)=-2.5°/0.05=-50°$，这与实际的比旋光度相同。因此，肾上腺素是光学纯的，可以安全使用。

50.

(a) H_2N—C—CO_2H（上：$CH_2CH_2CO_2^-Na^+$，下：H）　优先级：*a*—|—*b*（上：*c*，下：*d*）

(b) 8°/24°=0.33 或者 33%光学纯，相当于 33%光学纯的 *S* 与 67%外消旋体混合物，或者 67% *S* 异构体和 33%*R* 异构体的混合物。

(c) 16°/24°=0.67 或者 67%光学纯，相当于 67%光学纯的 *S* 与 33%外消旋体混合物，这等同于 83%*S* 异构体和 17%*R* 异构体的混合物。

51. **(a)** 环碳 1、2 和 5 是立体中心。

(b) 薄荷醇具有 3 个立体中心，最多可拥有 $2^3=8$ 个立体异构体。薄荷醇结构不具有可能导致非手性内消旋体的特征，因此总共会有 8 种立体异构体。

(c) 下面显示了 8 种立体异构体，在它们的四对对映异构体中，标记了所有立体中心。

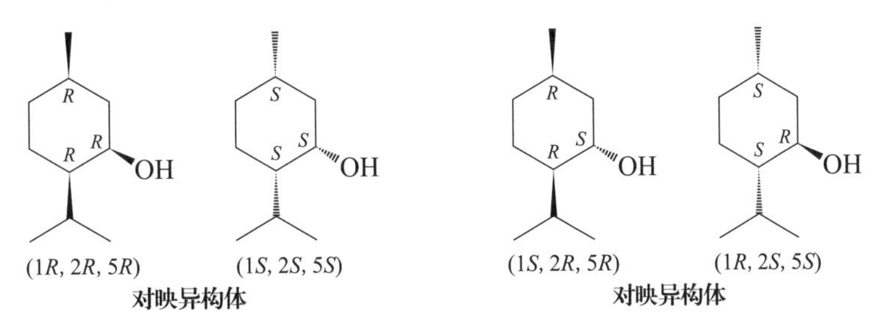

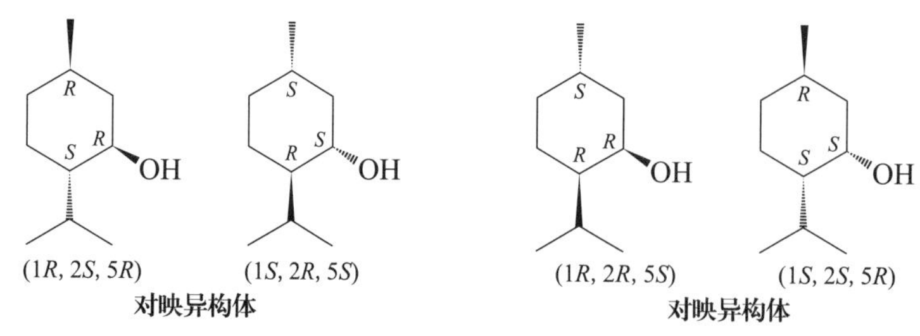

对映异构体　　对映异构体

52.（**a**）～（**c**）见上面习题 51 答案。

（**d**）只有薄荷醇具有椅式构象，其中三个取代基都在平伏键上。它是最稳定的异构体。新薄荷醇的两个烷基，就像薄荷醇中的那样，是反式的，并且在环中处于 1,4 位置。因此，新薄荷醇具有这样一种结构——其中两个烷基在平伏键上，只有相对“小”的羟基在直立键上。异薄荷醇具有顺式烷基，因此，在任何椅式构象中，其中一个必须处于直立键。所以稳定性顺序是：薄荷醇＞新薄荷醇＞异薄荷醇。

53. 本题要求解如下方程，求出薄荷醇和新薄荷醇的比例：

$-33°=(-51°)\times$薄荷醇摩尔分数$+(+21°)\times$新薄荷醇摩尔分数。

这是一个方程和两个未知数。但是，如果将问题中的信息视为薄荷醇和新薄荷醇一起构成了几乎 100%的薄荷油，那么它们的摩尔分数相加将约为 1，即：

（薄荷醇摩尔分数）＋（新薄荷醇摩尔分数）＝1。

现在有两个方程可用于求解两个未知数。使用通用符号 χ 表示摩尔分数，则 $\chi_{新薄荷醇}=1-\chi_{薄荷醇}$，即得：

$-33°=(-51°)\times\chi_{薄荷醇}+(+21°)\times(1-\chi_{薄荷醇})$。

解得：$\chi_{薄荷醇}=75\%$，所以 $\chi_{新薄荷醇}=25\%$。

54.

（**a**）相同物质，中间的碳不是立体中心，它连有两个乙基。

（**b**）对映异构体，（楔形式：C 上连 CH_3、Cl、H、Br）≡ Fischer 式：上 CH_3，左 Cl，右 H，下 Br

（**c**）对一个结构进行成对的基团调换，将其与另一个进行比较：

（上 CH_3，左 Cl，右 CF_3，下 OCH_3）$\xrightarrow{1}$（上 CH_3，左 CF_3，右 Cl，下 OCH_3）$\xrightarrow{2}$（上 CH_3，左 CF_3，右 OCH_3，下 Cl）$\xrightarrow{3}$（上 OCH_3，左 CF_3，右 CH_3，下 Cl）

成对基团三次互换才能将第一个 Fischer 式投影转换为第二个。奇数次调换意味着两个结构彼此是对映异构体。

（**d**）类似地，

（楔形式：上 H，左 NH_2，右 CO_2H，下 $CH(CH_3)_2$）＝（上 H，左 NH_2，右 CO_2H，下 $CH(CH_3)_2$）$\xrightarrow{1}$（上 H，左 NH_2，右 $CH(CH_3)_2$，下 CO_2H）$\xrightarrow{2}$（上 NH_2，左 H，右 $CH(CH_3)_2$，下 CO_2H）

需要成对基团两次互换才能将第一个楔形式转换为第二个结构，所以，这两个结构是相同的。

55.

（**a**）该分子中无手性中心。

（**b**）（上 CH_3，左 H，右 Cl，下 Br）是 *R*，另一个为 *S*。

（**c**）（上 CH_3，左 Cl，右 CF_3，下 OCH_3）是 *S*，另一个为 *R*。

（**d**）两个都是 *R*。

56.

（**a**）

```
H    O
 \  //
   C
H──┼──OH
HO─┼──H
HO─┼──H
 CH2OH
```

（**b**）没有。一个化合物只能有一个镜像（对映异构体）。

（**c**）它有几个非对映异构体，这里仅给出一个。

```
H    O
 \  //
   C
H──┼──OH
HO─┼──H
H──┼──OH
 CH2OH
```

（**d**）是。

（**e**）+105°。

（**f**）无法通过一个已知比旋光度的化合物来预测其非对映异构体的比旋光度，非对映异构体化合物通常具有非常不同的物理性质。

（**g**）没有。因为两个末端碳上的基团不同，所以结构中无法获得内消旋化合物才有的对称面。

57. (*S*)-1,3-二氯戊烷是化合物的名称。

（**a**）形成单一的非手性产物：$ClCH_2CH_2CCl_2CH_2CH_3$。

（**b**）两种非对映异构体不等量形成：

R: H_3C, H, Cl, C; H, Cl, C, CH_2CH_2Cl; R　和　S: H_3C, Cl, H, C; H, Cl, C, CH_2CH_2Cl; R

请注意，此时 C-3 的立体构型已更改为 *R*，因为 $CHClCH_3$ 基团的优先级高于 CH_2CH_2Cl 基团的优先级。

（**c**）形成单一的非手性产物：$ClCH_2CH_2CHClCH_2CH_2Cl$。

请注意，在（a）和（c）中，C-3 处的手性已以两种略有不同的方式消失。在（a）中，C-3 的一个键已断开并连接了第二个 Cl。而在（c）中，C-3 的键没有受到影响，但远程的改变使 C-3 上的两个基团相同了。

58.（**a**）形成了单一的非手性产物：1-氯-1-甲基环戊烷。

（**b**）形成四种立体异构体，如下图：

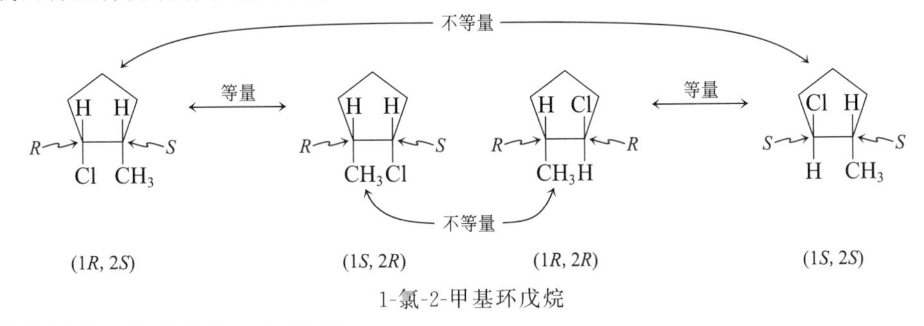

1-氯-2-甲基环戊烷

（**c**）也形成四种立体异构体，如下图：

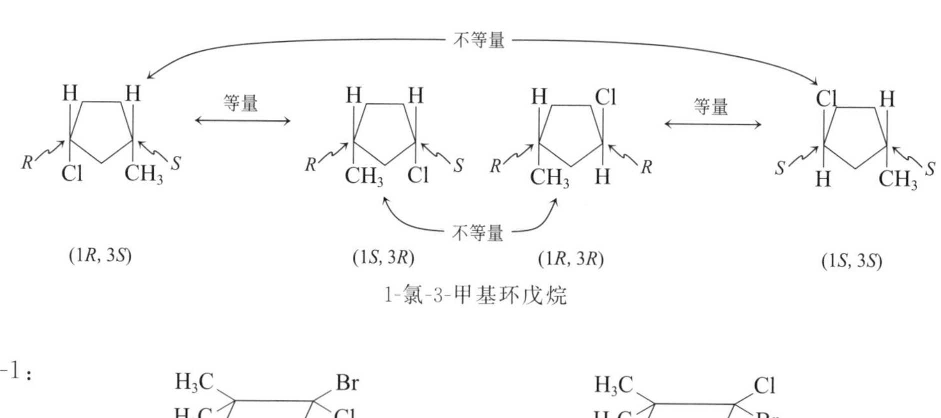

1-氯-3-甲基环戊烷

59.

进攻 C-1：

两者都是手性的，但等量形成；这是一种外消旋体，无光学活性。

进攻 CH_3：

这两种是非对映异构体，不等量形成，有光学活性。

进攻 C-3：

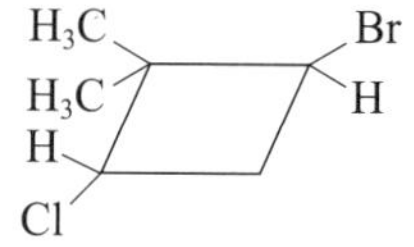

手性的顺式（*cis*）非对映异构体
以不同于反式二卤化物的
量生成；有光学活性

手性的反式（*trans*）非对映异构体
以不同于顺式异构体的
量生成；有光学活性

进攻 C-4：

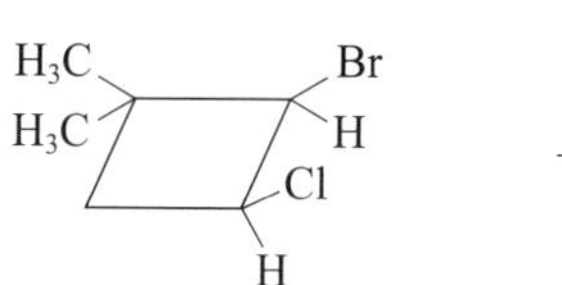
+
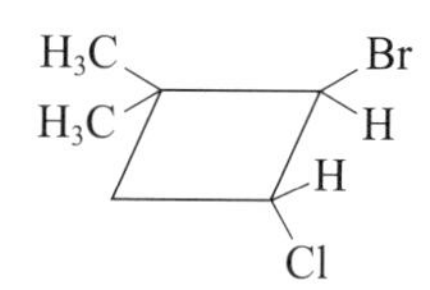

手性的顺式（*cis*）非对映异构体
以不同于反式二卤化物的
量生成；有光学活性

手性的反式（*trans*）非对映异构体
以不同于顺式异构体的
量生成；有光学活性

60. 步骤：

（1）外消旋胺用等物质的量的光学纯酸中和，例如天然存在的（S）-乳酸（$CH_3CHOHCOOH$）。该反应将产生两种非对映体盐：（*R*）-胺/（S）-酸盐和（S）-胺/（S）-酸盐。

（2）通过重结晶，通常是从醇-水溶剂混合物中，将盐混合物分离成两种非对映体组分。

（3）这两种非对映体盐分别用强碱（如氢氧化钠水溶液）处理，从而除去乳酸并释放胺的各个对映异构体，使其分别以纯的形式分离。

61. 颠倒习题 60 的过程

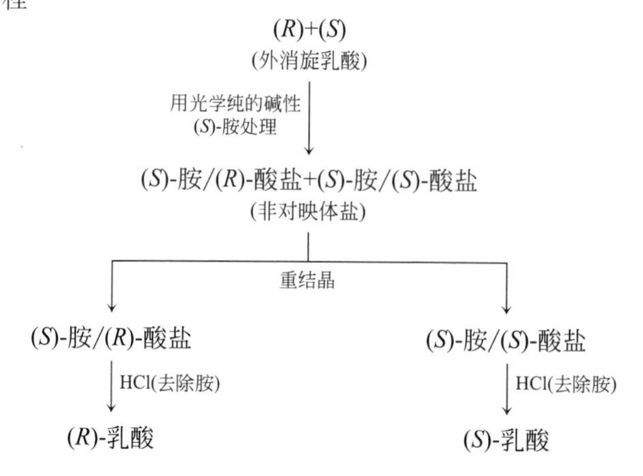

62. 溴化具有高度选择性，因此请考虑仅在叔碳上反应！

（**a**）四种立体异构产物：

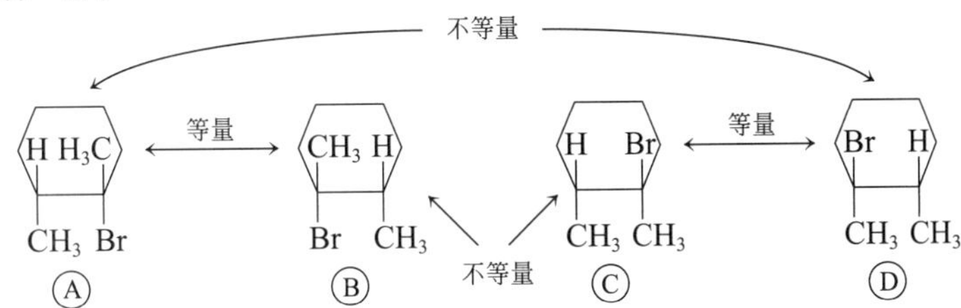

A 和 B 的外消旋混合物可以与 C 和 D 的外消旋混合物分离，但在分离的产物中不会观察到净光学活性。

（**b**）

H H_3C

CH_3 H

(*R*,*R*)-1,2-二甲基环己烷

（a）中的四个产物中只有两个是可能的：A 和 C。它们彼此是非对映异构体；它们以不等量的形式生成；它们可以在物理上分开；并且两者都是光学纯的。

不要忘记，自由基卤化在反应性碳上给出了两种可能的立体化学构型，但它不会改变不参与反应的碳的构型。

63.

CH_3

CH_3

该分子无对称面。当分子固定在这种构象中时它是手性的。然而，环翻转会变成上述构象的镜像（对映异构体）（试试看！）。因此，顺-1,2-二甲基环己烷实际上是一种通过快速环翻转相互转化的椅式构象对映体的混合物。由于这种相互转化，该化合物没有光学活性，就像任何普通的内消旋化合物一样。尽管两个椅式构象都没有对称面，但请注意在椅式-椅式相互转换中的一种船式构象过渡态，就类似是真正的内消旋体结构：

H_3C　　CH_3

镜面

64.

（**a**）有三个（C-9，C-13，C-14）

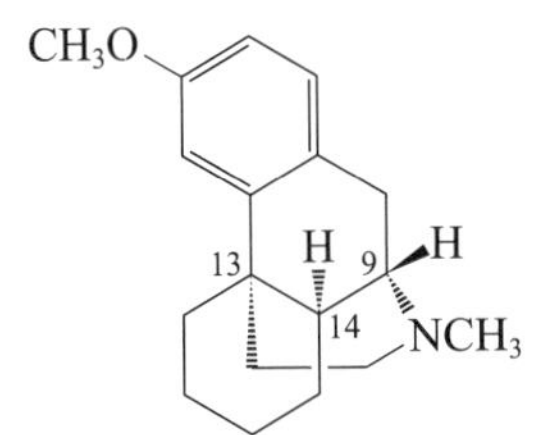

（**b**）

CH_3O

H　H

NCH_3

（**c**）对于每一个立体中心，根据需要尽可能地画出基团以找到第一个不同点。

C-9：

C

CH_2

H

C　N

CH

C

$\Rightarrow$ c d b a

翻转，使最低优先级基团*d*(H)在后面。

c b a $= S$

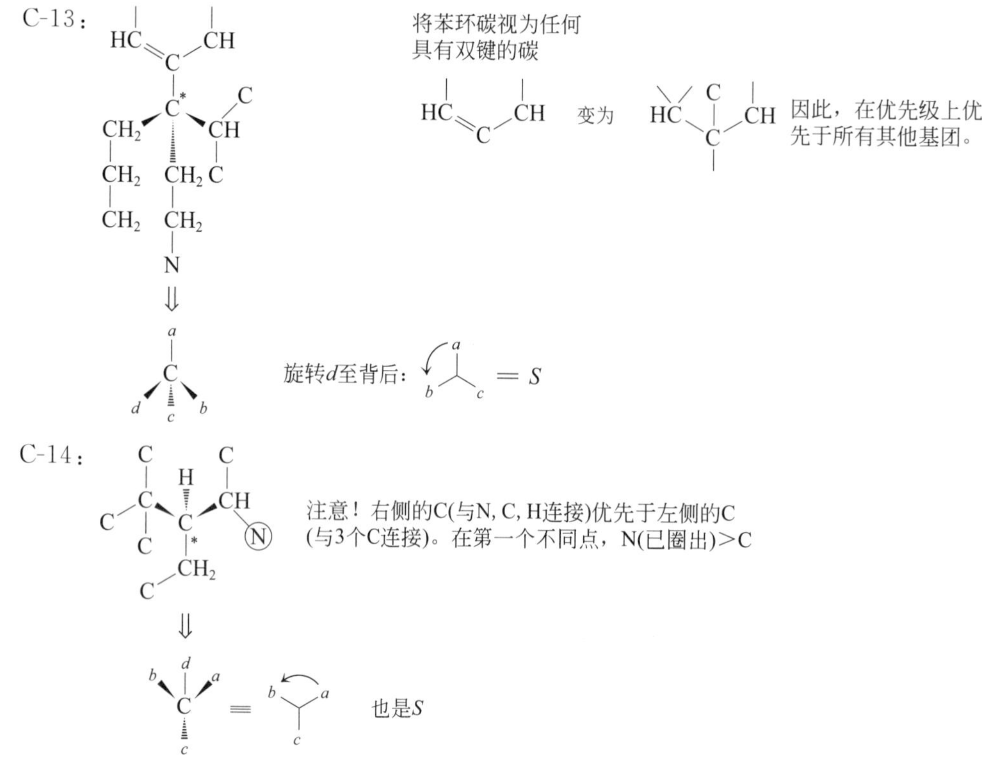

因此，右旋美沙芬具有（9*S*，13*S*，14*S*）构型。

65. 这个问题告诉我们，当用碱处理时，该化合物会失去其旋光性。假设有两种方式可能会导致这种情况：立体中心可能会被某些改变了化合物结构的过程破坏；或者化合物可能会经历一种化学过程，引起其立体中心的 *R*/*S* 随机生成，得到外消旋体混合物。让我们来看看哪个更有可能。与碱（例如氢氧化物）反应，相关物质从不对称碳中除去酸性质子并将分子转化为其共轭碱（第 2 章）：

是这样吗？真是大手笔。这有什么关系？首先让我们从不对称碳中去除四个（不同）基团中的一个。它的几何形状是什么？仔细观察，可以通过使孤对电子以及负电荷离域到 C＝O 双键来绘制另一种共振形式：

所以前面这个结构的立体中心现在是平面的，这意味着这个物种是非手性的——没有光学活性。接下来回想一下，题目是说只有催化量的碱存在，所以这种去质子化在任何时候都只发生在一小部分分子上。但是，还有更多碱：再次回顾第 2 章，酸碱反应是平衡过程——它们是可逆的。因此，这种阴离子共轭碱可以从水分子中夺取质子并返回到起始原料。在此过程中会再生一个氢氧化物分子，让更多的起始酮分子继续发生该过程。这个质子究竟结合在哪里？随机到顶部或底部，就像自由基卤化中卤素与自由基的连接一样。因此，最终结果是起始酮通过这个非手性共轭碱平衡得到两个对映异构体的外消旋混合物：

50%　　50%

外消旋混合物

66. (**a**)

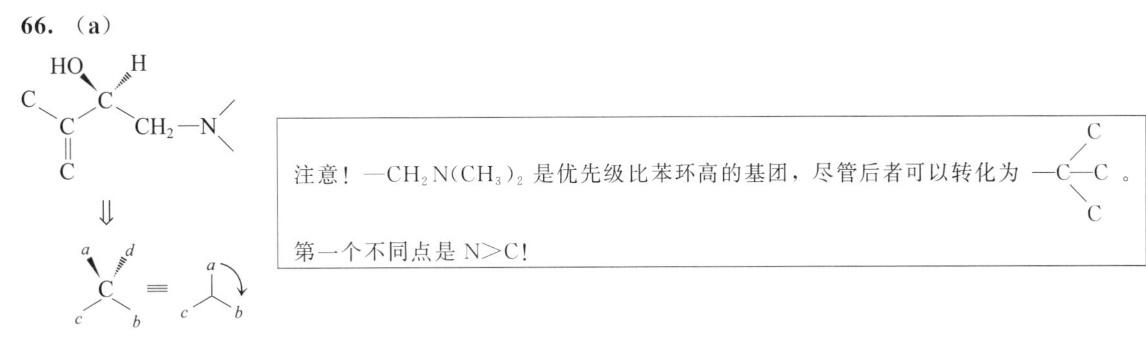

答案是 *R*。

(**b**) 能量相等：过渡态是彼此的镜像（它们是对映体）。

(**c**) 相对于生成（+）-异构体过渡态的能量，酶必须将生成（—）-异构体过渡态的能量降得更低。为此，酶必须是手性的，并且是光学纯的，以便酶存在时的两个过渡态变成非对映异构体，因此能量彼此不同。

67. (**a**) 你的模型应能搭建出如下四种结构。在每个分子中，不对称碳原子都是两个环共用的碳。对于顶部立体中心，优先级最高的取代基是 N 取代的碳；另一个环共用碳是第二优先基团。对于底部立体中心，优先级最高的取代基是另一个环共用碳，靠近 N 的环碳次之。

顺式
（对映异构体）

反式
（对映异构体）

顺式和反式互为非对映异构体。

(**b**) 环键优先级不会因外加基团而改变，因为它们没有连接在环共用手性碳原子的第一个不同点上。

(**c**)

(3*S*,4*aR*,6*S*,8*aR*)
这是（b）部分左下角所示结构的异构体

(3*S*,4*aS*,6*S*,8*aS*)
这是（b）部分左上角所示结构的异构体

68. (**d**) 是内消旋体。

69. (**a**) 交换任何一对基团都会翻转立体中心。

70. (**c**)。

71. (**b**) 没有对称面。

6

卤代烷的性质和反应：双分子亲核取代反应

参考第1章，极化共价键是大多数有机反应化学的核心。在这里，本章首次详细介绍了包含极化共价键的分子的性质和化学行为。它们是卤代烷，含有一个极化的碳（δ^+）-卤（δ^-）键。由于此处的反应可作为后续许多有机官能团化学反应的模型，因此应特别仔细地研究和考核本章。此处详细讨论的许多概念在以后完全适用，即使以后的介绍可能不那么全面。这一章和下一章，我们将真正开始介绍经典有机化学。现在，你第一次有机会看到有关该主题一部分的"正片"。此外，目前所见的大部分内容都将用于帮助解释卤代烷烃的行为。从长远来看，从总体上理解这些内容比记住每一个细节更有用。

本章概要

6-1　卤代烷的物理性质

6-2　亲核取代反应

该官能团的性质，并介绍其最具特征的反应。

6-3　反应机理

描述反应如何发生。一个非常重要的部分。

6-4　亲核取代反应的机理：动力学

教材中详细介绍了某一特定极性反应机理的第一部分，也是一个非常重要的部分。

6-5　立体化学

将这一反应与第五章结合起来。

6-6　S_N2反应中构型翻转的结果

对第4章和第5章更进一步的理解。

6-7　离去基团

6-8　亲核试剂

6-9　在多种机理途径中进行选择

对于一种化学物质发生反应时出现不止一种机理方向的情况，进行了详细的讨论。

6-10　底物的结构

6-11　对S_N2反应的概括

讨论了主要变量对单一反应类型有利的影响。

本章重点

6-1 卤代烷的物理性质

碳-卤键是本章的重点。它的极化是决定这些卤代烷的物理和化学行为的主要特征。四种卤素之间的差异将导致卤代烃表现出不同的物理或化学特征。本节揭示了卤代烷之间许多性质上的相似之处。首先理解这些，然后将能够更好地了解后面所介绍的差异。

6-2 亲核取代反应

在这一部分开始详细讨论第一类主要的极性反应。注意以下特点：

1. 可以这么说，所有亲核取代反应都具有相似的形式和相似的特征。使用教材中表 6-3 第一个例子，如下：

$$\underset{\text{亲核试剂}}{HO^-} + \underset{\text{底物}}{CH_3Cl} \longrightarrow \underset{\text{产物}}{CH_3OH} + \underset{\text{离去基团}}{Cl^-}$$

每当出现一个新的反应类别时，一般从所涉及的化学物质所扮演的共同角色的角度分析所提出的各种例子。你现在应该对教材本节提到的所有例子都这样做，也就是说，在每种情况下确定亲核试剂、底物、产物和离去基团。开始熟悉属于每个类别的各种物质。

2. 所有亲核取代反应都是静电敏感的（electrostatically sensible）。在每种情况下，亲核试剂中的富电子原子最终都通过新键与底物中的亲电（正极化）碳原子相连。相反电荷的吸引作用！

$$H—O^- + H_3C^{\delta+}—Cl^{\delta-} \longrightarrow HO—CH_3 + Cl^-$$

富电子原子　　亲电原子　　新键

同样，每当出现一个新的反应类别时，基于静电作用分析给出的例子。重点关注带相反电荷或极化原子相互吸引所带来的合理结果。对教材中本部分的例子都这样做。

当尝试分析新反应类型中涉及的成分并从根本上理解反应为什么是合理的时候，你已经通过理解而不是记忆迈出了学习有机化学的第一步。

6-3 反应机理

反应机理详细描述了成键变化发生的时间和方式。这些信息重要的一点就是可以预测反应：机理可以告诉我们一个未知反应是否可能发生。这个知识在合成中很重要：从已知分子制备新分子，以用于医学目的或理论研究。文中本部分重现了最初出现在教材 2-2 节中的内容。让自己重新熟悉正确使用弯箭头描述电子对运动。对弯箭头的使用越熟悉，学习有机化学就越容易。

6-4、6-5 和 6-6 亲核取代反应的机理

6-4 节描述了一种推导机理的比较常见的方法：动力学实验。6-5 节描述了另一种常见的方法：观察立体化学变化的实验。通过结合来自这些实验的信息和其他类型实验的信息，双分子亲核取代反应或 S_N2 反应的机理在 20 世纪的前 30 多年中得到了发展。二级动力学和底物碳的构型翻转，是本章中所有反应的共同特征。该机理可以预测 S_N2 反应中改变任何一个变量所产生的影响。本章的最后四节探讨了其中最重要的部分。需要指出的是，这些章节中描述的许多观测结果都是根据 S_N2 机理的逻辑含义**提前预测**出来的。作为一名有机化学专业的学生，你的部分工作将是根据对分子中官能团性质的了解以及反应机理知识，来提高你的预测一个你可能从未见过的分子的反应结果的能力。

关于机理的最后一点说明：存在一种通用的书写有机反应机理的简便方法。首先，每个步骤都是分开写的（**提示**：如果反应机理包含多个步骤，不要为了节省空间或时间而将步骤组合在一起，每个步骤都应该分开写）。其次，每一步的键合变化都用代表**电子对**运动的弯箭头表示。S_N2 机理，是一个一步过程，如下：

$$HO:^- + H_3C—Cl \longrightarrow HO—CH_3 + Cl^-$$

两个弯箭头分别表示：①一对电子从氧转移到碳，形成新的 C—O 键；②一对电子从 C—Cl 键转移到氯，形成氯离子。机理中弯箭头描述的是电子对的运动，而**不是原子的运动**。这是因为化学反应是由**化学键**变化所引起的，而化学键是由电子对组成的。尽可能频繁地练习在机理中使用电子对转移，这样你就能习惯这种技能。请注意，正确使用电子对弯箭头会自然而然地得到反应产物的正确的含有电荷（如果有的话）的路易斯结构。下面是它应用于一个更简单的反应的例子，酸和碱的反应。

$$HO:^- + H—Cl \longrightarrow HO—H(H_2O) + Cl^-$$

6-7 至 6-11　深入了解 S_N2 反应

这些章节探讨改变三个变量对 S_N2 反应速率的影响：离去基团、亲核试剂和底物结构。这些章节中的所有例子都来自对机理的理解以及对三个变量各自发挥作用的认识。在每一节中，都考虑了变量对反应速率的影响。在此应该提醒你，每次讨论的重点是：改变这个变量会如何影响活化能——过渡态能量相对于起始物质的能量？我们不可能每次都解释很详细，**但这就是主旨**。即使讨论是**完全定性**的，没有给出实际的速率数据，这种讨论的重点仍然是所讨论的变量对相对过渡态能量的影响。

关于**离去基团**的讨论是相当简单的。因为离去基团在 S_N2 反应过渡态中是“开始离去”的，所以过渡态的能量反映了离去基团的稳定性程度。因此，稳定的离去基团是更好的（注：“更快的”）离去基团。本章所描述的离去基团的离去能力和碱性之间的类比是最容易理解的，也是相当可靠的。“好”的离去基团通常是强酸的共轭碱，即弱碱（教材中表 6-4）。“差”的离去基团是弱酸的共轭碱，即强碱。稍后，你将学习如何把“差”的离去基团制备成“好”的离去基团。注意酸碱强度这样的基本概念是如何在有机化学中起关键作用的。

接下来考虑**亲核试剂**。本节讨论了**两个**可以具有高亲核性的特征：①强碱性，如氢氧根离子；②大体积的亲核原子，如碘离子。本文对其背后的原因进行了既详细又相对简单明了的探讨。在试图理解这些特性时，再一次考虑这些特性是如何影响反应过渡态的相对稳定性的。每当面临与反应及其动力学有利性相关的全新概念时，请养成这样做的习惯。

第三个因素是**反应中使用的溶剂**，它会影响决定亲核性的碱性和原子大小之间的竞争结果。有些溶剂对亲核试剂没有影响，如**极性非质子溶剂**，其中包括丙酮、*N*,*N*-二甲基甲酰胺（DMF）和二甲基亚砜（DMSO）。当亲核取代在极性非质子溶剂中进行时，碱性较强的亲核试剂与较大的亲核原子的亲核反应是接近的，但是较强的碱对反应的影响更为明显。例如，氟是卤化物中最强的碱，在 DMF 等极性非质子溶剂中进行 S_N2 反应时是最快的。

当 S_N2 反应在水或醇等极性**质子溶剂**中进行时，情况就会发生变化。尤其是质子溶剂与带负电的小亲核性原子的相互作用最强。这种相互作用的本质是氢键作用，它有效地**阻碍**了亲核原子进行反应。氟离子是最小的卤离子，在质子溶剂中受氢键的影响最大，因此在质子溶剂中其反应受到的抑制最严重。这种氢键的作用抵消了氟离子作为强碱性的亲核试剂的优势。氟离子从极性非质子溶剂中最好的亲核试剂，成为极性质子溶剂中最差的亲核试剂。

在极性非质子溶剂（丙酮、DMF、DMSO）中的亲核顺序——碱性起主要作用：

$$F^- > Cl^- > Br^- > I^-$$

在极性质子溶剂（水、醇）中的亲核顺序——原子大小起主要作用：

$$I^- > Br^- > Cl^- > F^-$$

考虑**底物结构**要简单得多，对于 S_N2 反应需要考虑的主要因素是被攻击原子的“背面”有多拥挤？越不拥挤，亲核试剂“走”向过渡态的空间位阻就越小，越有利于发生 S_N2 反应。叔丁基和新戊基卤代

物几乎不能通过 S_N2 机理进行反应，这一事实强调了空间位阻的重要性。

在这些讨论中，6-9 节讨论了一个偶尔出现但可能很麻烦的问题：当有多于一种明显合理的机理途径时，该如何做。如何选择？结果很重要：记住，机理决定了产物的结构。不同的机理路径可能导致产生不同的产物结构。该问题可能需要更深入地审视有助于竞争进程相对有利的所有因素。本章节以一个例子开始，着重于底物中良好离去基团的存在或缺失。在没有离去基团的情况下，S_N2 反应就不会发生，尽管事实上完全有可能画出看起来合理的机理，至少乍一看是这样。教材中解题练习 6-25 给出了不同的情况，其中直接的 S_N2 反应和酸碱反应之间的竞争说明了哪一个是主要的。注意：一般来讲，酸碱反应比大多数其他反应过程更快，并可能相应地改变整个反应路径。

习　题

31. 根据 IUPAC 系统命名法命名下列分子。

(a) CH_3CH_2Cl　(b) $BrCH_2CH_2Br$

(c) $CH_3CH_2CHCH_2F$（CH 上连 CH_2CH_3）　(d) $(CH_3)_3CCH_2I$

(e) 环己基—CCl_3　(f) $CHBr_3$

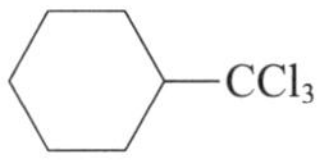

32. 画出下列每一个分子的结构：(a) 3-乙基-2-碘戊烷；(b) 3-溴-1,1-二氯丁烷；(c) 顺-1-溴甲基-2-(2-氯乙基)环丁烷；(d) (三氯甲基) 环丙烷；(e) 1,2,3-三氯-2-甲基丙烷。

33. 画出分子式为 C_3H_6BrCl 所有可能构造异构体的结构式并命名。

34. 画出所有分子式为 $C_5H_{11}Br$ 的构造异构体并命名。

35. 指出习题 33 和习题 34 中的每一个构造异构体的手性中心，并给出每种结构可能存在的立体异构体的总数。

36. 对于表 6-3 中的每个反应，指出亲核试剂、亲核原子（首先画出它的 Lewis 结构）、底物中的亲电原子和离去基团。

37. 习题 36 中有一个亲核试剂可以画出另一个 Lewis 结构。(a) 指出这个亲核试剂并画出它的另一种结构（实际上就是第二种共振式），(b) 该亲核试剂中是否有另一个亲核原子存在？如果是的话，用新的亲核原子重新写出习题 36 的反应式，并写出产物正确的 Lewis 结构。

38. 指出下列每一个反应的亲核试剂、亲核原子、底物分子中的亲电原子和离去基团。写出反应的有机产物。

(a) $CH_3I + NaNH_2 \longrightarrow$

(b) 环戊基—$Br + NaSH \longrightarrow$

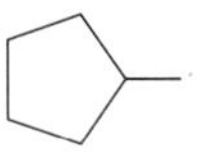

(c) $CH_3CH_2CH_2O-SO_2-CF_3 + NaI \longrightarrow$

(d) （含 H、Cl 的手性仲氯代烷，键线式）$+ NaN_3 \longrightarrow$

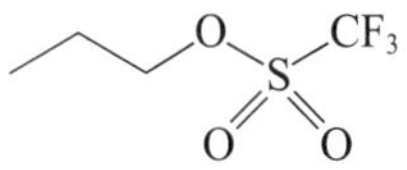

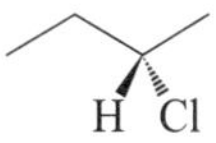

(e) $CH_3Cl + (CH_3CH_2)_2NCH_3 \longrightarrow$

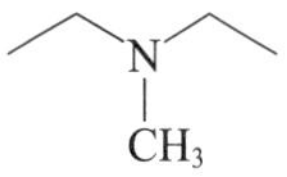

(f) （4-乙基环己基碘，椅式构象）$+ KSeCN \longrightarrow$

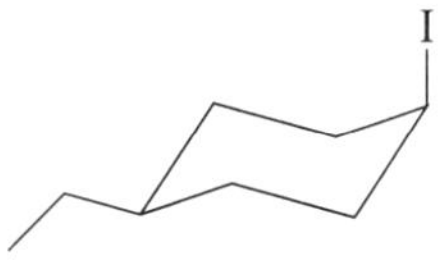

39. 画出习题 38 中每一个反应的反应机理，用弯箭头标出电子转移。

40. 一个含有 0.1 $mol \cdot L^{-1}$ CH_3Cl 和 0.1 $mol \cdot L^{-1}$ KSCN 的 DMF 溶液，以 2×10^{-8} $mol \cdot L^{-1} \cdot s^{-1}$ 的初始速率生成 CH_3SCN 和 KCl。(a) 这个反应的速率常数是多少？(b) 对于下列每组反应物的起始浓度，计算出反应的初始速率。(i) $[CH_3Cl] = 0.2$ $mol \cdot L^{-1}$，$[KSCN] = 0.1$ $mol \cdot L^{-1}$；(ii) $[CH_3Cl] = 0.2$ $mol \cdot L^{-1}$，$[KSCN] = 0.3$ $mol \cdot L^{-1}$；(iii) $[CH_3Cl] = 0.4$ $mol \cdot L^{-1}$，$[KSCN] = 0.4$ $mol \cdot L^{-1}$。

41. 写出下列每个双分子取代反应的产物。溶剂如反应式箭头上方所示。

(a) $CH_3CH_2CH_2Br + Na^+I^- \xrightarrow{丙酮}$

(b) $(CH_3)_2CHCH_2I + Na^{+-}CN \xrightarrow{DMSO}$

(c) $CH_3I + Na^{+-}OCH(CH_3)_2 \xrightarrow{(CH_3)_2CHOH}$

(d) $CH_3CH_2Br + Na^{+-}SCH_2CH_3 \xrightarrow{CH_3OH}$

(e) 环戊基—$CH_2Cl + CH_3CH_2SeCH_2CH_3 \xrightarrow{丙酮}$

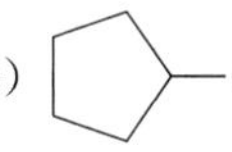

(f) $(CH_3)_2CHOSO_2CH_3 + N(CH_3)_3 \xrightarrow{(CH_3CH_2)_2O}$

42. 下列的箭头转移式对应于上面习题 41 中的反应，指出哪些正确使用了弯箭头，哪些没有，对于错的，画出正确的弯箭头。

（a）$CH_3CH_2CH_2—Br \quad Na^+ \quad :\ddot{I}:^-$

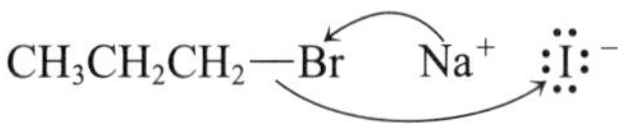

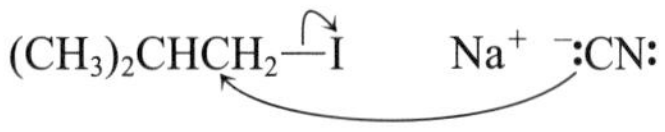

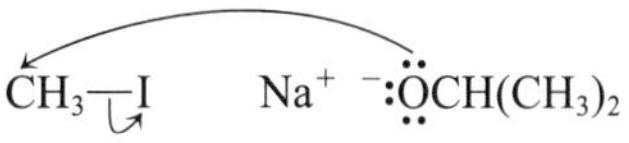

（b）$(CH_3)_2CHCH_2—I \quad Na^+ \quad ^-:CN:$

（c）$CH_3—I \quad Na^+ \quad ^-:\ddot{O}CH(CH_3)_2$

（d）$CH_3CH_2—Br \quad Na^+ \quad ^-:\ddot{S}CH_2CH_3$

（e）环戊基$—CH_2—\ddot{Cl}: \quad CH_3CH_2—\ddot{Se}—CH_2CH_3$

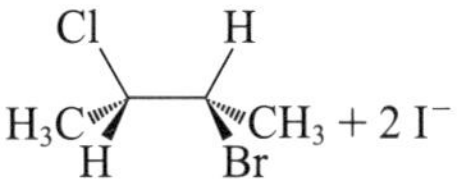

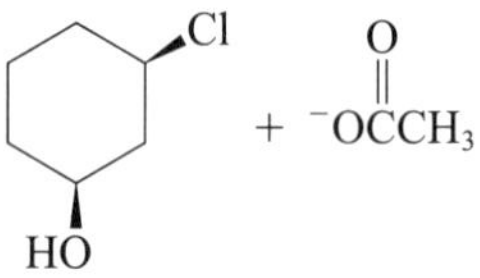

（f）$(CH_3)_2CH—\ddot{O}—SO_2—CH_3 \quad :N(CH_3)_3$

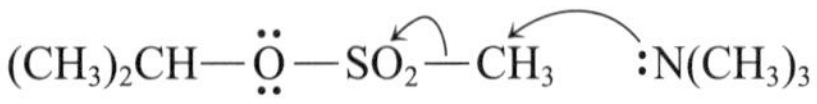

43. 指出下列 S_N2 反应中反应物和产物的 R/S 构型。哪些产物是具有光学活性的？

（a）CH_3—C(H)(Cl)—CH_2CH_3 + Br^-

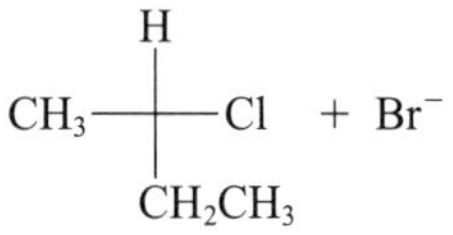

（b）H_3C—C(Cl)(H)—C(H)(Br)—CH_3 + 2 I^-

（c）3-氯环己醇 + $^-OCCH_3$（O）

（d）3-氯环己醇 + $^-OCCH_3$（O）

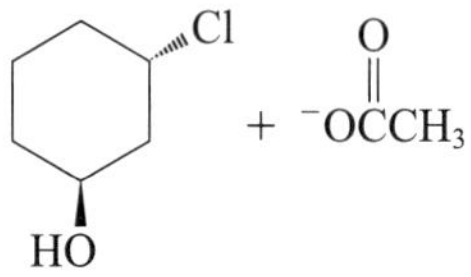

44. 对习题 43 中的每个反应，用弯箭头的表示方法写出反应机理。

45. 写出 1-溴丙烷与下列每个试剂的反应产物，如反应不发生，写“不反应”（**提示**：仔细评估每个试剂的亲核能力）。

（a）H_2O　（b）H_2SO_4　（c）KOH　（d）CsI
（e）NaCN　（f）HCl　（g）$(CH_3)_2S$
（h）NH_3　（i）Cl_2　（j）KF

46. 写出下列每个反应可能的产物。像习题 45 那样，如反应不发生，写“不反应”（**提示**：确定每个底物预期的离去基团，并估计其进行取代的能力）。

（a）$CH_3CH_2CH_2CH_2Br + K^{+-}OH \xrightarrow{CH_3CH_2OH}$

（b）$CH_3CH_2I + K^+Cl^- \xrightarrow{DMF}$

（c）$C_6H_5—CH_2Cl + Li^{+-}OCH_2CH_3 \xrightarrow{CH_3CH_2OH}$

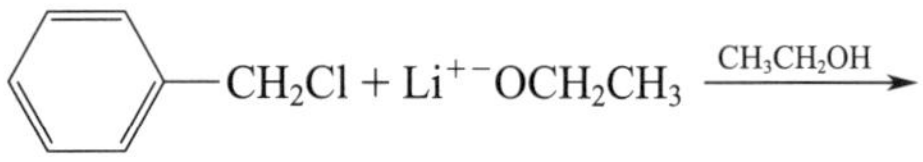

（d）$(CH_3)_2CHCH_2Br + Cs^+I^- \xrightarrow{CH_3OH}$

（e）$CH_3CH_2CH_2Cl + K^{+-}SCN \xrightarrow{CH_3CH_2OH}$

（f）$CH_3CH_2F + Li^+Cl^- \xrightarrow{CH_3OH}$

（g）$CH_3CH_2CH_2OH + K^+I^- \xrightarrow{DMSO}$

（h）$CH_3I + Na^{+-}SCH_3 \xrightarrow{CH_3OH}$

（i）$CH_3CH_2OCH_2CH_3 + Na^{+-}OH \xrightarrow{H_2O}$

（j）$CH_3CH_2I + K^{+-}OCCH_3$（O）$\xrightarrow{DMSO}$

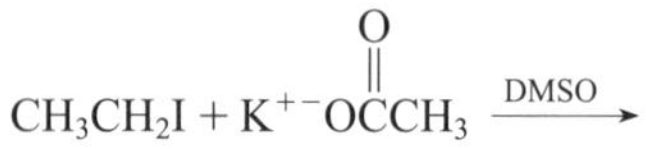

47. 写出下列每个转化反应是如何实现的。

（a）(R)-$CH_3CH(OSO_2CH_3)CH_2CH_3 \longrightarrow (S)$-$CH_3CH(N_3)CH_2CH_3$

（b）Fischer 投影式：CH_3 / H—C—Br / CH_3O—C—H / CH_3 $\longrightarrow$ CH_3 / H—C—CN / CH_3O—C—H / CH_3

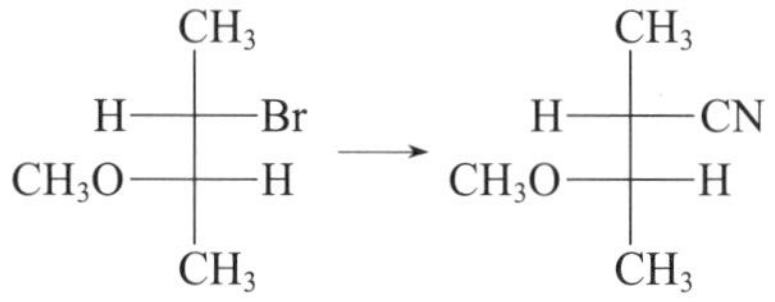

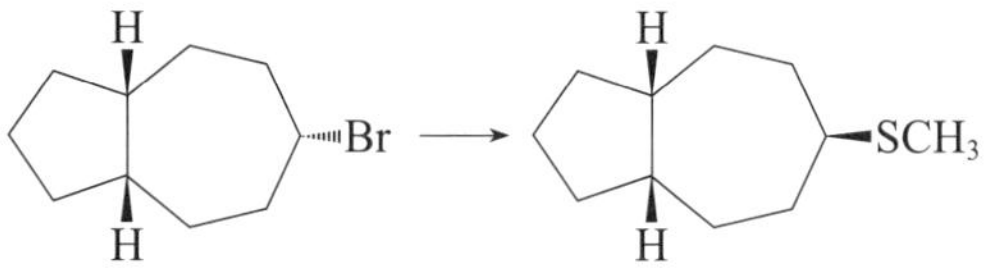

（c）（H, H）稠环—Br $\longrightarrow$ （H, H）稠环—SCH_3

（d）N-甲基哌啶 $\longrightarrow$ N,N-二甲基哌啶鎓（H_3C, CH_3, N^+）

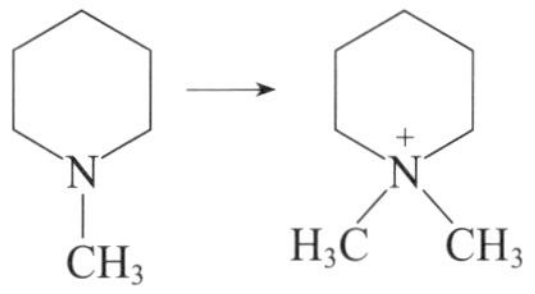

48. 按照碱性、亲核性和离去基团离去能力的大小顺序，将下列每组中各物质排序。简要解释答案。

（a）H_2O，HO^-，$CH_3CO_2^-$；（b）Br^-，Cl^-，F^-，I^-；（c）$^-NH_2$，NH_3，$^-PH_2$；（d）^-OCN，^-SCN；（e）F^-，HO^-，$^-SCH_3$；（f）H_2O，H_2S，NH_3。

49. 写出下列每个反应的产物。若反应不发生，写“不反应”。

（a）$CH_3CH_2CH_2CH_3 + Na^+Cl^- \xrightarrow{CH_3OH}$

（b）$CH_3CH_2Cl + Na^{+-}OCH_3 \xrightarrow{CH_3OH}$

（c）Newman 投影式（Br, H_3C, H, H_3C, H, H）$+ Na^+I^- \xrightarrow{丙酮}$

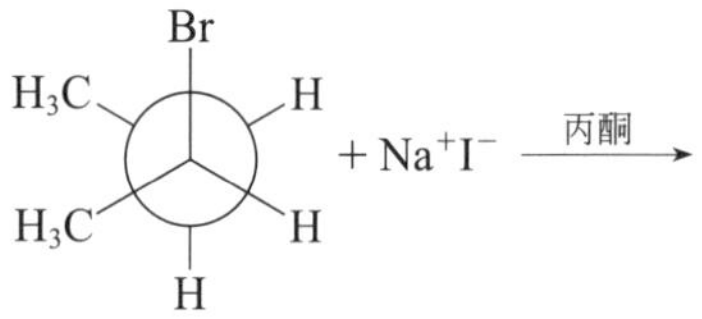

（d）CH_3CH_2—C(H)(Cl)—CH_3 $+ Na^{+-}SCH_3 \xrightarrow{丙酮}$

（e）$CH_3CH(OH)CH_3 + Na^{+-}CN \longrightarrow$

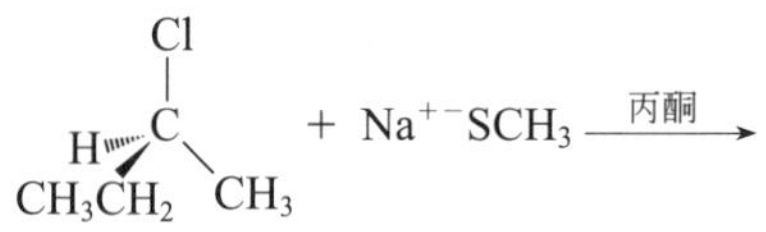

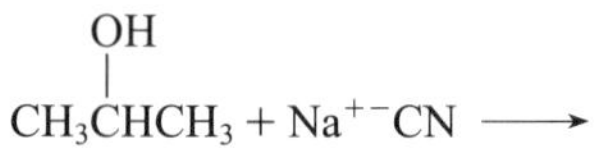

(f) 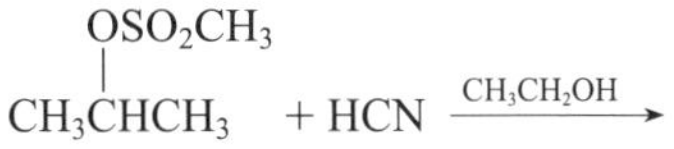 $CH_3CH(OSO_2CH_3)CH_3 + HCN \xrightarrow{CH_3CH_2OH}$

(g) 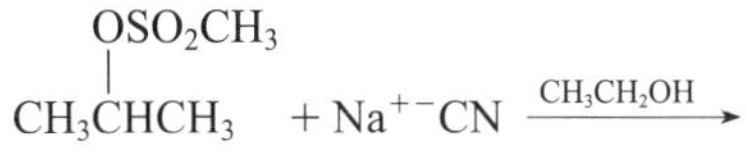 $CH_3CH(OSO_2CH_3)CH_3 + Na^{+-}CN \xrightarrow{CH_3CH_2OH}$

(h) 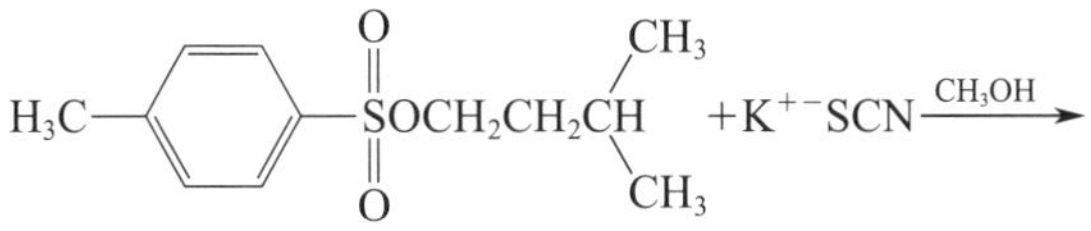 $H_3C-C_6H_4-SO_2OCH_2CH_2CH(CH_3)_2 + K^{+-}SCN \xrightarrow{CH_3OH}$

(i) $CH_3CH_2NH_2 + Na^+Br^- \xrightarrow{DMSO}$

(j) $CH_3I + Na^{+-}NH_2 \xrightarrow{NH_3}$

50. 对于习题 49 中的每个实际上可以进行并给出产物的反应，用弯箭头的表示方法写出反应机理。

51. 下列给出的五个溴代烷中，哪一个与溴代环戊烷具有最相似的 S_N2 反应性？解释你的推理。(**a**) 溴甲烷；(**b**) 溴乙烷；(**c**) 1-溴丙烷；(**d**) 2-溴丙烷；(**e**) 2-溴-2-甲基丙烷。

52. 化合物六氟磷酸 1-丁基-3-甲基咪唑盐 (BMIM，如下) 尽管是一个由正负离子组成的盐，在室温仍是是一种液体。BMIM 和其他离子液体为有机反应提供了一类新的溶剂，因为它们不仅可以溶解有机物，也可以溶解无机物。更重要的是，它们对环境相对比较友好或者是"绿色"的，因为它们很容易与反应产物分离，并且事实上可以无限次地重复使用，所以，与传统溶剂不同，它们不存在废液处理问题。(**a**) 你怎么确定 BMIM 是一种溶剂？极性的还是非极性的？质子的还是非质子的？(**b**) 把氰化钠与 1-氯戊烷间的亲核取代反应的溶剂从乙醇换成 BMIM，反应速率将受到怎样的影响？

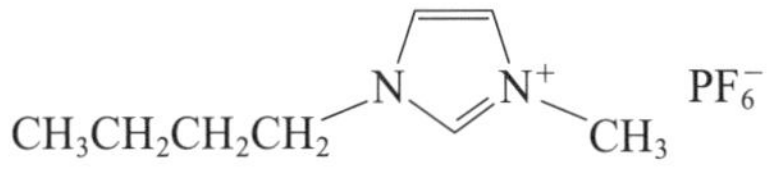

$CH_3CH_2CH_2CH_2$–N(咪唑环)N$^+$–CH_3 PF_6^-

六氟磷酸1-丁基-3-甲基咪唑盐（BMIM）

53. (2*S*,3*S*)-3-羟基亮氨酸是一种氨基酸（第 26 章），它是许多"酯肽"类药物，如 **Sanjoinine**（如下所示），结构中的一个重要组分。(**a**) 找出 **Sanjoinine** 中衍生于 (**2*S*,3*S***)-3-羟基亮氨酸的结构部分。(**b**) 尽管许多酯肽类抗生素存在于自然界，但含量太低无法作为药物使用。因此，这些物质只能通过合成获得。(**2*S*,3*S***)-3-羟基亮氨酸也不能从自然界大量获得，也必须得合成。可能的原料是 **2-溴-3-羟基-4-甲基戊酸**（如下所示）的四个非对映体。画出这些非对映体的结构式，并确定这四个非对映体中的哪一个是制备 (**2*S*,3*S***)-**3**-羟基亮氨酸的最合适的原料。

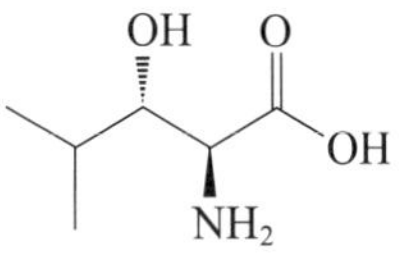

(2*S*,3*S*)-3-羟基亮氨酸

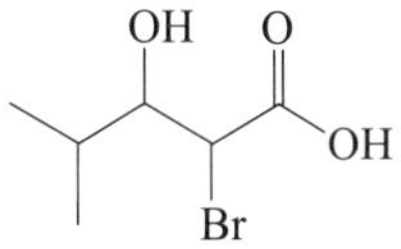

2-溴-3-羟基-4-甲基戊酸

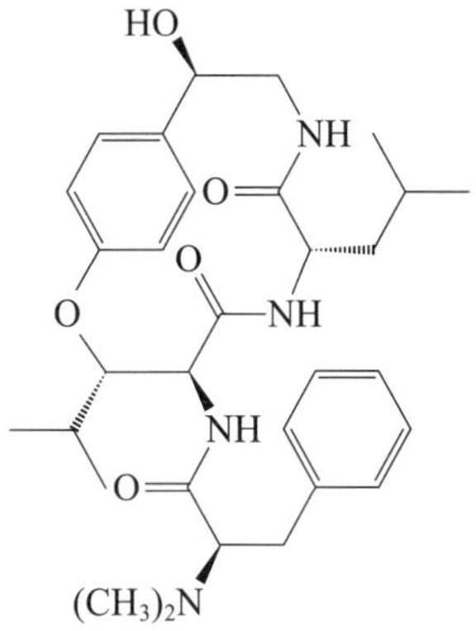

Sanjoinine

54. 挑战题 碘代烷可以很容易地由相应的氯代烷与碘化钠在丙酮中进行 S_N2 反应来制备。这一特定过程十分有用，因为其无机副产物——氯化钠不溶于丙酮，它的沉淀使反应平衡向期望的方向移动。因此，不需要用过量的 NaI，且反应在很短的时间内完成。由于反应非常简便，这个反应用它的发现者的名字命名为 Finkelstein 反应。为了合成光学纯的 (*R*)-2-碘庚烷，一名学生制备了 (*S*)-2-氯庚烷的丙酮溶液。为保证反应成功，他加入了过量的碘化钠并使混合物搅拌了一周。产物 2-碘庚烷的产量很高，然而，令他沮丧的是，产物是外消旋的。请解释。

55. 挑战题 用第 3 章和第 6 章的知识，提出用丙烷作为有机原料和其他任何需要的原料合成下列每个化合物的最好的方法。[**提示：**在 3-7 节和 3-8 节知识的基础上，不要期望给 (a)、(c) 和 (e) 找到非常好的答案。一个普通的方法就是最好的。]

(**a**) 1-氯丙烷　(**b**) 2-氯丙烷
(**c**) 1-溴丙烷　(**d**) 2-溴丙烷
(**e**) 1-碘丙烷　(**f**) 2-碘丙烷

56. 分别用 (**a**) 顺-1-氯-2-甲基环己烷；(**b**) 反-1-氯-2-甲基环己烷为原料，写出两种合成反-1-甲基-2-(甲硫基) 环己烷（如下所示）的途径。

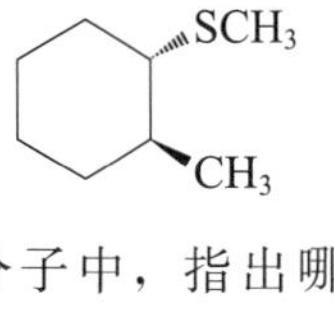

SCH_3 CH_3

57. 在下列每一对分子中，指出哪一个最适合发生 S_N2 反应。

(**a**) 亲核试剂：NH_3，PH_3

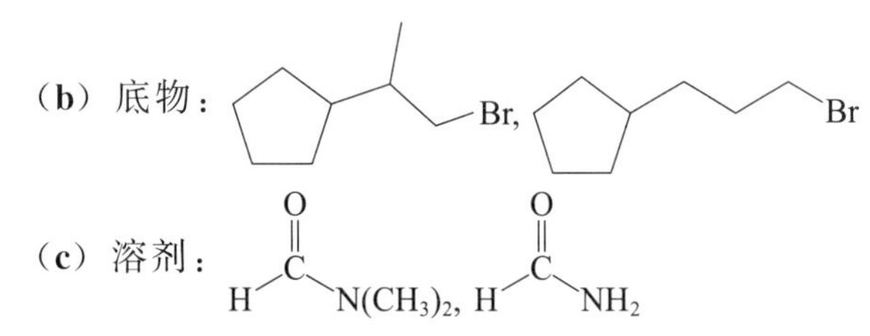

（d）离去基团：CH_3OH，CH_3SH

58. 按照 S_N2 反应活性递增的顺序将下列每组分子进行排序（**提示：**如有必要可参考表 6-9 和表 6-10）。

（a）CH_3CH_2Br，CH_3Br，$(CH_3)_2CHBr$

（b）$(CH_3)_2CHCH_2CH_2Cl$，$(CH_3)_2CHCH_2Cl$，$(CH_3)_2CHCl$

（c）CH_3CH_2Cl，CH_3CH_2I，环己基—Cl

（d）$(CH_3CH_2)_2CHCH_2Br$，$CH_3CH_2CH_2CHBr(CH_3)$，$(CH_3)_2CHCH_2Br$

59. 预测下面所给的变化对反应速率的影响。

$$CH_3Cl + {}^-OCH_3 \xrightarrow{CH_3OH} CH_3OCH_3 + Cl^-$$

（a）将底物由 CH_3Cl 变为 CH_3I；

（b）将亲核试剂由 CH_3O^- 变为 CH_3S^-；

（c）将底物由 CH_3Cl 变为 $(CH_3)_2CHCl$；

（d）将溶剂由 CH_3OH 变为 $(CH_3)_2SO$。

60. 下面的表格列出了 CH_3I 与三种不同的亲核试剂在两种不同溶剂中的反应速率。这些结果对于认识在不同条件下亲核试剂的相对反应性有什么意义？

亲核试剂	k_{rel}，CH_3OH	k_{rel}，DMF
Cl^-	1	1.2×10^6
Br^-	20	6×10^5
$NCSe^-$	4000	6×10^5

61. 用反应机理来解释下列转化的结果。

（a）$HSCH_2CH_2Br + NaOH \xrightarrow{CH_3CH_2OH}$ 环硫乙烷（S）

（b）$BrCH_2CH_2CH_2CH_2CH_2Br + NaOH$（过量）$\xrightarrow{DMF}$ 四氢吡喃（O）

（c）$BrCH_2CH_2CH_2CH_2CH_2Br + NH_3$（过量）$\xrightarrow{CH_3CH_2OH}$ 哌啶（NH）

62. 挑战题 卤代环丙烷和卤代环丁烷底物的 S_N2 反应比类似的脂肪族二级卤代烷要慢得多。给出这一现象的解释。（**提示：**考虑键角应力对过渡态能量的影响；图 6-5。）

63. 亲核试剂进攻卤代环己烷与进攻脂肪族二级卤代烷相比也要迟缓一些，虽然这里键角的限制已不是一个重要的因素。请解释（**提示：**建立一个模型，参考第 4 章和 6-10 节）。

团队练习

64. 化合物 A～H 是分子式为 $C_5H_{11}Br$ 的溴代烷的异构体。和你的小组成员一起，画出所有八个构造异构体。指出所有手性中心，但在完成你的分析之前不要将它（们）标上 *R* 或 *S*。运用下面的数据确定 A～H 的结构。将问题分成相同的部分，共享在寻找问题答案时的思考过程。重新集合并讨论你们的分析结果。这时候，你需要在必要时用虚-实楔形线来表示立体化学。

- 化合物 A 到 G 与 NaCN 在 DMF 中反应遵循二级反应动力学，并表现为下面的相对速率：
  $$A \cong B > C > D \cong E > F \gg G$$
- 在前述条件下化合物 H 不发生 S_N2 反应。
- 化合物 C、D、F 具有光学活性，手性中心都具有绝对构型 *S*。D 和 F 与 NaCN 在 DMF 中进行构型翻转的取代反应，而 C 在同样条件下进行构型保持的反应。

预科练习

65. S_N2 反应机理最适用于：

（a）环丙烷和 H_2；

（b）1-氯丁烷和 NaOH 水溶液；

（c）KOH 和 NaOH；

（d）乙烷和 H_2O。

66. 反应 $CH_3Cl + OH^- \longrightarrow CH_3OH + Cl^-$ 对于氯甲烷和氢氧化物均为一级，反应速率常数为 $k = 3.5\times10^{-3}\ mol\cdot L^{-1}\cdot s^{-1}$。在下面的浓度下观察到的反应速率是多少？

$[CH_3Cl] = 0.50\ mol\cdot L^{-1}$

$[OH^-] = 0.015\ mol\cdot L^{-1}$

（a）$2.6\times10^{-5}\ mol\cdot L^{-1}\cdot s^{-1}$

（b）$2.6\times10^{-6}\ mol\cdot L^{-1}\cdot s^{-1}$

（c）$2.6\times10^{-3}\ mol\cdot L^{-1}\cdot s^{-1}$

（d）$1.75\times10^{-3}\ mol\cdot L^{-1}\cdot s^{-1}$

（e）$1.75\times10^{-5}\ mol\cdot L^{-1}\cdot s^{-1}$

67. 哪个离子在水溶液中是最强的亲核试剂？

（a）F^-　（b）Cl^-　（c）Br^-　（d）I^-

（e）所有这些一样强

68. 下列过程中只有一个可以在室温下显著发生。哪一个？

（a）$:\ddot{F}-\ddot{Cl}:$

（b）$:N\equiv C:^{-} \rightarrow CH_3-\ddot{I}:$

（c）$:N\equiv N: \rightarrow CH_3-\ddot{I}:$

（d）$\ddot{O}=\ddot{O} \rightarrow CH_2=CH_2$

习题解答

31. （a）氯乙烷　（b）1,2-二溴乙烷　（c）3-(氟甲基)戊烷

（d）1-碘-2,2-二甲基丙烷　（e）(三氯甲基)环己烷　（f）三溴甲烷

32. （a）$CH_3CHICHCH_2CH_3$（中间碳上连 CH_2CH_3）　（b）$CHCl_2CH_2CHBrCH_3$　（c）环丁烷，两个相邻碳上分别连 CH_2Br 和 CH_2CH_2Cl（各带 H）

（d） 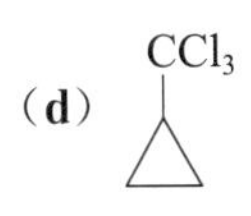

（e）CH_2ClCCH_2Cl（中心碳上连 Cl 和 CH_3）

33. 答案中同时给出了习题 35 的答案。手性中心用星号标示，立体异构体的数目表示在括号内。

$BrCl\overset{*}{C}HCH_2CH_3$ 1-溴-1-氯丙烷(2)	$BrCH_2\overset{*}{C}HClCH_3$ 1-溴-2-氯丙烷(2)	$ClCH_2\overset{*}{C}HBrCH_3$ 2-溴-1-氯丙烷(2)
$CH_3CBrClCH_3$ 2-溴-2-氯丙烷	$BrCH_2CH_2CH_2Cl$ 1-溴-3-氯丙烷	

34. 手性中心用星号标示，立体异构体的数量在括号中给出。

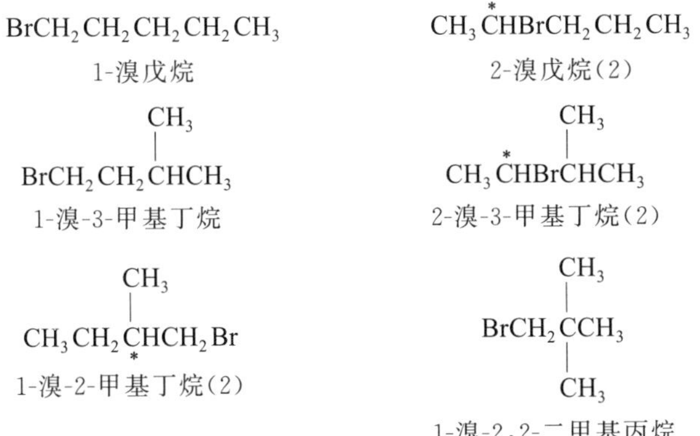

$BrCH_2CH_2CH_2CH_2CH_3$ 1-溴戊烷	$CH_3\overset{*}{C}HBrCH_2CH_2CH_3$ 2-溴戊烷(2)	$CH_3CH_2CHBrCH_2CH_3$ 3-溴戊烷
$BrCH_2CH_2CHCH_3$（CH 上连 CH_3） 1-溴-3-甲基丁烷	$CH_3\overset{*}{C}HBrCHCH_3$（CH 上连 CH_3） 2-溴-3-甲基丁烷(2)	$CH_3CH_2CBrCH_3$（C 上连 CH_3） 2-溴-2-甲基丁烷
$CH_3CH_2\overset{*}{C}HCH_2Br$（CH 上连 CH_3） 1-溴-2-甲基丁烷(2)	$BrCH_2CCH_3$（C 上连两个 CH_3） 1-溴-2,2-二甲基丙烷	

35. 见习题 33 和习题 34。

36. 在下面的答案中，亲核试剂中的亲核原子和底物中的亲电原子都用下划线标注。

反应	亲核试剂	底物	离去基团
1	$H\underline{\ddot{O}}:^{-}$	$\underline{C}H_3Cl$	Cl^{-}
2	$CH_3\underline{\ddot{O}}:^{-}$	$CH_3\underline{C}H_2I$	I^{-}
3	$:\underline{\ddot{I}}:^{-}$	$CH_3\underline{C}HBrCH_2CH_3$	Br^{-}
4	$:N\equiv\underline{C}:^{-}$	$(CH_3)_2CH\underline{C}H_2I$	I^{-}
5	$CH_3\underline{\ddot{S}}:^{-}$	环己基 $\underline{C}HBr$	Br^{-}
6	$:\underline{N}H_3$	$CH_3\underline{C}H_2I$	I^{-}
7	$:\underline{P}(CH_3)_3$	$\underline{C}H_3Br$	Br^{-}

37. （a）反应 4 中的 $\left[:N\equiv\bar{C}: \longleftrightarrow :\bar{N}=C:\right]$

（b）N 可以作为氰化物（CN^-）中的亲核原子。然后反应如下进行：

$$CH_3\underset{CH_3}{\overset{H}{C}}CH_2-I + {}^-:\ddot{N}=C: \longrightarrow I^- + \left[CH_3\underset{CH_3}{\overset{H}{C}}CH_2-\ddot{N}=C: \longleftrightarrow CH_3\underset{CH_3}{\overset{H}{C}}CH_2-\overset{+}{N}\equiv\bar{C}:\right]$$

一种有机物“异腈”

38. 答案以与习题 36 中相同的方式呈现。箭头所指为亲电原子。

反应	亲核试剂	底物	离去基团	产物
(a)	$^-NH_2$	CH_3I	I^-	CH_3NH_2
(b)	HS^-	Br	Br^-	SH
(c)	I^-	O–S(O)(O)–CF_3	$CF_3SO_3^-$	I
(d)	N_3^-	H Cl	Cl^-	N_3 H
(e)	N–CH_3	CH_3Cl	Cl^-	$\overset{+}{N}$ H_3C CH_3
(f)	^-SeCN	I	I^-	SeCN

39. 答案中仅显示了机理步骤本身中的弯箭头。在习题 38 的解答中给出了产物。过程如下：①确定亲核试剂的电子对；②从它出发到带有离去基团的碳画一个弯箭头；③从碳和离去基团之间的键上画一个弯箭头并指向离去基团。

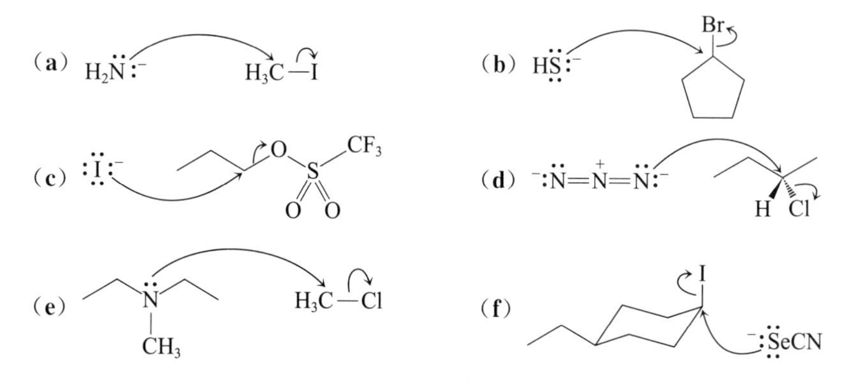

40. 双分子取代每一个组分都是一级的。

（a）根据速率$=k[CH_3Cl][KSCN]$，则有 $2\times10^{-8}\ mol\cdot L^{-1}\cdot s^{-1}=k\times(0.1\ mol\cdot L^{-1})\times(0.1\ mol\cdot L^{-1})$，所以 $k=2\times10^{-6}\ L\cdot mol^{-1}\cdot s^{-1}$。

（b）这三种速率分别是（i）$4\times10^{-8}\ mol\cdot L^{-1}\cdot s^{-1}$；（ii）$1.2\times10^{-7}\ mol\cdot L^{-1}\cdot s^{-1}$；（iii）$3.2\times10^{-7}\ mol\cdot L^{-1}\cdot s^{-1}$。

41. （a）$CH_3CH_2CH_2I$　（b）$(CH_3)_2CHCH_2CN$　（c）$CH_3OCH(CH_3)_2$

（d）$CH_3CH_2SCH_2CH_3$　（e）（环戊基）$-CH_2Se(CH_2CH_3)_2^+Cl^-$

（f）$(CH_3)_2CHN(CH_3)_3^+\ {}^-OSO_2CH_3$

［这个可能会给你带来疑问。见下文习题 42 中（f）部分的答案。］

42.（**a**）有几处错误。从碳到碘的弯箭头方向反了。碘是亲核试剂，所以弯箭头应该从碘开始指向碳。同时，Na^+ 是一个“旁观者”，不参与反应。一般来说，碱金属阳离子都是这样的。永远不要向或者从一个“旁观者”开始画弯箭头。正确的如下：

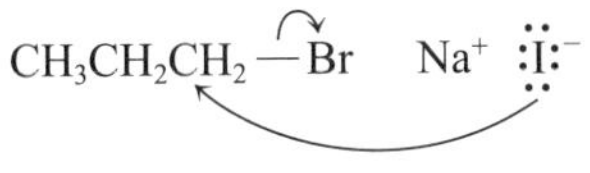

$$CH_3CH_2CH_2-Br \quad Na^+ \quad :\ddot{I}:^-$$

（**b**）和（**c**）是正确的。

（**d**）错误。和（a）相似，但方式不同。这里显示亲核试剂攻击离去基团。为了避免这样的错误，首先要试着描述每个参与者所扮演的角色。潜在底物是什么？它有一个合适的离去基团吗？你能认出亲核试剂吗？亲核试剂应进攻含有离去基团的原子。题目中显示这里的另一个旁观离子（Na^+）做什么事情，这总是错的。应该这样：

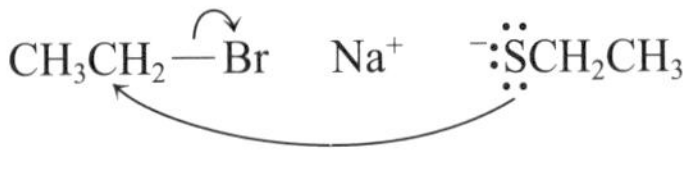

$$CH_3CH_2-Br \quad Na^+ \quad ^-:\ddot{S}CH_2CH_3$$

（**e**）错误。亲核试剂和离去基团被混淆了。学会识别可变的离去基团。三种卤化物—氯、溴、碘——是基准。没有充分的理由就不要即兴发挥。正确的如下：

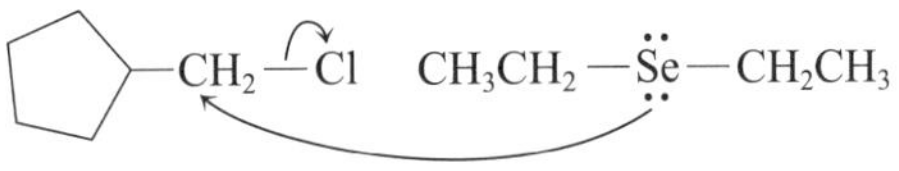

$$C_5H_9-CH_2-Cl \quad CH_3CH_2-\ddot{S}e-CH_2CH_3$$

（**f**）正如前面的问题所建议的那样，这个问题有点棘手。甲基碳是连着硫的，而不是连着氧的，所以它不是一个合理的离去基团，也不会被亲核试剂进攻。正确的结构可以在课本第 250 页上找到。正确的离去基团是甲磺酸根离子。亲核试剂进攻 $(CH_3)_2CH$ 基团的中心碳：

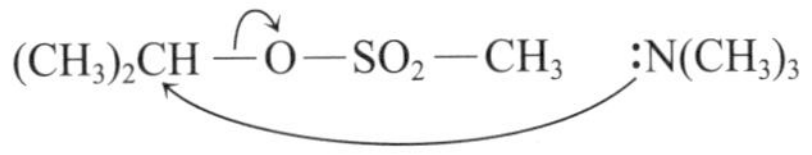

$$(CH_3)_2CH-O-SO_2-CH_3 \quad :N(CH_3)_3$$

43.

（**a**）$H_3C-C(H)(Cl)(CH_2CH_3)$ (*R*) + Br^- ⟶ $Br-C(H)(CH_3)(CH_2CH_3)$ (*S*)

（**b**）$H_3C-CH(Cl)-CH(Br)-CH_3$ (*S*, *S*) + $2I^-$ ⟶ $H_3C-CH(I)-CH(I)-CH_3$ (*R*, *R*)

（**c**）(*R*)-Cl, (*S*)-OH 环己烷 + $^-OCCH_3$(=O) ⟶ (*S*)-$OCCH_3$(=O), (*S*)-OH 环己烷

（**d**）(*S*)-Cl, (*S*)-OH 环己烷 + $^-OCCH_3$(=O) ⟶ (*R*)-$OCCH_3$(=O), (*S*)-OH 环己烷

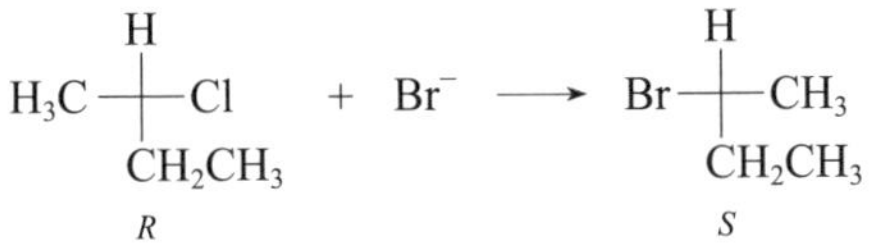

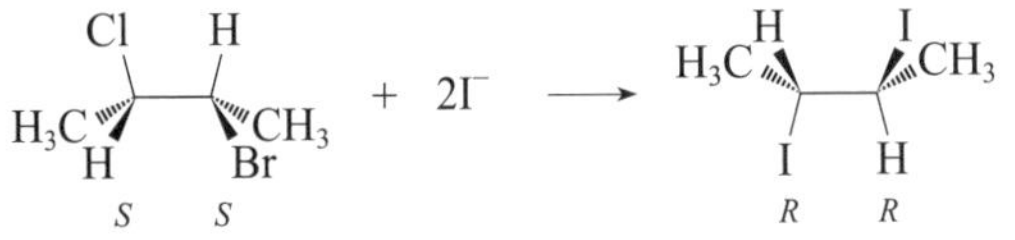

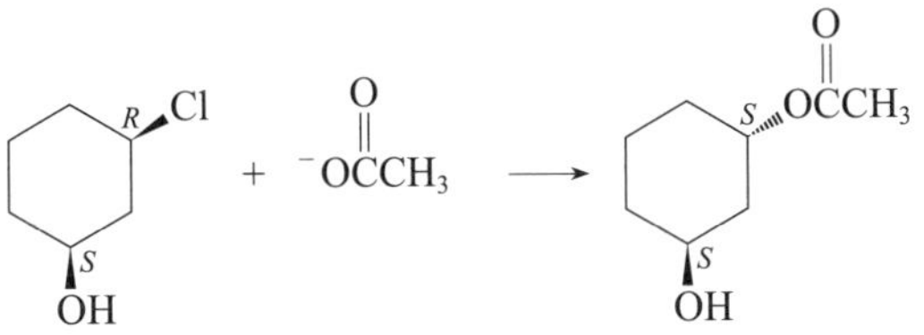

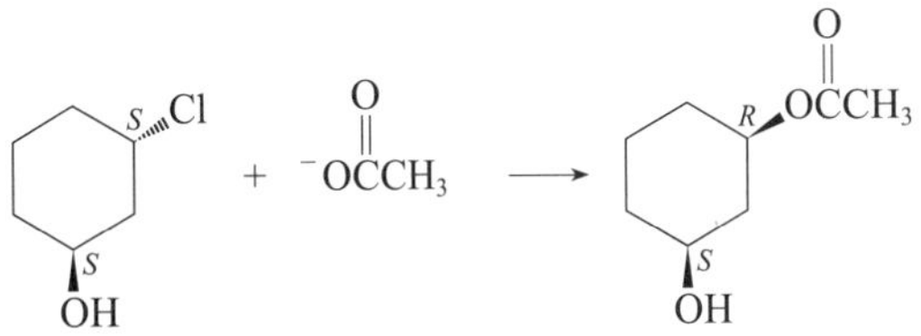

44.

（**a**）$:\ddot{Br}:^-$ 　$H_3C-C(H)(Cl)(CH_2CH_3)$

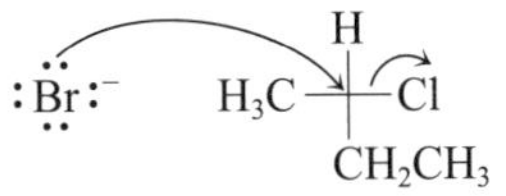

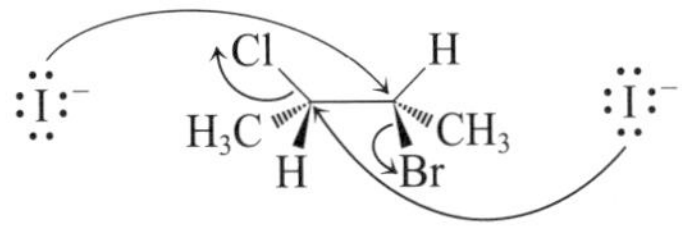

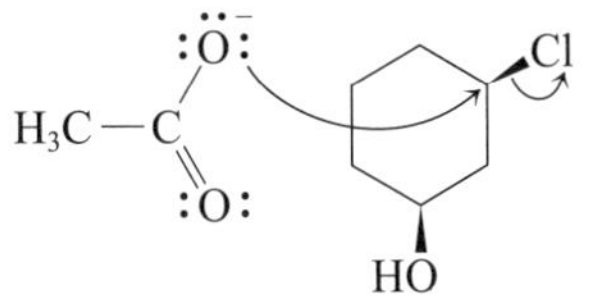

（**b**）$:\ddot{I}:^-$ 　$H_3C-CH(Cl)-CH(Br)-CH_3$ 　$:\ddot{I}:^-$

（**c**）$H_3C-C(=\ddot{O}:)-\ddot{O}:^-$ 　Cl, HO 取代环己烷

（**d**）$H_3C-C(=\ddot{O}:)-\ddot{O}:^-$ 　Cl, HO 取代环己烷

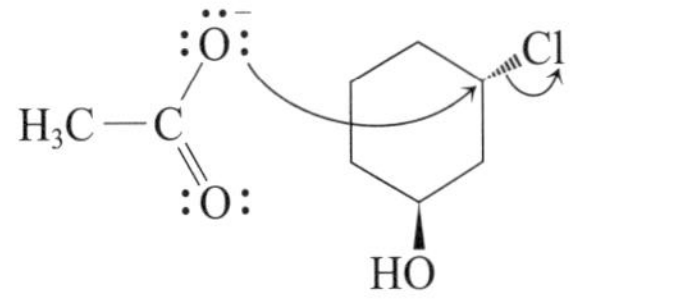

45.（**a**）不反应，尽管可能在几个世纪后可能得到 $CH_3CH_2CH_2OH$。H_2O 是很弱的亲核试剂。

（**b**）不反应。H_2SO_4 是一种强酸，一种非常弱的碱，而且是一种**非常非常**差的亲核试剂！它的共轭碱 HSO_4^- 也是一种非常弱的亲核试剂。

（**c**）$CH_3CH_2CH_2OH$　　（**d**）$CH_3CH_2CH_2I$　　（**e**）$CH_3CH_2CH_2CN$

(**f**) 不反应。和 (b) 一样，HCl 也是一个很弱的碱，因此它是一个非常差的亲核试剂。然而，作为一种强酸，HCl 可以在适当的溶剂中解离，释放的 Cl^- 是具有中等亲核性的，所以回答“缓慢形成 $CH_3CH_2CH_2Cl$”也可。

(**g**) $CH_3CH_2CH_2S(CH_3)_2^+ Br^-$　　(**h**) $CH_3CH_2CH_2NH_3^+ Br^-$

(**i**) 不反应。然而，在热或光的条件下，会发生自由基氯化，产生混合产物。

(**j**) 取决于溶剂。在质子溶剂中，F^- 是一个相当差的亲核试剂，所以，如果反应在水或乙醇中进行，“不反应”。但是在非质子溶剂中，F^- 是好的亲核试剂，例如，在 DMF 中会发生取代生成 1-氟丙烷。

46. (**a**) $CH_3CH_2CH_2CH_2OH$　(**b**) CH_3CH_2Cl　(**c**) $C_6H_5-CH_2OCH_2CH_3$

(**d**) $(CH_3)_2CHCH_2I$　(**e**) $CH_3CH_2CH_2SCN$　(**f**) 不反应。F^- 是很差的离去基团。

(**g**) 不反应。OH^- 是一个很差的离去基团　(**h**) CH_3SCH_3

(**i**) 不反应。$^-OCH_2CH_3$ 不是一个合理的离去基团。　(**j**) $CH_3CH_2O\overset{O}{\overset{\|}{C}}CH_3$

在反应 (**a**)～(**e**)、(**h**) 和 (**j**) 中释放的卤离子 (Cl^-、Br^-、I^-) 都是很好的离去基团。

47. 在回答这个问题之前，要确定你完全知道它在问什么 (**W**hat)。与本章前面的问题不同，这个题的 (a)～(c) 部分要求你描述如何不只做一件事，而是两件事。第一个问题是用另一个基团取代底物中的一个基团。第二个问题是，与底物相比，怎样做才能产生具有特定立体化学的产物。

例如，第 5 章已经强调了立体化学对于手性分子生物活性的重要性。在整个有机化学学习过程中，将会遇到要求你将一个分子转化为一个特定的新分子的问题——合成问题。在一个合成问题中，如果涉及立体化学，你不仅要考虑如何把底物的结构变成产物的结构，还要考虑如何得到具有所要求的立体化学的产物。

如何开始 (**H**ow)？做一些计划。从两方面来观察底物和想要的产物：①有什么变化？②是否涉及立体化学？

需要什么信息 (**I**nformation)？需要满足两个要求：①找到一种试剂，可以进行所需的反应；②确保你要使用的反应机理能得到所需要的立体化学结果。如果这个过程涉及的试剂满足条件①，不能满足条件②，那么就需要在机理上重新思考。让我们进一步 (**P**roceed) 看看有什么信息。

(**a**) 用叠氮化物—N_3，取代甲基磺酸基—OSO_2CH_3。由 6-7 节可知—OSO_2CH_3 是一个很好的离去基团，教材中解题练习 6-9 和之后的表 6-8，都介绍叠氮离子 (N_3^-) 作为一个很好的亲核试剂参与反应。在提出一个简单的亲核取代机理之前，请注意它的立体化学部分：底物是 (*R*) 构型而产物是 (*S*) 构型。两个分子中立体中心周围基团的相对优先级没有变化，因此需要立体化学翻转。所提出的取代反应机理会导致产物所需的立体化学翻转吗？这个过程的机理是什么？S_N2。S_N2 机理的立体化学结果是什么？立体化学翻转。最后，我们可以写出如下：

$$(R)\text{-}CH_3\underset{}{\overset{OSO_2CH_3}{\overset{|}{C}}}HCH_2CH_3 + Na^+N_3^- \xrightarrow{CH_3OH} (S)\text{-}CH_3\overset{N_3}{\overset{|}{C}}HCH_2CH_3$$

用甲醇 CH_3OH 作为反应溶剂。根据 6-8 节，也可以使用乙醇 CH_3CH_2OH 或任何极性非质子溶剂 (丙酮、DMF 等) 作为反应溶剂。叠氮化物是很好的亲核试剂。这种反应在任何溶剂中都能很好地进行，只是反应速率不同。只是这个反应在文献实例中用的是甲醇。

(**b**) 要用氰基 (—CN) 取代溴 (—Br)。溴显然是一个很好的离去基团，氰基是经典亲核试剂之一 (表 6-3 和表 6-8)。接下来，再次检查立体化学：现在我们看到，在底物和产物中，溴和氰基都在费舍尔投影式的右边。这种转变需要我们将一个基团替换成另一个基团，但保留原来的立体化学结构。用氰化物取代溴化物的简单取代反应会得到这个结果吗？显然不会：它将通过 S_N2 翻转进行，在反应位点给出错误的立体化学和得到产物不正确的立体异构体 (一种非对映异构体，见 5-5 节)。要怎么做？

回到绘图板，考虑从多个机理途径中选择。当 S_N2 取代机理产生 100% 的翻转时，如何获得立体化学的整体保留？在 6-6 节中，我们曾经遇到过这个问题。如果在一个 S_N2 反应后紧跟另一个 S_N2 反应，则第一个反应引起的翻转会被第二个反应翻转回来。要注意的是，在第一次翻转反应中使用的亲核试剂应该是第二个反应中的离去基团（I^- 符合这个描述）。因此，答案应包括两个反应：用碘化物取代翻转立体中心一次，然后与氰化物进行反应再翻转一次，以得到题目要求的立体化学的目标产物：

CH_3；H—C—Br；CH_3O—C—H；CH_3 ＋ $Na^+ I^-$ $\xrightarrow{\text{丙酮}}$ CH_3；I—C—H；CH_3O—C—H；CH_3

第一次翻转

CH_3；I—C—H；CH_3O—C—H；CH_3 ＋ $Na^{+}\,{}^{-}CN$ $\xrightarrow{\text{DMSO}}$ CH_3；H—C—CN；CH_3O—C—H；CH_3

第二次翻转

（**c**）注意需要构型翻转：在底物中，溴对于环桥头氢是反式的，而在产物中，$—SCH_3$ 对于环桥头氢是顺式的。利用一个 S_N2 反应：

（桥头 H）—Br ＋ $Na^{+}\,{}^{-}SCH_3$ $\xrightarrow{CH_3OH}$ （桥头 H）—SCH_3

（**d**）这看起来奇怪吗？这里反应物为一个亲核试剂，你要在亲核试剂上面加上一个烷基：烷基化反应。这和 S_N2 反应是一样的，但是现在你需要提供合适的卤代烷底物来和亲核试剂反应，而不是反过来：

N—CH_3 ＋ CH_3I $\xrightarrow{CH_3CH_2OH}$ $\overset{+}{N}$(H_3C)(CH_3) I^-

48.（**a**）① $HO^- > CH_3CO_2^- > H_2O$。碱性随着电荷增加而增强，而随着电荷稳定性增加而减弱。

② $HO^- > CH_3CO_2^- > H_2O$。对于任何给定的原子，亲核性和碱性成正相关。

③ $H_2O > CH_3CO_2^- > HO^-$。离去基团的离去能力和碱性成反比。

（**b**）① $F^- > Cl^- > Br^- > I^-$。大的半径可以稳定负电荷，使碱性变弱。

② 亲核性取决于溶剂。在极性非质子溶剂中，$F^- > Cl^- > Br^- > I^-$，强碱是好亲核试剂。在极性质子溶剂中，$I^- > Br^- > Cl^- > F^-$，体积越大、可极化性越强的原子是好亲核试剂。

③ $I^- > Br^- > Cl^- > F^-$。与①相反。

（**c**）① ${}^-NH_2 > {}^-PH_2 > NH_3$。大的空间体积使 ${}^-PH_2$ 的碱性弱于 ${}^-NH_2$，因为 NH_3 没有电荷所以 NH_3 碱性最弱。

② 亲核性取决于溶剂。在极性非质子溶剂中，${}^-NH_2 > {}^-PH_2 > NH_3$，强碱是好的亲核试剂，因为 NH_3 缺乏电荷所以 NH_3 排在最后。极性质子溶剂中（这种情况下，溶剂可以是 NH_3）${}^-PH_2 > {}^-NH_2 > NH_3$，${}^-PH_2$ 的空间体积较大，使得 ${}^-PH_2$ 亲核性最强。

③ $NH_3 > {}^-PH_2 > {}^-NH_2$。与①相反。

（**d**）① ${}^-OCN > {}^-SCN$。原子大小（亲核性原子越小碱性越强）

② 亲核性也取决于溶剂。在极性非质子溶剂中，${}^-OCN > {}^-SCN$，碱性越强，亲核性越强。在极性质子溶剂中，${}^-SCN > {}^-OCN$，原子半径越大，亲核性越好。

③ ${}^-SCN > {}^-OCN$。与①相反。

（**e**）① $HO^- > CH_3S^- > F^-$。HO^- 的碱性比 CH_3S^- 强是因为原子大小差异，比 F^- 强是因为电负性的差异。CH_3S^- 和 F^- 比较，即使 F^- 原子半径更小较为有利，但是较低的电负性更有利于 CH_3S^-。

② 在极性非质子溶剂中，$HO^- > CH_3S^- > F^-$，碱性越强，亲核性越强。在极性质子溶剂中，

$CH_3S^- > OH^- > F^-$，CH_3S^-空间体积最大，亲核性最好，剩下二者比较碱性即可。

③ $F^- > CH_3S^- > OH^-$，亲核性都较差，与①顺序相反。

（f）① $NH_3 > H_2O > H_2S$。先由电负性决定，然后比较大小。

② $H_2S > NH_3 > H_2O$。先是尺寸决定，然后比较碱性。

③ $H_2S > H_2O > NH_3$，与①相反。

49.（a）不反应。底物是烷烃，烷烃不会和亲核试剂发生反应。

（b）$CH_3CH_2OCH_3$

（c）这是反应性碳翻转后产物的优势构象，S_N2 取代反应立即发生，分子为重叠形式。

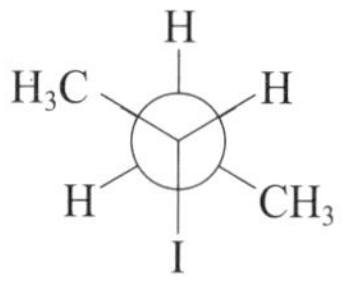

（d）

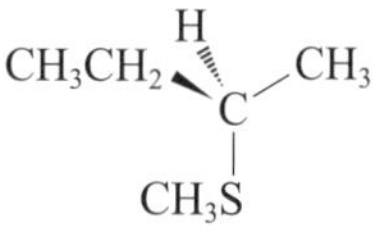

（e）不反应。离去基团会是^-OH，但它是一个强碱。强碱是很差的离去基团。

（f）不反应或者反应极其缓慢。$CH_3SO_3^-$ 是好的离去基团，但是 HCN 是一个弱酸，因此只会产生很少亲核试剂 CN^-。

（g）存在好的离去基团（$CH_3SO_3^-$）和好的亲核试剂（CN^-），所以产物（CH_3）$_2$CHCN 容易形成。

（h）$(CH_3)_2CHCH_2CH_2SCN$。

离去基团是

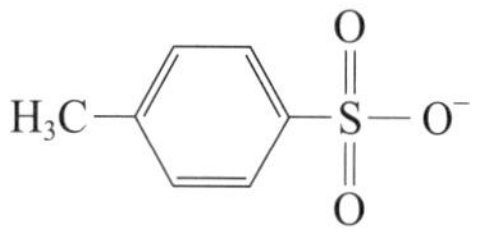

（i）不反应。$^-NH_2$ 是一个差的离去基团。

（j）CH_3NH_2

50. 如有需要，请参考习题 39 的解答。

（b）

（c）

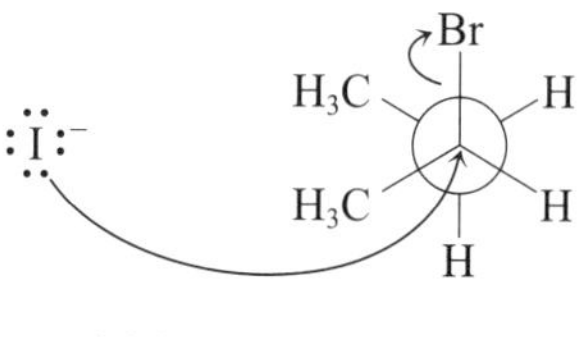

（d）

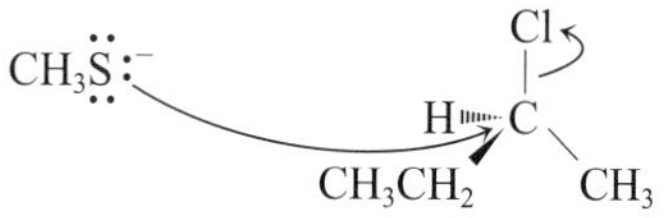

（g）

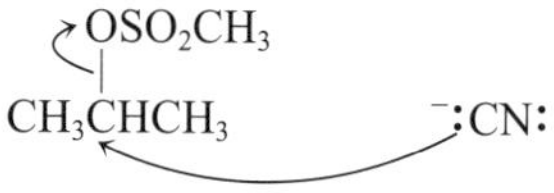

（h）

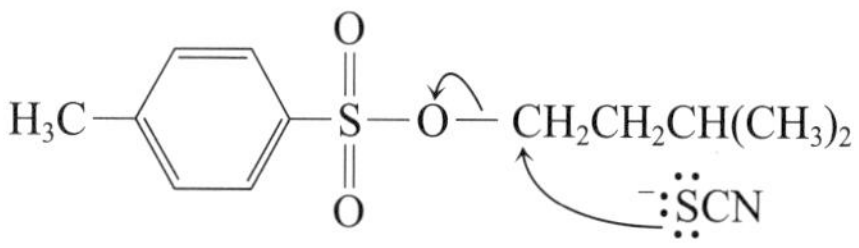

（j）

51.（d）2-溴丙烷。它和溴代环戊烷一样，是二级卤代烷。

52.（a）BMIM 是极性的（极性非常大！它是一种离子盐！）和非质子的（它没有连在强电负性原子上的氢），因此不能作为形成氢键的 δ^+ 氢源。

（b）作为一种极性非质子溶剂，BMIM 应该能提高任何通过 S_N2 机理进行的亲核取代反应的速率。

53.（a）从结构中心右边的 NH 开始沿着碳链向左走，就能观察到。

（b）2-溴-3-羟基-4-甲基戊酸的四个非对映体结构如下所示，每个立体中心的构型都确定了。

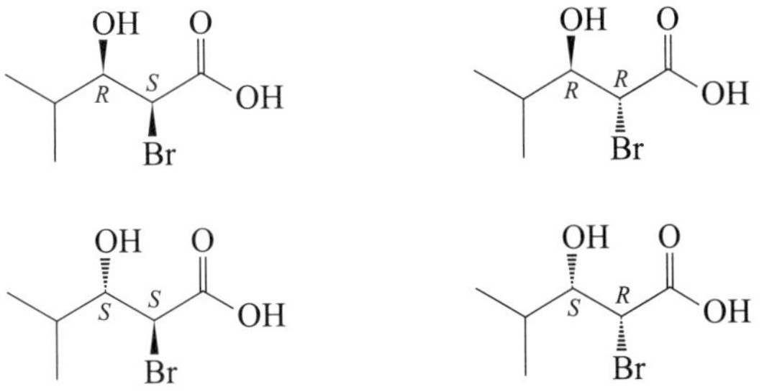

目标分子是3-羟基亮氨酸的（2S,3S）异构体。为了从上面的某一个溴化合物中制备这个特殊的非对映体，需要考虑用到的反应和它的立体化学结果。需要用氨基取代溴。我们已经介绍了氨（NH_3）可作为一种合适的含氮亲核试剂。这样就确定了必要的反应。但是哪种立体异构体的起始原料是最好的呢？机理给了答案：S_N2，进行反应可发生立体化学翻转。由这一细节可知，必须从初始化合物的立体异构体开始，在反应位点进行立体化学翻转后，才能得到需要的产物。因此，应该选择（2R,3S）异构体（上图4组中右下角）。它已经在羟基碳（C-3）上包含了正确的构型：该立体中心不是反应位点，所以它的构型保持不变。同时，当取代发生时，C-2将进行从R到S的翻转，得到所需的结果：

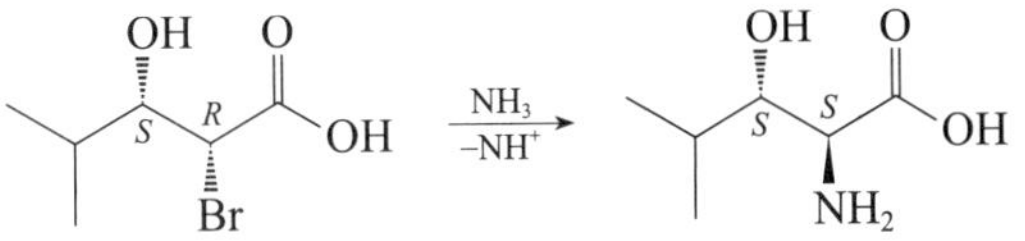

我们需要从这样的问题中吸取一次又一次的经验：始终敏锐地洞察机理，以全面详细地解决问题。

54. 碘离子既是好的亲核试剂又是好的离去基团。随着反应时间的延长，由于过量碘离子的存在，初始（期望）产物（R）-2-碘庚烷，可以通过背面取代再次与碘化物反应。碘化物取代碘化物！产物为对映体（S）-2-碘庚烷。只要反应混合物及其所有成分不受影响，这个过程就会发生。当有机产物从碘离子中分离出来，最终停止反应时，所有碘代烷都经历了许多这样的取代。从统计上讲，大约一半经历偶数次碘化物取代得到R构型（与开始时相同），另一半反应奇数次，最终得到S构型。因此产生外消旋混合物。

55.（**a**）$CH_3CH_2CH_3 \xrightarrow{Cl_2,\ 25\ ℃,\ h\nu} \underset{43\%}{CH_3CH_2CH_2Cl} + \underset{57\%}{CH_3CHClCH_3}$

这是目前已知的最好的方法，即使形成了混合物。

（**b**）利用对二级C—H键的选择性溴化可得到最佳路径：

$$CH_3CH_2CH_3 \xrightarrow{Br_2,\ h\nu} CH_3CHBrCH_3 \xrightarrow{KCl,\ DMSO} CH_3CHClCH_3$$

（**c**）$CH_3CH_2CH_2Cl$［来自（a）］$\xrightarrow{NaBr,\ 丙酮} CH_3CH_2CH_2Br$

（**d**）见（b）。

（**e**）$CH_3CH_2CH_2Cl$［来自（a）］$\xrightarrow{NaI,\ 丙酮} CH_3CH_2CH_2I$

（**f**）$CH_3CHBrCH_3$［来自（b）］$\xrightarrow{NaI,\ 丙酮} CH_3CHICH_3$

56. 每个S_N2反应都会在反应位点上发生立体化学翻转。

（**a**）$\xrightarrow[丙酮]{CH_3S^-Na^+}$ 一个S_N2反应翻转的反式产物

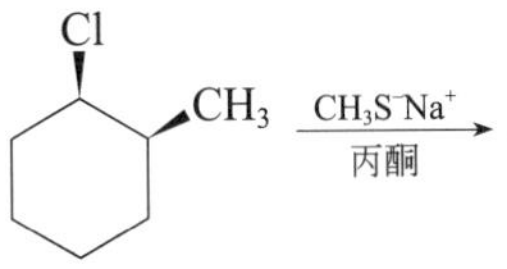

（**b**）起始物质已经是反式的了。CH_3S^-参与的直接S_N2反应将会得到一个不想要的顺式产物。因此，要设计一个包含**两个连续**S_N2翻转的反应：先从反式得到顺式，然后再返回反式。第一个S_N2反应使用的亲核试剂应该也可以作为离去基团，例如Br^-。CH_3S^-可以作为第二个S_N2反应的亲核试剂。

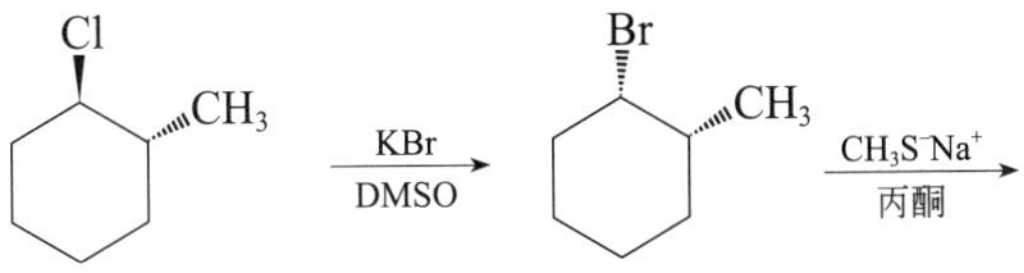

$\xrightarrow[DMSO]{KBr}$ $\xrightarrow[丙酮]{CH_3S^-Na^+}$ 反式产物

57. 在下列每一对分子中，指出哪一个最适合发生 S_N2 反应。

（**a**）PH_3。P 和 N 在元素周期表上属于同一族元素。N 在 P 之上，碱性更强，但 P 原子较大，可极化性更强。在比较中性亲核试剂时，不管溶剂是什么，极化率通常会起决定性作用，因为中性亲核试剂与溶剂分子的相互作用很弱。(对于带负电的亲核试剂，溶剂起的作用更大。在含有氢键的溶剂中，体积越大、可极化性越强的亲核试剂越亲核。在极性非质子溶剂中，碱性越强亲核性越强。)

（**b**）

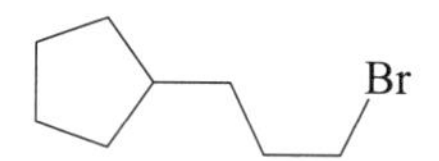

在这个底物中，与离去基团相连的碳，即进攻位点离最近的支链碳更远，因此处于一个位阻较小的空间环境中。

（**c**）

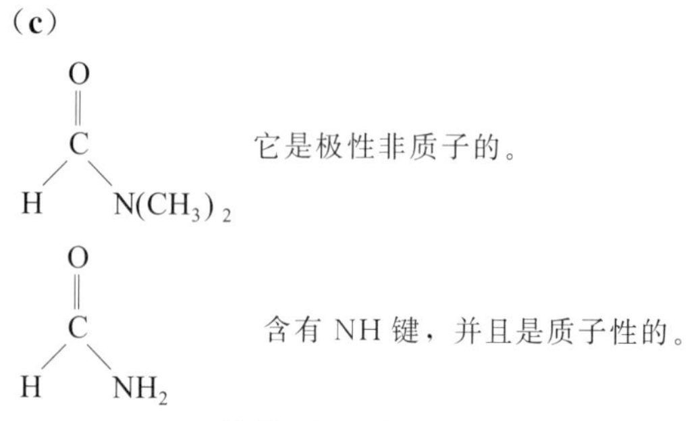

（**d**）CH_3SH 是较弱的碱（在元素周期表中 S 在 O 下面），并且是较好的离去基团。

58. （**a**）$CH_3Br > CH_3CH_2Br > (CH_3)_2CHBr$

（**b**）$(CH_3)_2CHCH_2CH_2Cl > (CH_3)_2CHCH_2Cl > (CH_3)_2CHCl$

（**c**）$CH_3CH_2I > CH_3CH_2Cl >$ ⬡—Cl

（**d**）$(CH_3)_2CHCH_2Br > (CH_3CH_2)_2CHCH_2Br > CH_3CH_2CH_2CHBrCH_3$

59. （**a**）I^- 是一个好的离去基团，所以反应会很快发生，反应速率快。

（**b**）$^-SCH_3$ 是好的亲核试剂，所以反应会很快发生，反应速率快。

（**c**）反应性碳的背面受到强烈的空间位阻阻碍，使反应速率大大减慢。

（**d**）非质子溶剂不会与亲核试剂产生氢键作用，所以反应速率会大大加快。

60. 在 DMF 中，反应的速率常数可以反映出三种未溶剂化的阴离子的亲核性：$Cl^- > Br^- = {}^-SeCN$。这个顺序反映了 Cl^- 具有较强的碱性。与 CH_3OH 的氢键作用不同程度地降低了这三种物质的反应性。Cl^- 的体积最小，在甲醇中溶剂化最多，成为最弱的亲核试剂。Br^- 的溶剂化作用相对较小，而 ^-SeCN 因为电荷离域导致溶剂化作用最小。

61. **提示**：再看一遍 6-9 节，特别是解题练习 6-25。

（**a**）$BrCH_2CH_2\ddot{S}\text{—}H + {}^-:\ddot{O}H \longrightarrow Br\text{—}CH_2CH_2\ddot{S}:^- \longrightarrow H_2C\text{—}CH_2$（桥连 $\ddot{S}$）$+ Br^-$

（**b**）$BrCH_2CH_2CH_2CH_2CH_2\text{—}Br + {}^-:\ddot{O}H \longrightarrow Br^- + BrCH_2CH_2CH_2CH_2CH_2\ddot{O}\text{—}H \xrightarrow{^-:\ddot{O}H}$

$H_2O + Br\text{—}CH_2CH_2CH_2CH_2CH_2\ddot{O}:^- \longrightarrow Br^- +$ ⬡（环中含 $\ddot{O}$）

（**c**）$BrCH_2CH_2CH_2CH_2CH_2CH_2\text{—}Br + \ddot{N}H_3 \longrightarrow Br^- + BrCH_2CH_2CH_2CH_2CH_2CH_2NH_2^+$（H）$\overset{:NH_3}{\rightleftharpoons}$

$NH_4^+ + Br\text{—}CH_2CH_2CH_2CH_2CH_2\ddot{N}H_2 \longrightarrow$ ⬡（$\overset{+}{N}$，H，H）$\overset{\ddot{N}H_3}{\rightleftharpoons} \overset{+}{N}H_4 +$ ⬡（$\ddot{N}$—H）

62. 在无环（非环）卤代烷中，含卤碳为 sp^3 杂化，键角约为 109°。在 S_N2 反应的过渡态中，碳原子重新杂化为 sp^2，碳原子周围三个未反应基团的键角**扩张**到 120°：

底物：RCR ∠s ≈ 109.5° → ⟶ ← S_N2过渡态：RCR ∠s 扩张到 ≈ 120°

现在来看看卤代环丙烷上的 S_N2 反应。底物环的键角为 60°，已经有很大张力了，因为它的碳显然更倾向于 109°的键角，对应于 sp^3 杂化。底物中的张力与这个 109°－60°＝49°键角被压缩有关。然而，S_N2 过渡态的键角压缩会更严重：因为它希望键角张得更大，达到 120°！键角被压缩 120°－60°＝60°，因此卤代环丙烷的 S_N2 过渡态比卤代环丙烷本身张力更大，导致更高的活化能势垒（E_a）。类似的分析适用于卤代环丁烷。

底物张力：∝109°－60°＝49° 角压缩 → ⟶ 过渡态张力：∝120°－60°＝60° 角压缩 更高的活化能

63. 考虑以下两种情况下 S_N2 反应的空间位阻：（a）Nu^- 进攻处在平伏键上的离去基团，以及（b）Nu^- 进攻处在直立键上的离去基团。

（**a**）离去基团处于平伏键。过渡态是这样的：

Nu^- 背后接近被环同一侧处于直立键的氢原子阻碍。**每一个**都引起空间位阻，类似于亲核试剂对反式构象的卤代丙烷的进攻（教材中图 6-9C）。

（**b**）离去基团处于直立键。有如下情况：

现在 Nu^- 接近的空间位阻减小了，就像图 6-9D。但这是要付出代价的。首先，X 是处于直立键的，这需要消耗能量。其次，X^- 的离去现在受到环同侧处于直立键的氢的阻碍，所以这仍然是一个缓慢的反应。

64. 关于问题第一部分的答案，请参阅习题 34 和习题 35 题的答案。下面列出了八种结构异构体的名称、类型和是否存在手性等。

名称	类型	手性有/无	相对的 S_N2 反应性
1-溴戊烷	一级	无	**A**
2-溴戊烷	二级	有	**D**
3-溴戊烷	二级	无	**E**
1-溴-3-甲基丁烷	一级	无	**B**
2-溴-3-甲基丁烷	二级	有	**F**
2-溴-2-甲基丁烷	三级	无	**H**
1-溴-2-甲基丁烷	支链一级	有	**C**
1-溴-2,2-二甲基丙烷	新戊基	无	**G**

利用6-9节的信息，结合问题中的提示，填写相对的S_N2反应性一列。两个无支链的伯卤代烷应该是最活泼的（A和B），直链异构体略占优势。其次应该是支链一级（C），C具有手性的信息也支持了这一结论。接下来应该是两个直链二级卤化物（D和E），其中一个是手性的（D）。接着是支链二级（F），紧随其后的是新戊基（G）。最后是三级（H）几乎不反应。最后一条信息证明了这一结论：底物D和F中的立体中心是含有离去基团的碳。因此，它们在S_N2反应时发生构型翻转。相反，在C的取代反应中，立体中心不受影响，因为它的立体中心不是反应位点。

65.（**b**）。　**66.**（**a**）。　**67.**（**d**）。　**68.**（**b**）。

7

卤代烷的其他反应：单分子取代反应和消除反应历程

在第 7 章中，我们继续并完成了卤代烷的主要反应类型和机理的介绍，重点讨论了三类新的反应类型。本章重点关注在每个反应机理中如何合理利用每一个参与反应分子的静电势：就像上一章介绍的 S_N2 反应机理一样，这些新的反应过程都是孤对电子进攻亲电性的碳原子，并形成新的键，这为反应提供了新的途径。正如我们以前所强调的，准确掌握每一个基本概念是理解反应的重要一步。

本章更具实用性的重点和焦点是，结构类似的化合物都可能经历几种不同类型的反应。本章内容和此学习指导都是向读者展示根据对反应的机理理解，学习如何在给定的条件下选择最有可能发生的反应过程。读者可以逻辑性运用自己的知识，注意细节，像科学家一样理性分析。

本章概要

7-1　三级卤代烷和二级卤代烷的溶剂解反应

不能进行 S_N2 反应的化合物可能发生其他类型的反应。

7-2，7-3 和 7-4　溶剂解机理：单分子亲核取代反应

针对反应细节和结果的解释。

7-5　底物结构：碳正离子的稳定性

有机化学中一种新的反应中间体。此外，亲核取代反应的总结。

7-6 和 7-7　单分子和双分子消除：E1 和 E2

卤代烷的两种新反应机理。

7-8　取代或消除反应：结构决定性能

预测可行性反应途径的因素。

本章重点

7-1 至 7-4 溶剂解反应：单分子亲核取代反应

尽管三级卤代烷并不会经 S_N2 反应机理（第 6 章）进行取代反应，但在某些反应条件下仍然会进行非常快速的亲核取代反应。这个反应呈现了一个**全新的取代反应机理**：单分子亲核取代，或 S_N1 机理。对此机理而言，最适合的底物分子就是三级卤代烷。7-2 节和 7-3 节详细介绍了利用相应的实验系统研究这个反应的动力学过程和立体化学结果。请注意，与 S_N2 一步反应过程不同的是，该机理通常包含了两步或三步反应。该反应过程的决速步是碳-卤（或碳-离去基团）键断裂并**离子化**的过程，从而形成一种新的反应物种：**碳正离子**（carbocation）。读者偶尔会遇到表述碳正离子的另外一个词：carbonium ion。这是该物种的旧名称。目前使用的另一个名称是 carbenium ion。请仔细分析文中所讲述与反应决速步性质密切相关的、影响反应的各种因素（例如，速率、立体化学、溶剂极性和离去基团对反应的影响）。

7-5 底物结构：碳正离子的稳定性

S_N1 反应机理的关键在于碳原子与离去基团所连接的键断裂并离子化的难易程度。由于该机理首先形成带正电荷（正离子）的碳物种（碳正离子），从逻辑上分析，S_N1 机理的难易程度将反映形成相应碳正离子的难易程度。碳不是一个很容易呈现电正性的原子。一般来说，具有完整正电荷的碳不是很稳定，因此，也很难形成。然而，正如本章所讲的，烷基（与氢原子相比较）可以稳定碳正离子。因此，**三级碳正离子**将是最稳定和最容易形成的，这是由于**三个**烷基取代基有助于缓解碳正离子的缺电子程度。因此，在 S_N1 反应中，三级卤代烷的反应活性归结于易离子化从而形成相对稳定的三级碳正离子中间体。表 7-2 总结了卤代甲烷、一级卤代烷（仅限 S_N2）和三级卤代烷（仅限 S_N1）取代反应的基本模式。对二级卤代烷而言，其取代反应更为复杂。根据具体的反应条件，可能会发生 S_N1 或 S_N2 反应，或两者兼有可能。

逻辑推理两个相互竞争的反应机理可以预测二级卤代烷的反应途径。尤其需要仔细阅读 7-5 节的最后一部分，因为它提供了利用反应机理解释（和预测）反应中各种变量如何影响反应可能途径的典型范例。

7-6 和 7-7 消除反应

在一个碳正离子中，带有正电荷的碳原子是一种极度缺电子（亲电性的）的碳。因此，它需要从任何可以利用的化合物中获取一对电子。S_N1 反应描述了碳正离子最常见的命运：与反应体系中的 Lewis 碱结合，形成新的键。然而，碳正离子是如此的缺电子，以至于即使在典型的 S_N1 溶剂解条件下，被亲核性的溶剂分子所包围，部分碳正离子也不会等待与外来的带有电子对的亲核试剂结合；相反，它们将在自身的分子结构中寻找可用的电子对。其中最可以利用的是碳正离子相邻的碳（在所谓的 β 位碳中）氢键上的电子：

$$-\overset{\text{H}}{\underset{\beta}{\ddot{\text{C}}}}-\underset{\alpha}{\text{C}^{+}}$$

攫取这一电子对与碳正离子结合将形成两个产物：一个烯烃和一个质子，这就是 E1 消除反应的结果。如本章所讲述的，质子不只是“脱落”。实际上，它是被反应体系中存在的 Lewis 碱（如溶剂或其他亲核分子）攫取的。

$$-\overset{\text{H}}{\text{C}}-\text{C}^{+} \longrightarrow \text{H}^{+} + \text{C}=\text{C}$$

请注意，只有碳（与碳正离子相邻的碳原子）-氢键才易以这种方式断裂。其他 C—H 键如果被切断，则不可能形成类似的稳定产物：

α C—H键：H—C⁺ ⊗→ H^+ + :C

卡宾

（非常不稳定）

γ C—H键：—C—C—C⁺ ⊗→ H^+ + 环丙烷衍生物

环丙烷衍生物

（环张力很大）

这两个过程都并不常见，仅限于无法进行正常消除反应的体系。

由于 E1 反应与 S_N1 反应的决速步是相同的，因此，其动力学过程也是相同的：一级反应。E1 消除几乎总是伴随着 S_N1 取代反应。两者的不同点也很简单：在 S_N1 中，亲核试剂或基团与碳正离子相连接；而在 E1 中，它与质子结合攫取质子。在实际合成过程中，由于存在“副反应”E1 反应，从而限制了 S_N1 取代反应的广泛应用。

但是，如果需要进行消除反应，三级卤代烷在强碱的作用下可以很顺利地完成。实际上，在高浓度下，也会发生双分子消除反应——另一种消除机理（E2 消除）。7-7 节详细讲述了这一过程。与 E1 过程一样，β 位 C—H 键中的电子移向亲电性碳；然而，在 E2 反应中，此电子转移过程与离去基团的离去则**同时**进行。仔细分析图 7-8，注意电子移向氯取代的碳原子：实际上这个过程与 S_N2 过程中的电子转移非常类似！三级卤代烷不能进行 S_N2 取代反应，但它以类似方式进行电子转移过程，即 E2 消除反应，在离去基团的离去过程中，碳原子从相邻的 β 位 C—H 键中攫取电子，而不是从外部亲核试剂或基团中获取。

正如本节的其余内容所示，**任何** β 位含有 C—H 键的卤代烷都可能进行 E2 消除反应。对于一级和二级卤代烷而言，也存在 E2 和 S_N2 反应的竞争。但是，正如本章和后续章节部分所示，在这些反应中，很容易预测目标产物。

7-8　取代反应与消除反应：预测反应的基本准则

从目标产物角度重点考虑消除反应与取代反应的竞争。此外，正如本章所讨论的，在大多数情况下的，需要回答以下三个问题，才能确定反应类型：

1. 亲核试剂或基团是否是强碱？
2. （强碱性）亲核试剂或基团的空间位阻是否很大？
3. 底物是否具有较大的空间位阻（如三级、二级卤代烷或者带有支链的一级卤代烷）？

如果这三个问题的答案中至少有两个为“是”时，则将优先进行消除反应；否则，将优先进行取代反应。检查本章中的这些反应，可了解这些指导原则是如何解决问题的。下面可以进行练习：

$$CH_3CH_2CH_2CH_2I + Na^+ \ {}^-NH_2 \xrightarrow{\text{液氨}} ?$$

是消除还是取代反应？分析：

因素	优先进行
底物为一级卤代烷：没有空阻	取代反应
亲核基团为 $^-NH_2$：强碱	消除反应
亲核基团为 $^-NH_2$：无空阻	取代反应

结论：优先进行取代反应，产物为 $CH_3CH_2CH_2CH_2NH_2$。

基于此目的，读者可以使用氢氧根负离子作为碱性强弱的基准：碱性强于或类似于氢氧根负离子的亲核试剂或基团将优先进行消除反应。同样，读者可以按照一级（无空间位阻）和二级（空间位阻较大）烷基将基团按空阻大小进行分类。

本章总结了一级、二级和三级卤代烷烃进行 E1、E2、S_N1 和 S_N2 的一些相应条件。接下来的图表将重复相同的反应条件；同样为了清晰表达，有些反应条件则会非常简单（例如，没有包含溶剂效应）。

总结

卤代烷与亲核基团的主反应

卤代烷中的烷基	亲核试剂或基团的分类			
		弱碱	强碱	强碱
	弱亲核试剂 如 H_2O	好的亲核基团 如 I^-	无空间位阻亲核基团 如 CH_3O^-	大空间位阻亲核基团 如 $(CH_3)_3CO^-$
甲基	不反应	S_N2	S_N2	S_N2
一级	不反应	S_N2	S_N2	E2
二级(有空间位阻)	S_N1 很慢	S_N2	E2	E2
三级(有空间位阻)	S_N1 和 E1	S_N1 和 E1	E2	E2

习 题

25. 请画出以下溶剂解反应主要取代产物的结构式：

(a) $(CH_3)_3CBr \xrightarrow{CH_3CH_2OH}$

(b) $(CH_3)_2CBrCH_2CH_3 \xrightarrow{CF_3CH_2OH}$

(c) 1-氯-1-乙基环戊烷（Cl, CH_2CH_3） $\xrightarrow{CH_3OH}$

(d) 环己基—$C(Br)(CH_3)$—CH_3 $\xrightarrow{HCOOH}$

(e) $(CH_3)_3CCl \xrightarrow{D_2O}$

(f) $(CH_3)_3CCl$ $\xrightarrow{\text{环己基(H)OD}}$

26. 对习题 25 中每个反应，用弯箭头分步写出完整的、分步的反应机理。确保写出每个机理的单独步骤，写出该步产物的完整结构，然后进入下一步转换。

27. 写出以下反应的两个主要取代反应产物。(**a**) 用反应机理解释每个产物的形成。(**b**) 通过对反应混合物的检测，表明起始原料的一个异构体也是反应中间体。画出它的结构并解释它是怎样形成的。

（环己烷：一端 H_3C、Br，另一端 H_3C、H） $\xrightarrow{CH_3OH}$

28. 画出以下反应的两个主要取代产物的结构式：

（Newman 投影式：前碳 OSO_2CH_3、H_3C、H_3C；后碳 C_6H_5、C_6H_5、H） $\xrightarrow{CH_3CH_2OH}$

29. 在习题 25 每个溶剂解反应中加入以下试剂，将会对反应产生什么样的影响？

(**a**) H_2O　(**b**) KI　(**c**) NaN_3

(**d**) $CH_3CH_2OCH_2CH_3$（**提示**：极性低。）

30. 将以下碳正离子按稳定性从强到弱进行排序：

（环戊基：H、CH_3，环上 +）　（环戊基：H、$\overset{+}{C}H_2$）　（环戊基：CH_3，+ 在取代碳上）

31. 下列各组化合物在丙酮水溶液中发生溶剂解反应，将各组化合物按反应速率从快到慢的顺序进行排序。

(**a**) $CH_3CH(CH_3)CH_2CH_2Cl$　$CH_3CH(CH_3)CHClCH_3$　$CH_3CCl(CH_3)CH_2CH_3$

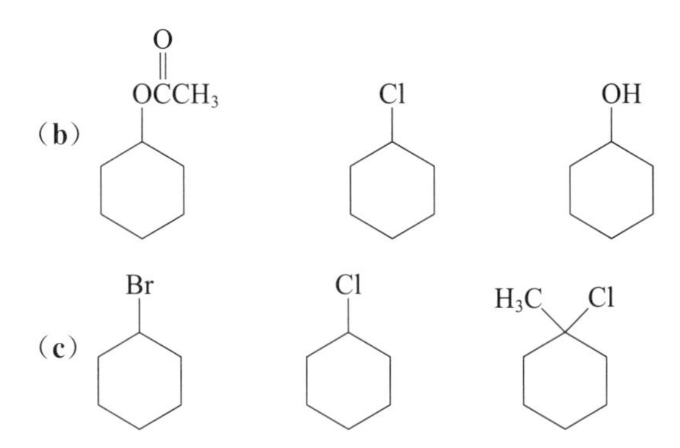

32. 画出下列取代反应产物的结构式。判断各产物是通过 S_N1 还是 S_N2 机理形成的，并写出详细的反应机理。

(a) $(CH_3)_2CHOSO_2CF_3 \xrightarrow{CH_3CH_2OH}$

(b) 1-溴-1-甲基环戊烷（CH_3、Br）$\xrightarrow{过量\ CH_3SH,\ CH_3OH}$

(c) $CH_3CH_2CH_2CH_2Br \xrightarrow{(C_6H_5)_3P,\ DMSO}$

(d) $CH_3CH_2CHClCH_2CH_3 \xrightarrow{NaI,\ 丙酮}$

33. 画出下列取代反应产物的结构式。指出哪些反应的速率在极性非质子溶剂［如丙酮、二甲基亚砜（DMSO）］中比在极性质子溶剂（如水、甲醇）中快，并用反应机理解释。

(a) $CH_3CH_2CH_2Br + Na^{+-}CN \longrightarrow$

(b) $(CH_3)_2CHCH_2I + Na^+\ N_3^- \longrightarrow$

(c) $(CH_3)_3CBr + HSCH_2CH_3 \longrightarrow$

(d) $(CH_3)_2CHOSO_2CH_3 + HOCH(CH_3)_2 \longrightarrow$

34. 以(*R*)-2-氯丁烷为原料合成(*R*)-$CH_3CHN_3CH_2CH_3$。

35. 完成以下两个（*S*）-2-溴丁烷的取代反应，并标明产物的立体化学。

(*S*)-$CH_3CH_2CHBrCH_3 \xrightarrow{HCOH}$（HCOH 为甲酸，C=O）

(*S*)-$CH_3CH_2CHBrCH_3 \xrightarrow{HCO^-Na^+,\ DMSO}$（$HCO^-$ 为甲酸根，C=O）

36. 以下反应为以反-1-氯-3-甲基环戊烷为原料立体专一性合成顺-3-甲基环戊基乙酸酯。请为此转换提供合适的反应试剂、溶剂和条件。

反-1-氯-3-甲基环戊烷（Cl、CH_3） $\xrightarrow{?}$ 顺-3-甲基环戊基乙酸酯（$OCCH_3$，C=O；CH_3）

反-1-氯-3-甲基环戊烷　　**顺-3-甲基环戊基乙酸酯**

37. 以下两个看上去类似的反应却得到了不同的反应结果。

$$CH_3CH_2CH_2CH_2Br \xrightarrow{NaOH,\ CH_3CH_2OH} CH_3CH_2CH_2CH_2OH$$

$$CH_3CH_2CH_2CH_2Br \xrightarrow{NaSH,\ CH_3CH_2OH} CH_3CH_2CH_2CH_2SH$$

第一个反应的产率很高。但是，第二个反应的产率因大量 $(CH_3CH_2CH_2CH_2)_2S$ 的生成而降低。请利用反应机理解释 $(CH_3CH_2CH_2CH_2)_2S$ 形成的原因，并说明为何第一步不会有类似的副产物产生。

38. 画出习题 25 中每一个反应的 E1 产物结构式。

39. 分步画出习题 38 中每一个 E1 反应完整的分步转化机理。

40. 与本章讨论的 S_N1 和 E1 反应机理类似，甲烷的氯化反应也经历了多步转换反应机理（3-4 节）。写出此转换过程合理的速率方程。（**提示：**参考图 3-7。）

41. 光学纯（−）-2-氯-6-甲基庚烷发生水解反应转化为醇，其中有少量构型完全翻转的产物（大约 10%）。请解释原因。（**提示：**考虑 C—Cl 键断裂后离去基团的位置，以及碳正离子被周围的溶剂分子进攻所造成的影响。）

42. **(a)** 画出以下反应的两个主要产物的结构式。

$C_6H_5-CH_2-C(CH_3)_2-Cl \xrightarrow{NaOCH_3,\ CH_3OH}$

如图所示，反应速率与 $NaOCH_3$ 的浓度有关。

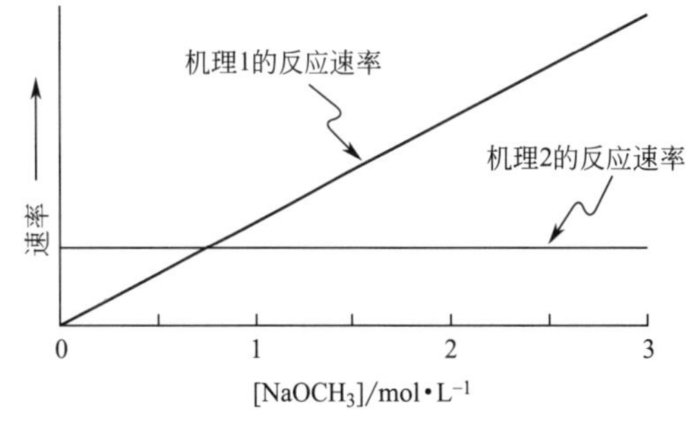

(b) 机理 1 属于哪一类型？

(c) 机理 2 属于哪一类型？

(d) $NaOCH_3$ 在大约什么浓度下，两个机理的反应速率相同？

43. 画出以下消除反应产物的结构式，并写出形成这些产物可能的反应机理。

(a) $(CH_3CH_2)_3CBr \xrightarrow{NaNH_2,\ NH_3}$

(b) $CH_3CH_2CH_2CH_2Cl \xrightarrow{KOC(CH_3)_3,\ (CH_3)_3COH}$

(c) 环己基—CH(Br)—环己基 $\xrightarrow{过量\ KOH,\ CH_3CH_2OH}$

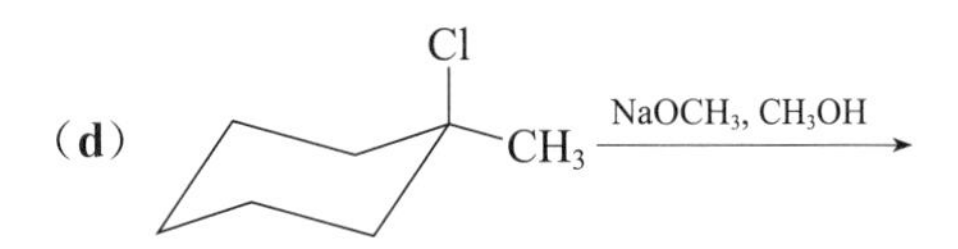

44. 为以下转换选择合适的反应试剂（a）～（f）：（i）一级 RX 的 S_N2 反应；（ii）一级 RX 的 E2 反应；（iii）二级 RX 的 S_N2 反应；（iv）二级 RX 的 E2 反应。

（**a**）$NaSCH_3$ 的甲醇溶液

（**b**）$(CH_3)_2CHOLi$ 的异丙醇溶液

（**c**）$NaNH_2$ 的液氨溶液

（**d**）KCN 的 DMSO 溶液

（**e**）2,2,6,6-四甲基哌啶锂（$\ddot{N}^- Li^+$）的 2,2,6,6-四甲基哌啶（N—H）溶液

（**f**）$CH_3CH_2CH_2C(=O)ONa$ 的 DMF 溶液

45. 写出 1-溴丁烷和以下反应体系反应的主要产物，并判断这些产物是通过 S_N1、S_N2、E1 还是 E2 反应机理形成的。如果某个反应不能进行或反应很慢，就可以认为“不反应”。假定每一个反应试剂都大大过量，反应溶剂也已给出。

（**a**）KCl 的 DMF 溶液

（**b**）KI 的 DMF 溶液

（**c**）KCl 的 CH_3NO_2 溶液

（**d**）NH_3 的 CH_3CH_2OH 溶液

（**e**）$NaOCH_2CH_3$ 的 CH_3CH_2OH 溶液

（**f**）CH_3CH_2OH

（**g**）$KOC(CH_3)_3$ 的 $(CH_3)_3COH$ 溶液

（**h**）$(CH_3)_3P$ 的 CH_3OH 溶液

（**i**）CH_3CO_2H

46. 写出 2-溴丁烷与习题 45 中的每一组试剂反应的主要产物和机理。

47. 写出 2-溴-2-甲基丙烷与习题 45 中的每一组试剂反应的主要产物和机理。

48. 下面给出 2-氯-2-甲基丙烷的三个反应。（**a**）写出这些反应的主要产物。（**b**）比较这三个反应的速率。假定溶剂极性和反应溶剂浓度都相同。利用反应机理进行解释。

$$(CH_3)_3CCl \xrightarrow{H_2S,\ CH_3OH}$$

$$(CH_3)_3CCl \xrightarrow{CH_3C(=O)O^-K^+,\ CH_3OH}$$

$$(CH_3)_3CCl \xrightarrow{CH_3O^-K^+,\ CH_3OH}$$

49. 写出以下反应主要产物的结构式。判断以下反应按哪类机理进行：S_N1、S_N2、E1 还是 E2。如果反应不能进行，则写“不反应”。

（**a**）环戊基（C—H）CH_2Cl $\xrightarrow{KOC(CH_3)_3,\ (CH_3)_3COH}$

（**b**）$CH_3CHFCH_2CH_3 \xrightarrow{KBr,\ 丙酮}$

（**c**）$H_3C-CH(CH_2CH_3)-Br \xrightarrow{H_2O}$

（**d**）碘代环己烷 $\xrightarrow{NaNH_2,\ 液\ NH_3}$

（**e**）$(CH_3)_2CHCH_2CH_2CH_2Br \xrightarrow{NaOCH_2CH_3,\ CH_3CH_2OH}$

（**f**）$H_3C-CBr(CH_2CH_3)-CH_2CH_2CH_3 \xrightarrow{NaI,\ 硝基甲烷}$

（**g**）环戊醇 $\xrightarrow{KOH,\ CH_3CH_2OH}$

（**h**）$Cl-C_6H_{10}-CH_2CH_2CH_2Br$（4-氯环己基）$\xrightarrow{过量\ NaOCH_3,\ CH_3OH}$

（**i**）$CH_3CH_2CH(CH_3)-OSO_2-C_6H_4-CH_3$（手性碳，H 为楔形键）$\xrightarrow{NaSH,\ CH_3CH_2OH}$

（**j**）1-碘-1-乙基环己烷 $\xrightarrow{CH_3OH}$

（**k**）$(CH_3)_3CCHBrCH_3 \xrightarrow{KOH,\ CH_3CH_2OH}$

（**l**）$CH_3CH_2Cl \xrightarrow{CH_3C(=O)OH}$

50. 下面的反应或机理存在一个或多个的错误。指出这些错误，解释原因，并给出正确的机理。

（**a**）反应 1

$$CH_3Cl + NaOH \longrightarrow CH_3OH + NaCl$$

错误的机理 1

$$CH_3\!-\!Cl \longrightarrow CH_3^+ + Cl^-$$

$$CH_3^+ + {}^-OH \longrightarrow CH_3OH$$

（b）反应 2

$CH_3CH_2CH_2Br + CH_3OH \longrightarrow CH_3CH_2CH_2OCH_3 + HBr$

错误的机理 2

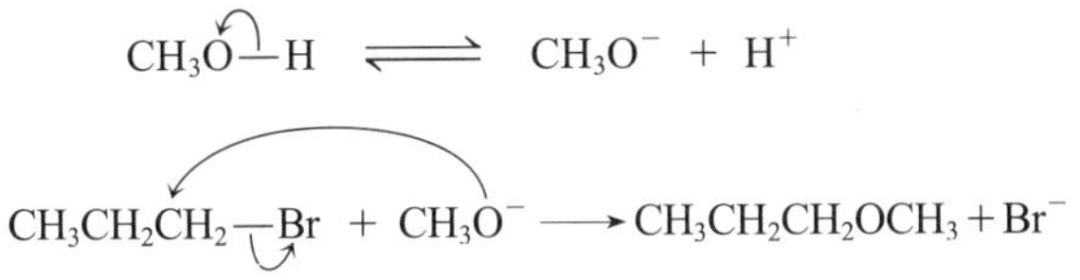

$CH_3\ddot{O}{-}H \rightleftharpoons CH_3O^- + H^+$

$CH_3CH_2CH_2{-}Br + CH_3O^- \longrightarrow CH_3CH_2CH_2OCH_3 + Br^-$

（c）反应 3

$(CH_3)_3C{-}Cl + CH_3CH_2OH \longrightarrow (CH_3)_3C{-}OH$

错误的机理 3

$(CH_3)_3C{-}Cl \longrightarrow (CH_3)_3C^+$

$CH_3CH_2{-}OH \longrightarrow CH_3CH_2^+ + {}^-OH$

$(CH_3)_3C^+ + {}^-OH \longrightarrow (CH_3)_3C{-}OH$

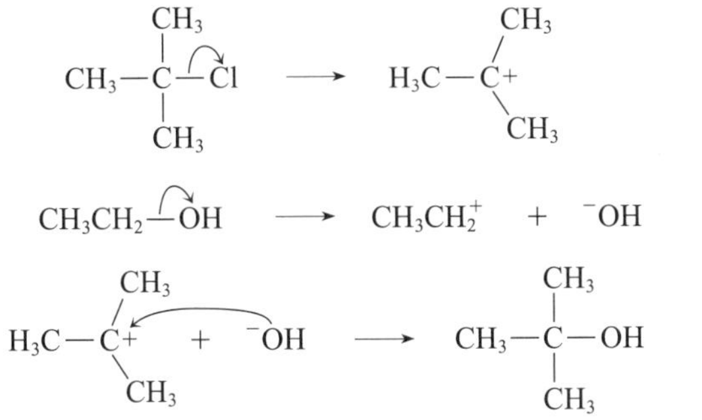

51. 在下表的空格处填写每一个卤代烷与试剂反应的主要产物。

卤代烷	试剂			
	H_2O	$NaSeCH_3$	$NaOCH_3$	$KOC(CH_3)_3$
CH_3Cl	____	____	____	____
$CH_3CH_2CH_2Cl$	____	____	____	____
$(CH_3)_2CHCl$	____	____	____	____
$(CH_3)_3CCl$	____	____	____	____

52. 判断习题 51 中形成每个产物的主要反应机理（简单表明 S_N2、S_N1、E2 或 E1）。

53. 判断以下反应能否进行：能进行、反应很慢、基本不能进行。如果能进行，写出产物的结构式。

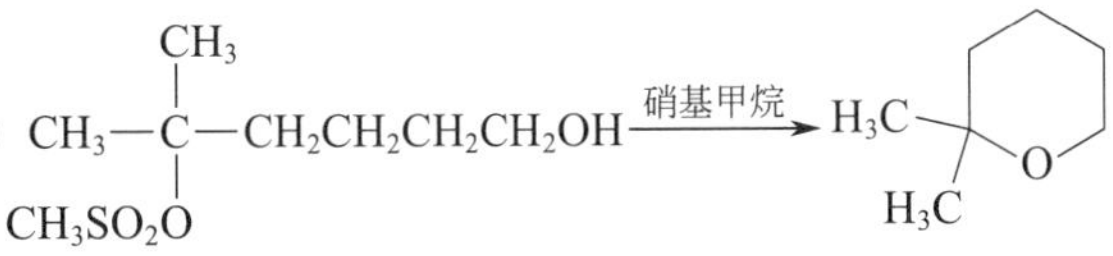

（a）$CH_3CH_2CH(Br)CH_3 \xrightarrow{NaOH,\ 丙酮} CH_3CH_2CH(OH)CH_3$

（b）$CH_3CH(CH_3)CH_2Cl \xrightarrow{CH_3OH} CH_3CH(CH_3)CH_2OCH_3$

（c）氯代环己烷（H、Cl 在同一碳上）$\xrightarrow{HCN,\ CH_3OH}$ 氰基环己烷（H、CN 在同一碳上）

（d）$CH_3{-}C(CH_3)(OSO_2CH_3){-}CH_2CH_2CH_2CH_2OH \xrightarrow{硝基甲烷}$ 2,2-二甲基四氢吡喃（H_3C、H_3C 在同一碳上）

（e）1-甲基-1-(碘甲基)环戊烷（H_3C、CH_2I）$\xrightarrow{NaSCH_3,\ CH_3OH}$ 1-甲基-1-(甲硫基甲基)环戊烷（H_3C、CH_2SCH_3）

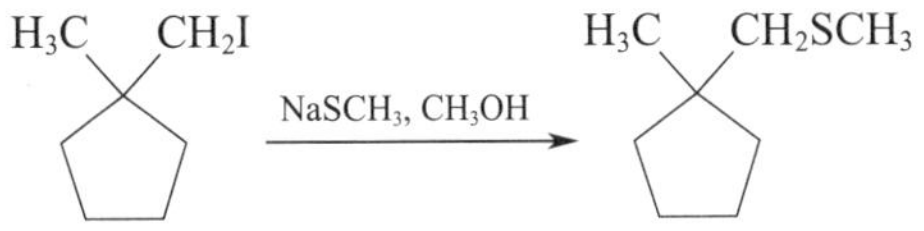

（f）$CH_3CH_2CH_2Br \xrightarrow{NaN_3,\ CH_3OH} CH_3CH_2CH_2N_3$

（g）$(CH_3)_3CCl \xrightarrow{NaI,\ 硝基甲烷} (CH_3)_3CI$

（h）$(CH_3CH_2)_2O \xrightarrow{CH_3I} (CH_3CH_2)_2\overset{+}{O}CH_3 + I^-$

（i）$CH_3I \xrightarrow{CH_3OH} CH_3OCH_3$

（j）$(CH_3CH_2)_3COCH_3 \xrightarrow{NaBr,\ CH_3OH} (CH_3CH_2)_3CBr$

（k）$CH_3CH(CH_3)CH_2CH_2Cl \xrightarrow{NaOCH_2CH_3,\ CH_3CH_2OH} CH_3CH(CH_3)CH{=}CH_2$

（l）$CH_3CH_2CH_2CH_2Cl \xrightarrow{NaOCH_2CH_3,\ CH_3CH_2OH} CH_3CH_2CH{=}CH_2$

54. 以提供的试剂为原料合成所需的化合物。可以利用所需要的任何其他试剂或溶剂。某些反应可能会形成混合物，并没有可以替换的反应。如果这样，尽量利用各种试剂和反应条件使所需产物的反应产率最大化（参见第 6 章习题 55）。

（a）以丁烷为原料制备 $CH_3CH_2CHICH_3$

（b）以丁烷为原料制备 $CH_3CH_2CH_2CH_2I$

（c）以甲烷和 2-甲基丙烷为原料制备 $(CH_3)_3COCH_3$

（d）以环己烷为原料制备环己烯

（e）以环己烷为原料制备环己醇

（f）以 1,3-二溴丙烷为原料制备 1,3-二噻烷（六元环，含两个 S）

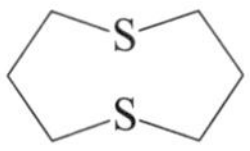

55. 挑战题　下面给出的［(1-溴-1-甲基)乙基］苯严格按照一级动力学反应进行单分子溶剂解反应。当 [RBr] = 0.1 mol·L^{-1}，溶剂为（体积比为 9∶1）丙酮/水，测得反应速率为 2×10^{-4} mol·L^{-1}·s^{-1}。

（a）从所给数据计算反应的速率常数 k，反应的产物是什么？

（b）向反应体系中加入 0.1 mol·L^{-1} LiCl，尽管此溶剂解反应仍为严格的一级反应，但反应的速率增加至 4×10^{-4} mol·L^{-1}·s^{-1}。计算新的反应速率常数 k_{LiCl}，并给出合理的解释。

（c）当用 0.1 mol·L^{-1} LiBr 代替 LiCl 时，反应速率降至 1.6×10^{-4} mol·L^{-1}·s^{-1}，试解释该现象，并用适当的化学反应式来描述这些反应。

$$RBr = C_6H_5-C(CH_3)_2-Br$$

56. 在本章中，我们已经介绍了大量的 S_N1 溶剂解反应的实例，而且基本上按以下的方式进行：

$$R-X \xrightarrow{r_1 = k_1[RX]} X^- + R^+ \xrightarrow[:\ddot{O}H_2]{r_2 = k_2[R^+][Nu:]} R-\overset{+}{\ddot{O}}H_2$$

质子被攫取后形成最终产物。尽管有大量事实证明了碳正离子中间体的形成，但是由于碳正离子很快就与亲核试剂结合，因此很难直接观测到。目前，发现了一些 S_N1 溶剂解反应的实例，并获得了一些特殊的实验结果。例如：

$$CH_3O-C_6H_4-CH(Cl)-C_6H_4-OCH_3 \xrightarrow{CF_3CH_2OH} CH_3O-C_6H_4-CH(OCH_2CF_3)-C_6H_4-OCH_3$$

将无色底物和溶剂混合，马上形成橘红色溶液，这表明形成了碳正离子中间体。此颜色在 1 min 内褪去，分析结果表明最终产物的产率为 100%。

(**a**) 此例中，生成可测定浓度的碳正离子的原因有两个：一是从该特定底物中解离形成的碳正离子异常稳定（第 22 章将会解释此现象）。另一个原因是即使与醇（如乙醇等）相比，溶剂（2,2,2-三氟乙醇）也是亲核能力很差的亲核试剂。请解释此溶剂亲核能力差的原因。(**b**) 请对这两步反应的相对速率（速率 1 和速率 2）进行说明，并与常规的 S_N1 反应机理进行比较。(**c**) 在 S_N1 反应中，增加碳正离子的稳定性和降低溶剂的亲核能力如何影响速率 1 和速率 2 的相对大小？(**d**) 为以上反应提供合理、分步、完整的反应机理。

57. 为下面的反应找出匹配的反应势能图，并在反应势能图标有大写字母的地方画出物种的结构式。

(**a**) $(CH_3)_3CCl + (C_6H_5)_3P \longrightarrow$

(**b**) $(CH_3)_2CHI + KBr \longrightarrow$

(**c**) $(CH_3)_3CBr + HOCH_2CH_3 \longrightarrow$

(**d**) $CH_3CH_2Br + NaOCH_2CH_3 \longrightarrow$

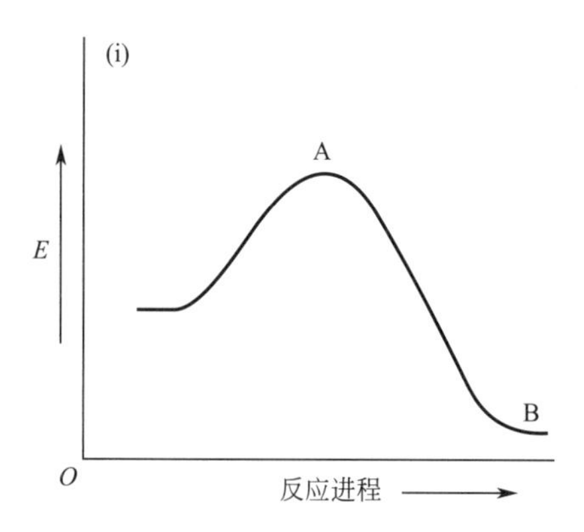

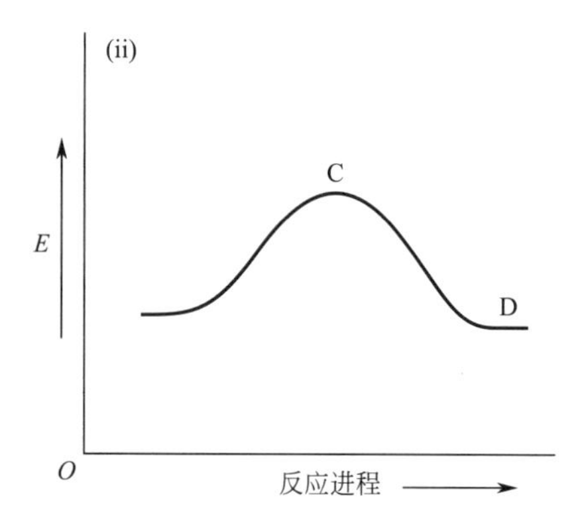

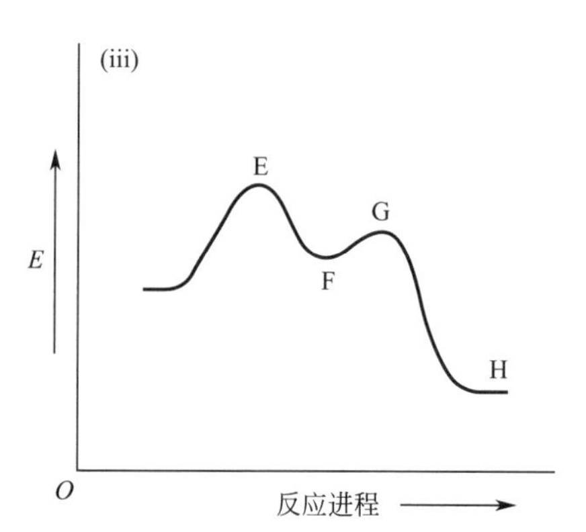

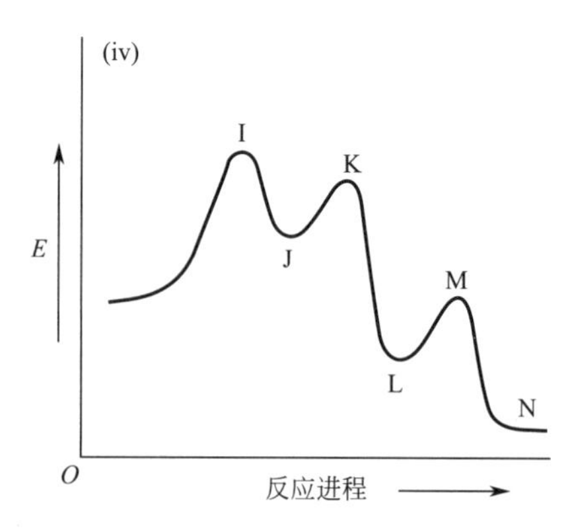

58. 下式为 4-氯-4-甲基-1-戊醇在中性、极性溶液中的反应式，试写出最可能的产物的结构式。

$$(CH_3)_2CCl CH_2CH_2CH_2OH \longrightarrow HCl + C_6H_{12}O$$

在强碱性溶液中，起始原料转化为分子

式为 $C_6H_{12}O$ 的化合物，但这个化合物与中性条件下的产物具有完全不同的结构。这个化合物是什么？对这两个不同的结果做出解释。

59. 下面的反应可分别通过 E1 和 E2 两种机理进行。

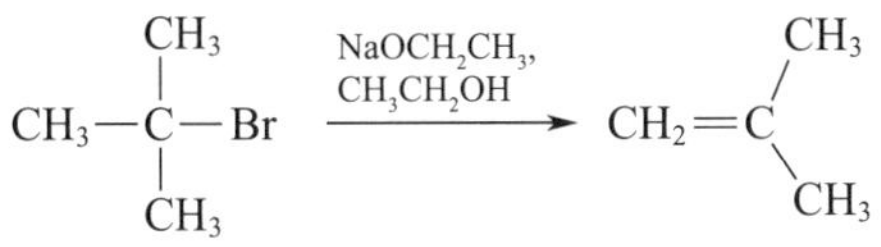

$$(CH_3)_3C-Br \xrightarrow[CH_3CH_2OH]{NaOCH_2CH_3} CH_2=C(CH_3)_2$$

E1 反应的速率常数 $k_{E1}=5.5\times10^{-5}\ s^{-1}$，E2 反应的速率常数 $k_{E2}=5.0\times10^{-4}\ L\cdot mol^{-1}\cdot s^{-1}$。卤代烷的浓度为 0.05 $mol\cdot L^{-1}$。(**a**) $NaOCH_3$ 的浓度为 0.01 $mol\cdot L^{-1}$时，哪一种消除反应占优势？(**b**) 当 $NaOCH_3$ 的浓度为 1.0 $mol\cdot L^{-1}$时，哪一种消除反应占优势？(**c**) 当碱的浓度为多少时，50%的反应原料按 E1 机理进行，另 50%按 E2 机理进行？

60. 以下反应的起始原料为羧酸甲酯。该甲酯与 LiI 反应转化为羧酸锂盐。反应使用的溶剂为吡啶。

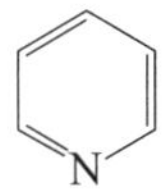

吡啶

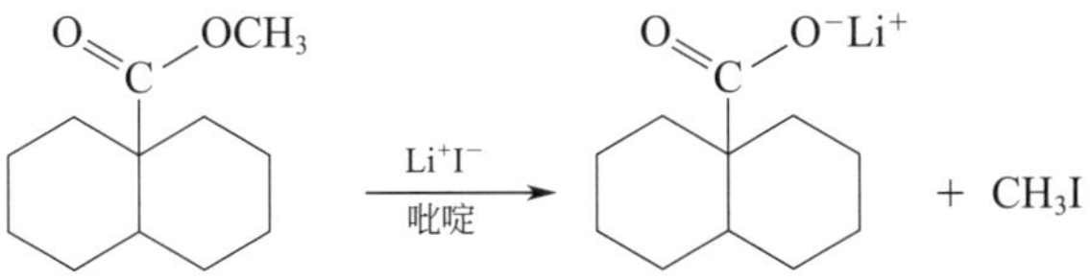

$$\text{(十氢萘-4a-甲酸甲酯)} \xrightarrow[\text{吡啶}]{Li^+I^-} \text{(十氢萘-4a-甲酸锂, } C(=O)O^-Li^+) + CH_3I$$

请设计一些实验方案验证此反应的可能的转化机理。

61. 挑战题 如下图所示，1,1-二甲基乙基(叔丁基)醚很容易被稀的强酸分解：

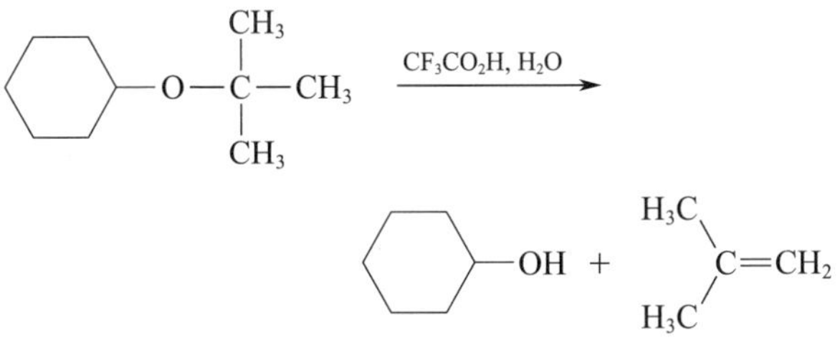

$$C_6H_{11}-O-C(CH_3)_3 \xrightarrow{CF_3CO_2H,\ H_2O} C_6H_{11}-OH + (H_3C)_2C=CH_2$$

为此反应提供可能的机理。其中强酸起什么作用？

62. 某二级卤代烷在极性非质子溶剂中与下列亲核试剂反应，写出每个反应的反应机理和主要产物。括号中的数字为亲核试剂共轭酸的 pK_a 值。

(**a**) N_3^-(4.6)　　(**b**) H_2N^-(35)

(**c**) NH_3(9.5)　　(**d**) HSe^-(3.7)

(**e**) F^-(3.2)　　(**f**) $C_6H_5O^-$(9.9)

(**g**) PH_3(−12)　　(**h**) NH_2OH(6.0)

(**i**) NCS^- (−0.7)

63. 可的松是一种重要的甾体消炎药。以所给的烯烃为原料，可以高效合成可的松。

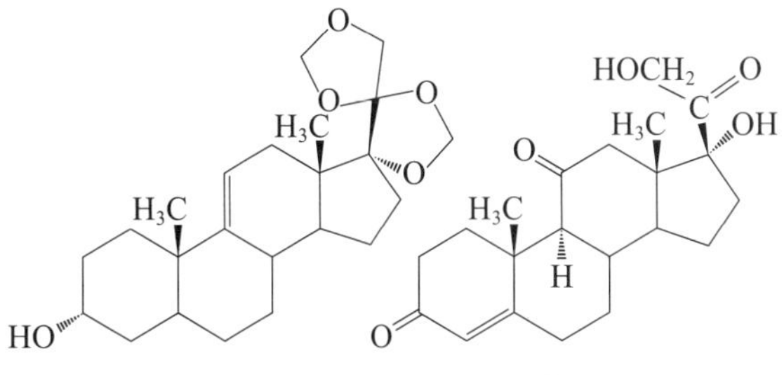

烯烃　　可的松

有如下三种氯代的化合物 A、B、C，其中两种在碱的作用下通过 E2 消除反应得到上面的烯烃且产率适中，但有一种化合物不能生成这种烯烃，这个化合物是哪一个？说明原因。这个化合物进行 E2 消除反应时生成什么产物？(**提示：**注意每个化合物的几何结构。)

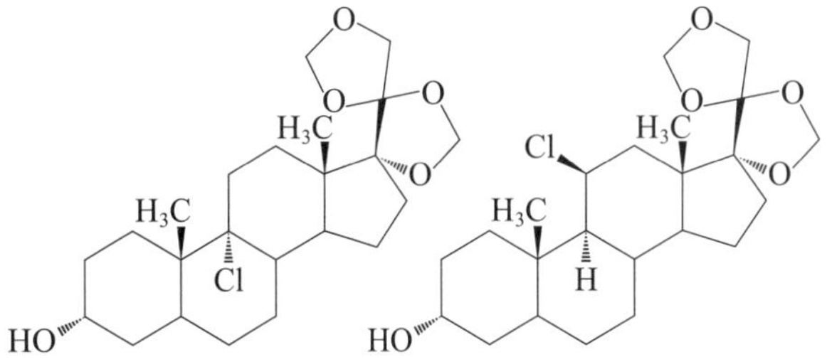

A　　B

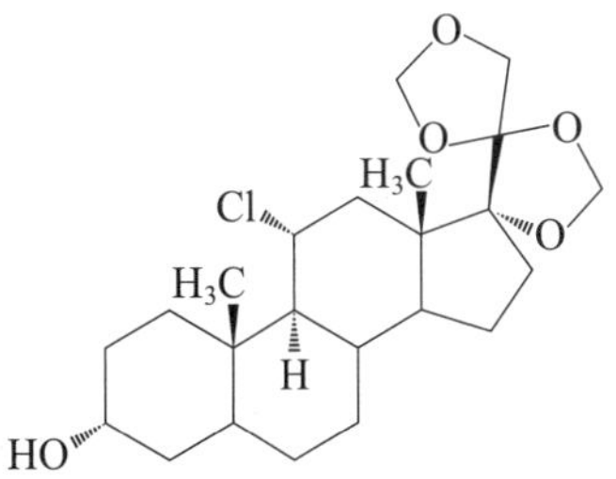

C

64. 挑战题 反-十氢萘衍生物的化学很有意思，其环系是甾体结构的一部分。搭建下面两个溴代衍生物的模型（i 和 ii）有助于回答下述问题。

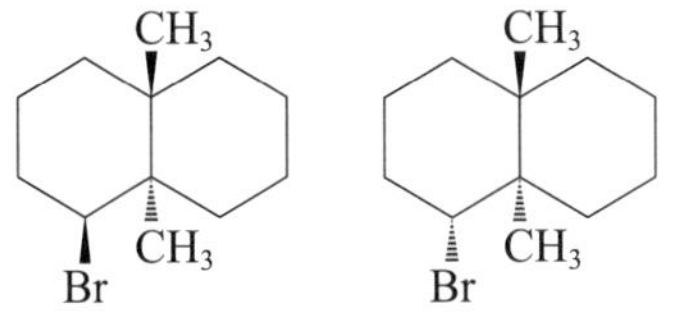

i　　ii

（a）在 CH_3CH_2OH 溶剂中，其中一个分子和 $NaOCH_2CH_3$ 发生 E2 反应的反应速率比另一个快得多。快的是哪一个？慢的是哪一个？解释原因。（b）化合物 i 和 ii 的氘代类似物和碱反应生成如下产物。

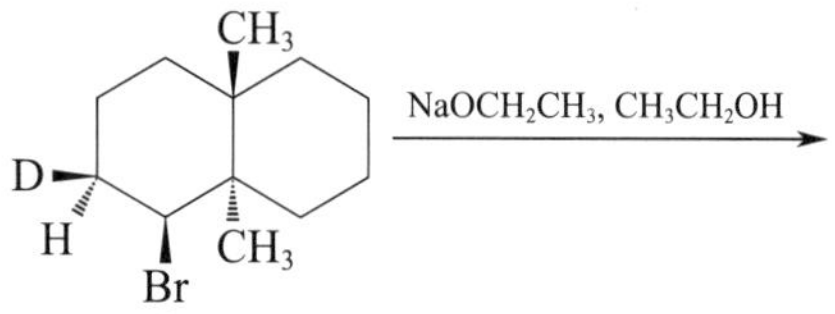

i-氘代 $\xrightarrow{NaOCH_2CH_3,\ CH_3CH_2OH}$（所有氘均被保留）

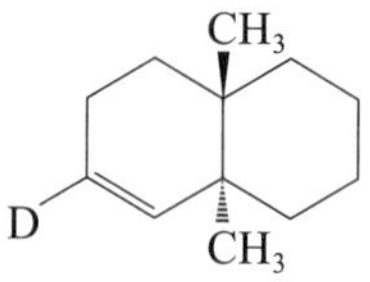

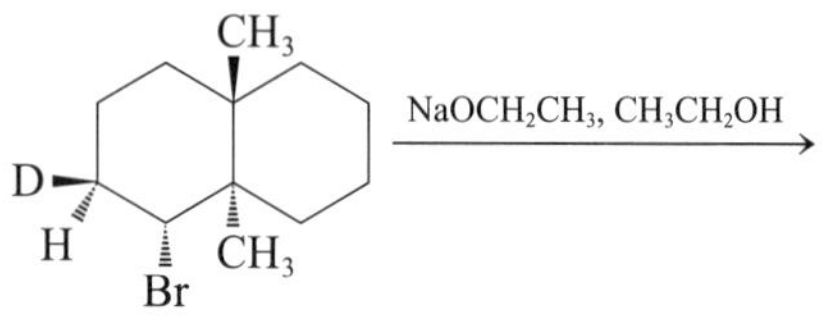

ii-氘代 $\xrightarrow{NaOCH_2CH_3,\ CH_3CH_2OH}$（所有氘均被氢置换）

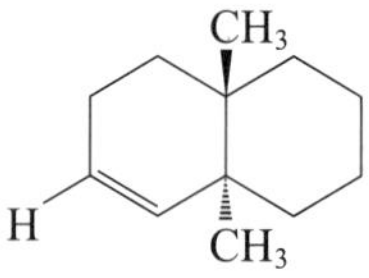

说明发生的消除反应是反式（*anti*）还是顺式（*syn*）。写出分子发生消除反应时必须采取的构象。问题（b）的答案对解决问题（a）是否有帮助？

团队练习

65. 溴代烷的取代-消除反应可用下式表示：

$$R—Br \xrightarrow{Nu/碱} R—Nu + 烯烃$$

当底物的结构和反应条件变化时，反应机理和产物有何不同？为揭示单分子和双分子取代反应和消除反应的细微差别，在反应条件（a）～（e）下进行溴代烷（A～D）的反应。把问题均匀分配给小组的各成员，以使每个成员都有解决反应机理和产物分布的问题（如果有的话）。然后，集合并讨论各自的结果，最后达成一致。当一个同学给其他成员解释反应机理时，用弯箭头标明电子的流向。在必要的地方用 *R* 或 *S* 表明起始原料和产物的立体化学特征。

A 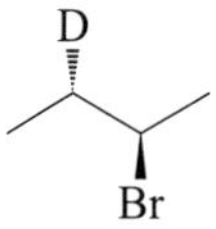　B 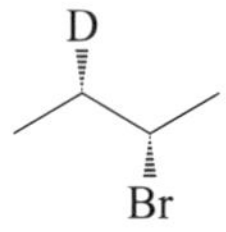　C 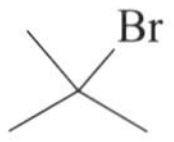　D

（a）NaN_3，DMF

（b）LDA，DMF

（c）NaOH，DMF

（d）$CH_3CO^-\ Na^+$，CH_3COH（C=O）

（e）CH_3OH

预科练习

66. 下面的卤代烷中，哪一个水解反应的速率最快？

（a）$(CH_3)_3CF$　（b）$(CH_3)_3CCl$

（c）$(CH_3)_3CBr$　（d）$(CH_3)_3CI$

67. 下述反应属于哪一类机理？

$$(CH_3)_3CCl \xrightarrow{CH_3O^-} (H_3C)_2C{=}CH_2$$

（a）E1　（b）E2　（c）S_N1　（d）S_N2

68. 在下面的反应中，哪一个是 A 最合适的结构？

$$A \xrightarrow{H_2O,\ 丙酮} CH_3CH_2C(CH_3)_2OH$$

（a）$BrCH_2CH_2CH(CH_3)_2$　（b）$CH_3CH_2CBr(CH_3)_2$

（c）$CH_3CH_2CH(CH_3)CH_2Br$　（d）$CH_3CHBrCH(CH_3)_2$

69. 下列碳正离子异构体中，哪一个最稳定？

（a）环戊基 $\overset{+}{C}H_2$　（b）1-甲基环戊基正离子（CH_3）

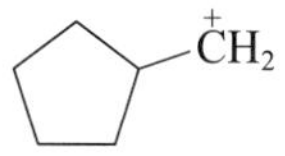

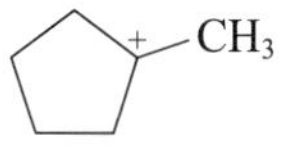

（c）（CH_3）　（d）（CH_3）

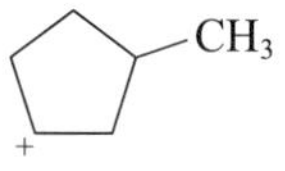

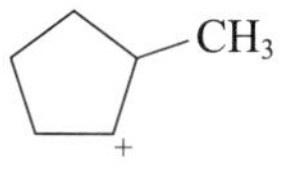

70. 哪一种反应中间体参与下面的反应？

$$2\text{-甲基丁烷} \xrightarrow{Br_2,\ h\nu} 2\text{-甲基-3-溴丁烷}$$

（非主要产物）

（a）二级自由基

（b）三级自由基

（c）二级碳正离子

（d）三级碳正离子

习题解答

25. （a）$(CH_3)_3COCH_2CH_3$　（b）$(CH_3)_2C(OCH_2CF_3)CH_2CH_3$　（c）1-乙基-1-甲氧基环戊烷（CH_3CH_2，OCH_3）

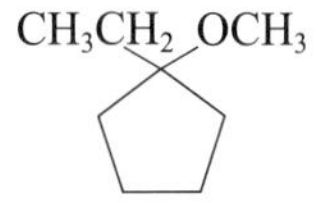

（d）$C_6H_{11}C(CH_3)_2OCHO$（甲酸是质子溶剂，强极性：有利于溶剂解反应）　（e）$(CH_3)_3COD$　（f）$(CH_3)_3C-O-C_6H_{11}$

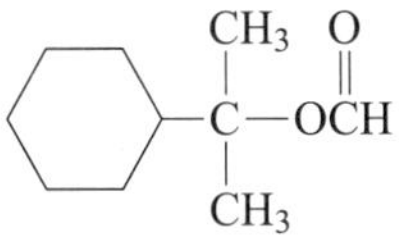

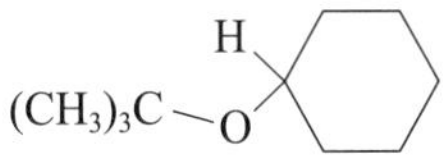

26. （a）对于此题的答案，我们将分步介绍其反应过程：

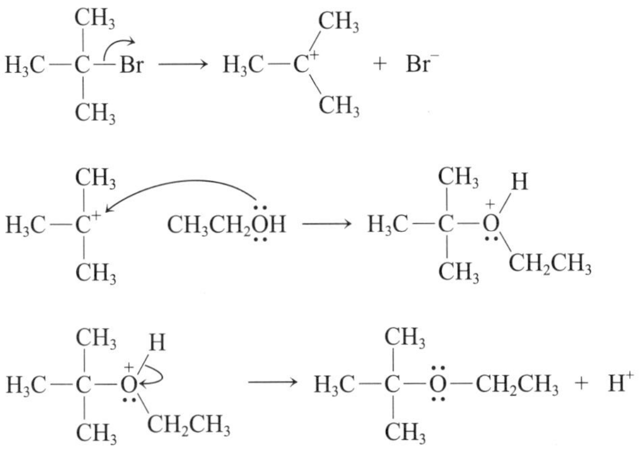

$$(CH_3)_3C-Br \longrightarrow (CH_3)_3C^+ + Br^-$$

$$(CH_3)_3C^+ + CH_3CH_2\ddot{O}H \longrightarrow (CH_3)_3C-\overset{+}{O}(H)CH_2CH_3$$

$$(CH_3)_3C-\overset{+}{O}(H)CH_2CH_3 \longrightarrow (CH_3)_3C-\ddot{O}-CH_2CH_3 + H^+$$

在此问题的最后一步，学生经常犯一个错误：将烷基从氧原子上离去，形成最终产物醇。在醇作溶剂的溶剂解反应中，这个过程是不会发生的：质子离去的速率远快于不稳定的烷基正离子（在以上实例中，乙基正离子为一级的）。

（b）对于接下来的反应过程，我们仍然分别展示每个步骤，但是，我们按反应顺序展示这些步骤。在以下反应式中，将会示出每个中间体的完整结构。

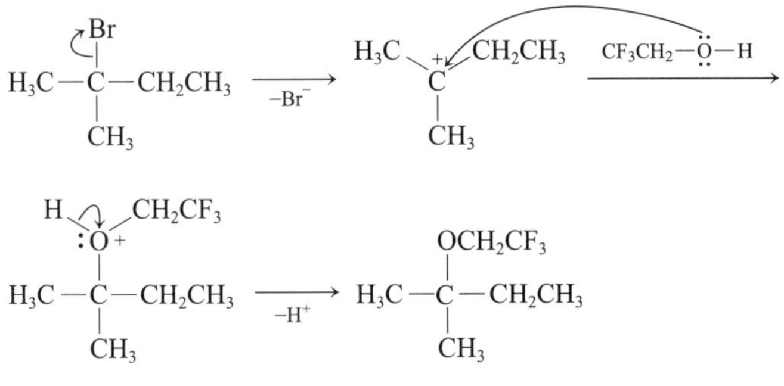

$$H_3C-C(Br)(CH_3)-CH_2CH_3 \xrightarrow{-Br^-} H_3C-\overset{+}{C}(CH_3)-CH_2CH_3 \xrightarrow{CF_3CH_2-\ddot{O}-H}$$

$$H_3C-C(CH_3)(\overset{+}{O}(H)CH_2CF_3)-CH_2CH_3 \xrightarrow{-H^+} H_3C-C(CH_3)(OCH_2CF_3)-CH_2CH_3$$

（c）1-氯-1-乙基环戊烷 $\xrightarrow{-Cl^-}$ 1-乙基环戊基正离子 $\xrightarrow{H_3C-\ddot{O}-H}$ $H_3C-\overset{+}{O}(H)$-1-乙基环戊烷（CH_2CH_3） $\xrightarrow{-H^+}$ $H_3C-\ddot{O}$-1-乙基环戊烷（CH_2CH_3）

（d）$C_6H_{11}-C(Br)(CH_3)-CH_3 \xrightarrow{-Br^-} C_6H_{11}-\overset{+}{C}(CH_3)CH_3 \xrightarrow{HCOOH}$

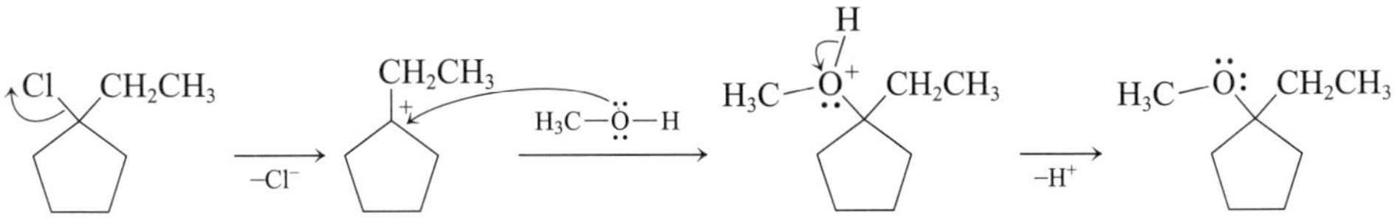

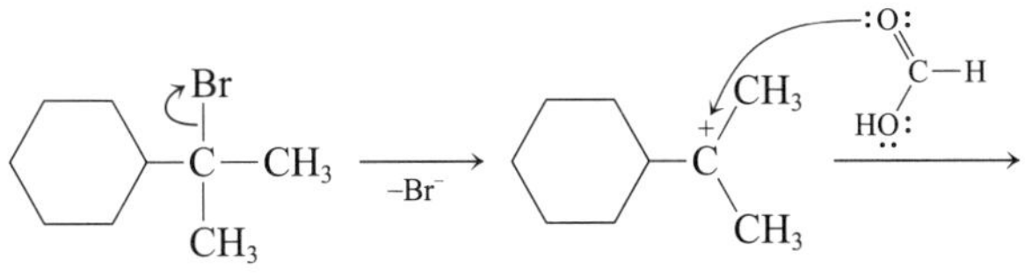

$\xrightarrow{-H^+}$

好吧，你会问，为什么氧原子必须与碳正离子相连而不是与另外两个碳原子中的一个相连？这使得反应过程看起来也复杂得多。其原因是这种方式形成的物种是共振稳定的（见下图）。从本章开始，当我们利用十几个章节介绍羧酸及羧酸衍生物时，你会看到更多与此类似的反应。抱歉，实际情况就是如此。

（e）$(CH_3)_3C-Cl \xrightarrow{-Cl^-} (CH_3)_3C^+ \xrightarrow{D-\ddot{O}-D} (CH_3)_3C-\overset{+}{O}D_2 \xrightarrow{-D^+} (CH_3)_3C-\ddot{O}-D$

（f）

$(CH_3)_3C-Cl \xrightarrow{-Cl^-} (CH_3)_3C^+ \longrightarrow$

$\xrightarrow{-D^+} (CH_3)_3C-O-$环己基

27.

和

（a）两步：

亲核试剂可以从平面型碳正离子的任意一面进行反应，从而形成所示的两个产物。

（b）将 Br^- 从碳正离子的另一面重新与其连接。（解离反应的逆反应。）

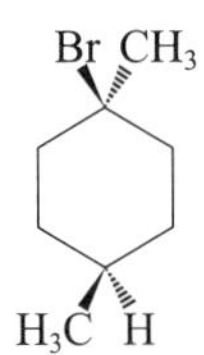

28. 两个产物：（Newman 投影式：CH_3CH_2O、H_3C、C_6H_5、H_3C、C_6H_5、H）和（H、H_3C、C_6H_5、C_6H_5、CH_3、OCH_2CH_3）

亲核试剂可以从平面型碳正离子的任意一面进行反应。

29.（**a**）除 25（d）反应外，H_2O 将加速其他所有反应，因为这些溶剂解反应中，它的极性比其他溶剂都强。它也将与碳正离子反应，形成产物醇。

（**b**）离子化合物具有很强的增加溶液极性的能力，从而加速 S_N1 反应（参见习题 51）。主产物将是烷基碘化物，因为碘负离子是一个很好的亲核基团。

（**c**）与（b）相同：叠氮负离子是一种很强的亲核基团，反应产物将是叠氮烷烃（烷基叠氮化物，R—N_3）

（**d**）这种溶剂可以使反应体系的极性降低，并使溶剂解反应变慢。

30.

（环戊基，CH_3，+）>（环戊基，H，CH_3，+）>（环戊基，H，$\overset{+}{C}H_2$）

（三级） （二级） （一级）

31.（**a**）$(CH_3)_2CClCH_2CH_3>(CH_3)_2CHCHClCH_3>(CH_3)_2CHCH_2CH_2Cl\,(3°>2°>1°)$

（**b**）$RCl>RO\overset{O}{\overset{\|}{C}}CH_3>ROH$ （离去基团的离去能力排序）

（**c**）（环己基，Cl，CH_3）>（环己基—Br）>（环己基—Cl）

32.（**a**）底物中含有连接易离去基团的二级碳和一个亲核能力较弱的亲核试剂⇒S_N1 反应。

$$(CH_3)_2CH—OSO_2CF_3 \longrightarrow {}^-OSO_2CF_3 + (CH_3)_2\overset{+}{C}H \xrightarrow{CH_3CH_2—\ddot{O}H}$$

$$(CH_3)_2CH\overset{+}{O}(H)CH_2CH_3 \longrightarrow H^+ + (CH_3)_2CHOCH_2CH_3$$

（**b**）三级卤代烷，极性溶剂⇒S_N1 反应。

（环戊基，CH_3，Br）$\xrightarrow{-Br^-}$（环戊基$^+$—CH_3）$\xrightarrow[\text{好的亲核试剂}]{H\ddot{S}CH_3}$（环戊基，$\overset{+}{S}(H)—CH_3$，$CH_3$）$\xrightarrow{-H^+}$（环戊基，$SCH_3$，$CH_3$）

（**c**）一级卤代烷，好的亲核试剂，非质子溶剂⇒S_N2 反应。

$$CH_3CH_2CH_2CH_2—Br + (C_6H_5)_3\ddot{P} \longrightarrow CH_3CH_2CH_2CH_2\overset{+}{P}(C_6H_5)_3\ Br^-$$

（**d**）二级卤代烷，其他条件与（c）类似⇒仍然是 S_N2 反应。

$$CH_3CH_2\overset{Cl}{C}HCH_2CH_3 + I^- \longrightarrow CH_3CH_2CHICH_2CH_3$$

33. 首先考虑每个反应的最可能机理是什么，然后写出产物。最后，请思考：S_N2 反应在极性非质子溶剂中的反应速率更快；而 S_N1 反应在极性质子溶剂中的反应速率更快，这是由于过渡态的强稳定性有利于正离子与负离子的解离。

(a) 底物为一级卤代烷⇒S_N2 反应，产物为 $CH_3CH_2CH_2CH_2CN$；最好在非质子溶剂中进行。

(b) 底物仍为带有支链的一级卤代烷，亲核试剂不是强碱⇒仍是 S_N2 反应，产物为 $(CH_3)_2CHCH_2N_3$；也最好在非质子溶剂中进行。

(c) 底物为三级卤代烷⇒S_N1 反应，产物为 $(CH_3)_3CSCH_2CH_3$；最好在质子溶剂中进行。

(d) 底物为带有易离去基团的二级卤代烷，弱的亲核试剂⇒S_N1 反应是此类体系最有可能的反应机理，产物为 $(CH_3)_2CHOCH(CH_3)_2$；在质子溶剂中反应速率最快。

34. 需要**连续两步** S_N2 反应，两次构型反转才能使反应位点的构型最终保持不变：

$$(R)\text{-2-氯丁烷} \xrightarrow{\text{KBr, DMSO}} (S)\text{-2-溴丁烷} \xrightarrow{\text{NaN}_3\text{, DMSO}} (R)\text{-2-叠氮丁烷}$$

35. (1) 经 S_N1 反应（溶剂解）生成消旋的产物：

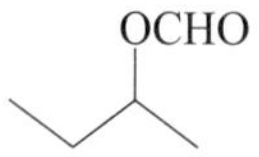

OCHO

溶剂甲酸是强极性的质子溶剂，但亲核能力较弱。

(2) 经 S_N2 反应（负离子具有强的亲核能力，非质子溶剂）生成（*R*）-构型产物：

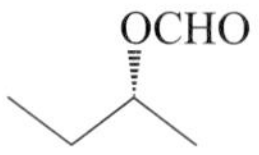

OCHO

注意以上两个反应条件的不同点。

36. 要形成目标产物，需要反应位点的构型反转。底物为二级氯代烷，因此，需要确保反应按 S_N2 机理进行。利用如羧酸根负离子类亲核能力强的亲核基团（与羧酸正好相反，羧酸的亲核性较差），并在极性非质子溶剂如 *N*,*N*-二甲基甲酰胺（DMF）中反应：

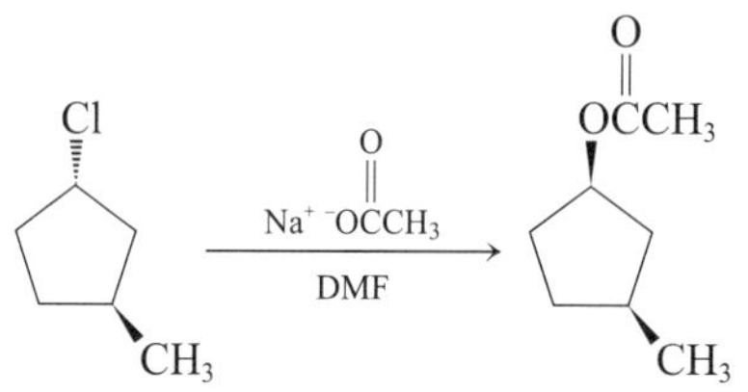

Cl ……CH₃ $\xrightarrow[\text{DMF}]{Na^+\ ^-OC(=O)CH_3}$ OC(=O)CH₃ ……CH₃

37. 第一个反应是简单的 S_N2 取代反应。第二个也是 S_N2 反应，但是经历了一个复杂的过程。让我们考察第二步反应的产物是如何进行后续反应的，然后也许可以进一步分析为什么第二个反应可以进行，而第一个反应则不行。

生成副产物 $(CH_3CH_2CH_2CH_2)_2S$ 的途径必须经第一步取代产物 $CH_3CH_2CH_2CH_2CH_2SH$ 继续与另一个起始原料 $CH_3CH_2CH_2CH_2Br$ 反应：这是实现在硫原子上有两个正丁基取代的唯一合理方法。由于正丁基是一级的，我们可以确定此反应肯定经 S_N2 机理。最简单的方法是将第一步反应的产物作为第二步反应的亲核试剂：

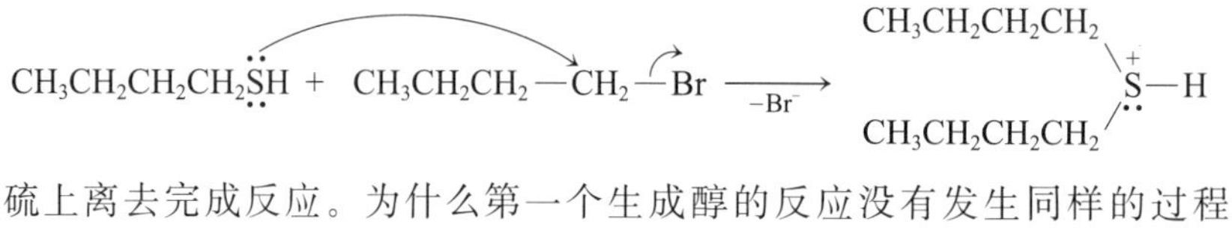

$$CH_3CH_2CH_2CH_2\ddot{S}H + CH_3CH_2CH_2{-}CH_2{-}Br \xrightarrow{-Br^-} (CH_3CH_2CH_2CH_2)_2\overset{+}{\ddot{S}}{-}H$$

最后，H^+ 从硫上离去完成反应。为什么第一个生成醇的反应没有发生同样的过程？你是否知道硫与氧的亲核能力存在差别？硫的亲核能力比氧强得多，特别是在质子溶剂中（6-8 节）。醇羟基的亲核能力较弱，无法顺利进行 S_N2 取代反应，而硫醇中的巯基则可以轻易实现这种转变。

你是否考虑过另一种机理，即硫醇中的官能团—SH 在亲核进攻之前就已经去质子化？就是

$$CH_3CH_2CH_2CH_2\ddot{S}H \rightleftharpoons CH_3CH_2CH_2CH_2\ddot{S}{:}^- + H^+$$

接着

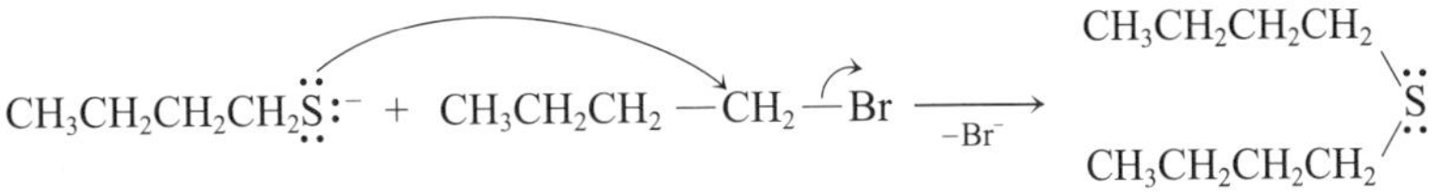

$$CH_3CH_2CH_2CH_2\ddot{S}:^- + CH_3CH_2CH_2-CH_2-Br \xrightarrow[-Br^-]{} (CH_3CH_2CH_2CH_2)_2S$$

这种机理从理论上分析是合理的，但由于硫醇键的 pK_a 大约为 10，在没有碱参与的情况下，首先去质子化对这个反应的平衡过程而言非常不利，不具有竞争力：这使得共轭碱巯基负离子的浓度太低，无法顺利进行后续的反应。

38. (a) $(CH_3)_2C{=}CH_2$ (b) $H_2C{=}C(CH_3)CH_2CH_3$ $CH_3CH{=}C(CH_3)_2$

(c) $CH_3CH{=}$环戊烷 CH_3CH_2-环戊烯 (d) $(CH_3)_2C{=}$环己烷 $H_2C{=}C(CH_3)-$环己基

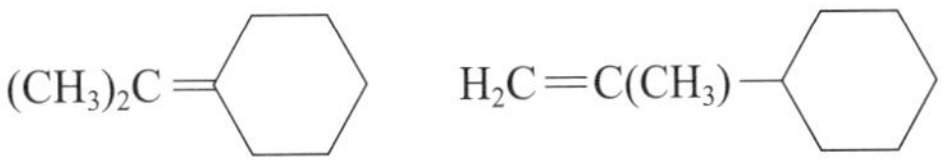

(e)，(f) 与 (a) 相同

39. 先画出产物的结构式。然后，接下来的任务是，利用 7-6 节中的知识，确定每一个转换的反应机理：如何从原料转化为产物？以教材第 284 页 2-溴-2-甲基丙烷（叔丁基溴）在甲醇中的 E1 消除反应机理为模型。

(a) $(CH_3)_3C-Br \xrightleftharpoons{-Br^-} (CH_3)_3C^+$ 接着 $CH_3CH_2\ddot{O}H$ 夺取 $(H_3C)_2C^+-CH_2-H$ 上的 H

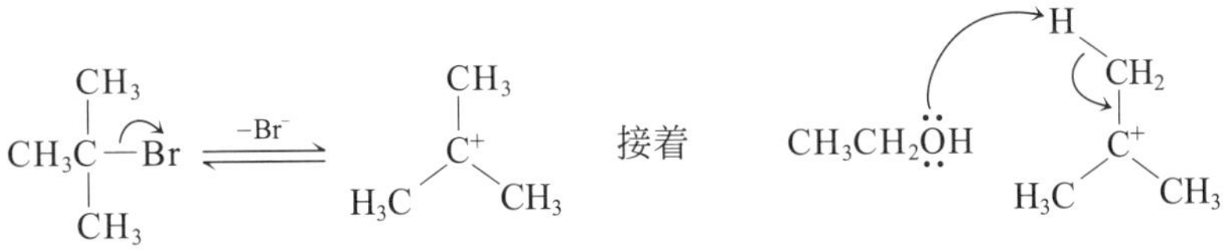

对于反应的其余转化过程，仍然应该是分步的，每一步相衔接，这是一个连续的过程。采用任何一种方式对每一个独立步骤进行描述都是可以接受的。但是，请遵守以下**注意事项**：在完成多步转换的反应机理中，请始终将各个转换视为一个单独的过程。**切勿**在完成多步转换的反应机理中将多个转换合并为一步。

(b) 在这个反应中，以及在随后的反应中，均可能有两种产物。反应在第二步中开始有两种可能的转换。为了表达清楚，我们还展示了这两种途径所导致的产物。

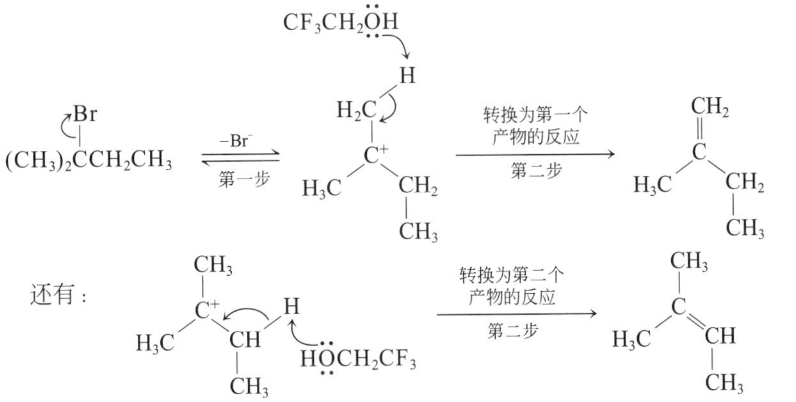

$$(CH_3)_2C(Br)CH_2CH_3 \xrightleftharpoons[\text{第一步}]{-Br^-} (H_3C)(H_2C{-}H)C^+CH_2CH_3 \xrightarrow[\text{第二步}]{\text{转换为第一个产物的反应}} H_2C{=}C(CH_3)CH_2CH_3$$

（$CF_3CH_2\ddot{O}H$ 夺取 H）

还有：

$$(CH_3)_2C^+-CH(H)CH_3 \xrightarrow[\text{第二步}]{\text{转换为第二个产物的反应}} (H_3C)(CH_3)C{=}CHCH_3$$

（$H\ddot{O}CH_2CF_3$ 夺取 H）

(c)

$$\text{1-乙基-1-氯环戊烷} \xrightleftharpoons[\text{第一步}]{-Cl^-} \text{1-乙基环戊基正离子} \xrightarrow[\text{第二步}]{\text{转换为第一个产物的反应}} \text{亚乙基环戊烷 (CHCH}_3\text{)}$$

（$CH_3\ddot{O}H$ 夺取侧链 CHCH$_3$ 上的 H）

还有：

$$\text{1-乙基环戊基正离子} \xrightarrow[\text{第二步}]{\text{转换为第二个产物的反应}} \text{1-乙基环戊烯 (CH}_2\text{CH}_3\text{)}$$

（$CH_3\ddot{O}H$ 夺取环上的 H）

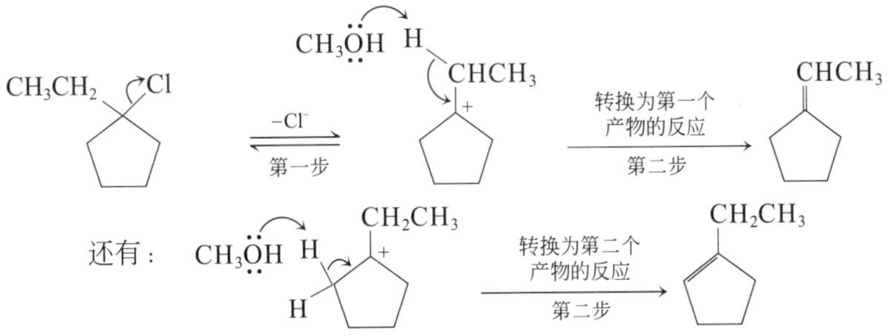

(d) 对于反应 (d)，我们将展示这两条反应途径的不同点。我们将只写一次碳正离子中间体，并画出经由此碳正离子中间体的两个 E1 消除产物。描述这些不同转换过程的各种方法都是常用的，也常常在教科书中或者在其他地方见到。

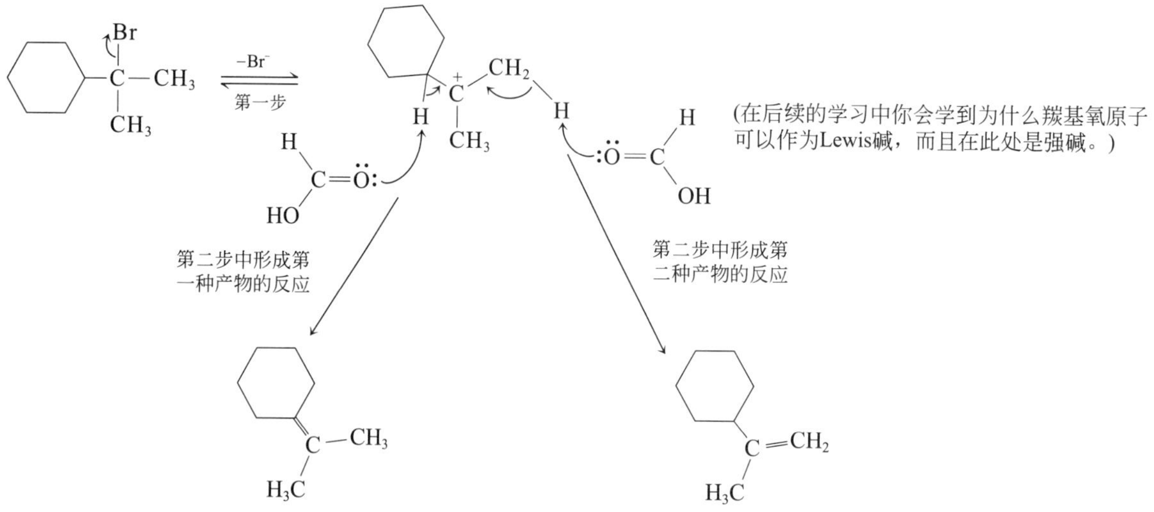

第一步

(在后续的学习中你会学到为什么羰基氧原子可以作为Lewis碱，而且在此处是强碱。)

第二步中形成第一种产物的反应

第二步中形成第二种产物的反应

(e) 和 (f) 的反应机理与 (a) 基本相同，只是离去基团由 Br^- 转变为 Cl^-。参与反应的亲核试剂/碱是不同的，但作用方式完全相同，氧原子从碳正离子中间体中的 β 位攫取质子。

40. 甲烷氯化反应的决速步是链增长的第一步。虽然引发反应并使反应继续进行的情况有些复杂，但链式反应一旦开始，链增长第一步的速率应该完全近似于此反应的速率。

因此：

$$反应速率 = k\,[CH_4][:\ddot{Cl}\cdot]$$

41. 在C—Cl键断裂的那一刻，原先四面体构型的不对称碳原子转化为平面形的碳正离子，并且该物种为非手性的。但是，氯离子仍然停留在它所离开碳原子的那一面，并部分通过与碳正离子的静电作用保持在那里，这一现象称为“离子对”：

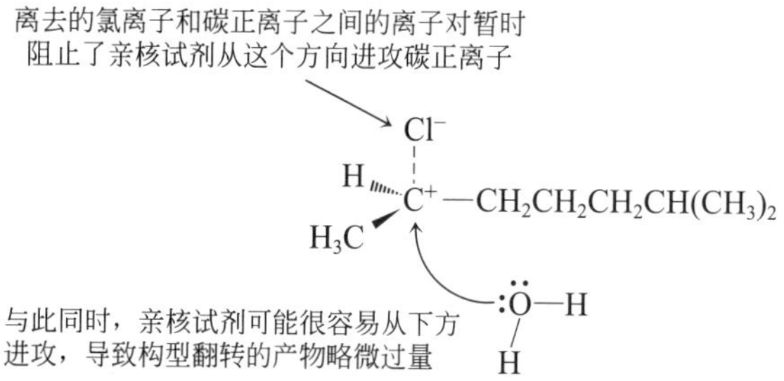

离去的氯离子和碳正离子之间的离子对暂时阻止了亲核试剂从这个方向进攻碳正离子

与此同时，亲核试剂可能很容易从下方进攻，导致构型翻转的产物略微过量

在碳正离子和氯离子接近的那一刻，溶剂分子暂时无法从该方向接近碳正离子，而从另一侧与碳正离子成键则完全没有障碍。结果导致构型翻转的产物醇略微过量。常在 S_N1 反应中观察到这种结果，事实上，在这一过程中得到完全消旋的产物并不常见。

42. (**a**) 我们首先对参与反应的底物和试剂进行分析。底物为三级卤代烷，具有好的离去基团，在极性质子溶剂 CH_3OH 中与 $NaOCH_3$（一种强碱）反应。根据题给的图表，可以预测通过 E2 消除是主要结果。底物结构中有八个可能的氢可以被碱攫取。依据去质子化的基本原理，会产生两种可能的消除产物。两个 CH_3 基团其中一个去质子化后将形成左边的烯烃；而 CH_2 基团去质子化后，即形成右边的烯烃

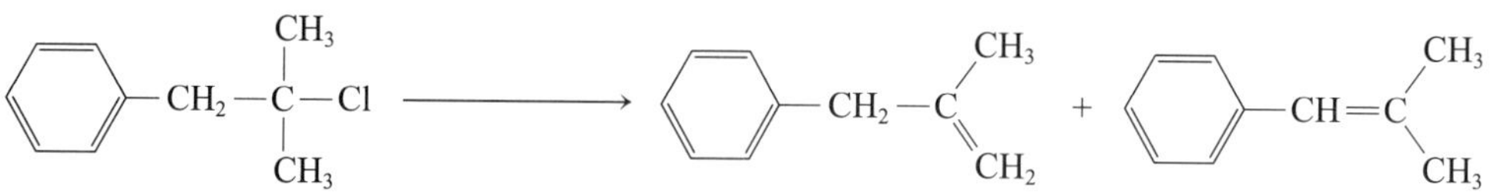

(**b**) 我们知道 E2 反应是双分子和二级动力学的，其速率与碱浓度呈线性关系；机理 1 的反应进程图与此预测一致。

(**c**) 机理 2 又是怎么样的呢？取代反应不是其中的选择，因此，在默认情况下，它必须通过 E1 消除机理进行反应。事实上，该反应的速率与碱浓度无关，与所预期的单分子转化基本一致。

(**d**) 当 $[NaOCH_3]$ 约为 $0.75\ mol \cdot L^{-1}$ 时，E2 消除机理的速率似乎超过了 E1 的速率。

43.（**a**）碱是一种非常强的碱（NH_3 的 pK_a 大约 35，它是一种非常**弱**的酸），有利于 E2 消除而不是 E1。其唯一的产物为：

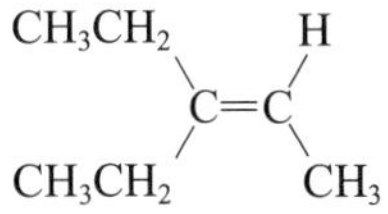

$$(CH_3CH_2)_2C{=}CH(CH_3)$$

无论连接离去基团碳原子周边三个亚甲基上六个质子中的任意一个被攫取，均会形成相同的产物：

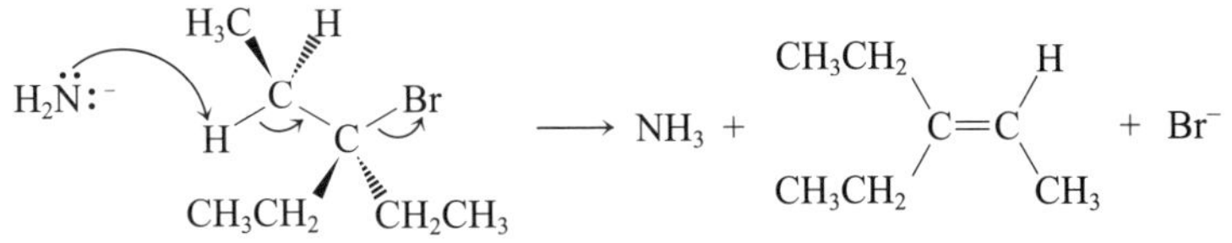

$$H_2\ddot{N}:^- + H{-}CH(CH_3){-}C(CH_2CH_3)_2{-}Br \longrightarrow NH_3 + (CH_3CH_2)_2C{=}CH(CH_3) + Br^-$$

（**b**）E2

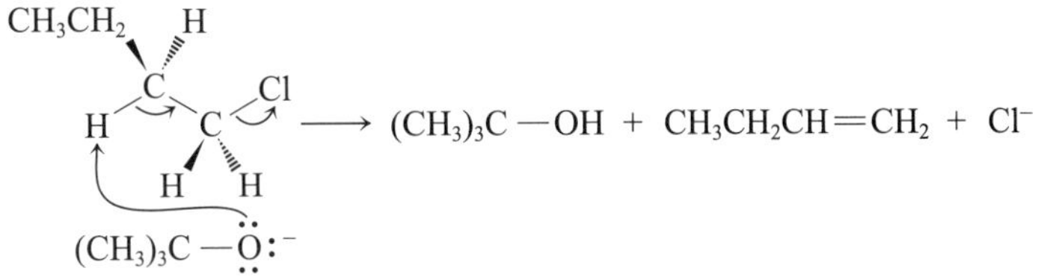

$$(CH_3)_3C{-}\ddot{O}:^- + H{-}CH(CH_2CH_3){-}CH_2{-}Cl \longrightarrow (CH_3)_3C{-}OH + CH_3CH_2CH{=}CH_2 + Cl^-$$

（**c**）E2

$$^-:\ddot{O}H + \text{(环己基)CHBr–(环己基，H)} \longrightarrow H_2O + \text{(环己基)}CH{=}C\text{(环己烷)} + Br^-$$

［注意这根键是如何平分六边形内的键角的。］

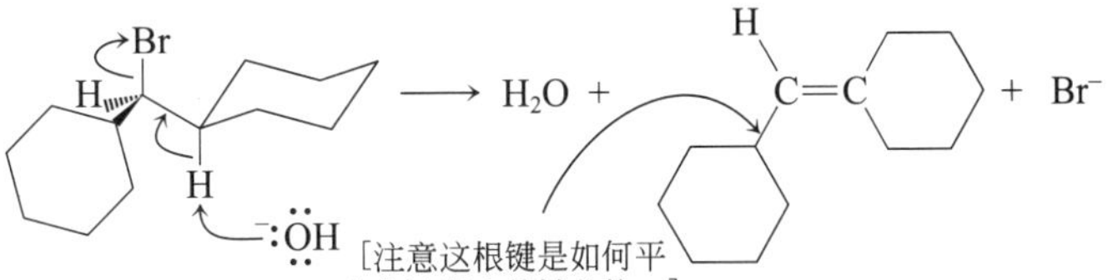

（**d**）E1 或 E2 消除都可能发生，但考虑到碱的强度，E2 消除将占主导地位，除非甲氧基负离子的浓度非常低（见习题 42）。形成两种异构体产物：

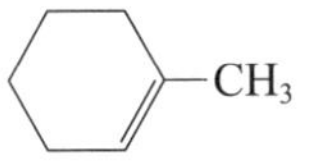

1-甲基环己烯（环己烯—CH_3） 和 亚甲基环己烷（环己烷$=CH_2$）

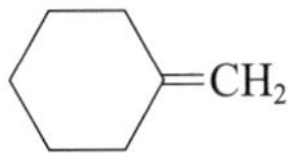

E2 消除机理示意：

$$\text{(氯代环己烷)}{-}CH_2{-}H + CH_3\ddot{O}:^- \longrightarrow CH_3OH + Cl^- + \text{环己烷}{=}CH_2$$

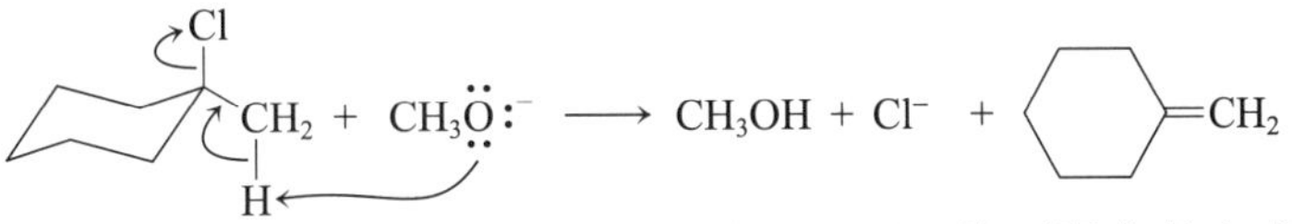

44. 让我们首先分别分析每一个参与反应的试剂。然后，可以按照既有的方式来回答这些问题。

（**a**）$NaSCH_3$ 的 CH_3OH 溶液：在这个反应中，我们有一个非常强的亲核试剂，但不是一个特别强的碱。尽管有质子溶剂参与，但该试剂仍将与一级和二级 RX 进行 S_N2 反应。

（**b**）$(CH_3)_2CHOLi$ 的 $(CH_3)_2CHOH$ 溶液：在这个反应中，碱的碱性非常强，同时其空间位阻也很大。一级 RX 在很大程度上进行 S_N2 反应，二级 RX 则可能进行 E2 消除反应。

（**c**）$NaNH_2$ 的液氨溶液：与（b）类似；氨基负离子的碱性非常强，但其空间位阻不大。一级卤代烷进行 S_N2 反应，二级卤代烷则进行 E2 消除反应。

（**d**）KCN 的 DMSO 溶液：与（a）一样，也进行 S_N2 反应。

（**e**）

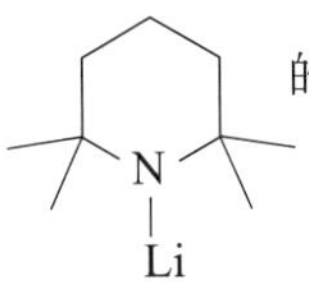

2,2,6,6-四甲基哌啶锂（N—Li）的 2,2,6,6-四甲基哌啶（N—H）溶液：大空间位阻强碱，均进行 E2 消除反应。

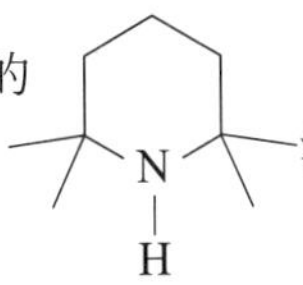

（**f**） $CH_3CH_2CH_2{-}\overset{O}{\overset{\|}{C}}{-}ONa$ 的 DMF 溶液：均进行 S_N2 反应。

因此，依据以上结果可以总结如下：

（i）除了（e）外，一级 RX 在其他条件下均可以进行 S_N2 反应。

（ii）只有在（e）条件下，一级 RX 可以进行 E2 消除反应。

（iii）在（a），（d）和（f）条件下，二级 RX 可以进行 S_N2 反应。

（iv）在（b），（c）和（e）条件下，二级 RX 可以进行 E2 消除反应。

45. 与习题 32 和 33 一样，首先要完成的是：对底物（一级、二级等等）进行分类，以确定其可能的反应转化机理。1-溴丁烷是直链一级卤代烷；反应机理可能是 S_N2 取代或 E2 消除反应。S_N2 将与亲核性强的亲核试剂进行反应，但亲核性较弱的亲核试剂则不会反应。空间位阻大的强则发生 E2 消除反应。

(a) 和 **(c)** 1-氯丁烷　　**(b)** 1-碘丁烷

(d) $CH_3CH_2CH_2CH_2NH_3^+Br^-$　　**(e)** $CH_3CH_2CH_2CH_2OCH_2CH_3$

以上均为 S_N2 反应。

(f) 不反应。**醇羟基的亲核能力较弱。**　　**(g)** $CH_3CH_2CH═CH_2$（E2 消除反应）

(h) $CH_3CH_2CH_2CH_2P(CH_3)_3^+Br^-$（$S_N2$：中性膦试剂是一种强亲核能力的亲核试剂，但碱性非常弱）

(i) 不反应。羧酸是亲核能力较差的亲核试剂。（不，我们从未告诉过你这些知识，但你确实已经知道亲核性与碱性有一定的关联性，羧酸不太可能是强碱。懂了吗？）

46. 在这些反应中，底物为 2-溴丁烷，是二级卤代烷。所有反应机理都是可能的。

(a) 2-氯丁烷　　**(b)** 2-碘丁烷

DMF 是极性非质子溶剂。(a) 和 (b) 均为 S_N2 反应。

(c) 2-氯丁烷，但是可以经 S_N1 机理。硝基甲烷是一种强极性、非亲核性溶剂，有利于反应过程中的电荷分离，非常适合 S_N1 反应（参见教材 275 页）。

(d) $CH_3CH_2CH(NH_3)CH_3{}^+Br^-$

S_N2：NH_3 为亲核能力强、碱性弱的亲核试剂。

(e) 和 **(g)** $CH_3CH_2CH═CH_2$ 和 $CH_3CH═CHCH_3$（E2 产物——习题已经说明试剂过量，因此有利于 E2 而非 E1 反应）

(f) $CH_3CH_2CH(OCH_2CH_3)CH_3$：二级卤代烷可以与亲核能力较弱的醇进行 S_N1 反应（溶剂解）。

(h) $CH_3CH_2CH[P(CH_3)_3]CH_3{}^+Br^-$（$S_N2$）。

(i) $CH_3CH_2CH(O_2CCH_3)CH_3$：与（f）一样，与亲核能力较弱的亲核试剂进行 S_N1 溶剂解反应。

47. 在这些反应中，底物为 2-溴-2-甲基丙烷，是三级卤代烷。S_N2 反应可以被排除在外。

(a) 和 **(b)** 不反应。常用的极性非质子溶剂对反应过程中的电荷分离能力并不强。DMF 比丙酮（一种非常差的 S_N1 反应溶剂）略好一些，但亲核取代反应仍然会非常慢。

(c) 2-氯-2-甲基丙烷（S_N1）

(d) 就碱性强弱分类而言，氨处于一种临界状态，与二级卤代烷（其中 S_N2 是一种可能选择）反应，更可能进行取代反应，但与三级卤代烷烃以消除反应（E2）为主：$(CH_3)_2C═CH_2$。

(e) 和 **(g)** $(CH_3)_2C═CH_2$（E2）　　**(f)** $(CH_3)_3COOOCH_2CH_3$（S_N1）

(h) $(CH_3)_3CP(CH_3)_3{}^+Br^-$（$S_N1$）

(i) $(CH_3)_3CO_2CCH_3$（S_N1）　　**(f)**，**(h)**，和 **(i)** 也生成部分 $(CH_3)_2C═CH_2$（E1）。

48.

(a) (1) $(CH_3)_3CSH+HCl$

(2) $(CH_3)_3CO_2CCH_3+(CH_3)_2C═CH_2+KCl+CH_3COOH$（$CH_3COOK$ 的碱性很强，足以与三级卤代烷反应生成部分消除产物。）

(3) $(CH_3)_2C═CH_2+KCl+CH_3OH$

(b) (1) 和 (2) 的反应速率相同，或非常接近。(1) 为 S_N1，(2) 为 S_N1 和 E1，它们具有相同的决速步；如果反应体系的极性相似，则反应速率将非常接近。因为进行双分子消除反应，(3) 的速率将取决于碱的浓度。

49. (a) 环戊叉甲烷（环戊烷 $=CH_2$） E2

(b) 不反应。离去基团的离去能力较差。

(c) 消旋的 $CH_3CH_2CHOHCH_3$ S_N1

(d) 环己烯 E2

(e) $(CH_3)_2CHCH_2CH_2OCH_2CH_3$ S_N2

(f) 消旋的 $CH_3CH_2C(I)(CH_3)CH_2CH_2CH_3$ S_N1

(g) 不反应，但可以发生可逆的质子转移反应。

(h) 环己烯基$-CH_2CH_2CH_2OCH_3$ S_N2

(i) $CH_3CH_2CH(SH)$（楔形 H_3C，虚线 H） S_N2

(j) 1-甲氧基-1-乙基环己烷（OCH_3，CH_2CH_3） S_N1

(k) $(CH_3)CCH=CH_2$ E2

(l) 不反应。离去基团的离去能力较差。

50. 老实说，如果我每次在考试中看到这些答案都能得到一枚硬币，我将会坐在某个地方的海滩上，而不是…哦，别妄想了。[1]

(a) 卤代甲烷与强的碱性亲核试剂反应。反应机理应为 S_N2。题中所示的是 S_N1，甲基或一级卤代烷**永远不会**进行此机理。正确答案（参见第 2 章，这是你在整个课程学习中学到的第一个反应机理）：

$$H-\ddot{O}:^- + H-CH_2-\ddot{Cl}: \longrightarrow H-\ddot{O}-CH_3 + :\ddot{Cl}:^-$$

(b) 甲醇，与其他所有的醇一样（还有水，单就此而言），是一种**非常差**的亲核试剂。此外，甲醇**极难解离**形成甲氧基负离子（如水解离成氢氧根负离子）。因此，甲氧基负离子的浓度将会很低，低到无法测定在甲醇中此反应是否能进行。正确的答案是没有反应（除非你愿意等待几十年…）。

(c) 第一步是正确的：底物解离，形成碳正离子和离去基团。接下来，嗯，分析醇的结构，在一定程度上，简单而言，它可能是氢氧根负离子的来源。毕竟，我们都熟悉 NaOH，它含有氢氧根负离子，且是氢氧根负离子的主要来源。但是，水和醇不是离子化合物；**它们是共价化合物**。水和醇不是氢氧根离子的来源 ... **以前可能认为是**。别急，认真分析这个不正确机理的第二行。您认为这些中间体是什么？一个一级碳正离子，一个不存在的物种，和氢氧根负离子，一个很差的离去基团。这个第二步完全是不可能的。正确的第二步应该是将完整醇分子中的羟基氧原子作为亲核位点与三级碳正离子结合：

$$(CH_3)_3C^+ + CH_3CH_2\ddot{O}H \longrightarrow (CH_3)_3C-\overset{+}{\ddot{O}}(H)-CH_2CH_3$$

该产物为氧𬭩离子，水合氢离子 H_3O^+ 的类似物。我们对这种氢与氧结合形成带正电荷氧的结构了解多少？我们知道这些物种中的氢具有很强的酸性。这使我们得出了正确的第三步：失去质子，得到真正的产物，醚：

$$(CH_3)_3C-\overset{+}{\ddot{O}}(H)-CH_2CH_3 \longrightarrow (CH_3)_3C-\ddot{O}-CH_2CH_3 + H^+$$

[1] 编者注：作者的一种幽默。潜在意思是这些题很简单，同学们都能做对。

51.

卤代物	试剂			
	H_2O	$NaSeCH_3$	$NaOCH_3$	$KOC(CH_3)_3$
CH_3Cl $CH_3CH_2CH_2Cl$ $(CH_3)_2CHCl$ $(CH_3)_3CCl$	不反应 不反应 $(CH_3)_2CHOH$ } S_N1 $(CH_3)_3COH$ } 和 $(CH_3)_2C{=}CH_2$ } E1	CH_3SeCH_3 } $CH_3CH_2CH_2SeCH_3$ } S_N2 $(CH_3)_2CHSeCH_3$ } $(CH_3)_3CSeCH_3$ S_N1 和 $(CH_3)_2C{=}CH_2$ } E1	CH_3OCH_3 } S_N2 $CH_3CH_2CH_2OCH_3$ } $CH_3CH{=}CH_2$ } E2 $(CH_3)_2C{=}CH_2$ }	$CH_3OC(CH_3)_3$ S_N2 $CH_3CH{=}CH_2$ } $CH_3CH{=}CH_2$ } E2 $(CH_3)_2C{=}CH_2$ }

52. 参见习题 51 的答案。二级卤代物比三级卤代物具有更高的 E2/E1 产物比（二级碳正离子比三级碳正离子更不易形成）。

53.（**a**）反应很慢。$CH_3CH{=}CHCH_3$ 和 $CH_3CH_2CH{=}CH_3$ 都是重要产物。

（**b**）没有产物。不反应，亲核试剂的亲核能力弱。

（**c**）没有产物。与溶剂无明显反应，包括 S_N1 反应。HCN 是一种弱酸，因此，是非常差的氰根负离子的来源。

（**d**）可以。分子内 S_N1 反应。

（**e**）可以，最终可以进行，但非常非常慢。尽管底物为一级卤代物，但有一个空间位阻非常大的基团阻止亲核基团从背面进攻。

（**f**）可以。

（**g**）可以。

（**h**）没有产物。不反应，亲核试剂的亲核能力很差。

（**i**）没有产物。不反应。

（**j**）没有产物。不反应，不是好的离去基团

（**k**）反应很慢。也可以生成 $(CH_3)_2CHCH_2CH_2OCH_2CH_3$。

（**l**）反应很慢。好的亲核试剂，主要生成 $CH_3CH_2CH_2CH_2OCH_2CH_3$。

54.

（**a**）$CH_3CH_2CH_2CH_3 \xrightarrow{Br_2,\ \triangle} CH_3CH_2CHBrCH_3 \xrightarrow{KI,\ DMSO} CH_3CH_2CHICH_3$

（**b**）$CH_3CH_2CH_2CH_3 \xrightarrow{Cl_2,\ h\nu} CH_3CH_2CH_2CH_2Cl \xrightarrow{NaI，丙酮} CH_3CH_2CH_2CH_2I$

（**c**）$CH_4 \xrightarrow{Cl_2,\ h\nu} CH_3Cl \xrightarrow{KOH,\ H_2O} CH_3OH$；然后 $(CH_3)_3CH \xrightarrow{Br_2,\ \triangle} (CH_3)_3CBr \xrightarrow{CH_3OH} (CH_3)_3COCH_3$

（**d**）环己烷 $\xrightarrow{Br_2,\ h\nu}$ 溴代环己烷（Br） $\xrightarrow{KOCH_2CH_3,\ CH_3CH_2OH}$ 环己烯

（**e**）从（**d**），溴代环己烷（Br） $\xrightarrow{H_2O\ (S_N1)}$ 环己醇（OH） 第八章将会提供一种更好的合成方法

（**f**）Na_2S 的醇溶液

$BrCH_2CH_2CH_2CH_2Br$ 与 S^{2-}：四个S_N2取代产物

55.（**a**）速率$=k[RBr]$，因此 $2\times10^{-4}=k\times0.1$，从而得出 $k=2\times10^{-3}\ s^{-1}$。

产物为 $C_6H_5-C(CH_3)_2-OH$ (ROH)。

（**b**）新的“k_{LiCl}”$=4\times10^{-3}s^{-1}$。加入 LiCl 增加了离子浓度，从而增加了溶液的极性，加快了溶剂解过程中决速步离子化的速率。

（**c**）在此反应中，添加的盐含有 Br^-，**这也是溶剂解反应中的离去基团**。由于溶剂解反应的第一步是可逆的，过量的 Br^- **导致反应速率降低**，并且 R^+ 和 Br^- 的重新结合将会与 R^+ 和 H_2O 的反应进行竞争：

$$RBr \underset{\text{重新结合}}{\overset{\text{离子化}}{\rightleftharpoons}} Br^- + R^+ \xrightarrow{H_2O} ROH$$

56.（**a**）溶剂是醇，亲核能力较弱。然而，CF_3CH_2OH 结构中的三个氟原子具有很强的电负性和吸电子效应。三个氟原子吸电子能力的综合结果降低了氧原子作为电子给体的亲核能力。这是吸电子诱导效应的一个实例，我们将在下一章中更全面地讨论。目前，我们需要认识到的是，CF_3CH_2OH 的亲核能力比普通的醇（没有卤素取代基的醇）更差。

（**b**）通常，在 S_N1 反应机理中，第一步是决速步；即第一步的速率＜第二步的速率。此题所进行的反应中，溶剂的亲核性降低，会使第二步的速率减慢，以至于可能成为决速步。因此，碳正离子中间体的浓度可能会提高，因为它的形成速率快于碳正离子与亲核试剂上结合的速率。

（**c**）随着碳正离子稳定性的提高和溶剂亲核性的降低，与第二步的速率相比，第一步的速率进一步加快，并且碳正离子中间体应表现出更长的寿命。南加州大学的 George Olah，在他开创性研究过程中，直接观察碳正离子的形成以及研究它们在极低亲核性的溶剂环境中的性质。结合这些研究，他发展了这一理论。

（**d**）

$CH_3O-C_6H_4-CH(Cl)-C_6H_4-OCH_3 \xrightarrow[-Cl^-]{\text{快}} CH_3O-C_6H_4-\overset{+}{C}H-C_6H_4-OCH_3 \quad CF_3CH_2\ddot{O}H$

$\xrightarrow{\text{慢}} CH_3O-C_6H_4-CH(\overset{+}{O}(H)CH_2CF_3)-C_6H_4-OCH_3 \xrightarrow[-H^+]{\text{快}} CH_3O-C_6H_4-CH(OCH_2CF_3)-C_6H_4-OCH_3$

57.（**a**）三级卤代烷⇒S_N1 反应，这就是反应进程图（iii）中的两步简单反应。

$E=(CH_3)_3\overset{\delta^+}{C}\cdots\overset{\delta^-}{C}$　　$F=(CH_3)_3C^+$

$G=(CH_3)_3\overset{\delta^+}{C}\cdots\overset{\delta^+}{P}(C_6H_5)_3$　　$H=(CH_3)_3C\overset{+}{P}(C_6H_5)_3$

（**b**）二级卤代烷与另一个卤化物发生取代反应⇒S_N2 反应。产物的稳定性与原料基本相当：反应进程图（ii）。

$C=\overset{\delta^-}{Br}\cdots C(H)(CH_3)(CH_3)\cdots\overset{\delta^-}{I}$　　$D=(CH_3)_2CHBr$

（**c**）三级卤代烷与亲核能力较差的亲核试剂发生反应⇒S_N1（溶剂解），但是比（a）多一步反应，因为产物需要经由中间体烷基氧鎓离子失去质子才能形成：反应进程图（iv）。

$I=(CH_3)_3\overset{\delta^+}{C}\cdots\overset{\delta^-}{Br}$　　$J=(CH_3)_3C^+$

$K=(CH_3)_3\overset{\delta^+}{C}\cdots\overset{\delta^+}{O}(H)CH_2CH_3$　　$L=(CH_3)_3C\overset{+}{O}(H)CH_2CH_3$

$M=(CH_3)_3C\overset{\delta^+}{O}(\cdots\overset{\delta^+}{H})CH_2CH_3$　　$N=(CH_3)_3COCH_2CH_3$

（**d**）一个一级卤代烷与亲核能力较强的亲核试剂发生反应⇒S_N2 反应，但产物比起始原料更为稳定（C—O 键比 C—Br 键更强）：反应进程图（i）。

$A=CH_3CH_2\overset{\delta^-}{O}\cdots C(H)(H)(CH_3)\cdots\overset{\delta^-}{Br}$　　$B=CH_3CH_2OCH_2CH_3$

58. 中性、极性反应条件对于分子内 S_N1 反应更为有利：

$$(CH_3)_2C(Cl)CH_2CH_2CH_2OH \longrightarrow (CH_3)_2\overset{+}{C}CH_2CH_2CH_2\ddot{O}H \longrightarrow \text{(2,2-二甲基四氢呋喃 } \overset{+}{O}\text{–H)} \longrightarrow \text{2,2-二甲基四氢呋喃}$$

碱性条件有利于消除反应形成烯烃。实际上，可以形成两种烯烃异构体：

$$H_2C{=}C(CH_3)CH_2CH_2CH_2OH \text{ 和 } (CH_3)_2C{=}CHCH_2CH_2OH$$

59. （**a**）E1 反应速率＝$(5.5\times10^{-5}\,s^{-1})\times(5\times10^{-2}\,mol\cdot L^{-1})=2.8\times10^{-6}\,mol\cdot L^{-1}\cdot s^{-1}$

E2 反应速率＝$(5.0\times10^{-4}\,L\cdot mol\cdot s^{-1})\times(5\times10^{-2}\,mol\cdot L^{-1})\times(1\times10^{-2}\,mol\cdot L^{-1})$

$=2.5\times10^{-7}\,mol\cdot L^{-1}\cdot s^{-1}$

E1 反应速率更快，因此，E1 反应是主反应。

（**b**）E1 反应速率＝$2.8\times10^{-6}\,mol\cdot L^{-1}\cdot s^{-1}$（没有变化）

E2 反应速率＝$(5.0\times10^{-4}\,L\cdot mol^{-1}\cdot s^{-1})\times(5\times10^{-2}\,mol\cdot L^{-1})\times(1\,mol\cdot L^{-1})$

$=2.5\times10^{-5}\,mol\cdot L^{-1}\cdot s^{-1}$

现在 E2 反应速率更快，因此，E2 反应是主反应。

（**c**）当 E1 反应速率＝E2 反应速率：计算 $NaOCH_2CH_3$ 的浓度：

$2.8\times10^{-6}\,mol\cdot L^{-1}\cdot s^{-1}=(5.0\times10^{-4}\,L\cdot mol^{-1}\cdot s^{-1})\times(5\times10^{-2}\,mol\cdot L^{-1})\times[NaOCH_2CH_3]$。

$[NaOCH_2CH_3]=0.11\,mol\cdot L^{-1}$。

60. 第一项任务是检查起始原料和产物，以便确定已发生反应的类型。甲基已从底物中离去并转化为碘甲烷。此外，氧-碳共价键已成为氧和锂之间的离子键。这符合我们见过的任何一种反应类型吗？是的。如果我们回到第 6 章并检查参与取代反应的主要成分，我们可以看到两个熟悉的物种：亲核试剂（碘代物）和箭头左侧的有机底物。确定了这些之后，可以明确碘甲烷作为取代反应的产物，并且锂盐结构会含有离去基团。

在确定反应类型为取代反应后，剩下的就是考虑利用相应的实验以确定反应机理究竟是是 S_N1 还是 S_N2。利用反应动力学研究碘离子浓度是否出现在反应速率方程中是一种可能的方法。将溶剂从吡啶（极性、非质子）更改为质子溶剂（例如，醇），并观察其对速率的影响是另一种方法。当然，你并不是完全在黑暗中探索：鉴于取代反应发生在甲基碳上，可以合理地预测答案将是 S_N2 反应。

61. 如习题 60 所解答的，首先确定反应类型。在此反应中，不仅有碳-氧键断裂，而且氢从叔丁基中离去，很显然与氧结合在一起，形成产物醇（环己醇），并还有另一个产物，烯烃。从两个相邻的碳原子中分别离去氢和氧从而生成碳-碳双键，这个应该属于消除反应，但它与我们之前遇到的卤代烷烃的消除反应有所不同，在卤代烷烃的消除反应中失去的一个原子是卤素。卤素，以负离子的形式，是好的离去基团。然而，氧是另一回事，因为带负电荷的氧（例如，氢氧根负离子）通常碱性很强，不容易被取代。那么，我们如何合理解决此问题？

考虑反应条件。如果这确实是消除反应，那么这是一种较为特殊的消除反应：本章中介绍的消除反应均是在碱性条件下而不是酸性条件下发生的。进一步讨论此消除反应，酸能起什么作用？能否准确确定质子与底物上的哪个位置结合？答案只有一个：氧原子。产物为氧鎓离子，是水合氢离子的烷基取代类似物。仔细分析此离子的结构与产物之间的关系，请注意，合理的下一步是环己醇离去留下的叔丁基碳正离子。环己醇是一种中性的、弱碱性的分子，应该是一个好的离去基团。作为碳正离子，叔丁基正离子是稳定的，它可以失去质子形成观察到的产物烯烃。总的来说，这是 E1 消除反应的一种变化形式，利用酸将一个离去能力较差的离去基团转化成一个好的离去基团。

$$C_6H_{11}–\ddot{O}–C(CH_3)_3 + H^+ \longrightarrow C_6H_{11}–\overset{+}{O}(H)–C(CH_3)_3 \longrightarrow C_6H_{11}–OH + (H_3C)_2\overset{+}{C}–CH_2–H \longrightarrow H^+ + (H_3C)_2C{=}CH_2$$

氧鎓离子　　环己醇

62.（**a**）、（**d**）、（**e**）、（**g**）、（**h**）、（**i**），S_N2 反应为主反应。这些亲核试剂均为弱碱，因此很难进行消除反应。

（**b**）E2 反应为主反应。强碱有利于消除反应。

（**c**）、（**f**），混合了 S_N2 和 E2 反应。

63. 在 **A** 和 **B** 两个结构中，H 和 Cl（两者均处于直立键）之间处于消除反应所需的反式共平面，因此，E2 消除将产生目标产物烯烃。在 **C** 中，Cl 处于平伏键，不能发生反式消除（可以利用模型）。相反，将通过顺式方式进行非常缓慢的消除，并形成含有目标产物烯烃和其异构体的混合物，如下所示：

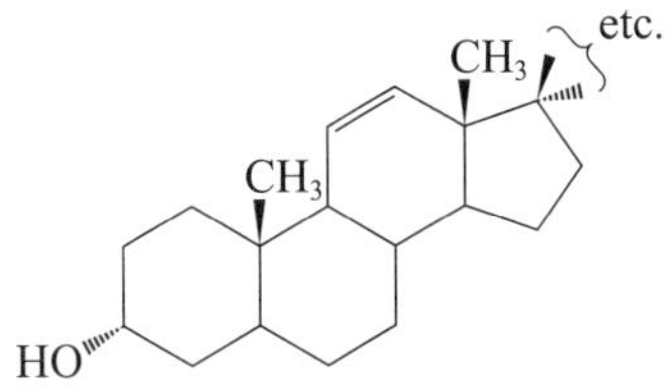

64. 首先分析底物构象［（b）中的 D 原子也需画出来］。

（**a**）和（**b**）中化合物 i 的反应要快得多，因为其结构中的 Br 和 H 处于消除反应所需的反式共平面（在相邻的两个碳原子上，圈起来的）。在所示的氘代实例中，E2 反应仅失去 HBr；所有的 D 都被保留下来，因为 D 原子不能与溴处于反式共平面。显示的构象是参与反应的构象。化合物 ii 所示构象中不具有与 Br 处于反式共平面的氢。但是，如果左边的环采用类似于下图所示的船式构象，则很容易通过反式共平面的 E2 消除反应过渡态形成产物。

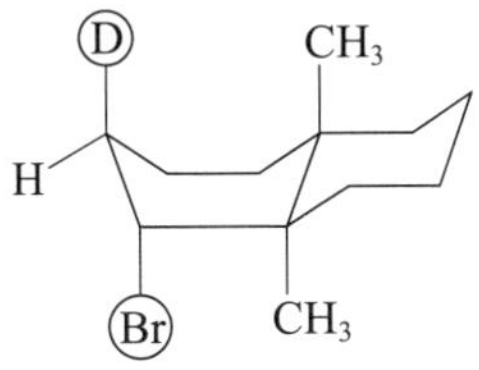

如前所述，依据此机理，所有的 D 都应该离去，这就是观察到的结果。

65. 正如我们一直在做的，在进一步分析之前，先表征每个底物与亲核试剂（碱）的组合。我们有以下结果：

A 为一级溴代物；**B** 和 **C** 为二级溴代物；**D** 为三级溴代物，与以下亲核试剂反应：（**a**）一个中等碱性的弱碱，但是一个好的亲核试剂；（**b**）大空间位阻强碱；（**c**）一种好的亲核试剂，碱性中等，非空间位阻碱；（**d**）与（a）一样，一种亲核能力较强的碱性亲核试剂；以及（**e**）一种弱且基本上非碱性的亲核试剂。

解答这个问题的最好方法是依次分析每个溴代烷烃，并评估在（a）至（e）条件下其发生反应的最合理机理。我们首先做容易的。

A 1-溴丁烷（一级卤代物）在除（b）和（e）（与亲核能力差的亲核试剂不反应）之外的所有条件下均会形成 S_N2 产物 $CH_3CH_2CH_2CH_2Nu$（在大空间位阻碱作用下，E2 消除形成 $CH_3CH_2CH{=}CH_2$）。

D 2-溴-2-甲基丙烷（三级卤代烷）与甲醇（e）反应将形成 S_N1 产物 $(CH_3)_3COCH_3$，并会形成少量副产物 $(CH_3)_2C{=}CH_2$，E1 反应产物。S_N1 产物 $(CH_3)_3CN_3$ 和 $(CH_3)_3CO_2CCH_3$ 分别在条件（a）和（d）下形成，同时 $(CH_3)_2C{=}CH_2$ 的产率会增加，这是底物与中度碱性叠氮负离子和醋酸根负离子的反应经 E2 消除产生。在强碱性条件（c）和（b）下，只能发生 E2 消除反应。

B 和 **C** 2-溴丁烷（二级卤代物）将在条件（a）和（d）下（碱性不太强但亲核能力很强的亲核试剂）与氢氧根负离子（c）形成 S_N2 和 E2 的混合物（处于在强碱作用下的取代反应和二级卤代物的消除

反应的边界线)，与 LDA（b）形成 E2 消除产物。在甲醇（e）中，S_N1 反应为主反应，并会产生一些 E1 消除的副产物。两种非对映体氘取代的 2-溴丁烷将会有立体化学问题，随后将通过机理分析探讨这些问题：

取代反应

S_N2：在反应位点构型翻转。

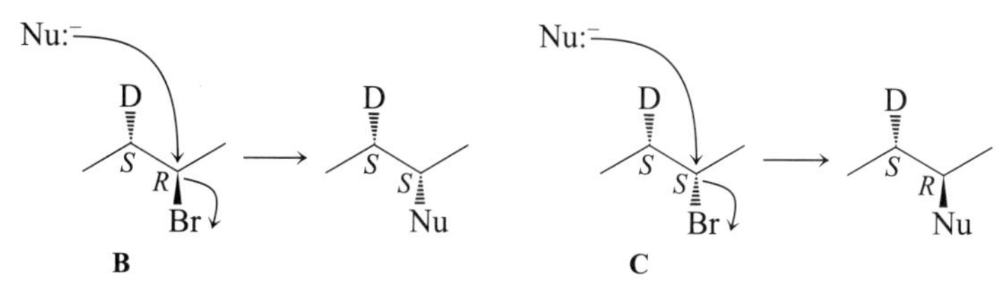

S_N1：形成反应位点构型翻转和保持的混合物。

无论 **B** 或 **C**→（2*S*，3*S*）和（2*R*，3*S*）取代产物的混合物。

消除反应

E2：在过渡态的构象中，氢和离去基团处于反式。每个底物可以发生反应，形成 C-1 和 C-2 位之间或 C-2 和 C-3 位之间为双键的烯烃；后者可能为两种构象中的任何一种。

B

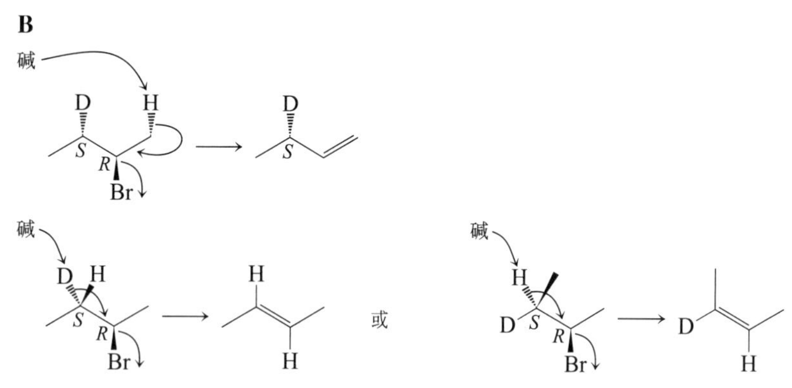

第 11 章将介绍可以使 E2 消除途径优于另一种途径的影响因素。

C

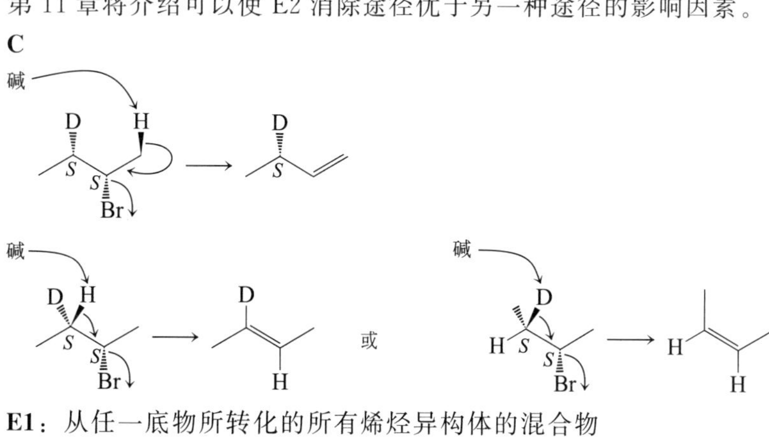

E1：从任一底物所转化的所有烯烃异构体的混合物

66.（**d**）　**67.**（**b**）　**68.**（**b**）　**69.**（**b**）　**70.**（**a**）

羟基官能团：醇的性质、制备以及合成策略

在本章，我们开始详细研究醇类化合物，一类官能团为羟基的分子。除羰基化合物外，醇是有机化学中最重要的分子。它们可以利用多种有机化合物为原料进行制备；反过来，它们也可以转化为含其他官能团的有机化合物。因此，它们在有机化学中起着核心作用。此外，它们的制备、性质和反应是有机化合物相互转化的极好例证。

第 8 章和第 9 章所介绍的反应与第 6 章和第 7 章中的反应相似。然而，与卤代烷烃相比，在转化为其他有机化合物方面，醇类化合物具有更强的潜力，清晰了解这一点非常重要。与前面的学习相比，现在你必须做更好的准备，尤其需要关注官能团及极性键作为反应的可能位点。首先，比较醇和卤代烷烃中可利用的和潜在可以转化的键。卤代烷烃的反应主要涉及三根键：

```
        H     ③
  ①→   |     | ↓
      —C—C—X
        | ↑ |
           ②
  取代 ↙          ↘ 消除

     H
     |   |                \   /
   —C—C—Y               C=C
     |   |                /   \
```

取代反应会切断键③。消除反应会切断键①和③，并在键②处形成双键。相比之下，醇分子中有五根键可能参与化学反应：

```
        H   H
  ①→   |   | ←⑤
      —C—C—O
        | ↑ | ↑  \←④
                   H
          ②   ③
```

我们首先关注醇类化合物的性质；然后，我们确定它们的制备方法，利用这些讨论来核实合成策略的普遍问题：如何逻辑性地规划一条实用有效的合成路线，并将起始原料转化为最终的产物。

本章概要

8-1　命名

简述一些常见醇分子的系统命名方法和俗名。

8-2　物理性质

介绍一个新概念：氢键。

8-3　醇的酸性和碱性

与水分子的异同，与最简单的无机类似物进行对比。

8-4　利用亲核取代反应合成醇

8-5　氧化与还原

醇和羰基化合物，如醛和酮，在氧化还原反应中相互转化，拓展更多合成方法。

8-6 金属有机试剂

兜个圈，先介绍一些具有**亲核能力**的和含极性为 δ^{-} 的碳原子的化合物。

8-7 利用金属有机试剂合成醇

最重要的简单醇类化合物的合成方法：某些化合物中具有亲核能力的碳原子对醛和酮中羰基的亲核加成。

8-8 成功的关键：合成策略简介

如何分析“目标”分子，合理、逻辑性地设计包含几个反应的合成路线。

本章重点

8-1 和 8-2　命名和物理性质

醇类化合物的命名方法需要注意两点。首先，醇类化合物已经发现了很长时间，本节中所给出的俗名仍在广泛使用，需要认真学习，并加以判别。其次，当分子中存在两种或两种以上不同的官能团时，就需要明确命名规则中的**优先顺序**。在命名过程中，首先需要确定主链，接着对主链进行编号。在编号的顺序上，醇羟基排在优先位置，然后是卤素，烷基排在最后面。因此：

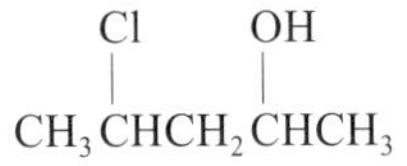

$CH_3CH(Cl)CH_2CH(OH)CH_3$ 这个化合物的名称为 4-氯-2-戊醇（不是 2-氯-4-戊醇）。

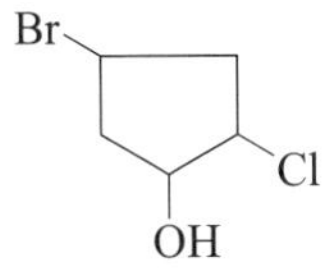

这个化合物的名称为 4-溴-2-氯环戊醇。请注意，需要明确羟基必须在此环的 C-1 位。

羟基形成氢键的能力对醇类化合物的物理性质具有重要的作用。与水一样，醇羟基的氢可以与电负性大的原子（通常为 F、O 或 N）上的孤对电子形成异常强烈的偶极-偶极（静电）相互作用。虽然比常规的共价键弱得多，但这种作用方式大约几千卡每摩尔，并且比任何其他偶极-偶极相互作用都要强得多，这就是它值得拥有氢键这一特殊名称的原因。

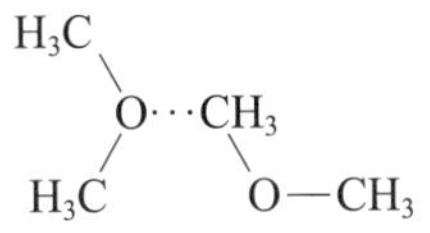

甲醚分子间弱的偶极-偶极相互作用 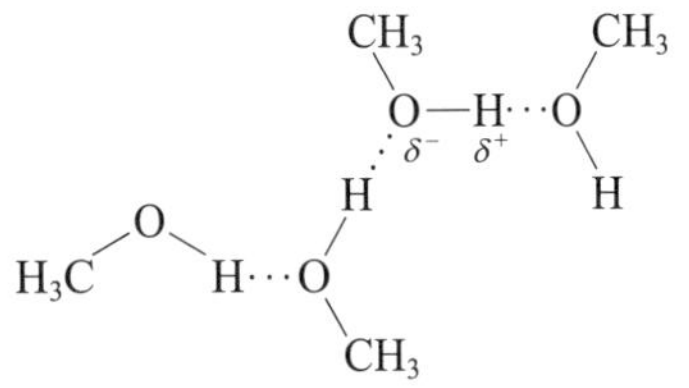　　甲醇分子中强的“氢键”类偶极-偶极相互作用

请记住，形成氢键要求氢具有 δ^+，如那些与电负性大的原子（例如，N、O、F）连接的氢，与带孤对电子的、电负性大的原子（主要还是 N、O 和 F）之间的相互作用。

8-3　醇类化合物的酸性和碱性

如果读者了解水的酸性和碱性，那么只需要学习一点点新的知识就能理解乙醇的酸性和碱性。定性分析，这两者的平衡过程非常相似：

$$H_3O^+ \rightleftharpoons H_2O \rightleftharpoons HO^-$$

作为碱（加 H^+）　　**作为酸（失去 H^+）**

$$ROH_2^+ \rightleftharpoons ROH \rightleftharpoons RO^-$$

醇与水分子的差异在于 R 基团（水分子中的 H 被烷基 R 替代），这可能会影响所涉及三个物种的相对稳定性。在溶液中，氢会使 H_3O^+ 和 ^-OH 变得不稳定（与水分子相比），通常烷基在很大程度上也会降低 ROH_2^+ 和 RO^- 的稳定性（与 ROH 相比），两者相比，烷基所导致的降低幅度会高于氢。因此，大多数常见醇类化合物的酸性和碱性都比水弱。然而，当烷基上有吸电子取代基（如卤素）时，则可以**稳定** RO^-，从而使 ROH 的酸性增加（见表 8-2）。

醇类化合物的酸性和碱性将在它们参与的许多反应中起主要作用。当醇作为碱与强酸进行质子化反应，转化为 ROH_2^+ 后，就将羟基转化为一个良好的离去基团，从而能够进行取代和消除反应（第 9 章）。当醇作为酸失去质子转化为 RO^-，这是一种能使 E2 和 S_N2 反应顺利进行的、好的亲核基团和强碱（第 6 章和第 9 章）。因此，这些化学性质确实是后续深入学习和广泛研究醇类化合物反应的基本切入点。

8-4 利用亲核取代反应合成醇类化合物

本节综述了利用 S_N2 和 S_N1 反应合成醇类化合物的方法。一级醇可以通过 ^-OH 与适当底物（例如，一级卤代烷）的 S_N2 取代反应制备。这种方法有时也适用于二级醇，但通常也会存在消除反应等副反应。在有限的范围内，二级和三级醇都可以利用水作为亲核试剂的 S_N1 反应制备。然而，本章其余部分描述的相关反应为制备醇类化合物提供了更通用和更可靠的合成方法。

8-5 氧化与还原

羰基化合物，如酮和醛，是合成醇的常用前体（起始原料）。氢化试剂，如 $NaBH_4$ 和 $LiAlH_4$ 等，与醛反应生成烷氧基负离子中间体，接着质子化转化为一级醇。同样的反应过程也可以将酮转化为二级醇。这些氢化试剂对羰基的还原反应是你将看到的众多羰基中亲电性碳的亲核加成反应的第一个。这是有机化学中最重要的反应类型之一。

本节的第二部分介绍了醇类被氧化成醛和酮的反应，这正好是还原反应的逆反应。醇的氧化反应非常有用，因为它可以转化为羰基化合物，羰基是所有官能团中最重要的官能团。请注意，基于 Cr(Ⅵ)类的两种试剂：PCC（吡啶氯铬酸盐，$pyH^+CrO_3Cl^-$），专用于将一级醇氧化成醛；以及重铬酸盐水溶液，可以将二醇氧化为酮，但会将一级醇**过氧化**为羧酸。

以醇的制备和化学性质等基本概念为背景，我们现在转向讨论醇分子，这些分子将大大扩展我们构建各种键的能力：含有亲核性碳原子的化合物。

8-6 金属有机试剂

到目前为止，我们唯一详细研究过的极性碳原子是 δ^+（亲电）碳，通常是由于碳原子与一个电负性比碳大的原子成键后所形成的：

$\overset{\delta^+}{-C}-X$	$\overset{\delta^+}{-C}-OH$	$\overset{\delta^+}{-C}-OR$	$\overset{\delta^+}{>C}=O$	$-\overset{\delta^+}{C}\equiv N$
卤代烷	醇	醚	羰基化合物	腈

在合成过程中，经**逻辑性**分析，如果我们需要连接两个碳原子，我们势必利用静电势分布去尝试找到含有 δ^- 碳的分子，并将其与上述的 δ^+ 碳相连接。这种连接方式非常好，但是我们如何才能找到 δ^- 碳原子呢？逻辑上讲，如果 δ^+ 碳是碳原子与一个电负性比碳大的原子成键后所形成的，那么 δ^- 碳应该是碳原子与一个**电正性**的原子成键后所形成的。**金属**是最容易形成电正性的元素，因此，获得 δ^-（亲核）碳的方法就是将该原子与金属相连。含有碳-金属键的化合物称为金属有机化合物，是亲核性碳的来源。本节介绍一些金属有机化合物的制备方法。这些反应很容易进行，读者得到的试剂在合成中非常有用。RLi 和 RMgX 中 R 基团具有很强的碱性。它们甚至很容易被水或氨等弱酸质子化，形成产物碳氢化合物 RH：

"R"	+	"H^+"	⟶	RH
强碱（如 R—M）		甚至可以来源于酸性很弱的分子（如 H_2O、ROH、NH_3）		弱酸

这种强碱性对实验的主要要求是必须在无水和无氧的条件下制备并使用这些金属有机试剂。

8-7 利用金属有机试剂合成醇

我们现在来分析这些试剂的主要使用价值：它们作为亲核试剂与羰基化合物中亲电碳（$>\overset{\delta^+}{C}=O$）的反应。在反应机理上类似于 8-5 节氢化物对羰基的加成反应，金属有机试剂用亲核碳对醛和酮中的羰基加成形成醇，并在此反应过程中形成新的碳-碳键。在下一节的结尾部分，读者将找到将羰基化合物转化为醇的主要反应类型的总结图表。

8-8 成功的关键：合成策略简介

为了学习如何设计合理的合成路线，以小分子为起始原料合成结构更为复杂的有机分子（典型的合成工作），读者需要系统学习解决这类问题的方法。首先，请注意，正在学习的反应可以分为两类：

1. 将一个官能团转化为另一个官能团，但无需构建或切断碳-碳键的反应，这称为**官能团相互转换**，一个简单的例子是：

$$CH_3I + NaOH \longrightarrow CH_3OH + NaI$$

2. 构建或切断碳-碳键的反应。在 8-7 节中，读者已经学习了几个非常典型的反应例子。

有些转换反应与这两类反应有所交叉（例如，氰化物的 S_N2 反应），但现在让我们尽量将反应简单化。

接下来，你应该设计一张迄今为止看到的常见官能团的相互转换图表。见下图：

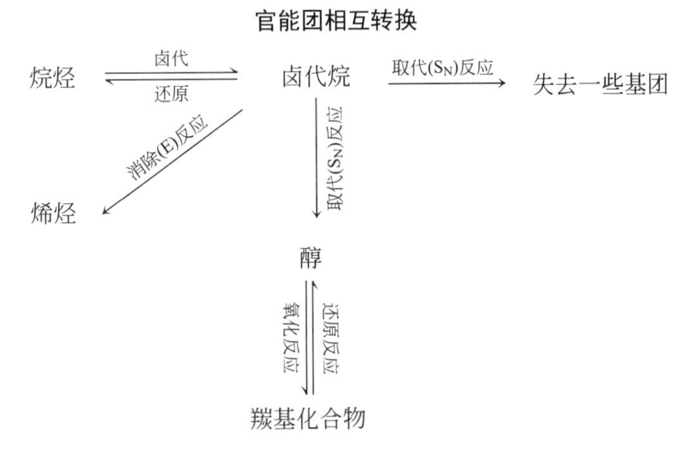

了解这些官能团的相互转换反应绝对是必要的，因为它们为合成路线设计策略提供了合适的架构。假设我们希望以烷烃为起始原料合成醇类化合物。依据以上图表，我们立即发现，没有直接将烷烃转化为醇类化合物的方法。我们**必须首先**合成卤代烷，然后利用另一个反应将卤代烃转换为醇类化合物。我们以这种方式设计可行的合成路线，并插入了实现这两个合成反应所需的特定试剂：

$$CH_4 \xrightarrow{\otimes} CH_3OH$$ 没有一步就能实现的反应

$$CH_4 \xrightarrow{Cl_2,\ h\nu} CH_3Cl \xrightarrow{HO^-} CH_3OH$$ 一条合理的合成路线

请注意，在反应方程式中使用常见反应标识，如“自由基卤代反应”或“S_N2 反应”等，是不够的，必须给出实际使用的试剂。

有哪些反应可以构建碳-碳键呢？在本章中，构建新的碳-碳键的反应最好通过本书中所讲述的逆合成分析方法进行设计。首先，在纸上从目标分子**倒推**，尝试将目标产物分子中某一根键**切断**，然后寻找高效的合成方法，利用合适的起始原料重新构建这一根被你切断的键。因此，掌握并熟练使用官能团相互转换的方法非常重要。请注意，你已经在本章学习了醇的氧化反应；到目前为止，你还学习了一种主要的碳-碳键形成反应，即格氏试剂与羰基化合物加成反应合成醇，你可以将这两个反应结合在一起合成具有更长碳链的醇，也就是说现在可以通过合理的合成路线合成更大的分子。例如，在以下转换中，首先需要尽可能地将醇氧化为羰基化合物：

含 n 个碳原子的醇 $\xrightarrow{\text{氧化}}$ 含 n 个碳原子的醛或酮 $\xrightarrow[\text{格氏试剂反应}]{\text{与含}m\text{个碳原子的}}$ 形成新的 $m+n$ 个碳原子的醇

花一些时间认真阅读书中的实例。在利用小分子原料合成大分子目标产物的过程中，请注意某些路线必定会优于其他路线。最后，将这些方法应用于随后出现的合成题中，这些方法不仅可以帮助你提高分析合成问题的能力，还可以帮助你越来越熟悉所有反应及试剂。你最终必须了解并熟练使用这些反应和方法。

总结

利用羰基化合物为原料合成醇

羰基化合物	转化为产物醇的反应	
	$NaBH_4$ 或 $LiAlH_4$	$R''Li$ 或 $R''MgX$
甲醛(HCHO)	甲醇(CH_3OH)	一级醇($\underline{R''}CH_2OH$)
醛(RCHO)	一级醇(RCH_2OH)	二级醇(R, $\underline{R''}$ CHOH)
酮(R, R′ CO)	二级醇(R, R′ CHOH)	三级醇(R′—C(R)($\underline{R''}$)OH)

习　题

24. 根据 IUPAC 规则命名下列醇类化合物，判断其立体化学特征（如果有的话），确定羟基标为一级、二级或者三级。

(a) $CH_3CH_2CH(OH)CH_3$　(b) $CH_3CH(Br)CH_2CH(OH)CH_2CH_3$

(c) $HOCH_2CH(CH_2CH_2CH_3)_2$

(d) CH_2Cl, H, H_3C, OH 连于 C　(e) CH_2CH_3, OH（环丁烷）

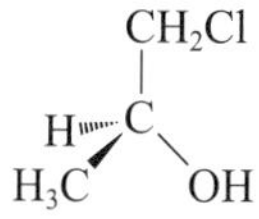

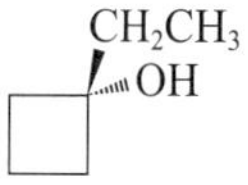

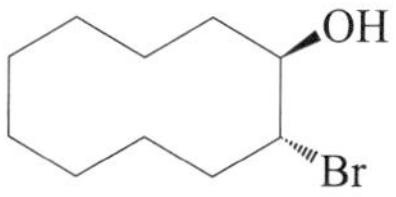

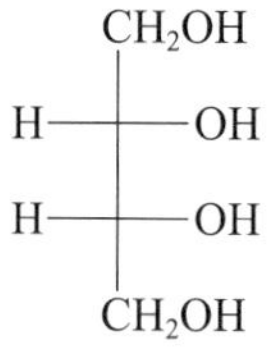

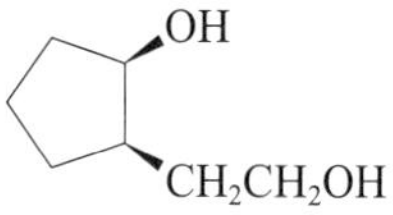

(f) OH, Br（环癸烷）　(g) $C(CH_2OH)_4$

(h) CH_2OH, H—OH, H—OH, CH_2OH　(i) OH, CH_2CH_2OH（环戊烷）

(j) CH_2OH, H_3C—Cl, CH_2CH_3

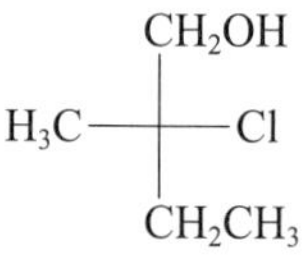

(k) 下面所示的分子结构是一种新的称为特立坦（Tritan）的聚合物的一个单体。Tritan 透明、韧性强、难切断。基于双酚 A 的聚碳酸酯塑料因其潜在的内分泌干扰活性而备受争议（22-3 节和真实生活 22-1），Tritan 聚酯取代了这些旧材料。画出该化合物所有可能的立体异构体，并命名，最后确定羟基为一级、二级或三级。

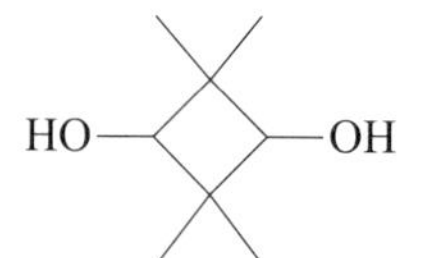

25. 画出下列醇类化合物的结构：(**a**) 2-(三甲基硅基)乙醇；(**b**) 1-甲基环丙醇；(**c**) 3-(1-甲基乙基)-2-己醇；(**d**) (*R*)-2-戊醇；(**e**) 3,3-二溴环己醇。

26. 按照沸点升高的顺序排列下列每组化合物：(**a**) 环己烷、环己醇、氯代环己烷；(**b**) 2,3-二甲基-2-戊醇、2-甲基-2-己醇、2-庚醇。

27. 对下列各组化合物在水中的溶解度排序给出合理的解释：(**a**) 乙醇＞氯乙烷＞乙烷；(**b**) 甲醇＞乙醇＞1-丙醇。

28. 与 1,2-二氯乙烷相比，1,2-乙二醇的优势构象为邻位交叉构象，请解释此现象。你预计 2-氯乙醇邻位交叉与对位交叉构象的比例究竟类似于哪个化合物，是 1,2-二氯乙烷还是 1,2-乙二醇？

29. 反-1,2-环己二醇最稳定的椅式构象为两个羟基均处在平伏键上。(**a**) 画出其结构式，如有可能，基于这个构象建立此化合物的模型。(**b**) 此二醇与氯硅烷 R_3SiCl[$R=(CH_3)_2CH$（异丙基）] 反应，形成相应的二硅醚，其结构式如下。值得注意的是，这一转变使椅式构象发生翻转，两个硅醚基团处于直立键上。用结构图或模型解释这一结果。

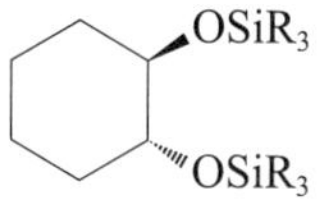

$OSiR_3$, $OSiR_3$（环己烷）

30. 按照酸性降低的顺序排列下列每组化合物。

(a) $CH_3CHClCH_2OH$，$CH_3CHBrCH_2OH$，$BrCH_2CH_2CH_2OH$

(b) $CH_3CCl_2CH_2OH$，CCl_3CH_2OH，$(CH_3)_2CClCH_2OH$

(c) $(CH_3)_2CHOH$，$(CF_3)_2CHOH$，$(CCl_3)_2CHOH$

31. 写出一个合适的方程式表示下列醇是如何在溶液中作为碱或酸使用的？与甲醇相比，这些醇的碱性和酸性是增强还是减弱？

(a) $(CH_3)_2CHOH$； (b) CH_3CHFCH_2OH；

(c) CCl_3CH_2OH。

32. 已知 $CH_3\overset{+}{O}H_2$ 的 pK_a 值是 -2.2，CH_3OH 的 pK_a 值是 15.5，计算下列溶液的 pH。

(a) 含有等量的 $CH_3\overset{+}{O}H_2$ 和 CH_3O^- 的甲醇；

(b) 50% CH_3OH 和 50% $CH_3\overset{+}{O}H_2$ 的溶液；

(c) 50% CH_3OH 和 50% CH_3O^- 的混合溶液。

33. 超共轭效应对烷基氧𬭩离子（例如，$R\overset{+}{O}H_2$、$R_2\overset{+}{O}H$）的稳定性是否有重要作用？为什么？

34. 评价下列哪一种醇的合成方法好（所合成的醇是主要或唯一产物）、不太好（想要的产物是副产物）或者毫无价值。（**提示：**参见 7-9 节。）

(a) $CH_3CH_2CH_2CH_2Cl \xrightarrow{H_2O,\ CH_3\overset{O}{\overset{\|}{C}}CH_3} CH_3CH_2CH_2CH_2OH$

(b) 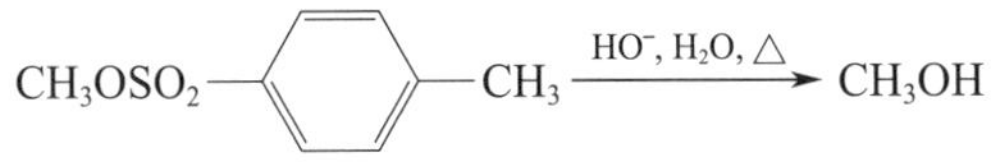 $CH_3OSO_2\text{—}C_6H_4\text{—}CH_3 \xrightarrow{HO^-,\ H_2O,\ \triangle} CH_3OH$

(c) 碘代环己烷 $\xrightarrow{HO^-,\ H_2O,\ \triangle}$ 环己醇

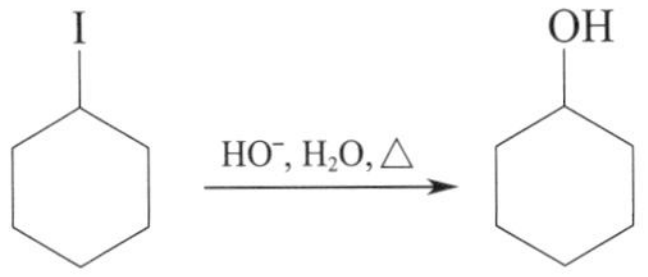

(d) $CH_3\overset{I}{\overset{|}{C}}HCH_2CH_2CH_3 \xrightarrow{H_2O,\ \triangle} CH_3\overset{OH}{\overset{|}{C}}HCH_2CH_2CH_3$

(e) $CH_3\overset{CN}{\overset{|}{C}}HCH_3 \xrightarrow{HO^-,\ H_2O,\ \triangle} CH_3\overset{OH}{\overset{|}{C}}HCH_3$

(f) $CH_3OCH_3 \xrightarrow{HO^-,\ H_2O,\ \triangle} CH_3OH$

(g) 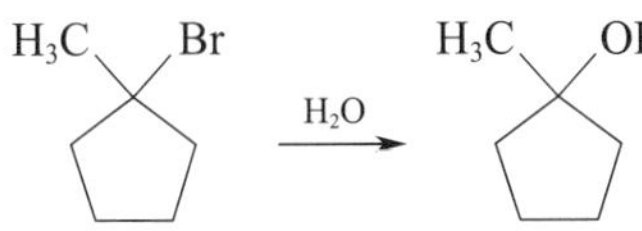 1-溴-1-甲基环戊烷（H_3C，Br） $\xrightarrow{H_2O}$ 1-甲基环戊醇（H_3C，OH）

(h) $CH_3\overset{CH_3}{\overset{|}{C}}HCH_2Cl \xrightarrow{HO^-,\ H_2O,\ \triangle} CH_3\overset{CH_3}{\overset{|}{C}}HCH_2OH$

35. 习题 34 中某些过程得到目标产物的产率比较低，如果可能的话，给出一种更好的方法。

36. 写出下列每个反应的主要产物。水相后处理过程（需要时）已经省略。

(a) $CH_3CH{=}CHCH_3 \xrightarrow[\text{(提示：参见 2-2节)}]{H_3PO_4,\ H_2O,\ \triangle}$

(b) $CH_3\overset{O}{\overset{\|}{C}}CH_2CH_2\overset{O}{\overset{\|}{C}}CH_3 \xrightarrow{1.\ LiAlH_4,\ (CH_3CH_2)_2O;\ 2.\ H^+,\ H_2O}$

(c) 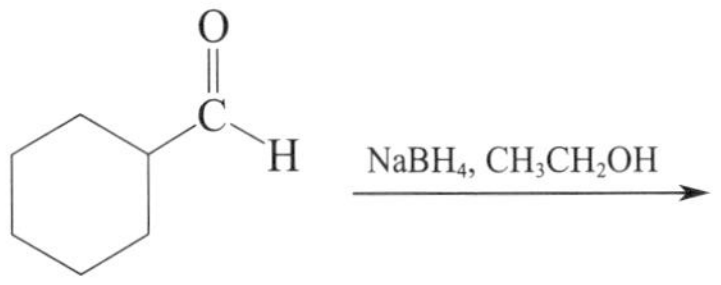 环己基甲醛（环己基—CHO） $\xrightarrow{NaBH_4,\ CH_3CH_2OH}$

(d) 溴代环戊烷 $\xrightarrow{LiAlH_4,\ (CH_3CH_2)_2O}$

(e) 2-甲基-5-异丙基环己酮（CH_3，$(CH_3)_2CH$，楔形键） $\xrightarrow{NaBH_4,\ CH_3CH_2OH}$

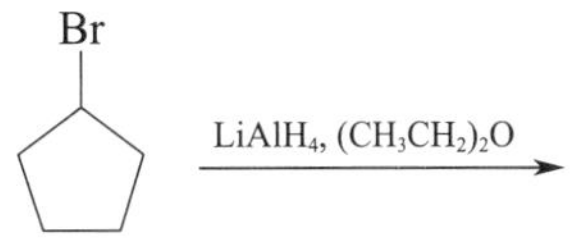

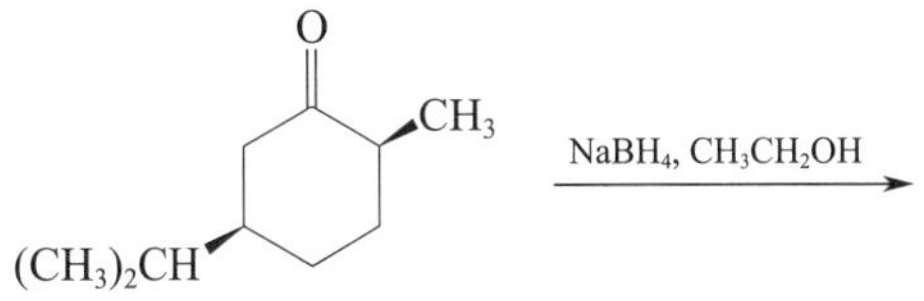

(f) 反式十氢萘-2-酮（两个桥头 H） $\xrightarrow{NaBH_4,\ CH_3CH_2OH}$

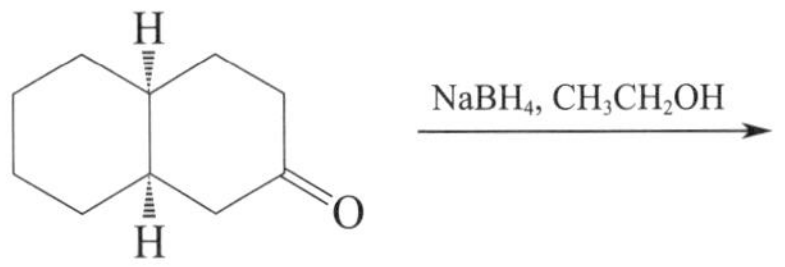

37. 判断下列反应的平衡方向如何？（提示：H_2 的 pK_a 值大约为 38）。

$$H^- + H_2O \rightleftharpoons H_2 + HO^-$$

38. 用化学式表示出下列每个反应的产物，反应溶剂都是乙醚。

(a) $CH_3\overset{O}{\overset{\|}{C}}H \xrightarrow{1.\ LiAlD_4;\ 2.\ H^+,\ H_2O}$ (b) $CH_3\overset{O}{\overset{\|}{C}}H \xrightarrow{1.\ LiAlH_4;\ 2.\ D^+,\ D_2O}$

(c) $CH_3\overset{O}{\overset{\|}{C}}D \xrightarrow{1.\ LiAlH_4;\ 2.\ H^+,\ H_2O}$ (d) $CH_3CH_2I \xrightarrow{LiAlD_4}$

这些反应的产物是手性的吗？如果是，在产物形成过程中，是否会表现出光学活性？为什么或为什么不？

39. 画出习题 38 中每一个反应的机理。

40. 给出下列每个反应的主要产物［反应（d）、（f）和（g）是用酸性水溶液后处理的］。

(a) $CH_3(CH_2)_5\overset{Cl}{\overset{|}{C}}HCH_3 \xrightarrow{Mg,\ (CH_3CH_2)_2O}$

(b) 反应(a)的产物 $\xrightarrow{D_2O}$

(c) 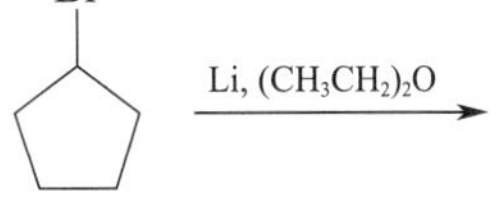 溴代环戊烷 $\xrightarrow{Li,\ (CH_3CH_2)_2O}$

(d) 反应(c)的产物 $\xrightarrow{\text{环戊酮}}$

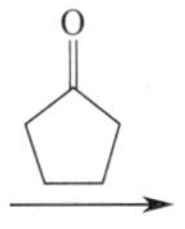

(e) $CH_3CH_2CH_2Cl + Mg \xrightarrow{(CH_3CH_2)_2O}$

(f) 反应(e)的产物 + $C_6H_5COCH_3$ ⟶

(g) 溴代环丁烷 + 2 Li $\xrightarrow{(CH_3CH_2)_2O}$

(h) 2 mol 反应(g)的产物 + 1 mol $CH_3COCH_2CH_2COCH_3$ ⟶

41. 实验室清洗玻璃仪器经常使用丙酮，但有时会导致意外发生。例如，有个学生计划制备甲基碘化镁（CH_3MgI），准备把它加到苯甲醛（C_6H_5CHO）中。在水溶液后处理后，他希望得到的产物是什么？他使用刚刚洗过的玻璃仪器，并开始按反应步骤进行反应，结果却得到了一个意料之外的三级醇。他究竟得到了什么物质？它是如何形成的？

42. 下列哪种卤化物能用于制备格氏试剂，且接着与醛或酮反应制备醇？哪些不能？为什么？

(a) H_3C, CH_3, Br　(b) H, OH, Cl

(c) I, H, OCH_3　(d) H, Cl, O

(e) H, Br, H

［**提示**：对于（e），参见第 1 章习题 50。］

43. 给出下列反应的主要产物（经水后处理）。反应中的溶剂是乙醚。

(a) 环丙基—MgBr + HCHO ⟶

(b) $CH_3CH(CH_3)CH_2MgCl + CH_3CHO$ ⟶

(c) $C_6H_5CH_2Li + C_6H_5CHO$ ⟶

(d) $CH_3CH(MgBr)CH_3$ + 环己酮 ⟶

(e) H, MgCl（环戊基氯化镁） + H, O（2-乙基丁醛） ⟶

44. 写出习题 43 中每个反应完整的分步反应机理，包括酸性水溶液的后处理。

45. 写出乙基溴化镁（CH_3CH_2MgBr）与下列羰基化合物反应的产物结构式。判断哪些产物有一个以上的立体异构体，并说明这些立体异构体是否会以不同的产率生成。

(a) O　(b) H, O

(c) H, O　(d) O

(e) O　(f) O

(g) O　(h) O, CH_3, H

(i) O, CH_3, CH_3　(j) H_3C, H, O, CH_3, H

46. 画出下列反应主要产物的结构式。其中 PCC 是氯铬酸吡啶的缩写（8-5 节）。

(a) $CH_3CH_2CH_2OH \xrightarrow{Na_2Cr_2O_7,\ H_2SO_4,\ H_2O}$

(b) $(CH_3)_2CHCH_2OH \xrightarrow{PCC,\ CH_2Cl_2}$

(c) 环己基甲醇（H, CH_2OH） $\xrightarrow{Na_2Cr_2O_7,\ H_2SO_4,\ H_2O}$

(d) 环己基甲醇（H, CH_2OH） $\xrightarrow{PCC,\ CH_2Cl_2}$

(e) 环己醇（H, OH） $\xrightarrow{PCC,\ CH_2Cl_2}$

47. 写出习题 46 中每一个反应的机理。

48. 写出下列经过一系列反应的主要产物的结构式。其中 PCC 是氯铬酸吡啶。

(a) $(CH_3)_2CHOH$ ⟶ 1. CrO_3, H_2SO_4, H_2O 2. $CH_3CH_2MgBr, (CH_3CH_2)_2O$ 3. H^+, H_2O

(b) $CH_3CH_2CH_2CH_2Cl$ ⟶ 1. $^-OH, H_2O$ 2. PCC, CH_2Cl_2 3. 环戊基—Li, $(CH_3CH_2)_2O$ 4. H^+, H_2O

(c) 反应(b) 的产物 ⟶ 1. CrO_3, H_2SO_4, H_2O 2. $LiAlD_4, (CH_3CH_2)_2O$ 3. H^+, H_2O

49. **挑战题**　与格氏试剂和有机锂试剂不同，大多数电负性很小的金属（Na、K 等）的金属有机化合物可以与卤代烷迅速反应。因此，RX 与相应的金属反应无法形成 RNa 或 RK，将会直接形成烷烃，此过程称为 Wurtz 偶联反应。

$$2RX + 2Na \longrightarrow R—R + 2NaX$$

这里由于

$$R—X + 2Na \longrightarrow R—Na + NaX$$

随后迅速发生

$$R—Na + R—X \longrightarrow R—R + NaX$$

Wurtz偶联反应曾主要用于将两个相同的烷基偶联制备烷烃[例如，下面的方程(1)]。解释Wurtz偶联为何不适用于两个不同烷基的偶联[方程(2)]。

$$2CH_3CH_2CH_2Cl + 2Na \longrightarrow CH_3CH_2CH_2CH_2CH_2CH_3 + 2NaCl \quad (1)$$

$$CH_3CH_2Cl + CH_3CH_2CH_2Cl + 2Na \longrightarrow CH_3CH_2CH_2CH_2CH_3 + 2NaCl \quad (2)$$

50. 2 mol镁和1 mol 1,4-二溴丁烷反应生成化合物A。1 mol A和2 mol乙醛（CH_3CHO）反应，然后用稀的酸性水溶液后处理，生成化合物B，分子式是$C_8H_{18}O_2$。写出化合物A和B的结构式。

51. 请给出下列每个简单醇类化合物的最佳合成路线，在每例中请选用最简单的烷烃作为起始原料。并说明以烷烃作为合成的起始原料，缺点有哪些？

(**a**) 甲醇 (**b**) 乙醇 (**c**) 1-丙醇

(**d**) 2-丙醇 (**e**) 1-丁醇 (**f**) 2-丁醇

(**g**) 2-甲基-2-丙醇

52. 对于习题51中的每个醇类化合物，如果可能的话，设计一条首先以醛为起始原料，其次才是以酮为起始原料的合成路线。

53. 写出以合适的醇为起始原料制备下列每个化合物的最佳方案。

(**a**) 环戊酮 (**b**) $CH_3CH_2CH_2CH_2COOH$

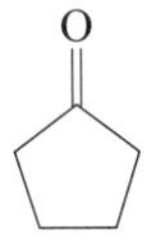

(**c**) 环己基甲醛 (**d**) $CH_3CH(CH_3)C(=O)CH_3$

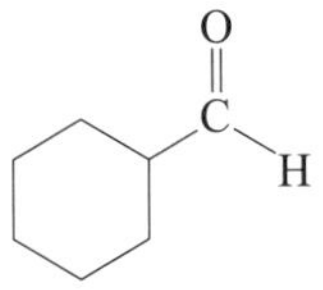

(**e**) CH_3CHO

54. 设计三条制备2-甲基-2-己醇的不同路线。每一条路线必须使用下列原料中的一种作为起始原料。多少步反应和任何试剂都可。

(**a**) 丙酮 (**b**) 2-己酮

(**c**) 戊醛（$CH_3CH_2CH_2CH_2CHO$）

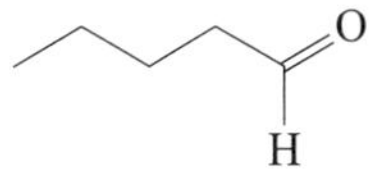

55. 设计三条制备3-辛醇的不同合成路线，起始原料分别为：(**a**) 酮；(**b**) 醛；(**c**) 使用与(b)中不同的醛。

56. 在以下合成方案所示的转化中填入缺失的所需试剂。如果转换需要多个步骤，则按顺序为各个步骤编号。

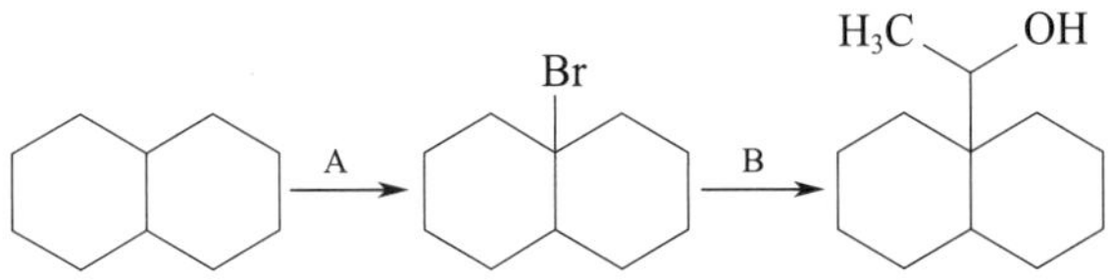

十氢化萘 —A→ 4a-溴代十氢化萘（Br） —B→ 4a-(1-羟乙基)十氢化萘（H_3C—CH—OH）

57. 蜡是天然存在的酯（烷基烷酸酯），含有长直链烷基。鲸油中含有蜡十六酸十六烷酯，其结构如下所示。如何通过S_N2反应合成这种蜡？

$$CH_3(CH_2)_{14}\overset{O}{\overset{\|}{C}}O(CH_2)_{15}CH_3$$

十六酸十六烷酯
1-hexadecyl hexadecanoate

58. 辅酶烟酰胺腺嘌呤二核苷酸（NAD^+；真实生活8-1）的还原形式是NADH。在不同的酶催化剂存在下，它作为生物负氢给体，能够根据以下通式将醛和酮还原为醇：

$$R\overset{O}{\overset{\|}{C}}R + NADH + H^+ \xrightarrow{酶} R\overset{OH}{\overset{|}{C}}HR + NAD^+$$

羧酸官能团—COOH不能被还原。写出下面每个化合物的NADH还原产物的结构式。

(**a**) $CH_3\overset{O}{\overset{\|}{C}}H + NADH \xrightarrow{醇脱氢酶}$

(**b**) $CH_3\overset{O}{\overset{\|}{C}}\overset{O}{\overset{\|}{C}}OH + NADH \xrightarrow{乳酸脱氢酶}$ **乳酸**

2-氧代丙酸
（丙酮酸）

(**c**) $HO\overset{O}{\overset{\|}{C}}CH_2\overset{O}{\overset{\|}{C}}\overset{O}{\overset{\|}{C}}OH + NADH \xrightarrow{苹果酸脱氢酶}$ **苹果酸**

2-氧代丁二酸
（草酰乙酸）

59. NADH的还原反应（习题58）具有立体专一性，产物的立体化学由酶控制（真实生活8-1）。在乳酸脱氢酶和苹果酸脱氢酶作用下，通常只生成乳酸和苹果酸的S构型立体异构体。写出这些立体异构体的结构式。

60. **挑战题** 在药物合成中，化学修饰后的甾族化合物的重要性不断提升。写出下列反应可能产物的结构式。在每个实例中，根据进攻试剂从底物分子位阻较小的一边进攻的原则，判断产物的主要立体异构体。(**提示**：制作模型或者参见 4-7 节。)

(a) [甾体结构：3α-羟基，11-酮，17β-CH(OH)CH₃] $\xrightarrow[\text{2. } H^+, H_2O]{\text{1. 过量 } CH_3MgI}$

(b) [甾体结构：3α-羟基，11-酮，17-酮] $\xrightarrow[\text{2. } H^+, H_2O]{\text{1. 过量 } CH_3Li}$

61. 挑战题 为什么习题 60 中所示的两个反应都分别要求使用过量的 CH_3MgI 和 CH_3Li？在这两个反应中，需要几倍量的金属有机试剂？每个分子中每个功能位点的产物是什么？

团队练习

62. 设计一条合成三级醇 2-环己基-2-丁醇（**A**）的路线。2-环己基-2-丁醇使香水具有山谷百合“清新”的香味。实验室备有常用的有机、无机试剂和溶剂。下面的试剂清单里有许多合适的卤代烷和醇。作为一个小组，对 **A** 进行逆合成分析并提出所有可能的策略性切断。检查试剂清单后，在现有的起始原料下考察这些路线是否可行。然后把提出的路线平均分给小组成员，让大家评价这些合成路线的优劣。基于选出的 2-环己基-2-丁醇的逆合成分析路线，写出一个详细的合成计划。然后重新一起讨论，并决定是支持还是反对这些计划。最后，把所用的起始原料的价格考虑进去，评价哪一条合成 **A** 的路线最经济。

目标分子	清单(价格)	
2-环己基-2-丁醇 **A**	2-溴丁烷($31/kg)	环己醇($14/kg)
	溴代环己烷($50/kg)	1-环己基乙醇($120/25 g)
	溴乙烷($20/kg)	环己基甲醇($42/100 g)
	溴甲烷($400/kg)	(溴甲基)环己烷($86/100 g)
	2-丁醇($23/kg)	

预科练习

63. 一个已知只含有 C、H 和 O 的化合物通过元素分析得到以下结果（原子量：C＝12.0，H＝1.00，O＝16.0）：52.1% C，13.1% H。它的沸点是 78 ℃。它的结构是（　　）。

(a) CH_3OCH_3　　(b) CH_3CH_2OH

(c) $HOCH_2CH_2CH_2CH_2OH$

(d) $HOCH_2CH_2CH_2OH$

(e) 以上都不是

64. 结构为 $(CH_3)_2CHCH_2CH(OH)CH_2CH_3$ 的化合物的最佳 IUPAC 命名是（　　）。

(a) 2-甲基-4-己醇

(b) 5-甲基-3-己醇

(c) 1,4,4-三甲基-2-己醇

(d) 1-异丙基-2-己醇

65. 在下述转化里，（　　）是“**A**”最有可能的结构？

A $\xrightarrow[\text{2. } H^+, H_2O\text{ (后处理)}]{\text{1. } LiAlH_4\text{, 干燥的醚}}$ 3,3-二乙基环戊醇（H, OH; CH_2CH_3, CH_2CH_3）

(a) 环戊酮

(b) 2,3-二乙基环戊酮（CH_2CH_3, CH_2CH_3）

(c) 3,3-二乙基环戊酮（CH_2CH_3, CH_2CH_3）

(d) 2,3-二乙基-2-环戊烯酮（CH_2CH_3, CH_2CH_3）

66. 下列哪一个方程式是酯水解的最佳方式？

(a) $CH_3OC(=O)CH_3 \xrightarrow{H^+, H_2O} CH_3OCH_3 + CO$

(b) $CH_3OC(=O)CH_3 \xrightarrow{H^+, H_2O} CH_3OH + HOC(=O)CH_3$

(c) $CH_3OCH_2OH \xrightarrow{H_2O} CH_3OH + H-\underset{\underset{O}{\|}}{C}-H$　　(d) $CH_3OH + CH_3CO_2H \xrightarrow{H_2O} CH_3O\underset{\underset{O}{\|}}{C}CH_3$

习题解答

24. (**a**) 2-丁醇，二级醇　　(**b**) 5-溴-3-己醇，二级醇

(**c**) 2-正丙基-1-戊醇，一级醇　　(**d**) (*S*)-1-氯-2-丙醇，二级醇

(**e**) 1-乙基环丁醇，三级醇　　(**f**) (1*R*,2*R*)-2-溴环癸醇，二级醇

(**g**) 2,2-二(羟甲基)-1,3-丙二醇，一级醇［英文名称中，当后面的名称复杂到必须加括号时，就需要将“bis”用作前缀而不是“di”。］

(**h**) *meso*-1,2,3,4-丁四醇，C-1 和 C-4 位为一级醇，C-2 和 C-3 位为二级醇

(**i**) (1*R*,2*R*)-2-(2-羟乙基)环戊醇，环上的羟基为二级醇，侧链上的羟基为一级醇

(**j**) (*R*)-2-氯-2-甲基-1-丁醇，一级醇

(**k**) 分子是非手性的——注意分子的对称面，该对称面含有两个羟基和羟基所连接的碳原子。因此，只有两种立体异构体：顺-2,2,4,4-四甲基环丁烷-1,3-二醇（左）及反-2,2,4,4-四甲基环丁烷-1,3-二醇（右）。

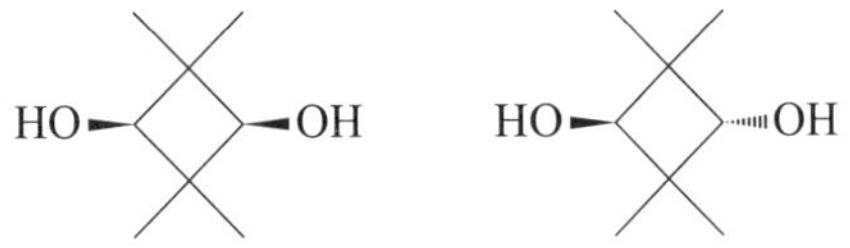

HO　OH　　HO　OH

25.

(**a**) $(CH_3)_3SiCH_2CH_2OH$

(**b**) 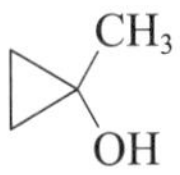 CH_3 OH

(**c**) $CH_3CHOHCHCH_2CH_2CH_3$（$CH(CH_3)_2$）

(**d**) 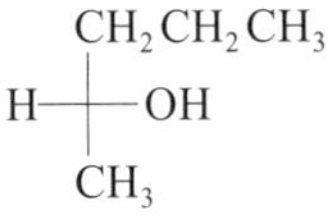 H—OH，$CH_2CH_2CH_3$，CH_3

(**e**) OH，Br，Br

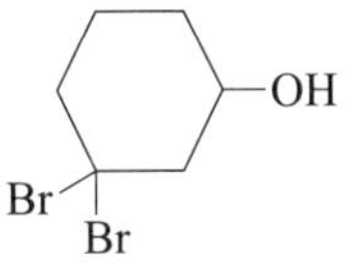

26. (**a**) 环己醇＞氯代环己烷＞环己烷（极性）

(**b**) 2-庚醇＞2-甲基-2-己醇＞2,3-二甲基-2-戊醇（支链）

27. (**a**) 乙醇与水形成氢键。氯乙烷与水分子有偶极-偶极相互作用。乙烷是非极性的，与水作用力最小。

(**b**) 溶解度随着分子非极性部分的相对体积变大而降低。

28. 分子内氢键稳定了 1,2-乙二醇的邻交叉构象，如下左图所示，但不是对交叉构象。在 2-氯乙醇中，也会存在类似的氢键（由于氯原子的 3p 孤对电子轨道较大，氢原子较小，这两者之间的重叠较差，因此，这种作用力较弱）：

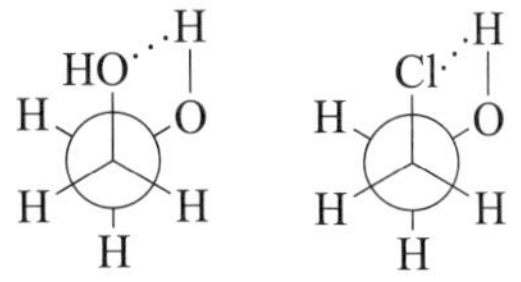

HO···H　Cl···H
H　O　H　O
H　H　H　H
H　H

因此，2-氯乙醇构象中邻交叉的占比更接近 1,2-乙二醇邻交叉的占比，而与 1,2-二氯乙烷的完全不同，这是由于 1,2-二氯乙烷分子内没有氢键。

29. (**a**) 二醇分子构象中两个羟基均处于平伏键，如下左图所示。与二个羟基均处在直立键的构象相比，该分子存在两种方式的稳定作用。首先，羟基比氢大，因此，在空间上羟基处于平伏键的构象更为稳定。其次，在此构象中，两个羟基相互接近足以形成分子内氢键（如下右图）。这种构象的能量由

于这种氢键的强度得以进一步降低，约为 2 $kcal \cdot mol^{-1}$。

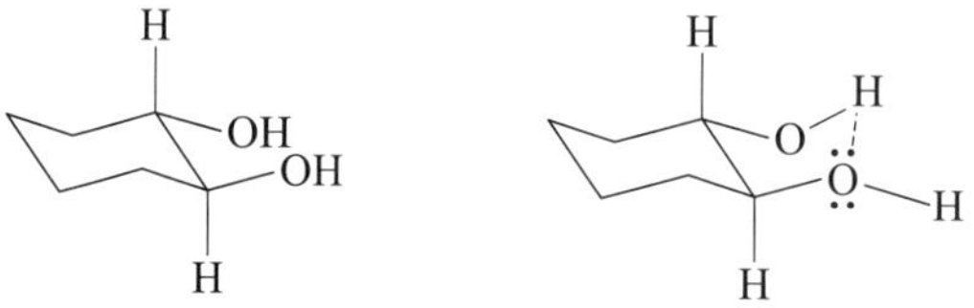

反-1,2-环己二醇

（二个羟基均处于平伏键）

（**b**）正如（a）部分的二元醇构象所显示的那样，处于相邻平伏键的取代基在空间上非常接近。纽曼投影式进一步说明了这一点，揭示了这些取代基处于邻交叉时的具体位置。用大空间位阻的硅烷基替换两个羟基上的氢使得双平伏键的构象不如双直立键的构象稳定，这是由于处于平伏键的 1,2-硅基与硅基的空间位阻大于其对应的处于直立键的 1,3-硅基与氢的空间位阻。此外，随着羟基转化为烷基硅氧基，不可能再有氢键来帮助降低双平伏键构象的能量。对比以下结构：

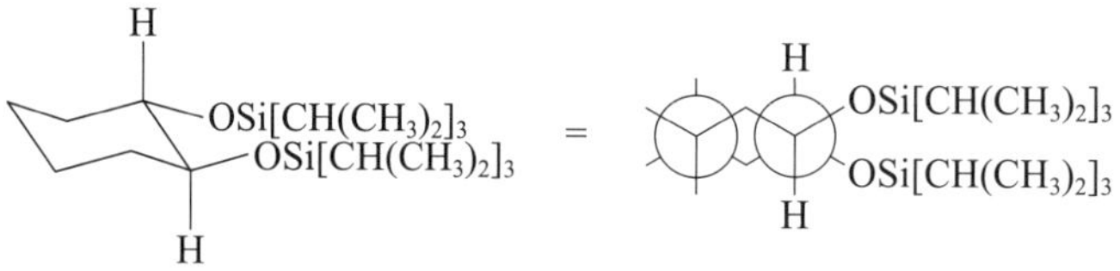

双平伏键

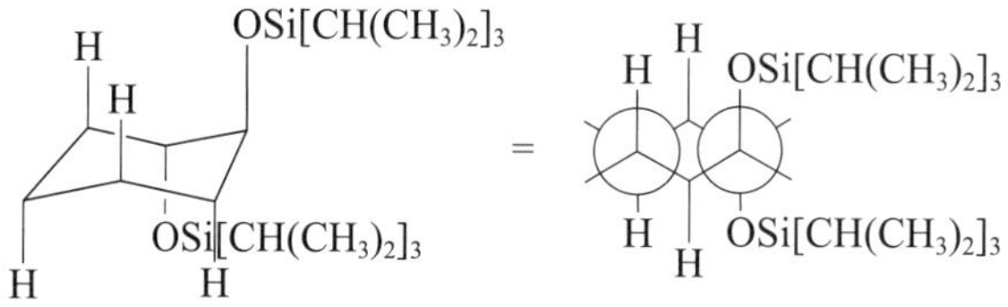

双直立键

30. 涉及三个因素：吸电子原子的电负性，有多少个该原子，以及它们与羟基的距离。

（**a**）$CH_3CHClCH_2OH > CH_3CHBrCH_2OH > BrCH_2CH_2CH_2OH$

（**b**）$CCl_3CH_2OH > CH_3CCl_2CH_2OH > (CH_3)_2CClCH_2OH$

（**c**）$(CF_3)_2CHOH > (CCl_3)_2CHOH > (CH_3)_2CHOH$

31.（**a**）$(CH_3)_2CH\overset{+}{O}H_2 \xleftarrow{\text{作为碱，与 } H^+ \text{ 反应}} (CH_3)_2CHOH \xrightarrow{\text{作为酸，与 } ^-OH \text{ 反应}} (CH_3)_2CHO^-$

与甲醇相比，2-丙醇的酸性和碱性更弱（教材中表 8-2 和表 8-3）

（**b**）$CH_3CHFCH_2\overset{+}{O}H_2 \xleftarrow{H^+} CH_3CHFCH_2OH \xrightarrow{HO^-,\ (-H^+)} CH_3CHFCH_2O^-$

（**c**）$CCl_3CH_2\overset{+}{O}H_2 \xleftarrow{H^+} CCl_3CH_2OH \xrightarrow{HO^-,\ (-H^+)} CCl_3CH_2O^-$

与甲醇相比，后面的两种醇的酸性比甲醇强，碱性比甲醇弱。对于这两种醇，烷氧基负离子更为稳定，烷基氧鎓离子的稳定性因分子中连接吸电子的卤素而降低。

32.（**a**）等于两个 pK_a 值的平均值：pH 为 6.7（对比 H_2O 的 pH 为 7，等于 H_3O^+ 和 HO^- pK_a 值的平均值）。

（**b**）pH 为 −2.2　　（**c**）pH 为 +15.5

33. 没有。回想一下，稳定碳正离子的超共轭效应需要成键轨道和碳正离子空 p 轨道之间的重叠（7-5 节）。烷基氧鎓离子中氧上没有任何空的 p 轨道，因此，这种重叠是不可能的，也就不存在超共轭效应。

34.（**a**）毫无价值。在 S_N2 反应中，H_2O 分子是一种非常差的亲核试剂。

（**b**）好的合成方法。很好的 S_N2 反应——与 CH_3 连着的磺酰基是一种很好的离去基团。

（**c**）不太好。二级卤代烷在强碱作用下以消除反应为主。

（**d**）好的合成方法，但有点慢，S_N1 机理。

（**e**）毫无价值。此时，^-CN 是一个差的离去基团（中等强度的碱）。

（**f**）毫无价值。$^-OCH_3$ 是一个很差的离去基团（很强的碱）。

(g) 好的合成方法，S_N1 机理。

(h) 不太好。烷基支链的空间位阻会降低 S_N2 反应性，且也会干扰 E2。

35. **(a)** 用氢氧根负离子代替水，OH^- 是一种好的亲核基团。在水溶液中用 NaOH 进行此反应；或者更可行的是，在像 DMSO 这样的极性非质子溶剂中进行此反应。

(c) 两个可行的选择：可以简单在有水的情况下加热底物，尽管 E1 消除反应降低了产率，但经由 S_N1 反应，仍然可以高产率得到产物。或者，更好的方法是，先利用乙酸盐进行取代反应形成酯，接着酯水解（8-4 节）。在 DMF 溶液中与乙酸钠反应（高产率的 S_N2 取代反应，因为乙酸根负离子是弱碱，但其亲核性好），然后在水溶液中用氢氧化钠处理乙酸酯产物，最后在碱性条件下将酯水解成醇：

(e) 和 **(f)** 尚未遇到完成这些转换的相关方法。

(h) (c) 中所给出的乙酸酯的水解方法在此转换过程中也很有效。

36. **(a)** $CH_3CH_2CHOHCH_3$　　**(b)** $CH_3CHOHCH_2CH_2CHOHCH_3$

(c)　　**(d)**

(e)　BH_4^- 从空间位阻小的方向（环的下方）对羰基进行加成：

(f) 制作一个模型。在此转换中，BH_4^- 对羰基加成反应的空间位阻主要来自椅式构象中位于环上方的两个处于直立键的氢（下面结构中的**粗体字**）：

37. 反应向右边移动。H_2 的酸性比 H_2O 弱，HO^- 的碱性比 H^- 弱。

38. **(a)** 和 **(c)** CH_3CHDOH

(b) CH_3CH_2OD，$CH_3CH_2O^-$ 与 D^+ 反应的产物。

(d) CH_3CH_2D，S_N2 反应的产物（$LiAlD_4$ 作为亲核性 D 的来源，正如 $LiAlH_4$ 是亲核性 H 的来源一样）。

39. 为简单起见，产物只展示了来自 $LiAlH_4$ 分子的每个单独氢原子（或来自 $LiAlD_4$ 的 D）。实际上，这些试剂最多可以输送所有的四个负离子（H^- 或 D^-），并与尽可能多的底物分子进行加成反应。

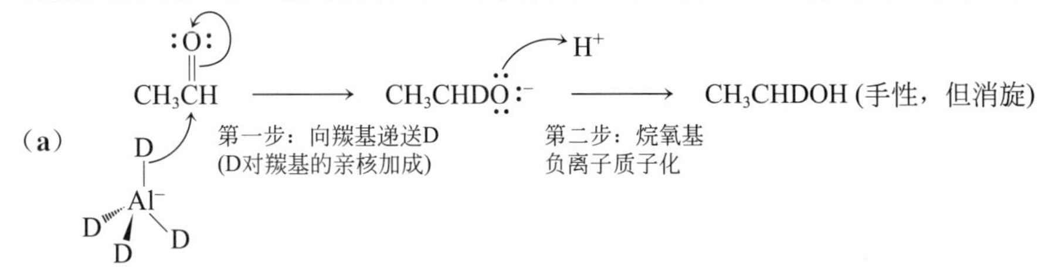

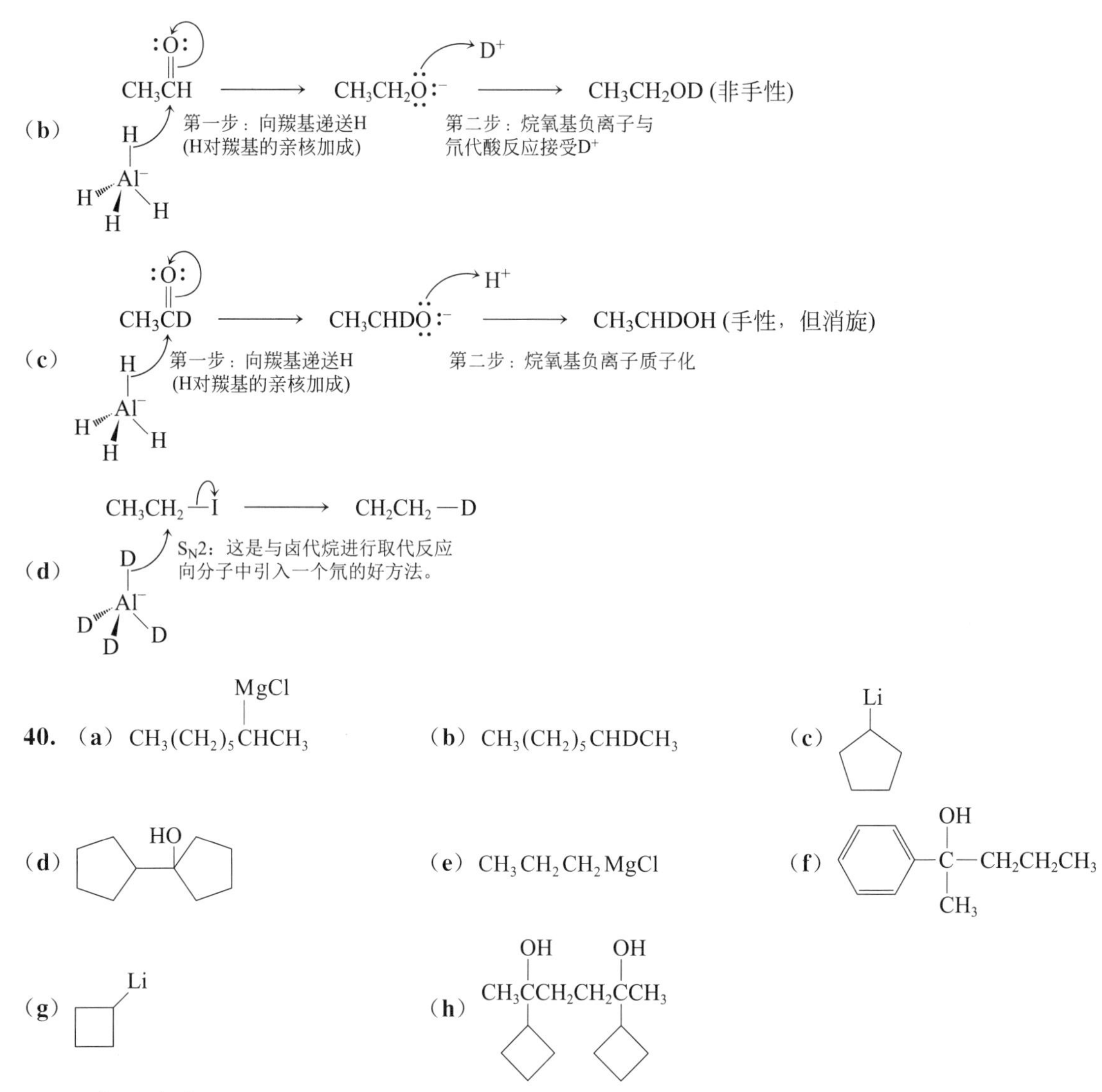

41. 目标反应为：$CH_3MgI+C_6H_5CHO \longrightarrow CH_3CH(OH)C_6H_5$，通过格氏试剂对醛羰基加成反应合成二级醇。意想不到和不希望的副反应是：由于体系中存在丙酮，它也与甲基碘化镁反应：$CH_3MgI+CH_3COCH_3 \longrightarrow (CH_3)_3COH$，生成2-甲基-2-丙醇（叔丁醇）。

42. 毫无疑问，只有（a）和（c）中所示的化合物在无需考虑其他问题的情况下形成格氏试剂。在（b）中，羟基含有酸性氢，可以与格氏试剂反应，从而破坏所形成的格氏试剂中的碳-金属键；同样，（e）中末端炔烃中的氢也具有一定的酸性，破坏所形成的格氏试剂中的碳-金属键（末端炔烃的 pK_a 大约是25，你需要了解这些知识，从第1章习题50中所提供的信息来看，末端炔烃的氢比烷烃碳上氢的酸性强得多）。最后，在（d）中，官能团羰基中碳原子具有较强的亲电性，也会干扰格氏试剂的制备。（c）中官能团醚不是问题，因为它不含任何酸性较强的氢。

43. 首先形成烷氧基负离子，接着质子化形成最终产物。

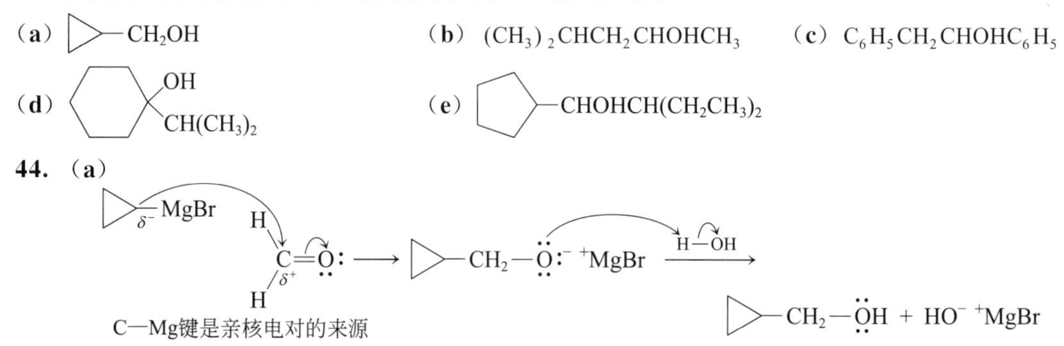

(b) 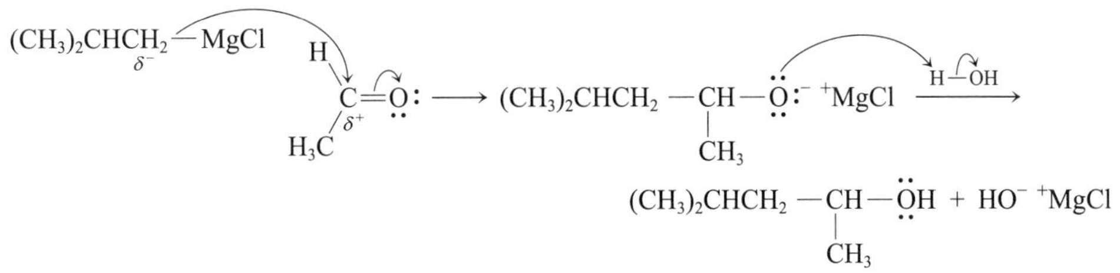 $(CH_3)_2CHCH_2^{\delta^-}$—MgCl + H(H₃C)$C^{\delta^+}$=O: ⟶ $(CH_3)_2CHCH_2$—CH(CH_3)—O:⁻ ⁺MgCl $\xrightarrow{H—OH}$

$(CH_3)_2CHCH_2$—CH(CH_3)—OH + HO⁻ ⁺MgCl

(c) $C_6H_5CH_2^{\delta^-}$—Li + H(C_6H_5)C^{δ^+}=O: ⟶ $C_6H_5CH_2$—CH(C_6H_5)—O:⁻ ⁺Li $\xrightarrow{H—OH}$

$C_6H_5CH_2$—CH(CH_3)—OH + HO⁻ ⁺Li

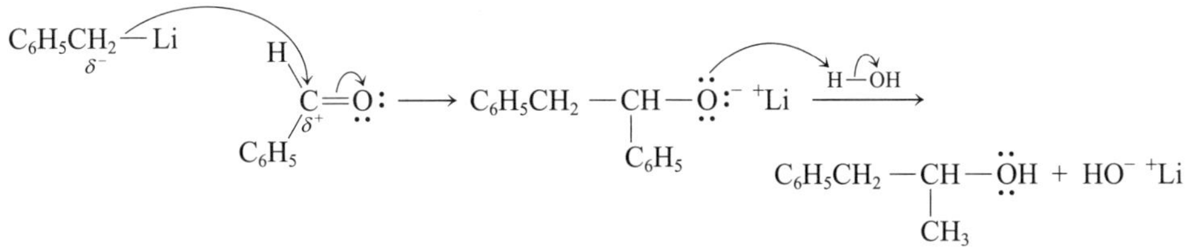

(d) 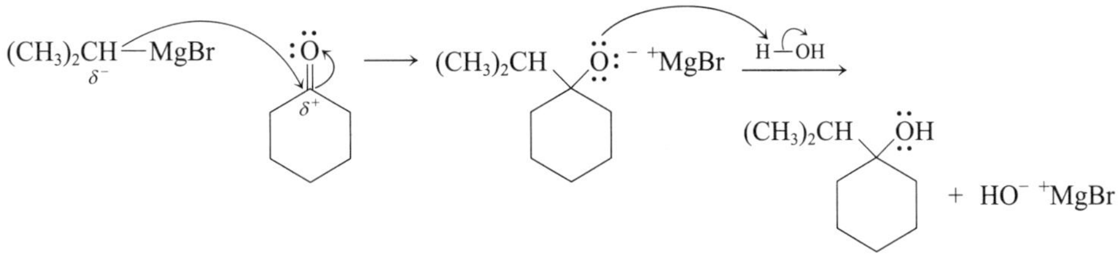 $(CH_3)_2CH^{\delta^-}$—MgBr + 环己酮(C^{δ^+}=O) ⟶ $(CH_3)_2CH$(环己基)—O:⁻ ⁺MgBr $\xrightarrow{H—OH}$

$(CH_3)_2CH$(环己基)—OH + HO⁻ ⁺MgBr

(e) 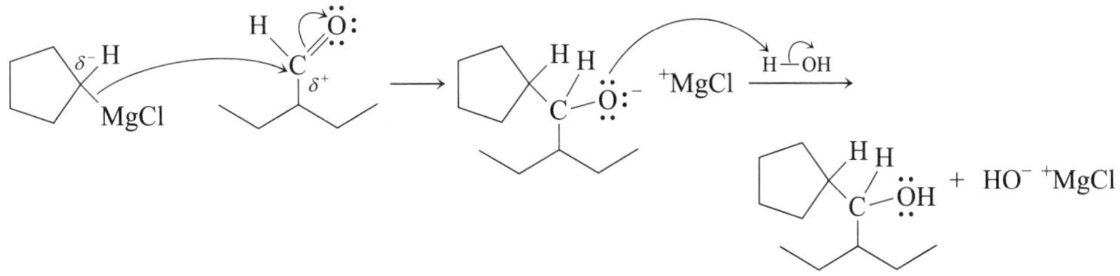 环戊基$^{\delta^-}$(H)—MgCl + H—C^{δ^+}(=O:)—CH(CH_2CH_3)$_2$ ⟶ 环戊基—C(H)(H)—O:⁻ ⁺MgCl $\xrightarrow{H—OH}$

环戊基—C(H)(H)—OH + HO⁻ ⁺MgCl

45. (a) 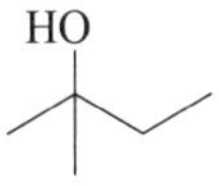 HO (b) 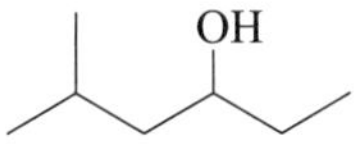 OH (c) 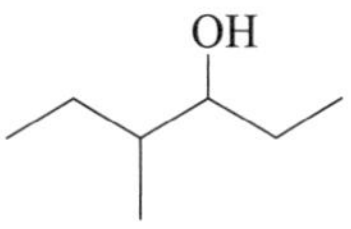 OH

在（b）和（c）中，羟基位于新形成的手性中心。（b）中的产物形成一对对映异构体（50∶50）的外消旋混合物。（c）中的起始原料已经有了一个立体中心；引入第二个手性中心后，意味着将会形成四种立体异构体（两对对映体和两对非对映异构体）。其中，对映体产物的含量是相同的，非对映异构体的含量则不同。

(d) 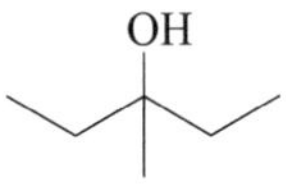 OH (e) 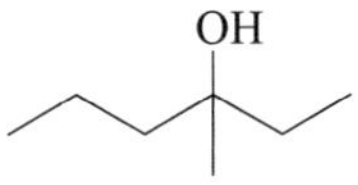 OH (f) 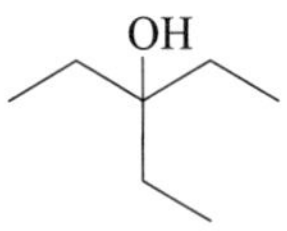 OH (g) 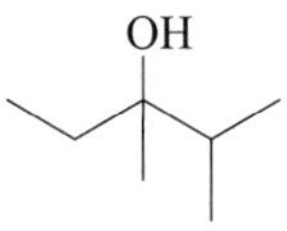 OH

（e）和（g）中的产物都是对映异构体的外消旋混合物。

(h) 产物为两种含量不同的非对映异构体混合物：

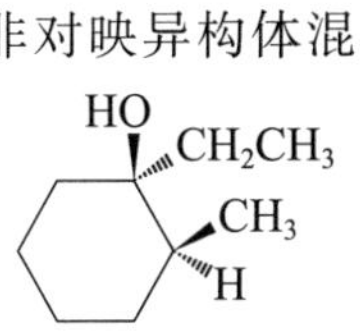

HO, CH_2CH_3, CH_3, H 和 CH_3CH_2, OH, CH_3, H

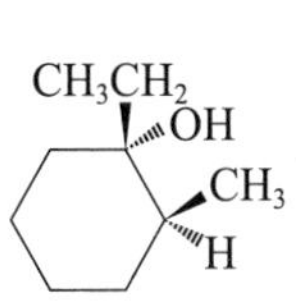

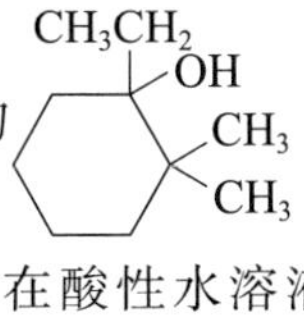

(i) 两种对映异构体的外消旋混合物 CH_3CH_2, OH, CH_3, CH_3 (j) 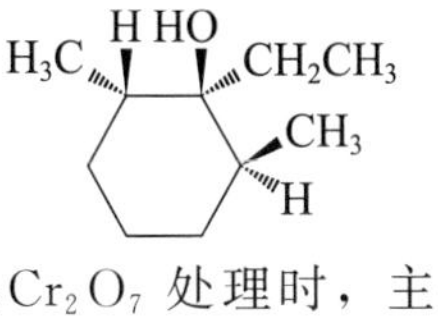 H_3C, H, HO, CH_2CH_3, CH_3, H

46. (a) $CH_3CH_2CO_2H$。当一级醇在酸性水溶液中用 $Na_2Cr_2O_7$ 处理时，主要产物为羧酸（来自过氧化）。

(b) $(CH_3)_2CHCHO$ (c) 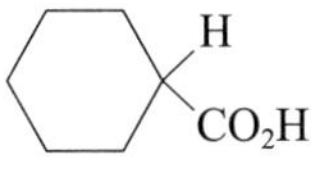 H, CO_2H (d) 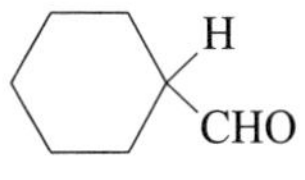 H, CHO (e) 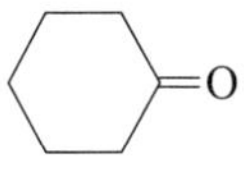 =O

47. 对于在考试中出现概率相当高的反应机理而言，这是一个很好的练习。无论 Cr(Ⅵ) 的具体来源是什么，这些机理都非常相似——无论是酸性水溶液中的 $Na_2Cr_2O_7$ 还是 CH_2Cl_2 溶液中的 PCC。在任何一种情况下，醇与 Cr(Ⅵ) 试剂反应，形成铬酸酯，接着发生消除反应形成羰基。在（a）和（c）中，在酸性 $Na_2Cr_2O_7$ 水溶液中，水相当于碱；在（b），（d）和（e）中，PCC 为氧化剂，吡啶的作用是碱。因此，具体过程如下：

（a） 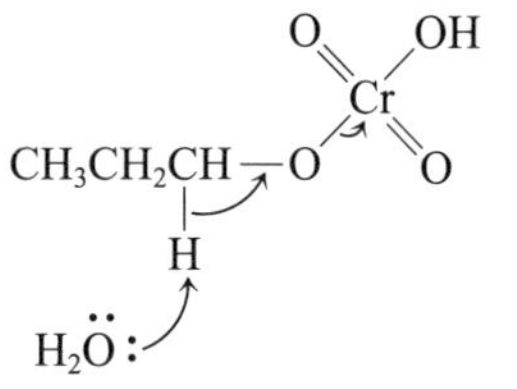 $CH_3CH_2CH(H)—O—Cr(=O)_2OH$，$H_2\ddot{O}:$ 夺取 H

（b） 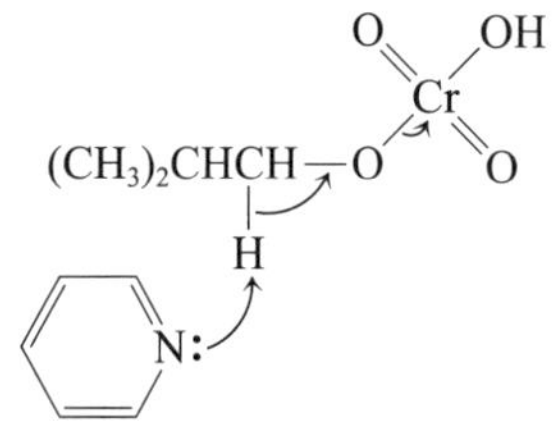 $(CH_3)_2CHCH(H)—O—Cr(=O)_2OH$，吡啶 N: 夺取 H

（c） 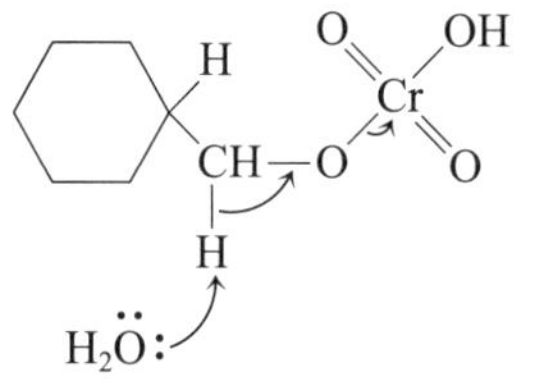 环己基—$CH(H)—O—Cr(=O)_2OH$，$H_2\ddot{O}:$ 夺取 H

（d） 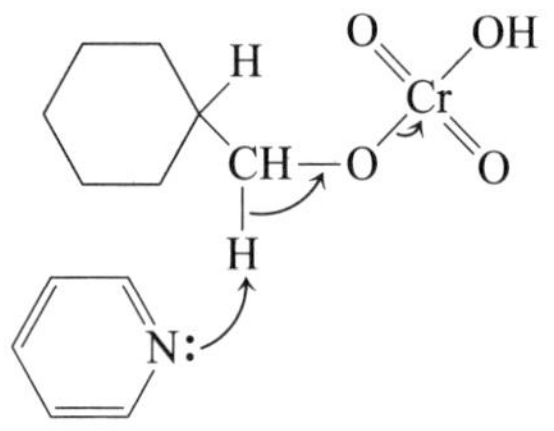 环己基—$CH(H)—O—Cr(=O)_2OH$，吡啶 N: 夺取 H

（e） 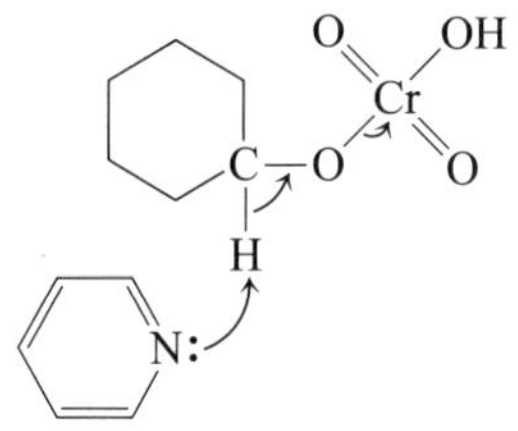 环己基 C(H)—O—Cr(=O)$_2$OH，吡啶 N: 夺取 H

在以上每种情况下，氧化反应的起始初产物是醛或酮。然而在（a）和（c）中，由于水的存在，醛与水反应形成水合醇1,1-二醇，接着进行第二次氧化反应：

（a）

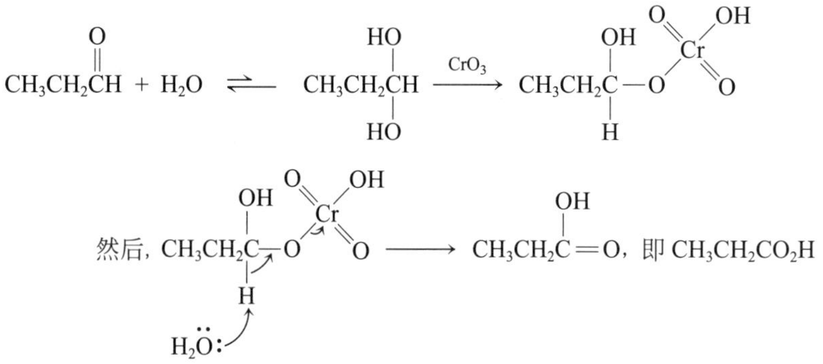

$$CH_3CH_2CH{=}O + H_2O \rightleftharpoons CH_3CH_2CH(OH)_2 \xrightarrow{CrO_3} CH_3CH_2C(OH)(H)—O—Cr(=O)_2OH$$

$$\text{然后}, CH_3CH_2C(OH)(H)—O—Cr(=O)_2OH \ (H_2\ddot{O}:) \longrightarrow CH_3CH_2C(OH){=}O, \text{即} CH_3CH_2CO_2H$$

（c）

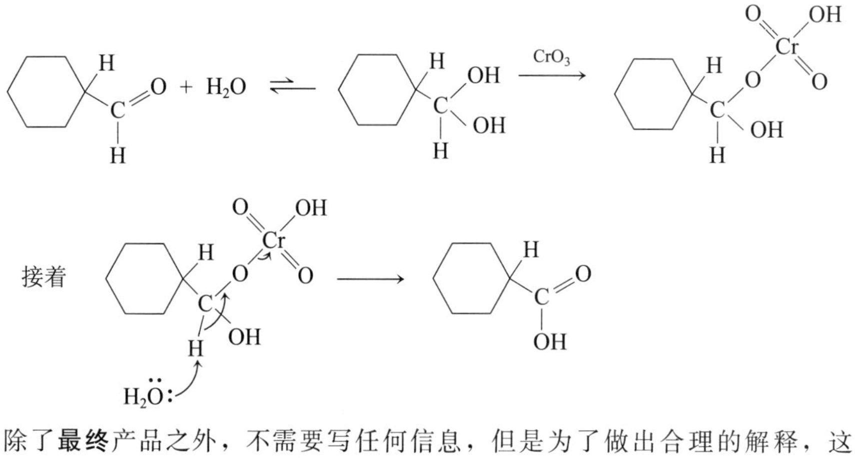

$$C_6H_{11}—CH{=}O + H_2O \rightleftharpoons C_6H_{11}—CH(OH)_2 \xrightarrow{CrO_3} C_6H_{11}—C(H)(OH)—O—Cr(=O)_2OH$$

$$\text{接着} \quad C_6H_{11}—C(H)(OH)—O—Cr(=O)_2OH \ (H_2\ddot{O}:) \longrightarrow C_6H_{11}—C(H)(=O)OH$$

48. 除了**最终**产品之外，不需要写任何信息，但是为了做出合理的解释，这里给出了（a）和（b）中每个步骤后形成的化合物。

（a）1. $(CH_3)_2C{=}O$　2. $(CH_3)_2C(CH_2CH_3)—OMgBr$　3. $(CH_3)_2C(CH_2CH_3)—OH$（最终产物）

（b）1. $CH_3CH_2CH_2CH_2OH$　2. $CH_3CH_2CH_2CHO$（醛）

3. 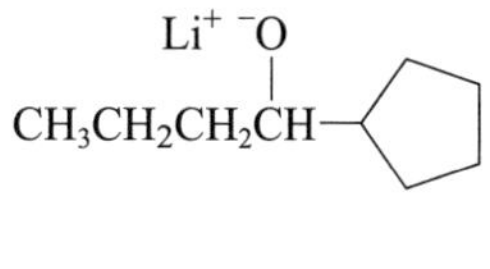 $CH_3CH_2CH_2CH(O^-\,Li^+)$—环戊基　4. 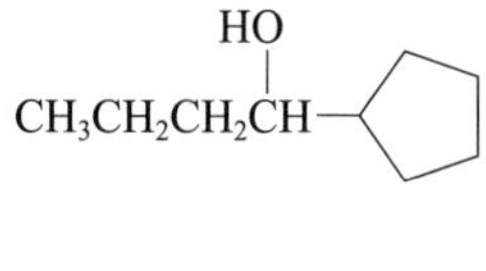 $CH_3CH_2CH_2CH(OH)$—环戊基（最终产物）

(c) 1. $CH_3CH_2CH_2C(=O)$–环戊基　　3. $CH_3CH_2CH_2C(OH)(D)$–环戊基 (最终产物)

49. Wurtz 反应的本质为烷基钠化合物中亲核碳原子和卤代烷烃中亲电碳原子的直接偶联反应。这是一种**非选择性**的反应。当不同烷基进行交叉偶联反应时，没有办法防止反应体系中烷基的自身偶联。换句话说，氯乙烷和 1-氯丙烷之间的反应可以得到丁烷（来自两个乙基）、戊烷（分别来自乙基和丙基）和己烷（来自两个丙基）的混合物。

50.

A=$BrMgCH_2CH_2CH_2CH_2MgBr$（双格氏试剂）

B=$CH_3CHOHCH_2CH_2CH_2CH_2CHOHCH_3$（末端的双格氏试剂对醛进行亲核加成）

51.

(a) $CH_4 \xrightarrow{Cl_2, h\nu} CH_3Cl \xrightarrow{HO^-,\ H_2O} CH_3OH$

(b) 同 (a)，起始原料为乙烷。

(c) 同 (a)，起始原料为丙烷。不够好。

(d) $CH_3CH_2CH_3 \xrightarrow{Br_2,\ \triangle} CH_3CHBrCH_3 \xrightarrow{H_2O} CH_3CHOHCH_3$

(e) 同 (a)，起始原料为丁烷。不够好。

(f) 同 (d)，起始原料为丁烷。很好。

(g) $(CH_3)_3CH \xrightarrow{Br_2,\ \triangle} (CH_3)_3CBr \xrightarrow{H_2O} (CH_3)_3COH$

以烷烃为原料，唯一可能的第一步是烷烃的卤化反应。一级碳的官能团化也很困难，回想一下，对于烷烃自由基卤化反应，三级和二级碳原子更容易反应。

52. 注意：所有格氏试剂中的卤素（X）可能是 Cl、Br 或 I。

(i) 以醛为原料，合成路线如下：

$$RCHO \xrightarrow{NaBH_4\text{ 或 }LiAlH_4} RCH_2OH$$

(a) R=H，(b) R=CH_3，(c) R=CH_3CH_2，(e) R=$CH_3CH_2CH_2$。

或者，对于除第一个实例外的所有产品，还可以利用以下反应：

$$HCHO \xrightarrow{RMgX\text{ 或 }RLi} RCH_2OH$$

(b) R=CH_3，(c) R=CH_3CH_2，(e) R=$CH_3CH_2CH_2$。最后：

(d) $CH_3CHO \xrightarrow{CH_3MgX\text{ 或 }CH_3Li} CH_3CHOHCH_3$

(f) 或者 $CH_3CHO \xrightarrow{CH_3CH_2MgX\text{ 或 }CH_3CH_2Li} CH_3CHOHCH_2CH_3$

或者 $CH_3CH_2CHO \xrightarrow{CH_3MgX\text{ 或 }CH_3Li} CH_3CH_2CHOHCH_3$

(ii) 以酮为原料，合成路线如下：

$$RC(=O)R' \xrightarrow{NaBH_4\text{ 或 }LiAlH_4} RCHOHR'$$

(d) R 和 R'=CH_3，(f) R=CH_3，R'=CH_3CH_2。

(g) $CH_3C(=O)CH_3 \xrightarrow{CH_3MgX\text{ 或 }CH_3Li} (CH_3)_3COH$

所有这些反应的合适溶剂是 $(CH_3CH_2)_2O$，并且所有烷氧基负离子须经酸性水溶液质子化后最终转化为产物醇。

53. (a) 环戊基–OH $\xrightarrow{Na_2Cr_2O_7,\ H_2SO_4,\ H_2O}$

(b) $CH_3CH_2CH_2CH_2CH_2OH \xrightarrow{Na_2Cr_2O_7,\ H_2SO_4,\ H_2O}$

(c) 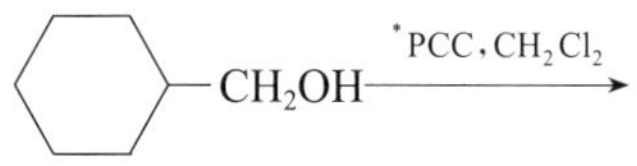 环己基$-CH_2OH \xrightarrow{^*PCC,CH_2Cl_2}$

(d) $(CH_3)_2CHCHOHCH_3 \xrightarrow{Na_2Cr_2O_7,H_2SO_4,H_2O}$

(e) $CH_3CH_2OH \xrightarrow{^*PCC,CH_2Cl_2}$

* 使用 PCC 为氧化剂可以避免过氧化。

54.

目标产物为 $H_3C-C(OH)(CH_3)-CH_2CH_2CH_2CH_3$ 。

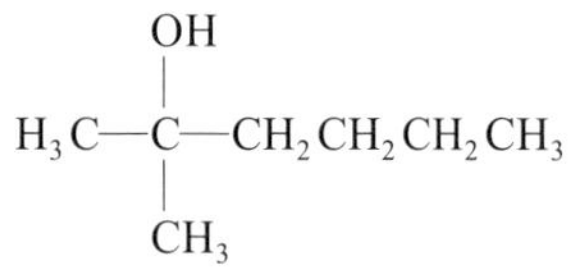

(a) $CH_3C(=O)CH_3$ + $CH_3CH_2CH_2CH_2Li$，接着 H^+，H_2O。

(b) $CH_3C(=O)CH_2CH_2CH_2CH_3$ + CH_3Li，接着 H^+，H_2O。

(c) 这个有点棘手。通过逆合成分析，如果我们以 5 个碳原子的戊醛为原料，我们针对目标产物的结构仔细分析需要构建的键：

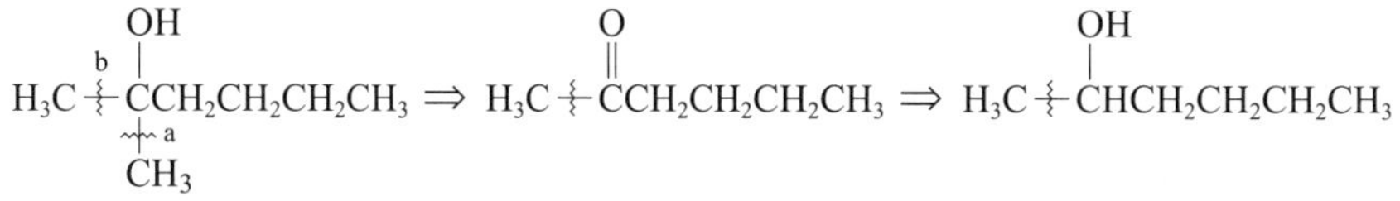

$$H_3C \overset{b}{\nmid} C(OH)(\overset{a}{\nmid} CH_3)CH_2CH_2CH_2CH_3 \Rightarrow H_3C \nmid C(=O)CH_2CH_2CH_2CH_3 \Rightarrow H_3C \nmid CH(OH)CH_2CH_2CH_2CH_3$$

以**醛**为原料，我们需要通过在原料中增加两个甲基构建**两根**碳-碳键（“a”和“b”）。经过逆合成分析倒推，通过具有亲核能力的甲基对酮羰基的加成可以构建键“a”。那么，酮又如何合成？它必须经二级醇的氧化而制备。那么，要通过醛的加成反应构建键“b”制备二级醇。答案是：$CH_3CH_2CH_2CH_2CHO$ 与 CH_3Li 反应形成 $CH_3CH_2CH_2CH_2CHOHCH_3$。此二级醇在酸性水溶液中用 Cr(Ⅵ) 氧化，转化为酮 $CH_3CH_2CH_2CH_2COCH_3$。向该酮中引入第二个 CH_3Li 转化为最终产物叔醇，结束合成过程。因此，合成路线如下：

$$CH_3CH_2CH_2CH_2CHO \xrightarrow[3.\ Na_2Cr_2O_7,H_2SO_4,H_2O]{1.\ CH_3Li;\ 2.\ H^+,H_2O} CH_3CH_2CH_2CH_2COCH_3 \xrightarrow[2.\ H^+,H_2O]{1.\ CH_3Li} \text{产物}$$

在这些反应中，格氏试剂可以代替烷基锂试剂。在这些反应中溶剂为$(CH_3CH_2)_2O$。

55.

(a) $CH_3CH_2COCH_2CH_2CH_2CH_2CH_3 + LiAlH_4$ 或 $NaBH_4$，CH_3CH_2OH

(b) $CH_3CH_2CHO + CH_3CH_2CH_2CH_2CH_2MgBr$(也可以使用有机锂试剂)

(c) $CH_3CH_2CH_2CH_2CH_2CHO + CH_3CH_2MgBr$(也可以使用有机锂试剂)

除非特别说明，这些反应中溶剂均为$(CH_3CH_2)_2O$。

56. 转化 **A** 是利用溴取代三级碳原子上的氢。这个分子中有两个此类氢，由于此分子是对称的，因此，这两个氢是相同的，此化合物中的其他所有氢连接在二级碳原子上。因此，这一步为简单的自由基溴化反应，我们知道自由基溴化反应中三级碳原子上的氢比二级碳原子上的氢具有更高的选择性(第 3 章)。

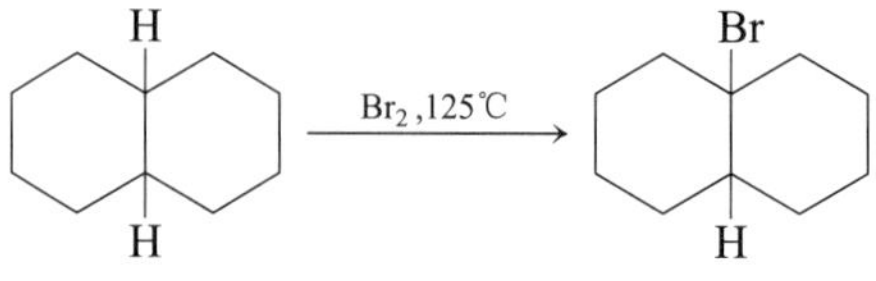

十氢化萘(桥头 H, H) $\xrightarrow{Br_2,125℃}$ 桥头 Br, H 产物

转化 **B** 需要构建碳-碳键和官能团醇的形成，为此，我们在本章中有一个新的策略：羰基化合物与金属有机试剂(格氏试剂或有机锂试剂)的加成反应。那么，此问题转化成哪种金属有机试剂和哪种羰基化合物？答案可以在习题所给出的结构中找到。溴原子连接的碳原子与一个 2 个碳原子的取代基连接构建新的碳-碳键，并形成新的官能团羟基。基于本章中的模型，解决方案是将转化 **A** 中的烷基溴转化为金属有

机试剂，并将该物种与 2 个碳原子的羰基化合物反应：

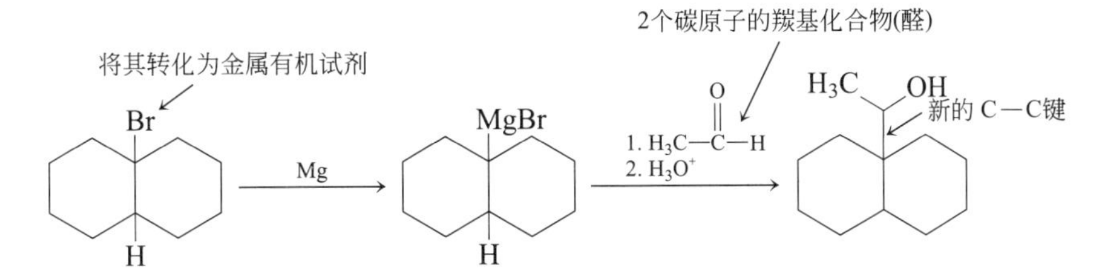

57.

$$CH_3(CH_2)_{14}\overset{O}{\overset{\|}{C}}O^- + I(CH_2)_{15}CH_3$$

58.

（a） CH_3CH_2OH

（b） $CH_3\underset{}{\overset{HO}{\overset{|}{C}}}H\overset{O}{\overset{\|}{C}}OH$

（c） $HO\overset{O}{\overset{\|}{C}}CH_2\underset{\underset{OH}{|}}{C}H\overset{O}{\overset{\|}{C}}OH$

（b）、（c）在这些反应中只有酮羰基被还原。

59.

OH—C(H)(CH₃)—COOH 和 OH—C(H)(CH₂COOH)—COOH

60. 类固醇的下方 α 面受到的空间位阻较小。

（a） （b）

61. 分子中羟基上的氢原子具有足够的酸性，几乎可以立即与格氏或锂试剂中强碱性的、与金属原子相连接的碳原子反应。该过程是一种酸-碱反应，通过对该碳原子的质子化从而形成惰性烷烃，破坏了金属有机试剂。在此过程中，醇转化为其共轭碱烷氧基负离子，其对离子为带正电荷的镁或锂离子。这种酸-碱反应比金属有机试剂对羰基 C ═O 双键的加成反应快得多。因此，必须引入足够过量的金属有机试剂来补偿被这种酸碱反应消耗的量，并剩余下足够的金属有机试剂与底物分子中的羰基发生加成反应。

62. 从切断与醇羟基连接的碳原子上的一根键（“战略键”）开始，设计每一条合成路线。

CH_3MgBr + 环己基乙基酮 $\overset{a}{\Longleftarrow}$ 醇 $\overset{b}{\Longrightarrow}$ 环己基甲基酮 + CH_3CH_2MgBr

$\Downarrow c$

环己基MgBr + 丁酮

接下来，认真分析这些切断方法所推出的起始原料是否容易获得或如何制备（如果可以直接购买，需要考虑它的价格）。对于格氏试剂，需要考虑相应的卤化物；如果是酮类化合物，需要考虑相应的醇类化合物：

切断“a”	切断“b”	切断“c”
CH_3Br \$1050/kg	CH_3CH_2Br \$66/kg	$CH_3CHOHCH_2CH_3$ \$121/kg
OH 无法直接购买	OH \$67/5g	Br \$111/kg

虽然1-环己基-1-丙醇肯定可以通过将环己基甲醇氧化成醛，接着与 CH_3CH_2MgBr 发生加成反应来制备，但需要付出更多的努力和较高的费用等弱点使路线“a”成为一个糟糕的选择。路线“b”还不错，但“c”肯定是整体上最有效（和最具成本效益）的。因此：

Br —Mg, 醚→ MgBr

OH —$Na_2Cr_2O_7$, H_2SO_4→ O —1. MgBr, 醚 2. H^+, H_2O→ OH

63.（b） **64.**（b） **65.**（c） **66.**（b）

9

醇的其他反应和醚的化学

在本章中，我们将详细地探讨醇的反应。在本书上一章引言中，我们简要地比较了醇和卤代烷的反应。更具体的分析如下图所示：

氧化反应
羟基H的取代
取代反应
消除反应

(键④和键⑤断裂；键③变双键)

(键④断裂)

(键③断裂)

(键①和键③断裂；键②变双键)

的确，在醇的化学中，五个键中的任何一个都可能发生反应，如果我们分别按取代和消除机理分析，醇的化学总共可能有四种反应，如上图所示。此外，本章还要介绍一类相关的化合物——醚。由于缺乏氢氧键，所以醚不能进行两种涉及 O—H 键的醇类反应。事实上，在醚的化学中，只有取代反应被证明是重要的，而且此类反应仅在特定条件下发生，具体取决于醚的性质。总的来说，人们已发现，与醇相比，醚是非常**不活泼的**（unreactive）分子，这使得它们可以在有机化学中被用作各类反应的溶剂。

本章概要

9-1　烷氧基负离子的制备
醇去质子化方法的选择。

9-2　烷基氧鎓离子：醇的取代反应和消除反应
醇羟基转化成离去基团。

9-3　碳正离子重排
碳正离子的一种新反应途径。

9-4　由醇产生的酯类
简要介绍酯类及其合成用途。

9-5，9-6 和 9-7　醚的性质与制备
醇氧为亲核试剂。

9-8　醚的反应

反应类型少，微不足道。

9-9　氧杂环丙烷的反应

将通常不活泼的官能团引入张力环中，可使其更有用。

9-10　醇和醚的硫类似物

含氧化合物与含硫化合物之间的相似之处。

9-11　醇和醚的生理作用及应用

本章重点

9-1 烷氧基负离子的制备

我们已经看到醇的酸性与水的酸性有相似之处。本节将介绍两种从醇中除去质子，进而形成烷氧基负离子（醇盐）的常用方法，即：与强碱（如 $[(CH_3)_2CH]_2N^-$ 或氢化物）反应；与活泼金属（尤其是碱金属）反应。烷氧基负离子很容易得到，我们将在本章其他几个地方探讨烷氧基负离子的反应。

9-2 烷基氧鎓离子：醇的取代反应和消除反应

醇的另一面是其碱性：像水一样，醇可以被强酸质子化，从而产生烷基氧鎓离子。已经证明这一点在醇化学中非常重要，因为它使得涉及碳-氧键断裂的反应有可能发生。碳-氧键在中性或碱性条件下很难断裂。将醇与卤代烷进行比较，可得出导致该现象的原因：卤代烷具有好的离去基团（卤素离子），而醇则没有。例如，比较下列反应：

$$\mathrm{Nuc{:}^- + R{-}\ddot{\underset{..}{X}}{:} \longrightarrow R{-}Nuc + {:}\ddot{\underset{..}{X}}{:}^-} \quad \text{好的离去基团}$$

$$\mathrm{Nuc{:}^- + R{-}\ddot{\underset{..}{O}}H \longrightarrow R{-}Nuc + H\ddot{\underset{..}{O}}{:}^-} \quad \text{差的离去基团}$$

醇在成为取代反应中的底物之前，需要对其离去基团进行改进。最常见的方法是用强酸对氧原子进行质子化。这一反应可将差的离去基团（HO^-）转换为好的离去基团（H_2O；它是与 Br^- 一样好的离去基团）。然后，1°醇可发生 S_N2 反应，2°和 3°醇可发生 S_N1 反应。在这些过程中，常见的亲核试剂是卤素离子（生成卤代烷），以及其他醇分子（生成醚）。

和其他情况一样，消除反应与取代反应相互竞争，特别是在高温下，烯烃是非常重要的醇的酸催化脱水产物。

9-3 碳正离子重排

到目前为止，你已经学习了碳正离子的两种反应：与亲核试剂结合（即 S_N1 过程的第二步）和失去一个质子（即 E1 过程的第二步）。正如你所料，碳正离子还有更多反应发生。毕竟，碳正离子是非常活泼的物种，它们几乎可以尽一切努力来寻找电子源。它们甚至可以进攻自身分子中毫无戒备的原子或基团，将原子或基团连同其键合电子一起从其原始位置移动到带正电的碳上。这种原子或基团从分子中的一个位置到另一个位置的移动称为**重排**（rearrangement）。最常见的重排类型是正文部分所示的：负氢（H：⁻）或烷基带着断裂键的电子从一个原子转移到另一个原子，产生更稳定的碳正离子。最典型的例子是将 2°碳正离子变成 3°碳正离子的重排，这是一个热力学有利的过程。其他常见的迁移是将 2°碳正离子变成新的 2°碳正离子，将 3°碳正离子变成新的 3°碳正离子。在有合适结构的分子的 S_N1 或 E1 反应的第一步中，很容易形成“可重排”的碳正离子。此外，质子化的 1°醇（如 2,2-二甲基-1-丙醇），即使不经过简单电离成 1°碳正离子，有时可以通过同时电离和重排直接变为 2°或 3°碳正离子。下面简单列出了主要迁移类型示例：

1. 2°→2° 通过负氢迁移

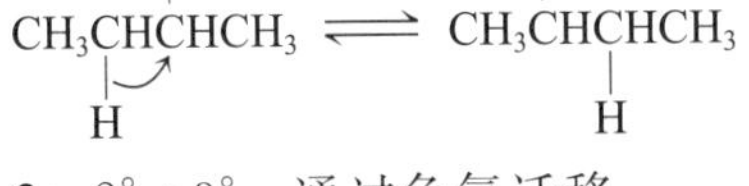

$$\mathrm{CH_3CH\overset{+}{C}HCH_3 \ (H\ on\ C2) \rightleftharpoons CH_3\overset{+}{C}HCHCH_3 \ (H\ on\ C3)}$$ 可逆

2a. 2°→3° 通过负氢迁移

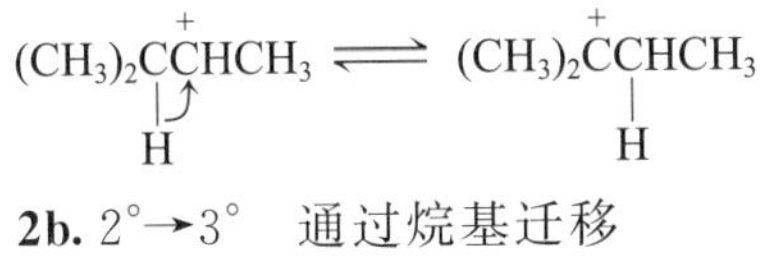

$$\mathrm{(CH_3)_2C\overset{+}{C}HCH_3 \ (H\ on\ C) \rightleftharpoons (CH_3)_2\overset{+}{C}CHCH_3 \ (H\ on\ CH)}$$ 偶尔可逆，但通常明显倾向于所示的方向

2b. 2°→3° 通过烷基迁移

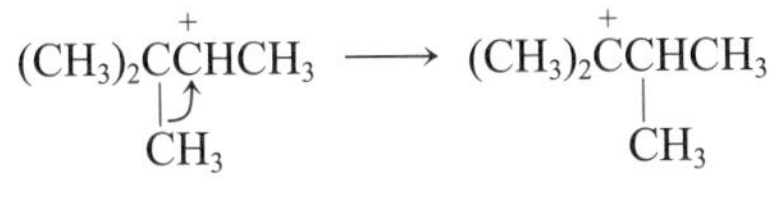

$$\mathrm{(CH_3)_2C\overset{+}{C}HCH_3 \ (CH_3\ on\ C) \longrightarrow (CH_3)_2\overset{+}{C}CHCH_3 \ (CH_3\ on\ CH)}$$ 通常不可逆；但产物离子可能经历 3°⇌3°相互转化。参见下一示例。

3a. 3°→3° 通过负氢迁移

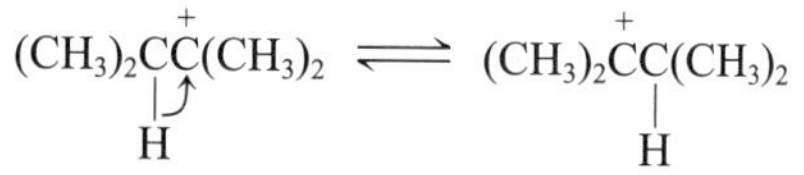

可逆

3b. 3°→3° 通过烷基迁移

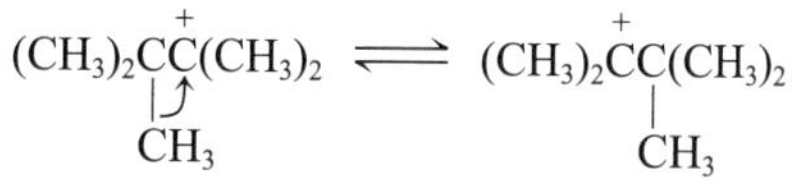

可逆

4. “1°” →2° 通过负氢迁移

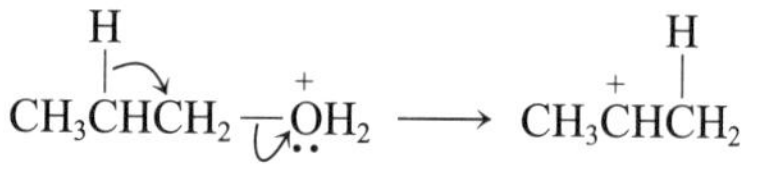

5a. “1°” →3° 通过负氢迁移

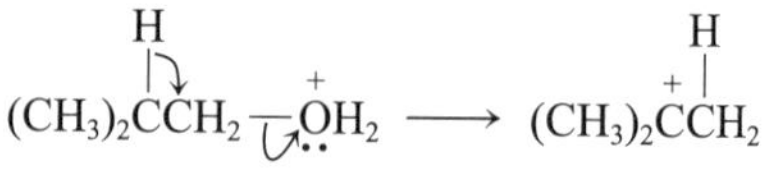

5b. “1°” →3° 通过烷基迁移

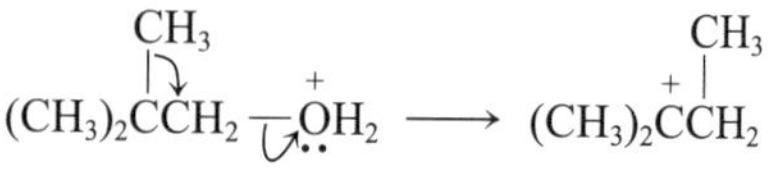

注意：在每个碳正离子重排的示例中，迁移原子（或基团）和（+）电荷交换了位置。

某些习题会要求你在环状化合物中找到碳正离子重排的产物。最难掌握的一种迁移是当烷基为环的一部分时的烷基迁移。这种**环-键迁移**（ring-bond migration）可**改变环中的原子数**。下面的示例说明了二级环庚基正离子是如何通过两种方式重排成三级碳正离子的。

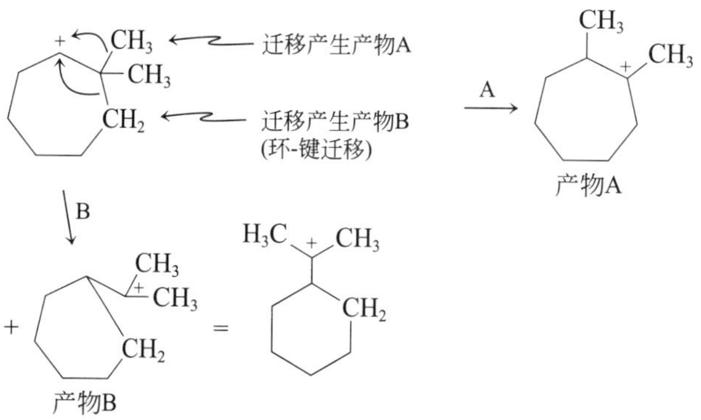

甲基迁移得到产物 A 和你已经学习的烷基迁移没有什么不同。要理解**环中 CH_2 基团**迁移的结果，应根据成键变化：CH_2 和带有甲基的碳断裂，同时 CH_2 和原来的碳正离子碳形成一个新键，重排结果是产物 B。现在，如果你数一下这个看上去很有趣的环的原子数，结果是 6。所以可以重新画一个正常的六元环（如上图所示）。促使这种环-键迁移的部分驱动力是张力较小的环的形成。现在看看你能不能解出这道题：写出当页边给出的化合物用强酸处理时可以形成的碳正离子。

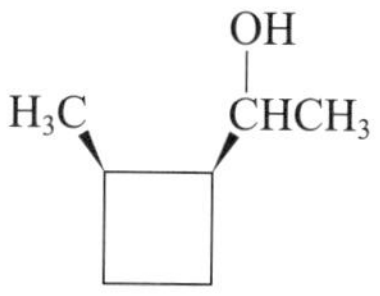

最后请注意，所有这些重排的碳正离子都可以与亲核试剂结合生成取代产物（取代反应），或者**像任何其他碳正离子一样**失去质子生成烯烃（消除反应）。

9-4 由醇产生的酯类

在这里只介绍醇和羧酸生成有机酯的可逆反应，主要是为了提醒你注意醇与酯的主要连接方式。酯是最常见且最重要的羧酸衍生物，在本课程的最后三分之一将在几个地方详细探讨其化学性质。

无机酯是很有用的，可作为某些官能团间转换的合成中间体。在这里，使用无机酯将醇转化为卤代烷的替代方法被证明通常优于包括酸催化取代在内的更“经典”的方法。而后者经常容易发生重排。这里提到的磷和硫试剂通常使取代反应的发生成为可能，而又没有重排干扰反应过程。这在 2°醇中是最明显的。当 2°醇被质子化时，S_N1 反应（即碳正离子化学）占主导地位。而由 2°醇衍生的无机酯的离去基团则表现出更为温和和良好的 S_N2 反应，这意味着不会形成碳正离子，故重排也不会发生。这是非常有用的。

基于这些反应和本章到现在为止讨论的其他反应，第 8 章中首次提出的官能团互变图就变成如下这样：

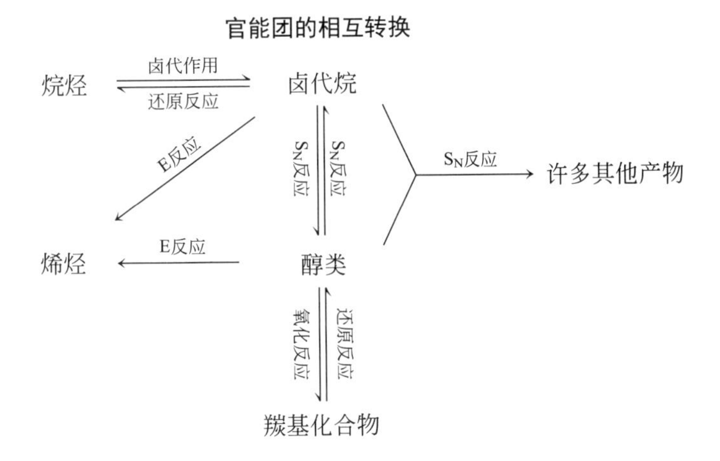

9-6 和 9-7 醚的合成

在第 6 章和第 7 章中，我们看到了醇和醇盐与卤代烷和相关化合物发生取代反应和消除反应的示例。出于全面统一目的，现在请参阅本书第 7 章中“本章重点”最后部分的汇总表（“卤代烷与亲核试剂的主要反应”）。由较小的醇衍生的烷氧基负离子与氢氧根相类似（具有强碱性且没有位阻），并且在与甲基卤化物和 1°卤化物（第四列，第 1 行和第 2 行）的 S_N2 反应中产生极好的结果。这些是典型的威廉姆森醚合成，还有几种其他反应在教材中作了图示说明。烷氧基负离子［如 $(CH_3)_2CHO^-$ 或 $(CH_3)_3CO^-$］或卤代烷烃（支化的 1°、2°卤代烷等）的体积增大有增加 E2 反应的倾向，但它是以牺牲 S_N2 反应为代价的（请参阅有利于消除或取代的“三个问题”，在教材第 7 章以及本学习指导中均有）。当然，动力学和立体化学的影响因素也适用于这些取代和消除过程。显然，3°卤化物在威廉姆森醚合成中毫无价值，因为它们在与强碱性醇盐试剂反应时仅产生消除产物。

与醇盐相比，醇是较差的亲核试剂，如水（参见“卤代烷与亲核试剂的主要反应”图的第二列）。然而，醇可以作为亲核试剂以下面两种方式中的任一种制备醚：无其他亲核试剂存在时的强酸性条件；以及 2°和 3°卤化物的溶剂解（S_N1）条件。下面给出了每种方式的典型示例。

本节总结了到目前为止已学过的醇化学。下面是关于醇的取代反应和消除反应的各种条件的汇总表。

醇的取代和消除反应汇总表

醇的类型	通过无机酯如 RSO_2Cl 取代，然后 I^- 进攻	强酸与好的亲核试剂（如浓 HI）	醇作为溶剂，强酸（如 H_2SO_4）与弱亲核试剂	
			低温	高温
甲基	S_N2	S_N2	S_N2	S_N2
1°	S_N2	S_N2	S_N2	E2
2°	S_N2	S_N1	S_N1	E1
3°	S_N1	S_N1	S_N1	E1
重排？	不常见	常见	常见	常见

9-8 醚的反应

正如本章概要中所提到的，醚的化学性质非常有限，只有在相当特殊的条件下才表现出亲核取代反应的趋势。与醇一样，要使醚发生任何类型的亲核取代（S_N1 或 S_N2），必须改进离去基团（在这种情况下为烷基氧鎓离子）。同样，实现这种改进最简单的方法是通过强酸质子化完成，然后可以与好的亲核试剂发生反应。

$$\ddot{N}uc^- + R-\overset{H}{\overset{|}{\underset{+}{\ddot{O}}}}-R \longrightarrow R-Nuc + H-\ddot{O}-R \quad \text{好的离去基团}$$

请注意，这一反应中的亲核试剂永远不可能是强碱！强碱不能与使醚质子化所需的强酸共存：它们只会相互中和。将强碱性亲核试剂添加到已经质子化的醚中也是不行的。所有会发生的情况将是质子从质子化的乙醚转移到碱上，不会发生亲核取代。

$$H_3C-\ddot{O}-CH_3 \xrightleftharpoons{H_2SO_4} \underset{\text{(酸性)}}{H_3C-\overset{H}{\overset{|}{\underset{+}{\ddot{O}}}}-CH_3} \xrightarrow[\text{(碱性)}]{\text{然后添加 } CH_3CH_2O^-Na^+} H_3C-\ddot{O}-CH_3 + CH_3CH_2OH$$

（不是$CH_3CH_2-O-CH_3$）

出于这些原因，亲核性的醚裂解仅限于 Br^- 和 I^- 之类的弱碱性好亲核试剂反应条件下，弱碱性亲核试剂可以存在于强酸中。（如果你现在回顾下醇的反应，就会发现醇也要求同样的反应条件。）甲基醚和1°烷基醚通过 S_N2 机理反应，而 3°烷基醚遵循 S_N1 途径。反应性最小的是 2°烷基醚（S_N2 小于 1°烷基醚，S_N1 小于 3°烷基醚；然而，后一种机理更为典型）。

9-9 氧杂环丙烷的反应

有张力的环状醚（如氧杂环丙烷）像普通醚一样与酸反应，只是反应速度更快。反应性顺序仍然是3°>2°⩽1°。对于1°碳，反应显然是通过 S_N2 机理发生的，以置换质子化的氧。

$$CH_2-CH_2\ (\ddot{O}) \xrightarrow{H^+} CH_2-CH_2\ (\overset{+}{\ddot{O}}-H) \xrightarrow{:\ddot{Cl}:^-} H\ddot{O}:-CH_2-CH_2-:\ddot{Cl}:$$

对于2°和3°碳，可以用“S_N2-类 S_N1 反应”描述。为了进一步说明这一点，我们来看一下绘制质子化三甲基氧杂环丙烷的路易斯结构的三种方法。

2°碳　3°碳

$$H-C(CH_3)-C(CH_3)-CH_3\ (\ddot{O})$$

三甲基氧杂环丙烷

$\downarrow H^+$

$$H-\overset{+}{C}(CH_3)-C(CH_3)-CH_3\ (H-\ddot{O}) \longleftrightarrow H-C(CH_3)-C(CH_3)-CH_3\ (H-\overset{+}{\ddot{O}}) \longleftrightarrow H-C(CH_3)-\overset{+}{C}(CH_3)-CH_3\ (H-\ddot{O})$$

2°碳正离子　烷基氧鎓离子　3°碳正离子

这些结构实际上是质子化三甲基氧杂环丙烷的三种共振形式。当画出的共振式消失一个单键时，你会觉得很奇怪，但如果你认识到每个共振式并不真实存在，真正起作用的是共振杂化体，那这样的共振式（无键结构）在某些情况下是很有用的。在上述情况下，共振杂化体可能看起来更像烷基氧鎓和3°碳正离子结构而不是2°碳正离子结构（因为2°碳正离子比3°碳正离子的稳定性更差）。

可能的共振杂化

这个质子化的三甲基氧杂环丙烷和亲核试剂的反应会发生在最像碳正离子的 3°碳上，并且你预计会是 S_N1 反应。然而，由于氧离去基团的位置，氧至少部分连着 3°碳，亲核试剂只能从氧的**反侧**接近 3°碳，从而像 S_N2 反应那样（见上图），相应的碳原子发生**翻转**。由于这些原因，该反应实际上并不能明确归为 S_N1 还是 S_N2：S_N1 取决于哪个 C—O 键断裂，但亲核试剂的接近方向（背面进攻）是 S_N2 过程的特征。

有张力的环醚也与碱性亲核试剂发生反应。这是一种取代了烷氧基的 S_N2 过程，因为离去基团（带负电荷的烷氧基负离子）非常差，所以亲核试剂必须特别强。该反应遵循 S_N2 反应性顺序 1°≫2°≫3°。

通常烷氧基不能在 S_N2 反应中被取代。然而，在氧杂环丙烷中，环张力提高了分子的内能，因此适当的反应亲核试剂可以取代带负电荷的氧离去基团（见下图）。发生这种反应的唯一原因是取代反应打开了一个小的张力环，释放了环张力，同时也释放出了相当大的能量。请注意，这是小环状醚特有的反应。**没有张力的醚与碱性亲核试剂不发生反应**。

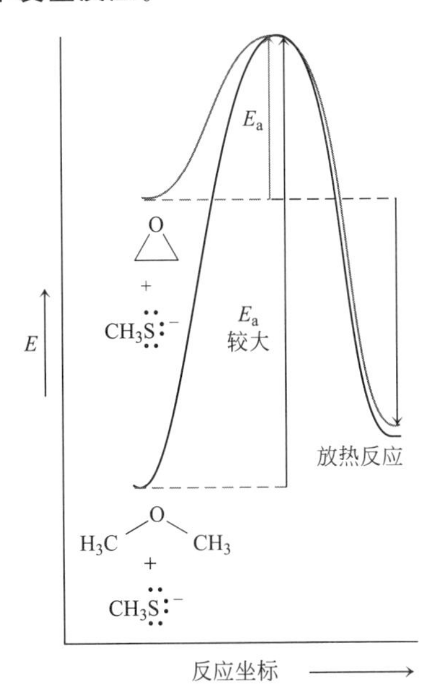

9-10 醇和醚的硫类似物

本节简短介绍了氧和硫之间的明显相似之处，这些相似之处源于它们在元素周期表中的关系。正如你之前看到的，体积越大的原子越亲核，但碱性越弱。因此，HS^- 与 HO^-、H_2S 与 H_2O 以及 CH_3SH 与 CH_3OH 等物种对的化学性质的差异显而易见。体积较大的原子也更容易被氧化，硫化学包括硫的各种氧化物，常见的是 SO_2 和 H_2SO_4。此外，还包括磺酸（RSO_3H）、亚砜（$RSOR'$）和砜（RSO_2R'）等所有含有较高正氧化态硫的物质。

习 题

32. 下面的平衡倾向于哪一侧（左或右）？

（**a**）$(CH_3)_3COH + K^{+}\,^{-}OH \rightleftharpoons (CH_3)_3CO^{-}K^{+} + H_2O$

（**b**）$CH_3OH + NH_3 \rightleftharpoons CH_3O^{-} + NH_4^{+}$ ($pK_a = 9.2$)

(c) CH_3CH_2OH + （哌啶N⁻Li⁺）$\rightleftharpoons$ $CH_3CH_2O^-Li^+$ + 哌啶 $(pK_a=40)$

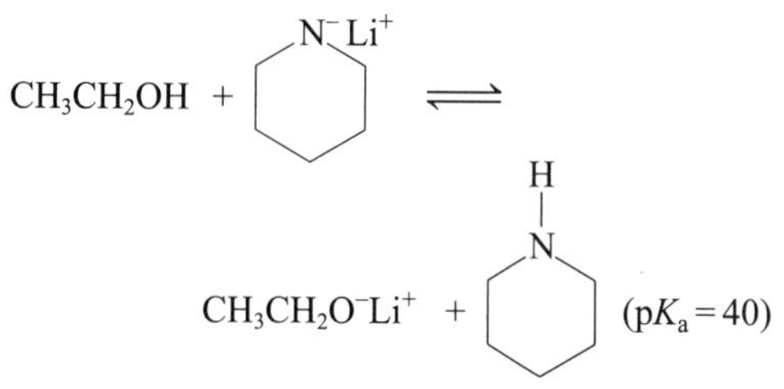

(d) $NH_3(pK_a=35)+Na^+H^- \rightleftharpoons Na^{+-}NH_2+H_2$

$(pK_a\approx 38)$

33. 下面哪一个试剂有足够强的碱性可将乙醇高产率地转化为烷氧基负离子？

(a) CH_3MgBr　(b) $NaHCO_3$

(c) NaSH　(d) MgF_2

(e) CH_3CO_2K　(f) $CH_3CH_2CH_2CH_2Li$

34. 给出下列反应的主要产物。

(a) $CH_3CH_2CH_2OH \xrightarrow{浓\ HI}$

(b) $(CH_3)_2CHCH_2CH_2OH \xrightarrow{浓\ HBr}$

(c) 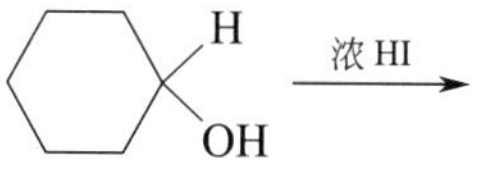 环己醇 $\xrightarrow{浓\ HI}$

(d) $(CH_3CH_2)_3COH \xrightarrow{浓\ HCl}$

35. 对于习题34的各个反应，给出分步机理。

36. 下面三个弯箭头机理图哪个正确描述了从二级碳正离子转化为三级碳正离子的重排过程？

(a)

(b)

(c)

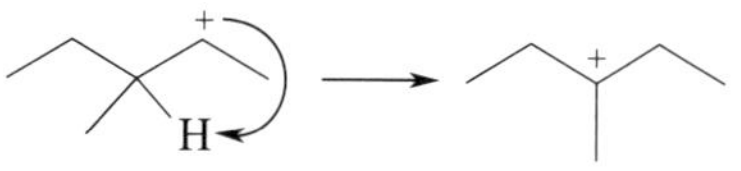

37. 对于下面每一个醇，请写出它们与酸反应后生成的烷基氧鎓离子的结构；如果这个烷基氧鎓离子是容易脱水的，写出反应生成的碳正离子的结构；如果得到的碳正离子有可能发生后续的重排，请给出所有预期能生成的碳正离子的结构。

(a) $CH_3CH_2CH_2OH$　(b) $CH_3CH(OH)CH_3$

(c) $CH_3CH_2CH_2CH_2OH$　(d) $(CH_3)_2CHCH_2OH$

(e) $(CH_3)_3CCH_2CH_2OH$　(f) 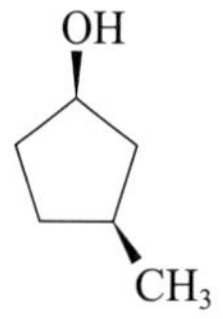 （3-甲基环戊醇，OH 与 CH_3 为楔形键）

(g) 1-叔丁基环己醇（$(CH_3)_3C$, OH）　(h) 2,2,6,6-四甲基环己醇（OH, H_3C, CH_3, H_3C, CH_3）

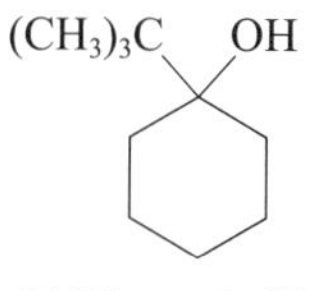

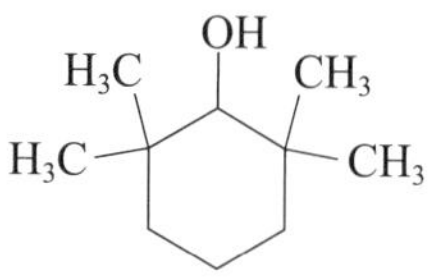

38. 写出习题37中所有醇在浓硫酸条件下发生消除反应的产物。

39. 写出习题37中所有醇与浓氢溴酸反应的产物。

40. 写出3-甲基-2-戊醇与下列试剂反应的产物以及反应机理。

(a) NaH　(b) 浓 HBr　(c) PBr_3

(d) $SOCl_2$　(e) 浓 H_2SO_4，130 ℃

(f) $(CH_3)_3COH$，稀 H_2SO_4

41. 一级醇在硫酸中与NaBr反应往往生成溴代烷。解释这个反应为什么可行，以及为什么这样做比直接用浓氢溴酸更好。

$$CH_3CH_2CH_2CH_2OH \xrightarrow{NaBr,\ H_2SO_4} CH_3CH_2CH_2CH_2Br$$

42. 下面的反应最有可能生成什么产物？

(a) 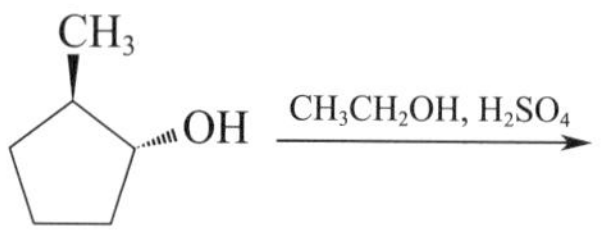 2-甲基环戊醇（CH_3, OH）$\xrightarrow{CH_3CH_2OH,\ H_2SO_4}$

(b) $CH_3C(CH_3)_2CH_2OH \xrightarrow{浓\ HI}$

(c) 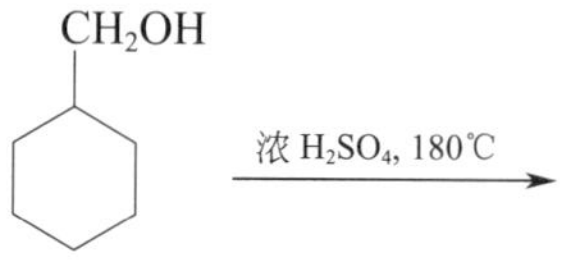 环己基甲醇（CH_2OH）$\xrightarrow{浓\ H_2SO_4,\ 180℃}$

(d) $CH_3C(CH_3)_2-CHICH_3 \xrightarrow{H_2O}$

43. 写出习题37中的醇与 PBr_3 反应的主要预期产物，把结果与习题39相比较。

44. 写出1-戊醇与下列试剂反应的预期产物。

(a) $K^{+-}OC(CH_3)_3$　(b) 金属钠

(c) CH_3Li　(d) 浓 HI

(e) 浓 HCl　(f) FSO_3H

(g) 浓 H_2SO_4，130 ℃

(h) 浓 H_2SO_4，180 ℃

(i) CH_3SO_2Cl，$(CH_3CH_2)_3N$

(j) PBr_3　(k) $SOCl_2$

(l) $K_2Cr_2O_7+H_2SO_4+H_2O$

(m) PCC，CH_2Cl_2

(n) $(CH_3)_3COH$（作为催化剂）$+H_2SO_4$

45. 给出反-3-甲基环戊醇与习题44中各试剂反应

的预期产物。

46. 从相应的醇出发写出下列化合物的合成路线。

（**a**）$CH_3CH_2CH_2Cl$ （**b**）$CH_3CH_2CH(CH_3)CH_2Br$

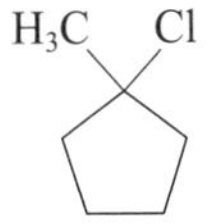

（**c**）1-氯-1-甲基环戊烷（H_3C, Cl） （**d**）$CH_3CHICH(CH_3)_2$

47. 用 IUPAC 命名法命名下列化合物。

（**a**）$(CH_3)_2CHOCH_2CH_3$ （**b**）$CH_3OCH_2CH_2OH$

（**c**）环戊基—O—环戊基 （**d**）$(ClCH_2CH_2)_2O$

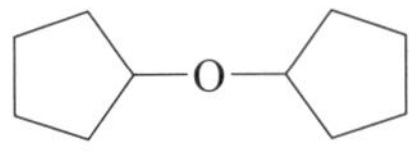

（**e**）1-甲氧基-1-甲基环戊烷（H_3C, OCH_3） （**f**）CH_3O—环己烷—OCH_3（1,4-位）

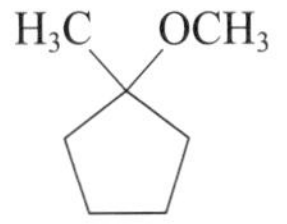

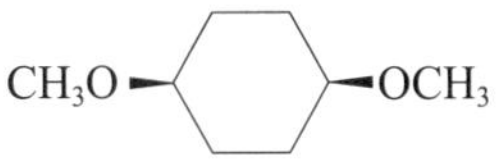

（**g**）CH_3OCH_2Cl

48. 解释醇的沸点为什么比相应同分异构体的醚要高？水溶性也有相同的变化趋势吗？

49. 使用醇或卤代烷，或两者同时作为起始原料，写出下列醚的最佳合成方法。

（**a**）丙基—O—丙基（键线式） （**b**）甲基—O—戊基（键线式）

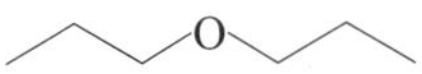

（**c**）乙基—O—丁基（键线式） （**d**）乙基—O—异丁基（键线式）

（**e**）丙基—O—异丙基（键线式） （**f**）甲基—O—异戊基（键线式）

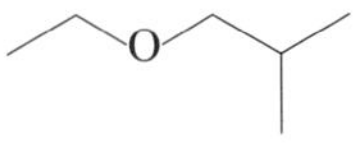

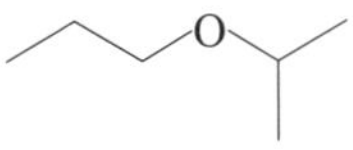

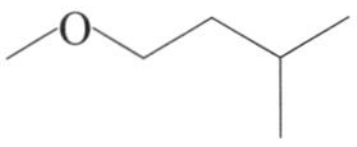

50. 写出下列醚合成反应的主要预期产物。

（**a**）$CH_3CH_2CH_2Cl + CH_3CH_2CH(O^-)CH_2CH_3 \xrightarrow{DMSO}$

（**b**）$CH_3CH_2CH_2O^- + CH_3CH_2CHClCH_2CH_3 \xrightarrow{HMPA}$

（**c**）1-甲基环己醇盐（H_3C, O^-）$+ CH_3I \xrightarrow{DMSO}$

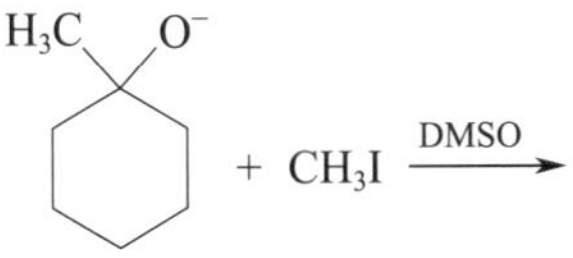

（**d**）$(CH_3)_2CHO^- + (CH_3)_2CHCH_2CH_2Br \xrightarrow{(CH_3)_2CHOH}$

（**e**）环己醇盐（H, O^-）$+$ 氯代环己烷（H, Cl）$\xrightarrow{环己醇}$

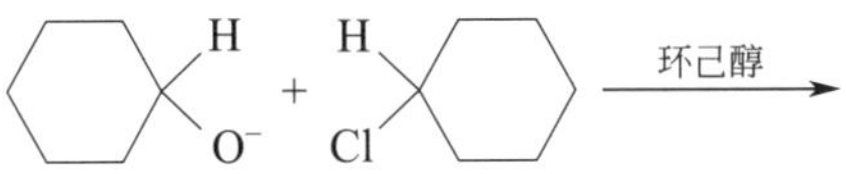

（**f**）$(C_5H_9)_2C(CH_3)$—O^-（二环戊基）$+ CH_3CH_2I \xrightarrow{DMSO}$

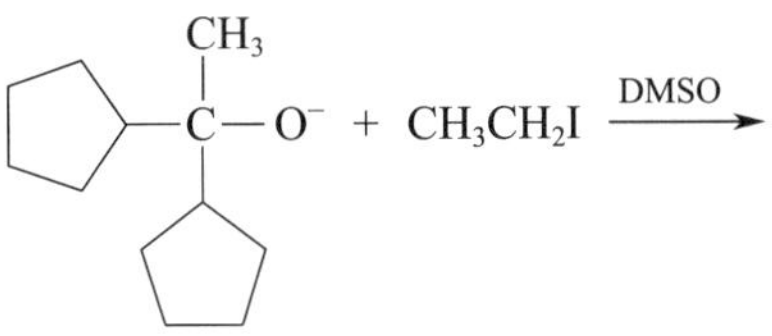

51. 对于习题 50 中的反应，写出详细的分步机理。

52. 对于习题 50 中那些产率低的反应，请设计一个替代方案，使用合适的醇或者卤代烷作为原料。（**提示：**参见第 7 章的习题 25。）

53. （**a**）反-2-溴环辛醇（下图）与 NaOH 反应的产物是什么？（**b**）比较教材图 9-6 和练习 9-17 中所示的熵对这个反应过渡态的影响。

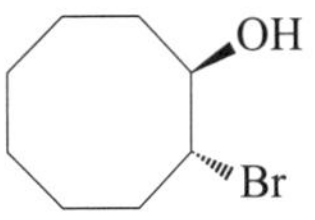

（OH, Br）

反-2-溴环辛醇

54. 用卤代烷或者醇作为起始原料，写出下列醚的高效合成路线。

（**a**）$CH_3CH_2CH(CH_3)OCH_2CH_3$

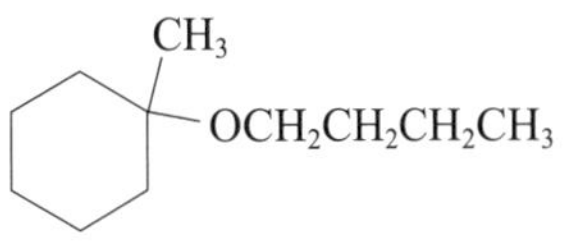

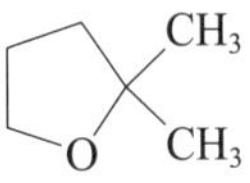

（**b**）1-甲基-1-($OCH_2CH_2CH_2CH_3$)环己烷（CH_3）

（**c**）2,2-二甲基四氢呋喃（CH_3, CH_3, O）

（**d**）环戊基—O—环戊基

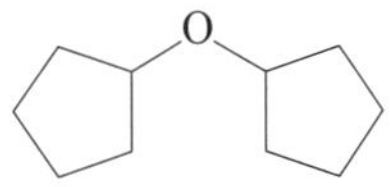

55. 写出下列反应生成的主要产物。

（**a**）$CH_3CH_2OCH_2CH_2CH_3 \xrightarrow{过量浓 HI}$

（**b**）$CH_3OCH(CH_3)_2 \xrightarrow{过量浓 HBr}$

（**c**）$CH_3OCH_2CH_2OCH_3 \xrightarrow{过量浓HI}$

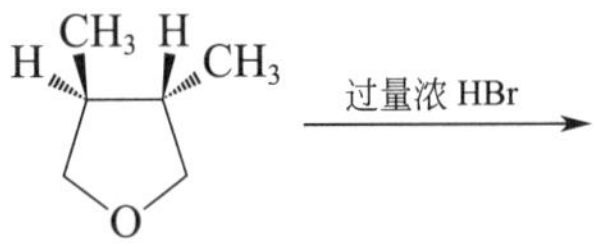

（**d**）3-甲基四氢呋喃（H, CH_3, H, H）$\xrightarrow{过量浓 HBr}$

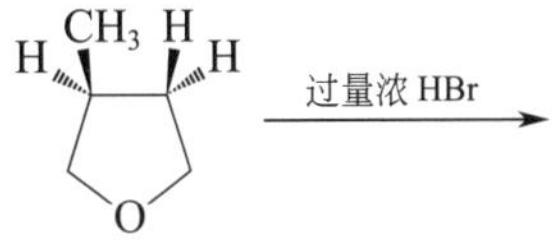

（**e**）3,4-二甲基四氢呋喃（H, CH_3, H, CH_3）$\xrightarrow{过量浓 HBr}$

（**f**）稠环醚（H, O, CH_2, CH_2, H）$\xrightarrow{过量浓 HBr}$

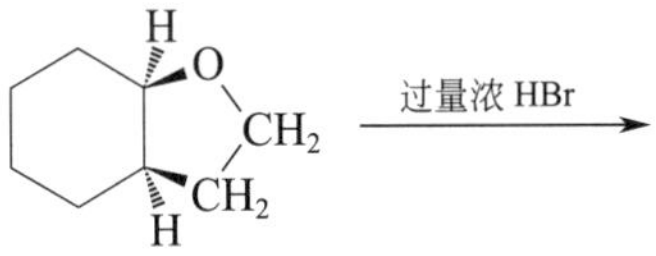

56. 写出 2,2-二甲基氧杂环丙烷与下列试剂反应的主要预期产物。

（**a**）稀 H_2SO_4 在 CH_3OH 中

（**b**）$Na^{+}\ {}^{-}OCH_3$ 在 CH_3OH 中

（**c**）稀 HBr （**d**）浓 HBr

（**e**）CH_3MgI，然后酸处理

（**f**）C_6H_5Li，然后酸处理

57. 写出由环己酮和 3-溴丙醇合成化合物

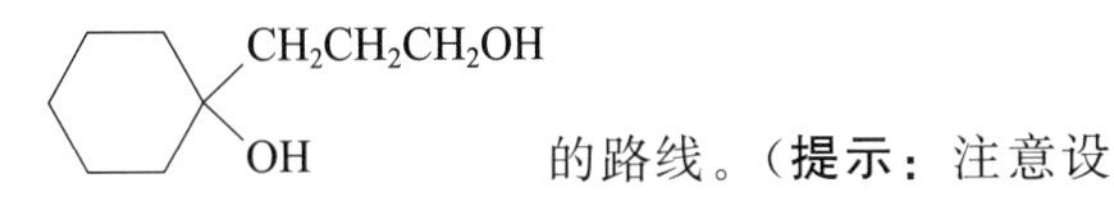

的路线。（**提示：**注意设

计合成步骤时的陷阱，回顾 8-8 节。）

58. 切断叔丁基醚需要使用水溶液中的酸（教材中第 7 章习题 61，9-8 节）。为什么强碱不能像打开氧杂环丙烷一样切断醚？

59. 用 IUPAC 命名法命名下列化合物。

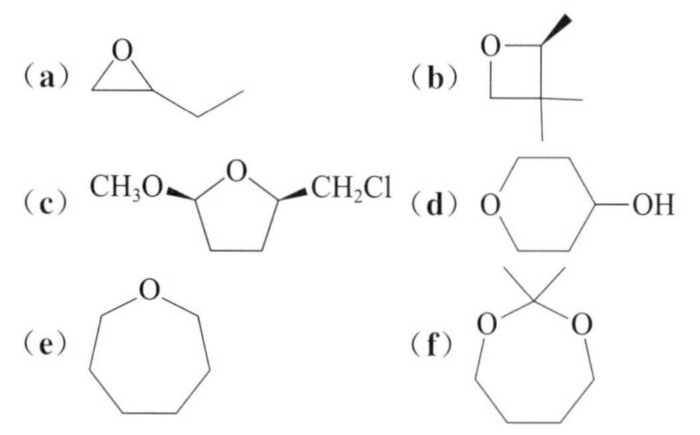

60. 写出下列反应的主要产物。（**提示：** 张力大的氧杂环丁烷的反应性类似氧杂环丙烷。）

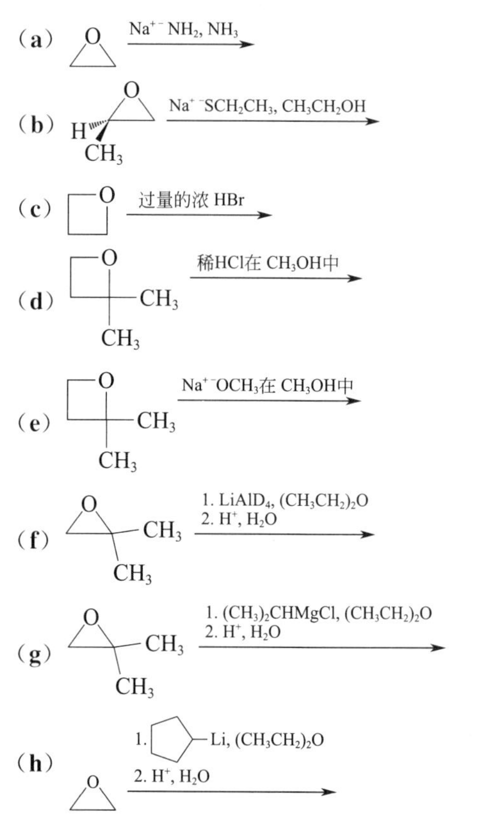

61. 对于第 8 章习题 51 中的每个醇，给出由氧杂环丙烷作为原料的合成路线（如果可能的话）。

62. 给出下列反应的主要预期产物。观察其立体化学（见下面的起始原料模型）。

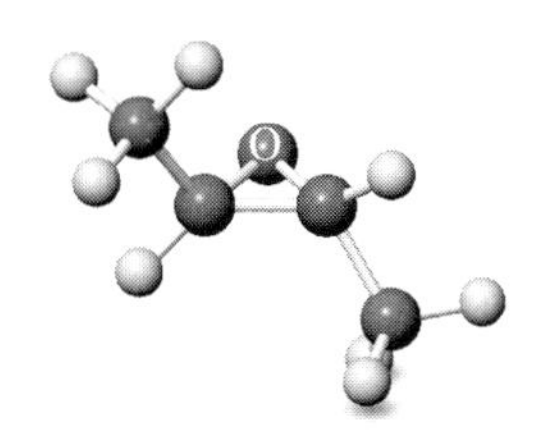

(a) 稀 H_2SO_4在CH_3CH_2OH中 →

(b) 1. $LiAlD_4$, $(CH_3CH_2)_2O$ 2. H^+, H_2O →

63. 正电子发射断层扫描（PET）是个非常强大的医学诊断成像技术。PET 利用那些短寿命同位素衰变时辐射的正电子与反电子发生湮灭给出的伽马射线进行检测的。最常用的 PET 正电子源是氟-18，半衰期大约是两个小时。在生物分子中引入氟-18 可以用来指示分子的输运位置。

PET 探针的常用结构是 1-氟(^{18}F)-2-烷基醇片段，如下面左边所示的结构，右边是个具体的例子，[^{18}F] FMISO，它是应用于肿瘤探针的放射追踪剂。本章介绍的哪一类化合物可以用来制备这类分子，如何合成呢？

[^{18}F]FMISO

64. 用 IUPAC 命名法命名下列化合物。

(a) 环丙基—CH_2SH　　(b) $CH_3CH_2\overset{CH_3}{\overset{|}{C}}HSCH_3$

(c) $CH_3CH_2CH_2SO_3H$　　(d) CF_3SO_2Cl

65. 自然界存在的 2-(4-甲基-3-环己烯基)-2-丙硫醇（"葡萄柚硫醇"；9-11 节）具有 *R* 构型，请画出它的结构。

66. 在下面每对化合物中，指出哪一个是更强的碱，哪一个是更强的酸。(a) CH_3SH，CH_3OH；(b) HS^-，HO^-；(c) H_3S^+，H_2S。

67. 给出下列反应的合理产物。

(a) $ClCH_2CH_2CH_2CH_2Cl \xrightarrow{1\ e.q.\ Na_2S}$

(b) KSH →

(c) KSH →

(d) $CH_3CH_2\overset{CH_3CH_2}{C}Br(CH_2CH_3) \xrightarrow{CH_3SH}$

(e) CH_3CHCH_3 (SH) $\xrightarrow{I_2}$

(f) O⟨环⟩S $\xrightarrow{\text{过量 } H_2O_2}$

68. 从下图信息中写出 A、B、C（包含立体化学）的结构（**提示**：A 是链状的），产物属于哪类化合物？

$$\underset{C_6H_{14}O_2}{A} \xrightarrow{2\ CH_3SO_2Cl,\ (CH_3CH_2)_3N,\ CH_2Cl_2} \underset{C_8H_{18}S_2O_6}{B} \xrightarrow{Na_2S,\ H_2O,\ DMF} \underset{C_6H_{12}S}{C}$$

$$\underset{C_6H_{12}S}{C} \xrightarrow{\text{过量}H_2O_2}$$ （3,4-二甲基环丁砜，H_3C、CH_3 同侧楔形键，S=O，O）

69. 利用下面的反应尝试合成（1-氯戊基）环丁烷，然而分离出的最终产物不是目标分子而是它的异构体。写出产物的结构以及生成机理。（**提示**：参考教材中解题练习 9-30。）

氯代环丁烷 $\xrightarrow{Mg,\ (CH_3CH_2)_2O}$ 环丁基MgCl $\xrightarrow[2.\ H^+,\ H_2O]{1.\ CH_3CH_2CH_2CH_2CHO}$ 1-环丁基-1-戊醇（OH） $\xrightarrow{\text{浓 HCl}}$ 不是 （1-氯戊基）环丁烷（Cl）

70. 为习题 69 中最后一步合成找一个更好的替代方法。

71. **挑战题** 在亲核取代反应立体化学的前期研究中，用对甲苯磺酰氯处理光学纯的（*R*）-1-氘代-1-戊醇形成相应的对甲苯磺酸酯，随后用氨水处理将它转化为 1-氘代-1-戊胺。

$$(R)\text{-}CH_3CH_2CH_2CH_2CHDOH \xrightarrow{CH_3\text{-}C_6H_4\text{-}SO_2Cl}$$
(*R*)-1-氘代-1-戊醇

$$\xrightarrow{\text{过量 } NH_3} CH_3CH_2CH_2CH_2CHDNH_2$$
1-氘代-1-戊胺

（**a**）写出中间体对甲苯磺酸酯和产物胺 C-1 位预期的立体化学。

（**b**）实际反应进行时，并没有得到预期的结果。最后得到的胺是 70∶30 的（*S*）-与（*R*）-的混合物，写出机理。（**提示**：回忆醇与磺酰氯反应中生成的氯离子的亲核性。）

72. 下面反应的产物是什么（注意反应中心的立体化学）？这个反应在动力学上是几级的？

$$H\text{(楔)}\overset{O^-}{\underset{CH_3}{C}}CH_2CH_2CH_2\overset{Br}{\underset{D}{C}}\text{(楔)}H \xrightarrow{DMSO}$$

73. **挑战题** 写出下列分子的合成方法，基于前几章（尤其是 8-8 节）介绍的合成策略设计合适的起始原料，波浪线的位置是建议的碳-碳键形成位置。

（**a**）$CH_3CH_2CH \wr CH_2CH_2SO_3H$（CH 上经波浪线连接环戊基）

（**b**）$CH_3CH_2CH_2 \wr \underset{CH_2CH_3}{\overset{CH_3}{C}} \wr CHO$

74. 从指定原料开始，给出下列化合物的有效合成路线。

（**a**）反-1-溴-2-甲基环戊烷，从顺-2-甲基环戊醇

（**b**）（3-氰基戊烷，CN），从 3-戊醇

（**c**）3-氯-3-甲基己烷，从 3-甲基-2-己醇

（**d**）（1,4-氧硫杂环己烷，O、S），从 2-溴乙醇（2 e. q.）

75. 比较下列由一级醇合成烯烃的方法，陈述优势与劣势。

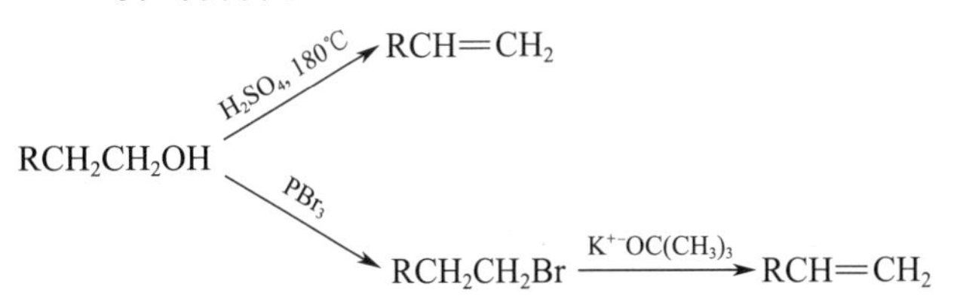

76. 糖，作为多羟基分子（第 24 章），能够进行许多与醇相关的反应。在糖酵解（糖的新陈代谢）的最后几步，具有残留羟基的葡萄糖代谢物之一的 2-磷酸甘油酸，被转化为 2-磷酸烯醇式丙酮酸。这一反应在 Mg^{2+} 这样的 Lewis 酸存在下由烯醇化酶催化完成。

（**a**）如何归类这个反应？（**b**）Lewis 酸金属离子的作用是什么？

$$HOCH_2-\overset{OPO_3^{2-}}{CH}-COOH \xrightarrow{\text{烯醇化酶},\ Mg^{2+}} CH_2=C(OPO_3^{2-})(CO_2H)$$

2-磷酸甘油酸 **2-磷酸烯醇式丙酮酸**

77. 看上去很复杂的分子 5-甲基四氢叶酸（缩写为 5-甲基-FH_4）是从简单分子开始发生碳转化的一系列生物反应的产物，比如从甲酸和组氨酸组合中获取甲基。

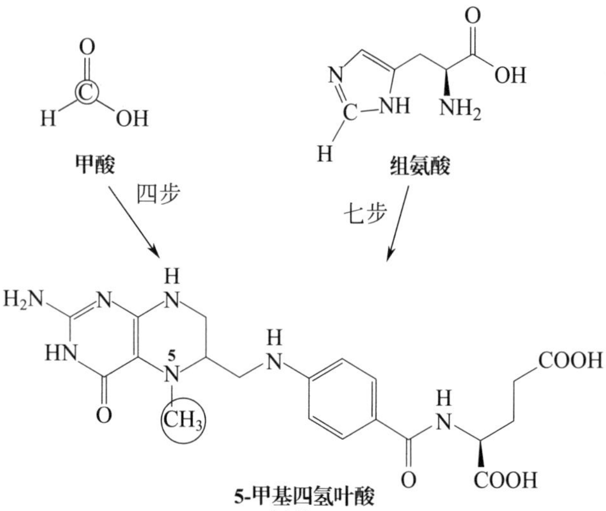

甲酸 四步

组氨酸 七步

5-甲基四氢叶酸
(5-甲基-FH_4)

合成5-甲基四氢叶酸最简单的方法是用四氢叶酸（FH_4）和三甲基硫鎓离子反应，土壤中微生物可进行这一反应。

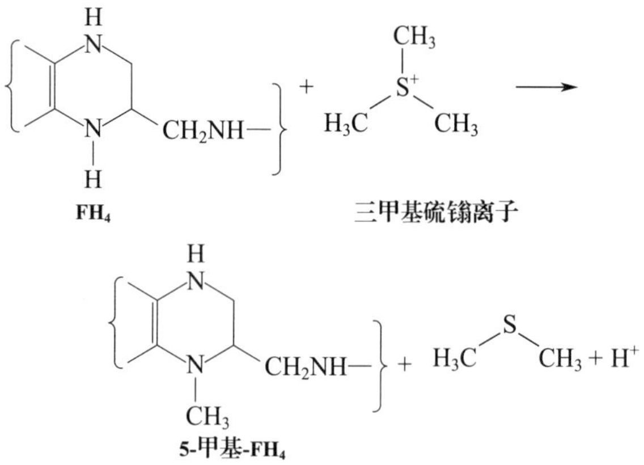

FH_4 + 三甲基硫鎓离子 ⟶ 5-甲基-FH_4 + H_3C–S–CH_3 + H^+

(a) 能认为这个反应是通过亲核取代机理进行的吗？写出机理，用推电子弯箭头表示。(b) 确认反应中的亲核试剂、参与反应的亲电和亲核原子以及离去基团。(c) 基于教材中6-7节、6-8节、9-2节和9-9节中介绍的概念，(b) 中所有基团的反应性是否合理？这是否有助于理解诸如H_3S^+类的物质是非常强的酸（例如：$CH_3SH_2^+$的pK_a值是−7）?

78. 挑战题 5-甲基-FH_4（习题77）在生物学上常作为小分子的甲基给体。典型的例子是由半胱氨酸合成甲硫氨酸。针对这一转化，回答与习题77同样的问题。FH_4中圈起来的氢的pK_a值为5。这一数值与你提出的机理是否相符？事实上，5-甲基-FH_4的甲基转移反应需要一个质子源。复习9-2节，特别是“一级醇和卤代氢通过S_N2反应制备卤代烷”这一小节的内容，建议一个在上述反应中质子参与的有效模式。

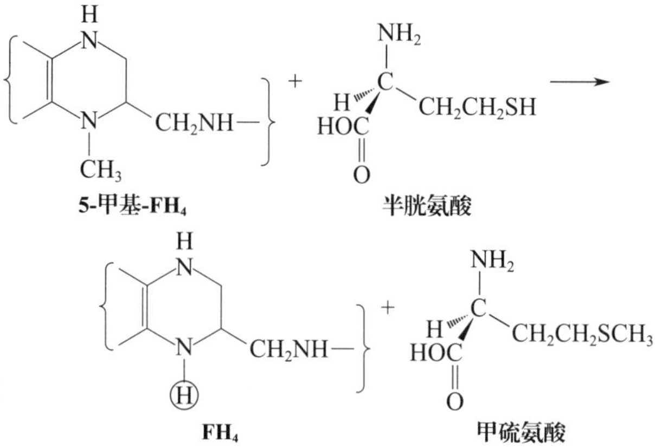

5-甲基-FH_4 + 半胱氨酸 ⟶ FH_4 + 甲硫氨酸

79. 肾上腺素（第6章开篇），在你的身体里经历两步反应产生，完成了从甲硫氨酸转移甲基（习题78）到去甲肾上腺素的反应（参见反应1和反应2）。(**a**) 分析这两个反应的驱动力，并解释ATP分子的作用。(**b**) 你认为甲硫氨酸能与去甲肾上腺素直接反应吗？请解释。(**c**) 写出实验室中从去甲肾上腺素合成肾上腺素的方法。

反应1

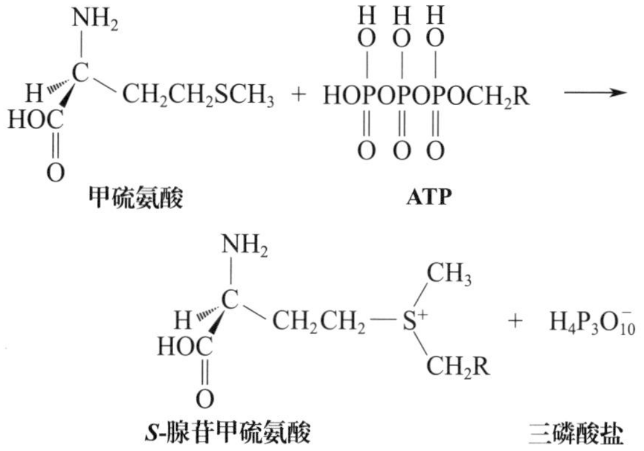

甲硫氨酸 + ATP ⟶ S-腺苷甲硫氨酸 + $H_4P_3O_{10}^-$ 三磷酸盐

反应2

S-腺苷甲硫氨酸 + 去甲肾上腺素 ⟶ S-腺苷半胱氨酸 + 肾上腺素 + H^+

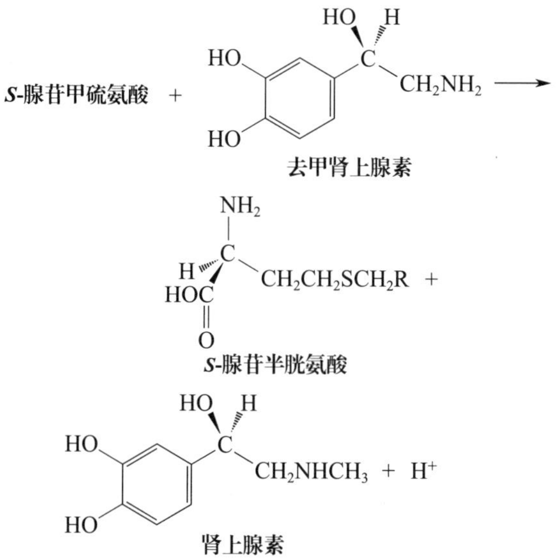

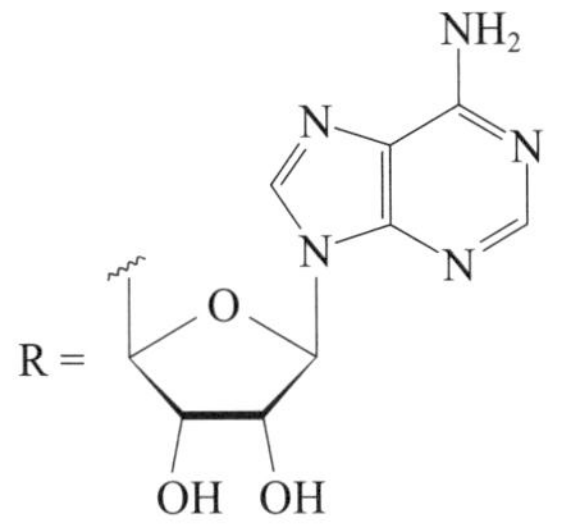

R =

80. （a）只有 2-溴环己醇的反式异构体才能与氢氧化钠反应生成含有氧杂环丙烷结构的产物，解释顺式异构体没有反应活性的原因。（**提示**：画出两者在 C-1—C-2 附近的顺式和反式异构体的合适构象，与图 4-12 比较。有必要的话使用模型。）（b）合成含有氧杂环丙烷结构的甾族化合物可以从甾类的溴酮出发经过两步得到。给出完成下列反应的合适试剂。（c）你所设计的反应步骤中有哪一步需要特别的立体化学构型才能保障氧杂环丙烷结构的成功构建？

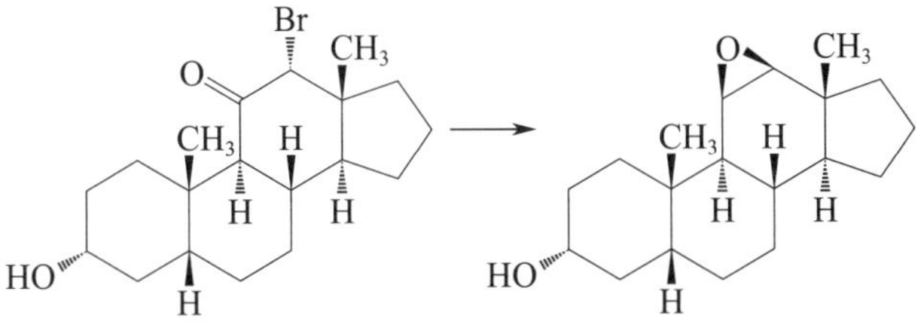

81. 新切的大蒜中含有大蒜素（下图），它是蒜味产生的原因。请给出由 3-氯丙烯合成大蒜素的简短合成路线。

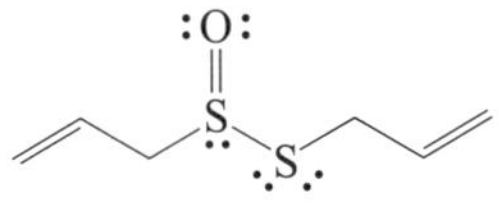

大蒜素
（一种调味剂）

团队练习

82. （4S）-2-溴-4-苯基环己醇有四个非对映异构体（下面的 A～D）。作为一个团队，确定每个异构体的结构并画出其最稳定的椅式构象（参见表 4-3，直立键的苯基与平伏键的苯基的 $\Delta G^{\ominus}$ 值为 2.9 kcal•mol^{-1}）。分成两组，考虑每个异构体与碱（$^{-}$OH）反应的结果。

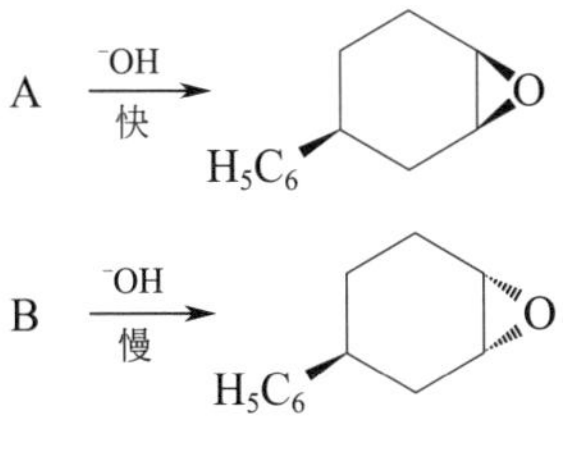

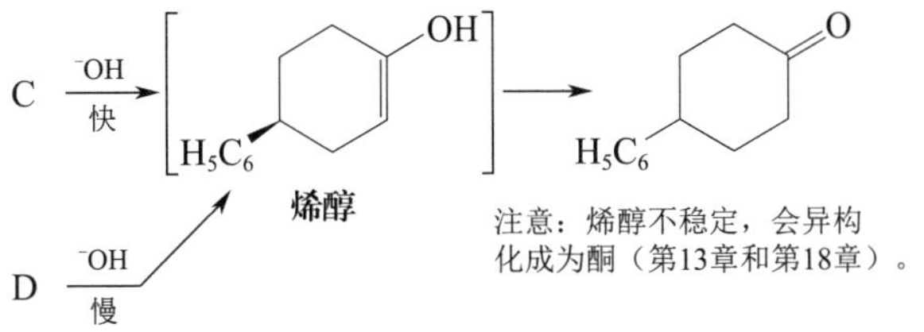

A $\xrightarrow[\text{快}]{^{-}OH}$

B $\xrightarrow[\text{慢}]{^{-}OH}$

C $\xrightarrow[\text{快}]{^{-}OH}$ [烯醇] ⟶

D $\xrightarrow[\text{慢}]{^{-}OH}$

注意：烯醇不稳定，会异构化成为酮（第13章和第18章）。

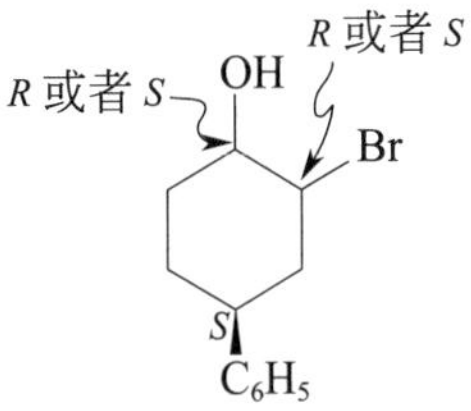

(4S)-2-溴-4-苯基环己醇的非对映异构体A~D

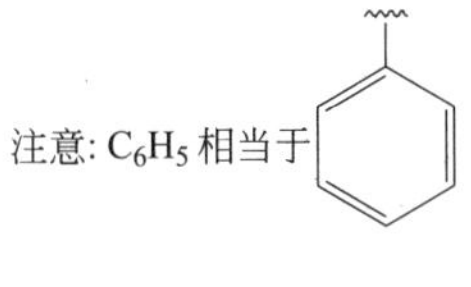

注意：C_6H_5 相当于

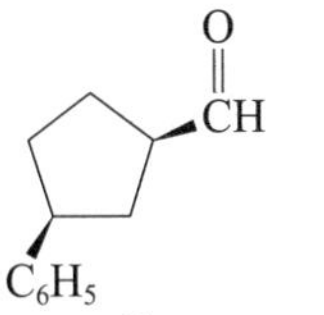

E

（a）用弯箭头表示（6-3 节）碱进攻每一个环己烷构象异构体的电子转移。重新集合，向你的团队讲述你的机理，并证明 A～D 的结构归属。找到 A、B、C、D 反应速率和反应路径差异的原因。

（b）当化合物 A～D 在 Ag^{+} 存在下处于有利于溴化物解离的环境中时（不溶性 AgBr 的形成会加速反应），A、C、D 会得到与碱性条件相同的产物，按小组探讨机理。

（c）令人好奇的是，化合物 B 在（b）的条件下重排成了醛 E，讨论出一个可能的机理。（**提示**：记住 9-3 节的一些规则，反应机理历经一个羟基阳离子中间体。这个转化的驱动力是什么？）

预科练习

83. 按照 IUPAC 命名法，[结构式] $(C_7H_{14}O)$ 最恰当的名称是（　　）。

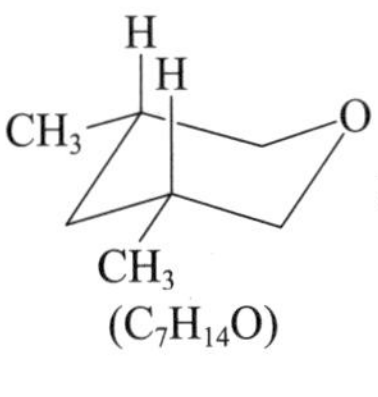

（a）3,5-二甲基环戊基醚

（b）3,5-二甲基氧杂环戊烷

（c）顺-3,5-二甲基氧杂环己烷

（d）反-3,5-二甲基氧杂环己烷

84. 1-丙醇在浓硫酸存在下脱水的详细机理的第一步是（　　）。

（a）失去 HO^{-}

（b）形成硫酸酯

（c）醇的质子化

(d) 醇失去 H^+

(e) 醇脱水

85. 指出下列反应的亲核试剂：

$$RX + H_2O \longrightarrow ROH + H^+X^-$$

(a) X^- (b) H^+ (c) H_2O

(d) ROH (e) RX

86. 下面哪种方法能合成 $(CH_3CH_2)_3COCH_3$？

(a) $CH_3Br+(CH_3CH_2)_3CO^-K^+$

(b) $(CH_3CH_2)_3COH+CH_3MgBr$

(c) $(CH_3CH_2)_3CMgBr+CH_3OH$

(d) $(CH_3CH_2)_3CBr+CH_3O^-K^+$

习题解答

32. 平衡总是趋向于酸碱性**较弱的酸碱对**一侧。

(a) 左侧； (b) 左侧； (c) 右侧； (d) 右侧。

33. (a) 和 (f)

34. (a) $CH_3CH_2CH_2I$ (b) $(CH_3)_2CHCH_2CH_2Br$

(c) 环己基—I (d) $(CH_3CH_2)_3CCl$

35. 产物如 34 题答案所示。除了 (a) 部分，在这里只显示机理和中间体。

(a)

$$CH_3CH_2CH_2-\ddot{O}-H + H-I \rightleftharpoons CH_3CH_2CH_2-\overset{+}{O}H_2$$

一级碳；好的离去基团

这种组合，加上强亲核试剂I^-，表明为S_N2机理。

$$I^- + CH_3CH_2CH_2-\overset{+}{O}H_2 \longrightarrow CH_3CH_2CH_2I + H_2O$$

(b)

$$(CH_3)_2CHCH_2CH_2-\ddot{O}-H + H-Br \rightleftharpoons (CH_3)_2CHCH_2CH_2-\overset{+}{O}H_2 + Br^-$$

再次产生一级碳

再次表明为S_N2机理

(c)

$$\text{环己醇} + H-I \xrightleftharpoons{-I^-} \text{环己基}-\overset{+}{O}H_2 \xrightleftharpoons{-H_2O} \text{环己基碳正离子} + I^-$$

这次是二级碳；由质子化的二级醇推断为S_N1机理

(d)

$$(CH_3CH_2)_3C-OH + H-Cl \xrightleftharpoons{-Cl^-} (CH_3CH_2)_3C-\overset{+}{O}H_2 \xrightleftharpoons{-H_2O} (CH_3CH_2)_3C^+ + Cl^-$$

三级碳：S_N1机理

36. (b) 是正确的。箭头表示电子的转移方向。不能使用箭头来表示"+"电荷的移动方向。"+"电荷的移动是通过电子转移来推出的。

37. 下列每种情况，每个物种都是按照重排反应的步骤书写的。重排并非在所有情况下都以相同的程度发生，右侧的结构通常最稳定。

(a) $CH_3CH_2CH_2\overset{+}{O}H_2$，$CH_3\overset{+}{C}HCH_3$ (类似于 9-3 节中 2,2-二甲基-1-丙醇的重排)

(b) $CH_3CH\overset{+}{O}H_2CH_3$，$CH_3\overset{+}{C}HCH_3$

(c) $CH_3CH_2CH_2CH_2\overset{+}{O}H_2$，$CH_3CH_2\overset{+}{C}HCH_3$

(d) $(CH_3)_2CHCH_2\overset{+}{O}H_2$，$(CH_3)_3C^+$

（e） $(CH_3)_3CCH_2CH_2\overset{+}{O}H_2$，$(CH_3)_3\overset{+}{C}CHCH_3$，$(CH_3)_2\overset{+}{C}CH(CH_3)_2$

下面提供了一些弯箭头机理示意，可帮助你掌握这一方法。

（f）

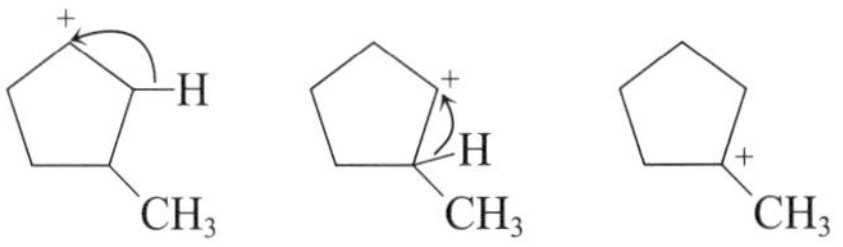

（g）

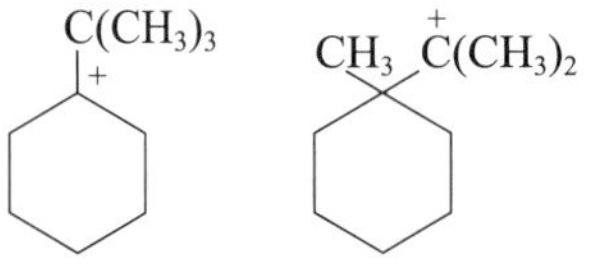

（h）

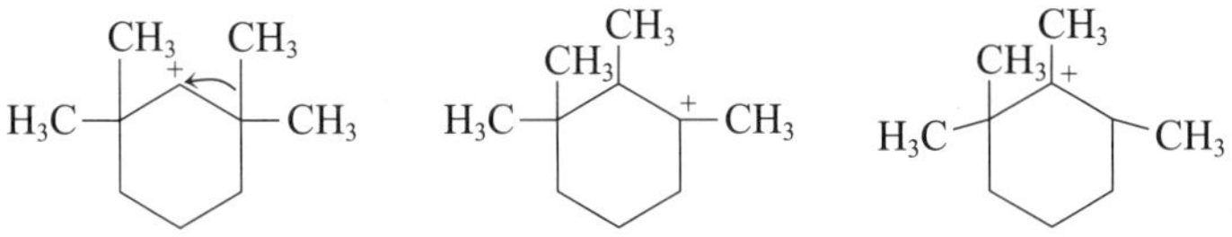

或者

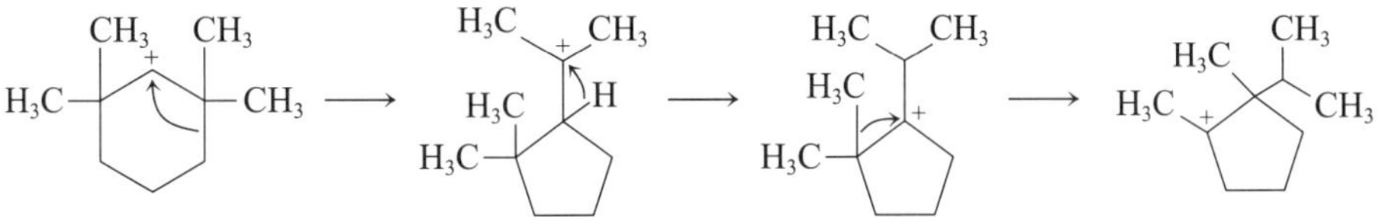

38. 在浓硫酸条件下有利于重排。由于反应混合物是强酸性的，且条件中缺乏合适的亲核试剂，它们允许碳正离子长时间存在。

（a），（b） $CH_3CH{=}CH_2$

（c） $CH_3CH_2CH{=}CH_2$，$CH_3CH{=}CHCH_3$ (主产物)

（d） $(CH_3)_2C{=}CH_2$

（e） $(CH_3)_3CCH{=}CH_2$，$(CH_3)_2C{=}C(CH_3)_2$ (主产物)，$H_2C{=}C(CH_3)CH(CH_3)_2$

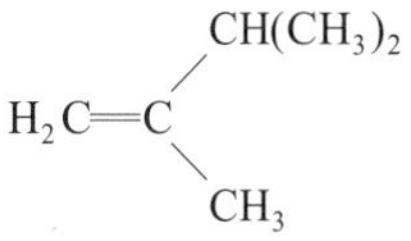

对于下面大多数环状结构，将采用键线式绘制。请注意，即使没把“CH_3”写上，也要知道端尾的线代表甲基。

（f） 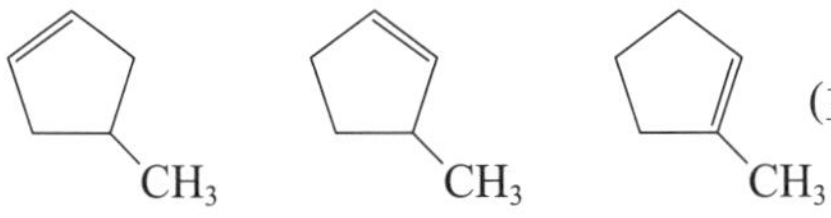 (主产物)

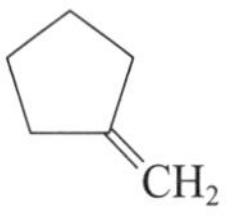

（g）

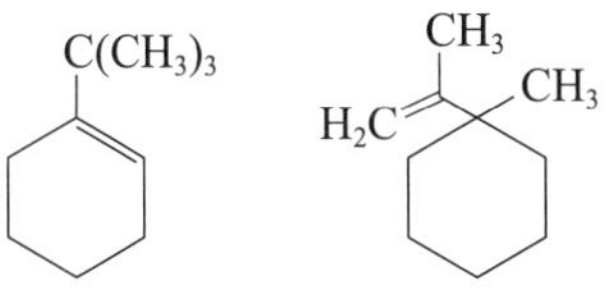

（h）

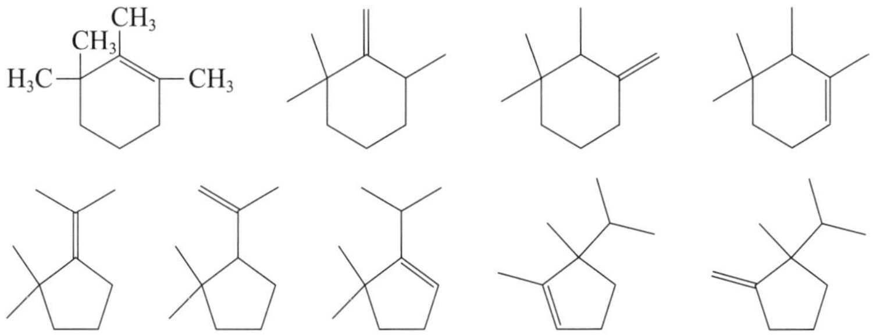

每种产物都是 37 题（h）中碳正离子相邻的碳失去一个质子生成的。

39. 在浓氢溴酸条件下，醇发生重排的可能性较小：H_3O^+ 相较于 H_2SO_4 酸性弱得多，且周围存在好的亲核试剂。下列一级醇都不会重排。

（a） $CH_3CH_2CH_2Br$　　（b） $CH_3CHBrCH_3$　　（c） $CH_3CH_2CH_2CH_2Br$

（d） $(CH_3)_2CHCH_2Br$　　（e） $(CH_3)_3CCH_2CH_2Br$

对于二级醇或三级醇，重排的可能性较大。这些产物是在碳正离子存在下，Br^- 进攻任意带正电荷的碳而产生的。参见第 37(f) 至 37(h) 的解答。

40.

（a） 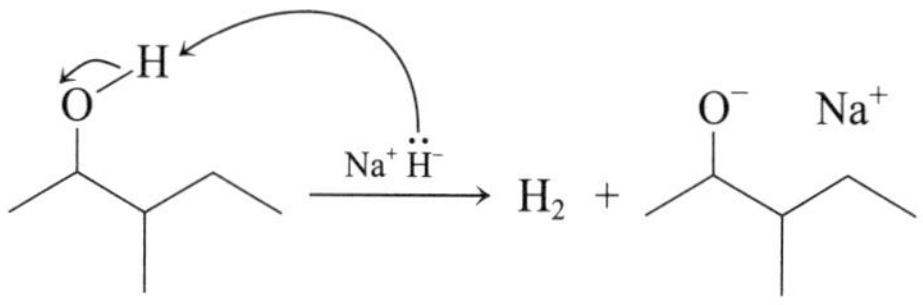 O–H $\xrightarrow{Na^+H^-}$ H_2 + O^- Na^+

（b） 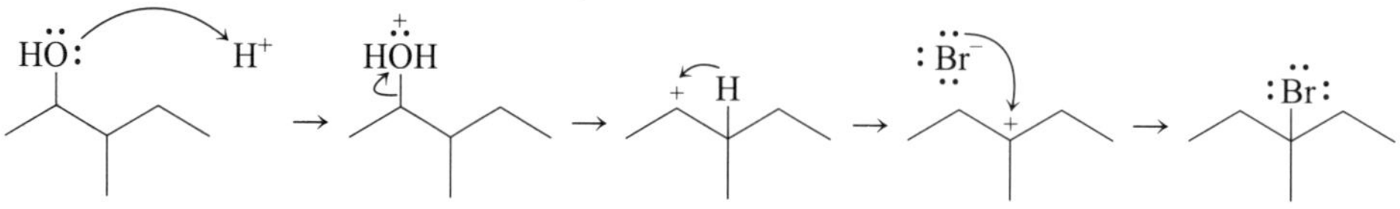 HÖ: H^+ → $H\overset{+}{\ddot{O}}H$ → + H → :Br⁻ + → :Br:

从二级碳正离子到三级碳正离子的重排

（c） 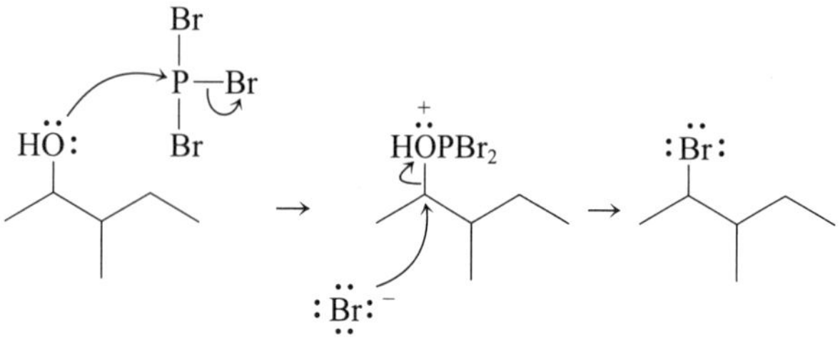 HÖ: Br–P(–Br)–Br → $H\overset{+}{O}PBr_2$, :Br:⁻ → :Br:

（d） 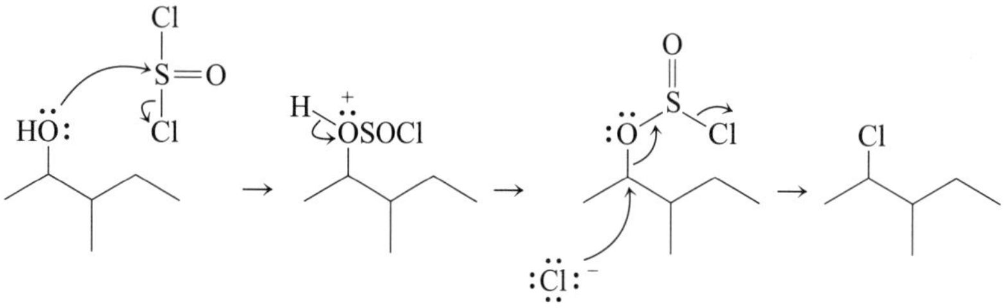 HÖ: Cl–S(=O)–Cl → $H–\overset{+}{\ddot{O}}SOCl$ → :Ö–S(=O)–Cl, :Cl:⁻ → Cl

（e） 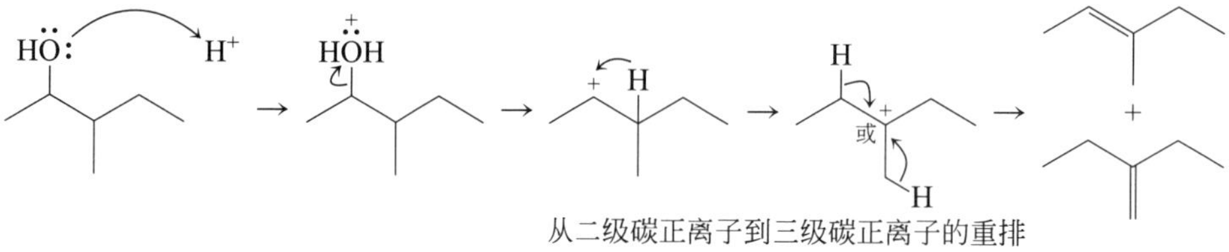 HÖ: H^+ → $H\overset{+}{\ddot{O}}H$ → + H → H + 或 H → +

从二级碳正离子到三级碳正离子的重排

（f） 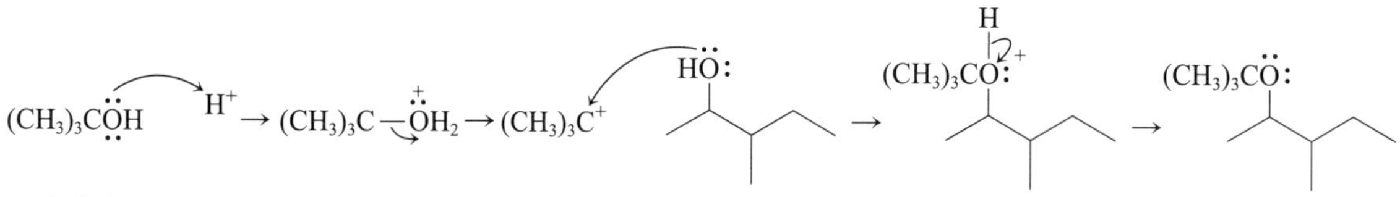 $(CH_3)_3C\ddot{O}H$ H^+ → $(CH_3)_3C-\overset{+}{O}H_2$ → $(CH_3)_3C^+$ HÖ: → $(CH_3)_3C\overset{+}{O}$(H) → $(CH_3)_3C\ddot{O}$:

41. 无水条件下，在较高 Br^- 浓度的环境下，醇定量转换成其烷基氧鎓离子形式。

$$RCH_2OH \overset{浓H_2SO_4}{\rightleftharpoons} \underset{约100\%}{RCH_2\overset{+}{O}H_2} \xrightarrow{Br^-(S_N2)} RCH_2Br$$

在高浓度 HBr 水溶液中，主要存在的酸是 H_3O^+，与烷基氧鎓离子相比，它是一种较弱的酸。第一个平衡主要偏向左侧，因此总反应速度也低得多（与 Br^- 反应的质子化的醇大大减少）：

$$\underset{约99\%}{RCH_2OH} \overset{H_3O^+}{\rightleftharpoons} \underset{约1\%}{RCH_2\overset{+}{O}H_2} \xrightarrow{Br^-(S_N2)} RCH_2Br$$

42. （a） 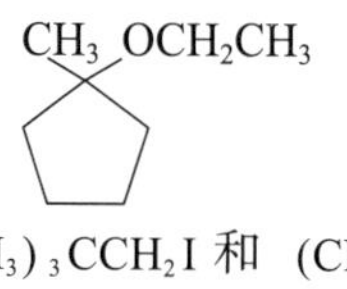 CH_3 OCH_2CH_3 一种可能的选择，发生在 2°（二级）→3°（三级）碳正离子重排之后

（b） $(CH_3)_3CCH_2I$ 和 $(CH_3)_2CICH_2CH_3$

（c） 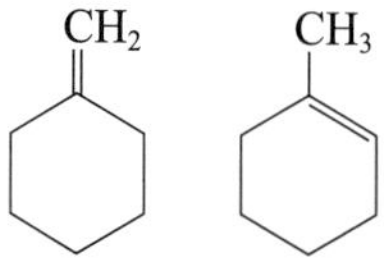 CH_2 CH_3

（d）$(CH_3)_2C(OH)—CH(CH_3)_2$

43.（a）至（e）是一样的，是通过溴离子对离去基团亚磷酸盐 $HOPBr_2$ 的 S_N2 取代机理发生的。

（f）Br，CH_3（环戊烷）

（g）和（h）分别为 3°醇和高度受阻的 2°醇，使 S_N2 反应很难或不能发生。这些醇由于碳正离子重排得到的产物是混合物，就像在氢溴酸（浓 HBr 水溶液）中的情况一样（第 39 题）。

44. 在下列每个答案中，$R=CH_3CH_2CH_2CH_2CH_2$。

（a）RO^-K+ [$+(CH_3)_3COH$]　（b）$RO^-Na^+(+H_2)$　（c）$RO^-Li^+(+CH_4)$

（d）RI　（e）RCl，但是非常缓慢　（f）$R\overset{+}{O}H_2(+FSO_3^-)$

（g）ROR　（h）$CH_3CH_2CH═CHCH_3$　（i）CH_3SO_3R

（j）RBr　（k）RCl　（l）$CH_3CH_2CH_2CH_2\overset{O}{\overset{\|}{C}}OH$　（m）$CH_3CH_2CH_2CH_2\overset{O}{\overset{\|}{C}}H$

（n）$ROC(CH_3)_3$

45.（a），（b），（c）H_3C—环戊基—O^-M^+　（$M^+=K^+, Na^+$, 或Li^+）

（d）
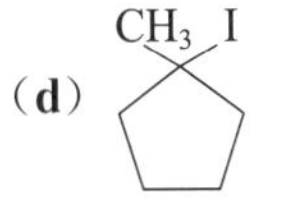

（e）CH_3 Cl　（f）CH_3 +　（g），（h）CH_3

（i）CH_3SO_3 CH_3　（j）H_3C Br　（k）H_3C Cl

（l），（m）H_3C O　（n）H_3C $OC(CH_3)_3$　[来自 $ROH+{}^+C(CH_3)_3$]

注意反应类型如何决定产物的立体化学以及是否存在重排。在（a）、（b）、（c）、（i）和（n）中，只有 O—H 键断裂，环周围的反式立体构型得以保持。在（j）和（k）中，S_N2 反应使立体构型翻转，得到顺式产物。在（d）～（h）中，反应产生了 2°碳正离子，并重排为 3°碳正离子，从而得到观察到的结果。

46.（a）$SOCl_2$　（b）PBr_3（支化增加重排风险）　（c）HCl　（d）$P+I_2$（为了避免重排）

47.（a）2-乙氧基丙烷　（b）2-甲氧基乙醇　（c）环戊氧基环戊烷

（d）1-氯-2-(2-氯乙氧基)乙烷　（e）1-甲氧基-1-甲基环戊烷　（f）顺-1,4-二甲氧基环己烷

（g）氯甲氧基甲烷

48. 醚分子没有与氧相连的氢，因此，与醇分子不同，醚分子不能以氢键与另一分子醚结合。然而，醚能与水分子中的氢形成氢键，因此醚比结构类似的烷烃更容易溶于水，但仍比分子量相当的醇难溶于水。

49. 通常选择威廉姆森醚合成法（如果至少有一个组分是好的 S_N2 底物）或酸催化反应[如果存在对称醚或醚中存在一个适合发生溶剂解反应的（S_N1）片段（通常为三级）]。

（a）$2CH_3CH_2CH_2OH \xrightarrow{H_2SO_4}$ （二丙醚）

（b）$CH_3CH_2CH_2CH_2CH_2OH \xrightarrow{NaH} CH_3CH_2CH_2CH_2CH_2O^-Na^+ \xrightarrow{CH_3I}$ （甲基戊基醚）

（c）$CH_3CH_2CH_2CH_2OH \xrightarrow{NaH} CH_3CH_2CH_2CH_2O^-Na^+ \xrightarrow{CH_3CH_2Br}$ （乙基丁基醚）

（d）$(CH_3)_2CHCH_2OH \xrightarrow{NaH} (CH_3)_2CHCH_2O^-Na^+ \xrightarrow{CH_3CH_2Br}$ （乙基异丁基醚）

（e）$(CH_3)_2CHOH \xrightarrow{NaH} (CH_3)_2CHO^- Na^+ \xrightarrow{CH_3CH_2CH_2Br}$

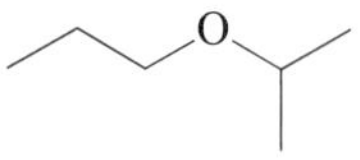

（f）$(CH_3)_2CHCH_2CH_2OH \xrightarrow{NaH} (CH_3)_2CHCH_2CH_2O^- Na^+ \xrightarrow{CH_3I}$

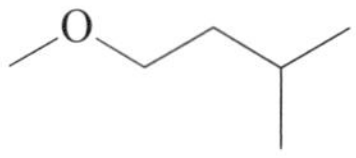

用威廉姆森醚合成法也可以合成丙氧基丙烷（a），但用无机酸法更为简单。其余的都是威廉姆森醚合成法。对于醚（b）、（c）和（f），如果以互补方式，即将两种起始化合物角色对调，也能够实现目的产物的合成，因为两个烷基都适合用作 S_N2 底物。而（d）和（e）中的情况并非如此：支化的一级和二级卤代烷烃在 S_N2 反应中是较差的底物，很大程度上会发生消除反应。

50.（**a**）$CH_3CH_2CH_2OCH(CH_2CH_3)_2$ （1°卤代烷烃发生 S_N2）

（**b**）$CH_3CH_2CH_2OH + CH_3CH{=}CHCH_2CH_3$ （碱性烷氧基负离子和2°卤代烷反应主要得到E2产物。）

（**c**）CH_3 OCH_3

（**d**）$(CH_3)_2CHOCH_2CH_2CH(CH_3)_2$

（**e**）环己醇＋环己烯［与（b）情况相同］

（**f**）CH_3 C—OH ＋ $H_2C{=}CH_2$

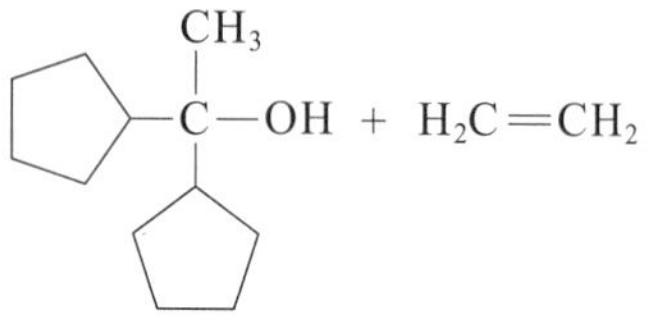

51. 产物如50题答案所示。与第35题的答案一样，这里只给出机理和可能存在的中间体。

（**a**）$CH_3CH_2CHCH_2CH_3$:O:⁻ $CH_3CH_2CH_2$—Cl:

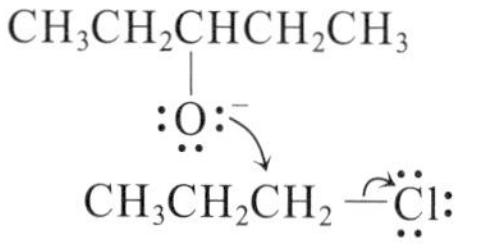

底物为一级卤代烷：除三级烷氧基负离子外都可发生 S_N2 反应（这里为二级烷氧基负离子）。该反应是一个很好的威廉姆森醚合成的例子。

（**b**）$CH_3CH_2CH_2$—O:⁻ H CH_3CH—$CHCH_2CH_3$:Cl:

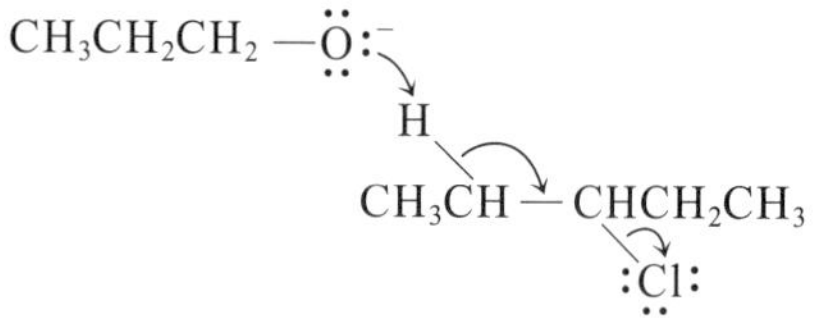

与（a）相比，底物角色对调之后，现在底物是一个二级卤代烷：不能与烷氧基负离子进行 S_N2 反应，因为烷氧基负离子是强碱。主要发生E2消除反应，此时想要得到的醚不再是主产物。

（**c**）H_3C—I: O:⁻ CH_3

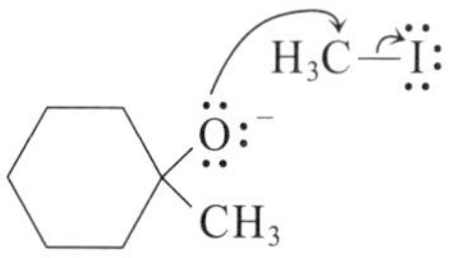

是的，三级烷氧基负离子与除卤代甲烷外的几乎所有卤代烷都会得到E2产物。碘甲烷只有一个碳。它不能发生消除（双键能放在哪里呢?），故发生 S_N2 是其唯一选择。

（**d**）CH_3CHCH_3 :O:⁻ $(CH_3)_2CHCH_2CH_2$—Br: :

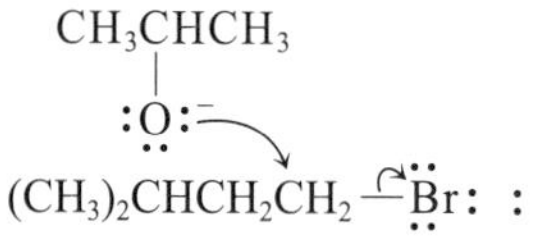

基本上与（**a**）的情况相同

（**e**）O:⁻ H H H Cl H

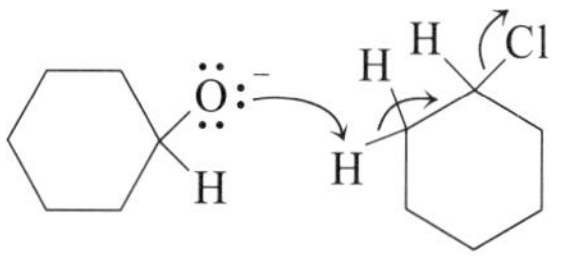

二级卤代烷＋二级烷氧基负离子；你知道该怎么做。E2反应，与（b）的情况相同。

（**f**）CH_3 C—O:⁻ H—CH_2—CH_2—I

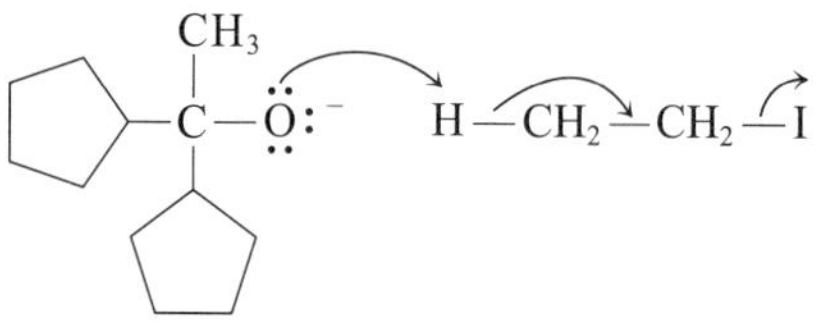

是的，底物为一级卤代烷，但现在进攻试剂是三级烷氧基负离子。除非结构上不可能［像（**c**）的情况那样］，否则都会得到E2产物。

52.（**b**）采用第50（a）题中的替代方法发生反应。

（**e**）采用 S_N1 条件：中性环己醇中的氯代环己烷（溶剂解，无需碱性亲核试剂）。

（**f**）采用另一种溶剂解反应，如下所示用 CH_3CH_2OH 和3°卤代烷烃反应。

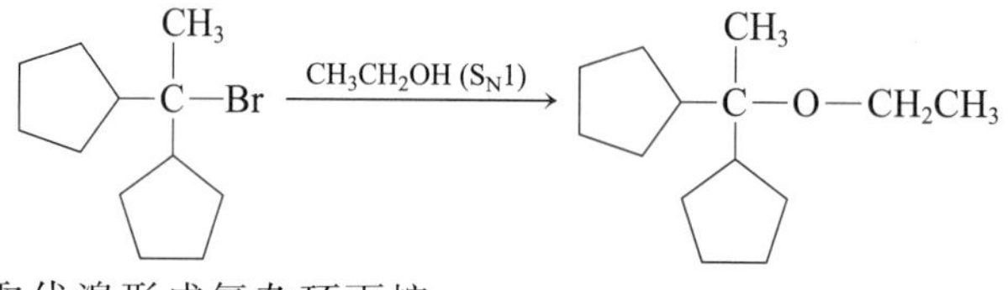

CH_3 C—Br $\xrightarrow{CH_3CH_2OH\ (S_N1)}$ CH_3 C—O—CH_2CH_3

53.（**a**）通过分子内取代溴形成氧杂环丙烷：

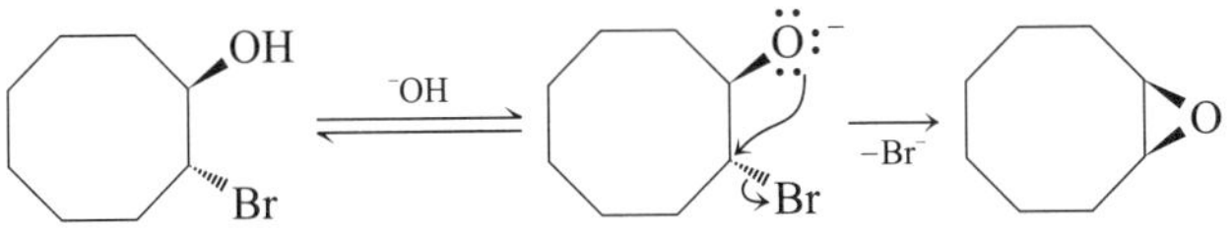

(b) 首先考虑熵如何应用于这种情况。如第 9-6 节所述，闭环形成三元环仅需要让亲核性的烷氧基从带有离去基团的碳原子背面发生取代。在教材图 9-6 所示的开链的示例中，连接含氧碳和含溴碳的键可以自由旋转。限制这种旋转以获得背面进攻所需的构象会减小分子的熵，这是一种不利的熵效应。相比之下，解题练习 9-17 中将相同的碳-碳键放置在五元环中，其键旋转幅度很小。尽管环戊烷环结构具有一定的柔性（第 4-2 节），但反式烷氧基总是能够从背面进攻。只需要很小的旋转就能获得正确的反应构象，因此需要付出的熵代价也很小。

在该题示例中，虽然八元环的旋转灵活性比五元环更大，但比非环化合物还是小。因此，关环形成氧杂环丙烷所需的熵成本适中，即多于解题练习 9-17 中五元环的熵成本，但少于图 9-6 中开链化合物的熵成本。

54. 注意将 S_N2 反应机理用在 1°卤代烷上。S_N1 反应机理对 3°卤代烷体系最适用。

(a) $CH_3CH_2CHOHCH_3 \xrightarrow[2.\ CH_3CH_2Br]{1.\ NaH}$ (S_N2)

(b) 1-甲基-1-氯环己烷 + $CH_3CH_2CH_2CH_2OH$（溶剂）⟶（溶剂解）

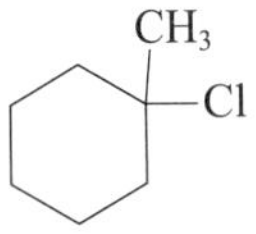

(c) $HOCH_2CH_2CH_2C(CH_3)_2Br \longrightarrow$（分子内 S_N1）或

$HOCH_2CH_2CH_2C(CH_3)_2OH \xrightarrow{H^+}$（分子内 S_N1）

(d) 环戊醇 $\xrightarrow{H_2SO_4,\ 40℃}$ (S_N1)

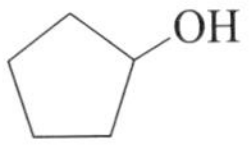

55. (a) $CH_3CH_2I+CH_3CH_2CH_2I$　(b) $CH_3Br+(CH_3)_2CHBr$　(c) $2CH_3I+ICH_2CH_2I$

(d)　(e)　(f)

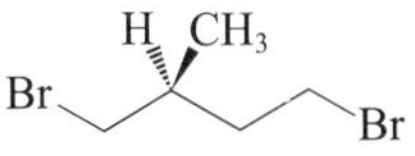

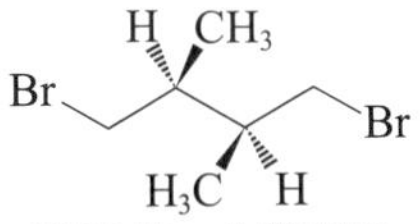

（尝试搭一个模型！）

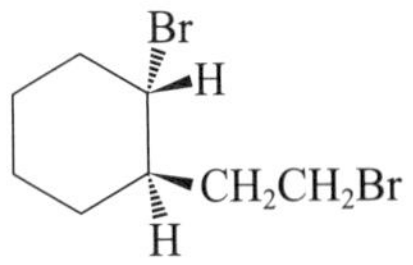

56. 带张力的环（如氧杂环丙烷）与亲核试剂的反应会导致开环。在酸性、类似 S_N1 的条件下，亲核试剂进攻更多取代基的环碳（更能稳定正电荷的碳）。在碱性、类似 S_N2 的条件下，取代发生在取代基少和位阻小的环碳上。

(a)　(b) 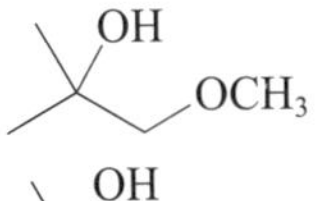　(c)

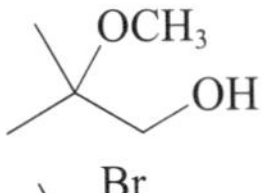

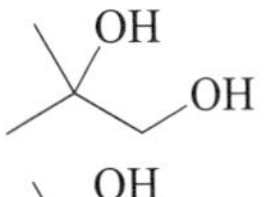

(d) 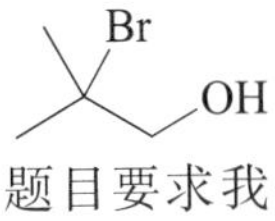　(e) 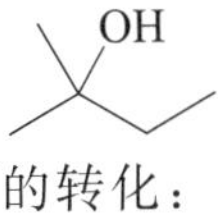　(f)

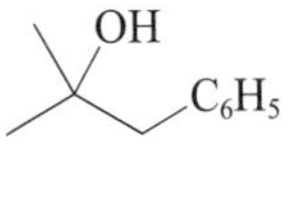

57. 题目要求我们弄清楚如何发生下面的转化：

将 环己酮 和 $BrCH_2CH_2CH_2OH$ 变成 1-($CH_2CH_2CH_2OH$)环己醇

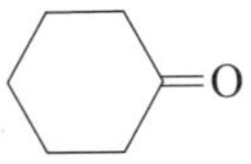

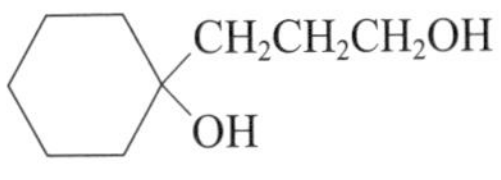

首先要具体确定题目要求我们做什么：(1) 生成一根新的碳-碳键；(2) 将酮变成三级醇；(3) 在此过程中去除碳-卤键。学习到这一阶段，由于没有很多碳-碳键形成反应可供选择，我们可以将衍生自溴化物的金属有机试剂以某种形式加成到酮羰基碳原子上（第 8-7 节）。对于金属有机化合物，会想到结构为 $BrMgCH_2CH_2CH_2OH$ 的格氏试剂。但是我们记得（第 8-6 和 8-8 节，也参见第 8 章中的第 42 题）醇和格氏试剂不相容，因为 O—H 基团的酸性非常有利于通过 $C—M+H^+ \longrightarrow C—H+M^+$ 的质子化过程破坏 C—Mg 或 C—Li 键（在这种化合物中碳原子为强碱性）。

因此，为了进行这一合成，在金属有机试剂的形成或使用过程中不能存在 O—H 键。第 9 章（特别是第 9-8 节）的化学反应为我们提供了解决该问题的方法。醚与金属有机化合物不反应，三级醚可轻松地由醇形成，然后用酸水解得到醇。在这种情况下，它们是醇良好的**保护基团**。因此，我们的解决方案是首先将3-溴丙醇的—OH基团转化为三级醚：

$$BrCH_2CH_2CH_2OH \xrightarrow[S_N1]{(CH_3)_3COH,H^+} BrCH_2CH_2CH_2OC(CH_3)_3$$

现在—OH的功能已丧失，我们可以继续进行格氏反应：

$$BrCH_2CH_2CH_2OC(CH_3)_3 \xrightarrow{Mg,(CH_3CH_2)_2O} BrMgCH_2CH_2CH_2OC(CH_3)_3 \xrightarrow{\text{环己酮}}$$

$$\text{(环己基)}(CH_2CH_2CH_2OC(CH_3)_3)(O^-\ {}^+MgBr) \xrightarrow{H^+,H_2O} \text{(环己基)}(CH_2CH_2CH_2OH)(OH)$$

请注意，在格氏反应中，使最初形成的醇盐质子化并将其转化为目标三级醇所必需的含水酸后处理也足以水解三级醚保护基团，在三元碳-碳链末端释放出保护基得一级醇。

58. 在如下所示假设的亲核取代反应中，任何非环醚裂解，其离去基团都是烷氧基负离子。烷氧基负离子是强碱，而强碱是差的离去基团。

$$Nuc:^- + R—O—R \xrightarrow{\otimes} Nuc—R + {}^-O—R$$

差的离去基团

唯一的例外是S_N2取代反应能裂解氧杂环丙烷。三元环打开时键张力的释放克服了产生差的离去基团在能量上的不利。

59. (**a**) 乙基氧杂环丙烷（外消旋）；(**b**) (*S*)-2,3,3-三甲基氧杂环丁烷；(**c**) (2*R*,5*S*)-2-氯甲基-5-甲氧基氧杂环戊烷［通用名：(2*R*,5*S*)-2-氯甲基-5-甲氧基四氢呋喃］；(**d**) 4-氧杂环己醇；(**e**) 氧杂环庚烷；(**f**) 2,2-二甲基-1,3-二氧杂环庚烷。

60. (**a**) $HOCH_2CH_2NH_2$　(S_N2开环)

(**b**) HO、H_3C、H 取代的手性碳—$CH_2SCH_2CH_3$　（情况相同，在取代最少的环碳上发生反应）

(**c**) $BrCH_2CH_2CH_2Br$

(**d**) $HOCH_2CH_2C(CH_3)_2OCH_3$　(S_N1开环)

(**e**) $CH_3OCH_2CH_2C(CH_3)_2OH$　（在取代最少的环碳S_N2）

(**f**) $DCH_2C(CH_3)_2OH$　（来自D^-对位阻较小的环碳的进攻）

(**g**) $(CH_3)_2CHCH_2C(CH_3)_2OH$　（来自位阻较小的碳处的格氏反应）

(**h**) 环戊基—CH_2CH_2OH　（“2-碳同系化反应”的示例：通过加成到氧杂环丙烷上形成比起始金属有机试剂碳链长两个碳的醇）

61. 令人惊讶的是，除了甲醇外，所有的醇都可以通过氢化物或金属有机试剂加成到合理设计的氧杂环丙烷中制备。记住，阴离子亲核试剂总是加到环上位阻小的碳上。我们可以进行以下逆合成分析：

对于任何以—CH_2CH_2OH结尾的一级醇，我们可以使用：

$$Nu—CH_2—CH_2—OH \Longrightarrow Nu^- + \text{氧杂环丙烷}$$

其中，Nu=H，来自$LiAlH_4$；或者Nu=R，来自RLi或RMgX。

对于任何以—$CH_2CHOHCH_3$结尾的二级醇，我们可以使用：

$$Nu—CH_2—CH(CH_3)—OH \Longrightarrow Nu^- + \text{甲基氧杂环丙烷}$$

其中，Nu=H，来自$LiAlH_4$；或者Nu=R，来自RLi或RMgX。

你看出规律了吗？对于任何以—$CH_2COH(CH_3)_2$结尾的三级醇，我们可以使用：

$$Nu—CH_2—C(CH_3)_2—OH \Longrightarrow Nu^- + \text{2,2-二甲基氧杂环丙烷}$$

其中，同样，Nu＝H，来自 $LiAlH_4$；或者 Nu＝R，来自 RLi 或 RMgX。

现在继续推导，下面是有一些合理的答案。所有反应都以 $(CH_3CH_2)_2O$ 为溶剂，然后进行酸性水溶液后处理。

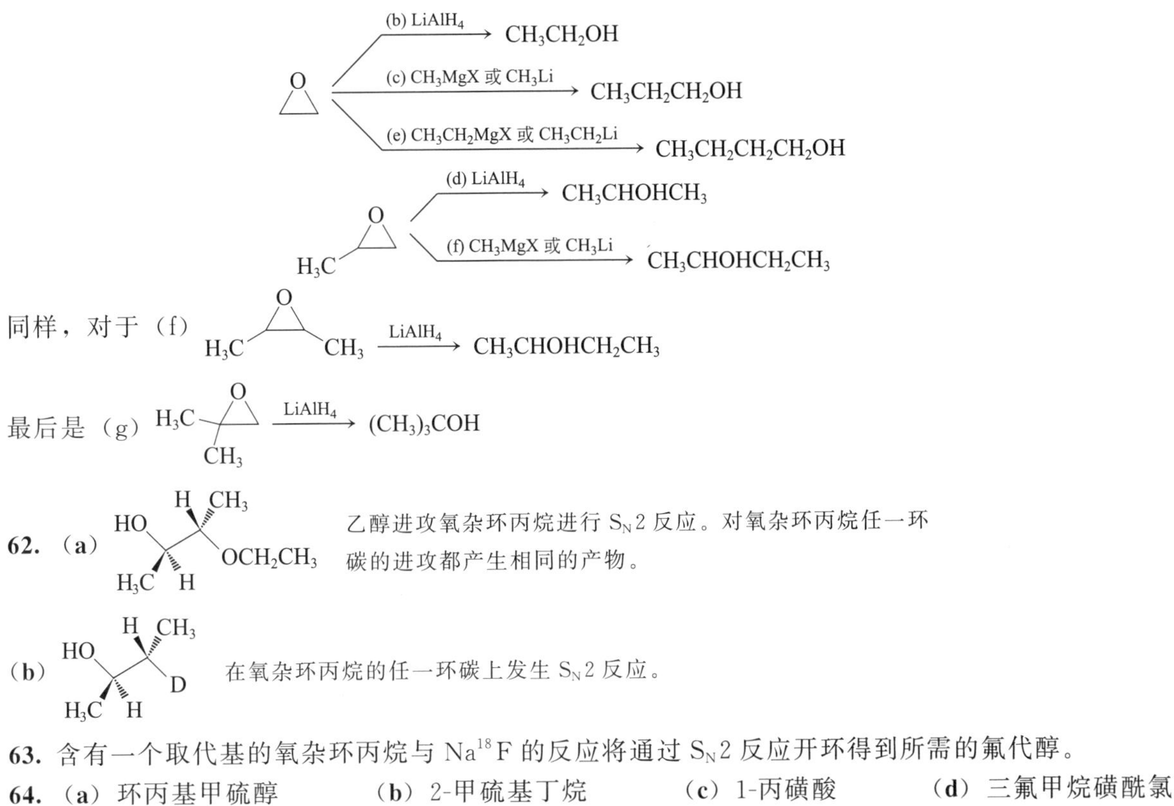

63. 含有一个取代基的氧杂环丙烷与 $Na^{18}F$ 的反应将通过 S_N2 反应开环得到所需的氟代醇。

64.（a）环丙基甲硫醇　（b）2-甲硫基丁烷　（c）1-丙磺酸　（d）三氟甲烷磺酰氯

65.

CH_3　H　SH　H_3C　CH_3

66. 在每种情况下，①是较强的酸，②是较强的碱。

（a）①CH_3SH，②CH_3OH　（b）①HS^-，②HO^-　（c）①H_3S^+，②H_2S

67.（a）S（通过 $^-SCH_2CH_2CH_2CH_2Cl$ 中间体）　（b）SH　CH_3　(S_N2)　（c）SH　H　OH　H　(S_N2)

（d）$(CH_3CH_2)_3CSCH_3$　(S_N1)　（e）$(CH_3)_2CHSSCH(CH_3)_2$　（f）O　SO_2

68. 这是一道关于“路线图”的题。提示：存在“隐含”信息。例如，如果你根据题中给出的结构式已算出了最终产物的分子式，那么你就得到了有用的线索，即最终产物的分子式为 $C_6H_{12}SO_2$，与未知的 C 仅差两个氧原子。所以我们可以将结构 C 识别为氧化前的环状硫化物（见右侧结构图）。

H_3C　CH_3　S

下一步我们要做什么？产生 C 的反应条件为使用 Na_2S 处理 B。

回顾第 67 题（a）。每一端带有离去基团的丁烷与 Na_2S 反应生成硫杂环戊烷。

在此处进行同样的处理，但要注意甲基取代基及其立体构型。C 必须是由 Na_2S 与每一端都带有离去基团的内消旋-2,3-二甲基丁烷生成的：

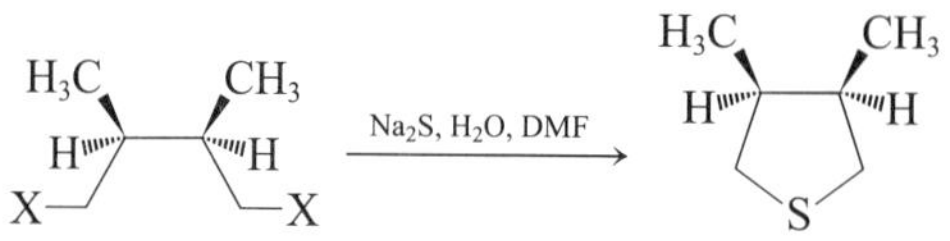

$$\text{B} \xrightarrow{Na_2S,\ H_2O,\ DMF} \text{C}$$

（部分结构；X＝未鉴别的离去基团）

我们如何识别离去基团 X？查看 B 的前体，它可由 1 mol 分子式为 $C_6H_{14}O_2$ 的非环化合物 A 和 2 mol 磺酰氯 CH_3SO_2Cl 得到。最简单的解决方案是假设 X 是磺酸盐 $CH_3SO_3^-$，A 是对应于 B 的二醇。因此，我们得出这些结构：

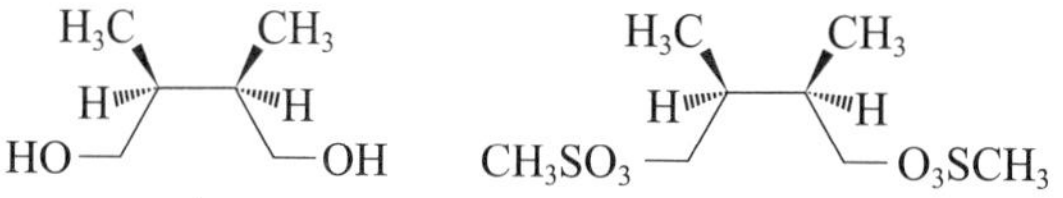

A　　B

注：该连续反应的最终产物是（环）砜。

69. 整个过程，直到最后一步都很顺利。然而最后一步却是灾难性的！

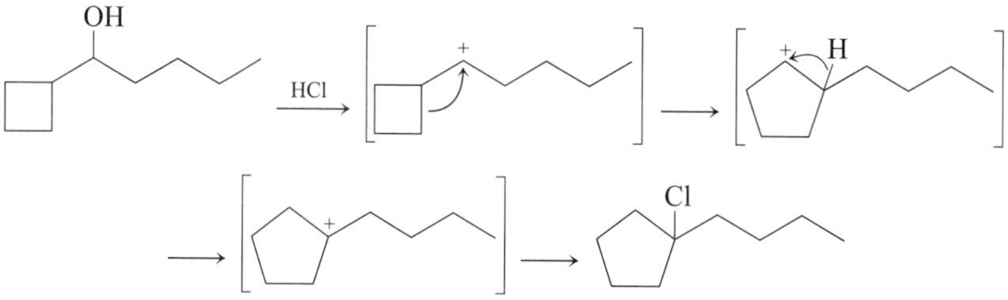

带张力的环非常容易通过以释放环张力为驱动力发生碳正离子重排。

70. 使用氯化亚砜（$SOCl_2$）来实现醇到氯代烷烃的转化，氯化亚砜与二级醇的反应机理不再是 S_N1，而是 S_N2，从而避免了碳正离子的形成。没有碳正离子，发生重排的可能性大大降低。

71. 第一个反应将醇和甲苯磺酰氯转化为甲苯磺酸盐。在此过程中，醇是亲核试剂，取代了硫化物中的氯。醇的 C—O 键没有发生化学转化，因此，醇的 C-1 位的手性（*R*）也没有变化：

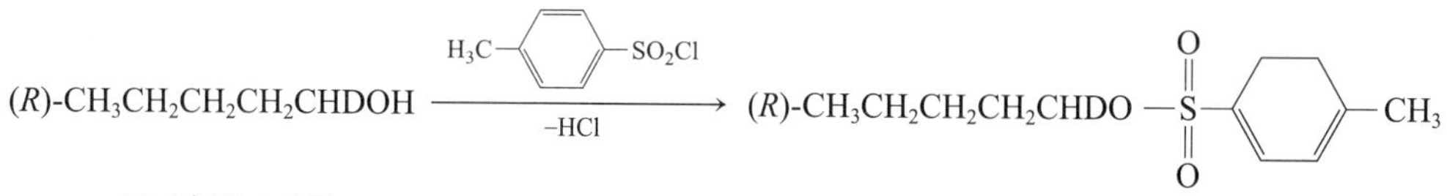

$$(R)\text{-}CH_3CH_2CH_2CH_2CHDOH \xrightarrow[-HCl]{H_3C-C_6H_4-SO_2Cl} (R)\text{-}CH_3CH_2CH_2CH_2CHDO-SO_2-C_6H_4-CH_3$$

(*R*)-1-氘代-1-戊醇　　**(*R*)-1-氘代-1-戊烷基甲苯磺酸酯**

第二步是用亲核试剂氨取代甲苯磺酸基团。该反应发生在一级碳上，因此可以假设它是通过 S_N2 机理进行的。因此，在这一步中，原来的醇分子中的 C—O 键断裂，发生手性翻转，在 C-1 上得到具有（S）构型的产物：

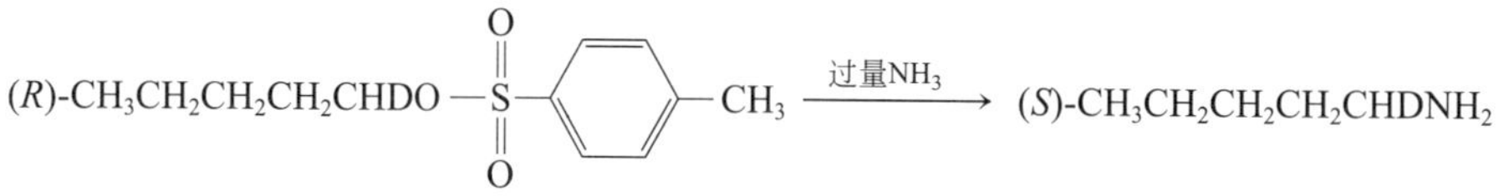

$$(R)\text{-}CH_3CH_2CH_2CH_2CHDO-SO_2-C_6H_4-CH_3 \xrightarrow{\text{过量}NH_3} (S)\text{-}CH_3CH_2CH_2CH_2CHDNH_2$$

(*R*)-1-氘代-1-戊烷基甲苯磺酸酯　　**(*S*)-1-氘代-1-戊胺**

产物应达到 100％光学纯（S）构型，因为 S_N2 反应会进行 100％翻转。但是实际上不是，为 70％（S）构型和 30％（*R*）构型。如何解释这种结果呢？一种可能性是某些分子通过 S_N1 机理发生反应。（事实上，这是有关化学家在 1950 年代进行的一系列相关实验得出的结论。）但事实证明这是**错误的**：简单一级碳的取代不是通过 S_N1 机理进行的，因为简单的一级碳正离子因稳定性差而无法形成。

我们还能如何解释与起始原料中存在的（*R*）构型相同的产物的产生？

回到第 6-6 节，你可以看到在同一碳原子上的两次连续 S_N2 取代（“双翻转”）将导致原始构型的保持。在这个问题中会发生这种情况吗？我们根据提示考虑下在甲苯磺酸酯形成过程中产生氯离子这一事实的含义。假设一些氯离子，也是一种亲核试剂，与第一步中形成的一些甲苯磺酸酯反应。此过程将是 S_N2 取代，在 C-1 上进行翻转，产生（S）-氯代烷烃：

$$(R)\text{-}CH_3CH_2CH_2CH_2CHDO-S(=O)_2-C_6H_4-CH_3 \xrightarrow{Cl^-} (S)\text{-}CH_3CH_2CH_2CH_2CHDCl$$

(R)-1-氘代-1-戊烷基甲苯磺酸酯　　　　**(S) 1-氯-1-氘代戊烷**

这样接下来就是（R）-甲苯磺酸酯和（S）-氯代烷烃的混合物与氨发生 S_N2 反应。该反应会将存在的（R）-甲苯磺酸酯转化为（S）-胺，并将（S）-氯代烷烃转化为（R）-胺。这解释了从该反应中产生不等量的胺对映异构体混合物的原因：在与氨反应之前，大约 30%的第一次形成的甲苯磺酸酯与氯离子反应，产生第二次翻转，因此在 C-1 处构型保持的产物为相应的最终产物的 30%。

甲苯磺酸酯形成中的氯离去基团仅与一级甲苯磺酸酯反应。除了在该问题的特殊情况下，由于 D 标记，一级碳是立体中心，但通常这种反应是没有立体化学效应。在二级醇的甲苯磺酰化中，立体化学通常是进行控制的关键，这种与氯离子的反应将是灾难性的。幸运的是，在甲苯磺酸酯形成的条件下，氯离子的亲核性太差，不足以在二级碳上进行取代。

72. 产物：（环状醚：O 连接 H_3C—C(H) 与 C(H)(D)，环上另有 CH_2、CH_2、CH_2）　请注意：**翻转**发生在原来含有溴的碳上。必要时建立一个模型。

该反应是一级反应，因为亲核试剂和卤代烷烃官能团在同一分子中。其机理与熟悉的 S_N2 反应相同，但由于两种反应成分都在同一分子中，所以这里的“2”显得不适用。

73. 我们将具体进行逆合成分析，然后进行合成。通常，所有金属有机试剂制备和反应采用的溶剂都是 $(CH_3CH_2)_2O$。

（**a**）逆合成分析

$CH_3CH_2CH(C_5H_9)-CH_2CH_2SO_3H \Rightarrow CH_3CH_2CH(C_5H_9)-CH_2CH_2SH \Rightarrow$

$CH_3CH_2CH(C_5H_9)-CH_2CH_2Br \Rightarrow CH_3CH_2CH(C_5H_9)-CH_2CH_2OH \Rightarrow$ 环氧乙烷

现在：回顾第55题！

$CH_3CH_2CH(C_5H_9)-MgBr$ + $\Rightarrow CH_3CH_2CH(C_5H_9)-Br \Rightarrow$

$CH_3CH_2CH(C_5H_9)-OH \Rightarrow CH_3CH_2CHO +$ 环戊基-MgBr

合成

起始材料：$CH_3CH_2CH(=O)$，环戊基-Br，H_2C-CH_2（环氧乙烷，O 桥连）。

环戊基-Br $\xrightarrow[\text{2. } CH_3CH_2CH=O \text{; 3. } H^+, H_2O]{\text{1. Mg}}$ $CH_3CH_2CH(OH)-C_5H_9$ $\xrightarrow[\text{3. 环氧乙烷 } CH_2-CH_2]{\text{1. } PBr_3 \text{; 2. Mg}}$ $CH_3CH_2CH(C_5H_9)CH_2CH_2OH$ $\xrightarrow[\text{3. } KMnO_4]{\text{1. } PBr_3 \text{; 2. NaSH}}$ 产物

(**b**) 逆合成分析

$$CH_3CH_2CH_2\text{—}\underset{CH_2CH_3}{\overset{CH_3}{C}}\text{—}CHO \Rightarrow CH_3CH_2CH_2\text{—}\underset{CH_2CH_3}{\overset{CH_3}{C}}\text{—}CH_2OH \Rightarrow$$

$$H\overset{O}{\overset{\|}{C}}H + CH_3CH_2CH_2\text{—}\underset{CH_2CH_3}{\overset{CH_3}{C}}\text{—}MgBr \xrightarrow{\text{通过RBr}} CH_3CH_2CH_2\text{—}\underset{CH_2CH_3}{\overset{CH_3}{C}}\text{—}OH \Rightarrow CH_3CH_2CH_2MgCl + \underset{CH_2CH_3}{\overset{CH_3}{\backslash}}C{=}O$$

合成

起始原料：$CH_3CH_2CH_2Cl$， $CH_3CH_2\overset{O}{\overset{\|}{C}}CH_3$， $H\overset{O}{\overset{\|}{C}}H$

$$CH_3CH_2CH_2Cl \xrightarrow[3.\ H^+,\ H_2O]{1.\ Mg;\ 2.\ CH_3CH_2\overset{O}{\overset{\|}{C}}CH_3} CH_3CH_2CH_2\text{—}\underset{CH_3CH_2}{\overset{CH_3}{C}}\text{—}OH \xrightarrow[2.\ Mg]{1.\ HBr} CH_3CH_2CH_2\text{—}\underset{CH_3CH_2}{\overset{CH_3}{C}}\text{—}MgBr$$

$$\xrightarrow[2.\ H^+,\ H_2O]{1.\ H\overset{O}{\overset{\|}{C}}H} CH_3CH_2CH_2\text{—}\underset{CH_3CH_2}{\overset{CH_3}{C}}\text{—}CH_2OH \xrightarrow{PCC,\ CH_2Cl_2} \text{产物}$$

74. (**a**) 二级醇到溴化物的转换：注意避免重排并控制立体化学。

(1-溴-2-甲基环戊烷结构，Br, CH_3) 来自 (2-甲基环戊醇结构，OH, CH_3) + PBr_3 在 C-1 处发生 S_N2 翻转避免重排

使用 HBr 会导致重排为 1-溴-1-甲基环戊烷。

(**b**) 这个反应需要两项操作：(1) 将—OH 转化为一个好的离去基团；(2) 进行取代。一个诸如条件为 1. CH_3SO_2Cl，$(CH_3CH_2)_3N$ 的连续反应；2. KCN，DMSO 就可以实现。第一步也可以是 PBr_3 或 $SOCl_2$（但不能是 HBr)，将—OH 转换为一种不发生重排的卤化物。在第二步中需要 KCN，而不是 HCN（它是一种极差的氰离子源)。

(**c**) 这里请注意！使用浓 HCl。

(Cl, CH_3 结构) 来自 (OH, CH_3 结构)，需要重排。

(**d**) 逆合成分析可帮助你找到窍门。

(1,4-氧硫杂环己烷，O, S) $\xRightarrow{\text{通过类比其他环状硫化物的合成}}$ Na_2S + $XCH_2CH_2OCH_2CH_2X$ ← 需要产生这种醚 (X=离去基团)

$$2BrCH_2CH_2OH \xrightarrow{H_2SO_4,\ 130\ ℃} BrCH_2CH_2OCH_2CH_2Br \xrightarrow{Na_2S} \text{产物}$$

75. (**1**) $H_2SO_4/180$ ℃：路径较短，但容易发生副反应，例如重排或形成醚。(**2**) PBr_3，然后 $K^{+-}OC(CH_3)_3$：两步而不是一步；但在第二步中唯一的副反应是发生 S_N2 反应产生醚，通常该副反应很轻微。

76. (**a**) 这是一个脱水反应（一种消除反应)。

(**b**) 路易斯酸可以将羟基转化为更好的离去基团。

$$HOCH_2CH\langle + Mg^{2+} \rightleftharpoons H\overset{+}{O}(Mg^+)—CH_2—C(H)— \xrightarrow{H_2\ddot{O}} H_2C{=}C\langle + H_3O^+ + HOMg^+$$

77. (a) 是的！

$$FH_4\ (N\text{-}5) + (CH_3)_2\overset{+}{S}—CH_3 \longrightarrow (CH_3)_2S + FH_4\text{-}\overset{+}{N}(H)CH_3 \longrightarrow H^+ + 5\text{-甲基-}FH_4$$

(b) 亲核试剂为 FH_4。亲核原子为 N-5。亲电原子为 $(CH_3)_3S^+$ 中甲基上的 C。离去基团为 $(CH_3)_2S$。

(c) 是的！FH_4 中的 N-5 类似于氨中的 N，因此它是路易斯碱，是一个合适的亲核试剂。$(CH_3)_3S^+$ 中的甲基被极化 δ^+，因为电子被带正电荷的硫所吸引。它们应该是合理的亲电试剂。$(CH_3)_2S$ 呈中性，是一个弱碱，因此应该是一个非常好的离去基团。

78. (a) 是的！可能的机理：

$$5\text{-甲基-}FH_4 + R\ddot{S}H\ (\text{高半胱氨酸（缩写）}) \longrightarrow FH_4\text{（N}^-\text{）} + RS^+(CH_3)—H \longrightarrow \text{产物}$$

(b) 亲核试剂为高半胱氨酸。亲核原子为 S。亲电原子为 5-甲基-FH_4 中 N-5 甲基的 C。离去基团为 FH_4 的共轭碱。

(c) 除了离去基团外，其他都很好。作为弱酸 FH_4 的共轭碱，它将是一种中等强度的碱，因此不是一个好的离去基团。然而，正如醇中氧质子化后会产生更好的离去基团（水）一样，在亲核取代**之前**，N-5 在 5-甲基-FH_4 中被酸质子化应该会产生适用于该题目中反应的更好的离去基团（FH_4 本身）：

$$5\text{-甲基-}FH_4 \xrightarrow{H^+} \text{（N-5 质子化，}\overset{+}{N}(H)CH_3\text{）} + R\ddot{S}H \longrightarrow FH_4 + RS^+(CH_3)—H \xrightarrow{-H^+} \text{甲硫氨酸}$$

79. (a) 反应 1 是一个 S_N2 过程。甲硫氨酸的 S 取代了 ATP 中与 CH_2 基团相连的三磷酸。反应 2 也是一个 S_N2 过程。去甲肾上腺素的 N 取代了 *S*-腺苷甲硫氨酸中与 CH_3 基团相连的 *S*-腺苷高半胱氨酸部分，形成肾上腺素中关键的 $H_3C—N$ 键。ATP 通过将 RCH_2 连接到甲硫氨酸上而将其转化为一个大的离去基团，使第二个 S_N2 反应成为可能。换句话说，*S*-腺苷甲硫氨酸是 CH_3I 的生物等效物。

(b) 不是。在 CH_3 上不会发生 S_N2 反应，因为离去基团（本质上是 RS^-）不是一个好的离去基团。

(c) 很简单！将去甲肾上腺素与等物质的量的 CH_3I 反应！（实际上，并没有那么简单，需要注意防止肾上腺素中氮与多余的 CH_3I 发生反应，因为肾上腺素中氮仍然是亲核性的。）

80. (a) 要利用 2-溴环己醇制造氧杂环丙烷，分子必须能够产生进行“分子内 S_N2”背面取代的几何构型。这种几何构型要求烷氧基负离子和 Br 互为反式，因此，只有起始原料中的反式异构体可以。

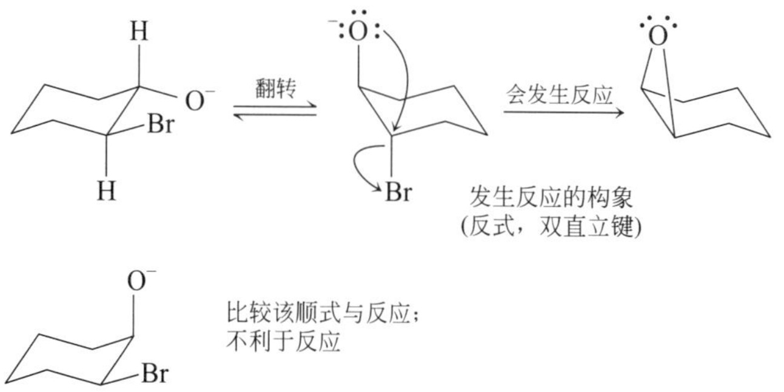

翻转 会发生反应

发生反应的构象
(反式，双直立键)

比较该顺式与反应；
不利于反应

（**b**）1. $NaBH_4$，将酮还原为醇。2. NaOH，产生烷氧基负离子，导致 Br^- 的分子内取代和氧杂环丙烷的形成。

（**c**）第一步必须形成一个 β-OH，使新生成的羟基与原来的溴相比处于反式。否则，第二步将不会产生氧杂环丙烷，其原因参见（a）中的描述。请注意，β-OH 与 α-Br 基团自动为反式，双直立键，这是甾体的天然构型。

81. $H_2C{=}CH{-}CH_2Cl \xrightarrow{HS^- Na^+} H_2C{-}CH{-}CH_2SH \xrightarrow{I_2}$

$H_2C{=}CH{-}CH_2{-}S{-}S{-}CH_2{-}CH{=}CH_2 \xrightarrow{1equiv.\ H_2O_2}$ 大蒜素

82. 根据题目中给出的一般结构，可以画出 4 个非对映体：

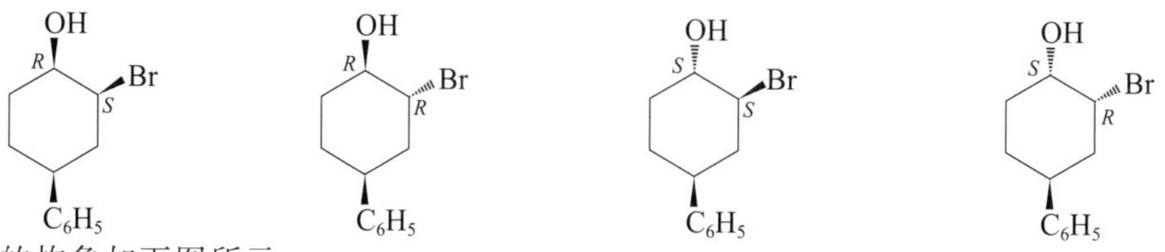

其最稳定的构象如下图所示：

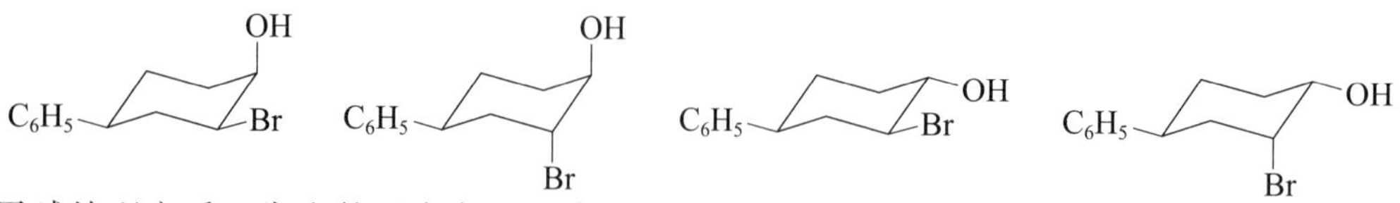

（**a**）用碱处理之后，发生的反应主要取决于底物中立体中心的构型和化合物的最稳定构象。主要是 E2 反应和—OH 基团的去质子化，然后是分子内取代。对于分子内（背面，类 S_N2）取代，—Br 和—OH 基团必须是反式的，并且都是直立键状态。

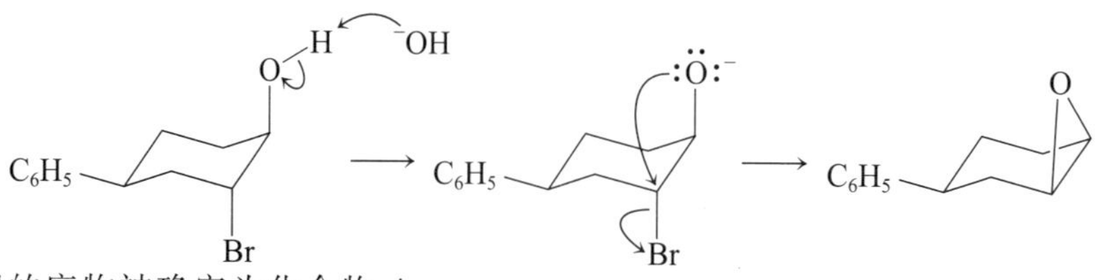

因此，该过程的底物被确定为化合物 A。

接下来，我们寻找一种易发生消除反应的底物，来得到题目中给出的烯醇。

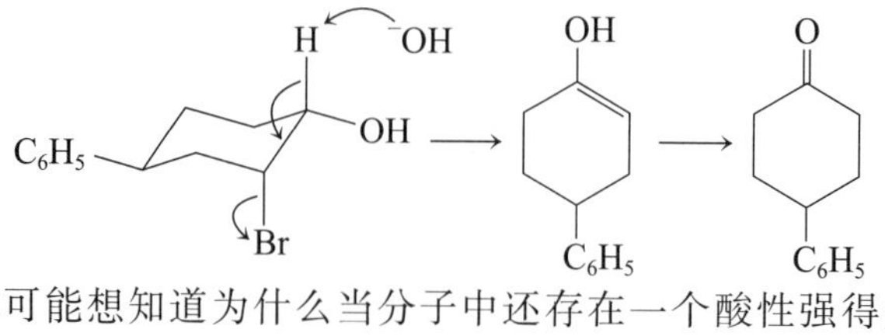

化合物 C 是确定的。你可能想知道为什么当分子中还存在一个酸性强得多的—OH 基团时，碱会从碳上去除一个质子。回想一下，酸碱反应通常是快速且可逆的。即使上述的 E2 过程很少发生，但在反应条件下它也是不可逆的，最终会生成观察到的主产物。

接下来的工作是确定化合物 B，它的产物是化合物 A 所形成的产物氧杂环丙烷的异构体，但反应速率较慢；而化合物 D 产生与 C 相同的产物，但反应速率也较慢。因为所考虑的两种类型的反应都需要一个轴向离去基团，所以对剩余起始化合物进行椅式翻转（其中—Br 是平伏键构象），看看我们得到什么。

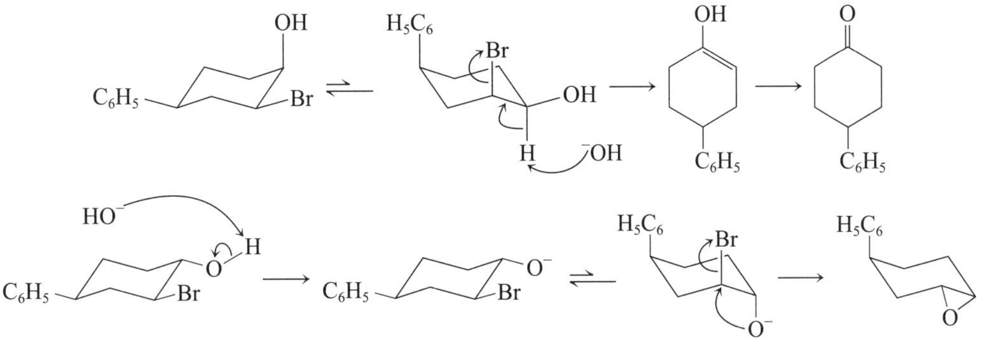

根据上述两个反应过程，上面的化合物对应于 D，下面的对应于 B。B 和 D 相对于 A 和 C 的反应速率降低，这是由于在反应进行之前翻转成不太有利的椅式构象的额外能量消耗引起的。B 中的环翻转非常不利（三个基团是轴向的!），因此更有可能首先发生—OH 基团的去质子化。

（**b**）二级和三级卤代烷在银离子条件下产生相应的碳正离子。快速看一下源自化合物 A、C 和 D 的碳正离子，可确认它们可以产生与碱处理相同的产物。请注意，碳正离子的三角平面构型在某种程度上扭曲了环己烷椅式构型。

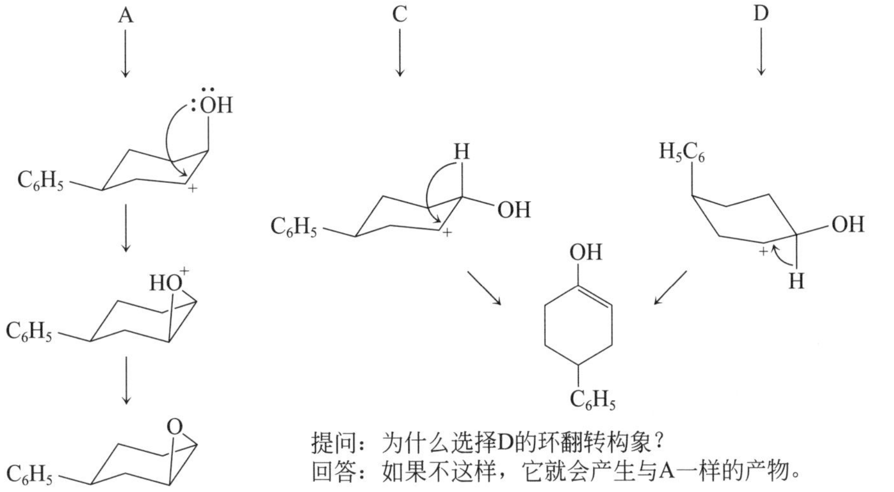

提问：为什么选择D的环翻转构象？
回答：如果不这样，它就会产生与A一样的产物。

（**c**）B 在银离子条件给出了截然不同的结果：形成缩环的醛。我们必须解释为什么形成物既不是氧杂环丙烷也不是环己烯醇。

根据定义，使用上述任何一个碳正离子中间体得到的答案都是错误的！再看一下（b）部分从 D 得到的结果。如果我们使用 D 的最稳定构象，则碳正离子将与 A 的相同，并且必然会产生相同的产物。由于观察到的产物不相同，那么中间体一定不相同，因此在溴离去之前发生环翻转。这里有什么应吸取的教训吗？看来银离子促进的反应更偏好于轴向的 Br。此外，检查（b）部分中的反应表明，在每种情况下，相邻的轴向基团都与碳正离子发生反应。所以我们回到化合物 B。检查它的结构。这里有一些有趣的现象。如果我们换一种全直立键椅式构型并用 Ag^+ 除去溴，我们得到：，该结构应该迅速发生闭环，以产生与用碱处理 B 时形成相同的氧杂环丙烷产物。*既然这种情况不会发生*，让我们想一下其他的推断。我们知道这种构象稳定性很差，与另一种构象相比，每摩尔高出 4 千卡能量。根据表 2-1，任何时候都只有不到 0.1%（千分之一）的 B 分子会采用这种构象。因此，B 与银离子的反应可能是通过全平伏键构象进行的，这与 Ag^+ 更偏向于去除直立键构型的溴相反。但是简单地假设 Ag^+ 从这种构象中去除了溴仍然是错误的，因为那样结果将是与异构体 C 形成相同的阳离子，随后转化为环己

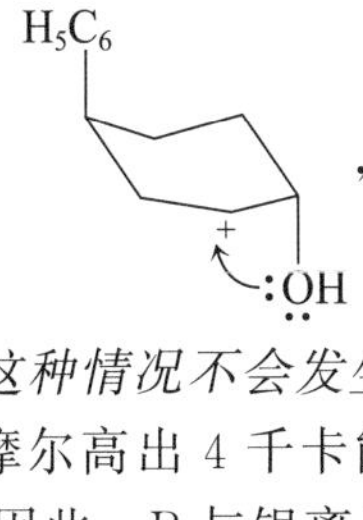

烯醇。你是否注意到，我们只是排除了所有碳正离子的可能性。还剩下什么？也许 Ag^+ 不能促进平伏式溴的去除并进而产生阳离子，但相反，同时发生重排与溴离去，绕过了环碳正离子。

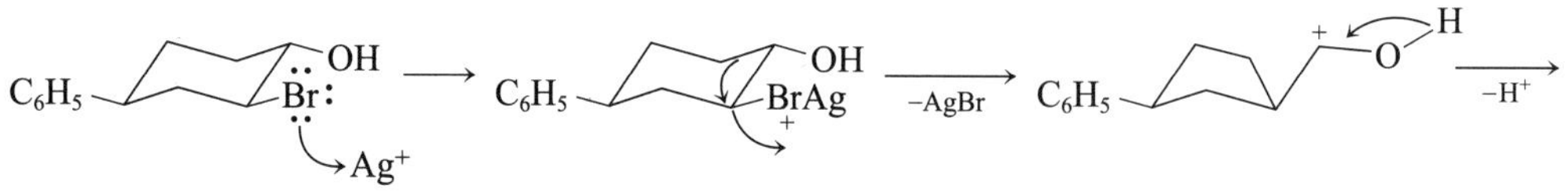

C_6H_5 OH Br: Ag^+ → C_6H_5 OH BrAg + $\xrightarrow{-AgBr}$ C_6H_5 + O H $\xrightarrow{-H^+}$

C_6H_5 O 该结构为 O CH C_6H_5

需要说明两点：请注意，环己烷发生迁移的键是与C—Br键呈反式的（这种反式反应在 S_N2 中的背面进攻、E2过渡态，以及现在这种情况，是不断出现的，不是吗?）。此外，反应产生的阳离子在HO—取代的碳原子上带正电荷，通过与氧的孤对电子共振实现稳定，并为重排提供驱动力。

83.（c）

84.（c）

85.（c）

86.（a）

附：关于本学习指导9-3中的问题，形成3种产物。

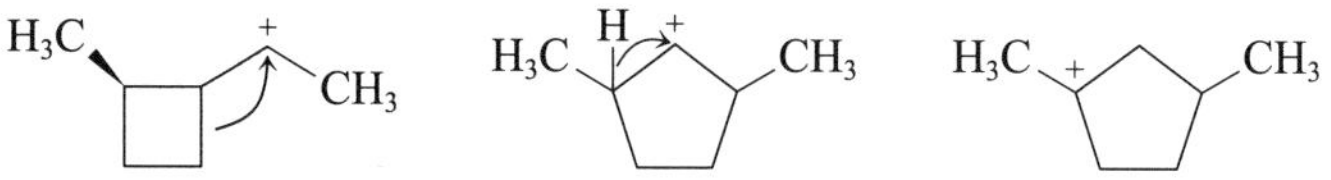

H_3C + CH_3 H_3C H + CH_3 H_3C + CH_3

10

利用核磁共振波谱解析结构

在本章中，我们将解决任何试图确定某物质分子结构的人都会面临的一个问题，即“它是什么?”换句话说，这一章我们将开始回答你在学完本书前九章之后可能持续思考的一个显而易见的问题——人们如何真正地知道所有这些分子都如我们所说的那样？在过去，我们必须使用繁琐的间接鉴定方法，本章中也对其中一些方法进行了介绍。而如今，这些问题可通过使用谱学来回答，这种方法是有机化学家观察分子结构的“眼睛”。本章介绍了最重要且使用最广泛的谱学方法，即**核磁共振**（nuclear magnetic resonance，NMR）。

本章概要

10-1 物理和化学测试

结构解析的“经典”（繁琐）方法。

10-2 波谱的定义

现在来学点不一样方法，如波谱学。

10-3 氢核磁共振

一个相当简单的物理学原理的充分利用；核磁共振波谱概述。

10-4 氢的化学位移

核磁共振波谱中的前两条信息。

10-5 化学等价性

如何判断存在化学等价性，以及有什么好处。

10-6 积分

核磁共振谱中的第三条信息。

10-7 自旋-自旋裂分

导致 NMR 波谱中出现第四条信息，也许是最有用的信息的一种复杂情况。

10-8 自旋-自旋裂分：复杂性

这会使 NMR 波谱更复杂。

10-9 ^{13}C 的核磁共振

另一种磁性核在 NMR 中的应用。

本章重点

10-2 波谱学的定义

波谱学主要是物理学。尽管如此，本节内容是非常基础且易于理解的：**波谱学检测分子对能量的吸收**。有机化学家在这方面需要的知识也很简单。确定分子的结构要求化学家将波谱学方法观察到的能量吸收转换成未知化合物的结构特征。本章将介绍与核磁共振（NMR）相关的物理现象。然后，再介绍在将其用于通过核磁共振波谱识别分子结构特征的逻辑。请不要担心。根据分子结构解释波谱数据的能力实际上是本课程中最容易获得的技能之一，尤其如果你是那种喜欢解谜的人。整个过程都十分有趣！

10-3 氢核磁共振

在接下来的内容中，我们将介绍核磁共振应用于有机化学的物理基础。这一部分内容介绍了你可能不熟悉的几个概念。第一个概念是**磁体可以以不止一种方式排列于外部磁场中**。我们大多数人都熟悉条形磁铁指南针，它们仅沿着地球磁场的一个方向定向。实际上，核磁体也是类似的，只是它的重定向能量非常小，以至于能量量子化变得非常显著。与指南针一样，核磁体确实有一种能量上更有利的排列（如质子的 α 自旋）。然而，不太有利的排列（自旋态）与能量最低的排列两者的能量非常接近。因此，与宏观的指南针不同，在磁场中观察到的微观原子核通常是以不太有利、能量较高的方式呈现。

第二个新概念是**共振**。这个术语描述的是准确地吸收恰好所需的量子化能量，以使处于较低能量状态的物质转变到到较高能量状态的物理现象。对于核磁体，这个过程通常被称为**自旋翻转**（质子从 α 自旋态到 β 自旋态）。所涉及的能量大小取决于原子核的特性和外部磁场的大小。教材中正文部分详细描述了这些关系。核磁共振是在一定的磁场强度和能量输入（以无线电波的形式）下观察磁核吸收的共振能量，这就是构成核磁共振谱的物理基础。

顺便提一下，共振，正如在核磁共振中，是一个物理学概念。它与路易斯结构及其共振式没有任何关系。尽管莱纳斯•鲍林(Linus Pauling）才华横溢，但当他决定用“共振”这个词来描述对路易斯结构模型的改进时，他的头脑一定没有处于最佳状态，看来即使是聪明的人有时也会做“愚蠢”的事情。

10-4 氢的化学位移

正常的 NMR 谱可以提供有关未知分子的四条重要结构信息。前两条信息基于这一事实，即处于不同的化学环境中的氢，在高分辨率^{1}H NMR 谱中可以显示不同的共振谱线：

• 首先，数出波谱中**共振信号的数量**，可以知道分子中包含的**不同化学环境中的氢原子组数**。

• 其次，每个共振信号的实际位置显示特定类型化学环境的特征，例如，它可能暗示该氢邻近特定类型的官能团，或连接特定类型的原子。

这些现象的原因是被观测的磁核被分子中附近电子产生了屏蔽。接下来详细讨论这在物理学上是如何发生的。在典型的 NMR 谱中，谱图左侧的共振信号来自未受强屏蔽（**去屏蔽**）的氢，而右侧的信号代表受较强屏蔽的氢。去屏蔽氢只需要较弱的外部磁场就能进行共振，而被屏蔽氢需要较强的磁场。因此，我们可以得出 NMR 谱具有以下定性关系：

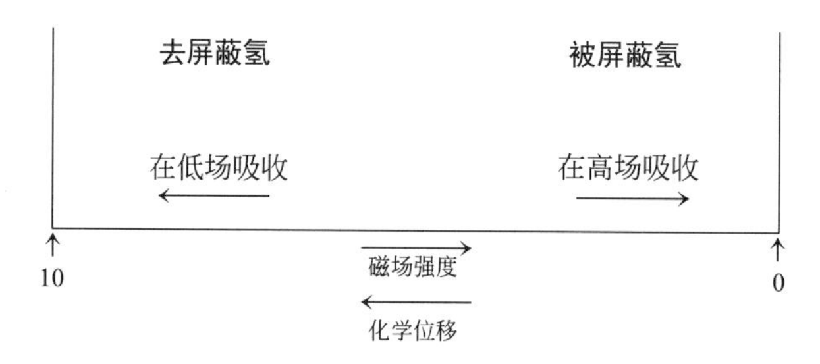

如教材中所述，共振信号的位置用化学位移表示，化学位移大小与磁场强度无关，通常以 δ 表示。读数时应从右到左读取，通常^{1}H NMR 波谱覆盖从 0 到 10 的范围。教材表 10-2 为常见氢的典型化学位移。表里虽然给了很多数据，但针对大多数用途而言，你真正需要知道的是在核磁共振谱中几个常规区域内共振的氢类型。

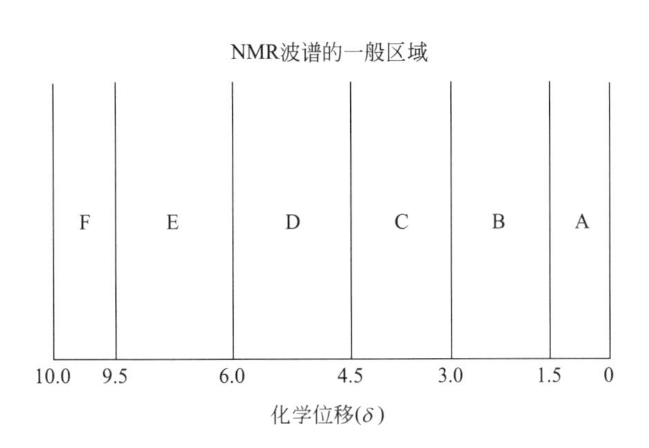

区域	化学位移 δ	氢的类型
A	0～1.5	烷烃型氢
B	1.5～3.0	与含碳官能团（如 C=C 和 C=O）相邻的碳上的氢
C	3.0～4.5	与电负性原子相连的碳上的氢
D	4.5～6.0	烯烃型氢
E	6.0～9.5	苯型氢
F	9.5～10.0	醛基的氢

根据此表，就可以开始解析 NMR 谱了。开始时，只需数出波谱信号的数量并注意每个信号的位置。然后看看你能否利用文中的数据想出一个结构，这个结构能在已观察的大致位置显示正确数量的信号。如果可以，你可能已经为未知分子选择了合理的结构。

10-5　化学等价性

本节介绍了确定分子中哪些氢因化学等价性而具有相同化学位移的详细步骤。最简单的化学等价性的例子是甲烷的四个氢或乙烷的六个氢。有一些复杂的小问题可能需要回顾第 5 章末尾的内容，但总的来说，化学等价性的判断过程并不难。然而，这些信息是很有价值的。它可以提供未知分子结构中是否存在对称性的信息。

10-6　积分

积分（integration）提供了来自 NMR 的第三条主要信息：每个独立的 NMR 信号对应的氢的相对数量。积分由 NMR 波谱仪测量并直接绘制在谱图上。它告诉你给定的 NMR 信号是由分子中的单个氢还是某些化学位移等价氢引起的。积分对核磁共振谱的正确解析至关重要。

10-7　自旋-自旋裂分

由于许多原子核是磁体，因此被观察的原子核的 NMR 信号原则上会受到附近其他磁核的影响。这些附近的核磁体可与外部磁场顺向或反向排列，因此**它们的磁场可增加或降低 NMR 仪器产生的磁场**。结果是使被观察原子核的共振谱线位置发生轻微变化，称为自旋-自旋偶合（spin-spin coupling）或自旋-自旋裂分（spin-spin splitting）。同样，就解析波谱的用途而言，文中提出的理论（尽管该理论并不复杂）对于从分子结构方面了解现象的含义作用不太大。因此通常依据两个简单的规则就足够了：

1. 在化学位移等价氢之间不会观察到自旋-自旋裂分。

2. 具有 N 个相邻氢的氢的信号将被裂分成 $N+1$ 条谱线（“$N+1$ 规则”）。

规则 2 有两个重要条件：

a. $N+1$ 谱线是最小值，可能还有更多谱线（见第 10-8 节）。

b. 在确定 N 时，你只需计算与被分析的氢的化学位移不同的相邻氢的数量（因为考虑规则 1）。

稍用心观察教材中示例将帮助你了解自旋-自旋裂分最常见形式的结果。教材中表 10-5 和图 10-16、图 10-21 和图 10-22 对这些情况作了很好的说明。

10-8　自旋-自旋裂分：复杂性

10-7 中概括介绍的裂分原则是非常理想化的，这样理想化的两个条件在任何 NMR 谱中都很少遇到。为了使这两条规则**完全**成立：首先，所有信号必须彼此分开一段距离，这个距离要远大于每个模式内的偶合常数（即 $\Delta\nu \gg J$）。其次，与任何氢相关的所有偶合常数（J 值）的大小必须相同，即使该氢与一组以上的相邻氢偶合。如果这些条件中的任何一个不满足，谱图看起来就不会完全符合你的预期。幸运的是，很多时候的情况都**接近**这些条件，特别是对于电负性原子或官能团附近的氢。因此，你必须了解“非一级”情况可能的影响；但是，在大多数情况下，也不必过于担心。

10-9　^{13}C 的核磁共振

这是现在广泛使用的 NMR 谱的扩展应用。这一技术的广泛应用有两个原因。首先，与最初相比，现代核磁共振仪器可以更轻松地获得这些谱图。其次，谱图包含很易于解释的有用信息，特别是在“质子宽带去偶”条件下，它“消除”了相邻氢的自旋-自旋裂分。结果是获得了仅包含单峰的谱图，即每个碳或化学等价碳组的单一谱线。给定这样的谱图，你就可以通过简单地计算谱图中的谱线来快速确定它是否对应于拟定的结构。当然，如果需要，还可以从碳的化学位移（教材表 10-6）、“未去偶”波谱的质子裂分（如图 10-30）和 DEPT 谱（图 10-33）的形式从 ^{13}C NMR 谱中获得更多的信息。

习　题

26. 以下频率会定位在图 10-2 中的哪个位置？AM 无线电波（ν 1 MHz＝1000 kHz＝10^6 Hz＝10^6 s^{-1}，或周/秒）；FM 广播频率（ν 100 MHz＝10^8 s^{-1}）。

27. 将下列每个量转换为指定的单位：(**a**) 1050 cm^{-1} 转换为 λ（单位：μm）；(**b**) 510 nm（绿光）转换为 ν（单位：s^{-1}，周/秒或 Hz）；(**c**) 6.15 μm 转换为 $\tilde{\nu}$（单位：cm^{-1}）；(**d**) 2250 cm^{-1} 转换为 ν（单位：s^{-1} 或 Hz）。

28. 将下列每个量转换为能量值（单位：$kcal \cdot mol^{-1}$）：(**a**) 波数为 750 cm^{-1} 的键旋转；(**b**) 波数为 2900 cm^{-1} 的键振动；(**c**) 波长为 350 nm 的电子转移（紫外线，能导致晒伤）；(**d**) 电视第 6 频道的音频信号的广播频率（87.25 MHz；在数字电视出现之前）；(**e**) 波长为 0.07 nm 的“硬” X 射线。

29. 计算氢核在以下磁场中经历 $\alpha \rightarrow \beta$ 自旋翻转时吸收的能量（保留三位有效数字）：(**a**) 一个 2.11 T 的磁铁（ν＝90 MHz）；(**b**) 一个 11.75 T 的磁铁（ν＝500 MHz）；(**c**) 计算本章开头所示的 NMR 磁铁中 $\alpha \rightarrow \beta$ ^1H 自旋转变的频率和能量。

30. 对于以下每项改变，指出它们引起 NMR 谱图中峰向右移动还是向左移动：(**a**) 增大射频频率（磁场强度恒定）；(**b**) 增大磁场强度（射频频率恒定；向高场移动；10-4 节）；(**c**) 增大化学位移；(**d**) 增大屏蔽效应。

31. 绘制假设的低分辨 NMR 谱图，显示以下每个分子中所有磁性核的共振峰的位置。假设外磁场强度为 2.11 T。当磁场变为 8.46 T 时，谱图会如何变化？

(**a**) $CFCl_3$（氟利昂 11，3-10 节）

(**b**) CH_3CFCl_2（HCFC-141b，正逐步被淘汰的氟利昂）

(**c**) $CF_3CHClBr$（氟烷，真实生活 6-1）

32. 如果习题 31 中各分子的 NMR 谱图均在高分

辨条件（对于每个核）下记录，会观察到什么差异？

33. $CH_3COCH_2C(CH_3)_3$（4，4-二甲基-2-戊酮）在 300 MHz 下记录的¹H NMR 谱图在如下位置显示信号：四甲基硅烷低场方向 307、617 和 683 Hz 处。(**a**) 这些信号的化学位移（δ）是多少？(**b**) 如果谱图在 90 MHz 或 500 MHz 下记录，这些峰与四甲基硅烷的相对位置（单位：Hz）会是多少？(**c**) 将每个信号归属于分子中的氢。

34. 按化学位移（从最低到最高）对以下化合物的¹H NMR 信号进行排序。哪一个在最高场？哪一个在最低场？

(**a**) $H_3C—CH_3$　　(**b**) $H_2C═CH_2$

(**c**) $H_3C—O—CH_3$　　(**d**) $H_3C—C(═O)—CH_3$

(**e**) 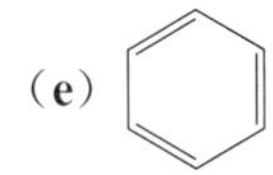　　(**f**) $H_3C—N(CH_3)—CH_3$

35. 在 NMR 实验中，下列分子中的哪些氢显示出更低场的信号［相对于 $(CH_3)_4Si$］？请进行解释。

(**a**) $(CH_3)_2O$ 或 $(CH_3)_3N$

(**b**) 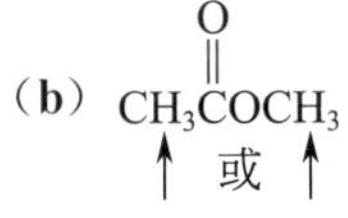　　(**c**) $CH_3CH_2CH_2OH$（↑或↑）

(**d**) $(CH_3)_2S$ 或 $(CH_3)_2S═O$

36. 下面所示的每种环丙烷衍生物的¹H NMR 谱图中会存在多少种信号？仔细考虑每个氢周围的立体环境。

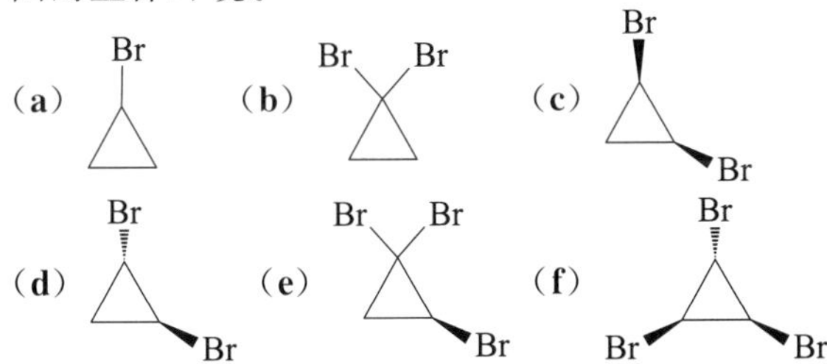

37. 以下每个分子的¹H NMR 谱图中会存在多少种信号？每种信号的近似化学位移是多少？（忽略自旋-自旋裂分。）

(**a**) $CH_3CH_2CH_2CH_3$

(**b**) $CH_3CHBrCH_3$　　(**c**) $HOCH_2CCl(CH_3)_2$

(**d**) $CH_3CH(CH_3)CH_2CH_3$　　(**e**) $CH_3C(CH_3)_2NH_2$

(**f**) $CH_3CH_2CH(CH_2CH_3)_2$

(**g**) $CH_3OCH_2CH_2CH_3$　　(**h**) 环丁酮（$H_2C—CH_2$，$H_2C—C═O$）

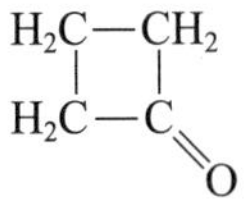

(**i**) $CH_3CH_2—CHO$　　(**j**) $CH_3OCH(CH_3)—C(CH_3)_3$

38. 指出以下每组异构体中每种化合物¹H NMR 谱图中的信号数目、每个信号的近似化学位移及其积分比（忽略自旋-自旋裂分）。每组中的全部异构体能否通过上述三项信息彼此区分？

(**a**) $CH_3CBr(CH_3)CH_2CH_3$, $BrCH_2CH(CH_3)CH_2CH_3$, $CH_3CH(CH_3)CH_2CH_2Br$

(**b**) $ClCH_2CH_2CH_2CH_2OH$, $CH_3CH(CH_2Cl)CH_2OH$, $CH_3CCl(CH_3)CH_2OH$

(**c**) $ClCH_2CBr(CH_3)—CH(CH_3)CH_3$, $ClCH_2CH(CH_3)—CBr(CH_3)CH_3$,

$ClCH_2C(CH_3)_2—CHBrCH_3$, $ClCH_2CHBrC(CH_3)_2CH_3$

39. 两种卤代烷的¹H NMR 谱图如下所示。为这些化合物提出符合谱图的结构：(**a**) $C_5H_{11}Cl$，谱图 A；(**b**) $C_4H_8Br_2$，谱图 B。

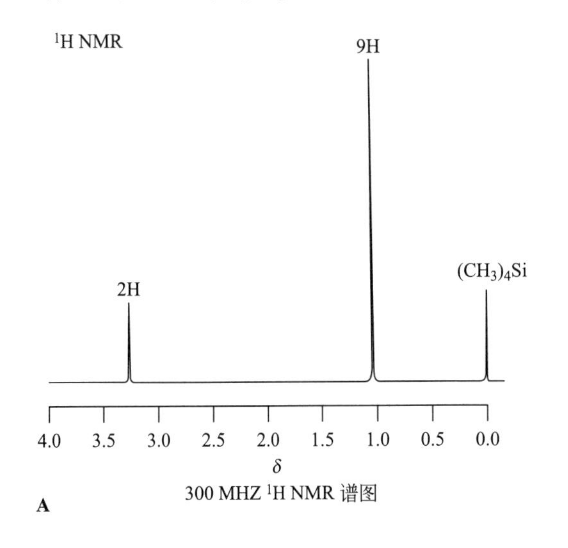

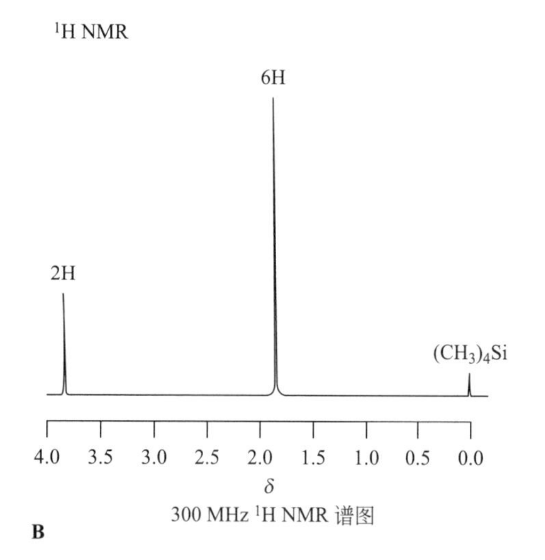

40. 以下是三个具有醚官能团的分子的^{1}H NMR信号。所有信号都是单重（尖）峰，给出这些化合物的结构：（**a**）$C_3H_8O_2$，$\delta=3.3$，4.4（比例为3∶1）；（**b**）$C_4H_{10}O_3$，$\delta=3.3$，4.9（比例为9∶1）；（**c**）$C_5H_{12}O_2$，$\delta=1.2$，3.1（比例为1∶1）。比较这些谱图，并与1,2-二甲氧基乙烷的谱图［图10-15(B)］进行对比。

41.（**a**）分子式为$C_6H_{12}O$的酮的^{1}H NMR谱图中有$\delta=1.2$和2.1的两个峰（比例为3∶1)，写出该分子的结构。（**b**）与（a）中的酮相关的两种异构体的分子式为$C_6H_{12}O_2$，其^{1}H NMR谱图如下：异构体1，$\delta=1.5$，2.0（比例为3∶1)；异构体2，$\delta=1.2$，3.6（比例为3∶1)。这些谱图中所有信号都是单峰。写出这些化合物的结构。它们属于哪类化合物？

42. 列出^{1}H NMR的四个重要特征以及可以从中获得的信息。（**提示**：10-4节～10-7节。）

43. 描述下列化合物的^{1}H NMR谱图的相似与不同之处，需包括习题42中列出的全部四个特征。这些化合物各属于哪类化合物？

$CH_3CH_2—C(=O)—O—CH_3$　　$CH_3—C(=O)—O—CH_2CH_3$

$CH_3CH_2—C(=O)—CH_3$　　$CH_3CH_2CH_2—C(=O)—H$

44. 下面在左侧给出了三种$C_4H_8Cl_2$的异构体，右侧列出了三套应用简单（$N+1$）规则得到的^{1}H NMR数据。请将结构与适当的波谱数据相匹配。（**提示**：在草稿纸上画出谱图对解题会很有帮助。）

（**a**）$CH_3CH_2CHClCH_2Cl$　　（i）$\delta=1.5$（d，6H），4.1（q，2H）

（**b**）$CH_3CHClCHClCH_3$　　（ii）$\delta=1.6$（d，3H），2.1（q，2H），3.6（t，2H），4.2（sex，1H）

（**c**）$CH_3CHClCH_2CH_2Cl$　　（iii）$\delta=1.0$（t，3H），1.9（quin，2H），3.6（d，2H），3.9（quin，1H）

45. 预测习题37中每个化合物的NMR谱图中能观察到的自旋-自旋裂分。（**记住**：与氧或氮相连的氢通常不会出现自旋-自旋裂分。）

记住：

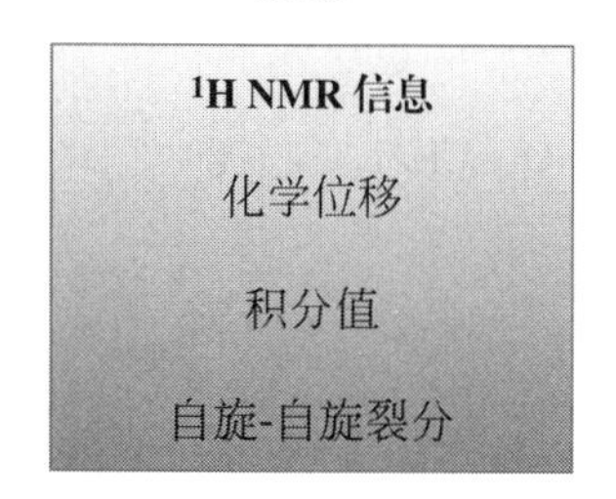

^{1}H NMR信息
化学位移
积分值
自旋-自旋裂分

46. 预测习题38中每个化合物的NMR谱图中能观察到的自旋-自旋裂分。

47. 下列每个化合物均给出了^{1}H NMR化学位移。请尽可能地将每个信号归属给分子中合适的氢原子组，并画出每个化合物的谱图，适当地加上自旋-自旋裂分：（**a**）Cl_2CHCH_2Cl，$\delta=4.0$，5.8；（**b**）$CH_3CHBrCH_2CH_3$，$\delta=1.0$，1.7，1.8，4.1；（**c**）$CH_3CH_2CH_2COOCH_3$，$\delta=1.0$，1.7，2.3，3.6；（**d**）$ClCH_2CHOHCH_3$，$\delta=1.2$，3.0，3.4，3.9。

48. ^{1}H NMR谱图C～F（下方）分别对应分子式为$C_5H_{12}O$的醇的四种异构体，请写出它们的结构。

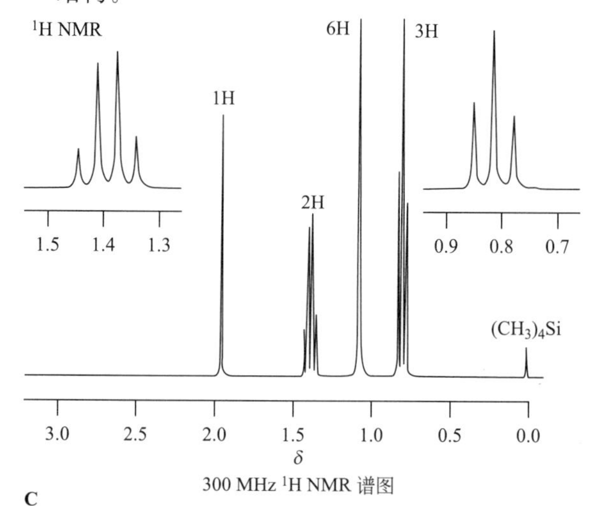

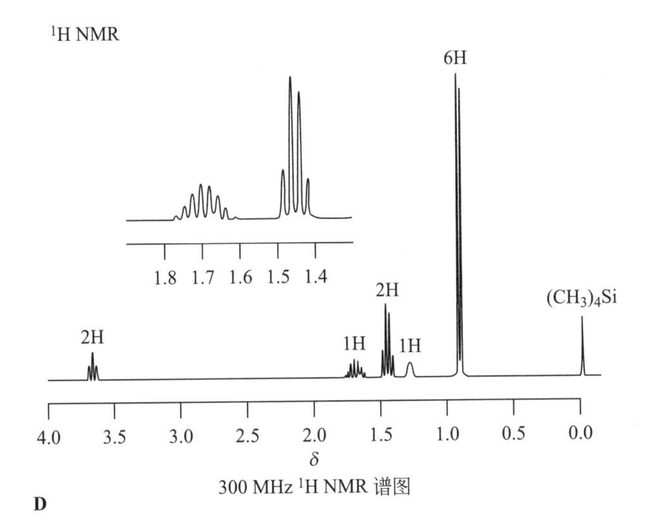

D

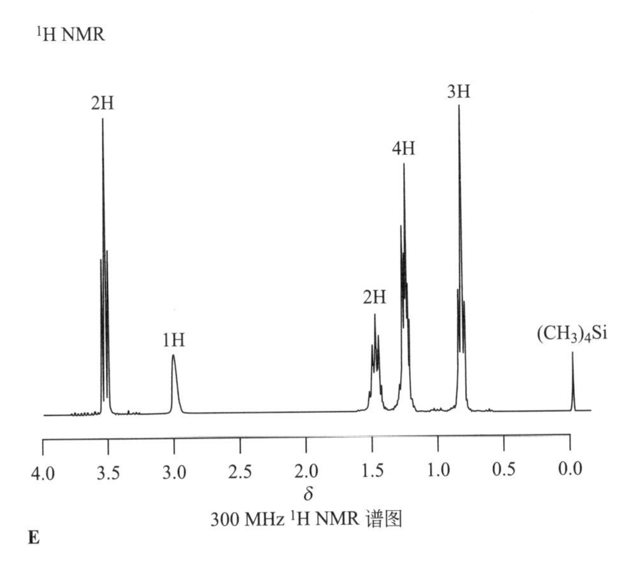

E

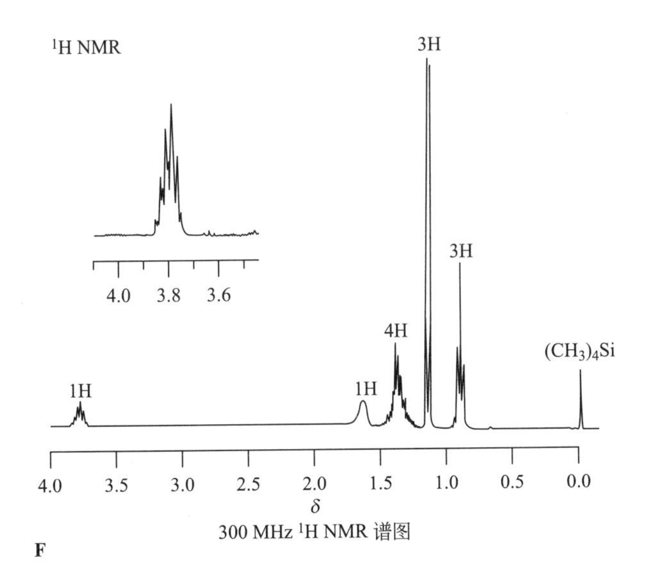

F

49. 绘制以下化合物的^{1}H NMR 谱图，预测其化学位移（10-4 节），并显示出具有自旋-自旋偶合的峰的适当多重态。

（**a**）$CH_3CH_2OCH_2Br$；（**b**）$CH_3OCH_2CH_2Br$；

（**c**）$CH_3CH_2CH_2OCH_2CH_2CH_3$；

（**d**）$CH_3CH(OCH_3)_2$。

50. 化学式为 C_6H_{14} 的烃产生^{1}H NMR 谱图 G。它具有怎样的结构？该分子具有与另一化合物类似的结构特征，后者的谱图在本章中已说明，它是什么分子？解释两者谱图中的相似与不同之处。

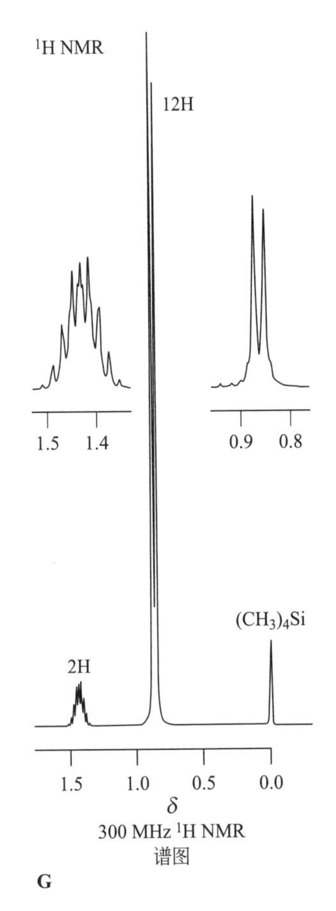

G

51. 用热的、浓 HBr 处理与习题 48 中 NMR 谱图 D 对应的醇，得到分子式为 $C_5H_{11}Br$ 的化合物。它的^{1}H NMR 谱图在 $\delta=1.0$（t，3H），1.2（s，6H），1.6（q，2H）处具有信号。请解释原因。（**提示：**参见习题 48 中的 NMR 谱图 C。）

52. 以下是 1-氯戊烷在 60 MHz（谱图 H）和 500 MHz（谱图 I）下的^{1}H NMR 谱图。解释两种谱图的外观差异，并将信号分配给分子中的特定氢。

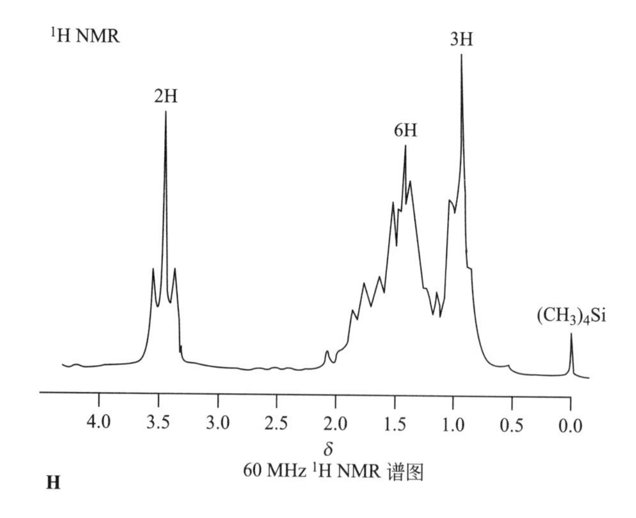

H　60 MHz ^{1}H NMR 谱图

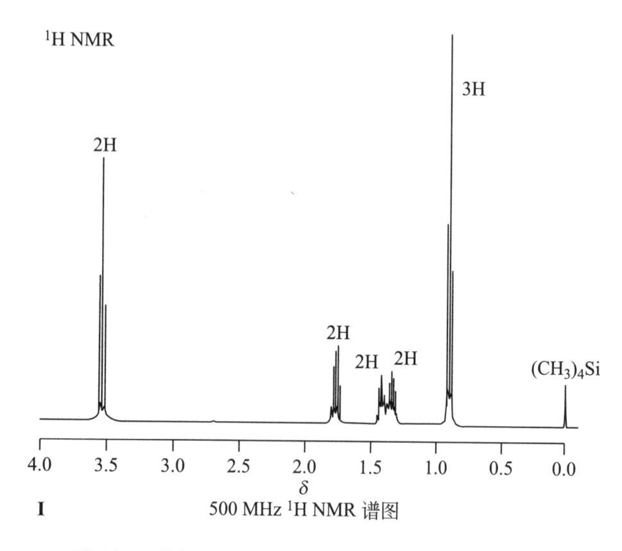

I　500 MHz ^{1}H NMR 谱图

53. 描述习题 36 所示的六种溴代环丙烷衍生物的^{1}H NMR 谱图中每个信号预期的自旋-自旋裂分模式。**注意：**在这些化合物中，同碳偶合常数（同一碳原子上非等价氢之间；10-7 节）和反式邻位偶合常数（约 5 Hz）比顺式邻位偶合常数（约 8 Hz）小。

54. 能否将戊烷的三种异构体从宽带质子去偶^{13}C NMR 谱图中区分开？己烷的五种异构体呢？

55. 预测习题 37 中各化合物的质子去偶和非质子去偶^{13}C NMR 谱图。

记住：

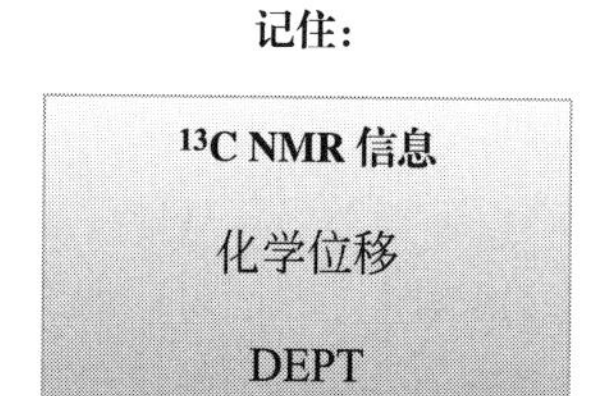

56. 将^{1}H NMR 谱图换为^{13}C NMR 谱图，重做习题 38。

57. 习题 36 和习题 38 中讨论的化合物的 DEPT ^{13}C NMR 谱图与普通的^{13}C NMR 谱图在外观上有何不同？

58. 从下列每组三个分子中，选出与质子去偶^{13}C NMR 数据最相符的结构，并解释选择的原因。

(a) $CH_3(CH_2)_4CH_3$，$(CH_3)_3CCH_2CH_3$，$(CH_3)_2CH—CH(CH_3)_2$；δ=19.5，33.9；

(b) 1-氯丁烷，1-氯戊烷，3-氯戊烷；δ = 13.2，20.0，34.6，44.6；

(c) 环戊酮，环庚酮，环壬酮；δ = 24.0，30.0，43.5，214.9；

(d) $ClCH_2CHClCH_2Cl$，$CH_3CCl_2CH_2Cl$，$CH_2=CHCH_2Cl$；δ=45.1，118.3，133.8。

（**提示：**参考表 10-6。）

59. 在已给的分子式、^{1}H NMR 和质子去偶^{13}C NMR 数据的基础上，为下列每种分子提出合理的结构。

(a) $C_7H_{16}O$，谱图 J 和谱图 K（通过 DEPT 确定 * =CH_2）；

(b) $C_7H_{16}O_2$，谱图 L 和谱图 M（由 DEPT 确定 M 中的归属）。

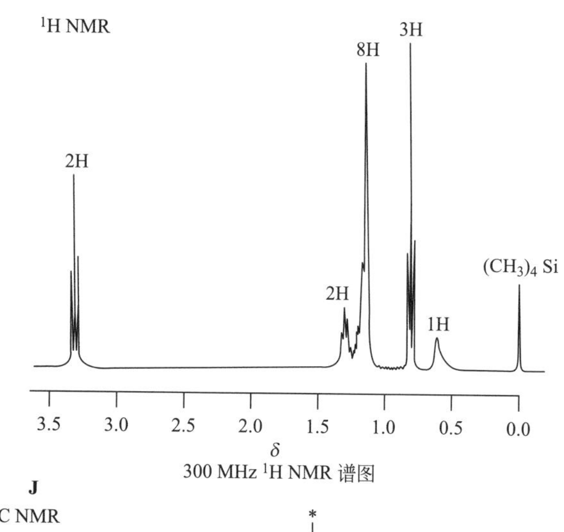

J　300 MHz ^{1}H NMR 谱图

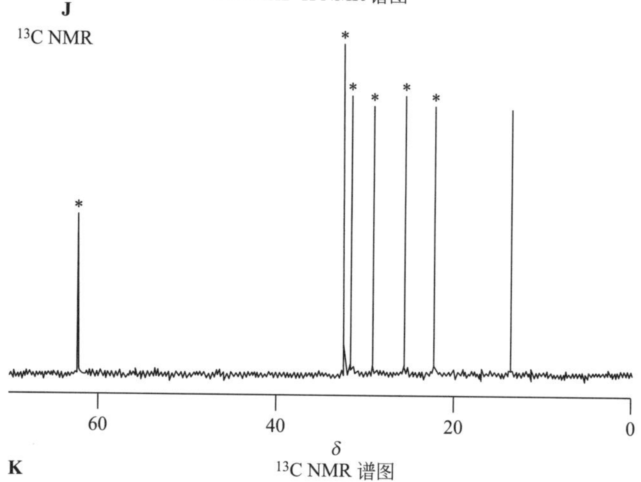

K　^{13}C NMR 谱图

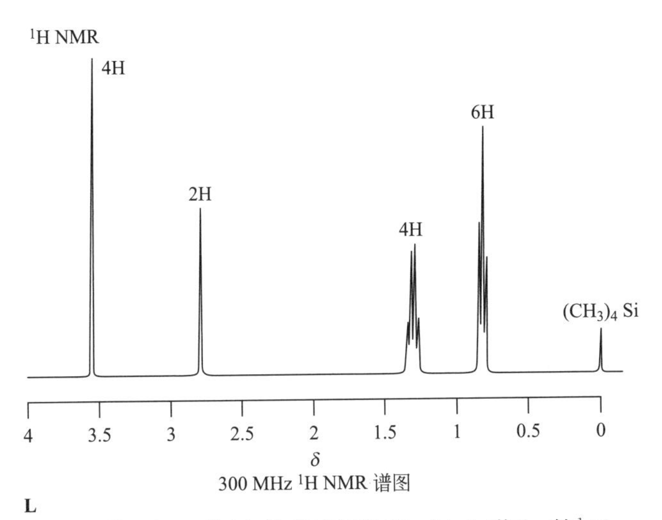

300 MHz ^{1}H NMR 谱图

L

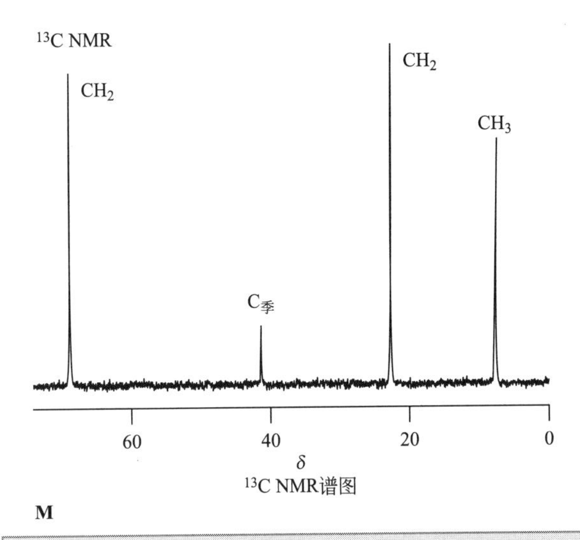

^{13}C NMR谱图

M

60. 挑战题　苯甲酸胆固醇酯（4-7 节）的^{1}H NMR谱图如谱图 N 所示。尽管很复杂，但它具有一些明显的特征。分析用积分值标记的吸收峰。插入的图是 $\delta=4.85$ 处信号的放大，呈现出近似一级的裂分模式。如何解释这种模式？[**提示：** $\delta=2.5$，4.85，5.4 处的峰形由于出现相等的化学位移和（或）偶合常数而被简化。]

> **苯甲酸胆固醇酯与液晶显示器**
>
> 苯甲酸胆固醇酯是第一种被发现具有液晶特性的材料：介于液态流体和固态晶体之间的有序状态。当处于电场中时，初始的有序状态被扰动，从而改变对入射光的透明度。这种响应是快速的，从而奠定了在显示器（“LCDs”）中使用液晶的基础。

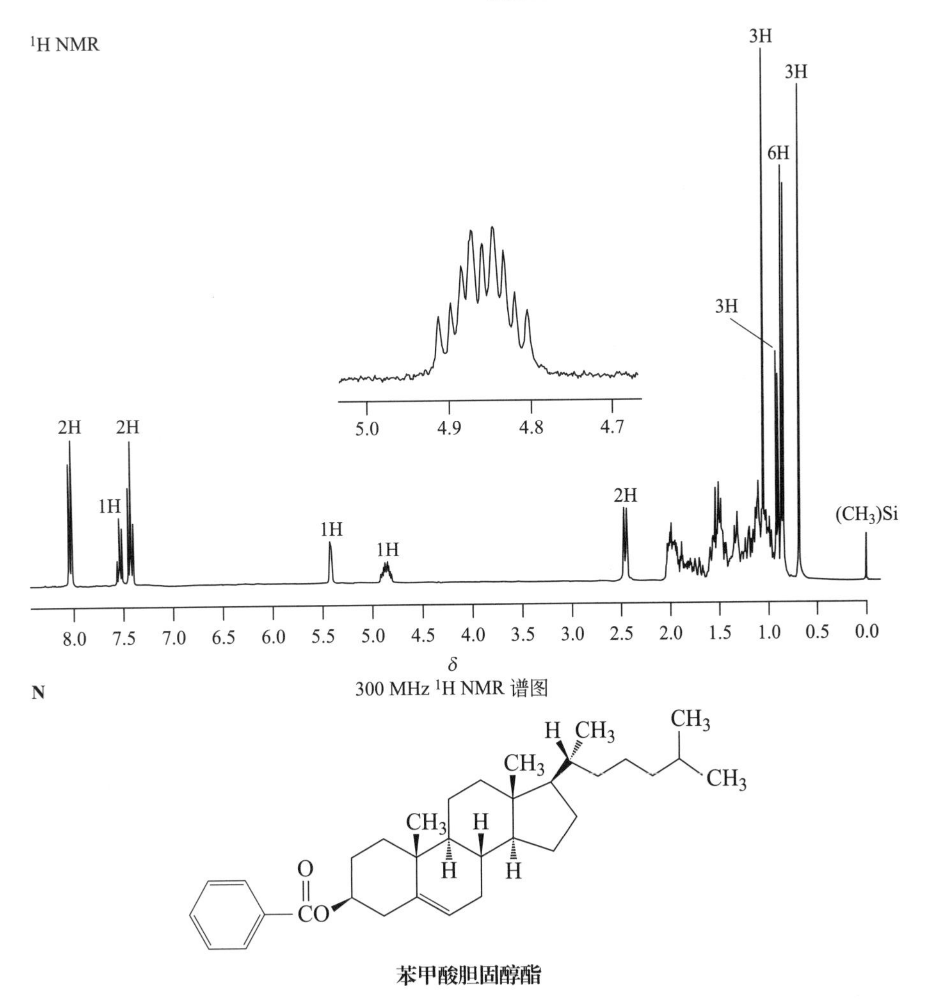

N

300 MHz ^{1}H NMR 谱图

苯甲酸胆固醇酯

61. 挑战题 萜烯——α-松油醇（terpineol）分子式为 $C_{10}H_{18}O$ 并且是松油的组分。正如英文名中的-ol 结尾所示，它是一种醇。使用^{1}H NMR 谱图（谱图 O）尽可能多地推断 α-松油醇的结构。[**提示：**（1）α-松油醇具有许多其他萜烯[例如：香芹酮；第五章习题 44）中同样具有的 1-甲基-4-异丙基环己烷骨架；（2）在对谱图 O 的分析中，关注最明显的特征（$\delta=1.1$，1.6 和 5.4 处的峰），并借助化学位移、积分值和 $\delta=5.4$ 处信号（插图）的裂分图形。]

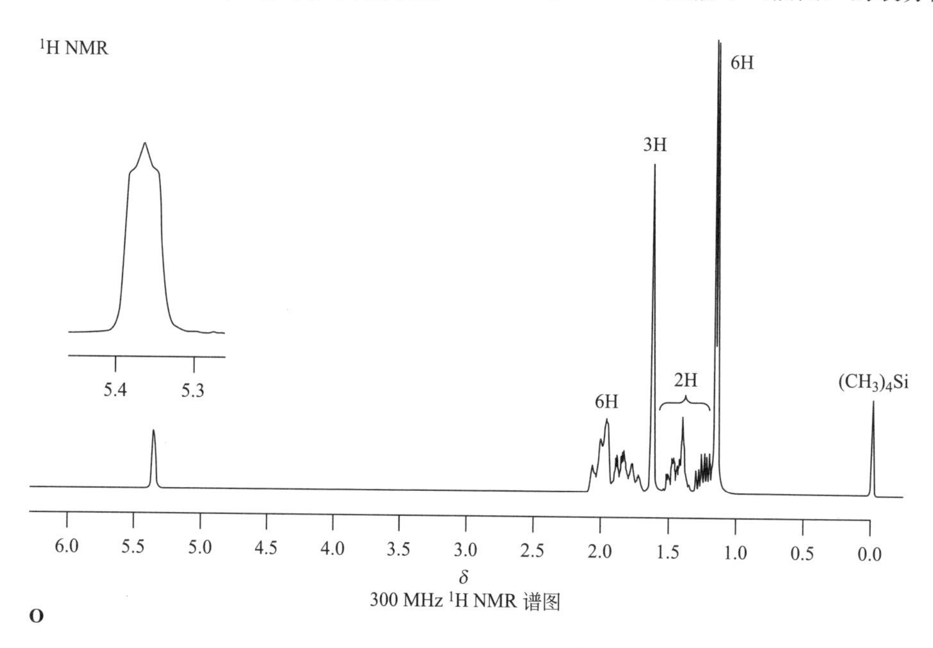

62. 挑战题 对薄荷醇[5-甲基-2-(1-甲基乙基)环己醇]衍生物的溶剂解的研究极大地增强了我们对这一类反应的理解。在 2,2,2-三氟乙醇（一种低亲核性的高离子化溶剂）中加热如下所示的 4-甲基苯磺酸酯衍生物，得到两个分子式为 $C_{10}H_{18}$ 的产物。（**a**）主产物的^{13}C NMR 谱图显示出 10 个不同的信号，其中两个在相对低场，分别位于约 $\delta=120$ 和 145 处。^{1}H NMR 谱图具有一个靠近 $\delta=5$ 的三重峰（1H），所有其他信号都在$\delta=3$ 的更高场，识别该化合物。（**b**）次要产物只给出七种^{13}C 信号，同样有两个在低场（$\delta\approx125$，140）。但其^{1}H NMR 数据与主产物的相反，在$\delta=3$ 的更低场处没有信号。识别该产物，并从机理角度解释其形成。（**c**）使用 C-2 被氘代的酯作为溶剂解的底物时，（a）中主产物的^{1}H 谱图在$\delta=5$ 处的信号强度显著降低，表明在这个峰对应的位置出现了部分氘代。如何解释这个结果？[**提示：**答案在于（b）中次要产物的形成机理。]

CH_3 … 2 … OSO_2–C_6H_4–CH_3，(D)H $CH(CH_3)_2$ $\xrightarrow{CF_3CH_2OH,\ \triangle}$ 两种 $C_{10}H_{18}$ 产物

团队练习

63. 分子式为 C_4H_9BrO 的四种异构体 A～D 与 KOH 反应生成分子式为 C_4H_8O 的产物 E～G。分子 A 和 B 分别产生化合物 E 和 F。化合物 C 和 D 具有相同的 NMR 谱图，并产生相同产物 G。尽管一部分起始原料具有光学活性，但产物均不具有光学活性。此外，E、F 和 G 分别都只有两个具有不同化学位移的^{1}H NMR 信号，且均不在 $\delta=4.6\sim5.7$ 范围内。E 和 G 的共振都很复杂，但 F 只显示两个单峰。E 和 G 的质子去偶^{13}C NMR 谱图均只显示两个峰，但 F 的显示三个。利用这些波谱信息，团队合作确定 C_4H_9BrO 的哪种异构体产生 C_4H_8O 的相应异构体。在完成了对底物和产物的匹配后，请自行分配预测 E、F 和 G 的 NMR 氢谱和碳谱的任务。预测所有化合物的^{1}H 和^{13}C 化学位移，并预测相应的 DEPT 谱图。

预科练习

64. 分子 $(CH_3)_4Si$（四甲基硅烷）被用作^{1}H NMR 谱中的一种内标。下列性质中的哪一种使其尤为有用？

（a）高顺磁性；（b）色彩鲜艳；

（c）高挥发性；（d）高亲核性。

65. 下列哪一种化合物会在[1]H NMR谱图中显示出双重峰。

（a）CH_4 （b）$ClCH(CH_3)_2$

（c）$CH_3CH_2CH_3$ （d）$H_2C—CH_2$ 环，C 上连 Br、Br

66. 在1-氟丁烷的[1]H NMR谱图中，去屏蔽化最强的氢连接在哪个碳原子上？

（a）C-4；（b）C-3；

（c）C-2；（d）C-1。

67. 下列哪个化合物在[1]H NMR谱图中有一个峰，而在[13]C NMR谱图中有两个峰？

（a）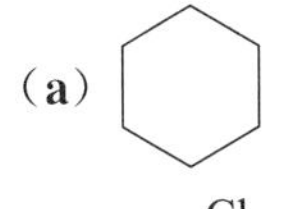 （b）△ （c）$CH_3—CH_3$

（d）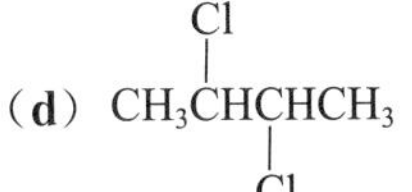

（e）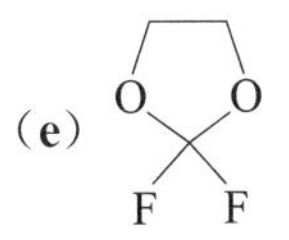

习题解答

26. 要解出该题，需要判断**频率**（ν，单位为 s^{-1}）与**波数**（$\tilde{\nu}$，单位为 cm^{-1}）之间的差异。第10-2节列出了它们之间的相关性：$\nu=c/\lambda$ 且 $\tilde{\nu}=1/\lambda$，因此 $\nu=c\tilde{\nu}$，或者 $\tilde{\nu}=\nu/c$。对于AM无线电波（$\nu=10^6\ s^{-1}$），$\tilde{\nu}=10^6/(3\times10^{10})\approx3\times10^{-5}\ cm^{-1}$；而且，对于FM和TV（$\nu=10^8\ s^{-1}$），$\tilde{\nu}=10^8/(3\times10^{10})\approx3\times10^{-3}\ cm^{-1}$。所有这些频率都在图10-2的右端，相对于图中的其他大多数电磁辐射，能量是非常低的。

27. 转换公式为：$\lambda=1/\tilde{\nu}$ 且 $\nu=c/\lambda$（第10-2节）。

（a）$\lambda=1/(1050\ cm^{-1})=9.5\times10^{-4}\ cm=9.5\ \mu m$

（b）$510\ nm=5.1\times10^{-5}\ cm$；$\nu=(3\times10^{10}\ cm\cdot s^{-1})\ /\ (5.1\times10^{-5}\ cm)\ =5.9\times10^{14}\ s^{-1}$

（c）$6.15\ \mu m=6.15\times10^{-4}\ cm$；$\tilde{\nu}=1/(6.15\times10^{-4}\ cm)=1.63\times10^3\ cm^{-1}$

（d）$\nu=c\tilde{\nu}=(3\times10^{10}\ cm\cdot s^{-1})\times(2.25\times10^3\ cm^{-1})\ =6.75\times10^{13}\ s^{-1}$

28. 利用 $\Delta E=28600/\lambda$（第10-2节），同时利用等式 $\lambda=1/\tilde{\nu}$ 且 $\lambda=c/\nu$。但是，在计算 ΔE 之前，要确保将 λ 的单位换算成nm！

（a）$\lambda=1/750=1.33\times10^{-3}\ cm=1.33\times10^4\ nm$（$1\ cm=10^{-2}\ m$，$1\ nm=10^{-9}\ m$，或 $1\ cm=10^7\ nm$），所以 $\Delta E=(2.86\times10^4)/(1.33\times10^4)=2.15\ kcal\cdot mol^{-1}$。

（b）$\lambda=1/2900=3.45\times10^{-4}\ cm=3.45\times10^3\ nm$，所以 $\Delta E=(2.86\times10^4)/(3.45\times10^3)=8.29\ kcal\cdot mol^{-1}$。

（c）$\lambda=350\ nm$（已知），所以 $\Delta E=(2.86\times10^4)/350=82\ kcal\cdot mol^{-1}$。

（d）$\lambda=3\times10^{10}/(8.725\times10^7)=3.4\times10^2\ cm=3.4\times10^9\ nm$，所以 $\Delta E=(2.86\times10^4)/(3.4\times10^9)=8.4\times10^{-6}\ kcal\cdot mol^{-1}$。

（e）$\lambda=7\times10^{-2}\ nm$，所以 $\Delta E=(2.86\times10^4)/(7\times10^{-2})=4.1\times10^5\ kcal\cdot mol^{-1}$。

29. 计算 ΔE 只需要 ν 的值。利用 $\Delta E=28600/\lambda$ 和 $\lambda=c/\nu$。

（a）$\lambda=(3\times10^{10}\ cm\cdot s^{-1})/(9\times10^7\ s^{-1})=333\ cm=3.33\times10^9\ nm$，所以 $\Delta E=(2.86\times10^4)/(3.33\times10^9)=8.59\times10^{-6}\ kcal\cdot mol^{-1}$。

（b）$\Delta E=4.76\times10^{-5}\ kcal\cdot mol^{-1}$。

（c）该磁铁的磁性比（a）中提到的强10倍。所以，$\nu=900$ MHz且能量为 $8.59\times10^{-5}\ kcal\cdot mol^{-1}$。

30.（a）增大射频频率→左移

（b）增大磁场强度（移向"高场"）→右移

（c）增大化学位移→左移

（d）增大屏蔽效应→右移

31.（a）

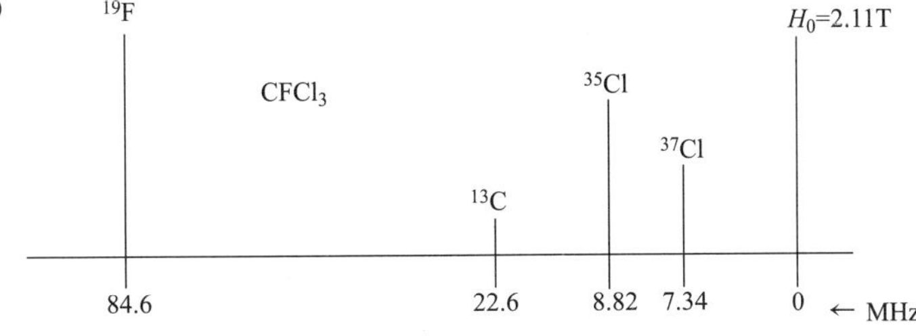

(b) 与（a）一样，但是 90 MHz（^1H）时有其他信号。

(c) 这将显示（a）和（b）中存在的所有信号。此外，还将显示关于^{79}Br和^{81}Br的信号（分别在 22.5 MHz 和 24.3 MHz 上）。在磁场 8.46 T 时，所有线所在位置的频率将比磁场 2.11 T 时高 4 倍。例如，^1H 信号将在 360 MHz。

32. 在（c）中，22.5 MHz 左右的高分辨率波谱将显示两个^{13}C共振信号，因为这个分子包含两个不同的碳原子。

33.（a）进行除法运算。在 300 MHz：307/300＝1.02；617/300＝2.06；683/300＝2.28。

(b) 在 90 MHz：307×(90/300)＝92 Hz；617×(90/300)＝185 Hz；683×(90/300)＝205 Hz。

在 500 MHz：307×(500/300)＝512 Hz；617×(500/300)＝1028 Hz；683×(500/300)＝1138 Hz。

(c)

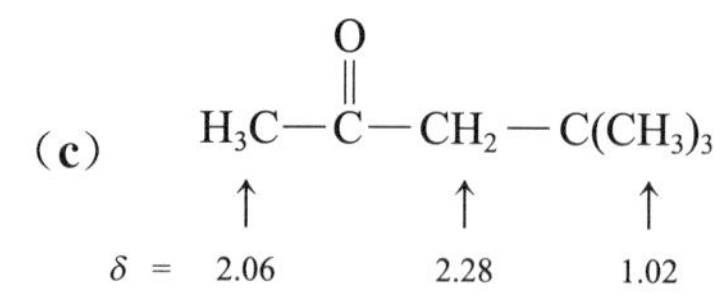

34.（a）（最低的化学位移对应最高场），（d），（f），（c），（b），（e）（最高的化学位移对应最低场）。

35.（a）$(CH_3)_2O$　O 的电负性比 N 强，所以醚上的氢被屏蔽的程度更小。

(b) $CH_3\overset{O}{\overset{\|}{C}}OCH_3$（↑ 指向 OCH_3）与电负性原子相连的碳上的氢相对于与双键官能团相连的碳上的氢在更低场（表 10-2）。

(c) $CH_3CH_2CH_2OH$（↑ 指向 CH_2OH）更接近电负性原子。

(d) $(CH_3)_2S{=}O$　与氧相连，增加了硫的吸电子性质，使亚砜中的氢比硫化物中的氢更容易被去屏蔽，信号在低场。

36. 信号的数量等于分子中非等价氢原子的数量。在下面的答案中，每个或每组不等价的氢被标记为 a、b、c 等。

(a) 3 个：Br(H_b) 顺式氢与 Br(H_c) 反式氢是不同的。（环丙烷：Br、H_a；H_b、H_b；H_c、H_c）

(b) 1 个：氢共有 4 个，这 4 个氢是化学等价的。

(c) 3 个（环丙烷：H_b、H_c；Br、Br；H_a、H_a）　**(d)** 2 个（环丙烷：H_b、H_b；Br、H_a；H_a、Br）　**(e)** 3 个（环丙烷：Br、Br；H_b、Br；H_c、H_a）　**(f)** 2 个（环丙烷：Br、H_a；Br、Br；H_b、H_b）

37. 根据表 10-2 中的数据估计化学位移，并根据与其相连的官能团进行了调整，所得值为近似化学位移。

(a) 2 个信号：$H_3C—CH_2—CH_2—CH_3$（0.9，1.3）

(b) 2 个信号：$H_3C—CHBr—CH_3$（1.5，3.8）

(c) 3 个信号：$H—O—CH_2—CCl(CH_3)_2$（可变，4.0，1.4）

(d) 4 个信号：$(CH_3)_2CH—CH_2—CH_3$（0.9，1.5，1.3，0.9）

(e) 2 个信号：$(CH_3)_3C—NH_2$（1.3，可变）

(f) 3 个信号：$(CH_3CH_2)_3CH$（0.9，1.3，1.5）

(g) 4 个信号：$H_3C—O—CH_2—CH_2—CH_3$（3.4，3.8，1.7，1.0）

(h) 2 个信号：环丁酮（H_2C 1.5；与 C=O 相连的 CH_2 2.4）

（i）3 个信号：（j）4 个信号：

38. 与上题一样，化学位移是近似值。方框中的信号对于区分结构最有用。括号中给出了积分值。由于分子中存在手性碳，标有星号（*）的信号将会变得复杂（有关更多详细信息，请参阅教材中《真实生活：波谱 10-3 非对映异构位位质子的非等价性》）。

（a）

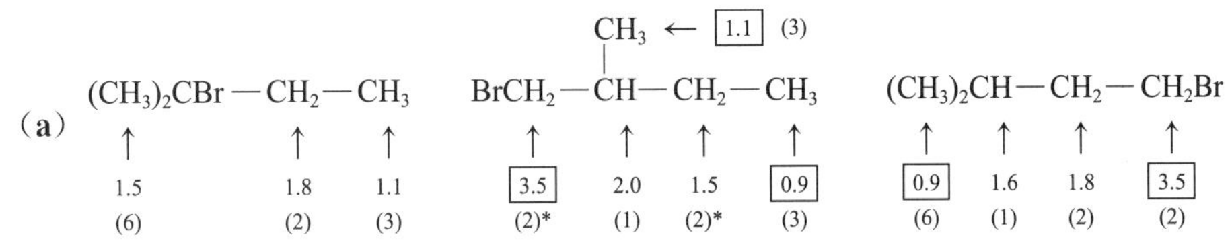

很容易通过 NMR 谱图将化合物区分开来：第一个没有 $\delta=2$ 的低场信号，而其他的则有。后者还将显示不同数量的信号。第二个化合物有两个不等价的甲基，而第三个有两个相同的甲基。

（b）

$Cl—CH_2—CH_2—CH_2—CH_2—OH$：3.7 (2)，1.7 (2)，1.6 (2)，3.6 (2)，可变 (1)

$H_3C—CH(CH_2Cl)—CH_2—OH$：CH_3 1.1 (3)，CH 2.0 (1)，CH_2 3.6 (2)*，OH 可变 (1)；$ClCH_2$ ← 3.7 (2)*

$(CH_3)_2CCl—CH_2—OH$：1.5 (6)，4.0 (2)，可变 (1)

可再次对化合物进行区分。$\delta=3$ 的低场信号的数量和积分可区分出最后一种化合物。其他两个是依据一个存在高场甲基信号，而另一个没有高场甲基信号而区分的。

（c）

$ClCH_2CBr(CH_3)CH—(CH_3)_2$：4.0 (2)*，2.0 (1)，1.1 (6)*；CH_3 ← 1.5 (3)

$ClCH_2—CH(CH_3)CBr(CH_3)_2$：3.7 (2)*，2.0 (1)，1.5 (6)*；CH_3 ← 1.2 (3)

$ClCH_2C(CH_3)_2CHBrCH_3$：3.7 (2)*，1.3 (6)*，4.0 (1)，1.5 (3)

$ClCH_2—CHBrC(CH_3)_3$：4.0 (2)*，4.2 (1)，1.1 (9)

后两个化合物很容易识别。第四个包含三个等价的甲基，给出强度为 9 的单个信号。虽然其他三个化合物都有四个信号，但只有第三个具有两个 δ 在 4 左右的低场信号（总积分为 3）。第一和第二个化合物难以通过 NMR 波谱进行区分，因为它们各自具有相同数量的信号和相同的积分比，仅存在化学位移的微小差异。

39.（a）谱图 A 显示两个信号，$\delta=1.1$ 和 $\delta=3.3$。$\delta=1.1$ 信号可归属于 9 个等价氢，而 $\delta=3.3$ 信号则归属于 2 个等价氢。$(CH_3)_3C$ 基团是给出九个等价氢的好方式。其他两个氢必须位于单独的某一个碳上，因为 $(CH_3)_3C$ 基团包含除分子式中五个碳中的一个之外的所有碳。这两个氢的低场位置表明它们的碳与 Cl 相连。因此，

$$\underset{1.1}{(CH_3)_3C—} + \underset{3.3}{—CH_2—} + —Cl \Rightarrow (CH_3)_3C—CH_2—Cl$$

作为一个合理的结构

（b）相似之处：谱图 B 显示两个信号，$\delta=1.9$ 和 $\delta=3.8$。六个等价氢的信号可能归属于与同一碳相连的两个甲基（$H_3C—C—CH_3$）。双氢信号只能是$—CH_2—$，因为分子中只有四个碳。所以，

$$H_3C—\overset{|}{\underset{|}{C}}—CH_3 + —CH_2— + (2\times)—Br \Rightarrow H_3C—C(Br)(CH_2Br)—CH_3$$

（CH_2 ← 3.8；两个 CH_3 ← 1.9）

40.（a）谱图有两个强度比为 3∶1 的信号。分子有八个氢，因此分子中必须有一个含六个等价氢的基团和另一个有两个等价氢的基团（6∶2＝3∶1）。两个等价 CH_3 和一个 CH_2 占分子式中除两个氧原子外的所有原子。$\delta=3.3$ 处较大的信号恰好适用于与氧相连的碳上的氢。较小信号（$\delta=4.4$）的低场位置与碳连接到一个以上氧上的情况一致。综合考虑，我们可推理得到：

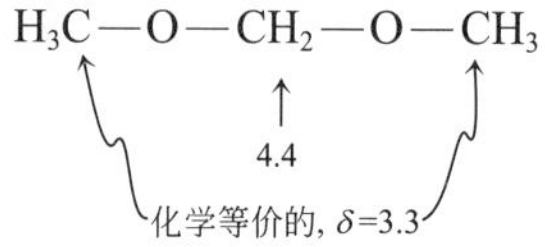

$$H_3C—O—CH_2—O—CH_3$$

(4.4；化学等价的，δ=3.3)

(b) 谱图中又是有两个信号，但现在的强度比为 9∶1。如 (a) 中的推理，分子中有三个等价的 CH_3，每个都与一个氧相连，一个 CH 与一个以上的氧相连，如其低场化学位移 (δ=4.9) 所指示。那么，唯一符合的结构是：

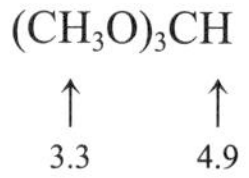

$$(CH_3O)_3CH$$

(3.3　4.9)

(c) 两个强度相等的信号意味着两个不同的基团，每个基团各含有六个等价的 H。δ=3.1 处的信号可能意味着两个等价的 $H_3C—O$ 基团，而 δ=1.2 处的信号表明两个等价的 CH_3 基团未与氧连接。这些原子加起来就是 $C_4H_{12}O_2$，在分子式 ($C_5H_{12}O_2$) 中还有一个碳未计入。第五个碳可以用来连接其他四个基团：$(CH_3O)_2C(CH_3)_2$，这就是答案。

相比之下，1,2-二甲氧基乙烷有两个比例为 3∶2 (即 6∶4) 的信号，并且它们的化学位移与连接单个氧的碳上的氢一致，正如 $CH_3OCH_2CH_2OCH_3$ 结构所要求的那样。

41. **(a)** 谱图中有两个强度比为 3∶1 的信号。分子式中有 12 个 H，因此在一个位置（不与官能团相邻，根据 δ=1.2 的高场位移）有 9 个 H，在另一个位置（靠近官能团，根据 δ=2.1 的化学位移）有 3 个 H。最简单的方法是将 CH_3 基团作为可能结构的片段开始。由于该分子为是酮，分子中应还有一个 CO 基团。所以到目前为止我们推测分子有如下结构片段：

$$CH_3 \quad (3\times)CH_3 \quad CO$$

这些原子加起来为 $C_5H_{12}O$。仅需要一个额外的 C，不需要别的。如果用它们可能形成的键来绘制所有这些片段，我们可以得到：

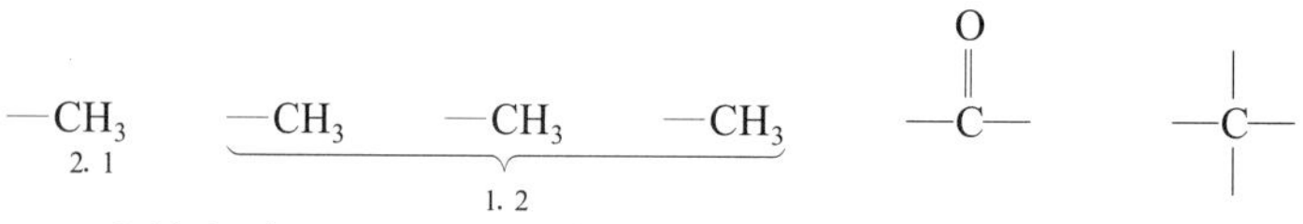

$$\underset{2.1}{—CH_3} \quad \underbrace{—CH_3 \quad —CH_3 \quad —CH_3}_{1.2} \quad —\overset{O}{\overset{\|}{C}}— \quad —\overset{|}{\underset{|}{C}}—$$

将第一个 CH_3 与 CO 连接起来，可以解释其化学位移：

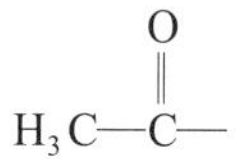

$$H_3C—\overset{O}{\overset{\|}{C}}—$$

其他三个 CH_3 都不能直接在 CO 上，因为：(1) 化学位移是错误的，(2) 没有地方可以连接其余的片段。因此，改为连接未键合的那个 C 原子：

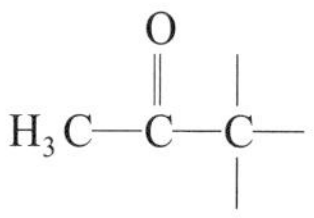

$$H_3C—\overset{O}{\overset{\|}{C}}—\overset{|}{\underset{|}{C}}—$$

现在唯一可能的最后一步是连接三个 CH_3：

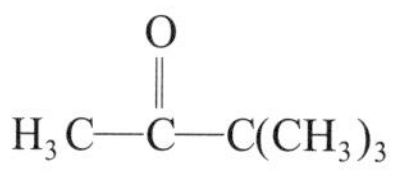

$$H_3C—\overset{O}{\overset{\|}{C}}—C(CH_3)_3$$

这就是答案。

(b) 二者均显示两个比例为 3∶1 的信号，分别对应 9 个 H 和 3 个 H。再次假设这些片段与 (a) 中的相同，加上额外的 O 原子。假设三个 CH_3 还是位于额外的 C 原子上；也就是说，我们推测分子中有如下结构片段：

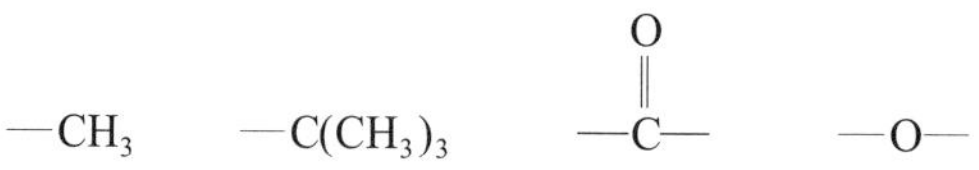

$$—CH_3 \quad —C(CH_3)_3 \quad —\overset{O}{\overset{\|}{C}}— \quad —O—$$

对于同分异构体 1，在 δ=2.0 处为 $—CH_3$；δ=1.5 处为 $—C(CH_3)_3$。对比 (a) 中的酮，$—C(CH_3)_3$ 信号在更低场。

对于同分异构体 2，δ=3.6 处为 $—CH_3$，相对于 (a) 中的酮，为高场，但是在 δ=1.2 处为 $—C(CH_3)_3$，几乎与 (a) 中的酮一样。

因此，同分异构体 2 中的 CH_3 必须连接额外的 O，分子的其余部分与（a）中的酮近似。该化合物为酯类。

$$H_3C—O—\overset{\overset{\large O}{\|}}{C}—C(CH_3)_3$$

而同分异构体 1 在 CO 的另一侧有额外的 O，这就解释了—$C(CH_3)_3$ 的轻微低场位移。这个化合物也是一种酯类。

$$H_3C—\overset{\overset{\large O}{\|}}{C}—O—C(CH_3)_3$$

42.（1）信号数＝不同化学环境中的氢原子数；（2）每个信号的综合强度∝每个信号的氢原子个数；（3）每个信号的化学位移与氢的化学环境有关；（4）每个信号的裂分与相邻化学位移不同的氢的数量和位置有关。

43. 先考虑该题的最后一问，按从左到右的顺序，前两种化合物是酯，第三种是酮，第四种是醛。

$$\underset{\text{酯}}{CH_3CH_2—\overset{\overset{\large O}{\|}}{C}—O—CH_3} \quad \underset{\text{酯}}{H_3C—\overset{\overset{\large O}{\|}}{C}—O—CH_2CH_3} \quad \underset{\text{酮}}{CH_3CH_2—\overset{\overset{\large O}{\|}}{C}—CH_3} \quad \underset{\text{醛}}{CH_3CH_2CH_2—\overset{\overset{\large O}{\|}}{C}—H}$$

信号的数量，以及每个信号的积分：前三个化合物都将有 3 个^{1}H NMR 信号，其中两个的积分均为 3，一个的积分为 2。醛的情况不同，它有一个带 4 个信号的^{1}H NMR 谱图。这 4 个信号中，一个积分为 3，两个积分为 2，还有一个积分为 1（醛氢连接到 C═O 基团的碳上）。

通过化学位移可将前三种化合物相互区分开来，因为与氧相连的碳原子上的氢信号出现在 δ 3.0 和 δ 4.5 之间的区域。酮缺乏这样的氢，其整个 NMR 谱将出现在 δ 2.5 的高场。裂分遵循（N＋1）规则，醛除外。C═O 碳上独特的（“醛”）氢与另一侧 CH_2 基团之间的裂分的偶合常数小于其他裂分的偶合常数。因此，这个特殊的 CH_2 显示出更复杂的裂分模式，基于相邻 CH_2 基团裂分出三重峰，但该三重峰的每一个峰都因为和醛氢相邻而再次裂分，我们将这种裂分模式称为“二重三重峰”，缩写为 dt。下面给出了近似的化学位移和裂分（s＝单峰，d＝二重峰，t＝三重峰，q＝四重峰，sex＝六重峰）。

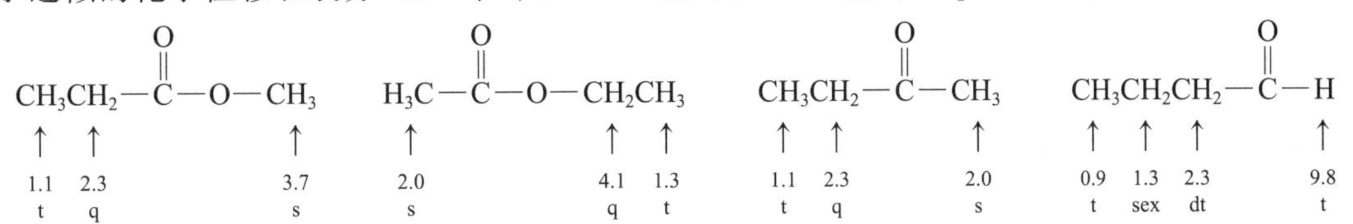

44.（**a**）该化合物显示 4 个信号，因此它可能与（ii）或（iii）匹配。该分子中的甲基与距离其最近的 Cl 也较远，而且中间有一个 CH_2 相连接，所以，它应显示一个相对高场（低 δ 值）的三重峰（两个邻氢，因此 N＋1＝3）。所以与（a）匹配的波谱数据是（iii），三重峰处于 δ＝1.0 处。

（**b**）结构的对称性将 NMR 谱简化为两个信号；与（b）匹配的波谱数据是（i）。

（**c**）预计是 4 个信号，但与（a）不同的是，这里的甲基更接近 Cl 并且只有一个 CH 作为邻基。它的信号应该是二重峰，略微向低场移动；（ii）是其波谱数据，二重峰位于 δ＝1.6 处。

请注意，无需分析每个峰来匹配此问题的答案。当然，可以对其余的信号做如下分析：

（**a**）CH_2Cl 有一个 CH 与其相邻，并且在 δ＝3.6 处为二重峰；CHCl 有 4 个邻氢，并且在 δ＝3.9 处为五重峰，C-3 上的 CH_2 同样有四个邻氢，且在 δ＝1.9 处为五重峰。

（**b**）每个 CH_3 有一个 CH 与其相邻，在 δ＝1.5 处为二重峰，每个 CHCl 有 4 个邻氢，在 δ＝4.1 处为五重峰。

（**c**）CH_2Cl 有一个 CH_2 与其相邻，并且在 δ＝3.6 处为三重峰；C-2 上的 CH_2 有三个邻氢，且在 δ＝2.1 处为四重峰；CHCl 有 5 个邻氢，且在 δ＝4.2 处为六重峰。

45. 根据（N＋1）规则：谱线数目＝邻氢数＋1。

（**a**）δ＝0.9 处 CH_3 基团的信号将会通过每一个相邻 CH_2 基团上的两个氢裂分为一个三重峰（2＋1＝3）。δ＝1.3 处 CH_2 基团的信号将通过相邻 CH_3 基团上的三个氢裂分为一个四重峰（3＋1＝4）。虽然每个 CH_2 基团也有另一个 CH_2 基团作为邻基，但是在二者之间看不到裂分，因为它们是对称等价的，具有相同的化学位移。化学位移等价原子核**不会引起可观察到的彼此裂分**。

(b) $\delta=1.5$ 处 CH_3 基团的信号将通过与其相邻的 CH 基团上的单氢裂分为一个二重峰（1+1=2）。$\delta=3.8$ 处 CH 基团的信号将通过两个与其相邻的 CH_3 基团上的 6 个氢裂分为一个七重峰（6+1=7）。

(c) 所有信号均为单峰。CCl 基团位于 CH_3 基团和 CH_2 基团之间。羟基氢不会对邻近基团产生裂分。

(d) 这个化合物的谱图会很混乱，因为三个 CH_3 基团在大约相同的化学位移 $\delta=0.9$ 处存在共振，而且它们并不都是等价的。带有相邻 CH 基团的两个 CH_3 基团的信号将被裂分成二重峰。在 $\delta=0.9$ 处其余 CH_3 基团的信号将被与其相邻的 CH_2 基团裂分成三重峰。二重峰和三重峰信号将在谱图中重叠。CH_2 基团在 $\delta=1.4$ 处的信号将通过与其相邻的 CH_3 基团和其另一侧的 CH 基团的组合效应裂分成五重峰（4+1=5）。最后，在 $\delta=1.5$ 处 CH 基团的信号将拥有 9 条谱线（一个九重峰），这是被总共八个相邻氢（两个 CH_3 基团和一个 CH_2 基团）裂分的结果。五重峰和九重峰，也将重叠，因为它们在谱图中的化学位移位置相似。

(e) 无裂分。均为单峰。

(f) $\delta=0.9$ 处 CH_3 基团的信号将被每个相邻 CH_2 基团上的两个氢裂分成三重峰。$\delta=1.3$ 处 CH_2 基团的信号将通过相邻 CH_3 基团和另一侧的 CH 基团的组合效应裂分成五重峰（4+1=5）。$\delta=1.5$ 处 CH 基团的信号将是一个七重峰（7 条谱线），经三个相邻 CH_2 基团上的六个氢裂分而成。

(g) $\delta=1.0$ 处 CH_3 基团的信号将被与其相邻的 CH_2 基团裂分成一个三重峰。$\delta=1.7$ 处 CH_2 基团的信号将被与其相邻的 CH_3 基团以及其另一侧的 CH_2 基团的组合效应裂分成一个七重峰（5+1=6）。$\delta=3.8$ 处 CH_2 基团的信号将被与其相邻的 CH_2 基团裂分成一个三重峰。$\delta=3.4$ 处 CH_3 基团的信号将是一个单峰。

(h) 在最简单的可能情况下，$\delta=1.5$ 处 CH_2 基团的信号将通过其两侧与其相邻的 CH_2 基团的组合效应裂分成五重峰（4+1=5）。$\delta=2.4$ 处 CH_2 基团的信号将被与其相邻的每个单独 CH_2 基团裂分成三重峰。遗憾的是，这里的情况可能不太简单：在环状化合物中，彼此顺式的非等价氢之间的偶合常数（J 值）通常与反式氢之间的 J 值在量级上不同。正如教材第 10-8 节所讨论的，这种现象的通常后果是产生更多的谱线。鉴于这种情况，通过与两个相邻的顺式氢和两个相邻的反式氢的共同偶合，$\delta=1.5$ 处 CH_2 基团的信号可能被裂分成多达 9 条谱线——“三重三重峰”（[2+1=3]×[2+1=3]=9）。相反，$\delta=2.4$ 处 CH_2 基团的信号可以分成四条谱线——“二重二重峰”，即通过与相邻 CH_2 基团上的不同偶合常数的顺式和反式氢偶合（[1+1=2]×[1+1=2]=4）。

(i) $\delta=1.2$ 处 CH_3 基团的信号将被与其相邻的 CH_2 基团裂分成一个三重峰。在最简单的情况下，$\delta=2.0$ 处 CH_2 基团的信号将被与其相邻的 CH_3 基团和其另一侧（羰基碳）的 CH 基团的组合效应裂分成一个四重峰。$\delta=9.5$ 处 CH 基团的信号将被与其相邻的 CH_2 基团裂分成一个三重峰。如我们将在第 17 章看到的，H—C(=O)— 氢上的偶合常数比通常的数值小，并导致比简单的（$N+1$）规则预测的结果具有更多谱线的更复杂的裂分模式。实际上，CH_2 基团的信号将被分成二重四重峰。

(j) $\delta=0.9$ 和 $\delta=3.4$ 处的信号将是单峰（无邻氢）。$\delta=1.4$ 处 CH_3 基团的信号将被与其相邻的 CH 基团裂分成一个二重峰。$\delta=4.0$ 处 CH 基团的信号将被与其相邻的 CH_3 基团裂分成一个四重峰。

46. 过程与第 45 题类似。我们将每个结构在下面给出。在每组氢附近，它的信号的多重性（通俗地说，它被裂分成的谱线数），通过使用以下缩写表示：s (singlet)，单峰；d (doublet)，二重峰；t (triplet)，三重峰；q (quartet)，四重峰；quin (quintet)，五重峰；sex (sextet)，六重峰；sept (septet)，七重峰；oct (octet)，八重峰；non (nonet)，九重峰。所有的多重性都是通过应用（$N+1$）规则确定的。

(a) $CH_3C(CH_3)(Br)CH_2CH_3$：CH_3 (s)（支链），CH_2 (q)，CH_3 (t)；$BrCH_2CH(CH_3)CH_2CH_3$：$BrCH_2$ (d)，CH (oct)，支链 CH_3 (d)，CH_2 (quin)，CH_3 (t)；$CH_3CH(CH_3)CH_2CH_2Br$：CH_3 (d)，CH (non)，CH_2 (q)，CH_2Br (t)

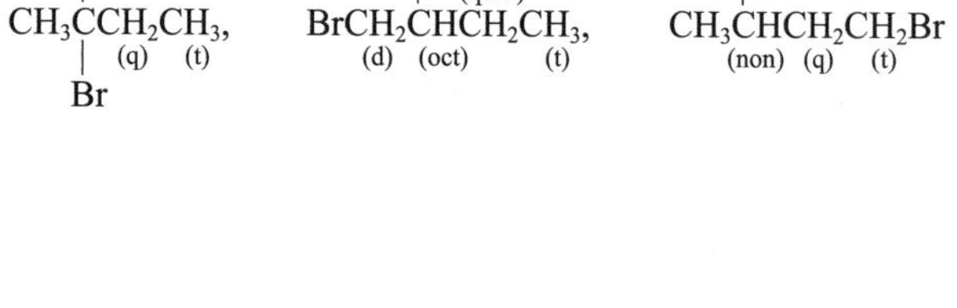

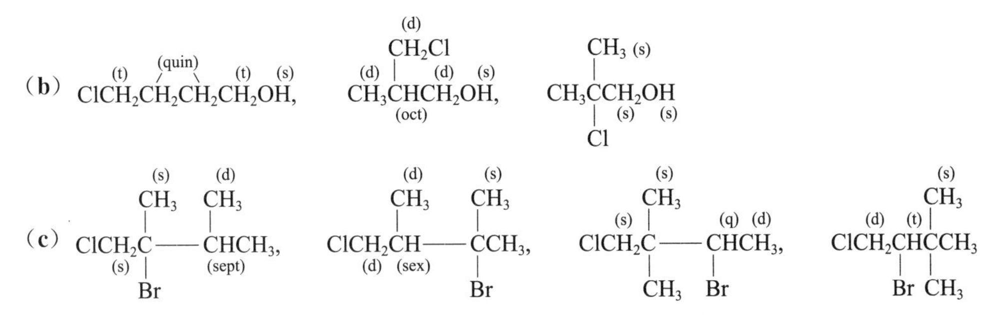

47. 在某些情况下，如果没有更多的信息，例如积分数据，就无法明确归属具有相似化学位移的信号。

（**a**）Cl_2CHCH_2Cl

↑　↑

δ = 5.8　4.0

（**b**）$CH_3CHBrCH_2CH_3$

↑　↑　↑　↑

δ = 1.7　4.1　1.8　1.0

（**c**）$CH_3CH_2CH_2COOCH_3$

↑　↑　↑　↑

δ = 1.0　1.7　2.3　3.6

（**d**）$ClCH_2CHOHCH_3$

↑　↑　↑　↑

δ = 3.4　3.9　3.0　1.2

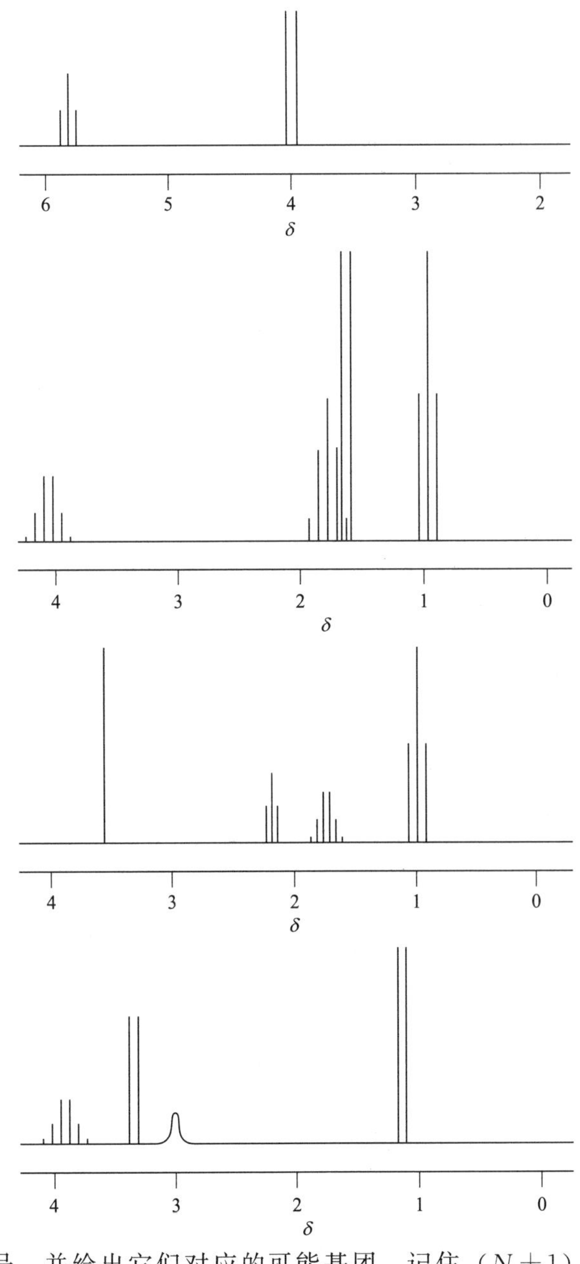

48. 在下面的答案中，将以简短的方式描述各信号，并给出它们对应的可能基团。记住（$N+1$）规则：N 个邻氢将会裂分成 $N+1$ 条谱线！

谱图 **C**：$\delta=0.8$（三重峰，3H）：$\mathbf{CH_3}$，被与其相邻的 CH_2 裂分（2+1=3，三重峰）

$\delta=1.2$（单峰，6H）：**两个相同的 $\mathbf{CH_3}$**，没有对其进行裂分的邻氢

$\delta=1.4$（四重峰，2H）：$\mathbf{CH_2}$，被与其相邻的 CH_3 裂分（3+1=4，四重峰）

$\delta=1.9$（单峰，1H）：无裂分的 **CH** 或 **OH**；OH 更为可能，因为分子为醇类。

这些基团加起来为 $C_4H_{12}O$。因此，还需要一个额外的 C 才能得到 $C_5H_{12}O$；那么我们有以下片段：

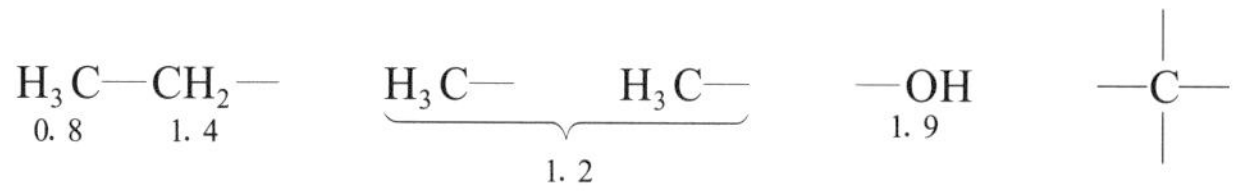

$$\underset{0.8}{H_3C}-\underset{1.4}{CH_2}- \quad \underbrace{H_3C- \quad H_3C-}_{1.2} \quad \underset{1.9}{-OH} \quad -\overset{|}{\underset{|}{C}}-$$

将前四个基团放在最后一个未连接任何基团的 C 上，得到正确答案：2-甲基-2-丁醇。

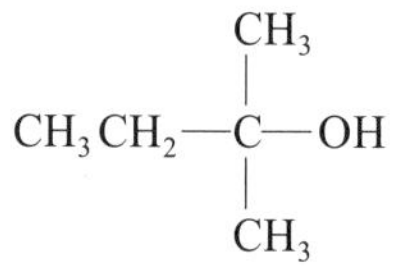

$$CH_3CH_2-\overset{CH_3}{\overset{|}{\underset{\underset{CH_3}{|}}{C}}}-OH$$

谱图 **D**：$\delta=0.9$（二重峰，6H）：**两个相同的 CH_3**，两者均被邻基 CH 裂分（1+1=2，二重峰）

$\delta=1.3$（单峰，1H）：最可能为 **OH**（由较宽的信号可知）

$\delta=1.45$（四重峰，2H）：**CH_2**，被三个相邻的氢裂分（3+1=4，四重峰）

$\delta=1.7$（多重峰，1H）：**CH**，被可能存在的 7 个相邻的氢裂分（可见 8 条谱线；可能存在更多看不见的谱线）

$\delta=3.7$（三重峰，2H）：**CH_2**，被与其相邻的 CH_2 裂分（2+1=3，三重峰），根据化学位移推测，直接与 O 相连。

这五个基团加起来为 $C_5H_{12}O$，因此我们在明确分离的信号中发现了所有的片段。经合理推测，$\delta=1.7$ 处的 **CH** 基团将 $\delta=0.9$ 处的基团裂分成二重峰。$\delta=3.7$ 处的 **CH_2** 基团大概被 $\delta=1.45$ 处的 **CH_2** 基团裂分。然而，后者又被第三个邻基（一定为 **CH** 基团）裂分。

由此，我们可以将片段直接连在一起得到：

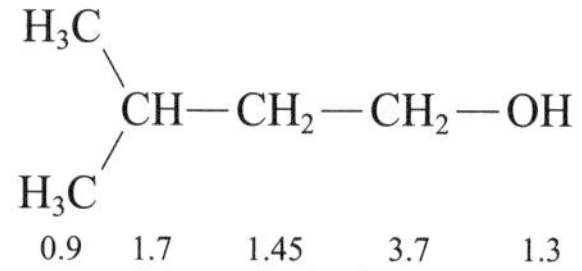

$$\underset{0.9}{(H_3C)_2}\underset{1.7}{CH}-\underset{1.45}{CH_2}-\underset{3.7}{CH_2}-\underset{1.3}{OH}$$

谱图 **E**：$\delta=0.8$（三重峰，3H）：**CH_3**，被一个相邻 CH_2 基团裂分

$\delta=1.3$（混乱，4H）:???

$\delta=1.5$（五重峰?，2H）：**CH_2**，被四个（?）相邻的氢裂分

$\delta=3.0$（宽单峰，1H）：仍然最有可能是 **OH**

$\delta=3.5$（三重峰，2H）：**CH_2**，被一个相邻的 CH_2 裂分，且与氧相连。

这些我们可以识别的片段加起来为 C_3H_8O。还需要进行一些猜测。先假设 $\delta=1.5$ 和 $\delta=3.5$ 处的 CH_2 基团相互连接，看一下结果是什么。然后，CH_3 必须连接到藏在 $\delta=1.3$ 处信号中的 CH_2 上。现在，推测出的基团加起来为 $C_4H_{10}O$。因此，必须还有一个 CH_2 藏在 1.3 处。那么我们可以得到什么？

$$\underset{0.8}{H_3C}-\underset{1.3}{CH_2}- \quad -\underset{1.5}{CH_2}-\underset{3.5}{CH_2}-\underset{3.0}{OH} \quad -\underset{1.3}{CH_2}-$$

只有一种方法可以将各个部分组合在一起，即 1-戊醇：$H_3C-CH_2-CH_2-CH_2-CH_2-OH$。顺便说一下，你是否注意到这些化合物中 OH 基团的化学位移可出现在各种位置。这是很正常的。

谱图 **F**：$\delta=0.9$（三重峰，尽管这个说法不太令人满意，3H）：**CH_3**，与一个 CH_2 相邻

$\delta=1.2$（二重峰，3H）：**CH_3**，与一个 CH 相邻

$\delta=1.4$（复杂信号，4 个 H）:???

$\delta=1.6$（宽单峰，1 个 H）：最有可能是 **OH**

$\delta=3.8$（四条谱线，或许是五条谱线，1H）：**CH**，与 O 相邻，被至少 3 个或许是 4 个相邻的氢裂分。

让我们看看这些片段。$\delta=1.2$ 处的 CH_3 可以连接到 $\delta=3.8$ 处的 CH 上。$\delta=0.9$ 处的 CH_3 可以连接到 $\delta=1.4$ 信号中一部分的 CH_2 上。这些片段加起来是 $C_4H_{10}O$，所以我们需要另一个 CH_2，大概也是 $\delta=1.4$。这些片段如下：

$$\underset{1.2}{H_3C}-\underset{3.8}{\overset{|}{CH}}-\underset{1.6}{OH}\qquad \underset{0.9}{H_3C}-\underset{1.4}{CH_2}-\qquad -\underset{1.4}{CH_2}-$$

将其放到一起得到：2-戊醇。

$$H_3C-CH_2-CH_2-CH(OH)CH_3$$

请注意，对于 CH_2 旁边的 CH_3 基团，谱图 E 和 F 中在 $\delta=0.9$ 周围都有非常扭曲的三重峰。这种扭曲的情况非常常见，这是由甲基（$\delta=0.9$）和裂分这些甲基的基团（在谱图 E 中，$\delta=1.2\sim1.8$；在 F 中 $\delta=1.4$）的化学位移非常接近造成的。

49.（**a**）下图给出了典型的乙基基团信号（CH_3 的高场三重峰和 CH_2 的低场四重峰）以及由于连接两个电负性的原子（谱图中的化学位移是实际情况）而强去屏蔽的 CH_2 单峰。

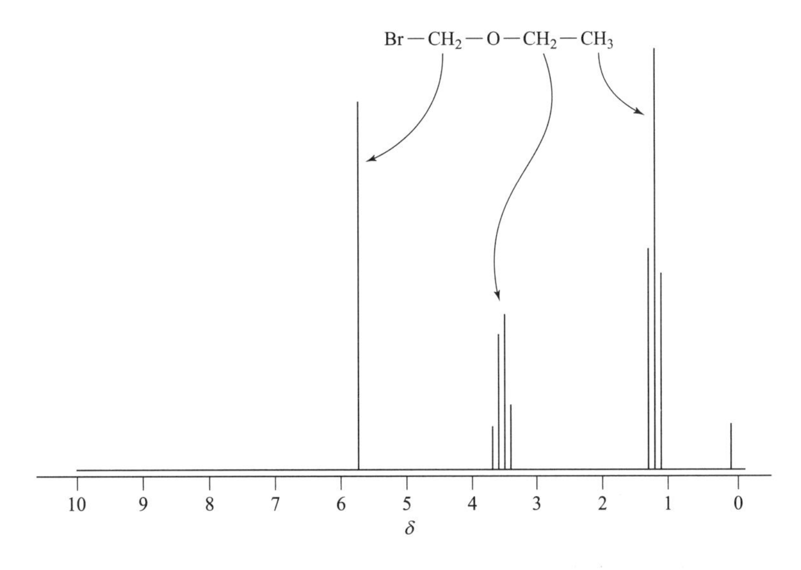

（**b**）下图给出了甲基的单峰和—CH_2—CH_2—单元的两个邻近的三重峰。由于化学位移差别很小（参见第 10-8 节），实际谱图中—CH_2—CH_2—峰会裂分得很复杂。此处我们忽略了这种效应并展示了一级波谱的形状。

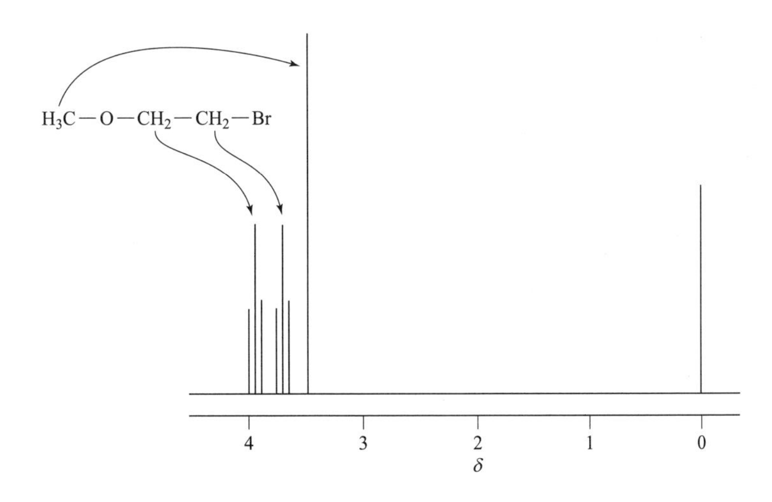

（**c**）下图给出了 $CH_3CH_2CH_2OCH_2CH_2CH_3$ 谱图的形状。C-2 产生了一组六重峰（5 个邻氢），假设所有的偶合常数都是相似的。

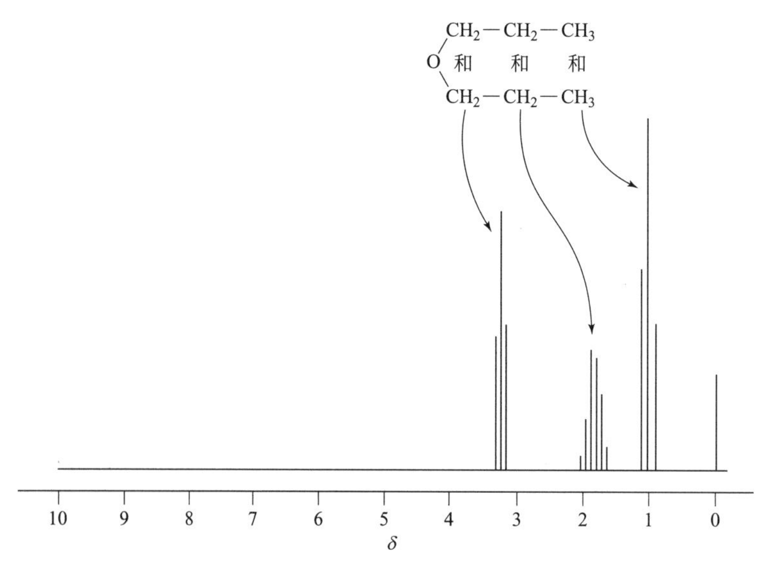

(d) 如（a）中一样，由于 CH 基团的位置在两个电负性原子之间，我们又可以得到一个相对低场的信号。

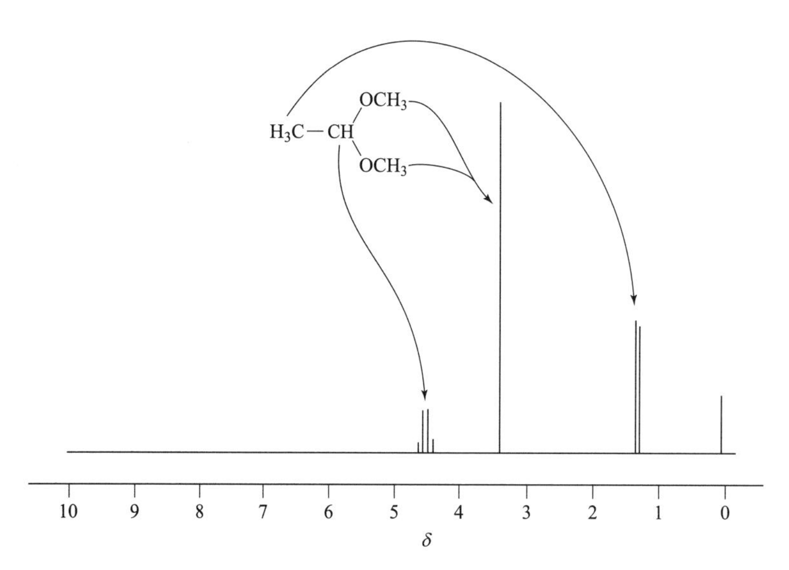

50. 谱图中有两个信号，$\delta=0.9$（二重峰）和 $\delta=1.4$（七重峰?），大的信号为 12 个 H，小的信号为 2 个 H。12 个等价氢可能意味着四个等价的 CH_3 基团，即 C_4H_{12}。要利用剩下的 C_2H_2 来构成分子，使所有 CH_3 完全相同并裂分成二重峰的唯一途径是 $(CH_3)_2CH—CH(CH_3)_2$，2,3-二甲基丁烷。

教材中图 10-22 给出了 2-碘丙烷的 NMR，这是另一种含有 $(CH_3)_2CH$ 基团的分子。同样，甲基信号是二重峰，但 CH 信号作为干净的七重峰更好解析。2-碘丙烷中两组信号之间较大的化学位移差使其与 2,3-二甲基丁烷的波谱相比更接近“一级谱”的外观。

51. 产物的 NMR 谱图与三级醇 2-甲基-2-丁醇的 NMR 谱图（第 48 题，谱图 C）非常相似，但缺少 OH 基团的信号，并且分子式中有一个 Br 而不是 OH。由此推断产物是 2-溴-2-甲基丁烷，并且谱图中的信号类似。那么它是怎么形成的？重排！

$$(H_3C)_2CHCH_2CH_2OH \longrightarrow (H_3C)_2CHCH(H)—CH_2—\overset{+}{O}H_2$$

$$\longrightarrow (H_3C)_2C(H)—\overset{+}{C}H—CH_3 \longrightarrow (H_3C)_2\overset{+}{C}—CH_2—CH_3 \longrightarrow (H_3C)_2C(Br)—CH_2—CH_3$$

52. 在 60 MHz 谱图中，只有与 Cl 相邻的 CH_2（$\delta=3.5$）清晰可见。非常扭曲的 CH_3 三重峰（$\delta=0.9$）几乎没有与其他三个 CH_2 基团峰分开，而这其他三个 CH_2 在 δ 1.0～2.0 处重叠。在 500 MHz 谱图中，以赫兹为单位的信号间隔要大得多，以至于整个谱图几乎由一级信号：δ 0.92（三重峰，CH_3）、1.36（六重峰，C-4 CH_2）、1.42（五重峰，C-3 CH_2）、1.79（五重峰，C-2 CH_2）、3.53（三重峰，$ClCH_2$）组成。请注意多重峰如何在 500 MHz 中变得更窄。实际上，偶合常数是不变的。但是，请记住，在 60 MHz 时，$\delta=0$ 和 $\delta=4$ 之间的距离仅为 240 Hz，而在 500 MHz 时，相同的 4 个化学位移间隔对应于 2000 Hz！因此，与 500 MHz 相比，60 MHz 时的 6～8 Hz 裂分显得有更宽的化学位移范围。

53. 相邻的非等价氢彼此裂分。当一个氢被两个或多个本身不等价的氢裂分时，这些裂分的偶合常数可能会有所不同，如 1,1,2-三氯丙烷的谱图所示（图 10-25 和图 10-26）。

（**a**）H_a—三重三重峰，通过两个顺式邻氢（H_c）的较大裂分和两个反式邻氢（H_b）的较小裂分实现；

H_b—四重峰，通过同一个碳上的 H_c 和反式 H_a、H_c，所有这些裂分程度大致相同；

H_c—二重三重峰，顺式 H_a 的二重裂分大于两个 H_b 的三重裂分（一个同碳裂分，一个反式裂分）。

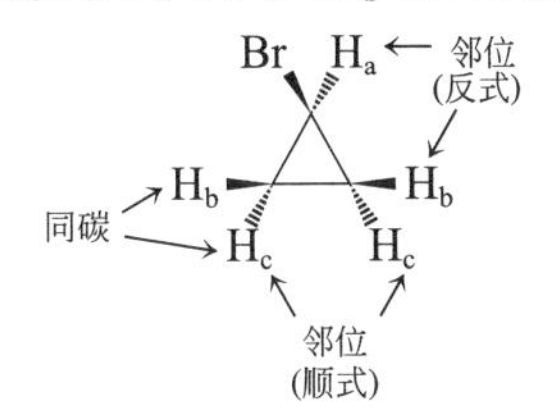

（**b**）无裂分。

（**c**）H_a—四重峰，来自同碳 H_b 和两个反式 H_c 的裂分；

H_b—二重三重峰，同碳 H_a 的二重裂分小于顺式 H_c 的三重裂分；

H_c—二重二重峰，顺式 H_b 的二重裂分大于反式 H_a 的二重裂分。

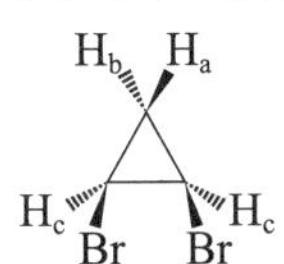

（**d**）H_a—二重二重峰，顺式 H_b 的二重裂分大于反式 H_b 的二重裂分；

H_b—也是二重二重峰，同理，顺式 H_a 的裂分大于反式 H_a 的裂分。

（**e**）H_a—三重峰，同碳 H_b 的裂分与反式 H_c 的裂分几乎一样；

H_b—二重二重峰，顺式 H_c 的二重裂分大于同碳 H_a 的二重裂分；

H_c—二重二重峰，顺式 H_b 的二重裂分大于反式 H_a 的裂分。

（**f**）H_a—三重峰，由两个等价的 H_b 裂分；

H_b—二重峰，由 H_a 裂分。

54. 确定每个异构体会显示多少个不同的信号。

（1）戊烷： C—C—C—C—C　　3 个信号；　(CH₃)₂CH—CH₂—CH₃ 型：C—C—C(C)(C)　　4 个信号；　C(C)₄：　　2 个信号

这三种物质都可以轻松地通过^{13}C NMR 来识别。

（2）己烷：

C—C—C—C—C　　3 个信号

C—C—C—C(C)(C)　　5 个信号

C—C—C(C)—C—C　　4 个信号*

(C)(C)C—C(C)(C)　　2 个信号

C—C(C)(C)—C—C　　4 个信号*

3-甲基戊烷和 2,2-二甲基丁烷（标有星号）的^{13}C NMR 图谱相似，每一个化合物都有 4 个不同的碳环境。两个图谱必须通过信号**强度**来区分：2,2-二甲基丁烷具有三个等价的甲基碳，可产生异常强烈的信号。

55. 答案包含信号数量和（对于非质子去偶谱）由直接连接的氢引起的裂分（$N+1$ 规则）。其化学位移与质子去偶谱（基于教材中表 10-6）**非常近似**。

(a) 2 个信号：$\delta=10$（CH_3，q）和 20（CH_2，t）

(b) 2 个信号：$\delta=25$（CH_3，q）和 45（CHBr，d）

(c) 3 个信号：$\delta=25$（CH_3，q），60（CCl，s）和 65（CH_2OH，t）

(d) 4 个信号：$\delta=10$（C-4 CH_3，q），15（其他 CH_3，q），25（CH_2，t）和 30（CH，d）

(e) 2 个信号：$\delta=30$（CH_3，q）和 50（CNH_2，s）

(f) 3 个信号：$\delta=10$（CH_3，q），25（CH_2，t）和 30（CH，d）

(g) 4 个信号：$\delta=10$（CH_3，q），30（CH_2，t），60（CH_3O，q）和 65（CH_2O，t）

(h) 3 个信号：$\delta=15$（CH_2，t），45（与 C═O 相邻的 CH_2，t），和 200（C═O，s）

(i) 3 个信号：$\delta=15$（CH_3，q），40（CH_2，t）和 200（CHO，d）

(j) 5 个信号：$\delta=15$（$3CH_3$，q），20（其他 CH_3，q），40（C，s），60（CH_3O，q）和 80（CHO，d）

56. 在每组中，从左到右考虑这些化合物。同样，化学位移是基于教材中表 10-6 的数据和碳与电负性原子的接近程度得出的**非常粗略的**估计值。

(a) 第一种：4 个信号，$\delta=15$（CH_3），25（$2CH_3$），35（CH_2），50（CBr）

第二种：5 个信号，$\delta=10$（CH_3），15（CH_3），25（CH_2），40（CH_2Br），45（CH）

第三种：4 个信号，$\delta=10$（$2CH_3$），30（CH_2），35（CH_2Br），40（CH）

第一种和第三种化合物很难单独依据谱图信息来区分。

(b) 第一种：4 个信号，$\delta=25$（CH_2），30（CH_2），40（CH_2Cl），60（CH_2OH）

第二种：4 个信号，$\delta=20$（CH_3），35（CH），45（CH_2Cl），60（CH_2OH）

第三种：3 个信号，$\delta=25$（$2CH_3$），55（CCl），65（CH_2OH）

第一种和第二种通过谱图信息不容易区分。

(c) 第一种：5 个信号，$\delta=15$（$2CH_3$），25（CH_3），45（CH），50（CBr），55（CH_2Cl）

第二种：5 个信号，$\delta=15$（CH_3），25（$2CH_3$），45（CBr），50（CH_2Cl），55（CH）

第三种：5 个信号，$\delta=15$（$2CH_3$），25（CH_3），40（CHBr），45（C），50（CH_2Cl）

第四种：4 个信号，$\delta=10$（$3CH_3$），45（CHBr），50（C），55（CH_2Cl）

前三种几乎无法通过谱图信息区分。

57. 不同的 DEPT 谱显示连接不同数量的氢的碳原子。例如，在习题 36（a）溴环丙烷中，有两个化学位移不同的碳信号，一个来自 CH，另一个来自两个相同的 CH_2 基团。因此 CH DEPT 谱和 CH_2 DEPT 谱将分别显示一个信号。另一个示例是来自习题 38（a）的 2-溴-2-甲基丁烷，在 CH_2 DEPT 谱中显示一个信号，在 CH_3 DEPT 中显示两个信号（两个甲基相同，但与第三个不同）。这些问题几乎是不言自明的。请务必检查以确保正常碳谱中的每条谱线在其中一个 DEPT 谱中都有对应物。

58. **(a)** $(CH_3)_2CHCH(CH_3)_2$：唯一一个应该只显示两个信号的化合物。

(b) 1-氯丁烷：唯一一个应该恰好显示四个信号的化合物。

(c) 环庚酮：与（b）的理由相同，注意分子中的对称性。

(d) $H_2C═CHCH_2Cl$：唯一含有烯烃碳的例子（$\delta=100\sim150$）。

59. **(a)** ^{13}C NMR：给出了 7 个不同的碳信号，其中 6 个为 CH_2 基团。

^1H NMR：5 个信号，$\delta=0.6$（宽单峰，1H），0.8（三重峰，3H），1.2（宽，8H），1.3（多重

峰，2 氢），3.3（三重峰，2H）。

在这一点上，$\delta=1.2$ 和 1.3 的信号几乎是无用的，但其他信号可以让我们摆脱困境，从而有一个好的开端。我们可以提出：—CH_2—(CH_3)（$\delta=0.8$）和—CH_2—(CH_2)—OH（$\delta=3.3$；O—H 质子在 $\delta=0.6$ 处）作为分子片段。这些分子片段加起来为 $C_4H_{10}O$，剩下 C_3H_6。在 ^1H NMR 谱图中没有 CH_3 基团的任何信号的迹象；事实上，根据 ^{13}C DEPT 谱可以知道，其余的碳都是 CH_2 基团。所以答案一定是 1-庚醇。（其他如 3-或 4-甲基-1-己醇将在 ^1H NMR 谱图中除了已经存在的三重峰外，还显示 $\delta=0.9$ 处的甲基二重峰在 ^{13}C DEPT 波谱中还有一个非 CH_2 峰。）

（**b**）^{13}C NMR：七个碳有四个信号，所以这个分子一定是**对称的**。^1H NMR：四个可区分的信号，$\delta=0.9$（三重峰，6H），1.3（四重峰，4H），2.8（单峰，2H），3.6（单峰，4H）。由此可以分辨出一组片段：

(2×) —(CH_2)—(CH_3)　　(2×) —(CH_2)—OH

1.3　0.9　　　　3.6　2.8

这些片段加起来为 $C_6H_{16}O_2$；再根据在 ^{13}C DEPT 谱中显示的季碳可给出完整的分子式。因此，我们拥有的是上面显示的四个片段，加上一个碳原子。将四个片段连接到第七个碳的四个键，便得到了答案：

CH_2OH

CH_3CH_2—C—CH_2CH_3

CH_2OH

60. CH_3 基团的重叠尖锐单峰和二重峰的组合在 $\delta=0.6$ 和 $\delta=1.1$ 之间是很明显的。苯环上 H 的信号位于 $\delta=7.2$ 和 $\delta=8.2$ 之间。其他三个信号可以作如下解释：

CH_3

C_6H_5COO

δ = 4.85 → H

H H

2.5

H

↑

5.4

$\delta=2.5$ 处 CH_2 被相邻的 CH 裂分成二重峰。这个 CH 产生 $\delta=4.85$ 处的信号，其复杂裂分是由两边的 CH_2 邻基造成的。该信号的局部放大图显示了 9 条谱线。我们如何解释它的峰形？回忆习题 37（h）：CH 氢与它的两个相邻氢是反式的，而与另外两个是顺式的。与前面的问题一样，环中的顺式和反式偶合常数是不同的。应用第 10-8 节中讨论的分析类型，我们可以尝试通过两个连续的 $N+1$ 规则“分阶”分析裂分，即三重（两个邻氢的顺式偶合裂分）的三重峰（另外两个邻氢的反式偶合裂分）：

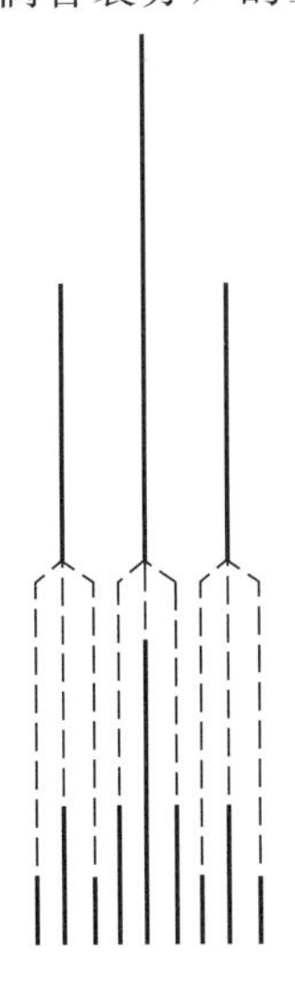

这样不行！预测的谱线强度与实际相差甚远！哪里有问题？也许我们假设的相同的两个偶合常数（如每侧的顺式偶合的 J 值）是不同的？然后我们就看到了对这两个偶合的二重二重峰，其他偶合又对它进行了三重峰裂分。因此：

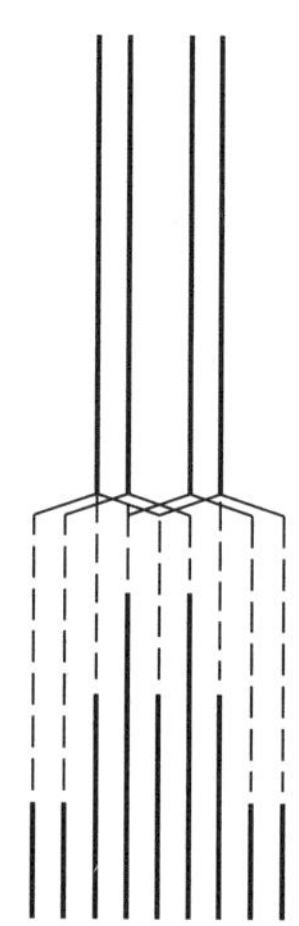

这个预测，无论是谱线数还是它们的相对强度，与谱图中看到的裂分非常吻合。

61. 谱图表明存在两个几乎等价的 CH_3，且未被任何相邻氢裂分（$\delta=1.1$），第三个未裂分的 CH_3，可能连接到某一个官能团上，这点从化学位移上可以看出（$\delta=1.6$），一个烯烃氢显示一些（三重?）裂分（$\delta=5.3$）。在 $\delta=3\sim5$ 范围内没有任何信号意味着醇碳上一定没有任何氢。我们来比较一下假设存在的分子结构。

两个几乎等同CH3，未裂分 →
无氢C上的HO →
三重裂分的烯烃氢 → H—
← 官能团上未裂分的CH3 → CH3

答案就在这里！另外，你可能想知道为什么异丙基的两个甲基不等价。观察这两个碳原子以外的地方：异丙基所连着的环碳是一个手性中心。因此，分子缺乏一个对称平面，两个甲基所处的环境略有不同。

62.（a）H ← 5

H_3C—⟨环⟩=—$CH(CH_3)_2$

H_3C—⟨环⟩=$C(CH_3)_2$，通过H迁移：H_3C—⟨环⟩(—OSO_2R)—$CH(CH_3)_2$

（b）

⟶ H_3C—⟨环⁺⟩(H)—$CH(CH_3)_2$ ⟶ H_3C—⟨环⟩⁺—C(H)$(CH_3)_2$ ⟶ 产物

（c）遵循所有可能的 E1 机理得到第一产物，起始分子中含有 D：

H_3C—⟨环⁺⟩(H)(D)—$CH(CH_3)_2$ —D 迁移→ H_3C—⟨环⟩(H)(D)⁺—$CH(CH_3)_2$

$-D^+$；$-D^+$；$-H^+$

H_3C—⟨环⟩(=H)—$CH(CH_3)_2$ + H_3C—⟨环⟩(=D)—$CH(CH_3)_2$

“主产物”现在是这两个物质的**混合物**

根据这三种途径，形成的一些主产物将具有烯烃 D 而不是烯烃 H。具有烯烃 D 的分子在 $\delta=5$ 附近不会显示^{1}H NMR 信号。因此，与来自非氘化起始原料的主产物相比，主产物在 $\delta=5$ 处的信号强度整体将降低。

这一结果很好地证明了氢迁移参与了以前被认为是简单反应的 E1 反应。

63. 首先写出你的已知信息。请相信，这很有帮助。

A(C_4H_9BrO)＋KOH→E(C_4H_8O)；E 有 2 个复杂的^{1}H NMR 信号峰和 2 个^{13}C NMR 信号峰；

B(C_4H_9BrO)＋KOH→F(C_4H_8O)；F 有 2 个^{1}H NMR 信号峰和 3 个^{13}C NMR 信号峰；

C(C_4H_9BrO)＋KOH→G(C_4H_8O)；G 有 2 个复杂^{1}H NMR 信号峰和 2 个^{13}C NMR 信号峰；

D(C_4H_9BrO)＋KOH→G(C_4H_8O)；C 和 D 有相同的^{1}H NMR 谱图。

起始原料可能具有光学活性；产物没有。

我们能确定的是什么？如果 C 和 D 是不同的化合物但有相同的 NMR 谱图，它们是对映异构体（想想看）。如果反应后它们都得到 G，那么 G 要么是非手性的，要么是内消旋化合物。下一个问题。我们讨论的是哪种化学反应？每一种反应都涉及 HBr 的消除，但正常的消除过程被排除了，因为产物的^{1}H NMR 谱图中都没有 $\delta=4.6\sim5.7$ 之间烯烃氢的峰。然而，分子内威廉姆森取代反应得到的环醚在分子式上完成了相同的变化（回顾第 9-6 节）。经过一些试验和错误，你应该会想到，为了得到分子式 C_4H_8O 而没有双键，唯一方法就是在分子中有环状醚结构（你会在第 11 章看到一个更系统的分析方法）。所以用分子式 C_4H_8O 来画一些环醚，有 6 种 ：

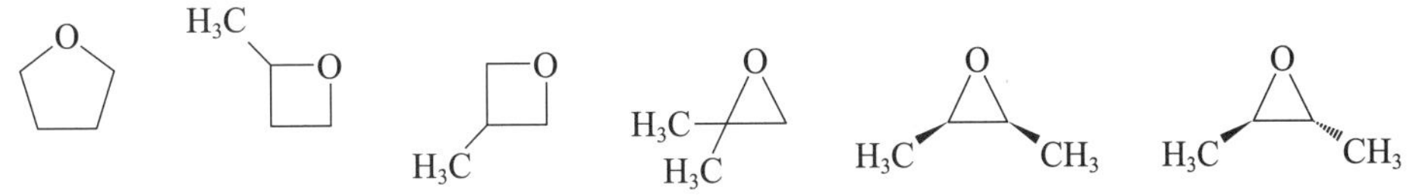

1　2　3　4　5　6

化合物 2 和 6 具有手性；可将其排除在外。化合物 3 有 3 个^{1}H NMR 信号峰，也被排除了。还剩 3 个，让我们把它们和现有的数据匹配一下。化合物 4 在^{1}H NMR 谱上显示出两个单峰，并且有 3 个非等价碳，表明它是 F。它的前体 B 对应什么结构？一种合适的溴代醇：

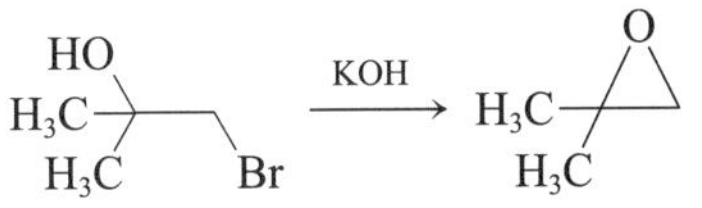

B —KOH→ F

至于剩下的可能产物，化合物 1 和 5，它们都将显示了两个复杂的^{1}H NMR 信号峰和 2 个^{13}C NMR 信号峰。化合物 1 只有一个可能的前体，如下面的反应所示，将其标为 E：

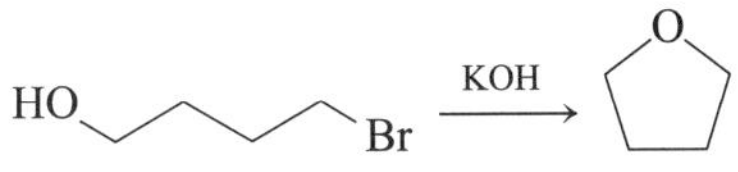

A —KOH→ E

相比之下，化合物 5（内消旋体）可以由两种对映体前体中的任何一种形成（回想一下，背面进攻的取代反应发生构型翻转）：

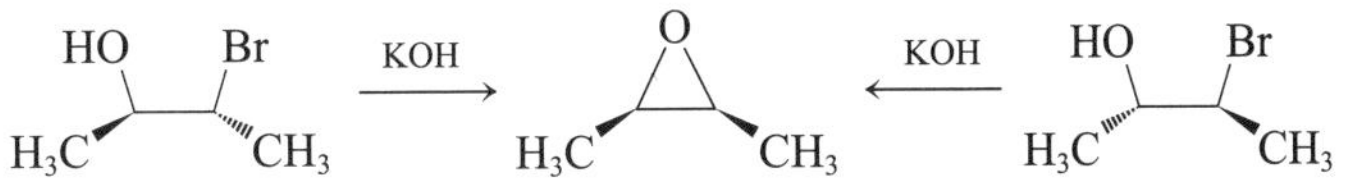

—KOH→ G ←KOH—

产物 G 的一个前体分子是 C，另一个是 D。化合物 E、F 和 G 的化学位移可以直接根据教材中表 10-2 和表 10-6 估计出来。DEPT 谱也会很容易区分它们。

64. （c）

65. （b）

66. （d）

67. （e）

11

烯烃；红外光谱与质谱

在第 11 章和第 12 章，我们学习了一个新官能团：碳-碳双键。与之前所学的官能团不同，碳-碳双键没有极性共价键，反应活性来源于它的 π 键。π 键的性质和特征将在第 12 章进行讨论，第 11 章简单描述了烯烃化合物及其制备方法。通过醇或卤代烃的消除反应制备烯烃是主要的方法，大部分的反应已经在第 7 章和第 9 章中学习过，本章增加了更详细的反应机理。这一章也介绍了红外光谱和质谱，可用来确定分子中存在的特征官能团和分子组成。

本章概要

11-1　烯烃的命名

11-2　乙烯的结构和化学键

11-3　烯烃的物理性质

11-4　烯烃的核磁共振谱

11-5　氢化反应：双键的相对稳定性

从能量的角度比较烯烃和烷烃。

11-6，11-7　烯烃的制备：重温消除反应和醇的脱水反应

主要复习这两类反应。

11-8　红外光谱

另一种非常有用的光谱技术。

11-9，11-10　质谱

一种不同的分子表征技术。

11-11　不饱和度

为解决分子结构提供更多的信息。

本章重点

11-1 至 11-4　烯烃的命名和物理性质

这四节非常详细地阐述了这两部分内容，烯烃的命名规则是非常清晰的，但要注意少部分化合物仍使用常用名。系统命名法是有逻辑性的并且容易掌握。需要注意的是：烯烃与环状烷烃相似，都具有两个不同的“边（sides）”，因此，取代基可能是顺式也可能是反式。然而，对于烯烃，顺反异构的表示方法只能用于有两个取代基的分子，即每个双键碳上各有一个取代基。当双键上带有三个或者四个不同的取代基时，无法用顺反异构的方法表示，只能采用 E/Z 系统命名法表示。

烯烃之所以有两个侧边，是由双键具有四个电子的特性决定的，其中两个电子相互重叠形成 σ 键，另外两个电子在两个相互平行的 p 轨道上相互交叠形成 π 键。π 键的重叠方式导致组成双键的两个碳原子不能旋转。因此，乙烯是一个完美的平面分子，直接与双键碳相连的四个原子都在同一个平面上，π 电子分布在平面的上下两边。

烯烃双键的平面性和取代基的顺反关系的显著特征体现在 NMR 谱图中。烯基氢的化学位移并不完全是等效的。当不等效时，就会观察到偶合，由于偶合常数会随所涉及的氢之间的结构关系变化而显著变化，有时会导致谱图非常复杂（参见教材中表 11-2）。教材中图 11-11 的分子谱图展现了不同的偶合作用。解题时即使遇到复杂的谱图，也可以找到有用的信息，关键找出四个基本信息：信号峰的个数、化学位移、积分、裂分模式。假如裂分非常复杂，仍可以借助其他三个信息找到答案。

11-5　氢化反应：双键的相对稳定性

烯烃化合物的稳定性可以归纳为：取代基越多的烯烃越稳定，反式比顺式稳定。虽然该节中没有单独讲解，但事实上学习烯烃的稳定性有助于理解烯烃的制备和烯烃的反应，并且在后面的学习中会有相应的应用。

11-6　烯烃的制备：重温消除反应

本节回顾了 7-6 节和 7-7 节的内容，并讲述了两个新的知识点。一个是许多卤代烷烃通过消除反应可以得到烯烃双键在碳链上不同位置的多种烯烃。之所以能够生成多种烯烃，是因为卤代烷烃中有多个不同的可发生消除反应的 β-H。记住如下规则：除一个特例外，所有的 E1 和 E2 反应都倾向于生成取代基更多的烯烃，即更稳定的烯烃（Saytzeff 规则）。这一特例就是，当大位阻的碱参与消除反应时，倾向于生成取代基少的烯烃，即不稳定的烯烃（Hofmann 规则）。

第二个新知识点与立体化学有关。在第 7 章中简要提到，E2 消除反应的机理倾向于离去基团与 β-H 处于反式（*anti*）构象，生成的烯烃来源于最优、可能的反式构象的消除过程。E1 消除反应不受限制，只是倾向于生成最稳定的烯烃（例如，反式优先于顺式）作为主要产物。通过消除反应制备烯烃，立体化学是非常重要的因素，特定的卤代烷烃发生 E2 反应只有一个反应构象（参见习题 44），只给出一个立体异构体，这在化学合成上非常有用。而 El 反应容易生成异构体混合物。

11-7　烯烃的制备：醇的脱水反应

这部分内容主要是复习第 7 章和第 9 章的内容。需要注意的是，不同于碱催化的 E2 消除反应，醇的脱水反应倾向于生成更稳定的烯烃（热力学产物）。醇的脱水反应也会伴随重排反应。一个经典的例子：在尝试合成末端烯烃如 1-丁烯的反应中，唯一百分百可靠的方法是碱催化 1-溴丁烷或对甲苯磺酸丁酯的 E2 消除反应，其他方法均只能得到混合物。

$$CH_3CH_2CH_2CH_2Br \xrightarrow{K^+\ {}^-OC(CH_3)_3,\ (CH_3)_3COH} \underset{\text{只有一个产物}}{CH_3CH_2CH{=\!=}CH_2}$$

$$CH_3CH_2CHBrCH_3 \xrightarrow{K^+ \ ^-OC(CH_3)_3,(CH_3)_3COH} \underset{\text{主产物}}{CH_3CH_2CH{=}CH_2} + \underset{\text{副产物,顺式或反式}}{CH_3CH{=}CHCH_3}$$

$$CH_3CH_2CHBrCH_3 \xrightarrow{Na^+ \ ^-OCH_2CH_3,CH_3CH_2OH} \underset{\text{副产物}}{CH_3CH_2CH{=}CH_2} + \underset{\text{主产物,顺式或反式}}{CH_3CH{=}CHCH_3}$$

$$\textbf{1-}\text{或 }\textbf{2-}\text{丁醇} \xrightarrow{\text{浓 } H_2SO_4,\triangle} \underset{\text{副产物}}{CH_3CH_2CH{=}CH_2} + \underset{\text{主产物,顺式或反式}}{CH_3CH{=}CHCH_3}$$

第 12 章中详细介绍了该反应过程的其他信息。

11-8 红外光谱

红外光谱曾是最重要的光谱技术，现在被用于辅助核磁共振谱图分析。红外光谱常被用于识别分子中存在或缺少的特征官能团。对如下这些官能团最具有诊断意义：HO、C≡N、C≡C、C=O 和 C=C。不同类型的 C—H 键也比较容易识别，有助于确认 NMR 给出的信息。尽管有时教材中表 11-4 和正文中的详细数据可能是解决问题所必需的，但在大多数情况下，只需要在 IR 光谱特征区域寻找波段，这与前期学习中将 NMR 波谱分成特征片段的方法相同（例如：烷烃 C—H 键和烯烃 C—H 键），表 11-4 中给出了特征吸收波数范围。

例如：一个分子在 1680～1800 cm^{-1} 有强烈的吸收峰，表示分子中应该有 C=O 键。但红外光谱既能说明分子中存在的官能团也能说明不含的官能团。不要忽视后者的用处！例如，一个分子在 3200～3700 cm^{-1} 区间没有振动吸收，则说明该分子不是醇。结合分子式、NMR 核磁共振谱和红外光谱就可以确定未知分子的结构，课后习题中有相应的练习。

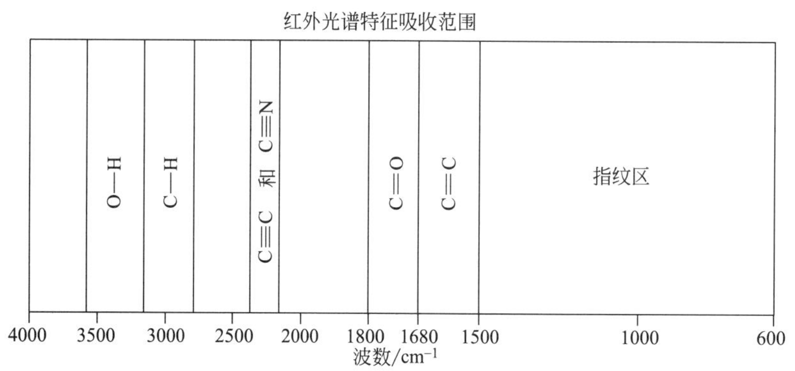

11-9 和 11-10 质谱

质谱的信息可以分为两类：一是分子离子峰确定分子的 m/z 值（分子量），可以用来计算分子式；二是碎片离子峰可以判断分子中可能存在的结构。要学会并掌握如何从质谱数据中提取这类信息。

11-11 不饱和度

当解决分子结构问题时，可通过谱图等数据推测一个合理的分子结构，但是可能会浪费很多时间却写出不符合分子式的错误答案。首先确定分子中是否含有环或者 π 键（不饱和度）有助于快速解析分子结构问题：你会知道未知分子是否含有这些结构。

练习时，在开始写可能的结构之前，可以先整合 IR、NMR 谱图和不饱和度等信息。例如：IR 和 NMR 谱图中显示分子中不含有 π 键（在 1650 cm^{-1} 无吸收峰，在 $\delta=5$ 附近没有 NMR 信号），但分子式表明分子的不饱和度为 1，则可推断分子中有一个环；另外，如果 IR 和 NMR 谱图显示分子中确实含有这些信号，且分子的不饱和度为 1，则可推断分子中一定含有一个 π 键而不是环。因此，通过排除法，可以更快得到正确答案。请先完成习题 38。有些问题会给出一些更多的信息，例如氢化反应的结果，利用它可以区分 π 键和环。通常而言，双键发生氢化后会消失，但是，环状化合物氢化反应后不饱和度不会消失。在本学习指导中，不饱和度的计算通常会在习题解答中给出。

习 题

33. 画出下面分子的结构式。

（**a**）4,4-二氯-反-2-辛烯

（**b**）(*Z*)-4-溴-2-碘-2-戊烯

（**c**）5-甲基-顺-3-己烯-1-醇

（**d**）(*R*)-1,3-二氯环庚烯

（**e**）(*E*)-3-甲氧基-2-甲基-2-丁烯-1-醇

34. 按 IUPAC 命名规则命名下列化合物。

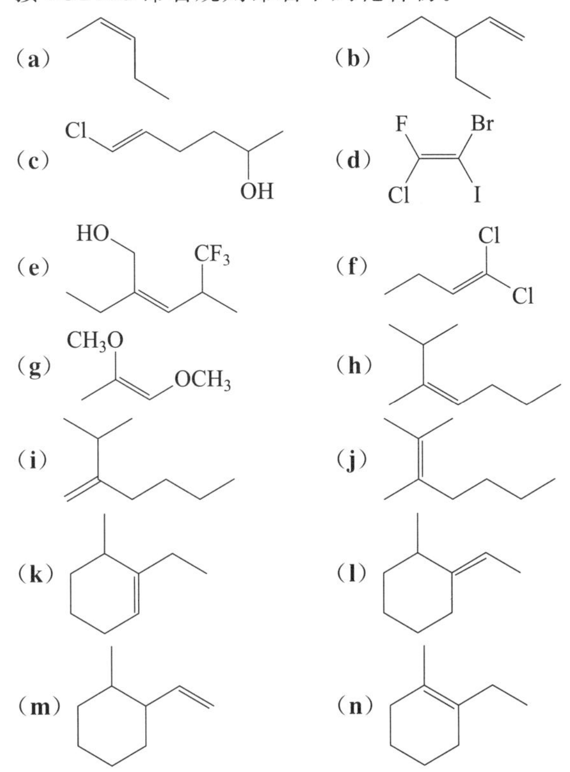

35. 命名下列化合物，并用顺/反或 *E*/*Z* 表明化合物的立体结构。

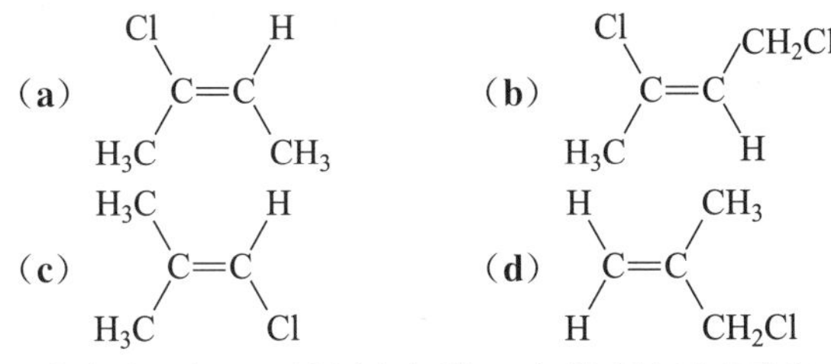

36. 预测下面每一对烯烃中哪一个的偶极矩更高？沸点更高？

（**a**）顺-和反-1,2-二氟乙烯；（**b**）(*Z*)-和(*E*)-1,2-二氟丙烯；（**c**）(*Z*)-和(*E*)-2,3-二氟-2-丁烯

37. 画出下列化合物的结构，并根据酸性强弱进行排列，圈出酸性最强的氢。

环戊烷，环戊醇，环戊烯，3-环戊烯-1-醇

38. 根据^{1}H NMR 得出下列分子的结构（图 A～图 E），注意分子的立体构型。

（**a**）C_4H_7Cl，NMR 谱图 A；

（**b**）$C_5H_8O_2$，NMR 谱图 B；

（**c**）C_4H_8O，NMR 谱图 C；

（**d**）另一个 C_4H_8O，NMR 谱图 D（下一页）；

（**e**）$C_3H_4Cl_2$，NMR 谱图 E（下一页）。

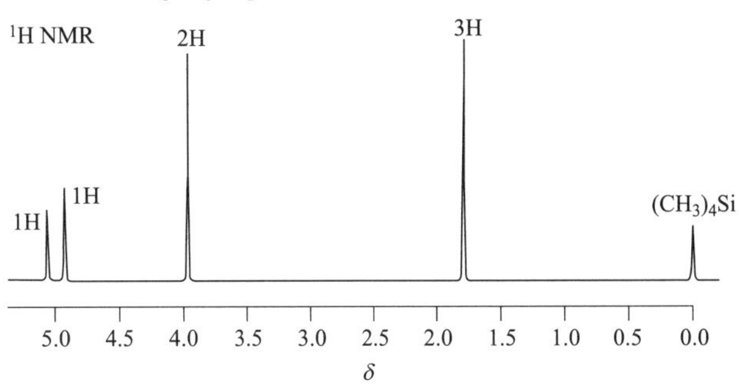

300 MHz ^{1}H NMR谱图

A

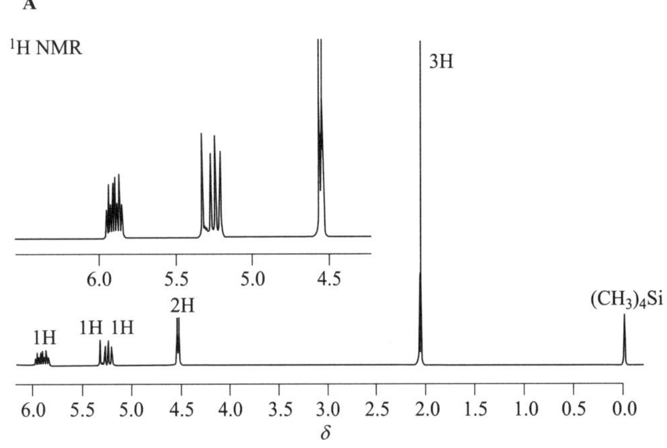

300 MHz ^{1}H NMR谱图

B

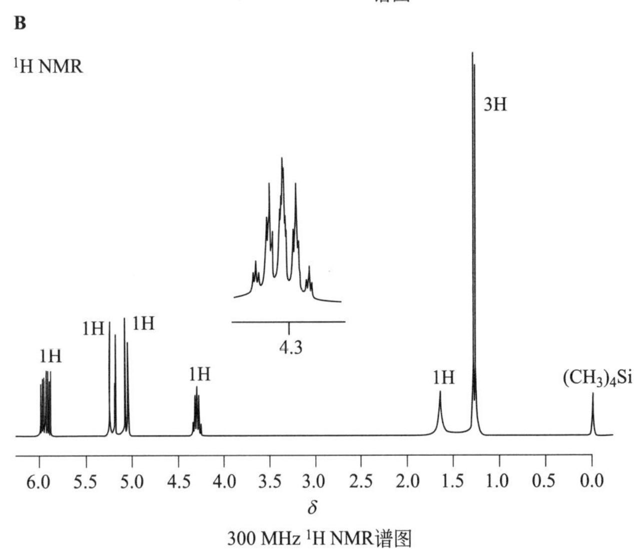

300 MHz ^{1}H NMR谱图

C

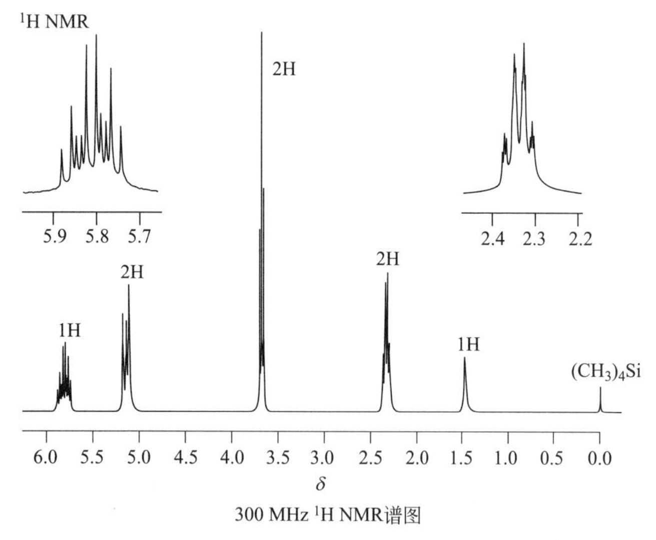

D

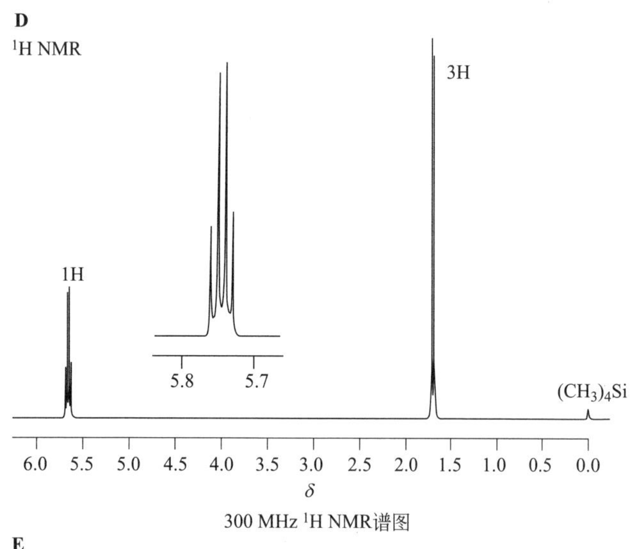

E

39. 详细解释^{1}H NMR 谱图 D 的裂分，内置附图是 $\delta=5.7\sim6.7$ 这个区域放大 5 倍的图。

40. 下面每一对烯烃是否只通过测定极性就可以区分它们？如果可以，请预测哪一个化合物的极性更大？

(**a**) $(H)(H_3C)C=C(CH_3)(H)$（反式）　和　$CH_3CH_2CH=CH_2$

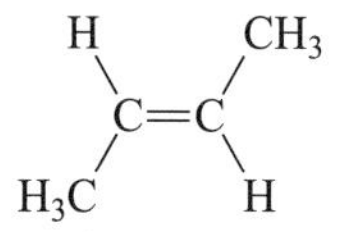

(**b**) $(H_3C)(H)C=C(CH_2CH_2CH_3)(H)$（顺式）　和　$(CH_3CH_2)(H)C=C(CH_2CH_3)(H)$（顺式）

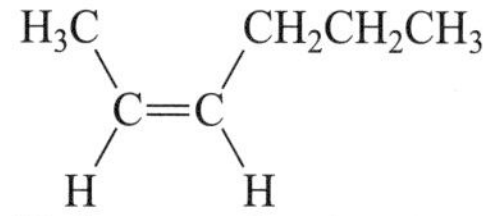

(**c**) $(H_3C)(H)C=C(CH_2CH_2CH_3)(H)$（顺式）　和　$(H)(CH_3CH_2)C=C(CH_2CH_3)(H)$（反式）

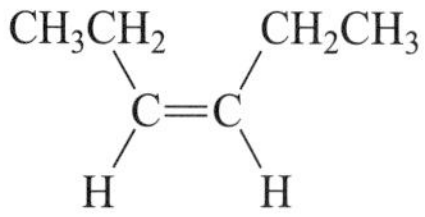

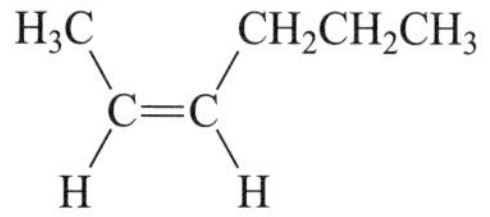

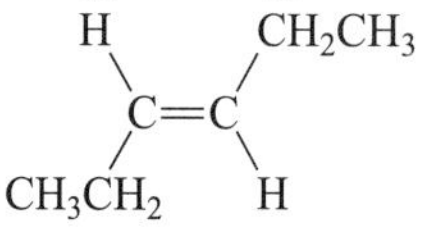

41. 请对下列每一组烯烃按照双键的稳定性和氢化热由低到高排序。

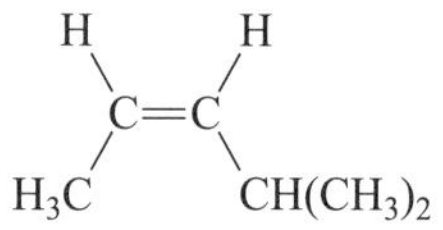

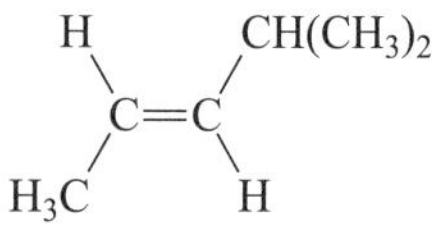

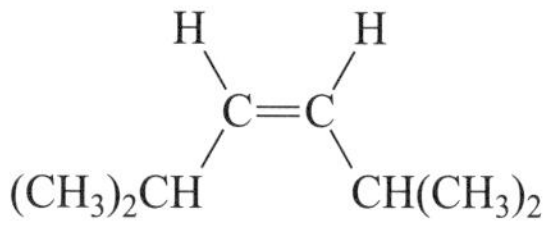

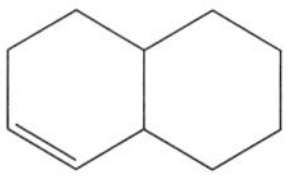

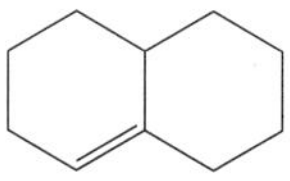

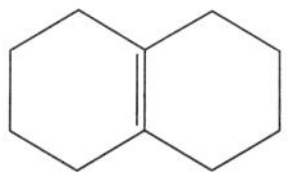

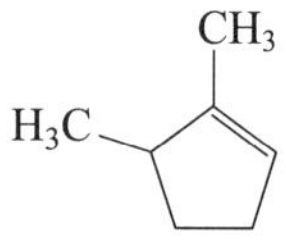

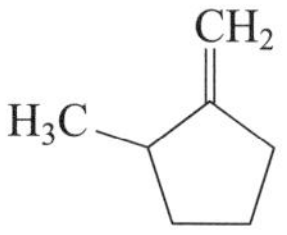

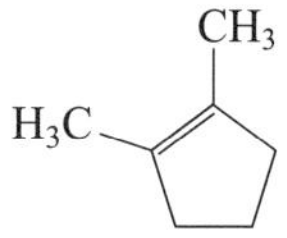

(**a**) $CH_2=CH_2$　$(H_3C)_2C=C(CH_3)_2$　$(H_3C)_2C=CH_2$

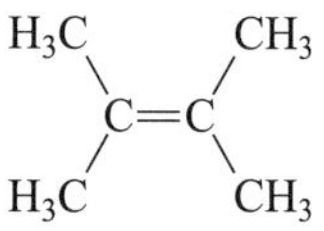

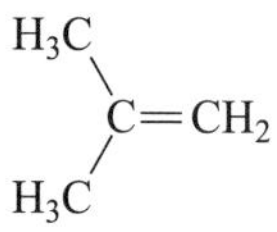

(**b**) $(H)(H_3C)C=C(H)(CH(CH_3)_2)$（顺式）　$(H)(H_3C)C=C(CH(CH_3)_2)(H)$（反式）　$(H)((CH_3)_2CH)C=C(H)(CH(CH_3)_2)$（顺式）

(**c**) 八氢萘类双环烯烃三种（双键位置不同）

(**d**) H_3C-、CH_3 取代环戊烯；H_3C-取代亚甲基环戊烷（$=CH_2$）；H_3C-、CH_3 取代环戊烯（双键在两取代碳之间）

(**e**) 环丁烯　环己烯　环丙烯

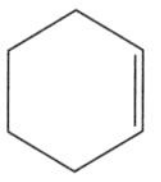

42. 写出所有可能的简单烯烃的结构，其在铂的作用下催化氢化得到：(**a**) 2-甲基丁烷；(**b**) 2,3-二甲基丁烷；(**c**) 3,3-二甲基戊烷；(**d**) 1,1,4-三甲基环己烷。每组当中你可以写出不止一种烯烃吗？对每一组可能的烯烃按照稳定性顺序来排列。

43. 2-溴丁烷在乙醇溶液中与乙醇钠反应，得到三种 E2 反应产物，请说出三种产物的结构，并预测它们的相对含量。

44. 有的卤代烷发生 E2 反应时，产物为多种立体异构体的混合物（习题 43 中的 2-溴丁烷），而有的卤代烷（2-溴-3-甲基戊烷，参见 11-6 节）发生 E2 反应的产物为单一产物，请说出是结构上的什么区别导致了两种卤代烷这样的结果。

45. 请写出下列卤代烷在乙醇溶液中与乙醇钠反应或在 2-甲基-2-丙醇（叔丁醇）溶液中与叔丁醇钾反应的主产物。

(**a**) 氯甲烷；(**b**) 1-溴戊烷；(**c**) 2-溴戊烷；(**d**) 1-氯-1-甲基环己烷；(**e**)（1-溴乙基）-环戊烷；(**f**)（2*R*,3*R*）-2-氯-3-乙基己烷；(**g**)（2*R*,3*S*）-2-氯-3-乙基己烷；(**h**)（2*S*,3*R*）-2-氯-3-乙基己烷。

46. 三种溴代烷烃与乙醇钠在乙醇中发生 E2 反应的相对速率为：CH_3CH_2Br，1；$CH_3CHBrCH_3$，5；$(CH_3)_3CBr$，40。(**a**) 定性地解释这些数据。(**b**) 根据题干，预测 $CH_3CH_2CH_2Br$ 在相同反应的条件下发生 E2 反应的速率。

47. 画出 2-溴-3-甲基戊烷四种立体异构体适合 E2 消除反应构象的 Newman 投影式（教材中 493 页“2-溴-3-甲基戊烷在 E2 反应中的立体专一性”）。这些反应构象是最稳定的构象吗？请解释之。

48. 参考第 7 章习题 38 答案，定性预测消除反应生成的各烯烃异构体的相对含量。

49. 参考第 9 章习题 38 的答案，定性预测每个消除反应生成的各烯烃异构体的相对含量。

50. 比较和对照 2-氯-4-甲基戊烷在两个反应条件下（**a**）乙醇溶液中与乙醇钠；（**b**）2-甲基-2-丙醇（叔丁醇）溶液中与叔丁醇钾，发生脱卤化氢反应的主产物。写出每个反应的机理。另外，考虑 4-甲基-2-戊醇在 130 ℃下与浓硫酸反应，并比较其与（a）和（b）产物及反应机理的区别（**提示：**在脱卤化氢反应中没有生成脱水反应的主产物）。

51. 参考第 7 章习题 63，写出每一种氯代类固醇的 E2 消除反应生成烯烃的主要结构。

52. 1-甲基环己烯比亚甲基环己烷（A）稳定，而亚甲基环丙烷（B）比 1-甲基环丙烯更稳定，请解释原因。

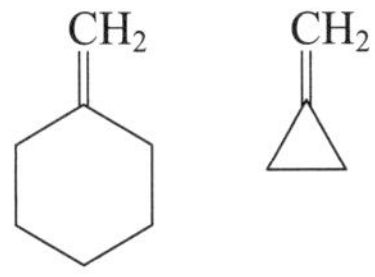

CH_2 CH_2

A **B**

53. 写出下面两个卤化物异构体发生 E2 消除反应的产物。

（**a**）Br H C_6H_5 C_6H_5 H CH_3 （**b**）Br H C_6H_5 C_6H_5 H_3C H

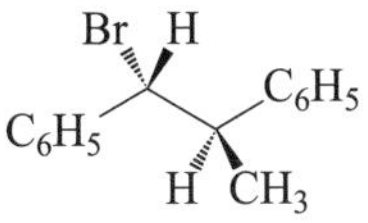

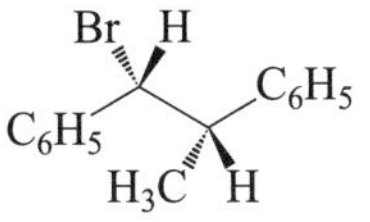

其中一个化合物的消除速率是另一个的 50 倍，请指出这个化合物并解释原因。（**提示：**参见习题 45。）

54. 写出下面两个反应的机理，详细比较产物为什么不同。

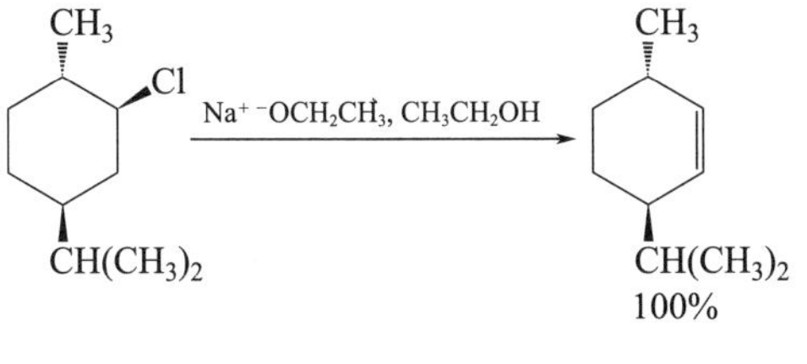

CH_3, Cl, $CH(CH_3)_2$ —$Na^+\ ^-OCH_2CH_3$, CH_3CH_2OH→ CH_3, $CH(CH_3)_2$ 100%

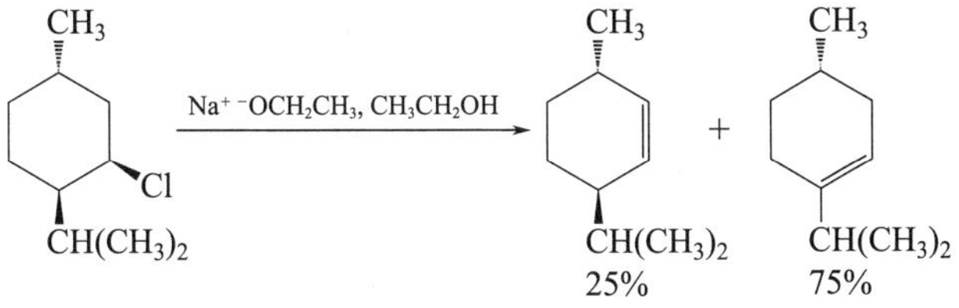

CH_3, Cl, $CH(CH_3)_2$ —$Na^+\ ^-OCH_2CH_3$, CH_3CH_2OH→ CH_3, $CH(CH_3)_2$ 25% + CH_3, $CH(CH_3)_2$ 75%

55. 已知下列一些化合物的分子式及其^{13}C NMR 数据，碳的种类由 DEPT 谱图测得。请推断其结构。

(**a**)C_4H_6：30.2(CH_2)，136.0(CH)；(**b**)C_4H_6O：18.2(CH_3)，134.9(CH)，153.7(CH)，193.4(CH)；(**c**)C_4H_8：13.6(CH_3)，25.8(CH_2)，112.1(CH_2)，139.0(CH)；(**d**) $C_5H_{10}O$：17.6(CH_3)，25.4(CH_3)，58.8(CH_2)，125.7(CH)，133.7(C_{quat})；(**e**)C_5H_8：15.8(CH_2)，31.1(CH_2)，103.9(CH_2)，149.2(C_{quat})；(**f**)C_7H_{10}：25.2(CH_2)，41.9(CH)，48.5(CH_2)，135.2(CH)。

(**提示：**这个比较难。分子中有一个双键。它有多少个环?)

56. 已知化合物的分子式 C_5H_{10} 及其^{13}C NMR (DEPT) 数据，碳的种类由 DEPT 谱测得。请推断其结构。

(**a**) 25.3 (CH_2)；(**b**) 13.3 (CH_3)，17.1 (CH_3)，25.5 (CH_3)，118.7 (CH)，131.7 (C_{quat})；(**c**) 12.0 (CH_3)，13.8 (CH_3)，20.3 (CH_2)，122.8(CH)，132.4(CH)。

57. 根据 Hooke 定律，能否得出普通卤代烷中 C—X（X=Cl、Br、I）键在红外光谱中吸收峰的波数高于或低于碳与其他较轻原子（例如，氧）吸收峰的波数?

58. 将以下 IR 吸收频率单位转换成 μm。

(**a**) 1720 cm^{-1}(C=O)

(**b**) 1650 cm^{-1}(C=C)

(**c**) 3300 cm^{-1}(O—H)

(**d**) 890 cm^{-1}(烯键弯曲)

(**e**) 1100 cm^{-1}(C—O)

(**f**) 2260 cm^{-1} (C≡N)

59. 请从下面找出与红外光谱数据相对应的结构。其中：w，弱吸收；m，中等吸收；s，强吸收；br，宽峰。

(**a**) 905(s)，995(m)，1040(m)，1640(m)，2850～2980(s)，3090(m)，3400(s,br)cm^{-1}；

(**b**) 2840(s)，2930(s)cm^{-1}；

(**c**) 1665(m)，2890～2990(s)，3030(m)cm^{-1}；

(**d**) 1040(m)，2810～2930(s)，3300(s，br)cm^{-1}。

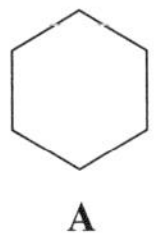

A  OH **B**

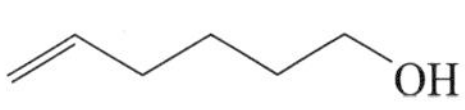

OH **C** **D**

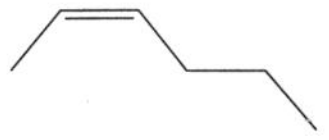

60. 在化学品储藏室中寻找几种溴戊烷的异构体。架子上有标为 $C_5H_{11}Br$ 的三瓶试剂，但标签已脱落。若NMR已坏，只能设计下述实验来判断哪个瓶子中是哪种异构体。先在乙醇的水溶液中，将每瓶物质与NaOH作用，产物的红外光谱数据如下：

（i）$C_5H_{11}Br$（瓶A）$\xrightarrow{NaOH}$ IR：1660，2850～3020，3350 cm^{-1}

（ii）$C_5H_{11}Br$（瓶B）$\xrightarrow{NaOH}$ IR：1670，2850～3020 cm^{-1}

（iii）$C_5H_{11}Br$（瓶C）$\xrightarrow{NaOH}$ IR：2850～2960，3350 cm^{-1}

（a）这些数据能够提供关于产物（或混合产物）的什么信息？

（b）提出三个瓶内物质可能的结构。

61. 下面哪一个化合物与所给的红外光谱图（F）最符合？

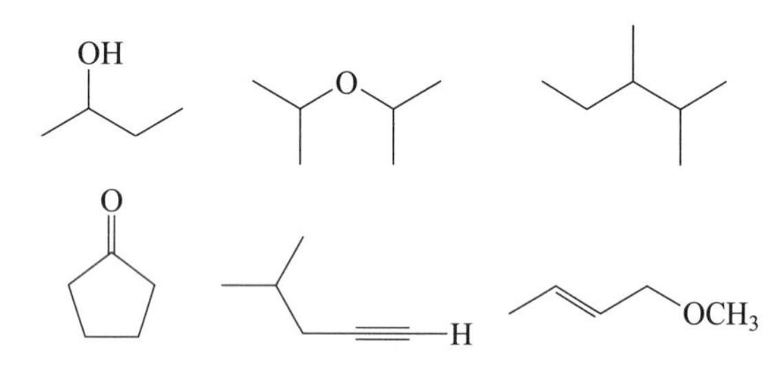

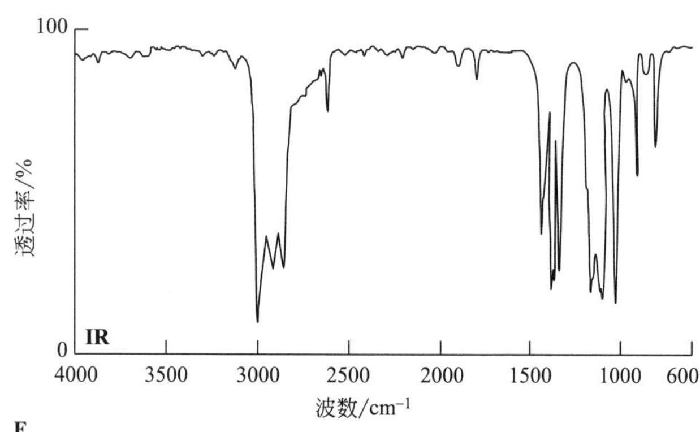

62. 下面为三个化合物己烷、2-甲基戊烷和3-甲基戊烷相应的质谱图。基于碎片裂解方式，确认各化合物，以使其结构与相应的谱图最吻合。

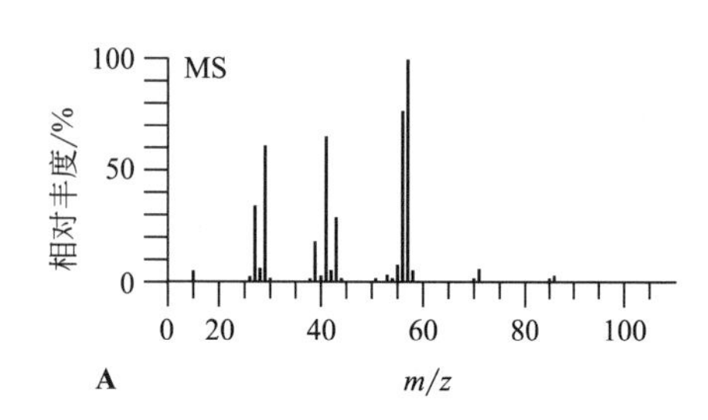

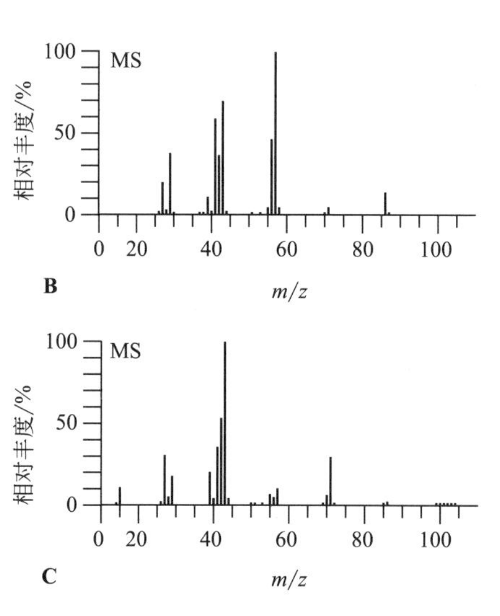

63. 尽可能多地归属1-溴丙烷（图11-24）质谱图中的峰。

64. 下表列出了分子式为 $C_5H_{12}O$ 的三种异构体醇的部分质谱数据。根据峰的位置和强度，为三种异构体各提出一个结构。短横表示峰很弱或根本不存在。

相对峰强			
m/z	异构体A	异构体B	异构体C
$88M^+$	—	—	—
$87(M-1)^+$	2	2	—
$73(M-15)^+$	—	7	55
$70(M-18)^+$	38	3	3
$59(M-29)^+$	—	—	100
$55(M-15-18)^+$	60	17	33
$45(M-43)^+$	5	100	10
$42(M-18-28)^+$	100	4	6

65. 请根据下面化合物的结构写出它们的分子式，并计算其不饱和度。判断计算结果是否与结构相符。

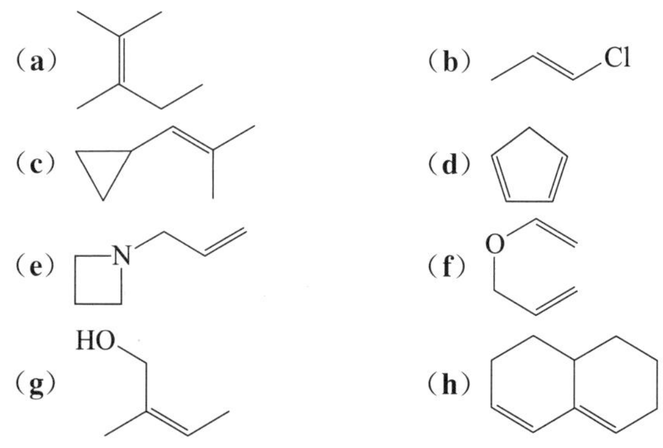

66. 请根据下面化合物的分子式计算不饱和度。

（a）C_7H_{12}；（b）$C_8H_7NO_2$；（c）C_6Cl_6；

(**d**) $C_{10}H_{22}O_{11}$；(**e**) $C_6H_{10}S$；(**f**) $C_{18}H_{28}O_2$。

67. 一个分子量为 96.0940 的碳氢化合物的谱图数据如下，^{1}H NMR：$\delta=1.3$(m，2H)，1.7(m，4H)，2.2(m，4H)，4.8(quin，$J=3$ Hz，2H)；^{13}C NMR：$\delta=26.8$，28.7，35.7，106.9，149.7；IR 如下图 G。氢化反应生成分子量为 98.1096 的产物。推测可能的化合物的结构。

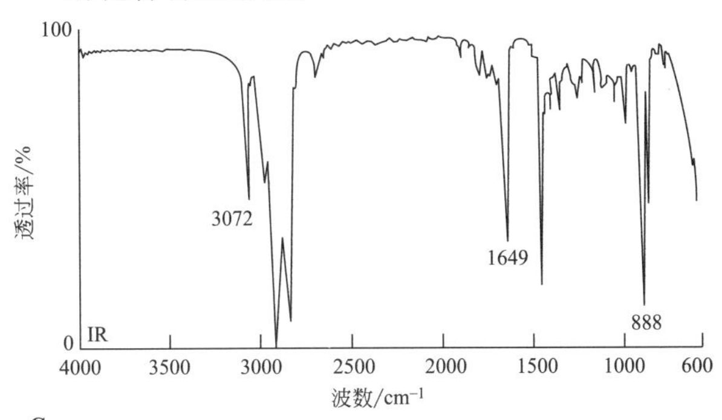

G

68. C_{60} 是 1990 年分离得到的分子碳的一种新形式，由于它是由碳组成的一个类似足球的结构，因此它又被称为"buckyball"（不必知道其 IUPAC 命名）。其氢化产物的分子式为 $C_{60}H_{36}$，计算 C_{60} 和 $C_{60}H_{36}$ 的不饱和度。氢化反应的结果能否说明"buckyball"的环和 π 键总数是有限的吗？（关于 C_{60} 的更多信息参见真实生活 15-1）。

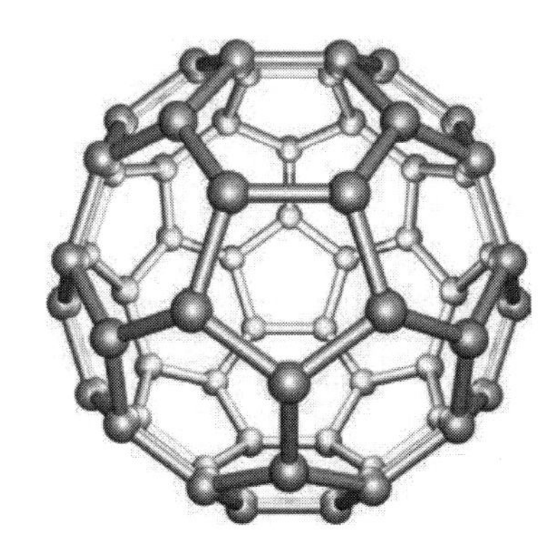

69. 挑战题 假设你刚刚被任命为一家著名香水公司（Scents"R"Us）的总经理，现在寻找一种热销的商品推向市场，你偶遇一个标签为 $C_{10}H_{20}O$ 的瓶子，内装有一种具有美妙的甜玫瑰芳香气味的液体。你想弄清它的结构，因此测试并得到如下五组数据。(i)^{1}H NMR 数据为：$\delta=0.94$(d，$J=7$ Hz，3H)，1.63(s，3H)，1.71(s，3H)，3.68(t，$J=7$ Hz，2H)，5.10(t，$J=6$ Hz，1H)；其余 8H 的吸收峰互相重叠，出现在 $\delta=1.3\sim2.2$ 区域。(ii)^{13}C NMR (^{1}H 去偶) 的数据为：$\delta=60.7$，125.0，130.9；其余 7 个峰在高场 $\delta=40$。(iii) IR：$\tilde{\nu}$1640 cm^{-1} 和 3350 cm^{-1}。(iv) 用缓冲的 PCC（8-5 节）氧化后得到分子式为 $C_{10}H_{18}O$ 的产物。此化合物的光谱图数据与原化合物相比有以下变化，^{1}H NMR：$\delta=3.68$ 处的峰消失，在 $\delta=9.64$ 处出现新峰；^{13}C NMR：$\delta=60.7$ 处的峰消失，在 $\delta=202.1$ 处出现新峰；IR：3350 cm^{-1} 处的峰消失，在 1728 cm^{-1} 出现新峰。(v) 氢化后产物的分子式为 $C_{10}H_{22}O$，其结构与天然产物香叶醇（下面）的氢化产物一致。请写出这种有美妙气味的液体的结构。

OH

香叶醇

70. 运用表 11-4 中的数据，指出下列天然产物所对应的红外光谱：樟脑、薄荷醇、菊酸酯和表雄酮（结构参见 4-7 节）。(**a**) 3355 cm^{-1}；(**b**) 1630，1725，3030 cm^{-1}；(**c**) 1730，3410 cm^{-1}；(**d**) 1738 cm^{-1}。

71. 挑战题 从下面所给的信息确定 A、B、C 的结构并解释所发生的化学反应。下面所示的醇在吡啶溶液中与 4-甲基苯磺酰氯反应，生成 A ($C_{15}H_{20}O_3S$)。A 与二异丙基氨基锂（LDA，参见 7-8 节）反应，得到单一化合物 B (C_8H_{12})，在^{1}H NMR 中 $\delta=5.6$ 处有一积分为 2H 的多重峰。但是，如果 A 首先与 NaI 反应，再与 LDA 反应，则生成 B 和异构的 C，C 在^{1}H NMR 中 $\delta=5.2$ 处有一积分为 1H 的多重峰。

H OH

H

72. 挑战题 柠檬酸循环是一系列的生物反应，在细胞的新陈代谢中起核心作用。循环包括苹果酸和柠檬酸的脱水反应，分别生成富马酸和乌头酸（均为常用名）。这两个反应严格遵循酶催化的反式消除机理。

CO_2H

H—C—H*

H—C—OH $\xrightarrow[-H_2O]{\text{富马酸酶}}$ 富马酸

CO_2H

苹果酸

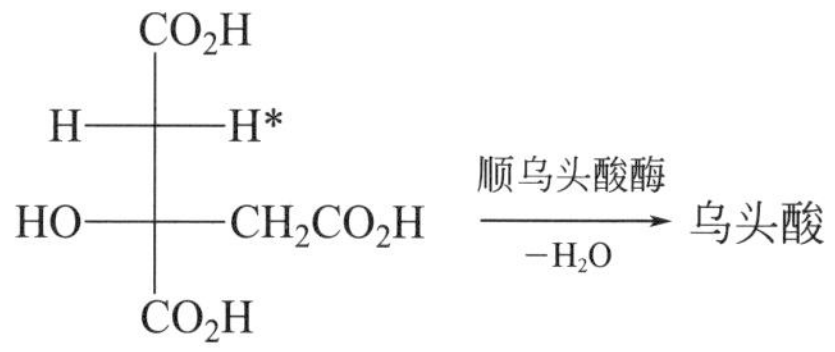

柠檬酸 $\xrightarrow[-H_2O]{顺乌头酸酶}$ 乌头酸

(a) 在每一次脱水反应中，只有带星号的氢和它下边碳上的羟基一起脱去。写出产物富马酸和乌头酸的结构，并指明立体构型。(b) 正确使用顺/反或 E/Z 来标记产物的立体构型。(c) 异柠檬酸（下面）也可以通过顺乌头酸酶作用脱水。异柠檬酸存在几种立体异构体？注意此反应遵循反式消除机理，请写出异柠檬酸的立体异构体的结构。该结构在脱水时会生成与柠檬酸脱水形成的乌头酸相同的异构体，并且用 R/S 指明手性碳的立体构型。

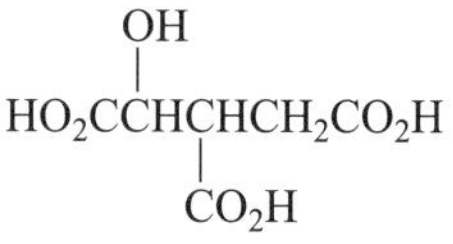

$HO_2CCH(OH)CH(CO_2H)CH_2CO_2H$

异柠檬酸

团队练习

73. 如下面方程式所示，某种氨基酸衍生物的脱水反应是立体专一性的。

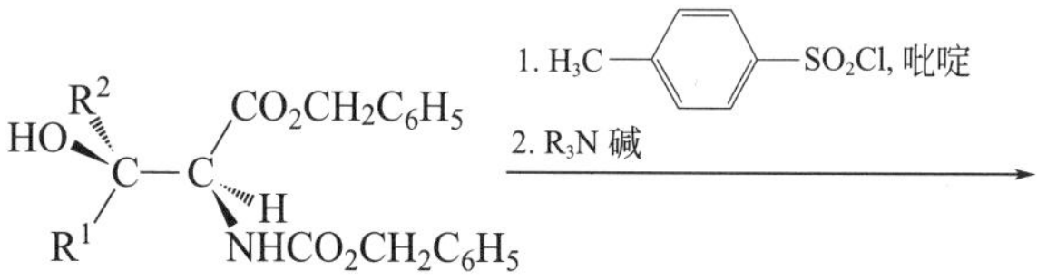

1 → (1. $H_3C-C_6H_4-SO_2Cl$，吡啶；2. R_3N 碱) → 2

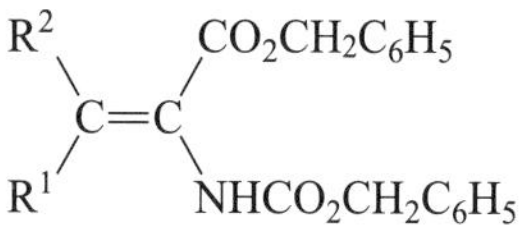

	R^1	R^2
a	CH_3	H
b	H	CH_3
c	$CH(CH_3)_2$	H
d	H	$CH(CH_3)_2$

小组内分工分析所给的数据，并确定立体控制的消除反应的性质。标明化合物 **1a**～**1d** 的绝对构型（R/S）和化合物 **2a**～**2d** 的构型（E,Z）。画出每一种起始物（**1a**～**1d**）中活性构型的 Newman 投影式。全小组运用所学的知识指定化合物中带星号碳的绝对构型。化合物 3 脱水生成化合物 4，化合物 4 是合成抗癌药物 5 的重要中间体。

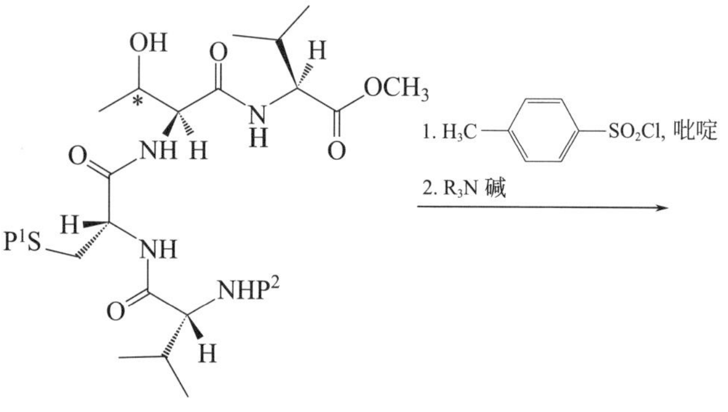

3 → (1. $H_3C-C_6H_4-SO_2Cl$，吡啶；2. R_3N 碱) → 4

（P^1 和 P^2 是保护基团）

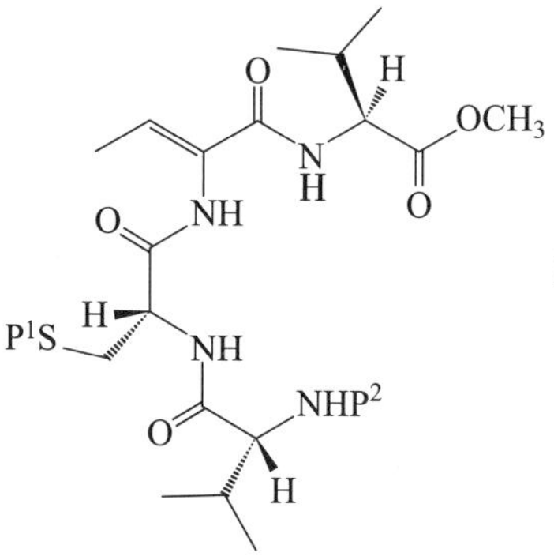

4 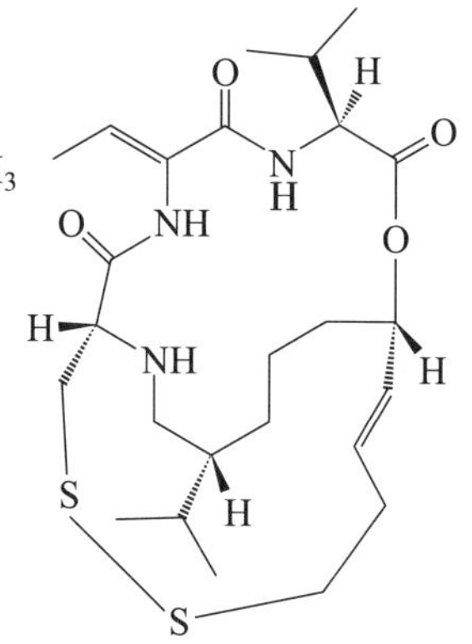　　5

预科练习

74. 下面哪一个是化合物 A 的经验式？

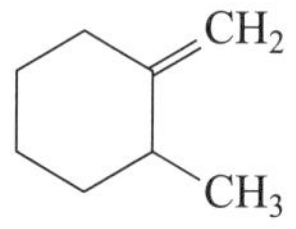

A

(a) C_8H_{14}；　(b) C_8H_{16}；　(c) C_8H_{12}；　(d) C_4H_7。

75. 环丁烷的不饱和度是多少？

(a) 0；(b) 1；(c) 2；(d) 3。

76. 化合物 B 的 IUPAC 命名是哪一个？

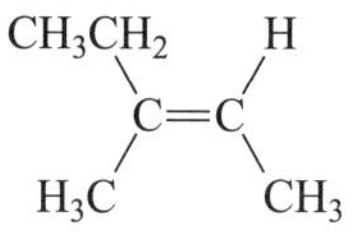

B

(a) (E)-2-甲基-3-戊烯；

(b) (E)-3-甲基-2-戊烯；

(c) (Z)-2-甲基-3-戊烯；

(d) (Z)-3-甲基-2-戊烯。

77. 下面哪一个化合物的氢化热最低？

(a)　　(b)

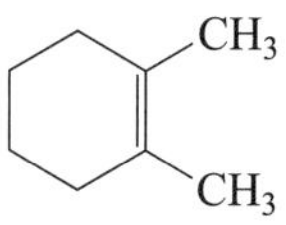

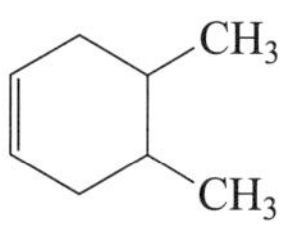

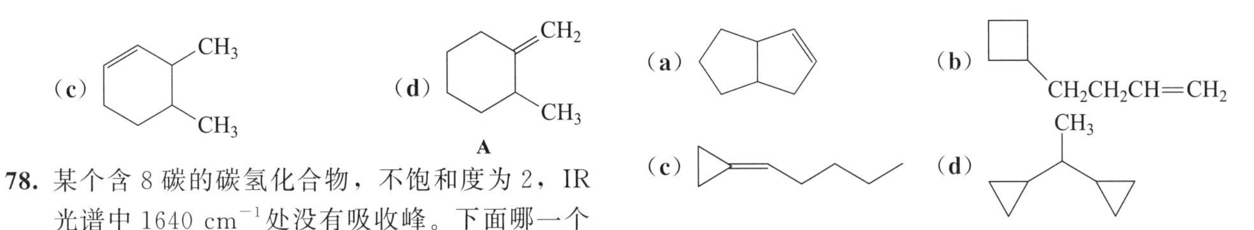

78. 某个含 8 碳的碳氢化合物，不饱和度为 2，IR 光谱中 1640 cm^{-1} 处没有吸收峰。下面哪一个结构与之最相符？

习题解答

33.

(a) Cl Cl　　(b) I Br　　(c) HO

(d) Cl Cl　　(e) HO OCH_3

34.

(a) 顺-或（*Z*）-2-戊烯　　(b) 3-乙基-1-戊烯　　(c) 反-或（*E*）-6-氯-5-己烯-2-醇

(d)（*Z*）-1-溴-2-氯-2-氟-1-碘乙烯（C-1 上的 I 和 Br 优先于 C-2 上的 Cl 和 F）

(e)（*Z*）-2-乙基-5,5,5-三氟-4-甲基-2-戊烯-1-醇　　(f) 1,1-二氯-1-丁烯

(g)（*Z*）-1,2-二甲氧基丙烯　　(h)（*Z*）-2,3-二甲基-3-庚烯　　(i) 2-甲基-3-甲亚基庚烷

(j) 2,3-二甲基-2-庚烯

(k) 1-乙基-6-甲基环己烯。此命名方法比 2-乙基-3-甲基环己烯更好，因为乙基的编号更小。

(l) 1-乙亚基-2-甲基环己烷　　(m) 1-乙烯基-2-甲基环己烷　　(n) 1-乙基-2-甲基环己烯

35.

(a)（*E*）-2-氯-2-丁烯（两个烯烃碳原子上优先的官能团分别是 Cl 和 CH_3，它们互为反式，故命名为 *E*；顺/反表示法一般不用在双键上有两个以上取代基的烯烃命名中）

(b)（*E*）-或反-1-氯-2-丁烯　　(c) 1-氯-2-甲基丙烯　　(d) 3-氯-2-甲基-1-丙烯

36. 下列每一对烯烃中，两个氟原子互为顺式的烯烃具有更高的偶极矩和沸点。因此，则有：

(a) 顺-1,2-二氟乙烯；(b)（*Z*）-1,2-二氟丙烯；(c)（*Z*）-2,3-二氟-2-丁烯。

37. 下列化合物的酸性强弱顺序为：

O H ＞ O H ＞ H H ＞

两个醇的酸性（pK_a≈17）比烯烃（pK_a≈40）的酸性强，比烷烃（pK_a≈50）强。3-环戊烯-1-醇酸性比环戊醇略高，这是因为烯烃碳原子的 sp^2 杂化有吸电子诱导效应。

38.

(a) $H_{饱和}=8+2-1=9$；不饱和度$=(9-7)/2=1$，分子中有一个 π 键或者环。核磁谱图的积分表明存在以下碎片分子：

$\delta=1.8$(s,3H)：$\mathbf{CH_3}$，连接在不饱和的官能团上。

$\delta=4.0$(s,2H)：$\mathbf{CH_2}$，很可能连在 Cl 原子上。

$\delta=4.9$ 和 5.1（两个 s 单峰，各 1 个 H）：两个烯烃的氢原子。

因此，化合物中有 H_3C—，—CH_2—Cl 和 C═C 上连有两个氢原子。这四个取代基有以下三种排

布方式：

$$\mathrm{H_3C(H)C{=}C(H)CH_2Cl}\qquad \mathrm{H_3C(H)C{=}C(H)CH_2Cl}\qquad \mathrm{H_3C(ClH_2C)C{=}CH_2}$$

前两个化合物中，NMR 谱图中的信号峰应该有较强的偶合作用，只有第三个化合物的核磁谱图与谱图 A 是一致的。虽然顺式或反式 H—C ═C—H 的偶合很强，但是 ═C(H)(H) 的偶合非常弱，所以第三个化合物是正确答案。

(**b**) $H_{饱和}=10+2=12$；不饱和度$=(12-8)/2=2$，分子中有 2 个 π 键，或 2 个环，或者一个 π 键和一个环。

核磁谱图 B 表明：

$\delta=2.1$(s,3H)：C**H**$_3$，连在不饱和官能团上。

$\delta=4.5$(d,2H)：C**H**$_2$，连在氧原子上，被一个氢裂分为双重峰。

$\delta=5.3$ 和 5.9(m,2H 和 1H)：—C**H** ═C**H**$_2$，内部氢原子相对于其他两类氢出现在更低场，是非常明显的乙烯基结构。$\delta=5.9$ 信号峰的裂分，表明乙烯基与 CH_2 相连［参考教材中图 11-11(B)］。

目前分子中应包含 H_3C—和 H_2C ═CH—CH_2O—，合计 C_4H_8O，剩余一个 C 原子和 O 原子，并且还有一个 π 键（不可能是环）。所以，剩余的片段可能是 >C═O ，化合物的分子式是：

$$\mathrm{H_3C{-}C({=}O){-}O{-}CH_2{-}CH{=}CH_2}$$

(**c**) $H_{饱和}=8+2=10$；不饱和度$=(10-8)/2=1$，分子中存在 1 个 π 键或 1 个环。

$\delta=1.3$(d,3H)：可能是 **H**$_3$C—CH。

$\delta=1.6$(bs,1H)：可能是 O**H**?

$\delta=4.3$(q,1H)：可能是 C**H**—OH，有四个邻近的 H 原子（不包括 OH）。

$\delta=5.1$ 和 5.3（一个窄的双峰和一个宽的双峰，各 1 个氢原子）：两个烯烃氢原子，一个与烯烃上第三个氢原子呈顺式，一个呈反式。

$\delta=5.9$(m,1H)：烯烃上第三个氢原子，即 H_2C ═C**H**—片段上加粗的 H。

$\delta=1.3$ 的 CH_3 一定连在 $\delta=4.3$ 的 CH 上，因此，化合物的分子结构为：

$$\mathrm{H_3C{-}CHOH{-}CH{=}CH_2}$$

(**d**) 具有与 (c) 一样的分子式，因此分子中存在 1 个 π 键或 1 个环。

$\delta=1.4$(bs,1H)：可能也是 O**H**?

$\delta=2.3$(q,2H)：一个 C**H**$_2$，有三个邻近的氢原子。

$\delta=3.7$(t,2H)：基本上应该是 H_2C—**CH$_2$**—OH（OH 上的氢原子未参与裂分）。

$\delta=5.2$(m, 2H) 和 5.7(m,1H)：烯烃氢原子，还是 **H$_2$C ═CH**—结构片段。

和 (c) 一样，分子中只有 4 个碳原子，且两个 CH_2 基团彼此相连，因此化合物的分子结构为：

$$\mathrm{H_2C{=}CH{-}CH_2{-}CH_2OH}$$

(**e**) $H_{饱和}=6+2-2=6$；不饱和度$=(6-4)/2=1$，分子中存在 1 个 π 键或 1 个环。

$\delta=1.7$(d,3H)：C**H$_3$**，连接 CH。

$\delta=5.7$(q,1H)：烯烃 C**H**，连接 CH_3。

剩余 1 个 C 原子和两个 Cl 原子，所以分子中存在 H_3C—CH═C< 片段和两个氯原子，将两个片段结合起来，分子结构为：H_3C—CH═CCl_2。

39. $\delta=2.3$ 的多重峰是 C-2 上 CH_2 基团的四重峰，因为它周围有 3 个 H，分别是 C-1 上的 CH_2 和 C-3 上的 CH。谱图 D 显示还有其他的非常精细的裂分，表明与 C-4 上烯烃氢原子产生很小的偶合（$J<1$ Hz）。

$\delta=5.7$ 的多重峰应该是 C-3 上 CH 的信号峰，被烷基 CH_2 和另一边烯烃 CH_2 基团裂分为 d（反式烯烃偶合）d（顺式烯烃偶合）t（烷基 CH_2 偶合）峰，共 12 重峰，但只能看到 10 重峰。通过构建裂分图可以看到两个消失的峰，即 5 号峰和 6 号峰重合给出一个高峰，7 和 8 重合给出一个高峰：

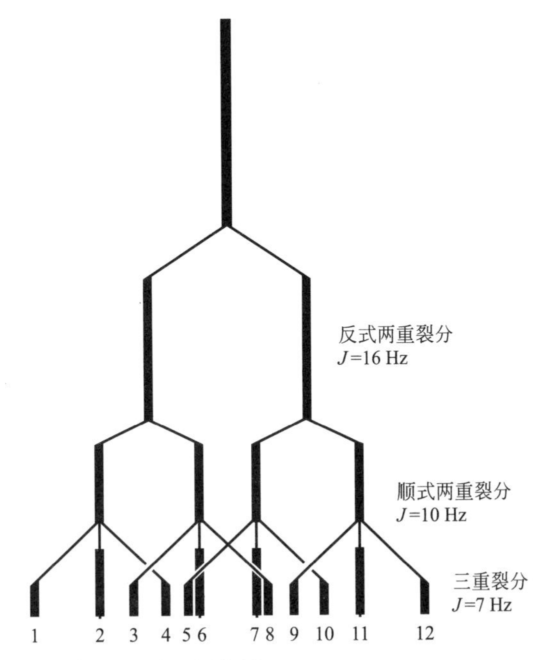

40.（**a**）是。1-丁烯＞反-2-丁烯（极性应该是 0）。

（**b**）否。

（**c**）是。顺式＞反式（反式的极性也是 0）。

41. 稳定性和氢化热的顺序是相反的，越稳定的烯烃能量越低，氢化反应放出的能量越少。所以各组化合物的稳定性如下：

（**a**）$H_2C{=}CH_2 < (CH_3)_2C{=}CH_2 < (CH_3)_2C{=}C(CH_3)_2$　取代基增加

（**b**）H, H / C=C / $(CH_3)_2CH$, $CH(CH_3)_2$ ＜ H, H / C=C / H_3C, $CH(CH_3)_2$ ＜ H, $CH(CH_3)_2$ / C=C / H_3C, H

（两个大取代基顺式）　（一个小取代基和一个大取代基顺式）　（反式）

（**c**）＜ ＜ 与（a）类似

（**d**）H_3C, CH_2 ＜ H_3C, CH_3 ＜ H_3C, CH_3 与（a）和（c）类似

（**e**）＜ ＜ 环的张力

42. 通常烯烃按照稳定性递减的顺序从左往右写。

（**a**）＞ ＞

（三取代）　（二取代）　（单取代）

（**b**）＞

（四取代）　（二取代）

（**c**）（只有一个可能性）

（d）（三取代）>（二取代）≈

43.

$CH_3CH_2CH{=}CH_2$ 最少

顺-2-丁烯；反-2-丁烯 主产物

44. 卤代烷 R—CH_2—CHX—R′中，H 和 X 处于反式时，分子通常有两种构型：一种生成顺式烯烃，一种生成反式烯烃。例如：2-溴丁烷。

卤代烷 RR′CH—CHX—R″，H 和 X 处于反式时，分子只有一种构型，只能生成一种化合物，立体构型由卤代烷的两个手性碳原子决定。

45. 位阻较大的叔丁醇钾盐 $(CH_3)_3CO^-K^+$ 倾向于移去分子中位阻较小的质子，生成较不稳定的产物。而乙醇盐参与的消除反应倾向于生成更稳定的化合物。

与乙醇钠在乙醇中反应的产物	原料的结构	与叔丁醇钾在叔丁醇中反应的产物
(a) $CH_3OCH_2CH_3$	CH_3Cl	$CH_3OC(CH_3)_3$
(b) $CH_3CH_2CH_2CH_2CH_2OCH_2CH_3$ +1-丙烯	$CH_3CH_2CH_2CH_2CH_2Br$	1-丙烯
(c) 反-和顺-2-戊烯	$CH_3CH_2CH_2CHBrCH_3$	1-丙烯
(d) 1-甲基环己烯（CH_3）	1-氯-1-甲基环己烷（H_3C, Cl）	亚甲基环己烷（CH_2）
(e) 亚乙基环戊烷（H, CH_3）	环戊基-CH(Br)-CH_3	环戊基-$CH{=}CH_2$
(f) H_3C, H; C=C; CH_3CH_2, $CH_2CH_2CH_3$ (*E*)	Cl; CH_3CH_2, $CH_2CH_2CH_3$; H_3C, H; H ≡ CH_3; Cl—C—H; H—C—CH_2CH_3; $CH_2CH_2CH_3$	$CH{=}CH_2$; H—C—CH_2CH_3; $CH_2CH_2CH_3$ (*R*)

续表

与乙醇钠在乙醇中反应的产物	原料的结构	与叔丁醇钾在叔丁醇中反应的产物
(g) 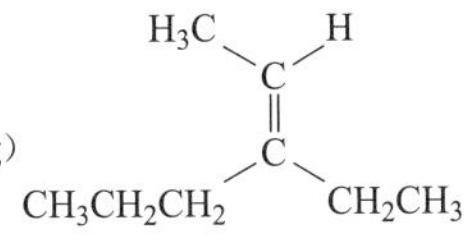 H_3C, H, C=C, $CH_3CH_2CH_2$, CH_2CH_3 (*Z*)	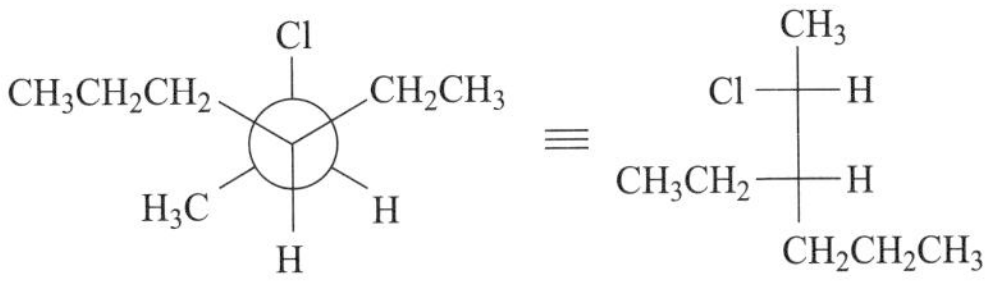 Cl, $CH_3CH_2CH_2$, CH_2CH_3, H_3C, H, H ≡ CH_3, Cl—H, CH_3CH_2—H, $CH_2CH_2CH_3$	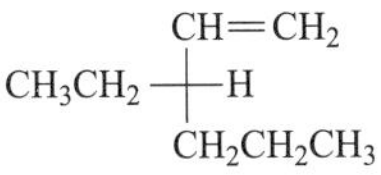 CH=CH_2, CH_3CH_2—H, $CH_2CH_2CH_3$ (*S*)
(h) 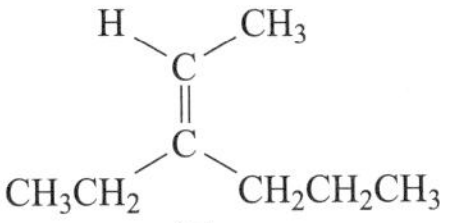 H, CH_3, C=C, CH_3CH_2, $CH_2CH_2CH_3$ (*Z*)	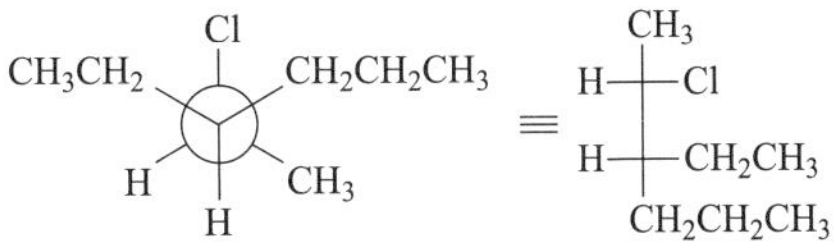 Cl, CH_3CH_2, $CH_2CH_2CH_3$, H, CH_3, H ≡ CH_3, H—Cl, H—CH_2CH_3, $CH_2CH_2CH_3$	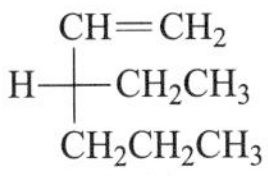 CH=CH_2, H—CH_2CH_3, $CH_2CH_2CH_3$ (*R*)

46. (**a**) E2 反应是一个一步反应，因此，反应速率取决于这一步反应的活化能，也就是说取决于 E2 反应过渡态的能量（11-6 节）。除此之外，如果反应中存在与 E2 反应竞争的其他反应过程，E2 反应的速率就会降低，则化合物倾向于选择其他的反应路径。例如，溴乙烷（初级卤代烷）与乙醇盐（一种碱，但不是大位阻的亲核试剂）反应，主要发生 S_N2 反应过程（7-9 节）。与 2-溴丙烷（二级卤代烷）相比：（i）2-溴丙烷中增加的位阻干扰了取代反应，降低了 S_N2 反应过程的竞争力；（ii）E2 反应的过渡态不同，溴乙烷反应过程中的过渡态类似于乙烯，而 2-溴丙烷反应中的过渡态能量降低，因为其过渡态类似于丙烯，它是一种更稳定的烯烃。这两个观点均可应用于 2-溴-2-甲基丙烷（三级卤代烷）反应中：（i）位阻较大阻止 S_N2 反应的发生；（ii）E2 反应的过渡态类似于 2-甲基丙烯，它是一种更稳定的烯烃。尽管该过程中单分子反应也可能发生，但三级取代的化合物在中等以上浓度的强碱中更倾向于发生 E2 反应。

(**b**) 2-溴丙烷的 E2 反应过渡态类似于 1-溴丙烷，这是因为两个反应的产物相同（丙烯），所以两个反应的 E2 速率常数也是相似的，但 1-溴丙烷作为一级取代化合物，相比于 2-溴丙烷，S_N2 反应的竞争力更大。因此，可以合理地推测 1-溴丙烷的 E2 反应速率低于 2-溴丙烷，在溴乙烷和 2-溴丙烷之间。

47.

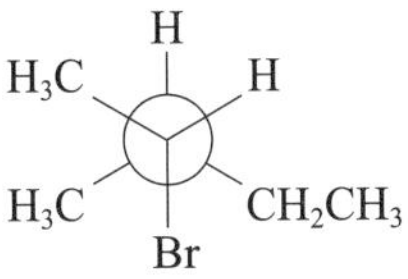

H, H_3C, H, H_3C, CH_2CH_3, Br (2*R*,3*R*)　　H, H, CH_3, CH_3CH_2, CH_3, Br (2*S*,3*S*)　　H, H_3C, H, CH_3CH_2, CH_3, Br (2*R*,3*S*)　　H, H, CH_3, H_3C, CH_2CH_3, Br (2*S*,3*R*)

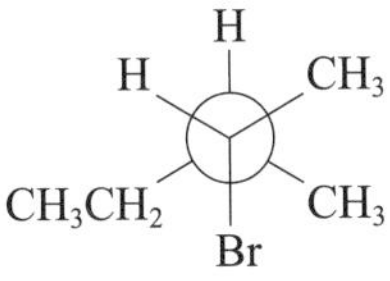

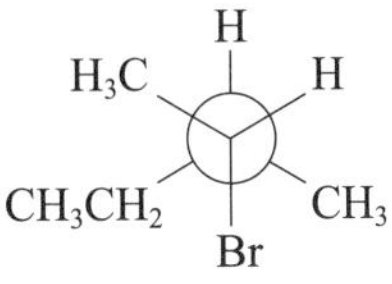

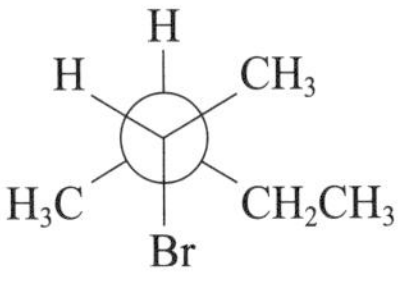

以上 4 种构象都不是最稳定的构象，因为所有构象中烷基和溴之间都存在邻位交叉的排斥作用，对于（*R*,*R*）构型，其最稳定的构象如下：

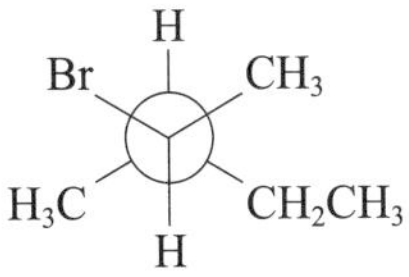

H, Br, CH_3, H_3C, CH_2CH_3, H

其他问题也是一样的。

48. 参考第 7 章习题：

25(b) $CH_3CH{=}C(CH_3)_2 > H_2C{=}C(CH_3)CH_2CH_3$

25(c) 产物比例差不多。

25(d) $(CH_3)_2C{=}$(环己叉基) > $H_2C{=}C(CH_3)$—(环己基)

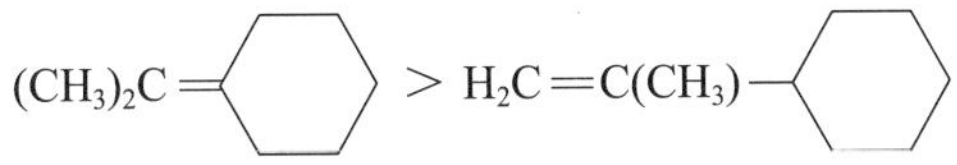

这几问中只有消除反应的产物。

49. (**a**)～(**f**) 的主产物已经标示，通常取代基越多的烯烃产率越高。

(**g**) $C(CH_3)_3$（环己烯） > CH_3, CH_3, $=CH_2$（环己烷）

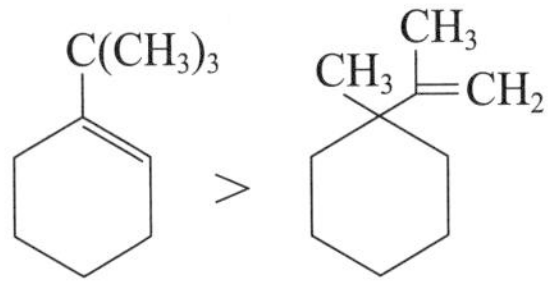

(h)

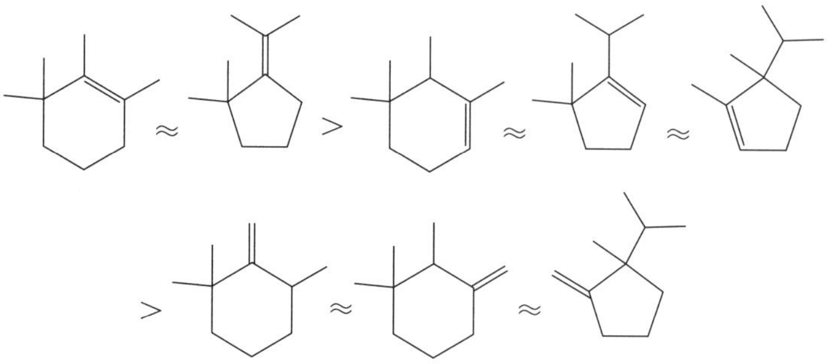

≈ > ≈ ≈

> ≈ ≈

50.

(a) Cl H $^{-}$:ÖCH$_2$CH$_3$

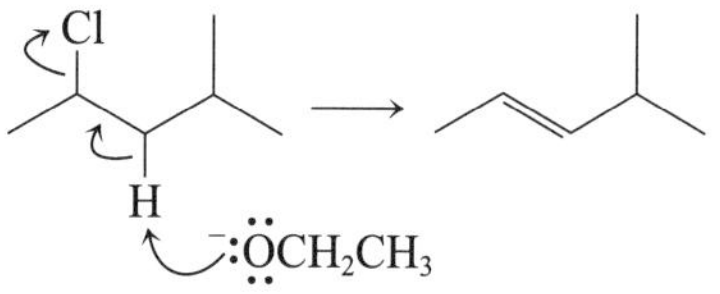

(b) Cl H (CH$_3$)$_3$CÖ:$^-$

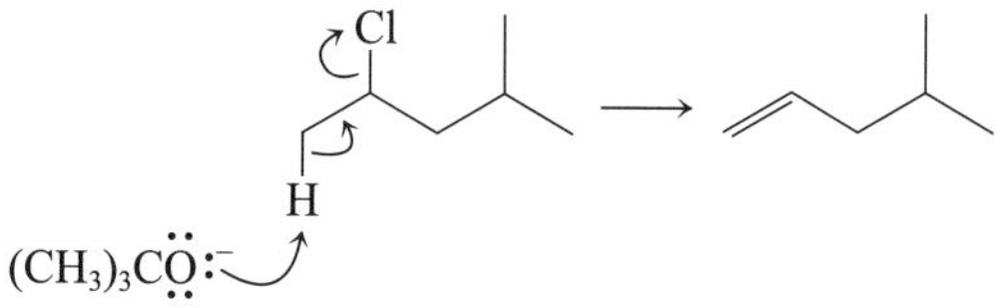

(c) HÖ: H$^+$ HÖH H

(碳正离子重排)

(再一次重排) (三级碳正离子) (更稳定的烯烃)

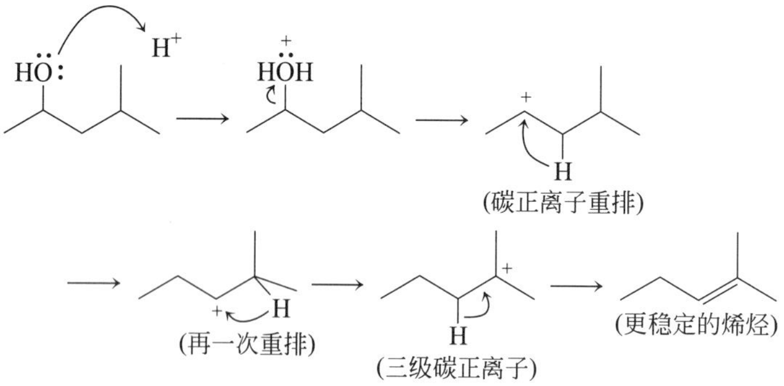

51. A 生成四取代的烯烃：

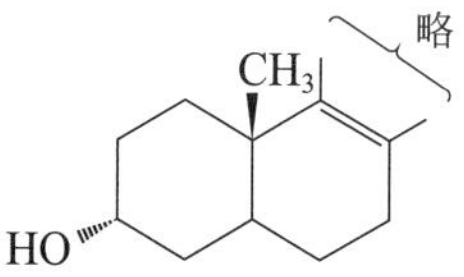

CH$_3$ 略 HO

B 生成三取代的烯烃，在第 7 章习题 63 中给出了答案。

C 无法生成烯烃，因为反式消除反应无法发生。

52. 1-甲基环己烯的双键是三取代的，比双键只有两个取代基的亚甲基环己烷更稳定。三元环的稳定性由角张力决定，因为三元环的几何构型中键角被压缩至约 60°，这种压缩使得环中 sp^2 杂化的碳原子（120°）比 sp^3 杂化的碳原子（109°）的张力更大。1-甲基环丙烯有两个 sp^2 杂化的环中碳原子，而亚甲基环丙烷只有一个 sp^2 杂化的环中碳原子，所以亚甲基环丙烷更稳定。

53. 用纽曼（Newman）投影式画出每一个化合物，使 Br 和 β-H 处于反式。

(a) Br H C$_6$H$_5$ C$_6$H$_5$ H CH$_3$ ≡ Br C$_6$H$_5$ H H CH$_3$ C$_6$H$_5$ ≡ H H C$_6$H$_5$ H$_3$C C$_6$H$_5$ Br $\xrightarrow{E2}$ H$_3$C C C$_6$H$_5$ H C C$_6$H$_5$

(*Z*)

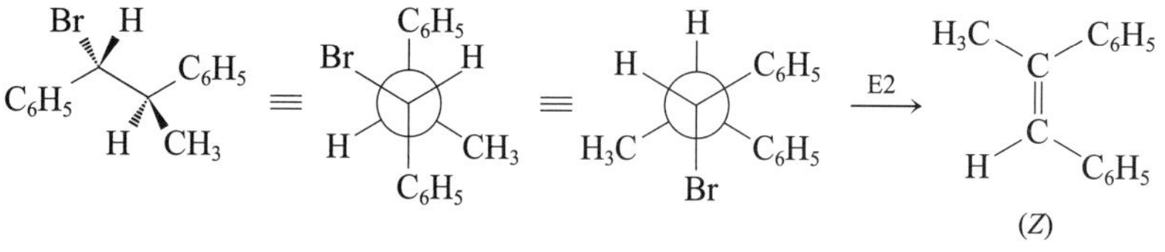

(b) Br H C$_6$H$_5$ C$_6$H$_5$ H$_3$C H ≡ Br C$_6$H$_5$ H H$_3$C H C$_6$H$_5$ ≡ H H C$_6$H$_5$ C$_6$H$_5$ CH$_3$ Br $\xrightarrow{E2}$ C$_6$H$_5$ C CH$_3$ H C C$_6$H$_5$

(*E*)

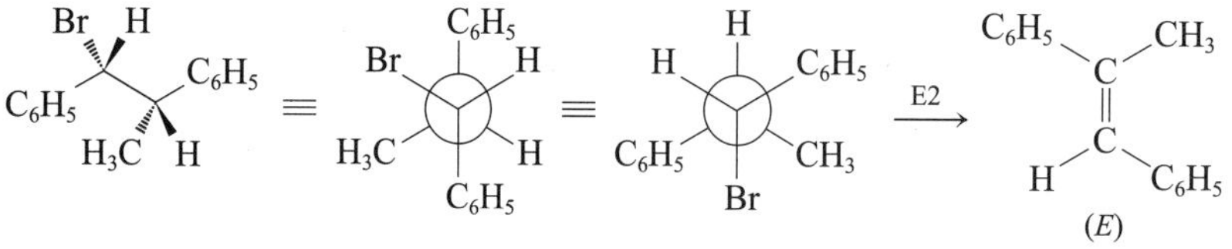

(b) 发生消除反应比 (a) 快，原因是 (b) 中大的 C_6H_5 基团与另一个 C_6H_5 处于反式 (*anti*)，而 (a) 中两个 C_6H_5 处于邻位交叉 (*gauche*)。所以 (a) 需要更多的能量，E_a 增加，反应速率降低。

54. 环己烷发生 E2 反应时，分子中离去基团和 β-H 位于 1,2-反式双直立 (*diaxial*) 位置时才能被消除。首先画出起始化合物两种可能的椅式构型，并分析当 Cl 原子为直立键时与之成反式的 H 原子。

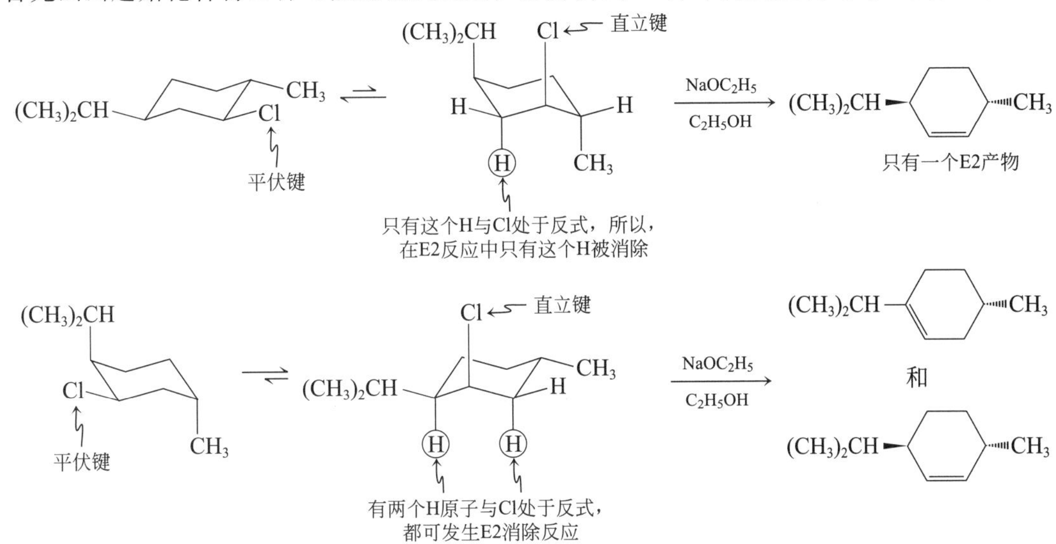

55. 结合碳的杂化类型与化学位移，选择其中可能正确者。

(a) $H_{饱和}=8+2=10$；不饱和度$=(10-6)/2=2$，分子中可能有 π 键或环。$\delta=30.2$ 归属 CH_2。$\delta=136.0$ 归属烯烃 CH。还剩余 C_2H_3 部分，因此只可能是两个—CH_2—和一个—CH═CH—，所以分子结构为：

CH═CH
|　　|
H_2C——CH_2

环丁烯 (1 个 π 键和 1 个环)

(b) $H_{饱和}=8+2=10$；不饱和度$=(10-6)/2=2$，与 (a) 相同。

$\delta=18.2$ 归属 CH_3，且未与 O 相连。

$\delta=134.9$ 和 153.7 归属烯烃 CH 基团。

$\delta=193.4$ 归属 C═O 基团，且通过 DEPT 谱图可确定分子中一定有—CHO 基团。分子结构为：

H_3C—CH═CH—C(═O)—H

(2 个 π 键)

因为没有更多的 ^{13}C NMR 谱图信息，所以无法确定分子的立体构型。

(c) $H_{饱和}=8+2=10$；不饱和度$=(10-8)/2=1$。

13.6　25.8　139.0　112.1
↓　　↓　　↓　　↓　　可以从碳原子的杂化类型直接得到答案
$H_3C-CH_2-CH{=}CH_2$

(d) $H_{饱和}=10+2=12$；不饱和度$=(12-10)/2=1$。分子中有 2 个 CH_3 基团 ($\delta=17.6$ 和 25.4)；1 个更低场的 CH_2 与氧相连 ($\delta=58.8$)；2 个烯烃碳原子，其中只有 1 个 ($\delta=125.7$) 连着氢原子。因此，分子中有以下基团：(2 个) H_3C—，—CH_2—O—，—CH═C＜。只剩 1 个氢原子，且没有与碳原子相连，所以只能与氧原子相连，所以分子结构可能有 3 种，但没有更多的信息判断哪一个是实际化合物：

(H_3C)(H)C═C(CH_3)(CH_2—OH)　　(H_3C)(H)C═C(CH_2—OH)(CH_3)　　(HO—CH_2)(H)C═C(CH_3)(CH_3)

（**e**）分子中有 5 个碳原子，但是只有 4 个信号峰。请一定注意！$H_{饱和}$ =10+2=12；不饱和度=(12−8)/2=2。δ=15.8 和 31.1 归属 CH_2 基团。

δ=103.9 归属烯烃 CH_2 基团。

δ=149.2 归属烯烃碳原子，未连接氢原子。

总结一下，分子中有 $H_2C{=}C<$ ，剩余 3 个 C 和 6 个 H，并且还有一个不饱和度，可能是一个环，从 DEPT 谱图中可以发现高场的信号是 3 个 CH_2 基团。

结合 $H_2C{=}C<$ 和 3 个 CH_2 基团，只能得到：

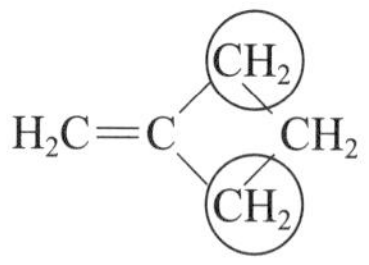

δ=31.1 信号峰说明有两个等价的 CH_2 基团（用圆圈标记）

（**f**）$H_{饱和}$ =14+2=16；不饱和度=(16−10)/2=3，分子中可能有 3 个 π 键，或 1 个 π 键和 2 个环。请再次注意！分子中有 7 个碳原子但只有 4 个信号峰，高场区有两种不同类型的 CH_2 基团（δ=25.2 和 48.5）和一种 CH（δ=41.9），低场区有一种烯烃碳原子（δ=135.2）。因为一个双键必须有两个烯烃碳原子，所以烯烃碳原子的信号峰表明分子中有两个等价的 CH 基团：—CH═CH—。因此分子中至少有两个 CH_2 基团，一个烷基 CH 和—CH═CH—，合计为 C_5H_7，还剩余 2 个 C 和 3 个 H，可能是 1 个 CH_2 和 1 个 CH 基团，且这两个基团与已有的基团是等价的，换言之，分子中可能有：2 个等价的—CH_2—基团，2 个等价的 >CH— 基团，1 个独立的—CH_2—基团和一个—CH═CH—基团，合计为 C_7H_{10}。

如何组合？考虑对称可以获得等价的基团，尝试使用对称的方法画出并连接这些基团。

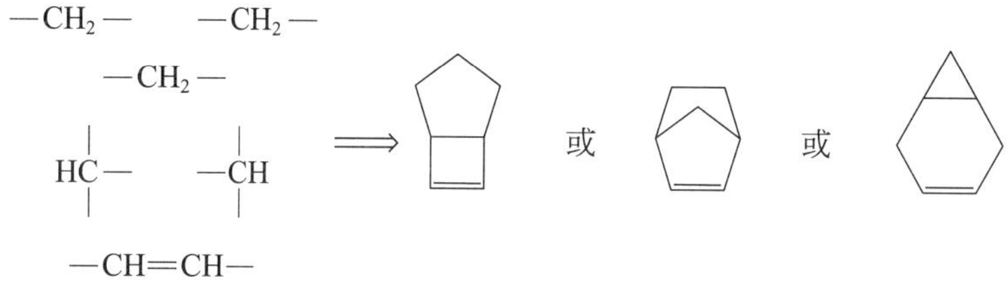

三个结构都是可能的（实际上第二个结构降冰片烯是正确答案）。

56. $H_{饱和}$ =10+2=12；不饱和度=(12−10)/2=1。

（**a**）5 个碳原子是等价的，只可能是一个环，正确答案是 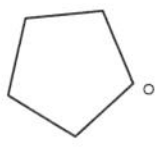。

（**b**）三个 CH_3 基团和 1 个 —CH═C< ，正确答案是：$H_3C—CH{=}C(CH_3)_2$ 。

（**c**）2 个 CH_3 基团，1 个 CH_2 和 1 个—CH═CH—，正确答案是 $H_3C—CH_2—CH{=}CH—CH_3$（立体结构不确定）。

57. 更低。因为红外的振动频率与成键原子减少的质量的平方成反比，所以，成键原子的质量越大，振动频率越低，振动激发能越低，例如：$\tilde{\nu}_{C-Cl}\approx700\ cm^{-1}$，$\tilde{\nu}_{C-Br}\approx600\ cm^{-1}$，$\tilde{\nu}_{C-I}\approx500\ cm^{-1}$。

58. $\tilde{\nu}=1/\lambda$，其中 $\tilde{\nu}$ 的单位为 cm^{-1}。$10000/\tilde{\nu}=\lambda$（单位为 μm）。

（**a**）5.81 μm；（**b**）6.06 μm；（**c**）3.03 μm；（**d**）11.24 μm；（**e**）9.09 μm；（**f**）4.42 μm。

59. A 对应（**b**）（饱和烷烃，官能团没有红外吸收峰）

B 对应（**d**）（醇的特征吸收峰在 3300 cm^{-1}）

C 对应（**a**）（除了醇的特征吸收峰，烯烃的特征吸收峰在 1640 cm^{-1}）

D 对应（**c**）（没有醇的特征吸收峰，烯烃的特征吸收峰在 1665 cm^{-1}）

60.

（i）既生成了烯烃（1660 cm^{-1}），也生成了醇（3350 cm^{-1}）。

（ii）只生成了烯烃（1670 cm^{-1}）。

（iii）只生成了醇（3350 cm^{-1}）。

(a) 结论：异构体C很可能是一级溴烷烃，生成一级醇（S_N2）；B可能是三级溴烷烃，只生成烯烃（E2）；A可能是二级溴烷烃，生成 S_N2 和E2反应的混合物。

(b) A可能是 $CH_3CHBrCH_2CH_2CH_3$，$CH_3CHBrCH(CH_3)_2$ 或 $CH_3CH_2CHBrCH_2CH_3$。

B可能是 $(CH_3)_2CBrCH_2CH_3$（只有三级异构体）。

C可能是 $CH_3CH_2CH_2CH_2CH_2Br$，$(CH_3)_2CHCH_2CH_2Br$ 或 $CH_3CH_2CH(CH_3)CH_2Br$，但可能不是 $(CH_3)_3CCH_2Br$（进行 S_N2 反应位阻太大）。

61. 排除法：首先通过观察谱图中特定区域排除实际分子中不存在的官能团，可以发现没有O—H（在3300 cm^{-1} 没有非常强的宽的吸收峰），没有C═O（在1700 cm^{-1} 左右没有吸收峰），没有C≡C—H（在2100 cm^{-1} 和3300 cm^{-1} 附近无吸收峰，也没有C═C（1680 cm^{-1} 无吸收峰）。故化合物可能是烷烃或者醚，在1000 cm^{-1} 和1200 cm^{-1} 有非常强的吸收峰，说明分子中很可能存在C—O键，事实上，烷烃样品在这个区域并没有吸收峰（参见解题练习11-18和11-19）。所以该化合物是醚，分子结构为：

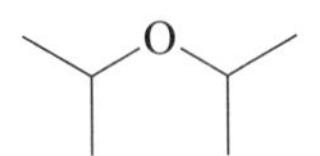

62. 首先看一下质谱图中的基峰，然后预测每一个烷烃是如何断裂的，要始终记住化合物倾向于断裂生成更稳定的碳正离子。这三个化合物是异构体，分子式为 C_6H_{14}，分子量为86。

谱图A基峰是 $m/z=57(C_4H_9)$，其他较大离子峰为 $m/z=56$，41，29(C_2H_5)和27，分子离子峰 $m/z=86$ 强度较弱。

谱图B基峰的 $m/z=57(C_4H_9)$，但是 $m/z=43(C_3H_7)$ 的峰强度比谱图A中更强，$m/z=29$ (C_2H_5) 比谱图A中弱，分子离子峰更强。

谱图C基峰的 $m/z=43(C_3H_7)$。分子离子峰较弱，但是 $m/z=71(C_5H_{11})$ 有较强的峰。

三个化合物最可能裂分的方式：

己烷：$[CH_3CH_2—CH_2—CH_2—CH_2CH_3]^{+\cdot} \longrightarrow \begin{cases} CH_3\overset{+}{C}H_2\ (m/z=29) \\ CH_3CH_2\overset{+}{C}H_2\ (m/z=43) \\ CH_3CH_2CH_2\overset{+}{C}H_2\ (m/z=57) \end{cases}$

（箭头指示断裂位置：三个 C—C 键之间）

CH_2 基团之间的键容易被切断（避免生成甲基碳正离子），因此最容易得到的碳正离子一般只是一级的（不是很稳定），分子离子峰的碎片峰的量很少，谱图B是最符合的。

2-甲基戊烷：$[H_3C—CH(CH_3)—CH_2CH_2CH_3]^{+\cdot} \longrightarrow \begin{cases} CH_3\overset{+}{C}HCH_3\ (m/z=43) \\ CH_3CH_2CH_2\overset{+}{C}HCH_3\ (m/z=71) \end{cases}$

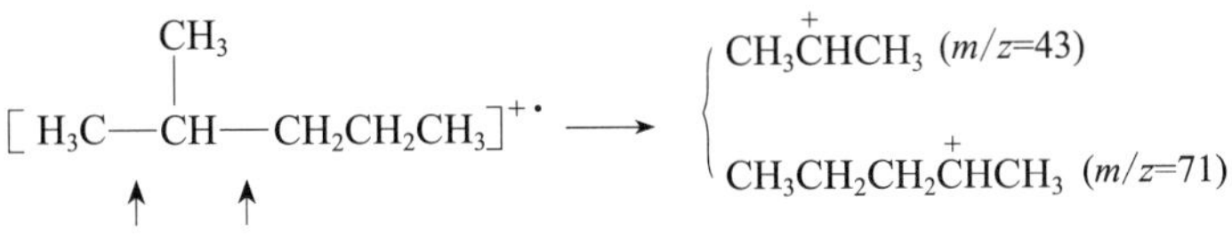

断裂发生在CH基团处，生成二级碳正离子，最符合的是谱图C。

3-甲基戊烷：$[CH_3CH_2—CH(CH_3)—CH_2CH_3]^{+\cdot} \longrightarrow CH_3CH_2\overset{+}{C}HCH_3\ (m/z=57)$

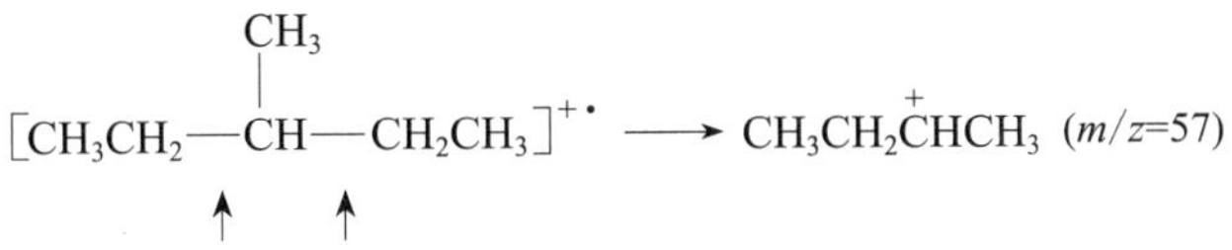

断裂发生在箭头指示的位置，主要生成二级丁基碳正离子和少部分乙基碳正离子（$m/z=29$），谱图A最符合。

质谱中典型的情况是，在这些过程中传递给分子的大部分能量也会引起重排和其他裂解模式，但这些离子碎片峰基本不会在质谱图中成为强峰。

63.

主峰：m/z　43　$[CH_3CH_2CH_2]^+$　来源于M－Br

	m/z 41	$[CH_2CH{=}CH_2]^+$	来源于 M－HBr－H
次峰：	m/z 109	$[CH_2CH_2{}^{81}Br]^+$	来源于 $M-CH_3$
	m/z 107	$[CH_2CH_2{}^{79}Br]^+$	
	m/z 42	$[CH_3CH{=}CH_2]^{+\cdot}$	来源于 M－HBr
	m/z 29	$[CH_3CH_2]^+$	来源于 $M-Br-CH_2$
	m/z 28	$[H_2C{=}CH_2]^{+\cdot}$	来源于 $M-Br-CH_3$
	m/z 27	$[H_2C{=}CH]^+$	来源于 $M-Br-CH_3-H$

64. 化合物是饱和的（11-9 节），尝试使用一般准则，即较强的碎片峰是从相对稳定的中性物种或者相对稳定的碳正离子失去电子得到的。异构体 C 在 $m/z=73$ 处有强峰，符合 $(M-15)^+$ 或者是失去 CH_3，这是非常可能的，因为该碎片离子峰是稳定的碳正离子，例如：

$$\left[CH_3CH_2-\underset{CH_3}{\overset{CH_3}{C}}-OH\right]^{+\cdot} \longrightarrow CH_3CH_2\underset{CH_3}{\overset{+}{C}}OH + CH_3\cdot$$

m/z 73

碳正离子，被氧原子的孤对电子稳定

谱图中剩余部分有一基峰，在 $m/z=59$，或者是 $(M-29)^+$，失去一个 CH_3CH_2。

$$\left[CH_3CH_2-\underset{CH_3}{\overset{CH_3}{C}}-OH\right]^{+\cdot} \longrightarrow (CH_3)_2\overset{+}{C}OH + CH_3CH_2\cdot$$

m/z 59

以上都证明异构体 C 是 2-甲基-2-丁醇。

异构体 B 在 $m/z=73$ 也有一个失去 CH_3 的碎片峰，基峰在 $m/z=45$，符合分子离子峰减去 43 或者是失去 $CH_3CH_2CH_2$，可推测分子结构为 2-戊醇。

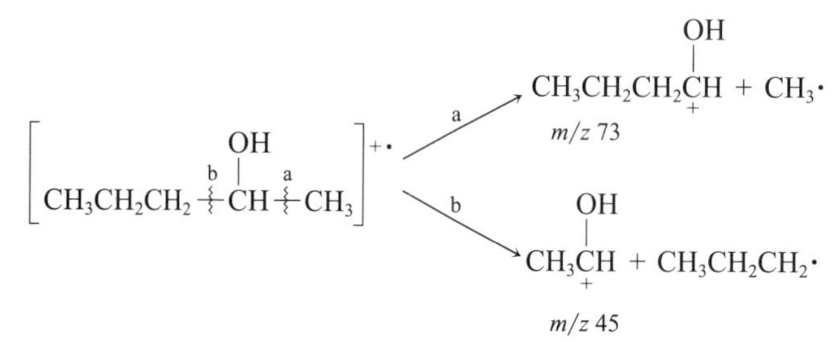

两个异构体稳定的碳正离子都是由于与氧原子的孤对电子产生共振，以上两个推测都是正确答案。

异构体 A 没有失去 CH_3 或 CH_3CH_2（在 $m/z=73$ 或 59 没有碎片离子峰），可推断 A 不是叔醇或仲醇结构（如果是，则肯定会有以上两个碎片峰），那 A 是否有可能是伯醇结构？重新看一下谱图，发现 $m/z=70$ 有失去水分子的离子峰，虽然帮助不大，但基本上可以排除 $(CH_3)_3CCH_2OH$，该结构无 β-H，不能发生消除反应脱去一分子水，因此只有三种可能性：

$$CH_3CH_2CH_2CH_2CH_2OH \qquad CH_3CH_2\overset{CH_3}{\overset{|}{C}}HCH_2OH \qquad CH_3\overset{CH_3}{\overset{|}{C}}HCH_2CH_2OH$$

质谱的数据与前两个结构基本符合（第三个结构很难裂分出 $m/z=42$ 的碎片），如果解题到这里，则已基本掌握规则（事实上异构体 A 的结构是 1-戊醇）。

65.

(**a**) C_7H_{14}，$H_{饱和}=2\times7+2=16$；不饱和度$=(16-14)/2=1$。

(**b**) C_3H_5Cl，$H_{饱和}=2\times3+2-1(1\ 个\ Cl)=7$；不饱和度$=(7-5)/2=1$。

(**c**) C_7H_{12}，$H_{饱和}=2\times7+2=16$；不饱和度$=(16-12)/2=2$。

(**d**) C_5H_6，$H_{饱和}=2\times5+2=12$；不饱和度$=(12-6)/2=3$。

(**e**) $C_6H_{11}N$，$H_{饱和}=2\times6+2+1(1\ 个\ N)=15$；不饱和度$=(15-11)/2=2$。

(**f**) C_5H_8O，$H_{饱和}=2\times5+2=12$；不饱和度$=(12-8)/2=2$。

（**g**）$C_5H_{10}O$，$H_{饱和}=2\times5+2=12$；不饱和度$=(12-10)/2=1$。

（**h**）$C_{10}H_{14}$，$H_{饱和}=2\times10+2=22$；不饱和度$=(22-14)/2=4$。

66.

（**a**）$H_{饱和}=2\times7+2=16$；不饱和度$=(16-12)/2=2$。

（**b**）$H_{饱和}=2\times8+2+1$（1 个 N）$=19$；不饱和度$=(19-7)/2=6$。

（**c**）$H_{饱和}=2\times6+2-6$（6 个 Cl）$=8$；不饱和度$=(8-0)/2=4$。

（**d**）$H_{饱和}=2\times10+2=22$；不饱和度$=(22-22)/2=0$。

（**e**）$H_{饱和}=2\times6+2=14$；不饱和度$=(14-10)/2=2$。

（**f**）$H_{饱和}=2\times18+2=38$；不饱和度$=(38-28)/2=5$。

67. 首先通过分子量来确定分子式。题干中已说明该化合物是碳氢化合物，可确定该化合物分子量为 96，含有碳原子和氢原子。8 个碳原子的分子量已经是 96，所以不可能只有碳原子。减少碳原子数，相应增加氢原子数，即 7 个碳原子和 12 个氢原子。根据教材表 11-5，可以得到化合物的准确分子量为 $7\times12.000+12\times1.0078=96.0936$，由此可确定分子式为 C_7H_{12}：2 个不饱和度，分子中可能含有两个环或 π 键。IR 谱图可以确定分子中最少含有一个 C=C 键，888 cm^{-1} 是 R_2C—CH_2 的特征峰；氢化反应后得到化合物 C_7H_{14}，有一个不饱和度保留，这表明分子中有一个环。^1H NMR 谱图也支持以上结论：烯烃 H（$\delta=4.8$）的信号峰只有 2 个 H，说明分子中只含有一个 $R_2C=CH_2$ 基团；^1H NMR 谱图中烯烃 H 信号是五重峰，根据 $N+1$ 规则，邻近有 4 个等价的氢原子，可能的结构如下：

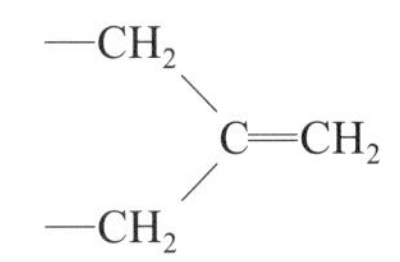

这个结构与信号峰的裂分模式相符，且也与烯丙基的偶合常数 $J=3$ Hz 吻合（参见教材中表 11-2）。两个 CH_2 基团的^1H NMR 信号在 $\delta=2.2$，4 个 H，刚好匹配。基于前面的 4 个 C 和 6 个 H，分子中剩余 C_3H_6 片段，尝试最简单的六元环，将 3 个 CH_2 基团加入已有结构得到：

$=CH_2$

这个推测的结构中还包含两个等价的 CH_2，而这一独特的 CH_2 来自双键在环的另一边，与^1H NMR 相符，^{13}C NMR 有 5 个信号峰说明分子中存在对称，因此该结构就是正确答案。

68. 饱和的含有 60 个碳原子的化合物的分子式为 $C_{60}H_{122}$。因此，“巴基球（bucky-ball）”的不饱和度为 $122/2=61$，其氢化反应的产物 $C_{60}H_{36}$ 的不饱和度为（$122-36$）$/2=43$，因此 C_{60} 分子中至少有 18（$61-43=18$）个 π 键（实际上有 30 个 π 键，但不是所有双键都发生氢化反应）。

69. 从第一列数据中可以得到以下信息：

（**a**）分子式：分子有一个不饱和度。

（**b**）^1H NMR 谱：分子有 3 个甲基基团，其中两个可能与烯基碳相连（$\delta=1.63$ 和 1.71），另外一个被裂分成两重峰，如 $\mathbf{H_3}C$—CH。可能存在一个—CH_2—CH_2—O—基团，因为在 $\delta=3.68$ 有三重峰；还有一个烯烃氢原子，也是三重峰，分子中含有 $RR'C'$═CH—CH_2 结构。

（**c**）^{13}C NMR 谱：有一个醇碳和两个烯烃碳原子的信号。

（**d**）IR 数据：烯烃 C═C 和醇 O—H 伸缩振动。

（**e**）氧化反应后，谱图有些信号峰消失，同时出现新的信号峰。氧化产物的^{13}C NMR 和 IR 表明分子中存在 C═O，^1H NMR 表明分子中有醛氢（信号峰在 $\delta=9.64$），表明氧化反应的原料是一级醇。

—CH_2—O—H（↑^{13}C　↑^1H　↑IR）

（**f**）氢化反应的产物与香叶醇氢化反应的产物相同，结合起来，分子骨架如下：

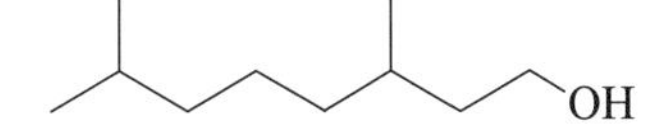

还需要确定双键的位置，^1H NMR 谱图中显示只有一个烯烃 H，所以双键一定是三取代的，所以只

有三种可能的位置，如下图所示：

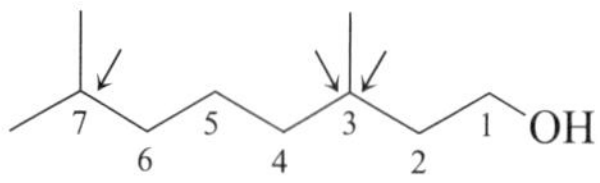

再回顾一下^{1}H NMR 谱图，由于有两个甲基与不饱和基团相连，所以双键一定是在 C-6 和 C-7 之间，所以分子结构是：

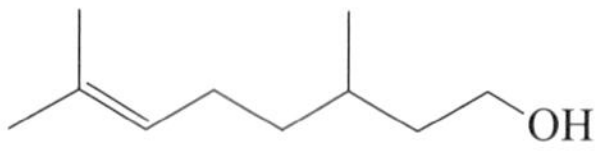

该分子的名称是香茅醇，它和香叶醇都是从香茅的油性提取物中分离出来的，香茅原产南亚地区，香茅油常被用作驱虫剂和香料。

70. IR 光谱现在不常用来分析化合物整个结构，可以借助 NMR 谱图来分析分子结构。红外光谱只是用来分析分子中存在的特征官能团。

（i）樟脑有一个官能团，C═O（羰基）基团；在 1690～1750 cm^{-1} 区域应该有一个吸收峰，(d) 1738 cm^{-1} 的特征吸收峰可以匹配。

（ii）薄荷醇的官能团是羟基，IR 谱图中可以找到羟基特征的伸缩振动，(a) 3355 cm^{-1} 的特征吸收峰可以匹配。

（iii）菊酸酯有两个官能团，一个烯烃 C═C 键和一个酯基 C═O 键。烯烃应该有两个吸收峰，一个在 1650 cm^{-1}，另一个在 3080 cm^{-1}；酯基的特征吸收峰为 1740 cm^{-1}，虽然 (b) 不能完全匹配，但 (b) 是正确答案。这是因为分子中的环丙烷对官能团吸收峰的位置产生了影响。

（iv）表雄酮有一个醇羟基和一个酮羰基，(c) 1730，3410 cm^{-1} 可以匹配。

71.

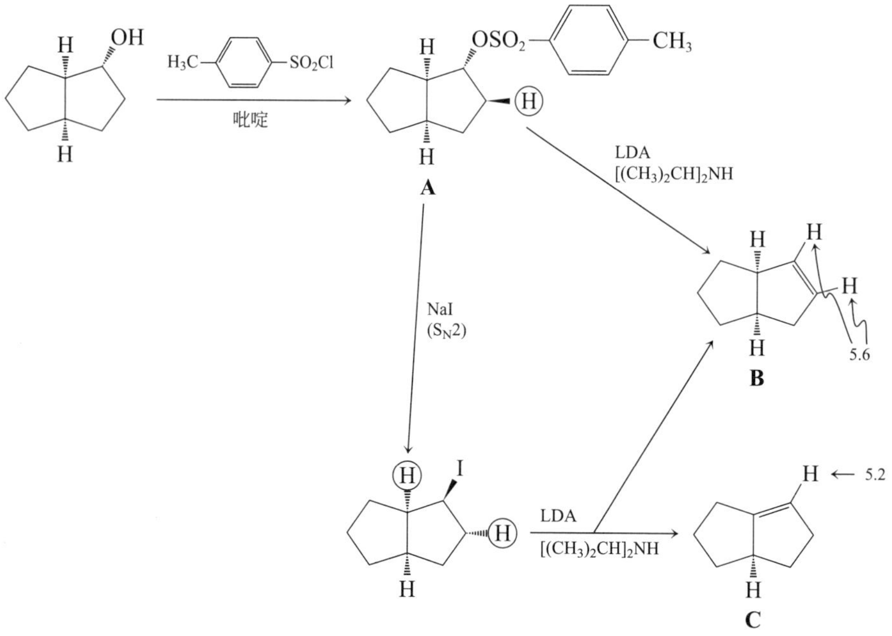

A 通过 E2 反式消除反应，可消除用圆圈标记的 H，只能得到烯烃 B。通过 S_N2 反转得到的 A 的碘代物经反式消除反应可以消除任意一个圆圈标记的 H 得到烯烃 B 和 C 的混合物。

72. (a) 画出 Newman 投影式有助于解题：

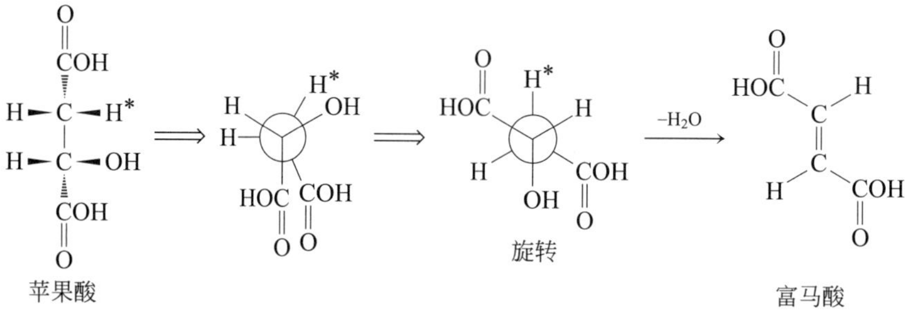

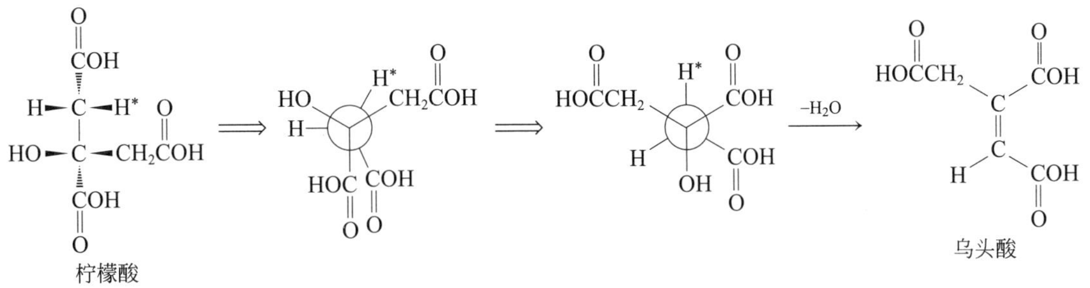

O
COH
H ◀ C ◀ H* O
HO ◀ C ◀ CH₂COH
COH
O
柠檬酸

⟹ HO, H, H*, CH₂COH, HOC, COH ⟹ HOCCH₂, H*, COH, H, OH, COH —($-H_2O$)→

O O
HOCCH₂ COH
C
‖
C
H COH
O
乌头酸

(**b**) 富马酸是 E 构型，乌头酸是 Z 构型。

(**c**) 异柠檬酸存在四种立体异构体。分子中存在两个立体中心且没有相同的取代基连接（不存在非手性的内消旋异构体），其中两个异构体通过反式消除生成（Z)-乌头酸（用圆圈圈起来的基团被消除）。

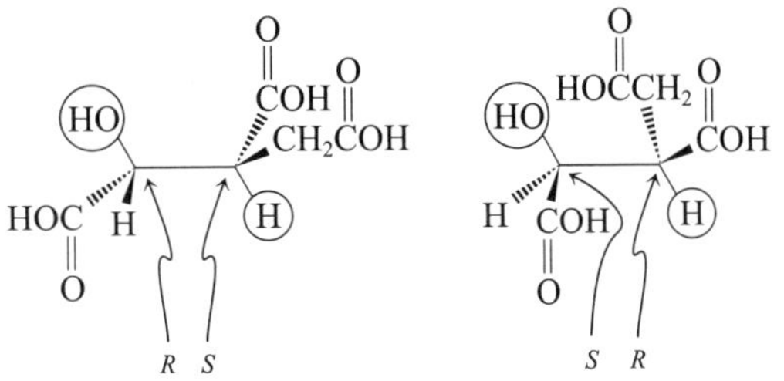

O
(HO) COH O
CH₂COH
HOC H (H)
O
R S

O
HOCCH₂ O
(HO) COH
H COH (H)
O
S R

73. 1a～1d 四种化合物具有一个相同的手性碳，均为 S 构型。该手性碳左侧的另一个手性碳有不同的构型：**1a**，R 构型；**1b**，S 构型；**1c**，R 构型；**1d**，S 构型。从烯烃的立体化学反推发生 E2 反应所需要反式构象的 Newman 投影式，确保化合物中手性碳的构型是正确的，最好问题中给出的构型（S 构型）和你画的 Newman 投影式的构型是一样的。可以发现连有羟基基团的手性碳是 S 构型。

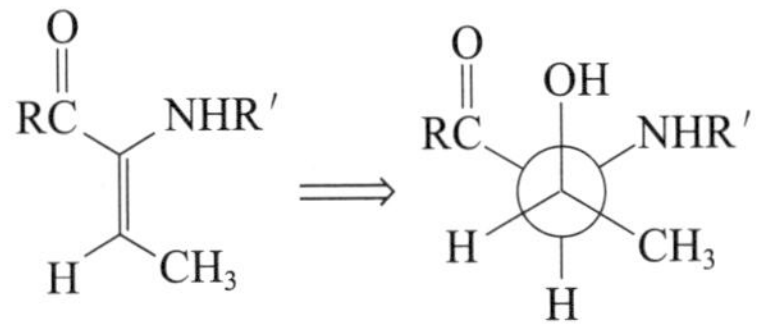

O
RC NHR′
H CH₃
⟹
O OH
RC NHR′
H CH₃
H

74. (**d**)（问题问的是经验式，不是分子式）

75. (**b**)

76. (**b**)

77. (**a**)

78. (**d**)

12

烯烃的反应

烯烃有反应活性在合成上是有用的分子，它们的反应活性源于 π 键上的电子。一般来说，与 σ 键上的电子相比，这些电子离碳核更远（即受到更弱的静电作用）。因此，烯烃可以看作是“路易斯碱”，类似于水中氧原子或者氨中氮原子上的孤对电子。在很多烯烃的加成反应中，第一步通常是亲电试剂与 π 键上的电子结合，断开 π 键。烯烃的许多加成反应能将烯烃转变成其他类型的有机化合物，例如前面已学过的卤代烷烃、醇或者一些新的化合物。这些加成反应极大地拓宽了合成化合物的范围，本章学习指南给出了官能团的相互转化表。

本章概要

12-1　加成反应的热力学可行性

12-2　烯烃的氢化反应

12-3 至 12-7　烯烃的亲电加成反应

烯烃最主要的一类特征反应。

12-8　烯烃硼氢化-氧化反应的区域和立体选择性

另一种涉及加成反应的官能团相互转化。

12-9　重氮甲烷、卡宾以及环丙烷的合成

三元环的制备。

12-10，12-11，12-12　烯烃的氧化

与含氧亲电试剂的加成反应。

12-13　烯烃的自由基加成

一种新的烯烃反应机理：自由基加成。

12-14，12-15　烯烃的二聚、寡聚和多聚反应

该反应主要用于工业用途或者“厨房中你不吃的东西”。

12-16　乙烯在工业上的应用

12-17　自然界中的烯烃

本章重点

12-1 加成反应的热力学可行性

C—C 的 π 键比 σ 键弱。烯烃的加成反应通常是放热反应，因为断裂的键（π 键）更弱，新形成的键更强。

$$>C=C< + A-B \longrightarrow A-\overset{|}{C}-\overset{|}{C}-B \qquad \Delta H^{\ominus} \text{ 通常是负的}$$

π 键（弱） σ 键（强）：断裂的键；2σ 键（强）：新生成的键

12-2 烯烃的氢化反应

烯烃最简单的反应是加氢生成烷烃。氢化反应是非极性过程，与之后其他章节中亲电试剂进攻亲核性 π 电子的加成反应不同。氢化反应通常需要催化剂，例如氧化铂［亚当斯（Adams）催化剂］、钯碳（Pd-C）或雷尼镍（Raney 镍，Ra-Ni），这些反应过程通常将两个氢原子加成到双键的同一边：顺式（*syn*）立体化学。

12-3 至 12-7 烯烃的亲电加成反应

这几节主要讨论烯烃最典型的和最主要的加成反应。这些反应都是两步反应，第一步是亲电原子与烯烃双键的一个碳原子相连，生成正离子中间体，随后被亲核试剂捕获生成最终的加成产物：

(1) $>C=C< + A-B$（可能是 A^+B^-，也可能是 $A^{\delta+}-B^{\delta-}$）$\longrightarrow -\overset{A}{\underset{|}{C}}-\overset{+}{\underset{|}{C}}- + :B^-$（或者类似的中间体）

(2) $-\overset{A}{\underset{|}{C}}-\overset{+}{\underset{|}{C}}- + :B^- \longrightarrow -\overset{A}{\underset{|}{C}}-\overset{B}{\underset{|}{C}}-$

从合成的角度来看，加成反应可以使烯烃转化为单官能团化或双官能团化的新分子。这几节中列举了很多这样的反应。

大部分参与烯烃亲电加成的“A—B”型分子都具有非常强的极性，例如 $H^{\delta+}-Cl^{\delta-}$。还有一些分子虽然不是强极性的但仍可提供亲电原子，卤素（Cl_2、Br_2）可以归到这一类。虽然像 Br_2 这样的非极性分子没有永久偶极，但电子运动会产生瞬时偶极，这使得卤素分子表现为像含有亲电物种一样，例如“Br^+”。

加成反应的机理会因为亲电试剂性质的不同而略有不同，在不对称双键中，质子与双键加成通常生成更稳定的碳正离子中间体，该中间体随后发生一些常见的反应（例如：与亲核试剂相连或者重排）。

较大的亲电试剂，尤其是那些具有孤对电子的亲电试剂（例如：来自 Br_2 中的“$:\ddot{Br}:^+$”），与双键加成通常生成三元环状鎓离子（例如：溴鎓离子或者氯鎓离子）。亲核试剂与三元环状鎓离子的反应过程与第 9 章中介绍的环状氧鎓离子的反应过程是相似的，加成反应发生在取代基较多的碳原子上［马氏（Markovnikov）规则］，且亲核试剂从碳的背面进攻。后面的反应过程在 12-6 节和 12-7 节中介绍，不涉及碳正离子的形成，因此不会发生重排反应，例如羟汞化-脱汞反应只得到符合 Markovnikov 规则的醇而没有发生重排反应。

12-8 烯烃硼氢化-氧化反应的区域和立体选择性

本节介绍了烯烃和硼烷（一种含有 B—H 键的分子）加成反应的特点和用途。硼烷是亲电试剂，因此，可以与烯烃发生加成反应（值得注意的是：类似 BH_4^- 的硼氢化物与硼烷是不一样的，这类化合物是负离子，不是亲电试剂，不和烯烃反应）。

硼烷 B—H 键与烯烃加成反应的特点为：①符合反 Markovnikov 规则；②具有立体专一性——顺式加成；③反应机理是一步协同反应；④是非常有用的反应，反应生成的 C—B 键可以被 H_2O_2 氧化生成醇。

$$\text{—C—B} \longrightarrow \text{—C—OH}$$

下面列举了三种由烯烃制备醇的合成方法，每种方法都有各自的特点。

1. 硼氢化-氧化反应（反 Markovnikov 规则）

例如：

$$H_3C\text{—}C(CH_3)_2\text{—}CH\text{=}CH_2 \xrightarrow[\text{THF}]{BH_3} \left(H_3C\text{—}C(CH_3)_2\text{—}CH_2\text{—}CH_2\right)_3B \xrightarrow[H_2O_2]{\text{NaOH}} H_3C\text{—}C(CH_3)_2\text{—}CH_2\text{—}CH_2\text{—}OH$$

2. 羟汞化-脱汞反应（Markovnikov 规则）

例如：

$$H_3C\text{—}C(CH_3)_2\text{—}CH\text{=}CH_2 \xrightarrow[H_2O,\ \text{THF}]{Hg(OAc)_2} H_3C\text{—}C(CH_3)_2\text{—}CH(OH)\text{—}CH_2HgOAc \xrightarrow[\text{NaOH},\ H_2O]{\text{NaBH}_4} H_3C\text{—}C(CH_3)_2\text{—}CH(OH)\text{—}CH_3$$

3. 酸催化的水合反应（Markovnikov 规则，碳正离子可能会发生重排反应）

例如：

$$H_3C\text{—}C(CH_3)_2\text{—}CH\text{=}CH_2 \xrightarrow[H_2O]{H_2SO_2} \left[H_3C\text{—}C(CH_3)_2\text{—}\overset{+}{C}H\text{—}CH_3\right] \longrightarrow \left[H_3C\text{—}\overset{+}{C}(CH_3)\text{—}CH(CH_3)\text{—}CH_3\right] \longrightarrow H_3C\text{—}C(CH_3)(OH)\text{—}CH(CH_3)\text{—}CH_3$$

烷基发生重排　　三级碳正离子重排

下面的表格中总结了 12-3 节至 12-8 节中涉及的反应（以 1-甲基环己烯作为原料）。

1-甲基环己烯的亲电加成反应示例

示例	典型试剂	亲电物种	亲核物种	中间体	区域选择性立体化学	主产物
硼氢化	BH_3	$B^{\delta+}$	$H^{\delta-}$	无	反 Markovnikov 规则 顺式加成	CH_3, H, $B(H, R)_2$, H
HX 加成	HCl	H^+	Cl^-	+, CH_3	Markovnikov 规则	CH_3, Cl
水合反应	H_2SO_4, H_2O	H^+	H_2O	+, CH_3	Markovnikov 规则	CH_3, OH
卤化	ICl	$I^{\delta+}$	Cl^-	CH_3, I^+	Markovnikov 规则 反式加成	Cl, CH_3, I, H

续表

示例	典型试剂	亲电物种	亲核物种	中间体	区域选择性立体化学	主产物
生产卤代醇	Cl_2, H_2O	$Cl^{\delta+}$	H_2O	CH_3, Cl^+	Markovnikov 规则 反式加成	OH, CH_3, Cl, H
氯磺基化	CH_3SCl	$CH_3S^{\delta+}$	Cl^-	CH_3, $\overset{+}{S}CH_3$	Markovnikov 规则 反式加成	Cl, CH_3, SCH_3, H
羟汞化	$Hg(OCCH_3)_2$ (C=O), H_2O	$CH_3COHg^{\delta+}$ (C=O)	H_2O	CH_3, $\overset{+}{Hg}OCCH_3$ (C=O)	Markovnikov 规则 反式加成	OH, CH_3, $HgOCCH_3$ (C=O), H

12-9 重氮甲烷、卡宾以及环丙烷的合成

本节将介绍一种不寻常的亲电试剂—卡宾（carbene），它在合成中具有特殊的用途。卡宾的结构为 R_2C:，卡宾有一个缺电子的中性碳原子，可用来发生亲电加成反应。由于卡宾不是八隅体的稳定结构，它的能量非常高、寿命短，不能被保存，所以卡宾在反应过程通常由前体原位制备，随后与另一分子化合物反应。在烯烃存在下，卡宾可以迅速与烯烃两个碳反应得到环丙烷。教材中对该反应机理进行了介绍。首先双键上的电子对进攻卡宾碳原子形成碳-碳键，随后卡宾上的电子对进攻烯烃另一个碳原子生成另一个碳-碳键。一般这两个键同时形成，是一个多键同时变化的协同反应过程。

一些类似的物种与烯烃反应也能制备环丙烷，这类化合物通常称为卡宾类似物。与卡宾类似，它们包含一个亲电性的碳原子，可以与烯烃的 π 键形成一个 C—C 键，同时提供一对电子形成第二个 C—C 键。

12-10，12-11 和 12-12 烯烃的氧化

这几节列举了一些氧原子与双键的两个碳原子都成键的反应，每一个反应都是协同反应过程，即一步反应中多个化学键同时变化。

$$R-\overset{\overset{O}{\|}}{C}-O-\overset{\delta^+}{O}-H$$

过氧羧酸，例如间氯过氧苯甲酸（MCPBA）含有一个亲电性氧原子，与双键加成得到环氧丙烷。四氧化锇和臭氧与烯烃反应的过程通常是三对电子绕环移动，与两个双键碳原子同时生成两个新的 C—O 键。这些协同的环加成反应可得到环状产物：

O O Os O O C—C　　O O O C—C

注意：四氧化锇参与的氧化反应最终产物是 1,2-二醇，而臭氧裂解反应是学习的第一个碳-碳键断裂的反应，生成两个羰基化合物。

$$R^1R^2C=CR^3R^4 \xrightarrow[\text{2. Zn, }CH_3COOH]{\text{1. }O_3\text{, }CH_2Cl_2} R^1R^2C=O + O=CR^3R^4$$

12-13 烯烃的自由基加成

尽管典型的自由基都是中性的，但是从某种意义上说，它们是缺电子的，因为它们不是一个完整的八电子体系。自由基与烯烃双键 π 电子可以发生反应，以形成自由基原子的八电子体系。然而，与带正电的亲电试剂的加成反应不同，这种加成反应不是碳正离子历程，而是自由基历程。与我们在第 3 章中学习的过程一样，这些反应遵循自由基链式机理。

在 HBr 对烯烃的自由基加成反应中，反应的活性物种是 $:\ddot{\underset{\cdot\cdot}{Br}}\cdot$，而不是离子化加成反应中的 H^+，所以该自由基加成反应改变了不对称取代烯烃的反应规则。值得注意的是，自由基加成和离子化加成反应都倾向于生成更稳定的中间体。

HBr 的离子化加成：

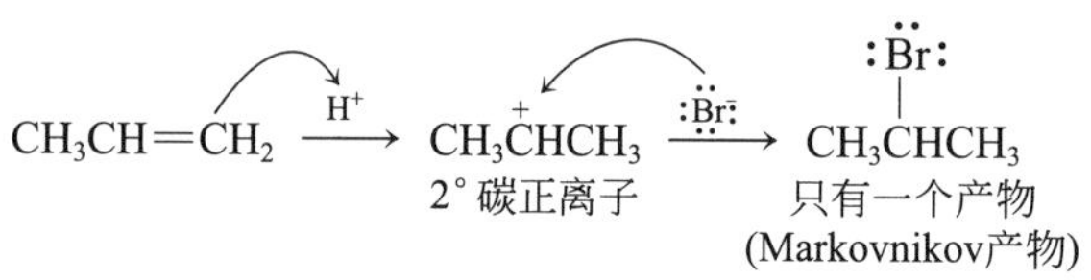

$$CH_3CH{=}CH_2 \xrightarrow{H^+} CH_3\overset{+}{C}HCH_3 \xrightarrow{:\ddot{Br}:^-} CH_3CH(Br)CH_3$$

2° 碳正离子　　只有一个产物 (Markovnikov产物)

HBr 的自由基加成（需要自由基引发剂，例如过氧化物、紫外线）：

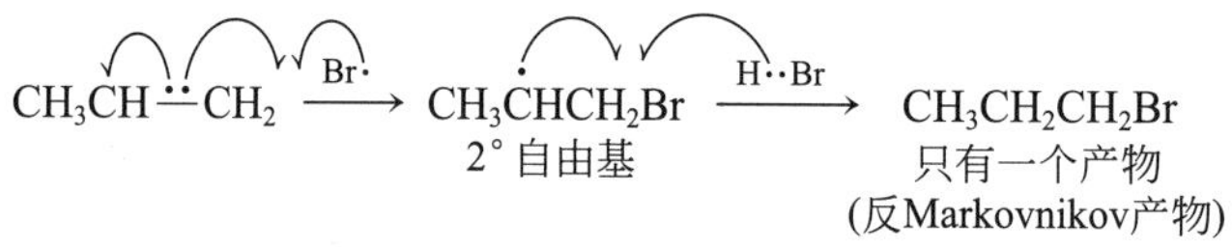

$$CH_3CH{=}CH_2 \xrightarrow{Br\cdot} CH_3\dot{C}HCH_2Br \xrightarrow{H\cdot\cdot Br} CH_3CH_2CH_2Br$$

2° 自由基　　只有一个产物 (反Markovnikov产物)

为了使自由基链式反应在动力学上可行，两个链增长反应步骤活化能都必须非常低，过氧化物参与的 HBr 加成是自由基加成反应，生成反 Markovnikov 产物。HCl 和 HI 的加成反应中无论是否有过氧化物存在，都是离子化反应，生成 Markovnikov 产物。

下面是更新的官能团转化关系，刚学习过的反应也已经列在其中。

官能团的相互转换

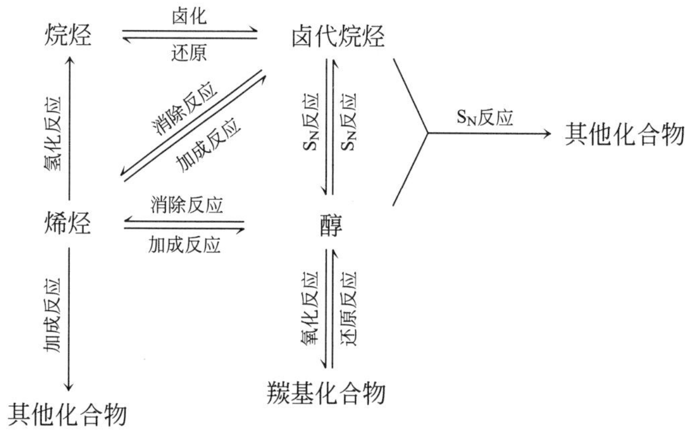

烷烃 —卤化→ 卤代烷烃；卤代烷烃 —还原→ 烷烃
卤代烷烃 —消除反应→ 烯烃；烯烃 —加成反应→ 卤代烷烃
烯烃 —氢化反应→ 烷烃
卤代烷烃 —S_N反应→ 醇；醇 —S_N反应→ 卤代烷烃
卤代烷烃 —S_N反应→ 其他化合物
醇 —消除反应→ 烯烃；烯烃 —加成反应→ 醇
烯烃 —加成反应→ 其他化合物
醇 —氧化反应→ 羰基化合物；羰基化合物 —还原反应→ 醇

12-14，12-15 烯烃的二聚、寡聚和多聚反应

这些反应都是烯烃与碳正离子、碳负离子或自由基的加成反应。每一个加成反应都能生成新的碳正离子、碳负离子或自由基（具体情况取决于反应本身），这些新生成的中间体可以与另一分子烯烃发生加成反应。这些反应过程可以不断地重复，使生成的产物分子越来越大，最终得到聚合物。聚合物包含的单元可以是相同的（例如：特氟隆，即聚四氟乙烯，是 $F_2C{=}CF_2$ 的聚合物），也可以包含两个甚至更多不同的单元（例如：最初的保鲜膜是 $H_2C{=}CHCl$ 和 $H_2C{=}CCl_2$ 的共聚物）。

习 题

37. 根据表 3-1 和表 3-4 中的 $DH^{\ominus}$ 值，计算下列化合物与乙烯加成反应的 $\Delta H^{\ominus}$ 值。其中 π 键的键能为 65 kcal•mol^{-1}。

(**a**) Cl_2

(**b**) IF（$DH^{\ominus}=67$ kcal•mol^{-1}）

(**c**) IBr（$DH^{\ominus}=43$ kcal•mol^{-1}）

(**d**) HF

(**e**) HI

(**f**) HO—Cl（$DH^{\ominus}=60$ kcal•mol^{-1}）

(**g**) Br—CN（$DH^{\ominus}=83$ kcal•mol^{-1}；$DH^{\ominus}_{C_{sp^3}-CN}=124$ kcal•mol^{-1}）

(**h**) CH_3S—H（$DH^{\ominus}=88$ kcal•mol^{-1}；$DH^{\ominus}_{C_{sp^3}-S}=60$ kcal•mol^{-1}

38. 双环烯烃蒈-3-烯，为松节油的一种成分，催化氢化得到两种可能的立体异构体。但是产物的常用名是顺-蒈烷，表示环己烷上的甲基和环丙烷在同一面上。请解释立体化学的结果。

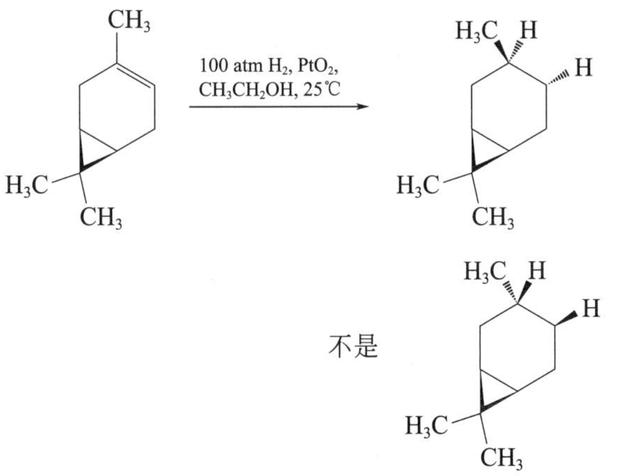

100 atm H_2, PtO_2, CH_3CH_2OH, 25℃

不是

39. 写出下列烯烃催化氢化的产物，标明产物的立体化学，并解释。

(**a**) 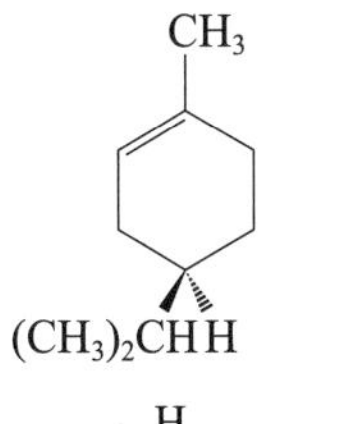 (**b**) 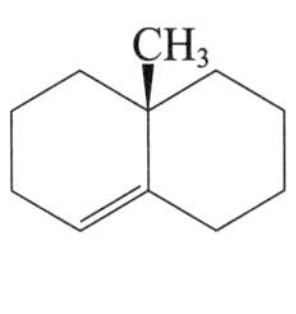 (**c**)

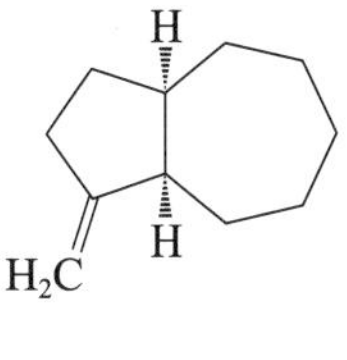

40. 小环化合物（如环丁烯）的催化氢化反应与环己烯相比，放出的热量是多了还是少了？（**提示**：环丁烯和环丁烷中哪一个化合物的键角张力大？）

41. 写出下列化合物与各个烯烃反应的主产物：(i) 没有过氧化物的 HBr 和 (ii) 存在过氧化物的 HBr。

(**a**) 1-己烯；(**b**) 2-甲基-1-戊烯；(**c**) 2-甲基-2-戊烯；(**d**) (*Z*)-3-己烯；(**e**) 环己烯。

42. 写出 Br_2 与习题 41 中各个烯烃反应的主产物。注意产物的立体化学。

43. 写出习题 41 中各个烯烃与硫酸水溶液反应生成醇的结构。羟汞化-脱汞反应中产物醇的结构会有不同吗？硼氢化-氧化反应呢？

44. 写出完成下列转化所需的试剂和条件，并从热力学上讨论每个反应。(**a**) 环己醇到环己烯；(**b**) 环己烯到环己醇；(**c**) 氯代环戊烷到环戊烯；(**d**) 环戊烯到氯代环戊烷。

45. 第 6 章的习题 53 中提供了一种合成氨基酸 (2*S*,3*S*)-3-羟基亮氨酸的方法，反应需要对映体纯的 2-溴-3-羟基-4-甲基戊酸作为起始原料。把液溴和水加到 4-甲基-2-戊烯酸甲酯（下面）中可以得到相应的 2-溴-3-羟基-4-甲基戊酸酯：(**a**) 哪一种立体构型的不饱和酯是必须加入的，顺式还是反式？(**b**) 这种方法能使溴醇成为单一的对映体吗？从机理的角度解释。

$(CH_3)_2CHCH{=}CHCO_2CH_3$

4-甲基-2-戊烯酸甲酯

46. 写出下面反应的一个或多个产物。注意产物的立体化学。

(**a**) $\xrightarrow{HCl}$

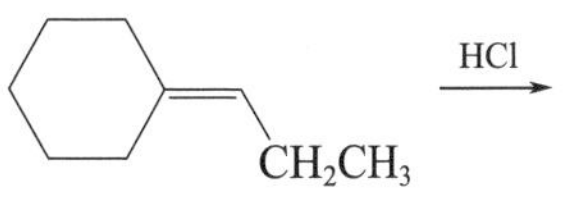

(**b**) 反-3-庚烯 $\xrightarrow{Cl_2}$

(**c**) 1-乙基环己烯 $\xrightarrow{Br_2,H_2O}$

(**d**) (c) 的产物 $\xrightarrow{NaOH,H_2O}$

(**e**) 1. $Hg(OCCH_3)_2$, CH_3OH 2. $NaBH_4$, CH_3OH

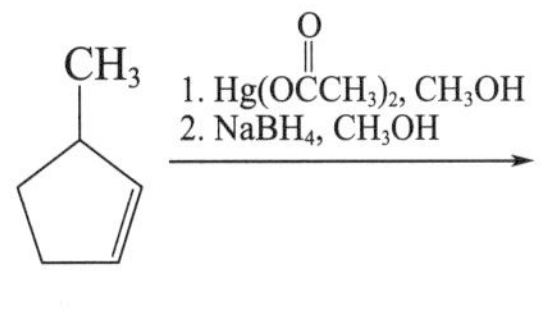

（f）顺-2-丁烯 $\xrightarrow{Br_2,\text{过量的 } Na^+\ N_3^-}$

（g）

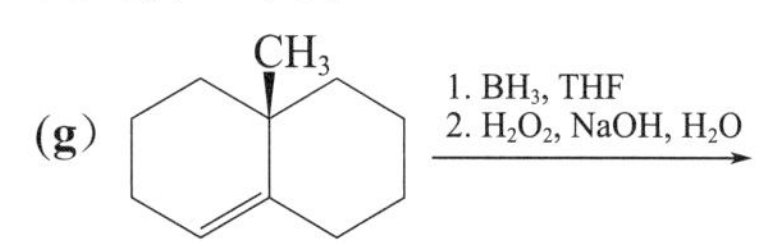

（h）保幼激素类似物甲氧普林具有生物活性的是 *S* 构型（真实生活 12-1），画出其结构。真实生活 12-1 所描述的合成甲氧普林的起始反应物中存在的立体中心对羟汞化-脱汞反应的产物有立体化学的影响吗？

47. 选择合适的烯烃合成下列化合物。

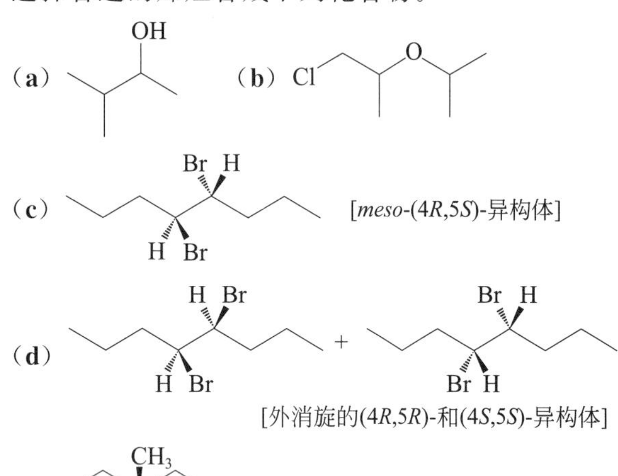

（e） CH_3，O

（f） CH_3，O （较难。**提示**：参见12-6节）

48. 提出有效的方法完成下列转化（多数为多步反应）。

（a） Br ⟶ I

（b） HO ⟶ HO H，H OH [*meso*-(2*R*,3*S*)-**异构体**]

（c） HO ⟶ H OH，H OH + HO H，HO H

[外消旋的(2*R*,3*R*)-和(2*S*,3*S*)-异构体]

（d） ⟶ O，H，O

49. 复习反应。不查看教材中 584～585 页反应总结图的情况下，写出将烯烃 >C=C<^{H} 转化为下列产物所需要的试剂。

（a） Br Br，—C—C—H

（b） OH H，—C—C—H（马氏产物）

（c） O，—C—C—H

（d） I H，—C—C—H

（e） H OH，—C—C—H （反马氏产物）

（f） H H，—C—C—H

（g） OH OH，—C—C—H

（h） H Br，—C—C—H（反马氏产物）

（i） CH_2，—C—C—H

（j） CH_3O H，—C—C—H

（k） Br H，—C—C—H（马氏产物）

（l） OH Br，—C—C—H

（m） Cl H，—C—C—H

（n） H，$\left(\text{—C—C—}\right)_n$（聚合物）

（o） CH_3O Br，—C—C—H

（p） >C=O + O=C(H)

（q） H SCH_2CH_3，—C—C—H （反马氏产物）

50. 写出下列试剂与 2-甲基-1-戊烯反应的主产物。

（a） H_2，PtO_2，CH_3CH_2OH；

（b） D_2，Pd-C，CH_3CH_2OH；

（c） BH_3，THF 然后加入 $NaOH+H_2O_2$；

（d） HCl；（e） HBr；（f） HBr+过氧化物；

（g） HI+过氧化物；　（h） $H_2SO_4+H_2O$；

（i） Cl_2；（j） ICl；（k） $Br_2+CH_3CH_2OH$；

（l） CH_3SH+过氧化物；

（m） MCPBA，CH_2Cl_2；

（n） OsO_4，然后加入 H_2S；

（o） O_3，然后加入 Zn+$CH_3\overset{O}{\overset{\|}{C}}OH$；

（p） $Hg(O\overset{O}{\overset{\|}{C}}CH_3)_2+H_2O$，然后加入 $NaBH_4$；

（q） 催化量的 H_2SO_4+热。

51. 写出习题 50 中的试剂与（E)-3-甲基-3-己烯反应的产物。

52. 写出习题 50 中的试剂与 1-乙基环戊烯反应的产物。

53. 逐步写出习题 50 中的（c）、（e）、（f）、（h）、（j）、（k）、（m）、（n）、（o）和（p）的反应机理。

54. 下面所画的聚合物的单体结构是什么？

$$\left[\begin{array}{cc} CH_3 & H \\ | & | \\ -C- & -C- \\ | & | \\ H & H \end{array}\right]_n$$

55. 写出下列试剂与 3-甲基-1-丁烯反应的主产物。并从机理上解释产物的不同。

（**a**）50%的硫酸水溶液；

（**b**）$Hg(OCCH_3)_2$（C上带=O）的水溶液，然后用 $NaBH_4$ 处理；

（**c**）BH_3 的 THF 溶液，然后用 NaOH 和 H_2O_2 处理。

56. 用乙烯基环己烷替换习题 55 中的 3-甲基-1-丁烯，回答同样的问题。

57. 写出下列烯烃与单过氧邻苯二甲酸镁盐（MMPP）反应的主产物并写出上述产物在酸溶液中水解得到的物质的结构。

（**a**）1-己烯；　（**b**）（Z)-3-乙基-2-己烯；

（**c**）（E)-3-乙基-2-己烯；　（**d**）（E)-3-己烯；

（**e**）1,2-二甲基环己烯。

58. 写出习题 57 中烯烃与 OsO_4 反应，然后与 H_2S 反应的主产物。

59. 写出习题 57 中烯烃在过氧化物存在下与 CH_3SH 反应的主产物。

60. 写出在过氧化物引发下 1-己烯与 CH_3SH 反应的可能机理。

61. 写出下列反应的主产物。

（**a**）（E)-2-戊烯＋$CHCl_3$ $\xrightarrow{KOC(CH_3)_3,(CH_3)_3COH}$

（**b**）1-甲基环己烯＋CH_2I_2 $\xrightarrow{Zn\text{-}Cu,(CH_3CH_2)_2O}$

（**c**）丙烯＋CH_2N_2 $\xrightarrow{Cu,\triangle}$

（**d**）（Z)-1,2-二苯乙烯＋$CHBr_3$ $\xrightarrow{KOC(CH_3)_3,(CH_3)_3COH}$

（**e**）（E)-1,3-戊二烯＋$2CH_2I_2$ $\xrightarrow{Zn\text{-}Cu,(CH_3CH_2)_2O}$

（**f**）$CH_2=CHCH_2CH_2CH_2CHN_2$ $\xrightarrow{h\nu}$

62. 分子式为 C_3H_5Cl 的化合物，它的 ^1H NMR 谱图如 A 图所示，^{13}C NMR 的数据为：45.3、118.5 和 134.0。IR 数据为 730（第 11 章中习题 57)、930、980、1630、3090 cm^{-1}。（**a**）推断化合物的结构。（**b**）归属 ^1H NMR 谱图中各组峰所代表的氢。（**c**）$\delta=4.05$ 处的两重峰的偶合常数 $J=6$ Hz，这与（b）中的结果一致吗？（**d**）如果这个两重峰再放大 5 倍，结果如内置图所示，峰为两个三重峰，三重峰的偶合常数 $J\approx1$ Hz。为什么会出现三重峰？这与（b）中的结果一致吗？

63. 习题 62 中谱图 A 的化合物 C_3H_5Cl 与 Cl_2 的水溶液反应，生成分子式同为 $C_3H_6Cl_2O$ 的两种产物，^1H NMR 如图 B 和图 C 所示。^1H NMR 谱图为 B 的分子的质子去偶合的 ^{13}C NMR 图谱中有两个信号峰；而图谱为 C 的分子有三个信号峰。这两种产物与 KOH 作用生成相同的产物 C_3H_5ClO（D 图）。内置图表示部分多重峰的放大。D 图化合物的质子去偶合

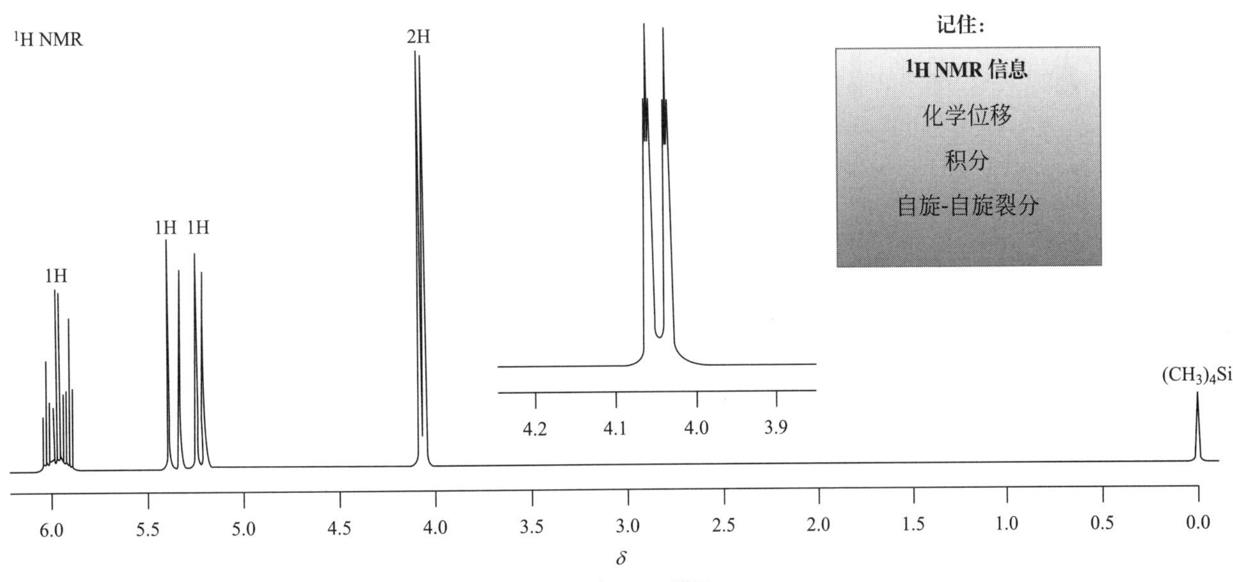

A　300 MHz ^1H NMR 谱图

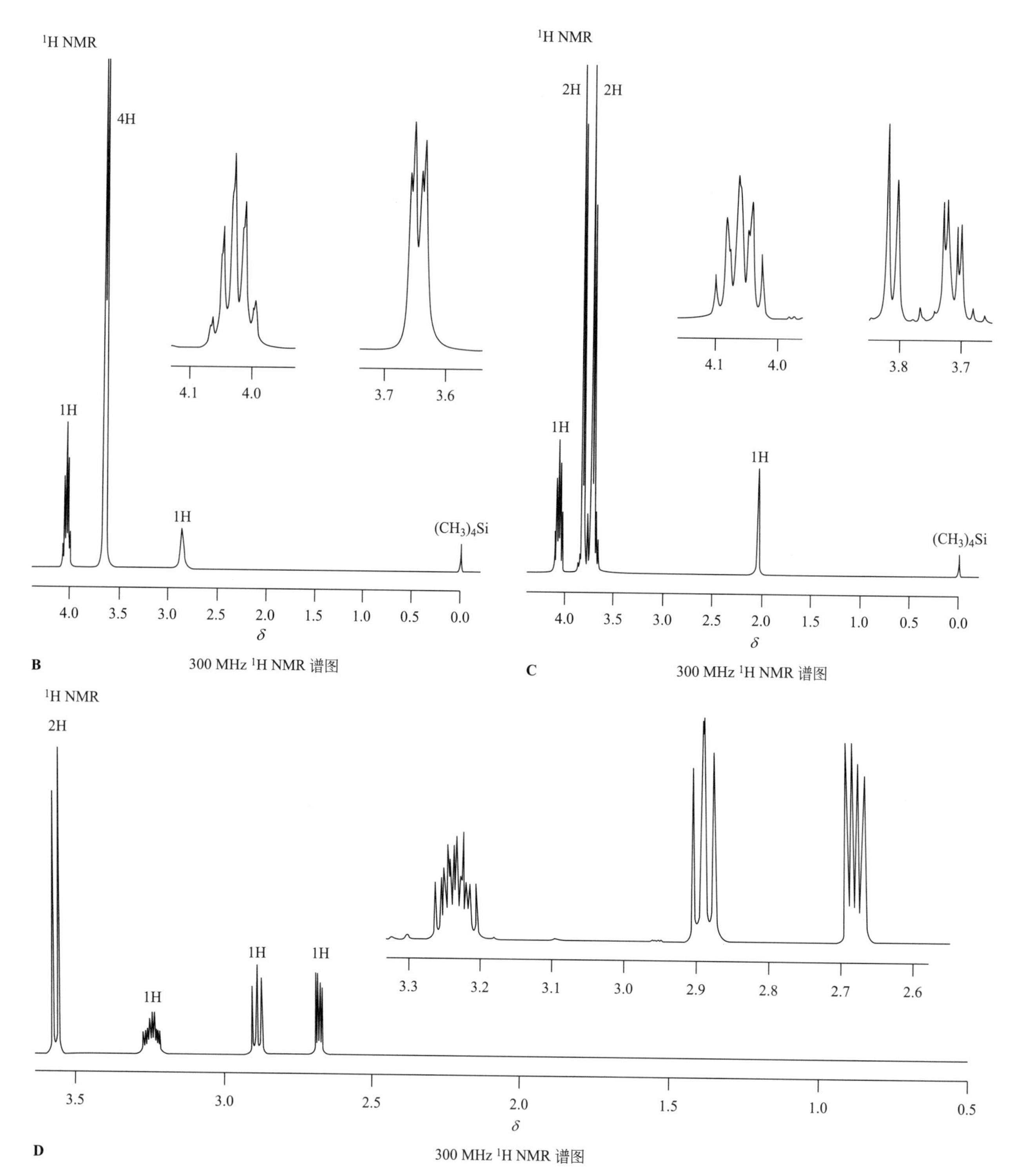

^{13}C NMR 谱图的信号在 $\delta=45.3$，46.9 和 51.4 处。IR 在 720 cm^{-1} 和 1260 cm^{-1} 处有信号峰，在 1600～1800 cm^{-1} 和 3200～3700 cm^{-1} 均没有峰。(**a**) 推断图 B、C、D 所代表的化合物的结构。(**b**) 为什么与 Cl_2 的水溶液反应生成两种异构体？(**c**) 写出 $C_3H_6Cl_2O$ 的两种异构体形成 C_3H_5ClO 的机理。

64. 分子式为 C_4H_8O 化合物的 ^1H NMR 谱图如 E 所示，IR 数据为 945、1015、1665、3095、3360 cm^{-1}。(**a**) 推断化合物的结构。(**b**) 归属 ^1H NMR 以及 IR 谱图中的信号峰。(**c**) 解释 $\delta=1.3$、4.3 和 5.9（参见放大 10 倍的内置图）处的裂分情况。

65. 习题 64 中与 E 图对应的化合物与 $SOCl_2$ 反应，生成氯代烷 C_4H_7Cl，^1H NMR 谱图中除

$\delta=1.5$ 处的峰消失外，其他部分几乎与 E 图相同。IR 在 700（第 11 章中习题 57），925，985，1640，3090 cm^{-1} 处有信号峰；在 PtO_2 催化氢化下得到 C_4H_9Cl（图 F）。IR 中除了 700 cm^{-1} 处的峰仍然存在，其余的峰都消失了。推断这两种化合物的结构。

66. 习题 65 中描述两种化合物的质谱图显示了两个分子离子峰，两个质量单位的高度比约为 3∶1。请解释。

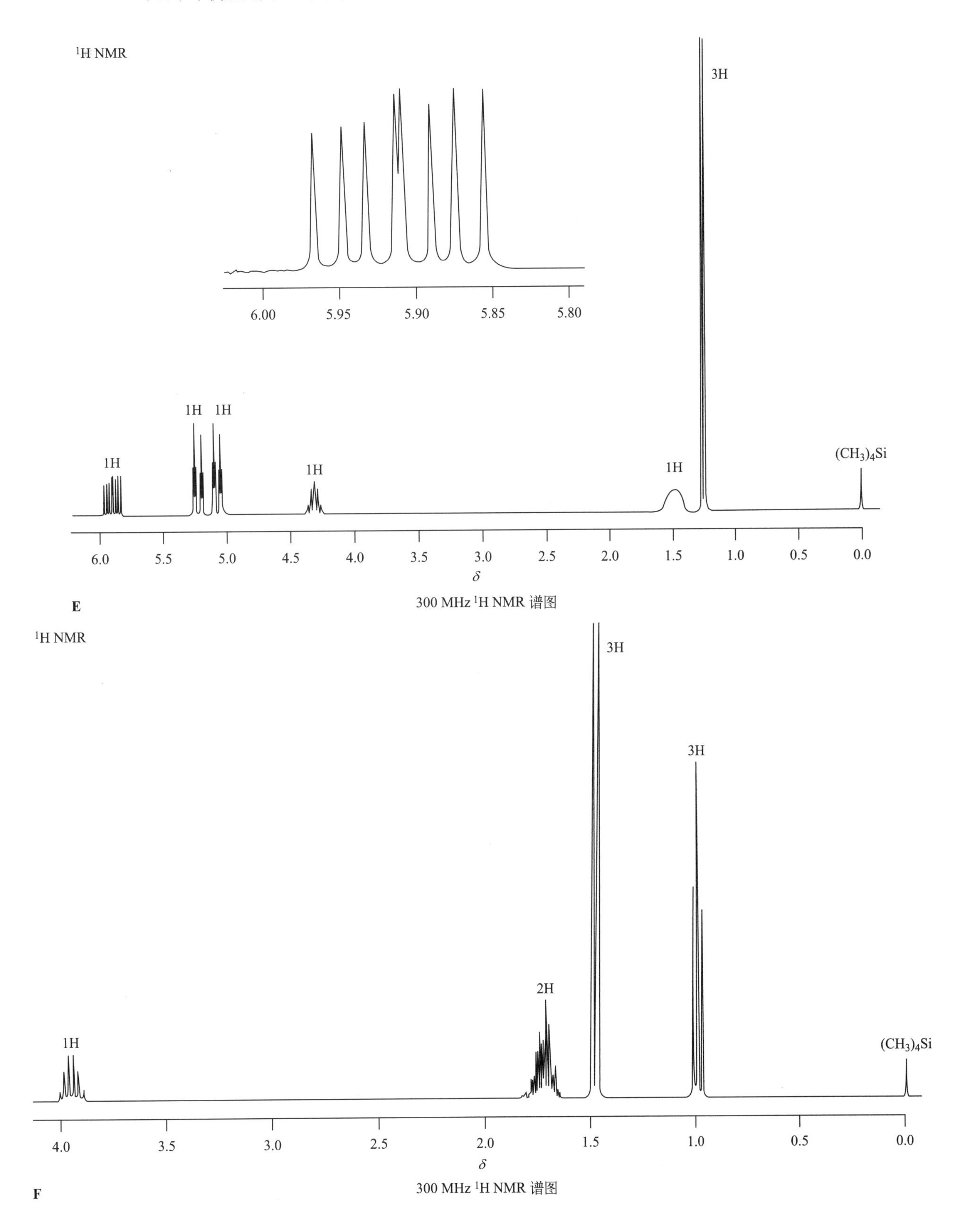

67. 写出能够与臭氧反应后经过二甲基硫醚还原生成下列羰基化合物的烯烃的结构。

(**a**) 只有 CH_3CHO

(**b**) CH_3CHO 和 CH_3CH_2CHO

(**c**) $(CH_3)_2C{=}O$ 和 $H_2C{=}O$

(**d**) $CH_3CH_2\overset{O}{\overset{\|}{C}}CH_3$ 和 CH_3CHO

(**e**) 环戊酮和 CH_3CH_2CHO

68. 挑战题 运用逆合成技术，用括号内的原料合成下列化合物，可以使用简单的烷烃和烯烃。合成中应至少包括一次碳-碳双键的形成步骤。

(**a**) $CH_3CH_2\overset{O}{\overset{\|}{C}}\underset{CH_3}{\underset{|}{C}}HCH_3$ (丙烯)

(**b**) $CH_3CH_2CH_2\underset{Cl}{\underset{|}{C}}HCH_2CH_2CH_3$ (丙烯)

(**c**) H_3C, OH (环己烯)

69. 由环戊烷出发合成下列化合物。

(**a**) 顺-1,2-二氘环戊烷

(**b**) 反-1,2-二氘环戊烷

(**c**) SCH_2CH_3, Cl (**d**) $=CH_2$

(**e**) O, CH_3

(**f**) 1,2-二甲基环戊烯

(**g**) 反-1,2-二甲基-1,2-环戊二醇

70. 给出下列反应预期的主产物。

(**a**) $CH_3OCH_2CH_2CH{=}CH_2$ $\xrightarrow[\text{2. NaBH}_4\text{, CH}_3\text{OH}]{\text{1. Hg(OCCH}_3)_2\text{, CH}_3\text{OH}}$

(**b**) $H_2C{=}C(CH_3)CH_2OH$ $\xrightarrow[\text{2. H}^+\text{, H}_2\text{O}]{\text{1. CH}_3\text{COOH, CH}_2\text{Cl}_2}$

(**c**) $CH{=}CH_2$ (环丁基) $\xrightarrow{\text{浓 HI}}$

(**d**) CH_3CH_2, H, $C{=}C$, H, CH_2CH_2, H $\xrightarrow[\text{2. (CH}_3)_2\text{S}]{\text{1. 过量的 O}_3\text{, CH}_2\text{Cl}_2}$

(**e**) H_3C, H, $C{=}C$, CH_3CH_2, CH_3 $\xrightarrow{\text{BrCN}}$

(**f**) Cl (环戊烯) $\xrightarrow[\text{2. NaHSO}_3]{\text{1. OsO}_4\text{, THF}}$

(**g**) $CH_3CH{=}CH_2$ $\xrightarrow{\text{催化量 HF}}$

(**h**) $CH_2{=}CHNO_2$ $\xrightarrow{\text{催化量 KOH}}$

(**提示：** 画出 NO_2 基团的 Lewis 结构)

71. (*E*)-5-庚烯-1-醇与下列各试剂反应得到分子式所示的产物。写出它们的结构并用详细的机理说明它们是如何生成的。(**a**) HCl，$C_7H_{14}O$(无 Cl!)；(**b**) Cl_2，$C_7H_{13}ClO$(IR：740 cm^{-1}；在 1600～1800 cm^{-1} 和 3200～3700 cm^{-1} 处没有峰)。

72. 少量的碘在光或热存在下，可以使顺式烯烃发生异构化，形成一些反式异构体。请提出可能的反应机理。

73. *α*-松油醇(第 10 章习题 61)首先与乙酸汞水溶液反应，然后经硼氢化钠还原，生成的主产物为原料的同分异构体($C_{10}H_{18}O$)，而不是水合产物。这个异构体是桉树油的主要成分，故应称为桉油精(eucalyptol)。因为它具有令人愉快的气味和芳香性而常用作味道不好的药物的添加剂。从已给的质子去偶的^{13}C NMR 数据及实际的机理化学推断桉油精的结构。(**提示：** IR 中在 1600～1800 cm^{-1} 和 3200～3700 cm^{-1} 处没有吸收峰。)

CH_3, $(CH_3)_2COH$ $\xrightarrow[\text{2. NaBH}_4\text{, H}_2\text{O}]{\text{1. Hg(OCCH}_3)_2\text{, H}_2\text{O}}$ 桉油精 ($C_{10}H_{18}O$)

α-松油醇

^{13}C NMR: *δ* 22.8, 27.5, 28.8, 31.5, 32.9, 69.6, 73.5

74. 硼烷和 MCPBA 能够与化合物中不同环境的双键(如 2-甲基-1,5-己二烯和苧烯)发生高选择性的反应。请写出下列反应的产物并解释形成的原因：(**a**) 在 THF 中与等物质的量的二烷基硼烷(R_2BH，R=二级烷基，只发生单个加成)反应，然后在碱性的过氧化氢溶液中水解；(**b**) 在二氯甲烷(CH_2Cl_2)中与等物质的量的 MCPBA 反应。

2-甲基-1,5-己二烯　　**苧烯**

75. 一种植物甘牛至（marjoram）油含有某种令人愉快的具有柠檬气味的物质，$C_{10}H_{16}$（化合物G）。经过臭氧化分解反应，G生成两个产物，其中一个产物H的分子式为$C_8H_{14}O_2$，可以通过以下反应合成得到化合物H：

$(CH_3)_2C{=}CHCH_2Br \xrightarrow[2.\ H_2C\text{—}CHCH_3\ (\text{O})]{1.\ Mg,\ (CH_3CH_2)_2O} \underset{\mathbf{I}}{C_8H_{16}O} \xrightarrow{PCC,\ CH_2Cl_2}$

$\underset{\mathbf{J}}{C_8H_{14}O} \xrightarrow{1.\ BH_3,\ THF;\ 2.\ H_2O_2,\ NaOH;\ 3.\ PCC,\ CH_2Cl_2} \mathbf{H}$

根据这些信息推断化合物G和J合理的结构。

76. 挑战题　葎草烯（humulene）和石竹烯醇（α-caryophyllene alcohol）是从康乃馨提取的萜类化合物的成分。前者可以通过酸催化水合反应一步合成后者。请写出反应的机理。（**提示**：反应机理包括正离子诱导的双键异构化、环化、负氢和烷基迁移的重排反应。两种可能的中间体如下图所示，五个带星号的碳原子可以帮助跟踪该反应过程它们的位置。）

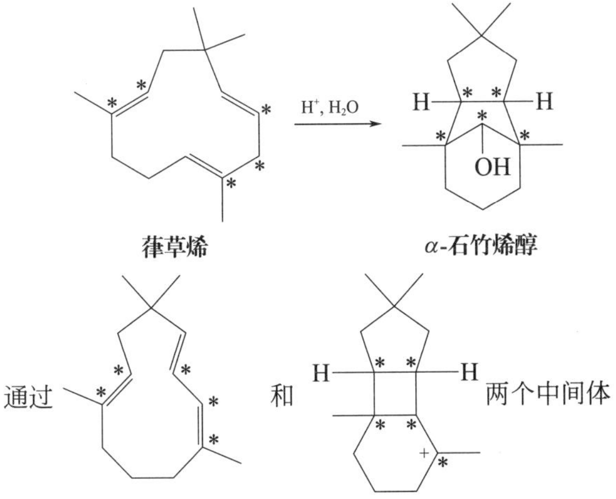

77. 预测葎草烯（习题76）被臭氧化，随后被乙酸锌还原的产物。如果不知道葎草烯的结构，那么能通过臭氧化的产物确定葎草烯的结构吗？

78. 挑战题　石竹烯（caryophyllene，$C_{15}H_{24}$）是一种不寻常的半萜烯，我们所熟悉的丁香气味主要就是它引起的。从下面反应的一些信息推断该化合物的结构（**注意**：此化合物的结构完全不同于习题76中的α-石竹烯醇）。

反应 1

$石竹烯 \xrightarrow{H_2,\ Pd\text{-}C} C_{15}H_{28}$

反应 2

$石竹烯 \xrightarrow[2.\ Zn,\ CH_3COOH]{1.\ O_3,\ CH_2Cl_2}$ （二酮醛产物）$+ CH_2{=}O$

反应 3

$石竹烯 \xrightarrow[2.\ H_2O_2,\ NaOH,\ H_2O]{1.\ 1\ e.q.\ 的BH_3,\ THF}$

$C_{15}H_{26}O \xrightarrow[2.\ Zn,\ CH_3COOH]{1.\ O_3,\ CH_2Cl_2}$ （含 CH_2OH 的产物）

石竹烯的异构体，异石竹烯，在氢化和臭氧化分解反应中得到和石竹烯相同的产物，在硼氢化-氧化反应中却得到反应3产物的异构体$C_{15}H_{26}O$，但进一步的臭氧化分解反应仍得到与反应3相同的产物。石竹烯和异石竹烯的结构差别在哪里？

79. 以甲基环己烷为反应底物，提供一种合成环己烷衍生物（如下图所示）的方法。通过逆合成分析确保你的合成路径短而有效，并且确保你的方法能够提供目标产物的区域选择性和相对立体化学性质。

（目标产物：H_3C、OCH_2CH_3、Br、H 取代的环己烷）

团队练习

80. 硼氢化反应的选择性随着硼烷上取代基体积的增大而增加。（**a**）例如，1-戊烯与顺-和反-2-戊烯的混合体系中，在双(1,2-二甲基丙基)硼烷（二仲异戊基硼烷）或者9-硼杂双环[3.3.1]-壬烷（9-BBN）的作用下，选择性地只与1-戊烯反应。小组内分工讨论并正确解释合成上述大空间位阻硼烷试剂所需的起始烯烃。建造模型直观观察这些能够导致结构选择性的试剂的特点。(b) 在对映选择性地合成仲醇的方法中，2 mol α-蒎烯与 1 mol BH_3 作用，反应生成的硼烷与顺-2-丁烯反应，最后在碱性条件下用过氧化氢氧化，生成光学活性的 2-丁醇。

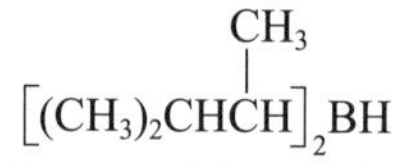

$[(CH_3)_2CHCH(CH_3)]_2BH$

双(1,2-二甲基丙基)硼烷(二仲异戊基)

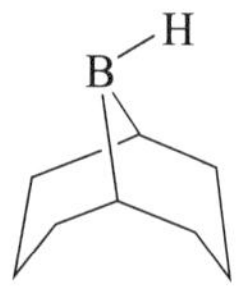

9-BBN

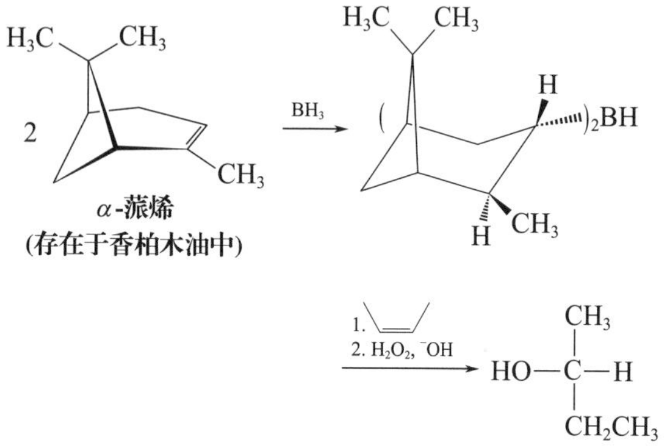

α-蒎烯(存在于香柏木油中)

2 α-蒎烯 $\xrightarrow{BH_3}$ (二异松莰基)$_2$BH $\xrightarrow[2.\ H_2O_2,\ ^-OH]{1.\ 顺-2-丁烯}$ HO—C(CH₃)(H)—CH₂CH₃

光学活性

同样建造 α-蒎烯及所得硼烷试剂的模型。讨论影响硼氢化-氧化反应对映选择性的因素。在氧化反应中，除了产物 2-丁醇，还有什么化合物生成？

预科练习

81. 某手性化合物（C_5H_8）催化氢化生成一个非手性化合物，C_5H_{10}。下面哪一个名称更适合这个手性化合物？(a) 1-甲基环丁烯；(b) 3-甲基环丁烯；(c) 1,2-二甲基环丙烯；(d) 环戊烯。

82. 300 g 1-丁烯，在 25 ℃四氯化碳溶液中与过量的 Br_2 反应，生成 418 g 1,2-二溴丁烷。反应的产率是多少？

（原子量：C=12.0，H=1.00，Br=80.0）

(a) 26；(b) 36；(c) 46；(d) 56；(e) 66。

83. 反-3-己烯和顺-3-己烯在下述反应中，只有一个产物是不同的，请问是哪一个？(a) 氢化反应；(b) 臭氧化反应；(c) 在四氯化碳溶液中与 Br_2 加成反应；(d) 硼氢化-氧化反应；(e) 燃烧。

84. 下列哪一个是下面反应的中间体？

$$RCH{=}CH_2 \xrightarrow{HBr,\ ROOR} RCH_2CH_2Br$$

(a) 自由基；(b) 碳正离子；(c) 氧杂环丙烷；(d) 溴鎓离子。

85. 1-戊烯与乙酸汞反应，然后用硼氢化钠还原，产物是什么？

(a) 1-戊炔；(b) 戊烷；(c) 1-戊醇；(d) 2-戊醇。

习题解答

37. 注意，使用 CH_3CH_2—X，而不是 H_3C—X 的 $DH^\ominus$ 数据（表 3-1）。

(a) $C_2H_4+Cl_2 \longrightarrow Cl—CH_2CH_2—Cl$

吸收能量：(65+58)kcal•mol⁻¹；放出热量：(2×84) kcal•mol⁻¹

所以 $\Delta H^\ominus=[65+58-(2\times84)]\ kcal\cdot mol^{-1}=-45\ kcal\cdot mol^{-1}$

(b) $C_2H_4+IF \longrightarrow I—CH_2CH_2—F$

$\Delta H^\ominus=[65+67-(56+111)]\ kcal\cdot mol^{-1}=-35\ kcal\cdot mol^{-1}$

(c) $C_2H_4+IBr \longrightarrow I—CH_2CH_2—Br$

$\Delta H^\ominus=[65+43-(56+70)]\ kcal\cdot mol^{-1}=-18\ kcal\cdot mol^{-1}$

(d) $C_2H_4+HF \longrightarrow H—CH_2CH_2—F$

$\Delta H^\ominus=[65+135-(101+111)]\ kcal\cdot mol^{-1}=-12\ kcal\cdot mol^{-1}$

(e) $C_2H_4+HI \longrightarrow H—CH_2CH_2—I$

$\Delta H^\ominus=[65+71-(101+56)]\ kcal\cdot mol^{-1}=-21\ kcal\cdot mol^{-1}$

(f) $C_2H_4+HOCl \longrightarrow HO—CH_2CH_2—Cl$

$\Delta H^\ominus=[65+60-(94+84)]\ kcal\cdot mol^{-1}=-53\ kcal\cdot mol^{-1}$

(**g**) $C_2H_4+BrCN \longrightarrow Br—CH_2CH_2—CN$

$\Delta H^{\ominus}=[65+83-(70+124)]\ kcal\cdot mol^{-1}=-46\ kcal\cdot mol^{-1}$

(**h**) $C_2H_4+CH_3SH \longrightarrow CH_3S—CH_2CH_2—H$

$\Delta H^{\ominus}=[65+88-(60+101)]\ kcal\cdot mol^{-1}=-8\ kcal\cdot mol^{-1}$

38. 根据产物的结构可推断反应的过程是：两个氢原子从环丙烷的反面进攻双键。因此可推断原料环烯烃只能从与三元环相反的一边与催化剂表面配位（下图左边的示意图）。环丙烷的大位阻导致烯烃双键很难从另一边与催化剂表面配位（下图右边的示意图），因此该氢化反应的立体选择性非常高。

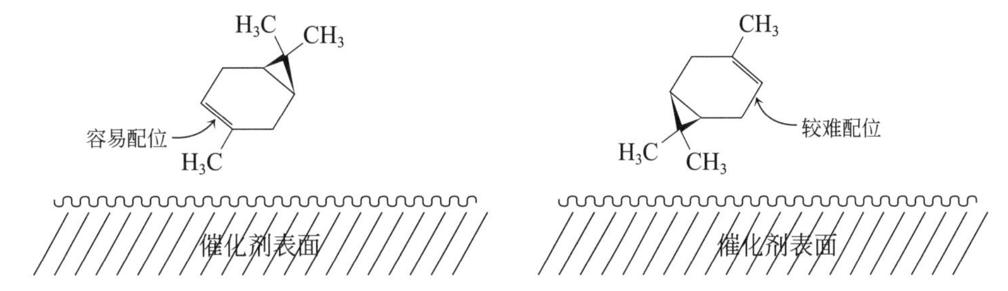

39. 所有的反应都证明双键可以从小位阻的一边与催化剂表面配位，然后在分子的这一边加氢。

(**a**)

H_2（圆圈标记的）从大位阻取代基（$(CH_3)_2CH$）的反面加成。

(**b**)

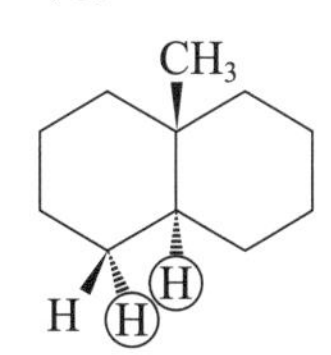

氢化反应发生在甲基基团的反面。

(**c**)

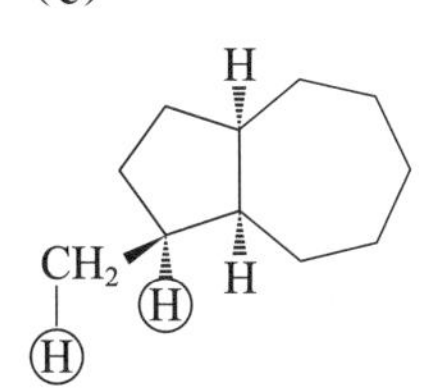

氢化反应发生在折叠分子更暴露（底部）的一侧。

40. 放出的热量多了。环己烷和环己烯都没有角张力，环己烯氢化反应放出的热量与顺式二取代非环状烯烃的氢化反应相同。环丁烷和环丁烯都具有角张力，但烯烃的角张力（120°－90°＝30°）比一般烷烃的角张力（109°－90°＝19°）更大，环丁烯中较大的环张力增加了它与环丁烷之间的能量差，从而导致加氢时释放出更多的能量。

41.

(ⅰ)无过氧化物的 HBr(Markovnikov 加成)	(ⅱ)HBr＋过氧化物(反 Markovnikov 加成)
(**a**)2-溴己烷	(**a**)1-溴己烷
(**b**)2-溴-2-甲基戊烷	(**b**)1-溴-2-甲基戊烷
(**c**)2-溴-2-甲基戊烷	(**c**)3-溴-2-甲基戊烷
(**d**)3-溴己烷	(**d**)3-溴己烷
(**e**)溴代环己烷	(**e**)溴代环己烷

注：所有手性产物均为外消旋混合物。

42. (**a**) 1,2-二溴己烷（2*R* 和 2*S* 的外消旋混合物）

(**b**) 1,2-二溴-2-甲基戊烷（2*R* 和 2*S* 的外消旋混合物）

(**c**) 2,3-二溴-2-甲基戊烷（3*R* 和 3*S* 的外消旋混合物）

(**d**)（3*R*,4*R*）和（3*S*,4*S*)-二溴己烷。顺式化合物的反式加成反应得到外消旋混合物，反式化合物得到内消旋化合物。

外消旋混合物

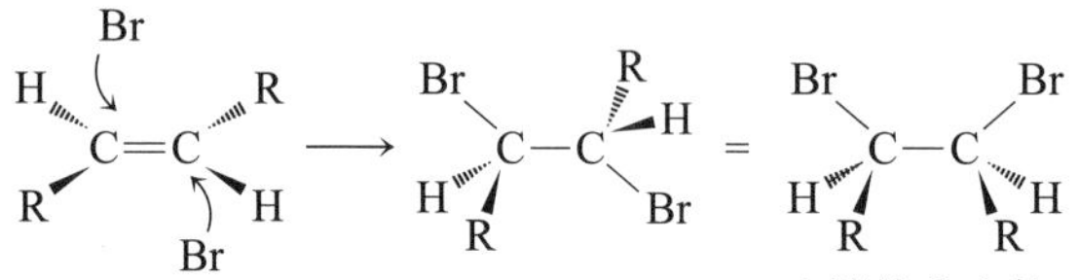

内消旋化合物

(**e**) 反-1,2-二溴环己烷［(1*R*,2*R*）和（1*S*,2*S*）的外消旋混合物］

43.

(i) $H_2SO_4+H_2O$ 溶液(Markovnikov 水合反应)	(ii) BH_3、THF，然后 NaOH、H_2O_2(反 Markovnikov 水合反应)
(**a**)2-己醇	(**a**)1-己醇
(**b**)2-甲基-2-戊醇	(**b**)2-甲基-1-戊醇
(**c**)2-甲基-2-戊醇	(**c**)2-甲基-3-戊醇
(**d**)3-己醇	(**d**)3-己醇
(**e**)环己醇	(**e**)环己醇

烯烃的羟汞化-脱汞反应产物与在硫酸水溶液中反应的产物相同，由底物和 H^+ 生成的碳正离子中间体不倾向于发生重排反应，所有的手性产物均为外消旋混合物。

44.

(**a**) 热的，浓 H_2SO_4　　(**b**) 冷的，H_2SO_4 水溶液

(**c**) $NaOCH_2CH_3$ 的 CH_3CH_2OH 溶液　　(**d**) HCl 的 CCl_4 溶液

一般来说，加成反应［(b）和（d)］是热力学可行的（12-1 节）。如果想要发生消除反应，反应的条件必须能使反应平衡向反方向移动。(a）过程中，可逆 E1 反应过程中失去的水被浓硫酸质子化并吸收，并将水从反应平衡中移走。反应中没有好的亲核试剂，因此，碳正离子中间体易失去质子得到含双键产物。(c）强碱性的乙醇负离子诱导发生双分子消除反应，同时中和反应过程中释放的 HCl，形成乙醇和 NaCl。反应混合物中没有能够与烯烃加成的亲电试剂。

45. 反应过程是反式加成，原料的顺反异构体可能的产物列在下方。加成到反式异构体能得到想要的（2*S*,3*S*）异构体，但最终得到的产物是外消旋混合物，原因是溴从上方或下方进攻双键的概率是相同的，因此，这些反应均不能提供单一的对映体。

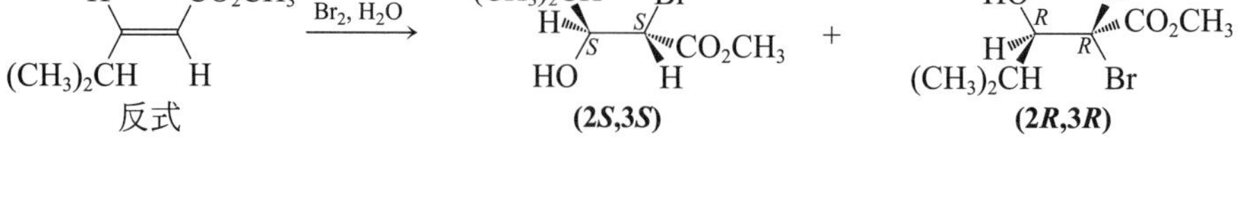

反式　　Br_2, H_2O　　(**2*S*,3*S***)　　+　　(**2*R*,3*R***)

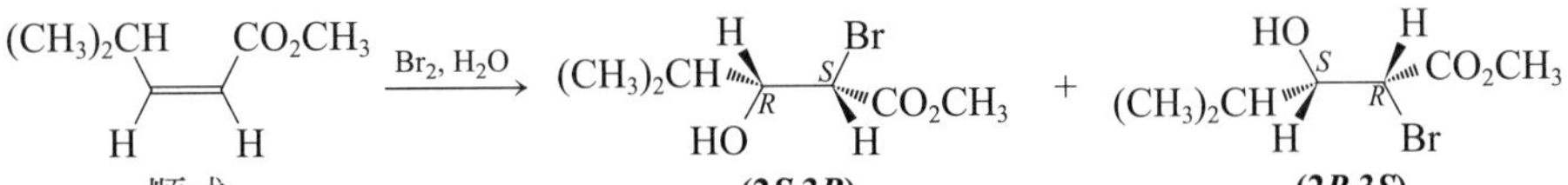

$(CH_3)_2CH$ 与 H 在同侧、CO_2CH_3 与 H 在同侧（顺式）$\xrightarrow{Br_2, H_2O}$ **(2S,3R)** + **(2R,3S)**

顺式

46. 所有手性产物均为外消旋混合物。

(a) 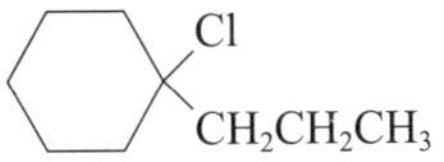 1-氯-1-丙基环己烷（Cl，$CH_2CH_2CH_3$）

(b) 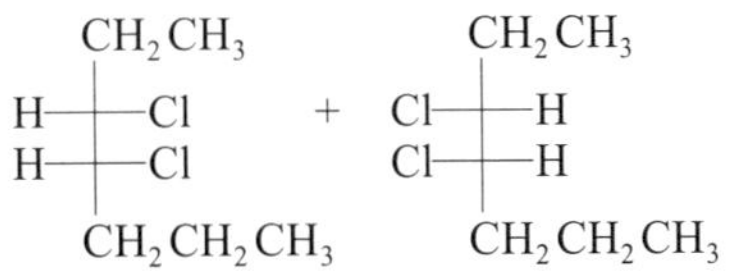 CH_2CH_3 / H—Cl / H—Cl / $CH_2CH_2CH_3$ + CH_2CH_3 / Cl—H / Cl—H / $CH_2CH_2CH_3$ 外消旋混合物

(c) 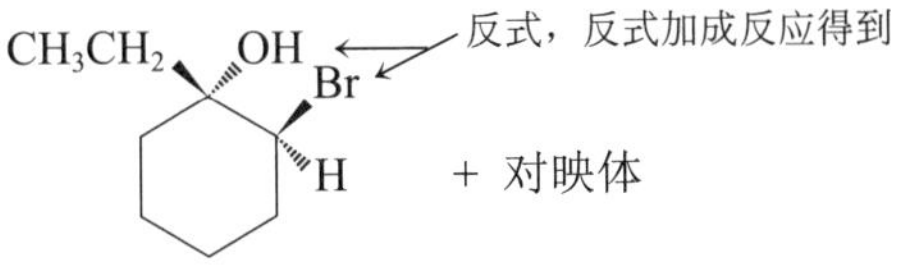 CH_3CH_2，OH，Br，H + 对映体 ←反式，反式加成反应得到

(d) 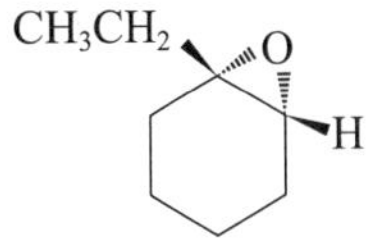 CH_3CH_2，O，H + 对映体

以纸面为平面，纸面上方位阻大，所以Hg从纸面下面进攻

(e) 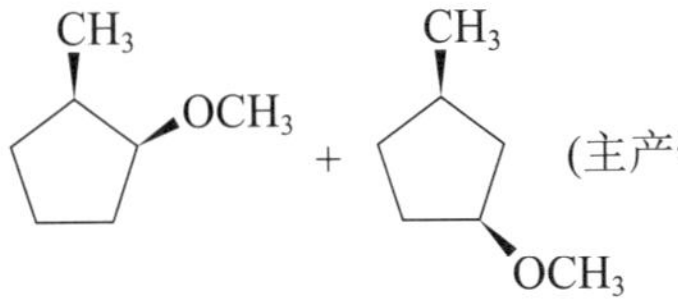 CH_3，OCH_3 + CH_3，OCH_3 (主产物) 通过 CH_3，$\overset{+}{Hg}(OCCH_3)$（C=O）

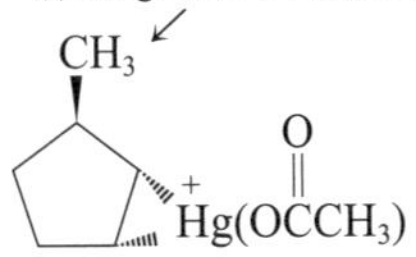

所有产物均为外消旋混合物。

(f) 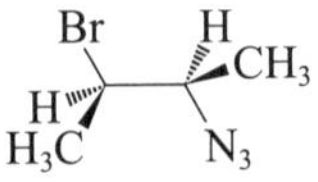 Br，H，H_3C，H，CH_3，N_3 + 对映体

(g) 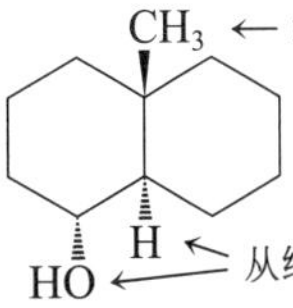 CH_3 ←纸面上方位阻大；H，HO ←从纸面下方顺式加成

注意氢化反应的区域选择性是反 Markovnikov 规则。

47. 为每个题提供了可能选择的简要分析。

(a) 需要符合 Markovnikov 规则的水合反应 $(CH_3)_2CHCH{=}CH_2$（OH↓ 加在 CH 上，H↓ 加在 CH_2 上），或者符合反 Markovnikov 规则的水合反应 $(CH_3)_2C{=}CHCH_3$（H↓ 加在 C 上，OH↓ 加在 CH 上）。

$$(CH_3)_2CHCH{=}CH_2 \xrightarrow[2.\ NaBH_4,NaOH,H_2O]{1.\ Hg(OAc)_2,H_2O} (CH_3)_2CHCHOHCH_3$$

$$(CH_3)_2C{=}CHCH_3 \xrightarrow[2.\ NaOH,H_2O_2,H_2O]{1.\ BH_3,THF} (CH_3)_2CHCHOHCH_3$$

(b) 需要在丙烯上加上“Cl^+”和“$(CH_3)_2CHO^-$”，Cl_2 是“Cl^+”的来源，$(CH_3)_2CHOH$ 提供亲核试剂。

$$H_2C{=}CHCH_3 \xrightarrow{Cl_2,(CH_3)_2CHOH\ 溶剂} ClCH_2CH(CH_3)OCH(CH_3)_2$$

(c) 和 (d) 均为 Br_2 与顺-或反-4-辛烯异构体发生反式加成反应的产物。加成反应是反式，因此，反-辛烯生成内消旋混合物，顺-辛烯生成外消旋混合物。

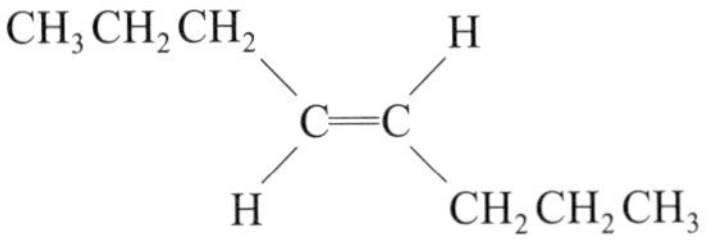

$CH_3CH_2CH_2$(H)C=C(H)$CH_2CH_2CH_3$（反式） $\xrightarrow{Br_2}$ 内消旋-$CH_3CH_2CH_2CHBrCHBrCH_2CH_2CH_3$

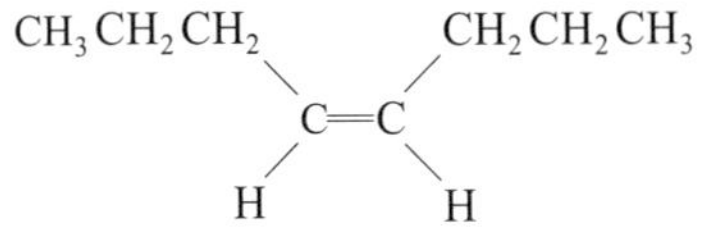

$CH_3CH_2CH_2$(H)C=C(H)$CH_2CH_2CH_3$（顺式） $\xrightarrow{Br_2}$ 外消旋-$CH_3CH_2CH_2CHBrCHBrCH_2CH_2CH_3$

(e) 合成非常简单，[结构式：含角甲基 CH_3 的八氢萘烯]的甲基阻止过氧化在环上方发生反应，过氧羧酸只能从下方进攻。

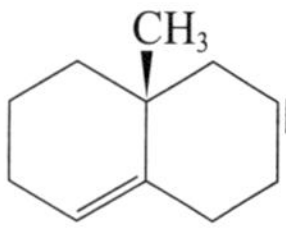

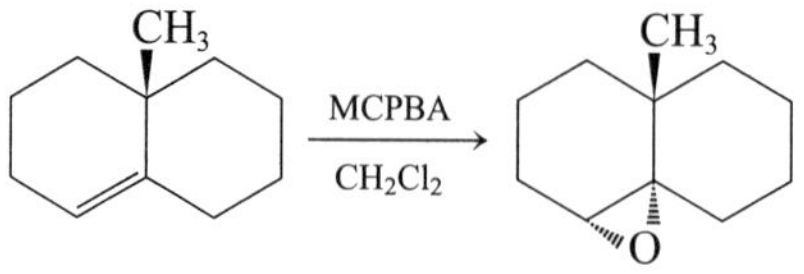

$\xrightarrow[CH_2Cl_2]{MCPBA}$

(f) 这个化合物的合成比较难，思考如何在位阻大的位置连上氧。必须分步完成：首先亲核试剂从位阻较小的纸面下方进攻双键，随后反应构型翻转。采用常用的环氧丙烷合成方法：

烯烃 $\xrightarrow{X_2, H_2O}$ 卤代醇（反式加成）$\xrightarrow{碱}$ 氧杂环丙烷（分子内 S_N2 反应）

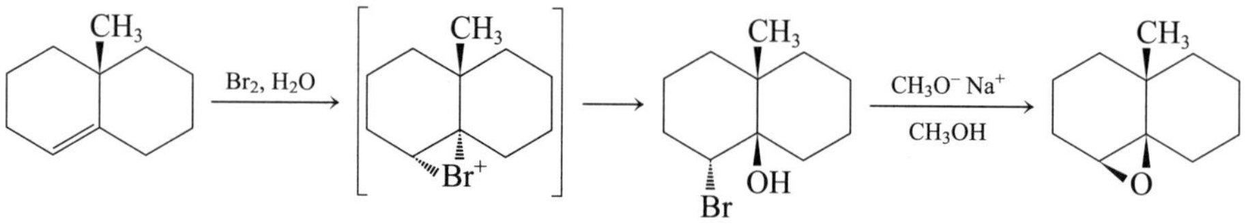

$\xrightarrow{Br_2, H_2O}$ [Br^+] $\longrightarrow$ Br, OH $\xrightarrow[CH_3OH]{CH_3O^- Na^+}$

Br在垂直纸面的里面　　Br和OH呈反式

48. (a) 需要考虑 1-丁烯的反 Markovnikov 加成。通过消除反应制备 1-丁烯，需要使用大位阻的碱。

$$CH_3CH_2CHBrCH_3 \xrightarrow{(CH_3)_3CO^- K^+, (CH_3)_3COH} CH_3CH_2CH{=}CH_2$$

不能直接向烯烃加成反应中加入 HI，可能会发生如下反应：

$$CH_3CH_2CH{=}CH_2 \xrightarrow{HBr, 过氧化物} CH_3CH_2CH_2CH_2Br \xrightarrow{KI, DMSO(S_N2)} CH_3CH_2CH_2CH_2I$$

(b)、(c) 脱水反应主要得到反式烯烃，根据两个题目要求需要找到烯烃的双键碳上均加上 OH 的方法，不论是反式（→内消旋）还是顺式（→外消旋）。顺式非常容易合成：

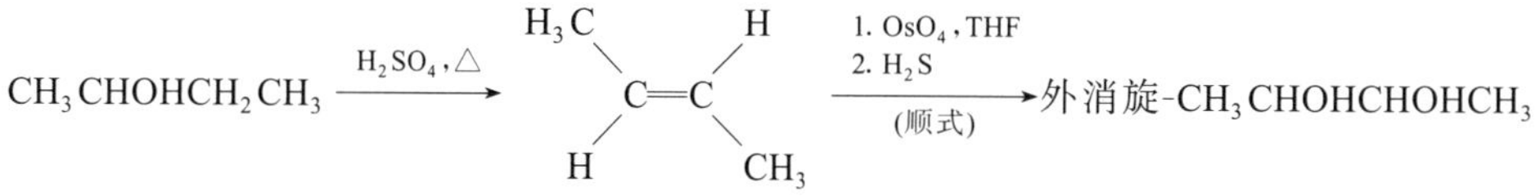

$$CH_3CHOHCH_2CH_3 \xrightarrow{H_2SO_4, \triangle} (H_3C)(H)C{=}C(H)(CH_3) \xrightarrow[(顺式)]{1.\ OsO_4, THF \quad 2.\ H_2S} 外消旋\text{-}CH_3CHOHCHOHCH_3$$

反式也很容易合成：

$$(H_3C)(H)C{=}C(H)(CH_3) \xrightarrow[CH_2Cl_2]{CH_3CO_3H} H_3C\text{—}C(H)\text{—O—}C(CH_3)\text{—}H \xrightarrow[(翻转)]{H^+, H_2O} 内消旋\text{-}CH_3CHOHCHOHCH_3$$

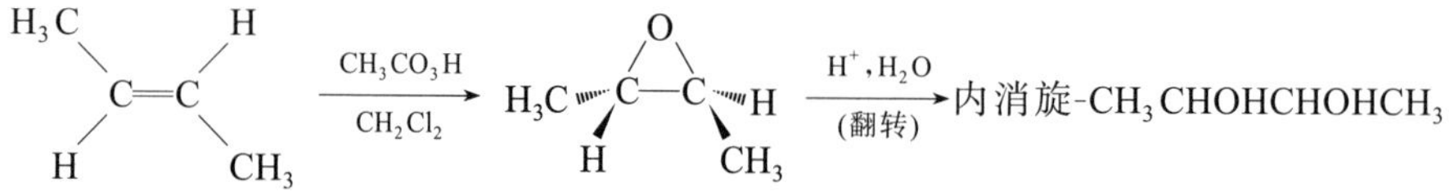

(d) 两个双键需要发生不同的反应，MCPBA 的环氧化反应会选择性氧化三取代的双键，随后硼氢化得到一级醇，最后氧化醇得到醛，完成合成。

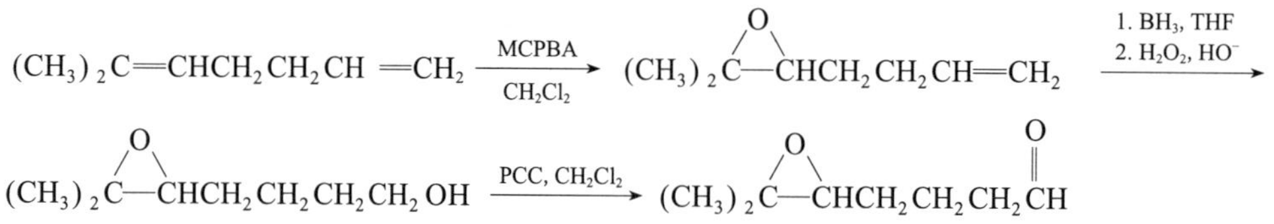

$$(CH_3)_2C{=}CHCH_2CH_2CH{=}CH_2 \xrightarrow[CH_2Cl_2]{MCPBA} (CH_3)_2\overset{O}{C\text{—}C}HCH_2CH_2CH{=}CH_2 \xrightarrow{1.\ BH_3, THF \quad 2.\ H_2O_2, HO^-}$$

$$(CH_3)_2\overset{O}{C\text{—}C}HCH_2CH_2CH_2CH_2OH \xrightarrow{PCC, CH_2Cl_2} (CH_3)_2\overset{O}{C\text{—}C}HCH_2CH_2CH_2\overset{O}{\overset{\|}{C}}H$$

49. 路线中基本都省略了反应溶剂，除非溶剂也作为活性物种参与了反应。

(a) Br_2。

(b) H^+，H_2O。如果担心发生重排反应，也可以选择：1. $Hg(OOCCH_3)_2$，H_2O；2. $NaBH_4$。

(c) MCPBA。　　(d) HI。　　(e) 1. BH_3；2. NaOH，H_2O_2。

(**f**) H_2，催化剂 Pd/C 或 PtO_2。 (**g**) 1. OsO_4；2. H_2S。或催化剂 OsO_4，H_2O_2。
(**h**) HBr，ROOR（如 R＝叔丁基）。 (**i**) CH_2N_2，$h\nu$，或△，或 Cu；或 CH_2I_2，Zn-Cu。
(**j**) 1. $Hg(OOCCH_3)_2$，CH_3OH；2. $NaBH_4$。 (**k**) HBr。 (**l**) Br_2，H_2O。
(**m**) HCl。 (**n**) H^+，或 ROOR，或碱。 (**o**) Br_2，CH_3OH。
(**p**) 1. O_3；2. H_2S 或 Zn。 (**q**) CH_3CH_2SH，ROOR。

50. 原料是 $H_2C{=}C(CH_3)CH_2CH_2CH_3$，则与(a)～(q)所示试剂反应的主产物分别为：

(**a**) $(CH_3)_2CHCH_2CH_2CH_3$。 (**b**) $CH_2DCD(CH_3)CH_2CH_2CH_3$。
(**c**) $HOCH_2CH(CH_3)CH_2CH_2CH_3$。 (**d**) $(CH_3)_2CClCH_2CH_2CH_3$。
(**e**) $(CH_3)_2CBrCH_2CH_2CH_3$。 (**f**) $BrCH_2CH(CH_3)CH_2CH_2CH_3$。
(**g**) $(CH_3)_2CICH_2CH_2CH_3$，过氧化物不影响 HI 的加成。 (**h**)，(**p**) $(CH_3)_2C(OH)CH_2CH_2CH_3$。
(**i**) $ClCH_2CCl(CH_3)CH_2CH_2CH_3$。 (**j**) $ICH_2CCl(CH_3)CH_2CH_2CH_3$。
(**k**) $BrCH_2C(OCH_2CH_3)(CH_3)CH_2CH_2CH_3$。 (**l**) $CH_3SCH_2CH(CH_3)CH_2CH_2CH_3$。

(**m**)
O
$H_2C{-}C(CH_3)CH_2CH_2CH_3$。

(**n**) $HOCH_2C(OH)(CH_3)CH_2CH_2CH_3$。

(**o**) $H_2C{=}O + CH_3\overset{O}{\overset{\|}{C}}CH_2CH_2CH_3$。 (**q**) $(CH_3)_2C{=}CHCH_2CH_3$。

51. 根据题干，原料是

CH_3CH_2　　　H
　　C＝C　　　。
H_3C　　　CH_2CH_3

所有手性产物均为外消旋对映体混合物。

(**a**) $CH_3CH_2CH(CH_3)CH_2CH_2CH_3$。

(**b**) 顺式加成：
D　D
CH_3CH_2—C—C—H
H_3C　　CH_2CH_3

(**c**) 顺式加成：
H　OH
CH_3CH_2—C—C—H
H_3C　　CH_2CH_3

(**d**) $CH_3CH_2CCl(CH_3)CH_2CH_2CH_3$。

(**e**) $CH_3CH_2CBr(CH_3)CH_2CH_2CH_3$。

(**f**) $CH_3CH_2CH(CH_3)CHBrCH_2CH_3$（对映体混合物）。

(**g**) $CH_3CH_2CI(CH_3)CH_2CH_2CH_3$。

(**h**)，(**p**) $CH_3CH_2C(OH)(CH_3)CH_2CH_2CH_3$。

(**i**) 反式加成：
Cl　H
　　　CH_2CH_3
CH_3CH_2—C—C
H_3C　　Cl

(**j**) 反式加成：
Cl　H
　　　CH_2CH_3
CH_3CH_2—C—C
H_3C　　I

(**k**) 反式加成：
CH_3CH_2O　H
　　　CH_2CH_3
CH_3CH_2—C—C
H_3C　　Br

(**l**) $CH_3CH_2CH(CH_3)CH(SCH_3)CH_2CH_3$（异构体混合物）。

（m）CH_3CH_2、H_3C、O、H、CH_2CH_3（环氧化物结构）

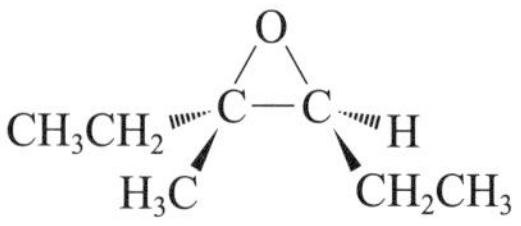

（n）反式加成：CH_3CH_2、H_3C、OH、OH、H、CH_2CH_3（邻二醇结构）

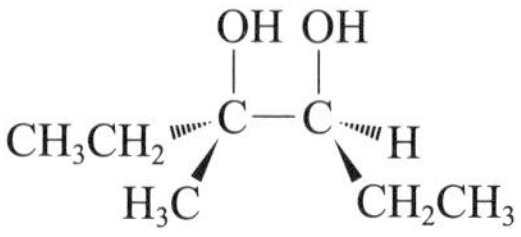

（o）$CH_3CH_2\overset{O}{\overset{\|}{C}}CH_3$ + $CH_3CH_2\overset{O}{\overset{\|}{C}}H$

（q）原料 $E+Z$ 异构体混合物和 $CH_3CH{=}C(CH_3)CH_2CH_2CH_3$ 的 $E+Z$ 异构体混合物（也是三取代）。

52. 原料是：

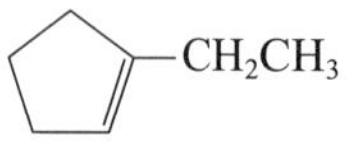

1-乙基环戊烯（CH_2CH_3）

（a）乙基环戊烷（CH_2CH_3）　（b）CH_2CH_3、D、D、H　（c）CH_2CH_3、H、OH、H

（d）CH_2CH_3、Cl　（e）CH_2CH_3、Br　（f）CH_2CH_3、Br (异构体混合物)

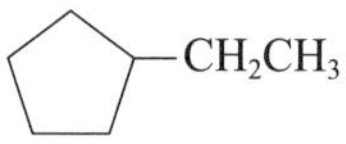

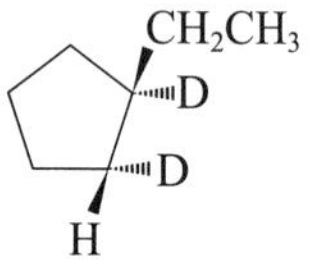

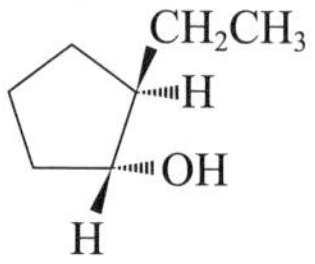

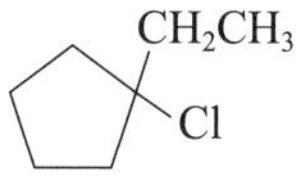

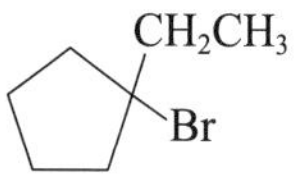

（g）CH_2CH_3、I　（h），（p）CH_2CH_3、OH　（i）CH_2CH_3、Cl、H、Cl

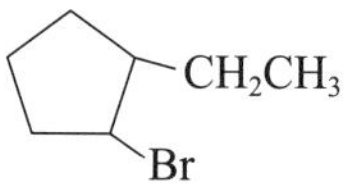

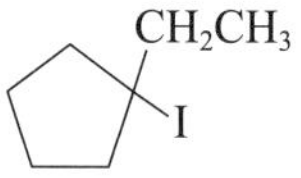

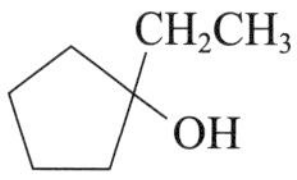

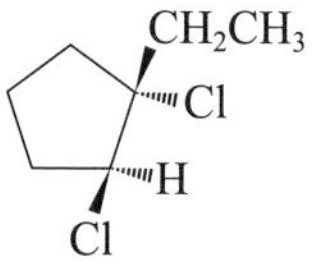

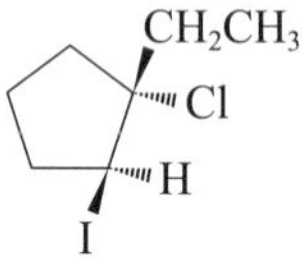

（j）CH_2CH_3、Cl、H、I　（k）CH_2CH_3、OCH_2CH_3、H、Br　（l）CH_2CH_3、SCH_3 (异构体混合物)

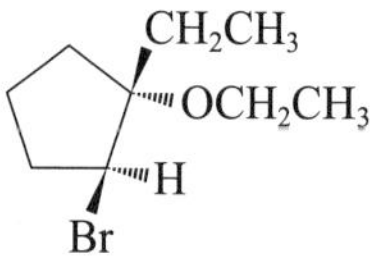

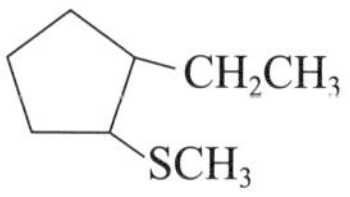

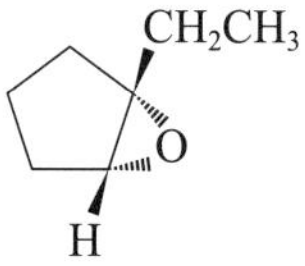

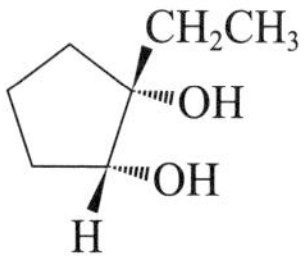

（m）CH_2CH_3、O、H　（n）CH_2CH_3、OH、OH、H　（o）$H\overset{O}{\overset{\|}{C}}CH_2CH_2CH_2\overset{O}{\overset{\|}{C}}CH_2CH_3$

（q）原料的混合物和 亚乙基环戊烷（H、CH_3）（两个都是三取代的）

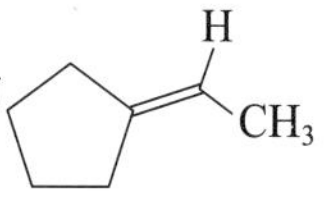

53. 产物已经在习题 50 的答案中给出，这里只给出反应机理。

（c）CH_2CH_3、H、BH_2 ⟶ [CH_2CH_3、H、BH_2、H]‡ ⟶ CH_2CH_3、H、BH_2、H　为了简洁，只画出一个 B—H 键与烯烃分子的反应过程。

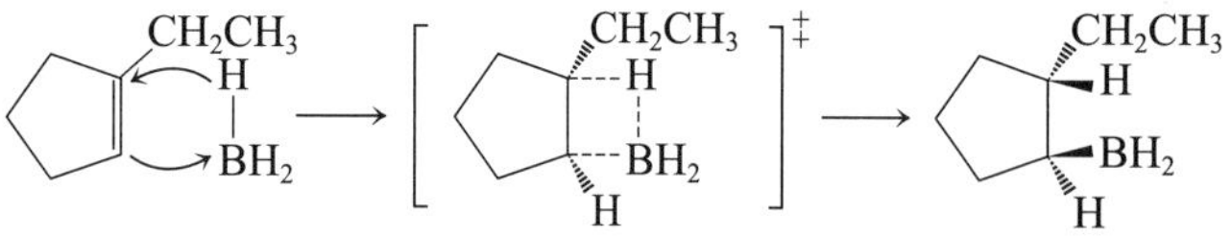

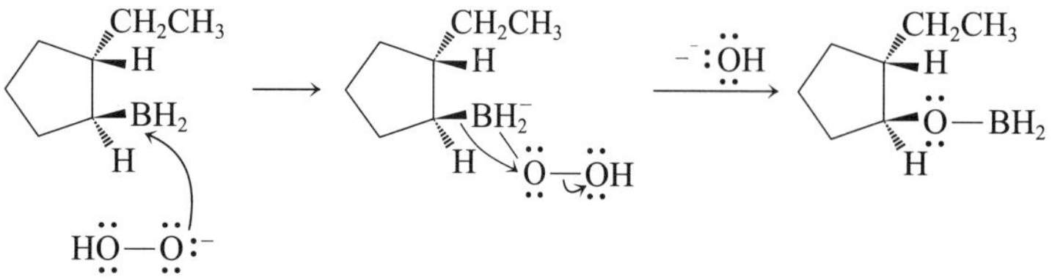

CH_2CH_3、H、BH_2、H + $HO—O:^-$ ⟶ CH_2CH_3、H、BH_2^-、H、O—OH $\xrightarrow{^-:OH}$ CH_2CH_3、H、$O—BH_2$、H　O—B 键水解得到最终产物

（e）CH_2CH_3、H^+、H ⟶ CH_2CH_3、+、H、H ← $:Br:^-$

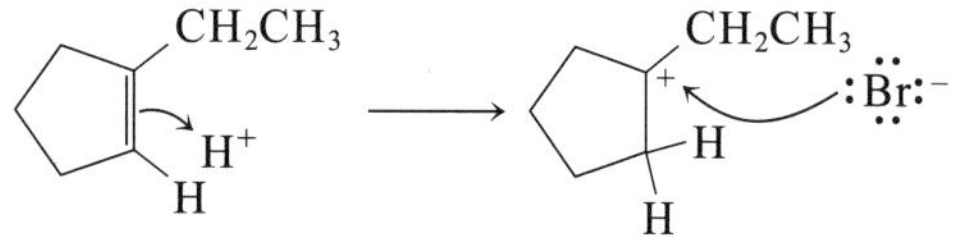

（f）链引发阶段：$RO{-}OR \longrightarrow 2\ RO\cdot$，然后，$RO\cdot\ \ H{-}Br \longrightarrow ROH + Br\cdot$

链增长阶段：

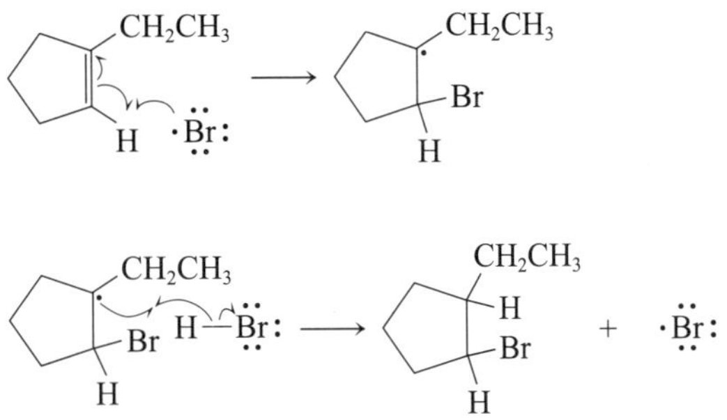

CH₂CH₃ … H … ·Br: ⟶ CH₂CH₃ … Br … H

CH₂CH₃ … Br … H H—Br: ⟶ CH₂CH₃ … H … Br … H + ·Br:

（h） CH₂CH₃ … H … H^+ ⟶ CH₂CH₃ … + … H … H :O(H)H ⟶ CH₂CH₃ … +O(H)H … H … H

（j） CH₂CH₃ … H … :I—Cl: ⟶ CH₂CH₃ … I^+ … H :Cl:$^-$

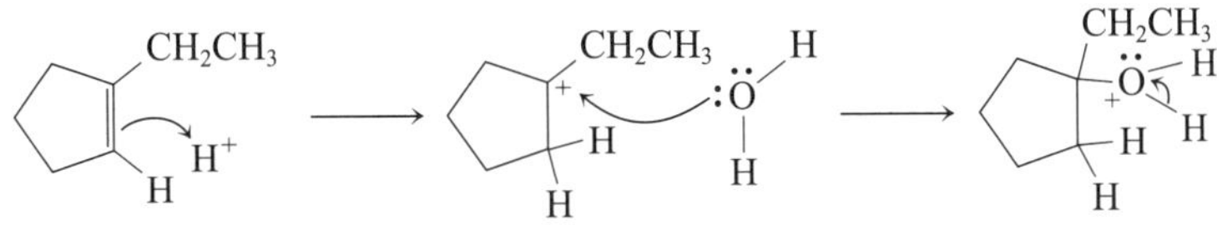

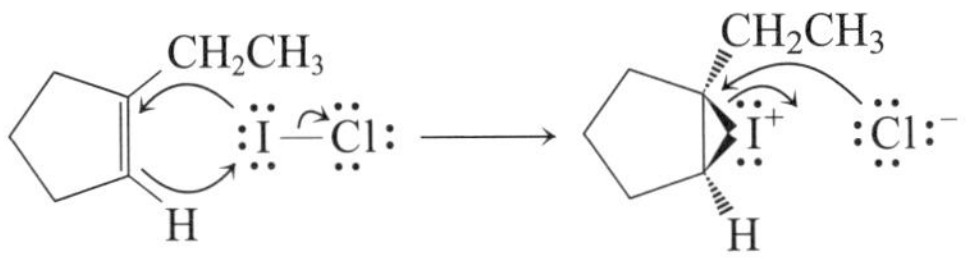

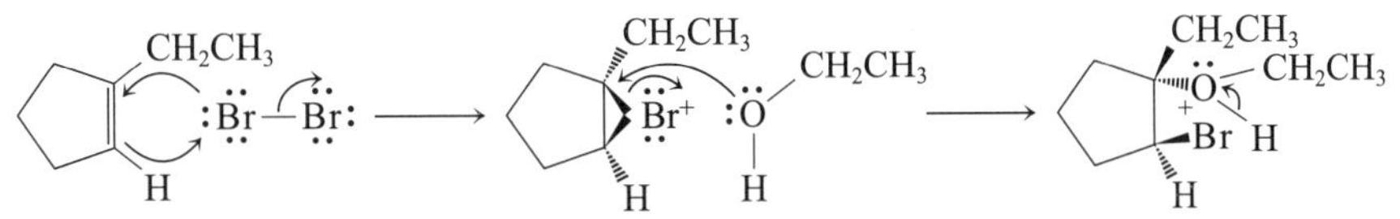

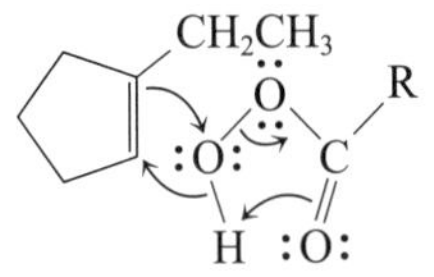

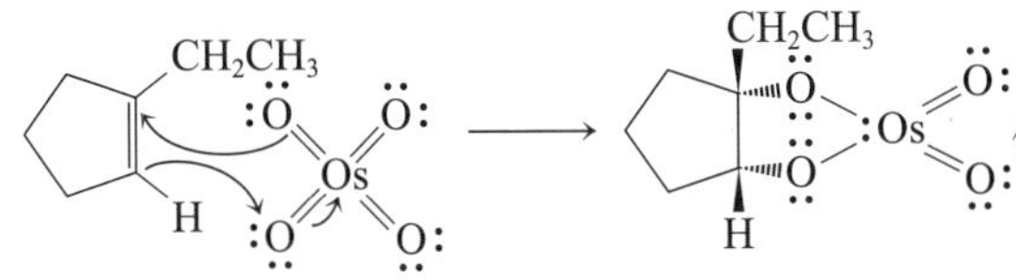

（k） CH₂CH₃ … H … :Br—Br: ⟶ CH₂CH₃ … Br^+ … H :O(H)CH₂CH₃ ⟶ CH₂CH₃ … +O(CH₂CH₃)H … Br … H

（m） CH₂CH₃ … :O … O … C(R)=O … H :O:

（n） CH₂CH₃ … H … :O … Os(=O)(=O) … O: ⟶ CH₂CH₃ … O … O … :Os(=O)(=O) … H 使用 H_2S 还原，切断 Os—O 键生成二醇

（o） 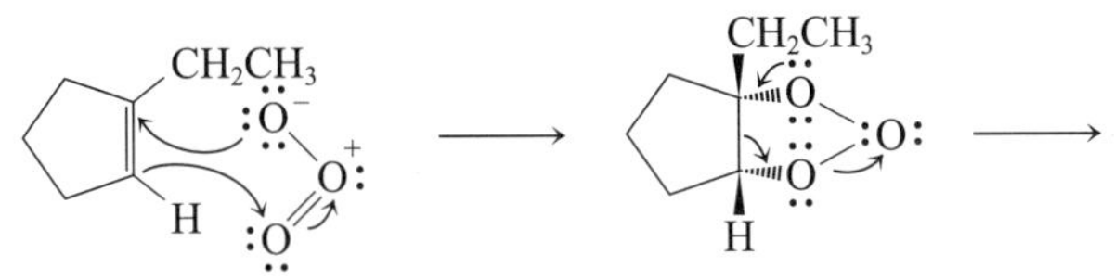 CH₂CH₃ … H … :O^- … O^+ … O: ⟶ CH₂CH₃ … O … O … :O: … H ⟶

与 O_3 环加成得到臭氧化物

CH₃CH₂ … O^+ … O … :O:$^-$ … H ⟶ CH₂CH₃ … O … O … O … H —Zn还原，移去一个氧⟶ CH₂CH₃ … O … O … H

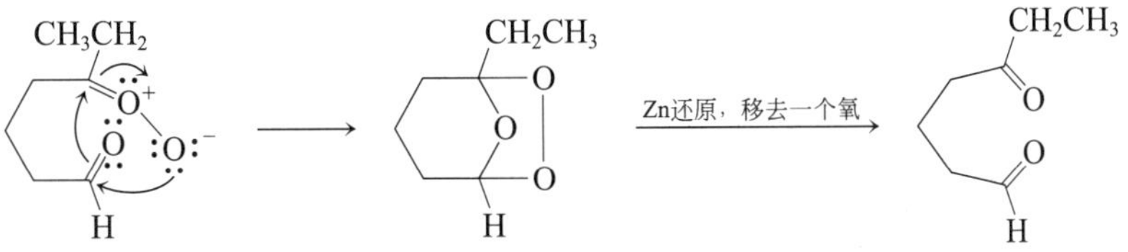

负电子氧进攻羰基，羰基进攻另一个羰基，构建新的C—O键生成臭氧化物

臭氧化物

(p) 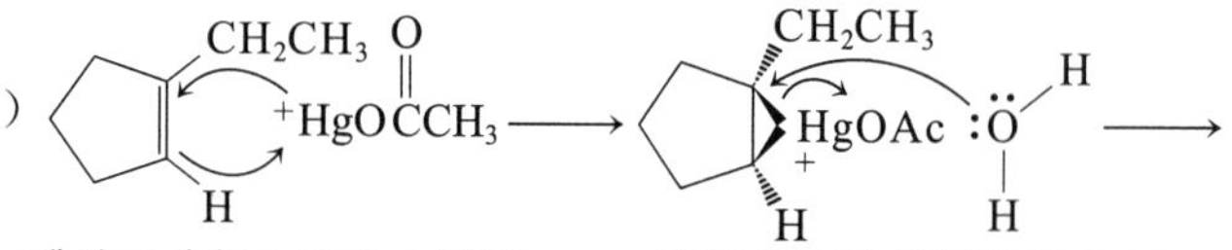 醋酸汞分解生成亲电试剂 $^{+}HgOCCH_3$（O=C）→ 这里将乙酸基团简写成OAc 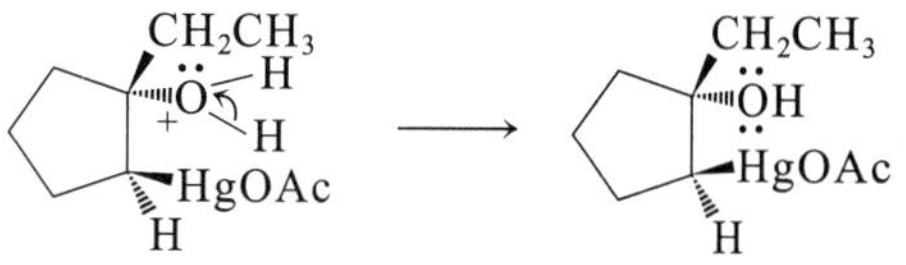 → $NaBH_4$ 还原，用 H 取代 HgOAc

54. 以括号中的结构为例，删除延伸到括号外左右两边的化学键，并在两个中心碳原子之间重新组成碳碳双键：

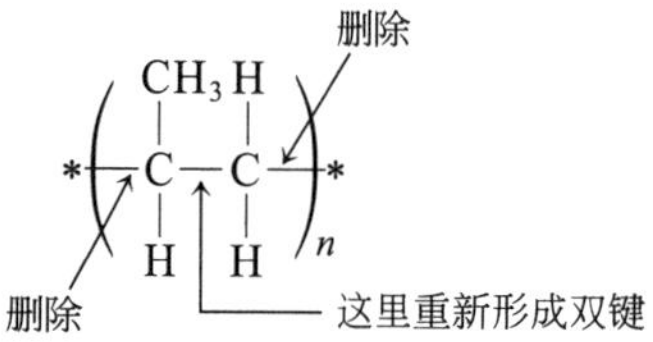

$$*\!-\!\left[\begin{array}{c}CH_3\ \ H\\ |\quad\ \ |\\ C-C\\ |\quad\ \ |\\ H\quad\ H\end{array}\right]_n\!-\!*$$

删除　删除　这里重新形成双键

答案是丙烯：

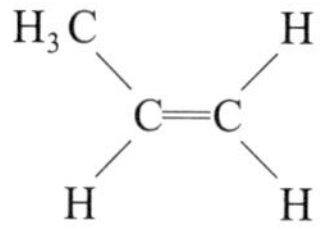

$$H_3C(H)C=CH_2$$

55. (a) C-1 首先质子化得到二级碳正离子，随后 H 迁移，发生重排生成更稳定的三级碳正离子，最终的产物是三级醇。

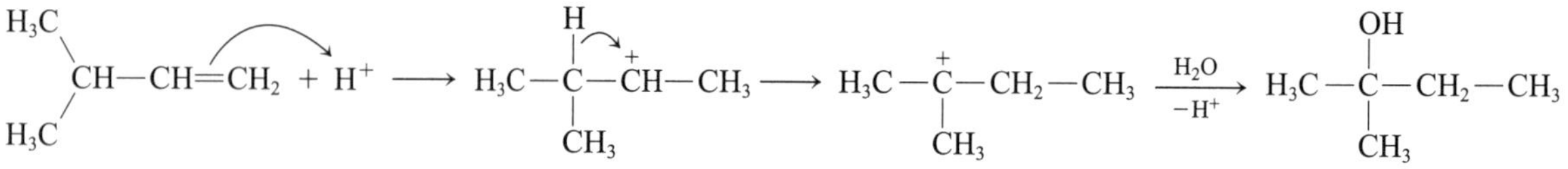

$$(H_3C)_2CH-CH=CH_2 + H^+ \longrightarrow H_3C-CH(CH_3)-\overset{+}{C}H-CH_3 \longrightarrow H_3C-\overset{+}{C}(CH_3)-CH_2-CH_3 \xrightarrow[-H^+]{H_2O} H_3C-C(OH)(CH_3)-CH_2-CH_3$$

(b) 符合 Markovnikov 规则的水合反应，没有重排，产物为：

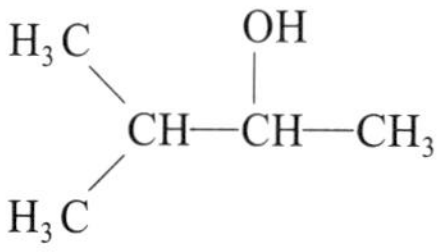

$$(H_3C)_2CH-CH(OH)-CH_3$$

(c) 形成符合反 Markovnikov 规则的产物：

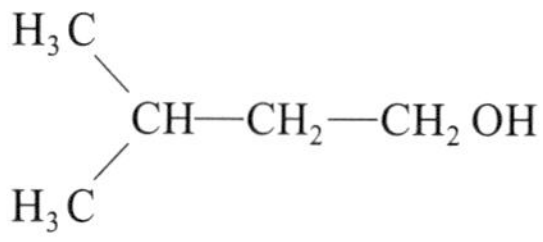

$$(H_3C)_2CH-CH_2-CH_2OH$$

56. (a) 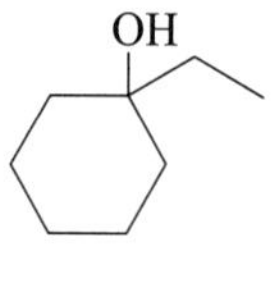　(b) 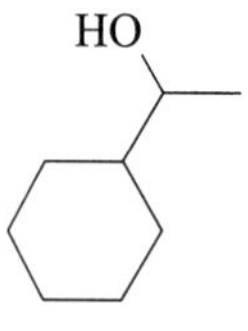　(c)

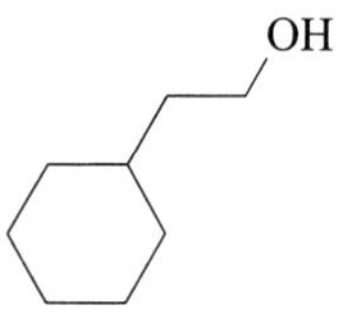

57. (a) 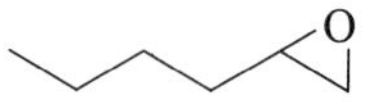　和

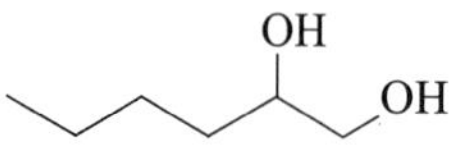

(b) 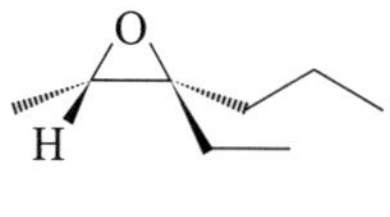　和 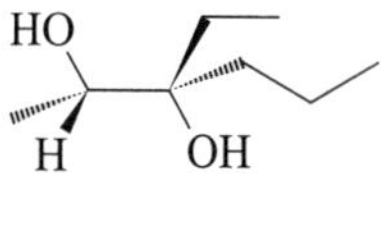　(+对映体)

(c) 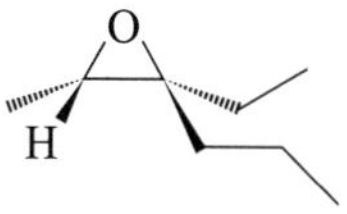　和 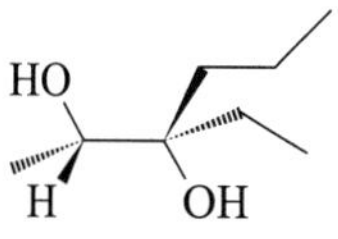　(+对映体)

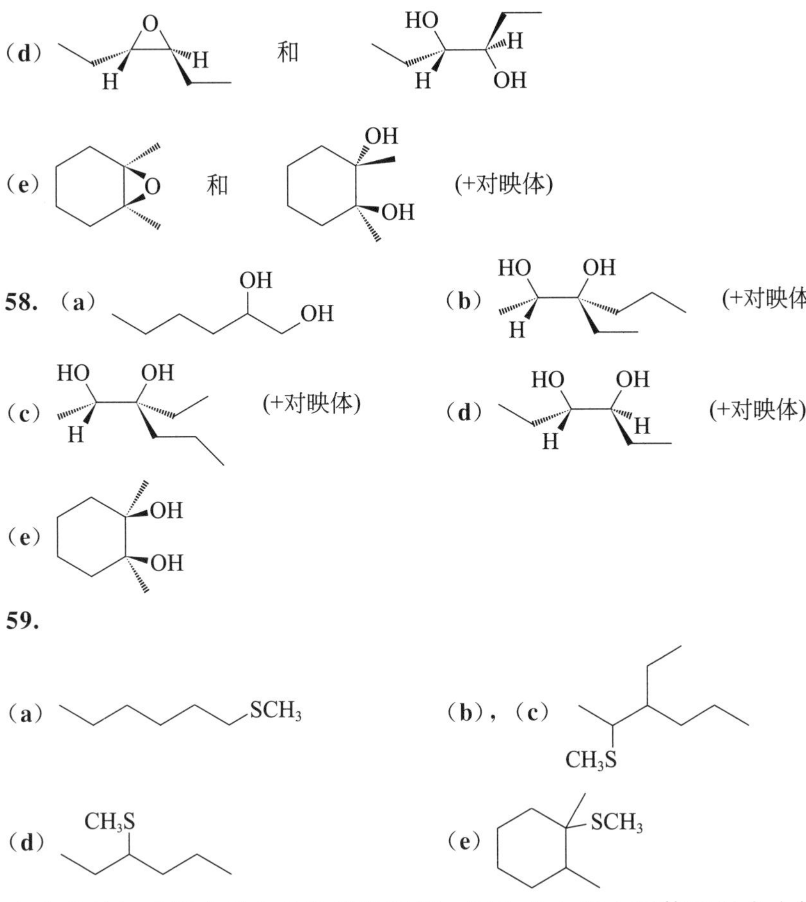

自由基的加成反应无立体选择性问题，因为自由基中间体可以自由转动所有 C—C 键，区域选择性是反 Markovnikov 规则。

60. 链引发阶段：

$$RO\!-\!OR \longrightarrow 2\,RO\cdot$$

$$RO\cdot \quad H\!-\!SCH_3 \longrightarrow ROH + \cdot SCH_3$$

链增长阶段：

$$\cdot SCH_3 \longrightarrow$$

$$H\!-\!SCH_3 \longrightarrow \quad + \cdot SCH_3$$

61. 所有合成环丙烷的反应，都要注意立体化学！在这些反应中双键周围的原始立体构型都没变。

(a) CCl_2 H CH_2CH_3 H_3C H　　(b) CH_3 H

(c) H H H_3C H　　(d) CBr_2 H H

(e) H H CH_3　　(f) ，来自于 HC CH_2 :CH

62. (**a**)，(**b**) $H_{饱和}=6+2-1=7$，不饱和度$=(7-5)/2=1$，由此推断分子中有一个 π 键或环，复习第 11 章课后习题 38(b) 可以帮助解题，答案是：

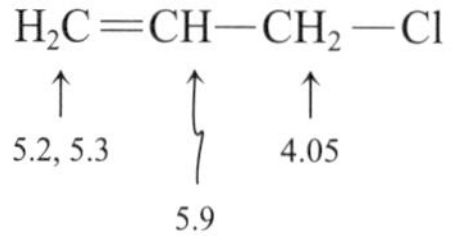

$$H_2C=CH-CH_2-Cl$$

（H_2C：5.2, 5.3；CH：5.9；CH_2：4.05）

IR 光谱数据归属：730 cm^{-1}(C—Cl)；930 cm^{-1} 和 980 cm^{-1}(末端烯烃)；1630 cm^{-1}(C═C)；3090 cm^{-1}(烯烃 C—H)。

(**c**) 一致。与预测结构的偶合常数差不多，结构如下（参照教材中表 11-2）：

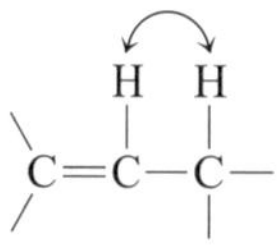

$$>C=C(H)-C(H)<$$

(**d**) 这是一个远程偶合（烯丙基），是烯烃 H 和饱和的 CH_2 基团上 H 的偶合：

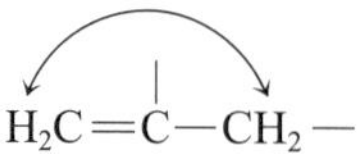

$$H_2C=C(-)-CH_2-$$

因为两个氢原子距离较远（这也是称作远程偶合的原因），裂分之间的距离非常小（参照表 11-2），两个烯烃 H 裂分 CH_2 基团有类似的 J 值，所以 CH_2 基团有一个小的三重峰。

63. $C_3H_6Cl_2O$：$H_{饱和}=6+2-2=6$，它是饱和化合物。

C_3H_5ClO：$H_{饱和}=6+2-1=7$，不饱和度$=(7-5)/2=1$，分子中有一个 π 键或环，化合物的核磁共振谱图为 D 图。

(**a**) 谱图 B：$\delta=2.9$ (s,1H)，可能是 OH?

$\delta=3.65$ (d,4H)：两个等价的 C**H**$_2$ 基团，与 O 或 Cl 相连，被一个 CH 裂分。

$\delta=4.0$ (quin,1H)：C**H** 与 O 或 Cl 相连，被周边四个相邻的 H 裂分。

因为分子中有两个 Cl，一个 O，两个等价的 CH_2 基团一定与 Cl 相连。所以结构片段为：

$$-CH_2Cl- \ (2个) \qquad >CH- \qquad -OH$$

分子式为 $C_3H_6Cl_2O$，分子结构是：

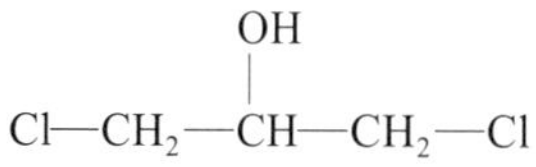

$$Cl-CH_2-CH(OH)-CH_2-Cl$$

谱图 C：$\delta=2.0$ (bs,1H)：O**H**。

$\delta=3.7$ (d,2H)：C**H**$_2$，与 O 或 Cl 相连，被 CH 裂分。

$\delta=3.8$ (d,2H)：C**H**$_2$，与上述类似，但不等价。

$\delta=4.1$ (quin,1H)：C**H**，与 O 或 Cl 相连，被四个相邻的 H 裂分。该分子也含有以下骨架：

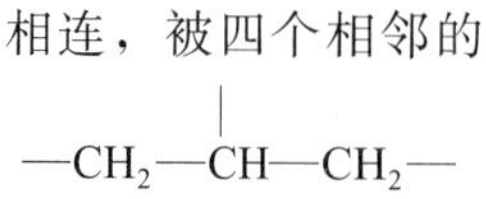

$$-CH_2-CH(-)-CH_2-$$

但与 B 不同，所以分子结构是：

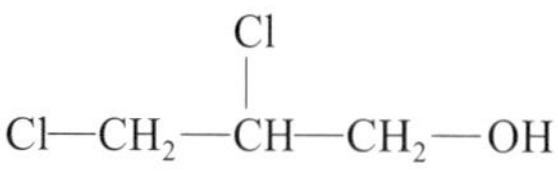

$$Cl-CH_2-CH(Cl)-CH_2-OH$$

$\delta=3.7$ 的裂分是因为 C-2 是立体中心。

谱图 D：所有的信号峰都在高场 $\delta=5$ 附近，所以这个碱参与的反应生成的是环氧丙烷而不是烯烃：

$\delta=2.7$、2.9 和 3.2 (m，各 1 H)：三个 C**H**?

$\delta=3.6$ (d，2 H)：C**H**$_2$，被 CH 裂分。

注意，以上片段合计有四个碳原子，但分子中只有三个碳原子，所以三个高场的 H 一定有两个 H 在同一个碳上，分子中应该含有以下结构：

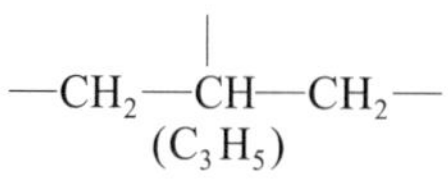

$$-CH_2-CH(-)-CH_2- \quad (C_3H_5)$$

再连接一个 O 或 Cl，分子结构为：

$$H_2C\overset{O}{—}CH—CH_2—Cl$$

正如预期，红外光谱中没有 C═C 或 O—H 特征吸收峰，720 cm^{-1} 归属于 C—Cl；1260 cm^{-1} 第一次见，是环氧丙烷中 C—O 伸缩振动，C—O 伸缩振动频率一般在 1000～1100 cm^{-1}。

（**b**）Cl_2 与 H_2C═CH—CH_2—Cl 中的双键亲电加成，得到：

$$H_2C—CH—CH_2—Cl\ (\overset{+}{Cl}\ 桥)$$

H_2O 的进攻倾向于中间碳原子（2°），这个位置可以得到更稳定的正离子；但是 Cl（吸电子）的诱导效应倾向于 1°而不是 2°，所以有一些反应发生在一级碳上。

$$HOCH_2—CH(Cl)—CH_2Cl\ (\mathbf{C}) \xleftarrow{H_2\ddot{O}:} H_2C—CH—CH_2Cl\ (\overset{+}{Cl}\ 桥) \xrightarrow{H_2\ddot{O}:} ClCH_2—CH(\ddot{O}H)—CH_2Cl\ (\mathbf{B})$$

C $\xrightarrow{碱}$ $CH_2(\ddot{O}:^-)—CH(Cl)—CH_2Cl$ ⟶ $H_2C—CH—CH_2Cl$（环氧，$\mathbf{D}$）⟵ $Cl—CH_2—CH(\ddot{O}:^-)—CH_2Cl$ $\xleftarrow{碱}$ B

64.（**a**）$H_{饱和}=8+2=10$；不饱和度$=(10-8)/2=1$，1 个 π 键或环。

$\delta=1.2$ (d,3H)：C**H_3**，CH 裂分。

$\delta=1.5$ (bs,1H)：O**H**（IR 在 3360 cm^{-1}）。

$\delta=4.3$ (quin,1H)：C**H**，被 4 个相邻的 H 裂分，与 O 相连。

$\delta=5.0\sim6.0$：末端烯烃，—CH═CH_2（IR 中波数在 945 cm^{-1}，1015 cm^{-1}，1665 cm^{-1} 和 3095 cm^{-1}）。

因此，分子结构为：

$$H_2C═CH—CH(OH)—CH_3$$

只有这一种可能。

（**b**）高场的 H 已经归属完，烯烃 H 的归属如下：

5.0 → H（C═C 同碳）；5.2 → H（C═C 同碳）；H ← 5.9

（**c**）高场 H 的裂分已经在（a）中分析，$\delta=5.9$ 的信号峰有 8 重峰，因为邻近有 3 个不等价的 H，每一个偶合常数都不同。

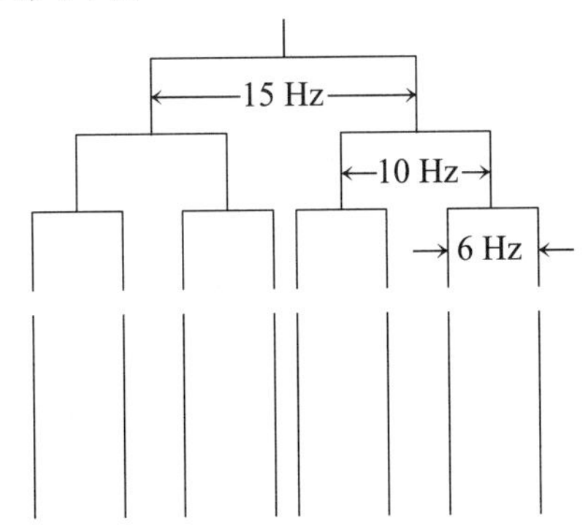

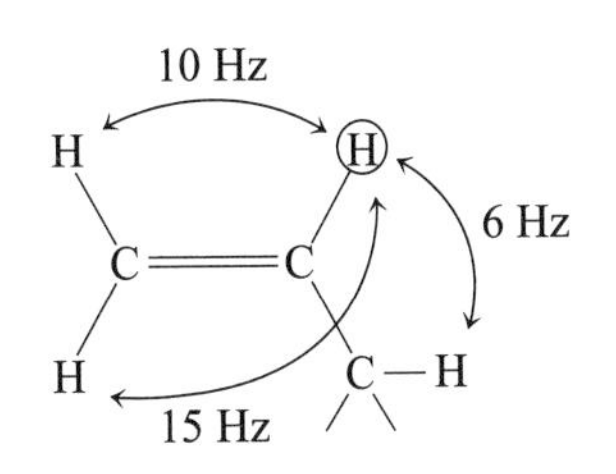

用圆圈标记的 H 的 J 值

65. Cl 取代 OH 后：

$$H_2C{=}CH{-}CH(Cl){-}CH_3$$ (反应是：$ROH+SOCl_2 \longrightarrow RCl+HCl+SO_2$)

F 是氢化反应，生成 2-氯丁烷。

$$H_3C{-}CHCl{-}CH_2{-}CH_3$$

（箭头所指：H_3C 1.5(d)；CHCl 3.9 (sex)；CH_2 1.7 (m)；CH_3 1.0(t)）

（δ=1.7 位置的信号峰比较复杂，是由邻位碳的立体中心引起的）。

66. 自然界中，氯通常以 ^{35}Cl 和 ^{37}Cl 混合物的形式存在，丰度比约为 3∶1。因此，所有含有一个氯原子的化合物，约含 75% ^{35}Cl，含 25% ^{37}Cl，质谱中将显示两个分子离子峰，分子量相差 2，且低分子量的离子峰（含有 ^{35}Cl）的强度是高分子量离子峰（含有 ^{37}Cl）的 3 倍。

67. 臭氧分解，直接断裂双键：$C{=}C \longrightarrow C{=}O+O{=}C$。所以，要确定通过臭氧分解生成两个羰基化合物的烯烃，需要反推反应过程，重新连接两个羰基碳：$C{=}O+O{=}C \longrightarrow C{=}C$。

(a) 当烯烃的臭氧分解只得到一个羰基化合物时，说明烯烃是对称的，即两个切断的"一半"是相同的，答案是 2-丁烯（$CH_3CH{=}CHCH_3$）。顺式和反式都给出同一个产物，即两分子的 CH_3CHO。

(b) 2-戊烯，$CH_3CH{=}CHCH_2CH_3$。再次申明：立体化学不影响烯烃臭氧分解生成羰基化合物的反应。

(c) 2-甲基丙烯，$(CH_3)_2C{=}CH_2$。

(d) $(CH_3CH_2)(H_3C)C{=}C(CH_3)(H)$

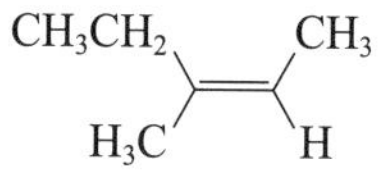

（或立体异构体）

(e) 环戊亚基$=CHCH_2CH_3$（环戊烷环与 $C{=}C$ 相连，另一端为 CH_2CH_3 和 H）

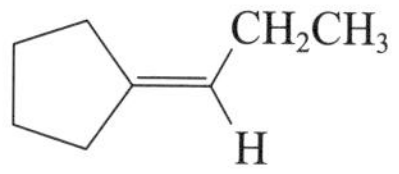

68. 假设手性产物均为外消旋混合物。

(a) 最容易形成的化学键如下所示：

$$CH_3CH_2C(=O){\downarrow}{-}CH(CH_3)_2$$

反应需要将一个丙烯的末端碳与另一分子丙烯中间的碳相连，因此，需要相应地进行官能团化：

$$CH_3CH{=}CH_2 \xrightarrow{HCl} CH_3CHClCH_3 \xrightarrow{Mg,\ (CH_3CH_2)_2O} CH_3CH(MgCl)CH_3$$

$$CH_3CH{=}CH_2 \xrightarrow[2.\ H_2O_2,\ HO^-]{1.\ BH_3,\ THF} CH_3CH_2CH_2OH \xrightarrow{PCC,\ CH_2Cl_2} CH_3CH_2CH{=}O$$

$$CH_3CH(MgCl)CH_3 + CH_3CH_2CHO \longrightarrow CH_3CH_2CH(OH){-}CH(CH_3)_2 \xrightarrow{CrO_3,\ CH_2Cl_2} \text{产物}$$

(b) 分析：$CH_3CH_2CH_2{-}CH(Cl){-}CH_2CH_2CH_3$

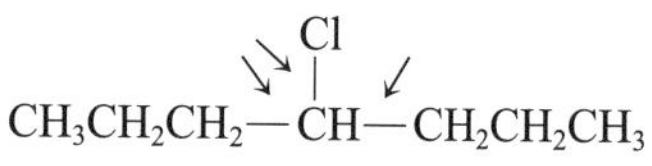

最终的产物可以通过合适的试剂如 $SOCl_2$ 和 4-庚醇反应得到。再倒推，4-庚醇可以通过格氏试剂合成。下面是逆合成分析：

$$CH_3CH_2CH_2CH(Cl)CH_2CH_2CH_3 \Rightarrow CH_3CH_2CH_2 \overset{a}{\nmid} CH(OH) \overset{b}{\nmid} CH_2CH_2CH_3 \Rightarrow H{-}C(=O) \nmid CH_2CH_2CH_3 \Rightarrow H_2C(OH) \nmid CH_2CH_2CH_3$$

如上所述，合成非常容易：4-庚醇与 $SOCl_2$ 反应可以将 OH 变为 Cl。为构建 a 键和 b 键，必须制备 $CH_3CH_2CH_2MgBr$，它可以通过丙烯的反 Markovnikov 加成制备。经逆向分析，a 键是可格氏（Grignard）试剂与醛加成得到，醛如何制备？一定是通过一级醇被 PCC 氧化得到。一级醇通过格氏试剂与甲醛加成构建键 b 得到。

合成步骤如下：

首先，

$$CH_3CH{=}CH_2 \xrightarrow{HBr,\ 过氧化物} CH_3CH_2CH_2Br \xrightarrow{Mg,\ (CH_3CH_2)_2O} CH_3CH_2CH_2MgBr$$

然后，

$$CH_3CH_2CH_2MgBr \xrightarrow[3.\ PCC,\ CH_2Cl_2]{1.\ H_2C{=}O,\ (CH_3CH_2)_2O;\ 2.\ H^+,\ H_2O} CH_3CH_2CH_2CHO \xrightarrow{1.\ CH_3CH_2CH_2MgBr,\ (CH_3CH_2)_2O;\ 3.\ H^+,\ H_2O}$$

$$CH_3CH_2CH_2{-}CH(OH){-}CH_2CH_2CH_3 \xrightarrow{SOCl_2} 产物$$

(c) 这个反应需要利用外推法，需要弄清楚如何在烯烃双键上添加一个 Me 基团和一个 OH 基团，回顾 9-9 节，环氧丙烷可以与 Grignard 试剂反应得到醇，金属试剂上的烷基基团连接到与醇官能团碳相连的碳原子上。

$$RMgX + 环氧乙烷 \xrightarrow{H_3O^+} RCH_2CH_2OH$$

如果假设环氧丙烷是由烯烃制备的，那么最终的产物上含有一个 OH 基团和一个连接在最初双键一端的 R 基团，那你想对了。本题使用的就是这个方法，采用环己烯制备环氧丙烷：

$$环己烯 \xrightarrow{MCPBA,\ CH_2Cl_2} 环氧环己烷 \xrightarrow[(S_N2)]{CH_3MgI,\ H_3O^+} 反式-2-甲基环己醇$$

对于此类问题，常见（且容易犯错）的答案如下：同学们会加入卤素单质和水，卤素与烯烃加成得到 2-卤醇。然后用卤醇与金属试剂反应，试图用烷基取代卤素，这个反应是不能发生的，因为：①卤醇中的羟基会淬灭金属试剂；②即使金属试剂没有被淬灭，Grignard 试剂或有机锂试剂与卤代烷烃反应不能生成 C—C 键。所以，选择环氧丙烷路线。

69. 首先，反应 环戊烷 $\xrightarrow{Br_2,\ h\nu}$ 溴代环戊烷 是必须的，在做其他事情之前必须先将烷烃官能团化！注意：这个问题的后面部分使用了前面部分中合成的分子。

(a) $溴代环戊烷 \xrightarrow[CH_3CH_2OH]{CH_3CH_2O^-\ Na^+} 环戊烯 \xrightarrow[CH_3CH_2OH]{D_2,\ PtO_2}$ 顺式-1,2-二氘代环戊烷

(b) $环戊烯 \xrightarrow[CH_2Cl_2]{MCPBA}$ 环氧环戊烷（暂停一下。如果你没有得到这个化合物，在看下面步骤的答案前，尝试自己解题。）

接下来：

$$环氧环戊烷 \xrightarrow[(S_N2)]{LiAlD_4} 反式-2-氘代环戊醇 \xrightarrow[(S_N2)]{PBr_3} 顺式-1-溴-2-氘代环戊烷 \xrightarrow[(S_N2)]{LiAlD_4} 反式-1,2-二氘代环戊烷$$

(c) $环戊烯 \xrightarrow[(反式)]{CH_3CH_2SCl}$ 反式-1-氯-2-(SCH_2CH_3)环戊烷

(d) $溴代环戊烷 \xrightarrow[(CH_3CH_2)_2O]{Mg} 环戊基{-}MgBr \xrightarrow[(CH_3CH_2)_2O]{HCHO} 环戊基{-}CH_2OH \xrightarrow[(CH_3)_3COH]{1.\ PBr_3;\ 2.\ (CH_3)_3CO^-\ K^+} 环戊基{=}CH_2$

(e) $环氧环戊烷 \xrightarrow[(CH_3CH_2)_2O]{CH_3MgI}$ 反式-2-甲基环戊醇 $\xrightarrow[CH_2Cl_2]{CrO_3}$ 2-甲基环戊酮

(f) O, CH_3 $\xrightarrow[(CH_3CH_2)_2O]{CH_3MgI}$ OH, CH_3, CH_3 $\xrightarrow{H_2SO_4,\ \triangle}$ CH_3, CH_3

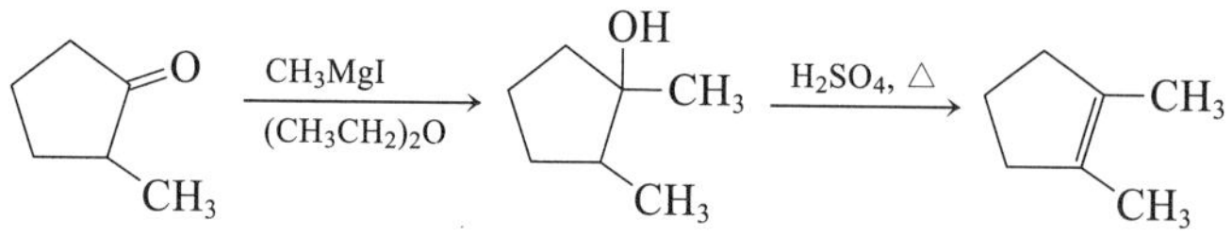

(g) CH_3, CH_3 $\xrightarrow[CH_2Cl_2]{MCPBA}$ CH_3, O, CH_3 $\xrightarrow{H^+,\ H_2O}$ CH_3, OH, OH, CH_3

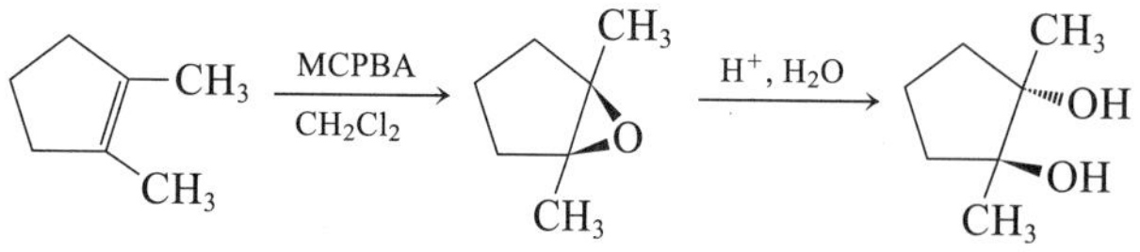

70.

(a) $CH_3OCH_2CH_2CH(OCH_3)CH_3$（Markovnikov 醚合成）

(b) 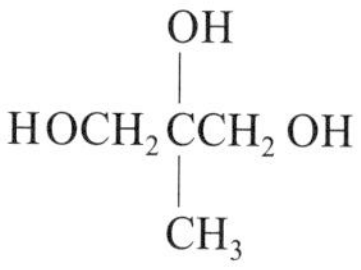 $HOCH_2\overset{OH}{\underset{CH_3}{C}}CH_2OH$（环氧丙烷→开环）

(c) 重排：$\overset{+}{C}HCH_3$ ⟶ $\overset{+}{C}HCH_3$ ⟶ CH_3, I

（环张力释放）

产物是顺、反异构体混合物。

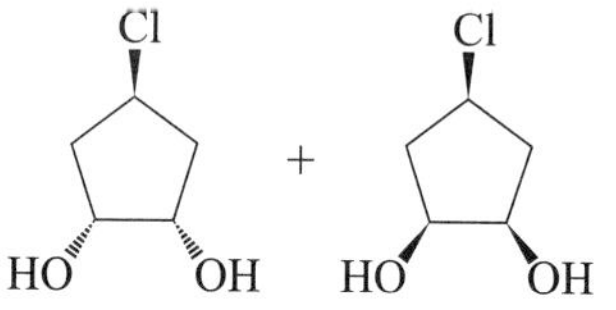

(d) 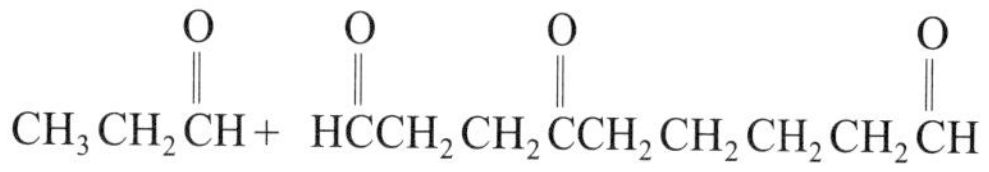 $CH_3CH_2\overset{O}{\overset{\|}{C}}H+H\overset{O}{\overset{\|}{C}}CH_2CH_2\overset{O}{\overset{\|}{C}}CH_2CH_2CH_2CH_2\overset{O}{\overset{\|}{C}}H$

(e) 加成 Br^+CN^-，反式立体化学：H_3C, CN, CH_3CH_2, C—C, H, CH_3, Br

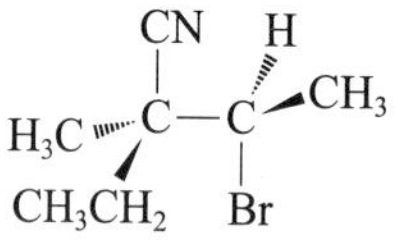

(f) Cl, HO, OH + Cl, HO, OH

(g) $\leftarrow \underset{CH_3}{CH}-CH_2 \rightarrow_n$（聚丙烯）

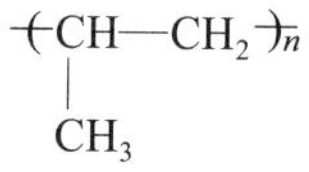

(h) Lewis 结构：$H_2C=CH-\overset{+}{N}(=O)-O^-$。带正电的 N 原子表明 NO_2 是吸电子基团。因此，这个烯烃在碱催化下很容易聚合，就像强力胶（12-15 节）。因此，聚合物的结构为：

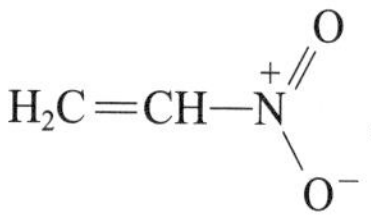

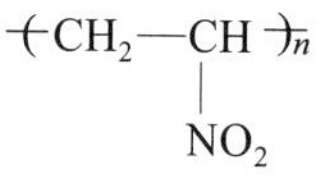

$$\leftarrow CH_2-\underset{NO_2}{CH} \rightarrow_n$$

71. (a) $H_{饱和}=14+2=16$；不饱和度$(16-14)/2=1$，推断分子中可能有 1 个 π 键或者环，先写反应机理，有助于得到合理的结构：

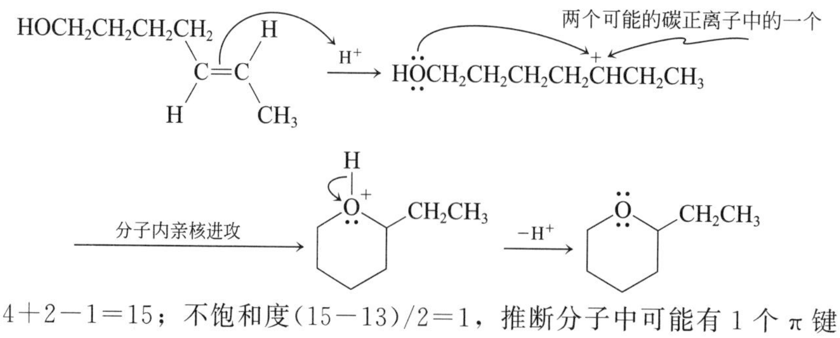

$HOCH_2CH_2CH_2CH_2$, H, C=C, H, CH_3 $\xrightarrow{H^+}$ $H\ddot{O}CH_2CH_2CH_2CH_2\overset{+}{C}HCH_2CH_3$

两个可能的碳正离子中的一个

$\xrightarrow{分子内亲核进攻}$ H, $\overset{+}{O}$, CH_2CH_3 $\xrightarrow{-H^+}$ $\ddot{O}$, CH_2CH_3

(b) $H_{饱和}=14+2-1=15$；不饱和度$(15-13)/2=1$，推断分子中可能有 1 个 π 键或环，IR 光谱数据显示分子中没有双键，也没有 OH 基团。

$HOCH_2CH_2CH_2CH_2$ ... $\xrightarrow{Cl—Cl}$ ... $\xrightarrow{反式加成}$ ... (+对映体)

72. 加热或光照引发：$I_2 \longrightarrow 2I\cdot$，可得到：

$$R(H)C=C(R')H + I\cdot \rightleftharpoons R\dot{C}H—CHR'(I) \rightleftharpoons I\cdot + R(H)C=C(H)R'$$

单键，可自由旋转

记住：I_2 的加成是吸热反应，因为 C—I 键比较弱［$DH^{\ominus}$=(52－53) kcal·mol^{-1}］。一个碘自由基加成后，第二个碘自由基不会继续加成，因为 C—I 键非常弱，容易断裂，重新生成 π 键。

73. $H_{饱和}=20+2=22$；不饱和度＝(22－18)/2＝2，推断分子中可能有 2 个 π 键或环，IR 光谱中无 C═C 键伸缩振动，所以分子中 2 个不饱和度都是环。注意：^{13}C NMR 谱图中只有 7 个信号峰，因此，产物的对称性比原料更高。同样注意：谱图中有 2 个 C—O 键相连的信号，分别为 δ＝69.6 和 73.5，但产物的分子式中只有一个 O，所以产物只能是醚，即分子中包含 C—O—C 结构。怎么合成？思考反应机理。

$\xrightarrow[THF]{Hg(OCCH_3)_2}$ $\xrightarrow{分子内反应}$ $\xrightarrow[CH_3OH]{NaBH_4}$ 桉油精（重画）

顺便说一下，桉油精是桉树脑的别称（第 2 章，课后习题 55）。

74. 与习题 48(d) 类似：

(a) 硼烷倾向于进攻取代基少的双键，减少空间位阻。

(b) 亲电试剂，比如 MCPBA，倾向于进攻取代基多的双键，因为取代基多的双键更亲核（富电子），且烷基基团有助于稳定碳正离子和类碳正离子过渡态。

75. 反应路线问题，组织所有信息，一步一步推理，直到得到正确答案。

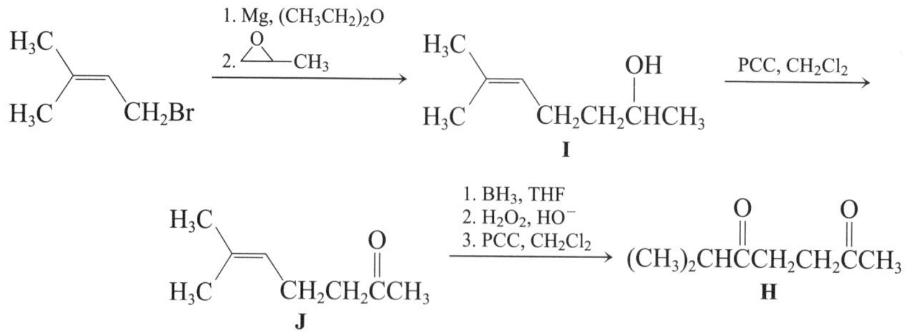

H_3C H_3C CH_2Br $\xrightarrow[\text{2. 环氧丙烷 }(\text{O}\triangle\text{—}CH_3)]{\text{1. Mg, }(CH_3CH_2)_2O}$ H_3C H_3C OH $CH_2CH_2CHCH_3$ **I** $\xrightarrow{PCC,\ CH_2Cl_2}$

H_3C H_3C O $CH_2CH_2CCH_3$ **J** $\xrightarrow[\text{3. PCC, }CH_2Cl_2]{\text{1. }BH_3\text{, THF; 2. }H_2O_2\text{, }HO^-}$ O O $(CH_3)_2CHCCH_2CH_2CCH_3$ **H**

化合物G如何呢？$C_{10}H_{16}$，$H_{饱和}=20+2=22$，不饱和度$=(22-16)/2=3$，推断分子中可能有3个π键或环，化合物G只比化合物H多2个C原子，所以H中的2个羰基碳一定形成碳碳双键（注意，化合物G中无O原子，所以化合物H中的O原子来自化合物G中碳碳双键的臭氧分解），结合所有的信息只能推导如下：

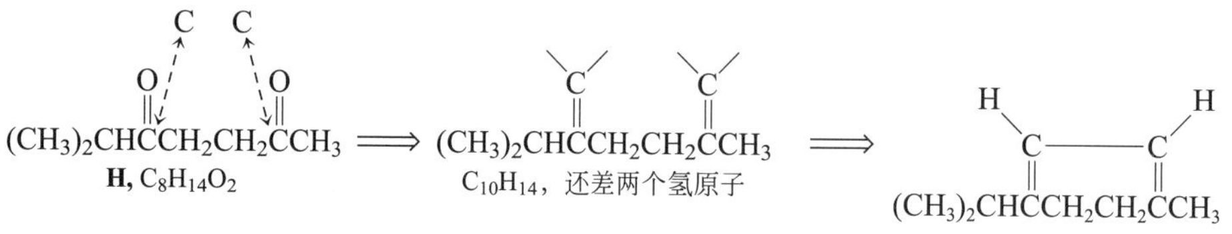

C C O O $(CH_3)_2CHCCH_2CH_2CCH_3$ **H,** $C_8H_{14}O_2$ $\Longrightarrow$ C C $(CH_3)_2CHCCH_2CH_2CCH_3$ $C_{10}H_{14}$，还差两个氢原子 $\Longrightarrow$ H H C C $(CH_3)_2CHCCH_2CH_2CCH_3$

答案：G为 CH_3 $CH(CH_3)_2$，此化合物为α-松油烯。

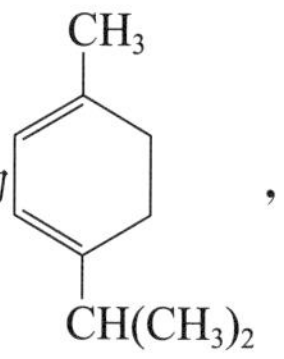

76. 5个碳原子始终带着星号：

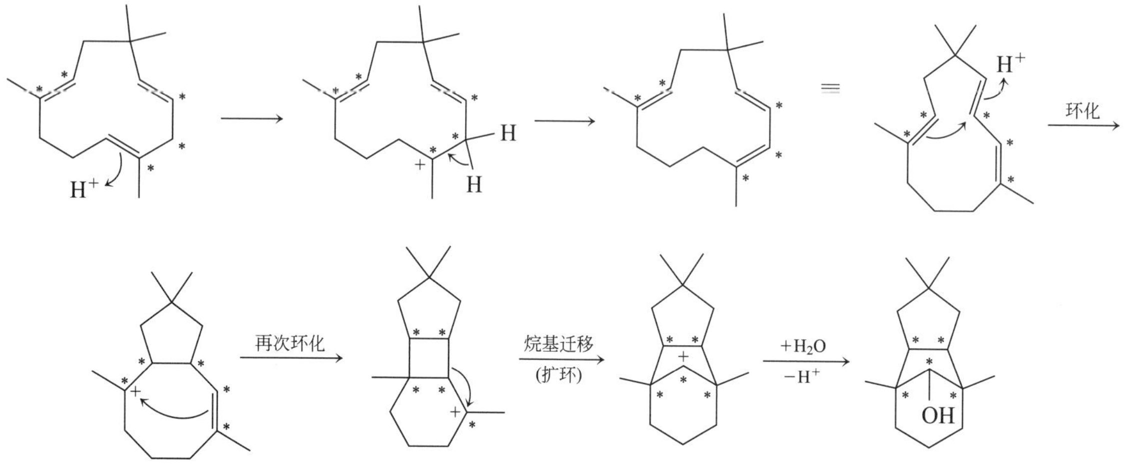

H^+ → H H → = H^+ 环化 →

再次环化 → 烷基迁移（扩环） → $+H_2O$ $-H^+$ → OH

77. 通过臭氧分解反应切断每一个碳碳双键：

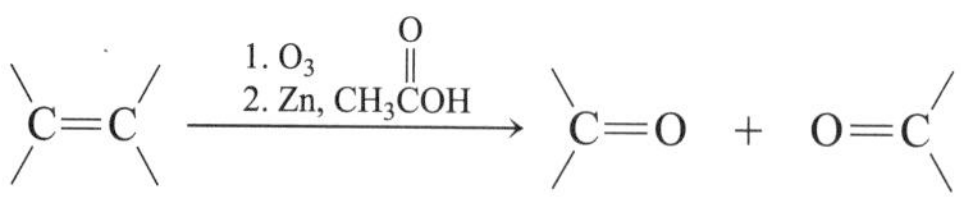

$$>C{=}C< \xrightarrow[\text{2. Zn, }CH_3COOH]{\text{1. }O_3} >C{=}O + O{=}C<$$

因此，切断葎烯的三个双键得到三个二羰基化合物，可以根据原料的结构画出产物，如下所示：

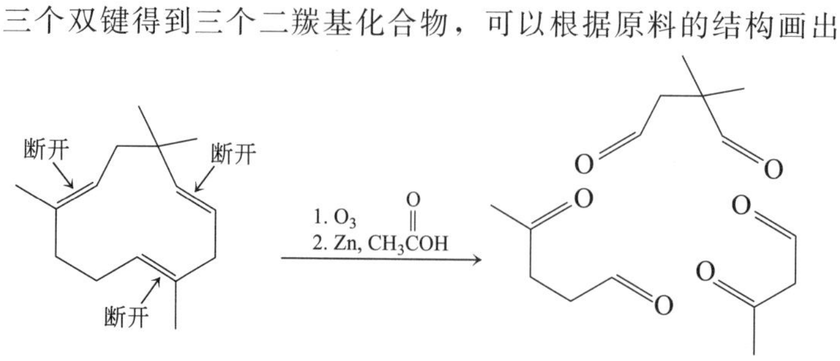

断开 断开 断开 $\xrightarrow[\text{2. Zn, }CH_3COOH]{\text{1. }O_3}$ O O O O O O

78. $H_{饱和}=30+2=32$；不饱和度$=(32-24)/2=4$，推断分子中可能有4个π键或环。

反应 1 说明分子中有两个 π 键（氢化反应只消耗了两分子 H_2），所以分子中还有两个环。反应 2 得到两个片段分子：甲醛（CH_2O）和分子式为 $C_{14}H_{22}O_3$ 的三酮化合物。以上解释了石竹烯中所有的碳、氢，而氧来自臭氧分解，剩下要确认四个羰基碳是如何连接构建两个碳碳双键的。

反应 3 回答了最后一个问题，石竹烯的硼氢化反应将分子中的一个双键转变为醇，臭氧分解另一个双键生成酮醇醛化合物。回顾分子结构，可以写出答案：

$$\Longrightarrow \qquad \Longrightarrow \qquad = C_{15}H_{24}!$$

臭氧分解前　　　　硼氢化反应前

剩下的唯一问题是九元环中的双键是顺式还是反式（用 Z/E 表示更恰当）。Z 或 E 两个都有可能。其实，这也是石竹烯是 E-构型和异石竹烯是 Z-构型的区别：

石竹烯　　　　异石竹烯

值得注意的是，底部双键的硼氢化反应并不影响两个化合物的 E/Z 构型，但是当臭氧分解另一个双键时，得到的产物是相同的。

79. 与之前相同，推测得到的产物是外消旋混合物。逆合成分析：首先分析目标分子，目标分子是含卤原子的醚，且卤素和烷氧基是反式构型。在 12-6 节中学习过，烯烃和溴在醇中发生反式加成反应，正好得到我们的合成目标产物。并且得到产物的构型也是正确的，即 Br 加成在取代基少的碳上，因此：

$$\Longrightarrow \qquad \overset{?}{\Longrightarrow}$$

接下来需要想办法从烷烃制备烯烃，回到第 3 章，我们学习了烷烃的溴化反应倾向于发生在三级 C—H 键上，溴化反应之后，在乙醇盐的乙醇溶液条件下消除溴化氢，可以得到符合 Saytzeff 规则的产物，反应路线如下：

$$\xrightarrow{Br_2,\ 150℃} \quad \xrightarrow[CH_3CH_2OH]{NaOCH_2CH_3,} \quad \xrightarrow[CH_3CH_2OH]{Br_2,}$$

(外消旋)

80. (**a**) 双(1,2-二甲基丙基)硼烷（俗称菊苣）是 2-甲基-2-丁烯（）的硼氢化反应的产物。由于空间位阻的原因，一个硼烷分子通常只能与两分子三取代烯烃发生加成反应，剩余一个 B—H 键与第三分子烯烃反应。9-BBN 是 1,4-环辛烯或 1,5-环辛烯硼氢化反应的产物：

(**b**) 处于手性环境的 B—H 键与双键加成时存在不一样的空间位阻，加成到一个面上得到从另一个面加成的产物的对映体，两个对映体的量是不相等的。

硼烷氧化后，生成蒎烯衍生的醇：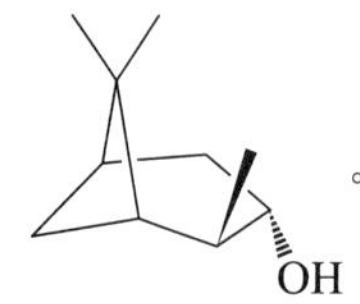

。

81.（b）

82.（b）

83.（c）

84.（a）

85.（d）

13

炔烃：碳–碳叁键

碳-碳双键的性质已经在前面进行了详细的讨论，接下来我们将对与其相似的碳-碳叁键进行简要分析。可以预见，炔的性质同烯的性质十分相似。加成反应将是碳-碳叁键化学的主要内容。炔的另一个重要特征是连接在碳-碳叁键上的氢原子常常是酸性的，强碱可以拔掉这类氢原子，形成在合成中十分有用的一类新的碳负离子：炔基负离子。

本章概要

13-1 命名

13-2 结构和化学键

13-3 炔烃的谱学特征

核磁共振谱中存在电子运动引起的特殊效应。

13-4 通过双消除反应制备炔烃

13-5 通过炔基负离子的烷基化制备炔烃

一种从端炔制备非端炔烃的合成方法。

13-6，13-7，13-8 炔烃的反应

13-9 烯基卤化物

对这类化合物和其参与的过渡金属催化有机反应作简要介绍。

13-10 乙炔作为工业起始原料

13-11 自然界中存在的炔烃和有生理活性的炔烃

本章重点

13-1，13-2 命名、结构和化学键

炔烃官能团要比烯烃官能团简单，它具有线形的几何结构，因而不存在顺反异构，在对炔烃命名时也只需要说明碳-碳叁键的位置即可。碳-碳叁键在链末端的炔烃叫作端炔，存在一个 —C≡C—H 结构单元，其中的氢原子可以通过^{1}H NMR 谱图中特征的高场吸收信号来鉴定，该碳氢键键能大、极化程度高，具有一定的酸性。这种酸性导致的特性将在 13-5 节中讨论。

13-3 炔烃的谱学特征

第一次见到端炔氢原子的高场吸收峰你可能会感到惊讶，但事实上它是碳-碳叁键圆柱状对称性的合理结果，这种对称性允许电子在紧绕轴的圆圈中旋转。特殊的裂分形式使得炔烃的信号很容易被识别，这种裂分来自叁键另一侧的邻位核的长程偶合（比如教材中图 13-5 中炔上氢的三重峰）。炔烃的其他核磁共振谱性质十分普通。红外光谱中炔烃的两个特征吸收带（对应碳-碳叁键和端位碳-氢键）可以作为核磁共振谱结果的补充，尤其是当核磁共振谱由于信号交叠而变得十分复杂时。值得注意的是，不处于端位的碳-碳叁键在红外光谱中的吸收带很弱甚至不存在。

13-4 通过双消除反应制备炔烃

消除法制备炔烃的途径包括强碱从二卤代烷中移除 2 分子卤化氢的过程。获取二卤代烷最常见的途径是卤素对碳-碳双键的加成，而制备烯烃的方法已经讨论过了。这样，我们就得到了如下所示的制备炔烃的方法：

$$\underset{\text{烷烃}}{-CH_2-CH_2-} \xrightarrow{\text{卤化，例如}Br_2,\ h\nu} \underset{\text{卤代烷}}{-CH_2-CHBr-} \xrightarrow{\text{消除，例如}KOC(CH_3)_3}$$

$$\underset{\text{烯烃}}{-CH=CH-} \xrightarrow{\text{加成，例如}Br_2} \underset{\text{1,2-二卤代烷}}{-CHBr-CHBr-} \xrightarrow{\text{双消除，例如}NaNH_2} \underset{\text{炔烃}}{-C\equiv C-}$$

13-5 从炔基负离子制备炔烃

另一种制备炔烃的主要方法利用了端炔容易转化为亲核性碳负离子的性质（见 13-2 节），大部分的非端炔都可以由端炔通过如下方式制得：

$$R-C\equiv C-H \xrightarrow{\text{强碱}} \underset{\text{亲核试剂}}{R-C\equiv C:^-} \xrightarrow{\text{任意亲电试剂}E^+} R-C\equiv C-E$$

其中 E^+ 代表亲电的碳原子，比如一级卤代烷、有环张力的环醚和羰基化合物。

13-6，13-7，13-8 炔烃的反应

和烯烃类似，炔烃可以发生各种加成反应。这些加成反应可以停留在两个阶段：单次加成得到烯烃，二次加成得到烷烃衍生物。反应的机理、立体选择性和区域选择性都与前面讨论的烯烃的反应基本相似，偶尔会有细节上的区别。因此，先前章节的内容可以作为本章的参考。如果希望在得到烯烃之后停止反应，那么可能需要选择合适的试剂和条件来特异性地得到某种具有顺反构型的烯烃，这种灵活性使得炔烃在合成中更为有用。

炔烃的水合值得特别注意。烯烃水合可以制得醇，炔烃也可以水合，水相中用 Hg(Ⅱ) 催化可以发生马氏加成。

硼氢化-氧化反应可以实现反马氏加成，两种反应的直接产物都是烯醇，但由于烯醇在热力学和动力学上都不稳定，很快会通过烯醇互变转化为羰基化合物：

$$\ce{>C=C<^{O-H} <=> -\overset{H}{\underset{|}{C}}-\overset{O}{\overset{\|}{C}}-}$$

上述互变中，羰基化合物是热力学有利的，这是因为其中形成了很强的碳-氧双键。这一互变在动力学上是快速的，因为烯醇的羟基氢具有酸性，质子很容易离去，进而与相邻的碳原子相结合。更多的细节参见对羰基化合物性质的讨论。注意，炔烃的水合是制备醛和酮的一种新方法。

13-9 烯基卤化物

虽然烯基卤化物中的碳-卤键一般不参与取代反应，但是它们可以被转化为碳-金属键，进而形成有机锂试剂和格氏试剂，用于与醛和酮反应制备烯丙基醇。

烯基卤化物的碳-卤键在许多过渡金属催化的反应中也是活泼的。Heck 反应就利用了这样的性质，实现了烯基卤化物中连有卤原子的碳同另一分子烯烃中成双键的碳的偶联，最终得到双烯产物。我们不会过于深入地探讨这方面的内容，因为这已经有些偏离主要的有机化学机理了。但要注意，这类反应现在是医学和药物化学家合成分子的重要工具。这类反应使得许多有临床应用价值的化合物的合成变得比以前更容易。

习 题

29. 画出下列化合物的分子结构。
(**a**) 1-氯-1-丁炔；(**b**) (*Z*)-4-溴-3-甲基-3-戊烯-1-炔；(**c**) 4-己炔-1-醇；(**d**) 4-亚甲基-1-辛炔；(**e**) 1-乙炔基环戊烯；(**f**) 4-(2-丙炔基)环辛醇；(**g**) 2-溴-1-丁烯-3-炔；(**h**) 反-1-(3-丁炔基)-2-甲基环丙烷

30. 按照 IUPAC 系统命名规则给下列化合物命名。

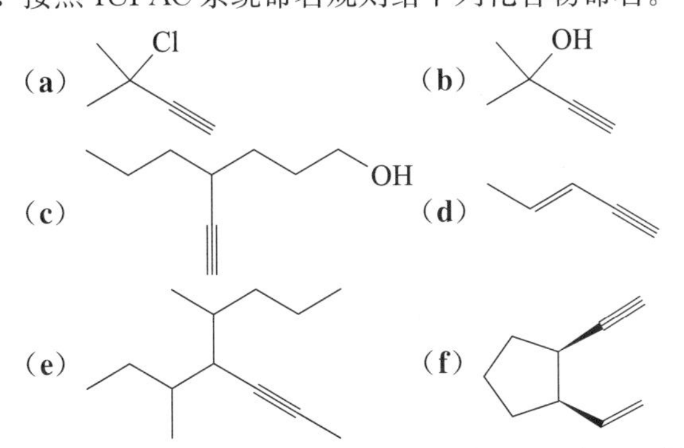

31. 比较乙烷、乙烯和乙炔中 C—H 键的强度。用键的杂化、键的极性和氢的酸性解释这些数据。

32. 比较丙烷、丙烯和丙炔中 C-2—C-3 键，它们的键长或键强上有无不同？如果有，它们为何会变化？

33. 预测下列阳离子序列的酸性强度的顺序：$CH_3CH_2NH_3^+$，$CH_3CH{=}NH_2^+$，$CH_3C{\equiv}NH^+$。[**提示**：查找相应碳氢化合物的类似物（13-2 节）。]

34. 具有分子式 C_5H_8 的三个化合物的燃烧热如下：环戊烯，$\Delta H_{燃烧}=-1027\ kcal\cdot mol^{-1}$；1,4-戊二烯，$\Delta H_{燃烧}=-1042\ kcal\cdot mol^{-1}$ 和 1-戊炔，$\Delta H_{燃烧}=-1052\ kcal\cdot mol^{-1}$。按照相对稳定性和键的强度加以说明。

35. 按稳定性降低的顺序对下列化合物排序。
(**a**) 1-庚炔和 3-庚炔；
(**b**) 环戊基—$C{\equiv}CCH_3$，环戊基—$CH_2C{\equiv}CH$，
和 环辛炔
(**提示**：搭建第三个化合物的结构模型，它的叁键有什么不同寻常之处？)

36. 推定下列每个化合物的结构。(**a**) 分子式 C_6H_{10}：NMR 谱图 A（下页）质子去偶信号在 $\delta=12.6$，14.5 及 1.0；IR 谱图在 $2100\ cm^{-1}$ 和 $2300\ cm^{-1}$ 之间或 $3250\ cm^{-1}$ 和 $3350\ cm^{-1}$ 之间没有强的吸收带；(**b**) 分子式 C_7H_{12}：NMR 谱图 B（下页），质子去偶的 ^{13}C NMR 信号为 $\delta=14.0$，18.5，22.3，28.3，31.1，68.1 和 84.7。依据 DEPTNMR 谱，在 $\delta=14.0$ 和 68.1 处连接奇数个氢；IR 谱图在 $2120\ cm^{-1}$ 和 $3300\ cm^{-1}$ 处有吸收带；(**c**) 化合物的质量分数为 71.41% 的碳和 9.59% 的氢（剩余的是氧），准确分子量为 84.0584；NMR 谱图 C 和 IR 谱图 C（下下页）；NMR 谱图 C 的插图在 $\delta=1.6\sim2.4$ 之间的信号显示出更好的分辨率。该化合物的 ^{13}C NMR 信号为 $\delta=15.0$，31.2，61.1，68.9 和 84.0。

37. 1,8-壬二炔的 IR 谱在 $3300\ cm^{-1}$ 处有一个很强的尖峰，说明这个吸收峰的归属。1,8-壬二炔与 $NaNH_2$ 反应，再用 D_2O 处理引入两个氘

原子，分子的其他部分没有变化。IR 谱图显示 3300 cm^{-1} 的峰消失，而在 2580 cm^{-1} 出现一个新峰。(a) 这个反应的产物是什么？(b) 2580 cm^{-1} 处新峰的归属？(c) 根据 Hooke 定律按原始分子的结构及其 IR 谱图计算新峰的预期位置。假设 k 和 f 不变。

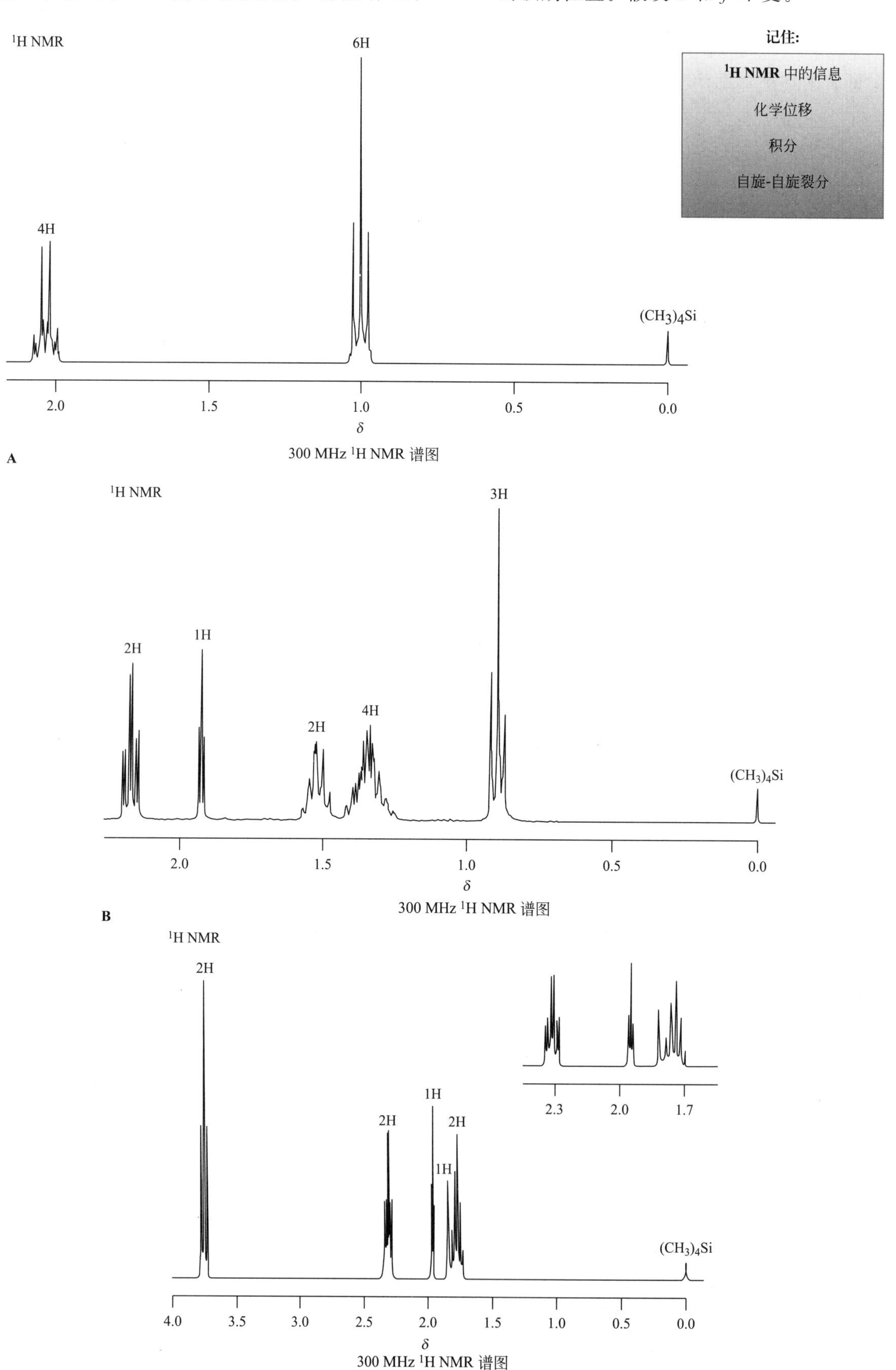

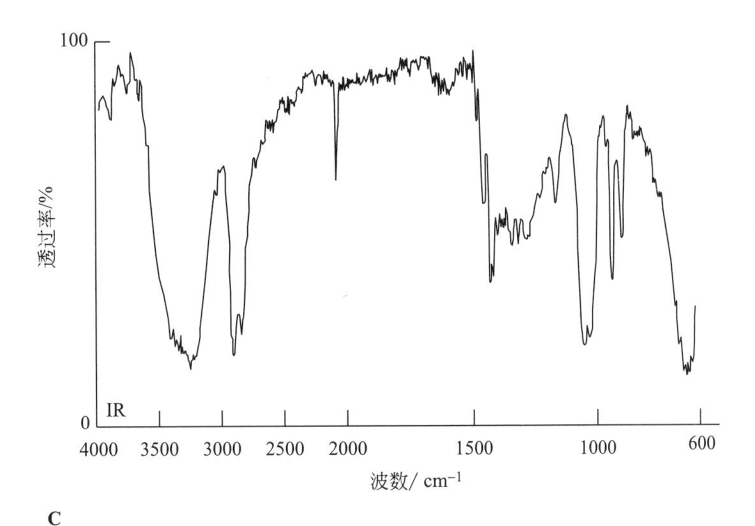

C

38. 写出下列每个反应的预期产物。

（a）$CH_3CH_2CH(CH_3)CH(Cl)CH_2Cl \xrightarrow{3\ NaNH_2,\ 液\ NH_3}$

（b）$CH_3OCH_2CH_2CH_2CH(Br)CH(Br)CH_3 \xrightarrow{2\ NaNH_2,\ 液\ NH_3}$

（c）*meso*-$CH_3CH(CH_3)CH_2CH(Cl)CH(Cl)CH_2CH(CH_3)CH_3 \xrightarrow{NaOCH_3\ (1\ e.q.),\ CH_3OH}$

（d）(4*R*,5*R*)-$CH_3CH(CH_3)CH_2CH(Cl)CH(Cl)CH_2CH(CH_3)CH_3 \xrightarrow{NaOCH_3\ (1\ e.q.),\ CH_3OH}$

39.（**a**）写出3-辛炔与溶于液氨中的金属钠反应的预期产物。（**b**）当环辛炔进行相同反应时［习题35(b)］，得到的是顺式环辛烯，而不是反式环辛烯，用反应机理给予解释。

40. 写出在THF中，1-丙炔锂$CH_3C{\equiv}C^-\ Li^+$与下列分子反应预期的主要产物。

（a）CH_3CH_2Br　　（b）Cl

（c）环己酮　　（d）$\overset{O}{\overset{\|}{C}}H$

（e）$CH_3CH—CH_2$（环氧）　　（f）CH_3，O，H

41. 写出1-丙炔锂与反-2,3-二甲基氧杂环丙烷反应的机理和最后的产物。

42. 从下列的路线中选出高产率合成2-甲基-3-己炔（ ）的最佳路线。

（a）$\xrightarrow{H_2,\ Lindlar催化剂}$

（b）Cl　Cl　$\xrightarrow{NaNH_2,\ 液\ NH_3}$

（c）$\xrightarrow{1.\ Cl_2,\ CCl_4\quad 2.\ NaNH_2,\ 液\ NH_3}$

（d）—Li ＋ Br

（e）—Li ＋ Br

43. 应用逆合成分析的原理提出合成下列炔烃化合物的合理路线。在合成目标分子时，每个炔基官能团都必须来自另一独立的分子，可以是含两个碳的任意化合物，如乙炔、乙烯、乙醇等。

（a）　　（b）OH

（c）OH　　（d）$(CH_3)_3CC{\equiv}CH$
［注意! $(CH_3)_3CCl$＋ $^-{:}C{\equiv}CH$是错的?］

44. 画出（*R*）-4-氘代-2-己炔的结构。设计按照S_N2反应合成该化合物的合适前体化合物。

45. 综合考虑各类反应，不参看在教材中624页展示的反应路线图，提出由常用的炔烃$RC{\equiv}CH$转化为下列化合物的试剂。

（a）R、Br、C＝C、Br、H　　（b）$R—CBr_2—CBr_2—H$

（c）$R—\overset{O}{\overset{\|}{C}}—CH_3$　（马氏加成产物）

(d) 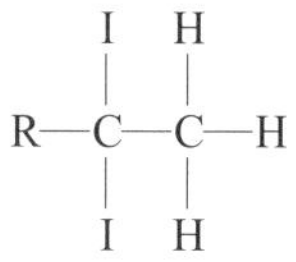 $R—CI_2—CH_2—H$　　(e) $R—C≡C:^- M^+$

(f) 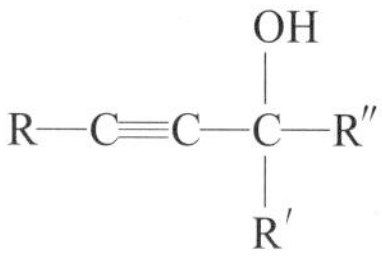 $R—C≡C—C(OH)(R')—R''$　　(g) $R—C≡C—R'$

(h) $R—C≡C—CH_2—CH_2OH$

(i) 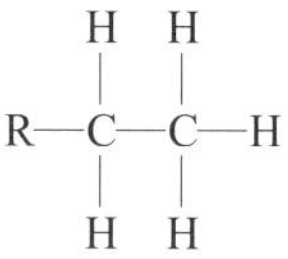 $R—CH_2—CH_2—H$　　(j) 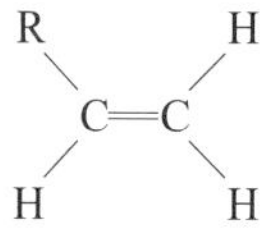 $RHC=CH_2$

(k) 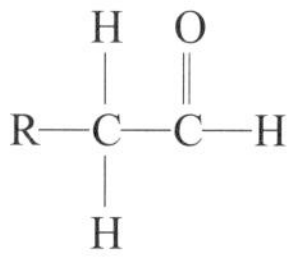 $R—CH_2—C(=O)—H$　（反马氏加成产物）

46. 预测 1-丙炔与下列试剂反应的主要产物。
(a) D_2，Pd-$CaCO_3$，$Pb(O_2CCH_3)_2$，喹啉；
(b) Na，ND_3；　(c) 1e.q. HI；
(d) 2 e.q. HI；　(e) 1 e.q. Br_2；
(f) 1 e.q. ICl；　(g) 2 e.q. ICl；
(h) H_2O，$HgSO_4$，H_2SO_4；
(i) 二环己基硼烷，然后，NaOH，H_2O_2。

47. 如果习题 46 中的这些试剂与 1,2-二环己基乙炔反应，产物是什么？

48. 丙炔和 4-辛炔与二环己基硼烷反应，然后使用 NaOH、H_2O_2 处理，写出生成的烯醇互变异构体的结构 [习题 46(i)和习题 47(i)]。

49. 给出习题 47 中前两个反应的产物分别与下列试剂反应所得产物。(a) H_2，Pd-C，CH_3CH_2OH；(b) Br_2，CCl_4；(c) BH_3，THF，然后 NaOH，H_2O_2；(d) MCPBA，CH_2Cl_2；(e) OsO_4，然后 H_2S。

50. 分别从下列试剂出发合成顺-3-庚烯。请注意从所提出的各条路线得到的最终产物中，目标化合物究竟是主要产物还是次要产物。(a) 3-氯庚烷；(b) 4-氯庚烷；(c) 3,4-二氯庚烷；(d) 3-庚醇；(e) 4-庚醇；(f) 反-3-庚烯；(g) 3-庚炔。

51. 分别提出合成下列分子合理的路线，在每个合成中至少有一次要用炔烃。

(a) Br Cl　　(b) I I

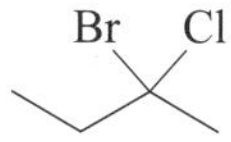

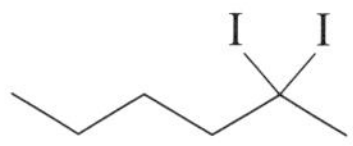

(c) 内消旋-2,3-二溴丁烷

(d) (2*R*,3*R*)-和 (2*S*,3*S*)-2,3-二溴丁烷的外消旋混合物

(e) CH_3 / Br—C—Cl / H—C—Cl / CH_3　　(f) O

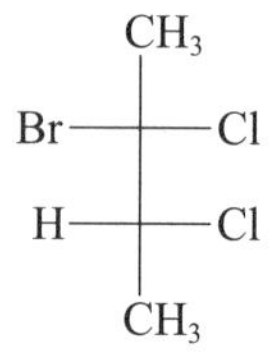

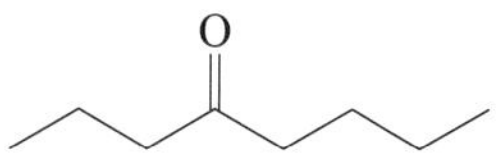

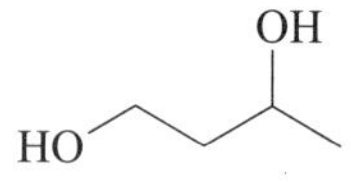

(g) OH HO　　(h) H O

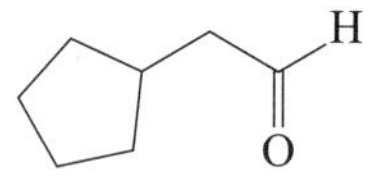

(i)

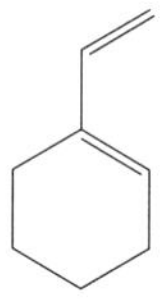

52. 如何采用 Heck 反应合成下列分子。

(a) O ‖ $COCH_3$

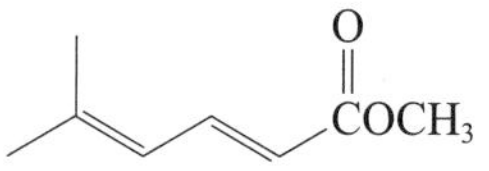

(b)

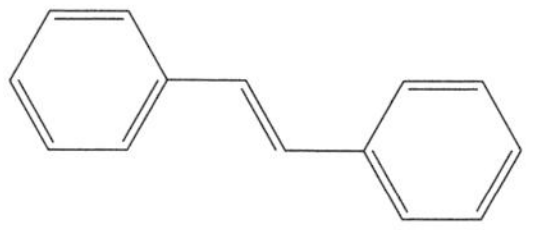

53. 根据碳化钙 (CaC_2) 的化学反应性（13-10 节），提出它的合理结构。它的系统命名可能是什么？

54. 芳樟醇（Linanool）是从肉桂、黄樟和橙花油中分离得到的萜类化合物。从所列的八碳酮出发，并用乙炔作为所需的另外的二碳原料，设计两条不同的合成芳樟醇的路线。

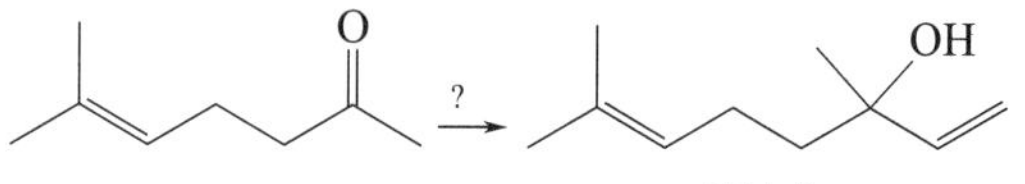

O →? OH

芳樟醇

55. 桧木精油（Chamaecynone）是从红桧树（Benihi）中提炼的挥发油，它的合成要求将氯代醇转化成炔代酮。设计完成这个转化的合成策略。

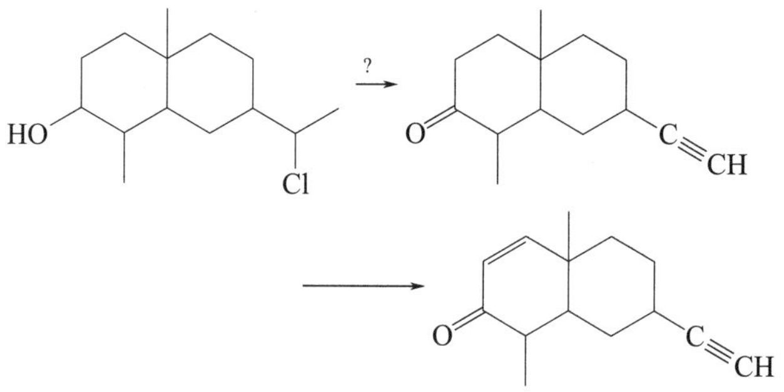

HO Cl →? O C≡CH → O C≡CH

桧木精油

56. **挑战题**　设计从下式所示的醇合成倍半萜烯——香柠檬烯（Bergamotene）的路线，香柠檬烯是大麻油的微量组分。建议完成这个合成的序列反应。

香柠檬烯

57. 挑战题 下面是一个未知化合物的^{1}H NMR和IR谱图，谱图D。该化合物与H_2在Lindlar催化剂下反应得到一个产物，1mol该产物被臭氧化，接着在酸的水溶液中与Zn反应得到1mol的$CH_3\overset{O}{\overset{\|}{C}}\overset{O}{\overset{\|}{C}}H$和2mol的$H\overset{O}{\overset{\|}{C}}H$。给出起始化合物的分子结构。

58. 挑战题 给出乙炔在氯化汞催化下水合反应的可能机理。（**提示：**参见12-7节中烯烃在汞离子催化下水合反应的机理。）

59. 倍半萜烯法尼醇（Farnesol）的合成要求首先从二氯化物转化成如下式所示的炔基醇。提出实现这个转化的方法。（**提示：**先将起始化合物转化成端炔。）

法尼醇

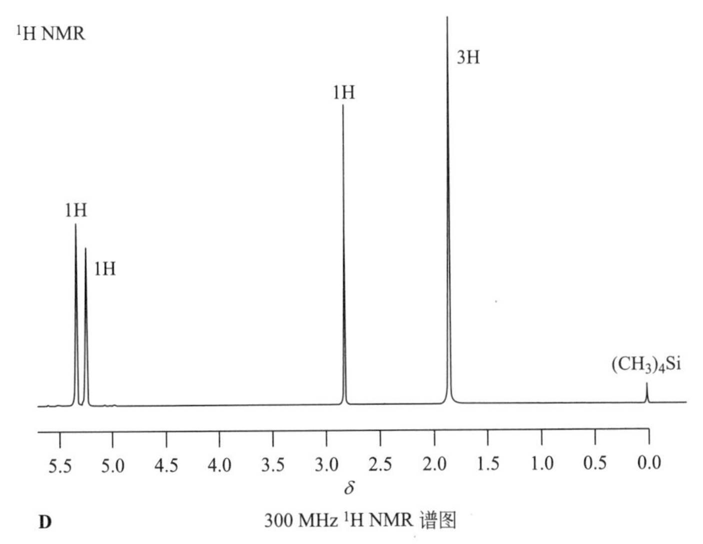

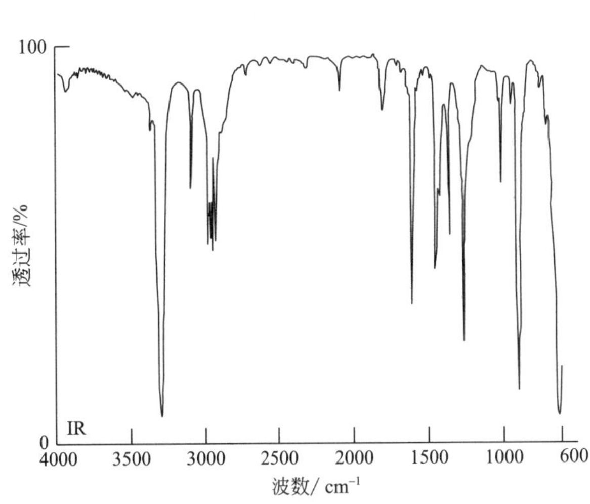

团队练习

60. 假设你们小组正在研究烯二炔体系的分子内环合反应，这对全合成具有强抗肿瘤活性的双炔霉素A（dynemicin A）很重要。一个研究小组试图从下列几个路线来完成环合，可惜所有尝试都没有成功。自行分工一下，写出化合物A～D的结构。（**注意：**R′和R″是保护基。）

双炔霉素 A

1. CH_3SO_2Cl, $(CH_3CH_2)_3N$ → A —$LiNR_2$→

2. —B→ —1. $(CH_3CH_2CH_2CH_2)_4N^+F^-$, THF (除去 R′)；2. CH_3SO_2Cl, $(CH_3CH_2)_3N$→ C —$LiNR_2$ (X)→

3. —弱碱→ D —$LiNR_2$ (X)→

一个成功的模型反应（如图）提供了实现全合成的另一个策略。

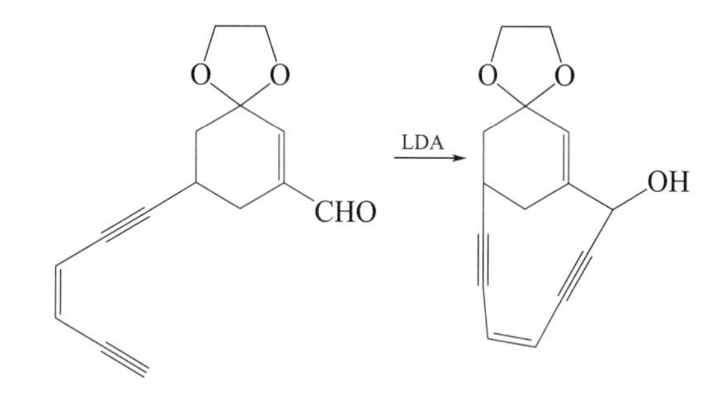

讨论该策略的优点，并应用到上述路线 1～3 提及的相应的化合物。

预科练习

61. 结构为 H—C≡C$(CH_2)_3$Cl 的化合物最合适 IUPAC 命名为：

（a）4-氯-1-戊炔；（b）5-氯戊-1-炔；
（c）4-戊炔-1-氯炔；（d）1-氯戊-4-炔。

62. 丙炔去质子化后生成的亲核试剂是：

（a）$^-$:CH_2CH_3；（b）$^-$:HC═CH_2；
（c）$^-$:C≡CH；（d）$^-$:C≡CCH_3；
（e）$^-$:HC═$CHCH_3$。

63. 当环辛炔与稀硫酸水溶液以及 $HgSO_4$ 作用时，生成的新化合物最可能是：

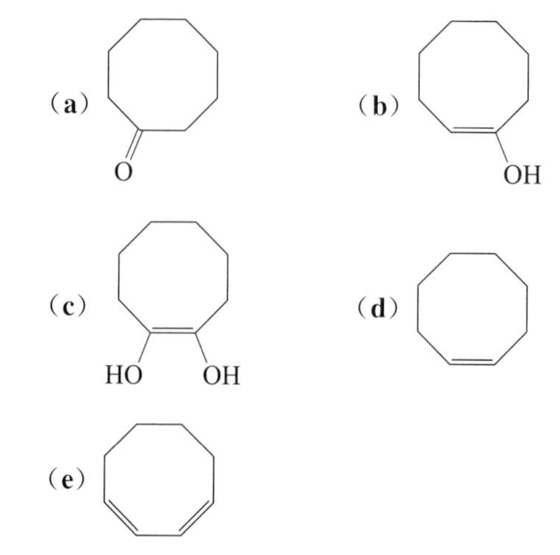

64. 从下列选项中选出一个最能表示化合物 A 的结构。

$$A \xrightarrow[270℃,\ 100\ atm]{H_3PO_4,\ pH=2} \text{3-甲基四氢呋喃}\ (CH_3,\ O)$$

（a） $HOCH_2CH(CH_3)(CH_2)_2OH$

（b） $HOCH_2CH(CH_3)CH_2OH$

（c） $HC{\equiv}CCH(CH_3)CH_2OH$

（d） $HC{\equiv}CCH_2CH(CH_3)CH_2OH$

65. 从下列选项中选出一个能代表化合物 A 的结构。

$$CH_3CBr_2{-}CBr_2CH_2OH \xleftarrow{Br_2(2\ e.q.)} A \xrightarrow{Br_2(2\ e.q.),\ 雷尼Ni} \text{1-丁醇}$$

A（伯醇；C：68.6%；H：8.6%；O：22.9%）

（a） $CH_2{=}CHCH_2CH_2OH$

（b） 环丙基—CH_2OH

（c） $CH_3C{\equiv}CCH_2OH$

（d） $CH_3CH{=}CH{-}CH{=}CHOH$

（e） 环丁烯基—OH

习题解答

29.

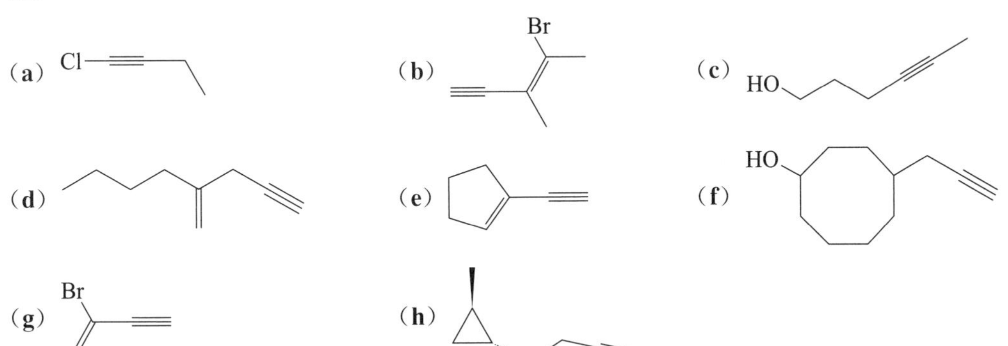

30.

（a）3-氯-3-甲基-1-丁炔　（b）3-甲基-1-丁炔醇　（c）4-乙炔基-1-己醇

（d）反-3-戊烯-1-炔　（e）5-甲基-4-(1-甲基丁基)-2-庚炔　（f）顺-1-乙烯基-2-乙炔基环戊烷

31. C—H 键的键强度：乙炔＞乙烯＞乙烷。

乙炔中的碳为 sp 杂化，和氢的 1s 轨道重叠得最好，且杂化轨道中 s 成分占比高达 50%，使得电子被碳原子核强烈吸引，电子更靠近碳原子，碳氢键的极性更强，进而使得氢原子具有酸性（使氢原子具有酸性的另一个因素是，sp 杂化的碳可以稳定去质子化后形成的炔基负离子）。

最强的碳氢键却最容易去质子化，虽然这看起来有些矛盾。这是因为键强度描述的是键均裂需要吸收的能量，而酸性对应的则是键异裂需要吸收的能量。

32. 丙炔中对应键的键长最短、键强最强，这同样是因为 C-2 具有 sp 杂化轨道，其 s 成分占比高达 50%。

33. 这三种化合物分别是炔烃、烯烃、烷烃的类似物，它们的区别在于氮原子的杂化方式不同，其酸性也有相应的区别：

$$CH_3C{\equiv}NH^+ > CH_3CH{=}NH_2^+ > CH_3CH_2NH_3^+$$

34. 三个化合物的稳定性顺序为：环戊烯＞1,4-戊二烯＞1-戊炔。环戊烯具有最多的 σ 键，而 σ 键一般要比 π 键更强。1,4-戊二烯和 1-戊炔都有两个 π 键，但炔烃的势能更高、更不稳定。注意：炔烃的氢化热约为 65～70 $kcal \cdot mol^{-1}$（见 13-2 节），即每摩尔 π 键的氢化热为 32.5～35kcal，而烯烃的氢化热一般为 27～30 $kcal \cdot mol^{-1}$（见 11-10 节）。

35.

（**a**）3-庚炔＞1-庚炔（非端炔比端炔稳定）

（**b**）稳定性从左到右递减。对于前两个环戊基丙炔同分异构体的稳定性，可以按照“非端炔比端炔稳定”的规律进行比较。最后一个环辛炔，虽然是非端炔，但是受键角张力的影响，比前两种分子更不稳定。动手制作一个分子模型就会发现，环辛炔中炔碳无法形成180°的键角。虽然这个分子已经被合成出来了，但是存在的寿命不长，环张力导致的张力能为 20 kcal•mol^{-1}。

36. 计算各个化合物的不饱和度。

（**a**）饱和状态下氢原子数 H_{sat}＝12＋2＝14，则分子的不饱和度为(14－10)/2＝2，可推断分子中可能存在两个 π 键或环状结构。核磁共振谱中可以看到类似乙基的信号，即与亚甲基 CH_2（四重峰，δ＝2.0）相邻的甲基（三重峰，δ＝1.0）结构。分子中共有 10 个氢，则应当有两个等价的乙基，总和为 C_4H_{10}，还有两个碳的位置有待指定。为了满足分子式有两个不饱和度，剩余的两个碳应当形成碳-碳叁键（两个 π 键）。

$$2\ CH_3CH_2—和\ —C{\equiv}C— \Longrightarrow CH_3CH_2—C{\equiv}C—CH_2CH_3$$

为什么红外光谱中没有 2100 cm^{-1} 左右的峰呢？这是因为对称非端炔不具有极性，使得分子的红外吸收很弱。但是，^{13}C NMR 谱中 δ＝81.0 的峰归属炔碳。

（**b**）饱和状态下氢原子数 H_{sat}＝14＋2＝16，则分子的不饱和度为(16－12)/2＝2，可推断分子中可能存在两个 π 键或环状结构。红外光谱指示存在端炔结构。

在核磁共振谱中：

δ＝0.9（三重峰，3H）⇒归属于与亚甲基相连的甲基（C**H**$_3$—CH_2—），^{13}C NMR 谱中甲基碳对应的信号是 δ＝14.0。

δ＝1.3（多重峰，4H）⇒暂时不能确定。

δ＝1.5（五重峰，2H）⇒归属于—CH_2—C**H**$_2$—CH_2—结构片段。

δ＝1.7（三重峰，偶合常数 J 较小的，1H）⇒哦！有没有可能是这样：

裂分

H—C≡C—CH_2—　(与图13-5比较)

δ＝2.2（多重峰，2H）⇒可能对应上面的亚甲基?

至此，你已经推断出了 H_3C—CH_2—和 —CH_2—C≡CH ，或者说是 C_5H_8，还需要加上两个碳和四个氢才符合分子式 C_7H_{12}。因此，最简单的一种组合是 1-庚炔，而且红外光谱中 3330 cm^{-1} 的信号也与端炔的 C—H 键相符。

（**c**）分子的分子式是 C_5H_8O。怎么知道的？简单来说：

碳占分子量（84.0584）的 71.4%，即 60，则 60/12（碳的原子量）＝5

氢占分子量（84.0584）的 9.6%，即 8，则 8/1（氢的原子量）＝8

氧占分子量（84.0584）的 19%（剩余的部分），即 16，则 16/16（氧的原子量）＝1

再用表 11-5 中给出的精确分子量进行检验：

5×12.00000＋8×1.00783＋15.9949＝84.05754

饱和状态下氢原子数 H_{sat}＝10＋2＝12，则分子的不饱和度为(12－8)/2＝2，可推断分子中可能存在两个 π 键或环状结构。红外光谱中 2100 cm^{-1} 处的峰对应碳-碳叁键（ —C≡C— ）的伸缩振动，3200～3500 cm^{-1} 的宽峰带对应氧-氢键（—O—H）。对于核磁共振谱，我们通常关注裂分形式最简单的峰：

δ＝1.8（宽的单峰，1H）⇒O**H**，宽的单峰吸收“出卖”了它的位置。

δ＝3.7（三重峰，2H）⇒C**H**$_2$，与羟基相连（化学位移给出的信息），同时与另一个亚甲基相连（三重峰裂分给出的信息）。

δ＝1.9（三重峰，1H）⇒ C≡C**H** （窄窄的峰裂分是这种氢的典型特征），与碳-碳叁键另一侧的 CH_2 产生长矩偶合。

来看看我们现在知道了哪些信息。已经分析出这个分子包含两个片段：HO—CH_2—CH_2—和 —CH_2—C≡CH ，把它们加在一起就是 C_5H_8O，这也是分子式中给出的全部原子，所以可以简单地把两个片段拼在一起： HO—CH_2—CH_2—CH_2—C≡CH 。中间的两个亚甲基对应着两组过于复杂未解析的信号，可以自己试着分析一下这两组信号的信息。

37. 3300 cm^{-1} 左右的红外吸收对应端炔上的氢（ ≡C—**H** ）。

（**a**）D—C≡$CCH_2CH_2CH_2CH_2CH_2$C≡C—D 。（**b**）C≡C—D（$\tilde{\nu}_{C-D}$）。

（**c**）在反应前，H 的质量 $m_1=1$，C_9H_{11} 的质量 $m_2=119$。根据胡克（Hooke）定律，则有方程：$\tilde{\nu}^2=k^2f(m_1+m_2)/m_1m_2$，即 $3300^2=k^2f\times(120/119)$，则 $k^2f=1.1\times10^7$。题中假设 k 和 f 不变，则 k^2f 为一常数，可以用上面的 k^2f 值估算产物的$\tilde{\nu}^2$ 值。在产物中，D 的质量 $m_1=2$，所以$\tilde{\nu}^2=(1.1\times10^7)\times(122/240)=5.6\times10^6$，进而可以预测出$\tilde{\nu}_{C-D}=2366$ cm^{-1}。10%左右的误差是正常的，是由 k 和 f 的变化引起的。

38.

（**a**） $CH_3CH_2CH(CH_3)$C≡CH （用水处理后）　　（**b**） $CH_3OCH_2CH_2CH_2$C≡CCH_3 （用水处理后）

（**c**）

（**d**）与内消旋的化合物相反，产物为：

39.

（**a**）反应会得到反-3-辛烯，这是经过两步单电子还原得到的，参见 13-6 节。

（**b**）叁键在钠/液氨体系中被还原时，一般产生反式双键，这是由反应机理的前两步决定的。首先，一个电子加成在叁键上，得到烯基自由基负离子。这时，先前取代在叁键两侧的基团可以按照顺式和反式两种结构排列。对于非环状炔烃，反式的自由基负离子更加稳定，因为它的位阻更小。然而，对于这个例子中的环辛炔，结论却是相反的，即顺式的自由基负离子更加稳定，这是由于角张力、扭转力和其他的张力效应共同提高了反式构型的能量。

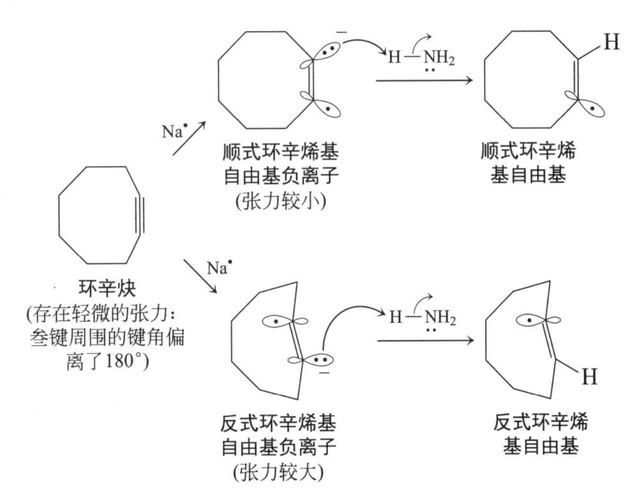

这样，首先得到顺式环辛烯基自由基，最终通过第二个电子的还原，得到顺式环辛烯。

40. 下面给出的均为水处理后的产物。

（**a**） CH_3CH_2C≡CCH_3　　（**b**） $(H_3C)_2$C=CH$CH(CH_3)_2$　　E2 反应；卤代烷位阻较大，不易发生 S_N2 反应

（c）1-(1-丙炔基)环己醇（HO、C≡CCH$_3$ 连在环己烷同一碳上）

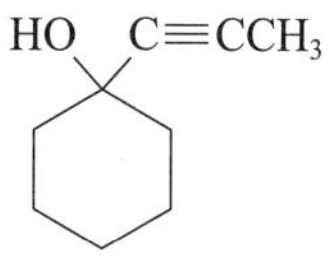

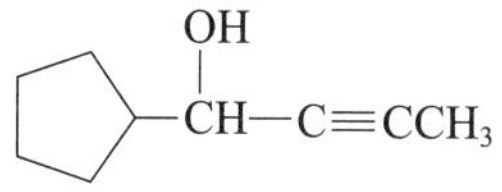

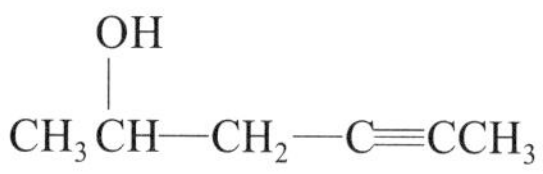

（d）环戊基—CH(OH)—C≡CCH$_3$

（e）$CH_3CH(OH)—CH_2—C≡CCH_3$

（f）CH$_3$ ← 朝纸面外的一侧；HO、$CH_3C≡C$、H（十氢萘骨架）

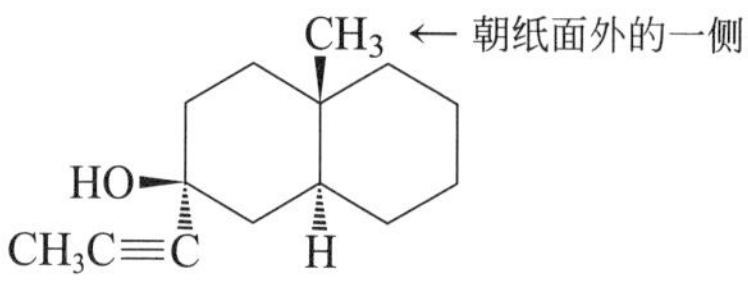

41. 由于题目没有给出其他条件，假设底物反-2,3-二甲基环氧丙烷是外消旋混合物。画出一种异构体对应的产物，可以推知产物也是外消旋混合物。因为反-2,3-二甲基环氧丙烷中两个碳是等价的（将分子沿着纵向的轴旋转 180°就可以说明这一点），亲核试剂进攻两个碳的结果是一样的。这是一个碱性条件下的开环反应，遵循 S_N2 机理，亲核试剂进攻的位置会发生构型翻转（参见 9-9 节）。

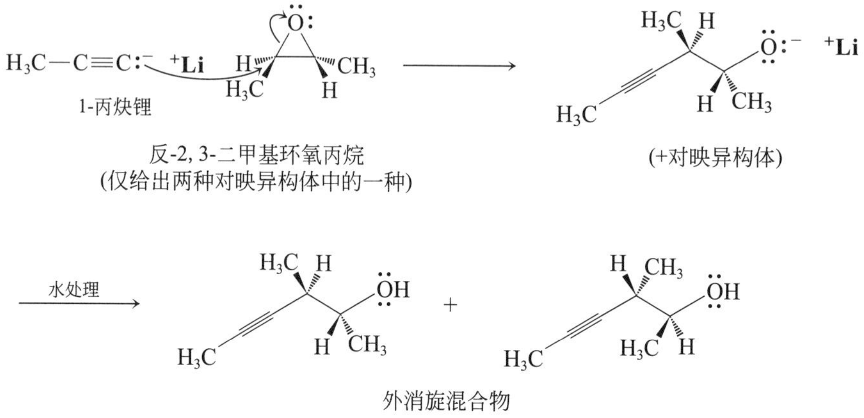

$H_3C—C≡C:^-\ {}^+Li$ + 反-2,3-二甲基环氧丙烷 ⟶ 烷氧基锂产物（$O:^-\ {}^+Li$）

1-丙炔锂

反-2, 3-二甲基环氧丙烷
(仅给出两种对映异构体中的一种)

(+对映异构体)

$\xrightarrow{\text{水处理}}$ 产物（OH）+ 对映异构体（OH）

外消旋混合物

42.（d）是唯一一个能高产率合成正确分子的方法，方法（b）和（c）可以得到一些目标化合物，但也会得到一些区域异构的烯烃。对于方法（e），作为碱性亲核试剂对二级卤代烷进行 S_N2 反应，可以得到一定量的目标产物，但是也会产生许多 E2 反应的产物。方法（a）完全是错误的。

43. 下面的答案只是许多正确途径中的一种。

（a）$HC≡CLi \xrightarrow{CH_3CH_2CH_2Br,\ DMSO} HC≡CCH_2CH_2CH_3 \xrightarrow[2.\ CH_3CH_2Br,\ DMSO]{1.\ NaNH_2,\ NH_3}$ 产物

（b）$HC≡CLi + CH_3CH_2C(=O)CH_3 \longrightarrow$ 产物

（c）为了得到与羟基碳隔一个碳的叁键，可以利用炔基负离子对环氧丙烷的开环反应。

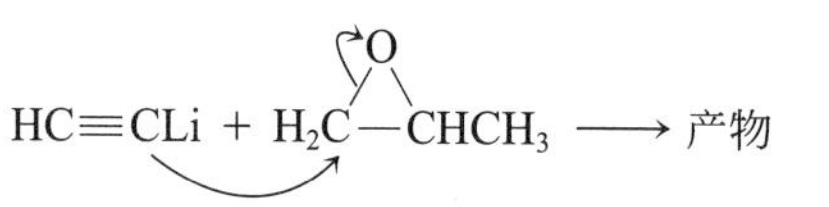

$HC≡CLi + H_2C—CHCH_3$（环氧丙烷）$\longrightarrow$ 产物

（d）因为炔基负离子和三级卤代烷会发生消除反应，所以，我们用三级格氏试剂作为碳负离子的供体，与醛反应，之后通过消除-卤素加成-双脱卤的反应顺序得到叁键。

$(CH_3)_3CCl \xrightarrow[2.\ CH_3CHO]{1.\ Mg} (CH_3)_3CCH(OH)CH_3 \xrightarrow[2.\ LDA,\ THF]{1.\ PBr_3} (CH_3)_3CCH{=}CH_2 \xrightarrow[2.\ NaNH_2,\ NH_3]{1.\ Br_2,\ CCl_4}$ 产物

44. D 在次序规则中要高于 H，但又要低于其他所有取代基。因此，(*R*)-4-氘代-2-己炔的结构为：

（Fischer 投影式：上 CH_2CH_3，左 $CH_3C≡C$—（箭头指向此键），右 D，下 H）

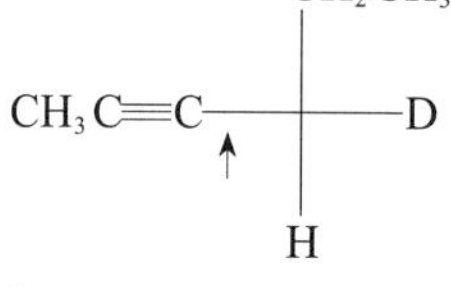

箭头表示的键最适合作为新生成的键，如果可以得到单一对映体的卤代烷烃，就可以合成有光学活

性的产物。

(S)-D—C(CH$_2$CH$_3$)(H)—Br + LiC≡CCH$_3$ $\xrightarrow[\text{DMSO}]{S_N2}$ 产物

45. (**a**) Br_2(1e.q.)，LiBr，CH_3COOH（13-7节）；(**b**) Br_2(2e.q.)，CCl_4；(**c**) $HgSO_4$，H_2O，H_2SO_4；(**d**) HI（过量）；(**e**) 强碱，例如 R′Li，R MgX，或 $NaNH_2$；(**f**) 1. 同（e）一样的强碱，2. R′COR″，3. H^+，H_2O；(**g**) 1. 同（e）一样的强碱，2. R′X（R′=甲基或一级烷基）；(**h**) 1. 同（e）一样的强碱，2. 环氧乙烷，3. H^+，H_2O；(**i**) H_2，Pt 或 Pd-C；(**j**) H_2，Lindlar 催化剂［Pd-$CaCO_3$，Pb($OOCCH_3$)$_2$ 喹啉］；(**k**) 1. (环己基)$_2$BH，2. NaOH，H_2O_2。

46.

(**a**) H_3C(D)C=C(H)(D)　(**b**) H_3C(D)C=C(D)(H)　(**c**) CH_3CI=CH_2

(**d**) $CH_3CI_2CH_3$　(**e**) H_3C(Br)C=C(Br)(H)　(**f**) H_3C(Cl)C=C(I)(H)

(**g**) $CH_3CCl_2CHI_2$　(**h**) $CH_3C(=O)CH_3$　(**i**) $CH_3CH_2CH(=O)$

47. 在下面的结构式中，R=环己基

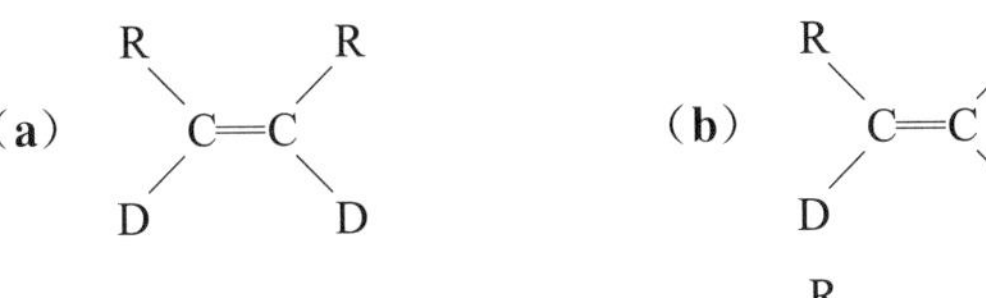

(**a**) R(D)C=C(R)(D)　(**b**) R(D)C=C(D)(R)　(**c**) RCI=CHR（*E* 和 *Z*）

(**d**) RCI_2CH_2R　(**e**) R(Br)C=C(Br)(R)　(**f**) R(Cl)C=C(I)(R)

(**g**) $RCCl_2CI_2R$ + RCCl(I)CCl(I)R　(**h**) 和（**i**）RC(=O)CH_2R

48. 这个反应以反马氏加成的区域选择性将水分子加成到叁键上：

46（i）H_3C—C≡CH $\xrightarrow[\text{2. NaOH, }H_2O_2]{\text{1. (环己基)}_2\text{BH}}$ H_3C(H)C=C(H)(OH)

硼氢化反应是顺式的，随后的氧化保持了分子构型，因此生成的是*E*型烯醇

H和OH处于顺式，这是由于B和H是顺式加成

47（i）环己基—C≡C—环己基 $\xrightarrow[\text{2. NaOH, }H_2O_2]{\text{1. (环己基)}_2\text{BH}}$ (环己基)(H)C=C(环己基)(OH)

49. 在这里，“外消旋”指的是（*R*，*R*）和（*S*，*S*）两种立体异构体形成的外消旋混合物。

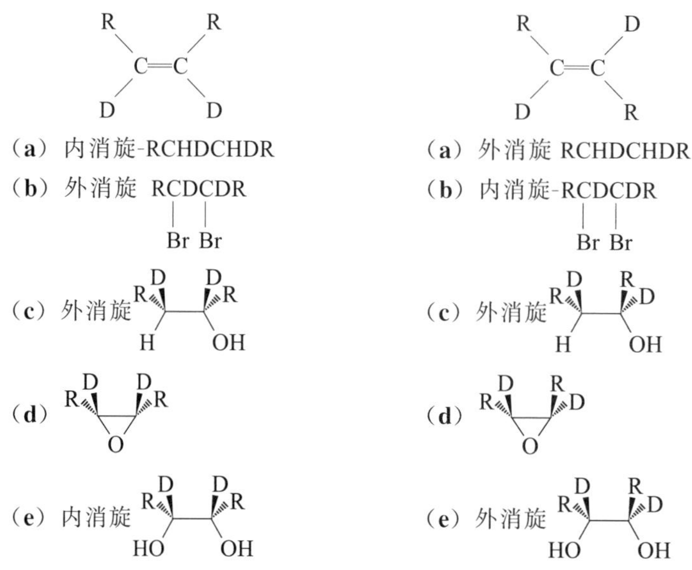

50. 唯一能高产率得到产物的前体化合物是3-庚炔（g），通过林德拉催化剂催化加氢就可以高产率、高选择性地得到顺-3-庚烯。碱性条件下3-氯庚烷（a）的消除反应和酸性条件下3-庚醇（d）的消除反应的选择性都很差，反应会得到区域异构体和立体异构体的混合物：顺/反-2/3-庚烯。与此类似的4-氯庚烷（b）和4-庚醇（e）的消除反应要更好一些，至少没有区域选择性的问题，反应只会生成顺/反-3-庚烯的混合物。3,4-二氯庚烷（c）的双消除主要得到3-庚炔（g），但是也会生成其他不饱和的区域异构体副产物。最后，氯单质对反-3-庚烯（f）的加成会生成3,4-二氯庚烷（c）。

51.

（a） $CH_3CH_2C{\equiv}CH \xrightarrow[2.\ HBr]{1.\ HCl}$ 产物

（b） $CH_3CH_2CH_2CH_2C{\equiv}CH \xrightarrow{2HI}$ 产物

（c） $CH_3C{\equiv}CCH_3 \xrightarrow{Na,NH_3}$ (H₃C)(H)C=C(H)(CH₃) $\xrightarrow{Br_2,CCl_4}$ 产物

（d） $CH_3C{\equiv}CCH_3 \xrightarrow{H_2,Pd\text{-}BaSO_4,喹啉,CH_3CH_2OH}$ (H₃C)(H)C=C(CH₃)(H) $\xrightarrow{Br_2,CCl_4}$ 产物

（e） $CH_3C{\equiv}CCH_3 \xrightarrow{HBr}$ (H₃C)(H)C=C(Br)(CH₃) $\xrightarrow{Cl_2,CCl_4}$ 产物

主产物

（f） $CH_3CH_2CH_2C{\equiv}CCH_2CH_2CH_3 \xrightarrow{HgSO_4,H_2SO_4,H_2O}$ 产物

（g） $HC{\equiv}CCH(OH)CH_3 \xrightarrow{H_2,Pd\text{-}BaSO_4,喹啉,CH_3CH_2OH} H_2C{=}CHCH(OH)CH_3 \xrightarrow[2.\ H_2O_2,\ HO^-]{1.\ BH_3,THF}$ 产物

（h） 环戊基$-C{\equiv}CH + HB(环己基)_2 \xrightarrow{THF}$ (环戊基)(H)C=C(H)(B(环己基)₂) $\xrightarrow{H_2O_2,\ ^-OH}$ 产物

（i） 环己酮 $\xrightarrow[2.\ H^+,H_2O,\triangle]{1.\ HC{\equiv}CLi,THF}$ 1-乙炔基环己烯 $\xrightarrow{H_2,\ Pd\text{-}BaSO_4,\ 喹啉,\ CH_3CH_2OH}$ 产物

52.

(a) 1-溴-2-甲基丙烯 + 丙烯酸甲酯 $\xrightarrow[R_3P,\ 100\ ℃]{1\%\ Pd(OCCH_3)_2}$ 产物（$COCH_3$ 酯）

(b) 溴苯 + 苯乙烯 $\xrightarrow[R_3P,\ 100\ ℃]{1\%\ Pd(OCCH_3)_2}$ 二苯乙烯

53. 碳化钙的合理结构为 Ca^{2+-}∶C≡C∶$^-$ ，一种乙炔的钙盐，这可以解释该化合物同水反应生成乙炔的性质。这个化合物可以叫作“乙炔钙”（calcium acetylide，或者 ethynediylcalcium，“di” 表示乙炔脱除了两个质子）。

54.

$HC\equiv CLi \xleftarrow{LiNH_2,\ NH_3} HC\equiv CH \xrightarrow{HBr\ (1\ e.q.)} H_2C=CHBr \xrightarrow{Mg,\ THF} H_2C=CHMgBr$

1. （6-甲基-5-庚烯-2-酮）2. H^+, H_2O

$\xrightarrow{H_2,\ Lindlar催化剂,\ CH_3CH_2OH}$

55.

$\xrightarrow{(CH_3)_3CO^-K^+,\ (CH_3)_3COH}$

$\xrightarrow[2.\ NaNH_2,\ NH_3]{1.\ Br_2,\ CCl_4}$ $\xrightarrow{PCC,\ CH_2Cl_2}$ 产物

56.

$RCH_2OH \xrightarrow[2.\ NaI,\ HMPA]{1.\ H_3C-C_6H_4-SO_2Cl,\ Py[1]} RCH_2I \xrightarrow{LiC\equiv CH,\ DMSO} RCH_2C\equiv CH \xrightarrow[2.\ H_2O_2,\ HO^-]{1.\ (C_6H_{11})_2BH,THF[2]} RCH_2CH_2\overset{O}{\overset{\|}{C}}H$

$\xrightarrow[2.\ PBr_3]{1.\ NaBH_4,\ CH_3OH} RCH_2CH_2CH_2Br \xrightarrow[2.\ CH_3\overset{O}{\overset{\|}{C}}CH_3]{1.\ Mg,\ THF} RCH_2CH_2CH_2C(OH)(CH_3)CH_3 \xrightarrow{H_2SO_4,\ \triangle} RCH_2CH_2CH=C(CH_3)_2 \equiv$ 香柠檬烯

57. 以臭氧化反应结果作为分析的基础。

$$2H\overset{O}{\overset{\|}{C}}H + CH_3\overset{O}{\overset{\|}{C}}-\overset{O}{\overset{\|}{C}}H \xleftarrow[2.\ Zn,\ H^+,\ H_2O]{1.\ O_3,\ CH_2Cl_2} H_3C-\overset{H_2C}{\overset{\|}{C}}-\overset{CH_2}{\overset{\|}{C}}-H$$

接下来看该未知化合物的光谱：红外光谱显示分子在 1615 cm^{-1} 处（碳-碳双键）和 2110 cm^{-1} 处（碳-碳叁键）有吸收带。同时注意到，在 3100 cm^{-1} 处和 3300 cm^{-1} 处也都显示出吸收，也许这两个吸收可以分别归属于炔基和烯基的碳氢键。核磁共振谱显示有四种氢，信号强度比为 3∶1∶1∶1，共有六个氢出现在未知分子中，因此，猜想分子中可能有一个 CH_3（δ=1.9)，一个炔基氢（δ=2.8)，以及两个烯基氢（δ=5.2 和 5.3)。

我们可以把这些信息和臭氧化的结果结合起来。上面给出的碳氢化合物是未知分子氢化后的结构，

---

[1] R 基的位阻太大，因此需要这个特殊的流程（对甲基苯磺酸⟶碘代物），以使接下来炔基负离子的 S_N2 反应可以发生。

[2] 小位阻叁键的水合要比 R 基中高位阻（三取代）双键的水合快得多。

其分子式为 C_5H_8，则未知分子的分子式应当为 C_5H_6。我们还鉴定出了一个甲基、一个炔基氢和两个烯基氢片段，加起来是 C_3H_6，还需要两个碳以符合分子式，答案是：

$$H_3C—C(=CH_2)—C≡C—H$$

另一种可能的异构体为 $H_3C—CH=CH—C≡C—H$ ？显然是错误的，因为：①该化合物通过林德拉催化剂催化的氢化会得到直链双烯 $H_3C—CH=CH—CH=CH_2$，而不是上面给出的支链结构。②该化合物的核磁共振谱会显示出自旋-自旋偶合（例如：甲基信号会裂分为两重峰）。

58. H—C≡C—H $\xrightarrow[-Cl^-]{HgCl_2}$ (环状 $^+$HgCl 中间体) $\xrightarrow[-H^+]{H_2O}$ HO(H)C=C(H)HgCl $\xrightarrow{H^+}$ … $\xrightarrow[-HgCl_2]{+Cl^-}$ HO(H)C=CH₂ ⟶ CH_3CHO

59. $RC(Cl)_2CH_3 \xrightarrow[-2\,HCl]{2\,NaNH_2,\,NH_3} RC≡CH \xrightarrow{LiNH_2,\,NH_3} RC≡CLi \xrightarrow[2.\ H^+,\,H_2O]{1.\ H_2C=O,\,THF} RC≡CCH_2OH$

偕二双卤代烷的双消除

60.

化合物 A：这是形成磺酸基（一种无机酯）的方法。

化合物 B：这里要将双键氧化为环氧乙烷，可以使用 MCPBA 或其他任何的过氧羧酸。

化合物 C：与 A 类似。

化合物 D：另一种形成环氧的方法。

这个模型反应显示出在形成所需的中等大小的环时，羰基加成反应的优先度要高于简单的取代反应，所以我们可以尝试下面的方法：

1. PCC, CH_2Cl_2（氧化羟基）
2. LDA（炔基去质子化，然后进攻羰基）

61.（b）5-氯-1-戊炔也是正确的。

62.（d）　　**63.**（a）

64.（a）　　**65.**（c）

14

离域的π体系：应用紫外-可见光谱进行研究

我们在这一章讨论的各种话题都来自一个概念：共轭（conjugation）。共轭是指在一个分子中，三个或更多邻近原子的 p 轨道交叠形成 π 键。烯丙基体系是最简单的共轭体系（一个 π 键和第三个原子的 p 轨道交叠），而共轭二烯是另一种较简单的共轭体系（两个相邻的 π 键，即 4 个 p 轨道相交叠）。在本章，你将会看到共轭作用影响了参与其中的轨道系统，进而影响了分子的电性、稳定性、化学反应性和光谱性质。下面是对这些内容的简要介绍。

本章概要

14-1 烯丙基体系

对三个 p 轨道交叠形成的 π 体系的介绍。

14-2，14-3，14-4 烯丙基体系的化学

共轭对先前介绍过的反应类型的影响。

14-5，14-6 共轭二烯

四个 p 轨道形成的共轭体系。

14-7 扩展的共轭体系和苯

14-8，14-9 共轭 π 体系的特殊反应

成环反应的机理。

14-10 共轭二烯的聚合

14-11 电子光谱：紫外-可见光谱

本章重点

14-1 烯丙基体系

离域一般起到稳定化作用，14-1 节展示的实验结果说明，烯丙基自由基、烯丙基负离子和烯丙基正离子的形成相对于普通一级烷基自由基、碳负离子和碳正离子要更容易。这种稳定化作用的来源可以通过共振论和分子轨道理论这两种不同但是等价的方式得以展示，这两种方式都提供了对烯丙基体系有用的见解。应当特别注意的是，共振式和分子轨道图所描述的共轭所引起的电性变化。电子可以自由地在共轭 π 体系中移动，要么朝向缺电子的原子，要么远离富电子的原子。从静电效应的角度而言，离域化明显是理想的状态，使整个分子稳定。

14-2，14-3，14-4 烯丙基体系的化学

烯丙基体系的存在使得分子更有可能形成稳定的自由基、正离子和负离子。同时，也引入了新的区域选择性因素：这些中间体的反应活性都会被烯丙基体系末端的两个碳原子共享。任何一个涉及烯丙基自由基、正离子和负离子的反应都可能且一般会产生一对异构体，这是由于新基团可以在两个“末端”中选择其中一个相连接。

请注意这些反应中**没有一个是全新的反应类型**。你看到的都是亲核取代反应、自由基卤化反应或者格氏反应的变形，这些反应的底物会形成含烯丙基的中间体，随后的过程便遵循上述反应的**一般机理**。需要你“以机理的方式思考”来理解和解决问题。也就是说，需要把你将先前学习到的反应机理应用到新的一类分子上。你必须按照机理一步一步地进行，看看得到了什么，分析得到的结构中是否出现了不寻常的结构类型。这就是有机化学的基石，也使得我们可以对新的情况进行某种程度上的延伸和预测。我们并不需要你现在就掌握这一切，但你应当从现在开始不断提升这方面的能力。下面的许多内容会涉及具有多个官能团的分子，官能团之间会相互影响，机理导向的思考在预测这些分子的化学性质时是不可或缺的。

14-5，14-6 共轭二烯

通过二烯，我们可以首次认识到官能团的相互作用对分子化学行为的影响。共轭二烯具有四个邻近的原子 p 轨道，比它的两种类似物——孤立二烯和累积二烯要更稳定。其中，孤立二烯中的双键被一个或多个缺少 p 轨道的原子分隔，而累积二烯（如丙二烯）中的两个双键共享同一个碳原子。

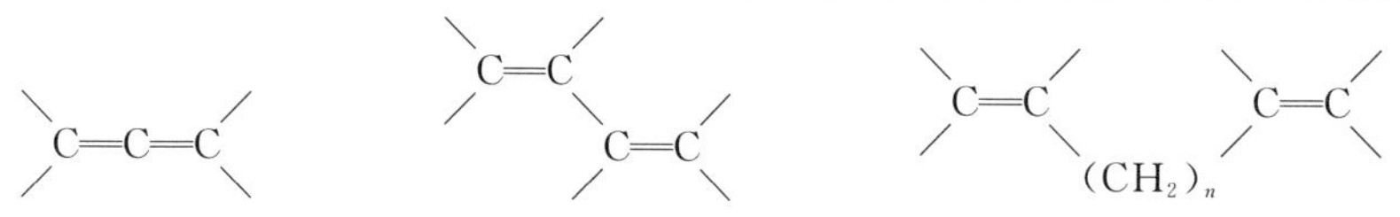

C=C=C 累积二烯 (1,2-)　　C=C–C=C 共轭二烯 (1,3-)　　C=C–$(CH_2)_n$–C=C 孤立二烯，$n \geqslant 1$ (1,4-；1,5-；1,6-；等等)

正如你在烯丙基体系中所见，共轭会带来稳定化效应，结果是共轭二烯的能量相较于另两类分子（累积烯烃和孤立二烯）要低一些。同样地，共振论和分子轨道理论都可以解释这一现象。

定性地讲，共轭二烯的性质同烯烃很接近，它们都能同亲电试剂发生加成反应。同烯烃的情形一样，加成反应倾向于形成更稳定的中间体。对于共轭二烯而言，这一般意味着形成共振稳定化的烯丙基碳正离子：

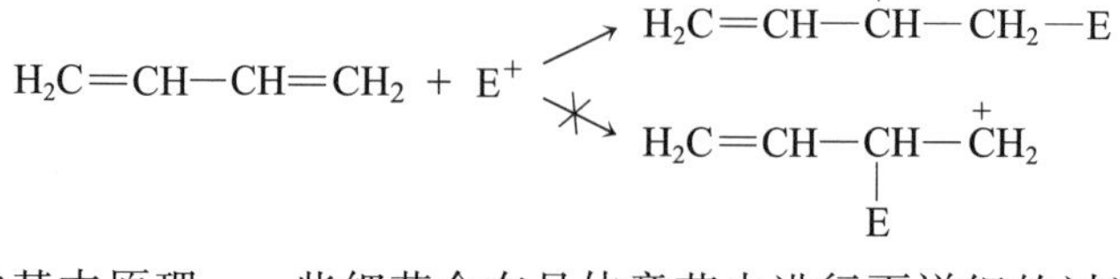

$$H_2C=CH-CH=CH_2 + E^+ \longrightarrow H_2C=CH-\overset{+}{C}H-CH_2-E$$

$$H_2C=CH-CH=CH_2 + E^+ \not\longrightarrow H_2C=CH-CH(E)-\overset{+}{C}H_2$$

以上是这部分内容的基本原理，一些细节会在具体章节中进行更详细的讨论。主要是烯丙基碳正离

子与亲核试剂有两个可能的连接位点，1,2-加成往往是最快的（动力学有利），而当双键上的取代基较多时，1,4-加成产物更加稳定。

14-7 扩展的共轭体系和苯

这是共轭二烯的延展，苯将是下两个章节的主角，本节只是一个简要的预习。

14-8，14-9 共轭 π 体系的特殊反应

到目前为止，我们还没有针对环的合成进行过专门的讨论，这是因为先前展示过的成环过程无非是普通反应的分子内反应的结果，比如：

Br OH —NaOH→ [Br :Ö:] —分子内S_N2反应→ Ö （第6章）

这里我们将单独地展示一类成环反应，因为它们代表着一类全新的反应机理，我们有时把它们统称为周环反应（pericyclic reactions）。这些反应机理包含这样的过程：环上的两对或多对电子转移，同时发生σ键、π键的断裂或生成，因此它们也是协同过程（concerted processes）的范例。这类反应一般不会产生自由基或离子型中间体，也不需要极化的键来推动反应的发生，即使偶极-偶极相互作用可以加速反应过程。因为过程中不涉及自由基、离子、极性键等活性物种，你也许会问这类反应到底为什么会发生呢？这有两个原因：动力学因素和热力学因素。电子环流的某些特殊性质使得这类过程具有较低的能垒，从而使产物比反应物的能量更低。(很简单，不是吗?）为了让自己相信第二个因素，请看一看教材中“新的反应”这一节给出的所有热反应实例，在**每个**例子中，产物总是比反应物含有更多的σ键和更少的π键。

我们要特别关注有关立体化学的内容，具体地讲，起始反应物的立体化学关系（如顺式、反式）将会在反应的过渡态和产物中保持。你也许需要一些练习才能看清楚习题中反应物的立体结构。比如，对于狄尔斯-阿尔德环加成反应（Diels-Alder cycloaddition reaction），制作两个反应物的分子模型，并把它们摆成类似于环加成过渡态（参见教材中图14-9）的样子也许是有帮助的。这能帮助你看清所有的初始官能团如何在三维空间中旋转，进而产生两个新的σ键。你需要能够在1,3-环戊二烯等分子的反应过程中持续跟踪原子的空间位置。

14-9节中讨论的电环化反应（electrocyclic reaction）是更为复杂的一种情形，这类过程的立体化学是反应条件（光引发/热引发）和参与反应的电子数共同决定的结果。这类反应的细节超出了本书的范围，我们只会展示一些介绍性的内容。

14-10 共轭二烯的聚合

由二烯单元组成的多聚物是非常重要的，这里讲有两方面原因。一方面，和简单烯烃的多聚物类似，它们在工业上十分重要（顺便一提，它们占据重要地位的时间要长得多）。另一方面，它们同几类主要的生物分子紧密相关，这些生物分子衍生于异戊二烯（2-甲基-1,3-丁二烯）单体。这一节还会介绍这类生物分子的多样性。

14-11 电子光谱：紫外-可见光谱

电子光谱的原理是十分简单的，事实上，它们是化学专业新生就会学习的原子光谱的直接外延。还记得被原子吸收的光是如何促进电子向更高能级跃迁的吗？在这里，你将看到同样的内容，区别在于这里讨论的是整个分子，因此，这里的能级也最好用分子轨道理论来描述。

观察这些光吸收现象的实验技术也很直接。紫外-可见光谱（常简写为UV-vis spectroscopy）曾经在鉴定有机分子是否含有共轭结构时起到很重要的作用，因此也在结构鉴定中发挥了重要作用。这主要是由于复杂的核磁共振仪器和核磁共振技术在那时还没有得到发展。紫外-可见光谱现在主要用于证实由核磁共振和红外光谱推测的结构排布，以及用于鉴定复杂生物分子等化合物中是否存在共轭体系——

这往往难以通过核磁共振和红外光谱加以鉴定。

习 题

32. 画出下列结构的所有共振式和适当的共振杂化式。

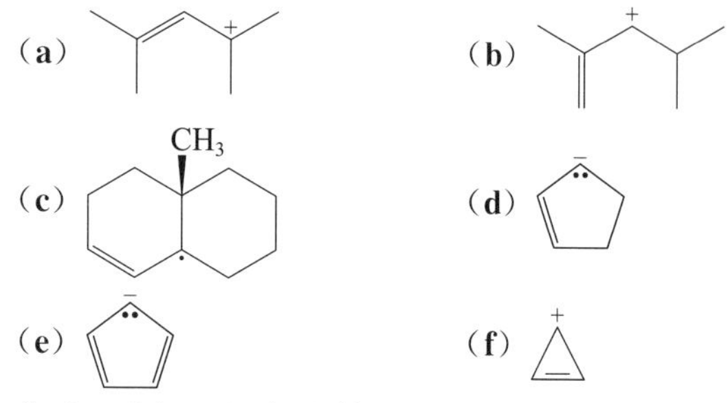

33. 指出习题 32 的每个体系的共振式中哪一个对共振杂化起主要的贡献。请解释你的选择。

34. 利用适当的结构式（包括所有相关的共振式）表示通过以下方式形成的起始物质：（**a**）断裂 1-丁烯中的最弱的 C—H 键；（**b**）用强碱（如丁基锂/TMEDA）处理 4-甲基环己烯；（**c**）加热 3-氯-1-甲基环戊烯的乙醇-水溶液。

35. 按稳定性递减的顺序对一级、二级、三级自由基和烯丙基自由基排序。按照同样的规则对相应的碳正离子也进行排序。这个排序结果能够反映出超共轭和共振作用对稳定自由基和正离子中心的相对能力吗？

36. 给出下列反应的主要产物（一个或多个）。

（**a**）OH；浓 HBr →

（**b**）CH_3，Cl；H_2O →

（**c**）Br，$CH{=}CH_2$；CH_3CH_2OH →

（**d**）CH_3，CH_2I；$CH_3\overset{O}{\overset{\|}{C}}OH$ →

（**e**）CH_3，CH_2I；$KSCH_3$, DMSO →

（**f**）Cl—，OH；CH_3NO_2, △ →

37. 详细地描述习题 36（a），（c），（e），（f）中各个反应的反应机理。

38. 按下述要求排列一级、二级、三级和（一级）烯丙基氯代物的大致顺序：（**a**）S_N1 反应活性递减；（**b**）S_N2 反应活性递减。

39. 对下列六个化合物按 S_N1 和 S_N2 反应活性递减大致排序。

（**a**）Cl　（**b**）Cl　（**c**）Cl　（**d**）Cl　（**e**）Cl　（**f**）Cl

40. 通过与习题 39 中化合物的 S_N2 反应性的比较，预测简单的饱和一级、二级和三级氯代烷的 S_N2 反应性。同样比较其 S_N1 反应性。

41. 给出下列每个反应的主要产物。

（**a**）H_3C I，H；H_2O →

（**b**）CH_3，H；NBS, CCl_4, ROOR →

（**c**）(*S*)-$CH_3CH_2\overset{CH_3}{\overset{|}{C}H}CH{=}CH_2$　NBS, CCl_4, ROOR →

（**d**）CH_3CH_2，CH_2CH_3，C=C，H，H　$CH_3CH_2CH_2CH_2Li$, TMEDA →

（**e**）(d) 的产物　1. $CH_3\overset{O}{\overset{\|}{C}}H$, THF　2. H^+, H_2O →

（**f**）$(CH_3)_2C{=}CH$，C，H，Br，H_3C　$KSCH_3$, DMSO →

42. 详细地写出习题 41(a) 所示反应的分步机理，表明每个产物是怎样生成的。

43. 下列反应生成两个异构体，写出它们的结构。解释产物形成的反应机理。

Cl

$\xrightarrow[\text{2. } D_2O]{\text{1. Mg}}$

CH_3

44. 从环己烯出发，提出一个合理的方法，合成下列环己烯衍生物。

OH

45. 给出下列每个分子的系统命名。

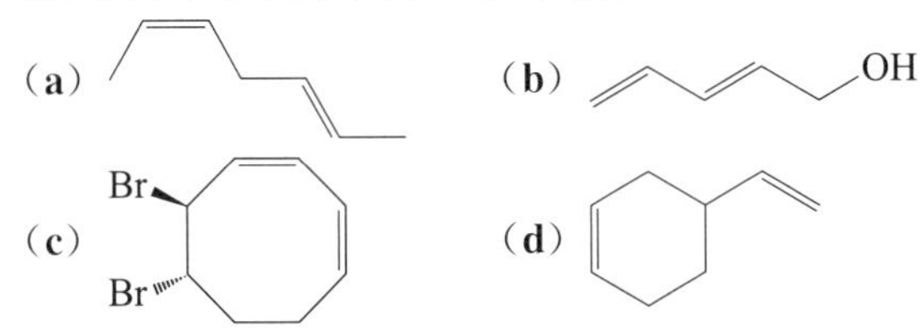

46. 比较 1,3-戊二烯和 1,4-戊二烯的烯丙位溴化反应，哪一个更快？在能量上哪一个更有利？比较产物混合物有何不同？

$CH_2{=}CH{-}CH{=}CH{-}CH_3 \xrightarrow{\text{NBS, ROOR, } CCl_4}$

$CH_2{=}CH{-}CH_2{-}CH{=}CH_2 \xrightarrow{\text{NBS, ROOR, } CCl_4}$

47. 在 14-6 节我们了解到，在低的反应温度下，对共轭二烯的亲电加成得出一定比例的动力学产物。而在升温时，动力学混合物可以转化为一定比例热力学产物的混合物。你认为冷却热力学产物混合物至原来的低反应温度，能否使它变回到原来的一定比例的动力学产物？为什么能或不能？

48. 比较 H^+ 对 1,3-戊二烯和 1,4-戊二烯的加成反应（习题 46）。画出产物的结构。画出定性的反应图，在同一图中标明两个二烯和相应的两个质子加成的产物。哪一个二烯对质子加成更快呢？哪一个得到更稳定的产物呢？

49. 预测下列每个试剂对 1,3-环庚二烯亲电加成反应的产物：（**a**）HI；（**b**）水中的 Br_2；（**c**）IN_3；（**d**）乙醇中的 H_2SO_4［**提示：**对（b）和（c）参看练习 14-13，特别是画出 A～C］。

50. 给出反-1,3-戊二烯与习题 49 中所列试剂反应的产物。

51. 2-甲基-1,3-戊二烯与习题 49 中所列试剂反应的产物是什么？

52. 详细写出在习题 51 中生成每个产物的分步机理。

53. 预测碘化氘（DI）与下列底物反应的产物：（**a**）1,3-环庚二烯；（**b**）反-1,3-戊二烯；（**c**）2-甲基-1,3-戊二烯。DI 和 HI 分别与相同底物的反应，在哪些方面可观察到有差异？［与习题 49（a）、50（a）和 51（a）比较。］

54. 按稳定性降低的顺序排列下列碳正离子。画出每个碳正离子所有可能的共振式。

（**a**）$CH_2{=}CH{-}\overset{+}{C}H_2$　（**b**）$CH_2{=}\overset{+}{C}H$

（**c**）$CH_3\overset{+}{C}H_2$（**d**）$CH_3{-}CH{=}CH{-}\overset{+}{C}H{-}CH_3$

（**e**）$CH_2{=}CH{-}CH{=}CH{-}\overset{+}{C}H_2$

55. 按能级升高顺序（图 14-2 和图 14-7）构建戊二烯基体系的分子轨道。指出（**a**）自由基；（**b**）正离子；（**c**）负离子，在哪个轨道上有多少电子（图 14-3 和图 14-7）。画出这三个体系所有可能的共振式。

56. 双烯可以由取代的烯丙基化合物的消除反应制备。例如：

$H_3C{-}C(CH_3){=}CH{-}CH_2OH \xrightarrow{\text{催化量}H_2SO_4,\ \triangle} H_2C{=}C(CH_3){-}CH{=}CH_2$

$H_3C{-}C(CH_3){=}CH{-}CH_2Cl \xrightarrow{\text{LDA, THF}} H_2C{=}C(CH_3){-}CH{=}CH_2$

提出每个用于合成 2-甲基-1,3-丁二烯（异戊二烯）反应的详细机理。

57. 给出维生素 A 的酸催化脱水反应所有可能产物的结构（14-7 节）。

58. 提出通过 Diels-Alder 反应合成下列分子的方法。

（**a**）CN　CN

（**b**）H_3C　O　H

（**c**）CH_3　$\overset{O}{\parallel}$COCH₃ → $COCH_3$　$COCH_3$　CH_3

（**d**）$COCH_3$　$COCH_3$

59. 卤代环己烯三醇（halocondurito1）是一类被称为糖苷酶抑制剂的化合物。这些物质具有一系列生物功能，包括抗糖尿病、抗真菌、抑制 HIV 病毒和癌症转移的活性等。溴代环己烯三醇（下图）的立体异构体混合物通常被用来研究这些性质。最近的合成方法是通过双环醚 A 和 B。(a) 确认通过 Diels-Alder 反应一步合成这两个醚的原料。(b) 起始的分子中哪一个是双烯，哪一个是亲双烯体？(c) Diels-Alder 反应得出 B 和 A 的比例是 80∶20，请给以解释。

OH OH OH Br O O O O O O O O

溴代环己烯醇　　A　　B

60. 写出下列反应的产物：

(a) 3-氯代-1-丙烯（烯丙基氯化物）+$NaOCH_3$

(b) 顺-2-丁烯+NBS，过氧化物（ROOR）

(c) 3-溴代环戊烯+LDA

(d) 反,反-2,4-己二烯+HCl

(e) 反,反-2,4-己二烯+Br_2，H_2O

(f) 1,3-环己二烯+丙烯酸甲酯

(g) 1,2-二亚甲基环己烷+丙烯酸甲酯

61. 挑战题 应用基本的逆合成分析策略提出仅从丙烯酸类原料出发高效合成下列环己烯醇化合物的路线。[**提示**：Diels-Alder 反应可能是有效的，但是要注意亲双烯体和双烯的结构特点以使 Diels-Alder 反应能顺利进行（14-8 节）。]

OH

62. 偶氮二甲酸二甲酯（下式）能作为亲双烯体参加 Diels-Alder 反应。写出该化合物与下列双烯进行环加成反应的产物结构：(a) 1,3-丁二烯；(b) 反,反-2,4-己二烯；(c) 5,5-二甲氧基环戊二烯；(d) 1,2-二亚甲基环己烷。忽略产物中氮原子上的立体构型（如 21-2 节所示，胺会快速翻转）。

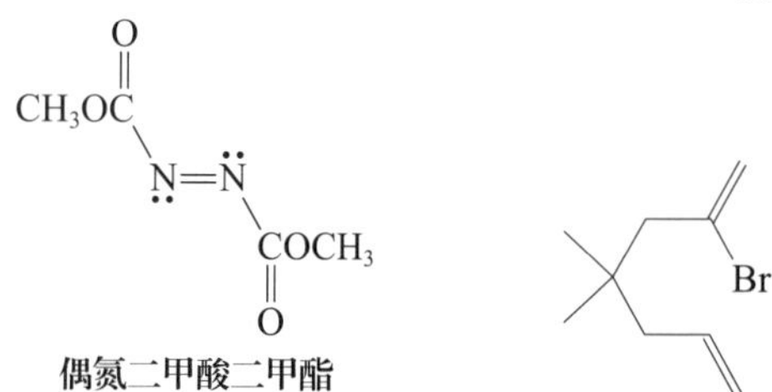

偶氮二甲酸二甲酯

63. 双环二烯 A 可以很容易地与适当的烯烃进行 Diels-Alder 反应，而双烯 B 则完全不反应。请给予解释。

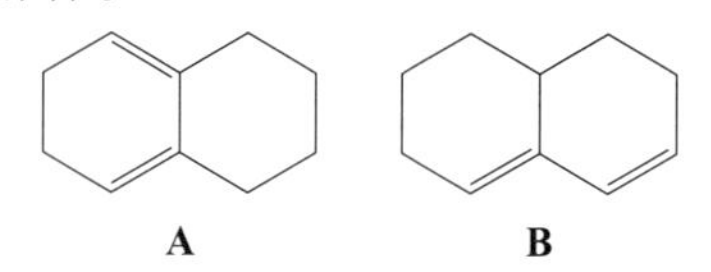

64. 写出下列反应的预期产物。

(a) H_3CO, CH_3O $\xrightarrow{h\nu}$　(b) D, H, D, H $\xrightarrow{h\nu}$

(c) H_3C, CH_3, H, CH_3, H_3C, H $\xrightarrow{\triangle}$　(d) $\xrightarrow{\triangle}$

65. 微生物是具有潜在药用价值的生物活性分子的丰富资源。在这方面，链霉菌（*Streptomyces*）家族异常活跃，可生成包括多烯在内的一系列化合物，例如，spectinabilin（如下式所示）含有共轭的四烯体系，是抗病毒的化合物。

O_2N　CH_3　CH_3　CH_3　O　R

spectinabilin的局部结构

(a) 归属 spectinabilin 中四烯双键的 E/Z 立体构型。(b) spectinabilin 显黄色，$\lambda_{max}=367$ nm，说明这个性质是如何与其部分结构的特征相吻合的。(c) 在 spectinabilin 的氧杂环戊烷上一个 C—O 键特别容易断裂而开环。是哪一个键？为什么？ (d) 暴露在阳光下，spectinabilin 两个中间的双键显示有光化学构型异构化现象。写出生成产物的结构。(e) 从 (d) 得到的产物自发进行两个连续的热电环化-闭环反应，第一个反应有八个 π 电子参与，第二个则有六个。用双电子箭头表示这个反应过程的机理及其产物，其中第二个产物也有强的生物活性。这些反应是顺旋还是对旋的？

66. 解释下列系列反应（提示：复习 Heck 反应，13-9 节）。

Br $\xrightarrow[\text{2. } H_2C=CH-\overset{O}{\overset{\|}{C}}OCH_2CH_3]{\text{1. } Pd(O\overset{O}{\overset{\|}{C}}CH_3)_2,\ R_3P,\ K_2CO_3}$ $\overset{O}{\overset{\|}{C}}OCH_2CH_3$

67. 给出下列每个化合物的结构简式：(a) (E)-1,4-聚(2-甲基-1,3-丁二烯)[(E)-1,4-聚异戊

二烯]；(**b**) 1,2-聚(2-甲基-1,3-丁二烯)(1,2-聚异戊二烯)；(**c**) 3,4-聚(2-甲基-1,3-丁二烯)(3,4-聚异戊二烯)；(**d**) 1,3-丁二烯与乙烯基苯（苯乙烯，$C_6H_5CH{=}CH_2$）的共聚物(SBR，应用于汽车的轮胎)；(**e**) 1,3-丁二烯与丙烯腈($CH_2{=}CHCN$)的共聚物(latex)；(**f**) 2-甲基-1,3-丁二烯（异戊二烯）与 2-甲基丙烯的共聚物（丁基橡胶，用于内衬管）。

68. 萜类化合物苧烯的结构如下式所示（解题练习 5-29）。指认苧烯中的两个 2-甲基-1,3-丁二烯（异戊二烯）结构单元。(**a**) 以催化量的酸处理异戊二烯得到多种不同的低聚体，其中之一就是苧烯。画出两分子的异戊二烯在酸催化下转化为苧烯的反应历程。留意在每一步反应中敏感中间体的应用。(**b**) 在严格没有任何催化剂的条件下，两分子的异戊二烯也可能通过完全不同的机理转化成苧烯。描述反应的机理。该反应的名称是什么？

CH_3 H_3C CH_2

苧烯

69. 挑战题 从焦磷酸香叶酯（14-10 节）得到的碳正离子不仅是樟脑，而且也是苧烯（习题 68）和 α-蒎烯（第 4 章的习题 49）的生物合成前体。写出生成后两个化合物的机理。

70. 下列体系中哪一个的电子跃迁波长最长？在答案中须用分子轨道，如 $n\rightarrow\pi^*$、$\pi_1\rightarrow\pi_2$ 来标示。(**提示：** 搭建每个物种的分子轨道能级图，如图 14-16。) (**a**) 2-丙烯基（烯丙基）正离子；(**b**) 2-丙烯基（烯丙基）自由基；(**c**) 甲醛($H_2C{=}O$)；(**d**) N_2；(**e**) 戊二烯负离子（习题 55）；(**f**) 1,3,5-己三烯。

71. 乙醇、甲醇和环己烷通常用作 UV 光谱的溶剂，因为它们在大于 200 nm 的波长处没有吸收，为什么没有？

72. 3-戊烯-2-酮溶液的紫外波谱（浓度为 $2\times10^{-4}\,mol\cdot L^{-1}$）中，在 224 nm 处有一个 $\pi\rightarrow\pi^*$ 吸收峰 ($A=1.95$)，在 314 nm 处有一个 $n\rightarrow\pi^*$ 吸收峰 ($A=0.008$)。计算各个谱带的摩尔吸光系数（摩尔消光系数）。

73. 按已发表的合成实验操作，丙酮与乙烯基溴化镁反应，然后反应混合物被强酸水溶液中和。产物的 ^1H NMR 谱见下图所示，而 ^{13}C NMR (DEPT) 谱显示在 $\delta=29.4$ (CH_3)、71.1 (C_{quat})、110.8 (CH_2) 和 146.3 (CH) 处有四个峰。请写出产物的结构。当反应混合物（不恰当地）在酸的水溶液停留过长时间，会产生新的化合物。其 ^1H NMR 谱数据为：$\delta=1.70$ (s, 3H)、1.79 (s, 3H)、2.25 (bs, 1H)、4.10 (d, $J=8Hz$, 2H) 和 5.45 (t, $J=8Hz$, 1H)。^{13}C NMR (DEPT) 的数据是：$\delta=17.9$ (CH_3)、26.0 (CH_3)、58.6 (CH_2)、121.0 (CH) 和 134.7 (C_{quat})。第二个产物的结构是什么？它是怎样产生的？

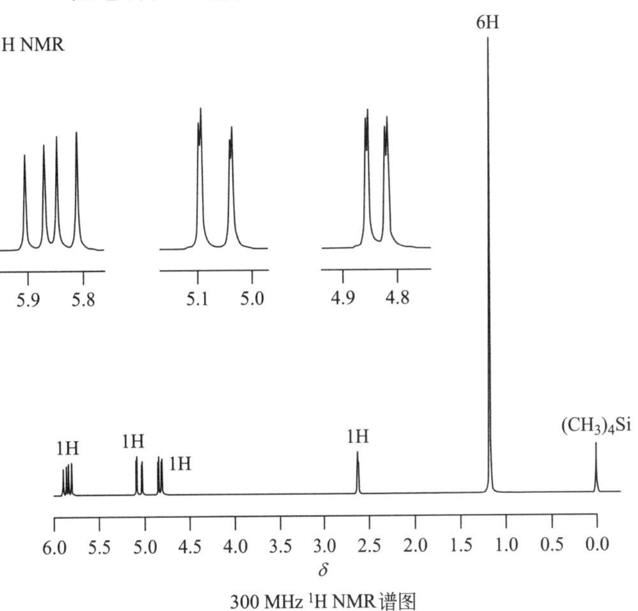

300 MHz ^1H NMR谱图

74. 挑战题 法尼醇分子使花有很好的香味［例如，丁香(lilacs)］。经热的浓 H_2SO_4 处理，法尼醇首先转化成红没药烯(bisabolene)，最后转化为杜松烯(cardinene)，这是桧树和雪松精油的一个成分。提出这几步转化的详细机理。

法尼醇

红没药烯 **杜松烯**

75. Br_2 对 1，3-丁二烯的 1，2-和 1，4-加成产物（14-6 节）的比例是依赖于温度的。请说出哪个是热力学产物，哪个是动力学产物，并给以解释。

76. 1，3-丁二烯与下式所示环状亲双烯体的 Diels-Alder 环加成反应只在亲双烯体的一个碳-碳双键上发生，得到单一的产物。请给出产物的结构，并予以解释。注意其立体化学。

O
CH_3
CH_3O
O

这一转化是伍德沃德（R. B. Woodward）在 1951 年完成的胆固醇（4-7 节）全合成路线（14-9 节）中的起始步骤。这个里程碑式的成就对有机合成化学起了革命性的推动作用。

团队练习

77. 作为团队思考以下由 van Tamelen 和 Pappas 完成的历史性工作（1962）：由 1，2，4-三（1，1-二甲基乙基）苯经光化学异构化反应制备三（1，1-二甲基乙基）杜瓦苯（Dewar benzene）的衍生物 **B**。化合物 **B** 不能通过热电环化反应或光化学电环化反应逆转到 **A**。团队协作，提出由 **A** 转化为 **B** 的机理，并解释 **B** 的动力学稳定性，而不能从 **B** 重新生成 **A**。

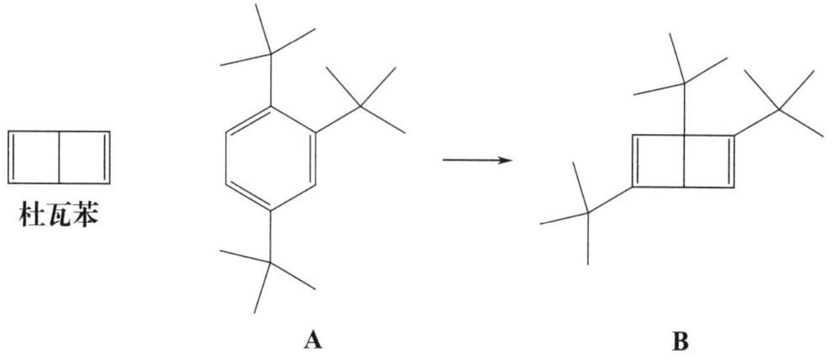

预科练习

78. 在 1，3-丁二烯的最低未占据轨道（LUMO）上，有多少个节面？

（**a**）零个；（**b**）一个；（**c**）两个；（**d**）三个；（**e**）四个。

79. 按 S_N1 反应性降低的顺序对以下三个氯化物排序。

$CH_3CH_2CH_2Cl$ （**A**） $H_2C{=}CHCH(Cl)CH_3$ （**B**） $CH_3CH_2CH(Cl)CH_3$ （**C**）

（**a**）A>B>C； （**b**）B>C>A；
（**c**）B>A>C； （**d**）C>B>A。

80. 当环戊二烯与四氰基乙烯反应时得到一个新产物，最可能的结构是：

（**a**） H—C(CN)₂—C(CN)₂—环戊二烯基 （**b**） （**c**） （**d**）

CN CN CN CN CN CN NC CN H_2C H_2C

81. 用哪一种一般的分析方法能最清晰而迅速地区分 A 和 B？

CH_3 CH_3
A B

（**a**）IR 光谱； （**b**）UV 光谱；
（**c**）燃烧分析； （**d**）可见光谱。

习题解答

32. 和 **33.** 起主要贡献的共振式已被标出

(**a**) $\left[(CH_3)_2C{=}CH{-}\overset{+}{C}(CH_3)_2 \longleftrightarrow (CH_3)_2\overset{+}{C}{-}CH{=}C(CH_3)_2 \right] = (CH_3)_2C\overset{\delta+}{\cdots}CH\cdots C(CH_3)_2$

同等贡献

（b）[$H_3C-\overset{+}{C}H$ 共振结构 ⟷ ...] = ...

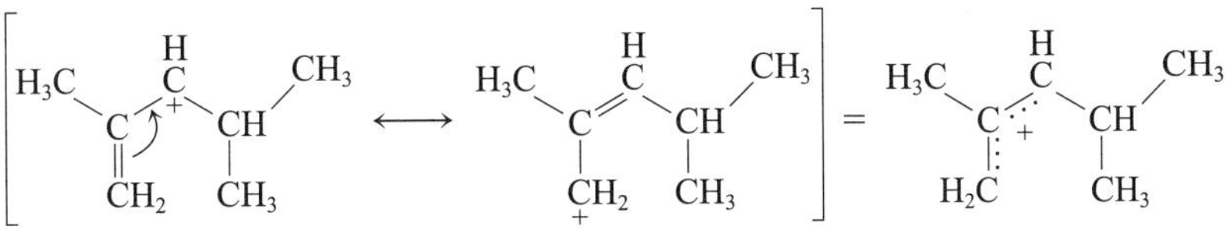

主要共振式
(正电荷在二级碳上)

（c）

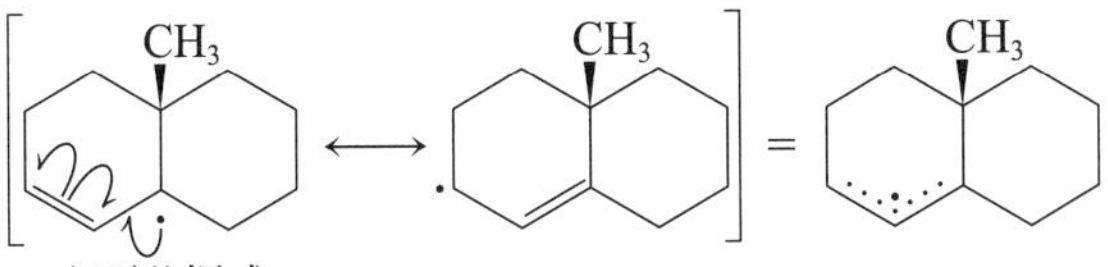

主要共振式
(类三级自由基)

（d）

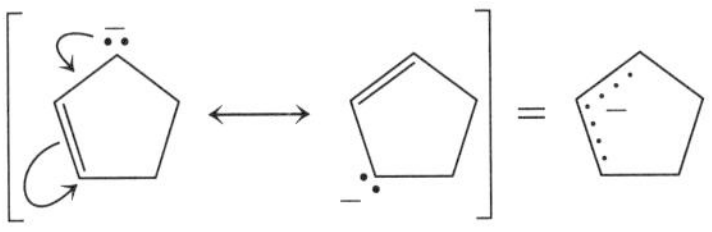

同等贡献

（e）

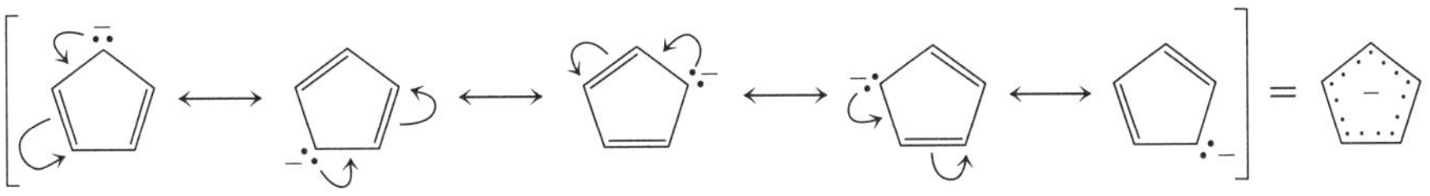

所有共振式的贡献相同

（f）

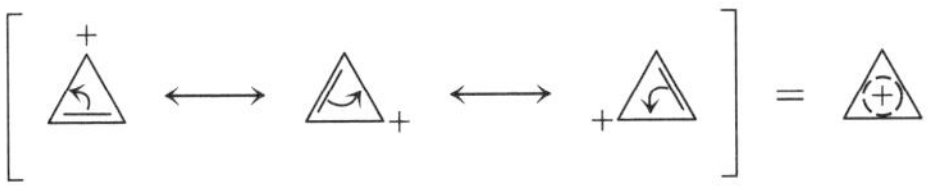

所有共振式的贡献相同

34. （a）$[CH_3\dot{C}HCH=CH_2 \longleftrightarrow CH_3CH=CH\dot{C}H_2]$

（b） 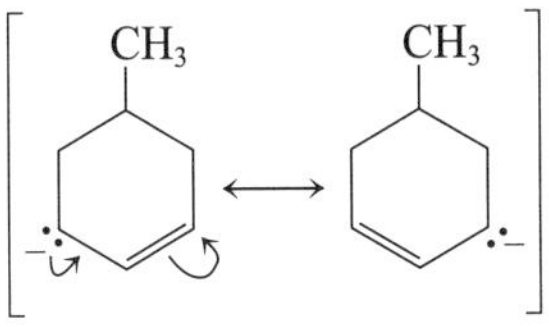　或

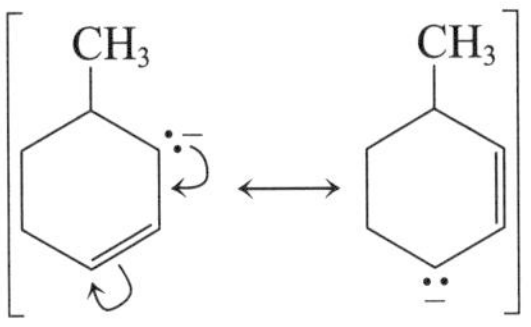

（c）

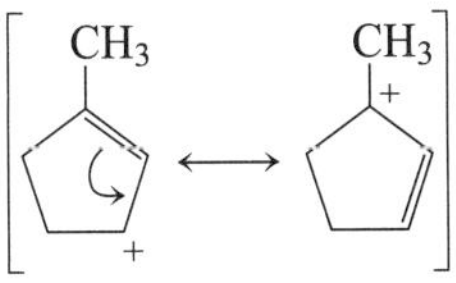

35. 自由基稳定性：烯丙基自由基＞**三级自由基**＞**二级自由基**＞**一级自由基**。

碳正离子稳定性：三级碳正离子＞烯丙基碳正离子≈二级碳正离子＞一级碳正离子。

三级＞二级＞一级的稳定性大小关系至少部分是由超共轭作用引起的，这一作用对于碳正离子的影响要大于其对自由基的影响。三级碳正离子中存在的超共轭作用要强于烯丙基碳正离子的共振稳定化作用，所以三级碳正离子的稳定性高于烯丙基碳正离子（这与对应的自由基稳定性顺序是相反的）。

36. （a）$(CH_3)_2CHCBr(CH_3)-CH=CH_2$，$(CH_3)_2CHC(CH_3)=CHCH_2Br$

（b）

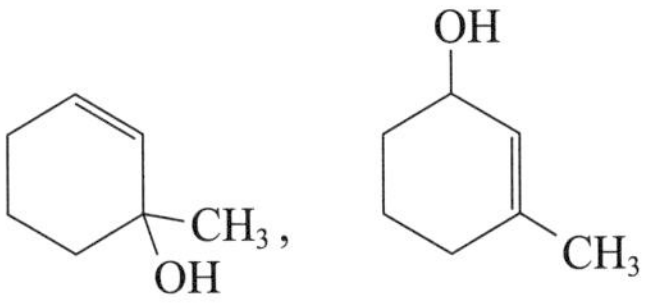

（c）1-乙氧基-1-乙烯基环戊烷（OCH_2CH_3，$CH{=}CH_2$），环戊亚基$=CHCH_2OCH_2CH_3$

（d）1-乙酰氧基-1-（$C(CH_3){=}CH_2$）环己烷（$OCCH_3$，$C{-}CH_3$，$=CH_2$），环己亚基$=C(CH_3)CH_2OCCH_3$

（e）这里出现了不同！这里是 S_N2 反应的条件，而不是 S_N1 反应的条件。

$CH_3\ddot{S}^-$ + 环己亚基$=C(CH_3)CH_2{-}I$ ⟶ 环己亚基$=C(CH_3)CH_2SCH_3$

(唯一的产物)

（f）分子内反应

$$\left[H_2\overset{+}{C}{-}CH{=}CH{-}CH_2CH_2CH_2OH \longleftrightarrow H_2C{=}CH{-}\overset{+}{C}H{-}CH_2CH_2CH_2\ddot{O}H \right] \xrightarrow{-H^+} H_2C{=}CH{-}(\text{四氢呋喃-2-基})$$

同样，只会生成一种产物。对于烯丙基碳正离子的两种共振体，第二种的正电荷在二级碳上，因而是贡献更大的共振体，这个位置的碳正离子被亲核性的羟基氧进攻因而也是动力学有利的。此外，进攻这个位置形成五元环是热力学有利的，因为进攻另一个末端会形成张力更大的七元环。

37.（a）

$$(CH_3)_2CH(H_3C)C{=}CHCH_2\ddot{O}H \xrightarrow{H^+} (CH_3)_2CH(H_3C)C{=}CHCH_2{-}\overset{+}{O}H_2 \longrightarrow$$

$$\left[(CH_3)_2CH(H_3C)C{=}CH{-}\overset{+}{C}H_2 \longleftrightarrow (CH_3)_2CH(H_3C)\overset{+}{C}{-}CH{=}CH_2 \right]$$

$:\ddot{Br}:^-$ 进攻 → 产物；$:\ddot{Br}:^-$ 进攻 ⇌ 产物

（c）

1-溴-1-乙烯基环戊烷（$CH{=}CH_2$）⟶ [环戊基正离子$-CH{=}CH_2$ ⟷ 环戊亚基$=CH{-}\overset{+}{C}H_2$]

$H\ddot{O}CH_2CH_3$ 进攻 ⇌ 1-乙烯基环戊基$-\overset{+}{\ddot{O}}(H){-}CH_2CH_3$ $\xrightarrow{-H^+}$（可逆）产物

$H\ddot{O}CH_2CH_3$ 进攻 ⟶ 环戊亚基$=CH{-}CH_2{-}\overset{+}{\ddot{O}}(H){-}CH_2CH_3$ $\xrightarrow{-H^+}$ 产物

（e），（f）参见习题 36 的答案。

38.（a）S_N1 反应活性递减顺序：三级＞烯丙基≈二级＞一级（与碳正离子的稳定性顺序相同）

（b）S_N2 反应活性递减顺序：烯丙基＞一级＞二级≫三级

39. S_N1 活性：（e）（烯丙基＋三级）＞（a）（烯丙基＋二级）＞（d）[最终形成与（e）一样的碳正离子，但最初需要在一级碳上形成碳正离子，所以动力学上会更慢]＞（c）＞（b）＞（f）（这三者服从碳正离子稳定性顺序）。

S_N2 活性：位阻效应占主导，即（**f**）＞（**b**）＞（**d**）＞（**c**）＞（**a**）＞（**e**）。

40. S_N2 活性：根据 14-3 节的数据，烯丙位卤代物的 S_N2 取代反应要比对应的非烯丙位卤代物快 10^2 倍。因此，所有的一级烯丙基卤代物［（b）、（c）、（d）、（f）］都要比饱和的卤代物具有更高的活性，即使存在支链结构的（c）的活性也比其对应的饱和卤代物要高，因为支链仅仅会使活性降低至约原来的二十分之一（见教材中表 6-9）。二级烯丙基体系（a）的活性与一级烯丙基体系类似，但是在反应速率上也许会慢于一级饱和体系。二级体系的反应速率低于一级体系速度的百分之一（见教材中表 6-8），就是说更多取代基引起的位阻基本抵消了烯丙位带来的加速效应。烯丙位和饱和的三级卤代物都基本不发生 S_N2 取代反应。

S_N1 活性：服从碳正离子的稳定性和离去基团的位置。因此，（e）是最快的，饱和的三级卤代物其次，再之后是（a），之后是一级烯丙位卤代物［顺序很可能是（d）＞（c）＞（b）＞（f）］。饱和的二级卤代物同一级烯丙位卤代物差不多，而饱和的一级卤代物不发生 S_N1 反应。

41. 写出每种情况的烯丙位异构体，并考虑立体化学。

（**a**）

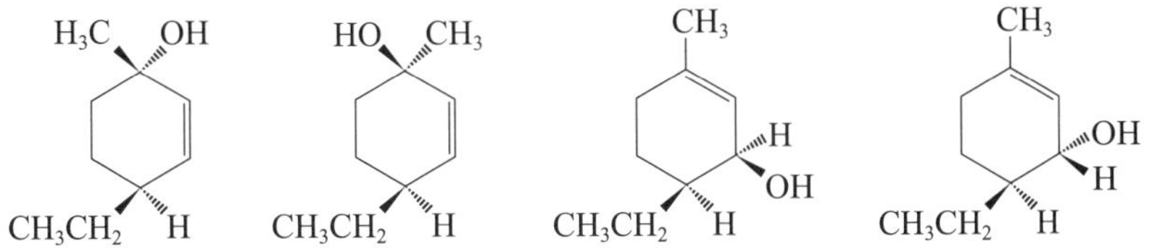

（**b**）

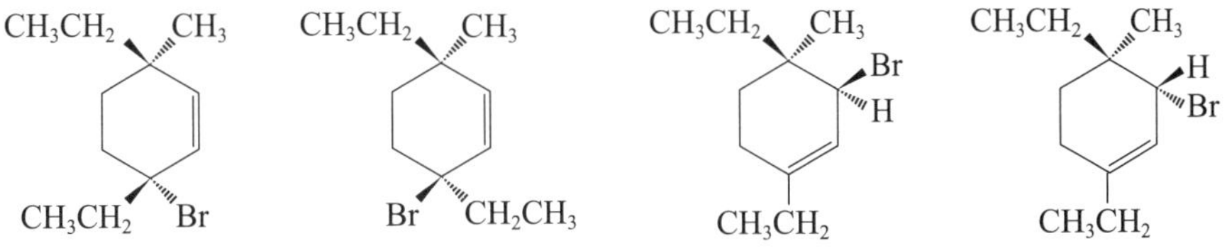

（**c**）　$CH_3CH_2C(CH_3)(Br)—CH═CH_2$（外消旋）　$CH_3CH_2C(CH_3)═CHCH_2Br$

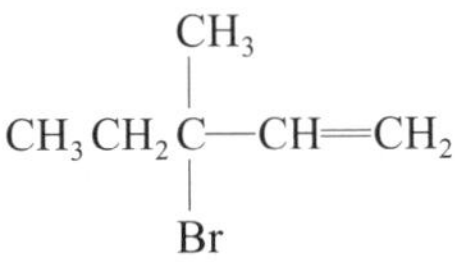

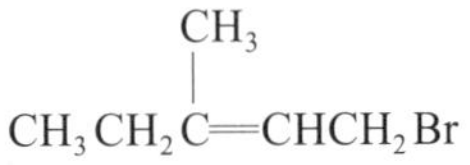

（**d**）$[CH_3\bar{C}HCH═CHCH_2CH_3 \longleftrightarrow CH_3CH═CH\bar{C}HCH_2CH_3]\ Li^+$

（**e**）　$CH_3CH(CH_3CHOH)CH═CHCH_2CH_3$ + $CH_3CH═CHCH(CH_3CHOH)CH_2CH_3$　每个结构的所有可能的立体异构体

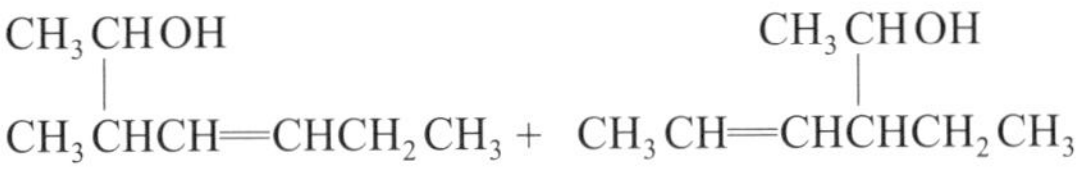

（**f**）

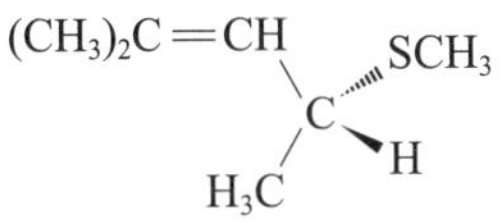

42. 底物是烯丙基三级卤代物，碘原子是好的离去基团，以水作为溶剂对形成离子是很有利的，这些都说明我们应当以 S_N1 取代来开始这个过程。其结果是产生一个烯丙位碳正离子，有两个共振体：

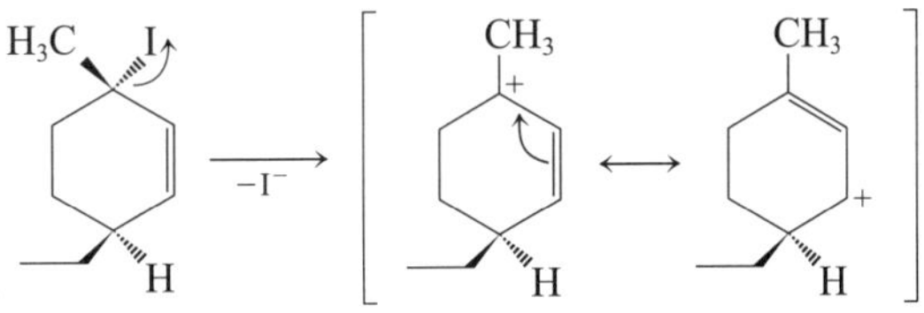

因此，我们需要在接下来的过程中考虑两个可能被亲核试剂 H_2O 加成的正电荷位点。

注意到原本被卤素取代的碳现在已经是一个平面三角形构象，我们不再用楔形键来描述甲基，因为甲基已经移动至另两根键形成的平面中了。然而，这个碳正离子仍然有一个手性中心，即连有乙基的碳原子，这个手性中心使得环己烷的两面在立体化学上是不等价的，水分子可能从乙基的同侧也可能从乙基的异侧发起进攻。为了研究手性，我们首先画出水分子从离去基团同侧进攻的情况（紧接着是质子离去给出产物）：

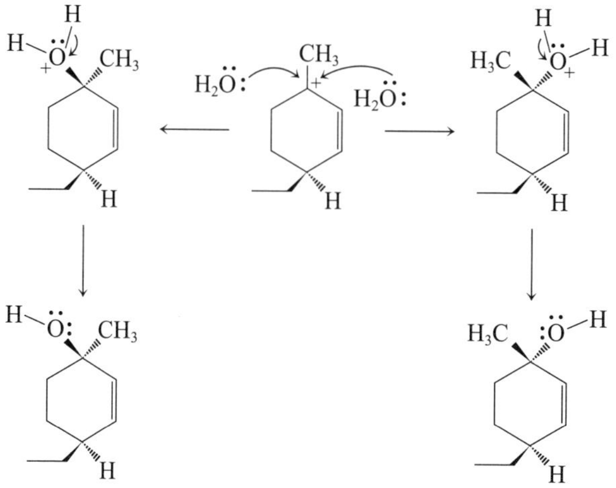

$H_2\ddot{O}$: CH_3 $H_2\ddot{O}$:

$H{-}\overset{+}{O}(H){-}$, CH_3, H　　H_3C, $\overset{+}{O}(H){-}H$, H

$H{-}\ddot{O}$:, CH_3, H　　H_3C, $:\ddot{O}{-}H$, H

水分子也可以对烯丙基碳正离子的另一个末端，即另一个带有正电荷的碳，发动进攻，同样可以从环己烷两面中的任何一面进攻：

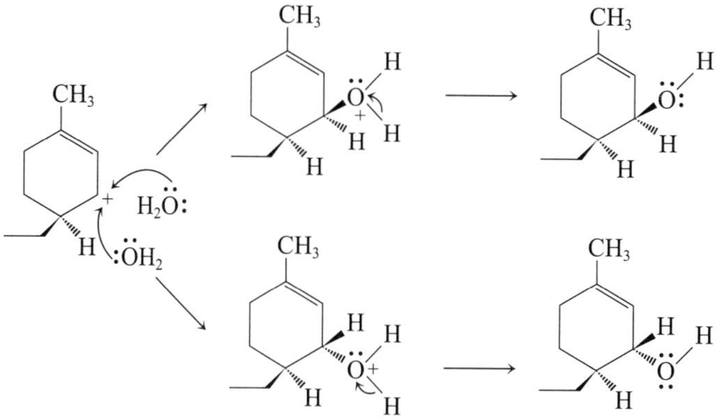

CH_3, H, $H_2\ddot{O}$:, $:\ddot{O}H_2$

CH_3, $\overset{+}{O}H_2$, H → CH_3, $\ddot{O}H$, H

因此，共有四种异构体是可能的产物。

43. 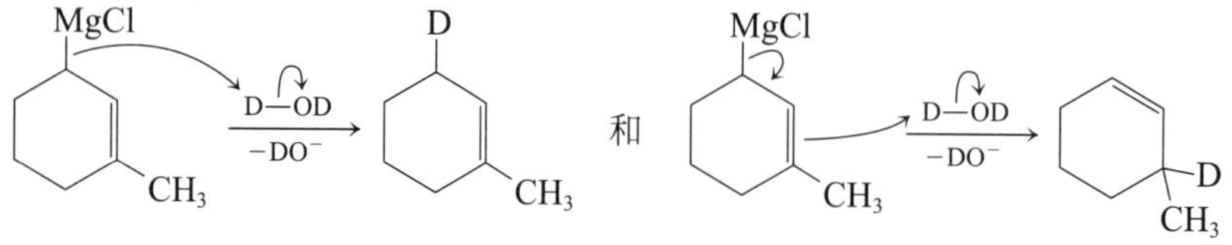 MgCl, CH_3 $\xrightarrow[-DO^-]{D{-}OD}$ D, CH_3 和 MgCl, CH_3 $\xrightarrow[-DO^-]{D{-}OD}$ D, CH_3

格氏试剂的行为同碳负离子类似。烯丙基格氏试剂可以使烯丙基的两个末端作为亲核试剂或作为碱。

44.

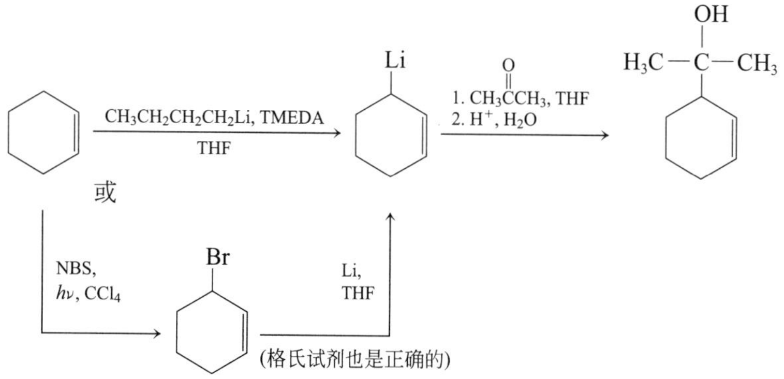

环己烯 $\xrightarrow[THF]{CH_3CH_2CH_2CH_2Li,\ TMEDA}$ Li $\xrightarrow{1.\ CH_3\overset{O}{\overset{\|}{C}}CH_3,\ THF;\ 2.\ H^+,\ H_2O}$ $H_3C{-}C(OH){-}CH_3$

或

环己烯 $\xrightarrow{NBS,\ h\nu,\ CCl_4}$ Br $\xrightarrow{Li,\ THF}$ Li

(格氏试剂也是正确的)

45. (**a**) 顺-2-反-5-庚二烯，或 (2E,5Z)-2,5-庚二烯

(**b**) 2,4-戊二烯-1-醇

(**c**) (5S,6S)-5,6-二溴-1,3-环辛二烯

(**d**) 4-乙烯基环己烯

46. 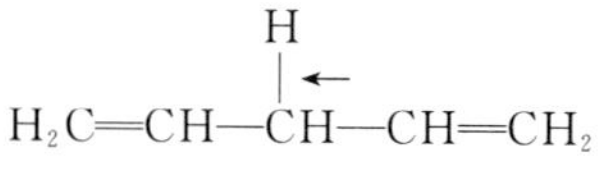 $H_2C{=}CH{-}CH(H){-}CH{=}CH_2$ 1,4-戊二烯有最弱的C—H键（箭头所指），这根键是双烯丙位的

（键能约为 77 kcal•mol^{-1}），这一异构体的溴代反应因而也会更快，因为这一分子的第一步活化的活化能要比 1,3-戊二烯小得多（1,3-戊二烯的第一步活化需要断裂更强的甲基 C—H 键）。但是，两种异构体都会给出相同的产物混合体，因为两种异构体会形成相同的几种自由基：

$$\mathrm{H_2C{-}CH{-}\dot{C}H{-}CH{-}CH_2} \equiv [\mathrm{H_2\dot{C}{-}CH{=}CH{-}CH{=}CH_2} \longleftrightarrow$$
$$\mathrm{H_2C{=}CH{-}\dot{C}H{-}CH{=}CH_2} \longleftrightarrow \mathrm{H_2C{=}CH{-}CH{=}CH{-}\dot{C}H_2}]$$

47. 我想我们应当现在提出这个问题，让你有充分的时间思考并得出正确的结论，以免在考试中写下错误的答案。

从教材中图 14-8 中可以看出，在高温下，任何状态下的分子都有足够多的能量到达反应过渡态，进而到达另一种状态，因而会形成平衡混合物。换言之，三种物质——两个产物和烯丙基碳正离子中间体——都在快速地相互转化，且它们在任意时刻的相对含量服从于它们的相对热力学稳定性。

在这种情况下，如果降低温度，转化过程会变慢，因为更少的分子具有足够的能量跨过活化能垒。这对于两种产物到中间体的转化影响最大，因为这两个过程的能垒最高。其结果是先前在高温条件下建立的服从热力学的产物比例在降温过程中会基本保持（被冻结），而**不会**转变成服从动力学的产物比例！

48. $\mathrm{H_2C{=}CH{-}CH{=}CH{-}CH_3} \xrightarrow{H^+} \mathrm{H_3C{-}\overset{+}{C}H{-}CH{=}CH{-}CH_3}$

(1) 共轭二烯　　(2) 烯丙基碳正离子，两个末端均为二级碳

$\mathrm{H_2C{=}CH{-}CH_2{-}CH{=}CH_2} \xrightarrow{H^+} \mathrm{H_2C{=}CH{-}CH_2{-}\overset{+}{C}H{-}CH_3}$

(3) 孤立二烯　　(4) 普通的二级碳正离子

（1）比（3）更稳定，（2）比（4）更稳定。

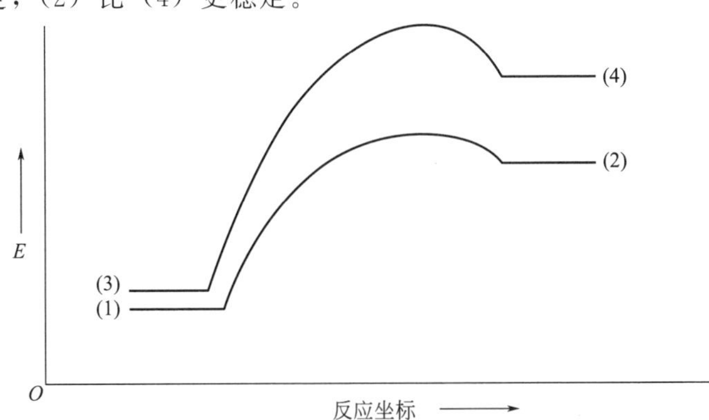

（1）$+\mathrm{H^+} \longrightarrow$（2）的反应更快，形成的碳正离子也更稳定。注意：当教材中提及烯丙基碳正离子和二级碳正离子在能量上相近时，指的是最简单的烯丙基碳正离子 $\mathrm{H_2\overset{+}{C}{-}CH{=}CH_2}$ 的形成，其末端是一级碳。烯丙基碳正离子中更多的烷基会增强其稳定性，并使其更易形成。

49. 考虑到每种情况下都会发生 1,2-加成和 1,4-加成，注意（b）和（c）的 1,2-加成应当和一般的烯烃一样，具有反式的立体化学。

（a）　I　1, 2-和1, 4-加成的产物是一样的！　H　I　≡　H　I　(两个产物都是3-碘-1-环庚烯)

（b）　Br　OH　和　Br　OH

（c）　I　N_3　和　I　N_3

(d) 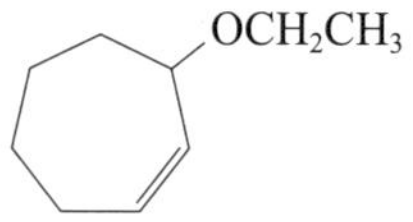

来自1,2-加成和1,4-加成的产物

注意，在（b）和（c）中，尽管共轭二烯的1,4-加成在立体选择性上是随机的，1,2-加成却常常是立体特异性的，这说明存在碘鎓离子中间体。参见解题练习14-13的结构B和C。

50. 亲电试剂总是会加成在C-1上，以产生更稳定的烯丙基碳正离子。1,2-加成产物会首先给出。

(a) $H_3C-CH(I)-CH=CH-CH_3$（顺式和反式）

(b) $BrCH_2-CH(OH)-CH=CH-CH_3$ 和 $BrCH_2-CH=CH-CH(OH)-CH_3$（顺式和反式）

(c) $ICH_2-CH(N_3)-CH=CH-CH_3$ 和 $ICH_2-CH=CH-CH(N_3)-CH_3$（顺式和反式）

(d) $H_3C-CH(OCH_2CH_3)-CH=CH-CH_3$（顺式和反式）

51. (a) $(CH_3)_2C(I)-CH=CH-CH_3$（顺式和反式） 和 $(CH_3)_2C=CH-CH(I)-CH_3$

(b)，(c) 同习题50的答案一致，但是甲基在两种情况下都是加到C-2上。

(d) $(CH_3)_2C(OCH_2CH_3)-CH=CH-CH_3$（顺式和反式） 和 $(CH_3)_2C=CH-CH(OCH_2CH_3)-CH_3$

52. 在两种情况下，亲电试剂都以能得到更稳定烯丙基碳正离子的方式加成，因此主要观察到的是加成在C-1上的产物：

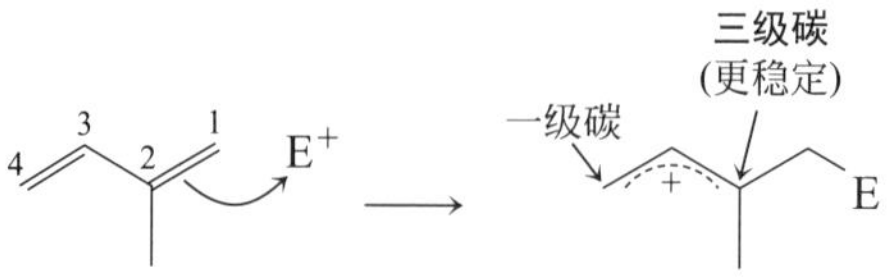

而加成在C-4上的产物不占优势：

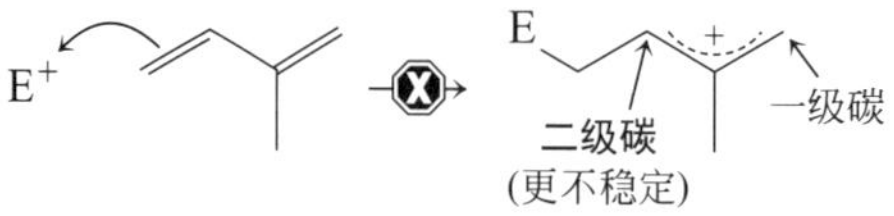

每种情况的最终产物已经在习题51的答案中给出：

(a)

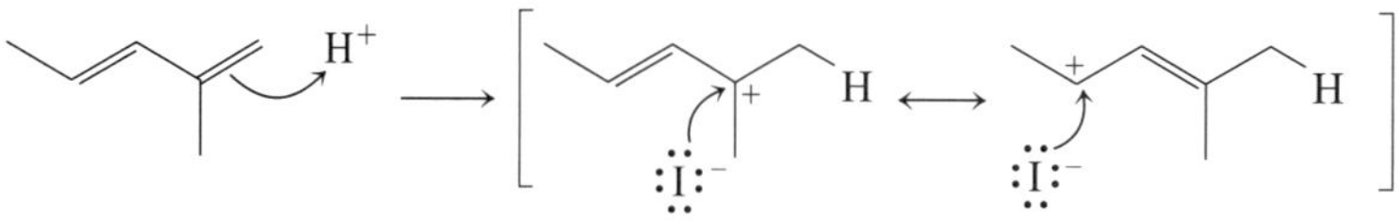

(b)

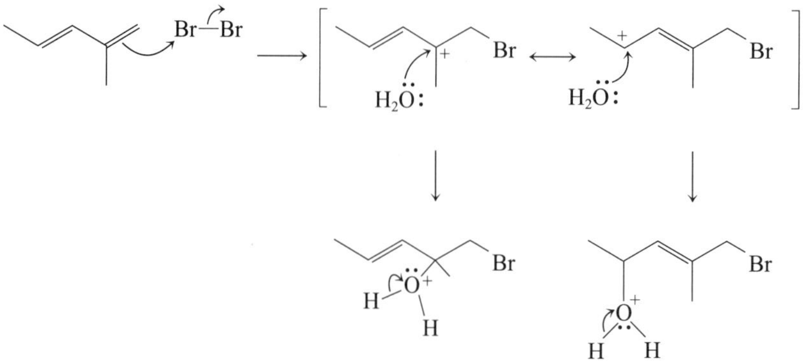

(c)

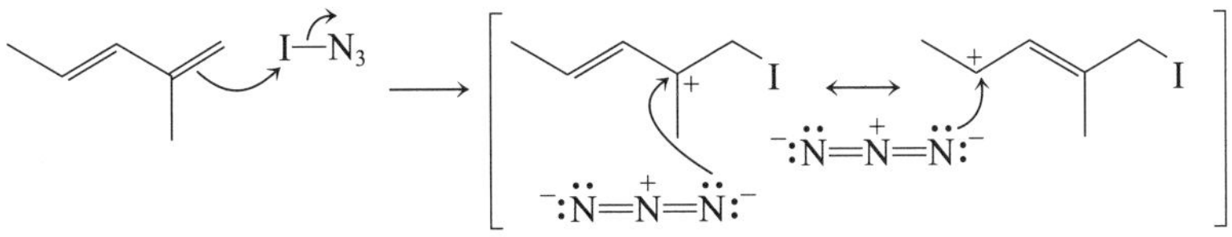

(d)

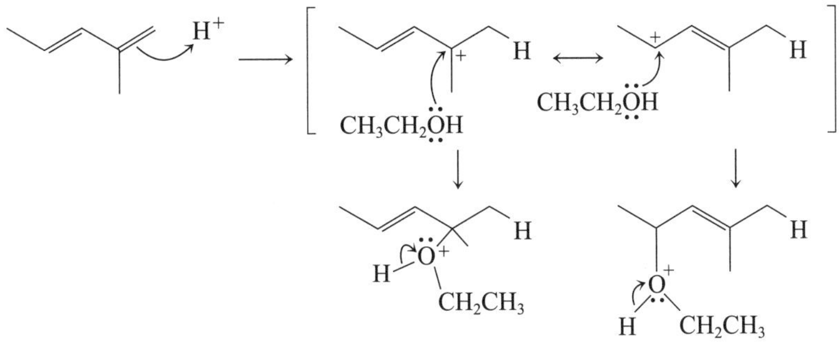

53. (a)

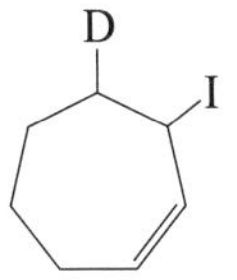

和

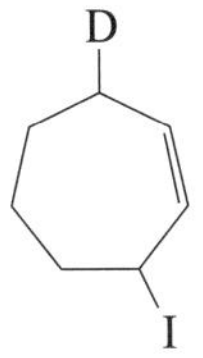

(b) $H_2\overset{D}{C}—\overset{I}{CH}—CH═CH—CH_3$　　$H_3C—\overset{I}{CH}—CH═CH—\overset{D}{CH_2}$

(c) $H_2\overset{D}{C}—\underset{CH_3}{\overset{I}{C}}—CH═CH—CH_3$ 和 $H_2\overset{D}{C}—\underset{CH_3}{C}═CH—\overset{I}{CH}—CH_3$

利用DI，我们可以方便地区分习题49中环二烯和习题50中直链二烯的1,2-加成和1,4-加成。

54. (e) $[H_2C═CH—\overset{+}{C}H—CH═CH_2 \longleftrightarrow H_2\overset{+}{C}—CH═CH—CH═CH_2 \longleftrightarrow H_2C═CH—CH═CH—\overset{+}{C}H_2]$ >

(d) $[H_3C—\overset{+}{C}H—CH═CH—CH_3 \longleftrightarrow H_3C—CH═CH—\overset{+}{C}H—CH_3]$（两个烯丙基末端都是二级碳）>

(a) $H_2\overset{+}{C}—CH═CH_2$ > (c) > (b)

55.

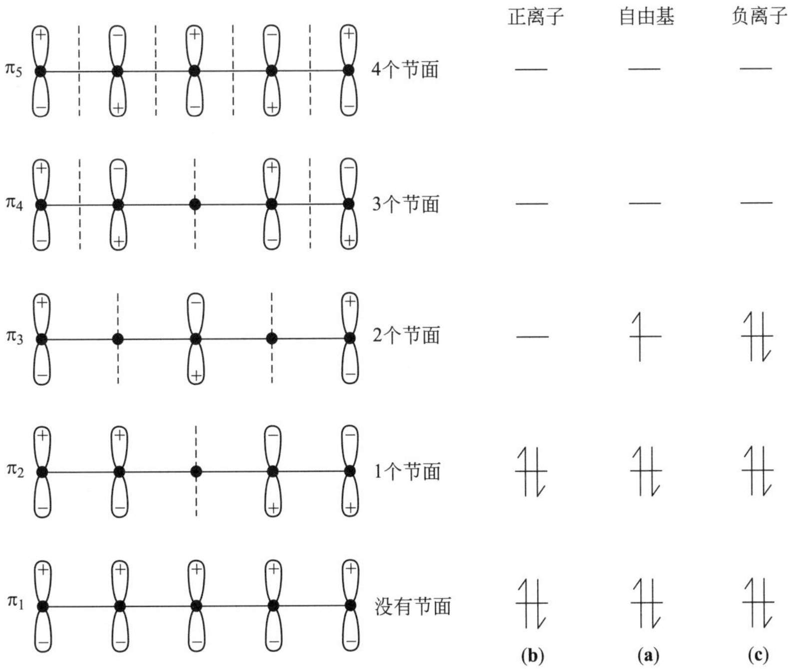

	节面	正离子	自由基	负离子
π_5	4个节面	—	—	—
π_4	3个节面	—	—	—
π_3	2个节面	—	↑	↑↓
π_2	1个节面	↑↓	↑↓	↑↓
π_1	没有节面	↑↓	↑↓	↑↓
		(b)	(a)	(c)

碳正离子的共振式参见习题 54（e）的答案，碳自由基的共振式参见习题 46 的答案。

56.

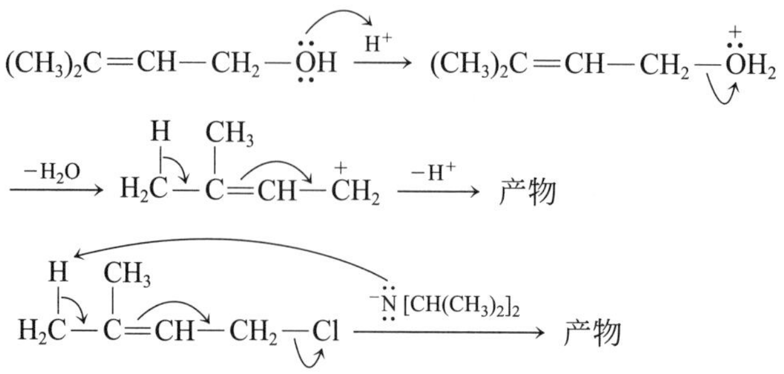

$$(CH_3)_2C{=}CH{-}CH_2{-}\ddot{O}H \xrightarrow{H^+} (CH_3)_2C{=}CH{-}CH_2{-}\overset{+}{O}H_2$$

$$\xrightarrow{-H_2O} H_2C(H){-}C(CH_3){=}CH{-}\overset{+}{C}H_2 \xrightarrow{-H^+} \text{产物}$$

$$H_2C(H){-}C(CH_3){=}CH{-}CH_2{-}Cl \xrightarrow{^{-}\ddot{N}[CH(CH_3)_2]_2} \text{产物}$$

57. 碳正离子烯丙基位的任意一个氢都可能离去（箭头所指）

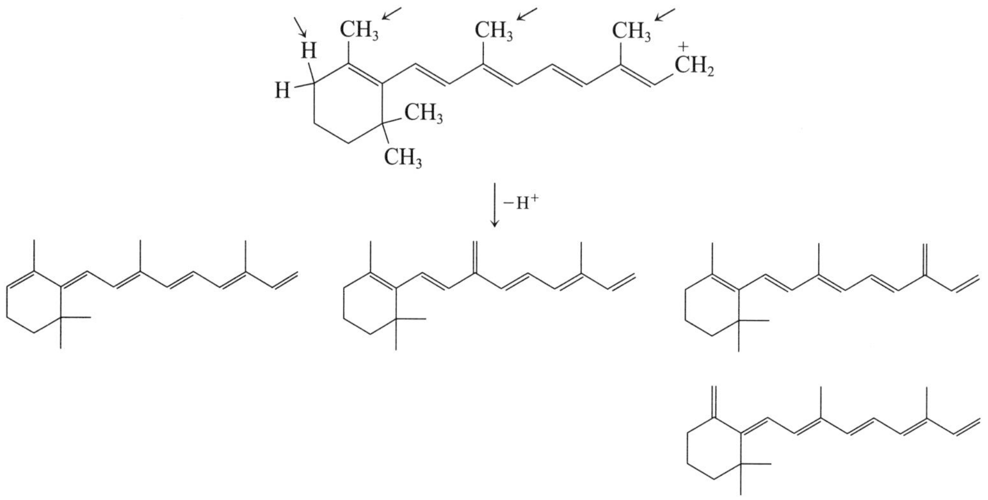

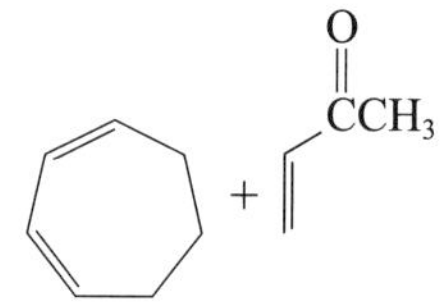

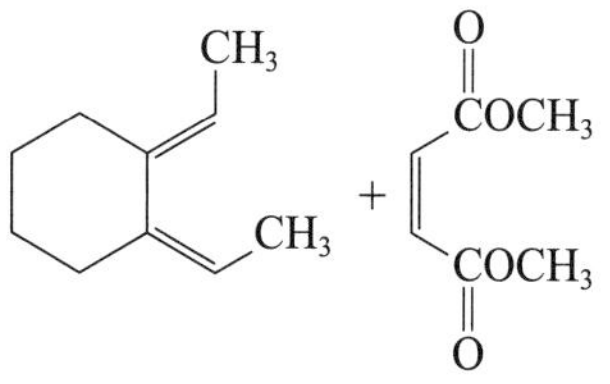

$$\xrightarrow{-H^+}$$

58. （a） 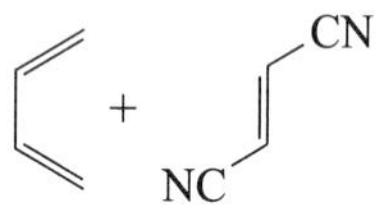 + （b） + $\overset{O}{\overset{\|}{C}}CH_3$

（c） CH_3 CH_3 + $\overset{O}{\overset{\|}{C}}OCH_3$ $\overset{O}{\overset{\|}{C}}OCH_3$ （d） + $CH_3O\overset{O}{\overset{\|}{C}}{-}C{\equiv}C{-}\overset{O}{\overset{\|}{C}}OCH_3$

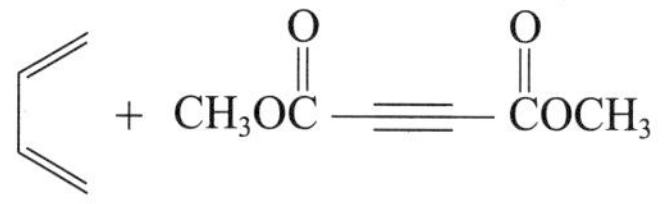

59. （a）先确定产物中由狄尔斯-阿尔德反应生成的键，再逆推出起始分子。

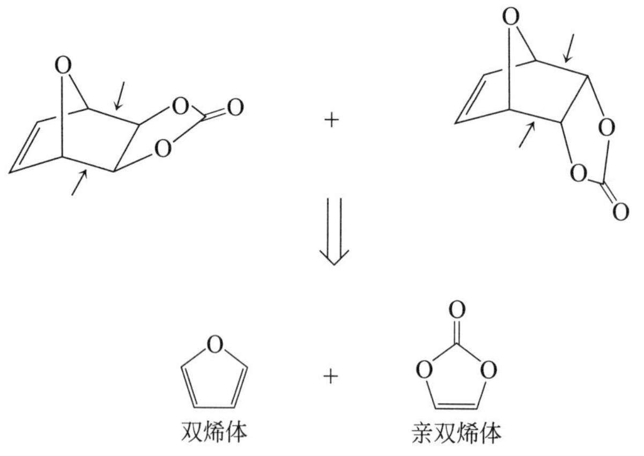

双烯体 + 亲双烯体

（b）见上。

（c）B 是内型加成产物，是经典狄尔斯-阿尔德反应中占优势的产物。

60. （a）$H_2C{=}CH{-}CH_2{-}OCH_3$

（b）$H_2C{=}CH{-}CHBr{-}CH_3 + CH_3{-}CH{=}CH{-}CH_2Br$（顺式和反式）

（c）

（d）$CH_3CH_2CHClCH{=}CHCH_3 + CH_3CH_2CH{=}CHCHClCH_3$

（均为立体异构体的混合物）

（e）$CH_3CHBrCHOHCH{=}CHCH_3 + CH_3CHBrCH{=}CHCHOHCH_3$

（均为立体异构体的混合物）

（f） H CO_2CH_3　　（g） CO_2CH_3

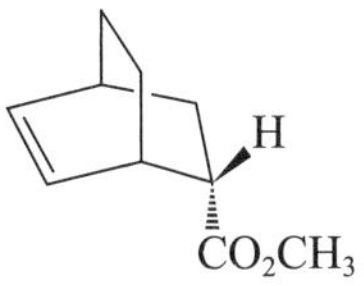

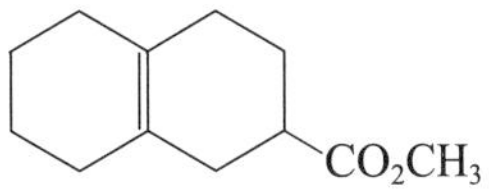

61. 注意提示的内容，联想 14-8 节中提到连有吸电子基团的烯烃在狄尔斯-阿尔德反应中是更好的亲双烯体。因此：

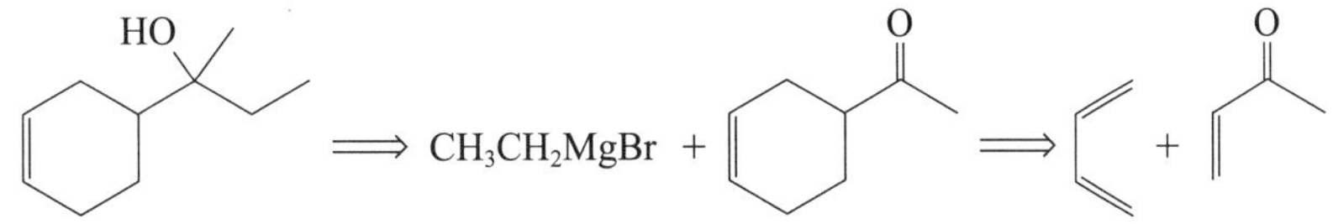

HO $\Longrightarrow$ CH_3CH_2MgBr + O $\Longrightarrow$ + O

好的亲双烯体

因此，合成过程如下：

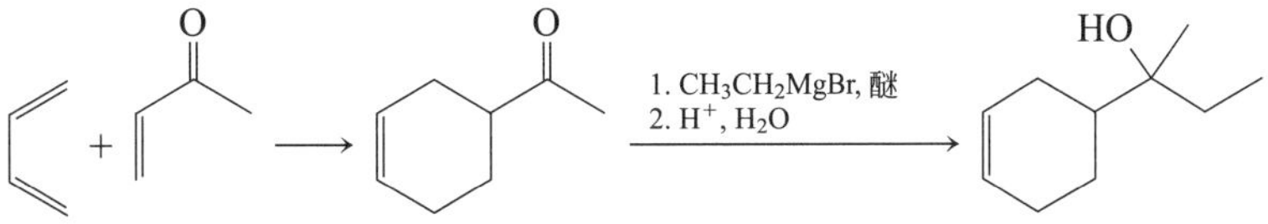

+ O $\longrightarrow$ O $\xrightarrow[2.\ H^+,\ H_2O]{1.\ CH_3CH_2MgBr,\ 醚}$ HO

62.（a） O COCH₃ N N CH_3OC O $\longrightarrow$ O COCH₃ N N COCH₃ O

（b） CH_3 CH_3 $\longrightarrow$ H_3C H O $COCH_3$ N N $COCH_3$ O H_3C H

（c） OCH_3 OCH_3 O $COCH_3$ N N CH_3OC O $\longrightarrow$ CH_3O CH_3O O $COCH_3$ N N $COCH_3$ O $\equiv$ CH_3O OCH_3 O N$-COCH_3$ N$-COCH_3$ O

（d） CH_2 CH_2 $\longrightarrow$ O $COCH_3$ N N $COCH_3$ O

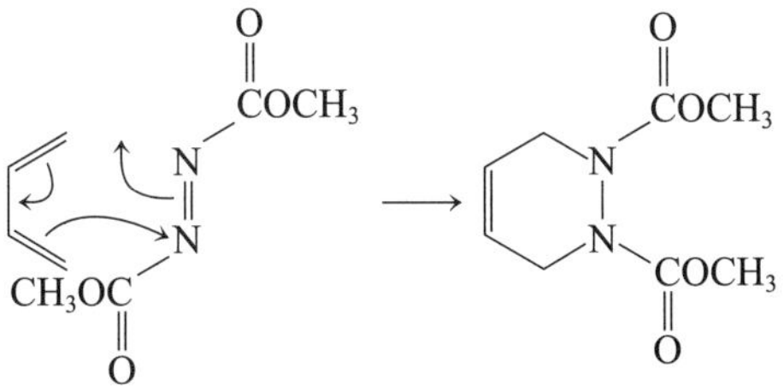

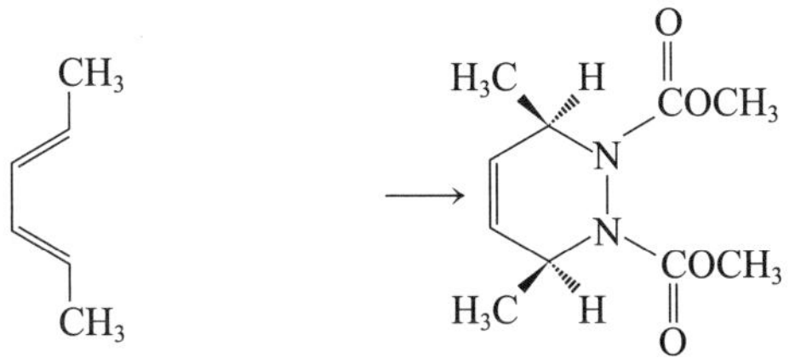

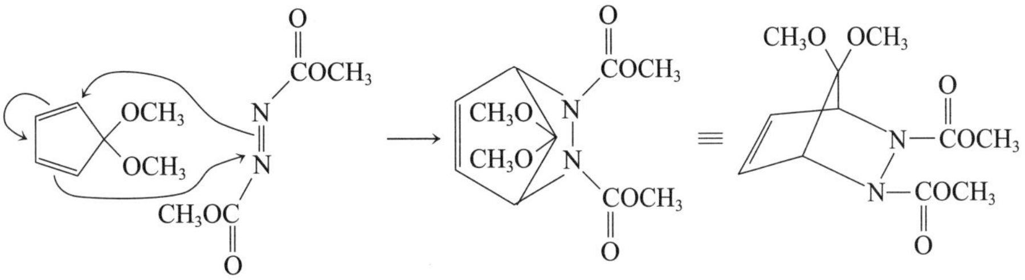

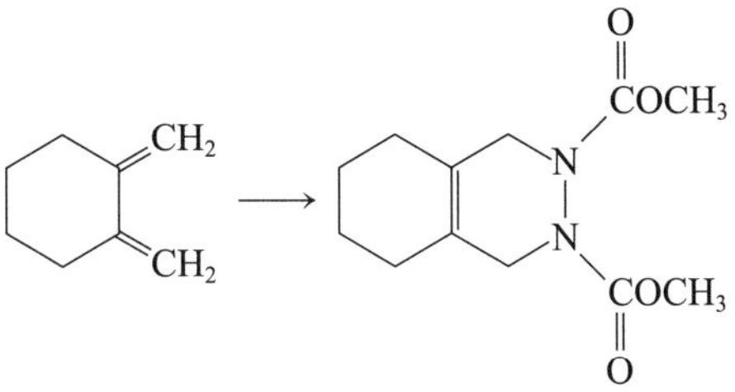

63. 双烯体 A 同 1,3-环己二烯的结构类似，而 1,3-环己二烯的狄尔斯-阿尔德反应活性很好（见教材表 14-1）。然而，对于双烯体 B，二烯的两个末端被固定在“锯齿形”（*zigzag*）构象（也即“*s-trans*”）中，使得双烯体末端的两个碳距离太远，难以与亲双烯体的两个烯碳原子成键。图 14-9 展示了狄尔斯-阿尔德反应为何需要一个 U 形的双烯体（也即“*s-cis*”），因为这样的构象使得双烯体两个末端的碳原子相互接近。类似于 B 的双烯体难以形成这种 *s-cis* 的构象，也因此不能与亲双烯体发生狄尔斯-阿尔德反应。

64. 这些都是电环化反应。如果你是美式橄榄球的粉丝，并且知道一次达阵（touch down）可以获得 6 分，你就可以学会这个口诀：六电子热引发（thermal）的电环化是对旋的（disrotatory）。从热引发变为光引发，或者参与的电子数增加或减少 2 个，都会使旋转方向改变。

(a) 一个光引发的 1,3-二烯的关环反应（四电子）。[机理是对旋的（见图 14-11），因为这个二烯的末端都不含有取代基，所以对旋的结果并不能直接观察到。]

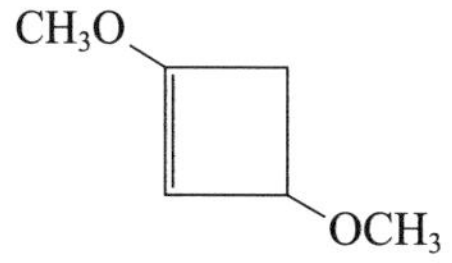

CH_3O OCH_3

(b) 光引发的环己二烯的开环（六电子），顺旋。

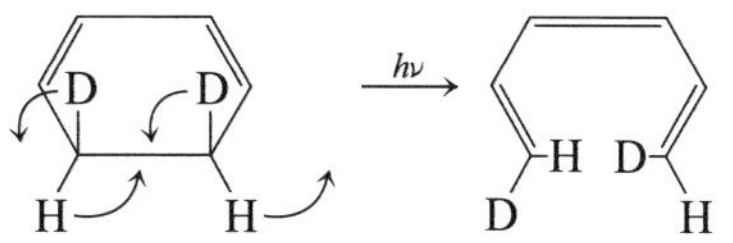

D D H H $\xrightarrow{h\nu}$ H D D H

(c) 热引发的环丁烯的开环（四电子），顺旋。

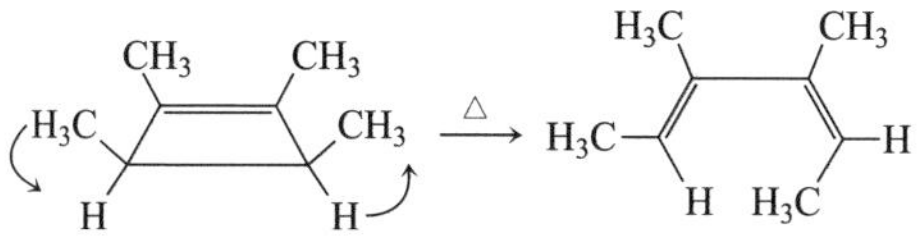

CH_3 CH_3 H_3C CH_3 H H $\xrightarrow{\triangle}$ H_3C CH_3 H_3C H H H_3C

(d) 热引发的环己三烯的关环（六电子），对旋。

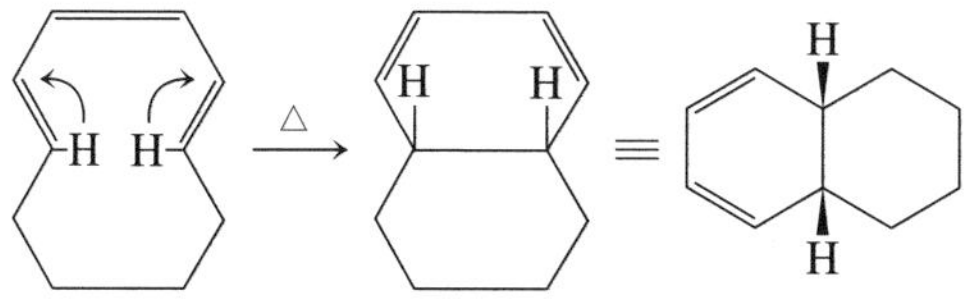

H H $\xrightarrow{\triangle}$ H H $\equiv$ H H

65. **(a)** E E E Z O_2N CH_3 CH_3 CH_3 O R

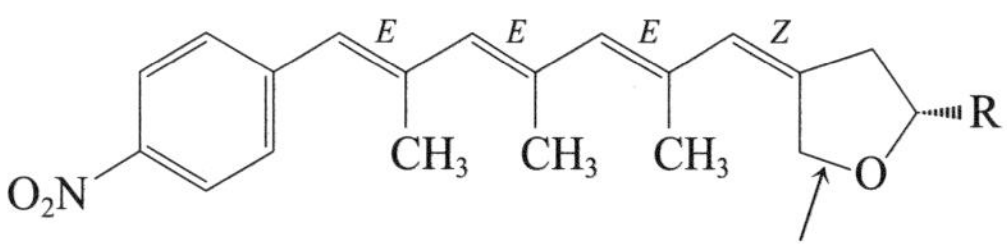

(b) 这个化合物是高度共轭的，它是一个同苯环共轭的共轭四烯。表 14-3 中两个四烯结构的 λ_{max} 都在 300～400 nm 的范围，因此这个化合物的 λ_{max} 在 367 nm 是正常的。

(c) 箭头所指示的键处于烯丙位，最容易被断裂。

(d) 这部分比较困难，因为把分子置于适宜的构象以进行接下来的反应是有挑战性的。我们不得不把这个过程分解成下面各步骤：保持醚环仍然在右侧，接着将两个加粗双键的构型从 *E* 异构化为 *Z*，就得到了：

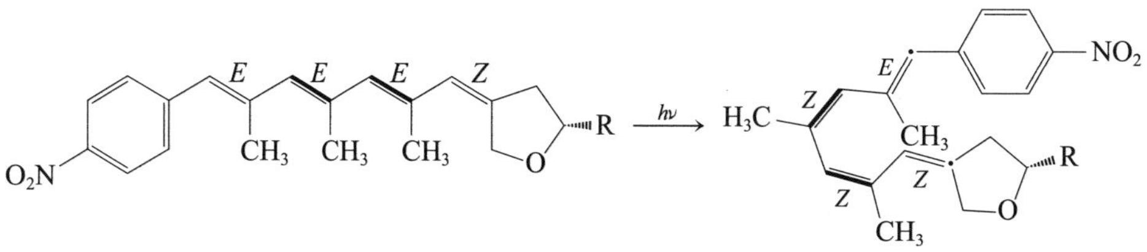

E E E Z O_2N CH_3 CH_3 CH_3 O R $\xrightarrow{h\nu}$ NO_2 E H_3C Z CH_3 Z Z R O CH_3

（**e**）这时，这个四烯结构还没有形成适合关环反应的构象，两个点标出的末端的朝向是远离彼此的。我们需要旋转两个加粗的单键，使两个末端更接近。

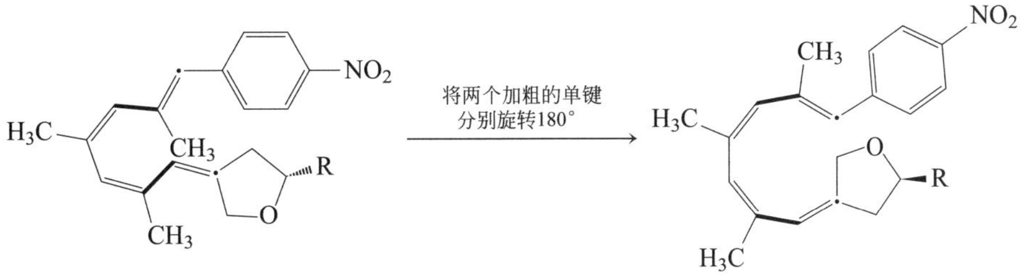

将两个加粗的单键分别旋转180°

对图片中的键角做扭曲处理，以便我们看到整体的分子结构。事实上，两个点标出的碳原子是很接近的。现在我们可以进行第一步的八电子反应了，按 Woodward-Hoffmann 规则，这是顺旋的，得到的是含有三个双键的八元环。

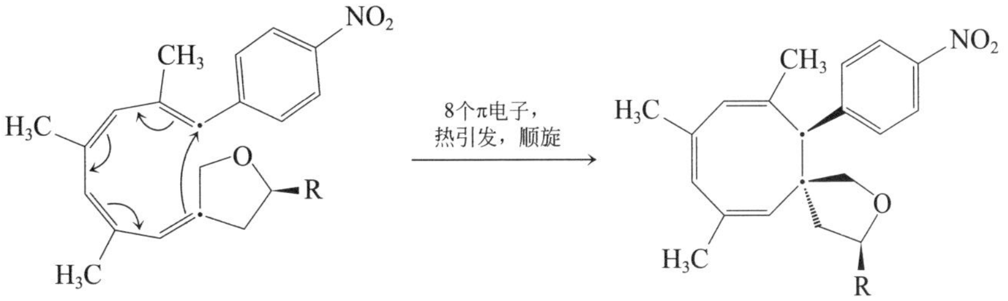

8个π电子，热引发，顺旋

完成了八元环的关环，我们可以进行下一步反应了，一个涉及三个双键的六电子关环反应。同样的，即将相连的碳原子用点标记了出来。这是一个对旋的过程，得到环己二烯。

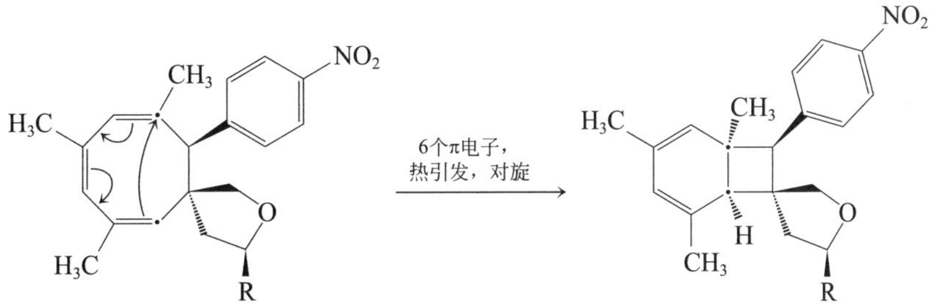

6个π电子，热引发，对旋

最终产物的名称为 SNF4435C，具有免疫抑制和抗癌的活性。

66. 分子内 Heck反应 → $H_2C{=}CH{-}COCH_2CH_3$（C=O）Diels-Alder反应 → $COCH_2CH_3$（C=O）

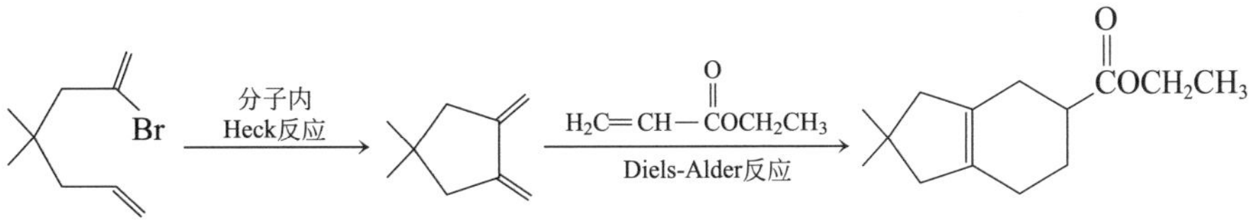

67.（**a**）$\left[-CH_2-C(CH_3)=CH-CH_2- \right]_n$

（**b**）$\left(CH_2-C(CH_3)(CH{=}CH_2) \right)_n$

（**c**）$\left(CH_2-CH(C(CH_3){=}CH_2) \right)_n$

（**d**）$\left[CH_2CH{=}CHCH_2-CH(C_6H_5)-CH_2 \right]_n$

（**e**）$\left(CH_2CH{=}CHCH_2-CH(CN)-CH_2 \right)_n$

（**f**）$\left(CH_2C(CH_3){=}CHCH_2-C(CH_3)_2-CH_2 \right)_n$

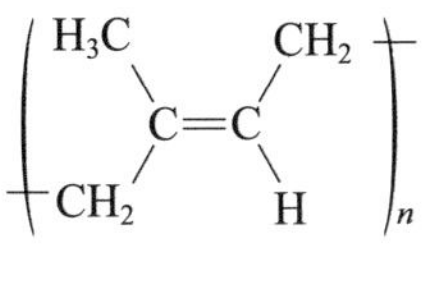

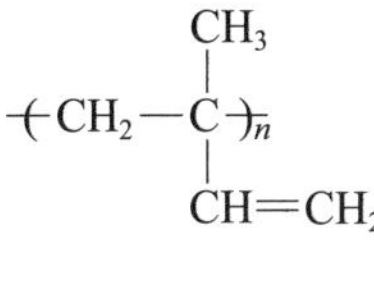

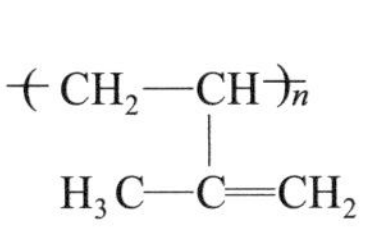

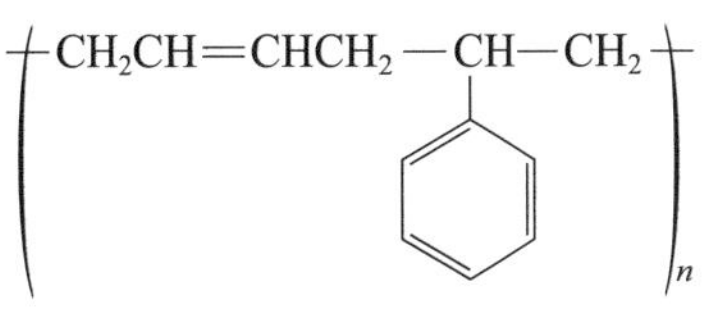

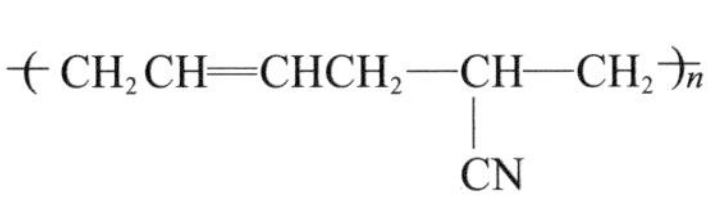

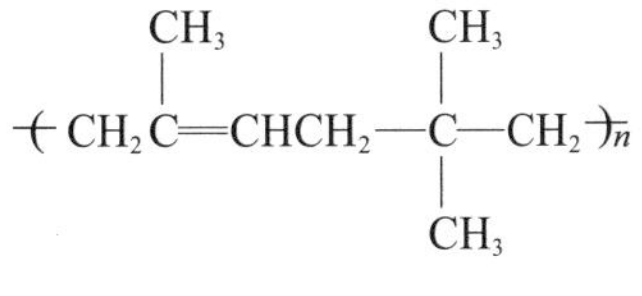

68. CH_3, H_3C, C, CH_2

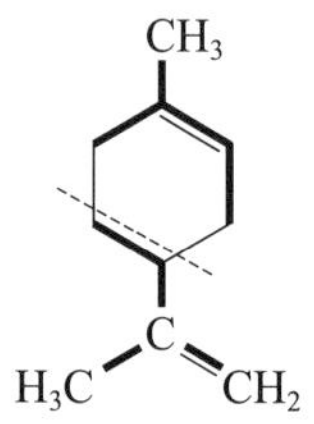

(a)

H^+ + $H_2C{=}CH{-}C(CH_3){=}CH_2$ $\longrightarrow$ $\left[H_2C{=}CH{-}\overset{+}{C}(CH_3)_2 \longleftrightarrow H_2\overset{+}{C}{-}CH{=}C(CH_3)_2 \right]$ $\xrightarrow{H_2C{=}C(CH_3){-}CH{=}CH_2}$

CH_3, C, CH_2, CH, CH_2, CH_2, CH, C, H_3C, CH_3 $\longleftrightarrow$ CH_3, C, CH_2, CH, CH_2, CH_2, CH, C, H_3C, CH_3 $\longrightarrow$ CH_3, H—CH_2, C^+, CH_3 $\xrightarrow{-H^+}$ 苧烯

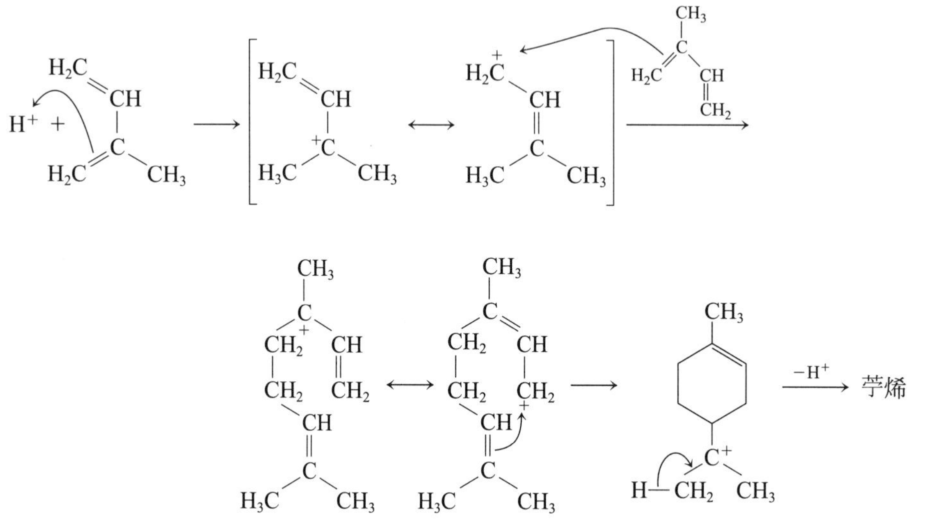

注意到两种加成都形成了一个末端是三级碳的烯丙基碳正离子。

(b) CH_3, C, H_2C, CH, H_2C, CH_2, CH, C, H_3C, CH_2 $\longrightarrow$ 苧烯

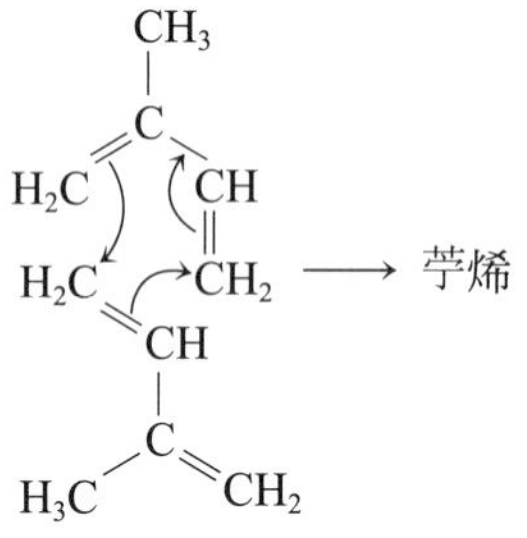

通过狄尔斯-阿尔德环加成反应。

69. $\longrightarrow$ CH_3, 新生成的键, +, H $\xrightarrow{-H^+}$ 苧烯

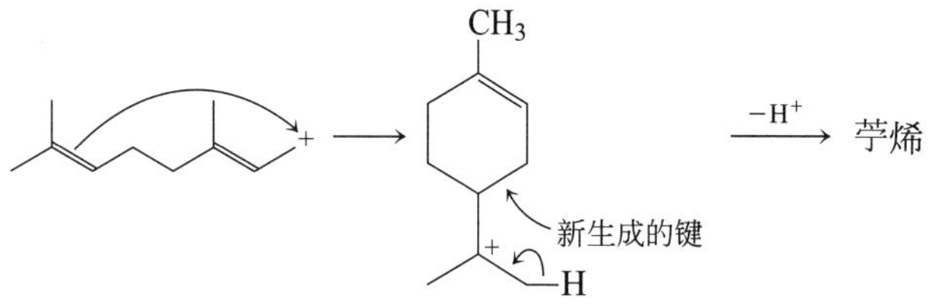

或 CH_3, + $\longrightarrow$ H, H_3C, +, H, 新生成的键 $\xrightarrow{-H^+}$ α-蒎烯

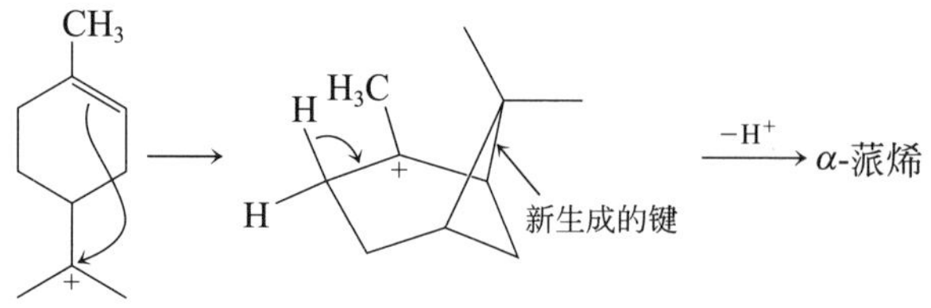

70. 每一个过程都包括最高占据分子轨道（n 或 π）中的电子向最低未占据分子轨道（如 π^*）的跃迁。相同种类的轨道超过一个时，使用下标注明。

(a) $\pi \rightarrow n$（或 $\pi_1 \rightarrow \pi_2$）

(b) $n \rightarrow \pi^*$（或 $\pi_2 \rightarrow \pi_3$）

(c) $n \rightarrow \pi^*$

(d) $n \rightarrow \pi^*$（具体地讲 $n \rightarrow \pi_3{}^*$）

(e) $n \rightarrow \pi^*$（或 $\pi_3 \rightarrow \pi_4{}^*$）

(f) $\pi_3 \rightarrow \pi_4{}^*$

71. 这些分子只有 σ 电子和 n 电子，且它们的最低未占据分子轨道是 σ^*。这些轨道间能级差很大，

使得分子仅在小于 200 nm 的范围存在紫外吸收。

72. $1.95/(2\times10^{-4})=9750$；$0.008/(2\times10^{-4})=40$

73. 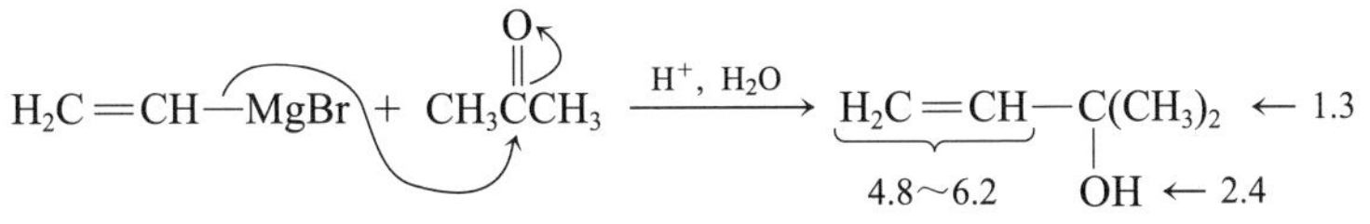 $H_2C{=}CH{-}MgBr + CH_3C(O)CH_3 \xrightarrow{H^+,\ H_2O} H_2C{=}CH{-}C(CH_3)_2(OH)$

$H_2C{=}CH$ ← 4.8～6.2；$C(CH_3)_2$ ← 1.3；OH ← 2.4

新的化合物也许来自烯丙醇与酸长时间作用而引发的离子化。

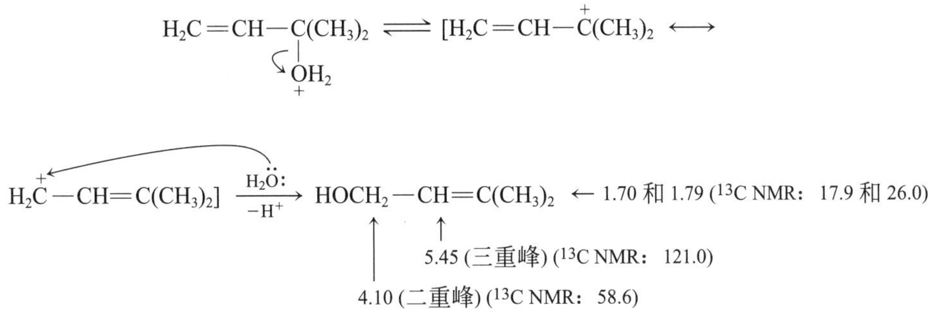

$$H_2C{=}CH{-}C(CH_3)_2{-}\overset{+}{O}H_2 \rightleftharpoons [H_2C{=}CH{-}\overset{+}{C}(CH_3)_2 \longleftrightarrow$$

$$H_2\overset{+}{C}{-}CH{=}C(CH_3)_2] \xrightarrow[-H^+]{H_2\ddot{O}:} HOCH_2{-}CH{=}C(CH_3)_2$$

$C(CH_3)_2$ ← 1.70 和 1.79 (^{13}C NMR：17.9 和 26.0)

CH ← 5.45 (三重峰) (^{13}C NMR：121.0)

$HOCH_2$ ← 4.10 (二重峰) (^{13}C NMR：58.6)

74.

H₃C, CH₃, CH₃, CH₃ ... $\ddot{O}H \xrightarrow{H^+} RCH_2{-}\overset{+}{O}H_2 \longrightarrow$

$[\ldots\overset{+}{C}H_2 \longleftrightarrow \ldots \overset{+}{C}{-}CH{=}CH_2] \xrightarrow{\text{旋转180°}}$

$[\ldots \overset{+}{C}{-}CH{=}CH_2 \longleftrightarrow \ldots CH{=}\overset{+}{C}H_2] \longrightarrow$

$\longrightarrow$ 红没药烯 $\xrightarrow{H^+}$ $\longrightarrow$ $\xrightarrow{H^+}$ $\longrightarrow$

红没药烯

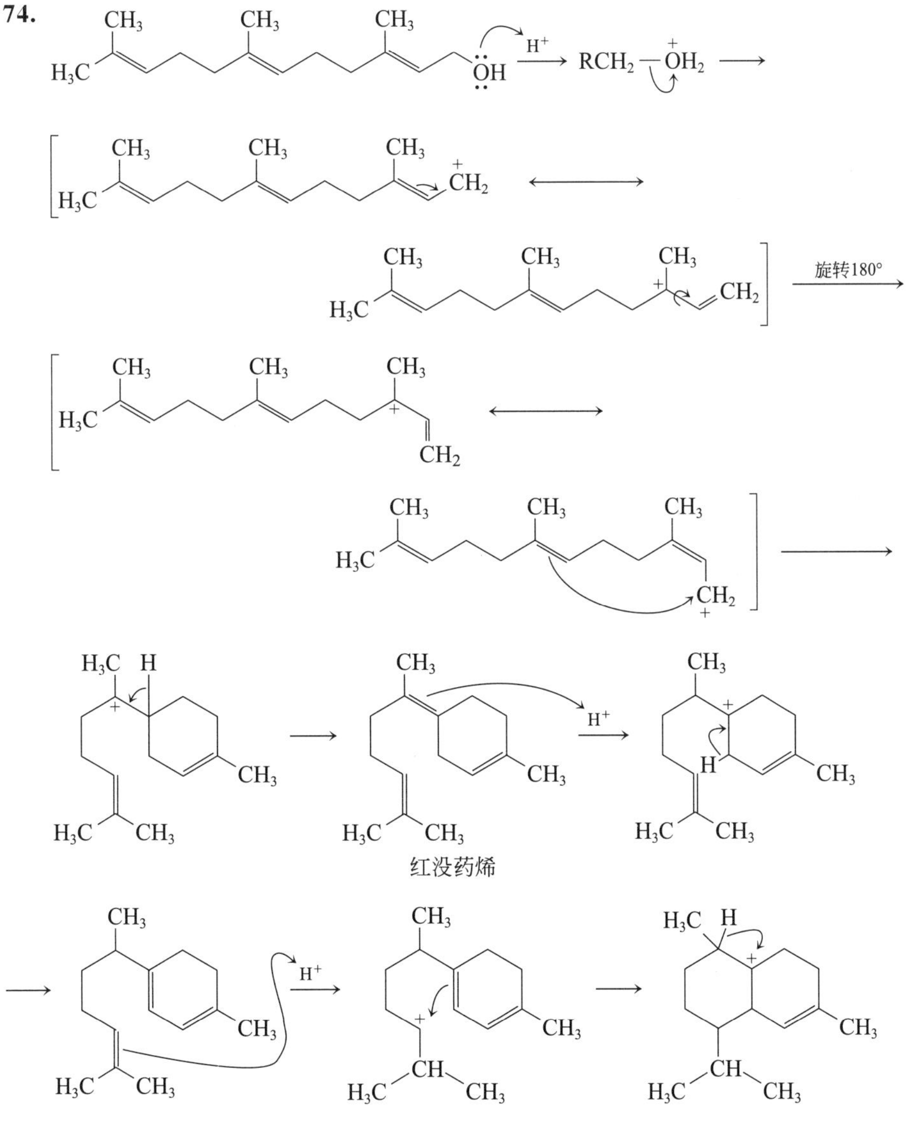

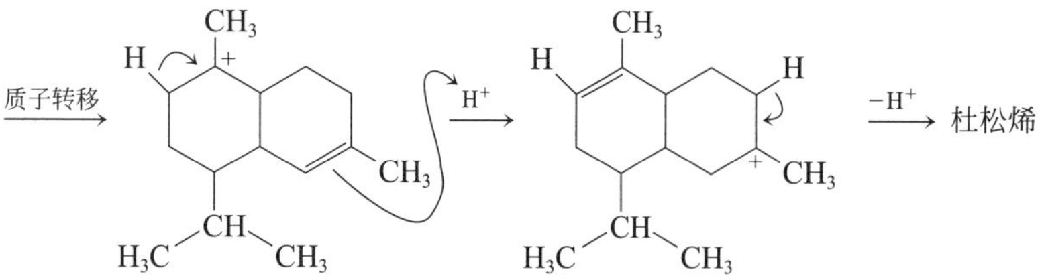

质子转移 → [碳正离子结构] →(H^+)→ [碳正离子结构] →($-H^+$)→ 杜松烯

75. 1,2-加成产物是动力学有利的，它来自对烯丙基碳正离子中间体中间位置的进攻，这个位置带的正电荷最多。1,4-加成产物含有中间位置的双键，在热力学上更稳定。

76. 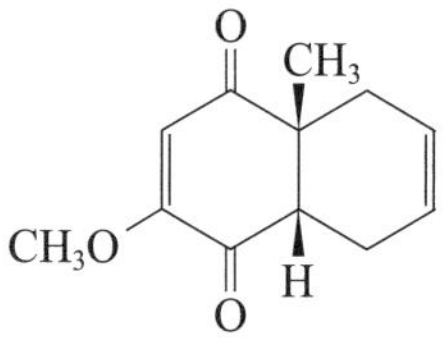 [结构式：含 CH_3、CH_3O、H 及两个 O 的双环二酮]

这个例子展示了几个环加成反应的特征。首先，只有甲基取代的双键会反应，甲氧基取代的双键过于富电子（见自试解题 14-14）而难以反应。其次，顺式的环合保持了亲双烯体的立体化学。最后，双烯体对产物进一步的加成是禁阻的，因为产物中的任何一个双键都不够缺电子，因而不能以有效的速率进行反应。

77. 1,3-丁二烯关环形成环丁烯是反应的机理。为了将双烯体的两端连接在一起形成杜瓦苯中心的键，电环化反应应该是对旋的，否则产物就会是一个环丁烯与另一个环丁烯反式并联，这种结构张力极大，是不可能生成的。1,3-二烯的对旋关环需要光引发（一个光环化过程，见图 14-11）。阻止这个取代杜瓦苯发生逆向开环反应形成对应的取代苯的因素部分在于：两个叔丁基在苯环平面上处于邻位，这会产生很大的位阻，使得取代苯结构的稳定性下降。虽然杜瓦苯是严重扭曲的结构（做个模型看看吧!），但是两个叔丁基在这个结构中不会产生太大的位阻。

78. (c)　　**79.** (b)

80. (b)　　**81.** (b)

15

苯和芳香性：芳香亲电取代反应

苯最显著的特点是其与含普通双键的分子在表观上具有相似性。但是，苯及其衍生物却又是特别的，这是本章前面几节介绍的新概念——芳香稳定化（aromatic stabili zation）作用的结果。苯的电子结构使其稳定性不同于普通三烯，这深刻地影响了苯的化学性质。当你遇到一个苯衍生物的新性质或新化学反应时，问问自己："简单烯烃（或二烯或三烯）的性质或反应与此相比如何?"从热力学的角度去思考，看看能否理解苯和烯烃的这些性质差异。当你这样做以后，你将会更好地理解本章和下一章的内容，并对整个专题产生更全面的认识。

苯及其衍生物是一类重要的有机化合物（其重要性仅次于羰基化合物和醇）。因此，在本书的许多重要章节中都涉及它们。

除简单的苯衍生物外，还有其他种类的芳香化合物。本章将介绍两种常见的类型：多环稠合芳烃类和其他环上含有多于或少于六个碳原子的环状共轭多烯。在第 25 章中，我们将会介绍第三类常见芳香化合物——芳香杂环化合物。

本章概要

15-1 苯的命名

一些新的变化。

15-2，15-3 苯的结构：对芳香性的初步认识；分子轨道

它因何特别。

15-4 苯环的谱学特征

15-5 多环芳烃

15-6，15-7 其他环状多烯：Hückel 规则

接近问题本质：芳香性从何而来?

15-8，15-9，15-10 芳香亲电取代反应

苯化学中基本的"核心"反应。

15-11，15-12，15-13 Friedel-Crafts 反应

在苯环上构建碳-碳键。

本章重点

15-1 苯的命名

苯的系统命名（IUPAC 命名法）与一系列常用名共存，这些常用名已经广为流传了一个多世纪，并且没有消失的迹象。因此，无论大家是否喜欢这些名字，诸如 aniline（苯胺，系统命名为 benzenamine）、styrene（苯乙烯，系统命名为 ethenylbenzene），可能永远是人们讨论和书写这些化合物时会用到的词汇。实际上，美国《化学文摘》和 IUPAC 甚至已经完全放弃了 benzenamine，并且接受 aniline 作为该化合物的名称。除了这些简单取代苯的常用名外，只含有两个取代基的苯还有一种特殊的命名法，即邻/间/对命名法。请注意，对于那些取代基多于两个的苯，这种命名法并不适用，我们需要正确编号以确定名称。（当然，对于二取代的苯，同样可以用编号代替邻/间/对。）最后，在对苯环编号时，请注意从何处开始编号：如果使用单取代苯的常用名作为母体（例如苯酚、苯胺、苯甲醛、甲苯），C-1 总是连接母体取代基的那一个碳（即使从其他位置开始可以使编号更小）。例如，下面的化合物为 3,4-二溴甲苯（虽然其系统命名是 1,2-二溴-4-甲基苯，但是 1,2-二溴甲苯却是错误的）。

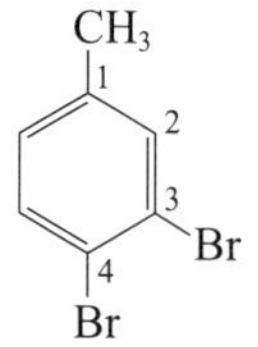

15-2，15-3 苯的结构：对芳香性的初步认识；分子轨道

这两节介绍了苯类分子的一种特殊性质：芳香性（aromaticity）。这部分内容围绕结构、热力学和电子相关性质展开，并为 15-6 节中更全面的讨论做好了铺垫。现在，你只需知道苯的芳香性表现为以下三点：①对称结构（作为共振杂化体）；②出乎意料的强热力学稳定性；③不同寻常的电子结构，即具有一组稳定性高的完全填充的成键轨道。

15-4 苯环的谱学特征

苯环的谱学特征是其结构和电子性质的必然结果。光谱的特殊性使苯环的结构鉴定相对容易。与其他化合物的鉴定一样，核磁共振是鉴定苯环最有效的手段，其次便是红外光谱和紫外光谱。苯衍生物红外光谱的一个特征是 C—H 面外弯曲振动吸收，它提供了关于取代基在苯环上排列方式的信息。如果想从核磁共振谱图中得到这些信息，则并不总是那么容易。由紫外光谱可以推测苯衍生物的存在，但不能下定论。如果已经通过其他方法，例如 NMR，确定有苯环存在，则此时紫外光谱可用于确定苯环是否与一个或多个含 π 键的基团共轭。

15-5 多环芳烃

由苯环的稠合形成了一大类多环芳烃，其中萘是最简单（也是唯一的双环）的例子。

15-6，15-7 其他环状多烯：Hückel 规则

这实际上不难理解。一个分子如果有芳香性，那么它必须在一个完整的、不间断的 p 轨道环状共轭体系中有 $4n+2$ 个 π 电子。

15-8，15-9，15-10 芳香亲电取代反应：苯的卤化、硝化和磺化反应

这三节介绍了苯环的主要化学反应类型。这部分内容的重点在 15-8 节。你会了解到一个普适性的

机理（稍后这样的机理会以特定形式重复出现在本章所呈现的各种反应）。对于理解概念更为重要的是，你会了解到该类反应的能量信息。请格外关注图 15-20、练习 15-22 和 15-8 节中的内容。当理解了这些基础内容后，你会发现学习具体反应时更为轻松。请记住，苯是被其特殊的芳香性的共振形式稳定化的。与普通烯烃相比，苯更难与亲电试剂反应。因此，只有强亲电试剂（有时它们以奇怪的方式产生），才会进攻苯环中的 π 电子。一定要记住这些亲电试剂和它们的反应方式，以便在以后的合成问题中灵活运用这些反应。

15-11，15-12，15-13 Friedel-Crafts 反应

碳-碳键的形成在有机合成中有着重要地位，因此，在这三节中碳亲电试剂与苯环的连接便有了特殊的意义。普通的碳正离子和类碳正离子是最简单的碳亲电试剂，但它们在 Friedel-Crafts 烷基化反应中的应用却有局限性。碳亲电试剂经常发生重排，并且很难防止单个苯环发生多烷基化反应。通过 $[R-\overset{+}{C}=\ddot{O}: \longleftrightarrow R-C\equiv\overset{+}{O}:]$ 酰基离子进行的 Friedel-Crafts 酰基化反应则没有这些缺点，在可能应用此反应的情况下，这是将碳单元连接到苯环的首选方法。

习 题

36. 使用 IUPAC 系统命名下列化合物，如果可能也给出其合理的常用名。（**提示：**官能团的优先顺序是：—COOH>—CHO>—OH>—NH_2。）

(a) COOH, Cl　(b) OCH_3, NO_2　(c) OH, CHO　(d) NH_2, COOH　(e) NH_2, CH_3, CH_2CH_3　(f) CH_3, CH_3, Br　(g) OH, H_3CO, OCH_3, Br　(h) CH_2CH_2OH　(i) Cl, Br　(j) CH_3, O

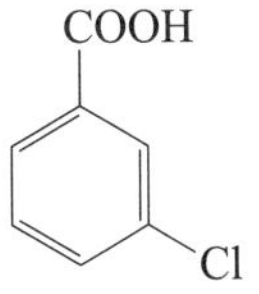

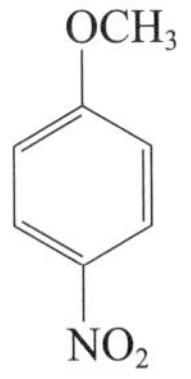

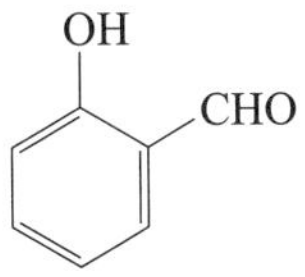

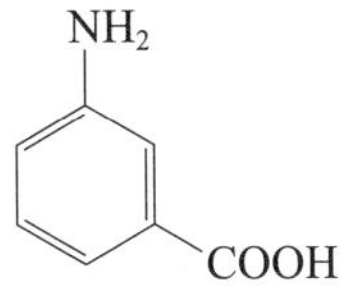

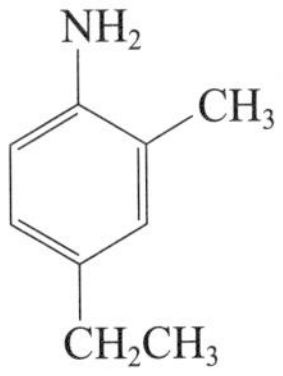

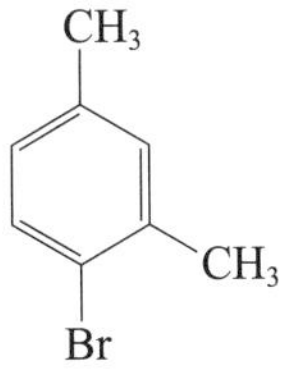

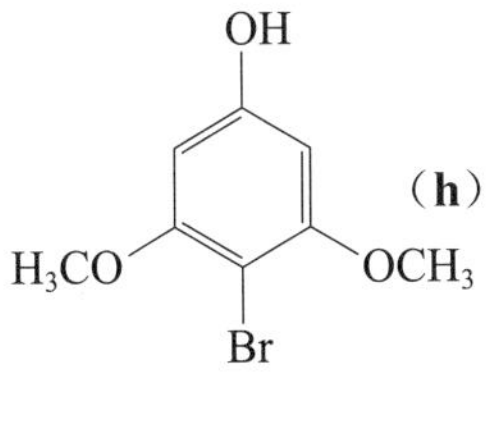

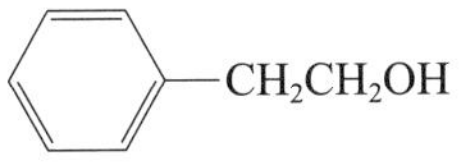

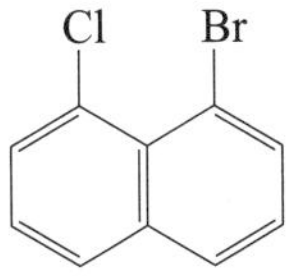

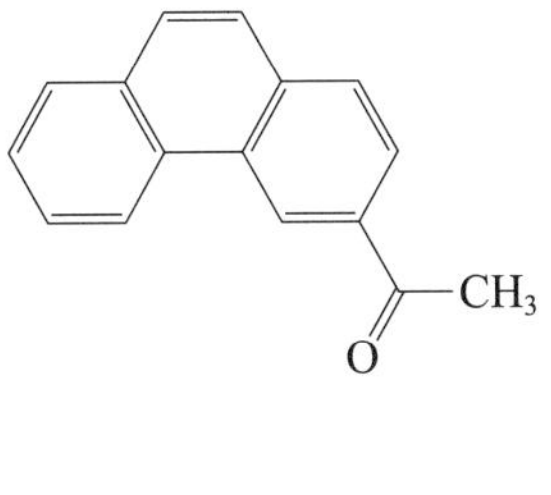

37. 给出下列以常用名命名化合物的 IUPAC 名称。

(a) CH_3, CH_3, H_3C, CH_3 均四甲苯(杜烯)　(b) OH, OH, $CH_2(CH_2)_4CH_3$ 4-己基间苯二酚(己雷琐辛)　(c) OH, OCH_3, $CH_2CH{=}CH_2$ 丁子香酚　(d) H_3CO

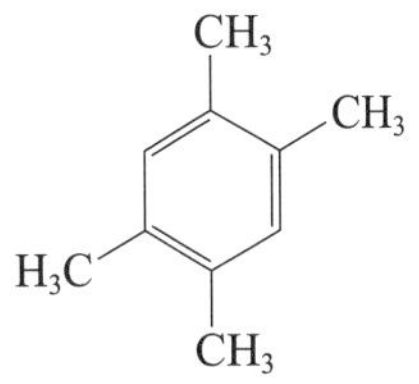

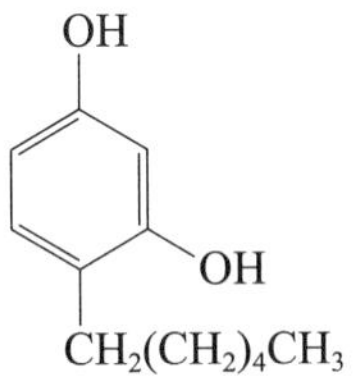

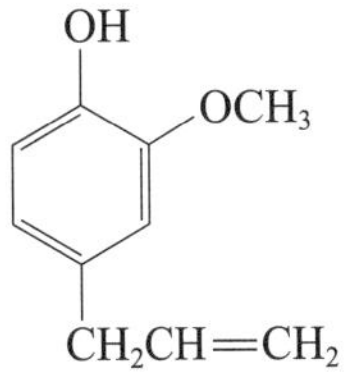

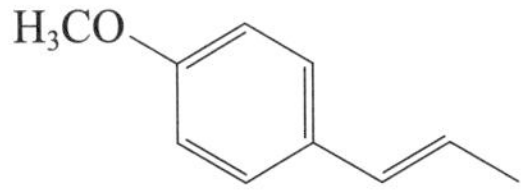

38. 画出下列化合物的结构，如果命名本身是错误的，则用系统命名法予以更正：(**a**) *o*-氯苯甲醛；(**b**) 2,4,6-三羟基苯；(**c**) 4-硝基-*o*-二甲苯；(**d**) *m*-异丙基苯甲酸；(**e**) 4,5-二溴苯胺；(**f**) *p*-甲氧基-*m*-硝基苯乙酮。

39. 苯完全燃烧时大约放热 −789 $kcal \cdot mol^{-1}$，如果苯失去芳香性，它的燃烧热是多少？

40. 萘分子 ^1H NMR 谱图显示有两组多重峰（图 15-16），高场吸收峰（$\delta=7.49$）是 C-2、C-3、C-6 和 C-7 上氢原子信号，而低场的多重峰（$\delta=7.86$）则是 C-1、C-4、C-5 和 C-8 上氢原子的吸收峰。解释为什么一组氢原子比另一组受到更强的去屏蔽效应。

41. 完全氢化 1,3,5,7-环辛四烯放热 −101 $kcal \cdot mol^{-1}$，

氢化环辛烯的过程 $\Delta H^{\ominus}=-23\ \mathrm{kcal\cdot mol^{-1}}$，这些数据是否与本章中对环辛四烯的描述大致一致？

42. 根据 Hückel 规则，判断下列结构中哪些具有芳香性？

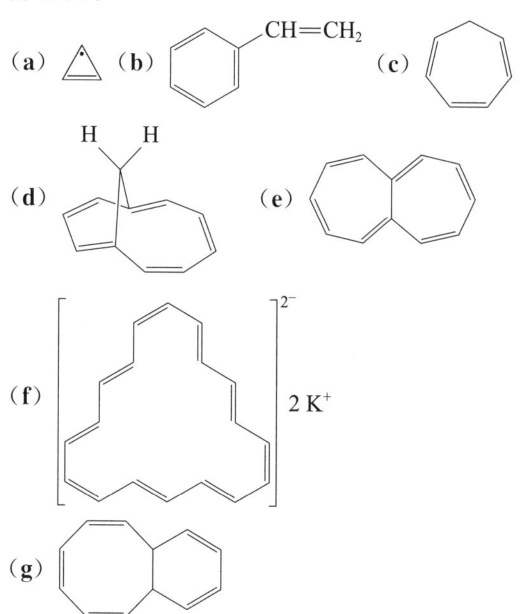

43. 下面是一些化合物的光谱和其他数据，请推断这些分子的结构：

(a) 分子式：$C_6H_4Br_2$；^{1}H NMR 数据见谱图 A，^{13}C NMR 谱图中有三个峰；IR：$\tilde{\nu}=745$（宽）$\mathrm{cm^{-1}}$；UV：$\lambda_{max}(\varepsilon)=263$（150），270（250），278（180）nm。

(b) 分子式：C_7H_7BrO；^{1}H NMR 数据见谱图 B，^{13}C NMR 谱图中有七个峰；IR：$\tilde{\nu}=680$（s）和 765（s）$\mathrm{cm^{-1}}$。

(c) 分子式：$C_9H_{11}Br$；^{1}H NMR 数据见谱图 C，^{13}C NMR（DEPT）：δ 20.6（CH_3），23.6（CH_3），124.2（C_{quat}），129.0（CH），136.0（C_{quat}），137.7（C_{quat}）。

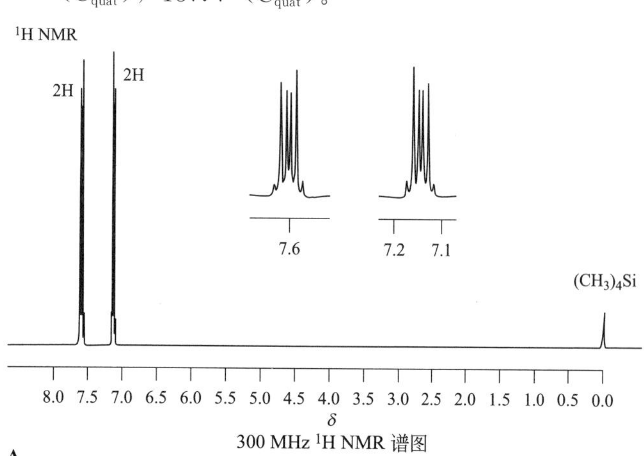

A　300 MHz ^{1}H NMR 谱图

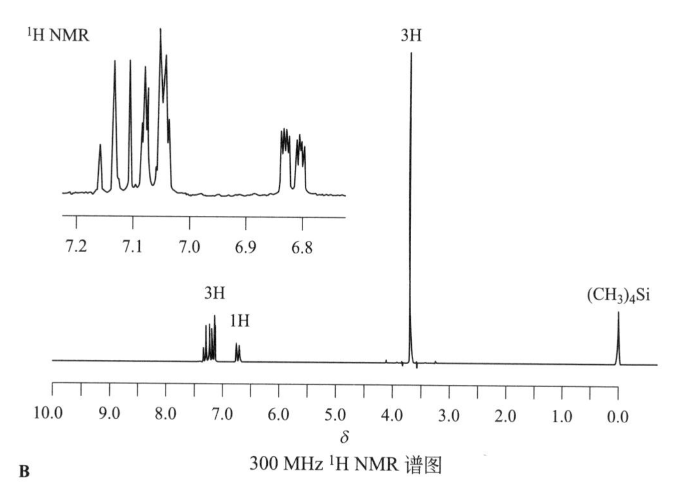

B　300 MHz ^{1}H NMR 谱图

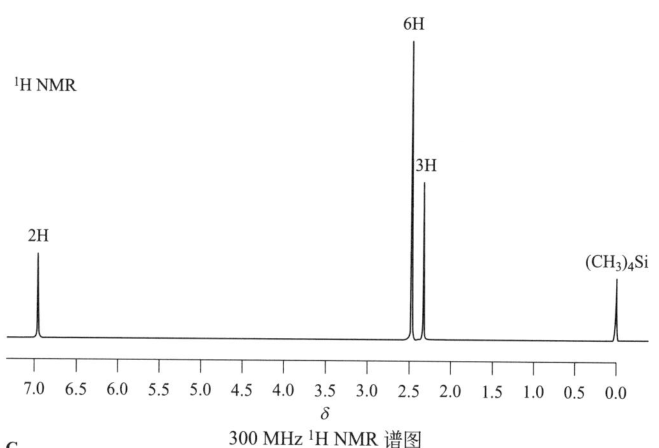

C　300 MHz ^{1}H NMR 谱图

44. 甲苯和 1,6-庚二炔具有相同的分子式（C_7H_8）和分子量（$M_r=92$），下面所示的两张质谱图各自对应哪一个化合物？请解释。

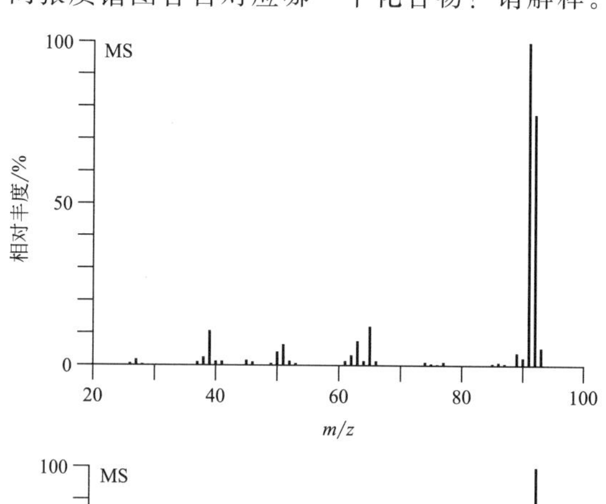

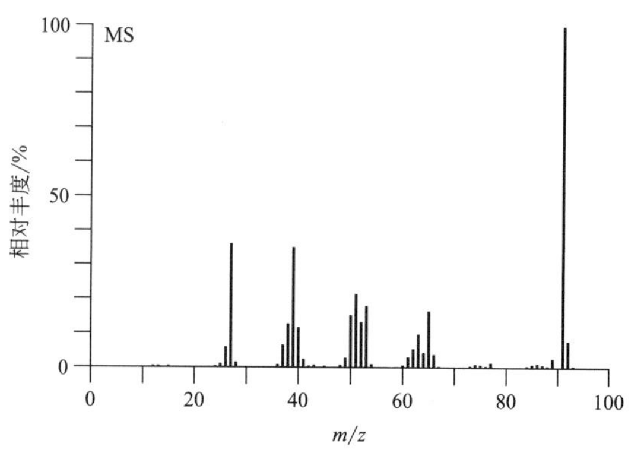

45. （**a**）是否可以仅根据质子去偶^{13}C NMR 谱图中峰的数目来区分二甲氧基苯的三种异构体？试解释。（**b**）二甲氧基萘有多少种异构体？每一种异构体在质子去偶^{13}C NMR 谱图中各存在多少个吸收峰？

46. 由苯与 HF-SbF_5 加成生成的物质（练习 15-24）具有下列^{13}C NMR 吸收峰：$\delta=52.2(CH_2)$，136.9(CH)，178.1(CH) 和 186.6(CH)。在 $\delta=136.9$ 和 $\delta=186.6$ 处峰的强度是其他峰的两倍，请归属这些谱学数据。

47. 复习反应，不参考第 749 页的反应路线图，采用试剂将苯转化为下列各种化合物。

（**a**）$C(CH_3)_3$ （**b**）Cl （**c**）

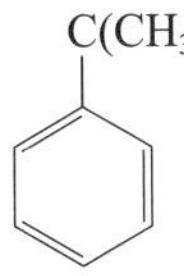

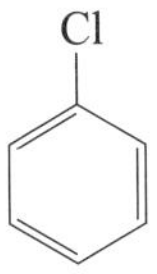

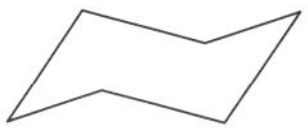

（**d**）NO_2 （**e**）O　CH_3　C （**f**）CH_2CH_3

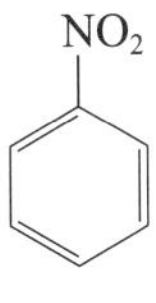

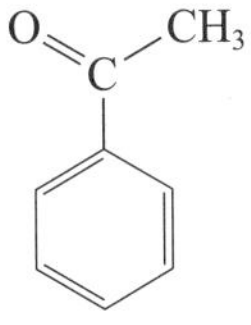

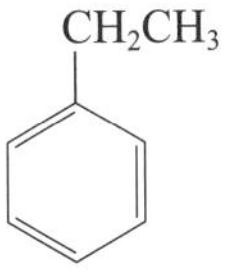

（**g**）SO_3H （**h**）Br （**i**）

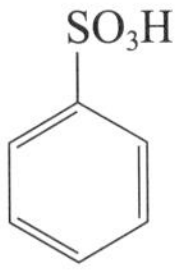

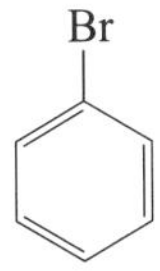

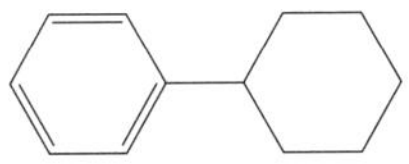

48. 预测下列每一组试剂混合物对苯加成的主产物。（**提示：**寻找本章中的类似反应。）

（**a**）Cl_2+AlCl_3

（**b**）$T_2O+T_2SO_4$（T＝氚，^3H）

（**c**）$(CH_3)_3COH+H_3PO_4$

（**d**）N_2O_5（此化合物易分解成 NO_2^+ 和 NO_3^-）

（**e**）$(CH_3)_2C=CH_2+H_3PO_4$

（**f**）$(CH_3)_3CCH_2CH_2Cl+AlCl_3$

（**g**）$(CH_3)_2C(Br)CH_2CH_2C(Br)(CH_3)_2+AlBr_3$

（**h**）$H_3C-C_6H_4-COCl+AlCl_3$

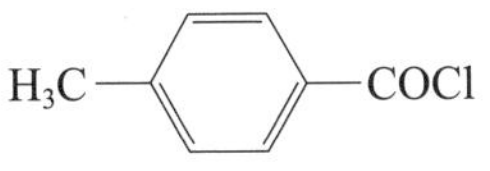

49. 请写出习题 48 中（**c**）和（**f**）反应的机理。

50. 六氘代苯（C_6D_6）是一种测定^1H NMR 波谱非常有用的溶剂，因为它能够溶解很多有机化合物，并且它是芳香性的，非常稳定。提出一种制备六氘代苯的方法。

51. 提出用氯磺酸（$ClSO_3H$）对苯进行磺酰化反应（如下所示）的机理。

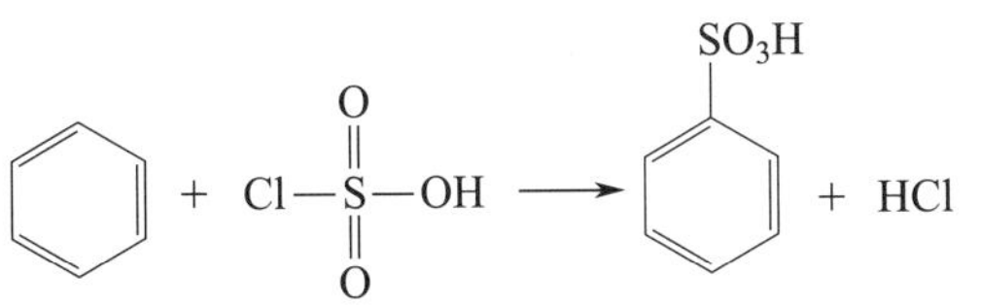

$$C_6H_6+Cl-SO_2-OH\longrightarrow C_6H_5SO_3H+HCl$$

52. 在三氯化铝存在下，苯与二氯化硫（SCl_2）反应得到二苯基硫醚 $C_6H_5-S-C_6H_5$，提出该反应的机理。

53. （**a**）3-苯基丙酰氯（$C_6H_5CH_2CH_2COCl$）与 $AlCl_3$ 反应生成单一产物，此产物分子式为 C_9H_8O，^1H NMR 谱图在 δ 2.53($t,J=8Hz$, 2H)，3.02($t,J=8Hz$,2H) 和 7.2～7.7（m，4H）处有吸收峰。推测此产物的结构和反应机理。

（**b**）上面（a）描述的产物经历下面一系列反应：(1) $NaBH_4$，CH_3CH_2OH，(2) 浓 H_2SO_4，100 ℃，(3) $H_2/Pd-C/CH_3CH_2OH$，最终生成的分子在^{13}C NMR 谱图中存在五个共振吸收峰。在这一系列转化中每一步的产物是什么？

54. 本章内容阐述烷基苯比苯更容易受到亲电进攻。画出如图 15-20 所示的曲线图，以说明甲苯和苯的亲电取代反应在能量分布曲线上定量的差别。

55. 如同卤代烷烃，卤代芳烃也可容易地转变成金属有机试剂，它们是亲核碳的来源。

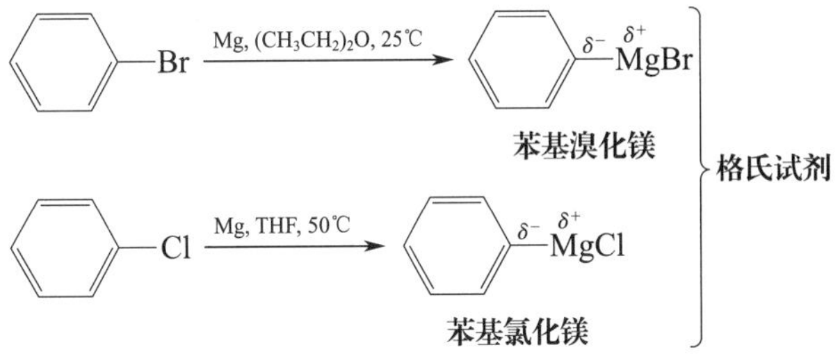

$$C_6H_5Br\xrightarrow{Mg,\ (CH_3CH_2)_2O,\ 25℃}C_6H_5^{\delta-}\overset{\delta+}{MgBr}$$

苯基溴化镁

$$C_6H_5Cl\xrightarrow{Mg,\ THF,\ 50℃}C_6H_5^{\delta-}\overset{\delta+}{MgCl}$$

苯基氯化镁

格氏试剂

这些试剂的化学性质与其烷基类似物相似，写出下列反应的主产物。

（**a**）$C_6H_5Br\xrightarrow[3.\ H^+,H_2O]{1.\ Li,(CH_3CH_2)_2O\quad 2.\ CH_3CHO}$

（**b**）$C_6H_5Cl\xrightarrow[3.\ H^+,H_2O]{1.\ Mg,THF\quad 2.\ H_2C\overset{O}{—}CH_2}$

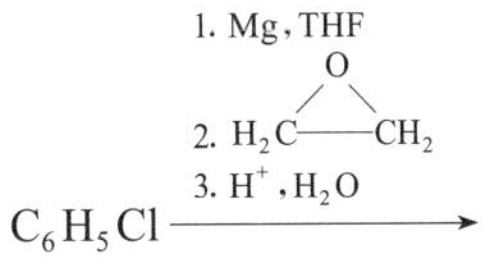

56. 以苯为原料高效合成下列化合物：（**a**）1-苯基-1-庚醇；（**b**）2-苯基-2-丁醇；（**c**）辛基苯。（**提示：**使用 15-13 节中的方法。为什么在此不能使用 Friedel-Crafts 烷基化反应？）

57. 香草醛是一种具有多官能团取代的苯衍生物，其中每个官能团都表现出其特有的反应性。你认为香草醛与以下每种试剂反应的产物是什么？

（**a**）$NaBH_4$，CH_3CH_2OH

（**b**）NaOH，然后加入 CH_3I

香草醛

香草醛是从香草属植物的种子荚中提取出来的，其历史可以追溯到至少 500 年前：墨西哥阿兹特克人（Mexican Aztecs）用它来调制一种称作“xocoatl”风味的巧克力饮料。Cortez 在蒙特苏马统治时期发现了它，并将其传入了欧洲。随着对香草醛需求的增长，发展香草醛的合成方法非常必要，其中包括从其他植物源中提取相关的物质。最重要的原料来源之一是造纸产生的木料废弃物，将其先用 NaOH 水溶液处理，然后在 170 ℃下用加压空气氧化，可以产生大量的香草醛。丁子香酚（丁香提取物）转化为香草醛的方法与上述过程在化学上很类似。首先，将丁子香酚在 150 ℃下和高沸点溶剂中用 KOH 处理，使其侧链丙烯基中双键的位置发生异构化：

KOH, 150℃, 1.5 h

丁子香酚

随后氧化断裂双键完成香草醛合成（12-12 节）。（c）请提出上述反应式中双键异构化的机理。

58. 由于 π 电子环状离域，下面表示 *o*-二甲苯的结构式 A 和 B 仅是同一分子的两个共振式。两个二甲基环辛四烯结构式 C 和 D 是否也能认为是同一分子的不同共振式？请解释。

A　B

C　D

59. 下图中定性比较了烯丙基和环丙烯基 π 体系的能级。（a）画出这两个体系各自的三个分子轨道。如同图 15-4，用正号、负号和虚线表示成键重叠和节面。这两个体系含有简并轨道吗？（b）相对于烯丙基，多少个电子能使环丙烯基体系获得最大稳定化作用（与图 15-5 中苯进行比较）？画出这两个体系含有这些电子及一定电荷的 Lewis 结构式。（c）在（b）中画出的环丙烯基体系符合芳香性的要求吗？请解释。

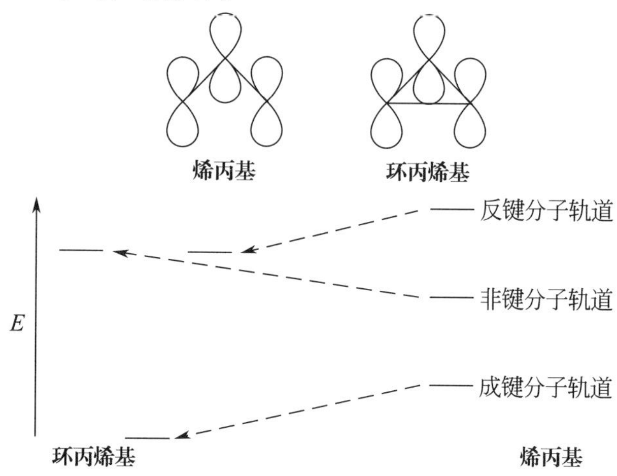

60. 挑战题　2,3-二苯基环丙烯酮（结构如下）与 HBr 作用形成一个具有离子性质（例如盐）的加成产物，画出此产物的结构，并说明此物质稳定存在的理由。

2,3-二苯基环丙烯酮

61. 挑战题　根据 Hückel 规则，环丁二烯二正离子（$C_4H_4^{2+}$）是芳香性的吗？请画出它的 π 分子轨道图来说明。

62. 以下所示的所有分子都是“富烯”（亚甲基环戊二烯）的实例。

5-甲亚基-1,3-环戊二烯 “富烯”　6-二甲氨基富烯

6,6-二甲基富烯　6,6-二苯基富烯

（a）这些分子结构中有一种比其他分子具有更强的酸性，其 pK_a 值在 20 左右，确定此分子和其酸性最强的氢，并解释为什么它是一个具有强酸性并仅有碳-氢键的

分子。

(b) 对应于上述富烯分子结构，7-异丙亚基-1,3,5-环庚三烯却没有不寻常的酸性，请解释。

63. 富烯的特征反应是亲核加成，你认为亲核试剂更容易进攻富烯中哪个碳原子，为什么？

64. 挑战题 (a) [18]轮烯的^{1}H NMR 谱图在δ=9.28 (12H) 和−2.99 (6H) 处显示两组信号。负的化学位移意味着此共振吸收峰在$(CH_3)_4Si$峰右边的高场区，请解释此谱图。(**提示**：参考图 15-9。) (b) 1,6-亚甲基[10]轮烯（结构如下）是一个不寻常的分子，它的^{1}H NMR 谱图在 δ=7.10 (8H) 和−0.50 (2H) 处产生两组信号，这个结果是分子具有芳香性的标志吗？

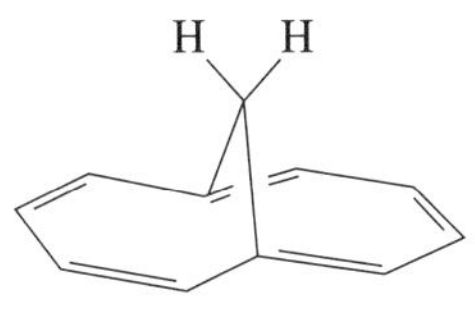

1,6-亚甲基[10]轮烯

(c) 习题 42 (d) 中的分子（1,5-亚甲基[10]轮烯）在^{1}H NMR 和^{13}C NMR 谱图中也都存在不同寻常的信号。^{1}H NMR 谱除了在 δ=6.88～8.11 有信号（共计 8H）之外，在 δ=−0.95 (d, J=12Hz, 1H) 和−0.50 (d, J=12Hz, 1H) 处也有吸收峰。^{13}C NMR 除了在 δ=125.1～161.2 的信号外，在 δ=34.7 有一个峰。请再次给出理由。

65. [14]轮烯最稳定的异构体的^{1}H NMR 谱图在 δ=−0.61 (4H) 和 7.88 (10H) 处显示两组峰。这里给出了 [14]轮烯两个可能的异构体，它们的差别在哪里？哪一种结构与所给出的 NMR 谱图吻合？

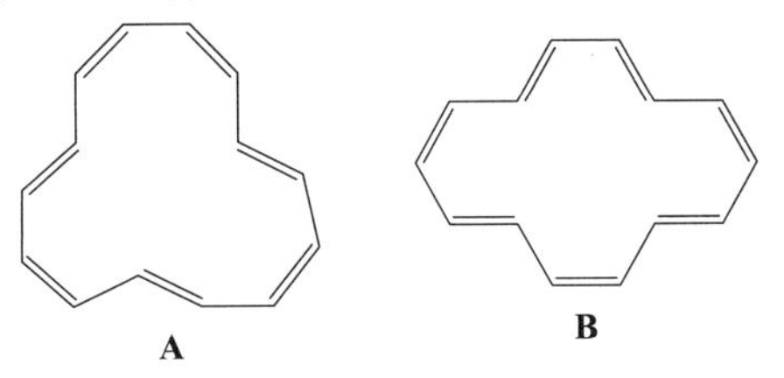

66. 用反应机理解释下列反应及所示的立体构型。

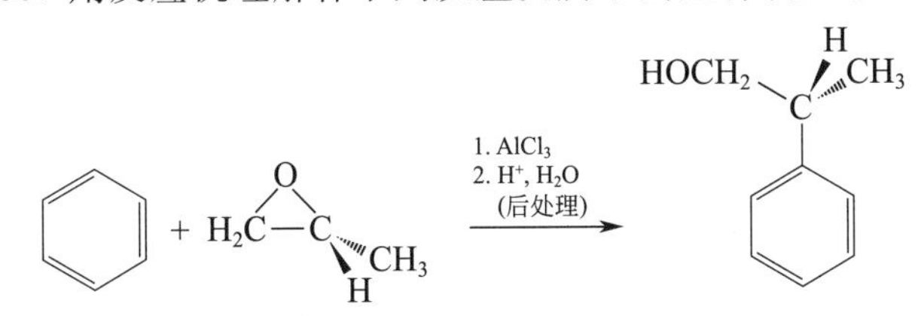

67. 金属取代苯在医药领域有很长的应用历史。在发现抗生素以前，许多疾病只能用苯基砷衍生物治疗。至今，苯基汞衍生物一直用作杀菌剂和抗菌剂。根据本章所学的基本原理和你对 Hg^{2+} 化合物特性的认知（12-7 节），设计合理的反应合成乙酸苯汞。

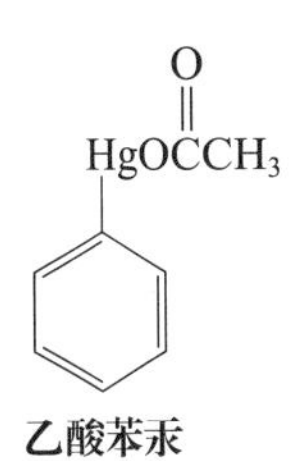

乙酸苯汞

团队练习

68. 小组讨论下列与芳香亲电取代反应机理相关的补充实验结果：

(a) HCl 和苯的混合溶液是无色的，并且不导电。而 HCl、$AlCl_3$ 和苯的混合溶液有色且导电。

(b) 下图所列是图中活性中间体的^{13}C NMR 谱图的化学位移值（参见练习 15-24）。

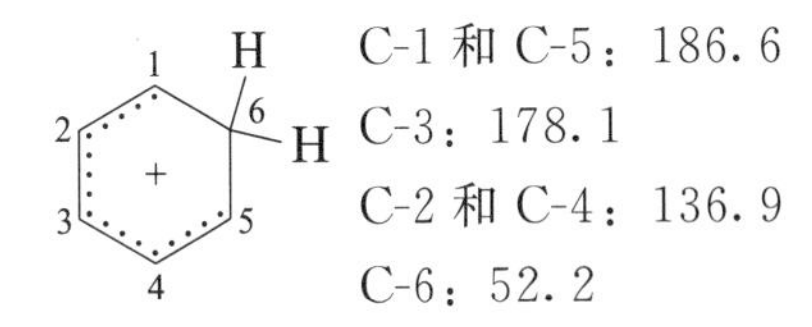

(c) 下列化合物氯化反应的相对速率如表所示：

化合物	相对速率
苯	0.0005
甲苯	0.157
1,4-二甲苯	1.00
1,2-二甲苯	2.1
1,2,4-三甲苯	200
1,2,3-三甲苯	340
1,2,3,4-四甲苯	2000
1,2,3,5-四甲苯	240000
五甲苯	360000

(d) 当 1,3,5-三甲苯用氟乙烷和 1 倍量 BF_3 在−80 ℃处理时，生成一个可分离的、熔点为−15 ℃的固体盐化合物。加热此盐产生 1-乙基-2,4,6-三甲苯。

预科练习

69. *o*-磺苯胺是下列哪个化合物的常用名？

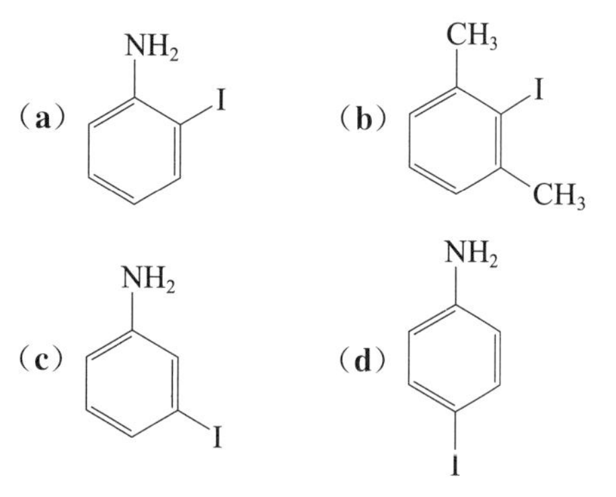

70. 根据 Hückel 规则，下列哪个化合物不是芳香性的？

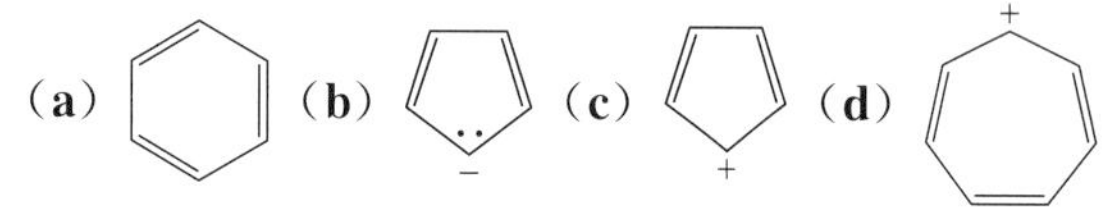

71. 当化合物 A（如下所示）用稀无机酸处理时会发生异构化，下列化合物中哪个是新生成的异构体？

CHCH₃ / CHCH₃

A

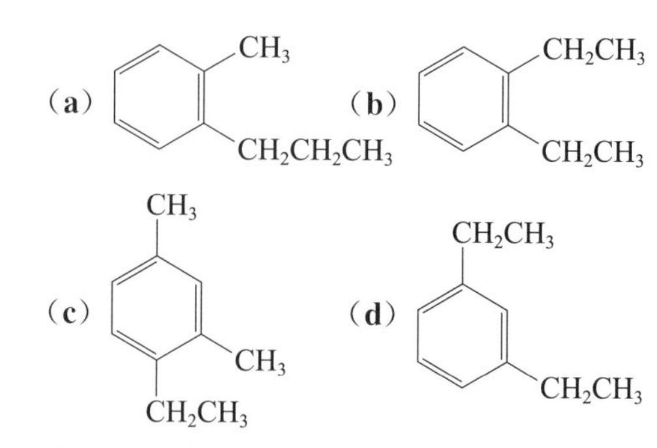

72. 实现下面转化采用哪组试剂最好？

Br

(**a**) HBr，过氧化物；(**b**) Br_2，$FeBr_3$；

(**c**) Br_2 的 CCl_4 溶液；(**d**) KBr。

73. 指出下列哪一个分子含有 1.39Å 的碳-碳键。

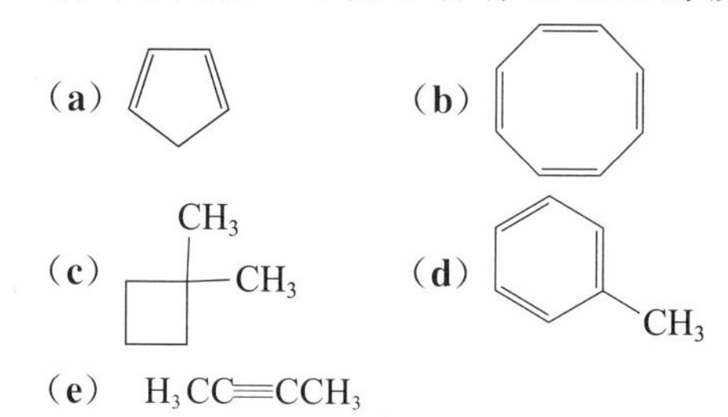

习题解答

36. (**a**) 3-氯苯甲酸，m-氯苯甲酸　(**b**) 1-甲氧基-4-硝基苯，4-或 p-硝基苯甲醚

(**c**) 2-羟基苯甲醛，o-羟基苯甲醛　(**d**) 3-氨基苯甲酸，m-氨基苯甲酸

(**e**) 4-乙基-2-甲基苯胺　(**f**) 1-溴-2,4-二甲基苯

(**g**) 4-溴-3,5-二甲氧基苯酚　(**h**) 2-苯基乙醇

(**i**) 1-溴-8-氯萘　(**j**) 1-(3-菲基)乙酮，3-乙酰基菲

37. (**a**) 1,2,4,5-四甲基苯　(**b**) 4-己基-1,3-苯二酚

(**c**) 2-甲氧基-4-烯丙基苯酚　(**d**) 反-1-甲氧基-4-(1-丙烯基)苯

38. (**a**) O=C(H), Cl　命名合理（IUPAC 名称：2-氯苯甲醛）。

(**b**) HO, OH, OH　命名编号错误，应为 1,3,5-苯三酚。

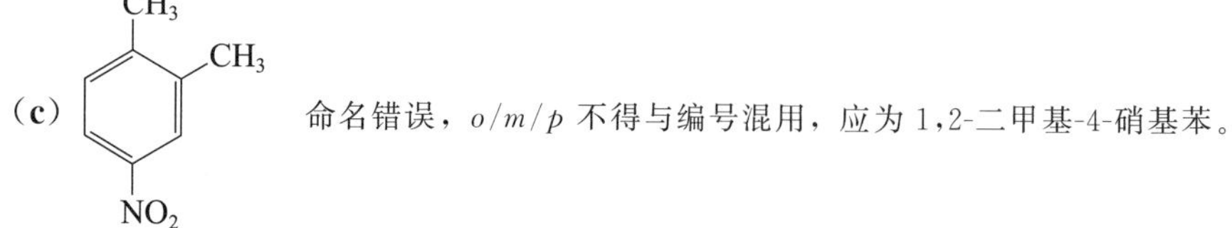

命名错误，$o/m/p$ 不得与编号混用，应为 1,2-二甲基-4-硝基苯。

(d) COOH / $CH(CH_3)_2$ 　命名合理［IUPAC名称：3-(1-甲基乙基)苯甲酸］。

(e) NH_2 / Br / Br 　命名编号错误，应为3,4-二溴苯胺。

(f) CH_3O / $\overset{O}{\|}CCH_3$ / NO_2 　命名错误，多取代只能使用编号，正确命名为4-甲氧基-3-硝基苯乙酮，或1-(4-甲氧基-3-硝基苯基)乙酮。

39. 根据教材中图15-3可知，苯的能量会升高约30 $kcal \cdot mol^{-1}$，故ΔH_{comb}为-819 $kcal \cdot mol^{-1}$。

40. H_8　H_1 ← 7.86　H ← 7.49　H_5　H_4

C-1、C-4、C-5、C-8上的氢受到了去屏蔽效应的影响，因为它们更接近分子中的另一个苯环。它们受到三种π电子环电流的去屏蔽效应的影响：整个分子的环电流（i）、自身苯环的环电流（ii）和相邻苯环的环电流（iii）。

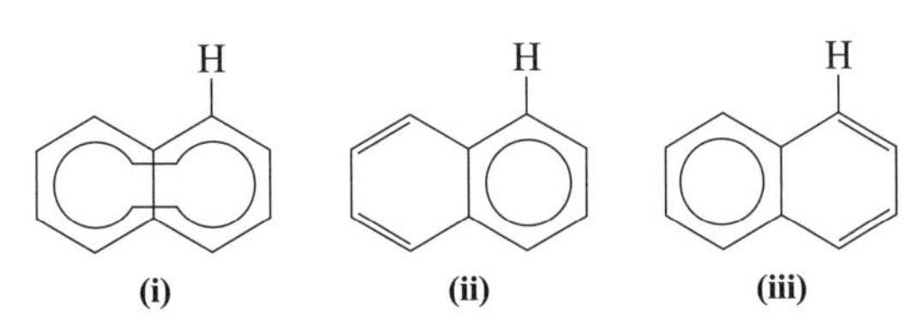

C-2、C-3、C-6、C-7上的氢距离另一个苯环太远，几乎不会受到另一苯环上环电流的影响。

41. 是一致的。通常认为环辛四烯没有任何特殊的稳定性，包括芳香性。因此，它的四个双键加氢释放的能量应该是一个双键加氢释放能量的四倍。数据表明情况大致如此。

42. Hückel规则内容：芳香性要求①$4n+2$个π电子；②包含在一个完整的、不间断的p轨道环状共轭体系中。

(**a**) 无芳香性。3个π电子。(**b**) 有芳香性。苯环是完整的，额外的双键是一个不相关的取代基，不是环状共轭体系的一部分。(**c**) 无芳香性。饱和碳为sp^3杂化，打断了p轨道的环状共轭体系，如果没有p轨道环状共轭体系，π电子的数目便是无关紧要的。(**d**) 有芳香性。10个π电子，且这里的sp^3碳为桥连碳原子，不会打断p轨道环状共轭体系。(**e**) 无芳香性。12个π电子，电子数不符合要求。(**f**) 无芳香性。9根π键有18个π电子，电子数合适，但两个负电荷又加上了两个电子，一共20个电子，电子数不符合要求。(**g**) 无芳香性。饱和的桥头碳打断了环状共轭体系。

43. (**a**) 紫外光谱表明有苯环的存在。^{13}C NMR谱图有三个峰，因此分子一定有对称性。而^1H NMR谱图有两组强度相同的峰。考察以下三种可能的二溴代苯，很明显邻位异构体是正确答案。

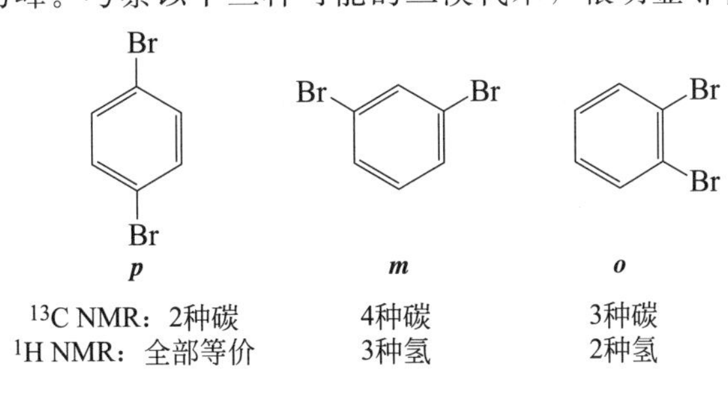

红外光谱（参见教材 709 页）745 cm^{-1} 处单峰与结论相符。

(b) ^1H NMR 谱图表明有四个苯基氢（其中一个与另外三个有较大不同）和 CH_3O—（$\delta=3.7$）。红外光谱数据表明为间二取代苯。所以答案为：

(c) ^1H NMR 谱图表明有两个苯基氢，三个 CH_3（其中两个等价的；注意 ^{13}C NMR 中只有两种甲基碳）。另外，^{13}C NMR 谱图中只有四种苯环碳，故分子有一定对称性。所以（利用排除法）答案为：

44. 上面的谱图对应于苯衍生物甲苯。苯衍生物谱图的一般特征是强分子离子峰和少量低质量峰，这体现出该化合物不易碎裂，具备芳香化合物的特点。唯一的重要碎片是失去一个氢原子后形成的由共振稳定化的碳正离子 $C_6H_5\overset{+}{C}H_2$（将在第 22 章中详细讨论）。相反，下面的质谱图显示出大量的碎片，这在炔烃中常见（13-3 节）。注：例如 $m/z=39$ 处的强峰对应于由共振稳定化的正离子 $HC\equiv C\overset{+}{C}H_2$ 。

45. **(a)** 可以。与习题 43（a）的答案对照，你会发现对于每种二取代模式，环上 ^{13}C NMR 的峰数目都是不同的。加上分子中两个等价的甲氧基碳的峰，我们预计对位异构体有 3 个 ^{13}C NMR 峰，间位异构体有 5 个，邻位异构体有 4 个。

(b) 下面给出了 10 种可能的异构体和每种异构体的 ^{13}C NMR 峰数（环上碳＋甲氧基碳，甲氧基可能不等价）。

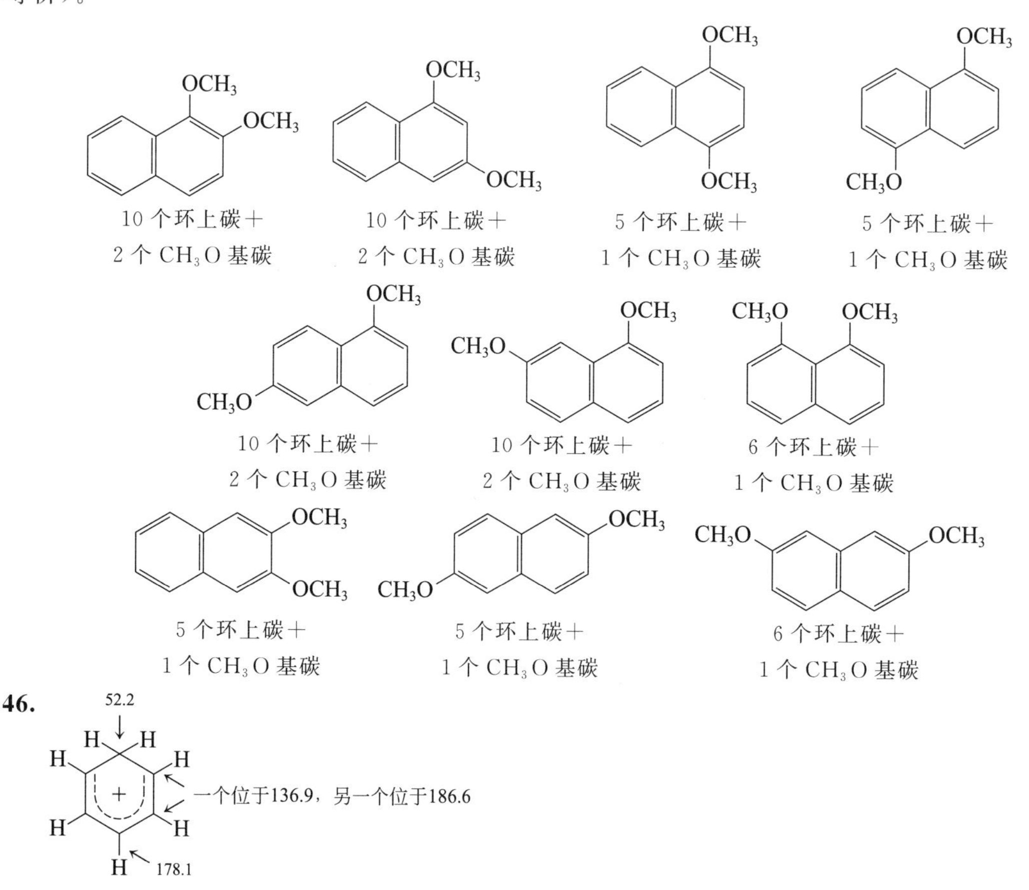

通过观察共振式，进一步指认 136.9 和 186.6 处的吸收峰：

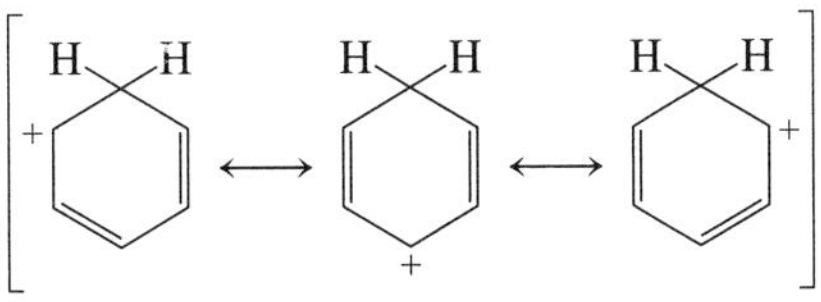

在共振式中，正电荷只存在于三个碳原子上：它们应该是去屏蔽最多的。这就解释了最下面碳 $\delta=178.1$ 的化学位移。因此，$\delta=186.6$ 的碳一定对应于离域离子带正电荷的端位碳：

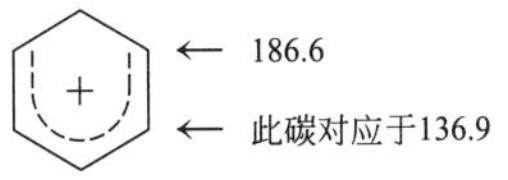

← 186.6

← 此碳对应于136.9

47.（**a**）$(CH_3)_3CCl$，$AlCl_3$；（**b**）Cl_2，$FeCl_3$；（**c**）H_2，Pt；（**d**）HNO_3，H_2SO_4；（**e**）CH_3COCl，$AlCl_3$；（**f**）CH_3CH_2Cl，$AlCl_3$；（**g**）SO_3，H_2SO_4；（**h**）Br_2，$FeBr_3$；（**i**）氯代环己烷，$FeCl_3$。

48.（**a**）Cl（**b**）首先产生 T 最后产生（对照练习 15-23）

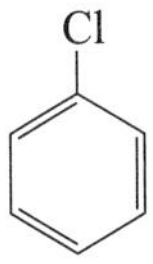

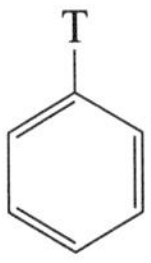

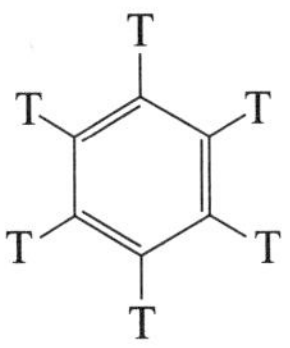

（**c**），（**e**）涉及正离子 $(CH_3)_3C^+$ 的 Friedel-Crafts 烷基化反应 $C(CH_3)_3$

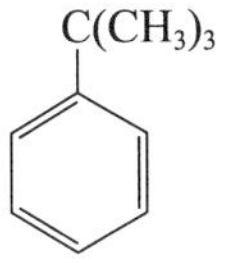

（**d**）NO_2

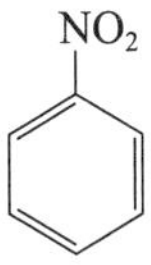

（**f**）格外注意！ $(CH_3)_3CCH—CH_2—\overset{+}{Cl}—\overset{-}{Al}Cl_3 \xrightarrow{\text{H迁移}}$

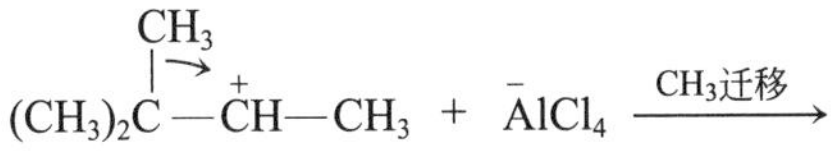

$(CH_3)_2C—\overset{+}{C}H—CH_3 + \overset{-}{Al}Cl_4 \xrightarrow{CH_3\text{迁移}}$

$(CH_3)_2\overset{+}{C}—CH(CH_3)_2 \longrightarrow (CH_3)_2CH—C(CH_3)_2(\text{苯鎓}) \xrightarrow{-H^+} (CH_3)_2CH—C(CH_3)_2—C_6H_5$

（**g**）H_3C CH_3 H_3C CH_3　　（**h**）H_3C O C

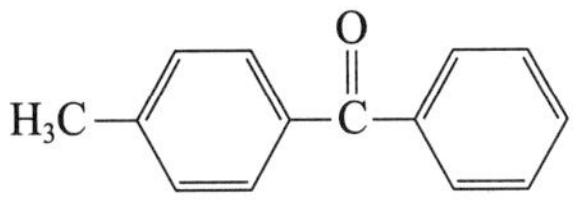

49.（**c**）

$(CH_3)_3C—\ddot{O}H \quad H^+ \longrightarrow (CH_3)_3C—\overset{+}{O}H_2 \xrightarrow{-H_2O} (CH_3)_3C^+$

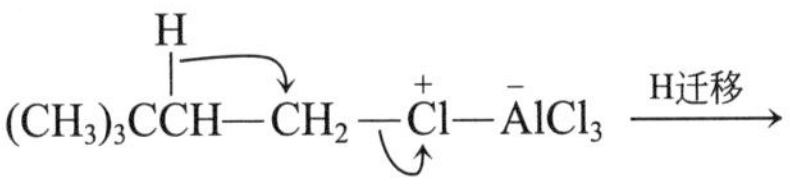

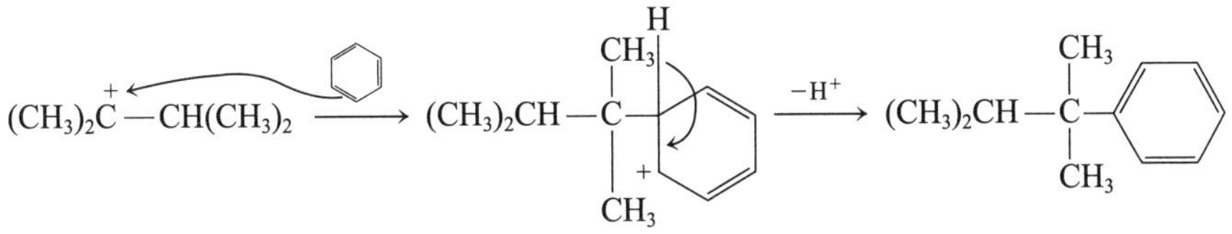

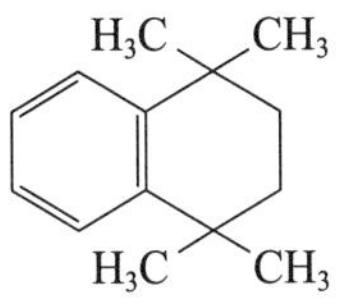

$\longrightarrow$ $(CH_3)_3C$ H $\xrightarrow{-H^+}$ $C(CH_3)_3$

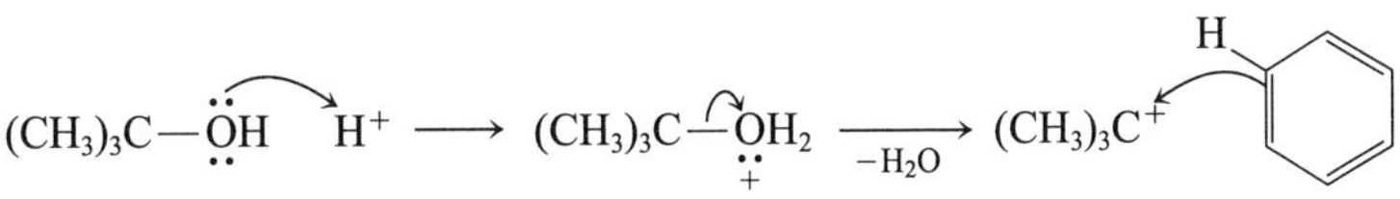

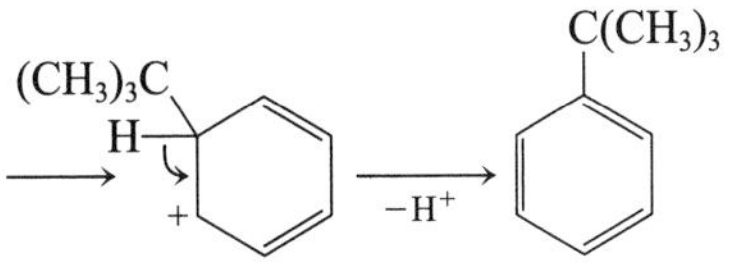

（**f**）已在习题 48 答案中呈现。

50. 这个问题分为两部分：用什么制备 C_6D_6，又如何去制备？本章并没有给出由非苯类起始原料构建苯环的有效方法，但给出了取代苯环上基团的方法——芳香亲电取代反应。我们仔细思考想要实现的目标：将氘（D）与每个碳结合。一种可能的亲电试剂是氘离子（D^+）。在15-10节中，我们看到氢离子（H^+）具有足够的亲电性来进攻苯环（在那种情况下，苯磺酸的—SO_3H基团会被—H取代）。因此，我们可以预测D^+有类似的反应性，可以进攻苯磺酸并将其—SO_3H基团取代为—D。事实上，确实如此，但这真的是解决问题的最好方法吗？15-10节中的反应是为了说明如何脱除—SO_3H基团。不过，我们真的需要先引入—SO_3H基团来达成我们的目标——将H替换为D吗？15-10节告诉我们，D^+可以作为亲电试剂进攻苯环。因此，我们推测它也可以进攻苯：

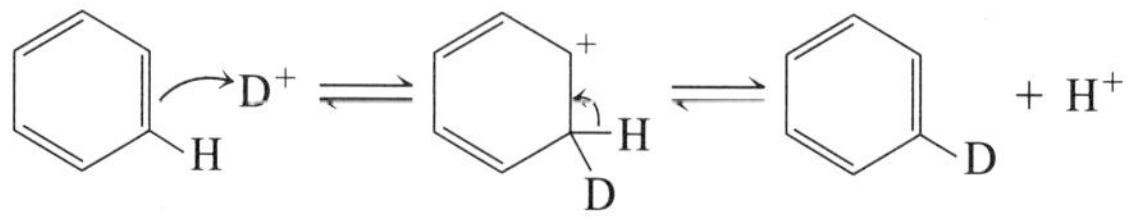

D^+ ⇌ H D ⇌ D + H^+

如果反应正向进行，我们就把H替换为了D！但这是一个平衡反应，我们需要驱动它从左到右进行。解决办法是用大量含D^+而不含H^+的酸性溶液处理苯，这里的酸性溶液可由D_2O稀释D_2SO_4得到。根据上面的方程式，反应达到平衡时，苯的大部分C—H键就被替换为了C—D键。我们重复多次这个过程，每次用新的D_2SO_4的D_2O溶液处理部分氘代的苯，直到苯中残余H的量降低到可接受的水平（通常远低于1%）。

51. 书写机理时，请确定一个可能的亲电原子并遵循合理的反应机理。

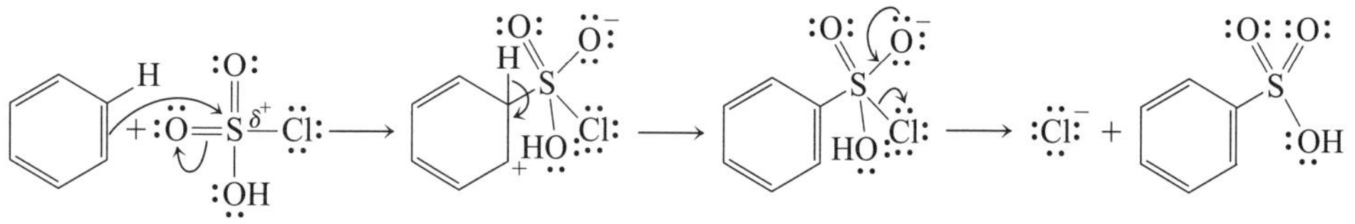

52. 考虑发生两次类似于Friedel-Crafts烷基化反应的机理。

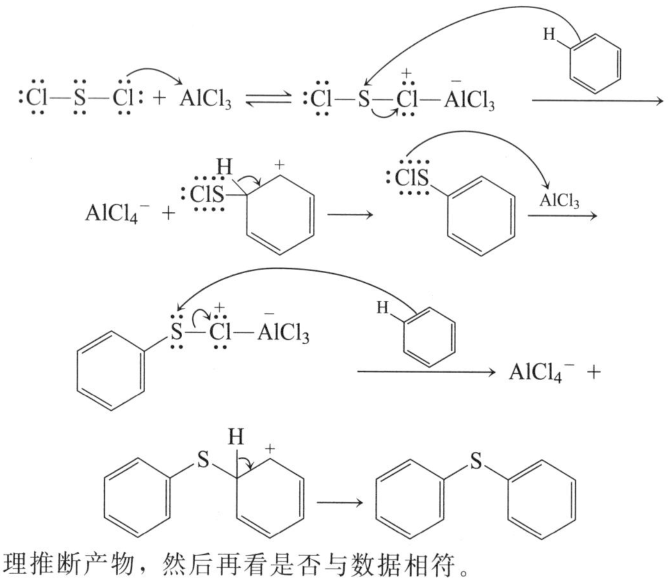

$Cl—S—Cl + AlCl_3$ ⇌ $Cl—S—\overset{+}{Cl}—\overset{-}{Al}Cl_3$ ⟶ $AlCl_4^-$ + ClS ⟶ ClS $\xrightarrow{AlCl_3}$ $AlCl_4^-$ + ⟶

53. (a) 先通过机理推断产物，然后再看是否与数据相符。

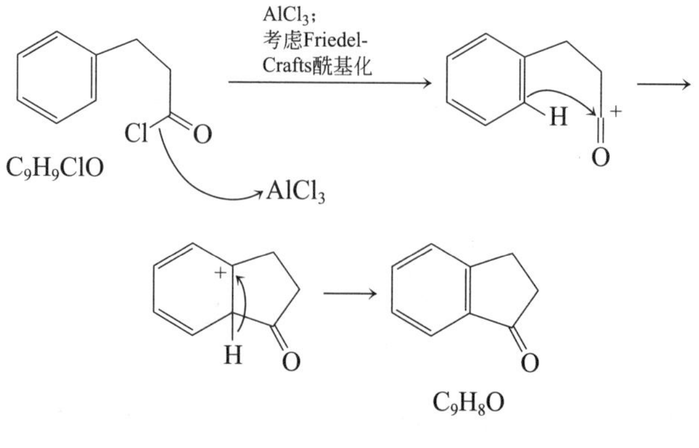

C_9H_9ClO $\xrightarrow{AlCl_3;\ 考虑Friedel\text{-}Crafts酰基化}$ ⟶ ⟶ C_9H_8O

（**b**）

$$\xrightarrow[\text{CH}_3\text{CH}_2\text{OH}]{\text{NaBH}_4,}\ \text{OH}\ \xrightarrow[100℃]{\text{浓H}_2\text{SO}_4,}\ \xrightarrow[\text{CH}_3\text{CH}_2\text{OH}]{\text{H}_2,\ \text{Pd-C},}$$

54.

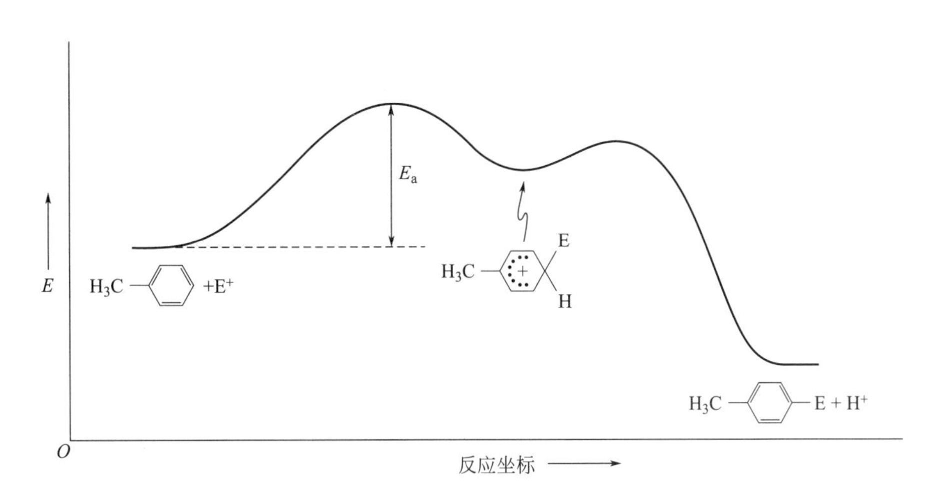

和苯相比，甲苯的反应以更低的活化能进行（$E_{a,甲苯}<E_{a,苯}$），且中间体正离子更加稳定。

55.（**a**）$C_6H_5CH(OH)CH_3$　　（**b**）$C_6H_5CH_2CH_2OH$

56.（**a**）和（**b**）的合成均可以使用多种方法：一种方法以 Friedel-Crafts 酰基化为基础，使用酰氯进行反应；另一种方法则利用了格氏试剂与醛酮的加成反应。如果只想到了其中一种方法，在看下面的答案之前，试着给出另一种方法。

注意： Friedel-Crafts 酰基化反应一般用酸性水溶液进行后处理，该步骤在本题和之后的合成方案中省略。

（**a**）

$$C_6H_6 \xrightarrow{\text{CH}_3(\text{CH}_2)_5\text{COCl},\ \text{AlCl}_3} C_6H_5C(=O)(CH_2)_5CH_3 \xrightarrow{\text{NaBH}_4,\ \text{CH}_3\text{CH}_2\text{OH}} C_6H_5CH(OH)(CH_2)_5CH_3$$

$$C_6H_6 \xrightarrow{\text{Br}_2,\ \text{FeBr}_3} C_6H_5Br \xrightarrow{\text{Mg},\ (\text{CH}_3\text{CH}_2)_2\text{O}} C_6H_5MgBr \xrightarrow[2.\ \text{H}^+,\ \text{H}_2\text{O}]{1.\ \text{CH}_3(\text{CH}_2)_5\text{CHO}} C_6H_5CH(OH)(CH_2)_5CH_3$$

（**b**）

$$C_6H_6 \xrightarrow{\text{CH}_3\text{CH}_2\text{COCl},\ \text{AlCl}_3} C_6H_5C(=O)CH_2CH_3 \xrightarrow[2.\ \text{H}^+,\ \text{H}_2\text{O}]{1.\ \text{CH}_3\text{MgI},\ (\text{CH}_3\text{CH}_2)_2\text{O}} C_6H_5C(OH)(CH_3)CH_2CH_3$$

$$C_6H_6 \xrightarrow{\text{Br}_2,\ \text{FeBr}_3} C_6H_5Br \xrightarrow{\text{Mg},\ (\text{CH}_3\text{CH}_2)_2\text{O}} C_6H_5MgBr \xrightarrow[2.\ \text{H}^+,\ \text{H}_2\text{O}]{1.\ \text{CH}_3\text{CH}_2\text{COCH}_3} C_6H_5C(OH)(CH_3)CH_2CH_3$$

（**c**）Friedel-Crafts 烷基化反应容易得到重排产物，故使用酰化-还原的策略。

$$C_6H_6 \xrightarrow{\text{CH}_3(\text{CH}_2)_6\text{COCl},\ \text{AlCl}_3} C_6H_5C(=O)(CH_2)_6CH_3 \xrightarrow{1.\ \text{NaBH}_4;\ 2.\ \text{HBr};\ 3.\ \text{LiAlH}_4} C_6H_5(CH_2)_7CH_3$$

57.（**a**）

（**b**）

（**c**）

58. 环辛四烯缺乏共振稳定性，其双键的反应性更接近孤立双键，而非共轭双键。事实便是如此。由于分子的几何结构（非平面的；参见图 15-17），环辛四烯的双键不会重叠形成共轭体系。因此，共振便不会发生：

上面的两个结构实际上代表着不同的分子，它们的名称分别是 1,2-二甲基环辛四烯和 1,8-二甲基环辛四烯。

59.（**a**）参考教材中图 15-4 绘制分子轨道，并以同样的方式在轨道图中标出节面。

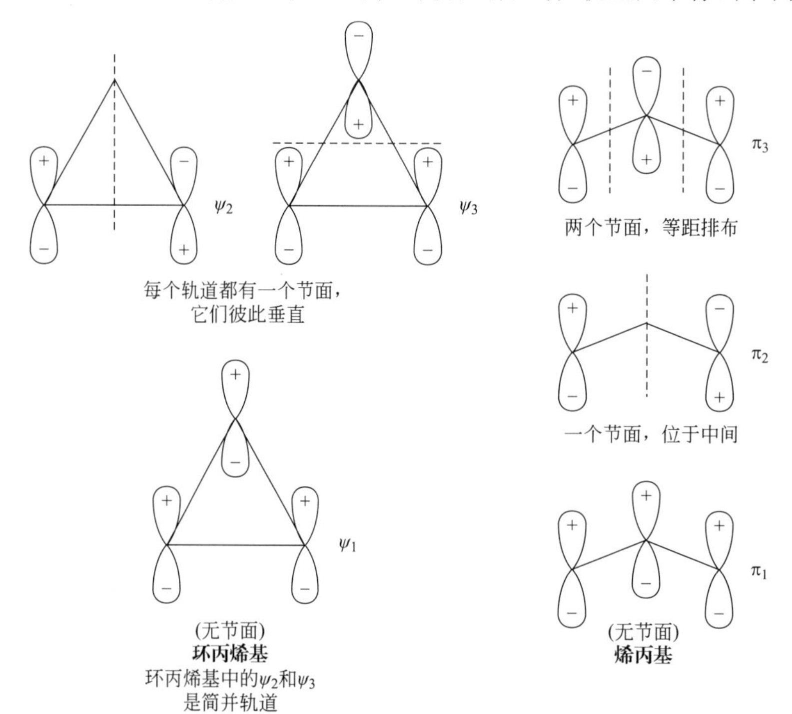

（**b**）两个电子最稳定。它们将填充环丙烯基的 ψ_1 轨道，并像烯丙基的 π_1 轨道电子一样稳定。而像烯丙基的 π_2 电子一样，环丙烯基的 ψ_2 和 ψ_3 电子是不稳定的。二电子的环丙烯基和烯丙基体系的路易斯结构如下（均为正离子）：

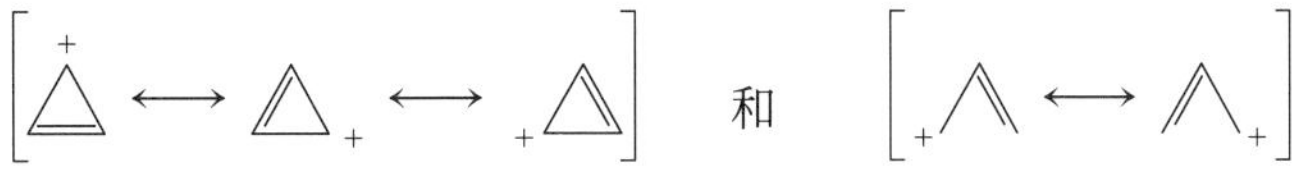

和

（c）符合。环丙烯基正离子在一个完整的、不间断的 p 轨道“环状”（实际上是三角形）共轭体系中有两个 π 电子，符合 Hückel 规则。可以认为这些电子在环上离域，且体系比开链类似物烯丙基正离子更稳定。

60. 虽然此分子中有几个合理的质子化位点，但路易斯碱性的羰基氧是不同寻常的：质子化后，形成了由共振稳定化的正离子，其中一个共振极限式可看作取代的环丙烯基正离子，它具有芳香性（习题 59）。实际上，又由于存在额外的苯基取代，这个物种相当稳定。

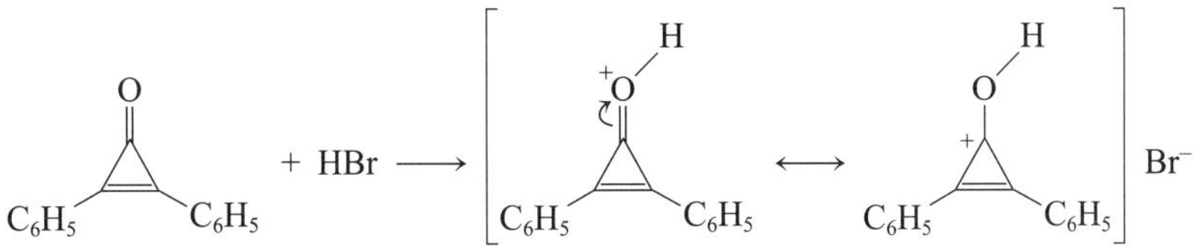

C_6H_5 C_6H_5 + HBr ⟶ [C_6H_5 C_6H_5 ⟷ C_6H_5 C_6H_5] Br^-

61. 这个正离子是从电中性的双烯中移除两个 π 电子得到的：

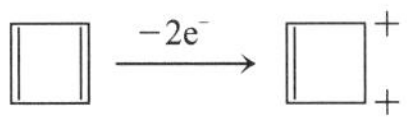

$-2e^-$

故四元环的 π 体系中一共有 2 个 π 电子。依据 Hückel 规则，这会使它具有芳香性。该离子的分子轨道能级如下：

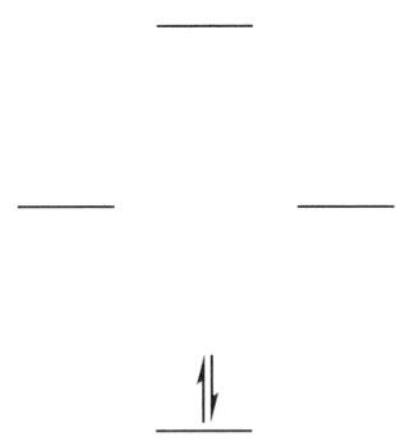

62. 让我们回顾一下：异常的强酸性一般与共轭碱的异常稳定性息息相关。在只含碳和氢的分子中，增强氢原子酸性的一种常见方法是通过芳香性稳定共轭碱。利用这一原理，找出从碳原子上去除一个质子后形成芳香性共轭碱的那一种结构。（**提示：**在 15-7 节中寻找芳香性的碳五元环。）

（a）环戊二烯负离子是芳香性的。四个富烯中只有一个在失去质子时，留下的孤对电子能够共振离域以产生芳香性的环戊二烯负离子：

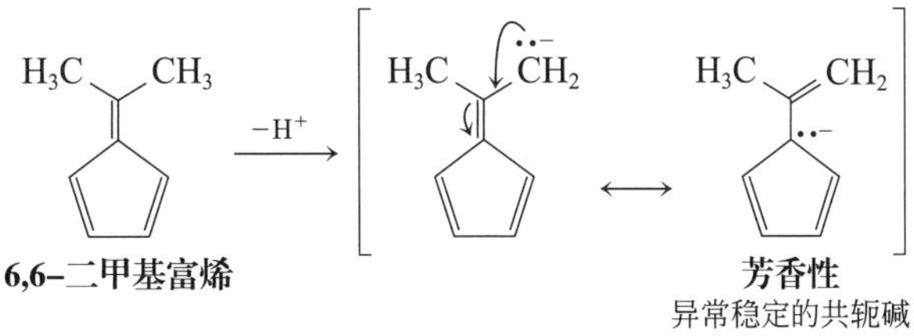

H_3C CH_3 $-H^+$ H_3C CH_2 H_3C CH_2

6,6-二甲基富烯

芳香性

异常稳定的共轭碱

因此，所示化合物中，6,6-二甲基富烯是一种具有异常酸性的化合物。

（b）如下所示，对应的七元环化合物在其中一个甲基脱除质子后会产生一个 8π 电子的反芳香性阴离子。这将是一种非常不稳定的共轭碱，因此，母体烃是一种很弱的酸。

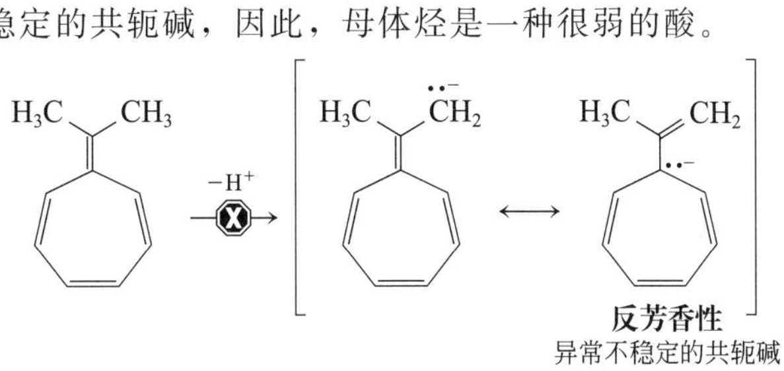

H_3C CH_3 $-H^+$ H_3C CH_2 H_3C CH_2

反芳香性

异常不稳定的共轭碱

63. 与习题 62 一样，寻找芳香性物种是解题的关键。亲核试剂加成到环外碳原子上会得到芳香性产物：

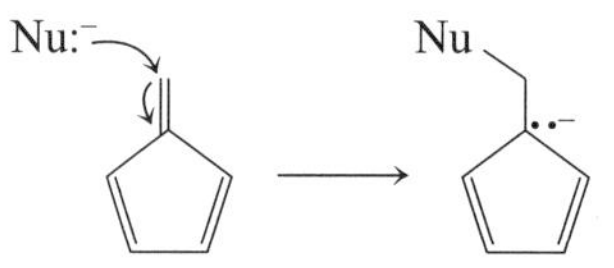

Nu:⁻ → Nu

芳香性

相反，如果亲核试剂加成在任意五元环碳上，那个碳就会变为四面体构型，破坏芳香性所必需的连续的 p 轨道环状共轭体系。因此，通常不会观察到类似的加成反应。

64. 图 15-9 展示了一个由芳香性分子环电流产生的局部磁场。如 15-4 节所述，$h_{局部}$ 加强了环外的 H_0，这种加强导致了外围质子的去屏蔽。相反，$h_{局部}$ 由相反方向指向环的中心，因此减弱了该区域的净磁场。如果芳香环足够大，以至于 π 电子环流内有氢原子存在，那么这类氢就会被强烈屏蔽，需要增大外磁场 H_0 的值才能实现共振。此时，它们的核磁共振信号会移到高场（右移）。

(**a**) [18]轮烯（15-6 节）的结构显示环外有 12 个氢（蓝色），这些氢与苯的氢一样会被去屏蔽。环内的 6 个氢（绿色）则被强烈屏蔽，这使得其信号比 $(CH_3)_4Si$ 更偏向高场 3 左右。

(**b**) 是的。π 体系外围的 8 个氢显示出和苯类似的去屏蔽效应，而环上方的 2 个桥上的氢则被屏蔽，这与 [18]轮烯环内氢被屏蔽类似。

(**c**) 与上面的两个问题类似。分子环外的氢有去屏蔽效应，而桥上的碳原子和氢原子则被屏蔽。

65. 结构 A 有 4 个顺式双键和 3 个反式双键，结构 B 则有 3 个顺式双键和 4 个反式双键。核磁共振表明存在 4 个环内氢和 10 个环外氢，这只与结构 B 相符。

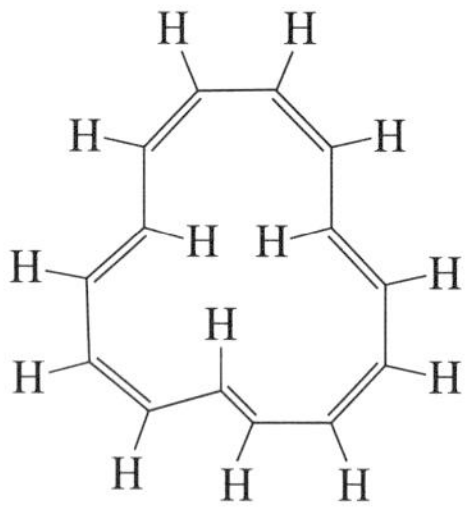

A

3个环内氢和11个环外氢

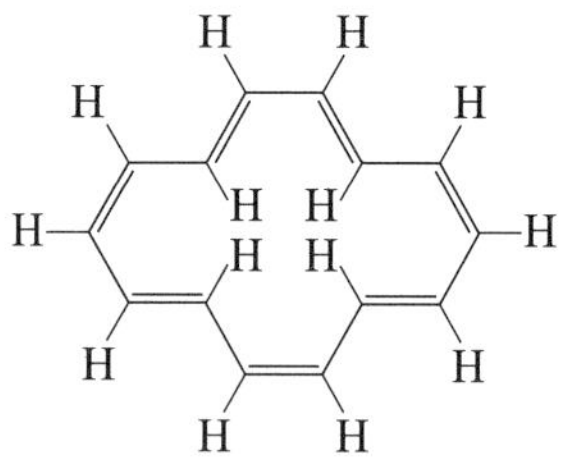

B

4个环内氢和10个环外氢

66. 将 $AlCl_3$ 看作路易斯酸，苯看作亲核试剂。回想一下（9-9 节），酸催化的环丙烷开环为 S_N1 区域选择性产生最稳定的碳正离子，但背面亲核进攻却是 S_N2 立体选择性。因此

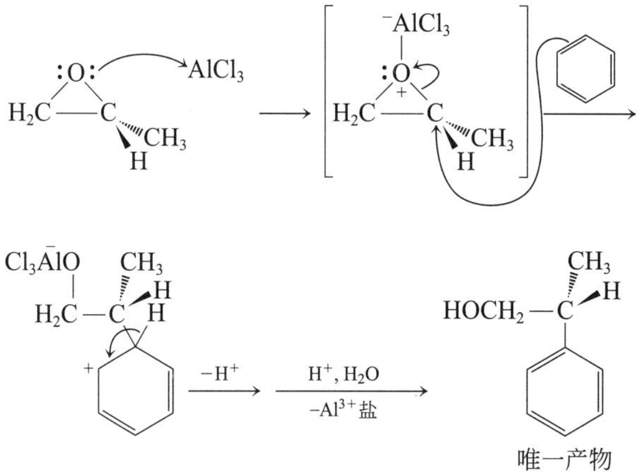

$-H^+$; H^+, H_2O / $-Al^{3+}$盐

唯一产物

67. 利用简单的亲电取代如何？ $Hg(\overset{O}{\overset{\|}{C}}OCH_3)_2$ 中的 Hg^{2+} 是亲电的，故可尝试：

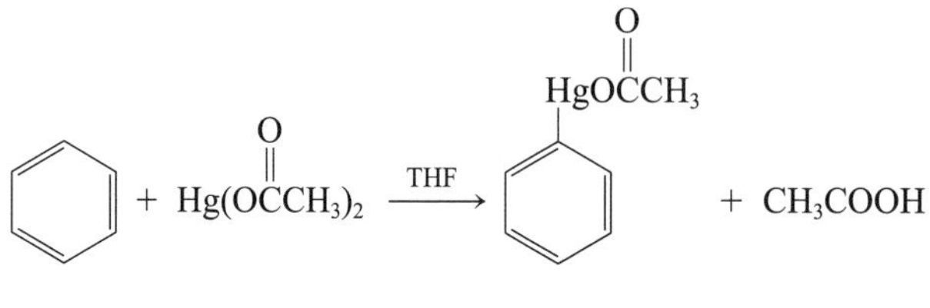

$$C_6H_6 + Hg(O\overset{O}{\overset{\|}{C}}CH_3)_2 \xrightarrow{THF} C_6H_5HgO\overset{O}{\overset{\|}{C}}CH_3 + CH_3COOH$$

68.（**a**）与卤代烃（RCl）和 $AlCl_3$ 的反应类似，HCl 与 $AlCl_3$ 同样可能发生反应。回想一下（15-11 节）RCl 与 $AlCl_3$ 的两种反应模式：一级 RCl 会形成路易斯酸碱加合物，而二级和三级 RCl 电离产生碳正离子。我们知道 HCl 很容易电离，因此有理由认为其在和 $AlCl_3$ 反应时同样会发生电离：$HCl + AlCl_3 \longrightarrow H^+ + AlCl_4^-$。含离子的溶液可以导电。

（**b**）最大的化学位移属于 C-1、C-3 和 C-5，这是可以理解的，因为这些原子在该正离子的三种共振极限式中带正电荷，应当最大程度去屏蔽。C-2 和 C-4 的化学位移对于苯环来说较为正常。C-6 的化学位移处于 sp^3 杂化碳的合理范围，与结构相符。

（**c**）表格显示出了两种效应：首先，环上每增加一个甲基，芳香亲电取代反应的相对速率就会显著提升。这一结果很容易理解，因为甲基是给电子的，在反应中会通过诱导效应稳定碳正离子中间体，进而降低中间体产生过程中过渡态的能量。其次，在表格里甲基数目相同的三组数据中，每两个异构体的相对反应速率不同。对于二甲苯和三甲苯，甲基位置的影响较小，相对反应速率只变化一到两倍。对于二甲苯，主要影响因素是空间位阻，因为对于每个分子，碳正离子的稳定性是相近的。在 1,4-二甲苯中，所有取代位点都与甲基相邻，而在 1,2-二甲苯中，可以在 C-4 或 C-5 上发生取代，从而避免了相邻 CH_3 的空间位阻。对于三取代的苯，1,2,3-取代的异构体反应速率更快，因为在两个位点（C-4 或 C-6）中的任意一个发生取代反应都会产生较稳定的碳正离子，这个碳正离子三个共振极限式中有两个极限式的正电荷都在三级碳上，故较为稳定。

相反，在 1,2,4-取代的异构体中，C-3 上的取代在空间上较为困难，因为其位于两个甲基之间。最后，我们需要解释这两种四取代苯反应速率的惊人差异。这里的区别在于 1,2,3,5-异构体的取代反应是通过较稳定的中间体进行的，在这个中间体中，所有正电荷都分布在三级碳上。而在 1,2,3,4-异构体中，中间体的正电荷最多分布在两个三级碳上。

（**d**）此盐的结构式最可能是

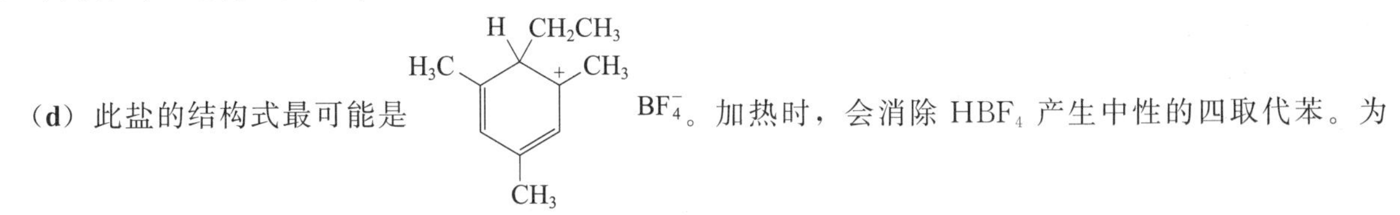

BF_4^-。加热时，会消除 HBF_4 产生中性的四取代苯。为什么这种盐在不加热时是稳定的？可以这样理解：sp^3 杂化的碳原子使庞大的乙基不处于两侧甲基的平面上。当失去质子时，乙基和这些甲基被移到同一个平面上，并受到空间位阻。苯的芳香性在热力学上足以克服不利的位阻效应，但后者使失去质子芳构化的能垒明显高于平常。

69.（**a**）　　**70.**（**c**）

71.（**d**）　　**72.**（**b**）

73.（**d**）

16

苯衍生物的亲电进攻：取代基控制区域选择性

上一章介绍了苯本身的物理和化学性质，本章将扩展到苯及含有不同取代基的苯衍生物的一些新反应。本章主要集中讨论苯环化学的取代基效应。亲电取代的第一步也是决速步是离域阳离子的形成，不同类型的取代基能影响该阳离子的稳定性，使其更容易或更难形成。苯环上的取代基也能定位亲电试剂的进攻位置。本章学习指导包含的信息可以帮助你避免大量的记忆。你将看到取代基对苯环化学的影响可以通过对结构和相应电子特征的直接推测而进行预测。

本章概要

16-1　取代基对苯环的活化或钝化作用

16-2　烷基的定位诱导效应

16-3　与苯环共轭的取代基的定位效应

16-4　双取代苯的亲电进攻

取代基对苯环进一步亲电取代的反应活性和区域选择性的影响。

16-5　成功的关键：取代苯的合成策略

一般原则和有用的新反应。

16-6　多环芳烃的反应性

当两个或更多苯环稠合在一起时会发生什么。

16-7　多环芳烃与癌症

本章重点

16-1至16-3 定位效应：活化或钝化

记住一个基本事实：亲电试剂寻找电子。所以给苯环提供电子的取代基将会增强苯环的亲电反应活性，减小苯环电子密度的取代基将会减弱其反应活性。本文中的反应活性就是取代的速率，决速步取决于亲电进攻形成的碳正离子的稳定性。给电子基团（活化基团）能稳定正离子，降低过渡态能垒，加快反应速率。缺电子基团（钝化基团）则与之相反。因此，受苯环上已经存在的取代基的影响，苯环上不同位点的反应活性将不同，从而产生定位效应。

定位效应包含诱导效应和共振效应。有利的反应过程会经历最稳定（或最小去稳定化）的正离子中间体。甲苯、三氟甲基苯、苯胺、苯甲酸以及卤代苯的亲电进攻可能经历的正离子共振式在第16-2和16-3节中有详细描述。注意教材中表16-1中不同类型的取代基，尤其是下面的两个趋势：

1. 所有与苯环连接的原子带有孤对电子的取代基都是邻、对位定位基。

2. 所有与苯环连接的原子带有极化正电荷（δ^+）且没有孤对电子的取代基都是间位定位基。

这些一般规律始终成立，能帮助记忆取代基是属于哪一类。

16-5 成功的关键：取代苯的合成策略

本节介绍了如何合成多取代苯，还说明了 NH_2 和 NO_2 的相互转化、C=O 还原为 CH_2、用 SO_3H 作为对位屏蔽基团以及其他一些有用的合成技巧。

16-6 多环芳烃的反应性

稠环芳烃如萘、蒽及菲与苯环既表现出了相似性，也有很多差异。例如多环芳烃一般更容易发生亲电取代，并且可用更温和的亲电试剂。因为其正离子中间体更加离域（有更多的共振式），所以多环芳烃发生亲电进攻的活化能更低。如果不是对称取代，反应优先发生在活性最大的环上，取代基的定位和苯环上的活化、钝化规律相同。

稠环芳烃发生加成反应的可能性增加，但在苯环上却几乎不发生。加成的一般原则是保留尽可能多的完整苯环，所以蒽和菲的加成均发生在9、10位，留下两个完整的苯环。

习 题

30. 按亲电取代反应的反应性递减的顺序排列下述各组化合物，并给出排序理由。

(a) $C_6H_5CCl_3$　$C_6H_5CH_3$　$C_6H_5CHCl_2$　$C_6H_5CH_2Cl$

(b) $C_6H_5OCH_3$　$C_6H_5O^-Na^+$　$C_6H_5OC(=O)CH_3$

(c) $C_6H_5CH_2CH_3$　$C_6H_5CH_2CCl_3$　$C_6H_5CH_2CF_3$　$C_6H_5CF_2CH_3$

31. (氯甲基)苯的硝化反应速率是苯的硝化速率（假设 $r=1$）的0.71倍。(氯甲基)硝基苯的混合产物中包含32%邻位产物、15.5%间位产物和52.5%对位产物。请解释这些现象。

32. 指出下列化合物中的苯环是被活化还是被钝化。

(a) 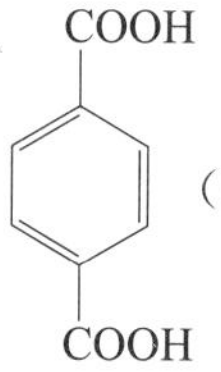
COOH
COOH
(b) 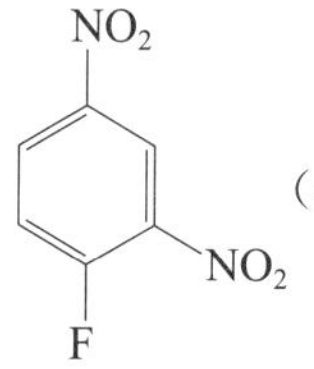
NO2
NO2
F
(c) 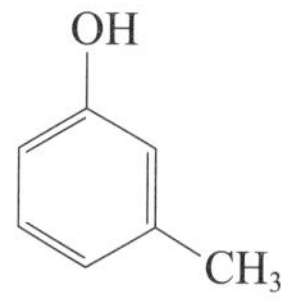
OH
CH3

(d) 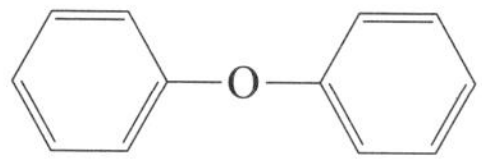
O
(e) 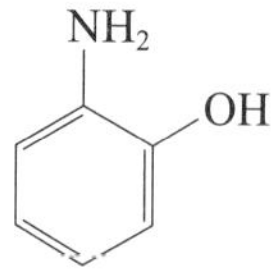
NH2
OH

(f) 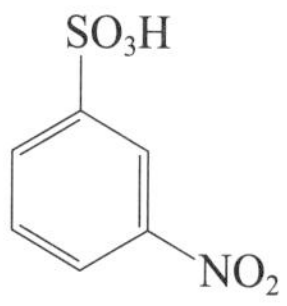
SO3H
NO2
(g) 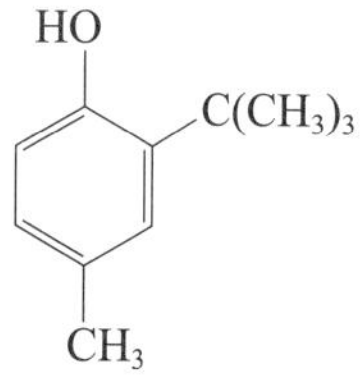
HO
C(CH3)3
CH3

33. 按在芳香亲电取代反应中反应性递减的顺序排列下列各组化合物并解释原因。

(a) 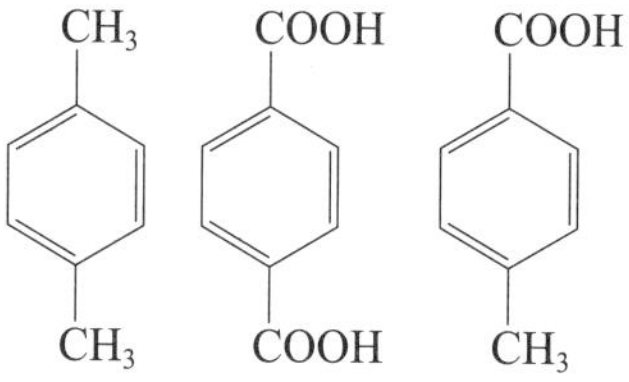
CH3
CH3
COOH
COOH
COOH
CH3

(b) 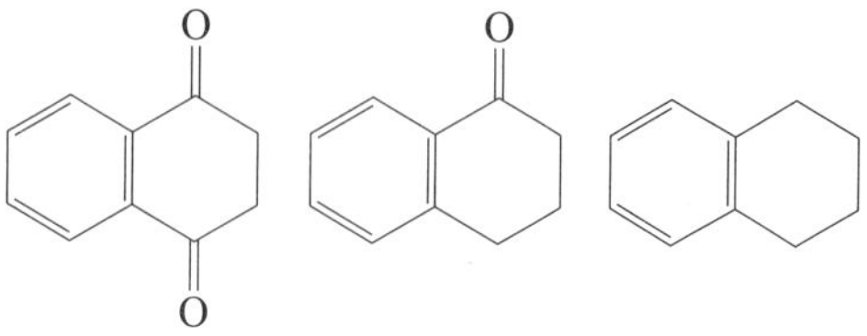
O
O
O

34. 1,3-二甲苯（间二甲苯）的卤化反应速率比1,2-二甲苯或1,4-二甲苯的卤化反应速率快100倍，请给出合理的解释。

35. 写出下列芳香亲电取代反应中预期的主要产物的结构。

(a) 甲苯硝化反应；(b) 甲苯磺化反应；(c) 1,1-二甲基乙基苯（叔丁基苯）硝化反应；(d) 1,1-二甲基乙基苯（叔丁基苯）磺化反应。解释底物的结构从（a）和（b）中的甲苯变成（c）和（d）中的1,1-二甲基乙基苯（叔丁基苯）是怎样影响主要产物的相对含量的。

36. 写出下列亲电取代反应的主要产物的结构。

(a) 甲氧基苯的磺化反应；(b) 硝基苯的溴化反应；(c) 苯甲酸的硝化反应；(d) 氯苯的Friedel-Crafts乙酰化反应。

37. 画出合适的共振式来解释苯磺酸中磺酸基的钝化效应和间位定位特点。

38. 你同意下列的论述吗？“苯环上强的吸电子基团是间位定位基，因为它们钝化间位的程度小于钝化邻、对位的程度”。请解释你的答案。

39. 画出合适的共振式来解释联苯中苯环取代基活化的邻、对位定位性质。

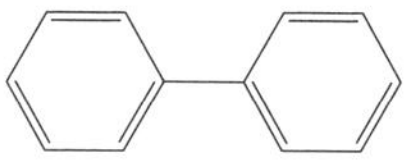

联苯

40. 给出下列亲电取代反应所预期的主要产物。

(a) 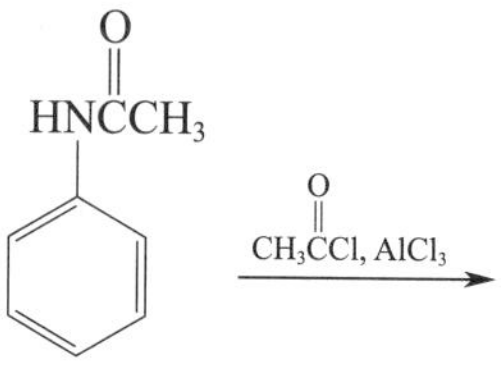
O
HNCCH3
O
CH3CCl, AlCl3
(b) 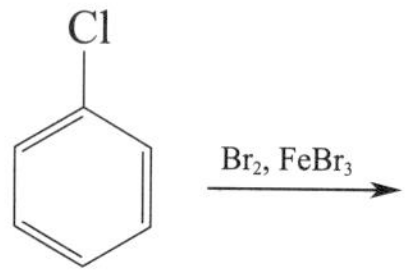
Cl
Br2, FeBr3

(c) 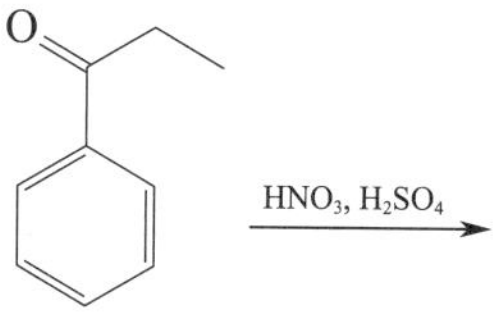
O
HNO3, H2SO4
(d) 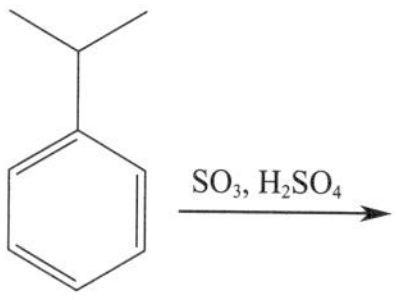
SO3, H2SO4

(e) 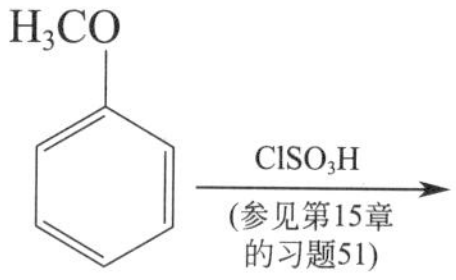
H3CO
ClSO3H
(参见第15章
的习题51)
(f) 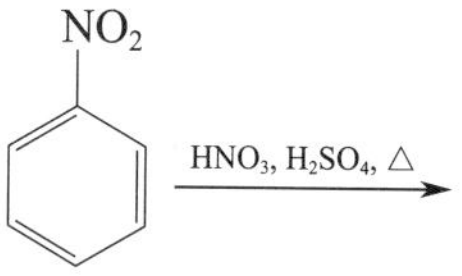
NO2
HNO3, H2SO4, △

(g) 写出从（a）到（f）中每个反应的详细机理。

(h) 推测16-5节中1-甲氧基-2-硝基苯与2-丙醇在HF作用下的反应机理。

41. 反应回顾。在不参考教材749页的反应路径图的情况下，给出合成下列各个化合物的试剂和单取代苯的组合。（**提示：**参考教材中表16-2。**注意：**定位效应来源于已经存在于苯环上的基团而不是准备引入的基团。）

(a) 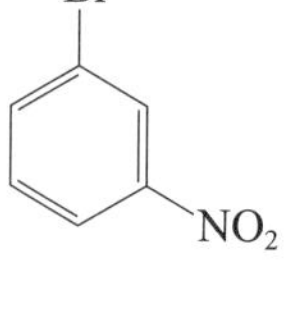
Br
NO2
(b) 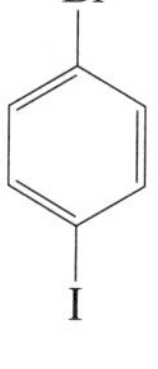
Br
I

(c) 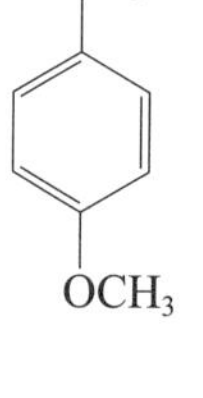
CH3
OCH3
(d) 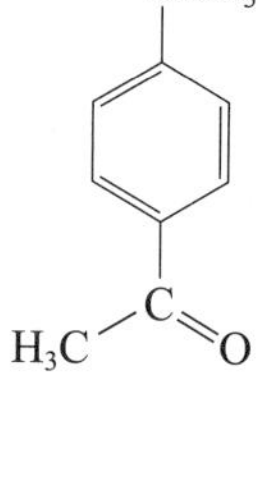
OCH3
H3C
C
O

(e) NO_2 SO_3H　　(f) NO_2 CH_3

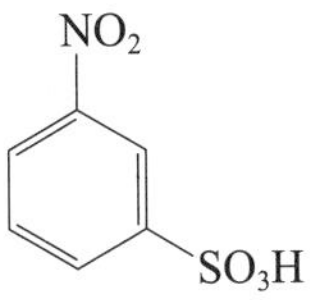

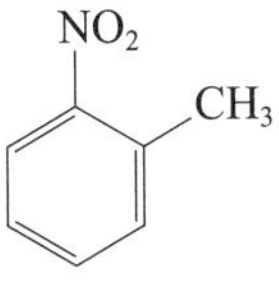

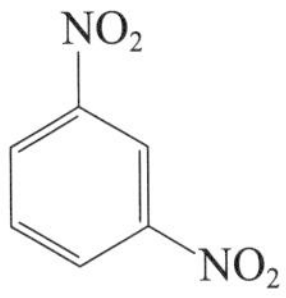

(g) NO_2 NO_2　　(h) Cl $C{=}O$ CH_3

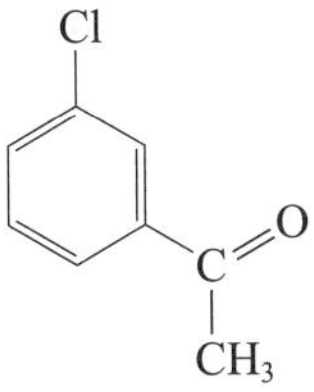

42. 反应回顾。下列化合物需要多于一步的路线来合成。和习题 41 一样，给出合成下列化合物所需要的单取代苯原料和其他各步骤所需的试剂。

(a) Br NH_2　　(b) Br I

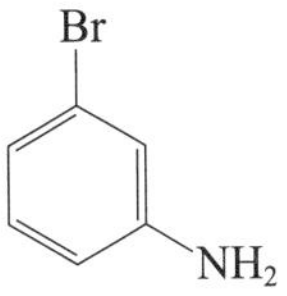

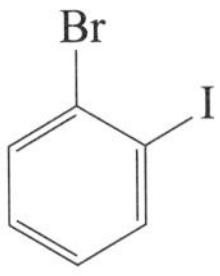

(c) $CH_2CH_2CH_2CH_3$ OCH_3　　(d) H_3C $C{=}O$ H_3C $C{=}O$

(e) NH_2 NO_2　　(f) Br CH_2CH_3

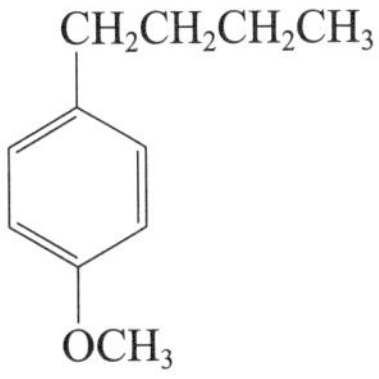

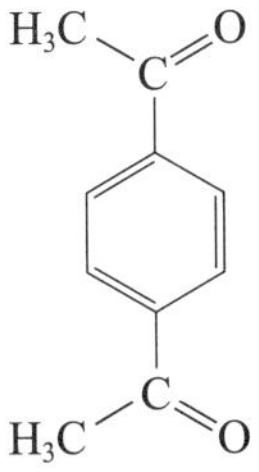

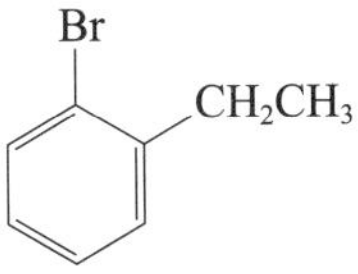

(g) NO_2 NO_2　　(h) SO_3H CH_2CH_3

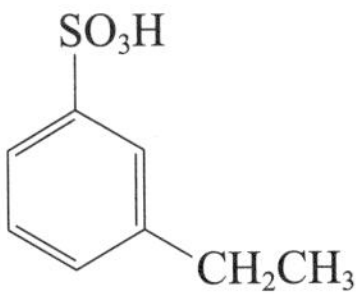

43. 给出下列反应的主要产物。

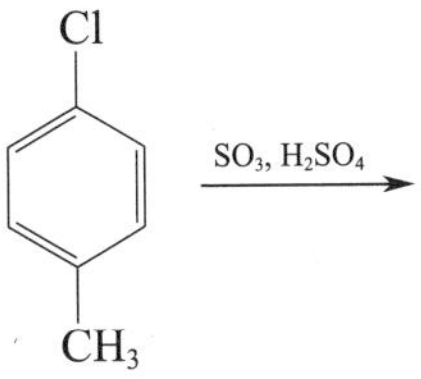

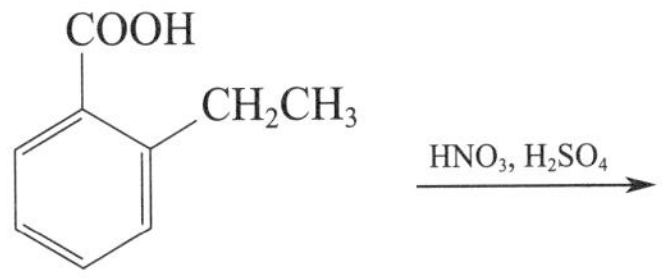

(a) NO_2 CH_3 $\xrightarrow{Cl_2,\ FeCl_3}$

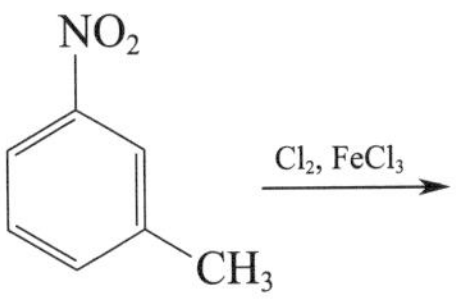

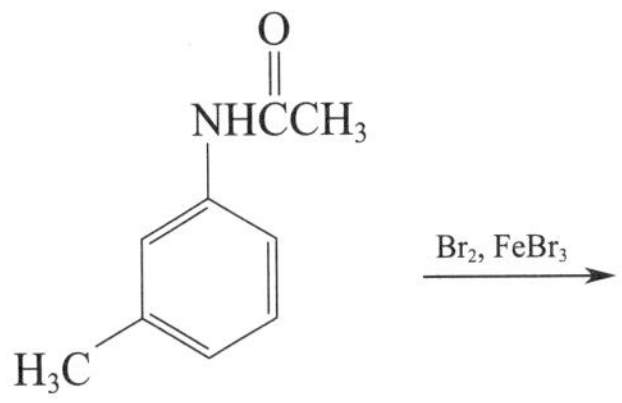

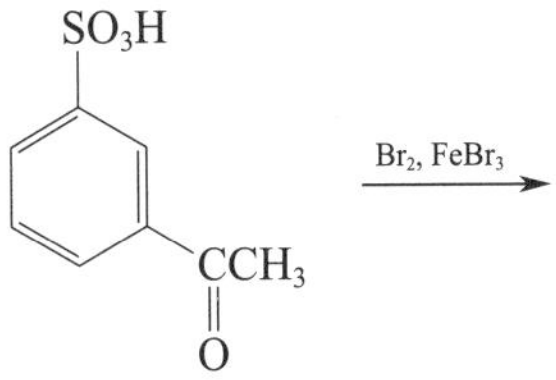

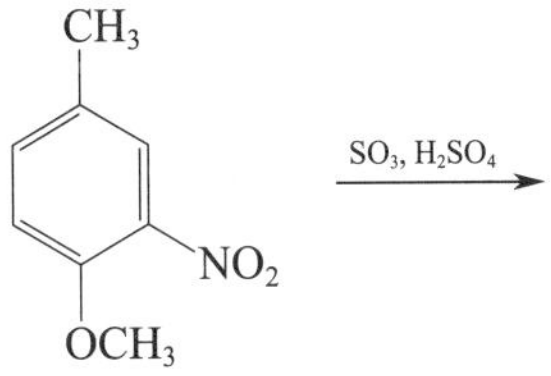

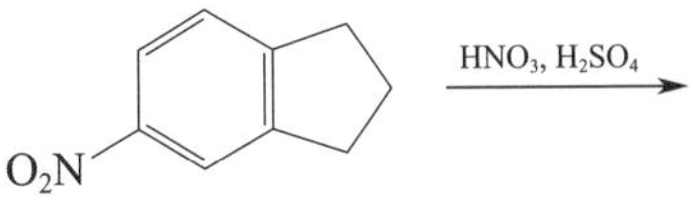

(b) Cl CH_3 $\xrightarrow{SO_3,\ H_2SO_4}$

(c) COOH CH_2CH_3 $\xrightarrow{HNO_3,\ H_2SO_4}$

(d) O $NHCCH_3$ H_3C $\xrightarrow{Br_2,\ FeBr_3}$

(e) SO_3H CCH_3 O $\xrightarrow{Br_2,\ FeBr_3}$

(f) CH_3 NO_2 OCH_3 $\xrightarrow{SO_3,\ H_2SO_4}$

(g) O_2N $\xrightarrow{HNO_3,\ H_2SO_4}$

(h) O $NHCCH_3$ NO_2 $\xrightarrow{Cl_2,\ FeCl_3}$

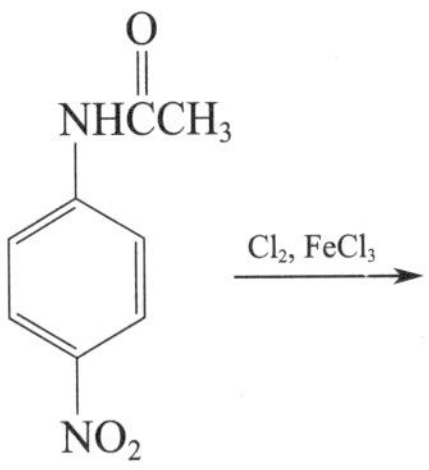

(i) NO_2 Cl $\xrightarrow{CH_3Cl,\ AlCl_3}$

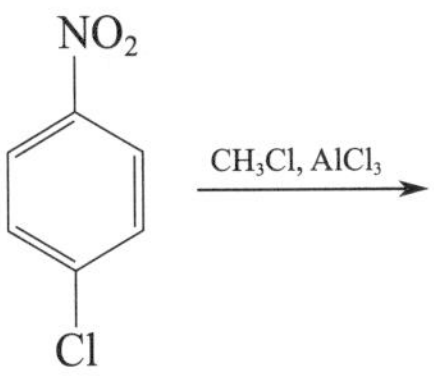

44. 挑战题　(**a**) 三种二甲苯（邻、间、对二甲苯）的混合物（均为 1 mol），在 Lewis 酸存在下用 1 mol 氯处理，三种二甲苯中有一种二甲苯以 100% 产率得到了单氯化的产物，而其他两种完全没有发生反应。哪一种异构体发生了反应？解释三者反应性的差别。(**b**) 当下列三种三甲基苯的混合物进行同样的实验时，得到了类似的结果。请回答 (a) 中提出

的关于异构体混合物的问题。

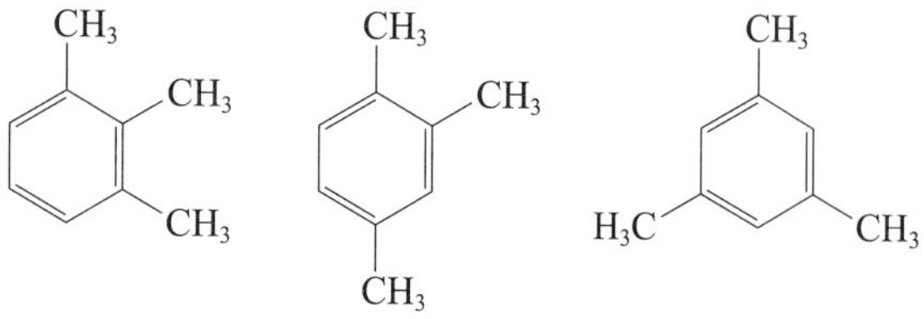

1,2,3-三甲基苯　1,2,4-三甲基苯　1,3,5-三甲基苯

45. 提出从苯合成下列多取代苯的合理路线。

(a)　(b) 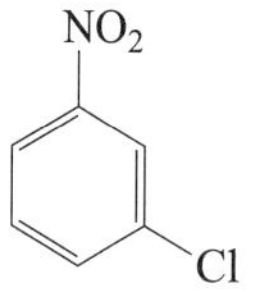　(c) 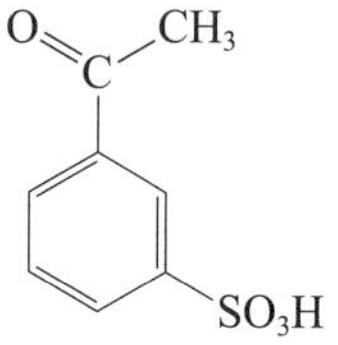　(d) 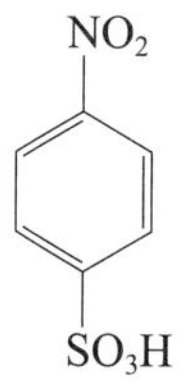　(e) 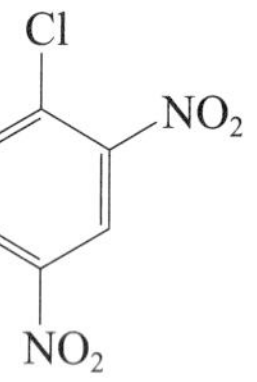　(f) 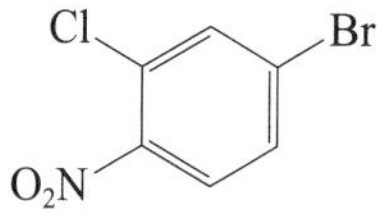　(g) 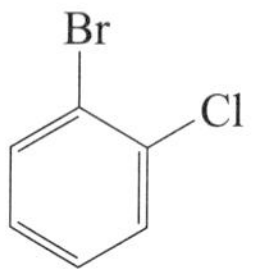　(h)

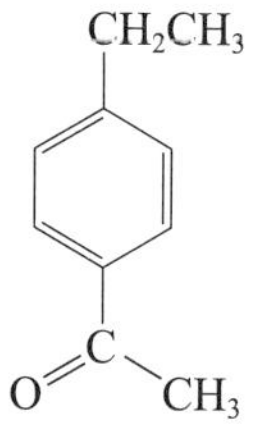

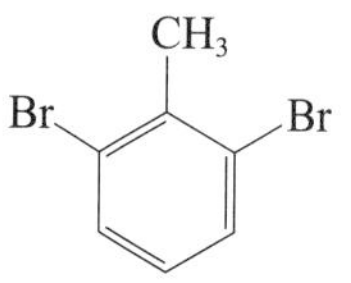

46. 4-甲氧基苯甲醇（又称茴香醇，如下所示）是甘草香味和薰衣草香味的主要成分，提出从甲氧基苯（茴香醚）制备该化合物的合理路线。（**提示**：在醇的合成范围内考虑，必要时请参考第 15 章习题 55。）

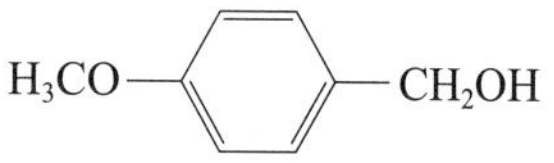

4-甲氧基苯甲醇
(茴香醇)

47. 提出一个从合适的原料通过一步反应合成磺基水杨酸（教材 775 页页边）的路线。

48. 止痛科学在过去的几年中获得了很快的发展。人体通过释放花生四烯酸乙醇胺（anandamide）来应对疼痛（20-6 节）。花生四烯酸乙醇胺可以与能够识别大麻活性成分的大麻受体结合。与这个位点结合能够抑制疼痛的感觉。这种效果不是持久的，因为另外一种酶能够分解花生四烯酸乙醇胺。最近的研究集中在寻找能够阻止降解花生四烯酸乙醇胺的酶的治疗性分子。联苯衍生物 URB597 是一个展现出具有目标酶抑制作用的实验物质，并且已经在小鼠身上证明了其具有疼痛抑制效果。

分析 URB597 的结构并回答以下问题：URB597 是一个以联苯（习题 39）为起始原料容易合成的分子还是难合成的分子？如果你认为容易合成，解释如何应用本章学习的知识来合成。如果你认为困难，解释原因。

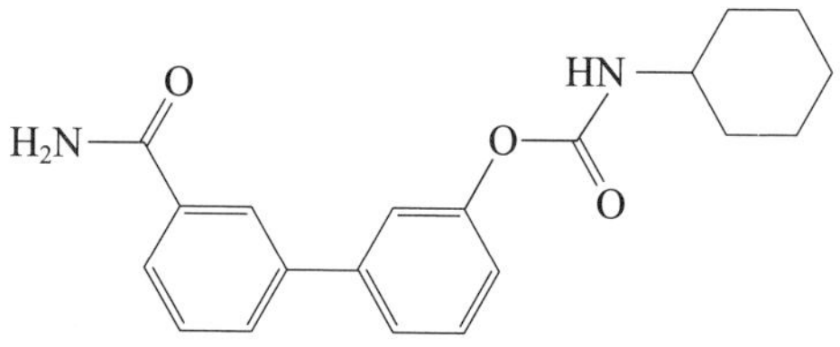

URB597

49. 下面几页（339～340 页）给出了四个未知的化合物 A～D 的 NMR 和 IR 谱图，它们的实验式（排序无特殊含义）是 C_6H_5Br、C_6H_6BrN 和 $C_6H_5Br_2N$（其中的一个分子式用了两次，即有两个未知物是异构体）。在它们的 ^1H NMR 谱图中，A、B 和 D 有四个峰，而 C 有六个。写出它们的结构并提出以苯为起始原料制备每个未知物的合理路线。

50. 用 Pd-C 对 1 mol 萘催化加氢，很快得到加 2 mol H_2 的产物，指出产物的结构。

51. 预测下列双取代萘的单硝化产物：(**a**) 1,3-二甲基萘；(**b**) 1-氯-5-甲氧基萘；(**c**) 1,7-二硝基萘；(**d**) 1,6-二氯萘。

52. 写出下列反应的预期产物。

(**a**) 萘 $\xrightarrow{Cl_2,\ CCl_4,\ \triangle}$

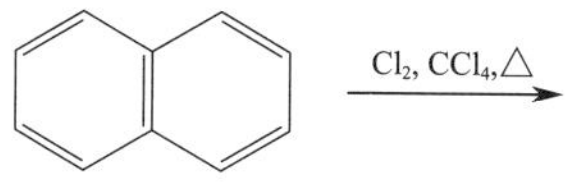

(**b**) 2-甲氧基萘 $\xrightarrow{HNO_3}$

(**c**) 1-甲基萘 $\xrightarrow{conc.\ H_2SO_4,\ \triangle}$

(**d**) 萘 $\xrightarrow{CH_3CCl(=O),\ AlCl_3,\ CS_2}$

(**e**) 2-硝基萘 $\xrightarrow{Br_2,\ FeBr_3}$

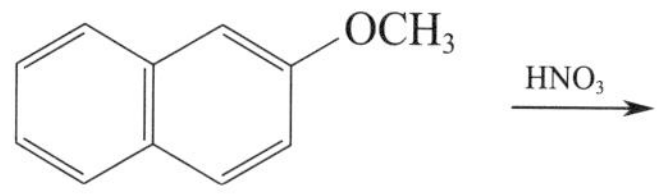

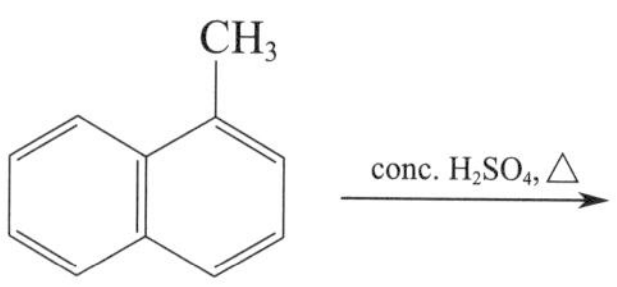

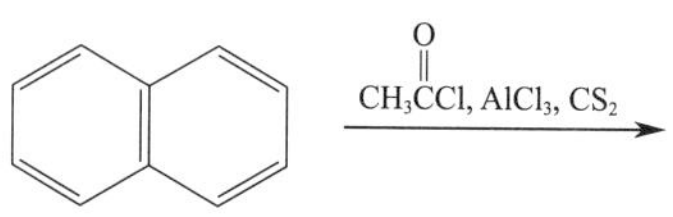

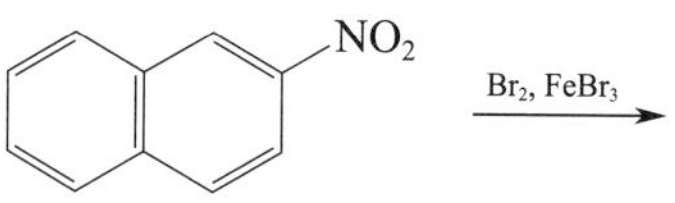

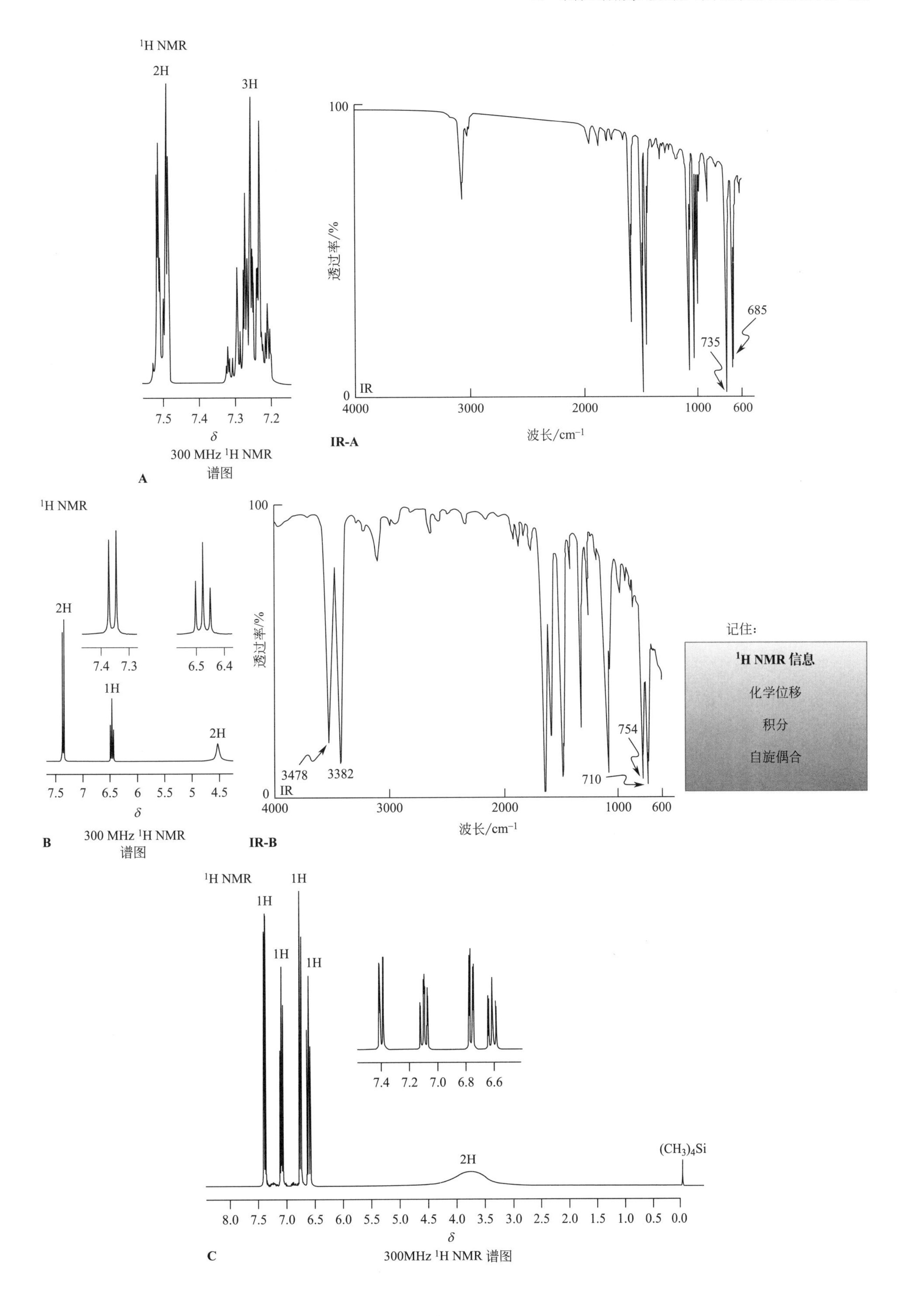

记住：

¹H NMR 信息

化学位移

积分

自旋偶合

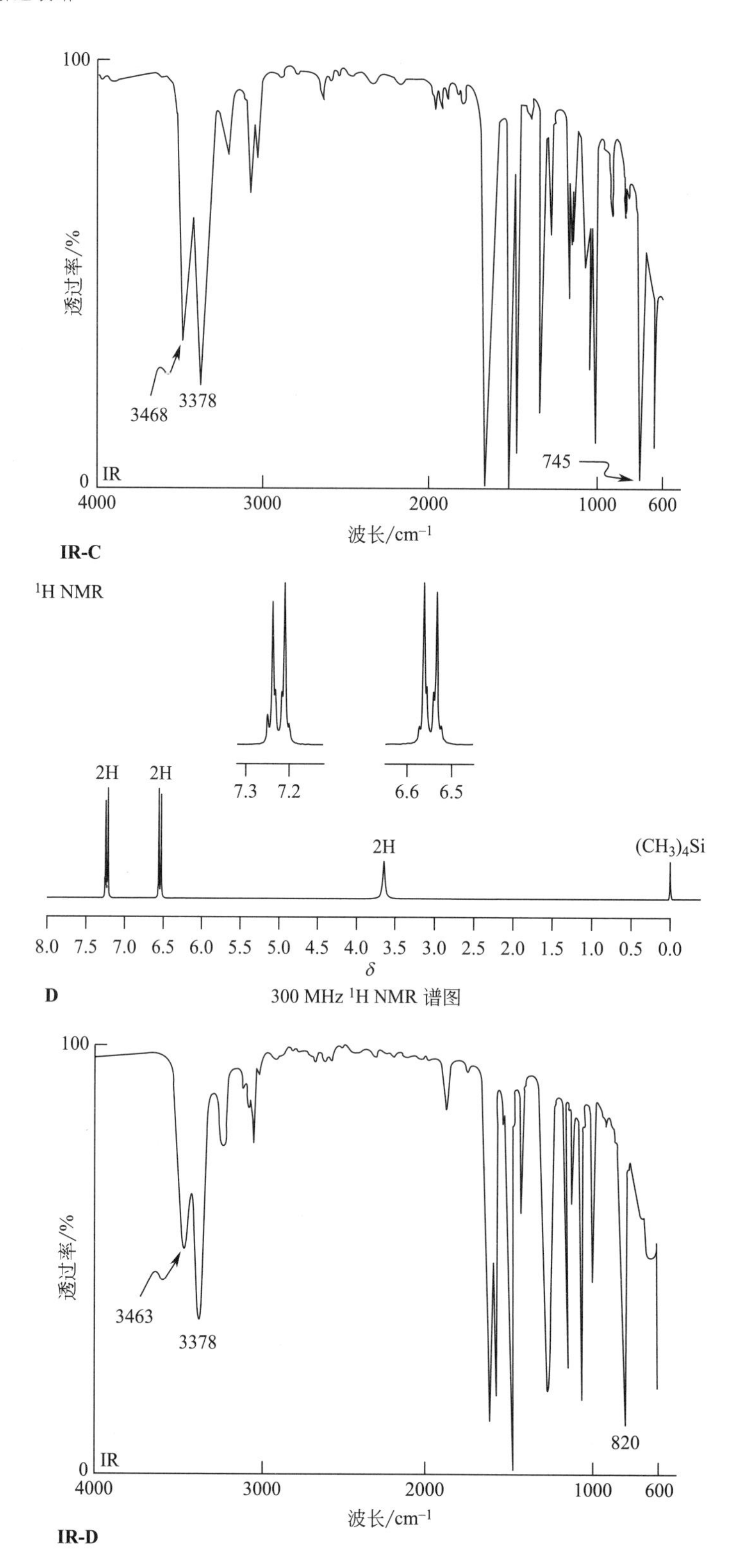

53. 挑战题 萘在 80 ℃下磺化，得到的几乎全部是 1-萘磺酸，而 160 ℃下发生同样的反应得到的是 2-萘磺酸，请给出解释。（**提示：**参见 14-6 节基本原理）

54. 巯基苯（苯硫酚，C_6H_5SH）的苯环上不可能发生亲电取代反应，为什么？巯基苯与亲电试剂反应会生成什么？（**提示：**复习 9-10 节。）

55. (**a**) 尽管甲氧基是一个强的活化基团和邻、对位定位基，与苯相比甲氧基苯的间位发生亲电反应时略微被钝化，请给出解释。(**b**) 画出与 16-2 中类似的一组势能曲线来比较苯和甲氧基苯的邻、对、间位亲电取代反应。

56. 预测下列单硝化反应的结果。

（a） 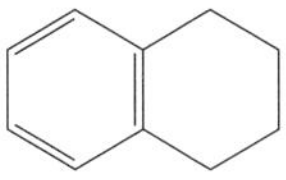 （b）

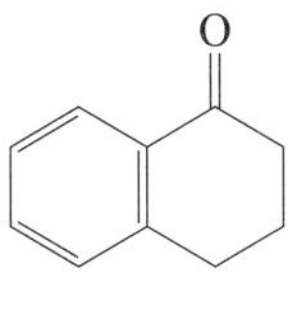

（c）

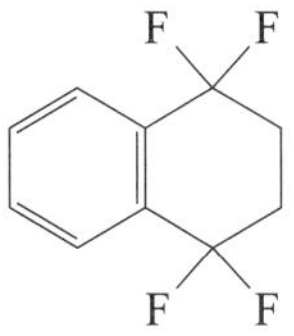

（d） 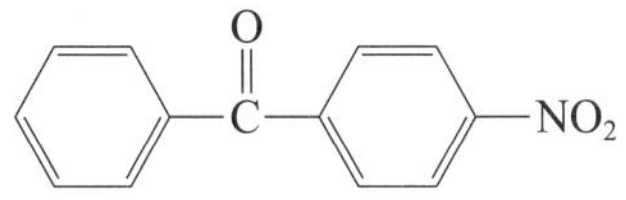 NO_2

（e） OCH_3

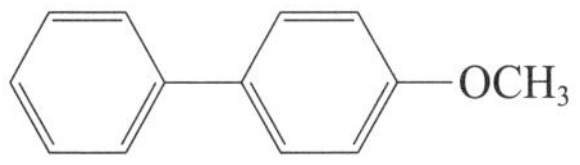

57. 挑战题 苯环上的亚硝基（—NO）可作为邻、对位定位基，但却是钝化基团。用亚硝基的Lewis结构式以及对苯环的诱导和共振作用解释这一现象。（**提示：** 考虑是邻、对位定位基，但却是钝化基团的类似取代基。）

58. 下列反应列出了典型的亚硝基化反应条件，提出这一反应的详细机理。

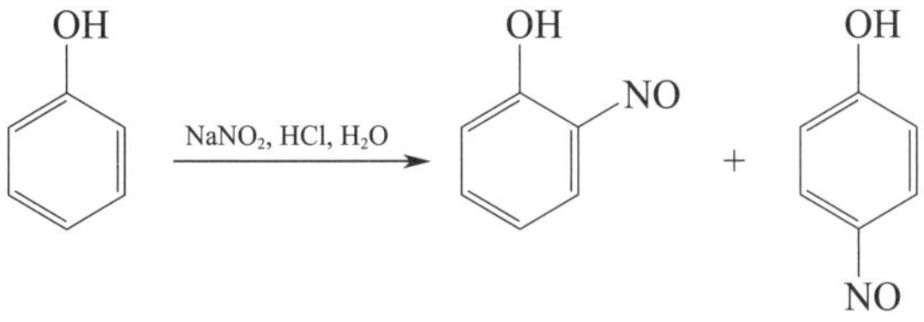

$$\text{苯酚} \xrightarrow{NaNO_2,\ HCl,\ H_2O} \text{邻亚硝基苯酚} + \text{对亚硝基苯酚}$$

团队练习

59. 聚苯乙烯（聚乙烯基苯）是一种大家熟悉的制备发泡塑料杯和包装用填料的高分子材料。从原理上讲，在酸性条件下，进行苯乙烯正离子聚合可制备聚苯乙烯，但这是不成功的，因为反应形成了二聚体 A。

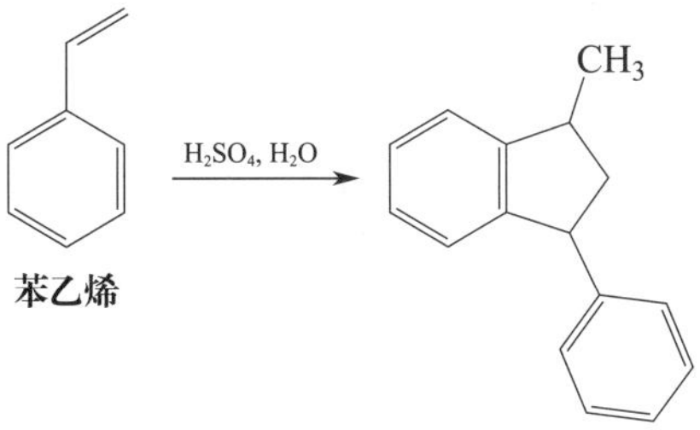

$$\text{苯乙烯} \xrightarrow{H_2SO_4,\ H_2O} \text{A}$$

分成两组，第一组写出酸性条件下苯乙烯正离子聚合的机理；第二组写出二聚体 A 的形成机理。集合并比较讨论的结果。正常聚合的哪一阶段发生偏离而产生 A?

预科练习

60. 下列哪一个是芳香亲电取代反应？

（a） $C_6H_{12} \xrightarrow{Se,300°} C_6H_6$

（b） $C_6H_5CH_3 \xrightarrow{Cl_2,h\nu} C_6H_5CH_2Cl$

（c） $C_6H_6 + (CH_3)_2CHOH \xrightarrow{BF_3,60\ ℃} C_6H_5CH(CH_3)_2$

（d） $C_6H_5Br \xrightarrow{Mg,\text{乙醚}} C_6H_5MgBr$

61. 反应 $C_6H_6 + E^+ \rightarrow A \rightarrow C_6H_5E + H^+$ 的中间体正离子 A，表达为下列哪一个最合适？

（a） （b） 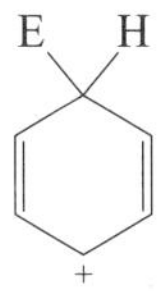 （c） 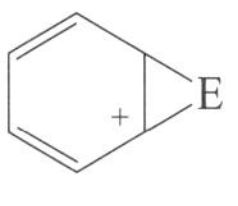 （d）

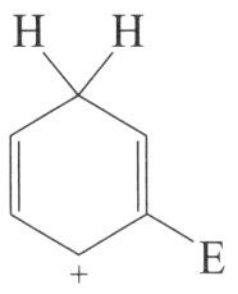

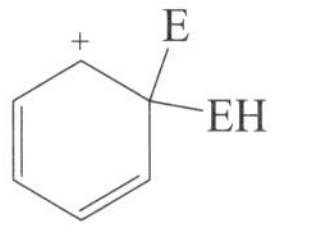

62. 未知化合物的[1]H NMR 谱图（未给出峰的多重性）的化学位移为 $\delta=0.9$(6H)，2.3(1H)，7.3(5H)。下面五个结构式中哪一个符合给出的数据？（**提示：** 乙烷的[1]H NMR 信号位于 $\delta=0.9$，苯在 $\delta=7.3$。）

（a） $C_6H_5CH_2CH_2CH_3$ （b） CH_3 CH_3

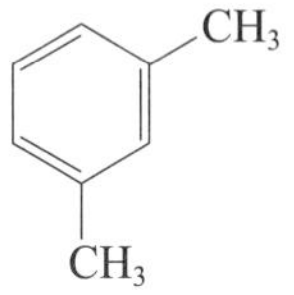

（c） $C_6H_5CH\ (CH_3)_2$ （d） CH_3 H_3C

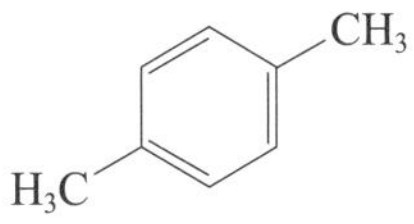

（e） CH_2CH_3 CH_3

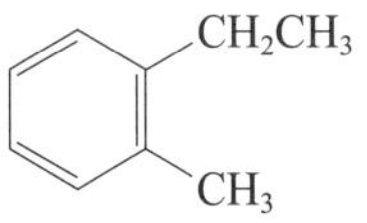

63. 用过量的 Cl_2 和 $AlCl_3$ 处理 135mL 苯，生成 50mL 氯苯。已知原子量 C=12.0，H=1.0，Cl=35.5，苯的密度为 $0.78g\cdot mL^{-1}$，氯苯的密度为 $1.10g\cdot mL^{-1}$。该反应的产率最接近于（ ）。

（a） 15%；（b） 26%；（c） 35%；（d） 46%；（e） 55%。

64. 下列选项中，在芳香亲电取代反应中能活化苯环的是（ ）。

（a） $—NO_2$；（b） $—CF_3$；（c） $—CO_2H$；（d） $—OCH_3$；（e） —Br。

习题解答

30. 为简略，仅列出取代基，按照反应活性降低的顺序为：

（**a**）$—CH_3$＞$—CH_2Cl$＞$—CHCl_2$＞$—CCl_3$。电负性的氯原子使碳原子显正电性 δ^+，因此越来越诱导吸电子，活性降低。

（**b**）$—O^-Na^+$＞$—OCH_3$＞ $—O\overset{\overset{O}{\|}}{C}CH_3$ 。共振活化。对比氧原子上孤对电子的可利用性，虽然都能通过共振稳定正离子中间体，但带负电荷的氧离子是最好的电子给体，中性醚氧其次，酯基的氧原子最差，因为酯基的氧原子与正电性的羰基相连，使电子远离苯环。

（**c**）$—CH_2CH_3$＞$—CH_2CCl_3$＞$—CH_2CF_3$＞$—CF_2CH_3$。由诱导效应和到苯环的距离决定。

31. 将$—CH_2Cl$取代基与最简单相似的$—CH_3$取代基进行比较，从16-2节我们可以知道，甲基由于诱导给电子具有活化效应，而且甲基也是一个邻、对位定位基团，因为它的给电子效应能最大稳定邻位和对位取代得到的碳正离子（以及生成碳正离子的过渡态）。

在甲基碳原子上增加一个氯原子，由于氯原子具有很强的电负性和吸电子诱导能力，减小了整个基团的给电子诱导能力。该效应使得$—CH_2Cl$基团表现出微弱的吸电子特性，因此$—CH_2Cl$基团是一个弱钝化基团。$—CH_2Cl$基团也是一个相对较弱的邻、对位定位基团，因此在硝化反应中可观察到明显的间位取代产物。各种取代苯的硝化反应见表16-2。其中，甲苯硝化主要为邻位产物（58%），而氯甲基苯的邻位硝化产物基本减少一半（32%），这主要是由于位阻效应：$—CH_2Cl$取代基的位阻明显大于甲基，因此很大程度上阻碍了邻位取代的发生。

32. 被活化的化合物：(c)，(d)，(e)，(g)。

33. （**a**）

CH_3 / CH_3 ＞ $COOH$ / CH_3 ＞ $COOH$ / $COOH$

（**b**）

＞ O ＞ O / O

在以上两个系列中，含有两个烷基取代基的苯环是被活化最强的，含有两个羰基取代基的苯环是被钝化最厉害的，仅含一个的苯环居中。

34. 1,3-二甲苯中的两个甲基增强了相互活化和定位效应：两个甲基定位的亲电进攻位点均为苯环上的4号位和6号位。比如，苯环上的4号位既是C-3上甲基的邻位，也是C-1上甲基的对位，因此，该位点受到以上两个甲基的双重活化。然而，无论是1,2-二甲苯还是1,4-二甲苯，两个甲基均定位到苯环上不同的位置。比如，1,2-二甲苯中C-1位置的甲基定位到4号位和6号位，而C-2位的甲基定位到3号位和5号位。

另外一种解释：亲电试剂进攻1,3-二甲苯的C-4位产生的中间体碳正离子存在两种共振式，为甲基取代的碳正离子（叔碳而非仲碳）：

CH_3, CH_3, E^+ H ⟶ [CH_3, CH_3, E H ⟷ CH_3, CH_3, E H 更稳定 ⟷ CH_3, CH_3, E H 更稳定]

因此该碳正离子的能量更低，形成该碳正离子所需的过渡态势能也较低，其形成相对较快。相反，对 1,2-或 1,4-二甲苯进行亲电进攻生成的碳正离子均无法被多于一个甲基稳定。这些碳正离子的能量均较高，形成所需的过渡态势能也较高。

35. (a) CH_3 NO_2 + CH_3 NO_2　(b) CH_3 SO_3H + CH_3 SO_3H

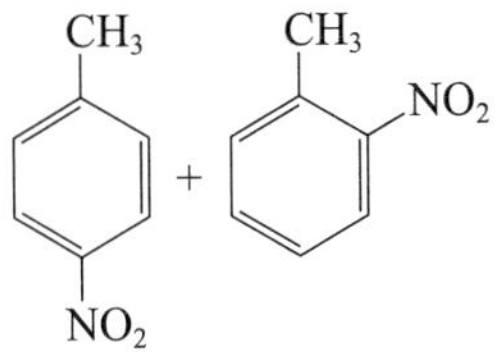

(c) $C(CH_3)_3$ NO_2 + $C(CH_3)_3$ NO_2　(d) $C(CH_3)_3$ SO_3H + $C(CH_3)_3$ SO_3H

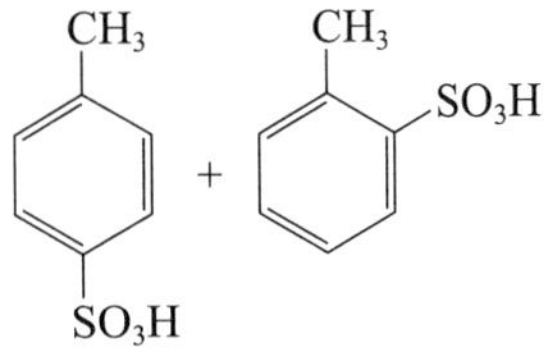

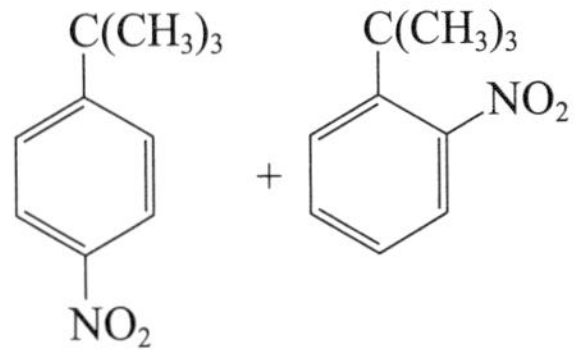

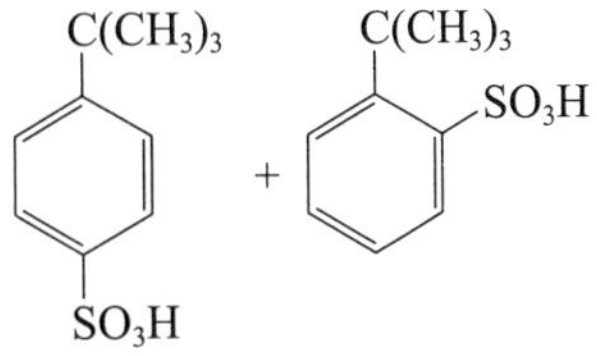

从体积小的取代基（甲基）变为体积很大的取代基（1,1-二甲基乙基）会严重阻碍邻位取代。反应（c）和（d）几乎全部生成对位取代产物。只有反应（a）的邻位取代产物为主要产物（表 16-2）。甲基和硝基体积均较小，因此有两个邻位与一个对位相竞争，所以邻位产物占优势。反应（b）主要生成对位产物：在磺化反应中亲电试剂位阻较大，不利于邻位进攻。

36. 取代反应发生的位置取决于母体化合物上取代基的定位效应。甲氧基和氯原子是邻、对位定位基。大多数情况下它们定位的结果为对位，尤其是亲电试剂位阻较大时，如（a）和（d）。硝基和羧基是间位定位基团。

(a) OCH_3 SO_3H　(b) NO_2 Br　(c) CO_2H NO_2　(d) Cl O C CH_3

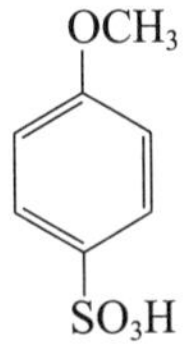

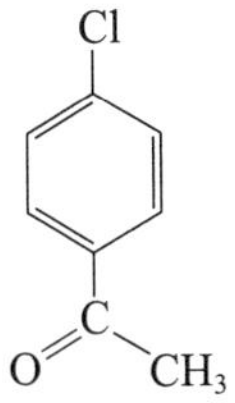

37. 邻位进攻：

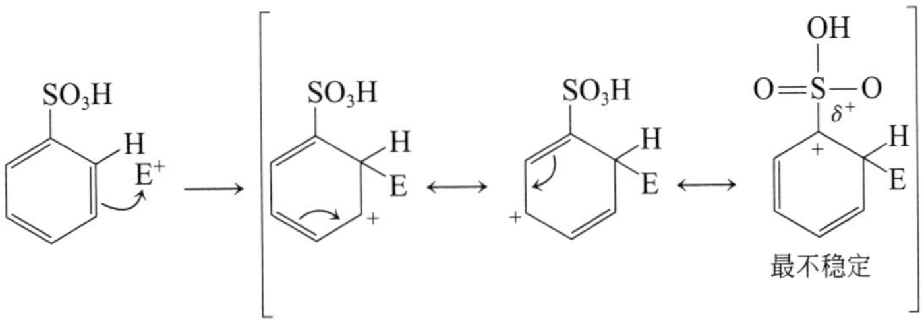

SO_3H H E^+ ⟶ [SO_3H H E + ⟷ SO_3H H E + ⟷ OH O=S=O δ^+ + H E]

最不稳定

对位进攻：

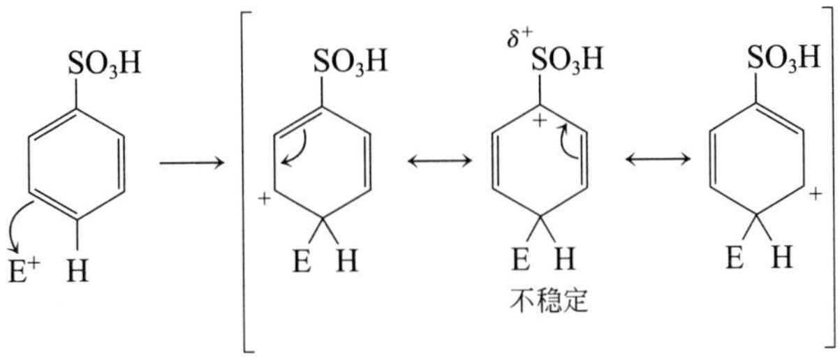

SO_3H E^+ H ⟶ [SO_3H + E H ⟷ δ^+ SO_3H + E H ⟷ SO_3H + E H]

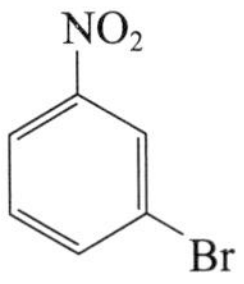

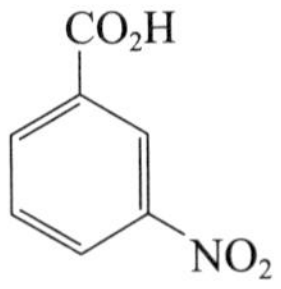

不稳定

间位进攻：

SO_3H E^+ H ⟶ [SO_3H + E H ⟷ + SO_3H E H ⟷ SO_3H E + H]

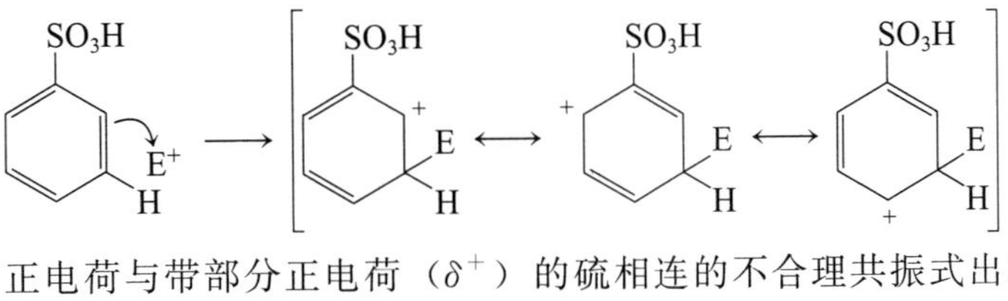

间位进攻时，没有正电荷与带部分正电荷（δ^+）的硫相连的不合理共振式出现。

38. 该论述正确。所有的间位定位基通过诱导吸电子效应钝化整个苯环。由于共振，邻、对位的钝化程度最大（例如：可参见问题 37 的答案）。间位取代仅在间位钝化不太强时才会发生。

39. 要解决这个问题，首先要关注当亲电试剂 E^+ 进攻其中一个苯环三个可能的位点——另一个苯环的邻位、间位和对位——生成的碳正离子的结构，尤其是它的共振式。使用本章中介绍的定律来判断这些碳正离子的相对稳定性。越稳定的碳正离子越快形成并且成为主要产物。

（a）邻位取代：将亲电试剂连接到任一苯环（它们是等效的）上两个苯环相连的键的邻位。最初，我们可以得到三种取代发生在该苯环自身上的共振式——下面括号中的前三种共振式。然后，将正电荷离域到与第二个苯环（右上）相连的苯环的键上，该苯环上的双键可以进一步离域，给出另外三种共振式（括号中的后三种共振式），总共六种共振式。

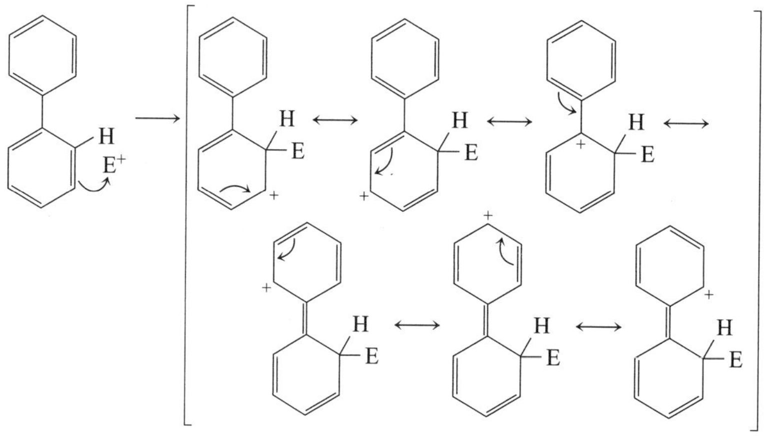

（b）间位取代：将亲电试剂连接到两苯环连接键再远一个位置的位点上，即间位。画出碳正离子的共振式。可以注意到，现在正电荷不再离域到两个苯环相连的位点上。除了在发生取代的苯环上的三种初始共振式外，另一个苯环不能再提供另外的共振稳定作用。

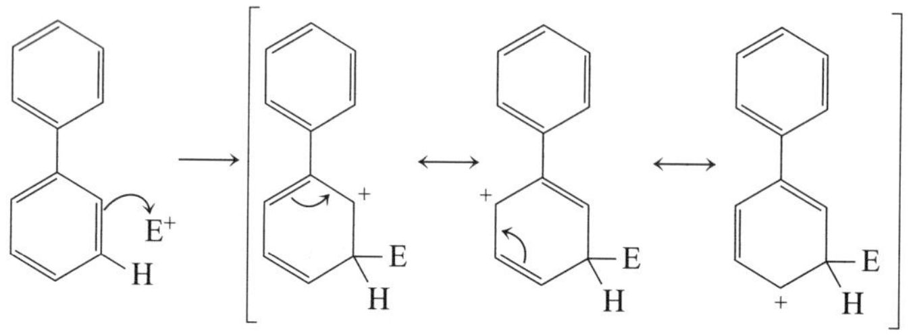

（c）对位取代：将连接的亲电试剂如前面所述的继续进行。同邻位取代一样，三种初始的共振式之一将正电荷置于两个苯环的连接处，使得另外三种共振式能够参与稳定中间体（上面三种共振式的第二个和第三个颠倒了书写顺序，代表电子移动方向的箭头也进行了相应的修改。因此右侧的共振式可以自然地引出括号中的后三种共振式）。

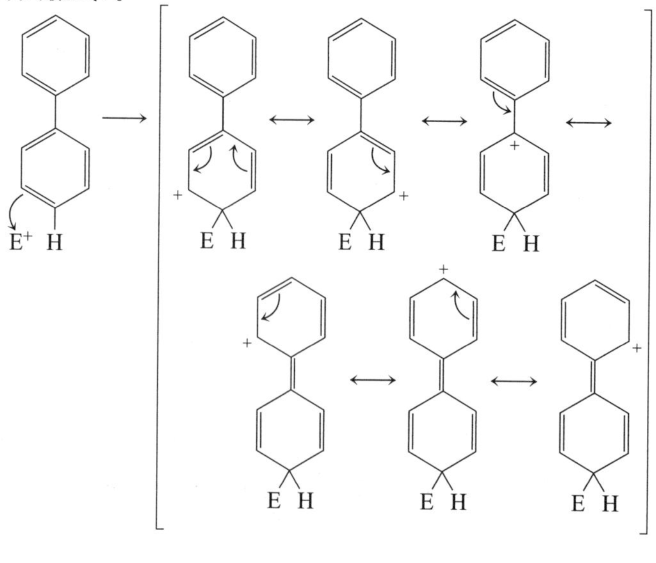

共振式越多越稳定。邻位和对位取代使得碳正离子在两个苯环之间离域，总共有六种共振式。然而间位取代时，正离子仅在其中一个苯环上离域，只有三种共振式。间位正离子稳定性较差，能量更高，需要克服更高的能垒才能形成，形成速率较慢。因此在芳香亲电取代中，苯基是一个邻、对位定位基。同时，它还具有活化作用，这也是因为邻、对位取代生成的正离子相对于苯环自身取代形成的正离子具有额外的稳定作用。

40. 每种产物和机理［（g）部分］均已列出。只给出了实际的亲电试剂，从给定前驱体形成每一种亲电试剂的过程见教材。当邻位产物和对位产物同时生成时，对位产物通常是主要产物；这几个示例都给出了对位机理，只有（a）还有邻位机理。

（**a**）

$N(CH_3)_2$ $^{+}$:O≡C–CH_3 H → $N(CH_3)_2$ + Ö=C H CH_3 $\xrightarrow{-H^+}$ $N(CH_3)_2$ O=C–CH_3

$N(CH_3)_2$ H $^{+}$Ö≡C–H_3C → $N(CH_3)_2$ H Ö: C CH_3 + $\xrightarrow{-H^+}$ $(CH_3)_2N$ O=C–CH_3

（**b**）

Cl Br H Br—$FeBr_3$ (+) → Cl + Br H $\xrightarrow{-H^+}$ Cl Br + 邻位产物

（**c**）

O=C–CH_2CH_3 H $\overset{+}{N}O_2$ → O=C–CH_2CH_3 + NO_2 H $\xrightarrow{-H^+}$ O=C–CH_2CH_3 NO_2

（**d**）

$CH(CH_3)_2$ O=S(=O)–O: H → $CH(CH_3)_2$ + O=S(O) H :Ö:$^-$ → $CH(CH_3)_2$ SO_3H + 邻位产物

（**e**）

OCH_3 HO–S(=O)(Cl)–O: H → OCH_3 + HO–S(=O)(Cl) H :Ö:$^-$ $\xrightarrow{-H^+}$ OCH_3 O=S(HO)(Cl)–Ö:$^-$ $\xrightarrow{-Cl^-}$ OCH_3 SO_3H + 邻位产物

(f)

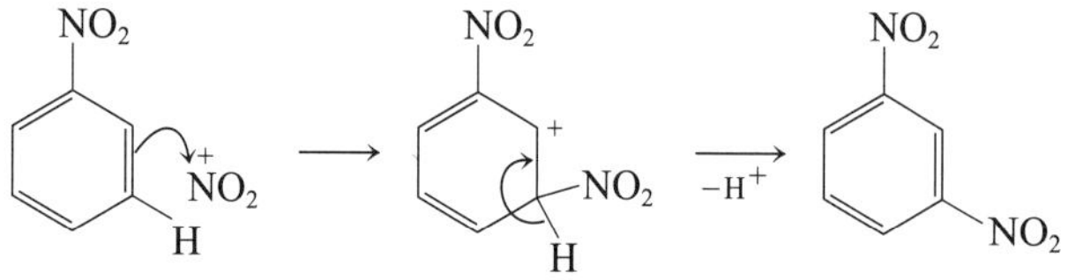

NO_2 $\overset{+}{N}O_2$ H → NO_2 + NO_2 H $\xrightarrow{-H^+}$ NO_2 NO_2

(h) 首先形成亲电试剂：

H^+ :ÖH → $\overset{+}{O}H_2$ $\xrightarrow{-H_2O}$ +

OCH_3 NO_2 + H → OCH_3 NO_2 + H $\xrightarrow{-H^+}$ OCH_3 NO_2

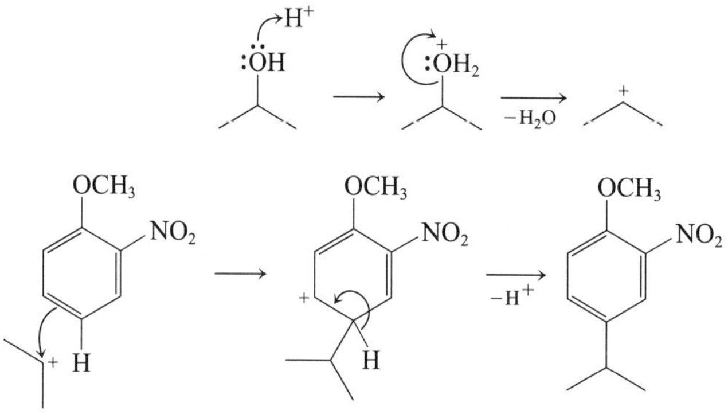

41. 注意：41 题和 42 题请自行写出完整的方程式。

(**a**) 硝基苯＋Br_2，$FeBr_3$（溴苯的硝化反应主要生成邻位和对位产物）；(**b**) 碘苯＋Br_2，$FeBr_3$；(**c**) 甲氧基苯＋CH_3Cl，$AlCl_3$；(**d**) 甲氧基苯＋CH_3COCl，$AlCl_3$；(**e**) 硝基苯＋SO_3，H_2SO_4 或苯磺酸＋HNO_3，H_2SO_4；(**f**) 甲苯＋HNO_3，H_2SO_4（参考表 16-2，这个反应有些特殊，主要产生邻位产物而不是对位产物）；(**g**) 硝基苯＋HNO_3，H_2SO_4；(**h**) 苯乙酮＋Cl_2，$FeCl_3$。

42. 注意：这些问题基于教材 16-5 节中的材料。开始前请复习。

(**a**) 硝基苯＋1. Br_2，$FeBr_3$（溴化在硝基的间位），2. Fe，HCl（硝基还原为氨基）；(**b**) 碘苯＋SO_3，H_2SO_4（磺酸化在碘的对位；阻止对位），2. Br_2，$FeBr_3$（溴化在碘的邻位），3. H^+，H_2O，△（去除磺酸基）；(**c**) 甲氧基苯＋1. $CH_3CH_2CH_2COCl$，$AlCl_3$（注意：用 1-氯丁烷进行傅-克烷基化会产生重排产物；改用对甲氧基的傅-克酰基化），2. H_2，Pd 或 Zn(Hg)，HCl（羰基还原为亚甲基）； (**d**) 乙苯＋1. CH_3COCl，$AlCl_3$（乙酰化于乙基的对位），2. CrO_3，H_2SO_4，H_2O（将原来的乙基氧化为乙酰基）；(**e**) 苯胺＋1. CH_3COCl，吡啶（酰基化为酰胺保护氨基），2. HNO_3（对位硝化），3. H^+，H_2O，△和 4. ^-OH，H_2O（释放氨基）；(**f**) 乙苯＋1. SO_3，H_2SO_4（磺酸化在对位，阻止对位反应），2. Br_2，$FeBr_3$（溴化在乙基的邻位），3. H^+，H_2O，△（去除磺酸基）（注意：不能从溴苯开始，因为在对位磺化后，不能进行后续必要的傅-克反应。傅-克反应当存在间位定向基团（例如磺酸基）时，通常不会进行）；(**g**) 硝基苯＋1. Fe，HCl（将硝基还原为氨基），2. CH_3COCl，吡啶（酰基化为酰胺，保护氨基），3. HNO_3（对位硝化），4. H^+，H_2O，△和 5. ^-OH，H_2O（释放氨基），6. CF_3CO_3H（氨基氧化为硝基）；(**h**) 乙酰苯＋1. SO_3，H_2SO_4，2. H_2，Pd。

43. 反应的位置由更加活化（或更少钝化）的取代基（在下面每种情况下的标记处）决定。同样，在存在邻位或对位选择的情况下，可以预测对位产物占主导地位。

(a) 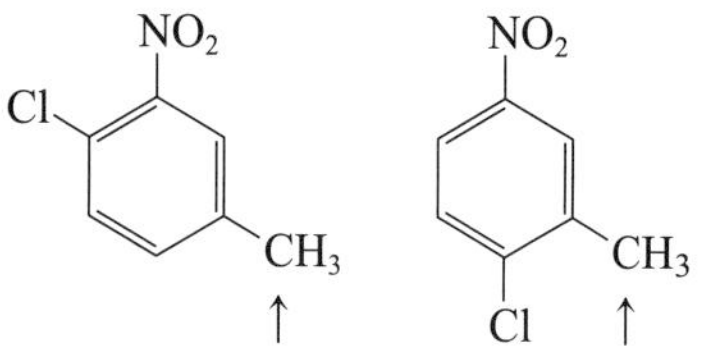 NO_2 Cl CH_3 ↑ NO_2 Cl CH_3 ↑

(b) Cl SO_3H → CH_3

(c) ↓ CH_3CH_2 COOH NO_2 CH_3CH_2 COOH NO_2

(d) ↓ $NHCOCH_3$ Br H_3C ＋ ↓ $NHCOCH_3$ H_3C Br

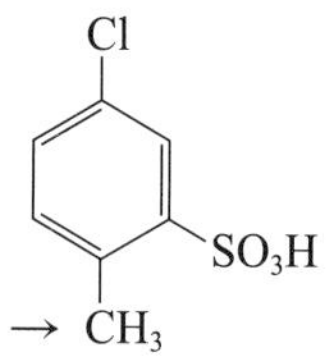

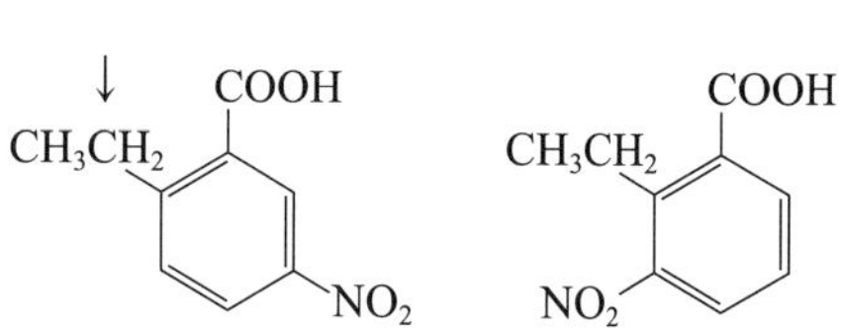

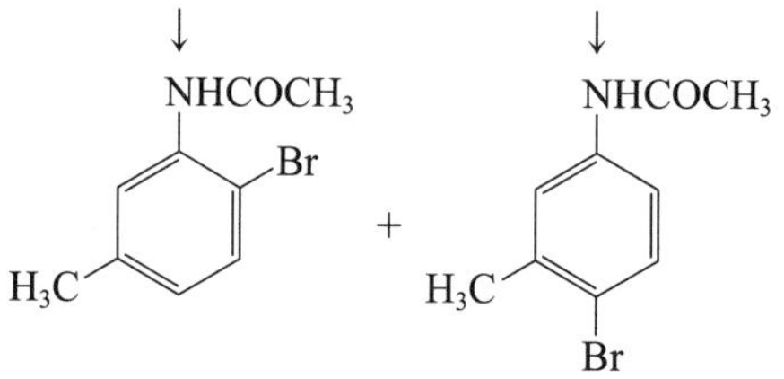

(e) 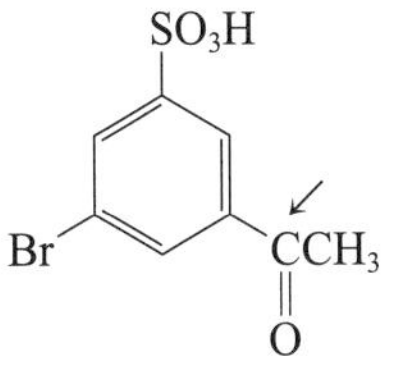 (都是间位定位)

(f)

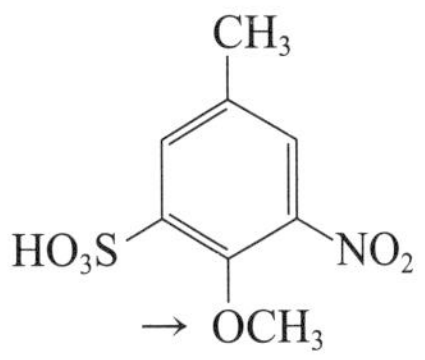

(g) 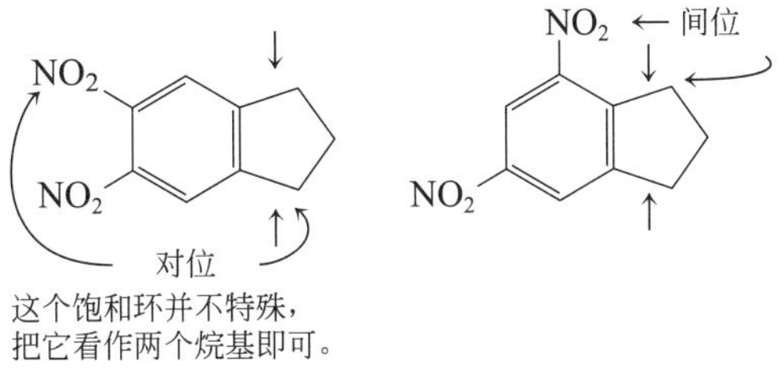 对位 这个饱和环并不特殊，把它看作两个烷基即可。 间位

(h)

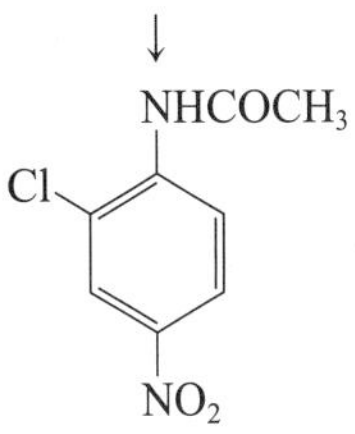

(i) 不反应。傅-克反应无法发生在含间位定位基的芳香环上，若芳香环上无强活性基团，那么此环是十分惰性的。

44. (a) 叠加的活化效应。1,3-二甲苯（间二甲苯）与1,2-、1,4-二甲苯不同的是其含有一个被两个甲基共同活化的位点。在C-2、C-4和C-6（等同于C-4）的位置上发生亲电取代后产生正离子中间体，其正电荷可以离域到环上两个甲基取代的位置。

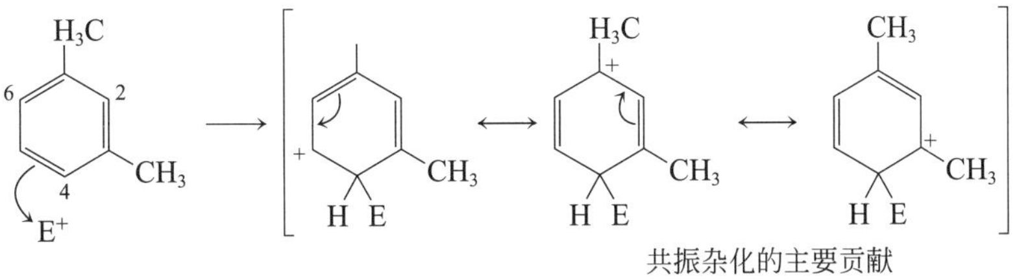

共振杂化的主要贡献

正离子越稳定，产生它们的过渡态能量越低，形成正离子越快。由于C-2位置的两侧含有甲基，其在空间上是受阻的，因而取代主要发生在C-4/C-6。

你应该自己检查一下，在邻位异构体和对位异构体上的亲电取代是不是会形成这种双重稳定的正离子中间体。

(b) 三个甲基取代时，所用的原理是相同的：寻找双重或三重激活的位点。在每个结构中，计算每个甲基的邻位或对位的活化位点数。

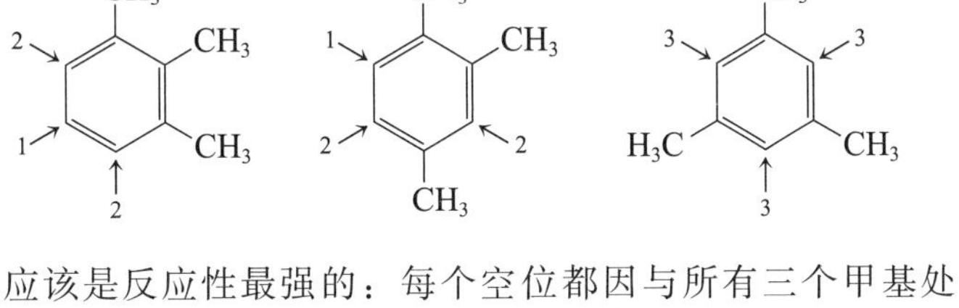

最后一个对亲电试剂应该是反应性最强的：每个空位都因与所有三个甲基处于邻位或对位而激活。1,3,5-异构体和其他两种异构体之间的反应性差别非常大，速率大约是另外两种的200倍。

45. 理解 H^+，H_2O 后处理的傅-克反应。

(a) 1. CH_3CH_2Cl，$AlCl_3$；2. CH_3COCl，$AlCl_3$　(b) 1. HNO_3，H_2SO_4；2. Cl_2，$FeCl_3$

(c) 1. CH_3COCl，$AlCl_3$；2. SO_3，H_2SO_4

调换顺序后反应不能发生。有 SO_3H 基团存在时，傅-克反应无法发生。

(d) 1. HNO_3，H_2SO_4；2. HCl，Zn(Hg)；3. SO_3，H_2SO_4，加热；4. CF_3CO_3H

(e) 1. Cl_2，$FeCl_3$；2. 高浓度的 HNO_3，H_2SO_4，△

(f) 1. Br_2，$FeBr_3$；2. HNO_3，H_2SO_4，将对位与邻位分开；3. HCl，Zn(Hg)（制备 Br—C₆H₄—NH_2）；

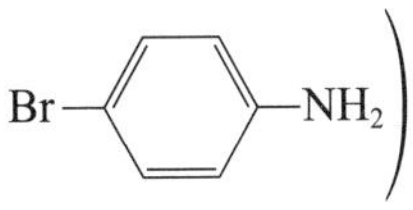

4. Cl_2，$CHCl_3$，0 ℃（氯化一次，NH_2 的邻位；见 16-3 部分）；5. CF_3CO_3H

（**g**）1. Br_2，$FeBr_3$；2. SO_3，H_2SO_4（堵住对位）；3. Cl_2，$FeCl_3$；4. H_2O，△

（**h**）1. CH_3Cl，$AlCl_3$；2. SO_3，H_2SO_4；3. 过量的 Br_2，$FeBr_3$；4. H_2O，△

46. 苯甲醚（CH_3O—苯） $\xrightarrow{Cl_2,\ CHCl_3,\ 0℃}$ 4-氯苯甲醚 $\xrightarrow{Mg,\ THF}$ 4-CH_3O-C_6H_4-MgCl $\xrightarrow{1.\ HCHO;\ 2.\ H^+,\ H_2O}$ 4-甲氧基苯甲醇

47. 水杨酸的直接磺化反应就能实现。

48. URB597 的合成极具挑战性，其取代基的位置比其结构更具挑战性。相对于连接两个环的键，这两个基团都处于间位。习题 39 说明苯环作为取代基具有邻、对位定位效应。因此，在联苯上进行的亲电芳香取代反应不能作为制备这一重要化合物的方法。

49.（**a**）NMR 谱图 A 显示有两组分积分比为 2∶3 的苯环氢，而且 IR 谱有 685 和 735 cm^{-1} 的峰，表明是一个单取代的苯，溴苯是唯一合乎逻辑的答案：C_6H_5Br，（苯环—Br），其合成可用苯＋Br_2，$FeBr_3$。

（**b**）NMR 谱图 B 显示有三个苯环氢，一个积分面积为 1 的三重峰和一个积分面积为 2 的双重峰，在环的相邻位置有 3 个氢，末端氢相当于：HC—CH—CH。还有什么？在 δ4.5 处有 2 个 H，并且 IR 谱图有 3382 cm^{-1} 和 3478 cm^{-1} 两个峰，表明这是一个 NH_2 基团。原子数是多少？苯环有六个碳，五个 H 和一个 N。那么唯一合适的化学式是 $C_6H_5Br_2N$。将 NH_2 放在苯环上，然后在它的每一侧添加两个 Br，答案就是 2,6-二溴苯胺。

（**c**）谱图 C 中 NH_2 再次出现，但现在 NMR 显示有 4 个复杂的苯环氢。IR 谱中 745 cm^{-1} 处的峰表明有在邻位双取代苯环。答案就是 2-溴苯胺：C_6H_6BrN。

（**d**）相似地，D 的 NMR（两个双重峰，各含 2 个 H）和 IR（820 cm^{-1}）谱图表明此化合物是对位异构体：4-溴苯胺合成路线（假设邻位与对位的混合产物容易分离，且以良好的产率得到对位产物）：

A $\xrightarrow{1.\ HNO_3,\ H_2SO_4;\ 2.\ H_2\text{-}Ni}$ D

A $\xrightarrow{SO_3,\ H_2SO_4}$ 4-溴苯磺酸（主产物） $\xrightarrow{1.\ HNO_3,\ H_2SO_4;\ 2.\ H_2\text{-}Ni}$ 3-氨基-4-溴苯磺酸 $\xrightarrow[\text{除去}SO_3H]{H_2O,\ △}$ C

A $\xrightarrow{\text{(再一次)}}$ C $\xrightarrow[\text{屏蔽氨基的对位}]{SO_3,\ H_2SO_4}$ HO_3S-（3-溴-4-氨基苯） $\xrightarrow{Br_2,\ FeBr_3}$ HO_3S-（3,5-二溴-4-氨基苯） $\xrightarrow[\text{除去 }SO_3H]{H^+,\ H_2O,\ △}$ B

50. 萘 ＋ $2H_2$ $\xrightarrow{Pd\text{-}C}$ 四氢萘

尽管萘是芳香性的，但它确实能发生这样的加成反应。在加成过程中，一个芳香苯环保持完整。

51. 受已有基团的定位，反应发生在最活泼（或最小钝化）的环上。

（a） 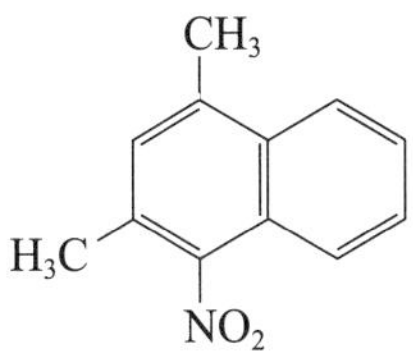 CH_3 H_3C NO_2　（b） 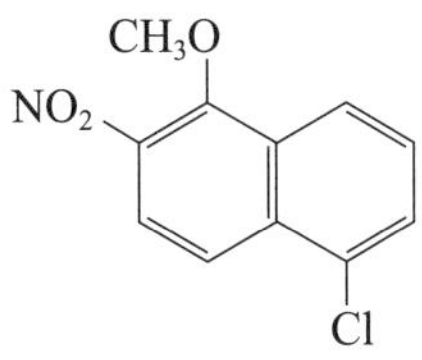 CH_3O NO_2 Cl　CH_3O NO_2 Cl　主产物 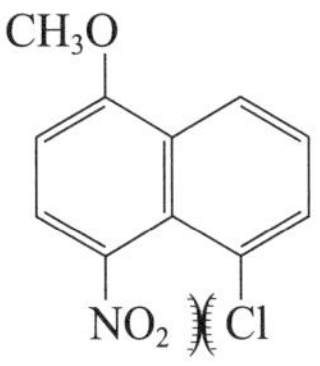　空间受阻　（c） 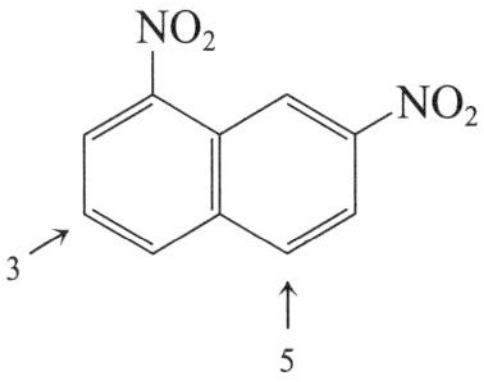 NO_2 NO_2 3 5

对于（c），产物有两个选择：C-3（C-1 NO_2 的间位）和 C-5（C-7 NO_2 的间位）。如果其他所有要素相同，则取代优先发生在稠合环邻位，因为中间体中一个苯环要保持完整［请参阅习题 52 答案中（b）的结构］。因此，硝化发生在 C-5 上。

（d） 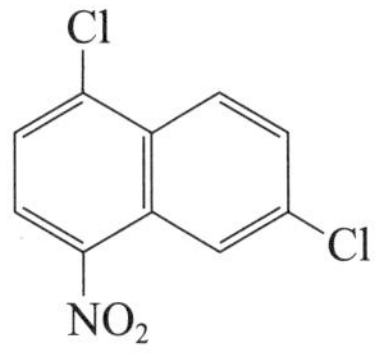 Cl Cl NO_2 原因：C-1 的对位，稠合环邻位，相对不受阻碍。

52.（a） Cl　（b） 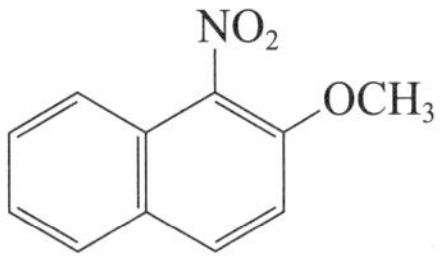 NO_2 OCH_3 （见下文）　（c） 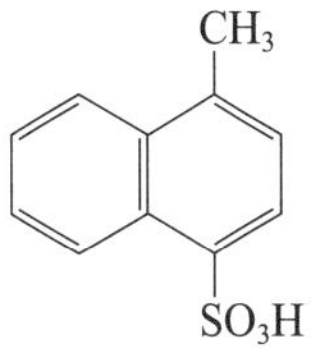 CH_3 SO_3H

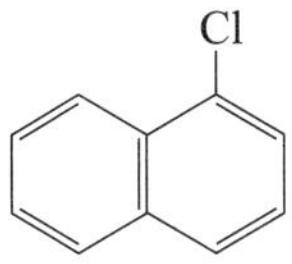

（d） 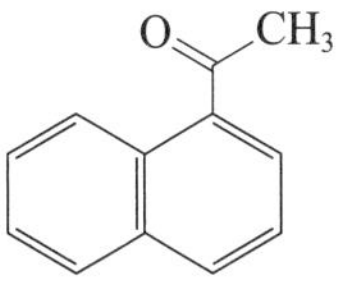 O CH_3　（e） 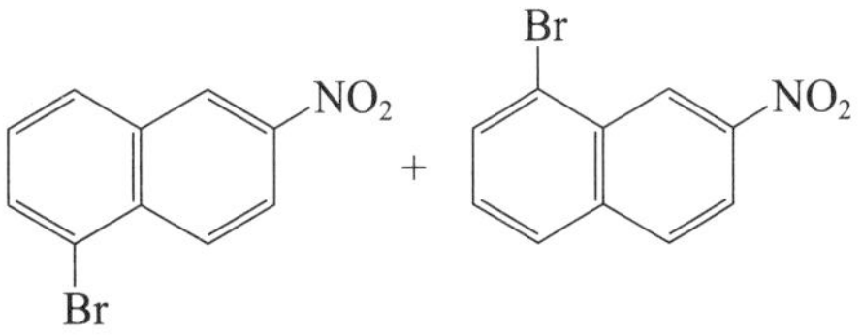 NO_2 Br ＋ Br NO_2

对于（b），C-1 处的取代是有利的，因为中间体碳正离子最重要的共振式有一个完整的 6π 电子苯环（见左下方的结构）。C-3 处取代产生的正离子不具有此特性（右下方）。

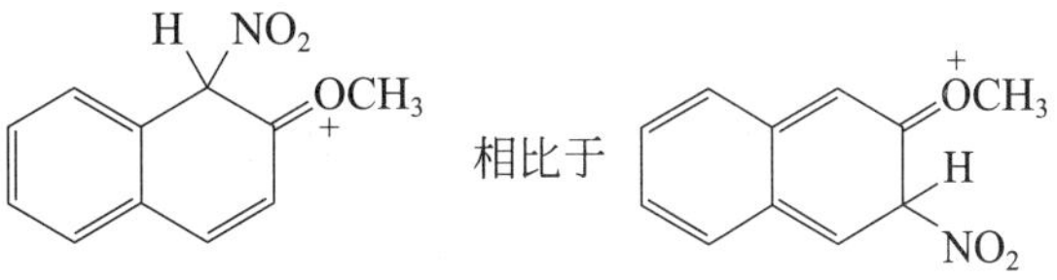

H NO_2 $\overset{+}{O}CH_3$ 相比于 $\overset{+}{O}CH_3$ H NO_2

53. 1-萘磺酸是**动力学**产物：由于其形成所涉及的正离子中间体更稳定，因此该路径具有较低的活化能，能更快生成 1-萘磺酸。然而，1-萘磺酸比 2-萘磺酸稳定性差，因为在 1-萘磺酸中，由于 C-8 位上的氢原子，磺酸基在空间上是拥挤的。

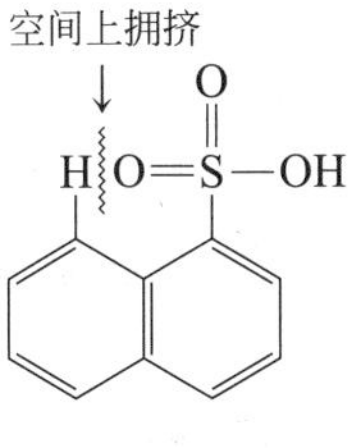

空间上拥挤 H O=S—OH O

重要的是，磺化是可逆的，否则以上的情况就不可能实现。因此，在较高温度下，动力学产物 C-1 位的脱磺能够发生，（更慢的）C-2 的磺化也能够发生，最终导致生成更稳定的产物 2-萘磺酸。

54. 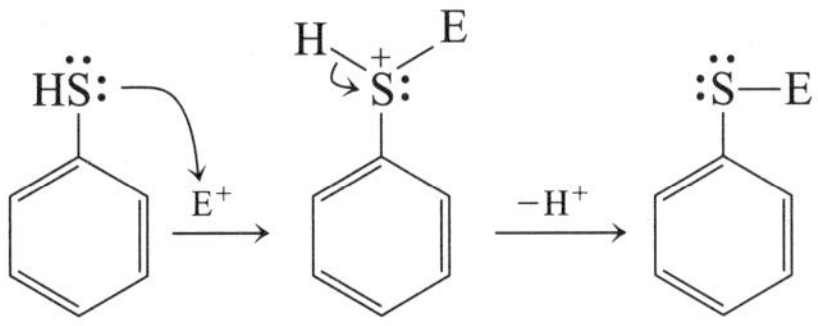 HS: $\xrightarrow{E^+}$ H $\overset{+}{S}$ E $\xrightarrow{-H^+}$:S—E 由于硫原子的强亲核性，此反应途径有利。

55.（a）由于氧原子的电负性，甲氧基是**诱导吸电子的**。起压倒性作用的共振效应强烈地活化了邻位和对位，但对间位没有明显影响（参见 16-3 节苯胺的相关共振式）。在间位，钝化诱导效应起主要作用。

（b）根据所观察到的苯甲醚的反应性，必然存在这样的情况：间位进攻的活化能高于苯本身，而邻位或对位进攻的活化能较低。因此，图表应该如下所示：

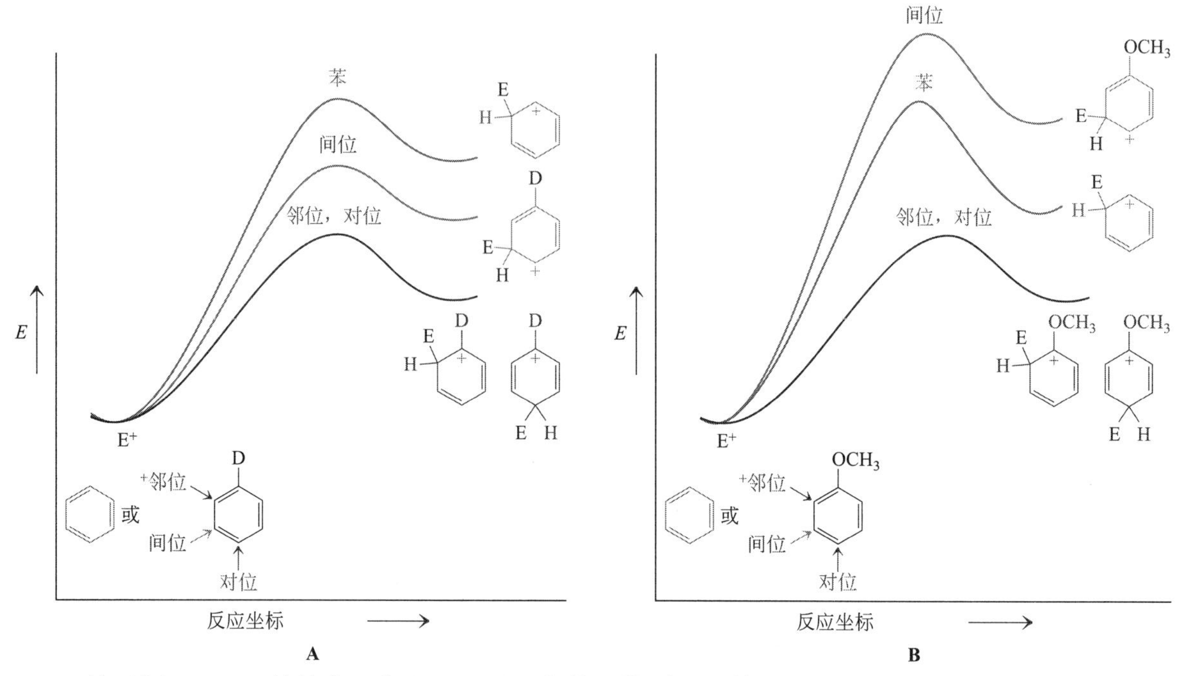

56. 见习题 43（g）的答案。饱和六元环没有什么特别的。你可以看到它就像苯环上相邻位置的两个烷基取代基。例如，可以将（a）中的起始碳氢化合物视为 1,2-二甲苯（邻二甲苯）。

（**a**） 对位 + 邻位

（**b**） 对位 + 邻位

主要产物
(实际产率为43%；3∶1)

（**c**） + 这两个分子硝基取代的位置都与其中一个 CF_2 基团是间位关系。在（d）和（e）中，单取代发生在活化程度较高或钝化程度较低的环中。

（**d**）　（**e**）

57. 路易斯结构：—N̈=Ö:，N 上的孤对电子通过以下共振式有利于邻位和对位取代：

邻位：　　对位：

然而，—NO 基团是诱导吸电子的。与卤素取代基的情况一样，这种钝化诱导效应平均比共振效应强，因此，尽管在邻位和对位优先（通过共振效应）取代，但总的来说亚硝基苯是失活的。

58. 亲电试剂：

$$:\ddot{O}=\ddot{N}-\ddot{O}:^- \xrightarrow{2H^+} :\ddot{O}=\ddot{N}-\overset{+}{O}H_2 \xrightarrow{-H_2O} \left[:\ddot{O}=\overset{+}{N} \longleftrightarrow :\overset{+}{O}\equiv N:\right]$$

亚硝鎓离子

然后

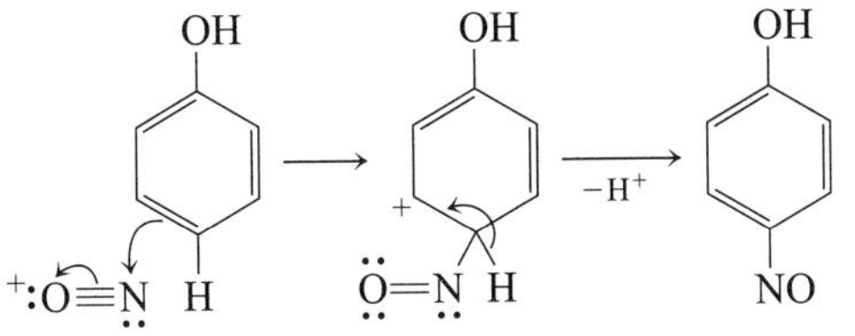

OH　OH　OH

$^{+}$:O≡N　H　Ö=N　H　$-H^{+}$　NO

和

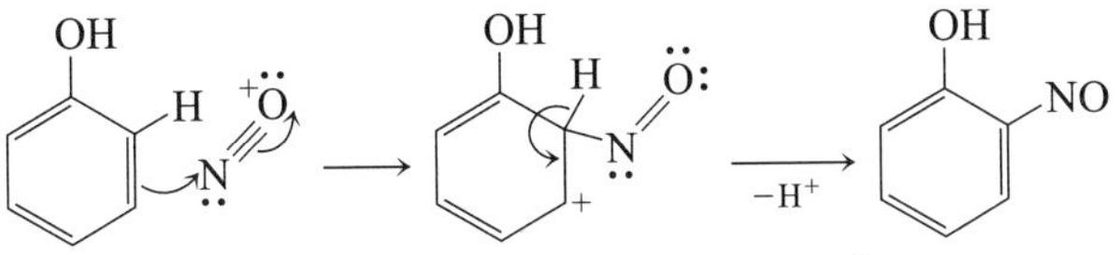

OH　H　$^{+}$Ö　N　OH　H　Ö:　N　$-H^{+}$　OH　NO

59. 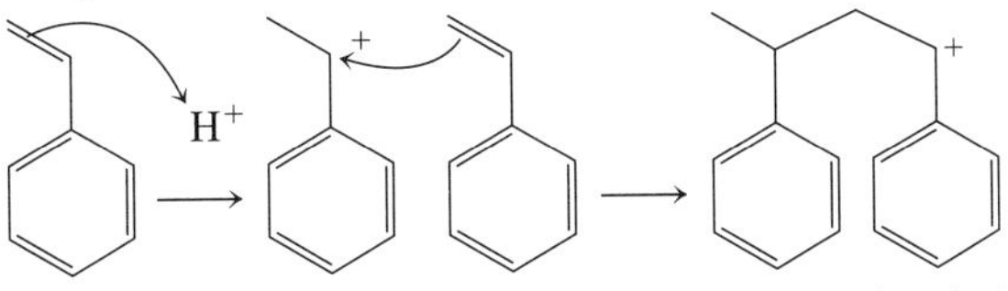 H^{+}

此时，该系统有两种选择：加成另一个苯乙烯并继续聚合，或通过分子内的傅-克反应闭合成环。

聚合：

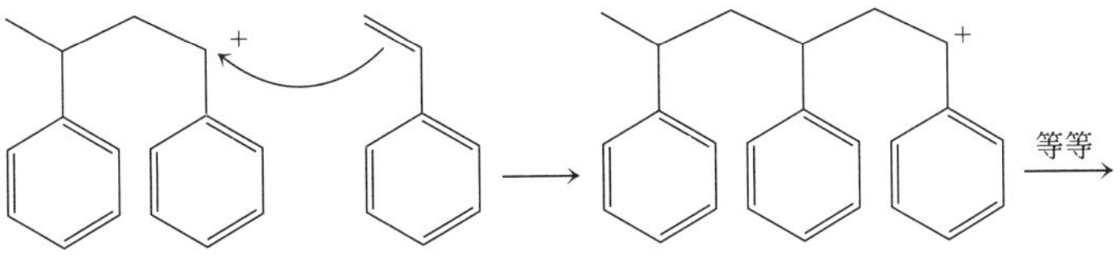

等等

傅-克反应：

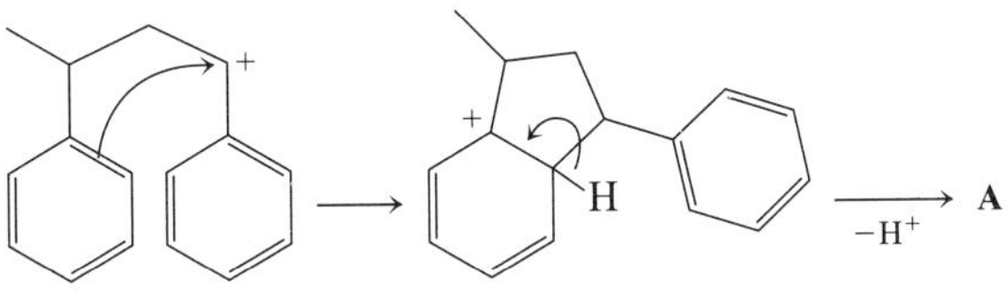

H　$-H^{+}$　**A**

60.（c）　**61.**（b）　**62.**（c）　**63.**（c）　**64.**（d）

17

醛和酮：羰基化合物

恭喜！你终于开始触及有关羰基化合物的章节了，这是有机化学中最重要的内容之一。羰基化合物为什么这么重要？这是因为它们可以通过极其灵活多样的方式构建碳-碳键，故广泛用于有机合成。羰基化合物有一个亲电性的羰基碳（已经于第8章中学习过了）和旁边潜在的亲核性碳（马上就会学到）。这样的双重反应性在简单的化合物中是独一无二的。

羰基化合物在生物化学中同样具有重要地位，其中，羰基在天然分子的生物化学合成中起着核心作用。

本章概要

17-1　醛和酮的命名

17-2　醛和酮的结构与物理性质

17-3　醛和酮的谱学特征

17-4　醛和酮的制备：总结

17-5　羰基的反应性：加成反应机理

羰基化合物的两种主要反应模式之一。

17-6，17-7，17-8　水和醇对醛、酮的亲核加成

水合物、半缩醛（酮）、缩醛（酮）和保护基。

17-9　氨及其衍生物的亲核加成

17-10　羰基的脱氧反应

由 C═O 到 CH_2 的还原。

17-11，17-12　碳亲核试剂对醛和酮的加成

机理详述与合成应用。

17-13，17-14　醛和酮的氧化

本章重点

17-1 醛和酮的命名

这些第一节的大部分内容相对常规，所以我们只会提及一些特别有趣或有特殊意义的要点。

羰基化合物的命名存在一点问题，因为几乎所有羰基化合物都有多个常用名。

$$(CH_3)_2CHC(=O)CH_3$$

例如，对于上面的结构，我们可以有多种命名，3-甲基-2-丁酮（IUPAC 命名）和异丙基甲基酮（常用名），只是其仍在使用的两种名称。请准备好面对羰基化合物五花八门的名称，特别是常用名！旧的苯基酮的命名法特别有趣。C_6H_5COR 的名称是由羧酸 RCO_2H 的常用名（去掉最后的-ic acid，如果词尾不是-o 则加上-o）与后缀-phenone（代表苯某酮）组合而成的。因此，$C_6H_5COCH_3$ 名称为 acet（乙酸前缀）＋o＋phenone＝acetophenone（苯乙酮）；$C_6H_5CO(CH_2)_4CH_3$ 名称为 valer（戊酸前缀）＋o＋phenone＝valerophenone（苯戊酮）；$C_6H_5COC_6H_5$ 为 benzo（苯甲酸前缀）＋phenone＝benzophenone（二苯酮），以此类推。这样的命名对我们来说也不太好理解，但这都是当年人们使用过的称呼，甚至现在还时常使用。

17-2 醛和酮的结构与物理性质

羰基化合物物理和化学性质的关键在于羰基的极性。虽然羰基化合物的极性与卤代烷类似，但羰基化合物有电负性的氧，氧上的孤对电子可以和质子溶剂形成氢键。因此，羰基化合物远比卤代烷易溶于水。而且，碳-氧双键比烯烃中的碳-碳双键要强。C═O 键的较大强度使其更容易生成。C═C 键上的加成反应通常是强放热的，但许多 C═O 上的加成则并非如此，所以羰基的加成常常是可逆的，平衡常数接近于 1。后面你会看到许多生成羰基的反应，这些产生羰基的方式乍一看可能相当出人意料。

17-3 醛和酮的谱学特征

这里提到了几个值得关注的要点。红外光谱对于羰基化合物的表征非常有用：C═O 的伸缩振动带很强，且其光谱吸收区域（通常为 1750～1690 cm^{-1}）中没有其他官能团的强吸收。羰基峰的精确位置也可用于确定羰基上连接基团的性质。^{13}C NMR 谱图中羰基碳的信号位于 $\delta=200$ 左右，而醛（亦称“甲酰基”）氢（—CHO）在^1H NMR 中的信号为 $\delta=9.5\sim10.0$。

17-4 醛和酮的制备

羰基化合物的制备方法之多令人叹为观止，但请不要被如此多的合成方法吓倒。每个反应都合理且有条理。本节主要回顾以前见过的羰基合成反应，并给出一些新的示例以加强印象。

17-5 羰基的反应性：加成反应机理

本节仅集中讨论一种反应：通过羰基的碳-氧双键进行的加成反应。羰基的加成反应是极性反应，且完全符合静电学的预期。

亲核试剂进攻此位点→ $\overset{\delta^+}{C}=\overset{\delta^-}{O}$ ←亲电试剂进攻此位点

本节介绍的两种主要反应机理可以通过加成的顺序区分。强亲核试剂 $Nuc:^-$（可能直接加入或通过碱与 Nuc—H 反应产生）先加成到羰基上，然后（通常）再将氧质子化（可能为单独步骤）。与之相比，弱亲核试剂的加成，尤其是电中性的 NucH，需要羰基氧先质子化形成强亲电性的基团 $>C=\overset{+}{O}H$ 。

无论反应以何种给定的机理进行，其用途都非常广泛，可以产生多种有用的加成产物。这便是本章其余部分的内容。

17-6 至 17-9　水、醇和胺的亲核加成

在这几节中，实际上存在两种本质上不同的反应类型。它们对应于以下讨论中涉及的两个反应阶段。第一个阶段是亲核试剂对羰基的可逆加成，通常由酸或碱催化。

1.

$$\underset{\text{醛或酮}}{R-\overset{O}{\overset{\|}{C}}-(H\text{或}R)} + Nuc-H \overset{\text{酸或碱}}{\rightleftharpoons} R-\underset{Nuc}{\underset{|}{\overset{OH}{\overset{|}{C}}}}-(H\text{或}R)$$

Nuc—H	**产物**
H_2O	醛或酮的水合物
$R'OH$	半缩醛（酮）
$R'SH$	硫代半缩醛（酮）
$R'NH_2$ 或 $R_2'NH$	缩醛（酮）胺

第二个阶段才真正触及碳正离子化学。当 Nuc—H 为 R′OH 或 R′SH 时，上面产物中的 OH 基团可能会被第二分子 Nuc 取代。该反应通过 S_N1 机理进行，并产生相对稳定的缩醛（酮）或硫代缩醛（酮）产物。如教材中所述，缩醛（酮）和硫代缩醛（酮）可耐受多种碱性或亲核性试剂的进攻，如 RLi、格氏试剂和氢化物。当需要分子中的其他官能团与强碱或亲核试剂反应时，将醛或酮的 C═O 转化为缩醛（酮）或硫代缩醛（酮）是一种简便的保护方法。

2a.

$$R-\underset{(OR'\text{或}SR')}{\underset{|}{\overset{OH}{\overset{|}{C}}}}-(H\text{或}R) + \begin{pmatrix} R'OH \\ \text{或} \\ R'SH \end{pmatrix} \overset{\text{酸}}{\rightleftharpoons} R-\underset{(OR'\text{或}SR')}{\underset{|}{\overset{(OR'\text{或}SR')}{\overset{|}{C}}}}-(H\text{或}R) + H_2O$$

如果是 R′OH：缩醛（酮）
如果是 R′SH：硫代缩醛（酮）

当 Nuc—H 为氨或一级胺（$R'NH_2$）时，缩醛（酮）胺可进一步反应产生含有碳-氮双键的亚胺。如果亲核试剂为 R'_2NH，则产生烯胺。

2b.

$$R-\underset{NHR'}{\underset{|}{\overset{OH}{\overset{|}{C}}}}-(H\text{或}R) \overset{\text{酸}}{\rightleftharpoons} \underset{\text{亚胺}}{R-\underset{NR'}{\underset{\|}{C}}-(H\text{或}R)} + H_2O$$

2c.

$$-\underset{|}{\overset{H}{\overset{|}{C}}}-\underset{NR_2'}{\underset{|}{\overset{OH}{\overset{|}{C}}}}-(H\text{或}R) \overset{\text{酸}}{\rightleftharpoons} \underset{\text{烯胺}}{>C=C<^{(H\text{或}R)}_{NR_2'}} + H_2O$$

实际上无论如何，醛或酮与反应 **1** 中列出的任意亲核试剂在酸催化下的反应都会接着进行，直接生成 **2a**、**2b** 和 **2c** 中的产物。反过来说，任意产物的酸催化水解都会重新回到原来的醛或酮，并释放出游离的原亲核试剂。

17-10　羰基的脱氧反应

将 C═O 还原为 CH_2 有三种方法：Raney 镍对硫代缩醛（酮）的脱硫反应（17-8 节）、Clemmensen 还原（16-5 节）和本节的 Wolff-Kishner 还原。由于制备羰基化合物的方法很多，羰基化合物又是构建新碳-碳键的绝佳起始物，因此由简单分子合成复杂分子时，你往往会发现羰基的身影。这在第 18 章至第 20 章和第 23 章中格外明显。如果需要除去一个羰基，这个羰基曾用于构建分子中的化学键但最终产物中却不需要它，那么羰基的脱氧反应将非常有用。先进行 Friedel-Crafts 酰基化反应，再脱氧以获得烷基苯的流程就是一个贴切的好例子。

17-11 和 17-12 碳亲核试剂对醛和酮的加成

Grignard 试剂和烷基锂是高活性“碳负离子”试剂的实例（即它们的反应性类似于碳负离子）。本节则介绍了能量低一些的碳负离子试剂。氰根离子是最简单的一种，它与醛和酮的加成产物氰醇有一些特殊的合成用途。含磷的叶立德试剂则更有用，尤其是在烯烃的区域选择性合成中，因为反应产生的双键位置完全由起始化合物决定的。

$$RCH{=}P(C_6H_5)_3 + O{=}C(R')(R'') \longrightarrow RCH{=}CR'R'' + (C_6H_5)_3P{=}O$$

经典磷叶立德　　　唯一区域异构体（Z和E立体异构的混合物）

17-13 酮的 Baeyer-Villiger 氧化

Baeyer-Villiger 氧化反应可将酮氧化为羧酸酯，有两个原因使该反应非常重要。从机理上来讲，该反应涉及羰基的亲核加成，这没什么特别的。不过，该反应的亲核试剂是一种过氧化物，它可以引发重排，形成一个新的碳-氧键。

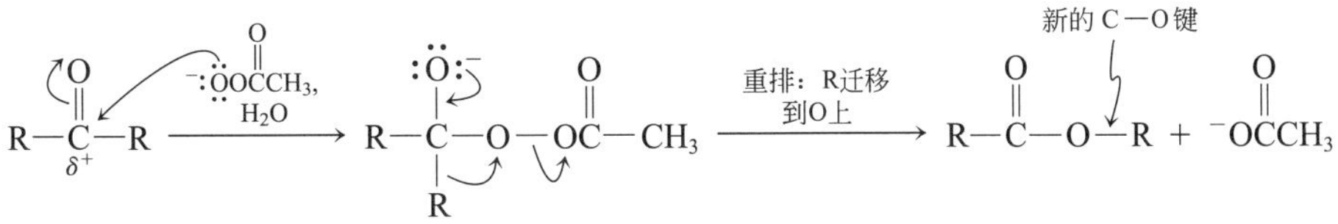

$$R{-}\overset{\delta^+}{C}(=O){-}R \xrightarrow{^-:\ddot{O}OCCH_3(=O),\ H_2O} R{-}C(R)(\ddot{O}:^-){-}O{-}OC(=O){-}CH_3 \xrightarrow{\text{重排：R迁移到O上}} R{-}C(=O){-}O{-}R + {}^-OC(=O)CH_3$$

新的 C—O 键

你可能会想到一个机理相似的反应，在碱性过氧化氢氧化烷基硼烷时，一个基团由硼迁移到了氧上。

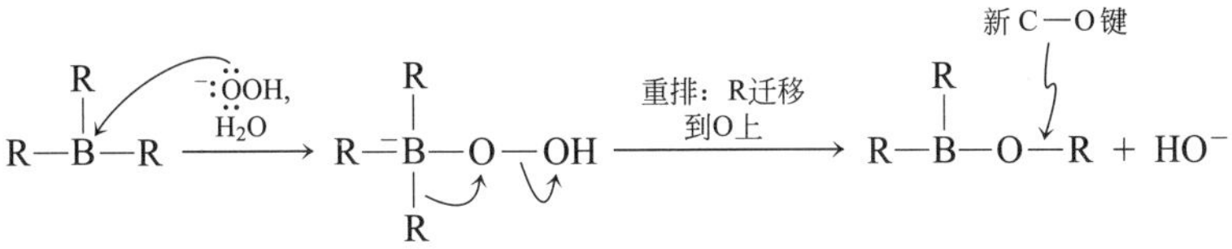

$$R{-}B(R){-}R \xrightarrow{^-:\ddot{O}OH,\ H_2O} R{-}\bar{B}(R)(R){-}O{-}OH \xrightarrow{\text{重排：R迁移到O上}} R{-}B(R){-}O{-}R + HO^-$$

新 C—O 键

Baeyer-Villiger 反应重要的第二个原因是它能断开碳-碳键，而在你见过的反应中只有极少数能实现这一点（例如臭氧化分解反应，第 12 章）。Baeyer-Villiger 氧化在合成中的重要地位主要得益于对非对称羰基化合物的高选择性（见关于迁移能力的讨论），以及产物酯或酸进行后续化学反应的可行性（后面将介绍）。

习 题

27. 画出下列化合物的结构式并给出其 IUPAC 命名。

(**a**) 甲基乙基酮；(**b**) 乙基异丁基酮；(**c**) 甲基叔丁基酮；(**d**) 二异丙基酮；(**e**) 苯乙酮；(**f**) 间硝基苯乙酮；(**g**) 环己基甲基酮。

28. 命名或画出下列化合物的结构式：

(**a**) $(CH_3)_2CHC(=O)CH(CH_3)_2$

(**b**) 3-苯基-4-甲基戊醛结构（苯基、异丙基、CH_2CHO）

(**c**) $CH_3C(=O)CH{=}CH_2$

(**d**) $ClCH{=}CHCH_2CHO$（Cl 与 H 分别位于双键碳上，C=C，H，CH_2CHO）

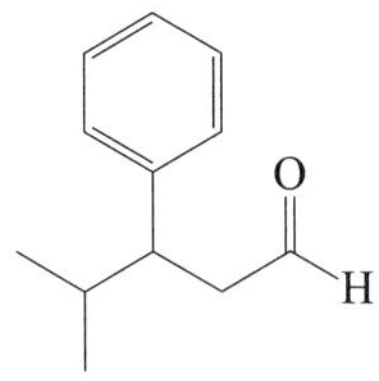

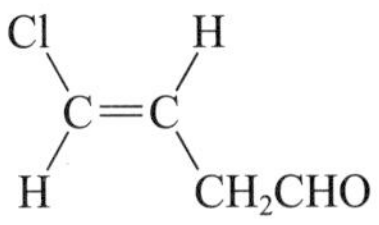

(e) 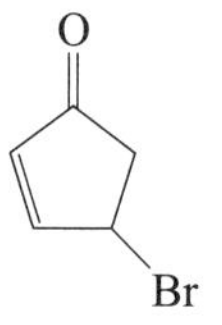 (f)

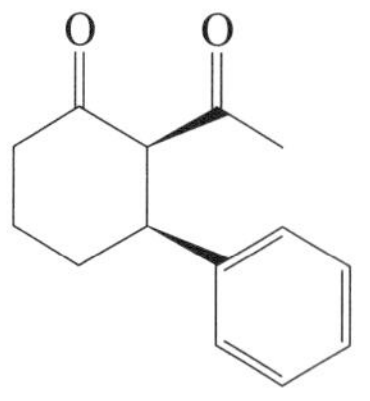

(g) (Z)-2-乙酰基-2-戊烯醛

(h) 反-3-氯环丁基甲醛

29. 分子式为 $C_8H_{12}O$ 的两个羰基化合物的谱学数据如下所示，推断出它们的结构式。字母 m 表示在谱图的特定区域出现的无法分辨的多重峰。(**a**)^{1}H NMR：δ 1.60(m,4H)，2.15(s,3H)，2.19(m,4H)，6.78(t,1H)；^{13}C NMR(DEPT)：δ 21.6(CH_2)，22.0(CH_2)，23.0(CH_2)，25.1(CH_3)，26.1(CH_2)，139.7(C_{quat})，140.9(CH)，199.2(C_{quat})。(**b**)^{1}H NMR：δ 0.94(t,3H)，1.48(sex,2H)，2.21(q,2H)，5.8～7.1(m,4H)，9.56(d,1H)；^{13}C NMR：δ 13.6(CH_3)，21.9(CH_2)，35.2(CH_2)，129.0(CH)，135.2(CH)，146.7(CH)，152.5(CH)，193.2(CH)。

30. 习题 29 中两个化合物的紫外（UV）吸收光谱差别很大。其中一个化合物的紫外吸收峰为 $\lambda_{max}(\varepsilon)=232(13000)$ 和 308(1450) nm，而另一个化合物的紫外吸收峰为 $\lambda_{max}(\varepsilon)=272(35000)$ nm，并在 320 nm 附近有较弱的吸收峰（由于强吸收峰的影响，320 nm 处的吸收峰很难确定精确位置）。根据习题 29 中已推定的化合物，将其结构与 UV 谱学数据对应，并根据化合物结构解释 UV 光谱。

31. 某未知化合物的光谱和分析数据如下所示。推断其结构。经验分子式：$C_8H_{16}O$。^{1}H NMR：δ 0.90(t,3H)，1.0～1.6(m,8H)，2.05(s,3H)，2.25(t,2H)；^{13}C NMR：14.0～43.8 有七个信号峰，208.9 处有一个信号峰；IR：$\tilde{\nu}=1715\ cm^{-1}$；UV：$\lambda_{max}(\varepsilon)=280(15)$ nm；MS：$m/z=128$ ($M^{+\cdot}$)；$(M+1)^+$ 离子峰的相对丰度为 $M^{+\cdot}$ 峰的 9%；重要碎片的 m/z 值分别为 113，$(M\ \ 15)^+$；85，$(M-43)^+$；71，$(M-57)^+$；58，$(M-70)^+$（第二高丰度峰）；43，$(M-85)^+$（基峰）。

32. 反应复习 Ⅰ。在不参考教材第 850～851 页的反应总结路线图的情况下，给出能够将以下各种原料转化为 3-己酮的试剂。

(a) 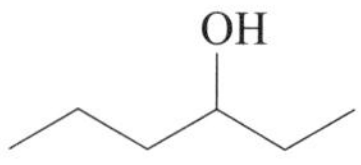 (b)

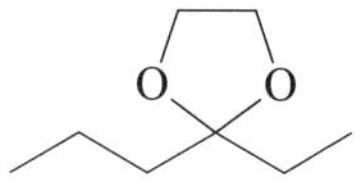

(c) 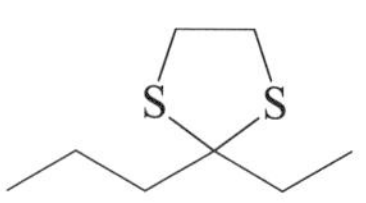 (d)

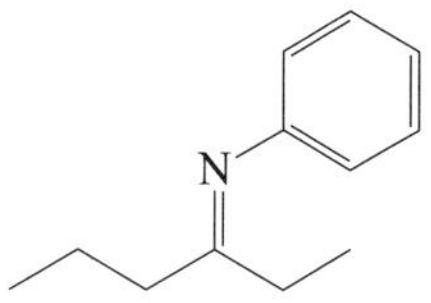

(e) 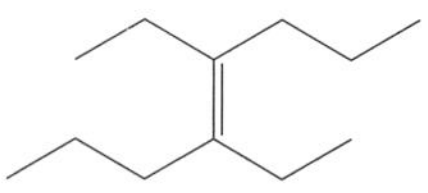 (f)

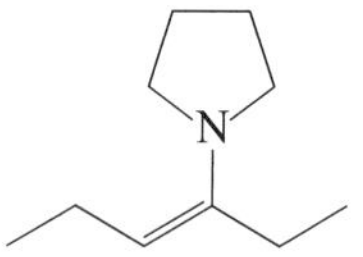

(g) 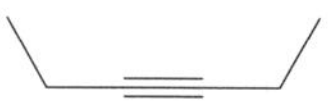 (h)

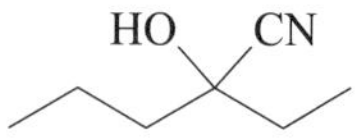

33. 给出最适合下面反应的试剂或试剂组合。

(a)

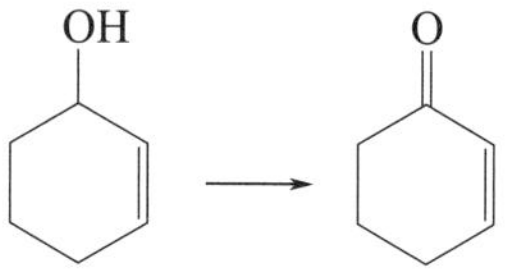

(b)

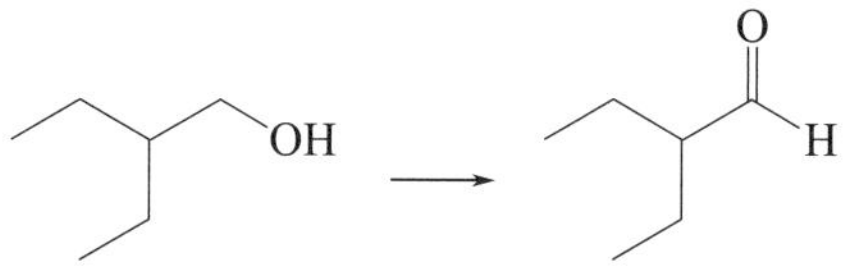

(c) 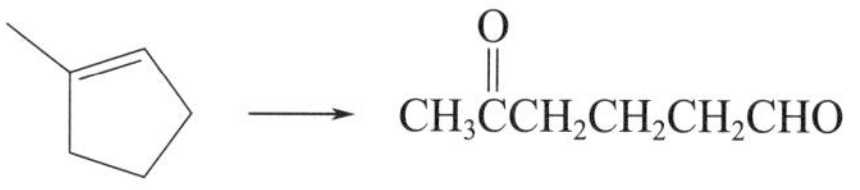 → $CH_3\overset{O}{\overset{\|}{C}}CH_2CH_2CH_2CHO$

(d)

(e)

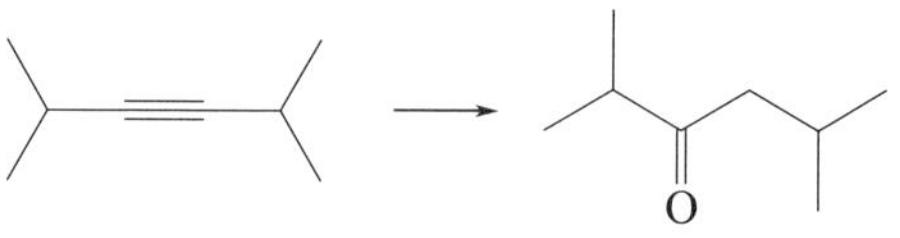

(f)

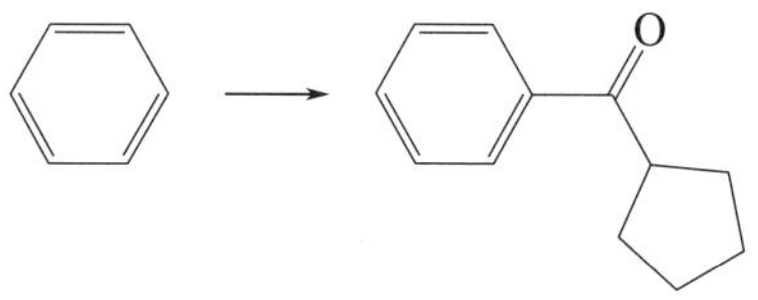

34. 写出下列分子臭氧化分解反应的（12-12 节）预期产物。

(a) $CH_3CH_2CH_2CH{=}CH_2$ (b)

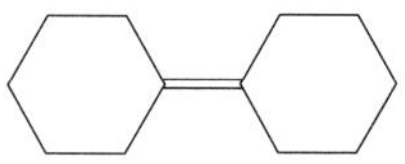

(c) 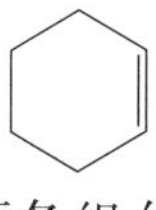 (d)

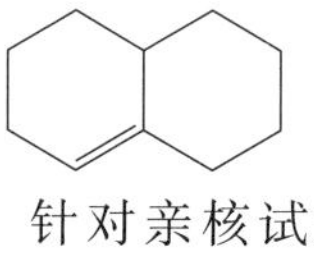

35. 下面各组化合物中，针对亲核试剂对分子中亲电性最强的 sp^2 杂化碳的加成反应，按反应活性从高到低的顺序排序。

(a) $(CH_3)_2C{=}O$，$(CH_3)_2C{=}NH$，$(CH_3)_2C{=}\overset{+}{O}H$

(b) $CH_3\overset{O}{\overset{\|}{C}}CH_3$，$CH_3\overset{O}{\overset{\|}{C}}\overset{O}{\overset{\|}{C}}CH_3$，$CH_3\overset{O}{\overset{\|}{C}}\overset{O}{\overset{\|}{C}}\overset{O}{\overset{\|}{C}}CH_3$

(c) $BrCH_2COCH_3$，CH_3COCH_3，CH_3CHO，

$BrCH_2CHO$

36. 给出丁醛和下列试剂反应的预期产物。

(a) $LiAlH_4$，$(CH_3CH_2)_2O$，然后加入 H^+，H_2O

(b) CH_3CH_2MgBr，$(CH_3CH_2)_2O$，然后加入 H^+，H_2O

(c) $HOCH_2CH_2OH$，H^+

37. 给出 2-戊酮与习题 36 中各种试剂反应的预期产物。

38. 给出 1-(3-环己烯基)-1-乙酮（结构式）与习题 36 中各种试剂反应的预期产物。

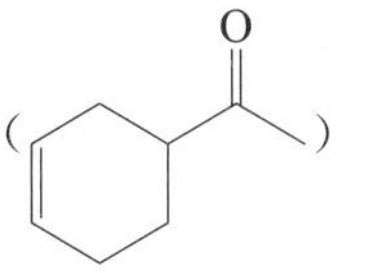

39. 给出下面各反应的预期产物。

(a) 环己酮 + 过量的 CH_3OH $\xrightarrow{^-OH}$

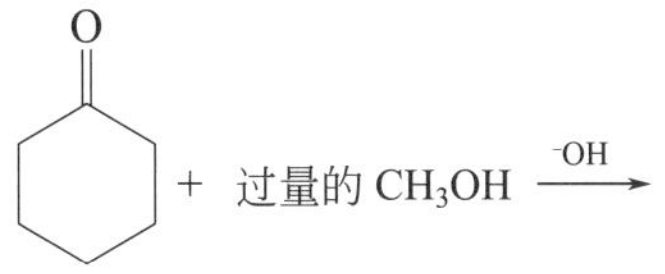

(b) 环己酮 + 过量的 CH_3OH $\xrightarrow{H^+}$

(c) 2-甲基环戊酮 + $H_3C-C_6H_4-SO_2-NHNH_2$ $\xrightarrow{H^+}$

(d) CH_3COCH_3 + $HOCH_2CH(OH)CH_2CH_2CH_3$ $\xrightarrow{H^+}$

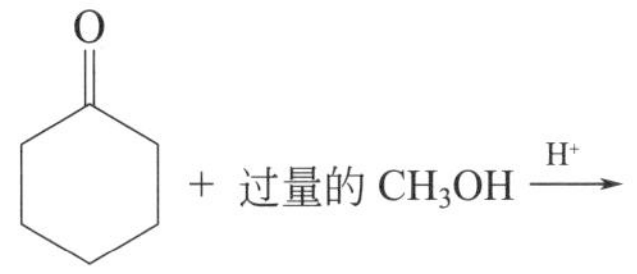

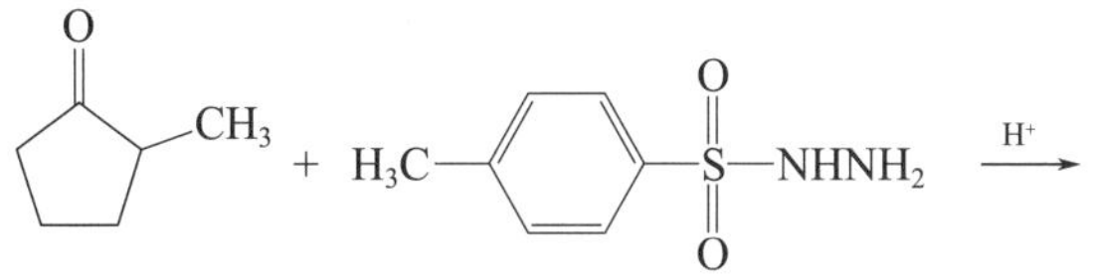

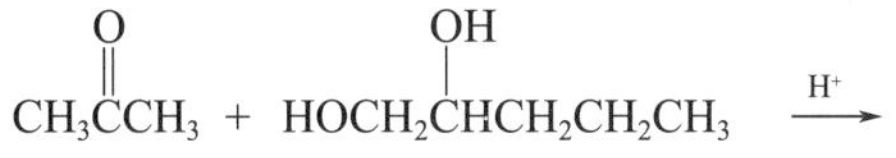

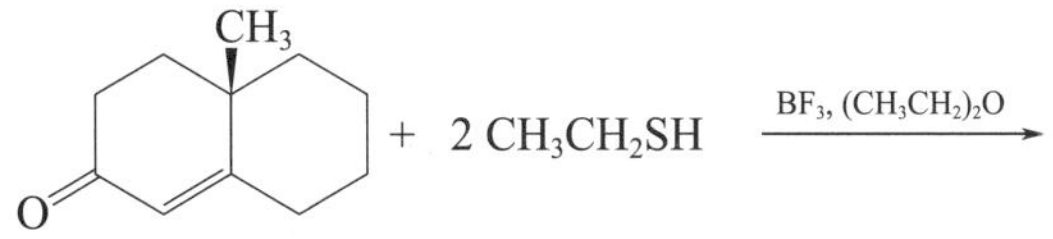

(e) （带 CH_3 的双环烯酮）+ 2 CH_3CH_2SH $\xrightarrow{BF_3, (CH_3CH_2)_2O}$

(f) 环戊酮 + $(CH_3CH_2)_2NH$ $\longrightarrow$

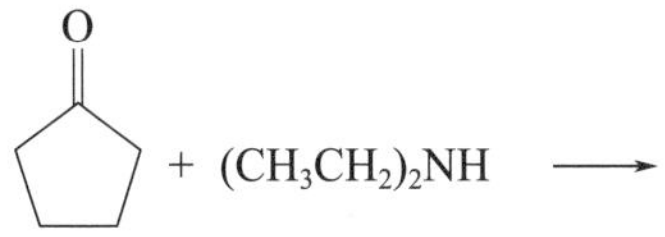

40. 下面所示乙醛在酸性水溶液中水合反应的机理是错误的。(a) 补足各步骤缺失的电子对并指出存在的问题。(b) 分步写出该反应过程的正确机理。

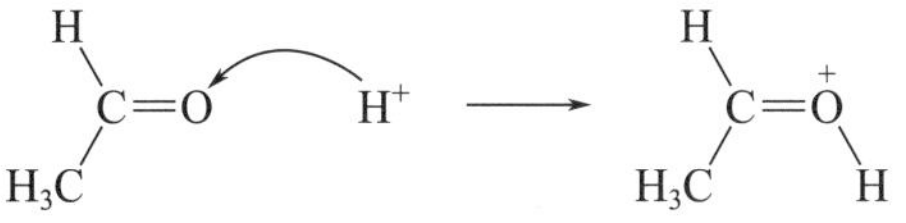

(1)  $H-O-H \longrightarrow H^+ + {}^-OH$

(2) $H_3C(H)C=O$ + H^+ $\longrightarrow$ $H_3C(H)C=\overset{+}{O}-H$

(3) HO^- + $H_3C(H)C=\overset{+}{O}-H$ $\longrightarrow$ $HO-CH(CH_3)-OH$

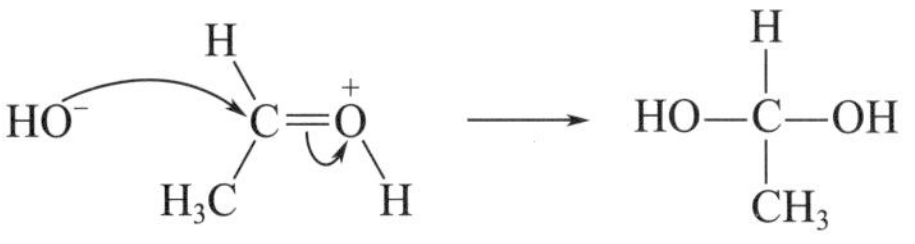

41. 写出下列转化的详细机理：(a) 乙醛在酸催化和碱催化下与甲醇反应生成半缩醛；(b) 5-羟基戊醛在酸催化和碱催化下发生分子内反应生成环状半缩醛（17-7 节）；(c) 丁醛在 BF_3 催化下与 CH_3SH 反应生成二硫代缩醛（17-8 节）。

42. 挑战题 一级醇过度氧化成羧酸一般是由常用的 Cr(Ⅵ) 试剂的酸性水溶液中的水造成的。水先加成到最初形成的醛上，生成水合物，然后进一步被氧化为酸（17-4 节和 17-6 节）。基于以上结果，解释下列两种现象：(a) 二级醇转化成酮时，水同样加成到酮上形成水合物，但未观察到类似的过度氧化；(b) 如果要用无水 PCC 试剂将一级醇成功氧化为醛，必须将醇缓慢滴加到 Cr(Ⅵ) 试剂中。如果反过来，将 PCC 加入醇中（即所谓“反向加料”），则将生成新的副反应产物——酯。例如，下面 1-丁醇的反应。

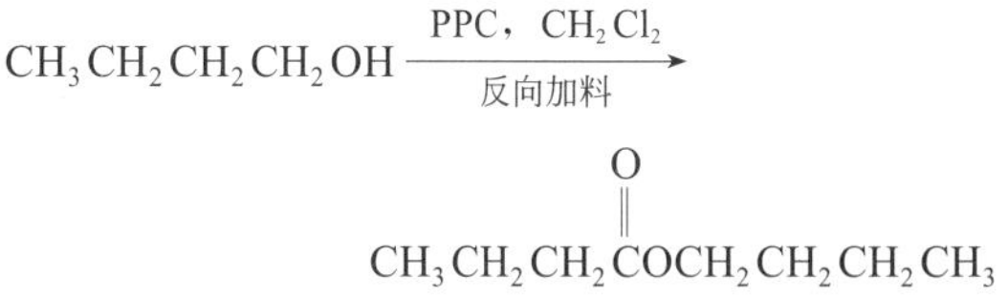

$$CH_3CH_2CH_2CH_2OH \xrightarrow[\text{反向加料}]{PPC,\ CH_2Cl_2} CH_3CH_2CH_2\overset{O}{\overset{\|}{C}}OCH_2CH_2CH_2CH_3$$

(c) 给出 3-苯基-1-丙醇和无水 CrO_3 在下面两种反应条件下的预期产物：(1) 醇加入氧化剂中；(2) 氧化剂加入醇中（反向加料）。

43. 从机理上解释下列反应的结果。

(a) 2-(2-羟乙基)环戊酮 $\overset{H^+}{\rightleftharpoons}$ 双环半缩酮（:OH）

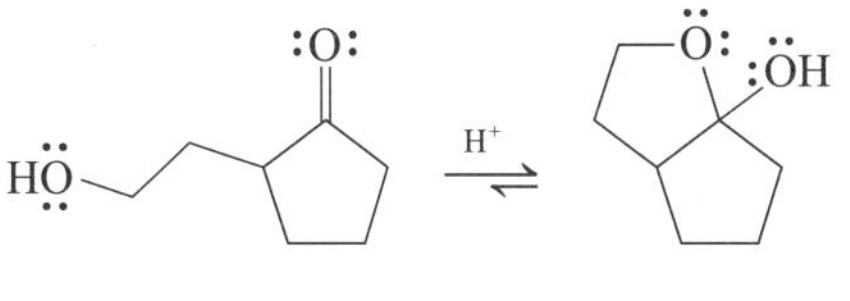

(b) 带 2-羟乙基的环戊酮乙二醇缩酮 $\xrightarrow{H^+}$ 双环缩酮 $-O-CH_2CH_2-OH$

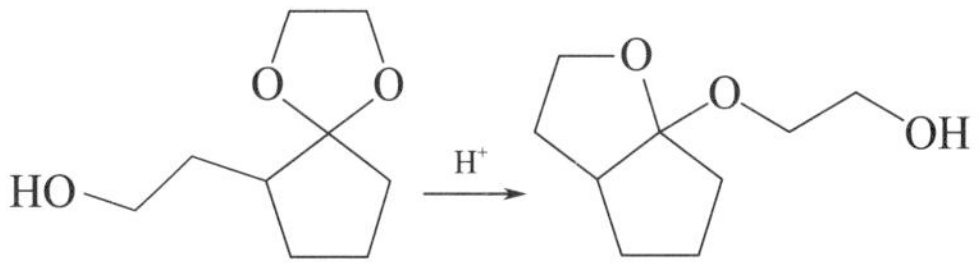

(c) 解释为何半缩醛的形成可以酸催化也可以碱催化，而缩醛的形成只能酸催化，不可以碱催化。

44. 下面是天然存在的昆虫信息素的两种异构体结构。左边的异构体吸引雄橄榄果蝇，而右边的异构体则吸引雌橄榄果蝇。(a) 这两种结构之间存在什么样的异构关系？(b) 分子中含有什么官能团？(c) 两种化合物均可在酸性水溶液中水解，画出产物结构。两个互为异构体的起始原料水解产物是否相同？

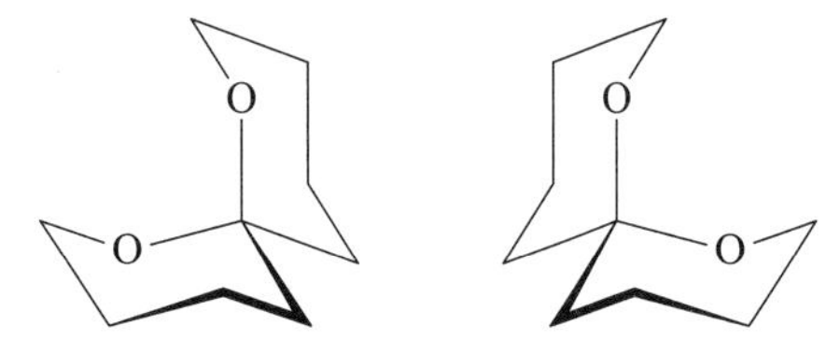

45. 含氟有机化合物的生物活性已经在药物研发中被广泛应用（真实生活 6-1）。下图所示化合物是合成一种具有重要应用前景的抗炎药物的前体。截至 2016 年底，该药物正在进行最后阶段的研究，以期获得美国食品药品监督管理局（FDA）批准，用作关节炎的缓释型治疗药物。这种疾病会导致严重的关节疼痛，目前很难得到有效治疗。

上图分子在催化量的酸存在下与丙酮反应得到真正意义上的候选药物。基于分子中的官能团以及本章介绍的有关酮的转化，推测反应过程的可能产物，并写出它们的形成机理。

46. 下图所示分子为 2-乙酰基-1-吡咯啉（2-AP），是白面包和香米香气的来源。浓度较高时，能够赋予熟爆米花独特的奶油香气。2-AP 香气十分浓郁：水中浓度低于 1 $ng \cdot L^{-1}$ 时也能检出。其奶油香气来源于分子的水解反应。指出分子中对水解反应敏感的官能团，并写出化合物在酸性条件下水解的机理以及产物的结构。

2-乙酰基-1-吡咯啉

熊猫的尿液中含有 2-AP。据认为，熊猫将这种分子用作性引诱剂（信息素，真实生活 2-2 和 12-17 节）。所以如果有人问你为什么熊猫的味道有点像爆米花……

47. 神经退行性疾病，如阿尔茨海默病和帕金森病，因其对人类生活质量的破坏性影响而受到备受关注。几十年来，人们一直在努力寻找有效的治疗方法。近年来，一些小分子化合物在动物细胞实验阶段取得了很有前景的结果，但尚未解决的技术问题使其无法实现人体测试。其中一个是如图所示的腙类化合物，代号为“化合物 B”。

化合物 B

化合物 B 可以从哪两个化合物制备呢？写出反应机理。

48. 反应复习 Ⅱ。在不参考教材第 852 页的反应总结路线图的情况下，给出能够将环己酮转化为以下各化合物的试剂。

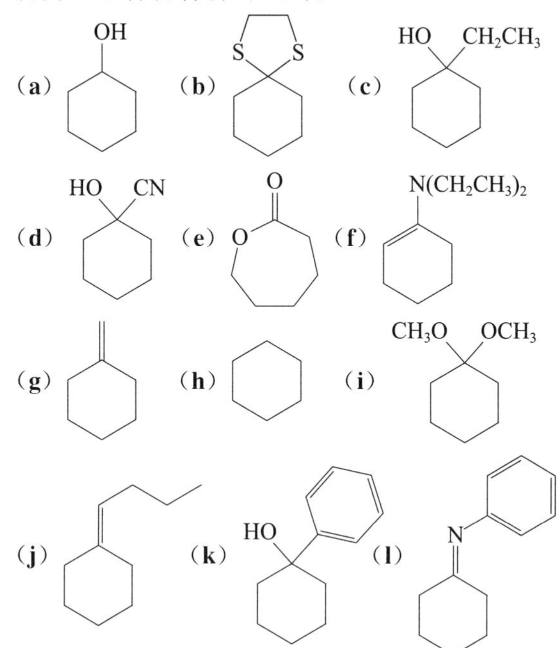

49. 用指定的原料，设计合成下列分子的合理路线。[**提示：**从标有 ~~~ 处断开 C—C 键，采取逆合成策略，反向推导，然后分析是否存在保护基的潜在需求。]

(a) 用 ... 合成 ...

(b) 用 3-戊醇合成 $C_6H_5N=C(CH_2CH_3)_2$

(c) 用 1,5-戊二醇合成 ...

(d) 用 ... 合成 ...

50. 醛和酮形成的 2,4-二硝基苯腙衍生物的 UV 吸收和颜色取决于羰基化合物的结构。假设有三个标签已脱落的瓶子，要求确定各瓶中所装为何物。标签表明三个瓶中物质分别是丁醛、反-2-丁烯醛与反-3-苯基-2-丙醛。以三个瓶子所装物质为原料制备的 2,4-二硝基苯腙衍生物具有如下谱学特征。

1 号瓶：m.p. 187～188 ℃；λ_{max} = 377 nm；橙色。

2 号瓶：m.p. 121～122 ℃；λ_{max} = 358 nm；黄色。

3 号瓶：m.p. 252～253 ℃；λ_{max} = 394 nm；红色。

把腙和相应的醛匹配起来（注意不能事先查阅这些衍生物的熔点），并解释原因（**提示**：参见 14-11 节）。

51. 给出实现下列转化的最佳试剂。

（a）

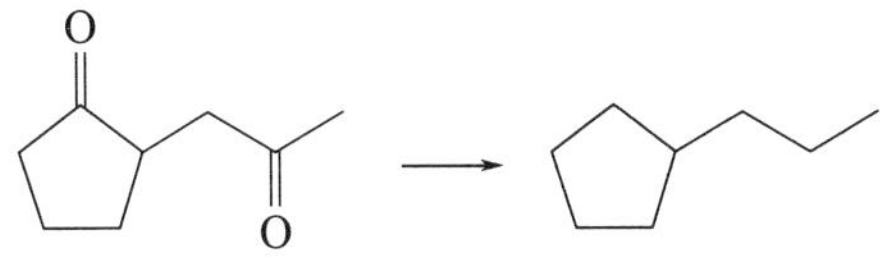

（b）$CH_3CH{=}CHCH_2CH_2\overset{O}{\overset{\|}{C}}H \longrightarrow CH_3CH_2CH_2CH_2CH_2\overset{O}{\overset{\|}{C}}H$

（c）$CH_3CH{=}CHCH_2CH_2\overset{O}{\overset{\|}{C}}H \longrightarrow CH_3CH{=}CHCH_2CH_2CH_2OH$

（d）

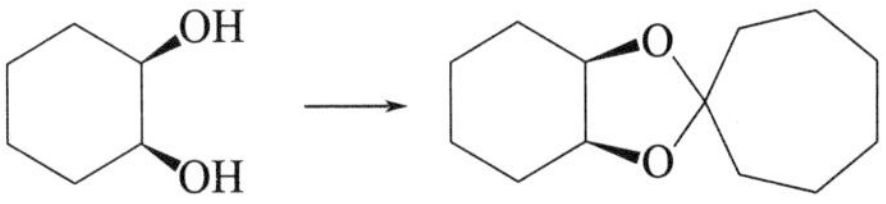

52. 诱烯醇（bombykol）是一种高效的昆虫信息素，结构如下所示，是雌蚕蛾的性引诱剂（12-17 节）。最初是从蛾蛹中分离得到的，2 吨蚕蛹中分离出 12 mg 诱烯醇。以 $BrCH_2(CH_2)_9OH$ 和 $CH_3CH_2CH_2C{\equiv}CCHO$ 为原料，在合成步骤中应用 Wittig 反应（此处应生成反式双键），设计诱烯醇的合成路线。

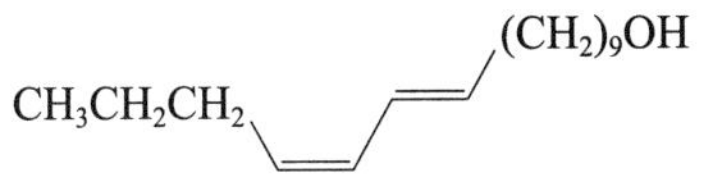

$CH_3CH_2CH_2$　$(CH_2)_9OH$

诱烯醇

53. 以题中指定的不同化合物为原料，设计两种合成下列目标产物的方法。

（a）以一个醛和另一个不同的醛为原料合成 $CH_3CH{=}CHCH_2CH(CH_3)_2$

（b）以一个二醛和一个二酮为原料合成

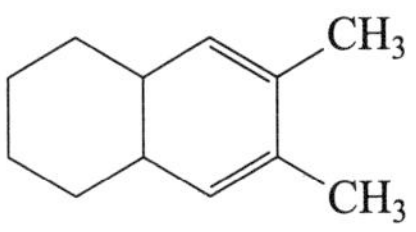

54. 三个分子式为 $C_7H_{14}O$ 的酮类化合物异构体，通过 Clemmensen 还原均可转化为庚烷。化合物 A 经 Baeyer-Villiger 氧化反应生成单一产物；化合物 B 生成两个产物，且两者收率差异很大；化合物 C 也得到两个产物，两者比例基本上是 1∶1。给出 A、B 和 C 的结构。

55. 给出己醛和下列各种试剂反应的产物。

（a）$HOCH_2CH_2OH$，H^+

（b）$LiAlH_4$，然后加 H^+，H_2O

（c）NH_2OH，H^+

（d）NH_2NH_2，KOH，加热

（e）$(CH_3)_2CHCH_2CH{=}P(C_6H_5)_3$

（f）吡咯烷（N–H），H^+　　（g）Ag^+，NH_3，H_2O

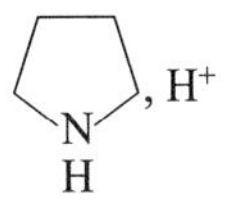

（h）CrO_3，H_2SO_4，H_2O　　（i）HCN

56. 给出环庚酮与习题 55 中各种试剂反应的产物。

57. 写出 1-苯基乙酮（苯乙酮）经 Wolff-Kishner 还原生成乙基苯的详细机理（参考教材第 835 页）。

58. Baeyer-Villiger 氧化反应的通式（参考教材第 840 页）从酮和过氧羧酸的反应开始，先形成一个半缩醛的过氧化类似物。写出这一转化过程的详细机理。

59. （a）写出下图中的酮发生 Baeyer-Villiger 氧化反应的详细机理（参考练习 17-23）。

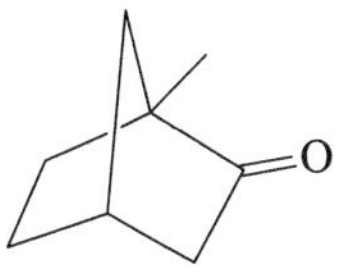

（b）在 Baeyer-Villiger 氧化反应的条件下，醛将转化为羧酸。例如，苯甲醛将氧化为苯甲酸。解释其原因。

60. 给出下面各个化合物理论上可能生成的两个 Baeyer-Villiger 氧化产物，并指出优势产物。

（a） 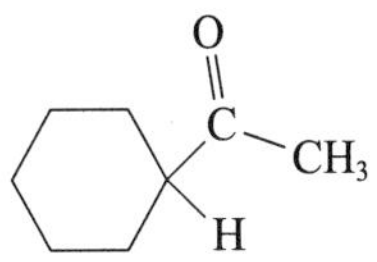　　（b）

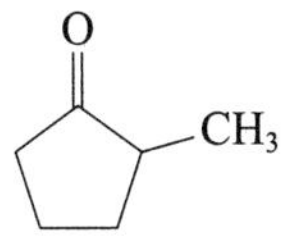

（c） 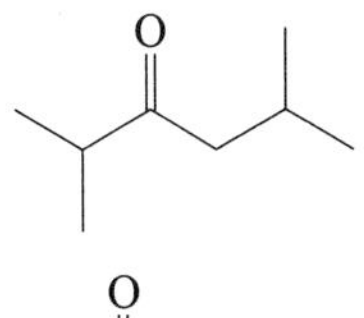　　（d）

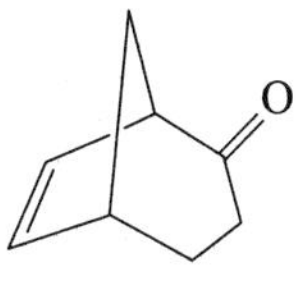

（e）$C_6H_5\overset{O}{\overset{\|}{C}}CH_3$

61. 从指定的起始原料出发，设计下列化合物的高效合成路线。

(a) 用 [4-羟基环己烷甲醛] 合成 [4-羟基-4-甲基环己烷甲醛]

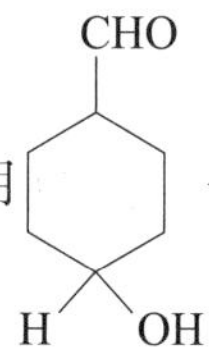

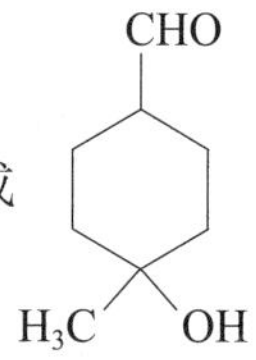

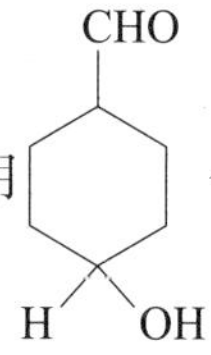

(b) 用 [4-羟基环己烷甲醛] 合成 [环己基甲基酮]

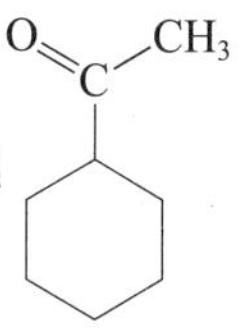

(c) 用 3-氯丙醇（ClCHCH$_2$CH$_2$OH）合成 [2-甲基-2-羟基四氢呋喃]

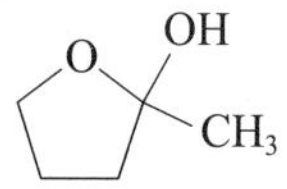

62. 挑战题 解释下面的实验事实：虽然甲醇和环己酮形成半缩醛的反应在热力学上是不利的，但是甲醇对环丙酮的加成却几乎可以反应完全：

$$\text{环丙酮} + CH_3OH \rightleftharpoons \text{1-甲氧基环丙醇 (HO, OCH}_3\text{)}$$

63. NH$_2$OH 与醛和酮的反应速率对 pH 值非常敏感。在 pH 值低于 2 或高于 7 的溶液中，反应速率很慢；在中等酸性的溶液（pH≈4）中反应速率最快。解释上述现象。

64. 分子式为 $C_8H_{14}O$ 的化合物 D 与 $CH_2{=}P(C_6H_5)_3$ 反应生成分子式为 C_9H_{16} 的化合物 E。化合物 D 用 LiAlH$_4$ 处理得到两个互为异构体的产物 F 和 G，分子式均为 $C_8H_{16}O$，两者产率不同。将 F 或 G 与浓硫酸一起加热生成分子式为 C_8H_{14} 的 H。化合物 H 臭氧化分解后再用 Zn-H$^+$ 和水处理得到一个酮醛。该酮醛用 Cr(Ⅵ) 水溶液氧化生成下面的化合物：

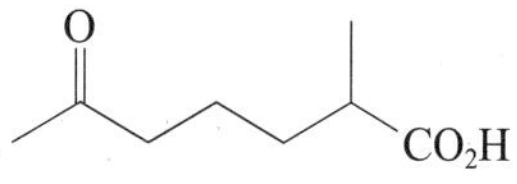

[2-甲基-6-氧代庚酸，CO_2H]

给出化合物 D～H 的结构。特别注意 D 的立体化学。

65. 1862 年，人们发现胆固醇（结构式参见 4-7 节）可被人体消化道中的细菌转化为一种叫做粪甾醇（coprostanol）的新物质。利用下面提供的信息推断出粪甾醇的结构，并且给出未知化合物 J～M 的结构。（i）粪甾醇用 Cr(Ⅵ) 试剂处理得到化合物 J，UV：$\lambda_{max}(\varepsilon)=281$ (22) nm，IR：$\tilde{\nu}=1710\ cm^{-1}$。（ii）在 Pt 催化下对胆固醇加氢，生成粪甾醇的立体异构体 K。用 Cr(Ⅵ) 试剂处理化合物 K 得到 J 的立体异构体 L，L 的 UV 吸收峰与 J 非常相似，$\lambda_{max}(\varepsilon)=258$ (23) nm。（iii）将 Cr(Ⅵ) 试剂小心加入胆固醇中生成化合物 M，UV：$\lambda_{max}(\varepsilon)=286$ (109) nm。M 在 Pt 催化下加氢也得到 L。

66. 挑战题 本题中的三个反应都与习题 65 中的化合物 M 有关。回答以下问题。(a) 在乙醇中用催化量的酸处理时，M 会异构化为化合物 N。UV：$\lambda_{max}(\varepsilon)=241$ (17500) 和 310 (72) nm。推断 N 的结构。(b) 化合物 N 催化氢化（H$_2$-Pd，乙醚为溶剂）得到化合物 J（习题 65）。该反应结果是意料之内，还是有些不寻常之处呢？（c）化合物 N 经 Wolff-Kishner 还原（H$_2$NNH$_2$，H$_2$O，HO$^-$，△）得到 3-胆甾烯。推测该转化的机理。

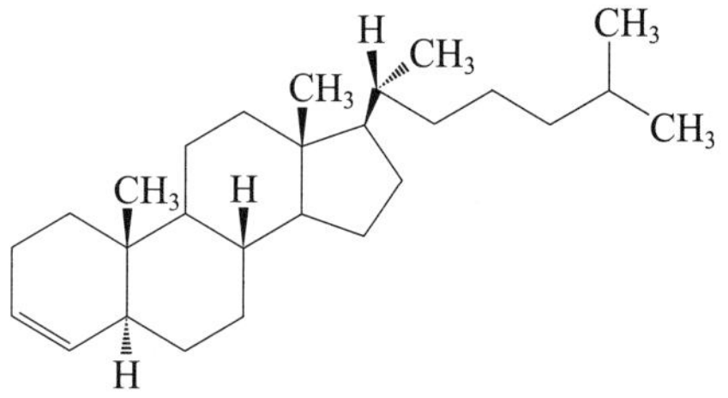

3-胆甾烯

团队练习

67. 在酸性甲醇中，3-氧代丁醛转化成分子式为 $C_6H_{12}O_3$ 的化合物（参见下面的反应式）。

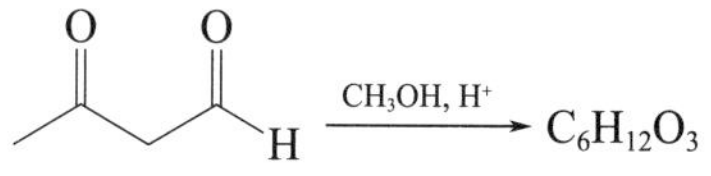

$$\text{3-氧代丁醛} \xrightarrow{CH_3OH,\ H^+} C_6H_{12}O_3$$

作为一个团队，分析下面的 ^{1}H NMR 和 IR 谱学数据。^{1}H NMR (CDCl$_3$)：δ 2.19 (s，3 H)，2.75 (d，2 H)，3.38 (s，6 H)，4.89 (t，1 H)；IR：$\tilde{\nu}=1715\ cm^{-1}$。考虑 NMR 谱图中各个信号的化学位移、峰的裂分方式和积分，讨论可能的分子片段在谱图中将呈现的峰型和位置。利用 IR 数据推断新生成分子中的官能团。说明你的结构判断依据（包括谱学数据解析），并提出生成新化合物的详细机理。

预科练习

68. 针对下面所示反应，以下哪一个化合物最有可能是化合物 A（使用 IUPAC 命名）？
(a) 5-辛炔-7-酮；(b) 5-辛炔-2-酮；(c) 3-辛炔-2-酮；(d) 2-辛炔-3-酮。

$$\text{3-辛炔-2-醇} \xrightarrow{CrO_3,\ H_2SO_4,\ \text{丙酮}} A$$

69. 反应式 $CH_3CHO \rightleftharpoons CH_2{=}CH(OH)$ 表示

（**a**）共振；（**b**）互变异构；（**c**）共轭；（**d**）去屏蔽。

70. 下列哪种试剂可以将苯甲醛转化成肟？

（**a**）$H_2NNHC_6H_5$；（**b**）H_2NNH_2；（**c**）O_3；（**d**）H_2NOH；（**e**）$CH_3CH(OH)_2$。

71. 下面哪种说法是正确的？在 3-甲基-2-丁酮的 IR 光谱中，最强吸收是在（**a**）$\tilde{\nu}=3400\ cm^{-1}$，由—OH 的伸缩振动造成；（**b**）$\tilde{\nu}=1700\ cm^{-1}$，由 C═O 的伸缩振动造成；（**c**）$\tilde{\nu}=2000\ cm^{-1}$，由 CH 的伸缩振动造成；（**d**）$\tilde{\nu}=1500\ cm^{-1}$，由异丙基的摇摆振动造成。

习题解答

27.

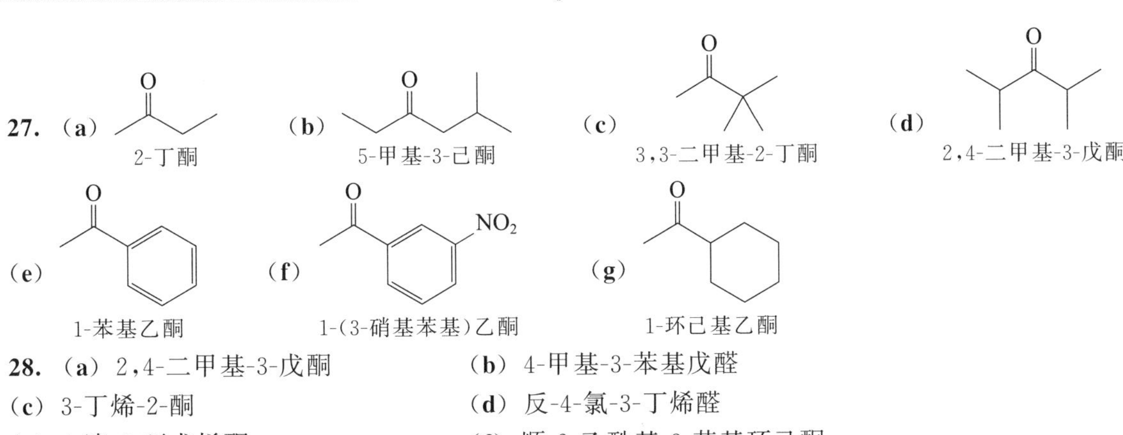

28. （**a**）2,4-二甲基-3-戊酮　　（**b**）4-甲基-3-苯基戊醛

（**c**）3-丁烯-2-酮　　（**d**）反-4-氯-3-丁烯醛

（**e**）4-溴-2-环戊烯酮　　（**f**）顺-2-乙酰基-3-苯基环己酮

（**g**）$(H_3C{-}CO)(H{-}CO)C{=}CH(CH_2CH_3)$　　（**h**）（环丁烷，一端 CHO，另一端 Cl）

29. 先计算 $C_8H_{12}O$ 的不饱和度，$H_{饱和}=16+2=18$；不饱和度$=\dfrac{18-12}{2}=3$，故存在 3 个 π 键或环。

（**a**）^{13}C NMR：分子含 >C═O（$\delta=199.2$）和 >C═C<（$\delta=139.7$ 和 140.9）。

^1H NMR：明显的特征有 $\delta=2.15$（s，3H），为 $CH_3C(=O)—$；$\delta=6.78$（t，1H）为 >C═C(H)CH₂—。

注意不存在其他烯基氢。故我们可以从以下几部分开始：$H_3C—C(=O)—$ 和 >C═C(H)CH₂—，合计为 C_5H_6O。

还需要 3 个 C、6 个 H，以及 1 个必然来自环的不饱和度。一种组建目标分子的简单方法是用 3 个 CH_2（和上述烯丙基）构建六元环，再连上乙酰基：

$H_3C—C(=O)$—（1-环己烯基）

这不是唯一可能的答案，但该分子的光谱特征与所示数据相符合。

(**b**)^{13}C NMR：这次为一个 C=O（$\delta=193.2$）和两个 C=C（$\delta=129.0$，135.2，146.7 和 152.5）。

^{1}H NMR：羰基源自醛基（$\delta=9.56$，为 $-\overset{O}{\overset{\|}{C}}-H$ ）。另外，我们知道：

$$\underset{0.94}{\overset{\uparrow}{H_3C}}-\underset{1.48}{\overset{\uparrow}{CH_2}}-\underset{2.21}{\overset{\uparrow}{CH_2}}-$$

这些基团加起来为 C_4H_8O，这样我们还需要推断剩下的 C_4H_4。而这四个氢均为烯基氢（$\delta=5.8\sim7.1$），因此这剩下的 C_4H_4 很可能就是最简单的两个—CH=CH—基团。故答案为：

$$CH_3CH_2CH_2CH{=}CHCH{=}CH\overset{O}{\overset{\|}{C}}H$$

30. 这两种化合物都是共轭的羰基化合物，应给出 $\lambda_{max}>200$ nm 的强紫外吸收。第一个光谱与 1-乙酰基环己烯（$H_3C-\overset{O}{\overset{\|}{C}}-$环己烯基）相符，其中 $\pi\rightarrow\pi^*$ 吸收在 232 nm，羰基的 $n\rightarrow\pi^*$ 吸收在 308 nm。第二个光谱与二烯醛相符，其中波长更长的 272 nm 吸收带对应于更大共轭体系的 $\pi\rightarrow\pi^*$ 吸收。

31. 质谱：质量数为 128 的 $M^{+\cdot}$ 也证实了该化合物分子式为 $C_8H_{16}O$，$H_{饱和}=16+2=18$；不饱和度$=\frac{18-16}{2}=1$，故存在 1 个 π 键或环。

红外光谱、紫外光谱：存在一个酮 C=O。

^{1}H NMR：

$$\underset{0.9(t)}{\overset{\uparrow}{H_3C}}-CH_2-,\ \underset{2.05(s)}{\overset{\uparrow}{H_3C}}-\overset{O}{\overset{\|}{C}}-\underset{2.25(t)}{\overset{\uparrow}{CH_2}}-CH_2-$$

是可能的片段，加起来为 $C_6H_{12}O$；这样我们只需要再加上剩下的 C_2H_4。那么 2-辛酮是合理的答案吗？

质谱：基峰（m/z 43）为 $\left[CH_3\overset{O}{\overset{\|}{C}}\right]^+$；第二大的峰 m/z 为 58，这与 McLafferty 重排相符，如下所示：

$$\left[CH_3CH_2CH_2-CH(H)-CH_2-CH_2-\overset{O}{\overset{\|}{C}}-CH_3\right]^{+\cdot} \longrightarrow CH_3CH_2CH_2CH{=}CH_2+\left[H_2C{=}\overset{OH}{\overset{|}{C}}CH_3\right]^{+\cdot}$$

2-辛酮　　　　　　m/z 58

这个答案看起来很合理。

32. 请确保审题无误。给定的结构是起始原料，你需要确定一种试剂，将这些结构转化为 3-己酮。

(**a**) PCC，CH_2Cl_2 或 CrO_3，H_2SO_4，丙酮；(**b**) H_2O，H^+；(**c**) $HgCl_2$，$CaCO_3$，CH_3CN，H_2O；
(**d**) H_2O，H^+ 或 OH^-；(**e**) 1. O_3；2. $(CH_3)_2S$ 或 Zn，CH_3COOH；(**f**) H_2O，H^+ 或 OH^-；
(**g**) Hg^{2+}，H_2O 或 1. R_2BH（R=环己基），2. H_2O_2，H_2O，OH^-；(**h**) H_2O，OH^-。

33. (**a**) CrO_3，H_2SO_4，丙酮或 MnO_2，CH_2Cl_2（更佳）；
(**b**) PCC，CH_2Cl_2；(**c**) 1. O_3，CH_2Cl_2，2. Zn，CH_3COOH，H_2O；
(**d**) $HgSO_4$，H_2O，H_2SO_4；(**e**) 同（d）；
(**f**) 环戊基$-\overset{O}{\overset{\|}{C}}-Cl$, $AlCl_3$

34. (**a**) $CH_3CH_2CH_2\overset{O}{\overset{\|}{C}}H + H\overset{O}{\overset{\|}{C}}H$　(**b**) 2 环己酮（环己基=O） （c）　$\overset{O}{\overset{\|}{H}}CCH_2CH_2CH_2CH_2\overset{O}{\overset{\|}{C}}H$　　　（d）

35. 思考问题中碳的亲电性有多强。

（a）$(CH_3)_2C{=}\overset{+}{O}H > (CH_3)_2C{=}O > (CH_3)_2C{=}NH$

酮和亚胺的排序是由电负性决定的。

（b）$CH_3\overset{O}{\overset{\|}{C}}\overset{O}{\overset{\|}{C}}\overset{O}{\overset{\|}{C}}CH_3 > CH_3\overset{O}{\overset{\|}{C}}\overset{O}{\overset{\|}{C}}CH_3 > CH_3\overset{O}{\overset{\|}{C}}CH_3$

相邻的羰基通过增强各自碳的 δ^+ 属性来提高反应性。

（c）$BrCH_2CHO > CH_3CHO > BrCH_2COCH_3 > CH_3COCH_3$

醛的反应活性比酮高；卤素取代会提高反应性。

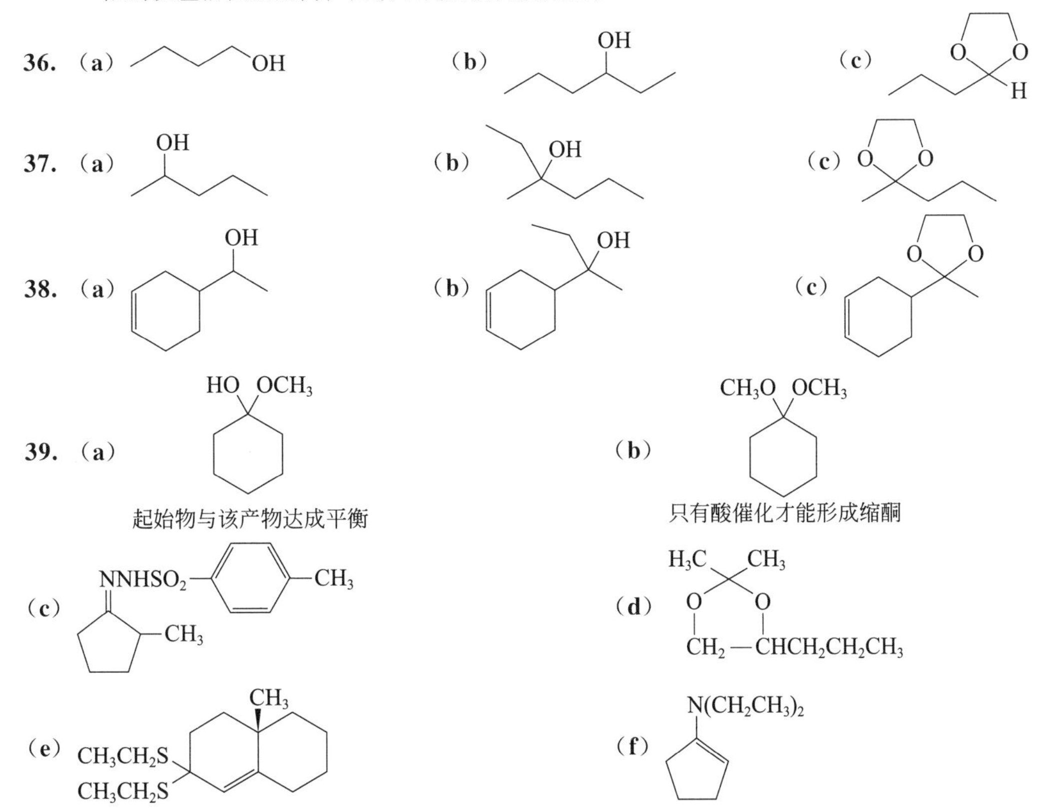

40.（1）这步是酸的电离。箭头的方向错了。当要形成 H^+ 时，不要把箭头指向 H。下图是正确写法：

$$H{-}\ddot{O}{-}H \longrightarrow H^+ + {}^-{:}\ddot{O}H$$

（2）这步反应是酸电离的逆过程：酸性的质子与碱结合。箭头又一次画反了。H^+ 中没有电子，所以箭头不可能从 H^+ 出发。箭头表示电子的移动，而非原子的移动。因此正确写法为：

$$(H)(H_3C)C{=}\ddot{O}{:}\;\;H^+ \longrightarrow (H)(H_3C)C{=}\overset{+}{O}{-}H$$

（3）这一步的机理写得好一些，至少箭头方向是正确的。但是，在酸性条件下，氢氧根几乎不存在，它带负电荷，而在酸性溶液中，只能大量存在电中性或正电性物种。将氢氧根改为水，然后画上电子，再进行质子转移以完成机理：

$$H_2\ddot{O} + CH_3CH{=}\overset{+}{O}H \longrightarrow H{-}\overset{+}{O}(H){-}CH(CH_3){-}OH \longrightarrow HO{-}CH(CH_3){-}OH$$

41. (a) 酸催化

$$CH_3CHO \xrightarrow{H^+} CH_3CH{=}\overset{+}{O}H \xrightarrow{CH_3\ddot{O}H} H_3C{-}CH(OH){-}\overset{+}{O}(H)CH_3 \longrightarrow H_3C{-}CH(OH){-}OCH_3$$

碱催化

$$CH_3CHO + CH_3\ddot{O}^- \longrightarrow H_3C{-}CH(O^-){-}OCH_3 \xrightarrow{CH_3OH} H_3C{-}CH(OH){-}OCH_3$$

(b) 酸催化

$$HC(=O)CH_2CH_2CH_2CH_2OH \xrightarrow{H^+} HC(=\overset{+}{O}H)CH_2CH_2CH_2CH_2\ddot{O}H \longrightarrow \text{(2-羟基环醚, 环上 O 带正电并连 H)} \longrightarrow \text{2-羟基四氢吡喃}$$

碱催化

$$HC(=O)CH_2CH_2CH_2CH_2\ddot{O}^- \longrightarrow \text{(2-氧负离子四氢吡喃)} \longrightarrow \text{2-羟基四氢吡喃}$$

(c)

$$CH_3CH_2CH_2CH{=}O \underset{}{\overset{BF_3}{\rightleftharpoons}} CH_3CH_2CH_2CH{=}\overset{+}{O}\overset{-}{B}F_3 \xrightarrow{H\ddot{S}CH_3} CH_3CH_2CH_2CH(O\overset{-}{B}F_3)(\overset{+}{S}(H)CH_3) \xrightarrow{-H^+}$$

$$CH_3CH_2CH_2CH(O\overset{-}{B}F_3)(SCH_3) \xrightarrow{H^+} CH_3CH_2CH_2CH(\overset{+}{O}H\overset{-}{B}F_3)(SCH_3) \xrightarrow{-HO\overset{-}{B}F_3}$$

$$CH_3CH_2CH_2\overset{+}{C}H(SCH_3) \xrightarrow{H\ddot{S}CH_3} CH_3CH_2CH_2CH(SCH_3)(\overset{+}{S}(H)CH_3) \xrightarrow{-H^+} \text{产物}$$

42. (a) 酮水合物缺少进一步氧化所需的 H—C—OH 单元。酮的进一步氧化需要断裂碳-碳键，这个过程比较困难（对照 Baeyer-Villiger 氧化；17-13 节）。

(b) 思考一下：如果将 CrO_3 加入醇中，则混合物中会存在哪些物质？会存在少量氧化反应产生的醛，且还有过量**未反应的醇**。那么醛和醇会发生什么反应？

$$RCH_2OH + RCH{=}O \rightleftharpoons RCH_2O{-}CH(OH){-}R$$ 形成半缩醛（17-7 节）

（c）（1）$C_6H_5-CH_2CH_2\overset{O}{\overset{\|}{C}}H$ 将一级醇氧化为醛的正确加料顺序

（2）$C_6H_5-CH_2CH_2\overset{O}{\overset{\|}{C}}OCH_2CH_2CH_2-C_6H_5$ 形成半缩醛并被氧化，实际产率为 54%

43.（a）

产物（一个双环半缩酮）

（b）

（c）查阅教材的 17-6 节和 17-7 节、本书的第 354 页。

44.（a）这样的结构呈现方式应该会让你联想到一种特殊的异构关系。请想象在这两个分子之间有一面垂直放置的镜子，你看到它们互为镜像了吗？它们互为对映体。

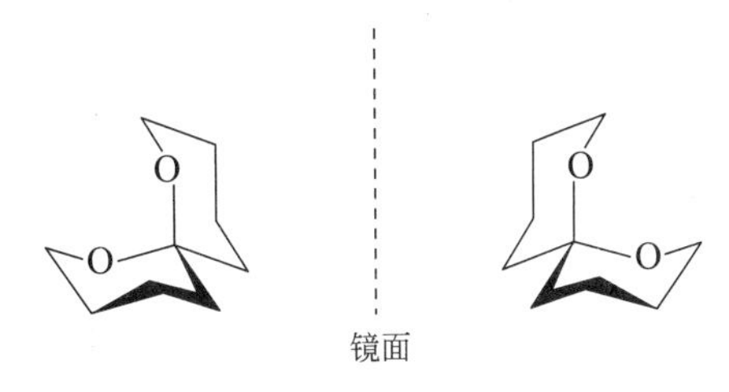

（b）这两个分子都含有缩酮官能团：两个氧原子通过单键连接到同一个碳上（均不是 OH 基团，否则为半缩酮）。

（c）缩酮官能团在酸性条件下会水解为羰基。上文提到的碳原子会与氧形成双键。分子中的两个氧会变为羟基。首先，让我们考察一个简单的例子：

$$(CH_3O)_2C(CH_3)_2 \xrightarrow{H_2O,\ H^+} H_3C-OH + H_3C-OH + O{=}C(CH_3)_2$$

我们使这个例子中分子的朝向与问题中的分子相同，这样它们的相似性便更加明显。现在，在题目所给分子上进行同样的反应：

$\xrightarrow{H_2O,\ H^+}$ HO / O / OH = HO–CH₂CH₂CH₂CH₂–C(=O)–CH₂CH₂CH₂CH₂–OH

你发现这两个反应是多么相似了吗？它们可以很好地帮助我们认识反应模式，这在解决反应问题时是非常有价值的。注意，最后的产物没有手性，所以两个互为对映体的起始物水解会得到相同的分子。

45. 最合理的是利用两个相邻的羟基形成环状缩酮。例如，我们可以形成一个五元环：

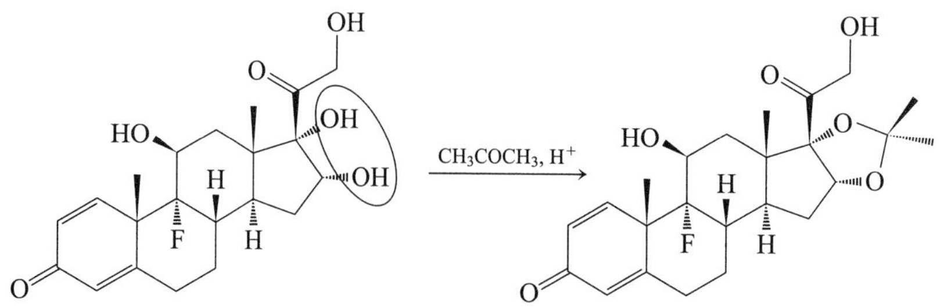

CH_3COCH_3, H^+

或者，我们还可以形成一个六元环：

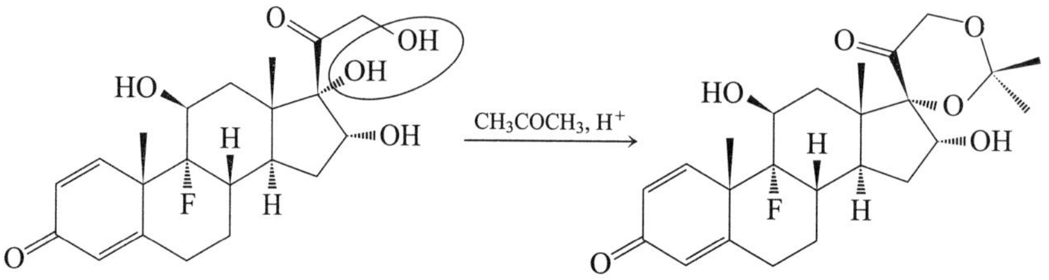

CH_3COCH_3, H^+

两种可能产物的形成机理相同。为了节省篇幅，我们简化了该类固醇的结构，且只给出第一种产物的形成机理：

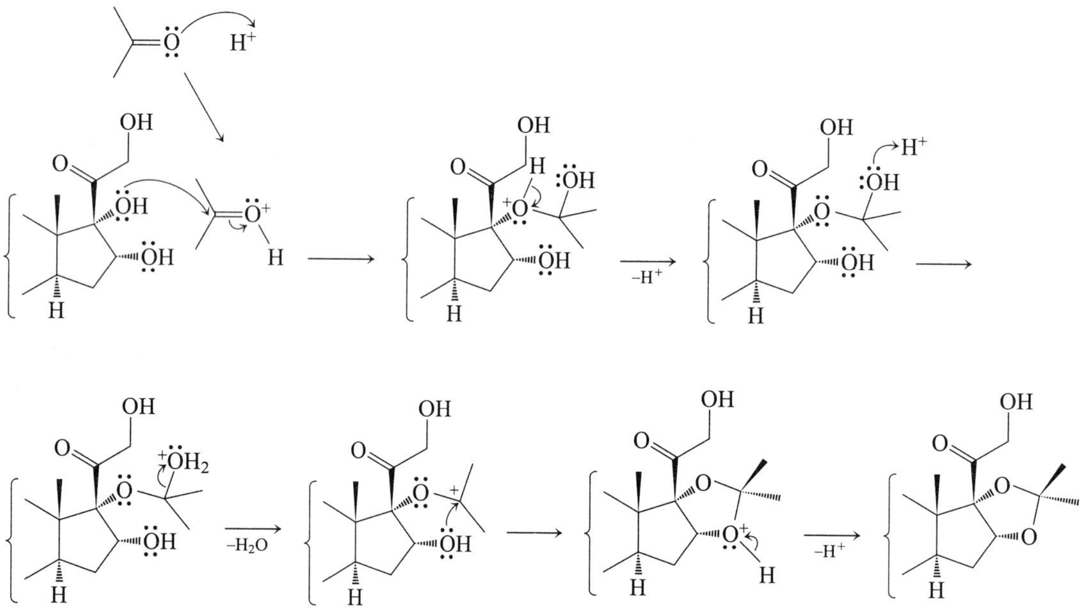

$-H^+$

$-H_2O$

$-H^+$

46. 环中的 C═N 双键为亚胺官能团，可以发生水解。

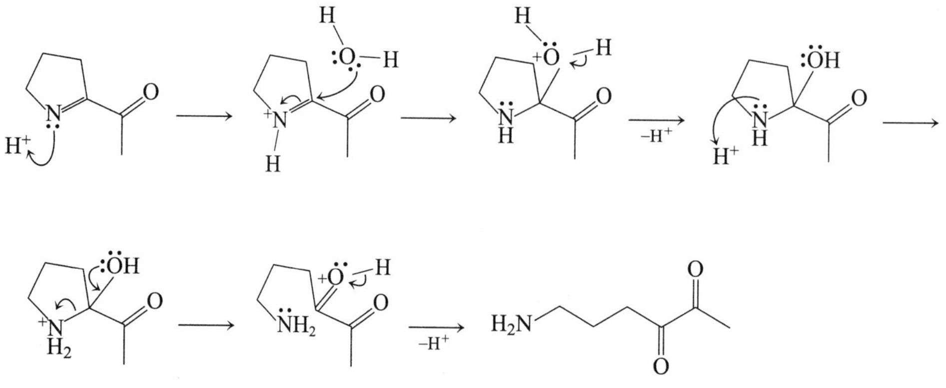

$-H^+$

$-H^+$

在酸性水解条件下，末端的氮会被质子化。将酸中和则会给出游离的氨基。

47. 化合物B是由如下所示的苯肼和芳香醛衍生物制备的一种腙。

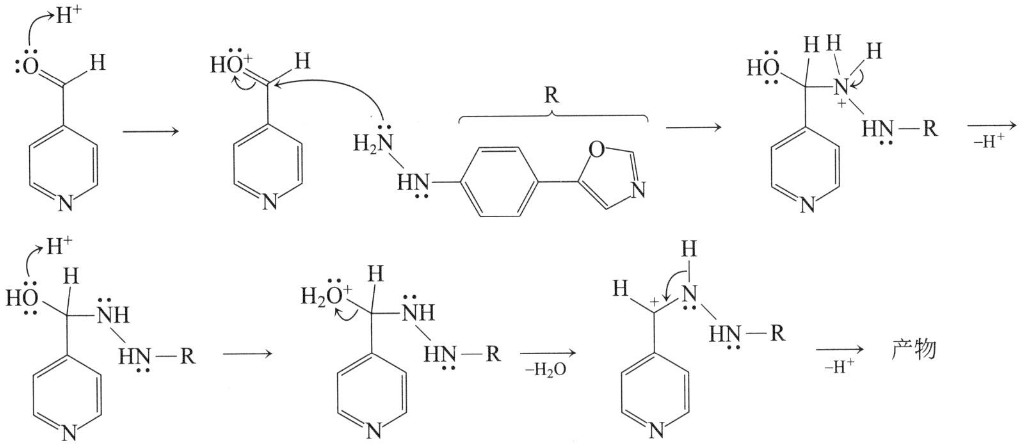

:Ö H, H^+ ⟶ $H\ddot{O}^+$ H, $H_2\ddot{N}$ $H\ddot{N}$ R（含 O、N 五元环的苯基） ⟶ $H\ddot{O}$ H H $\ddot{N}^+$ H，$H\ddot{N}-R$ $\xrightarrow{-H^+}$

H^+，$H\ddot{O}$ H $\ddot{N}H$ $H\ddot{N}-R$ ⟶ $H_2\ddot{O}^+$ H $\ddot{N}H$ $H\ddot{N}-R$ $\xrightarrow{-H_2O}$ H $\overset{+}{C}$ $\ddot{N}$ H $H\ddot{N}-R$ $\xrightarrow{-H^+}$ 产物

48. (**a**) $NaBH_4$ 或 1. $LiAlH_4$，2. H_2O，H^+；(**b**) $HSCH_2CH_2SH$，$ZnCl_2$；
(**c**) 1. CH_3CH_2MgCl（或 CH_3CH_2Li），2. H_2O，H^+；(**d**) $NaCN$，H^+；
(**e**) RCO_3H；(**f**) $(CH_3CH_2)_2NH$，H^+；(**g**) $(C_6H_5)_3P{=}CH_2$；
(**h**) $Zn(Hg)$，HCl，△，或 H_2NNH_2，H_2O，^-OH，△；(**i**) CH_3OH，H^+；
(**j**) $(C_6H_5)_3P{=}CHCH_2CH_2CH_3$；(**k**) 1. C_6H_5MgCl（或 C_6H_5Li），2. H_2O，H^+；(**l**) $C_6H_5NH_2$，H^+。

49. (**a**) $\xrightarrow{H^+, HOCH_2CH_2OH}$ $CH_3C(OCH_2CH_2O)CH_2CH_2CH_2OH$ $\xrightarrow{1. PBr_3;\ 2. Mg, THF;\ 3. CH_3CCH_3 (O)}$ $CH_3C(OCH_2CH_2O)CH_2CH_2CH_2C(OH)(CH_3)-CH_3$ $\xrightarrow{1. H^+, H_2O;\ 2. LiAlH_4}$ 产物

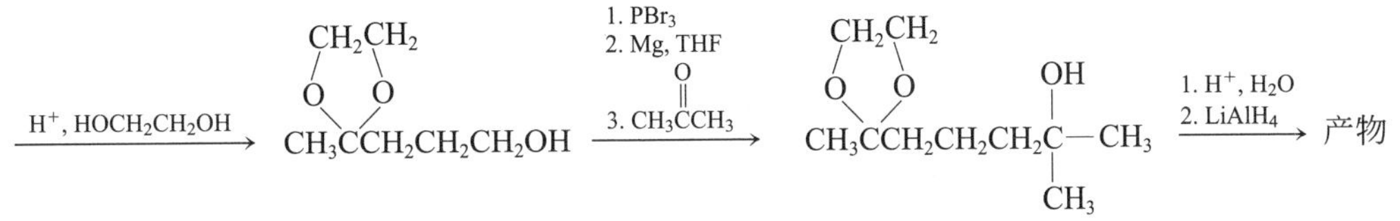

(**b**) $\xrightarrow{CrO_3, H_2O, H_2SO_4}$ 3-戊酮 $\xrightarrow[CH_3CH_2OH]{H^+, C_6H_5NH_2}$ 产物

(**c**) $\xrightarrow{2PCC, CH_2Cl_2}$ 1,5-戊二醛 $\xrightarrow{H_2O}$ 产物

其中，O H H O $\overset{H_2O}{\rightleftharpoons}$ O H $H\ddot{O}$ H OH ⟶ 略

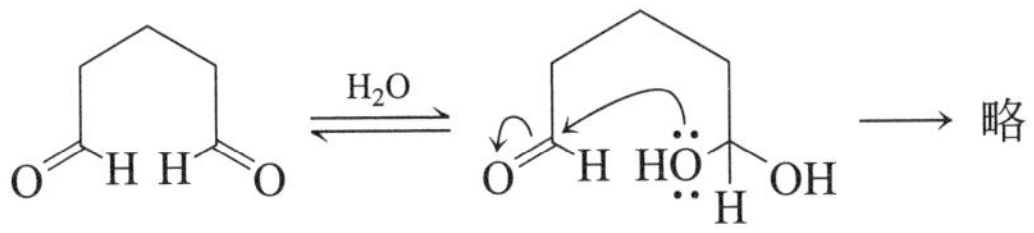

(**d**)

$\xrightarrow{H^+, HOCH_2CH_2OH}$ $\xrightarrow{1. BH_3, THF;\ 2. H_2O_2, ^-OH;\ 3. PBr_3}$

Br $\xrightarrow{1. Mg, THF;\ 2. CH_3CH (O)}$ OH $\xrightarrow{H^+, H_2O}$ 产物

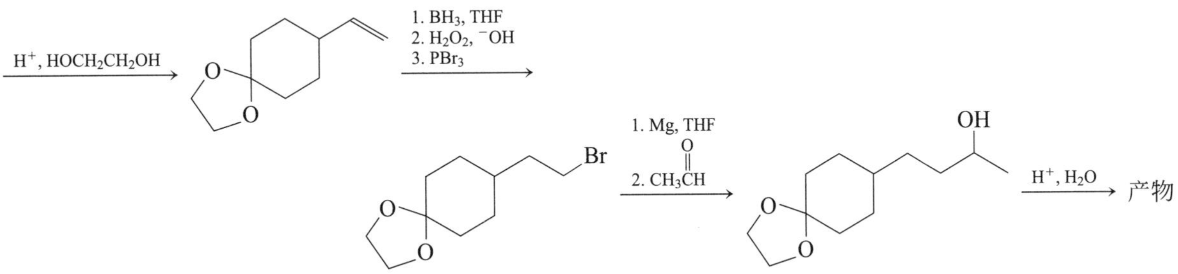

50. 共轭体系的延长会使这些腙的吸收波长变长，正如母体醛的吸收波长也会因而变长一样。因此

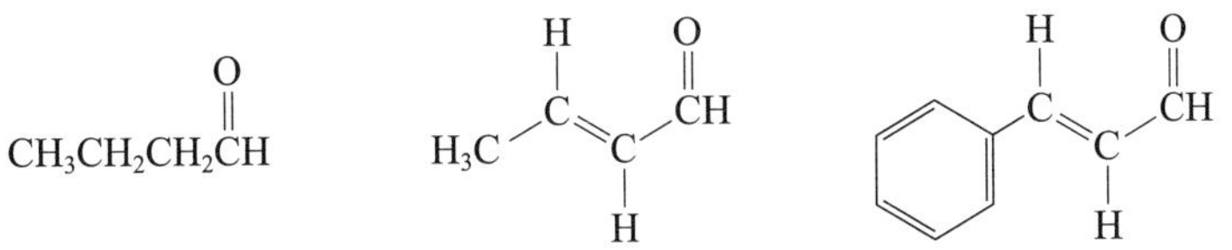

$CH_3CH_2CH_2CHO$	$H_3C-CH{=}CH-CHO$	$C_6H_5-CH{=}CH-CHO$
腙 λ_{max}=358 nm	腙 λ_{max}=377 nm	腙 λ_{max}=394 nm
(黄色)	(橙色)	(红色)
2号瓶	1号瓶	3号瓶

51. (**a**) H_2NNH_2，H_2O，HO^-，△（两个羰基的 Wolff-Kishner 还原）
(**b**) H_2，Pd-C，CH_3CH_2OH（烯烃的选择性还原）

（c）$LiAlH_4$，$(CH_3CH_2)_2O$（醛的选择性还原）

（d）H^+，环庚酮（形成一种不常见的缩酮，仅此而已）

52. 羟基必须保护起来，而产物中的顺式双键是由叁键转化而成的。

$$BrCH_2(CH_2)_9OC(CH_3)_3 \xrightarrow[2.CH_3CH_2CH_2CH_2Li]{1.P(C_6H_5)_3} (C_6H_5)_3P{=}CH(CH_2)_9OC(CH_3)_3$$（Wittig 试剂）

（醇被转化为叔丁基保护起来，参考教材 382 页）

$$\xrightarrow{CH_3CH_2CH_2C{\equiv}CCHO} CH_3CH_2CH_2C{\equiv}C{-}HC{=}CH{-}(CH_2)_9OC(CH_3)_3$$

1. H_2，Lindlar催化剂25℃(给出顺式双键)
2. H^+，H_2O(断裂醚键以脱保护)

↓

诱烯醇

53.（a）$CH_3\overset{O}{\overset{\|}{C}}H + (C_6H_5)_3P{=}CHCH_2CH(CH_3)_2 \xrightarrow[THF]{(1)}$ 产物

$CH_3CH{=}P(C_6H_5)_3 + H\overset{O}{\overset{\|}{C}}CH_2CH(CH_3)_2 \xrightarrow[THF]{(2)}$ 产物

（b）环己烷-1,2-二甲醛（两个 CHO） + $(C_6H_5)_3P{=}C(CH_3){-}C(CH_3){=}P(C_6H_5)_3$ $\xrightarrow[THF]{(1)}$ 产物

1,2-二（$CH{=}P(C_6H_5)_3$）环己烷 + $CH_3COCOCH_3$ $\xrightarrow[THF]{(2)}$ 产物

54. 可能的酮类化合物只有三种：2-庚酮、3-庚酮和 4-庚酮。所以这实际上是一个匹配问题。

$$CH_3CH_2CH_2CH_2CH_2\overset{O}{\overset{\|}{C}}CH_3 \xrightarrow{\text{Baeyer-Villiger}} CH_3CH_2CH_2CH_2CH_2O\overset{O}{\overset{\|}{C}}CH_3 + CH_3CH_2CH_2CH_2CH_2\overset{O}{\overset{\|}{C}}OCH_3$$

2-庚酮；主要产物（1°烷基迁移）；次要产物（甲基迁移）

$$CH_3CH_2CH_2CH_2\overset{O}{\overset{\|}{C}}CH_2CH_3 \xrightarrow{\text{Baeyer-Villiger}} CH_3CH_2CH_2CH_2O\overset{O}{\overset{\|}{C}}CH_2CH_3 + CH_3CH_2CH_2CH_2\overset{O}{\overset{\|}{C}}OCH_2CH_3$$

3-庚酮；两种产物几乎等量（均为 1°烷基迁移）

$$CH_3CH_2CH_2\overset{O}{\overset{\|}{C}}CH_2CH_2CH_3 \xrightarrow{\text{Baeyer-Villiger}} CH_3CH_2CH_2O\overset{O}{\overset{\|}{C}}CH_2CH_2CH_3$$

4-庚酮；唯一产物(起始酮是对称的)

化合物 A 一定是 4-庚酮，B 是 2-庚酮，C 是 3-庚酮。

55.（a）$CH_3CH_2CH_2CH_2CH_2CH$（1,3-二氧戊环，缩醛）

（b）1-己醇

（c）$CH_3CH_2CH_2CH_2CH_2CH{=}NOH$

（d）己烷

（e）$CH_3CH_2CH_2CH_2CH_2CH{=}CHCH_2CH(CH_3)_2$（$Z$ 和 E）

（f）$CH_3CH_2CH_2CH_2CH{=}CH{-}N$（四氢吡咯环）

（g）己酸＋金属 Ag

（h）己酸　　（i）2-羟基庚腈（通过 RCH(=O) ⟶ RCH(OH)CN）

56.（a）　（b）环庚醇　（c）　（d）环庚烷

（e）　=CHCH$_2$CH(CH$_3$)$_2$　（f）

（g）和（h）无反应。只有醛才能发生这些反应　（i）

57.

−H$_2$O　+H$_2$O　H—OH

−H$_2$O　+H$_2$O　N$_2$的不可逆离去　H—OH

CH$_2$CH$_3$ + $^-$OH

58. 反应在酸性条件下进行，因此：

59.（a）　HO—OCR　参考习题58的答案　+ HOCR

（b）首先写出过氧酸与醛的加成产物，它与酮的 Baeyer-Villiger 氧化反应机理的第一步类似。我们以苯甲醛为例来说明：

HO—OCR

该加成产物中间体可以通过在酮的反应中已经展示过的环状机理进行反应，给出观测到的羧酸产物，迁移基团为 H：

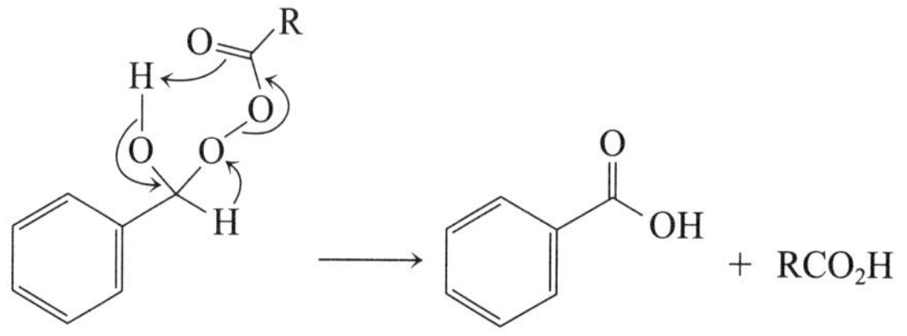

O R H O O O H OH $\longrightarrow$ O OH + RCO_2H

或者我们可以通过更简单的 E2 消除得到相同的产物。在这里我们以羰基氧作为分子内的碱去拔除质子：

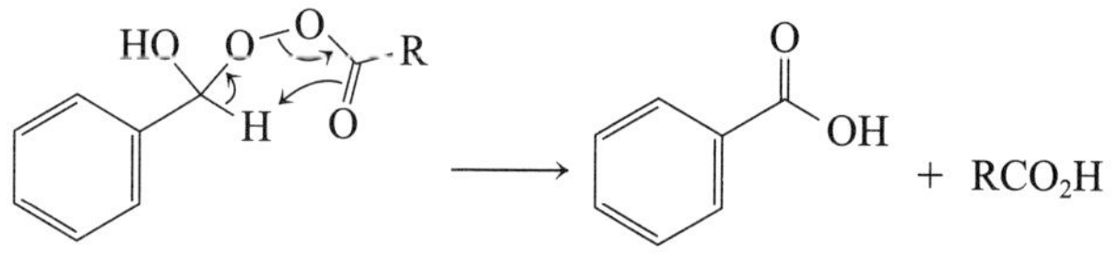

HO O O R H O $\longrightarrow$ O OH + RCO_2H

第二种机理看起来更加合适，因为（i）这种机理更简单，（ii）氢的迁移能力通常较差。而（ii）与醛和过氧酸的 Baeyer-Villiger 反应通常得到羧酸的事实不符（因此支持第二种机理）。

60. 在每一小问中，都将羰基 C 的任意一侧插入 O。然后，我们再参考 17-13 节中的迁移倾向信息，以确定优势产物。在下面的答案中，**第一种**结构为优势产物。

（a） O ‖ $OCCH_3$ H　　O ‖ $COCH_3$ H

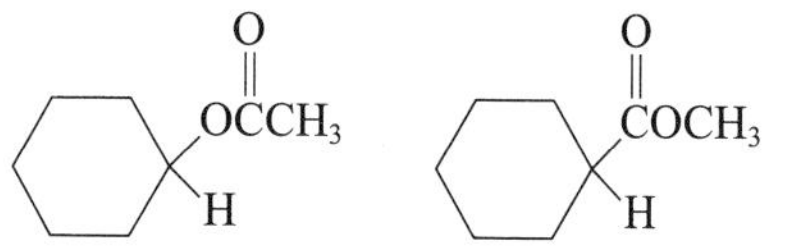

（b） O O CH_3　　O O CH_3

（c） O ‖ $(CH_3)_2CHOCCH_2CH(CH_3)_2$　　O ‖ $(CH_3)_2CHCOCH_2CH(CH_3)_2$

（d） O O　　O O

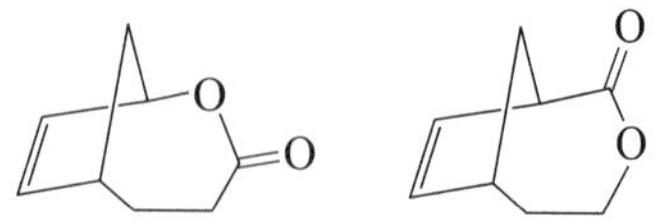

（e） O ‖ $C_6H_5OCCH_3$　　O ‖ $C_6H_5COCH_3$

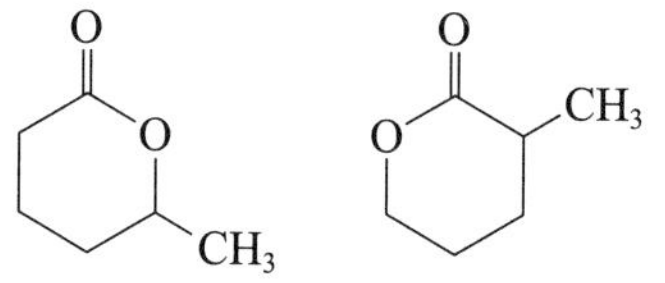

61.（a）策略：你需要利用 CH_3MgI 与酮羰基的反应，所以必须将醛基保护起来。

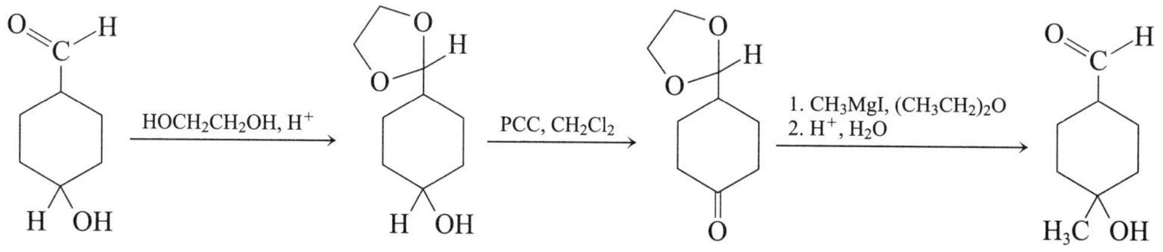

O C H, H OH $\xrightarrow{HOCH_2CH_2OH,\ H^+}$ O O H, H OH $\xrightarrow{PCC,\ CH_2Cl_2}$ O O H, O $\xrightarrow[2.\ H^+,\ H_2O]{1.\ CH_3MgI,\ (CH_3CH_2)_2O}$ O C H, H_3C OH

（b）当心！最好还是要保护醛基，否则无论使用哪一种方法去除醇羟基，醛基都会受到影响。下面为一种方法：

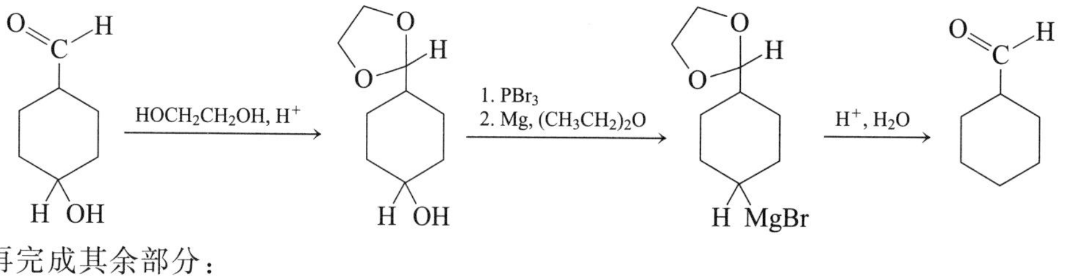

O C H, H OH $\xrightarrow{HOCH_2CH_2OH,\ H^+}$ O O H, H OH $\xrightarrow[2.\ Mg,\ (CH_3CH_2)_2O]{1.\ PBr_3}$ O O H, H MgBr $\xrightarrow{H^+,\ H_2O}$ O C H

现在，再完成其余部分：

O C H $\xrightarrow[2.\ H^+,\ H_2O]{1.\ CH_3MgI,\ (CH_3CH_2)_2O}$ OH, H_3C—C—H $\xrightarrow{CrO_3,\ H_2SO_4,\ H_2O}$ O C CH_3

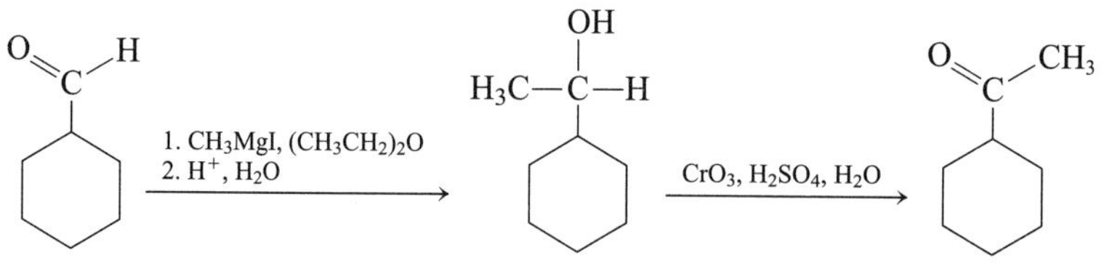

先将醇氧化为酮，再利用 Wolff-Kishner 还原同样可以去除羟基。

（c）目标分子是一个半缩酮。先将其画为开链形式（即不含环的异构体）：

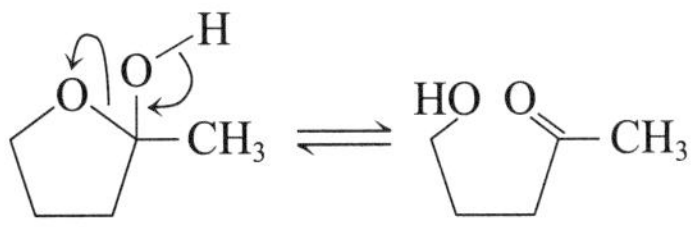

我们只需要合成开链形式，然后其便会自动转化为我们想要的产物。这时要注意保护羟基：

$$ClCH_2CH_2CH_2OH \xrightarrow{H^+,(CH_3)_3COH} ClCH_2CH_2CH_2OC(CH_3)_3 \xrightarrow[2.\ CH_3CHO]{1.\ Mg,(CH_3CH_2)_2O}$$

$$CH_3CH(OH)CH_2CH_2CH_2OC(CH_3)_3 \xrightarrow{PCC,CH_2Cl_2} CH_3C(=O)CH_2CH_2CH_2OC(CH_3)_3 \xrightarrow{H^+,H_2O}$$

$$CH_3C(=O)CH_2CH_2CH_2OH \rightleftharpoons 产物$$

62. 关键问题在于：环丙酮的键角张力比对应的半缩酮大。为什么？因为羰基碳想要采取键角为 120°的 sp^2 杂化，可是它被限制在了键角接近 60°的三角形环中，故承受着 120°－60°＝60°的键角张力。相比之下，半缩酮的碳只想采取键角为 109°的四面体杂化。因此，其键角张力较小，对应于 109°－60°＝49°的键角压缩。其实我们以前见过类似的情况，如环丙烷在自由基卤代反应中有相对低的活性（第 4 章，习题 26），以及卤代环丙烷上的 S_N2 取代较为缓慢（第 6 章，习题 62）。

63. 在 pH 低于 2 以下时，NH_2OH 中的 N 被质子化（$^+NH_3OH$），因此亲核的（氮）原子被有效地屏蔽了。pH＝4 时，大部分的 N 是游离的，但溶液的酸性却仍足以质子化部分羰基，形成更强的亲电试剂：$>C=\overset{+}{O}H$ 。pH 高于 7 以上时，羰基不会被质子化，所以游离的 NH_2OH 只能进攻未活化的 $>C=O$ ，使得反应速率下降。

64. 由给出的结构信息逆推。

$$CH_3C(=O)CH_2CH_2CH_2CH(CH_3)COOH \xleftarrow{Cr^{6+},H_2O} CH_3C(=O)CH_2CH_2CH_2CH(CH_3)CHO \xleftarrow[2.\ Zn,\ CH_3COOH]{1.\ O_3,CH_2Cl_2}$$

酮醛

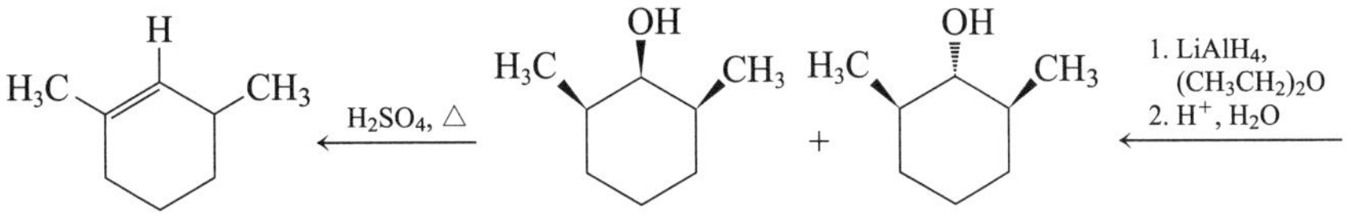

H　　　F　　　G

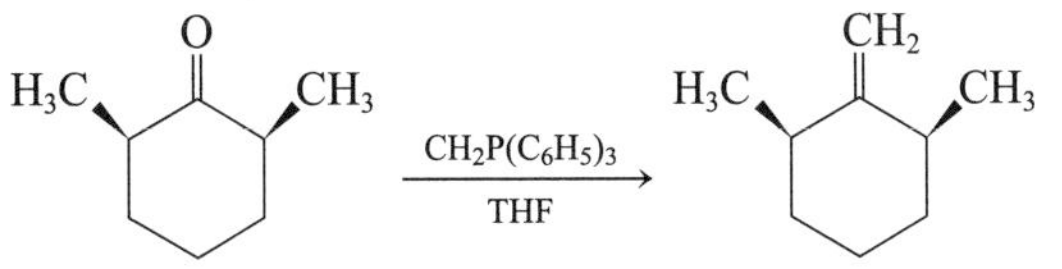

D　　　E

注意：F 和 G 一定为二级醇，因为它们是由某种物质（此处为酮）被 $LiAlH_4$ 还原形成的。D 中的甲基一定为顺式。若为反式，则只能得到一种 $LiAlH_4$ 还原产物。

65. 下面给出了由每条信息可以得到的结论。

（ⅰ）粪甾醇是一种醇，而 J 为一种酮。

（ⅱ）

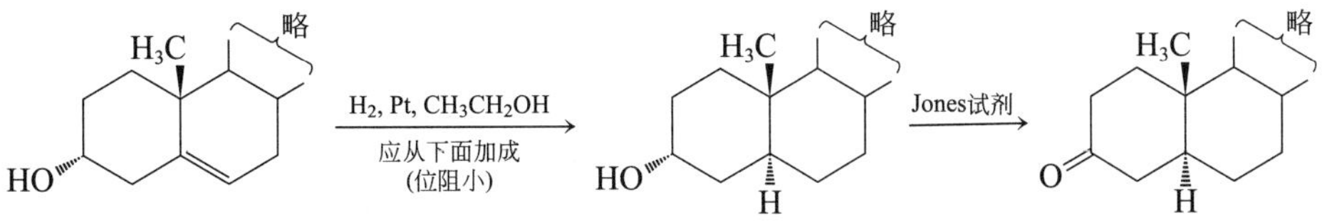
略
H₂, Pt, CH₃CH₂OH
应从下面加成
(位阻小)
Jones试剂

胆固醇的相关部分　　**K**，粪甾醇的立体异构　　**L**，**J**的立体异构

那么，J 很可能是

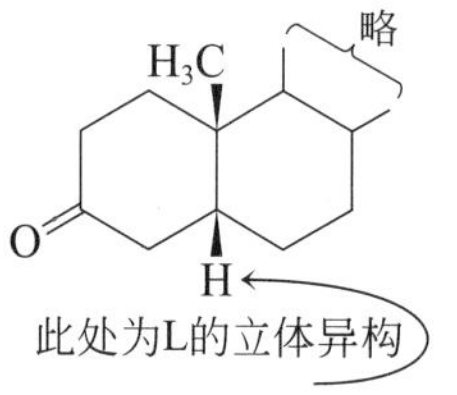

H_3C 略 O H

此处为L的立体异构

（iii）胆固醇 $\xrightarrow{Cr^{6+},\ 丙酮}$ H_3C 略 O **M** $\xrightarrow{H_2,\ Pt,\ CH_3CH_2OH}$ 再次得到**L**

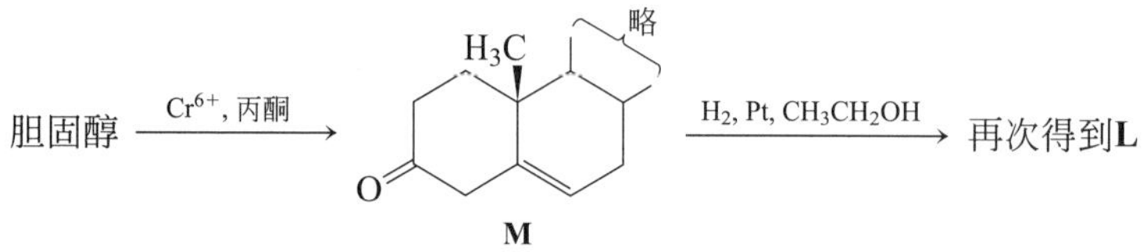

这是你根据（ii）中的信息可以推测出的结论。那么，粪甾醇是什么？由于它在 Jones 氧化条件下给出 J，粪甾醇一定是以下两种醇中的一种。

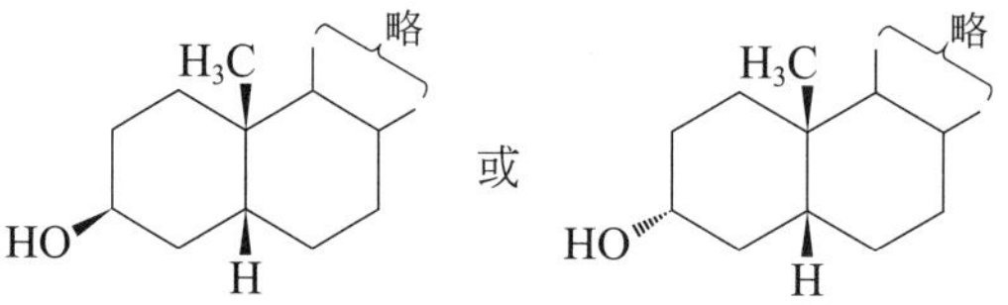

H_3C 略 HO H 或 H_3C 略 HO H

实际上，这两种结构都是粪甾醇，它们分别被命名为 3β-和 3α-粪甾醇。

66.（a）紫外光谱显示为一个共轭的酮（对照练习 17-4 中化合物和 17-3 节中 3-丁烯-2-酮的紫外光谱）。故 N 可能为：

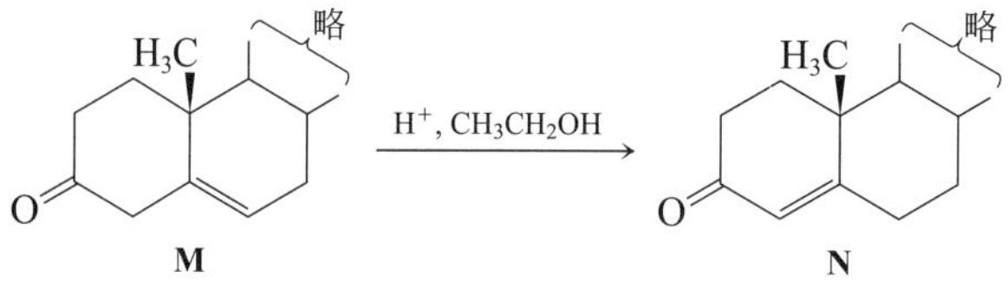

H_3C 略 O **M** $\xrightarrow{H^+,\ CH_3CH_2OH}$ H_3C 略 O **N**

（b）

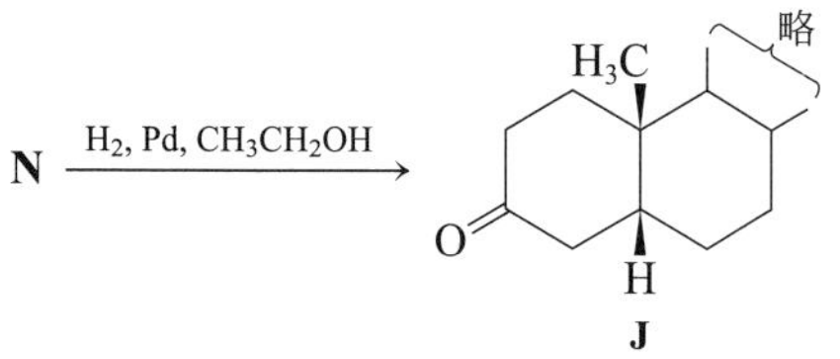

N $\xrightarrow{H_2,\ Pd,\ CH_3CH_2OH}$ H_3C 略 O H **J** 确实很奇怪，因为在这个反应中，H_2 从位阻较大的上面进行了加成

（c）先以常规的方式形成腙（17-9 节），然后：

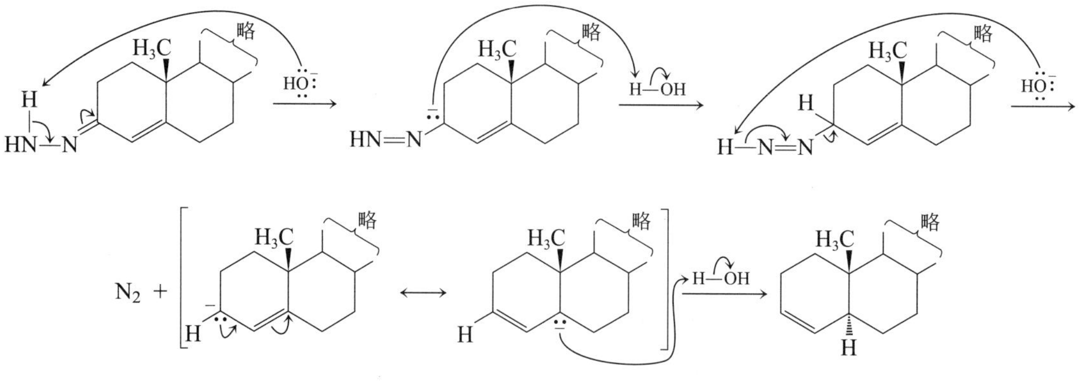

H_3C 略 H HN—N $\xrightarrow{HO^-}$ H_3C 略 HN=N $\xrightarrow{H—OH}$ H_3C 略 H H—N=N $\xrightarrow{HO^-}$

N_2 + [H_3C 略 H ⟷ H_3C 略 H] $\xrightarrow{H—OH}$ H_3C 略 H

烯丙基负离子，在 C-5 上质子化

67. 主要问题在于哪个羰基优先与甲醇反应。根据 17-6 节，醛基的反应活性应该更高。所以我们可以给出一个可能产物，即甲醇与醛基碳加成而形成的缩醛产物，再看是否与 NMR 数据相符。

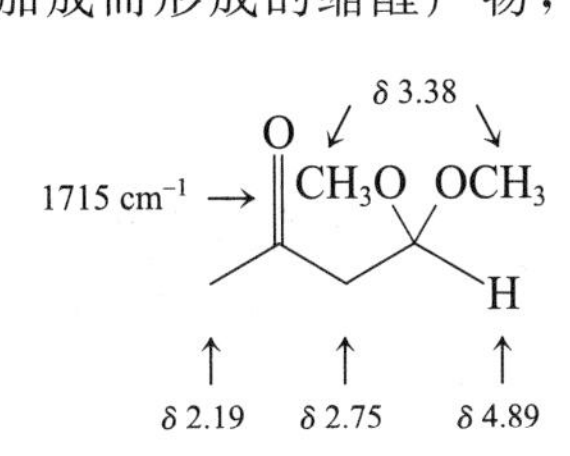

其中一个重要信息是在 δ 9.5～10 的区域缺少甲酰基（醛基）氢的信号。产物的生成机理如教材 17-7 节所述。

68.（c）　　**69.**（b）　　**70.**（d）　　**71.**（b）

18

烯醇、烯醇负离子和羟醛缩合反应：α,β-不饱和醛与酮

随着醛、酮化学的继续介绍，你将看到羰基邻位的碳原子是怎样变得具有亲核性的。首先涉及的是这些新的亲核试剂与常见亲电试剂如卤代烷烃的反应：烷基化反应。更重要的是一个羰基化合物上的亲核碳与另一个羰基化合物上亲电的羰基碳之间的反应。这些反应统称为**羰基缩合反应**。本章你看到的是醛和酮的反应：**羟醛缩合反应**［下一章将介绍羧酸酯的类似反应：克莱森（Claisen）缩合反应］。羟醛缩合反应的产物是α,β-不饱和醛、酮，它们也有另外的亲核位点和潜在的亲电位点。

请密切关注原料和产物之间的结构关系。羟醛缩合反应是存在于现实世界中的有机合成反应，也是有机化学最重要的反应之一。

本章概要

18-1　α-氢的酸性：烯醇负离子

将羰基的α-碳转变成亲核试剂。

18-2　酮式-烯醇式平衡

18-3，18-4　α-碳上的卤代反应和烷基化反应

18-5，18-6，18-7　羟醛缩合反应

一种重要的用于合成的新反应。

18-8 至 18-11　α,β-不饱和醛、酮

羟醛缩合反应多用途产物的性质。

本章重点

18-1 α-氢的酸性：烯醇负离子

羰基或相关官能团邻位碳上的氢，是烷基类氢中酸性最强的。代表性的 pK_a 值如下表所示。注意酸性是怎样被第二个羰基加强的。

化合物	pK_a	化合物	pK_a
$\mathrm{RC\mathbf{H}_2\overset{O}{\overset{\|}{C}}OR'}$	25	$\mathrm{RO\overset{O}{\overset{\|}{C}}C\mathbf{H}_2\overset{O}{\overset{\|}{C}}OR}$	13
$\mathrm{RC\mathbf{H}_2\overset{O}{\overset{\|}{C}}R'}$	20	$\mathrm{R\overset{O}{\overset{\|}{C}}C\mathbf{H}_2\overset{O}{\overset{\|}{C}}OR'}$	11
$\mathrm{RC\mathbf{H}_2\overset{O}{\overset{\|}{C}}H}$	17	$\mathrm{R\overset{O}{\overset{\|}{C}}C\mathbf{H}_2\overset{O}{\overset{\|}{C}}R}$	9
$\mathrm{RC\mathbf{H}_2\overset{O}{\overset{\|}{C}}Cl}$	16	$\mathrm{H\overset{O}{\overset{\|}{C}}C\mathbf{H}_2\overset{O}{\overset{\|}{C}}H}$	5

上述结构中的任何加粗质子都能被合适的碱拔除，从而生成本章反应的中心参与者，烯醇负离子。

$$\mathrm{-\underset{H}{\underset{|}{\overset{|}{C}}}-\overset{:O:}{\overset{\|}{C}}-} \xrightarrow{\text{碱}} \left[\mathrm{-\underset{\cdot\cdot}{\overset{|}{C}}-\overset{:\ddot{O}}{\overset{\|}{C}}-} \longleftrightarrow \mathrm{-\overset{|}{C}=\overset{:\ddot{O}:^-}{\overset{|}{C}}-}\right]$$

烯醇负离子

烯醇负离子是亲核性的，能和你之前见过的典型亲电试剂反应。它们与卤代烷烃的反应（烷基化）是在羰基碳邻位引入烷基取代基最普遍的方法。

18-2 酮式-烯醇式平衡

本节讲述了乙烯醇（烯醇）到羰基化合物可逆异构化的更多机理细节。这种异构化，虽然更倾向于酮式结构，但允许低浓度的烯醇与羰基化合物保持平衡，这些烯醇可以导致进一步的化学反应。这种“烯醇化”可以发生在任何含 α-氢的羰基化合物上，能被酸或碱催化。

18-3，18-4 α-碳上的卤代反应和烷基化反应

这部分内容的反应在机理上和你已知道的非常相似。烯醇盐（或者在酸性条件下的烯醇）的亲核碳通过 S_N2 途径进攻卤原子或卤代烷烃。因此，当卤原子在甲基或伯碳上时，烷基化反应最容易。

18-5，18-6，18-7 羟醛缩合反应

这几节介绍了第一种或许也是最重要的一种羰基缩合反应：羟醛缩合反应（Aldol condensation）。它的重要性在于能从简单得多的分子生成相当复杂的结构，包括环状结构。反应通过把一个羰基去

质子化的 α-碳加成到另一个羰基的碳上进行。当阅读这部分内容时，注意每个羟醛产物中新的碳-碳键的位置。遮住起始反应物，看看你能否仅靠观察羟醛产物就能推测出它们的结构。尽管许多两个同分子之间的羟醛缩合反应都是有用的，但最重要的应用是以下两类：一是所谓的交叉羟醛缩合反应，其中有两个不同的反应“搭档”参与；二是二羰基化合物的分子内缩合，这将成环。请特别注意这几节的例子，因为它们为烯醇盐和羰基的各种组合方式提供了极好的说明，这些反应“搭档”在羟醛缩合反应中给出了成功且有用的结果。

18-8 至 18-11 α，β -不饱和醛、酮

逻辑上，它是羰基和烯烃化学的延伸。α,β-不饱和醛、酮中的碳-碳双键通常能发生与典型的简单烯烃相同的加成反应。然而，羰基的高度极化强烈影响着烯烃官能团的反应性。从这些化合物的共振式中可以很好地看出这一点，特别要注意 β-碳和羰基碳上会带有正电荷。

$$\left[\ \mathrm{C{=}C{-}C({=}\ddot{O}{:}){-}} \longleftrightarrow \mathrm{C{=}C{-}\overset{+}{C}({-}\ddot{O}{:}^-){-}} \longleftrightarrow \mathrm{\overset{+}{C}{-}C{=}C({-}\ddot{O}{:}^-){-}}\ \right]$$

β

烯酮化学的广泛应用仅从三个基本的机理过程就可以理解。

（1）羰基氧上的亲电加成，例如：

$$\mathrm{C{=}C{-}C({=}\ddot{O}{:}){-}} + H^+ \longrightarrow \left[\ \mathrm{C{=}C{-}C({=}\overset{+}{\ddot{O}}H){-}} \longleftrightarrow \mathrm{C{=}C{-}\overset{+}{C}({-}\ddot{O}H){-}} \longleftrightarrow \mathrm{\overset{+}{C}{-}C{=}C({-}\ddot{O}H){-}}\ \right]$$

（2）羰基碳上的亲核加成，例如：

$$\mathrm{C{=}C{-}C({=}\ddot{O}{:}){-}} + H_3C{-}Li \longrightarrow \mathrm{C{=}C{-}C(CH_3)({-}\ddot{O}{:}^-\,Li^+){-}}$$

（3）β-碳上的亲核加成，例如：

$$\mathrm{C{=}C{-}C({=}\ddot{O}{:}){-}} + {:}\overset{-}{C}N \longrightarrow \mathrm{{-}C(CN){-}C{=}C({-}\ddot{O}{:}^-){-}}$$

可通过书写教材中未详细说明的例子的机理来练习。从上述机理之一出发，顺势推导预期产物。

一旦理解了反应机理，就可以集中精力研究该过程在合成上的应用。要注意碳-碳键形成的例子，特别是**迈克尔加成**（Michael addition）——从烯醇盐到烯酮或烯醛的 1,4-加成反应。迈克尔加成和后续的羟醛缩合反应提供了一种合成六元环的有力方法——**罗宾森环化**（Robinson annulation）。不要担心所有这些人名，只需要确保学会含六元环化合物的逆合成分析即可。

含有官能团的取代六元环 ⟹ 环己烯酮 ⟹(3) 1,5-二羰基化合物 ⟹(1) / ⟹(2)

环己烯酮　**1,5-二羰基化合物**

第一步是迈克尔加成得到 1,5-二羰基化合物。原则上，它可通过两种方式来实现（形成键 1 或键 2）。然后分子内羟醛缩合形成环己烯酮的键 3，环己烯酮可通过这几节学习的反应转化为大量的新化合物。

习 题

32. 在下列化合物结构中的 α-碳下面划线，并圈出 α-氢。

(a) $CH_3CH_2C(=O)CH_2CH_3$ (b) $CH_3C(=O)CH(CH_3)_2$

(c) 2,6-二甲基环己酮（两个 CH_3 同侧） (d) 2,6-二甲基环己酮（两个 CH_3 异侧）

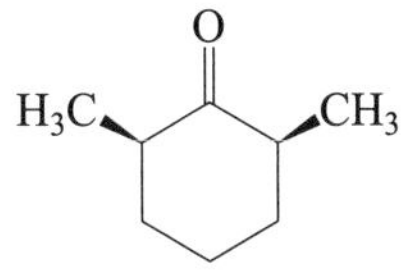

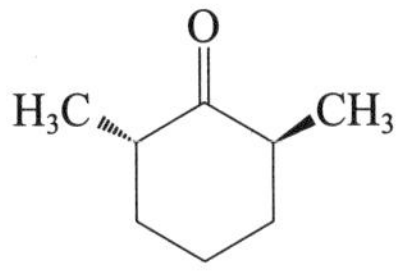

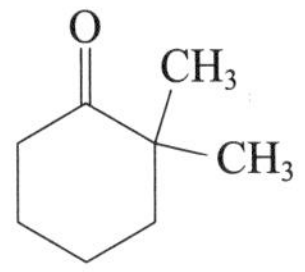

(e) 2,2-二甲基环己酮 (f) 环己基-CHO

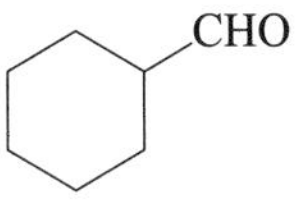

(g) $(CH_3)_3CC(=O)H$ (h) $(CH_3)_3CCH_2C(=O)H$

33. 写出习题 32 中各羰基化合物可能形成的所有烯醇和烯醇负离子的结构式。

34. 如果将习题 32 中各羰基化合物分别用下列试剂处理，将生成何种产物？

(a) 碱的 D_2O 溶液；(b) 1 e.q. 溴的乙酸溶液；(c) 过量 Cl_2 的碱溶液。

35. 从相应的非卤代酮出发，合成下列卤代酮，写出最佳实验条件。

(a) $C_6H_5CH(Br)C(=O)CH_3$ (b) $(CH_3)_2CCl–CCl_2–C(=O)–CCl_2–CH_3$

(c) $CH_3C(=O)CH_2Cl$ (d) $(CH_3)_3C–C(=O)–CBr_3$

36. 提出下列反应的机理。（**提示：**注意反应形成的所有产物，并参考 18-3 节讲述的酸催化下丙酮的溴代反应机理。）

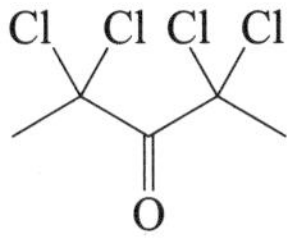

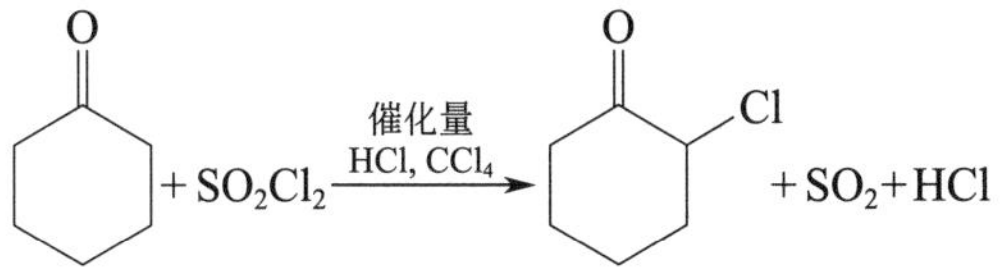

$$\text{环己酮} + SO_2Cl_2 \xrightarrow[\text{HCl, CCl}_4]{\text{催化量}} \text{2-氯环己酮} + SO_2 + HCl$$

37. 一分子 3-戊酮与一分子的 LDA 反应，然后加入一分子的下列各种试剂。写出各个反应的预期产物。

(a) CH_3CH_2Br (b) $(CH_3)_2CHCl$

(c) $(CH_3)_2CHCH_2OS(=O)_2–C_6H_4–CH_3$

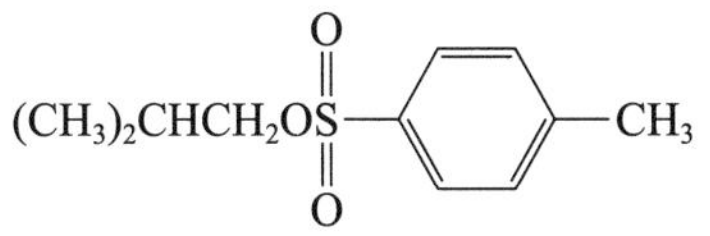

(d) $(CH_3)_3CCl$

38. 写出下列反应的产物。

(a) $CH_3CHO \xrightarrow{\text{1. 四氢吡咯, H}^+;\ 2. (CH_3)_2C{=}CHCH_2Cl;\ 3. H^+, H_2O}$

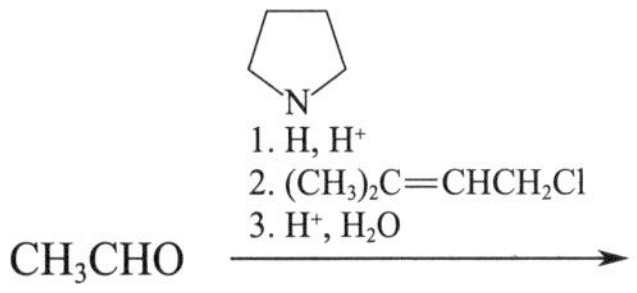

(b) $C_6H_5CH_2CHO \xrightarrow{\text{1. 四氢吡咯, H}^+;\ 2. C_6H_5CH_2Br;\ 3. H^+, H_2O}$

39. 18-4 节曾经提到，用碘甲烷和碱对酮进行烷基化时，会出现双烷基化和单烷基化的问题。在某些情况下，即使使用 1 倍量的碘甲烷和碱，双烷基化反应也能发生，写出详细的机理。解释为何使用烯胺烷基化方法可以解决这个问题。

40. 使用烯胺而不是烯醇盐，会增大酮与二级卤代烷发生烷基化反应的可能性吗？

41. 写出酸催化下环己酮的吡咯烷烯胺的水解反应机理（下面的反应式）。

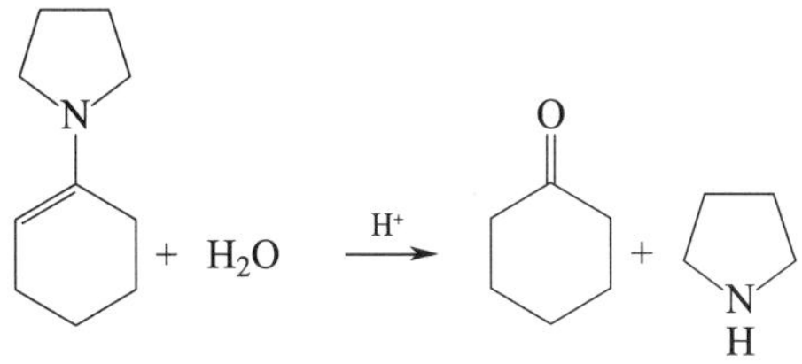

$$\text{1-(1-环己烯基)吡咯烷} + H_2O \xrightarrow{H^+} \text{环己酮} + \text{吡咯烷(NH)}$$

42. 写出下列化合物的羟醛缩合反应产物：(a) 戊醛；(b) 3-甲基丁醛；(c) 环戊酮。

43. 写出在高温下过量苯甲醛与下列化合物发生交叉羟醛缩合反应的主要产物的结构式：(a) 1-苯基乙酮（苯乙酮的结构式参见 17-1 节）；(b) 丙酮；(c) 2,2-二甲基环戊酮。

44. 写出习题 43 (c) 的详细反应机理。

45. 给出下列羟醛反应的可能产物。

(a) $2\ C_6H_5CH_2CHO \xrightarrow{NaOH, H_2O}$

(b) $C_6H_5CHO + (CH_3)_2CHCHO \xrightarrow{NaOH, H_2O}$

(c) $HC(=O)C(CH_3)_2CH_2CH_2CH_2C(=O)CH_3 \xrightarrow{NaOH, H_2O}$

(d) [环二醛，两个 CHO] $\xrightarrow{NaOH,\ H_2O}$

46. 莎草薁酮是一种天然产物，是胡椒、多种草药和红酒中辛辣香气的来源（教材第 885 页页边）。什么结构的环二酮经分子内羟醛缩合能够生成莎草薁酮？

莎草薁酮

47. 写出下列各对反应物在碱催化下发生交叉羟醛缩合反应所有可能的产物。（**提示：** 每一个反应都可能生成多个产物，无论热力学上是否有利，都要包括在答案中。）

(a) 丁醛和乙醛

(b) 2,2-二甲基丙醛和苯乙酮

(c) 苯甲醛和 2-丁酮

48. 在习题 47 的三个交叉羟醛反应中，若有多种可能的产物，指出主产物并解释原因。

49. 羟醛缩合反应可以在酸催化下进行。指出酸催化反应中 H^+ 的作用。（**提示：** 思考在酸性反应溶液中存在何种亲核物质？烯醇负离子是不可能存在的。）

50. 反应复习Ⅰ。不参考教材第 852～853 页反应总结路线图，写出能够将正丁醛转化为以下各化合物的试剂。

(a) O H Cl (b) O H Br Br (c) O H (d) O H (e) O H (f) O H OH (g) O H (h) O H C_6H_5 C_6H_5

51. 反应复习Ⅱ。不参考教材第 852～853 页反应总结路线图，给出能够将苯乙酮转化为以下各化合物的试剂。

(a) O C_6H_5 (b) O C_6H_5 CCl_3 (c) O OH C_6H_5 (d) O C_6H_5 (e) O C_6H_5 (f) O C_6H_5 CH_2Br

52. 反应复习Ⅲ。不参考第 852～853 页反应总结路线图，给出能够将 3-丁烯-2-酮转化为以下各化合物的试剂。

(a) O C_6H_5 (b) O (c) O (d) O (e) OH (f) O OH (g) OH (h) O O

53. (a) 许多高度共轭的有机化合物是防晒霜的成分。其中使用比较广泛的是 4-甲基亚苄基樟脑（4-MBC），其结构如下所示。该化合物能有效吸收所谓的 UV-B 辐射（λ_{max} 值介于 280 nm 到 320 nm 之间，是造成大多数晒伤的原因）。给出通过交叉羟醛缩合反应合成该分子的简单路线。

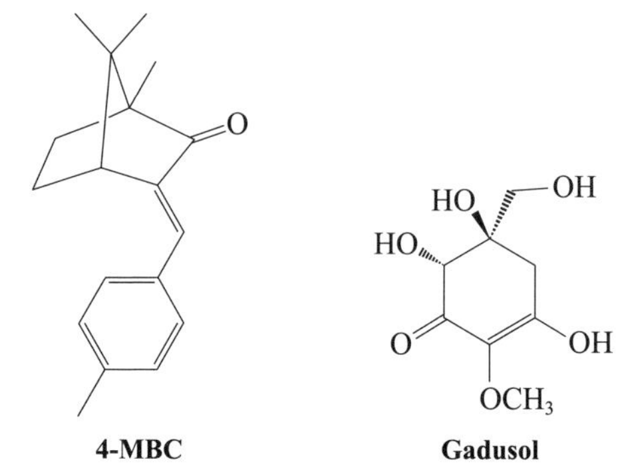

4-MBC **Gadusol**

(b) 上图右侧的化合物 Gadusol（注意化合物倾向于以烯醇互变异构体存在）是在 2015 年发现的一种天然防晒剂，存在于包括鱼类和一些脊椎动物在内的许多有机体中。对"绿色"环保防晒霜的需求引起了人们对这种生物基化合物的兴趣。4-MBC 和 Gadusol 的何种结构特点赋予了它们吸收紫外线的能力？

54. 挑战题 檀香的蒸馏物是香水中最古老和珍贵的香料之一。天然檀香油一直供不应求。直到最近，人工仍然很难合成其替代品。聚檀香醇（下图）是目前为止最成功的替代品。其合成需经由如下羟醛缩合反应。

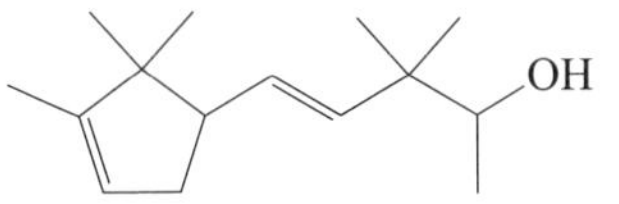

聚檀香醇

其合成需经由如下羟醛缩合反应。

KOH, H_2O, CH_3OH

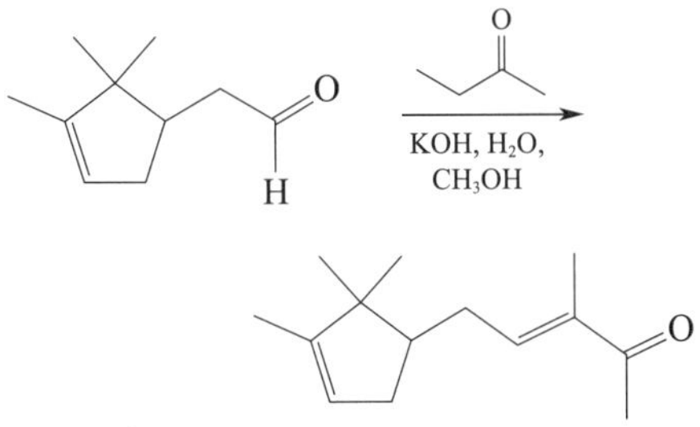

(a) 该步骤虽然可以进行，但存在一个明显缺点，导致反应仅能达到中等收率（60%）。详细讨论存在的问题。

(b) 最近报道了一种能够规避传统羟醛缩合反应的方法。首先制备一种溴代酮，与镁金属反应生成烯醇化镁；然后该烯醇盐选择性地与醛反应，得到羟基酮，脱水可生成所需产物。讨论如何采用这种方法解决（a）部分提出的问题。

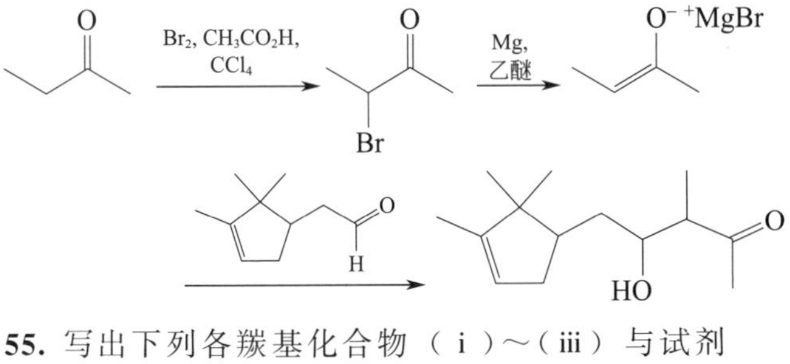

Br_2, CH_3CO_2H, CCl_4；Mg, 乙醚；$O^-\ {}^+MgBr$；Br；HO

55. 写出下列各羰基化合物（i）～（iii）与试剂（a）～（h）反应的主要预期产物。

（i） 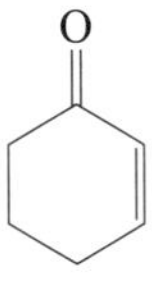　（ii）$CH_3CH{=}C(CH_2CH_2CH_3)CHO$　（iii）

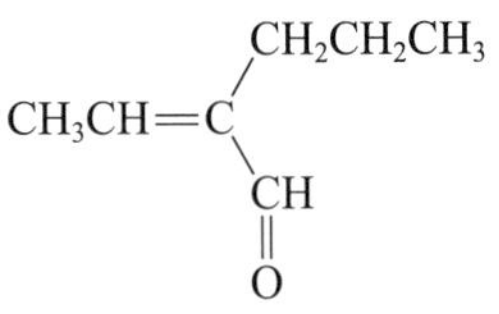

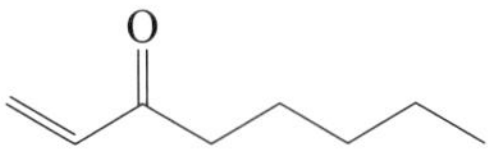

（a）H_2，Pd，CH_3CH_2OH　（b）$LiAlH_4$，$(CH_3CH_2)_2O$

（c）Cl_2，CCl_4　（d）KCN，H^+，H_2O

（e）CH_3Li，$(CH_3CH_2)_2O$

（f）$(CH_3CH_2CH_2CH_2)_2CuLi$，THF

（g）NH_2NHCNH_2（C=O），CH_3CH_2OH

（h）先与 $(CH_3CH_2CH_2CH_2)_2CuLi$ 反应，再在 THF 中与 $CH_2{=}CHCH_2Cl$ 反应。

56. 针对下列逆合成策略中的断开处（以〰表示），写出能够构建指定 C—C 键的反应或反应过程。

（a） 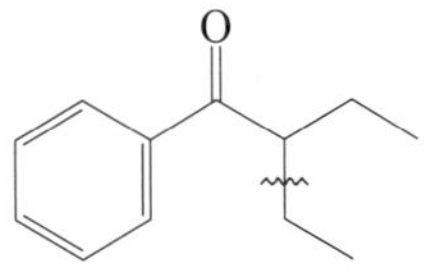　（b）CO_2CH_3

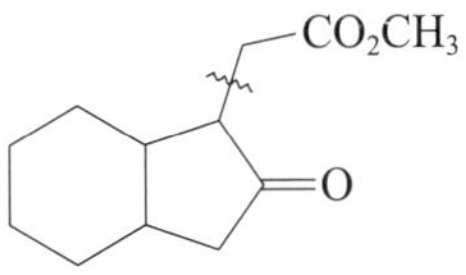

（c）C_6H_5　（d）

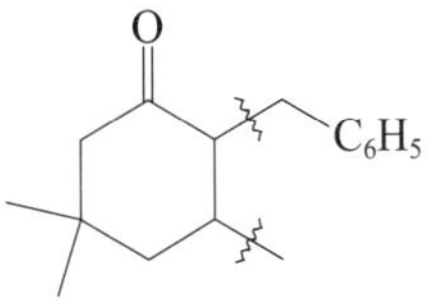

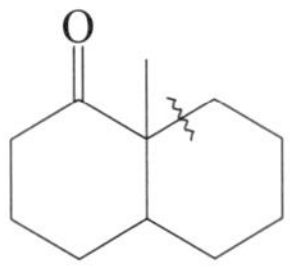

57. 写出下列室温反应经水处理后的产物：

（a）$C_6H_5CCH_3$（C=O）$+ CH_2{=}CHCC_6H_5$（C=O）$\xrightarrow{\text{LDA, THF}}$

（b）环己酮 $+ (CH_3)_2C{=}CHCH$（C=O）$\xrightarrow{\text{NaOH, H}_2\text{O}}$

（c）环戊烯酮 $\xrightarrow[\text{2. }CH_2=CHCCH_3\ (C=O)]{\text{1. }(CH_2=CH)_2CuLi,\ THF}$

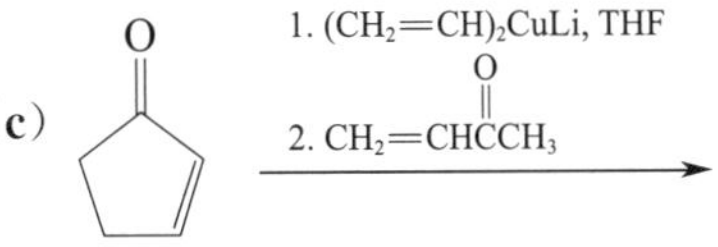

（d）CH_3 $\xrightarrow[\text{2. }(CH_3)_2C=CHCCH_3\ (C=O)]{\text{1. }(CH_3)_2CuLi,\ THF}$

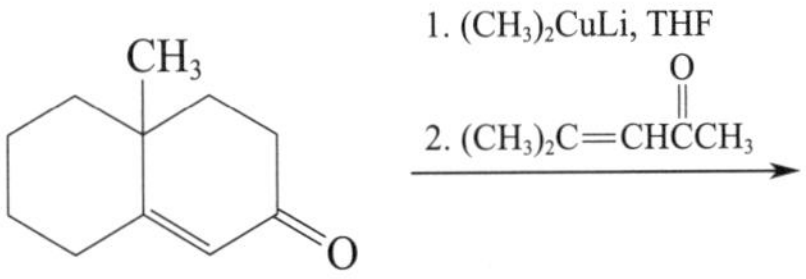

（e）写出反应（c）和（d）在溶剂沸腾温度下反应，然后用碱处理的预期产物。

58. 写出下列反应过程的最终产物。

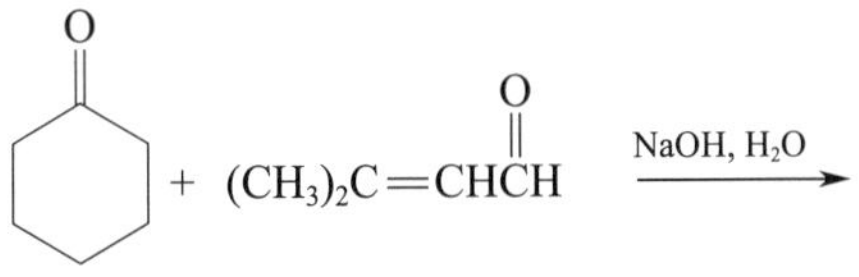

（a）$O + CH_2{=}CHCCH_3$（C=O）$\xrightarrow{\text{NaOCH}_3,\ \text{CH}_3\text{OH},\ \triangle}$

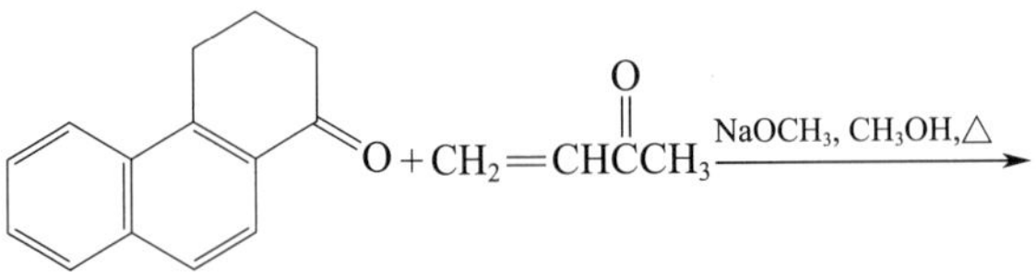

（b）H_3C，CH_3 $+ CH_2{=}CHCCH_3$（C=O）$\xrightarrow{\text{KOH, CH}_3\text{OH},\ \triangle}$

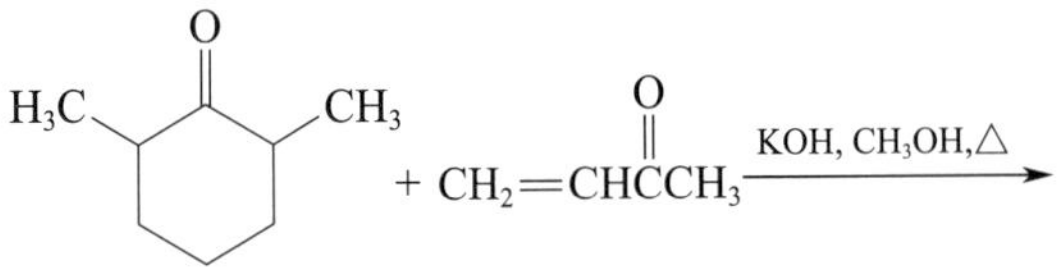

(c) 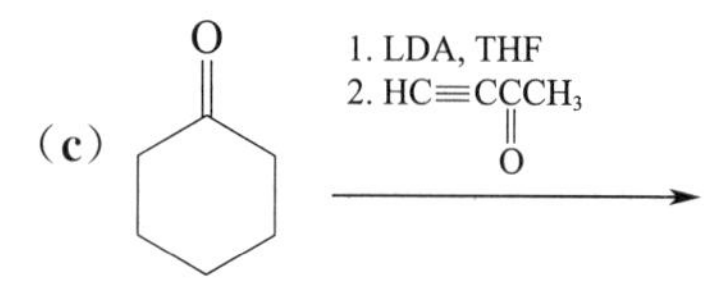

(d) 写出反应（c）的详细机理。（**提示：**在反应第一步中将 3-丁炔-2-酮作为 Michael 受体。）

59. 先用 Michael 加成，再用羟醛缩合的方法（Robinson 环化）提出下列化合物的合成路线。这些化合物分别是一个或多个甾体激素全合成中非常关键的中间体。（**提示：**找到环己酮环，然后以逆环化顺序打开。）

(a) H_3C，OCH_3，O

(b) O，$CO_2CH_2CH_3$

(c) CH_3，CH_3O，O，CHO，O

(d) O，CH_3，O

60. HCl 对 3-丁烯-2-酮（如下图）双键的加成反应是否会遵循 Markovnikov 规则？并从机理上解释。

$$CH_3\overset{O}{\overset{\|}{C}}CH{=}CH_2$$

3-丁烯-2-酮

61. 利用下面的信息以及下页的^{1}H NMR 谱图 A～D，推断各个化合物的结构。（**a**）$C_5H_{10}O$；^{1}H NMR 谱图 A；^{13}C NMR（DEPT）：δ 13.7(CH_3)，17.4(CH_2)，29.8(CH_3)，45.7(CH_2)，208.9(C_{quat})；UV：$\lambda_{max}(\varepsilon)$=280(18)nm；（**b**）$C_5H_8O$；^{1}H NMR 谱图 B；^{13}C NMR(DEPT)：δ 18.0(CH_3)，26.6(CH_3)，133.2(CH)，142.7(CH)，197.0(C_{quat})；UV：$\lambda_{max}(\varepsilon)$=220(13200)，310(40) nm；（**c**）C_6H_{12}；^{1}H NMR 谱图 C；^{13}C NMR(DEPT)：δ 13.8(CH_3)，20.9(CH_2)，22.3(CH_3)，40.4(CH_2)，109.9(CH_2)，146.0(C_{quat})；UV：$\lambda_{max}(\varepsilon)$ = 189(8000) nm；（**d**）$C_6H_{12}O$；^{1}H NMR 谱图 D；^{13}C NMR(DEPT)：δ 22.6(CH_3)，4.7(CH)，30.3(CH_3)，52.8(CH_2)，208.6(C_{quat})；UV：$\lambda_{max}(\varepsilon)$= 282(25) nm。

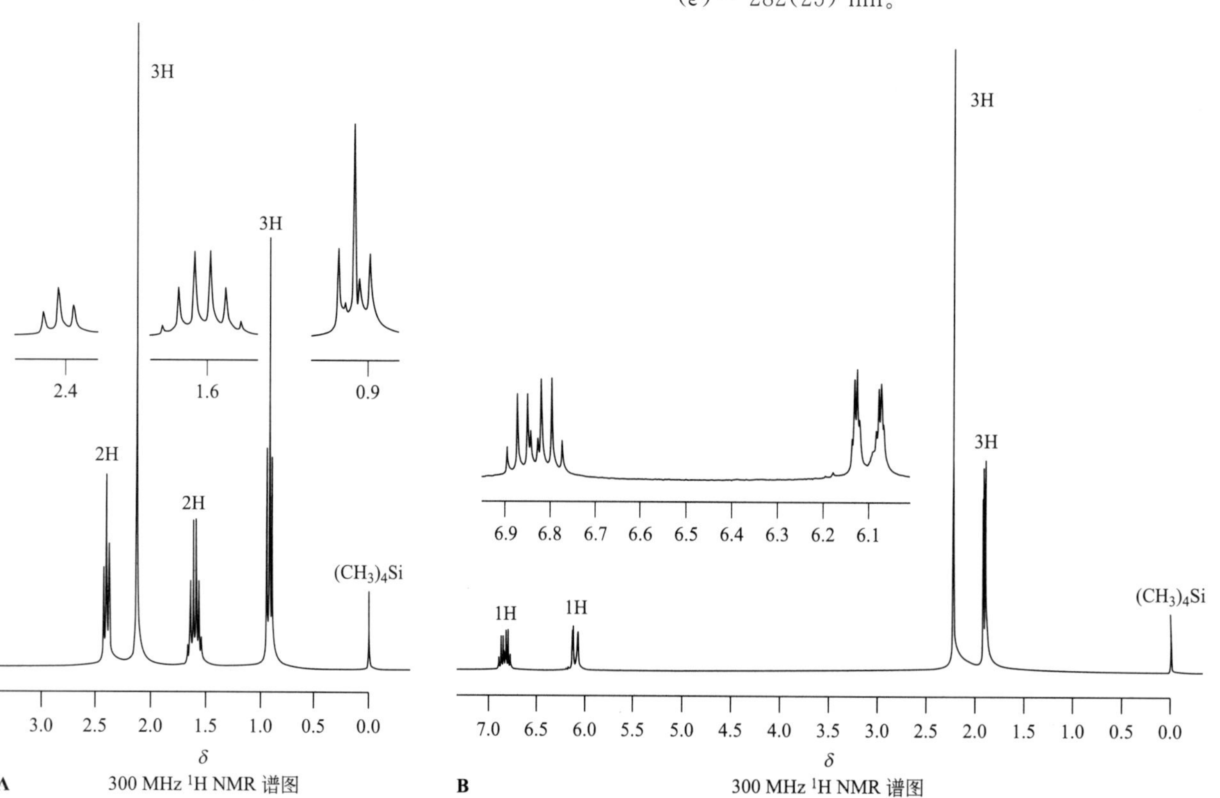

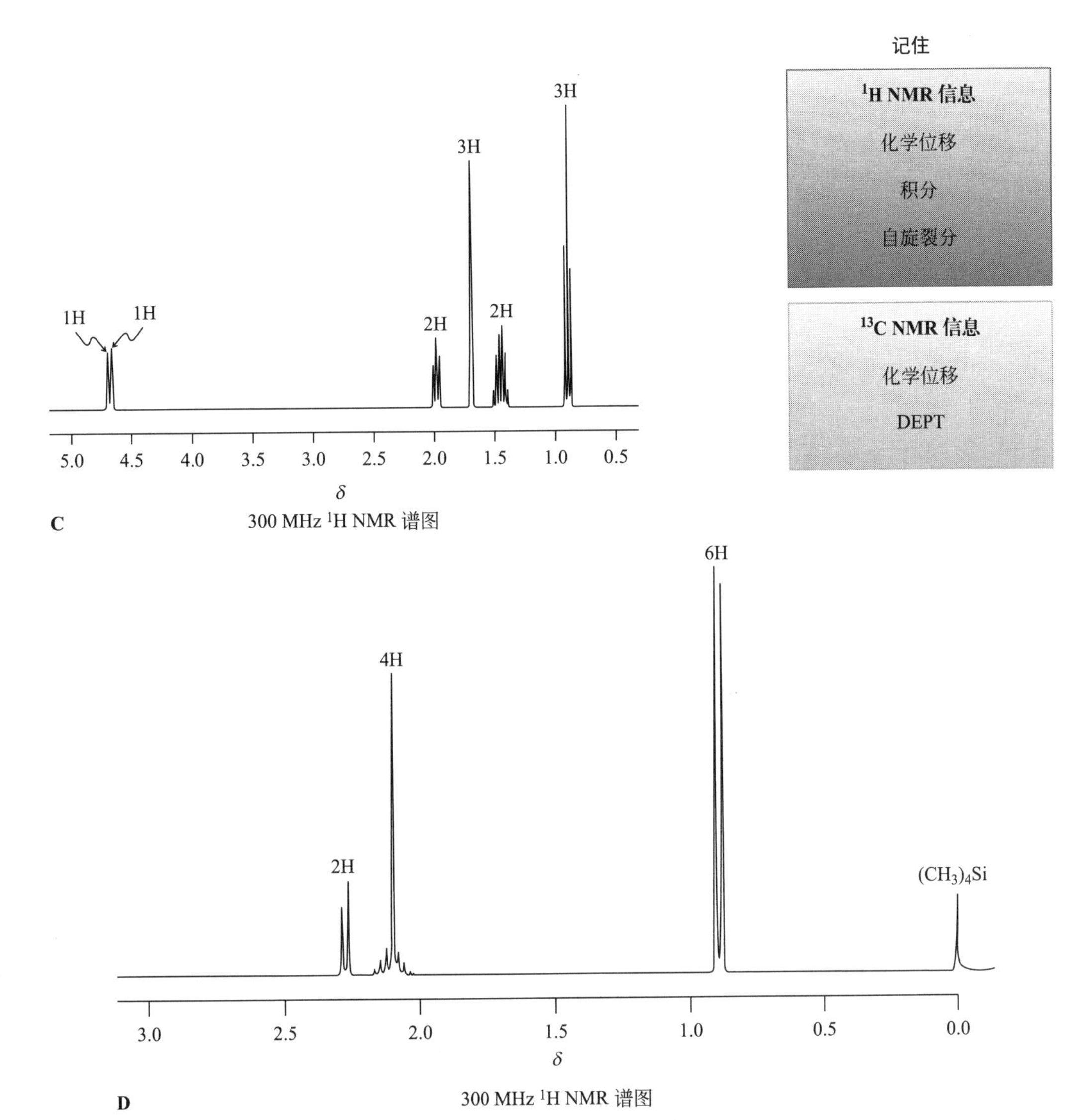

然后，指出实现下列转化反应所需的合适的反应试剂。（大写字母表示 NMR 谱图中 A～D 代表的化合物。）

(**e**) A→C；(**f**) B→D；(**g**) B→A。

62. 挑战题 在碱的存在下，环戊烷-1,3-二酮用碘甲烷处理主要生成下面三种产物的混合物。

环戊烷-1,3-二酮 $\xrightarrow{NaOH,\ CH_3I,\ CH_3CH_2OH}$ A（2-甲基-2-H-环戊烷-1,3-二酮）+ B（2,2-二甲基环戊烷-1,3-二酮）+ C（3-甲氧基环戊-2-烯酮）

(**a**) 说明形成这三种化合物的反应机理。

(**b**) 产物 C 与有机铜试剂反应会失去甲氧基生成 D。

C $\xrightarrow[2.\ H^+,\ H_2O]{1.\ (CH_3CH_2CH_2CH_2)_2CuLi,\ THF}$ D（3-$CH_2CH_2CH_2CH_3$-环戊-2-烯酮）

这是合成 β-取代烯酮的另一种途径，提出该反应的机理。［**提示：**练习 18-24 (b)。］

63. 挑战题 在一个特殊的与可的松相关的甾族化合物的合成中，包括下面的两步反应。

(**a**) 提出这两个反应的机理。注意起始原料烯酮中最初去质子化的位置，尤其是烯键上的质子，在此反应中其酸性不足以最先被碱除去。

(**b**) 设计一个反应过程，将第三个化合物结构中箭头所指的两个碳连接起来形成另一个六元环。

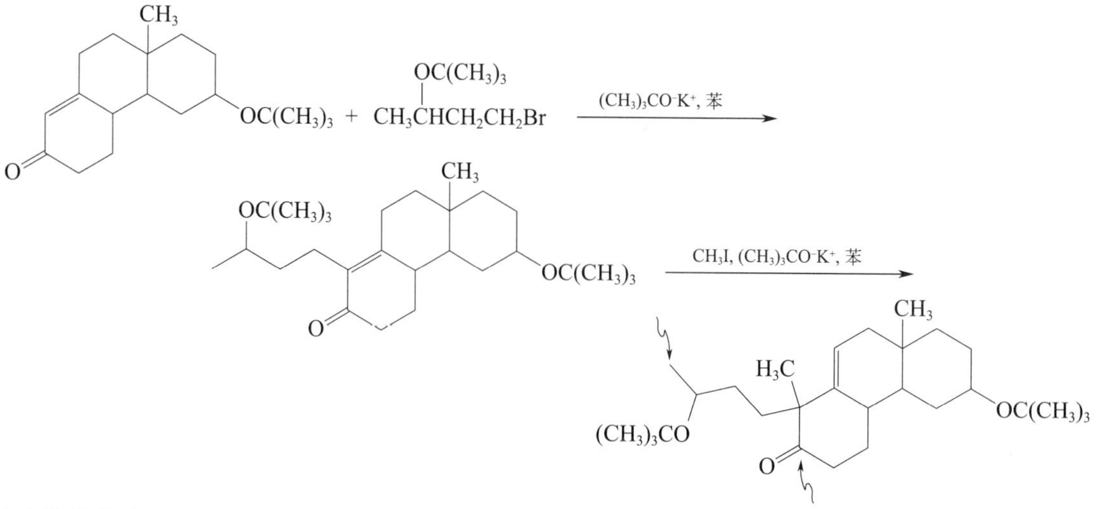

$(CH_3)_3CO^-K^+$, 苯

$CH_3I, (CH_3)_3CO^-K^+$, 苯

64. 下列甾族化合物的合成涉及本章讲述过的两个重要反应类型的改进形式。指出这两种反应类型，并写出每个反应的详细机理。

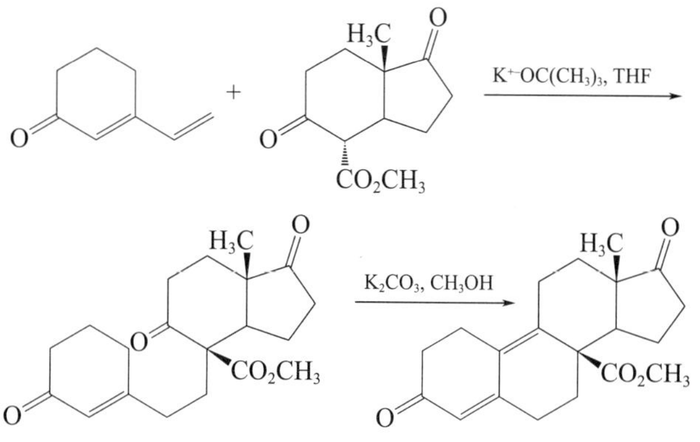

$K^+{}^-OC(CH_3)_3$, THF

K_2CO_3, CH_3OH

65. 不考虑立体化学，为下列化合物的设计合理的合成路线。

（**a**）以环己酮为起始原料合成

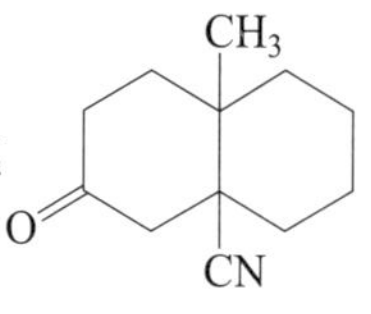

（**b**）以 2-环己烯酮为起始原料合成

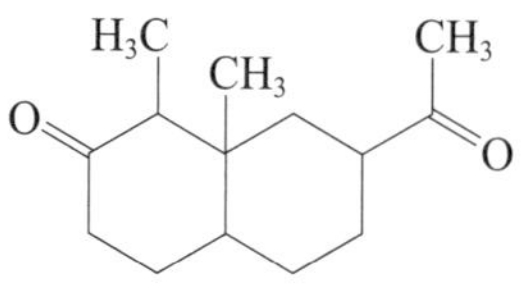

（**提示**：第一步先制备 。）

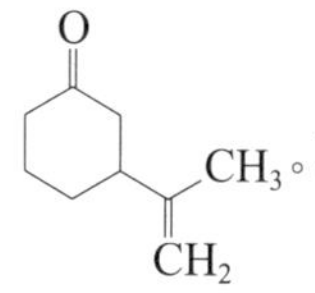

66. 写出下列反应步骤中［（a），（b），（c），（d），（e）］未列出的试剂。每个字母可能对应一个或多个反应步骤。题中反应是合成天然三萜烯类化合物日耳曼醇（Germanicol）的最初几步。步骤（a）与（b）之间使用了二醇，用于选择性保护反应性较高的羰基。［**提示**：解答（b）时可以参考习题 63。］

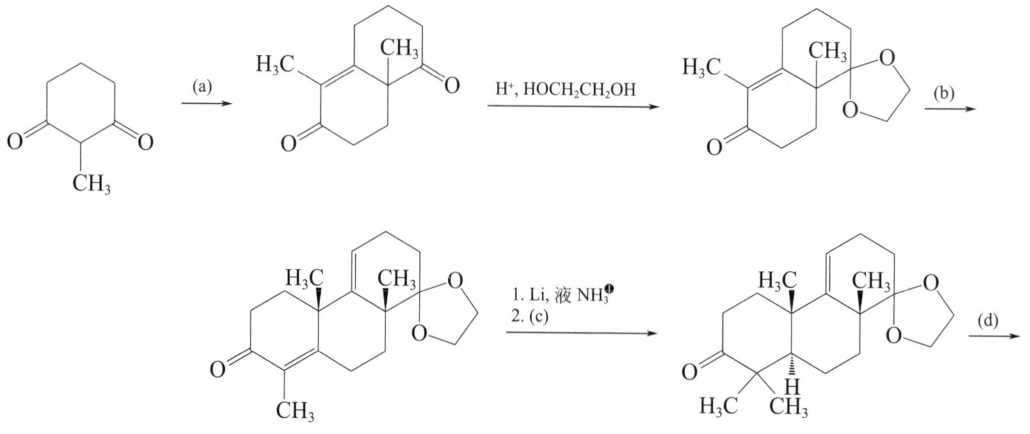

(a)

H^+, $HOCH_2CH_2OH$

(b)

1. Li, 液 $NH_3$❶
2. (c)

(d)

❶ 电子转移过程（与 13-6 节炔烃还原比较），相当于在 β-碳上加氢 H:⁻，产物是饱和酮的烯醇负离子。

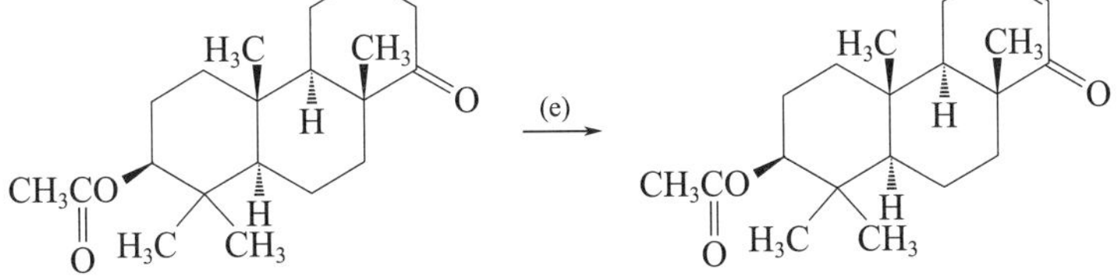

(e)

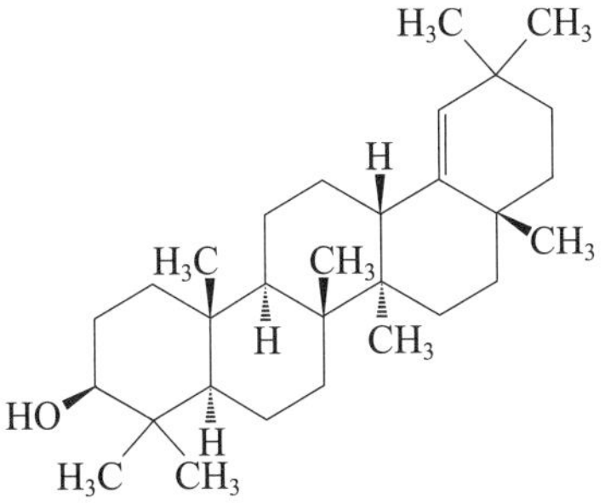

日耳曼醇

67. 古希腊和古罗马的医生，如希波克拉底和老普林尼，已经了解了石蒜科野生植物提取物（如水仙花）对疣和皮肤肿瘤的治疗效果。这些提取物含有一些目前已知的最为有效的抗癌药物，但含量很低。这些分子的复杂结构[如下图右侧中的（+）-反-二氢石蒜西定]使其合成非常具有挑战性。
2014 年，有报道通过叠氮酮参与本章涉及的某一转化实现了其核心骨架的构建。对于图中右侧这一具有良好抗癌应用前景的化合物，下图给出了关键合成步骤，提出该转化的反应机理及其属于哪种反应类型。

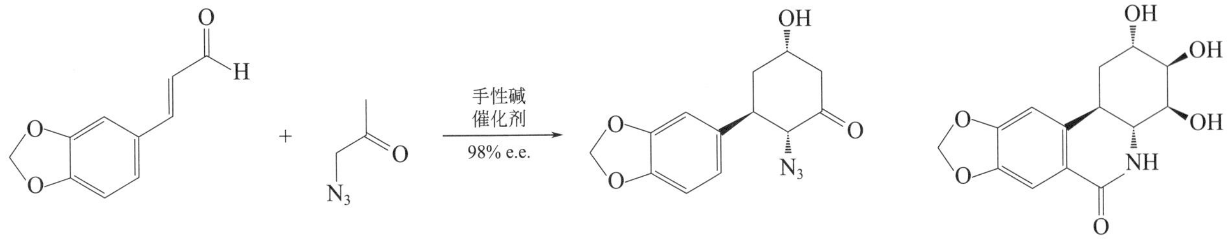

手性碱催化剂 98% e.e.

α-叠氮丙酮　　65%　　(+)-反-二氢石蒜西定

团队练习

68. 在下列两个不同的反应条件下，当 2-甲基环戊酮用位阻大的碱，即三苯甲基锂处理时，两种可能形成的烯醇负离子以不同的比例生成。解释其原因。

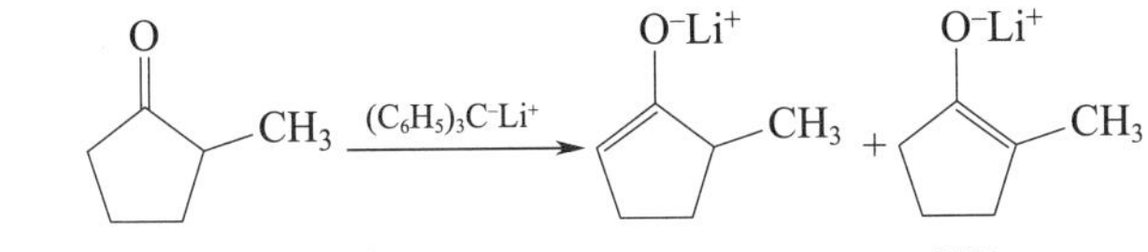

$(C_6H_5)_3C^-Li^+$

条件A：酮加入过量碱中	72%	28%
条件B：过量酮加入碱中	6%	94%

要解答此问题，必须借助动力学控制和热力学控制的原理（复习 11-6 节、14-6 节和 18-2 节）。哪种烯醇负离子能更快形成？哪种更稳定？分组讨论，一组负责条件 A，另一组考虑条件 B。用弯箭头表示形成烯醇负离子时电子的移动方向。然后，考虑反应条件是易于形成互变平衡（热力学控制）还是不易于形成平衡（动力学控制）。重新集合，一起讨论这个问题，并定性地画出两个 α-碳去质子化进程的势能图。

预科练习

69. 在催化量酸存在下，用过量的 D_2O 处理 3-甲基-1,3-二苯基-2-丁酮，化合物中的部分氢可以被氘取代。有几个氢可以被取代？（**a**）一个；（**b**）两个；（**c**）三个；（**d**）六个；（**e**）八个。

70. 下面的反应归为哪一类反应最恰当？（**a**）Wittig 反应；（**b**）氰醇的形成；（**c**）共轭加成反应；（**d**）羟醛缩合反应。

$$H_2C{=}CHCH{=}\overset{+}{N}H_2 \xrightarrow{NC^-} NCCH_2CH{=}CH\ddot{N}H_2$$

71. 在氢氧化物水溶液催化下，下图所示化合物与 $(CH_3)_3CCHO$ 反应只生成单一产物。下面哪一个是该反应的产物？

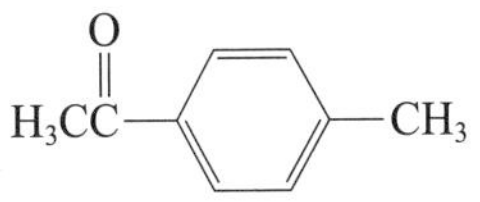

（**a**）

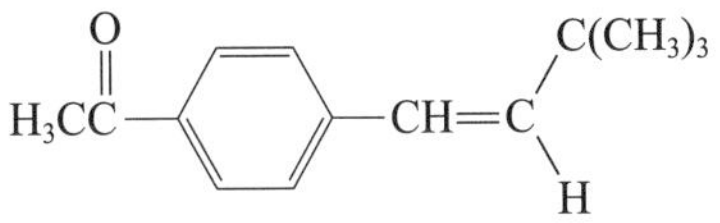

（b） $H_3C-C(OCH_3)(OCH_3)-C_6H_4-CH_3$

（c） $(CH_3)_3CCH=CH-C_6H_4-CH_3$

（d） $(CH_3)_3CCH=CH-C(=O)-C_6H_4-CH_3$

72. 2,4-戊二酮的^{1}H NMR谱图表明该二酮烯醇互变异构体的存在。该烯醇式最可能的结构是哪个？

（a） OH OH （b） O OH

（c） O OH （d） H_3C OH $C=C=C$ HO CH_3

习题解答

32.

（a） $CH_3\underline{C}(H_2)C\underline{C}(H_2)CH_3$ （b） $\underline{C}(H_3)C\underline{C}(H)(CH_3)_2$ （c） H_3C O CH_3 (H) (H)

（d） H_3C O CH_3 (H) (H) （e） (H) O CH_3 (H) CH_3 （f） (H) CHO

（g） $(CH_3)_3\underline{C}CH$（O） （h） $(CH_3)_3C\underline{C}(H_2)CH$（O）

33.

（a）（i） $CH_3CH=C(OH)CH_2CH_3$

（ii） $[CH_3\ddot{C}HC(=O)CH_2CH_3 \longleftrightarrow CH_3CH=C(\ddot{O}^-)CH_2CH_3]$

其余的烯醇负离子共振式只写出一种。

（b）（i） $H_2C=C(OH)CH(CH_3)_2$， $CH_3C(OH)=C(CH_3)_2$ （ii） $\ddot{C}H_2C(=O)CH(CH_3)_2$, $CH_3C(=O)\ddot{C}(CH_3)_2$

（c）（i） H_3C OH CH_3 （ii） H_3C O CH_3

（d）与（c）中相同。由于α-碳变为sp^2杂化，分子的立体化学性质将消失。

（e）（i） H OH CH_3 CH_3 （ii） H O CH_3 CH_3

（f）（i） OH CH （ii） O CH

（g）不能写出烯醇式和烯醇负离子共振式（没有α-氢）。

（h）（i） $(CH_3)_3CCH=CH(OH)$ （ii） $(CH_3)_3C\ddot{C}HCH(=O)$

34. (**a**) 所有的α-氢将替代成D。例如：

$CH_3CH_2\overset{O}{\overset{\|}{C}}CH_2CH_3$ 给出 $CH_3CD_2\overset{O}{\overset{\|}{C}}CD_2CH_3$

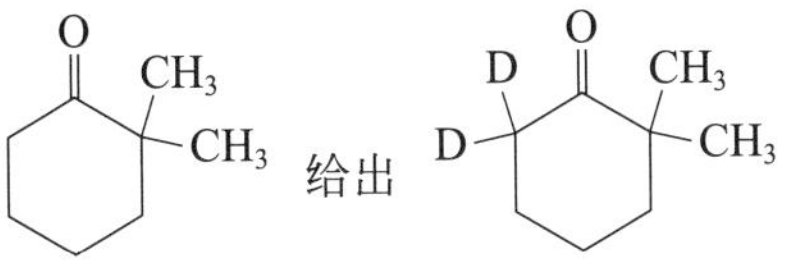

给出

$(CH_3)_3CCH_2\overset{O}{\overset{\|}{C}}H$ 给出 $(CH_3)\ \ CCD_2\overset{O}{\overset{\|}{C}}H$

（注意为什么醛基碳没有被取代，因为它不是酸性的。）

(**b**) 这是引入单一卤原子的条件。产物依次为：

1(**a**) $CH_3CHBr\overset{O}{\overset{\|}{C}}CH_2CH_3$

1(**b**) $CH_3\overset{O}{\overset{\|}{C}}CBr(CH_3)_2$ 和 $BrCH_2\overset{O}{\overset{\|}{C}}CH(CH_3)_2$ 的混合物

1(**c**)，**1**(**d**)

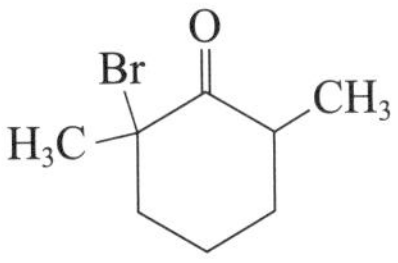

（从起始的顺式或反式酮得到立体异构体混合物）

1(**e**)　　**1**(**f**)

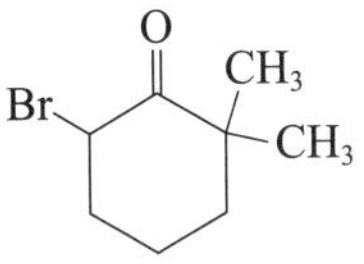

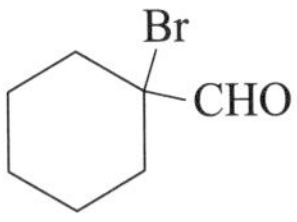

1(**g**) 不反应　　**1**(**h**) $(CH_3)_3CCHBr\overset{O}{\overset{\|}{C}}H$

(**c**) 在这些条件下所有的α-氢都会被Cl取代。

35. (**a**) 在乙酸（CH_3CO_2H）溶液中加入1 e.q. 的Br_2

(**b**) 含过量Cl_2的碱性水溶液

(**c**) 在乙酸中加入1 e.q. Cl_2

(**d**) 含过量Br_2的碱性水溶液

36. 酸性条件，只能用中性或带正电的结构式（带负电荷的氯离子离去基团是个例外：它的碱性太弱，不足以在酸性催化条件下质子化）。

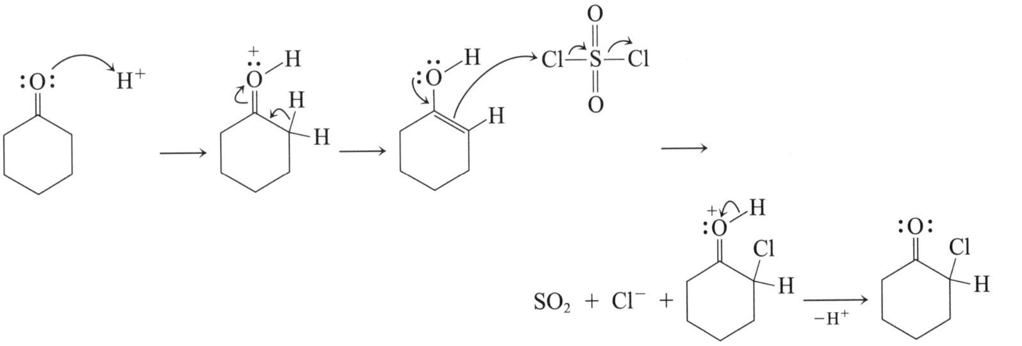

37. (**a**) 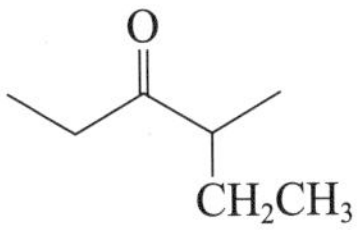　　(**b**) 3-戊酮+ $H_2C{=}CHCH_3$

（c）（结构式：$CH_3CH_2C(=O)CH(CH_3)CH_2CH(CH_3)_2$）　（d）3-戊酮+ $H_2C{=}C(CH_3)_2$

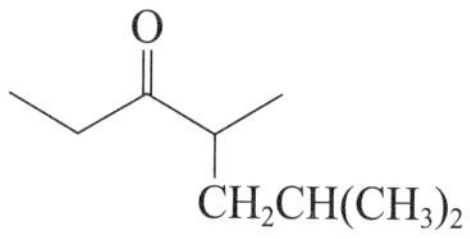

以上（b）和（d）为E2消除：烷基化反应是S_N2过程，你已知道这对二级卤代烷烃很困难，对三级卤代烷烃则不可能。

38. 二者都是醛-烯胺-烷基化过程。新形成的碳-碳键已用箭头标出。

（a）

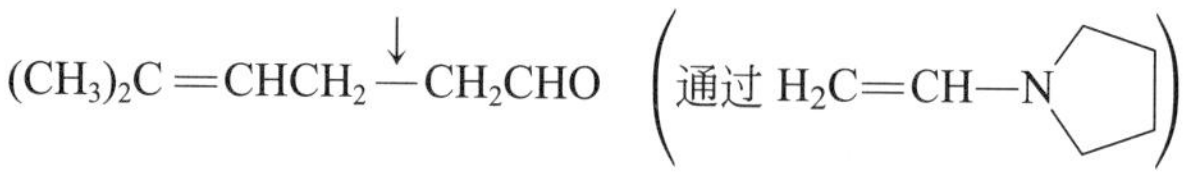

$(CH_3)_2C{=}CHCH_2{-}CH_2CHO$（通过 $H_2C{=}CH{-}N$（四氢吡咯基））

（b）

$C_6H_5CH_2{-}CH(C_6H_5)CHO$（通过 $C_6H_5CH_2{-}Br$ + $C_6H_5CH{=}CH{-}N$（四氢吡咯基）S_N2 反应）

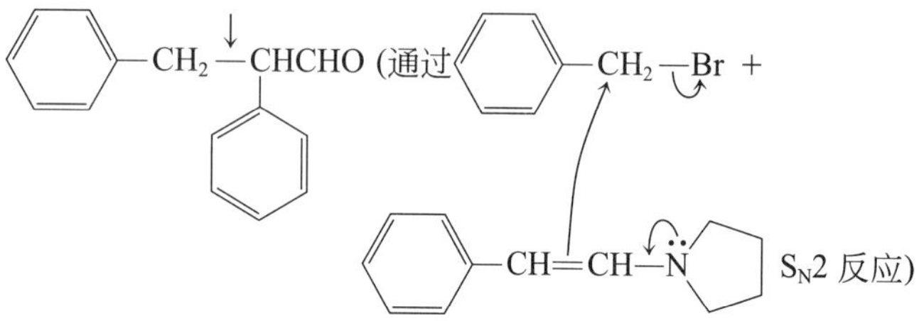

39. 以环己酮为例，在环己酮烯醇负离子与碘甲烷反应完成之前，体系中有：

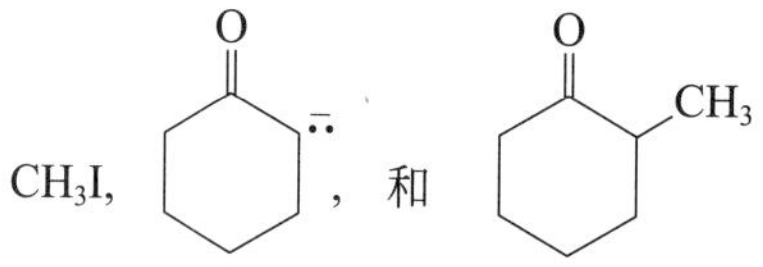

CH_3I，环己酮烯醇负离子，和 2-甲基环己酮

在此条件下，环己酮烯醇负离子与2-甲基环己酮发生酸碱反应，导致后者产生两种可能的烯醇负离子。

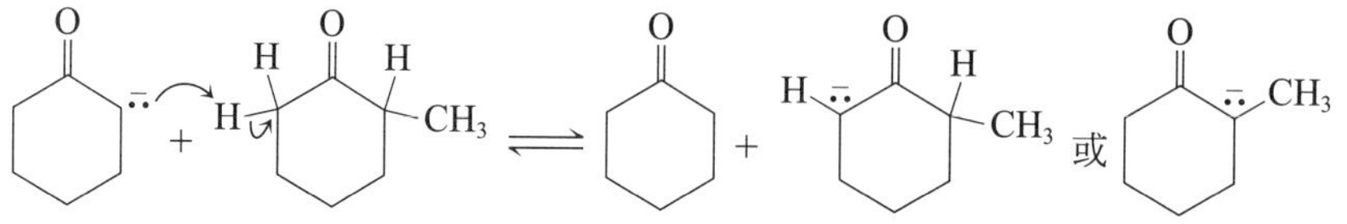

（反应式：环己酮烯醇负离子 + 2-甲基环己酮 ⇌ 环己酮 + 6-位负离子 或 2-位负离子）

新的烯醇负离子和CH_3I反应生成两种烷基化产物。

烯胺可部分解决这个问题。它们比烯醇负离子反应性更弱，选择性更强。

40. 会。烯胺（中性）的碱性比烯醇（阴离子）弱得多，而且更不容易引起E2消除反应。

41. 使用催化剂。接下来就很直接明了了：

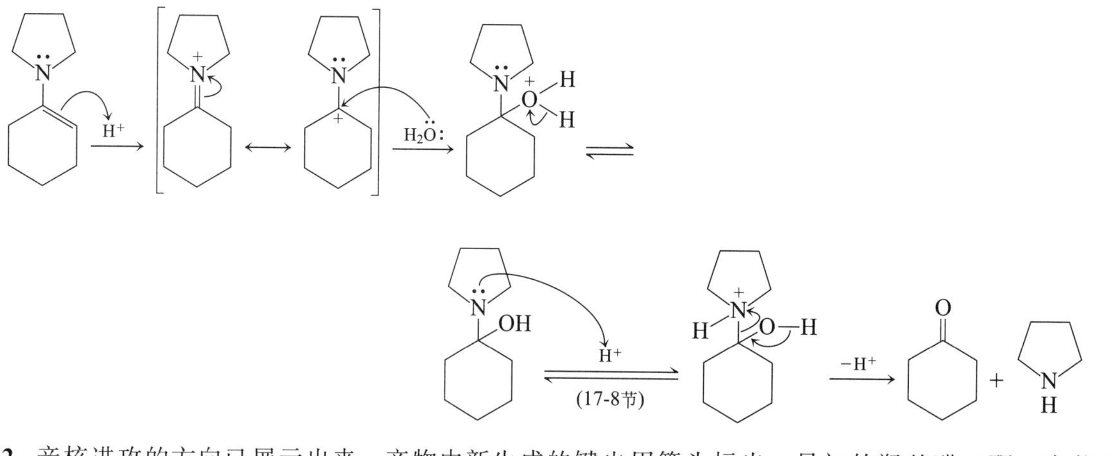

（反应式：烯胺 $\xrightarrow{H^+}$ [亚胺离子 ⟷ 碳正离子] $\xrightarrow{H_2\ddot{O}:}$ 加成物 ⇌ 羟基胺 $\underset{(17\text{-}8节)}{\overset{H^+}{\rightleftharpoons}}$ 质子化中间体 $\xrightarrow{-H^+}$ 环己酮 + 四氢吡咯）

42. 亲核进攻的方向已展示出来，产物中新生成的键也用箭头标出。最初的羟基醛（酮）产物和脱水后形成的烯醛（酮）展示如下。

（a）

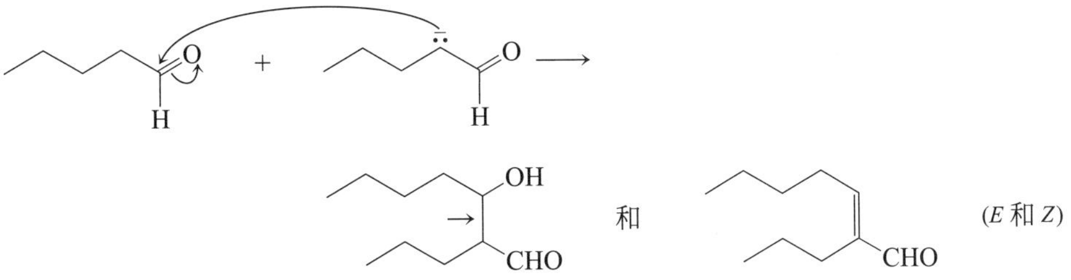

H　O　+　H　O ⟶ OH　CHO　和　CHO　(E 和 Z)

（b）

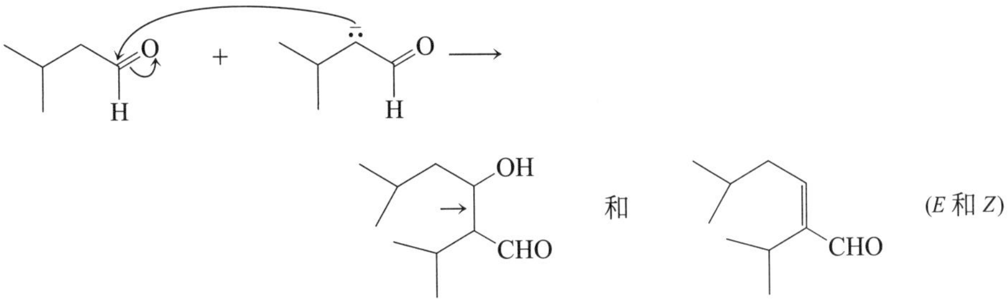

H　O　+　H　O ⟶ OH　CHO　和　CHO　(E 和 Z)

（c）

O　+　O ⟶ OH　O　和　O

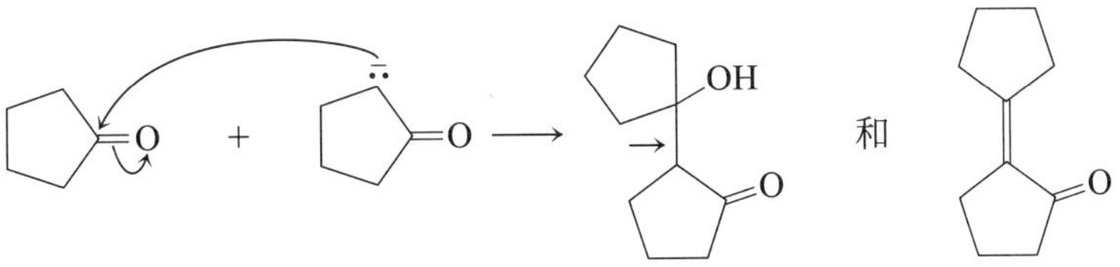

43. 亲核进攻的方向已展示出来，产物中新生成的键也用箭头标出。最初的羟基酮产物和脱水后形成的烯酮展示如下。

（a）H　O　+　$H_2\ddot{C}$　O ⟶ OH　O　和　(E 和 Z)　O

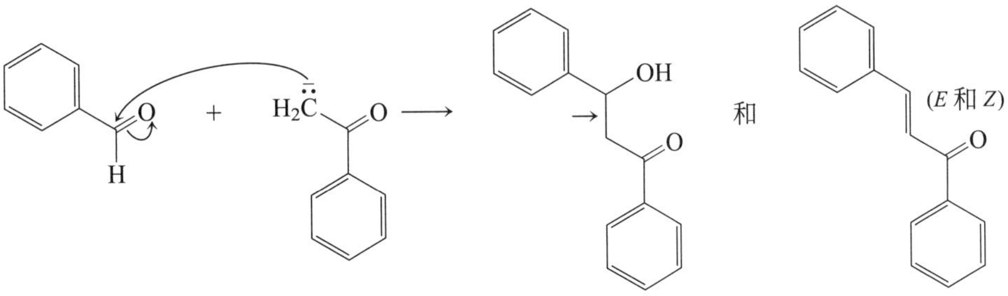

（b）H　O　+　$H_2\ddot{C}$　O　CH_3 ⟶ OH　O　和　(E 和 Z)　O

（c）H　O　+　O ⟶ OH　O　和　(E 和 Z)　O

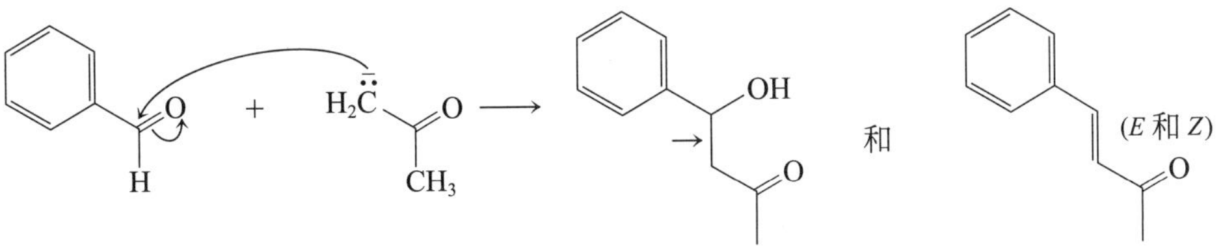

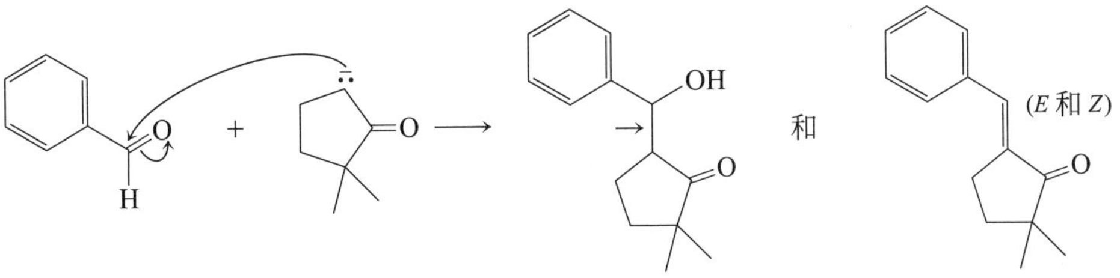

44.

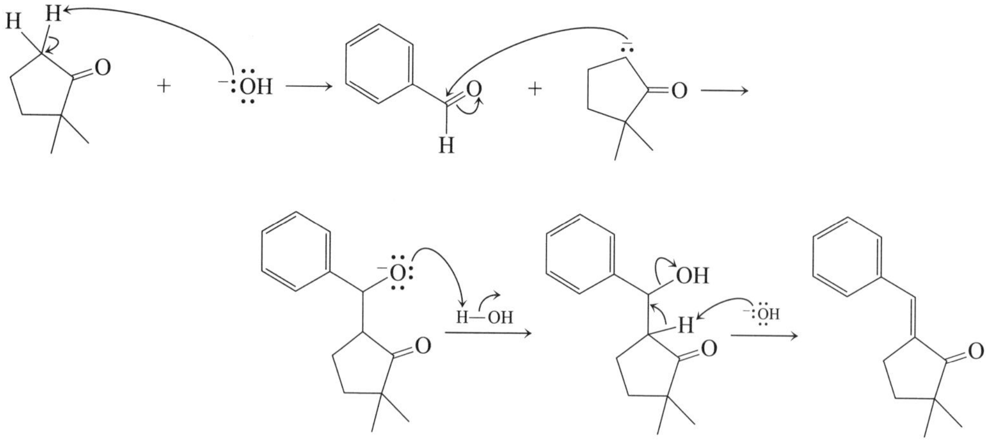

(2,2-二甲基环戊酮) + $^{-}:\ddot{O}H \longrightarrow$ C_6H_5CHO + (烯醇负离子) $\longrightarrow$

$\xrightarrow{H-OH}$ $\xrightarrow{^{-}:\ddot{O}H}$ (2-苄叉基-5,5-二甲基环戊酮)

45. 羟醛加成。亲核进攻的方向已展示出来，产物中新生成的键也用箭头标出。

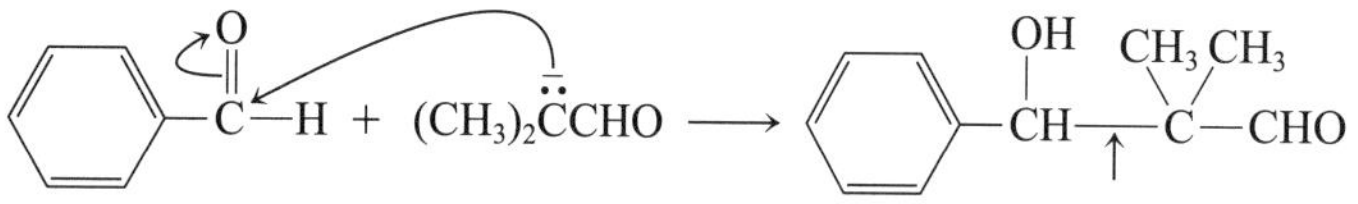

(a) 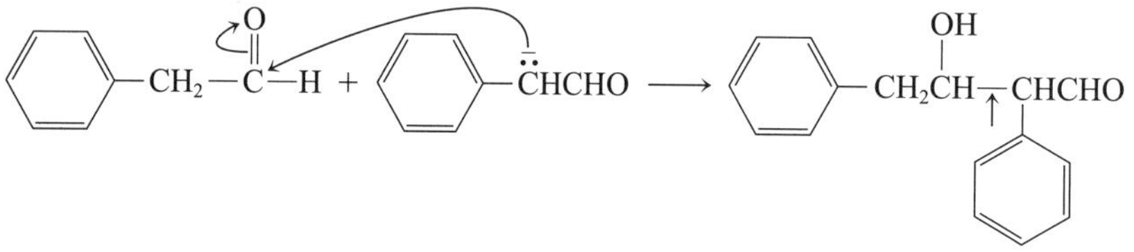 $C_6H_5-CH_2-\overset{O}{\overset{\|}{C}}-H + C_6H_5\ddot{C}HCHO \longrightarrow C_6H_5-CH_2\overset{OH}{\overset{|}{C}H}-\underset{C_6H_5}{\underset{|}{C}H}CHO$

(b) $C_6H_5-\overset{O}{\overset{\|}{C}}-H + (CH_3)_2\ddot{C}CHO \longrightarrow C_6H_5-\overset{OH}{\overset{|}{C}H}-\overset{CH_3\ CH_3}{\overset{\diagdown\diagup}{C}}-CHO$

(c) $H\overset{O}{\overset{\|}{C}}C(CH_3)_2CH_2CH_2\ddot{C}H\overset{O}{\overset{\|}{C}}CH_3 \longrightarrow$ (H_3C, H_3C, H, OH, CH_3 取代的环戊烷)

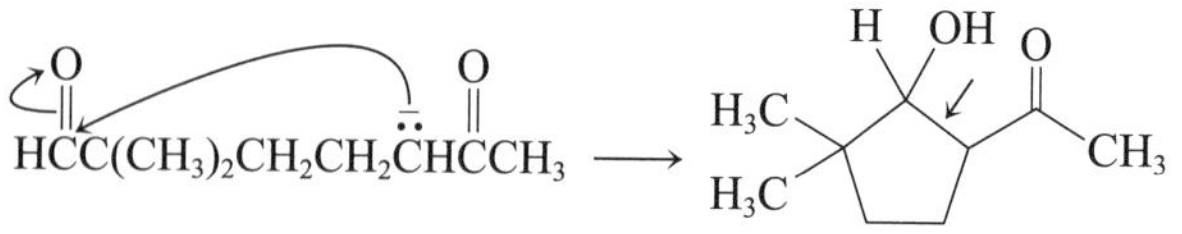

(d) 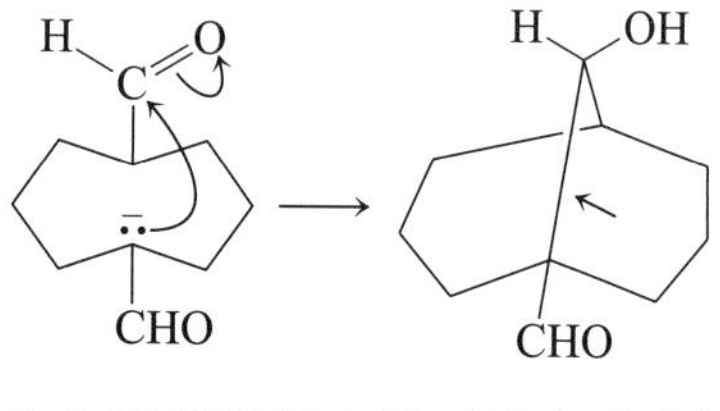 (H—C=O, CHO 取代的双环) $\longrightarrow$ (H, OH, CHO 取代的双环)

46. 这个问题实际上是对逆合成分析的练习。羟醛缩合通过连接一个羰基的 α-碳和同分子中相隔五个或六个碳原子的羰基碳形成 α,β-不饱和醛酮的碳-碳双键。按照这个方法解决问题，弯箭头显示了新碳-碳键的形成途径：

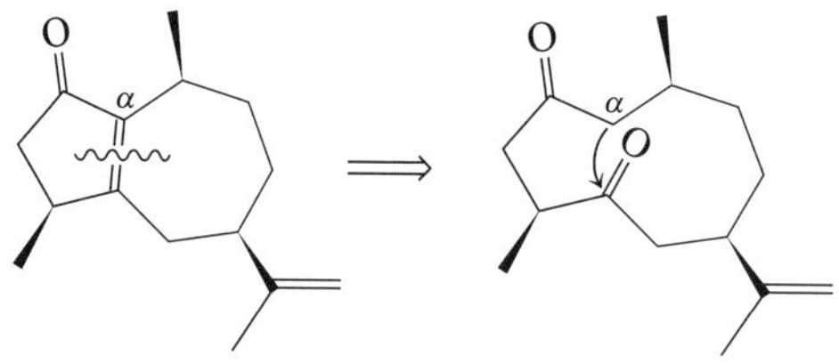

莎草薁酮 $\Longrightarrow$

47. 和 **48.**

(a) $\overset{\alpha}{C}H_3CHO + CH_3CH_2\overset{\alpha}{C}H_2CHO$

$H_3C-\overset{OH}{\overset{|}{C}H}-CH_2-CHO$　　　$CH_3CH_2CH_2-\overset{OH}{\overset{|}{C}H}-\underset{CH_2CH_3}{\underset{|}{C}H}-CHO$

$H_3C-CH(OH)-CH(CH_2CH_3)-CHO$　　$CH_3CH_2CH_2-CH(OH)-CH_2-CHO$

这些化合物中没有主产物，但第一个可能在一定程度上比其他三个有更高的产率，因为它在空间上最不拥挤。

(**b**) $(CH_3)_3\overset{\alpha}{C}CHO$（没有$\alpha$-氢） + $H_3\overset{\alpha}{C}-C(=O)-C_6H_5$

$(CH_3)_3C-CH(OH)-CH_2-C(=O)-C_6H_5$　主产物

$H_3C-C(OH)(C_6H_5)-CH_2-C(=O)-C_6H_5$　非常少（酮+酮）

(**c**) $C_6H_5-C(=O)-H$（没有α-氢） + $H_3\overset{\alpha}{C}-C(=O)-\overset{\alpha}{C}H_2CH_3$

$C_6H_5-CH(OH)-CH_2-C(=O)-CH_2CH_3$　　$C_6H_5-CH(OH)-CH(CH_3)-C(=O)-CH_3$

主产物

$CH_3CH_2-C(OH)(CH_3)-CH_2-C(=O)-CH_2CH_3$　　$CH_3CH_2-C(OH)(CH_3)-CH(CH_3)-C(=O)-CH_3$

非常少（酮+酮）

49. 酸催化下，烯醇负离子是不可行的中间体，考虑其替代物——中性烯醇，它是一种类似于烯胺的亲核试剂。

比较 $\left[>C=C(\ddot{O}H)< \longleftrightarrow >\bar{C}-C(=\overset{+}{O}H)< \right]$ 与 $\left[>C=C(\ddot{N}R_2)< \longleftrightarrow >\bar{C}-C(=\overset{+}{N}R_2)< \right]$

酸是如何发挥作用的？你已经知道（17-5 节），质子可以通过连到羰基氧上生成更好的亲电试剂，从而催化羰基加成反应。你也看到了酸可以催化羰基化合物转化为相应的烯醇（18-2 节），所以（以乙醛为例）：

$$H_3C-C(=\ddot{O}:)-H \underset{}{\overset{H^+}{\rightleftharpoons}} H_3C-C(=\overset{+}{\ddot{O}}H)-H \xrightarrow{H_2C=CH(\ddot{O}H)} H_3C-CH(\ddot{O}H)-CH_2-C(=\overset{+}{\ddot{O}}H)-H \overset{-H^+}{\rightleftharpoons} \text{产物}$$

50. (**a**) Cl_2，CH_3CO_2H，H_2O；(**b**) Br_2，NaOH，H_2O；(**c**) 1. R_2NH，H^+；2. CH_3I；(**d**) 1. R_2NH，H^+；2. $C_6H_5CH_2Br$；(**e**) 1. R_2NH，H^+；2. $H_2C=CHCH_2Br$；(**f**) NaOH，H_2O，5 ℃（羟醛缩合反应）；(**g**) NaOH，H_2O，加热（羟醛缩合反应）；(**h**) 二苯甲酮（过量），NaOH，H_2O，加热（交叉羟醛缩合反应）。

51. (**a**) 1. R_2NH，H^+；2. CH_3CH_2Br；(**b**) Cl_2，NaOH，H_2O；(**c**) CH_3CH_2CHO（过量），NaOH，H_2O，5 ℃（交叉羟醛缩合反应）；(**d**) 1. R_2NH，H^+；2. $H_2C=CHCH_2Br$；(**e**) CH_3CH_2CHO（过量），NaOH，H_2O，加热（交叉羟醛缩合反应）；(**f**) Br_2，CH_3CO_2H，H_2O。

52. (**a**) 1. $(C_6H_5)_2CuLi$，2. H^+；(**b**) 1. $(C_6H_5)_2CuLi$，2. H^+；(**c**) H_2，Pd；(**d**) 1. $(CH_3)_2CuLi$，2. CH_3I；(**e**) $LiAlH_4$；(**f**) H_2O，^-OH；(**g**) CH_3MgI；(**h**) 环己酮（过量），$NaOCH_2CH_3$，CH_2CH_3OH [环己酮烯醇负离子的共轭加成（迈克尔加成）]。

53.（a）逆合成分析

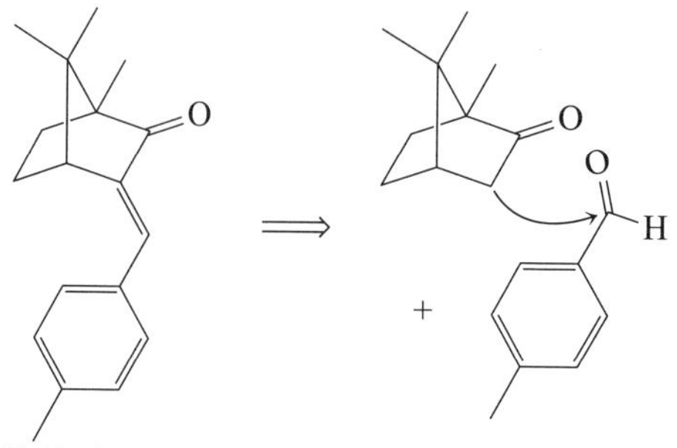

（b）两种化合物都有可吸收紫外线的共轭体系。4-MBC 的羰基官能团和一个双键共轭，双键又连在苯环上。Cadusol 的羰基官能团也是和烯烃的双键共轭。另外，β 位上羟基氧的孤对电子能够离域进入烯酮体系。

54.（a）所期望的反应是交叉（或混合）羟醛缩合反应，但至少有两种其他的羟醛反应与其竞争：两分子醛的缩合，以及醛与酮上甲基（C-1）的缩合反应。

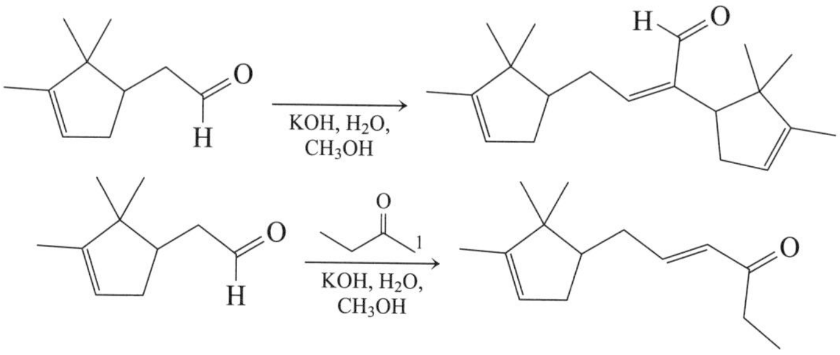

KOH, H_2O, CH_3OH

KOH, H_2O, CH_3OH

此外，这两个过程，以及提供目标产物的缩合反应，都会产生 E 型和 Z 型立体异构体的混合物。

（b）这个溶液中只能形成一个亲核烯醇碳，即酮的 C-3。上述副反应分别源于醛的 C-2 和酮的 C-1 处亲核烯醇负离子的反应。通过限制亲核行为，仅允许一个需要的碳原子向目标产物结构转化，上述两个副反应就被消除了。此外，该系列反应产物的脱水可以控制生成所需的立体异构体，因为这种异构体的双键上两个较大的取代基处于反式，使其在平衡（热力学）条件下更稳定，更可能成为脱水产物。

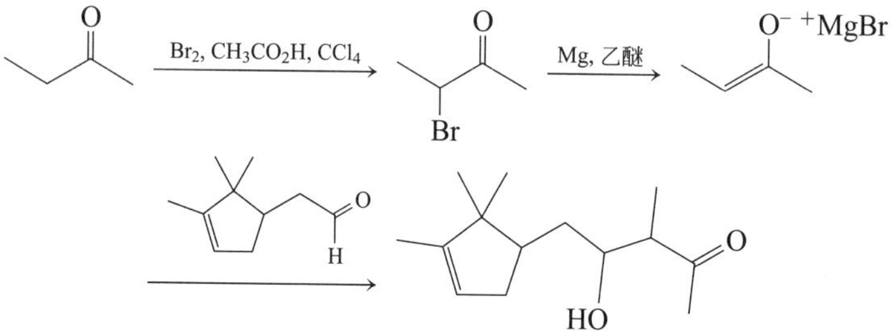

Br_2, CH_3CO_2H, CCl_4　Br　Mg, 乙醚　O^- ^+MgBr

HO

55. 对于：（a）环己酮　（b）2-环己烯醇　（c）Cl　Cl

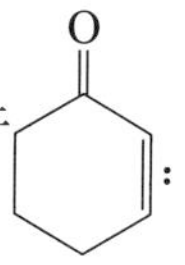

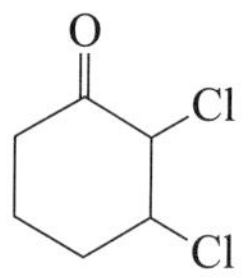

（d）CN　（e）HO CH_3　（f）$CH_2CH_2CH_2CH_3$

（g）NNHCNH$_2$　（h）$CH_2CH{=}CH_2$　$CH_2CH_2CH_2CH_3$

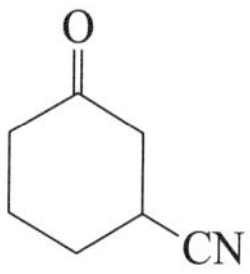

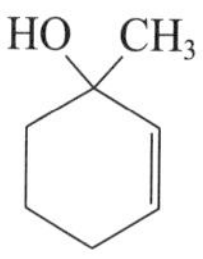

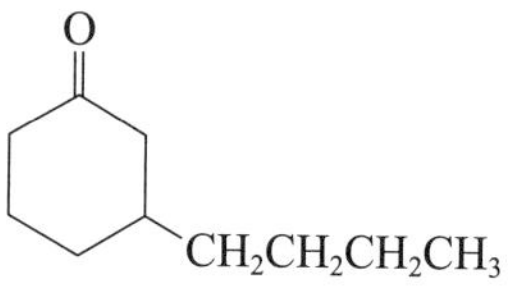

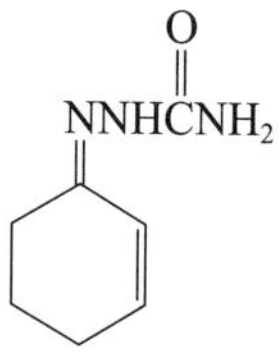

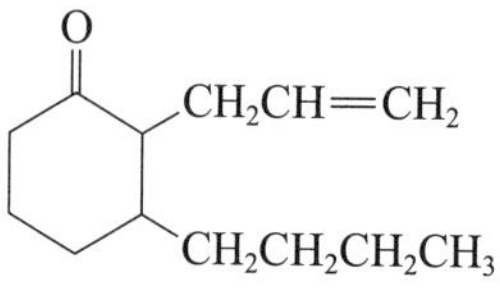

（第一步生成烯醇负离子，再烷基化）

对于 $CH_3CH{=}C(CH_2CH_2CH_3)CHO$：

（a）$CH_3CH_2CH(CHO)CH_2CH_2CH_3$　　（b）$CH_3CH{=}C(CH_2OH)CH_2CH_2CH_3$

（c）$CH_3CHClCCl(CHO)CH_2CH_2CH_3$　　（d）$CH_3CH(CN){-}CH(CHO)CH_2CH_2CH_3$

（e）$CH_3CH{=}C(CH_3CHOH)CH_2CH_2CH_3$　　（f）$CH_3CH_2CH_2CH_2CH(CH_3){-}CH(CHO)CH_2CH_2CH_3$

（g）$CH_3CH{=}C(CH{=}NNHCONH_2)CH_2CH_2CH_3$　　（h）$CH_3CH_2CH_2CH_2CH(CH_3){-}C(CHO)(CH_2CH{=}CH_2)CH_2CH_2CH_3$

对于 $H_2C{=}CHC(O)(CH_2)_4CH_3$：

（a）3-辛酮　　（b）1-辛烯-3-醇

（c）$ClCH_2CHClC(O)(CH_2)_4CH_3$　　（d）$NCCH_2CH_2C(O)(CH_2)_4CH_3$

（e）$H_2C{=}CHC(OH)(CH_3)(CH_2)_4CH_3$　　（f）$CH_3(CH_2)_5C(O)(CH_2)_4CH_3$

（g）$H_2C{=}CHC({=}NNHCONH_2)(CH_2)_4CH_3$　　（h）$CH_3(CH_2)_4CH(CH_2CH{=}CH_2)C(O)(CH_2)_4CH_3$

56.（**a**）在 α-碳上成键意味着烷基化反应：由强碱去质子化形成烯醇，然后与卤代烷烃反应。底物只有一个 α-碳，所以碱的选择不是特别挑剔。大多数化学家会使用 LDA（见练习 18-2）。

（**b**）和（a）情况类似。在这里，两个 α-碳是等价的，所以去质子化发生在哪里无关紧要。

1. LDA, THF, −78℃
2. ICH_2CH_3

你知道怎样从目标产物的结构中反推所需的烷基化试剂吗？把它从 α-碳上拆下来，再接上一个卤素。

1. LDA, THF, −78℃
2. $BrCH_2CO_2CH_3$

（**c**）α-和 β-碳上都需要构建新的化学键。我们在 18-10 节中有一个这样的模型：利用有机铜试剂对 α,β-不饱和酮进行共轭加成，再将产生的烯醇负离子烷基化。

1. $(CH_3)_2CuLi$, THF
2. $BrCH_2C_6H_5$

（**d**）现在我们想在 α-碳上构建一个分子内成键。为了在所需要的位置（取代基更多的位置）给出烯醇，我们可以在室温、有稍过量酮作为质子源的情况下使用 LDA 进行反应，以促进平衡倾向于烯醇负离子一侧。

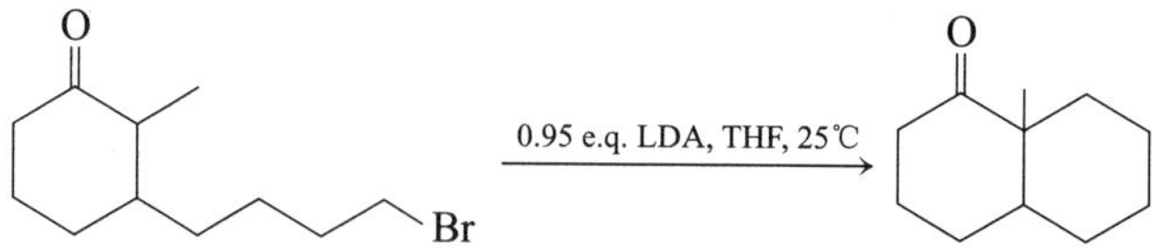

0.95 e.q. LDA, THF, 25℃

57. 迈克尔加成：烯醇负离子对 α,β-不饱和醛、酮的 1,4-加成。新键用箭头标出。

（a） $C_6H_5CCH_2-CH_2CH_2CC_6H_5$ （b） CH_3，CH_2CH，CH_3

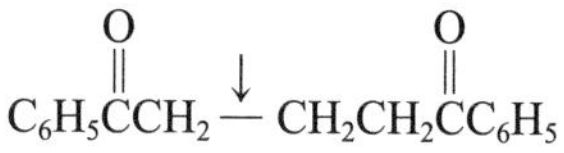

（c） $CH_2CH_2CCH_3$，$CH=CH_2$ （d） CH_3，H_3C，CH_2CCH_3，H_3C CH_3

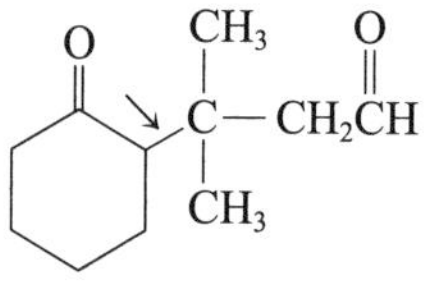

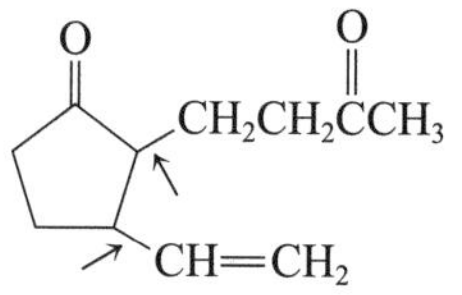

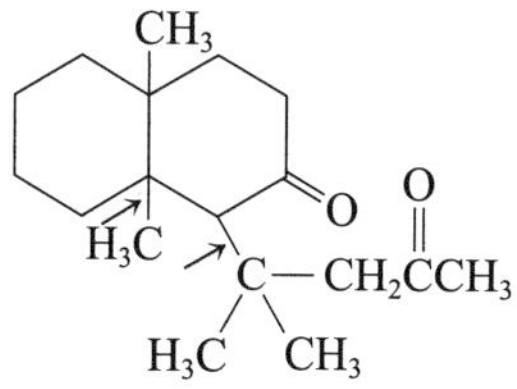

（e）分子内羟醛缩合反应，使得（c）生成 $H_2C=CH$ ，以及（d）生成 CH_3，CH_3，H_3C，H_3C

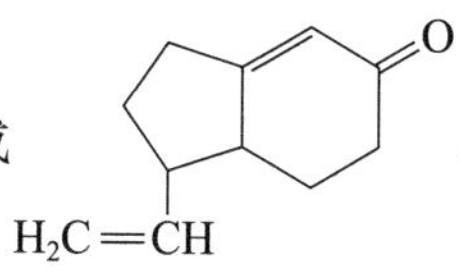

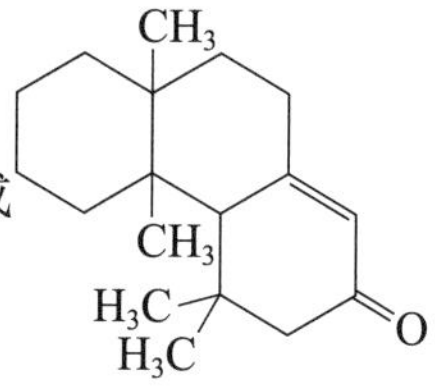

58. 罗宾森环化反应（迈克尔加成后羟醛缩合）。

（a） （b） CH_3，CH_3 （c） OH

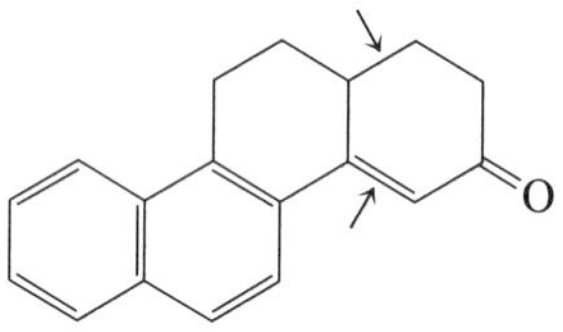

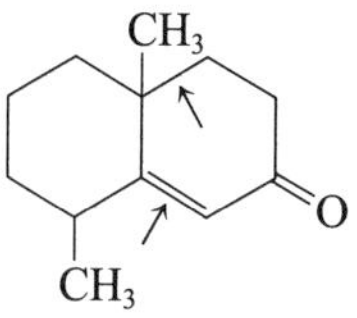

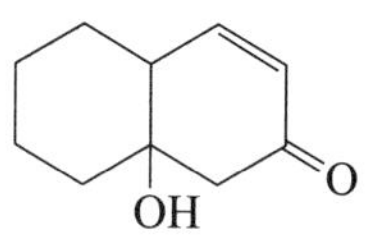

（d） $HC\equiv C-CCH_3$ → CH_3 —质子迁移→ CH_2 → 产物

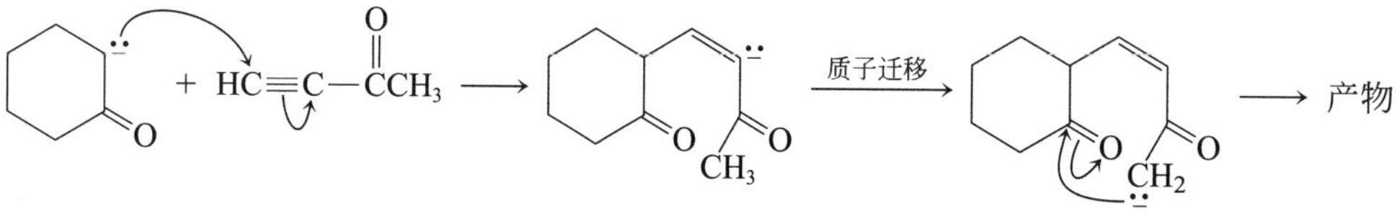

（a）和（b）中加热可促进脱水从而生成 α,β-不饱和酮。

59. 逆合成分析：

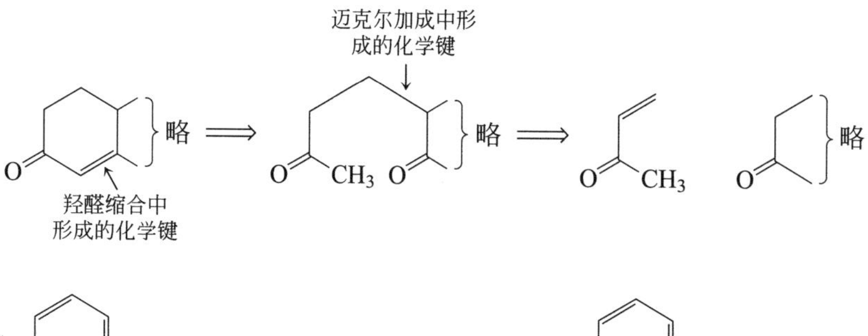

迈克尔加成中形成的化学键

略 ⟹ 略 ⟹ 略

CH_3 CH_3

羟醛缩合中形成的化学键

（a） H_3C，OCH_3 ←NaOH, H_2O— CH_3 + H_3C，OCH_3

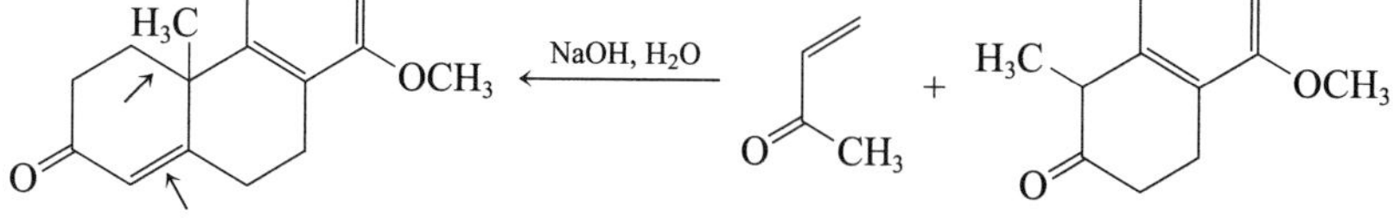

（b） O，$\overset{O}{\|}$COCH$_2$CH$_3$ ⟵(NaOCH$_2$CH$_3$, CH$_3$CH$_2$OH)⟵ O，COCH$_2$CH$_3$（$\overset{\|}{O}$） + H$_3$C，O

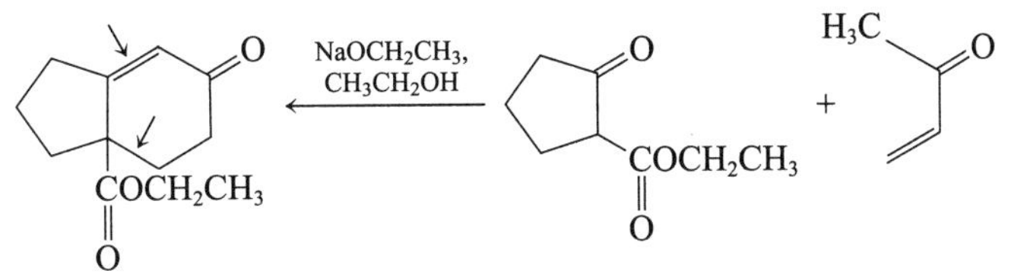

（c） CH$_3$，CHO，CH$_3$OC（$\overset{\|}{O}$），O ⟵(NaOCH$_3$, CH$_3$OH)⟵ CH$_3$OC（$\overset{\|}{O}$），O + CH$_3$，O，CHO

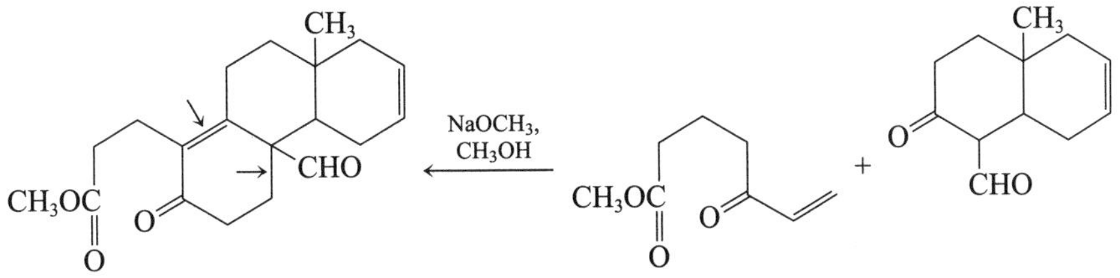

这不是什么大事，但是在（b）和（c）中用 NaOH 和 H_2O 会把酯水解成羧酸（—CO_2H）。使用 NaOR 和 ROH，其中 R 对应于酯的烷基，可以防止这种情况（见第 20 章）。

（d） O，CH$_3$，O ⟶(NaOH, H$_2$O, △)⟶ O，CH$_3$，O + H$_3$C，O

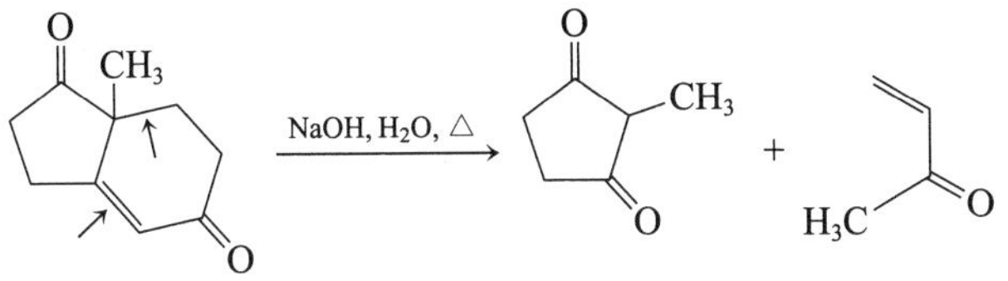

60. 不会。羰基改变了反应机理。

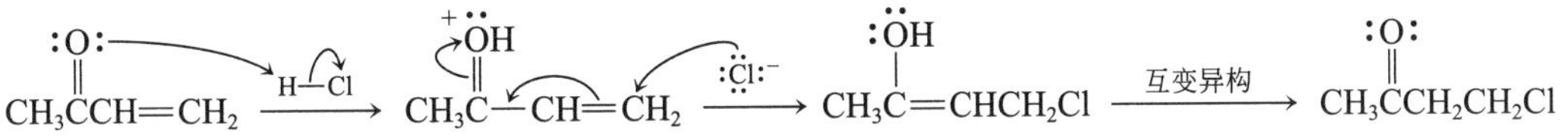

$$CH_3CCH{=}CH_2 \xrightarrow{H-Cl} CH_3\overset{+OH}{C}-CH{=}CH_2 \xrightarrow{:Cl:^-} CH_3C(OH){=}CHCH_2Cl \xrightarrow{\text{互变异构}} CH_3CCH_2CH_2Cl$$

质子化发生在氧上，而不是碳上，结果**看起来**像是反马氏的，实际上是 1,4-加成。

61. 首先计算不饱和度。^{13}C NMR 谱图的信息可以帮你更快地找到答案，但在这些问题中不是必要的。

（a）$H_{饱和}=10+2=12$。不饱和度为$\dfrac{12-10}{2}=1$，有一个 π 键或环。

UV 数据：羰基的 n → π* 跃迁吸收。

NMR 谱图：$H_3C-\overset{O}{\overset{\|}{C}}-CH_2-$ 和 $-CH_2-CH_3$

2.1（3H）　2.3（2H）　0.9(t)（3H）

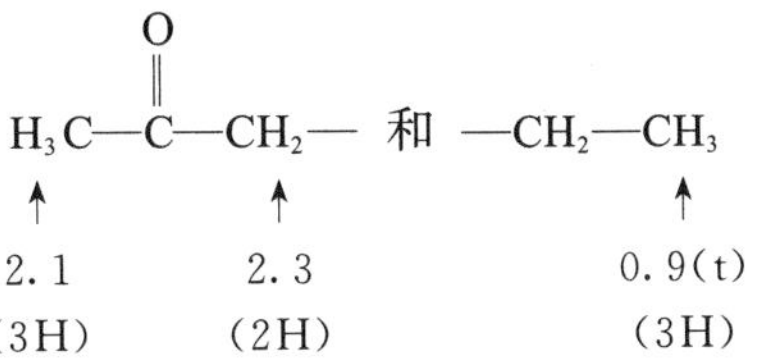

这些归属很清晰，得出答案是 2-戊酮，$CH_3COCH_2CH_2CH_3$（A）。$\delta=1.5$ 处的六重峰对应于 C-4 的 CH_2 基团。

（b）$H_{饱和}=10+2=12$。不饱和度为$\dfrac{12-8}{2}=2$，有两个 π 键或环。

UV 数据：220 nm 处为 α,β-不饱和羰基的 π → π* 跃迁吸收。

NMR 谱图：$H_3C-\overset{O}{\overset{\|}{C}}-$，很明确。

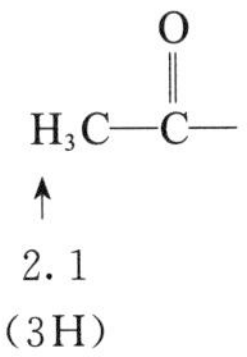

2.1（3H）

还有两个烯烃氢（$\delta=5.8\sim6.9$）以及三个化学位移 $\delta=1.9$ 的氢（H_3C-）。因为紫外光谱说明体系共轭，这里有三种可能：

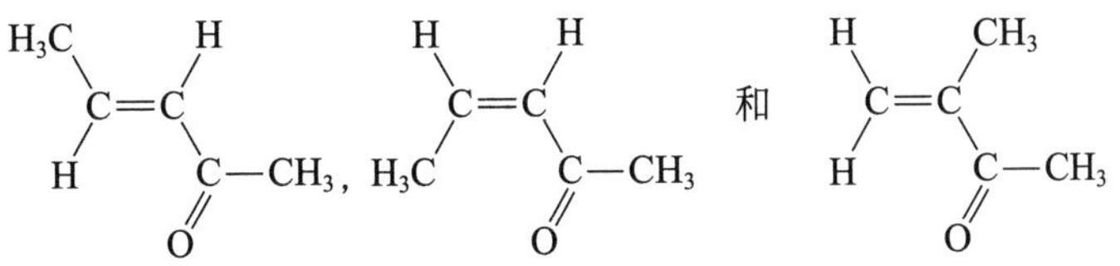

$H_3C(H)C{=}C(H)C(O)CH_3$，$(H)(H_3C)C{=}C(H)C(O)CH_3$ 和 $(H)(H)C{=}C(CH_3)C(O)CH_3$

最后一个可以排除，因为 $\delta=1.9$ 处的峰有明显裂分，表明存在 $\overset{H_3C}{\underset{H}{}}\!\!>\!C=$ 片段。在碳-碳双键区域，$\delta=6.0$ 处的峰有大的裂分（约 15Hz）说明存在反式双键的 H，所以以上三种中第一种最有可能是 B。注意在 $\delta=6.7$ 处四重峰的双重裂分，与一个烯烃 H 被另一个烯烃 H 和一个甲基裂分的情况一致。

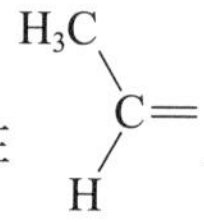

（c）$H_{饱和}=12+2=14$。不饱和度为 $\frac{14-12}{2}=1$，有一个 π 键或环。

UV 数据：简单烯烃的 $\pi\rightarrow\pi^*$ 跃迁吸收。

NMR 谱图：存在 $\underset{\uparrow\ 0.8\ (t,\ 3\ H)}{H_3C}-CH_2-$，同时通过化学位移和峰的裂分可看出

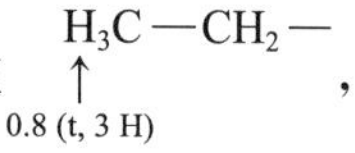

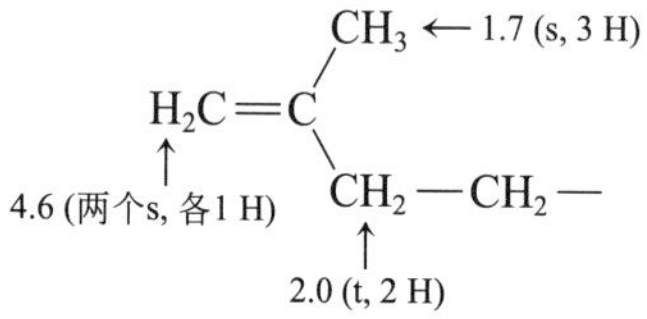

$$\underset{\uparrow\ 4.6\ (两个s,\ 各1\ H)}{H_2C}=C(\underset{\leftarrow\ 1.7\ (s,\ 3\ H)}{CH_3})\underset{\uparrow\ 2.0\ (t,\ 2\ H)}{CH_2}-CH_2-$$

这两部分加起来是 C_7H_{14}，所以重复了一个 CH_2 基团。修正后，C 的答案就是

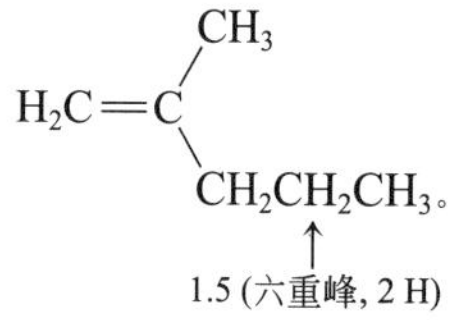

$$H_2C=C(CH_3)CH_2\underset{\uparrow\ 1.5\ (六重峰,\ 2\ H)}{CH_2}CH_3。$$

（d）也是一个不饱和度。

UV 数据：非共轭酮的 $n\rightarrow\pi^*$ 跃迁吸收。

NMR 谱图：$(\underset{\leftarrow\ 0.9\ (d,\ 6\ H)}{CH_3})_2CH-$ 和 $\underset{\uparrow\ 2.1\ (s,\ 3\ H)}{H_3C}-\overset{O}{\overset{\|}{C}}-$，综合得到 $C_5H_{10}O$。

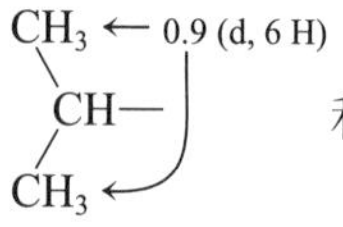

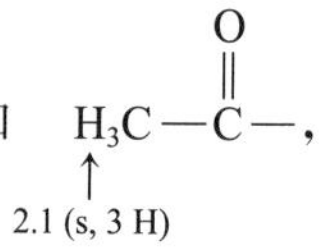

分子式中还剩下 CH_2，在 $\delta=2.3$ 处出现双重峰；将其插入到上面两个片段之间即可得到答案。

D 为 $(CH_3)_2CH-CH_2-\overset{O}{\overset{\|}{C}}-CH_3$ 。

CH 基团的信号（9 重峰）出现在 CH_3 单峰 $\delta=2.1$ 处的底部。

（e）$A+H_2C=P(C_6H_5)_3\xrightarrow{THF}C$

（f）$B+(CH_3)_2CuLi\xrightarrow{THF}D$

（g）$B+H_2$，$Pd\text{-}C\xrightarrow{CH_3CH_2OH}A$（乙醇不是反应的参与者，它只是催化加氢的一种常见溶剂）

62.（a）

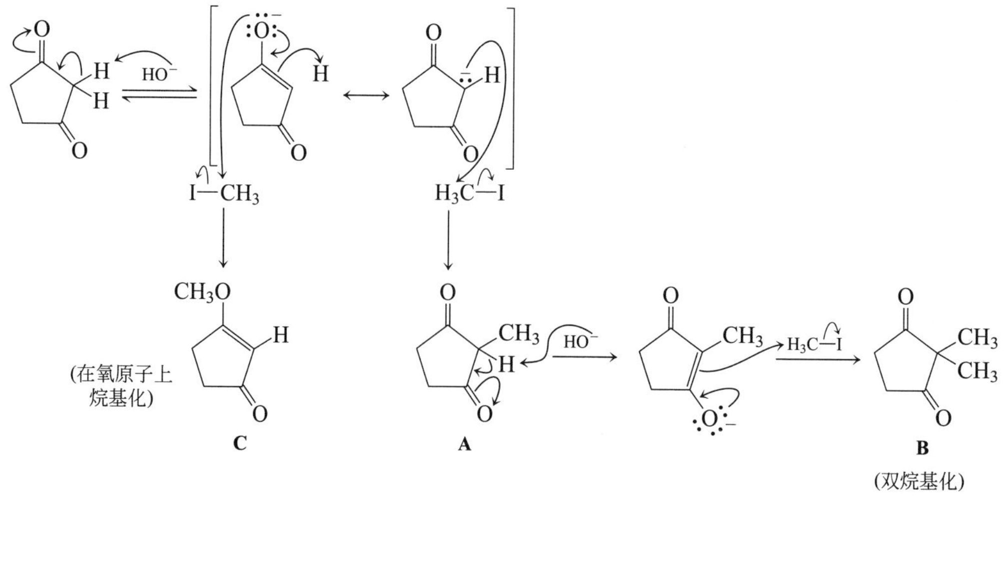

HO⁻ ⇌ [烯醇负离子 ⟷ 碳负离子]
$I-CH_3$　H_3C-I
CH_3O　H
(在氧原子上烷基化)
C
CH_3　H　HO⁻　CH_3　H_3C-I　CH_3　CH_3
A
B
(双烷基化)

（b）

$(CH_3CH_2CH_2CH_2)_2CuLi$　　$-CH_3O^-$

与烯醇负离子相邻的离去基团的存在使反应转为消除。

63.（a）将烯丙基去质子，得到共轭的类烯醇负离子（见 18-11 节）：

像其他烯丙基化合物一样，这种延伸的共轭烯醇负离子可以在不止一个碳上与亲电试剂反应

第二个反应的产物　　第一个反应的产物

（b）H^+ 和 H_2O，再用 Cr^{6+} 氧化得到：

然后羟醛加成就可能发生：

64. 分析每一步反应形成的化学键。你能分辨出其中的亲核碳和亲电碳吗？关键所在：如果你能确定形成新键的其中一个原子是亲核的（下方的 a），那么另一个**一定**是亲电的（b）。于是：

肯定是亲电的　　明显是亲核的

因此，这是对不饱和酮的亲核加成，只是这里的酮是双不饱和的（α，β，γ，δ），反应过程是1,6-加成。所得烯醇负离子在δ-碳上质子化，得到产物为α,β-不饱和酮。在第二个反应中，用碱消去一个烯丙基质子得到扩展的烯醇负离子。

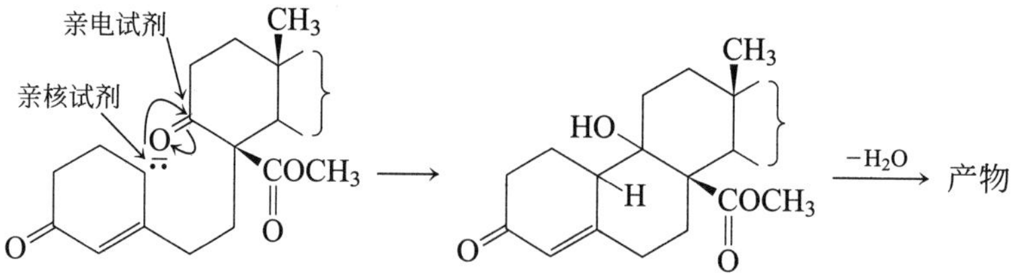

亲电试剂 亲核试剂 CH_3 $COCH_3$ HO H $-H_2O$ 产物

这也是羟醛缩合的一种形式，其中亲核试剂是α,β-不饱和酮在γ-碳上的扩展烯醇负离子，而不是饱和酮中α-碳上的简单烯醇负离子。

65. 以逆合成分析的方式思考，进行逆推。

（**a**）

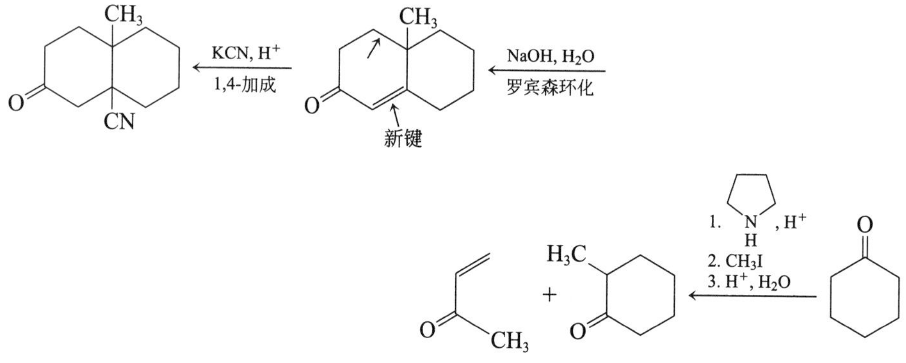

CH_3 CN KCN, H^+ 1,4-加成 新键 NaOH, H_2O 罗宾森环化

1. 吡咯烷(N-H), H^+ 2. CH_3I 3. H^+, H_2O

H_3C CH_3

（**b**）利用提示。在目标产物中寻找[3-(异丙烯基)环己酮]中的碳原子。

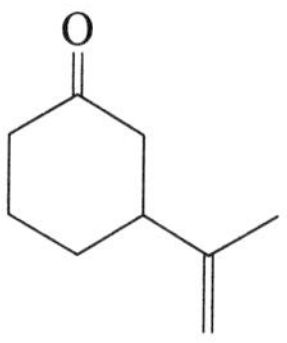

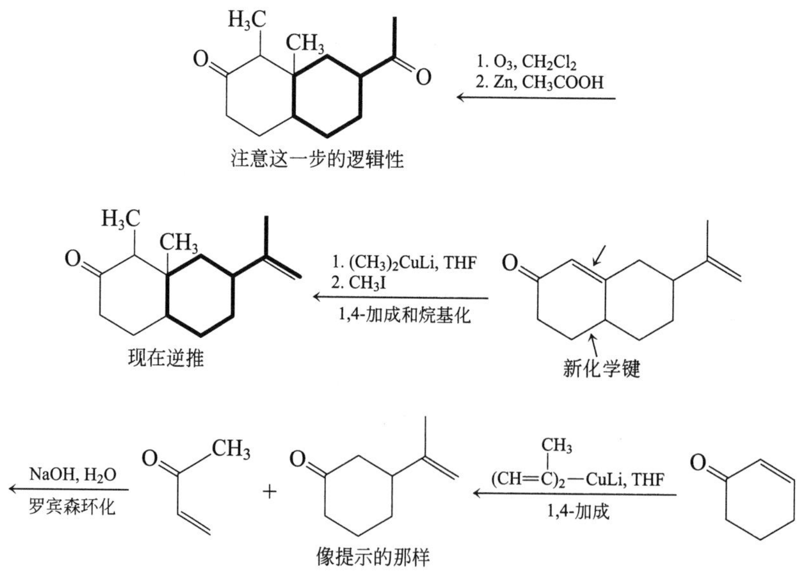

H_3C CH_3 1. O_3, CH_2Cl_2 2. Zn, CH_3COOH

注意这一步的逻辑性

H_3C CH_3 1. $(CH_3)_2CuLi$, THF 2. CH_3I 1,4-加成和烷基化

现在逆推 新化学键

NaOH, H_2O 罗宾森环化 CH_3 $(CH\!=\!C(CH_3))_2-CuLi$, THF 1,4-加成

像提示的那样

66.（**a**）$CH_3CH_2C(=O)CH\!=\!CH_2$，NaOH，H_2O（罗宾森环化）

（**b**）与（a）的反应试剂一样，但这里亲核试剂是扩展烯醇负离子中的α-碳，由α,β-不饱和酮在烯丙基位去质子形成。

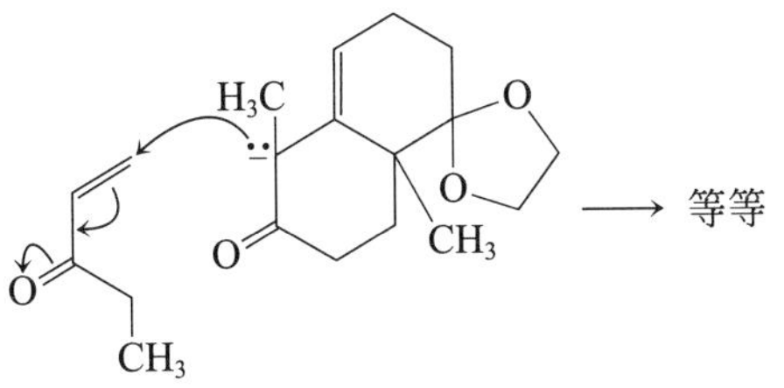

→ 等等

(c) CH_3I

(d) 1. H_2，Pd（还原碳-碳双键）；2. $NaBH_4$（还原碳-氧双键）；3. H^+，H_2O（水解缩醛）；4. $CH_3\overset{O}{\overset{\|}{C}}Cl$（用所得醇制备酯）

(e) 1. Cl_2，CH_3COOH（对酮进行 α-氯代），2. K_2CO_3，H_2O（消除 HCl，制备 α,β-不饱和酮）

67. 首先将两种起始化合物的结构“映射”到产物的骨架上。用这种方法，你就可以找出每个原子最终去往何方。新的六元环是通过（1）将叠氮酮中连有叠氮的 α-碳与烯醛的 β-碳连接（迈克尔加成）和（2）将叠氮酮的另一个 α-碳与烯醛的羰基碳连接（羟醛缩合反应）制备得到的：

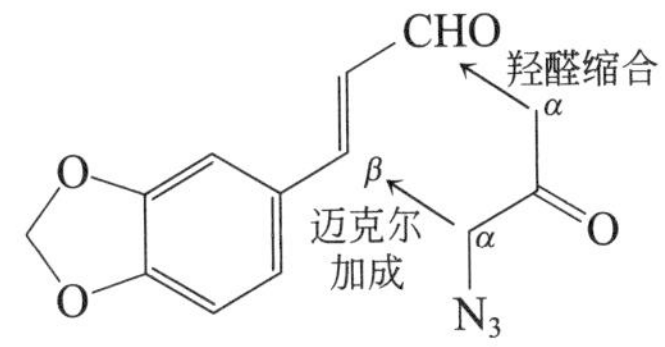

你已经练习这两种机理很多次了，所以希望现在你可以自己把它们写出来，至少在氢氧根这样简单碱的条件下。在实际的例子中，使用一种特殊的光学纯手性碱可以生成产物的一种几乎光学纯的立体异构体。总的来说，这两个过程只是罗宾森环化的一个新例子。

68. 在动力学上，体积较大的碱将倾向于在位阻较小的无取代基的左侧使酮的 α-碳去质子。然而，在热力学上，更稳定的烯醇负离子是右边的那个，其含有一个四取代的双键（见 11-7 节）。在条件 B 下，过量的酮能可逆地质子化烯醇负离子，这为烯醇式的平衡提供了一种机理。在条件 A 下，总是存在过量的碱，因此体系中没有足够浓度的中性酮来推动烯醇平衡。势能图中应该有一个较低的活化能垒，导向较不稳定、能量较高的“动力学”烯醇产物（问题中左边的产物）。

69. (b)　　**70.** (c)　　**71.** (d)　　**72.** (c) 是共轭的

19

羧酸

羧酸及其衍生物含有的羰基是其反应性的主要来源，因此与醛酮有许多共同之处。但是，两个主要特征使羧酸不同于醛和酮：一是由于邻位羰基官能团的存在，羟基质子的酸性大大增强了；二是羟基在合适的条件下能够作为离去基团。当学习羧基的亲核加成时，你将会发现这些性质十分重要。

本章概要

19-1　羧酸的命名

19-2，19-3　羧酸的物理性质

含有很强氢键的分子；光谱特征。

19-4　羧酸的酸性和碱性

对共振和诱导效应的分析。

19-5，19-6　羧酸的制备

回顾一些你已见过的反应。

19-7　羧基碳上的取代反应：加成-消除机理

一种新的常见反应机理。

19-8　酰卤和酸酐

19-9　酯

19-10　酰胺

羧酸转化为它们最重要的衍生物。

19-11　羧酸盐上的亲核加成

羧酸与氢化物的反应。

19-12　*α*-溴化反应

一种在合成中具有特殊价值的反应。

19-13　自然界中的羧酸

本章重点

19-1至19-3 羧酸的命名和物理性质

羧酸的一个特征是易于形成氢键二聚体，这使得羧酸具有比其他化合物高得多的熔点和沸点（见教材表19-2）。也要注意核磁共振谱图中COOH中的氢处于低场，它受到很强的去屏蔽效应。

19-4 羧酸的酸性和碱性

回想一下酸碱性的强度是由共轭酸碱对的结构对电荷的稳定能力决定的。在估计带电物种的稳定性时，有三点需要考虑：(1) 带电原子的电负性，(2) 带电原子的大小，(3) 诱导效应和共振对电荷的稳定作用。对于羧酸，教材给出了两组对比。

羧酸与醇

$$\mathrm{RC(=\ddot{O}:)\ddot{O}H} \rightleftharpoons \mathrm{H^+} + \left[\mathrm{RC(=\ddot{O}:)\ddot{O}:^-} \longleftrightarrow \mathrm{RC(-\ddot{O}:^-)=\ddot{O}:}\right]$$

$$\mathrm{R\ddot{O}H} \rightleftharpoons \mathrm{H^+} + \mathrm{R\ddot{O}:^-}$$

电中性 **带负电**

两种带负电的共轭碱具有相同的带电原子（O），但羧酸离子受到诱导效应和共振的稳定作用。因为羧酸的共轭碱更稳定，所以羧酸是比醇更强的酸。

羧酸与醛或酮

$$\mathrm{RC(=\ddot{O}:)OH} \rightleftharpoons \mathrm{H^+} + \left[\mathrm{RC(=\ddot{O}:)\ddot{O}:^-} \longleftrightarrow \mathrm{RC(-\ddot{O}:^-)=\ddot{O}:}\right]$$

$$\mathrm{RC(=\ddot{O}:)CH_3} \rightleftharpoons \mathrm{H^+} + \left[\mathrm{RC(=\ddot{O}:)\ddot{C}H_2^-} \longleftrightarrow \mathrm{RC(-\ddot{O}:^-)=CH_2}\right]$$

电中性 **带负电**

两种带负电的共轭碱都被带正电的羰基碳诱导稳定。二者也都通过共振得到稳定，只是羧酸离子的负电荷分布在两个电负性较大的氧原子上，而烯醇负离子将负电荷分布在碳原子和氧原子上。羧酸离子更稳定，所以羧酸的酸性更强。

类似的分析也可应用于碱性强度上。具体示例和解释见章末习题第30和49题。

19-6 羧酸的合成

尽管羧酸的合成是简单的官能团转化（主要是氧化），但也有相当多的反应涉及碳-碳键的断裂和形成。你可能需要对此做一个快速的回顾，然后将这些合成方法分门归类。

19-7 羧基碳上的取代反应：加成-消除机理

本节开始讨论的机理是羧酸化学和羧酸衍生物化学的中心。你需要**非常**仔细地阅读这些内容，将其中的某些环节抄写一下，让自己有机会练习写下这些机理。这里有两点需要记住。

1. 羧酸及其衍生物的羰基上连有**潜在的离去基团**。亲核试剂加成后，离去基团可能会离去，最终结果是发生净取代反应。这是两步的加成-消除机理。它与 S_N1 和 S_N2 反应都**不一样**，在机理上，S_N1 和 S_N2 反应**不适用于 sp^2 杂化的碳**。

2. 对于羧酸，最容易在酸催化下与弱碱性亲核试剂发生这种新的取代反应。强碱使酸去质子化的速度比亲核加成更快。因此，如果亲核试剂是强碱，去质子化在本质上是不可逆的，那么亲核加成就会非常**困难**，只有使用异常强的试剂才能发生反应，如 $LiAlH_4$。

在一些反应中，你会看到一些意想不到的片段作为离去基团，包括像 HO^- 和 RO^- 这样的强碱。虽然在正常的 S_N2 反应中，它们的碱性太强以至于不能离去（第 6 章），但在这里可以，因为相比于生成的含有一个非常强而稳定的碳-氧双键的羰基产物，四面体中间体的能量高得多。因此就算是 HO^- 和 RO^- 也能在消除步骤中离去，总体而言反应在能量上还是有利的。你已在碱与环氧丙烷的亲核开环反应中看到类似的效应（第 9 章）。三元环醚的强大张力使得醇盐的释放成为可能。总而言之：

1. $Nu^- + -\overset{|}{\underset{|}{C}}-OH \longrightarrow Nu-\overset{|}{\underset{|}{C}}- + HO^-$ 通常是不利的

2. $Nu^- +$ >C—C< (O) $\longrightarrow Nu-\overset{|}{\underset{|}{C}}-\overset{|}{\underset{|}{C}}-O^-$ 反应有利（环张力释放）

3. $Nu-\overset{:\ddot{O}:^-}{\underset{R}{C}}-OH \longrightarrow Nu-\overset{:O:}{\overset{\|}{C}}-R + HO^-$ 反应有利（重新生成了稳定的 C=O 双键）

（从 $Nu^- + R-\overset{O}{\overset{\|}{C}}-OH$ 开始）

注意酸催化是如何促进这些反应的：在氧原子离去之前给每个氧上加一个质子，帮助它从强碱性的醇氧负离子（不好的）离去基团转变成中性的醇或水（弱碱性的好的离去基团）。

19-8，19-9，19-10 羧酸衍生物：酰卤，酸酐，酯和酰胺

这几节将应用第 7 节中的机理来说明羧酸向四种最重要的衍生物的转化。在之后的合成应用中，仔细注意每一种情况所需的反应试剂。为了理解这些反应，可以选择一些教材没有给出其机理细节的反应，试着一步一步地把它们写出来。实践证明这样做是有意义的。

19-11 羧酸盐上的亲核加成

强碱性亲核试剂不可逆地夺取羧基的氢，形成羧酸负离子。羧酸负离子的加成-消除反应很难进行，因为（1）加成反应很难进行，（2）消除反应也很难进行。更确切地说，（1）由于静电排斥，把一个阴离子加到另一个阴离子上是很困难的；（2）氧负离子是非常差的离去基团。尽管如此，$LiAlH_4$ 能够加到 $RCOO^-$ 上去，并且加成产物可以继续在形式上消除一个氧化铝阴离子离去基团。羧酸 $+ LiAlH_4$ 的产物是一个伯醇。

19-12 α-溴化反应

在羧酸中 α-取代的一个有用方法是先利用 Hell-Volhard-Zelinsky 反应得到 α-溴衍生物，再进行后续合成。在随后的亲核取代过程中，溴可作为离去基团转化成多种产物，包括 α-氨基酸（见 26-2 节）。

习 题

27. 命名（IUPAC或美国《化学文摘》系统）或画出下列各化合物的结构。

（a） Cl, OH, O （b） O, OH

（c） H_3C, Br, C=C, $(CH_3)_2CH$, CO_2H （d） 环戊基—CH_2CO_2H

（e） OH, CO_2H （f） Cl, H, C=C, HO_2C, CO_2H

（g） COOH, HO, CH_3, OH （h） COOH, COOH

（i）4-氨基丁酸（也称GABA，它是脑生物化学中的一个关键物质）；（j）内消旋-2,3-二甲基丁二酸；（k）2-氧代丙酸（丙酮酸）；（l）反-2-甲酰基环己基甲酸；（m）(*Z*)-3-苯基-2-丁烯酸；（n）1,8-萘二甲酸。

28. 根据IUPAC或《化学文摘》命名下列化合物。注意主链的选择和官能团的优先顺序。

（a） O, HO, Cl （b） O, H, COOH

（c） OH, COOH （d） COOH, NO_2, O

29. 按照沸点和在水中溶解度的递减顺序排列下列分子，并给予解释。

苯—COOH　苯—CH_3　苯—CHO　苯—CH_2OH

30. 按照酸性递减次序排列下列各组有机化合物。

（a）$CH_3CH_2CO_2H$，$CH_3C(=O)CH_2OH$，$CH_3CH_2CH_2OH$

（b）$BrCH_2CO_2H$，$ClCH_2CO_2H$，FCH_2CO_2H

（c）$CH_3CHClCH_2CO_2H$，$ClCH_2CH_2CH_2CO_2H$，$CH_3CH_2CHClCO_2H$

（d）CF_3CO_2H，CBr_3CO_2H，$(CH_3)_3CCO_2H$

（e）苯—COOH，O_2N—苯—COOH，

O_2N—苯(NO_2)—COOH，CH_3O—苯—COOH

31. 根据如下光谱数据指出化合物的结构式。在质谱中分子离子出现在 $m/z=116$。IR：$\tilde{\nu}=$ 1710(s)，3000(s，宽) cm^{-1}；^1H NMR：δ 0.94(t，$J=7.0$Hz，6H)，1.59(m，4H)，2.36(quin，$J=7.0$Hz，1H)，12.04(宽，s，1H)；^{13}C NMR：δ 11.7，24.7，48.7，183.0。

32. (a) 未知化合物A，分子式为 $C_7H_{12}O_2$，红外光谱为IR-A（下页）。它属于哪一类化合物？(b) 结合其他谱图（NMR-B，402页，NMR-F，403页；IR-D，IR-E和IR-F，402～404页）以及反应过程各步的谱图和化学信息，判断化合物A的结构和其他未知物B至F的结构。虽然可以参考前面的相关章节，但是在没有其他帮助而设法解决这个问题之前，不要查看它们。(c) 另一个未知化合物G，具有分子式 $C_8H_{14}O_4$ 以及标明G的NMR和IR谱图（404页）。推测该分子的结构式。(d) 化合物G容易由B合成，提出一个有效的合成途径。(e) 提出一个完全不同于(b)中步骤的由C转化成A的合成途径。(f) 最后，构筑一个与(b)中所示的相反的一个合成反应式，即由A转化成B。

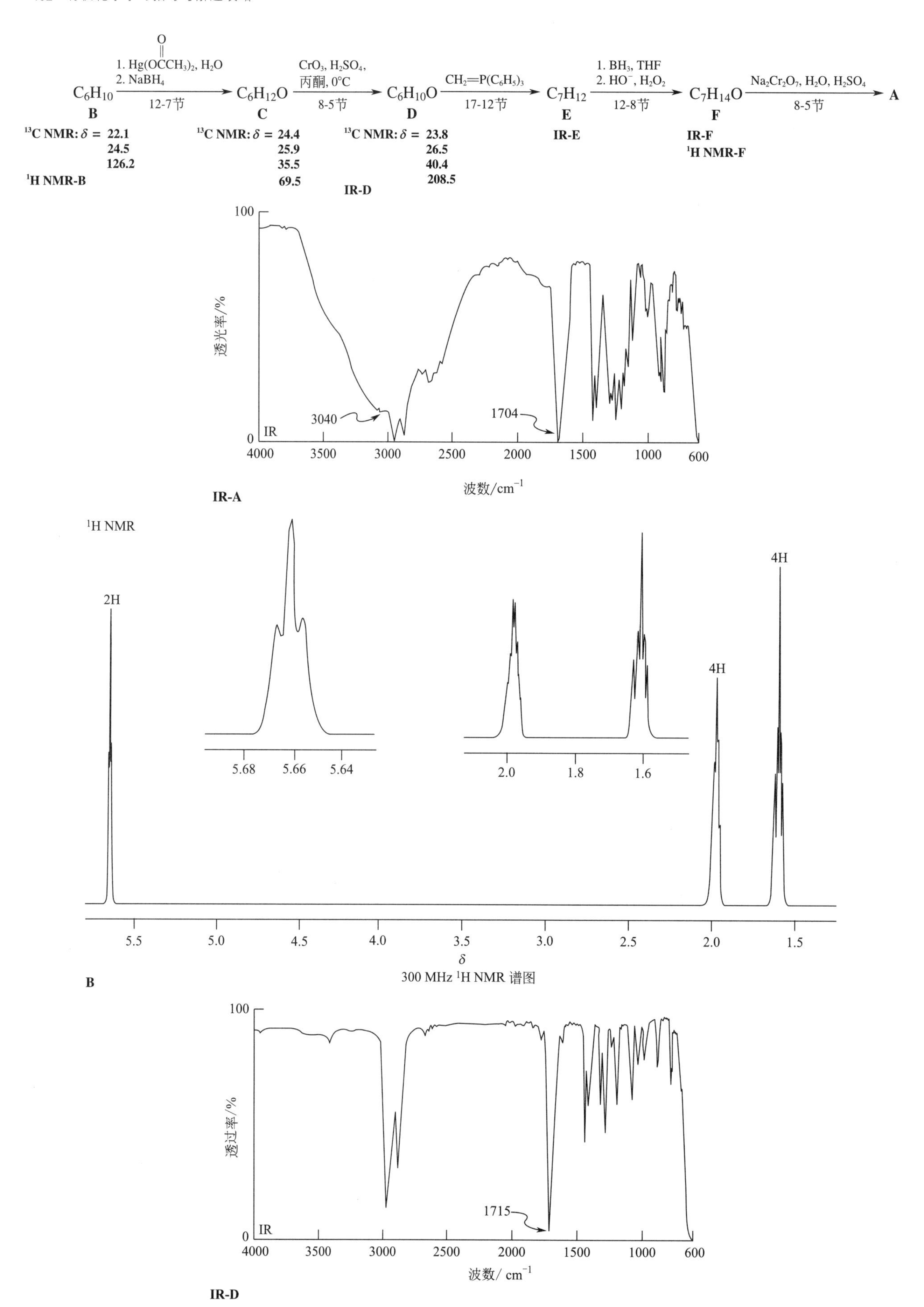

1. Hg(OCCH3)2, H2O
2. NaBH4
12-7节
CrO3, H2SO4, 丙酮, 0°C
8-5节
CH2═P(C6H5)3
17-12节
1. BH3, THF
2. HO−, H2O2
12-8节
Na2Cr2O7, H2O, H2SO4
8-5节
C6H10 B
C6H12O C
C6H10O D
C7H12 E
C7H14O F
A
13C NMR: δ = 22.1 24.5 126.2
1H NMR-B
13C NMR: δ = 24.4 25.9 35.5 69.5
13C NMR: δ = 23.8 26.5 40.4 208.5
IR-D
IR-E
IR-F
1H NMR-F
透光率/%
3040
1704
IR
波数/cm−1
IR-A
1H NMR
2H
4H
4H
δ
300 MHz 1H NMR 谱图
B
透过率/%
1715
IR
波数/ cm−1
IR-D

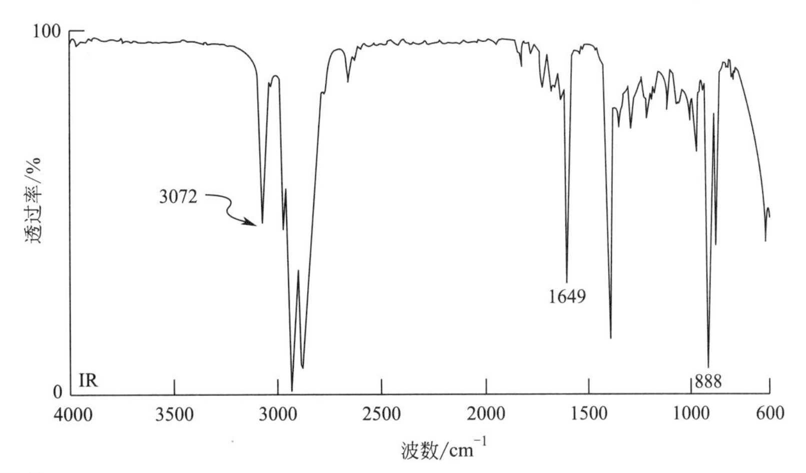

100
0
IR
透过率/%
3072
1649
888
4000
3500
3000
2500
2000
1500
1000
600
波数/cm^{-1}

IR-E

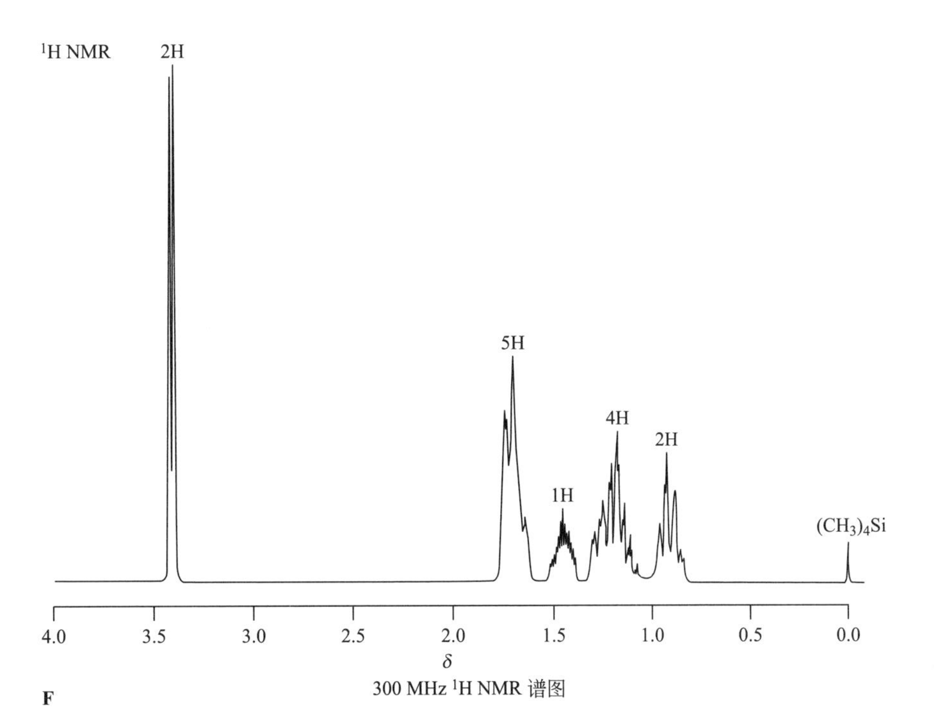

^{1}H NMR
2H
5H
1H
4H
2H
$(CH_3)_4Si$
4.0
3.5
3.0
2.5
2.0
1.5
1.0
0.5
0.0
δ
300 MHz ^{1}H NMR 谱图

F

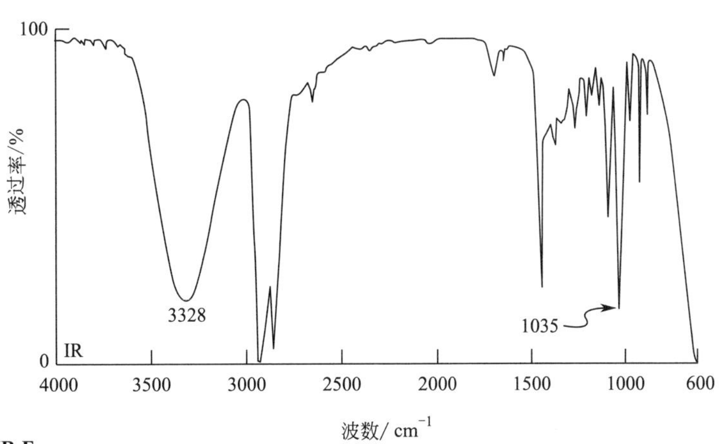

100
0
IR
透过率/%
3328
1035
4000
3500
3000
2500
2000
1500
1000
600
波数/ cm^{-1}

IR-F

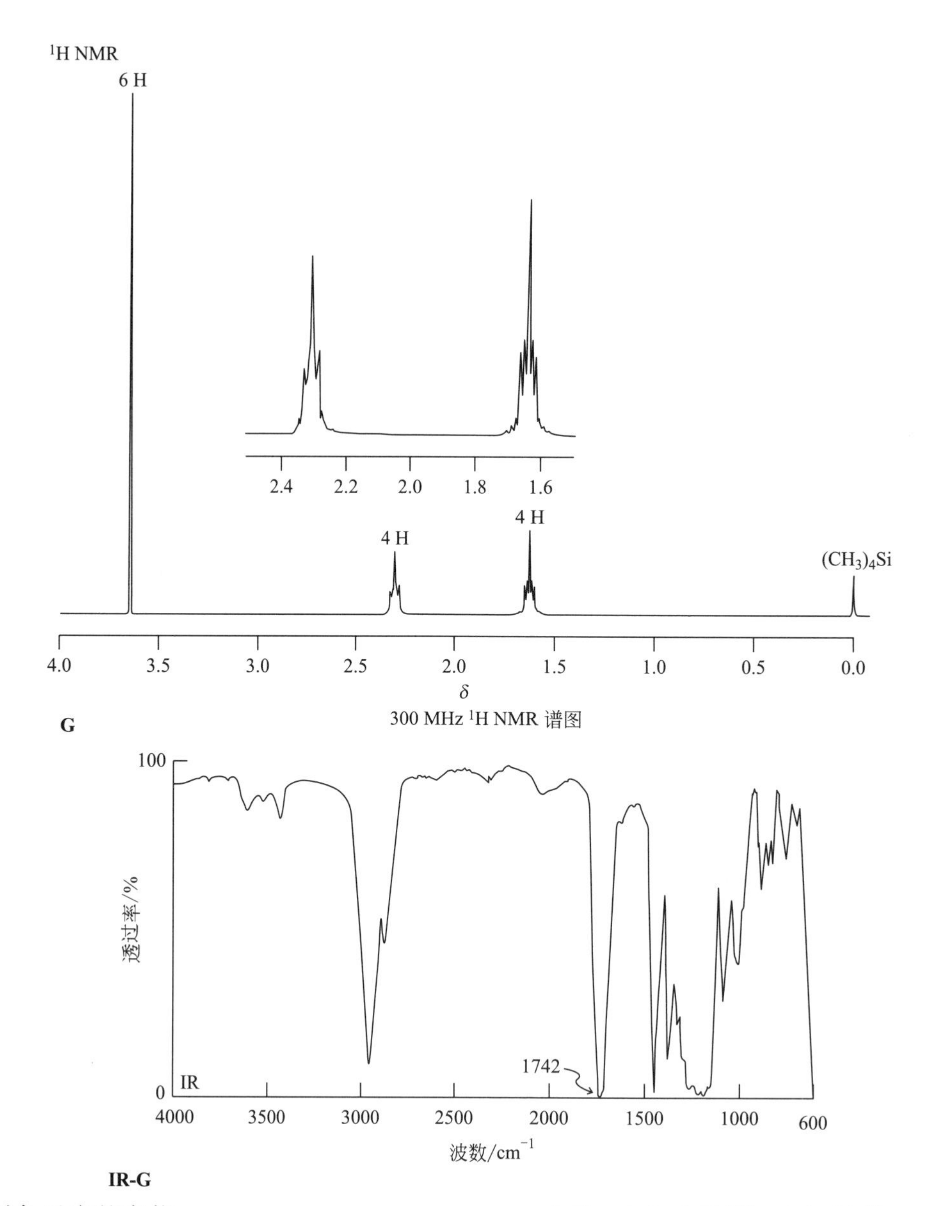

IR-G

33. 给出下列各反应的产物。

（**a**） $(CH_3)_2CHCH_2CO_2H+ SOCl_2 \longrightarrow$

（**b**） $(CH_3)_2CHCH_2CO_2H+ CH_3COBr \longrightarrow$

（**c**） 环戊基-COOH + $CH_3CH_2OH \xrightarrow{H^+}$

（**d**） CH_3O—⟨苯环⟩—COOH + $NH_3 \longrightarrow$

（**e**） 高温加热（d）

（**f**） 高温加热邻苯二甲酸［习题 27（h）］

34. 当由 1,4-和 1,5 二羧酸，比如丁二酸（琥珀酸）（19-8 节），经 $SOCl_2$ 或 PBr_3 处理试图制备二酰卤时，得到了相应的环酸酐。解释反应机理。

35. 反应复习Ⅰ。不查阅教材 958 页上的反应路线图，写出将下列每种起始原料转化为己酸的试剂：（**a**）己醛；（**b**）己酸甲酯；（**c**）1-溴戊烷；（**d**）1-己醇；（**e**）己腈。

36. 反应复习Ⅱ。不查阅教材 959 页上的反应路线图，写出将己酸转化为以下每种化合物的试剂：（**a**）1-己醇；（**b**）己酸酐；（**c**）己酰氯；（**d**）2-溴己酸；（**e**）己酸乙酯；（**f**）己酰胺。

37. 填写合适的试剂，进行以下转化。

（**a**） $(CH_3)_2CHCH_2CHO \rightarrow (CH_3)_2CHCH_2CO_2H$

（**b**） 环戊基-CHO ⟶ 环戊基-CH(OH)CO₂H

（**c**） 十氢萘-Br ⟶ 十氢萘-CO₂H

（**d**） CH₃CH(OH)CH₂CH₂Cl ⟶ CH₃CH(OH)CH₂CH₂COOH

(e) $CH_3CH_2CH(CH_3)C(=O)OH \longrightarrow CH_3CH_2CH(CH_3)C(=O)OC(=O)CH(CH_3)CH_2CH_3$

(f) $(CH_3)_3CCO_2H \longrightarrow (CH_3)_3CCO_2CH(CH_3)_2$

(g) $C_6H_5NHCH_3 \longrightarrow C_6H_5N(CH_3)C(=O)CH_3$

38. 写出下列各羧酸的合成方法，其中使用至少一个形成碳-碳键的反应。

(**a**) $CH_3CH_2CH_2CH_2CH_2CH_2CO_2H$

(**b**) $CH_3CH(OH)CH_2CO_2H$　　(**c**) $H_3C—C(CH_3)_2—CO_2H$

39. (**a**) 写出一个由丙酸和^{18}O标记的乙醇进行酯化反应的机理，并清楚地表示出^{18}O标记的过程。(**b**) 一个未标记的酯和^{18}O标记的水（$H_2{}^{18}O$）的酸催化水解反应，结果一些^{18}O分别处在羧酸产物的两个氧原子上。通过机理予以解释。(**提示**：机理中所有步骤都是可逆的。)

40. 给出丙酸和下列各试剂反应的产物。

(**a**) $SOCl_2$　　(**b**) PBr_3

(**c**) CH_3CH_2COBr＋吡啶

(**d**) $(CH_3)_2CHOH$+ HCl

(**e**) $C_6H_5CH_2NH_2$

(**f**) 高温加热（e）的产物

(**g**) $LiAlH_4$，然后 H^+，H_2O　(**h**) Br_2，P

41. 给出环戊酸和习题 40 中的各试剂反应的产物。

42. **挑战题**　当甲基酮在碱存在下用卤素处理时，甲基碳上的三个氢原子被替换成 CX_3 取代的酮（18-3 节）。这个产物在碱中不稳定，能够进一步与氢氧化物发生反应，最终生成羧酸（作为其共轭碱）和 HCX_3 分子。HCX_3 分子有一个共同的名字卤仿（即氯仿、溴仿和碘仿，分别代表 X ═Cl、Br 和 I）。

例如：

$$RC(=O)CBr_3 + {}^{-}:\ddot{O}H \longrightarrow RC(=O)\ddot{O}:^{-} + HCBr_3$$

提出将三溴取代的酮转化为羧酸盐的一系列机理步骤。离去基团是什么？为什么认为它在这个过程中能够作为离去基团？

43. 解释 2-甲基己酸（MS-H）质谱中标记的峰。

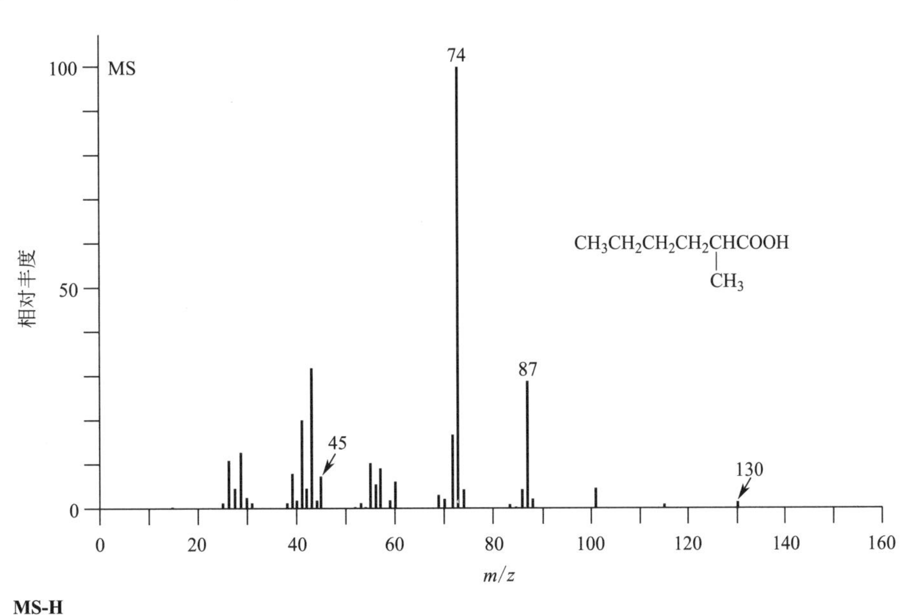

MS-H

44. 写出一个由戊酸制备己酸的方法。

45. 给出试剂和反应条件，使 2-甲基丁酸能够有效地转化为（**a**）相应的酰氯；（**b**）相应的甲酯；（**c**）与 2-丁醇形成的相应的酯；（**d**）酸酐；（**e**）*N*-甲基酰胺；

(**f**) $CH_3CH_2CH(CH_3)CH_2OH$　(**g**) $CH_3CH_2—CBr(CH_3)CO_2H$

46. 在稀的碱水溶液中，4-戊烯酸（如下所示）用 Br_2 处理，生成一个非酸性化合物，其分子式

为 $C_5H_7BrO_2$。(**a**) 推测该化合物的结构式，并提出其形成的机理；(**b**) 你能够发现一个在形成机理上也是合理的新的异构化产物吗？(**c**) 试讨论决定上述两个产物中哪一个是主要产物的因素。(**提示：**复习 12-6 节。)

4-戊烯酸

47. 说明 Hell-Volhard-Zelinsky 反应如何用于下列各化合物的合成过程中，在每种情况下均由一个简单的单羧酸开始。在下列合成过程中，写出其中一个的详细机理，包括全部反应。

(**a**) $CH_3CH_2CH(NH_2)CO_2H$ (**b**) $C_6H_5CH(CO_2H)CO_2H$

(**c**) 2-羟基-4-甲基己酸（骨架式，含 OH 与 COOH） (**d**) $HO_2CCH_2SSCH_2CO_2H$

(**e**) $(CH_3CH_2)_2NCH_2CO_2H$ (**f**) $(C_6H_5)_3\overset{+}{P}CH(CH_3)CO_2H\ Br^-$

48. 尽管原来的 Hell-Volhard-Zelinsky 反应只限于溴代羧酸的合成，但氯代物和碘代物也可通过改进的方法制备。因此，酰氯通过与 *N*-氯代和 *N*-溴代丁二酰亚胺（*N*-氯-和 *N*-溴代琥珀酰亚胺，NCS 和 NBS，参见 14-2 节）反应，可以分别转化为 α-氯代和 α-溴代衍生物。酰氯和 I_2 反应生成 α-碘代化合物。为这些过程中任意一个提出一个反应机理。

$C_6H_5CH_2CH_2COCl \xrightarrow{NCS,\ HCl,\ SOCl_2,\ 70°C} C_6H_5CH_2CHClCOCl$ 84%

$C_6H_5CH_2CH_2COCl \xrightarrow{NBS,\ HBr,\ SOCl_2,\ 70°C} C_6H_5CH_2CHBrCOCl$ 71%

$C_6H_5CH_2CH_2COCl \xrightarrow{I_2,\ HI,\ SOCl_2,\ 85°C} C_6H_5CH_2CHICOCl$ 75%

49. (**a**) (4-硝基苯基)乙腈（19-6 节，教材第 925 页）可用作在高 pH 值范围内的酸碱指示剂，它在 pK_a 小于 13.4 时是黄色，大于 13.4 时是红色。利用控制 pH 值的原理，确定分子中酸性最强的氢，画出其共轭碱的结构，并对其酸性进行解释。

(**b**) 画出共振式来解释质子化丙烯酸的稳定性（19-3 节，教材第 919 页），这是长链羧酸质谱中常见的碎片。

(**c**) 你认为乙酰胺的酸性和醋酸的酸性相比如何？和丙酮相比呢？乙酰胺中哪个质子的酸性最强？你能推测出乙酰胺中哪部分可被非常强的酸质子化吗？

CH_3CONH_2

乙酰胺

50. 在用 CrO_3 氧化 1,4-丁二醇生成丁二酸时，却得到较高产率的 γ-丁内酯。解释其机理。

***γ*-丁内酯**

51. 按照 19-7 节所示的机理图，写出下列每个取代反应的详细机理。(**注意：**这些转化反应是第 20 章的一部分，但是不要往后看，设法独立解决这些问题。)

(**a**) $C_6H_5COCl + CH_3CH_2OH \xrightarrow{-HCl} C_6H_5COOCH_2CH_3$

(**b**) $CH_3CONH_2 + H_2O \xrightarrow{H^+} CH_3COOH + \overset{+}{N}H_4$

52. 推测下列各合成反应的产物结构式。

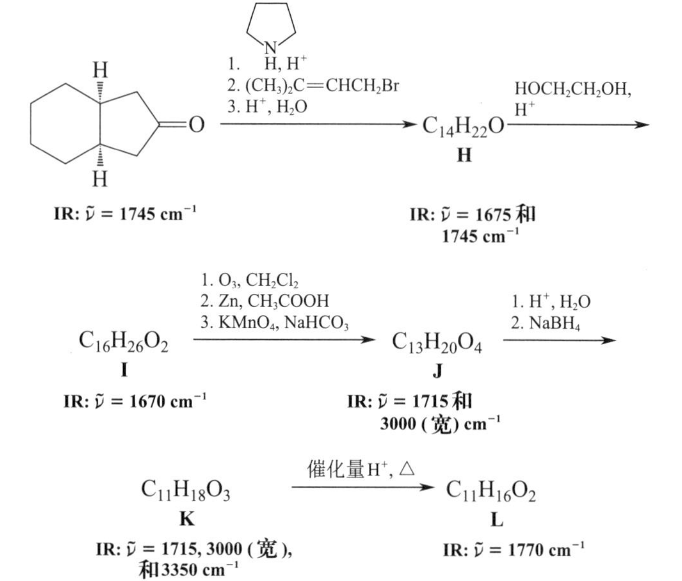

53. 通过简单的羧酸根离子和卤代烷在水溶液中发生 S_N2 反应（8-4 节），一般不能以高产率得到酯。(**a**) 解释其原因。(**b**) 1-碘丁烷与醋酸钠的反应，如果在醋酸中进行则能够得到高产率的酯（如下所示），为什么对于这个过程醋酸是比水更好的溶剂？

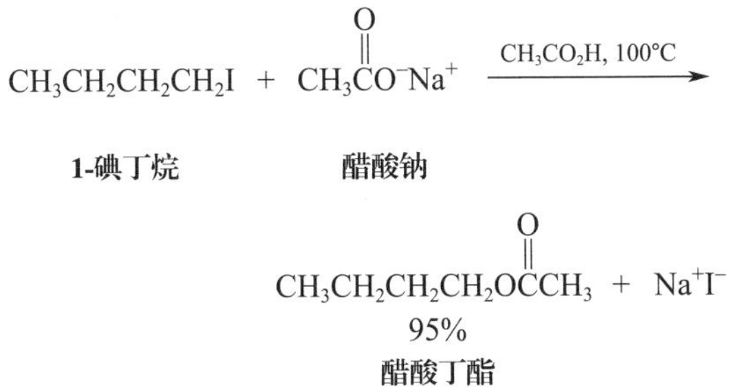

$$CH_3CH_2CH_2CH_2I + CH_3\overset{O}{\overset{\|}{C}}O^-Na^+ \xrightarrow{CH_3CO_2H,\ 100°C}$$

1-碘丁烷　　醋酸钠

$$CH_3CH_2CH_2CH_2O\overset{O}{\overset{\|}{C}}CH_3 + Na^+I^-$$

95%

醋酸丁酯

（c）1-碘丁烷与十二酸钠在水溶液中的反应尤其好，比与醋酸钠的反应要好很多（参见下面的反应式）。解释这个结果。（**提示：**十二酸钠是一种肥皂，能在水中形成胶束。参见真实生活 19-1。）

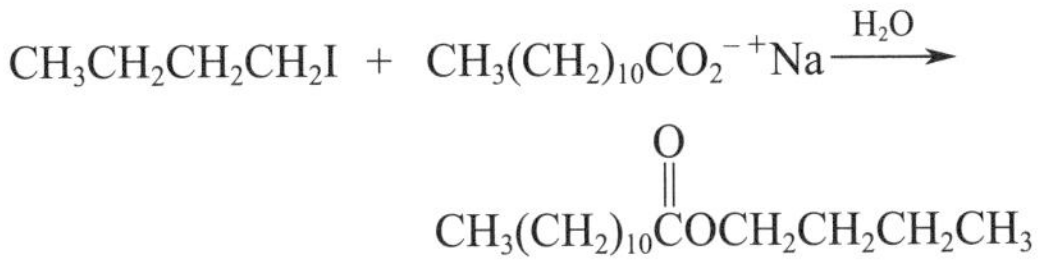

$$CH_3CH_2CH_2CH_2I + CH_3(CH_2)_{10}CO_2^{-\,+}Na \xrightarrow{H_2O} CH_3(CH_2)_{10}\overset{O}{\overset{\|}{C}}OCH_2CH_2CH_2CH_3$$

54. 挑战题（a）环烯醚萜（iridoids）是一类单萜烯，具有高效和多样的生物活性。它们可用作杀虫剂（抗捕食性昆虫的防御剂）和动物引诱剂。下列反应是新假荆芥内酯（neonepetalactone，假荆芥内酯之一）的合成，它是假荆芥（catnip）的主要组成。利用所给的信息推断有关化合物的结构，包括新荆芥内酯本身的结构。

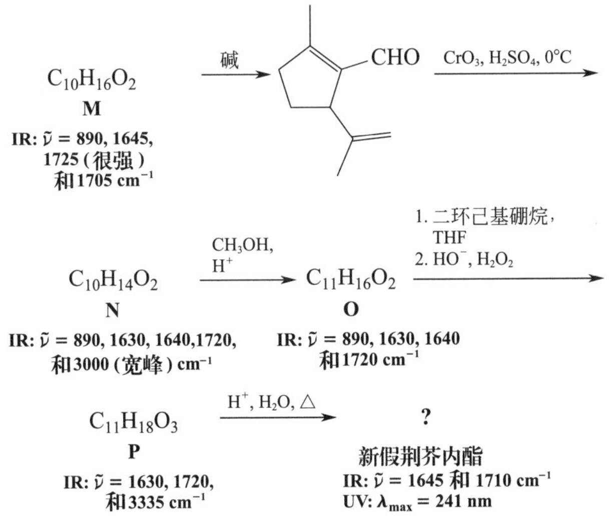

$C_{10}H_{16}O_2$ **M** (IR: $\tilde{\nu}$ = 890, 1645, 1725（很强）和1705 cm^{-1}) —碱→ [CHO 取代环戊烯] —CrO_3, H_2SO_4, 0°C→

$C_{10}H_{14}O_2$ **N** (IR: $\tilde{\nu}$ = 890, 1630, 1640,1720, 和3000（宽峰）cm^{-1}) —CH_3OH, H^+→ $C_{11}H_{16}O_2$ **O** (IR: $\tilde{\nu}$ = 890, 1630, 1640 和1720 cm^{-1}) —1. 二环己基硼烷，THF 2. HO^-, H_2O_2→

$C_{11}H_{18}O_3$ **P** (IR: $\tilde{\nu}$ = 1630, 1720, 和3335 cm^{-1}) —H^+, H_2O, △→ ? **新假荆芥内酯** (IR: $\tilde{\nu}$ = 1645 和 1710 cm^{-1}; UV: λ_{max} = 241 nm)

（b）荆芥内酯是由含醛的羧酸 A 在酸催化反应中产生的。为该转变提出一种机理。

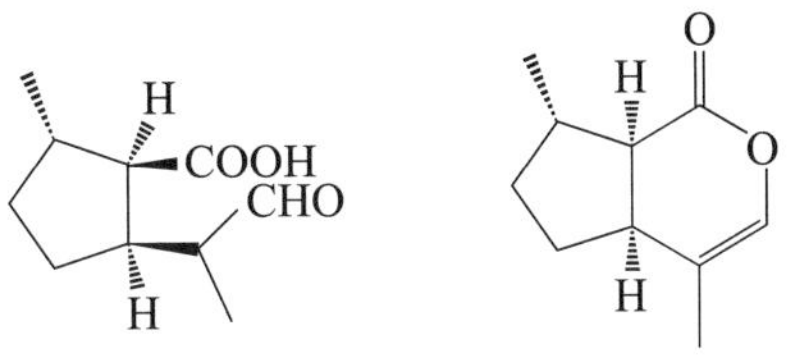

A　　荆芥内酯

荆芥内酯产自假荆芥（猫薄荷），用来防御害虫，它会吸引蚜虫，这看起来可能会适得其反，但它也会吸引蚜虫的捕食者。这是一种聪明的植物。目前，人们正在探索这种化合物作为避蚊胺（DEET，*N*,*N*-二乙基-3-甲基苯甲酰胺，参见教材 1012 页）的替代品，以防止蚊虫叮咬。当然，你可能会发现自己成为邻居猫群不受欢迎的对象。不要在动物园里戴着它。在发现这种物质后不久，化学家们发现它能使狮子“从一种昏睡状态变成一种极度兴奋状态”。

55. 挑战题　为下面的反应提出两个可能的机理。（**提示：**考虑分子中质子化的可能位置和每种情况下的机理结果。）设计一个可以区分两个机理的同位素标记实验。

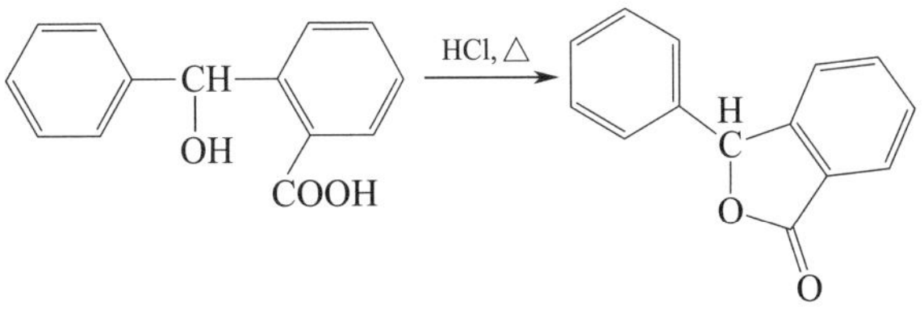

（反应式：HCl, △）

56. 提出一个从丙炔开始合成 2-丁炔酸（$CH_3C{\equiv}CCO_2H$）的短的合成路径。（**提示：**复习 13-2 节和 3-5 节。）

57. 自然界中许多化合物的苯环是通过类似于脂肪酸合成的生物合成途径制备的。乙酰单元被偶联，但是酮的官能团不还原。反应结果生成聚酮硫酯，它通过分子内的羟醛缩合形成环。

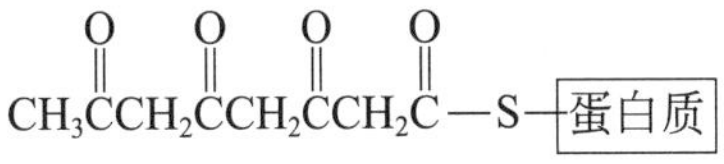

$$CH_3\overset{O}{\overset{\|}{C}}CH_2\overset{O}{\overset{\|}{C}}CH_2\overset{O}{\overset{\|}{C}}CH_2\overset{O}{\overset{\|}{C}}-S-\boxed{蛋白质}$$

聚酮硫酯

苔色酸［有关结构，见习题 27（g）］是水杨酸的衍生物，它由上面所示的聚酮硫酯通过生物合成方法制备。解释这个转化如何发生。硫酯水解生成游离的羧酸是最后的步骤。

团队练习

58. 按照 19-9 节所示，4-羟基酸和 5-羟基酸通过酸催化的分子内酯化反应，能够以高的产率生成相应的内酯。下面有两个内酯化反应的例子，把反应结果的分析任务分派到小组中，要求提出合理的机理以解释各个反应产物的形成。

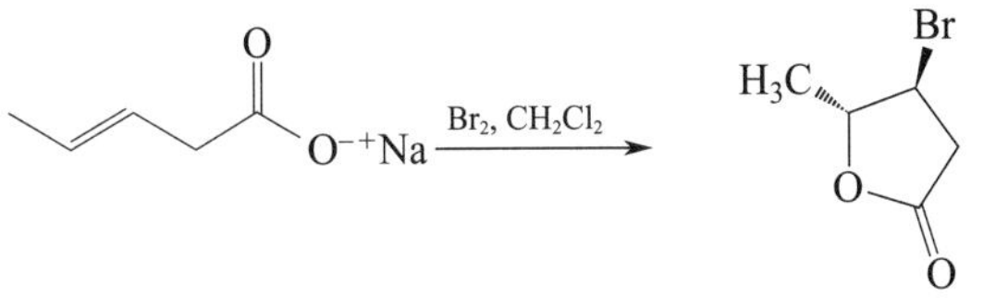

（反应式：Br_2, CH_2Cl_2）

（注意立体化学!）

2 $CH_3CH(OH)COOH$ $\xrightarrow{H^+, H_2O}$ $CH_3CH(OH)COOCH(CH_3)COOH$ $\xrightarrow{H^+, H_2O}$

（两个非对映异构体）

（顺式和反式异构体）

相互讨论你们提出的机理。

预科练习

59. 下面所示化合物的IUPAC命名是什么？

$(CH_3CH_2CH_2)(H_3C)C{=}CH(CO_2H)$

（a）（*E*）-3-甲基-2-己烯酸

（b）（*Z*）-3-甲基-2-己烯酸

（c）（*E*）-3-甲基-3-己烯酸

（d）（*Z*）-3-甲基-3-己烯酸

60. 选择具有最高 K_a 值的酸（即最低 pK_a）。

（a）H_3CCO_2H　（b）4-碘环己基甲酸（CO_2H，I）

（c）4-氯环己基甲酸（CO_2H，Cl）　（d）Cl_2CHCO_2H

61. 对于结构如下所示的酸，可以通过下面哪个反应途径来制备？

HO_2C–C_6H_4–$C(CH_3)_3$

（a）$H_3CBr + Br_3CCO_2H \xrightarrow{K} \xrightarrow{苯}$

（b）$(CH_3)_3CCl \xrightarrow{Mg, 醚} \xrightarrow{CO_2} \xrightarrow{H^+, H_2O\ (后处理)}$

（c）CH_3–C_6H_4–$C(CH_3)_3$ $\xrightarrow{KMnO_4}$

（d）H_3C, CH_3, $C(CH_3)_3$ 取代苯 $\xrightarrow{KMnO_4}$

习题解答

27. （a）2-氯-4-甲基戊酸　（b）2-乙基-3-丁烯酸

（c）（*E*）-2-溴-3,4-二甲基-2-戊烯酸　（d）环戊基乙酸

（e）反-2-羟基环己基甲酸　（f）（*E*）-2-氯丁烯二酸

（g）2,4-二羟基-6-甲基苯甲酸　（h）邻苯二甲酸

（i）$H_2NCH_2CH_2CH_2COOH$

（j）COOH / H_3C—H / H_3C—H / COOH

（k）$CH_3COCOOH$

（l）环己烷（CHO，COOH）

（m）$(C_6H_5)(H_3C)C{=}CH(COOH)$

（n）1,8-萘二甲酸（CO_2H　CO_2H）

28. （a）3-氯-4-羟基-2-丁酮；

（**b**）(*Z*)-2-乙基-3-甲酰基-2-戊烯酸；

（**c**）5-羟基环戊-1-烯酸或 2-羟基-1-环戊烯酸；

（**d**）3-乙酰基-5-硝基苯甲酸。

29.

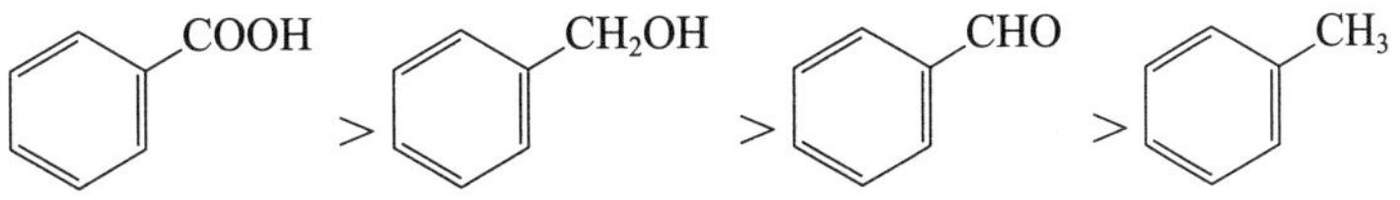

$C_6H_5COOH > C_6H_5CH_2OH > C_6H_5CHO > C_6H_5CH_3$

沸点和在水中溶解度的顺序是相同的。羧酸形成氢键的能力最强，而氢键导致二聚体的形成，所以羧酸具有最高的沸点（249°C）。醇也能形成氢键，沸点排在其次（205 ℃），极性的醛排第三（178 ℃），然后几乎非极性的碳氢化合物排在最后（115 ℃）。溶解度的比较与之类似，除了羧酸和醇的水溶性非常相似——因为它们都能与水分子形成氢键。

30.（**a**）顺序和所给出的相同；

（**b**）顺序和所给出的相反；

（**c**）$CH_3CH_2CHClCO_2H > CH_3CHClCH_2CO_2H > ClCH_2CH_2CH_2CO_2H$；

（**d**）顺序和所给出的相同；

（**e**）2,4-二硝基苯甲酸＞4-硝基苯甲酸＞苯甲酸＞4-甲氧基苯甲酸

31. 首先浏览所给信息，寻找特别具有标志性的数据。质量信息只能用于"假设-证伪"的过程来缩小可能的分子式范围，把它作为分析的起点是不合适的。另一方面，通过红外光谱可以明确羧酸的 COOH 官能团。核磁共振氢谱中 $\delta=12$ 处的信号可以证明这一点。核磁共振氢谱中的三个信号，以及核磁共振碳谱中的四个信号，表明这是一个四碳羧酸。第一种最简单的合理猜测是丁酸，$CH_3CH_2CH_2CO_2H$，但它的分子量只有 88，我们缺少 28 个质量单位，说明我们的解答还没结束。

核磁共振氢谱的裂分模式表明：**两个**等价的 CH_3 提供了在 $\delta=0.9$ 附近的 6H 三重峰信号，这意味着这个分子只能含有两个等价的 CH_3CH_2 基团。两个 CH_2 在 $\delta=1.6$ 处给出 4 个 H 的信号。最后，$\delta=2.4$ 附近的 1H 五重峰肯定是一个 CH 同时连着两个 CH_2，这时做一些减法，剩下的仍然是 COOH。最终我们的结果是：

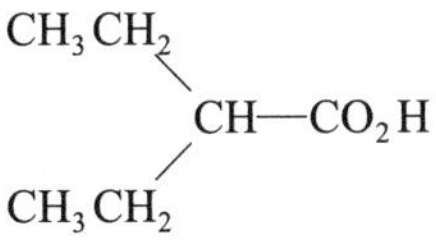

$(CH_3CH_2)_2CH—CO_2H$

检查分子量：$C_6H_{12}O_2$ 为 72＋12＋32＝116。

32.（**a**）$H_{饱和}=14+2=16$；不饱和度为 (16－12)/2＝2，有两个 π 键或环。比对图 19-3，A 是一个羧酸（$\tilde{\nu}$＝1704 和 3040 cm^{-1}）。

（**b**）对 **B**，$H_{饱和}=12+2=14$；不饱和度为 $\frac{(14-10)}{2}=2$，有两个 π 键或环。核磁共振碳谱（三个信号）表明，这个分子似乎是对称的，有两对分别等价的烷基碳和一对等价的烯烃碳。核磁共振氢谱显示了两个等面积的高场信号（每个信号 4 个 H）和一个 2H 的烯烃氢信号。所以这些片段应该是

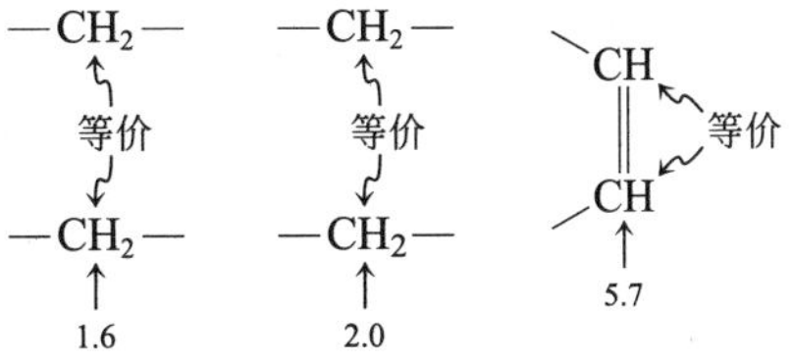

—CH₂— 等价 —CH₂—（1.6）；—CH₂— 等价 —CH₂—（2.0）；CH=CH 等价（5.7）

将它们简单地组合在一起就是（环己烯结构），环己烯！

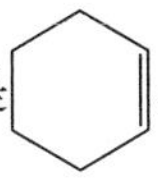

然后 **C** =（环己醇，OH，$\delta=69.5(^{13}C)$），由 B 经过羟汞化-脱汞反应得到；

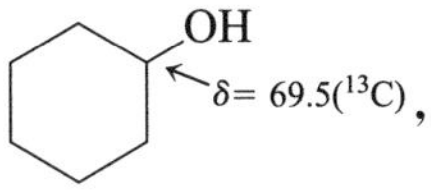

D =（环己酮，O，$\delta=208.5(^{13}C)$）（$\tilde{\nu}_{C=O}=1715\ cm^{-1}$）；

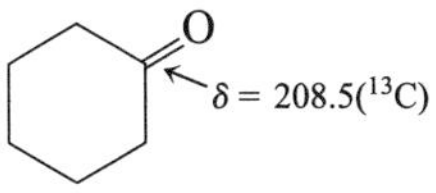

E = （亚甲基环己烷）（$\tilde{\nu}_{C=C}$=1649 cm^{-1}，$\tilde{\nu}_{C=CH_2}$=888 cm^{-1}），由 D 经过维蒂希反应（Wittig reaction）得到；

F = （环己基甲醇，CH_2OH 处 3.4(d)）（$\tilde{\nu}_{O-H}$=3328 cm^{-1}），由 E 经过硼氢化-氧化反应得到；

A = （环己烷羧酸，CO_2H）

（c）对 **G**，$H_{饱和}$=16+2=18；不饱和度为$\frac{(18-14)}{2}$=2，有两个 π 键或环。

IR：$\tilde{\nu}$=1742 cm^{-1} 是 C═O 的信号，很可能是酯，因为波数较高且分子式中氧原子较多。

NMR：只有三个信号，面积积分分别是 4 个、4 个和 6 个 H。分子应当是对称的，有 2 个 $H_3C—O—$ 片段（δ=3.7），两个 $—CH_2—C(=O)—(?)$ 片段（δ=2.4），以及两个等价的$—CH_2—$片段（δ=1.7）。高场处峰的裂分情况表明两个 CH_2 是相连的，所以一个合理的答案是

$$H_3C—O—C(=O)—CH_2—CH_2—CH_2—CH_2—C(=O)—O—CH_3$$

（d）环己烯 $\xrightarrow{1.\ O_3,\ CH_2Cl_2;\ 2.\ Zn,\ H^+,\ H_2O}$ OHC(CH_2)_4CHO $\xrightarrow{Na_2Cr_2O_7,\ H_2SO_4,\ H_2O}$ $HO_2C(CH_2)_4CO_2H$ $\xrightarrow{H^+,\ CH_3OH}$ **G**

（e）环己醇（OH）$\xrightarrow{1.\ PBr_3,\ (CH_3CH_2)_2O;\ 2.\ Mg}$ 环己基 MgBr $\xrightarrow{1.\ CO_2,\ (CH_3CH_2)_2O;\ 2.\ H^+,\ H_2O}$ 环己烷羧酸（CO_2H）

（f）环己烷羧酸（CO_2H）$\xrightarrow[(CH_3CH_2)_2O]{LiAlH_4}$ 环己基甲醇（CH_2OH）$\xrightarrow{1.\ PBr_3,\ (CH_3CH_2)_2O;\ 2.\ K^{+-}OC(CH_3)_3}$ 亚甲基环己烷（$=CH_2$）

$\xrightarrow{1.\ O_3,\ CH_2Cl_2;\ 2.\ Zn,\ H^+,\ H_2O}$ 环己酮（=O）$\xrightarrow[(CH_3CH_2)_2O]{LiAlH_4}$ 环己醇（OH）$\xrightarrow{H_2SO_4,\ \triangle}$ 环己烯

33.（a）$(CH_3)_2CH_2CH_2COCl$（酰氯）　（b）$(CH_3)_2CHCH_2C(=O)—O—C(=O)CH_3$（混合酸酐）

（c）环戊基—$CO_2CH_2CH_3$（乙酯）　（d）CH_3O—（对亚苯基）—$COO^{-+}NH_4$（铵盐）

（e）CH_3O—（对亚苯基）—$CONH_2$（酰胺）　（f）邻苯二甲酸酐（环酸酐）

34. 回顾（19-8 节）羧酸可以与酰卤反应生成酸酐。当 1,4-或 1,5-二酸的一个羧酸官能团转化为卤原子时，另一个羧酸官能团可与之发生分子内反应形成环酸酐。例如：

$$HOOC-CH_2CH_2CH_2-COCl \longrightarrow \text{[cyclic tetrahedral intermediate: } {}^{+}O{-}H\text{, } Cl\text{, } O^{-}\text{]} \longrightarrow \text{cyclic anhydride}$$

你对我用羰基上的氧原子而不是羰基旁边—OH上的氧来成环感到惊讶吗？哪个氧的碱性更强（因此亲核性更强）？查看课本的19-4节。

35. (**a**) 很多氧化剂都可以，如 CrO_3，通常在水溶液中反应；

(**b**) H^+或^-OH，H_2O，加热；

(**c**) 1. Mg，乙醚，2. CO_2，3. H^+，H_2O 或 1. ^-CN，2. H^+或^-OH，H_2O，加热；

(**d**) CrO_3，H_2SO_4，H_2O；

(**e**) H^+或^-OH，H_2O，加热。

36. (**a**) $LiAlH_4$；

(**b**) 己酰氯（见c部分）；

(**c**) $SOCl_2$；

(**d**) Br_2，P；

(**e**) CH_3CH_2OH，H^+；

(**f**) 1. $SOCl_2$，2. 过量NH_3。

37. (**a**) $Na_2Cr_2O_7$，H_2O，H_2SO_4；

(**b**) 1. NaCN，H_2O，H_2SO_4，2. H^+，H_2O，加热；

(**c**) 1. Mg，$(CH_3CH_2)_2O$，2. CO_2，3. H^+，H_2O；

(**d**) 1. NaCN，DMSO，2. KOH，H_2O，加热，3. H^+，H_2O，加热；

(**e**) 1. $SOCl_2$（合成酰氯），2. 加过量1摩尔的酸，加热；

(**f**) $(CH_3)_2CH_2OH$，H^+；

(**g**) CH_3COOH，加热。

38.

(**a**) $CH_3(CH_2)_5Br \xrightarrow{\text{1. Mg,(CH}_3\text{CH}_2)_2\text{O; 2. CO}_2\text{; 3. H}^+\text{,H}_2\text{O} \quad 或 \quad \text{1. NaCN,DMF; 2. KOH,H}_2\text{O,}\triangle\text{; 3. H}^+\text{,H}_2\text{O,}\triangle}$ 产物

(**b**) $CH_3CH{=}CH_2 \xrightarrow{Cl_2,H_2O} CH_3CH(OH)CH_2Cl \xrightarrow{\text{1. NaCN,DMSO; 2. KOH,H}_2\text{O,}\triangle\text{; 3. H}^+\text{,H}_2\text{O,}\triangle}$ 产物

（OK，实际上从这里开始）

(**c**) $(CH_3)_3CCl \xrightarrow{\text{1. Mg,(CH}_3\text{CH}_2)_2\text{O; 2. CO}_2\text{; 3. H}^+\text{,H}_2\text{O}}$ 产物

39. (**a**) 酸可作为酯化反应的催化剂。所以，

$$CH_3CH_2-C(=O)-OH \overset{H^+}{\rightleftharpoons} CH_3CH_2-C(=\overset{+}{O}H)-OH \xrightarrow{CH_3CH_2{}^{18}OH} CH_3CH_2-C(OH)(OH)-{}^{18}\overset{+}{O}(H)CH_2CH_3 \underset{-H^+}{\overset{H^+}{\rightleftharpoons}}$$

$$CH_3CH_2-C(OH)(\overset{+}{O}H_2)-{}^{18}OCH_2CH_3 \xrightarrow{-H^+,\ H_2O} CH_3CH_2C(=O)-{}^{18}O-CH_2CH_3$$

这是产物

（b）

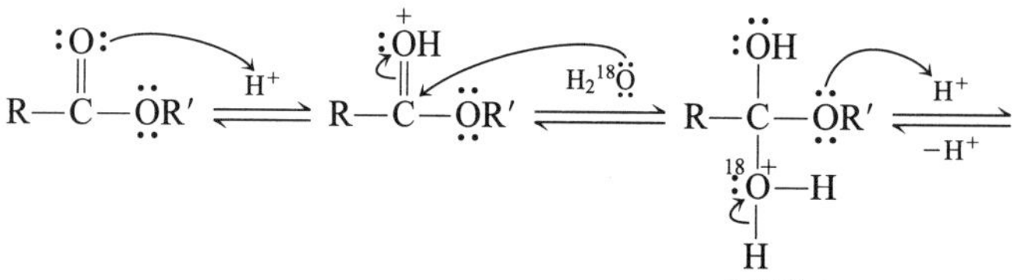

$$R-\overset{\overset{:\ddot{O}:}{\|}}{C}-\ddot{O}R' \underset{}{\overset{H^+}{\rightleftharpoons}} R-\overset{\overset{:\overset{+}{O}H}{\|}}{C}-\ddot{O}R' \overset{H_2{}^{18}\ddot{O}}{\rightleftharpoons} R-\underset{\underset{H}{|}}{\underset{{}^{18}\overset{+}{O}-H}{|}}{\overset{\overset{:\ddot{O}H}{|}}{C}}-\ddot{O}R' \underset{-H^+}{\overset{H^+}{\rightleftharpoons}}$$

中间体2

$$R-\underset{\underset{{}^{18}:\ddot{O}-H}{|}}{\overset{\overset{:\ddot{O}-H}{|}}{C}}-\underset{\underset{H}{|}}{\overset{+}{O}R} \overset{-H^+,\ H_2O}{\rightleftharpoons} R-\overset{\overset{:\ddot{O}:}{\|}}{C}-{}^{18}\ddot{O}H$$

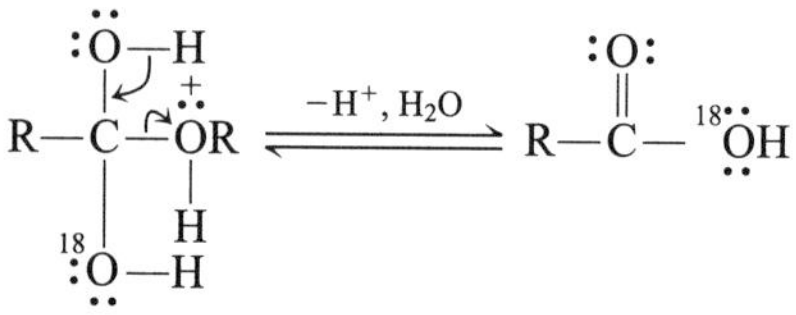

或者，中间体 2 可以在未标记的 OH 上质子化，而非在 OR′上：

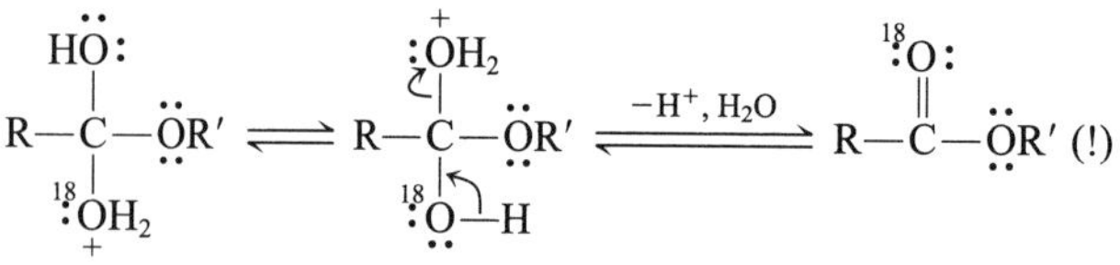

$$R-\underset{\underset{{}^{18}\overset{+}{O}H_2}{|}}{\overset{\overset{H\ddot{O}:}{|}}{C}}-\ddot{O}R' \rightleftharpoons R-\underset{\underset{{}^{18}:\ddot{O}-H}{|}}{\overset{\overset{:\overset{+}{O}H_2}{|}}{C}}-\ddot{O}R' \overset{-H^+,\ H_2O}{\rightleftharpoons} R-\overset{\overset{{}^{18}:\ddot{O}:}{\|}}{C}-\ddot{O}R'\ (!)$$

酯的羰基氧为^{18}O。现在如果按照上面所写的机理水解，产物将是

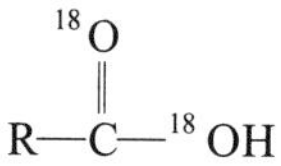

$$R-\overset{\overset{{}^{18}O}{\|}}{C}-{}^{18}OH$$

40. （a） $CH_3CH_2\overset{O}{\overset{\|}{C}}Cl$　　（b） $CH_3CH_2\overset{O}{\overset{\|}{C}}Br$　　（c） $CH_3CH_2\overset{O}{\overset{\|}{C}}O\overset{O}{\overset{\|}{C}}CH_2CH_3$

（d） $CH_3CH_2\overset{O}{\overset{\|}{C}}OCH(CH_3)_2$　　（e） $CH_3CH_2\overset{O}{\overset{\|}{C}}O^-$　$H_3\overset{+}{N}CH_2-C_6H_5$

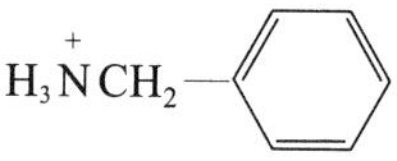

（f） 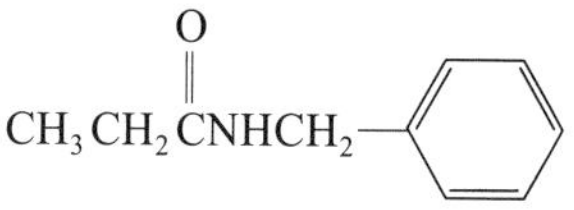 $CH_3CH_2\overset{O}{\overset{\|}{C}}NHCH_2-C_6H_5$　　（g） $CH_3CH_2CH_2OH$　　（h） $CH_3\overset{Br}{\overset{|}{C}}HCO_2H$

41.

（a） 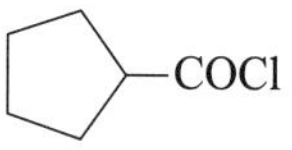 C_5H_9-COCl（环戊基）　　（b） C_5H_9-COBr（环戊基）　　（c） $C_5H_9-\overset{O}{\overset{\|}{C}}-O-\overset{O}{\overset{\|}{C}}-CH_2CH_3$

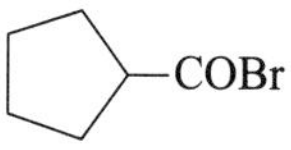

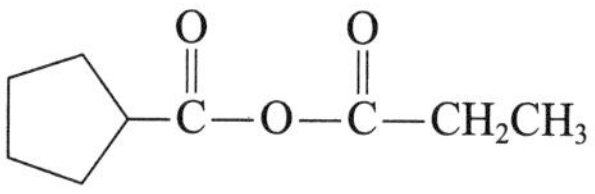

（d） 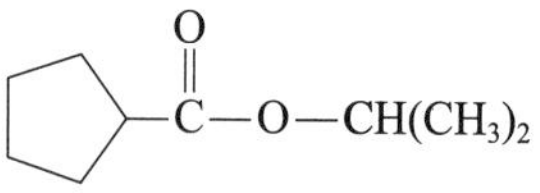 $C_5H_9-\overset{O}{\overset{\|}{C}}-O-CH(CH_3)_2$　　（e） 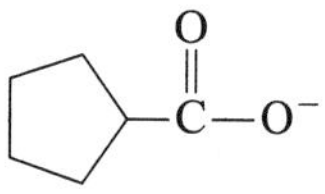 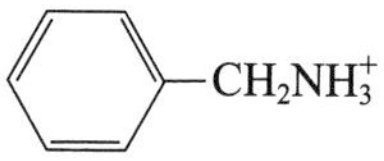 $C_5H_9-\overset{O}{\overset{\|}{C}}-O^-$　$C_6H_5-CH_2NH_3^+$（一种盐）

（f） 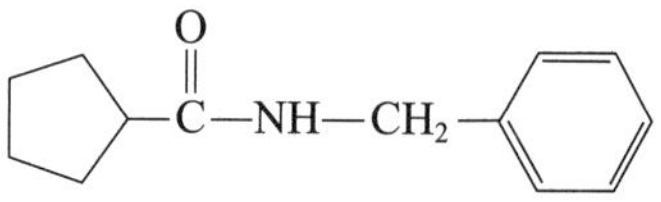 $C_5H_9-\overset{O}{\overset{\|}{C}}-NH-CH_2-C_6H_5$　　（g） 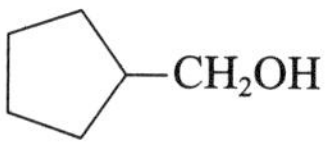 $C_5H_9-CH_2OH$　　（h）  1-溴环戊烷甲酸：环戊烷同一碳上连 CO_2H 与 Br

42. 唯一合理的开始方法是把主要的亲核试剂（氢氧根）加到酮的羰基碳上。通过消去一个新的离去基团，即三溴甲基碳负离子，四面体中间体可以朝着产物的方向移动：

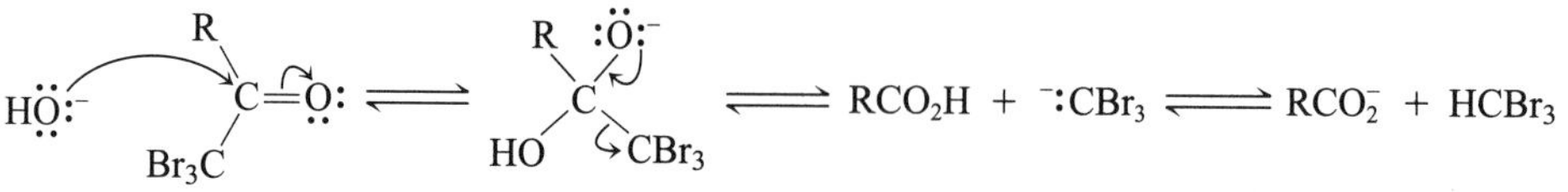

$$H\ddot{O}:^- + \underset{Br_3C}{\overset{R}{C}}=\ddot{O}: \rightleftharpoons \underset{HO\quad CBr_3}{\overset{R\quad :\ddot{O}:^-}{C}} \rightleftharpoons RCO_2H + {}^-:CBr_3 \rightleftharpoons RCO_2^- + HCBr_3$$

这个碳负离子之所以能够离去，是因为它的负电荷可以由三个卤原子的联合诱导作用得到稳定。它仍然是一个中强的碱，pK_a 在 15 左右。这个阴离子和羧酸之间的质子转移生成了反应的最终产物，羧酸盐和卤仿，这里是溴仿（$CHBr_3$）。三氯代甲基酮和三碘代甲基酮的反应过程与此相同，分别得到氯仿和碘仿。

43. 以下为产生标记峰的过程。

$$\left[CH_3CH_2\overset{4}{C}H_2-\overset{3}{C}H_2-\underset{H}{\overset{CH_3}{C}}-CO_2H \right]^{+\bullet} \xrightarrow[-CH_3CH_2CH_2\bullet]{C\text{-}3—C\text{-}4裂解} H_2C=\overset{CH_3}{C}-\overset{+}{C}(OH)_2 \quad m/z=87$$

$$\left[H_2C(H)-H_2C-\underset{CH_3}{CH}-\overset{O}{\overset{\|}{C}}-OH \right]^{+\bullet} \xrightarrow[-H_2C=CH_2]{麦克拉佛特重排} \left[CH_3CH=C(OH)_2 \right]^{+\bullet} \quad m/z=74$$

$$\left[CH_3CH_2CH_2-CH_2-\underset{H}{\overset{CH_3}{C}}-CO_2H \right]^{+\bullet} \xrightarrow[-C_6H_{13}\bullet]{\alpha裂解} [CO_2H]^{+} \quad m/z=45$$

44. 1. $LiAlH_4$，$(CH_3CH_2)_2O$（制备 1-戊醇）；2. KBr，H_2SO_4，加热；
3. KCN，DMSO（制备乙腈）；4. KOH，H_2O，加热；
5. H^+，H_2O，加热。

45. （**a**）$SOCl_2$； （**b**）H^+，CH_3OH；
（**c**）H^+，2-丁醇； （**d**）（a）中生成的酰氯；
（**e**）CH_3NH_2（通过铵盐中间产物），加热； （**f**）$LiAlH_4$，$(CH_3CH_2)_2O$；
（**g**）Br_2，痕量 P。

46. 和往常一样，思考机理。第一个中间体应该是环溴鎓离子：

$$\overset{+}{Br}\text{-环}-CH_2CH_2CH_2-\overset{O}{\overset{\|}{C}}-OH \xrightarrow{碱水溶液} \overset{+}{Br}\text{-环}-CH_2CH_2CH_2-\overset{:O:}{\overset{\|}{C}}-\ddot{O}:^- \quad (a\ 或\ b)$$

$$\xrightarrow{a} \text{Br-六元环内酯} \quad 或 \quad \xrightarrow{b} \text{BrCH}_2\text{-五元环内酯}$$

图中所示的溴内酯是由羧酸负离子分子内进攻环溴鎓离子的一个碳原子形成的，而环溴鎓离子是 Br_2 加成到双键上的初始产物（12-6 节）。a 和 b 两种路径，哪种更有利呢？五元环应当优先生成，原因有二：首先，亲核试剂对溴鎓离子的进攻通常发生在取代基更多的碳原子上（这种碳原子的极化程度更高——再次参考 12-6 节）；其次，五元环的形成比六元环更快（9-6 节），抵消了六元环的轻微热力学优势。

47. （**a**）

$$CH_3CH_2CH_2COOH \xrightarrow{Br_2,\ 催化量P} CH_3CH_2\overset{Br}{C}HCOOH$$

$$\left(通过CH_3CH_2CH_2\overset{O}{\overset{\|}{C}}Br \rightleftharpoons CH_3CH_2CH=\overset{O-H}{C}-Br + Br-Br \longrightarrow CH_3CH_2CHBr\overset{O}{\overset{\|}{C}}Br \xrightleftharpoons{交换} \right)$$

然后

$$CH_3CH_2\overset{Br}{C}HCOOH + \ddot{N}H_3 \xrightarrow[S_N2]{-Br^-} CH_3CH_2\overset{^+NH_3}{C}HCOOH \xrightarrow{-H^+} 产物$$

（**b**）

$$C_6H_5-CH_2CO_2H \xrightarrow[2.\ KCN,\ DMSO]{1.\ Br_2,\ 催化量P} C_6H_5-\overset{CN}{C}HCO_2H \xrightarrow[2.\ H^+,\ H_2O]{1.\ HO^-,\ H_2O} 产物$$

（c）$CH_3CH_2CH(CH_3)CH_2CH_2COOH \xrightarrow{Br_2,催化量 P}\xrightarrow[2.\ H^+,H_2O]{然后 1.\ K_2CO_3,H_2O,\triangle}$ 产物

（d）$CH_3COOH \xrightarrow{Br_2,催化量 P} BrCH_2COOH \xrightarrow[2.\ I_2]{(9\text{-}10节)\ 1.\ 过量\ KSH,CH_3CH_2OH}$ 产物

（e）$BrCH_2COOH + (CH_3CH_2)_2NH \longrightarrow$ 产物

（f）$CH_3CH_2COOH \xrightarrow[2.\ (C_6H_5)_3P,(CH_3CH_2)_2O]{1.\ Br_2,催化量 P}$ 产物

48. 这里没有什么技巧！其机理几乎与19-12节所示完全一样，只有细微的差别。因为该方法从酰基卤开始，所以不需要第1步。第2步（烯醇化）与教材所写一样。第3步使用由NCS产生的低浓度Cl_2，或者以同样的方式由NBS产生的Br_2，或者I_2。机理的第四步不适用，因为这里只有酰卤，没有羧酸。

49.

（a）酸性最强 H H（对硝基苯乙腈）⇌ H^+ + 共轭碱

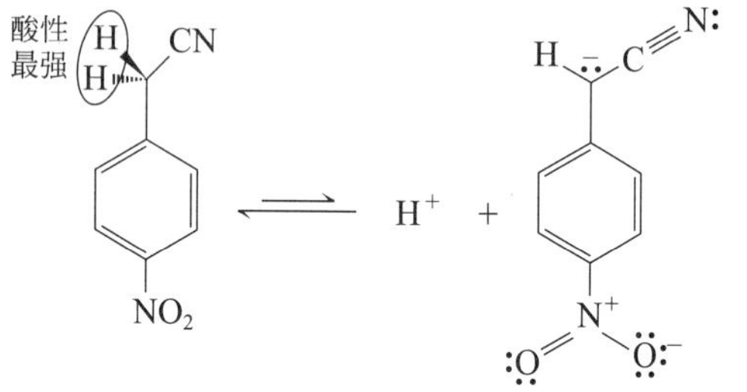

共振作用稳定了共轭碱，碳原子上的孤对电子（和负电荷）离域到上方的CN以及下方的苯环和对硝基上。把它们写下来！

（b）$H_2\overset{+}{C}-CH=C(OH)_2 \longleftrightarrow H_2C=CH-\overset{+}{C}(OH)_2 \longleftrightarrow H_2C=CH-C(=\overset{+}{O}H)OH$

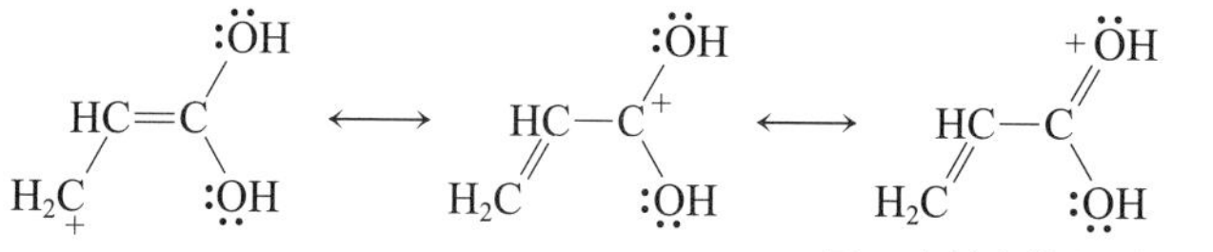

另一个氧上的孤对电子也可以写出类似的共振式

（c）酸性 $CH_3\overset{O}{\overset{\|}{C}}OH > CH_3\overset{O}{\overset{\|}{C}}NH_2 > CH_3\overset{O}{\overset{\|}{C}}CH_3$。$CH_3\overset{O}{\overset{\|}{C}}NH_2$ 中酸性最强的氢在氮上。酸性的强弱顺序由电负性大小决定。有两个位点可能被质子化：一个在N上，得到 $CH_3\overset{O}{\overset{\|}{C}}\overset{+}{N}H_3$，另一个在氧上，得到 $\left[CH_3C(=\overset{+}{O}H)-\ddot{N}H_2 \longleftrightarrow CH_3C(-\ddot{O}H)=\overset{+}{N}H_2\right]$。

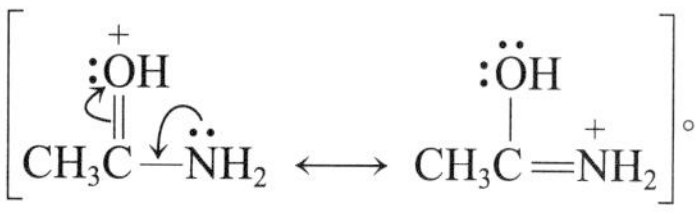

共振稳定作用使得在氧上质子化更为有利。

50. 参见第17章的习题42。

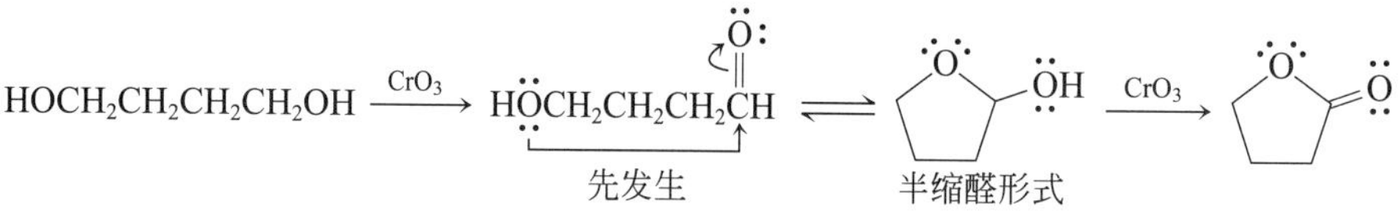

$HOCH_2CH_2CH_2CH_2OH \xrightarrow{CrO_3} HOCH_2CH_2CH_2CH(=O) \rightleftharpoons$ 环状半缩醛 $\xrightarrow{CrO_3}$ 内酯

先发生　　半缩醛形式

51.

（a）$CH_3CH_2\ddot{O}H + Cl-C(=O)-C_6H_5 \xrightarrow{加成} CH_3CH_2-\overset{+}{O}(H)-C(O^-)(Cl)-C_6H_5 \xrightarrow{-H^+}$

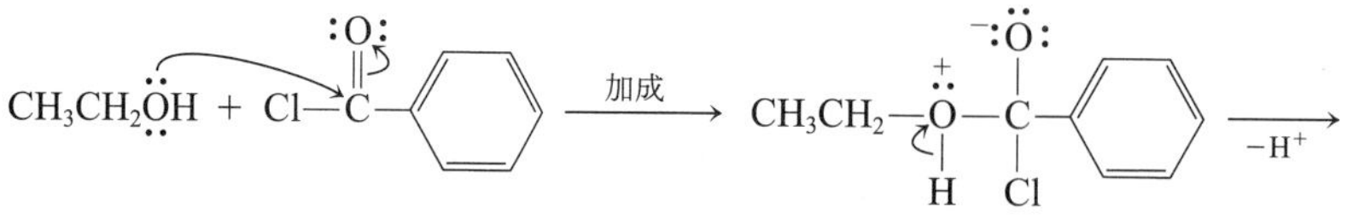

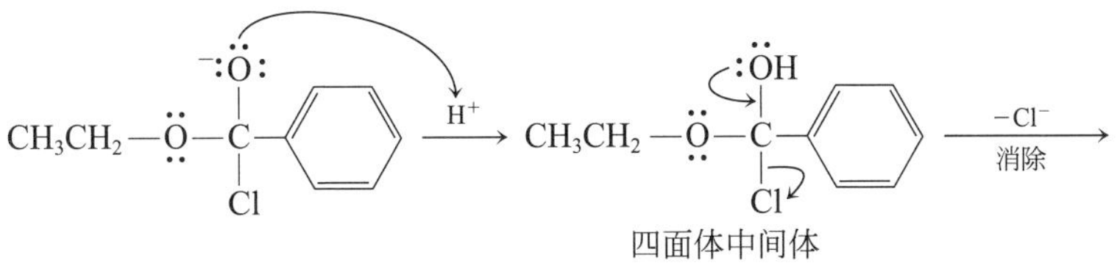
H⁺
−Cl⁻
消除
四面体中间体

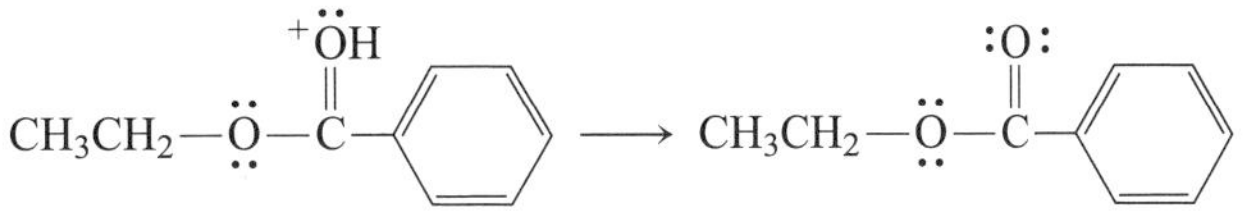

（b）

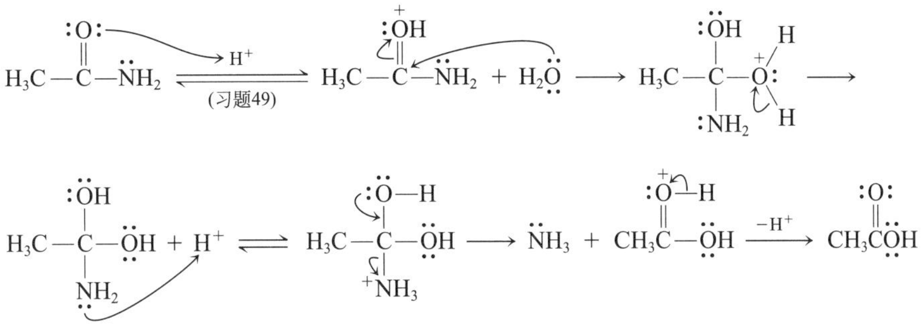
(习题49)

52.

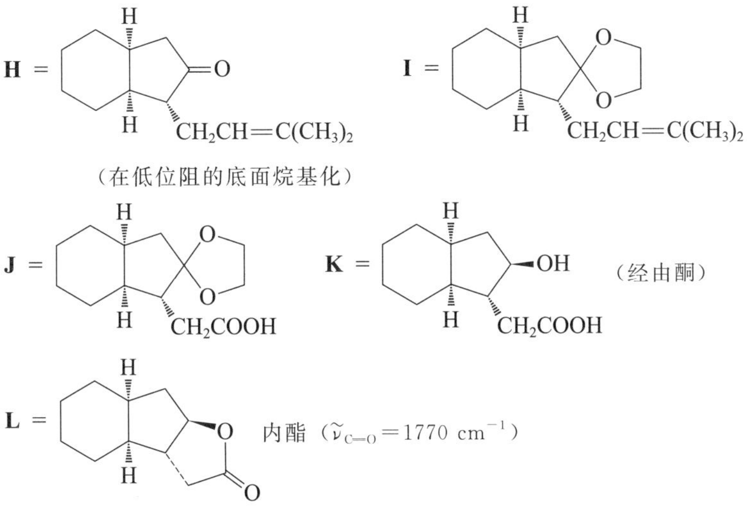
H =
I =
（在低位阻的底面烷基化）
J =
K =
（经由酮）
L =
内酯（$\tilde{\nu}_{C=O}=1770\ cm^{-1}$）

53.（**a**）卤代烷烃一般不太溶于水（极性差异太大）。反应体系是多相的，这阻碍了反应物的混合。水也会与亲核试剂形成氢键，而这对反应没有什么帮助。

（**b**）对于卤代烷烃，醋酸是更好的溶剂，这样一来体系是均相的，使反应分子混合得更好。

（**c**）十二酸钠是一种肥皂，它溶于水形成**胶束**（micelles）。胶束内部极性较小的区域成为低极性分子（如卤代烷烃）的优良溶剂。碘丁烷溶解在**胶束**中，因此靠近亲核的羧酸基团，允许 S_N2 反应继续进行。

54.（**a**）从所给结构向前或向后推理。第一个反应看起来像是羟醛缩合反应。

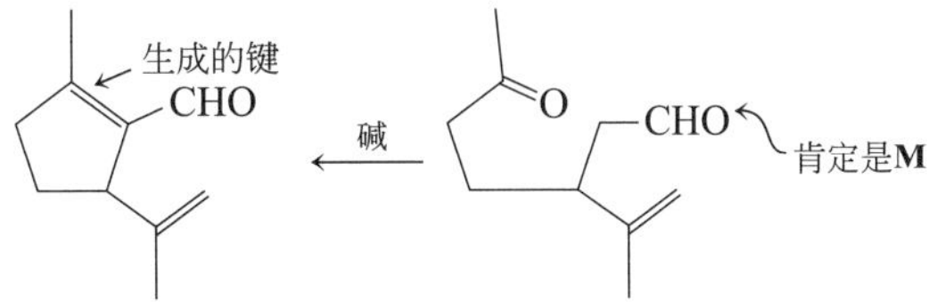
生成的键
碱
肯定是M

然后

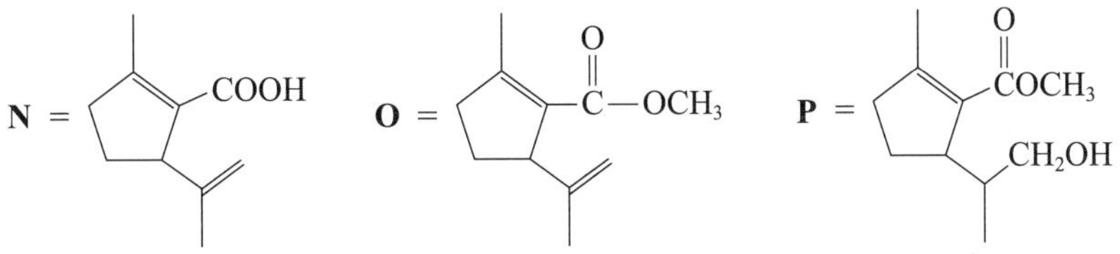
N =
O =
P =

(注意，只有位阻最小的双键被氢化)

新假荆芥内酯＝

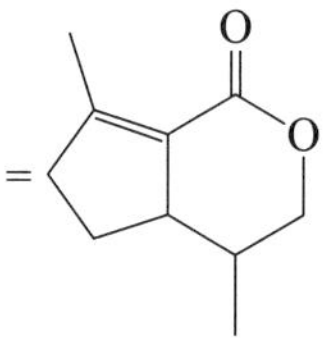

(b) 提示： 看到六元醚环上的 C ══C 双键了吗？怎样才能从醛分子形成那个双键？

答案： 把它转化成烯醇。因此：

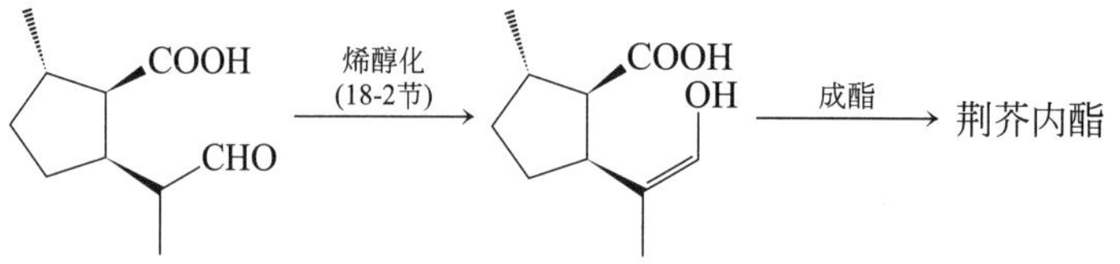

COOH, CHO —烯醇化 (18-2节)→ COOH, OH —成酯→ 荆芥内酯

55.

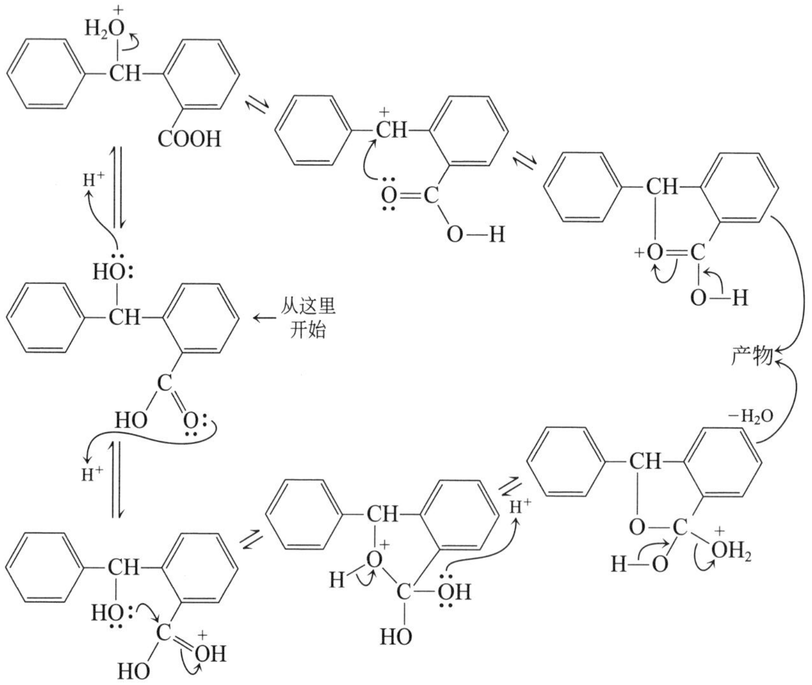

从这里开始

产物

$-H_2O$

上部的机理是醇的 S_N1 反应；下部的机理是羧基上“标准”的加成-消除反应。在乙醇上用 ^{18}O 标记可以区分它们。^{18}O 在上部的机理中丢失，但在下部的机理中保留。

56. $CH_3C{\equiv}CH \xrightarrow[\text{3. } H^+,\ H_2O]{\text{1. } CH_3CH_2CH_2CH_2Li\text{，THF，己烷，}-30\ ^\circ C\quad \text{2. } CO_2\text{，}0\ ^\circ C} CH_3C{\equiv}CCOOH$

丙炔　　　　2-丁炔酸 98%

57. 首先将产物中的碳原子与原料中的碳原子对应起来。二者都有一个甲基（*a*）和一个羧基（*b*），所以把它们当成参照点。

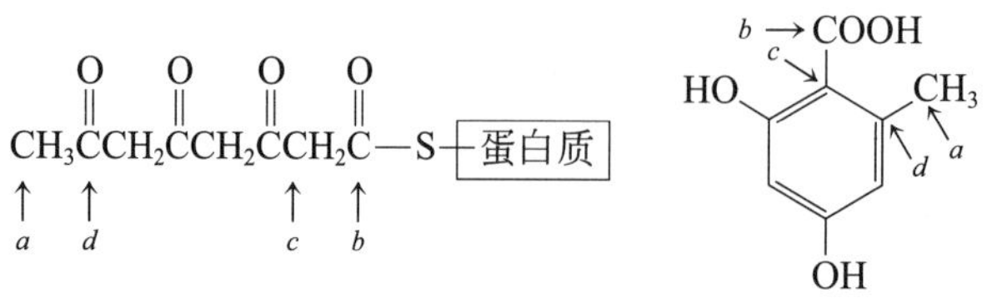

$CH_3\overset{O}{\overset{\|}{C}}CH_2\overset{O}{\overset{\|}{C}}CH_2\overset{O}{\overset{\|}{C}}CH_2\overset{O}{\overset{\|}{C}}-S$—蛋白质

（*a*、*d*、*c*、*b* 标记）

在产物的结构中（上右）注意碳 *c* 和 *d* 肯定是在成环反应中连在一起的。它们对应于原料中的亚甲

基和酮。因为亚甲基相对于酮羰基是 α-碳，于是可知羟醛缩合能够形成我们需要的键。

$CH_3\overset{O}{\overset{\parallel}{C}}CH_2\overset{O}{\overset{\parallel}{C}}CH_2\overset{O}{\overset{\parallel}{C}}CH\overset{O}{\overset{\parallel}{C}}-S$—蛋白质 ⟶ 新键 $\xrightarrow{-H_2O}$ OH CH_3 CH_3 蛋白质

要生成苯环还需要剩余两个酮的烯醇化。由于苯环的稳定性，这一步是有利的。最后，硫酯水解得到酸。

58. 这个问题的第一部分只是第 46 题的稍稍拓展：羧酸的碳链从 5 个碳延伸到 6 个碳导致了立体化学问题的出现。这再一次说明了形成五元环相对于六元环的动力学优势。立体化学源于羧酸氧从背后进攻溴鎓离子中间体（你做了分子模型吗?!）。第二个反应是双酯化反应：首先，一个分子的羟基与另一分子的羧基成酯；然后，中间产物（如图中间所示）发生分子内酯化。这两个过程都遵循 19-9 节中所描述的酸催化机理。

59.（a） **60.**（d） **61.**（c）

20

羧酸衍生物

羧酸衍生物和羧酸之间有两个共同点：(1) 它们都有一个能发生亲核加成反应的羰基，(2) 它们的羰基都连有一个潜在的离去基团。另外，它们的羰基 α 位的氢原子都具有酸性。但是，羧酸衍生物缺少与羰基碳相连的酸性—OH 基团。因此，在羧酸衍生物中 α-氢的酸性是最强的，也最容易被强碱拔除。

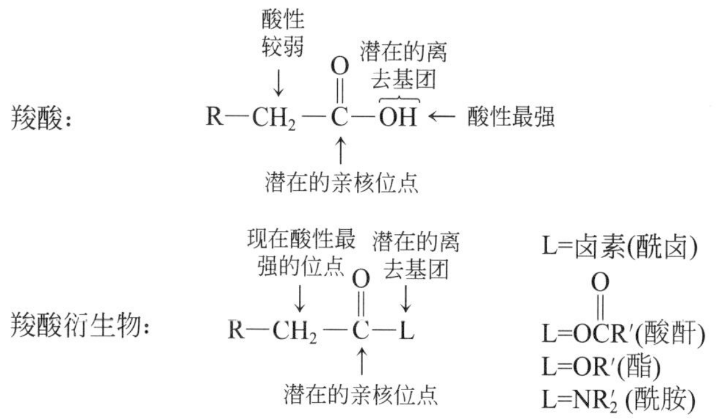

有关这些化合物的反应机理已经在 19-7 节中作过介绍了，所以本章主要呈现的内容是一些遵循相似模式的其他反应实例。最重要的新内容包括：(1) 这些衍生物的相对反应活性，(2) 如何将这些衍生物转化为任何一种其他衍生物，以达到合成的目的。

本章概要

20-1 羧酸衍生物的相对反应性、结构和谱学特征

有关物理性质的比较。

20-2 酰卤

20-3 酸酐

20-4，20-5 酯

20-6，20-7 酰胺

20-8 烷基腈

介绍了四种主要羧酸衍生物以及与酰胺相关的腈类化合物。

本章重点

20-1　羧酸衍生物的相对反应性、结构和谱学特征

在这节中，主要强调了四种羧酸衍生物物理性质的差异。决定这些差异的主要因素在于与羰基相连的原子的电负性。这些差异一致性地反映在这些化合物的所有反应中：α-氢的去质子化，羰基碳的加成反应，羰基氧的质子化。你要确保在继续学习每个羧酸衍生物的章节前明白这些概念理论。在此之后，要时不时地回顾一下本节的内容，看看后文中呈现的反应细节是如何反映这里总结的一般原则的。

20-2　酰卤

酰卤在合成中十分有用，因为（1）它们可以很容易地由羧酸制备（19-8 节），（2）它们可以很容易地转换为包括醛、酮以及所有其他羧酸衍生物在内的各种主要的羰基化合物。在所有羧酸衍生物中，酰卤化合物拥有着最强的亲核加成活性以及最好的离去基团（卤素阴离子）。

20-3　酸酐

酸酐在合成中使用的频率比酰卤要低。它们通常不容易制备，反应性也比较低。在合成中使用酸酐的一个主要缺点是只有一分子羰基可以与亲核试剂结合，另一个羰基将作为羧酸阴离子的一部分离去（见“酸酐的典型反应”）。环酸酐实用性更强，这是因为在加成后两个羰基仍然被碳链连接在一起（见“环状酸酐的亲核开环”）。

20-4，20-5　酯

酯类化合物是自然界中最普遍的羧酸衍生物。鉴于它们温和的反应活性，酯类化合物也是一种简单易制、储存方便并广泛用于合成的物质。与之相反，酰卤化合物对水很敏感，所以长时间储存的时候要多加注意，防止水解。

20-6，20-7　酰胺

和酯类化合物相比，酰胺的亲核取代反应活性要小得多。氮原子上孤对电子有着很强的共振稳定效应，同时它们的离去基团更弱（NH_3 为共轭酸，NH_2^- 为碱）。酰胺化合物也的确展现出一些特殊的反应：一级或二级的氨基有去质子的可能性，还有通过还原反应形成胺类化合物或者醛类化合物的可能性，同时也可以经历一个新的过程——生成比原料少一个碳原子的胺类化合物的**霍夫曼重排**（Hofmann 重排）。

考虑如下两个胺类化合物的合成方法。

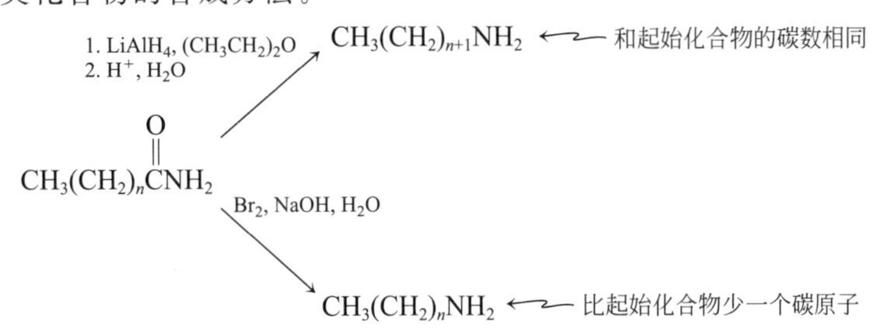

这个霍夫曼重排的反应机理和之前学到的一些机理有概念上的联系，但是有一些崭新且特殊的细节。这个反应，尤其是最后一步重排值得仔细品味。

20-8 烷基腈

氰基形式上是脱水的一级酰胺基团。事实上，一种很少使用的氰基合成方法就涉及了脱水过程：

$$R-\overset{O}{\overset{\|}{C}}-NH_2 \xrightarrow[(-H_2O)]{P_2O_5} R-C\equiv N$$

因此从这种意义上说，它是和羧酸及其衍生物有关的化合物。腈类化合物在合成中的重要性源于氰基负离子可以作为 S_N2 反应的亲核试剂被引入分子中。之后可以通过本节的反应将其转化为羧酸衍生物、酮类化合物或醛类化合物，氰基中原本亲核性的碳原子转化为亲电性的羰基碳原子。这是一种使用亲核试剂构筑分子中羰基的好办法。

$$R-CH_2-X \xrightarrow[S_N2]{^-CN} R-CH_2-CN \xrightarrow{\text{多种反应}} \begin{cases} R-CH_2-CONH_2 \\ R-CH_2-CO_2H \\ R-CH_2-CO_2R' \\ R-CH_2-CHO \\ R-CH_2-COR' \end{cases}$$

习 题

30. 用 IUPAC 系统命名或画出下列各化合物的结构。

(a) 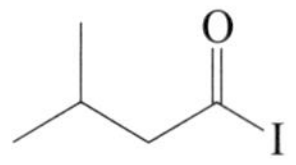 $(CH_3)_2CHCH_2COI$（键线式） (b) 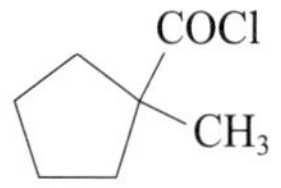 1-甲基环戊烷甲酰氯（环戊烷上连 COCl 和 CH_3）

(c) 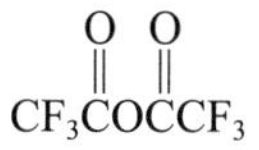 $CF_3\overset{O}{\overset{\|}{C}}O\overset{O}{\overset{\|}{C}}CF_3$ (d) 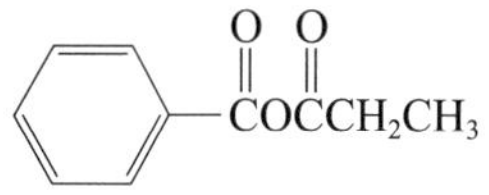 $C_6H_5\overset{O}{\overset{\|}{C}}O\overset{O}{\overset{\|}{C}}CH_2CH_3$

(e) 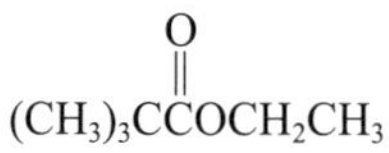 $(CH_3)_3C\overset{O}{\overset{\|}{C}}OCH_2CH_3$ (f) 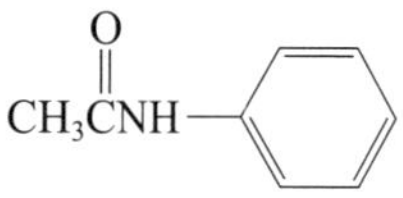 $CH_3\overset{O}{\overset{\|}{C}}NH-C_6H_5$

(g) 丁酸丙酯 (h) 丙酸丁酯

(i) 苯甲酸 2-氯乙酯

(j) *N*,*N*-二甲基苯甲酰胺

(k) 2-甲基己腈 (l) 环戊基腈

31. 根据 IUPAC 或《化学文摘》规则命名下列结构。注意官能团的优先顺序。

(a) 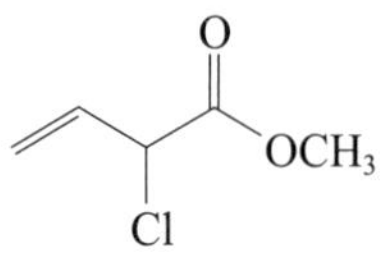 $CH_2=CH-CH(Cl)-\overset{O}{\overset{\|}{C}}-OCH_3$ (b) 1-羟基环丁烷上连 $CO_2CH_2CH_3$

(c) $CH_3CH_2\overset{O}{\overset{\|}{C}}\overset{O}{\overset{\|}{C}}NHCH_3$ (d) 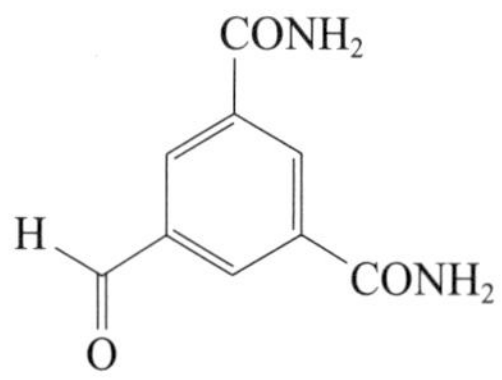 苯环 1,3,5-位分别连 CHO（H—C=O）、$CONH_2$、$CONH_2$

32. (**a**) 用共振式详细解释 20-1 节中所描述的羧酸衍生物的酸性次序。(**b**) 利用诱导效应论断羧酸衍生物酸性的相对次序。

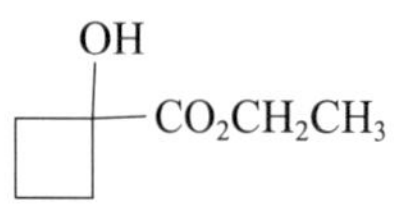

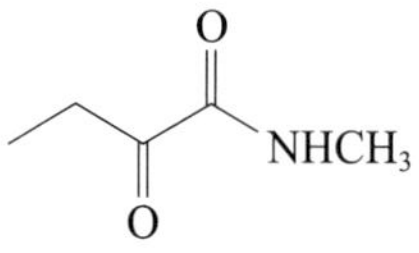

33. 试推测下列每对化合物中，针对所给定的性质，哪个更长、更强或更高。(**a**) C—X 键长：乙酰氟或乙酰氯；(**b**) 黑体标记 H 的酸性：**C**$\mathbf{H_2}$$(COCH_3)_2$ 或 **C**$\mathbf{H_2}$$(COOCH_3)_2$；(**c**) 对于亲核加成的反应活性：(i) 酰胺或 (ii) 酰亚胺（如下所示）；(**d**) 高能红外羰基伸缩振动频率：乙酸乙酯或乙酸乙烯酯。

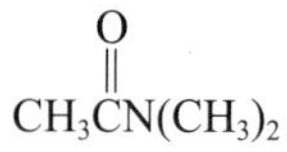

$$\underset{\text{i}}{CH_3\overset{O}{\overset{\|}{C}}N(CH_3)_2} \qquad \underset{\text{ii}}{CH_3\overset{O}{\overset{\|}{C}}\underset{CH_3}{\underset{|}{N}}\overset{O}{\overset{\|}{C}}CH_3}$$

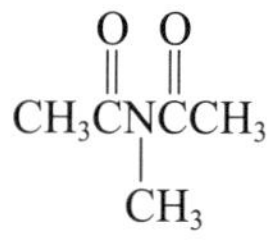

34. 写出下列各反应的产物。

(a) 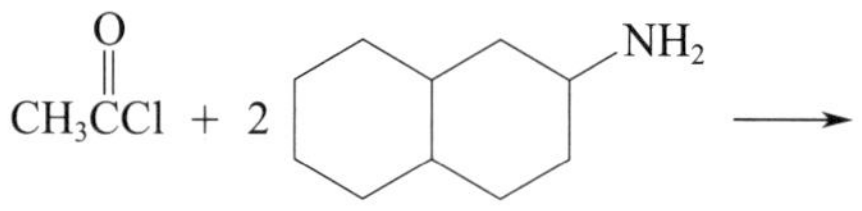 $CH_3\overset{O}{\overset{\|}{C}}Cl$ + 2 (十氢萘-2-胺，NH_2) $\longrightarrow$

(b) $(C_6H_5)_2CuLi$ + $CH_3CH_2CH_2CH_2CH_2\overset{O}{\overset{\|}{C}}Cl$ $\xrightarrow{THF}$

(c) $(CH_3)_3C\overset{O}{\overset{\|}{C}}Cl \xrightarrow{LiAl[OC(CH_3)_3]_3H,\ THF,\ -78\,^\circ C}$

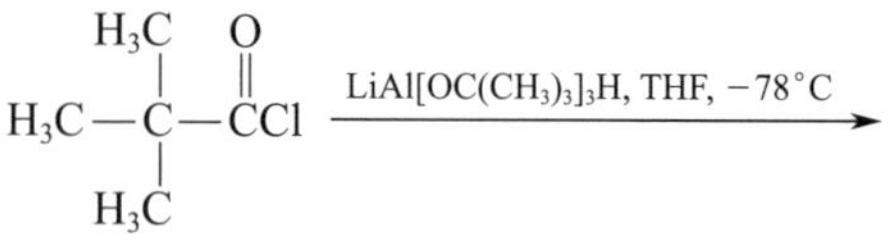

(d) 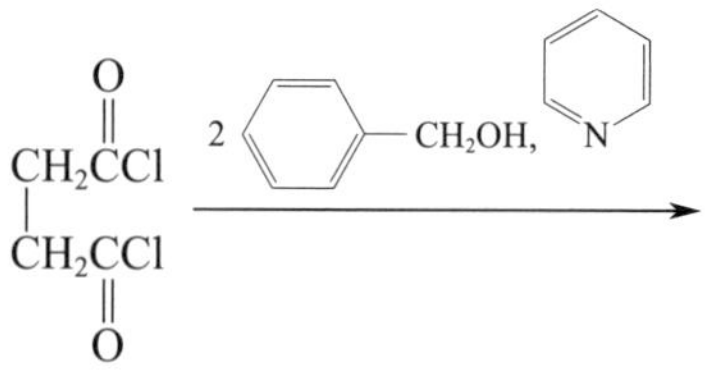 $Cl\overset{O}{\overset{\|}{C}}CH_2CH_2\overset{O}{\overset{\|}{C}}Cl \xrightarrow{2\ C_6H_5CH_2OH,\ \text{吡啶}}$

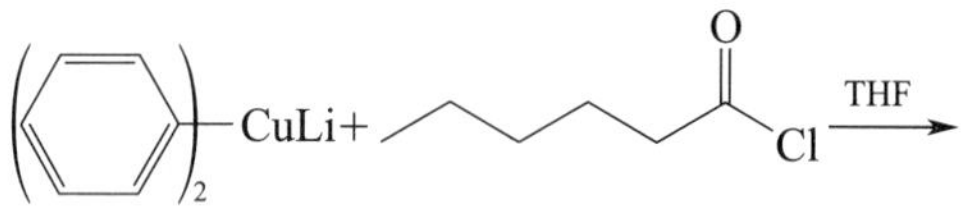

(e) [structure: OCH_3, H_3C, H_3C, $\overset{O}{\parallel}CCl$] $\xrightarrow{LiAl[OC(CH_3)_3]_3H,\ THF,\ -78°C}$

35. 写出教材 975 页所示的有关乙酰氯和 1-丙醇反应的机理。

36. 写出乙酸酐与下列各试剂反应的产物。假设在所有情况下试剂均过量存在。

(a) $(CH_3)_2CHOH$　　(b) NH_3

(c) C_6H_5—MgBr, THF；然后 H^+, H_2O

(d) $LiAlH_4$，$(CH_3CH_2)_2O$；然后 H^+，H_2O

37. 写出丁二酸酐（琥珀酸酐）与习题 36 中所列各试剂反应的产物。

38. 写出教材 978 页中所显示的丁二酸酐（琥珀酸酐）和甲醇反应的机理。

39. 写出戊酸甲酯与下列各试剂在指定条件下反应的产物。

(a) NaOH，H_2O，加热；然后 H^+，H_2O

(b) $(CH_3)_2CHCH_2CH_2OH$（过量），H^+

(c) $(CH_3CH_2)_2NH$，加热

(d) CH_3MgI（过量），$(CH_3CH_2)_2O$；然后 H^+，H_2O

(e) $LiAlH_4$，$(CH_3CH_2)_2O$；然后 H^+，H_2O

(f) $[(CH_3)_2CHCH_2]_2AlH$，甲苯，低温；然后 H^+，H_2O

40. 写出 γ-戊内酯（5-甲基氧杂-2-环戊酮，参见 20-4 节）与习题 39 中各试剂反应的产物。

41. 画出下列各化合物的结构。(a) β-丁内酯；(b) β-戊内酯；(c) δ-戊内酯；(d) β-丙内酰胺；(e) α-甲基-δ-戊内酰胺；(f) N-甲基-γ-丁内酰胺。

42. 写出 2-甲基丙酸乙酯（异丁酸乙酯）的酸催化酯交换反应形成相应甲酯的机理。该机理应该清楚地描述质子的催化作用。

43. 写出教材 984 页中所显示的 9-十八烯酸甲酯与 1-十二烷胺反应的机理。

44. 复习反应。写出下列由起始物转变成指定产物的试剂：(a) 将乙酰氯转化为乙酸己酐；(b) 将己酸甲酯变成 N-甲基己酰胺；(c) 己酰氯转化为己醛；(d) 己腈转化为己酸；(e) 己酸胺转化为己胺；(f) 己酰胺转化为戊胺；(g) 己酸乙酯转化为 3-乙基-3-辛醇；(h) 己腈转化为 1-苯基-1-己酮 $[C_6H_5CO(CH_2)_4CH_3]$。

45. 写出下列各反应的产物。

(a) [bicyclic diester: $COOCH_3$, $COOCH_3$] $\xrightarrow{1.\ KOH,\ H_2O;\ 2.\ H^+,\ H_2O}$

(b) [lactone: H_3C, CH_3CH_2, O, =O] $\xrightarrow{(CH_3)_2CHNH_2,\ CH_3OH,\ \triangle}$

(c) $\overset{O}{\parallel}HCOCH_3$ + cyclopentyl-MgBr (过量) $\xrightarrow{1.\ (CH_3CH_2)_2O,\ 20°C;\ 2.\ H^+,\ H_2O}$

(d) C_6H_5—$CH(CH_3)$—$COOCH_2CH_3$ $\xrightarrow{1.\ LDA,\ THF,\ -78°C;\ 2.\ CH_3I,\ HMPA;\ 3.\ H^+,\ H_2O}$

(e) cyclohexyl—$COOCH_3$ $\xrightarrow{1.\ (CH_3CHCH_2)_2AlH\ (CH_3),\ 甲苯,\ -60°C;\ 2.\ H^+,\ H_2O}$

46. 对于下面每个天然内酯，给出它们用碱性水溶液水解的产物结构。

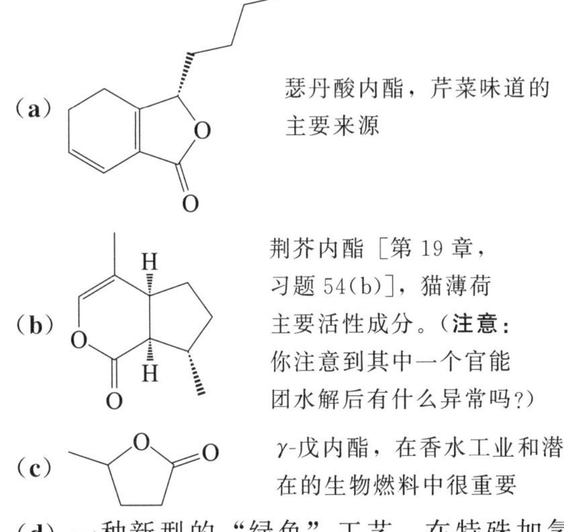

(a) 瑟丹酸内酯，芹菜味道的主要来源

(b) 荆芥内酯［第 19 章，习题 54(b)］，猫薄荷主要活性成分。(**注意**：你注意到其中一个官能团水解后有什么异常吗？)

(c) γ-戊内酯，在香水工业和潜在的生物燃料中很重要

(d) 一种新型的“绿色”工艺，在特殊加氢催化剂的作用下，通过氢气处理，能够把从废弃生物质中容易得到的乙酰丙酸（4-氧代戊酸，$CH_3COCH_2CH_2COOH$）转化为 γ-戊内酯。推测该反应如何发生。

47. (a) N,N-二乙基-3-甲基苯甲酰胺（N,N-二乙基-m-甲基苯甲酰胺），作为避蚊胺（DEET）销售，可能是世界上使用最广泛的驱虫剂，阻断蚊子和蜱虫传播疾病特别有效。建议用 3-甲基苯甲酸和任何其他适当的试剂制备一种或多种避蚊胺（见下文结构）。

（b）埃卡瑞丁（Icaridin，也称派卡瑞丁，参见下面的结构）是另一种有效的防蚊虫叮咬的驱虫剂。和避蚊胺一样，埃卡瑞丁会破坏蚊子的气味受体，使它们无法察觉人类。埃卡瑞丁中含羰基的官能团叫什么？与本章讨论的其他羧酸衍生物相比，推测它的羰基反应性？并予以解释。

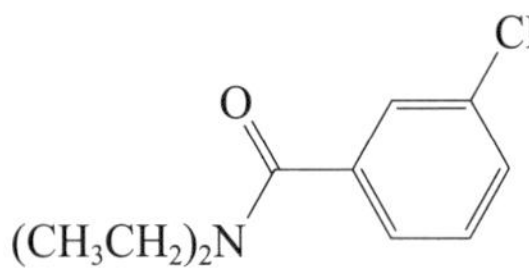

避蚊胺（DEET）

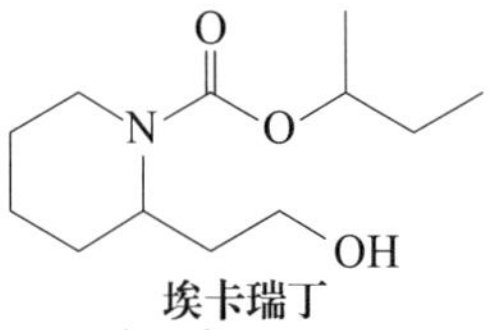

埃卡瑞丁（商业产品是四种立体异构体的混合物）

（c）推测埃卡瑞丁在碱性条件下的水解产物。（**提示**：从机理上检查反应过程，并寻找与20-7节中介绍的相似化合物。）

48.（a）与许多手性药物一样，广泛用于治疗注意力缺陷障碍的利他林被合成并作为外消旋混合物销售。合成活性对映体的路线（下示结构）始于硫酸二甲酯与六元环内酰胺的反应。提出这种反应的机理。

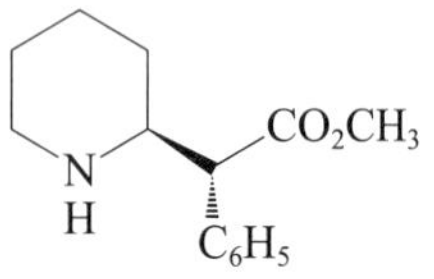

利他林（活性的立体异构体）

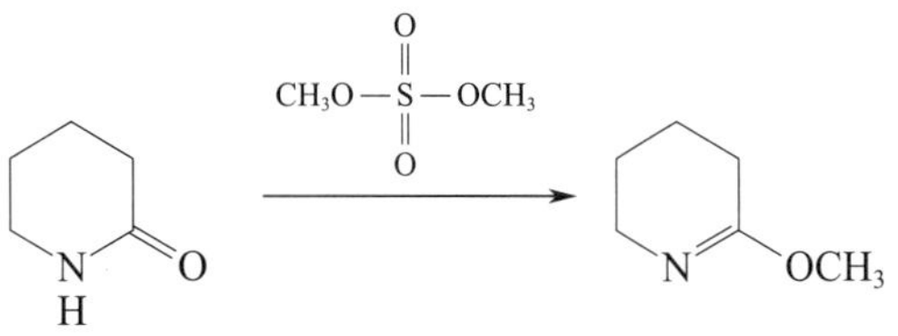

（b）利他林含有多少个立体中心？它们的绝对构型是什么（R 或 S）？利他林有多少个立体异构体，它们的结构有什么关系？

49. 写出由乙酸甲酯与氨反应形成乙酰胺（CH_3CONH_2）的机理。

50. 写出戊酰胺与习题39(a)、(e)、(f)中所用试剂进行反应的产物。写出 N,N-二甲基戊酰胺与习题39(a)、(e)、(f)中所用试剂反应的产物。

51. 写出教材991页中所示的3-甲基戊酰胺的酸催化水解机理。（**提示**：以19-7节中所描述的一般的酸催化加成-消除机理作为模型。）

52. 为了实现下列转化，需要什么试剂？（a）环己基甲酰氯→1-环己基-1-戊酮；（b）2-丁烯二酸酐（马来酸酐）→（Z）-2-丁烯-1，4-二醇；（c）3-甲基丁酰溴→3-甲基丁醛；（d）苯甲酰胺→1-苯基甲胺；（e）丙腈→3-己酮；（f）丙酸甲酯→4-乙基-4-庚醇。

53. 在下列每一个逆合成分析的断键（〰）处，给出能够形成所指示的C—C键的反应。

（a）（两种反应）

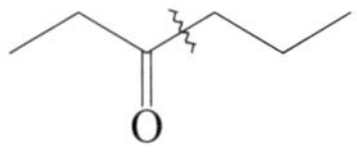

（b）

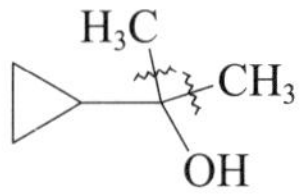

（c）

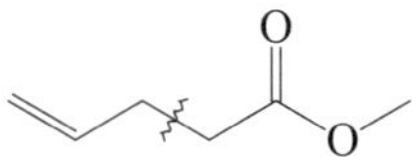

54. 用LDA处理，然后质子化，化合物A和B均发生顺-反异构化，但是化合物C不发生异构化。请予以解释。

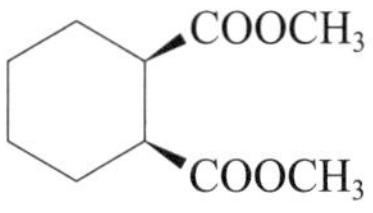

A 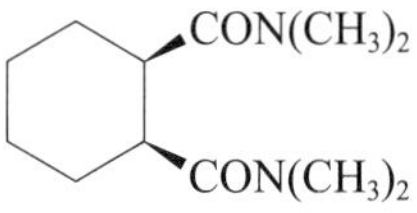　　B 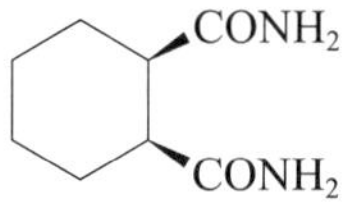　　C

55. 2-氨基苯甲酸（邻氨基苯甲酸）由1，2-苯二甲酸酐（邻苯二甲酸酐）通过下面所示的两个反应制得。解释这些过程的机理。

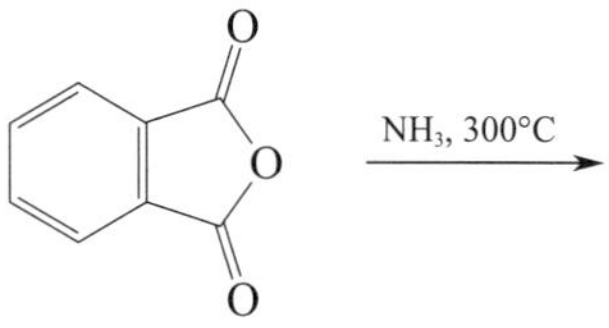

1，2-苯二甲酸酐（邻苯二甲酸酐）

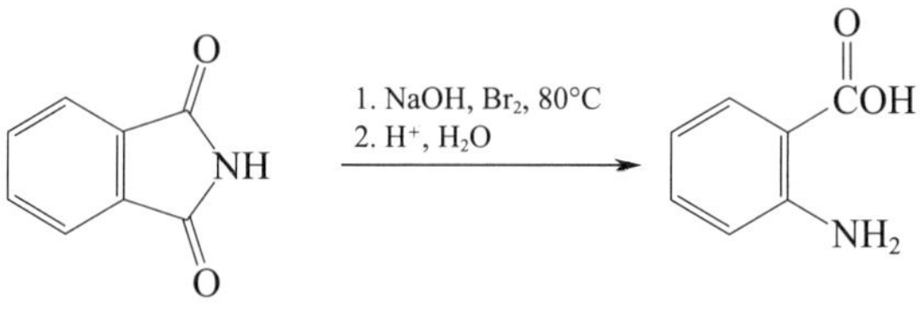

1，2-苯二甲酰亚胺（邻苯二甲酰亚胺）　　2-氨基苯甲酸（邻氨基苯甲酸）

56. 根据本章所讲述的反应写出酯和酰胺的反应总结图，类似于酰卤的反应总结图（图20-1）。比较每类化合物的反应性。这个结果与所了解的各官能团的相对反应性一致吗？

57. 说明如何由羧酸 A 或 B 合成氯苯那敏（见教材第 762 页，页边），该药物是几种减充血剂中使用的强效抗组胺药物。在每个合成中使用不同的酰胺。

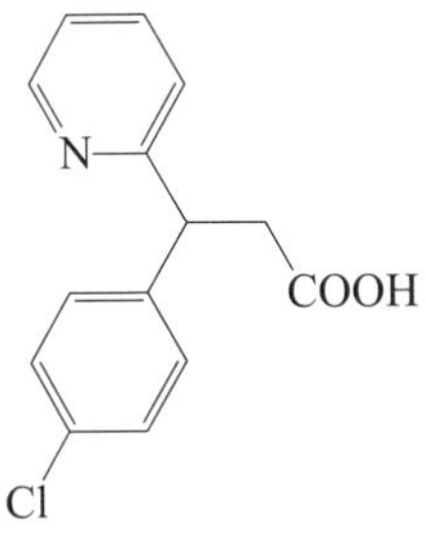

A

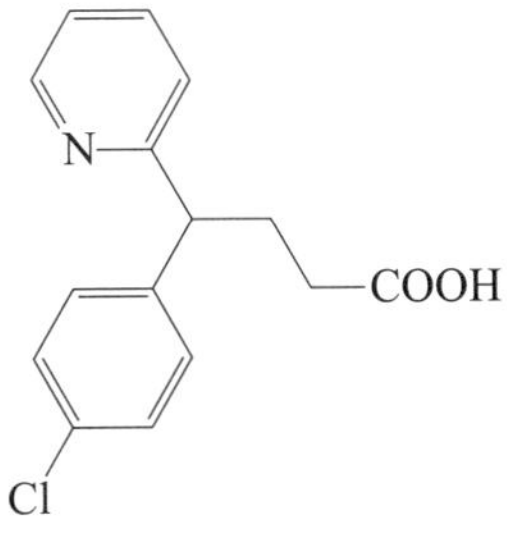

B

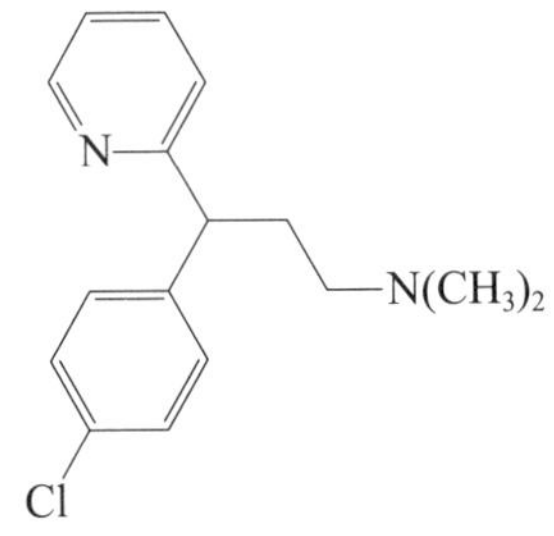

氯苯那敏

58. 红外光谱中，酯羰基的典型伸缩振动频率大约在$\tilde{\nu}=1740\ cm^{-1}$，但内酯的羰基吸收带随环的大小变化很大。下面给出了三个例子，随着内酯环的环数减小，羰基伸缩振动能量增大，请予以解释。

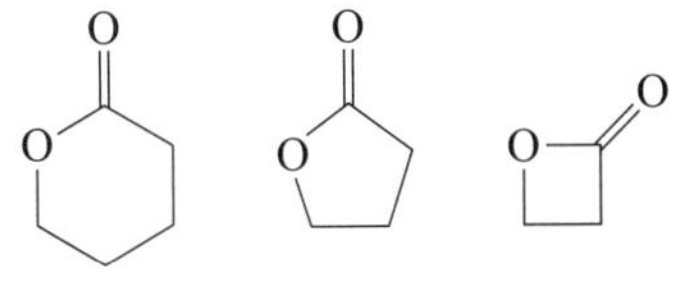

$\tilde{\nu}$ = 1735 cm⁻¹ 1770 cm⁻¹ 1840 cm⁻¹

59. 在完成一个合成实验后，每个化学工作者都会面对清洗玻璃器皿的工作。由于残留在玻璃器皿上的化合物，在某些情况下是危险的或者是具有令人不愉快的性质，因此在“清洗器皿”之前，认真地进行化学思考是有好处的。假设刚刚完成己酰氯的合成，将要进行习题 34(b) 的反应。然而在实验之前，你必须先清洗被酰氯污染的玻璃瓶。己酰氯和己酸都有难闻的气味。(**a**) 用肥皂和水清洗玻璃瓶是好主意吗？请予以解释。(**b**) 基于酰卤和不同羧酸衍生物的物理特性（特别是气味），给出一个更好的选择。

60. **挑战题** 表明你如何完成下列转化，其中分子左下端的酯官能团转化成羟基，而右上方的酯基则保留。（**提示：**不要试图进行酯水解。仔细看酯基是如何连在甾体母核上的，想一个基于酯交换反应的方法。）

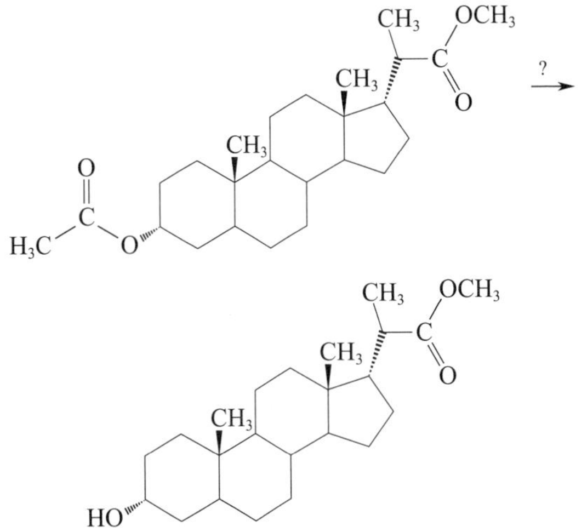

61. 从相对容易得到的孕甾烷家族中的甾体合成许多激素（比如睾酮）中关键的一步是从某些甾体脱除 C-17 的侧链。

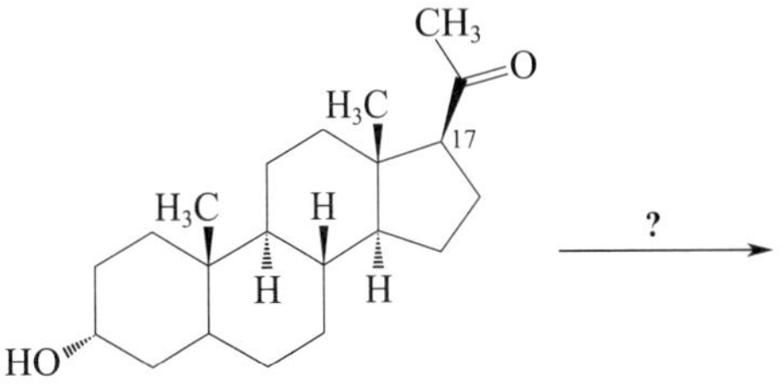

孕甾烷-3α-醇-20-酮

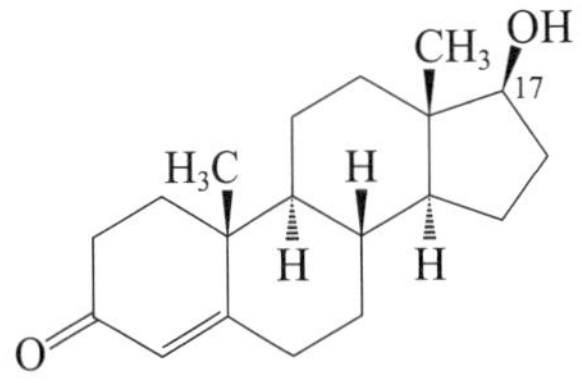

睾酮

你如何完成下面所示的相似转化反应，即由 1-环戊基-1-乙酮到环戊醇的反应？（**注意：**在这个和接下来的合成问题中，可能需要用到第 17 章～第 20 章中所讨论的羰基化学几个方面的反应。）

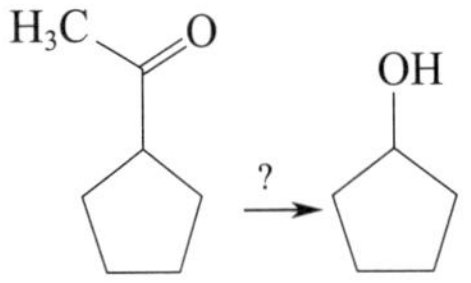

62. 提出一个合成路线，把羧酸 A 转变成为天然产物倍半萜 α-姜黄烯（α-curcumene）。

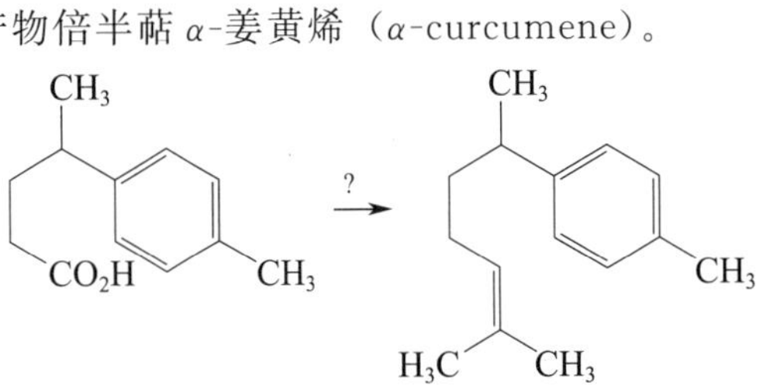

A α-姜黄烯

63. 提出一个合成途径，把内酯 A 转变成胺 B。B

是天然产物单萜 C 的一个前体。

A → ? → **B** → **C**

64. 挑战题 由所示的醇开始，提出一个合成 β-芹子烯（倍半萜家族中的普通一员）的方法，要在合成中使用腈。模型考察有助于获得所需要的立体化学方法。（1-甲基乙烯基是处在直立位还是平伏位？）

→ ? → **β-芹子烯**

65. 写出下列反应中第一个产物的结构，然后再提出一个反应式，最终将它转化为反应式末端所示的一个甲基取代的酮。这个例子描述了一个通用的合成方法，以把角甲基引入所制备的甾体中。（**提示：**必须保护羰基官能团。）

HCN → $C_{11}H_{15}NO$ → ?

IR: $\tilde{\nu}$ = 1715, 2250 cm^{-1}

66. 挑战题 NMR-A 和 NMR-B 中给出了两个羧酸衍生物的谱学数据。这些化合物可能含有 C、H、O、N、Cl 和 Br，但没有其他元素，确定化合物结构。

(a) ^1H NMR：谱图 A（一个信号被放大以显示多重峰中的所有峰）。^{13}C NMR (DEPT)：δ 9.20(CH_3)，21.9(CH_3)，28.0(CH_2)，67.4(CH)，174.0(C_{quat})；IR：$\tilde{\nu}$ = 1728cm^{-1}；高分辨质谱：m/z（分子离子）=116.0837。重要的 MS 碎片峰值见表所示。

(b) ^1H NMR：谱图 B。^{13}C NMR (DEPT)：δ 14.0(CH_3)，21.7(CH_3)，40.2(CH)，62.0(CH_2)，170.2(C_{quat})；IR：$\tilde{\nu}$=1739 cm^{-1}；高分辨质谱：未裂解的分子给出两个几乎等强度的峰：m/z = 179.9786 和 181.9766。由表可见重要的 MS 碎片峰。

未知 A 的质谱

m/z	相对于基峰的强度/%
116	0.5
101	12
75	26
57	100
43	66
29	34

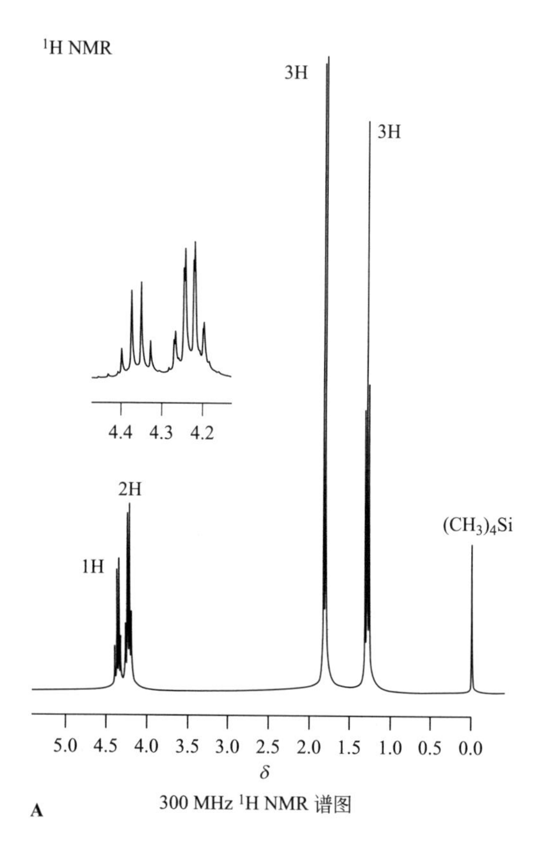

A 300 MHz ^1H NMR 谱图

未知 B 的质谱

m/z	相对于基峰的强度/%
182	13
180	13
109	78
107	77
101	3
29	100

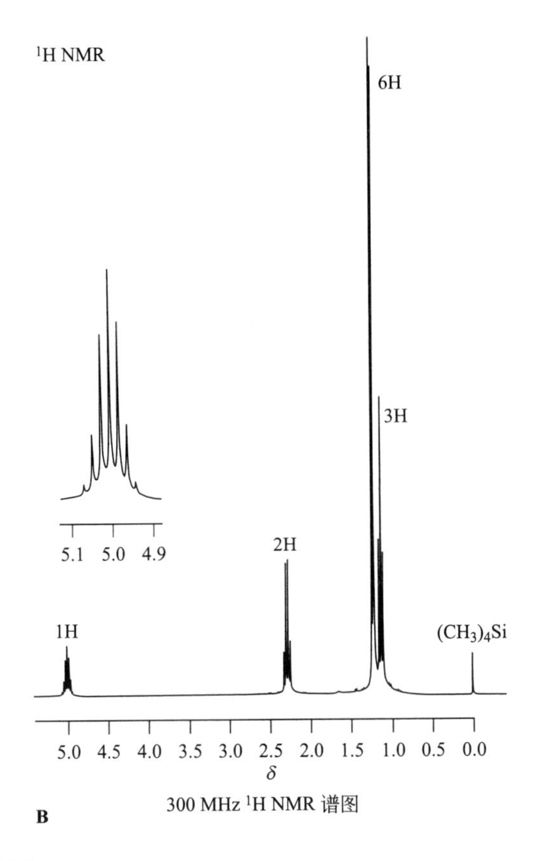

300 MHz ^{1}H NMR 谱图

B

团队练习

67. 傅-克（Friedel-Crafts）酰基化反应最好用酰卤来进行。尽管其他羧酸衍生物，比如酸酐和酯也可以发生这个反应，但是这些试剂具有一些缺点，这是本习题的主题。

大家先一起来讨论 15-13 节中酰卤和酸酐形成酰基正离子的机理，然后分成两组，分析下列两个反应的结果。用所给的 NMR 谱图数据进一步验证所确定产物的结构。（**提示：** D 通过 C 形成。）

苯 + $CH_3COOCOCH(CH_3)_2$ $\xrightarrow{AlCl_3}$ A (C_8H_8O) + B ($C_{10}H_{12}O$)

苯 + $CH_3COOCH_2CH_3$ $\xrightarrow{AlCl_3}$ A (C_8H_8O) + C (C_8H_{10}) + D ($C_{10}H_{12}O$)

化合物 A 中 ^{1}H NMR：δ 2.60（s，3H），7.40～7.50(m,2H)，7.50～7.60(m,1H)，7.90～8.00(m,2H)。

化合物 B 中 ^{1}H NMR：δ 2.22（d，6H），3.55(sep，1H)，7.40～7.50（m，2H），7.50～7.60(m,1H)，7.90～8.00(m,2H)。

化合物 C 中 ^{1}H NMR：δ 1.20(t,3H)，2.64(q,2H)，7.10～7.30(m,5H)。

化合物 D 中 ^{1}H NMR：δ 1.25(t,3H)，2.57(s,3H)，2.70(q,2H)，7.20(d,2H)，7.70(d,2H)。

一起讨论你们的答案。特别注意，在使用所示试剂时所引起问题复杂性的本质。最后，通过运用反应的机理提出所得产物的结构。

苯 + 丁二酸酐 $\xrightarrow{AlCl_3}$ $C_{10}H_{10}O_3$ $\xrightarrow{Zn(Hg),\ HCl,\ \triangle}$

$C_{10}H_{12}O_2$ $\xrightarrow{SOCl_2}$ $C_{10}H_{11}ClO$ $\xrightarrow{AlCl_3}$ $C_{10}H_{10}O$

预科练习

68. 下面所示化合物的 IUPAC 命名是什么？（**a**）2-氟-3-甲基丁酸异丙酯；（**b**）2-氟异丁酰基-2-丙酸酯；（**c**）2-氟-丁酸-1-甲基乙基酯；（**d**）2-氟异丙基异丙酸酯；（**e**）2-氟-2-甲基丙酸-1-甲基乙基酯。

$(CH_3)_2CFCO_2CH(CH_3)_2$

69. 给出 $(CH_3)_2CHOC^{18}OCH_2CH_2CH_3$ 和 NaOH 水溶液的皂化反应。

（**a**）$(CH_3)_2CHCO_2^-Na^+ + CH_3CH_2CH_2{}^{18}OH$；

（**b**）$(CH_3)_2CHC(=O)^{18}O^-Na^+ + CH_3CH_2CH_2OH$；

（**c**）$(CH_3)_2CHOCH_2CH_2CH_3 + C\equiv{}^{18}O$；

（**d**）$(CH_3)_2CHCHO + CH_3CH_2CH_2{}^{18}OH$。

70. 化合物 A 的最好表述是（**a**）酰胺；（**b**）内酰胺；（**c**）醚；（**d**）内酯。

$H_2C—C=O$
$H_2C—O$（四元环）

A

71. 下面三种物质哪个更易在碱性条件下水解？

（**a**）$C_6H_5COOCH_3$　（**b**）C_6H_5COCl

(c) $C_6H_5\overset{O}{\overset{\|}{C}}NH_2$

习题解答

30. (**a**) 3-甲基丁酰碘　(**b**) 1-甲基环戊酰氯

(**c**) 三氟乙酸酐　(**d**) 丙酸苯甲酸酐

(**e**) 2,2-二甲基丙酸乙酯　(**f**) *N*-苯基乙酰胺

(**g**) $CH_3CH_2CH_2\overset{O}{\overset{\|}{C}}OCH_2CH_2CH_3$　(**h**) $CH_3CH_2\overset{O}{\overset{\|}{C}}OCH_2CH_2CH_2CH_3$

(**i**) $C_6H_5\overset{O}{\overset{\|}{C}}OCH_2CH_2Cl$　(**j**) $C_6H_5\overset{O}{\overset{\|}{C}}N(CH_3)_2$

(**k**) $CH_3CH_2CH_2CH_2\overset{CH_3}{\overset{|}{C}}HCN$　(**l**) 环戊基—CN

31. (**a**) 2-氯-3-丁烯酸甲酯　(**b**) 1-羟基环丁基甲酸乙酯

(**c**) *N*-甲基-2-氧代丁酰胺　(**d**) 5-醛基-1,3-二甲酰胺基苯

32. 指导原则是酸的强度与其形成共轭碱的能力相关，这种能力基于共轭碱接纳负电荷的能力（2-2节）。我们知道（20-1节）羧酸衍生物 α-H 的酸性是按照下述顺序递增的：酰胺（酸性最弱）＜酯＜醛＜酰卤（酸性最强）。(**a**) 我们已经知道（18-1节）烯醇负离子中电荷在氧原子和碳原子之间的共振离域效应一定程度上解释了 α-H 的酸性。$R\overset{O}{\overset{\|}{C}}L$ 中 L 的孤对电子对氧原子的共轭效应将会与碳负离子的共振发生竞争作用。净的结果是对烯醇负离子结构的去稳定化。(**b**) 因此，随着 L 的电负性增加，负电荷的稳定性也会相应增加，实验观察的结果也支持这个观点。

33. (**a**) 乙酰氯更长（Cl 比 F 更大，因此键更长）；

(**b**) $CH_2(COCH_3)_2$ 更强（酮的 α-H 比酯的 α-H 酸性更强）；

(**c**) 酰亚胺更强（N 上的孤对电子被两个羰基共用，所以它对羰基的亲核反应抑制能力没有酰胺中的 N 那么强。注意酰胺和酰亚胺的关系与酯和酸酐的关系比较类似）；

(**d**) 乙酸乙烯酯更高($CH_3\overset{O}{\overset{\|}{C}}-\ddot{O}-CH=CH_2 \longleftrightarrow CH_3\overset{O}{\overset{\|}{C}}-\overset{+}{O}=CH-\overset{-}{\ddot{C}}H_2$ 共振作用降低了氧对羰基的给电子效应。所以共振式 $CH_3\overset{O^-}{\overset{|}{C}}=\overset{+}{O}-CH=CH_2$ 的权重降低了，从而加强了碳-氧双键的键强并使其红外伸缩振动峰频率增大，达到了 1760 cm^{-1}）。

34. (**a**) 十氢萘基—$NH\overset{O}{\overset{\|}{C}}CH_3$ + 十氢萘基—$\overset{+}{N}H_3Cl^-$　(**b**) $CH_3(CH_2)_4\overset{O}{\overset{\|}{C}}C_6H_5$

(**c**) $(CH_3)_3\overset{O}{\overset{\|}{C}}CH$　(**d**) $C_6H_5CH_2O\overset{O}{\overset{\|}{C}}CH_2CH_2\overset{O}{\overset{\|}{C}}OCH_2C_6H_5$　(**e**) CH_3，H_3C，$\overset{CH}{\underset{O}{\|}}$ 略

35. $H_3C-\overset{\overset{\ddot{O}:}{\|}}{C}-Cl + H\ddot{O}CH_2CH_2CH_3 \longrightarrow H_3C-\overset{:\ddot{O}:^-}{\underset{H-\ddot{O}^+-CH_2CH_2CH_3}{C}}-Cl \longrightarrow$

$H_3C-\overset{\overset{:O:}{\|}}{C}-\overset{+}{\ddot{O}}(H)-CH_2CH_2CH_3 \longrightarrow H_3C-\overset{\overset{:O:}{\|}}{C}-\ddot{O}CH_2CH_2CH_3$

36. 对于这道题和习题 37，我们都默认产物经过了酸性水溶液的后处理。

（**a**） $CH_3\overset{O}{\overset{\|}{C}}OCH(CH_3)_2 + CH_3\overset{O}{\overset{\|}{C}}OH$　（**b**） $CH_3\overset{O}{\overset{\|}{C}}NH_2 + CH_3\overset{O}{\overset{\|}{C}}OH$

（**c**） $C_6H_5-\overset{OH}{\underset{CH_3}{C}}-C_6H_5 + CH_3\overset{O}{\overset{\|}{C}}OH$　（**d**） 2 CH_3CH_2OH

37. （**a**） $(CH_3)_2CHO\overset{O}{\overset{\|}{C}}CH_2CH_2\overset{O}{\overset{\|}{C}}OH$　（**b**） $HO\overset{O}{\overset{\|}{C}}CH_2CH_2\overset{O}{\overset{\|}{C}}NH_2$

（**c**） $HO\overset{O}{\overset{\|}{C}}CH_2CH_2\overset{OH}{\underset{C_6H_5}{C}}-C_6H_5$　（**d**） $HOCH_2CH_2CH_2CH_2OH$

38. 琥珀酸酐（$:\ddot{O}:$，O，O）$+ CH_3\ddot{O}H \longrightarrow$（$^-:\ddot{O}$，$H-O^+CH_3$，O，O）$\longrightarrow$（$H-\ddot{O}$，$\ddot{O}CH_3$，$:\ddot{O}:$，O）$\longrightarrow$

$CH_3O\overset{O}{\overset{\|}{C}}CH_2CH_2\overset{O}{\overset{\|}{C}}\ddot{O}:^- + H^+ \longrightarrow CH_3O\overset{O}{\overset{\|}{C}}CH_2CH_2\overset{O}{\overset{\|}{C}}\ddot{O}H$

39. （**a**） $CH_3CH_2CH_2CH_2CO_2H$　（**b**） $CH_3CH_2CH_2CH_2\overset{O}{\overset{\|}{C}}OCH_2CH_2CH(CH_3)_2$

（**c**） $CH_3CH_2CH_2CH_2\overset{O}{\overset{\|}{C}}N(CH_2CH_3)_2$　（**d**） $CH_3CH_2CH_2CH_2\overset{OH}{\underset{CH_3}{C}}CH_3$

（**e**） $CH_3CH_2CH_2CH_2CH_2OH$　（**f**） $CH_3CH_2CH_2CH_2\overset{O}{\overset{\|}{C}}H$

40. （**a**） $CH_3\overset{OH}{C}HCH_2CH_2CO_2H$　（**b**） $CH_3\overset{OH}{C}HCH_2CH_2\overset{O}{\overset{\|}{C}}OCH_2CH_2CH(CH_3)_2$

（**c**） $CH_3\overset{OH}{C}HCH_2CH_2\overset{O}{\overset{\|}{C}}N(CH_2CH_3)$　（**d**） $CH_3\overset{OH}{C}HCH_2CH_2\overset{OH}{\underset{CH_3}{C}}CH_3$

（**e**） $CH_3\overset{OH}{C}HCH_2CH_2CH_2OH$

（f） 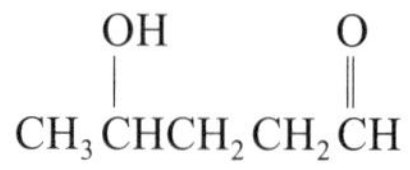 $CH_3CH(OH)CH_2CH_2CHO$，将会转化为环状半缩醛 H_3C–（五元环，O）–OH

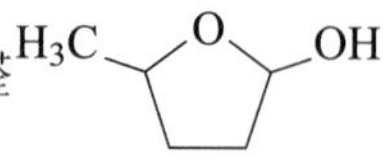

41. （a） 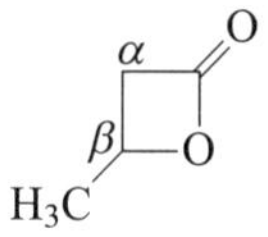 α β H_3C O （b） 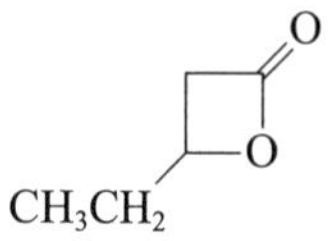 CH_3CH_2 O （c） 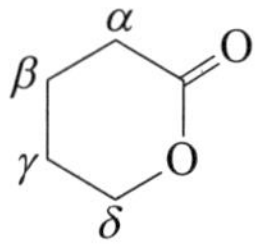 α β γ δ O

（d） 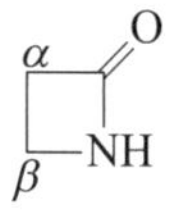 α β NH （e） 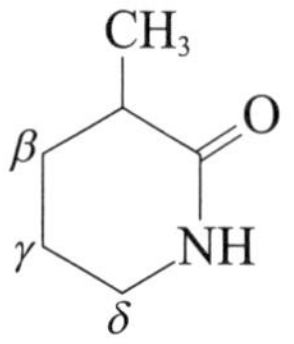 CH_3 β γ δ NH O （f） 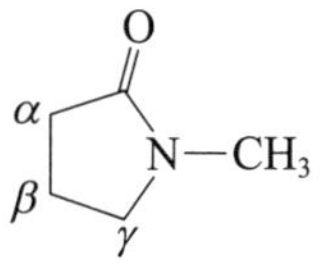 α β γ N—CH_3 O

42. $(CH_3)_2CHCOOCH_2CH_3 \overset{H^+}{\rightleftharpoons} (CH_3)_2CHC(=\overset{+}{O}H)OCH_2CH_3 \overset{CH_3OH}{\rightleftharpoons}$

$(CH_3)_2CHC(OH)(OCH_2CH_3)(\overset{+}{O}HCH_3) \underset{-H^+}{\overset{H^+}{\rightleftharpoons}} (CH_3)_2CHC(OH)(OCH_3)(\overset{+}{O}HCH_2CH_3) \xrightleftharpoons{-H^+,\ CH_3CH_2OH} (CH_3)_2CHCOOCH_3$

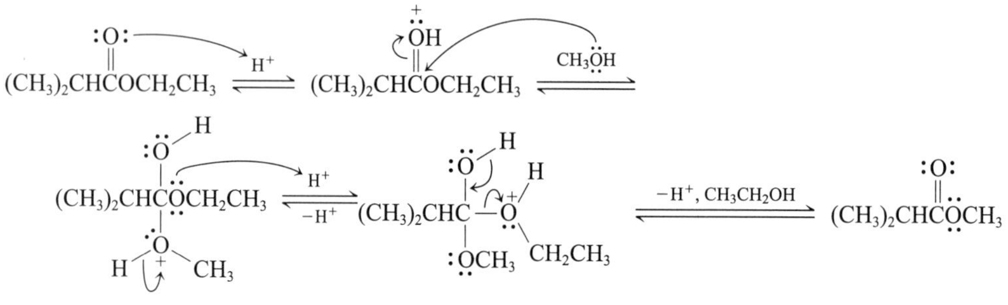

43. $CH_3(CH_2)_7CH=CH(CH_2)_7COOCH_3 + H_2N(CH_2)_{11}CH_3 \longrightarrow CH_3(CH_2)_7CH=CH(CH_2)_7C(O^-)(OCH_3)\overset{+}{N}H_2(CH_2)_{11}CH_3 \longrightarrow$

$CH_3(CH_2)_7CH=CH(CH_2)_7C(O^-)(OCH_3)NH(CH_2)_{11}CH_3 + H^+ \longrightarrow CH_3(CH_2)_7CH=CH(CH_2)_7C(O^-)(\overset{+}{O}HCH_3)NH(CH_2)_{11}CH_3 \longrightarrow$

$CH_3(CH_2)_7CH=CH(CH_2)_7C(=O)NH(CH_2)_{11}CH_3$

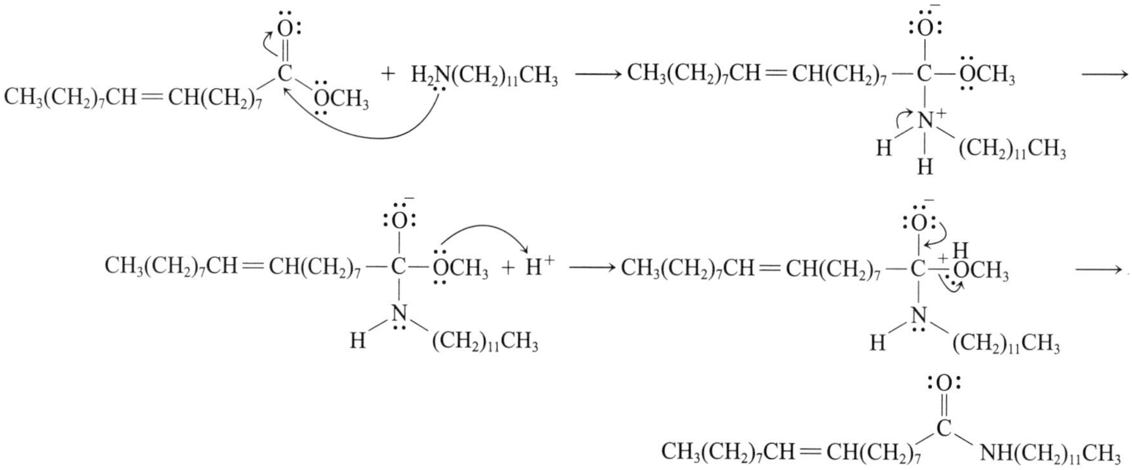

44. （a）己酸；（b）CH_3NH_2，加热；
（c）DIBAL，−60 ℃；（d）H^+ 或 OH^-，H_2O，加热；
（e）$LiAlH_4$；（f）Br_2，NaOH，H_2O；
（g）CH_3CH_2MgBr（2 倍计量比）；（h）C_6H_5MgBr。

45. （a） 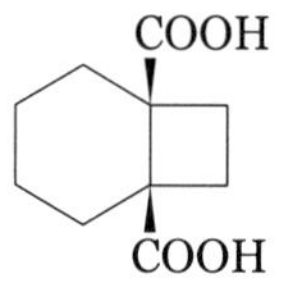 COOH COOH （b） 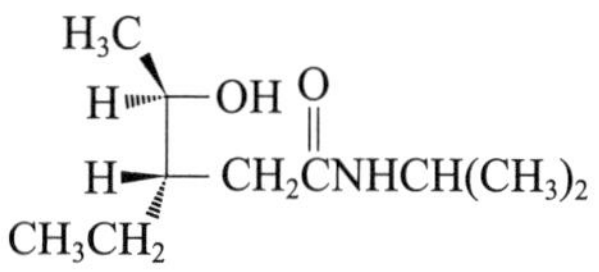 H_3C H—OH H— $CH_2CONHCH(CH_3)_2$ CH_3CH_2

（c） 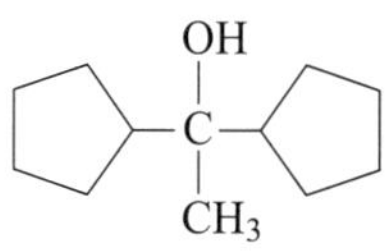 OH C CH_3 （H^+，H_2O 淬灭后） （d） 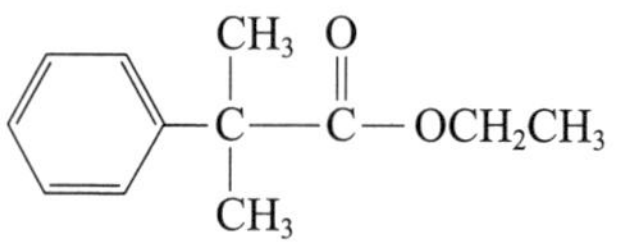 $C_6H_5C(CH_3)_2COOCH_2CH_3$

（e） 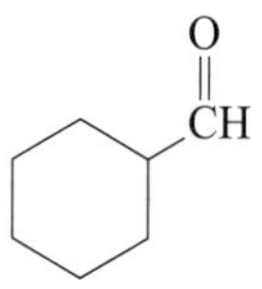 CHO（环己基甲醛）

46. 前三个答案中，都默认反应完成后将羧酸盐产物酸化处理成中性的酸。

（a） $\xrightarrow{^{-}OH,\ H_2O}$ OH CO_2H

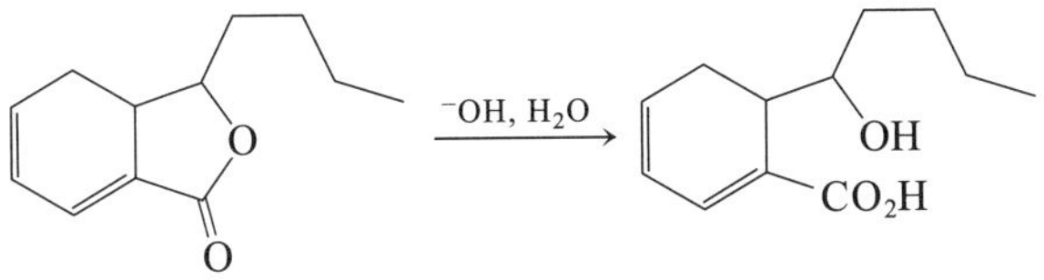

（b） $\xrightarrow{^{-}OH,\ H_2O}$ 烯醇，将异构化为醛 OH HO_2C $\longrightarrow$ OHC HO_2C

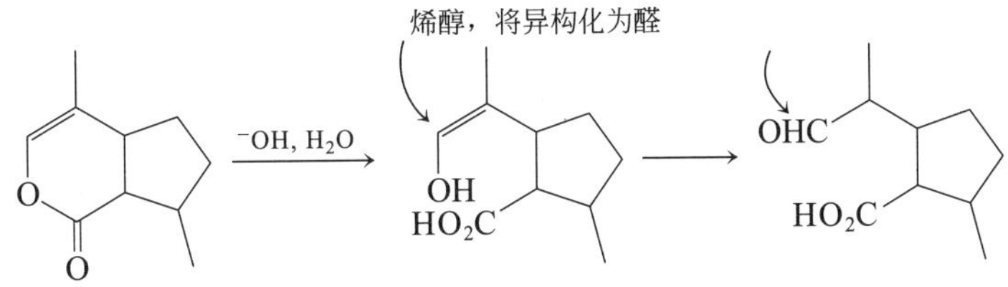

（c） O O $\xrightarrow{^{-}OH,\ H_2O}$ OH CO_2H

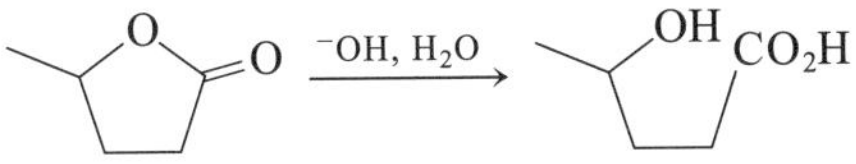

（d） O CO_2H $\xrightarrow{H_2,\text{催化剂}}$ OH CO_2H $\xrightarrow{\text{内酯化}}$ O O

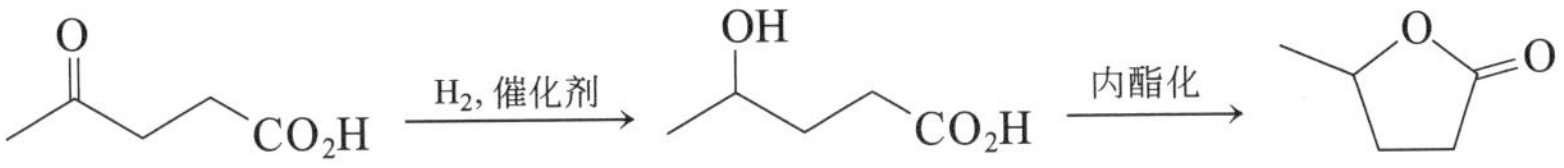

47.（a）酰胺可以由酸直接制备而来，或者由酸酐（效率比较低，因为两分子羰基只有一分子可以转化为产物）、酰卤以及酯间接制备。因此我们有如下选择：

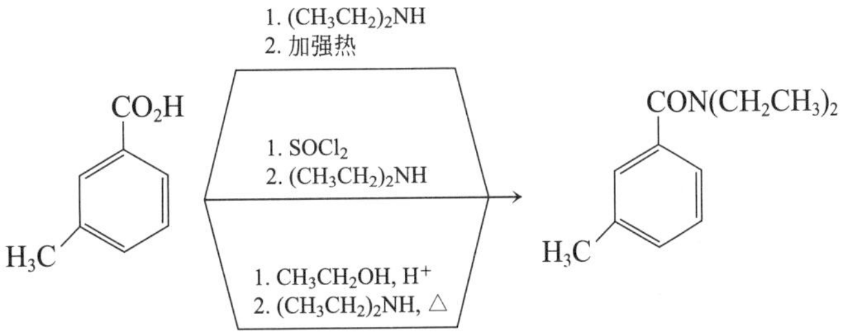

CO_2H / H_3C → $CON(CH_2CH_3)_2$ / H_3C

1. $(CH_3CH_2)_2NH$ 2. 加强热

1. $SOCl_2$ 2. $(CH_3CH_2)_2NH$

1. CH_3CH_2OH, H^+ 2. $(CH_3CH_2)_2NH$, △

方法一：胺与酸直接反应，首先生成盐；在强热下盐转化为酰胺，同时失去水分子。方法二：先转化为酰氯，再与胺作用生成酰胺，同时失去 HCl。通常使用过量的胺，以中和生成的碱。方法三：与任何便宜的醇（这里选择的是乙醇）发生酯化反应，然后在温和的条件下与胺反应。

（b）这个基团是氨基甲酸甲酯或氨基甲酸乙酯这类氨基甲酸酯类化合物的官能团（课本 990 页）。由于来自氧和氮的孤对电子都可以通过共振提高羰基氧的电子云密度，所以它的反应活性比本章中讨论过的所有常见衍生物都要弱。

（c）水解过程如下，同时裂解氨基甲酸酯的酰胺和酯的部分。

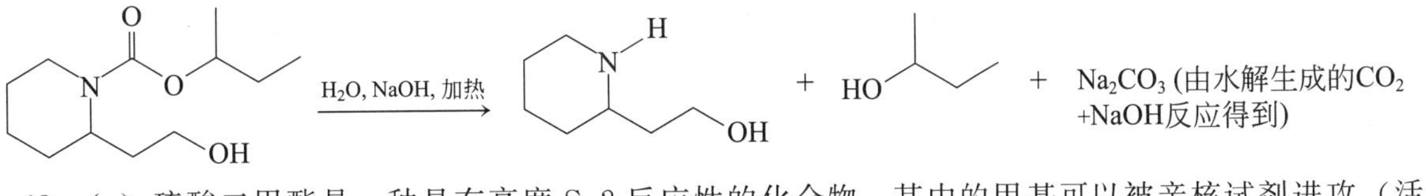

O N O OH $\xrightarrow{H_2O,\ NaOH,\ \text{加热}}$ N H OH + HO + Na_2CO_3 (由水解生成的CO_2 +NaOH反应得到)

48.（a）硫酸二甲酯是一种具有高度 S_N2 反应性的化合物，其中的甲基可以被亲核试剂进攻（活性和 CH_3I 接近）。这个过程离去了一个好的离去基团：硫酸甲酯阴离子。反应底物环酰胺（内酰胺）有两个可能的亲核原子：氮原子和氧原子。氧原子与亲电试剂反应可以得到稳定的共振中间体，而氮却无法得到类似的结构。因此我们可以按照以下方式书写反应机理：

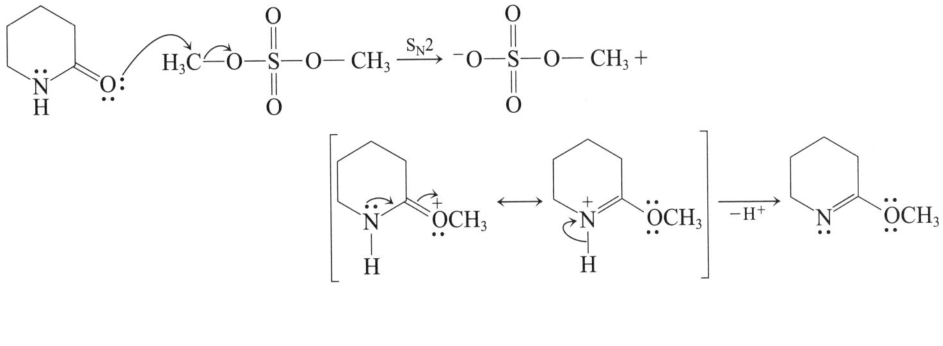

N H O: + $H_3C-O-\overset{O}{\underset{O}{S}}-O-CH_3$ $\xrightarrow{S_N2}$ $^{-}O-\overset{O}{\underset{O}{S}}-O-CH_3$ +

[N H $\overset{+}{O}CH_3$ ⟷ $\overset{+}{N}$ H $\ddot{O}CH_3$] $\xrightarrow{-H^+}$ N $\ddot{O}CH_3$

（**b**）利他林有两个手性中心，一个位于环内的取代碳原子处，另一个位于侧链上与主链连接的碳原子处。因此，它将具有四种光学异构体，也就是两对互为镜像关系的对映体。具有活性的结构其环内碳原子为 S 构型，侧链碳原子为 R 构型。

49. CH_3COCH_3（C=O）$+ :NH_3 \longrightarrow CH_3C(O^-)(^+NH_3)—OCH_3 \rightarrow \rightarrow$（参见习题43）$CH_3C(O^-)(:NH_2)—\overset{+}{O}(H)CH_3 \longrightarrow CH_3C(=O)NH_2 + CH_3OH$

50. 使用戊酰胺作底物将生成（a）戊酸，（e）戊胺和（f）戊醛；使用 N,N-二甲基戊酰胺作底物对于（a）和（f）而言将生成相同的产物，而在这种情况下使用 $LiAlH_4$ 还原将产生 N,N-二甲基戊胺，$CH_3CH_2CH_2CH_2CH_2N(CH_3)_2$。

51.（酰胺酸催化水解机理图：酰胺羰基质子化 → 水进攻 → 四面体中间体 → 质子转移 → 脱去 NH_3 → 羧酸）

52.（**a**）$(CH_3CH_2CH_2CH_2)_2CuLi$；然后 H^+，H_2O；（**b**），（**d**）$LiAlH_4$，$(CH_3CH_2)_2O$；然后 H^+，H_2O；（**c**）$LiAl[OC(CH_3)_3]H$；然后 H^+，H_2O；（**e**），（**f**）$CH_3CH_2CH_2MgBr$，$(CH_3CH_2)_2O$；然后 H^+，H_2O。

53.（**a**）丙醛 $\xrightarrow[2.\ H^+,\ H_2O]{1.\ CH_3CH_2CH_2MgBr}$ 3-己醇 $\xrightarrow{Na_2Cr_2O_7,\ H_2SO_4,\ H_2O}$ 3-己酮

（**b**）环丙基—$CO_2CH_2CH_3$ $\xrightarrow[2.\ H^+,\ H_2O]{1.\ 2\ CH_3MgI}$ 环丙基—$C(CH_3)_2OH$（H_3C，CH_3，OH）

（**c**）$CH_3CO_2CH_3$ $\xrightarrow{1.\ LDA;\ 2.\ 烯丙基溴(Br)}$ 4-戊烯酸甲酯

54. 在 A 和 B 中，酸性最强的氢原子是 α-H。去质子化后再质子化是其异构化的机理

A（顺式环己烷-1,2-二甲酸二甲酯，H，$COOCH_3$，$COOCH_3$，H）$\xrightarrow[THF]{LDA}$ 碳负离子（$COOCH_3$，$COOCH_3$，H）$\xrightarrow{H^+,\ H_2O}$ 反式产物（$COOCH_3$，H，$COOCH_3$，H）

A　　　　（B同理）

在 C 中，酸性最强的氢位于氮原子上，α-H 并不会被脱去，所以并不会观察到异构化现象。

55. 机理与酰胺的形成和霍夫曼重排有关。在生成邻苯二酰亚胺的过程中，只显示了反应过程中发生转移的质子。

（邻苯二甲酸酐 + $:NH_3$ → 四面体中间体（^-O，$\overset{+}{N}H_3$）⇌（^-O，NH_2，$\overset{+}{O}H$）→）

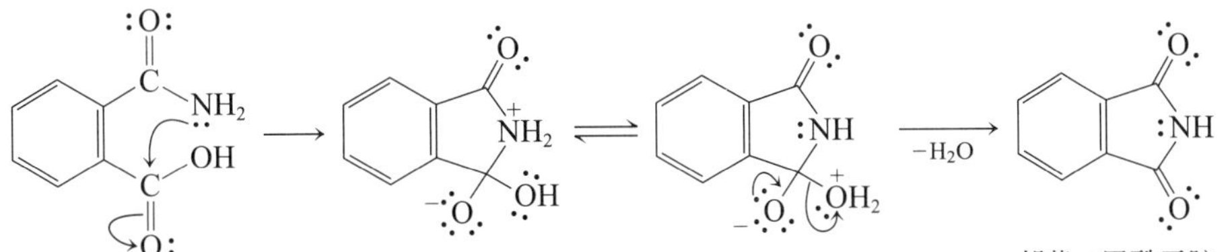

邻苯二甲酰亚胺

然后

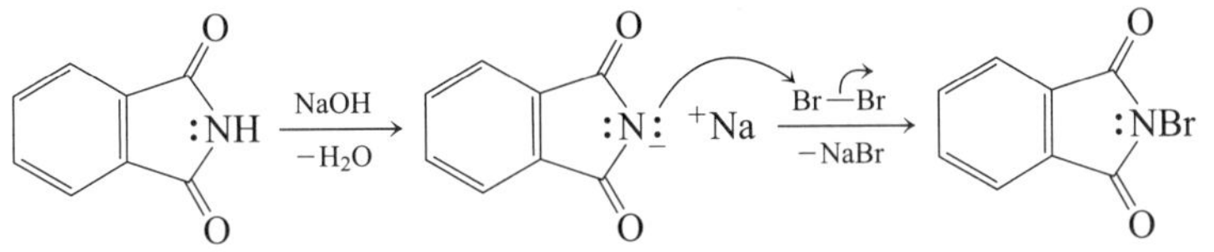

接下来怎么办？氮原子上一个氢原子都不剩了，所以你应该如何得到可以重排成异氰酸酯的 *N*-卤酰胺中间体呢？

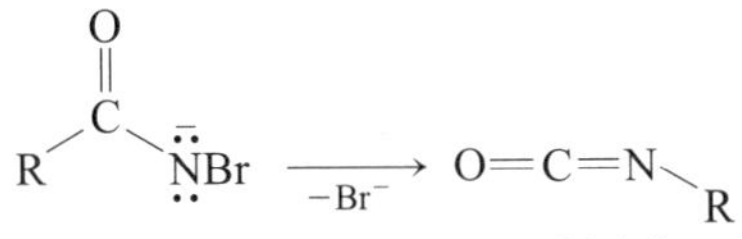

N-卤酰胺　　异氰酸酯

答案是：因为反应在强碱中进行，所以可以用氢氧根进行加成-消除反应。

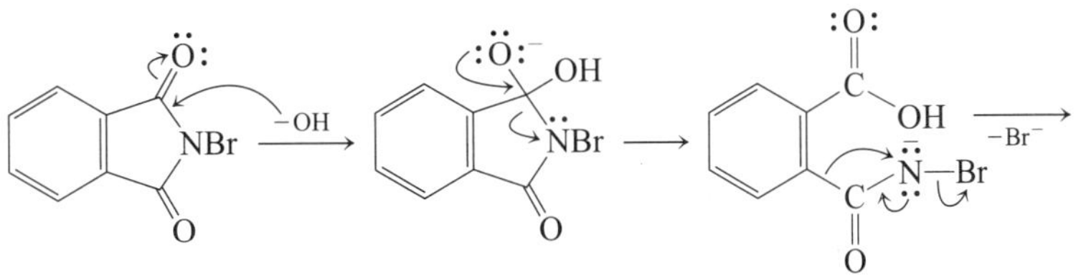

(现在你已经上道了，按照20-7节一样的方法进行)

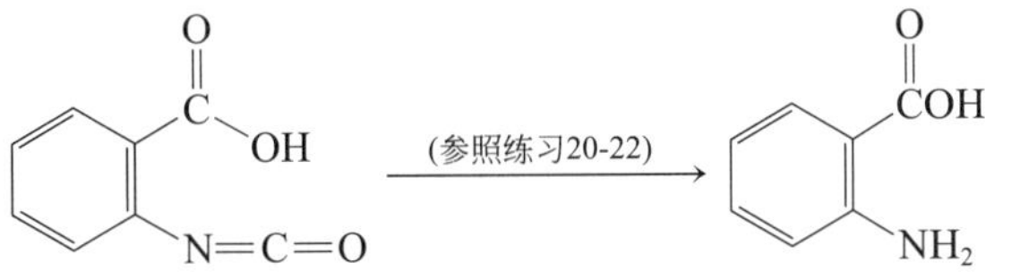

(参照练习20-22)

56. 自行解释。

57. 由 A 合成：1. $SOCl_2$，2. $(CH_3)_2NH$（生成酰胺），3. $LiAlH_4$，$(CH_3CH_2)_2O$，之后 H^+，H_2O。由 B 合成：1. $SOCl_2$，2. NH_3，3. Cl_2，NaOH（霍夫曼重排，失去 CO_2 并生成简单的胺），4. $2CH_3I$，NaOH（氨基氮原子的 S_N2 甲基化）。注意 B 中多出一个碳原子，由霍夫曼反应消去。

58. 偶极子的共振形式削弱了羰基 C—O 键并降低了它的伸缩振动频率，并且右侧的共振式生成了第二个 sp^2 杂化碳原子，导致环的张力增加，所以越小的环削弱作用越不明显。

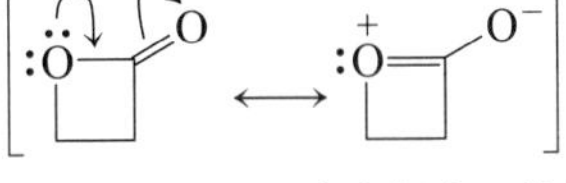

张力很大，共振形式相对不重要

59. (**a**) 这不是一个好主意。剩余的己酰氯会转化成己酸，闻起来就像炎炎夏日里的一片羊群的味道。

(**b**) 用醇类化合物如乙醇清洗。与己酰氯的反应将生成己酸乙酯，闻起来像新鲜的水果。这要比己酸好多了。

60. 使用甲醇和 H^+ 进行反应！上方的甲酯不会有变化，因为唯一的亲核试剂就是甲醇。但是，左下侧的酯基将发生交换反应得到乙酸甲酯，胆固醇中的羟基将被释放出来。

$$CH_3C(=O)—O—胆固醇 \xrightarrow{H^+,\ CH_3OH} CH_3C(=O)—O—CH_3 + HO—胆固醇$$

61. Baeyer-Villiger 氧化，之后进行酯的水解反应。

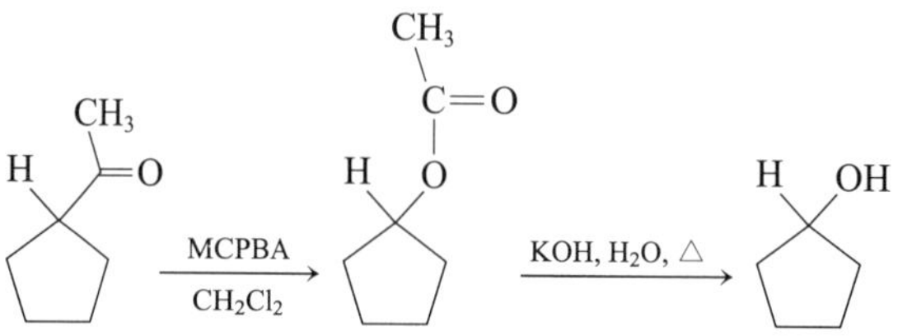

MCPBA, CH_2Cl_2；KOH, H_2O, △

62. 好几种方法都行得通。下面给出的这种方法来自本章（实际合成中所用路线）。

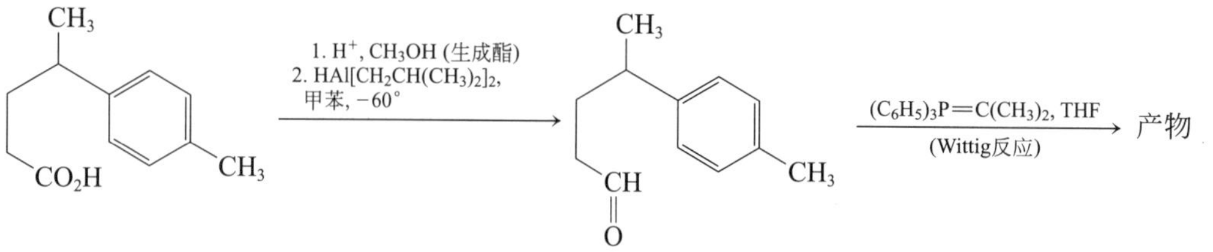

1. H^+, CH_3OH (生成酯) 2. $HAl[CH_2CH(CH_3)_2]_2$, 甲苯, −60°；$(C_6H_5)_3P{=}C(CH_3)_2$, THF (Wittig反应) → 产物

63. 1. $(CH_3)_2NH$，△（生成 *N*,*N*-二甲基酰胺）2. $LiAlH_4$，$(CH_3CH_2)_2O$（生成胺）3. H^+，H_2O。

64. 注意立体构型。解决方案来自文献资料。一种合理的替代路线是可以在最开始生成期望的立体构型的氰基，如 2. NaI，DMSO，之后 3. KCN，DMSO。

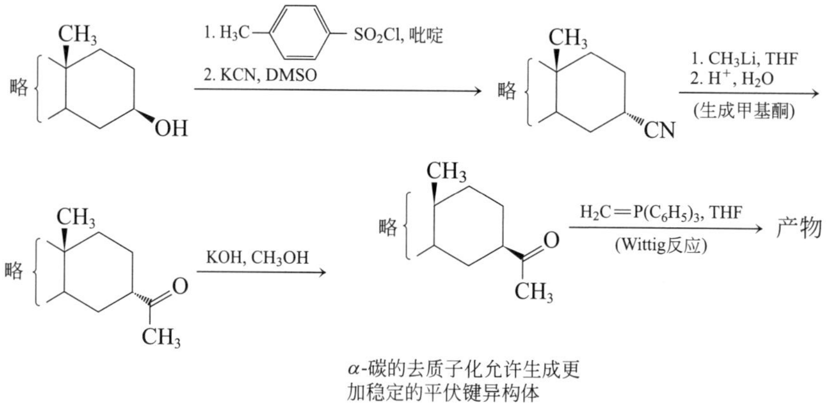

1. H_3C–C_6H_4–SO_2Cl, 吡啶 2. KCN, DMSO；1. CH_3Li, THF 2. H^+, H_2O (生成甲基酮)；KOH, CH_3OH；$H_2C{=}P(C_6H_5)_3$, THF (Wittig反应) → 产物

α-碳的去质子化允许生成更加稳定的平伏键异构体

65. H^+, $HOCH_2CH_2OH$ (保护羰基)；1. $[(CH_3)_2CHCH_2]_2AlH$ 2. H^+, H_2O (稀) (在下一步之前不要脱保护!)；H_2NNH_2, KOH, △ (Wolff-Kishner反应)；H^+, H_2O (浓) → 产物

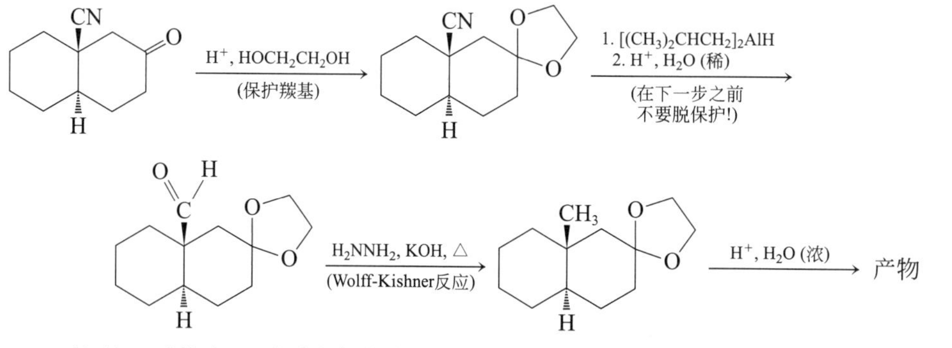

66. （a）整理一下信息，看看它们能够说明什么。从分子离子峰开始。这是一个单峰，所以排除 Cl 和 Br 存在的可能性，因为它们将给出两个峰。质量数是偶数，所以 N 不可能存在（参照教材 505 页的练习 11-24；质量数为偶数时氮原子数应该为 0 或偶数）。红外数据最接近酯，所以在做题之前，你应该假设该分子为一个只含有 C、H、O 的酯类化合物。

稍作推导，便可以由分子的准确质量得到分子式。酯基含有两个氧原子，所以从母体中减去它们的质量（2×15.9949）并尝试用碳氢的组合补齐剩下的质量：

$$\begin{array}{r} 116.0837 \\ -(2\times15.9949) \\ \hline 84.0939 \end{array}$$

唯一合理的碳氢组合是分子量为 84 的 C_6H_{12}。这个组合精确地符合分子量吗？(6×12) ＋ (12×1.00783) ＝84.0940——是的，符合得非常好（如果这个组合没有很好地符合分子量，那么你应该探究含有更多氧的可能结构，如 $C_5H_8O_3$）。分子式为 $C_6H_{12}O_2$，有一个不饱和度，恰好可以构成酯基。

现在我们转向核磁共振氢谱，可以看到下面几个吸收：

$\delta=1.1$：三重峰，积分显示含有三个氢；一个 $\mathbf{H}_3C—CH_2$—基团。

$\delta=1.2$：双重峰，积分显示含有六个氢；一个 $(C\mathbf{H}_3)_2CH$—基团。

$\delta=2.3$：四重峰，积分显示含有两个氢；一个 $H_3C—C\mathbf{H}_2$—基团，由于显示出较明显的去屏蔽效应，很有可能和酯基相连。

$\delta=5.0$：七重峰，积分显示含有一个氢；七重峰暗示和两个甲基相连；化学位移暗示和氧原子相连：一个 $(CH_3)_2CHO$—基团。

你得到答案了吗？答案是 $CH_3CH_2\overset{O}{\overset{\|}{C}}—OCH(CH_3)_2$ 。

这个结构与剩余的信息相互吻合吗？可以认为 NMR 波谱的高场区含有一个来自 $(C\mathbf{H}_3)_2CH$—基团的甲基的高强度双峰，同时这个双峰又和来自乙基的 CH_3 三重峰发生了重叠。^{13}C NMR 证实了这些假设。质谱的信息又如何？位于 $m/z=57$ 处的最强峰由酯基 C—O 键的 α-断裂生成，得到一种很稳定的酰基正离子化合物 $CH_3CH_2C{\equiv}O^+$ 。试试看你还能指认多少其他碎片峰。

(**b**) 在这个例子中，你可以看到两个等强度的母体分子离子峰；存在一个溴原子。约有一半的分子含有原子量为 180 的 ^{79}Br；另一半含有原子量为 182 的 ^{81}Br。IR 谱又一次提示存在酯基。

使用任意一种分子离子的相对质量，减去显然存在的溴原子和酯基中的两个氧原子：

$$\begin{array}{r} 179.9886 \\ -78.9183 \\ \hline 101.0703 \\ -(2\times15.9949) \\ \hline 69.0805 \end{array}$$

唯一合理的组合是分子量为 69 的 C_5H_9，它拥有正确的精确分子量：$(5\times12)+(9\times1.00783)=69.0705$. 分子式为 $C_5H_9O_2Br$，有一个不饱和度，恰好对应着酯基。

你可以直接使用 NMR 谱信息，但是让我们先看看能从质谱中得到什么信息。最强的峰的质荷比为 29；本章中已经见过两种符合这个质荷比的碎片：$CH_3CH_2^+$ 和 $HC{\equiv}O^+$。m/z 为 107 和 109 的一对峰暗示这是一个含 Br 的碎片。它会是什么呢？如果你将 Br 的原子量从中减去，得到 28，符合 C_2H_4 或者 CO。因此你可以写出 $m/z=107$ 或 109 对应的碎片的可能结构，如 CH_3CHBr^+ 或者 $BrC{\equiv}O^+$。IR 信息告诉你这是一个酯，并不是酰卤化合物。所以两种可能结构中的第一种更合适。已经非常接近答案了。现在我们看看核磁氢谱的信息。我们可以得到如下吸收：

$\delta=1.3$：三重峰，积分显示含有三个氢；一个 $\mathbf{H}_3C—CH_2$—基团。

$\delta=1.8$：双重峰，积分显示含有三个氢；一个 $\mathbf{H}_3C—CH$—基团。

$\delta=4.2$ 和 4.4：四重峰，积分显示分别含有两个氢和一个氢；它们合在一起一定是 CH_2 和 CH 基团的两个信号！因为这些基团受到很强的去屏蔽作用，你可以假设其中一个基团和酯基的氧原子相连，另一个和溴原子相连。

哪个和哪个相连呢？如果你尝试将 $H_3C—CH_2$ 和 Br 相连，会得到 CH_3CH_2Br，溴乙烷。这样并不好，因为没有地方连接剩余的原子了。所以溴应该和 $H_3C—CH$—相连而不是和 $H_3C—CH_2$—，给出答案：

$$CH_3CH_2—O—\overset{O}{\overset{\|}{C}}—\underset{Br}{\underset{|}{C}H}CH_3$$

同样地，^{13}C NMR 谱也支持上述结构。

67. 第一个反应："混合"酸酐将给出任意一种酰基正离子。

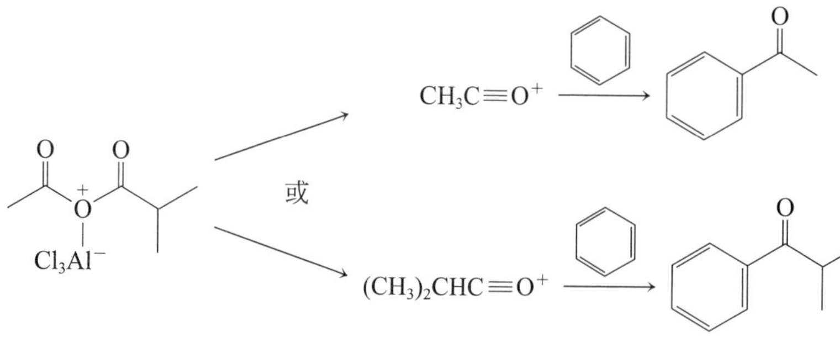

$CH_3C{\equiv}O^+$ → C_8H_8O ——化合物A

或

$(CH_3)_2CHC{\equiv}O^+$ → $C_{10}H_{12}O$ ——化合物B

第二个反应：酯也可以作为酰基的给体。

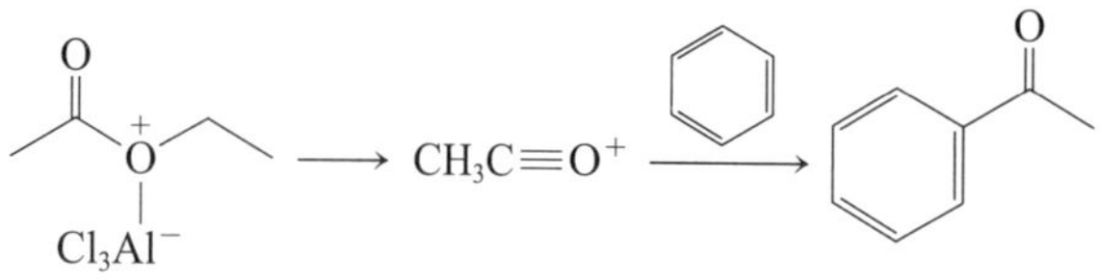

→ $CH_3C{\equiv}O^+$ → C_8H_8O——同样是化合物A

但是还能发生什么呢？分子式为 C_8H_{10} 的产物 C 是什么呢？让我们看看 NMR 谱：苯环上有 5 个氢原子，CH_2 和 CH_3 受到了去屏蔽效应的影响——看起来像乙基苯！它是如何生成的呢？与路易斯酸配位的氧原子也是一个好的离去基团，所以我们可以提出下列过程：

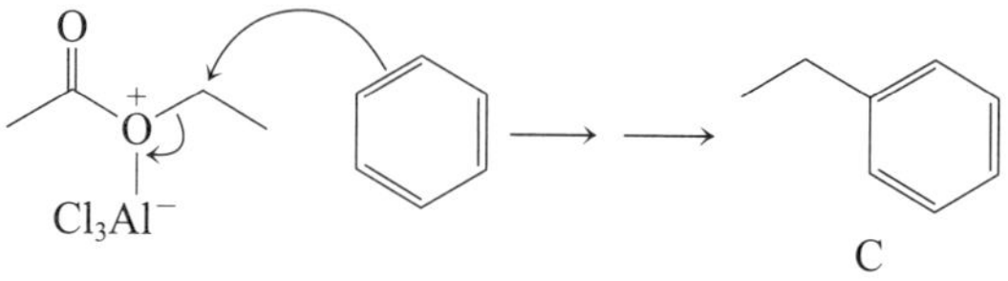

→ → C　显然可以继续发生酰基化，得到 D

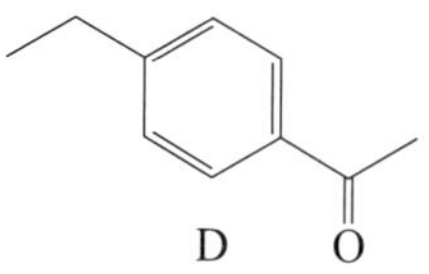

第三个反应如下：

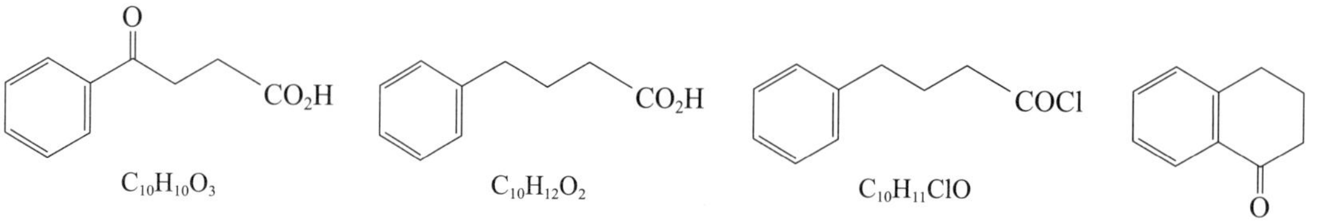

$C_{10}H_{10}O_3$　$C_{10}H_{12}O_2$　$C_{10}H_{11}ClO$　$C_{10}H_{10}O$

68.（e）　**69.**（a）　**70.**（d）　**71.**（b）

21

胺及其衍生物：含氮官能团

胺将是你在有机化学中学习的最后一个常见官能团。当然，你对它并不完全陌生。在第 6 章关于氨和烷基卤代物的亲核取代反应中，就生成了胺。最近的是第 20 章第 6～8 节中介绍了以酰胺和腈为原料合成胺的内容。和其他章节一样，本章首先介绍了胺类化合物的性质，然后详细介绍了胺的几种合成方法和局限性，最后讲述了胺的反应。胺类化合物具有非常重要的生理活性，但是和其他具有重要生理活性的化合物不同，胺能参与的反应类型比较有限，因此胺的化学相对比较容易掌握。

本章概要

21-1　胺的命名

21-2，21-3，21-4　胺的物理性质、谱学特征、酸性和碱性

胺官能团的定量和定性特点。

21-5，21-6，21-7　胺的合成

选择合成策略的基本原则。

21-8 至 21-10　胺的反应

主要是之前所学内容的拓展，也有几个特殊的反应。

本章重点

21-1 胺的命名

相比其他类型的化合物，胺类化合物多采用常用名，这就要求我们能识别常用名和对应化合物的具体结构。胺的系统命名法看起来比较复杂，但当你意识到它和醇的IUPAC命名法一样时就比较简单了。

21-2 至 21-4 胺的性质

胺与醇的对应关系和氨与水的对应关系相同，可以通过这种对应关系预测胺的性质。由于N原子和O原子的主要性质差别在于电负性，N原子电负性小于O原子，因此胺也存在氢键，但比醇中的氢键更弱；相应地，在^{1}H和^{13}C NMR谱图中，氮对相邻原子也有去屏蔽化作用，但程度弱于醇；两者的红外光谱有相似之处，质谱也是可以预测。叔胺（R_3N）可看作醚（R_2O）的含氮类似物。

大多数胺和它们的醇类似物的气味完全不同。醇通常具有浓重的香甜气味，而胺类化合物中气味最佳的可能是氨气了，其他难闻的味道从它们的常用名就可见一斑，比如尸胺、腐胺和粪臭素，死鱼味已经不算是最糟糕的了。

胺的酸碱性是氨性质的延伸：胺的酸性比水或醇弱，而碱性比水或醇更强。查阅这些分子的pK_a值对你大有益处，定性把握物质的酸碱性是你能从有机化学课程中获得的一种重要能力。

21-5 至 21-7 胺的合成

当你阅读完这几节，你会发现之前学过的第一种合成胺方法——氨气的S_N2烷基化反应——基本是最差的。合成胺更好的方法是使用一些特殊的含氮亲核试剂仅得到唯一的单烷基化产物，再经转化得到对应胺。对于不含敏感官能团的体系，该章节介绍的合成方法都适用；当分子内存在敏感官能团时，方法选择要慎重，例如反应条件“1. N_3^-，2. $LiAlH_4$”不适用于和$Br(CH_2)_3COCH_3$反应生成相应胺，因为负氢试剂可以将叠氮基团和羰基同时还原。若使用该条件，则需要预先保护羰基。更好的方法是采用Gabriel合成法，以水解反应替代第二步的还原反应。

该部分介绍的另一种重要的胺合成法是醛、酮的还原胺化反应。与2°卤代烷的S_N2反应相比，酮的还原胺化反应是合成氮和2°烷基相连胺的更好的方法。还原胺化反应也是自然界生成胺的重要途经。

你已经学过用CN^-的S_N2反应结合氰基还原制备增加一个碳的胺，如果要制备与3°烷基相连的胺（R_3CNH_2），你会怎么做？这个问题很棘手，因为3°卤代烷难以发生S_N2反应。如果能增加一个碳得到R_3CCONH_2，那么你就可以使用上述重排反应了，对吗？仔细思考一下，你将在19-6节中得到启发。具体策略包含在习题40(b)的答案中。

21-8 至 21-10 胺的反应

胺除了作为亲核试剂参与取代反应外，还能进行一些特定的反应，每一个反应都具有特殊的合成用途。Hofmann消除是鉴定胺类结构最重要的反应，通常与Mannich反应结合用以合成具有α-亚甲基的环酮（见习题52）。该结构出现在多种（植物提取的）抗癌小分子中。

亚硝化反应和重氮烷化学也用于特定化合物的合成，如环丙烷。类似的反应也出现在了第22章中，因此理解该反应机理对后续学习有很大帮助。在学习这些内容时，尝试把重点放在梳理每一步机理与之前学习过的反应的关系上。这里遇到的几乎所有的化学反应都以常见的基本反应类型为基础，比如质子化和去质子化，以及后续的消除或加成反应。

习 题

27. 给出下列每个胺的名称。

(**a**) 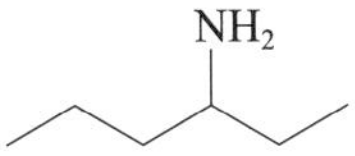　(**b**) 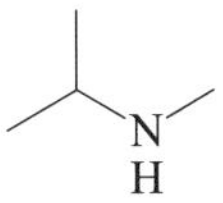

(**c**) 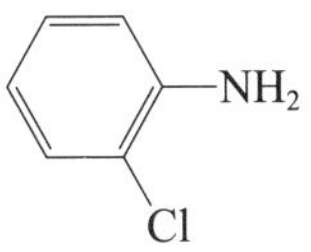　(**d**) 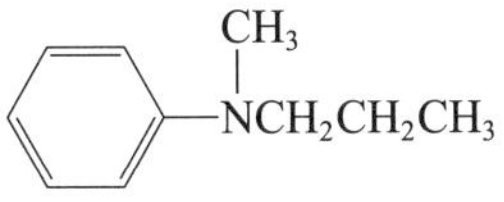

(**e**) $(CH_3)_3N$　(**f**) $CH_3\overset{O}{\overset{\|}{C}}CH_2CH_2N(CH_3)_2$

(**g**) 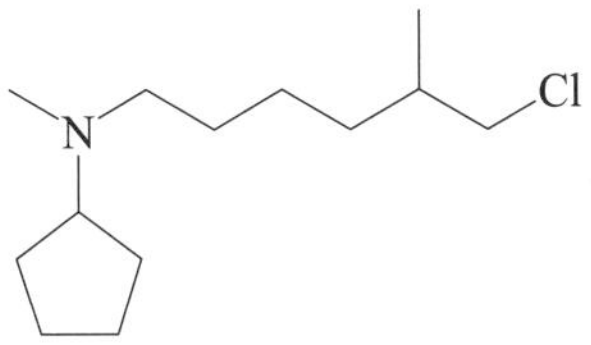

(**h**) $(CH_3CH_2)_2NCH_2CH{=}CH_2$

28. 写出对应于下列每个名称的结构式。

(**a**) *N*,*N*-二甲基-3-环己烯胺；(**b**) *N*-乙基-2-苯基乙胺；(**c**) 2-氨基乙醇；(**d**) 间氯苯胺。

29. 根据 IUPAC 或 CA 命名原则给在真实生活 21-1 中画出的下列每个化合物命名，并注意官能团的优先顺序。

(**a**) 六氢脱氧麻黄碱；(**b**) 安非他命；(**c**) 墨斯卡灵；(**d**) 肾上腺素。

30. 如 21-2 节所说明的，氮的翻转需要杂化的改变，(**a**) 在氨和简单胺中四面体氮（sp^3 杂化）和三角平面氮（sp^2 杂化）之间能量差大约是多少？(**提示**：参考翻转能 E_a)；(**b**) 比较氨中的氮原子和下列体系中的碳原子：甲基正离子、甲基自由基和甲基负离子。比较每个体系的最稳定的立体构型和杂化情况。运用轨道能量和键能的基本概念解释它们的异同点。

31. 应用下列 NMR 和质谱数据鉴定两个未知化合物 A 和 B 的结构。

A：^1H NMR：δ 0.92 (t，J = 6Hz，3H)，1.32(br s，12H)，2.28(br s，2H)，2.69 (t，J = 7Hz，2H)。^{13}C NMR：δ 14.1，在 22.8～34.0 之间有六个信号峰，42.4。质谱：m/z（相对强度）= 129(0.6)，30(100)。

B：^1H NMR：δ 1.00(s，9H)，1.17(s，6H)，1.28(s，2H)，1.42(s，2H)。^{13}C NMR：δ 31.7，32.9，51.2，57.2。质谱 m/z(相对强度) = 129(0.05)，114(3)，72(4)，58(100)。

32. 下面是分子式为 $C_6H_{15}N$ 的胺的几个异构体的谱图数据（^{13}C NMR 和 IR），提出每个化合物的结构。

(**a**)^{13}C NMR(DEPT)：δ 23.7(CH_3)，45.3(CH)；IR：$\tilde{\nu}$ = 3300 cm^{-1}。(**b**)^{13}C NMR (DEPT)：δ 12.6(CH_3)，46.9(CH_2)；IR：在 3250～3500 cm^{-1} 内无峰。(**c**)^{13}C NMR (DEPT)：δ 12.0(CH_3)，23.9 (CH_2)，52.3 (CH_2)；IR：$\tilde{\nu}$=3280 cm^{-1}。(**d**)^{13}C NMR (DEFT)：δ 14.2(CH_3)，23.2(CH_2)，27.1 (CH_2)，32.3(CH_2)，34.6(CH_2) 和 42.7 (CH_2)；IR：$\tilde{\nu}$ = 1600（宽）、3280 和 3365 cm^{-1}。(**e**)^{13}C NMR (DEPT)：δ 25.6 (CH_3)，38.7(CH_3) 和 53.2(季碳)；IR：3250～3500 cm^{-1} 无峰。

33. 下列质谱数据来自于习题 32 中的两个化合物，请把质谱与其化合物对应。

(**a**) m/z（相对强度）=101(8)，86(11)，72(79)，58(10)，44(40) 和 30(100)；(**b**) m/z（相对强度）=101(3)，86(30)，58 (14) 和 44(100)。

34. 共轭酸的 pK_a 值高的分子与共轭酸的 pK_a 值低的另一个分子相比，其碱性更强还是更弱？请用平衡通式解释。

35. 你预测下列每个平衡移向哪个方向？

(**a**) $NH_3 + {}^-OH \rightleftharpoons NH_2^- + H_2O$

(**b**) $CH_3NH_2 + H_2O \rightleftharpoons CH_3NH_3^+ + {}^-OH$

(**c**) $CH_3NH_2 + (CH_3)_3NH^+ \rightleftharpoons CH_3NH_3^+ + (CH_3)_3N$

36. (**a**) 预测一下下列各类化合物与简单伯胺比较是酸还是碱？

(i) 羧酸酰胺，如乙酰胺；

(ii) 酰亚胺，如 $CH_3CONHCOCH_3$；

(iii) 烯胺，如 $CH_2{=}CHN(CH_3)_2$

(iv) 苯胺，如 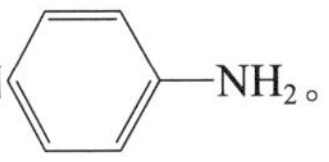。

(**b**) 下面所示的四胺衍生物被发现与人类的几种癌症有很大的关系，它虽然相当少，天然存在于人类血清中的多胺不到

0.5%，但是在患非小细胞肺癌患者的尿中，它的浓度上升约50%，这是导致癌症死亡的原因。当治疗可能更有效时，检测这种物质有望于早期诊断疾病，最近研究指出这种物质在结肠癌患者的含量水平升高，它揭示了该物质不仅是癌的生物标志物，而且是癌症的促进剂。因此，在结肠的细菌生物膜中有利于这种化合物的积累，抗生素治疗来清除生物膜使其浓度减少至正常，这为控制癌的生长的新途径奠定基础。

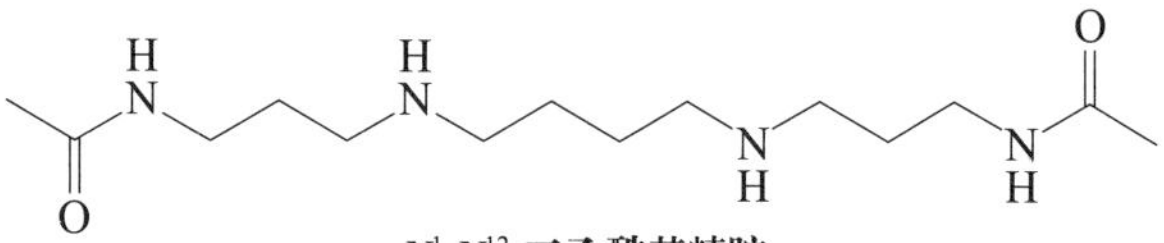

N^1,N^{12}-二乙酰基精胺

在正常的生理 pH 值下，这种物质以双质子化形式存在，其 pK_a 值为 10.2 和 10.6。写出在 pH＝7、10.4 和 12 时的结构。

37. 有些含氮的官能团比普通的胺碱性强得多，DBN 和 DBU 中的脒基就是其中之一，这两个化合物作为有机碱广泛用于各类有机反应中。

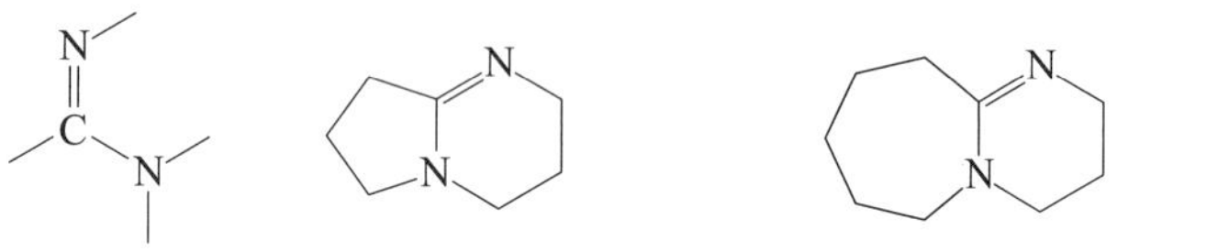

脒基　**1,5-二氮杂双环[4.3.0]壬-5-烯 (DBN)**　**1,8-二氮杂双环[5.4.0]十一-7-烯 (DBU)**

另一个很强的有机碱是胍($H_2NC(=NH)NH_2$)，指出这些化合物中哪一个氮最容易被质子化，并解释它们比简单胺碱性强的原因。

38. 反应复习。不要查阅教材 1058 页的反应路线图，提出下列每个起始原料转变为指定产物所需要的试剂。(**a**) 氯甲基苯（苄氯）变为苯甲胺（苄胺）；(**b**) 苯甲醛变为苯甲胺（苄胺）；(**c**) 苯甲醛变为 *N*-乙基苯甲胺（苄基乙基胺）；(**d**) 氯甲(基)苯(苄氯) 变为 2-苯基乙胺（苯乙胺）；(**e**) 苯甲醛变为 *N*,*N*-二甲(基)苯甲胺（苄基二甲胺）；(**f**) 1-苯乙酮（苯乙酮）变为 3-氨基-1-苯基-1-丙酮；(**g**) 苯甲腈变为苯甲胺（苄胺）；(**h**) 2-苯乙酰胺变为苯甲胺（苄胺）。

39. 在下列胺的合成中，指出哪些情况下合成能顺利进行？哪些进行得差或完全不进行？如果这种合成方法不能很好进行，说明原因。

(**a**) $CH_3CH_2CH_2CH_2Cl$ —(1. KCN, CH_3CH_2OH; 2. $LiAlH_4$, $(CH_3CH_2)_2O$)→ $CH_3CH_2CH_2CH_2NH_2$

(**b**) $(CH_3)_3CCl$ —(1. NaN_3, DMSO; 2. $LiAlH_4$, $(CH_3CH_2)_2O$)→ $(CH_3)_3CNH_2$

(**c**) 环己基-$CONH_2$ —(Br_2, NaOH, H_2O)→ 环己基-NH_2

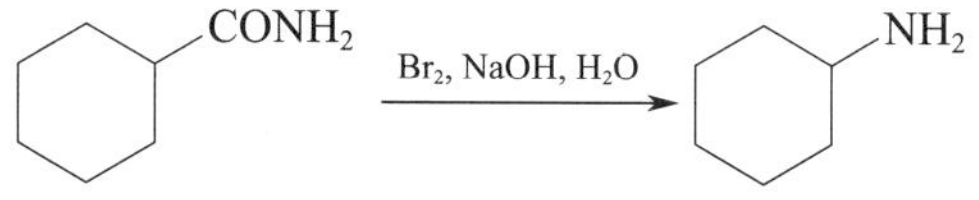

(**d**) 环戊基-$CH_2CH_2CH_2$-Br —(CH_3NH_2)→ 环戊基-$CH_2CH_2CH_2$-$NHCH_3$

(**e**) —(1. 邻苯二甲酰亚胺钾 N^-K^+, DMF; 2. H^+, H_2O, △)→ CH_2Br/CH_3 十氢萘衍生物 变为 CH_2NH_2/CH_3 十氢萘衍生物

(**f**) 苯-COCl —(1. 苯-CH_2NH_2, HO^-; 2. $LiAlH_4$, $(CH_3CH_2)_2O$)→ (苯-CH_2)$_2$NH

(**g**) 环戊基-CHO —(1. $(CH_3)_3CNH_2$; 2. $NaBH_3CN$, CH_3CH_2OH)→ 环戊基-$CH_2NHC(CH_3)_3$

(**h**) $H_2NCH_2CH_2CHO$ —($NaBH_3CN$, CH_3CH_2OH)→ 氮杂环丁烷 (NH)

(**i**) 溴环己烷 —(1. HNO_3, H_2SO_4; 2. Fe, H^+)→ 4-溴环己胺 (Br, NH_2)

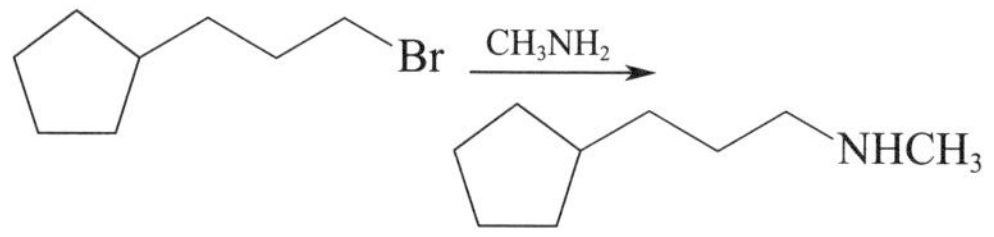

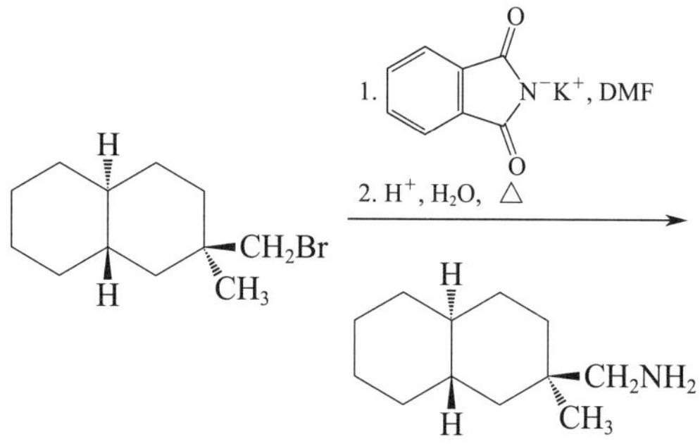

(**j**) 氮杂环丁-2-酮 (NH, O) —(1. NaH, THF; 2. CH_3I; 3. $LiAlH_4$, $(CH_3CH_2)_2O$)→ N-甲基氮杂环丁烷 (CH_3)

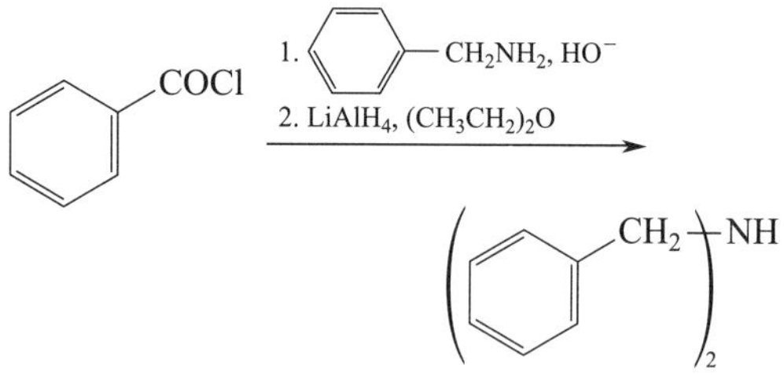

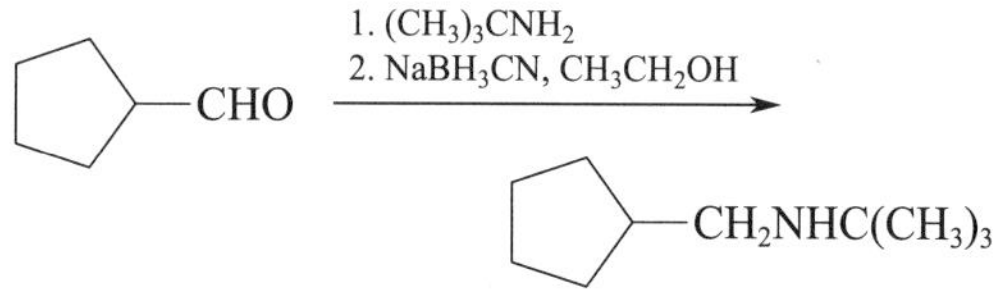

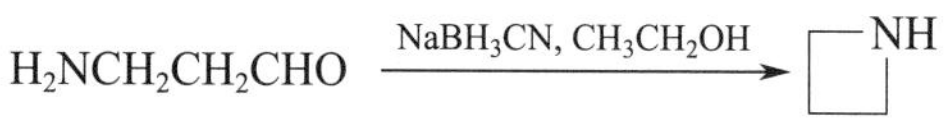

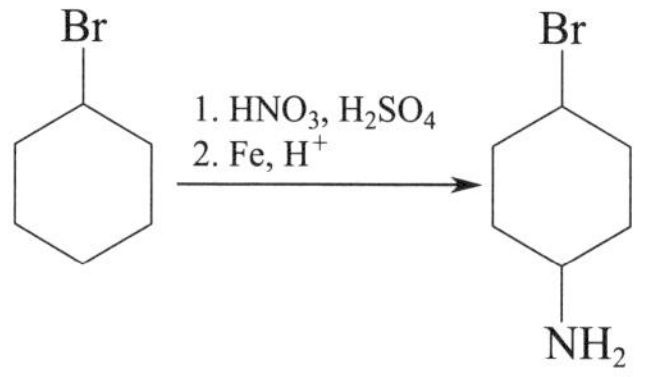

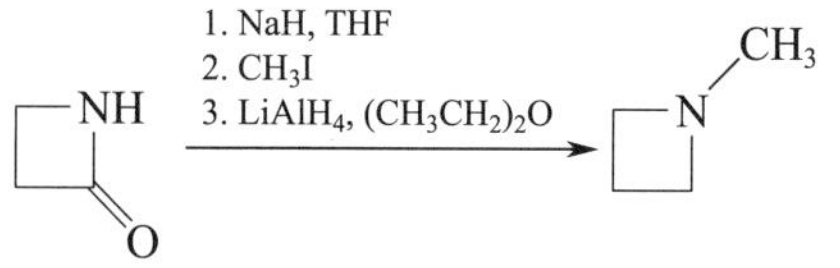

40. 对于习题 39 中不能很好进行的每个合成，试用同样的原料或用具有相似结构和官能团的原料，提出合成最终产物胺的其他方案。

41. 给出氯乙烷和氨反应可能形成的所有含氮有机产物的结构（**提示：**考虑多重烷基化）。

42. 苯丙醇胺（PPA）很久以来是抗感冒药物和

食欲抑制剂的成分，2000 年末美国食品药品监督管理局（FDA）要求制造商从市场中撤走含有这种化合物的产品，因为有证据表明它会增加出血性中风的危险。这一行动要求把较安全的伪麻黄碱作为这些药的活性成分。

C_6H_5—CH(OH)—CH(NH_2)—CH_3　　C_6H_5—CH(OH)—CH($NHCH_3$)—CH_3

苯丙醇胺　　**伪麻黄碱**

假设你是一个主要的制药实验室的主任，并有大量储备的苯丙醇胺在手中，而公司总裁发出命令"从现在起生产伪麻黄碱!"分析一下你所有的选择，并提出解决问题的最好办法。

43. 食欲抑制剂（Apetinil）（也就是减肥药丸，真实生活 21-1）的结构写在下页中。它是伯胺、仲胺还是叔胺？提出以下列每种原料来合成 Apetinil 的有效方法，请尝试用多种方法。

Apetinil

（**a**）$C_6H_5CH_2COCH_3$　（**b**）$C_6H_5CH_2CHBrCH_3$

（**c**）$C_6H_5CH_2CH(CH_3)COOH$

44. 利用不含氮的任何有机化合物原料，给出下列胺的最好的合成方法：

（**a**）丁胺；（**b**）*N*-甲基丁胺；（**c**）*N*,*N*-二甲基丁胺。

45. 给出下列每一种胺的 Hofmann 消除反应的可能烯烃产物的结构。如果化合物能多次发生消除反应，给出每次反应的产物。

（**a**）$C_6H_5CH(NH_2)CH_2CH_3$　（**b**）1-甲基环己胺（H_3C, NH_2）

（**c**）H_3C—（N-CH_3 吡咯烷）　（**d**）（吲哚啉，N—H）

（**e**）（吲哚里西啶，N）

46. 哪个伯胺在 Hofmann 消除反应中能得到下列每个烯烃或烯烃混合物？（**a**）3-庚烯；（**b**）2-和 3-庚烯混合物；（**c**）1-庚烯；（**d**）1-和 2-庚烯混合物。

47. 用反应式写出教材 1042 页上所示的 2-甲基丙醛、甲醛和甲胺之间的 Mannich 反应的详细机理。

48. 叔胺托品酮和溴甲基苯（苄基溴）反应得到不是一个而是两个季铵盐 A 和 B。

H_3C—N（托品酮）+ $C_6H_5CH_2Br$ ⟶ A + B $[C_{15}H_{20}NO]^+Br^-$

托品酮
($C_8H_{13}NO$)

化合物 A 和 B 是立体异构体，碱能使它们相互转化；任一纯的异构体用碱处理会导致形成二者的平衡混合物。（**a**）写出 A 和 B 的结构；（**b**）A 和 B 属于哪种立体异构体；（**c**）提出由碱引起 A 和 B 平衡的机理（**提示：**考虑可逆 Hofmann 消除反应）。

49. *β*-碳上含羟基的胺的 Hofmann 消除反应得到的是氧杂环丙烷产物而不是烯烃。

HO—H_2C—CH_2—NH_2 →(1. 过量 CH_3I；2. Ag_2O, H_2O；3. △) H_2C—CH_2（O 环）+ $(CH_3)_3N$

（**a**）对这个变化提出一个合理的机理。

（**b**）正如它们的相似名称所暗示的，伪麻黄碱（习题 42）和麻黄碱是密切相关的天然产物，事实上它们是一对立体异构体。从下面的反应结果推导出麻黄碱和伪麻黄碱的精确的立体化学结构。

麻黄碱 →(1. CH_3I；2. Ag_2O, H_2O；3. △) 环氧化物（Ph, H；H, CH_3）

伪麻黄碱 →(1. CH_3I；2. Ag_2O, H_2O；3. △) 环氧化物（H, Ph；H, CH_3）

50. 指出如何用 Mannich 或类似 Mannich 反应来合成下列每个化合物（**提示：**用倒推法，确定 Mannich 反应所形成的键）。

（**a**）$CH_3COCH_2CH_2N(C_2H_5)_2$　（**b**）（茚满-2-酮，1-位 $CH_2N(CH_3)_2$）

(c) H_3CCHCN with NH_2 (d) 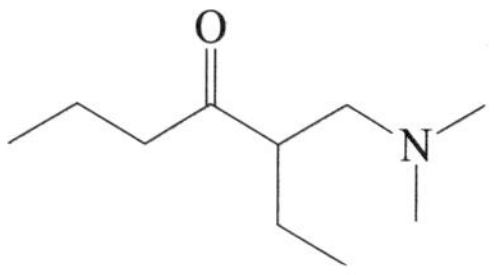 (e)

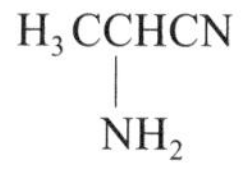

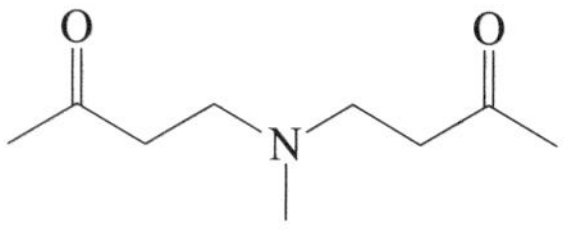

51. 托品酮（习题 48）是由罗宾森爵士（S. R. Robinson，有名的 Robinson 环化反应，18-11 节）于 1917 年用下列反应首次合成的。写出这个转化的机理。

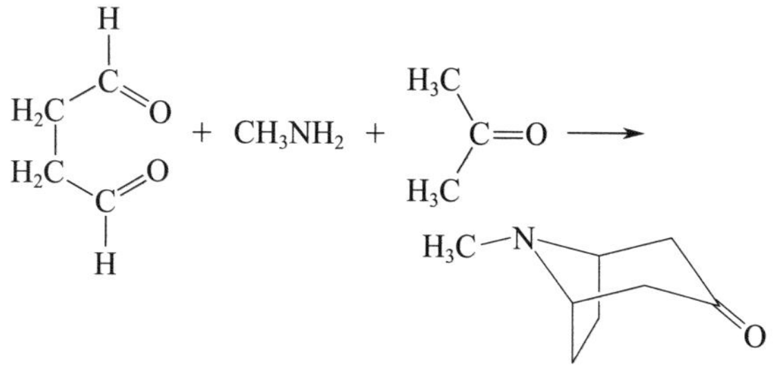

$H_2C(CHO)CH_2CHO + CH_3NH_2 + (H_3C)_2C{=}O \longrightarrow$

托品酮是药物阿托品的合成前体，阿托品是眼科医生对散瞳患者的局部用药，它天然存在于有毒植物颠茄中。之所以取颠茄(意大利语：美丽的女人)这样的名字，因为地中海周边妇女声称用它的提取液制成眼药水能使她们显得更加妩媚。

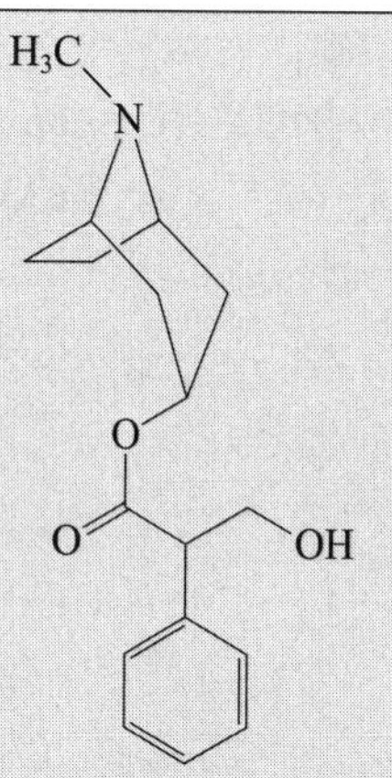

H_3C N O OH O

阿托品

52. 应用 21-8 节和 21-9 节中所讲述的反应组合，用反应式说明完成下列转化的方法。

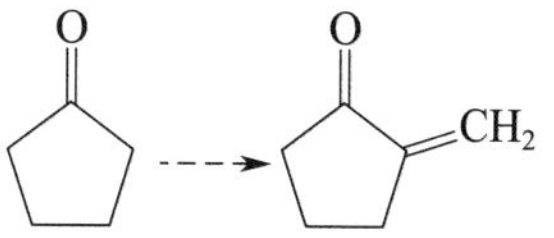

O ---> O CH_2

53. 给出下列每个反应的预期产物（或多个产物）。

(a)  H_3C NH_2 $\xrightarrow{NaNO_2,\ HCl,\ H_2O}$

(b) N H $\xrightarrow{NaNO_2,\ HCl,\ 0°C}$

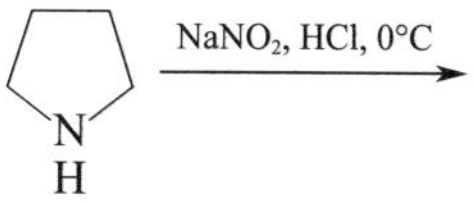

54. 叔胺作为亲核试剂很容易加成到羰基衍生物上，但是由于氮上缺少氢，它们不能去质子化生成稳定产物。但是，加成结果反而得到一个对其他亲核试剂高度活性的中间体。为此，叔胺有时用于弱亲核试剂加成到羧酸衍生物的催化剂。

(a) 填上下列路线图中缺失的结构式。

$(CH_3)_3N + CH_3COCl \rightleftharpoons$ 中间体 A $C_5H_{12}ClNO$ $\xrightleftharpoons{-Cl^-}$ 中间体 B $(C_5H_{12}NO)^+$

(b) 中间体 B 很容易和弱亲核试剂反应，如苯酚（下图）。画出这个过程的机理和得到的产物的结构。

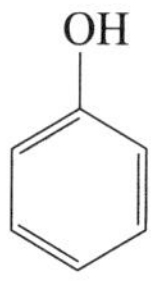

OH

苯酚

55. 挑战题 叔胺发生可逆共轭加成到 α,β-不饱和酮上（第 18 章）。这个反应是 Baylis-Hillman 反应的基础，由叔胺催化，类似于交叉羟醛缩合反应。下面举一个例子。

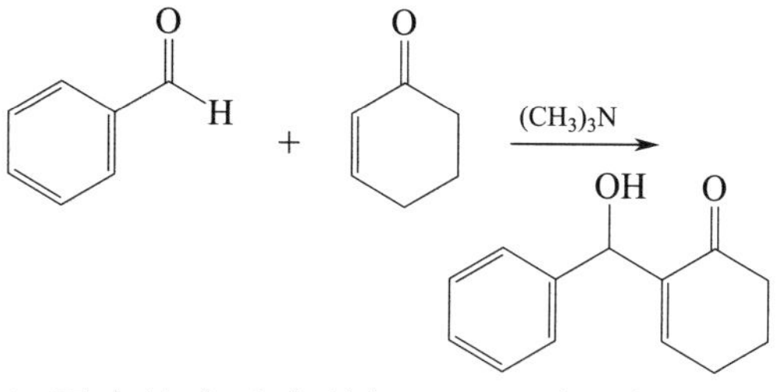

O H + O $\xrightarrow{(CH_3)_3N}$ OH O

(a) 画出这个反应的机理，以胺对烯酮的共轭加成开始。

给出下列每个 Baylis-Hillman 反应的产物：

(b) 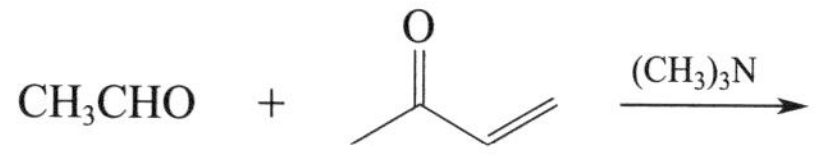 CH_3CHO + O $\xrightarrow{(CH_3)_3N}$

(c) O H + O $\xrightarrow{(CH_3)_3N}$

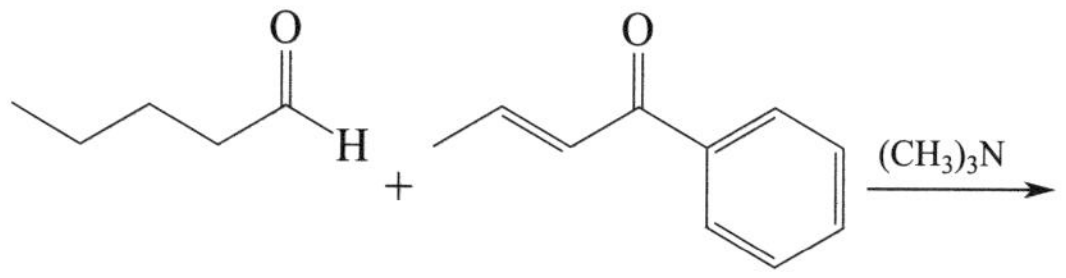

56. 挑战题 过量甲醛和伯胺的还原胺化反应，得到二甲基化的叔胺产物（见下面例子）。请给出一个合理的解释。

$$(CH_3)_3CCH_2NH_2 + 2\,CH_2{=}O \xrightarrow{NaBH_3CN,\ CH_3OH} (CH_3)_3CCH_2N(CH_3)_2$$

2,2-二甲基丙胺　　　　84%　*N,N*,2,2-四甲基丙胺

57. 一些天然氨基酸是由 2-氧代羧酸在称为吡哆胺的特殊辅酶的催化下反应来合成的。应用推电子弯箭头来描述下列从苯丙酮酸合成苯丙氨酸的每一步反应。

CH_2NH_2 ／ HOH_2C ／ OH ／ N ／ CH_3（吡哆胺） + $C_6H_5CH_2COCO_2H$（苯丙酮酸） ⟶

$CH_2N{=}C(CO_2H)CH_2C_6H_5$ ／ HOH_2C ／ OH ／ N ／ CH_3 ⟶

H ／ $C{=}$ ／ $N{=}C(CO_2H)CH_2C_6H_5$ ／ HOH_2C ／ OH ／ N—H ／ CH_3 ⟶

H ／ $C{=}N{-}CH(CO_2H)CH_2C_6H_5$ ／ HOH_2C ／ OH ／ N ／ CH_3 $\xrightarrow{H_2O}$

CHO ／ HOH_2C ／ OH ／ N ／ CH_3（吡哆醛） + $C_6H_5CH_2CH(NH_2)CO_2H$（苯丙氨酸）

58. 挑战题 毒芹胺（Conine）是从毒芹属植物中发现的毒性胺（5-2 节）。请根据下列信息推导出毒芹胺的结构。IR：$\tilde{\nu}=3300\ cm^{-1}$；$^1H$ NMR：δ 0.91（t，J = 7Hz，3H），1.33（s，1H），1.52（m，10H），2.70（t，J = 6Hz，2H）和 3.07（m，1H）；^{13}C NMR（DEPT）：δ 14.4（CH_3），19.1（CH_2），25.0（CH_2），26.7（CH_2），33.0（CH_2），39.7（CH_2），47.3（CH_2），56.8（CH）；MS：m/z（相对强度）= 127（M^+，43），84（100）和 56（20）。

毒芹胺 $\xrightarrow{1.\ CH_3I;\ 2.\ Ag_2O,\ H_2O;\ 3.\ \triangle}$ 三种化合物的混合 $\xrightarrow{1.\ CH_3I;\ 2.\ Ag_2O,\ H_2O;\ 3.\ \triangle}$ $(CH_3)_3N$ + 1,4-辛二烯和1,5-辛二烯的混合物

59. 哌替啶（Pethidine）是麻醉止痛药物杜冷丁（Demerol）的活性成分，经二次彻底甲基化和 Hofmann 消除反应，然后臭氧分解得到下列结果：

$C_{15}H_{21}NO_2$（哌替啶） $\xrightarrow{1.\ CH_3I;\ 2.\ Ag_2O,\ H_2O;\ 3.\ \triangle}$ $C_{16}H_{23}NO_2$ $\xrightarrow[-(CH_3)_3N]{1.\ CH_3I;\ 2.\ Ag_2O,\ H_2O;\ 3.\ \triangle}$

$C_{14}H_{16}O_2$ $\xrightarrow{1.\ O_3,\ CH_2Cl_2;\ 2.\ Zn,\ H_2O}$ 2 CH_2O + $OHC{-}C(C_6H_5)(CHO){-}CO_2CH_2CH_3$

（**a**）根据这些信息给出哌替啶的结构。

（**b**）提出用苯乙酸乙酯和顺-1，4-二溴-2-丁烯为原料合成哌替啶的方法（**提示**：先制备下面所示的二醛酯，然后把它变成哌替啶）。

$OHCCH_2{-}C(C_6H_5)(CH_2CHO){-}CO_2CH_2CH_3$

受欢迎的副作用

哌替啶在1930年代首次作为缓解痉挛(例如胃痉挛)的解痉药进行研究。值得注意的是，注射该药物后小鼠尾巴升高呈现S型，这和吗啡给药所观察到的现象相同，这就导致杜冷丁发展成为止痛药。一些成功的药物就是这样偶然得到的结果。例如，安非他酮(从抗抑郁剂到协助戒烟，真实生活21-1)和西地那非[Sildenafil；商品名为万艾可(Viagra)，从降压到刺激勃起，第25章前言]。

60. 珊瑚碱（Skytanthine）是一种具有下列性质的单萜烯生物碱。元素分析：$C_{11}H_{21}N$；IR：$\tilde{\nu}\geqslant 3100\ cm^{-1}$ 无峰；^1H NMR：在 δ = 1.20 和 1.33 处有两个 CH_3 双峰（J = 7Hz），在 δ = 2.32 处有一个 CH_3 单峰，在 δ = 1.3～2.7 处是其他氢产生的宽峰；^{13}C NMR（DEPT）：δ 17.9（CH_3），19.5（CH_3），44.9（CH_3）和另外八个信号。从这些信息中推导出珊瑚碱和降解产物 A、B 和 C 的结构。

珊瑚碱 $\xrightarrow{1.\ CH_3I;\ 2.\ Ag_2O,\ H_2O;\ 3.\ \triangle}$ $C_{12}H_{23}N$ **A** **IR:** $\tilde{\nu}$ **= 1646 cm⁻¹** $\xrightarrow{1.\ O_3,\ CH_2Cl_2;\ 2.\ Zn,\ H_2O}$

$CH_2{=}O$ + $C_{11}H_{21}NO$ **B** **IR:** $\tilde{\nu}$ **= 1715 cm⁻¹** $\xrightarrow{1.\ m\text{-}ClC_6H_4CO_3H;\ 2.\ KOH,\ H_2O}$

CH_3COOH + $C_9H_{19}NO$ **C** **IR:** $\tilde{\nu}$ **= 3620 cm⁻¹** $\xrightarrow{小心氧化}$ 2-($CH_2N(CH_3)_2$)-3-CH_3-环戊酮 **IR:** $\tilde{\nu}$ **= 1745 cm⁻¹**

61. 在自然界中许多生物碱是由称为全去甲劳丹碱（norlaudanosoline）的前体分子合成而来，它又是由胺 A 和醛 B 缩合衍生而来，用反应式写出这个转化的机理。注意，在这个过程中形成了碳-碳键，说出在本章出现的与这个碳-碳键形成有密切关系的反应的名称。

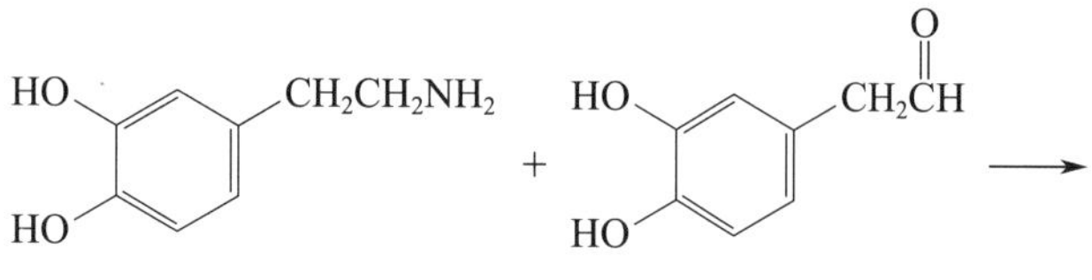

A: HO, HO, $CH_2CH_2NH_2$ + B: HO, HO, CH_2CH(=O) ⟶

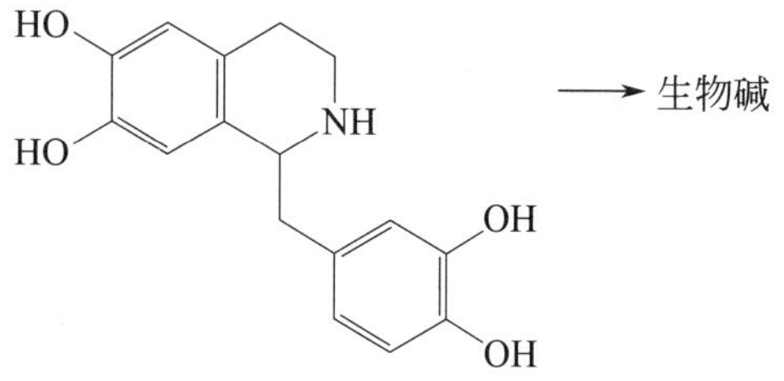

全去甲劳丹碱（HO, HO, NH, OH, OH）⟶ 生物碱

团队练习

62. 季铵盐催化溶在互不相溶的两相中的物质之间的反应，即相转移催化（真实生活 26-2）。例如，加热溶于癸烷中的 1-氯辛烷和氰化钠水溶液的混合物没有产生 S_N2 反应产物（壬腈）的迹象。另一方面，加入少量（苯甲基）三乙基氯化铵，产生快速和定量的反应结果。

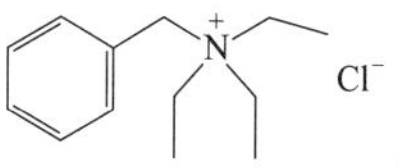

$$CH_3(CH_2)_7Cl + Na^{+-}CN \xrightarrow{(苯甲基)三乙基氯化铵\ Cl^-} CH_3(CH_2)_7CN + Na^+Cl^-$$

1-氯辛烷　　(苯甲基)三乙基氯化铵　　100% 壬腈

作为一个团队，讨论下列问题的可能答案：

（**a**）催化剂在两种溶剂中的溶解度怎样？

（**b**）为什么没有催化剂时 S_N2 反应这么慢？

（**c**）铵盐如何促进反应？

预科练习

63. 下列四种胺中哪一种是叔胺？

（**a**）丙胺；（**b**）*N*-甲基乙胺；

（**c**）*N*,*N*-二甲基甲胺；（**d**）*N*-甲基丙胺。

64. 确定下列转化最佳的反应条件：

$$CH_3CH_2\overset{O}{\overset{\|}{C}}NH_2 \longrightarrow CH_3CH_2NH_2 + CO_2$$

（**a**）H_2，金属催化剂；（**b**）过量 CH_3I，K_2CO_3；

（**c**）Br_2，NaOH，H_2O；（**d**）$LiAlH_4$，乙醚；

（**e**）CH_2N_2，乙醚。

65. 按顺序排列下列三种含氮化合物的碱性（碱性最强的排在前面）：

NH_3 (**A**)　CH_3NH_2 (**B**)　$(CH_3)_4N^+NO_3^-$ (**C**)

（**a**）A>B>C；（**b**）B>C>A；（**c**）C>A>B；（**d**）C>B>A；（**e**）B>A>C。

66. 下列分子式中哪一个最能代表重氮甲烷？

（**a**）$CH_2=\overset{+}{N}=\overset{-}{\ddot{N}}$:　　（**b**）$H-\ddot{N}=C=\ddot{N}-H$

（**c**）$^-\ddot{N}=C=\overset{+}{N}H_2$　　（**d**）$:\bar{C}H_2-N\equiv\overset{+}{N}:$

（**e**）$CH_2-\overset{+}{N}\equiv\bar{N}:$

67. 应用 IR 和 MS 部分数据，从下列所给结构中确定一个结构。IR：$\tilde{\nu}$ = 3300 cm^{-1} 和 1690 cm^{-1}；MS：m/z=73（分子离子）。

（**a**）$H\overset{O}{\overset{\|}{C}}N(CH_3)_2$　　（**b**）环氧乙烷环上连 $NHCH_3$ 和 H

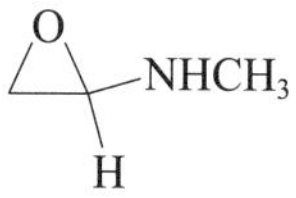

（**c**）$H_2NCH_2C\equiv CCH_2NH_2$　　（**d**）$CH_3CH_2\overset{O}{\overset{\|}{C}}NH_2$

（**e**）氧杂环丁烷环上连 NH_2 和 H

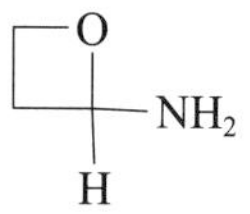

习题解答

27.（**a**）3-己胺，3-氨基己烷；（**b**）*N*-甲基-2-丙胺，2-(甲氨基)丙烷，甲基异丙基胺；（**c**）2-氯苯胺，邻氯苯胺；（**d**）*N*-甲基-*N*-丙基苯胺；（**e**）*N*,*N*-二甲基甲胺（常用名：三甲胺）；*N*,*N*-二甲氨基甲烷；（**f**）4-(*N*,*N*-二甲氨基)-2-丁酮；（**g**）6-氯-*N*-环戊基-*N*,5-二甲基-1-己胺（数字指代己烷主链上的取代基）；1-氯-6-(*N*-环戊基-*N*-甲氨基)-2-甲基己烷；（**h**）*N*,*N*-二乙基-2-丙烯基-1-胺，3-(*N*,*N*-二乙氨基)-1-丙烯

28. (**a**) 3-环己烯基-$N(CH_3)_2$ (**b**) $C_6H_5-CH_2CH_2NHCH_2CH_3$

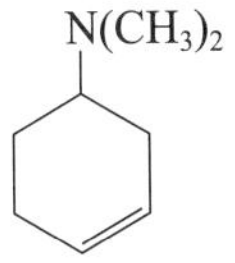

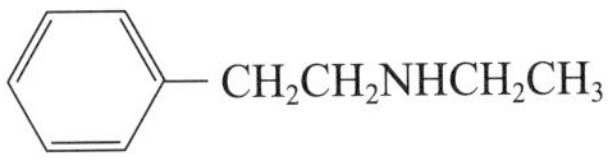

(**c**) $HOCH_2CH_2NH_2$ (**d**) 3-氯苯胺（NH_2，Cl）

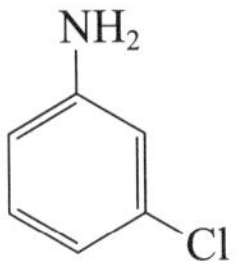

29. (**a**) 1-环己基-N-甲基-2-丙胺；(**b**) 1-苯基-2-丙胺；(**c**) 2-(3,4,5-三甲氧基-苯基)乙胺；(**d**) (R)-4-(1-羟基-2-[N-甲氨基]乙基)苯-1,2-二醇

30. (**a**) 5～7 $kcal \cdot mol^{-1}$，约等于翻转活化能。(**b**) 甲基负离子是氨的等电体，是正四面体结构（sp^3 杂化）。甲基自由基和甲基正离子分别比甲基少一个和两个电子，以平面三角形结构存在更稳定。它们从轨道的重新杂化中获取键能，形成 sp^2 杂化的 σ 键，"余下"一个单电子占据空的 p 轨道。这种 sp^2 杂化轨道排布并不适用于负离子或氨分子，当没有其他稳定化作用时，若两个电子占据未杂化的 p 轨道，则离原子核较远，仅受到很弱的核吸引力，能量较高。

31. 奇数原子量表明分子中含有一个氮原子。核磁共振氢谱中可得到氢原子总数（化合物 A 和 B 均为 19 个 H）。结合这些信息，可计算出碳原子的数量：m/z 129＝14（一个 N）＋19（19 个 H）＋碳原子总重，得出碳原子总重＝96，共有 8 个碳原子，则未知分子 A 和 B 的分子式均为 $C_8H_{19}N$。分子不饱和度为（见 11-8 节）：H_{sat}＝16＋2＋1（N 原子）＝19，是饱和化合物。

A NMR: H_3C-CH_2- 和 $-CH_2-CH_2-NH_2$

0.92(t)（H_3C）；2.69(t)（CH_2）；2.28（NH_2）

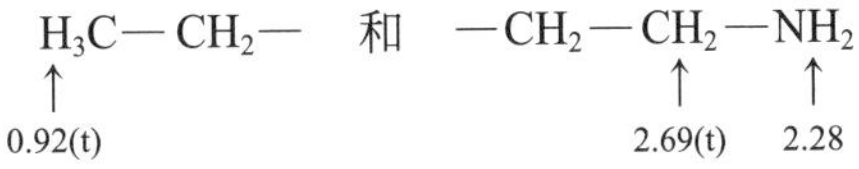

注意 δ＝2.69 的峰不会被氨基的氢裂分（与醇相似），该裂分表明了其邻碳上的氢原子数量。MS：m/z 30 是$[H_2\overset{+}{C}-\ddot{N}H_2 \longleftrightarrow H_2C=\overset{+}{N}H_2]$碎片离子峰。剩余 C_4H_8 片段的最简单插入方式为 $CH_3(CH_2)_7NH_2$（1-辛胺）。如果是其他异构体，则在氢谱 δ＝0.9～1.0 区间会出现额外的甲基信号峰。

B NMR: $(CH_3)_3C-$ 　 $2\ H_3C-$

1.00(s) 可能（$(CH_3)_3C-$）；1.18 两个等价甲基（$2\ H_3C-$）

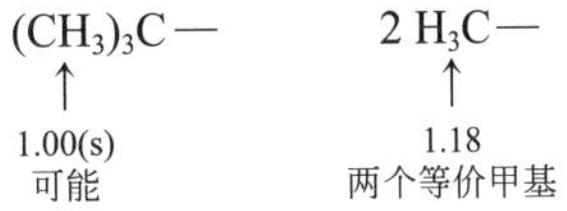

氢谱位移 δ＝1.28 和 1.42 的两个单峰可能是 CH_2 和 NH_2。质谱中，m/z 114 为 $[M-CH_3]^+$ 碎片离子峰，72 为 $[M-(CH_3)_3C]^+$ 碎片离子峰，58 最可能是亚胺的离子峰。在猜测最后的结构之前，请注意氢谱在 δ＝2.7 左右（$\overset{(H)}{-C-N}$，氨基邻碳上氢原子的位移）没有信号，因此氮原子最有可能与叔碳相连。综上所述，分子中可能含有的碎片有：

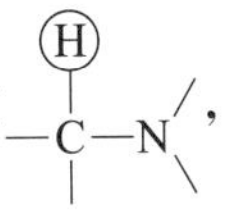

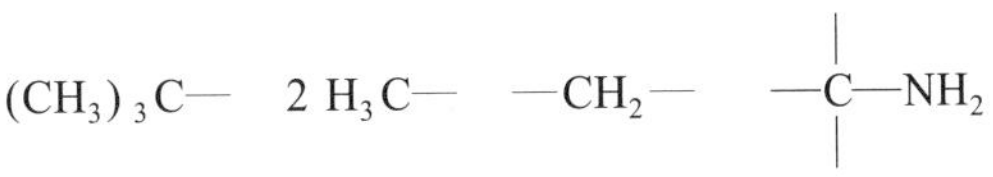

$$(CH_3)_3C- \quad 2\ H_3C- \quad -CH_2- \quad -\overset{|}{\underset{|}{C}}-NH_2$$

上述碎片包含分子式中的所有原子，将它们组合得到：

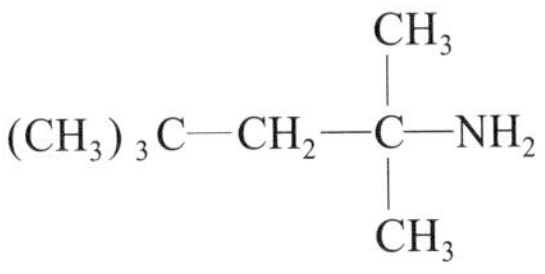

$$(CH_3)_3C-CH_2-\overset{CH_3}{\underset{CH_3}{C}}-NH_2$$

因此质荷比为 58 的碎片离子为$[(CH_3)_2C=NH_2]^+$。

32. 在解下列每道小题之前，时刻牢记未知化合物的分子式为 $C_6H_{15}N$。

(**a**) NMR：δ＝23.7 的峰可能对应一个或多个相同的甲基，δ＝45.3 的峰可能对应一个或多个相同的 $>CH-$ 单元（根据化学位移可知，该单元与氮原子相连）。

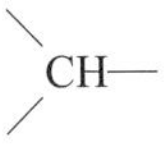

IR：存在二级胺的特征峰，—NH—。不存在其他官能团的信号峰，结合分子式和以上分析，得到具体结构为：

$$(H_3C)_2CH-NH-CH(CH_3)_2$$

（b）NMR：只存在甲基和与氮原子相连的亚甲基；IR：存在叔胺官能团（无活泼氢，NH）。则该分子为 $(CH_3CH_2)_3N$。

（c）NMR：存在甲基、不与氮原子相连的亚甲基以及与氮原子相连的亚甲基。IR：存在二级胺。则该分子为 $CH_3CH_2CH_2NHCH_2CH_2CH_3$。

（d）NMR：一个甲基和五个亚甲基。IR：伯胺。则该分子为 $CH_3(CH_2)_5NH_2$。

（e）NMR：两种不同的甲基，其中一种与氮原子相连（$\delta=38.7$），另有一个季碳与氮原子相连（$\delta=53.2$）。IR：叔胺。则该分子为：

$$(CH_3)_3C-N(CH_3)_2$$

25.6 → $(CH_3)_3$；53.2 → C；38.7 → 两个 $N-CH_3$

33. 解该题时，可以参考教材中 $(CH_3CH_2)_3N$ 的质谱（教材 1026 页，图 21-5），观察每种情况中由 C ∤ C—N 断裂产生的亚胺离子碎片。

（a）m/z 72 是个重要的碎片峰，对应 $[M-29]^+$（失去一个乙基），在习题 32 中唯一一个容易失去乙基的胺只有 CH_3CH_2 ∤ $CH_2-NH-CH_2CH_2CH_3$［见(c)］。

（b）m/z 86 是分子量相对大一些的碎片峰，对应的是失去一个甲基的碎片离子。在习题 32 的化合物中，有三种胺容易失去甲基，分别是（a），（b）和（e）。对比教材中 *N*,*N*-二乙基乙胺［三乙胺，(b)］的质谱（图 21-5），可将其排除。m/z 58 的碎片离子峰对应失去 m/z 43 的碎片离子（C_3H_7），因此是化合物（a），即 $(CH_3)_2CH$ ∤ $NH-CH(CH_3)_2$。

34. 如下平衡式所示，B^1 的碱性更强：若其共轭酸（B^1H^+）pK_a 更高，则其酸性更弱；相应地，其对应共轭碱的碱性更强。

$$\underset{\text{更强的碱}}{B^1:} + \underset{\text{(更强的酸)}}{B^2H^+} \rightleftharpoons \underset{\substack{\text{较弱的酸}\\\text{(更高的}pK_a)}}{B^1H^+} + \underset{\text{(更弱的碱)}}{B^2:}$$

35.（a）平衡向左移动：NH_3 比 H_2O 酸性弱，OH^- 比 NH_2^- 碱性弱。

（b）平衡向左移动：CH_3NH_2 是比 OH^- 更弱的碱，而 H_2O 的酸性比 $CH_3NH_3^+$ 弱。

（c）平衡向右移动：CH_3NH_2 的碱性比 $(CH_3)_3N$ 强（见教材 21-4 节）。

36.（a）（i）酰胺是比伯胺更弱的碱，氮原子上的孤对电子由于共振作用被“束缚”：

$$\left[RC(=O)-\ddot{N}H_2 \longleftrightarrow RC(O^-)=NH_2^+\right]$$

酰胺比伯胺的酸性更强，因其共轭碱被羰基的诱导效应和共振效应所稳定：

$$RC(=O)NH_2 \rightleftharpoons H^+ + \left[RC(=O)-\ddot{N}H^- \longleftrightarrow RC(O^-)=\ddot{N}H\right]$$

（ii）与酰胺相似，但是由于氮原子同时连接两个羰基，酰亚胺具有比酰胺更强的酸性和更弱的碱性。

（iii）受如下共振作用影响，烯胺碱性比伯胺弱：

$$\left[>C=C-\ddot{N}< \longleftrightarrow >\bar{C}-C=\overset{+}{N}<\right]$$

氮上没有氢原子，烯胺没有酸性。

（iv）与酰胺相似，在共振效应影响下，苯胺是比伯胺更弱的碱，更强的酸。

（b）当 pH＝12 时，该分子主要以题目中所示的结构形式存在。

当 pH＝10.4 时，该分子的主要存在形式为其中一个氨基氮原子被质子化：

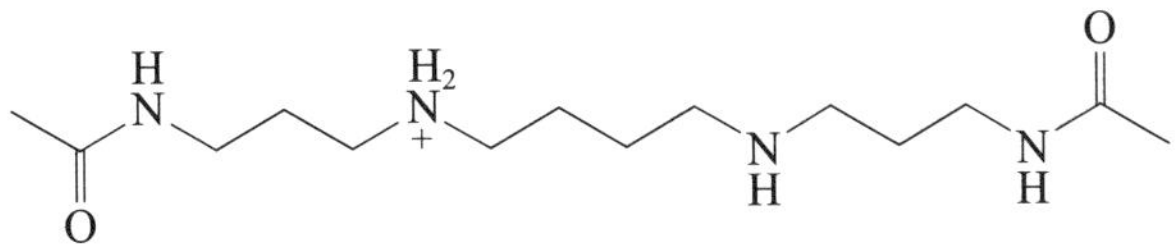

当 pH＝7 时，分子中两个氨基的氮原子都会被质子化：

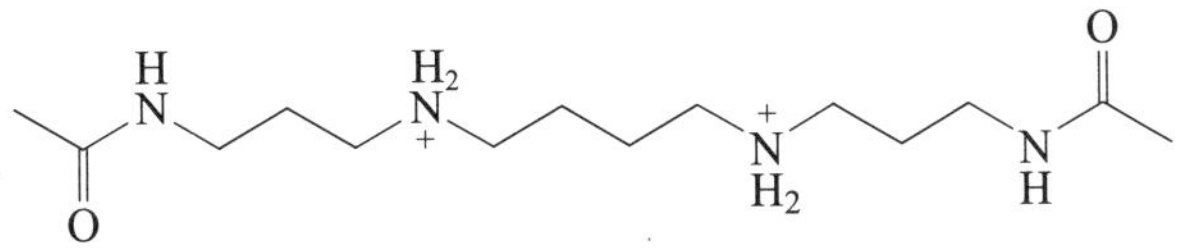

37. 将每个分子中具有双键结构的氮原子质子化后，生成共振稳定的阳离子。

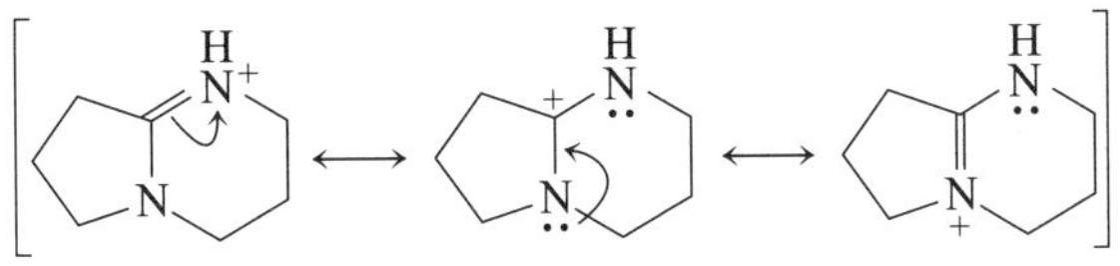

DBN衍生的阳离子(与DBU生成的阳离子结构类似)

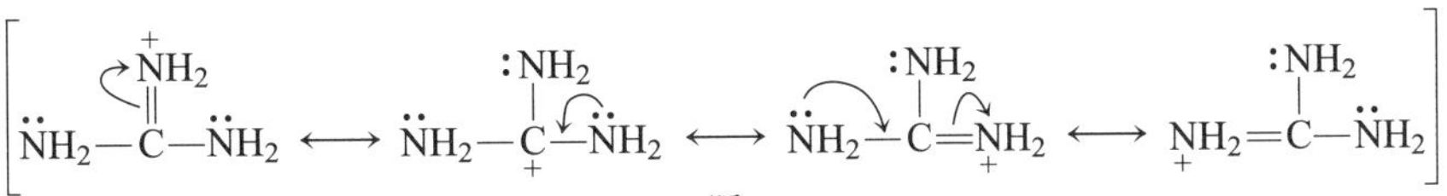

胍

其共轭酸的共振稳定结构增强了这些分子的碱性。

38. (**a**) 最简单的合成方法是加入过量氨气，也可通过以下方法制备：1. N_3^-，2. $LiAlH_4$，或 Gabriel 合成法（教材 1034 页）；(**b**) NH_3，$NaBH_3CN$；(**c**) $CH_3CH_2NH_2$，$NaBH_3CN$；(**d**) 1. CN^-，2. $LiAlH_4$；(**e**) $(CH_3)_2NH$，$NaBH_3CN$；(**f**) 1. $H_2C=O$，NH_3，HCl，加热；2. OH^-，H_2O（Mannich 反应）；(**g**) H_2/PtO_2，或 $LiAlH_4$；(**h**) Br_2，NaOH，H_2O，加热（Hofmann 重排）。

39. (**a**) 反应得不到目标产物。该反应将增加一个碳（CN 基团），得到 1-戊胺。(**b**) 不反应。三级卤代烃不能发生 S_N2 反应。(**c**) 反应顺利进行。(**d**) 反应效果较差。反应会过度烷基化，得到 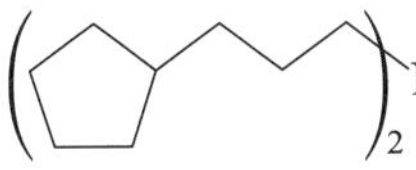 NCH_3。(**e**) 反应效果较差。尽管是一级卤代烷，但邻位支化结构较难进行 S_N2 反应（位阻较大）。(**f**)、(**g**) 反应顺利进行。(**h**) 反应效果较差。产物的四元环张力大，难以制备。该方法可用于制备五元环或六元环产物。(**i**) 不反应。该类反应只能发生在苯环上，不能在环己烷上反应。(**j**) 反应顺利进行。

40. 我们已经熟知使用格氏试剂和 $LiAlH_4$ 时，需要用乙醚作溶剂，反应完成后用酸性水溶液淬灭。

(**a**) 1. NaN_3，DMSO，2. $LiAlH_4$。

(**b**) 需要使用迂回路线，先加上一个碳再移除：

$$(CH_3)_3CCl \xrightarrow[2.\ CO_2]{1.\ Mg} (CH_3)_3CCOOH \xrightarrow[2.\ NH_3]{1.\ SOCl_2} (CH_3)_3CCONH_2 \xrightarrow[\text{(Hofmann重排)}]{Br_2,\ NaOH,\ H_2O} (CH_3)_3CNH_2$$

(**d**) 1. NaN_3，2. $LiAlH_4$（制备伯胺），3. $H_2C=O$［制备亚胺，只需 1 e.q.，避免二次甲基化（习题 56)］，4. $NaBH_3CN$，CH_3CH_2OH（完成还原胺化）。注意如何通过甲醛还原引入甲基。

(**e**) 类似（b)。

(**h**) 没有其他简单的解决方案。

(**i**) 使用溴苯为原料，如题目中所示制备对溴苯胺，随后用 H_2，Pd 缓慢氢化苯环（见教材 14-7 节和 15-2 节）得到环己烷结构。

41. $CH_3CH_2NH_2$，$(CH_3CH_2)_2NH$，$(CH_3CH_2)_3N$ 和 $(CH_3CH_2)_4N^+$。

42. 苯丙醇胺经还原胺化法制备伪麻黄碱。参照习题 **40**(**d**) 的方法，用 1 e.q. 甲醛避免二次甲基化。

$$RNH_2 \xrightarrow{H_2C=O,\ NaBH_3CN} RNHCH_3$$

43. Apetinil是仲胺（通式为RR′NH）。（**a**）1. $CH_3CH_2NH_2$，H^+，2. $NaBH_3CN$，CH_3CH_2OH；（**b**）1. NaN_3，DMF，2. $LiAlH_4$，THF，3. CH_3CHO，H^+，4. $NaBH_3CN$，CH_3CH_2OH；（**c**）1. $SOCl_2$，2. NH_3，3. Br_2，NaOH，H_2O，4. CH_3CHO，H^+，5. $NaBH_3CN$，CH_3CH_2OH

44.（**a**）可用多种方法制备。溴丁烷＋叠氮化物，随后 $LiAlH_4$ 还原；或溴丙烷＋氰化物，再 $LiAlH_4$ 还原；或溴丁烷＋邻苯二甲酰亚胺盐，再水解。

（**b**）首先用碘甲烷和邻苯二甲酰亚胺盐或叠氮化物制备甲胺［类似（a）中丁胺的合成］，接着甲胺和丁醛还原胺化得到目标产物：

$$CH_3I \xrightarrow[2.\ LiAlH_4]{1.\ N_3^-} CH_3NH_2 \xrightarrow[2.\ NaBH_3CN,\ pH=3]{1.\ CH_3CH_2CH_2CHO} CH_3NHCH_2CH_2CH_2CH_3$$

（**c**）首先合成丁胺（a），接着用过量甲醛和 $NaBH_3CN$ 进行两次还原胺化。这是制备 N,N-二甲基叔胺的最好方法（见习题**56**）。

45.（**a**）—CH═CHCH$_3$（Z 和 E）　（**b**）CH$_2$　CH$_3$

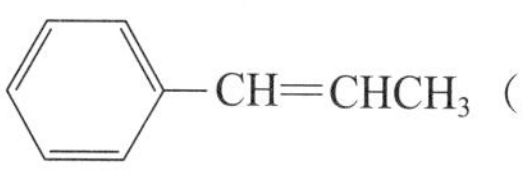

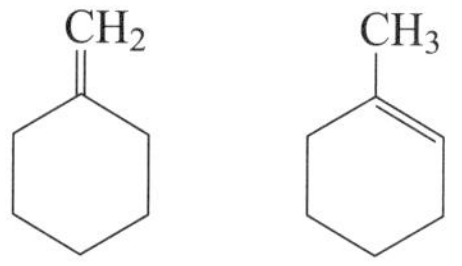

（**c**）第一次Hofmann消除反应：$H_2C{=}CH(CH_2)_3N(CH_3)_2$　$CH_3CH{=}CH(CH_2)_2N(CH_3)_2$　$CH_3CH(N(CH_3)_2)CH_2CH{=}CH_2$

第二次Hofmann消除反应：$H_2C{=}CHCH_2CH{=}CH_2$　$CH_3CH{=}CHCH{=}CH_2$

（**d**）

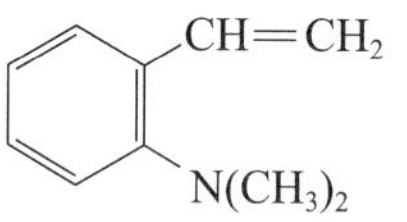

CH═CH$_2$
N(CH$_3$)$_2$

（**e**）第一次Hofmann消除反应：

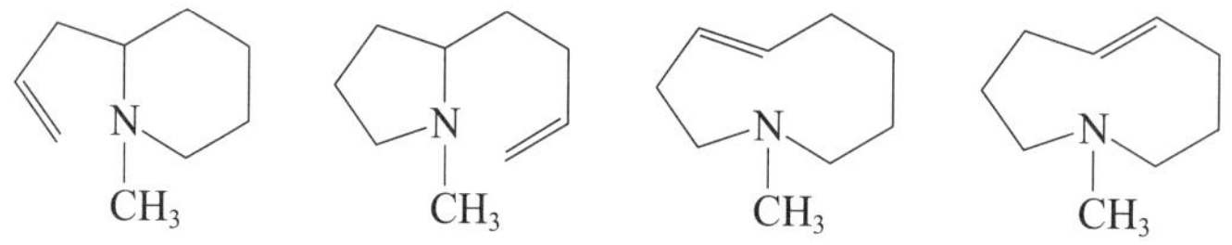

N—CH$_3$　N—CH$_3$　N—CH$_3$　N—CH$_3$

第二次Hofmann消除反应：

H$_3$C—N—CH$_3$　H$_3$C—N—CH$_3$　H$_3$C—N—CH$_3$　H$_3$C—N—CH$_3$　H$_3$C—N—CH$_3$

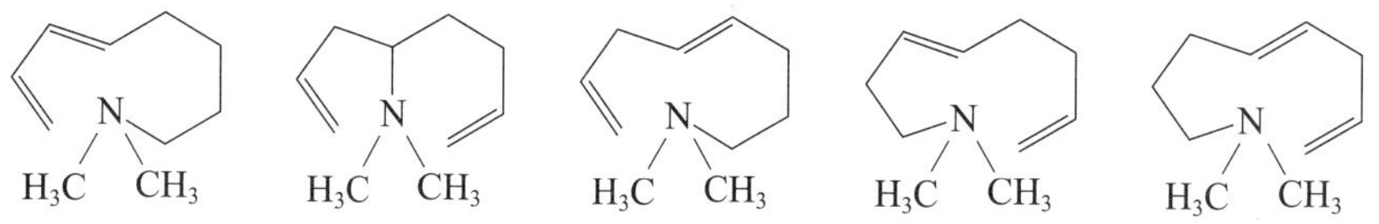

第三次Hofmann消除反应：

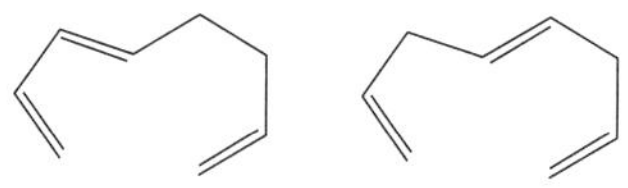

46.（**a**）4-庚胺；（**b**）3-庚胺；（**c**）1-庚胺；（**d**）2-庚胺。

47. 反应在酸性条件下进行：

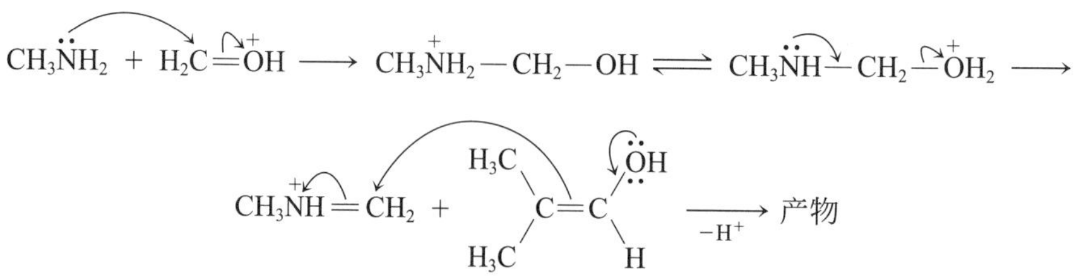

$$CH_3\ddot{N}H_2 + H_2C{=}\overset{+}{O}H \longrightarrow CH_3\overset{+}{N}H_2{-}CH_2{-}OH \rightleftharpoons CH_3\ddot{N}H{-}CH_2{-}\overset{+}{O}H_2 \longrightarrow$$

$$CH_3\overset{+}{N}H{=}CH_2 + (H_3C)_2C{=}C(H){-}\ddot{O}H \xrightarrow{-H^+} 产物$$

醛的烯醇式

48. 托品酮是叔胺。如下图所示，氮原子的烷基化可以从左边或右边箭头的方向进行，得到不同的立体异构体A和B。

（a）CH_3，$\rightarrow N \leftarrow$，O $\xrightarrow[(S_N2)]{C_6H_5CH_2Br,\ CH_3CH_2OH}$ $C_6H_5CH_2$，CH_3，$\overset{+}{N}$，Br^-，O + H_3C，$CH_2C_6H_5$，$\overset{+}{N}$，Br^-，O

A和B

（b）非对映异构体（A 和 B 不互为镜像）

（c）A 和 B 中的酸性氢原子在哪里？在酮羰基 α 位的碳原子上。

H_3C，$CH_2C_6H_5$，$\overset{+}{N}$，O，H ⇌（:碱） H_3C，$CH_2C_6H_5$，$\overset{+}{N}$，O $\underset{1,4\text{-}加成反应}{\overset{消除反应}{\rightleftharpoons}}$ H_3C，$CH_2C_6H_5$，$:N$，O

C

$\underset{}{\overset{氮原子构型翻转后加成}{\rightleftharpoons}}$ $C_6H_5CH_2$，CH_3，$\overset{+}{N}$，O ⇌ $C_6H_5CH_2$，CH_3，$\overset{+}{N}$，O

酮羰基 α 位氢去质子化并消除得到烯酮 C。氨基的分子内加成生成初始的酮，或者先发生氮原子构型翻转再加成，得到初始酮的立体异构体（甲基和苄基交换位置的产物）。

49.

（a）$HOCH_2CH_2NH_2 \xrightarrow[(S_N2)]{过量的\ CH_3I}$ $HO\!:\ CH_2\ CH_2\ \overset{+}{N}(CH_3)_3\ I^-$ $\xrightarrow{分子内S_N2}$

$H_2C—CH_2$，$\overset{+}{O}$，H + $(CH_3)_3N\!:$ ⟶ $H_2C—CH_2$，O + $(CH_3)_3NH^+I^-$

最终产物

（b）倒推法：

C_6H_5，O，H，H，CH_3 $\xleftarrow{分子内S_N2}$ HO，CH_3，C_6H_5，H，H，$\overset{+}{N}(CH_3)_3$ $\xleftarrow{过量的\ CH_3I}$ HO，CH_3，C_6H_5，H，H，$NHCH_3$

麻黄碱

H，O，H，C_6H_5，CH_3 $\xleftarrow{类似的}$ HO，CH_3，H，H，C_6H_5，$NHCH_3$

伪麻黄碱

麻黄碱和伪麻黄碱是非对映异构体。

50. 分析 Mannich 反应所能构筑的官能团：

$>N—\underset{H}{\overset{H}{C}}—\overset{|}{C}—\overset{O}{\overset{\|}{C}}— \Longrightarrow >\overset{+}{N}=C(H)(H) + :\overset{|}{C}—\overset{O}{\overset{\|}{C}}— \Longrightarrow >NH + H\overset{O}{\overset{\|}{C}}H + H—\overset{|}{C}—\overset{O}{\overset{\|}{C}}—$

与 Mannich 反应相关的化学键在下述答案中加粗强调：

（a）$CH_3\overset{O}{\overset{\|}{C}}CH_2$**—**$CH_2—N(CH_2CH_3)_2 \xleftarrow[2.\ HO^-]{1.\ HCl} CH_3\overset{O}{\overset{\|}{C}}CH_3 + H_2C{=}O + HN(CH_2CH_3)_2$

（b）

$$\text{(1-(二甲氨基甲基)-2-茚满酮)}\ \xleftarrow[\text{2. HO}^-]{\text{1. HCl}}\ \text{2-茚满酮} + H_2C{=}O + HN(CH_3)_2$$

（c）

$$H_2N{-}CH(CH_3){-}CN \longleftarrow NH_3 + CH_3CHO + HCN$$

与其他题目不同的是，该题使用氰基负离子作为亲核试剂进攻亚胺碳。

（d）

$$CH_3CH_2CH_2\overset{O}{\overset{\|}{C}}CH(CH_2CH_3){-}CH_2{-}N(CH_3)_2 \xleftarrow[\text{2. HO}^-]{\text{1. HCl}} CH_3CH_2CH_2\overset{O}{\overset{\|}{C}}CH_2CH_2CH_3 + H_2C{=}O + HN(CH_3)_2$$

（e）

$$CH_3\overset{O}{\overset{\|}{C}}CH_2{-}CH_2{-}N(CH_3){-}CH_2{-}CH_2\overset{O}{\overset{\|}{C}}CH_3 \xleftarrow[\text{2. HO}^-]{\text{1. HCl}} 2\,CH_3\overset{O}{\overset{\|}{C}}CH_3 + 2\,H_2C{=}O + H_2NCH_3$$

该例子使用了两次 Mannich 反应。注意一分子伯胺与两分子甲醛及两分子丙酮反应。

51. 双重 Mannich 反应，与习题 50(e) 相似。

$$\text{OHC}(CH_2)_2\text{CHO} + H_2\ddot{N}CH_3 \xrightarrow{\text{在质子转移后}} \text{H}{-}C(\overset{+}{O}H_2)(\ddot{N}HCH_3){-}(CH_2)_2{-}CHO \xrightarrow{-H_2O} HC{=}\overset{+}{N}HCH_3{-}(CH_2)_2{-}CHO \xrightarrow[\text{-H}^+]{\text{第一次 Mannich 反应}}$$

（$H_2C{=}C(\ddot{O}H){-}CH_3$：丙酮的烯醇互变异构体）

$$\text{H}{-}CH(CH_2\overset{O}{\overset{\|}{C}}CH_3)(\ddot{N}HCH_3){-}(CH_2)_2{-}CHO \xrightarrow{\text{质子转移}} \text{环状}\ \overset{+}{O}H_2\ \text{中间体} \xrightarrow{-H_2O} \text{环状亚胺离子} \xrightarrow[\text{第二次 Mannich 反应}]{-H^+} \text{托品酮}$$

（烯醇互变以后：$CH_2{=}C(\ddot{O}H){-}CH_2$）

52.

$$\text{环戊酮} \xrightarrow[\text{Mannich反应}]{\text{1. }H_2C{=}O,\ (CH_3)_2NH,\ HCl,\ CH_3CH_2OH;\ \text{2. }NaOH,\ H_2O} \text{2-}CH_2N(CH_3)_2\text{-环戊酮} \xrightarrow[\text{Hofmann消除}]{\text{1. }CH_3I;\ \text{2. }Ag_2O,\ H_2O,\ \triangle} \text{2-亚甲基环戊酮}\ (=CH_2)$$

Mannich 反应-Hofmann 消除串联策略是合成 α,β-不饱和酮的有效方法。

53.（a）所有 $C_6H_{11}{-}CH^+CH_3$（环己基） 可能生成的产物，

因此有：$C_6H_{11}{-}CHClCH_3$，$C_6H_{11}{-}CH(OH)CH_3$，$C_6H_{11}{-}CH{=}CH_2$，$C_6H_{10}{=}CHCH_3$

此外，经过氢迁移生成：

CH_3CH_2 +

相应地得到：

CH_3CH_2 Cl　CH_3CH_2 OH　CH_3CH_2

(b)

N
NO

54. (a) 从反应机理上考虑，亲核性氮原子＋活泼的羧酸衍生物（羰基碳原子带有部分正电性）：

$(CH_3)_3N$: O Cl ⇌ O^- Cl $(CH_3)_3N^+$ $\xrightleftharpoons{-Cl^-}$ O $\overset{+}{N}(CH_3)_3$

中间体A $C_5H_{12}ClNO$　中间体B $(C_5H_{12}NO)^+$

(b)

OH O $\overset{+}{N}(CH_3)_3$ ⇌ O^- $N(CH_3)_3$ $\overset{+}{O}$ H $\xrightleftharpoons{-H^+}$ O^- $\overset{+}{N}(CH_3)_3$ O $\xrightleftharpoons{-(CH_3)_3N}$ O O

55. (a) 根据提示，胺对 α,β-不饱和酮共轭加成，得到烯醇负离子（见第 17 章），烯醇负离子对醛加成（Aldol 反应）。Aldol 加成产物中有季铵阳离子，季铵阳离子是很好的离去基团，原位消除离去再生 α,β-不饱和键：

$(CH_3)_3N$: O ⇌ O $(CH_3)_3\overset{+}{N}$ O H ⇌

$^-$:O: H O $(CH_3)_3\overset{+}{N}$ $\xrightleftharpoons{-(CH_3)_3N}$ OH O

Baylis-Hillman 反应模式上把 α,β-不饱和酮的 α-碳与醛羰基相连生成醇。

(b) O CH_3CHOH

(c) O H OH

56. 两次反应均通过同一个机理：第一次还原胺化形成一个甲基取代的仲胺。该仲胺能发生第二次还原胺化反应生成最终的二甲基化产物（反应模式与 21-6 节中内容相同）。

首先形成亚胺（反应可逆）：$H_2C{=}O + H_2NR \longrightarrow H_2C{=}NR + H_2O$

接着还原得仲胺：$NaBH_3CN + CH_2{=}NR \longrightarrow H_3C{-}NHR$

另一分子甲醛再参与反应，形成亚胺离子中间体：

$H_2C{=}O + NH(CH_3)R \longrightarrow H_2C{=}\overset{+}{N}(CH_3)R + HO^-$

再还原得到最终产物二甲基胺：$NaBH_3CN + H_2C{=}\overset{+}{N}(CH_3)R \longrightarrow (CH_3)_2NR$

57.

$CH_2\ddot{N}H_2$

$HOCH_2$　OH

N　CH_3

＋　$-CH_2-\overset{O}{\overset{\|}{C}}-CO_2H$ ⟶ $-CH_2-\overset{O^-}{\overset{|}{C}}-CO_2H$

$-CH_2-\overset{+}{N}H_2$

质子转移 ⟶

$\overset{+}{O}H_2$

CH_2-C-CO_2H

$-CH_2-N-H$

$-H^+, H_2O$ ⟶

CH_2　CO_2H

C

N

CH—H

$HOCH_2$　OH

N　CH_3

亚胺

$-H^+$ / H^+ ⟶

CH_2　CO_2H

C

N

CH

$HOCH_2$　OH

N　CH_3

H

H^+ / $-H^+$ ⟶

CH_2-C　CO_2H

H

N:

CH

$HOCH_2$　OH

N　CH_3

亚胺异构体

H^+, $H_2\ddot{O}$ ⟶

$CH_2-CH-CO_2H$

HN:

CH—O—H

H^+ / $-H^+$ ⟶ 产物

58. IR：仲胺。

NMR：H_3C-CH_2- 和 $-CH_2-CH_2-\underset{H}{N}-CH<$

0.91(t)　2.70(t)　1.33(s)　3.07(m)

分子中共有 17 个氢原子。

MS：m/z 127－17（氢原子总质量）－14（氮原子质量）＝96（8 个碳原子），因此分子式为 $C_8H_{17}N$。

$H_{sat}=16+2+1=19$；不饱和度$=\dfrac{(19-17)}{2}=1$，说明分子中可能存在一个 π 键或环状结构。

MS：基峰为［M−43］$^+$，或失去了 C_3H_7，可能是 $\underbrace{H_3C-CH_2-CH_2-}_{\text{从NMR推测}}$。Hofmann 消除结果：将氮原子重新与烯烃碳以不同方式连接，比较得出最合理的结构。只有能通过消除同时得到 1,4-辛二烯和 1,5-辛二烯的结构才有可能是正确的。

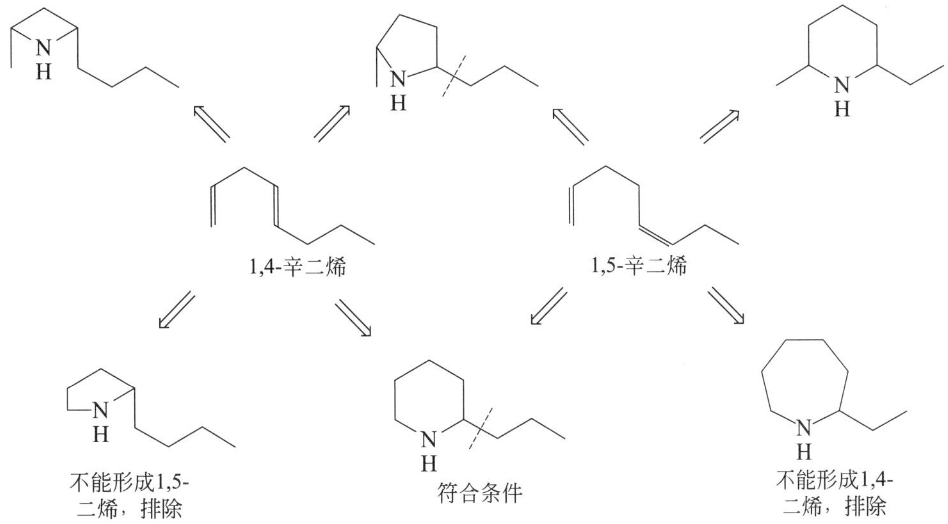

1,4-辛二烯

1,5-辛二烯

不能形成1,5-二烯，排除

符合条件

不能形成1,4-二烯，排除

上图中间所示的两种结构都能失去 C_3H_7 碎片离子峰（如虚线所示）。然而核磁显示与氮相连的碳上应有两个氢原子，上面的结构与核磁共振数据不相符，且该结构应在质谱中有很强的［M−15］$^+$ 碎片离子峰（失去甲基），质谱中也没发现该信号。此外，该结构还会通过 Hofmann 消除得到另一个产物 2,4-辛二烯。综上所述，唯一可能的产物结构是：（2-丙基哌啶结构式）。

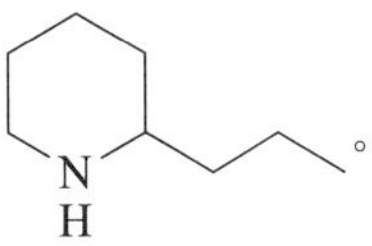

59. 使用倒推法，确保你的答案中包含 15 个碳原子。

（**a**）

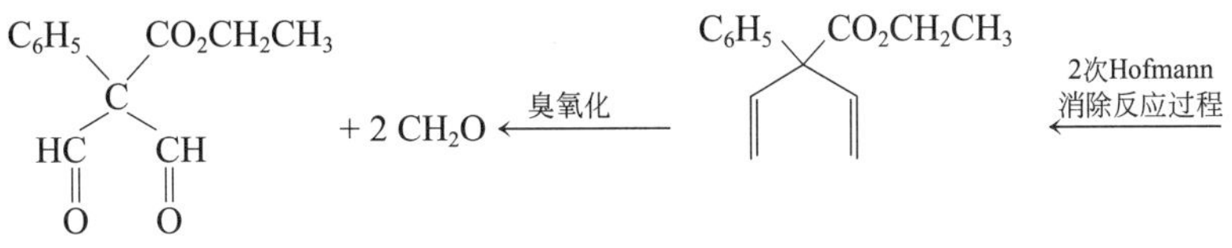

C_6H_5, $CO_2CH_2CH_3$ 取代的二醛 + 2 CH_2O ←(臭氧化)— C_6H_5, $CO_2CH_2CH_3$ 取代的二烯 ←(2次Hofmann消除反应过程)—

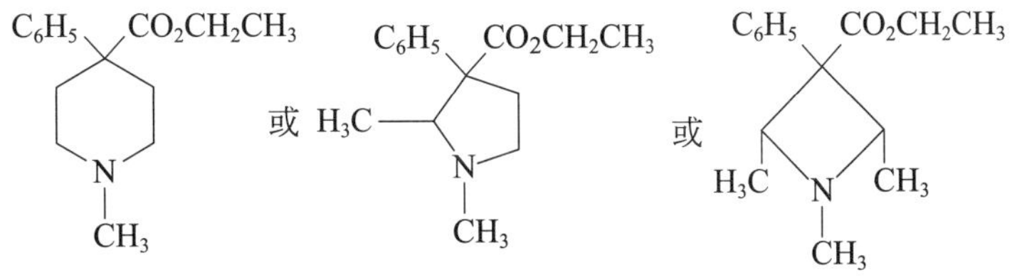

C_6H_5, $CO_2CH_2CH_3$, N-CH_3 哌啶 或 H_3C- 取代吡咯烷 或 H_3C, CH_3 取代氮杂环丁烷（N-CH_3）

（按照分子式推算，还剩余一个甲基，应该取代在氮原子上。）这一步还不能确定这三种结构哪种是正确的。

（**b**）重要提示：（C_6H_5, $CO_2CH_2CH_3$ 取代的 CHO CHO 二醛）可转化为哌替啶。哌替啶是一种具有六元环结构的胺，可使用下图所示的反应路线来制备：

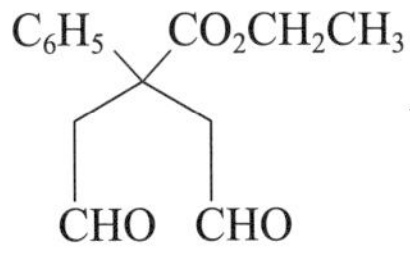

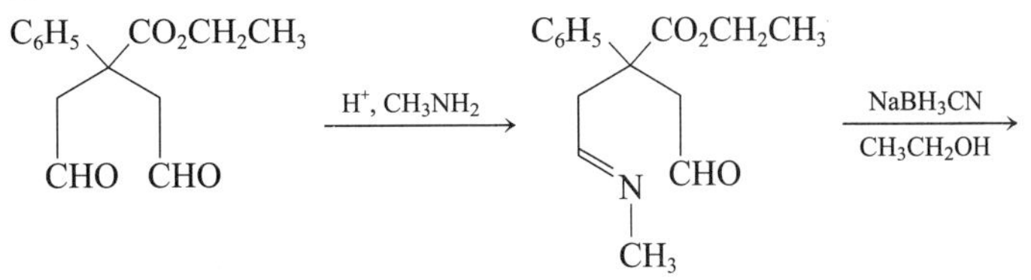

C_6H_5, $CO_2CH_2CH_3$ 二醛（CHO CHO）$\xrightarrow{H^+,\ CH_3NH_2}$ 亚胺（N-CH_3, CHO）$\xrightarrow[CH_3CH_2OH]{NaBH_3CN}$

C_6H_5 $CO_2CH_2CH_3$ CHO NH CH_3 ⟶ C_6H_5 $CO_2CH_2CH_3$ $\overset{+}{N}$ CH_3 $\xrightarrow[CH_3CH_2OH]{NaBH_3CN}$ C_6H_5 $CO_2CH_2CH_3$ N CH_3

该多步反应通常是将胺、二醛和 $NaBH_3CN$ 混合在一起，在一锅中发生的。

二醛的合成：

C_6H_5 $CO_2CH_2CH_3$ CHO CHO $\xleftarrow[2.\ Zn,\ H^+,\ H_2O]{1.\ O_3,\ CH_2Cl_2}$ C_6H_5 $CO_2CH_2CH_3$ $\xleftarrow[(两次烷基化)]{2\ LDA,\ THF}$

$C_6H_5CH_2CO_2CH_2CH_3$ + $BrCH_2$ CH_2Br C=C H H

60. $H_{sat}=22+2+1$（N）$=25$；不饱和度$=\frac{(25-21)}{2}=2$，说明分子中可能存在 2 个 π 键或环状结构。IR 表明分子中不含 N—H 键，该分子为叔胺。

NMR：分子中含有两种不同的$H_3C-CH<$片段（$\delta=1.2$ 和 1.3）；一个未裂分的甲基（可能连在氮上?）。使用倒推法：

O CH_3 $CH_2N(CH_3)_2$ $\xleftarrow{“小心地氧化”}$ HO CH_3 $CH_2N(CH_3)_2$ **C** $\xleftarrow[-CH_3COOH]{1.\ MCPBA,\ CH_2Cl_2;\ 2.\ KOH,\ H_2O}$ (Baeyer-Villiger氧化后再酯水解)

H_3C O CH_3 $CH_2N(CH_3)_2$ **B** $\xleftarrow[-CH_2=O]{1.\ O_3,\ CH_2Cl_2;\ 2.\ Zn,\ H_2O}$ (臭氧化) H_3C CH_2 CH_3 $CH_2N(CH_3)_2$ **A**

现在尝试将 A 中的氮原子和烯烃碳连接的所有可能，得到 Hofmann 消除前体的可能结构。

H_3C H_2C CH_2 CH_3 $N(CH_3)_2$ (任意一种) ⟹ H_3C H_3C N CH_3 CH_3 或 1.20(d) H_3C H 1.33(d) H CH_3 N CH_3 ← 2.32(s) 珊瑚碱

分子式都是$C_{11}H_{21}N$

核磁共振碳谱中的三个甲基信号峰只能与第二种结构对应，因此第二种结构是正确的。

61.

HO HO NH_2 O H OH OH $\xrightarrow{质子转移}$ HO HO $\overset{+}{N}H$ OH OH $\xrightarrow{亲电取代反应}$ HO HO + H NH OH OH $\xrightarrow{-H^+}$ 产物

该题目中的亲电取代反应其实质上也是 Mannich 反应，富电子的苯环是亲核试剂。

62.（a）催化剂是一种盐，在水中应该有一定的溶解度。由于该分子氮原子上含有几个烷烃取代基，它在正癸烷中也应该有一定溶解度。

（b）NaCN 是离子盐，不溶于正癸烷。因此溶液体系中亲核性的氰基负离子的浓度非常低，相应的 S_N2 反应非常缓慢。

（c）在水相中，季铵盐阳离子能交换反离子（氰基负离子和氯离子交换），当它转移到正癸烷中时，将伴随着氰基负离子的溶解。通过此过程，氰基负离子在正癸烷的浓度显著增加，能参与到 1-氯辛烷的 S_N2 取代反应中。

63.（c）　**64.**（c）　**65.**（e）

66.（a）　**67.**（d）

22

苯取代基的化学：烷基苯、苯酚和苯胺

在本章，你将继续学习芳香化合物的化学。你将了解与苯环相连的碳原子（苄位碳）的反应以及更多的苯酚或苯胺的转化反应。在这些例子中，苯环与其相连基团的相互作用显著影响了它们的性质。

本章概要

22-1　苄基的共振稳定性

与苯环相连的碳反应活性增加。

22-2　取代苯的氧化和还原

烷基侧链的一种尤其实用的氧化反应。

22-3　酚的命名和性质

22-4　酚的制备：芳香亲核取代反应

合成苯衍生物的实用新方法。

22-5　酚的醇化学

22-6　酚的亲电取代反应

22-7　Claisen 重排和 Cope 重排

22-8　酚的氧化：苯醌

芳香醇类：官能团之间如何相互影响。

22-9　自然界中的氧化还原过程

22-10，22-11　芳基重氮盐和重氮偶联反应

用芳香胺合成取代苯。

本章重点

22-1　苄基的共振稳定性

由于电子离域能稳定反应的过渡态和中间体，所以与苯环相连的饱和碳原子的反应活性远远高于一般的烷基碳原子。读完这一节，回顾一下苯甲基（苄基）自由基、正离子和负离子的共振式，你会发现它们均存在四个共振结构，增加了苄基自由基、正离子和负离子的稳定性，因而易于生成。苄位碳上带有潜在离去基团的化合物，大多数容易发生亲核取代反应。该反应中，S_N1 机理的碳正离子中间体和 S_N2 机理的过渡态都非常稳定，因此两种途径都可能发生。与二级卤代烷（7-5 节）和烯丙基体系（14-1 至 14-4 节）类似，苄基碳上的取代反应机理取决于特定的反应条件和试剂。与烯丙基化合物相似，苄基碳也可以发生自由基机理或阴离子型机理的取代反应。值得注意的是，苯基本身不参与到这些反应中：例如不会发生烯丙基体系常见的双键迁移反应，否则将破坏苯环的芳香性（见习题 41）。

22-2　取代苯的氧化和还原

本节的几个反应中，最常见的一个是 $KMnO_4$ 将苯环烷基侧链氧化得到苯甲酸。注意该反应的两个特点：第一，除苄位碳原子外，侧链上其他碳原子都被氧化剂“截断”；第二，邻、对位定位的烷基取代基在反应后转化为间位定位基 COOH。

22-4　酚的制备：芳香亲核取代反应

有两种实用的（原位）芳香亲核取代反应：同时含有强吸电子基团（能稳定阴离子，如 NO_2）和离去基团的苯环能发生加成-消除反应；若苯环上有离去基团但不含阴离子稳定基团，强碱条件下可经消除-加成（苯炔）机理得到芳基取代产物。尽管这些亲核取代反应具有实用性，但和之前学过的亲电取代反应比起来，应用的相对较少。这主要是因为芳基通常是富电子 π 体系，更容易和亲电试剂反应，仅当芳环上有强吸电子基团或使用强碱时才发生亲核进攻过程。

22-3，22-5 至 22-7　酚的反应

芳香醇和一般醇有很大不同，该差别主要源于苯酚氧原子上的孤对电子能离域到苯环上，导致苯酚比一般醇的酸性更强而碱性较弱。苯酚氧负离子是苯酚的共轭碱，其碱性远弱于烷氧负离子，可以用苯酚和 HO^- 制备。由于碱性较弱，苯酚氧负离子比烷氧负离子或氢氧根的离去性更好（见习题 62），但是苯酚氧负离子仍然是很好的亲核试剂，尤其是在 S_N2 合成醚的反应中。

苯酚中氧原子和苯环之间的共振作用也会影响苯环的反应性。电子密度增加使苯环更容易被弱亲电试剂进攻，比如：苯酚在碱性条件下能与甲醛和 CO_2 反应。

22-8　酚的氧化：苯醌

1,4-苯二酚和对苯醌（通常称为醌）可通过氧化还原反应相互转化，该过程很容易发生。醌经常用于共轭加成或 Diels-Alder 环加成反应，其中醌的共轭加成在生物学上有重要意义。1,2-苯醌是对苯醌的异构体，由于稳定性较差，应用较少。

22-9　自然界中的氧化还原过程

本节首先讨论了能破坏生物分子结构（比如细胞膜中的脂类）的反应，接着阐述了能阻止此类反应的抗氧化分子的作用机制（如维生素 E）。这些抗氧化剂一般都具有和 1,4-苯二酚相同的性质：它们容易被氧化（虽然受其结构所限，通常不会被氧化为醌）。仔细阅读本节，找到对你有用的分子！

22-10，22-11 芳基重氮盐和重氮偶联反应

类似芳香醇，芳胺也有其独特之处。总而言之，氮原子上的孤对电子离域到苯环上使芳胺碱性比相应烷基胺弱很多。然而，绝大部分芳胺的反应与烷基胺非常相似，故不再赘述。本部分仅展示了一类广泛用于合成的芳胺反应。未取代苯胺的重氮化反应能生成苯环上含有—N_2^+ 取代基的重氮盐。该取代基具有很高的合成价值，能被以下基团所取代（试剂在括号中标明）：

—H（H_3PO_2）　　—OH（H_2O，△或 CuOH）　　—Cl，Br，I（CuX，△）

—I（HI）　　—CN（CuCN，CN^-，△）

芳基重氮盐能作为亲电试剂与苯酚或苯胺发生重氮偶联反应合成偶氮染料。

习　题

37. 给出下面每个反应预期的主产物。

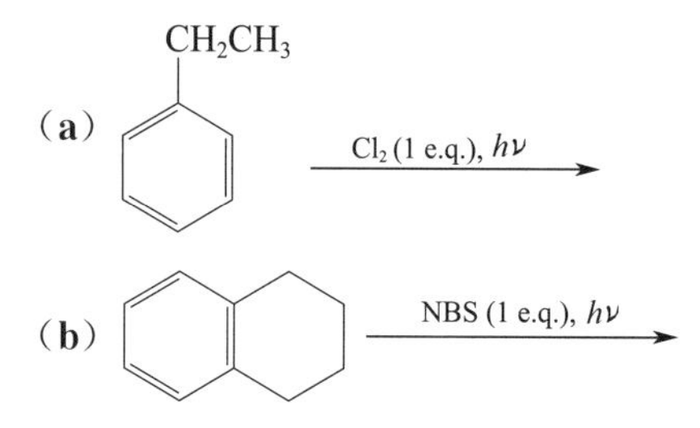

38. 用分子式写出习题 37(b) 的反应机理。

39. 提出下列每个化合物的合成路线，每个合成都从乙基苯开始。(**a**) 1-氯乙基苯；(**b**) 2-苯基丙酸；(**c**) 2-苯基乙醇；(**d**) 2-苯基氧杂环丙烷。

40. 预测由下列三个化合物所衍生的三个苄基正离子的相对稳定性顺序：氯甲苯（苄氯）、1-氯甲基-4-甲氧基苯（4-甲氧苄氯）和 1-氯甲基-4-硝基苯（4-硝基苄氯）。借助共振式解释答案。

41. 画出合适的共振式，说明为什么卤原子在苯甲基（苄基）自由基的对位比在苄基位置上不利。

42. 室温下三苯甲基自由基，$(C_6H_5)_3C\cdot$，在惰性溶剂的稀溶液中是稳定的，三苯甲基正离子的盐，$(C_6H_5)_3C^+$，可分离为稳定的结晶。对这些异常的稳定性作出解释。

43. 写出下列反应或分步反应的预期产物。

(**a**) $BrCH_2CH_2CH_2$—⟨苯环⟩—CH_2Br $\xrightarrow{H_2O,\ \triangle}$

(**b**) CH_2Cl（苯环） $\xrightarrow[\text{2. }H^+,\ H_2O,\ \triangle]{\text{1. KCN, DMSO}}$

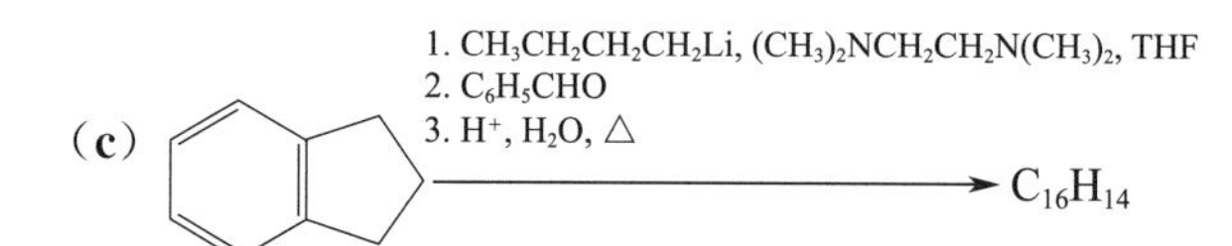

44. 俗名为芴的烃的酸性（$pK_a \approx 23$）足以成为酸性较高的化合物去质子化反应的有用指示剂。指出芴中酸性最强的氢，画出共振式来说明它的共轭碱的相对稳定性。

芴

45. 下面的 Birch 还原反应广泛用于合成多种高生理活性的甾体化合物。虽然产物的核磁共振光谱（^1H NMR）很复杂，但显示 $\delta = 5.73$ 处有一单峰，积分为一个氢。此外，红外光谱（IR）显示在 1620 cm^{-1} 和 1660 cm^{-1} 分别有中等和非常强的吸收。

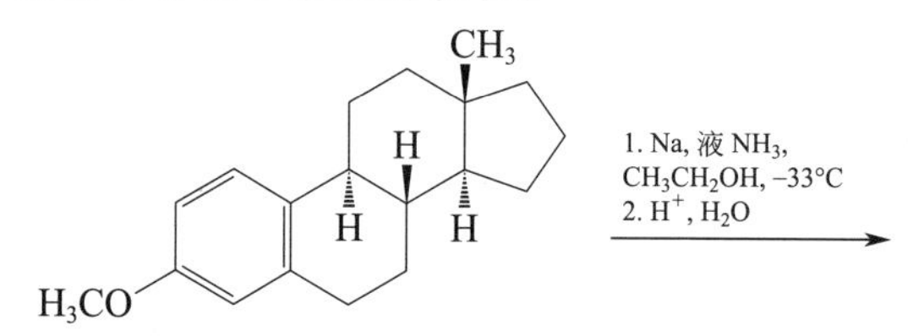

提出产物的结构并用机理说明它的形成。

46. 从苯或甲基苯开始，概要写出一条简单、实用、有效地合成下列每个化合物的方法。假设对位异构体（但不是邻位异构体）能有效地从邻位和对位取代的混合物中分离出来。从产物开始往前操作。

(**a**) CH_2CH_2Br（苯环）　　(**b**) $CONH_2$（苯环，对位 Cl）

(c)

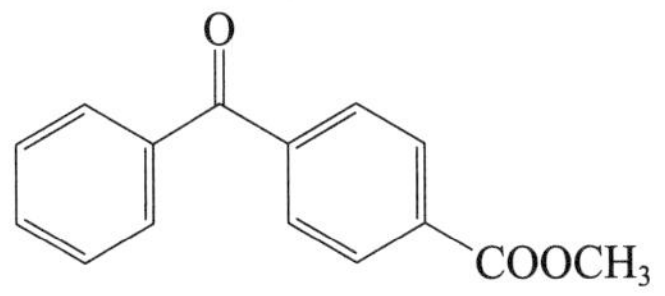

(d)

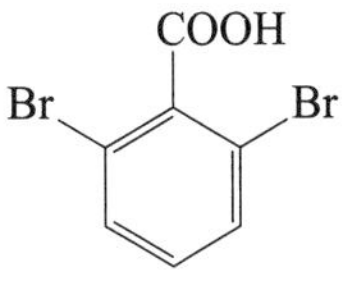

47. 按与氢氧根离子反应活性降低的顺序排列下列化合物。

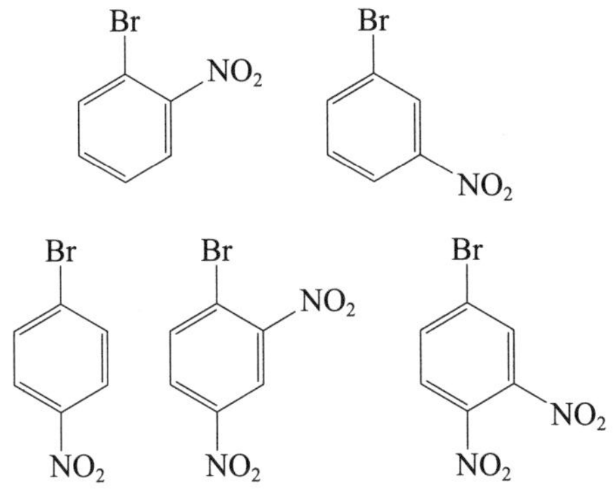

48. 指出下列反应的主产物，描述每一步的作用机理。

(a) 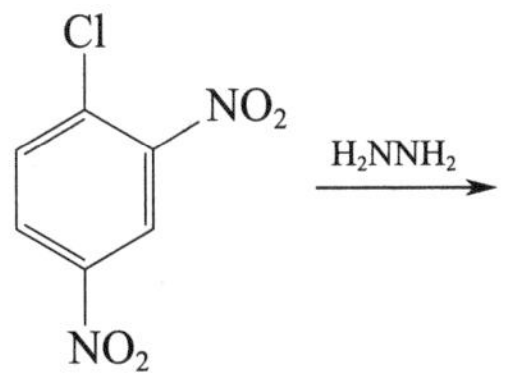 $\xrightarrow{H_2NNH_2}$

(b) 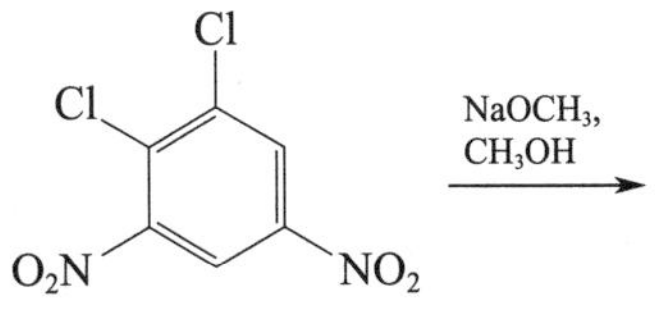 $\xrightarrow{NaOCH_3,\ CH_3OH}$

(c) 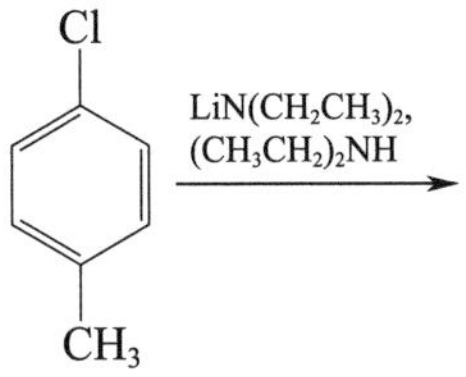 $\xrightarrow{LiN(CH_2CH_3)_2,\ (CH_3CH_2)_2NH}$

49. 以苯胺开始，提出一条合成阿克洛胺（Aklomide）的路线。阿克洛胺是一种兽医用来治疗某些外来真菌和原虫感染的兽药。给出的一些中间体提供了一条大概的路线，填补剩下的空白，每处需要多达三个连续反应。（**提示：**复习16-5节氨基氧化成硝基芳烃的相关内容。）

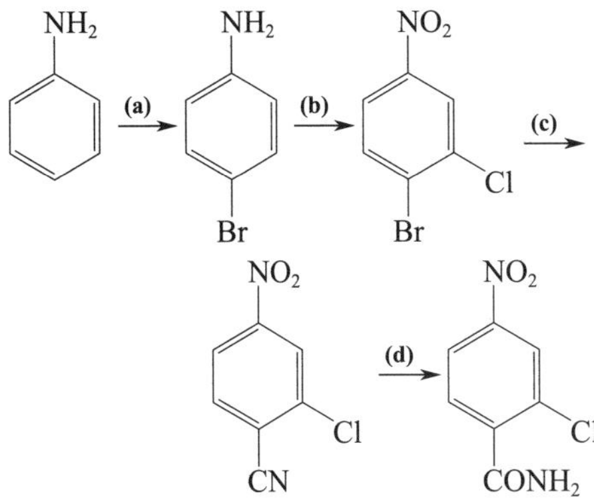

(a) (b) (c) (d)

阿克洛胺

50. 解释下列合成转化的机理。（**提示：**使用2倍量的丁基锂。）

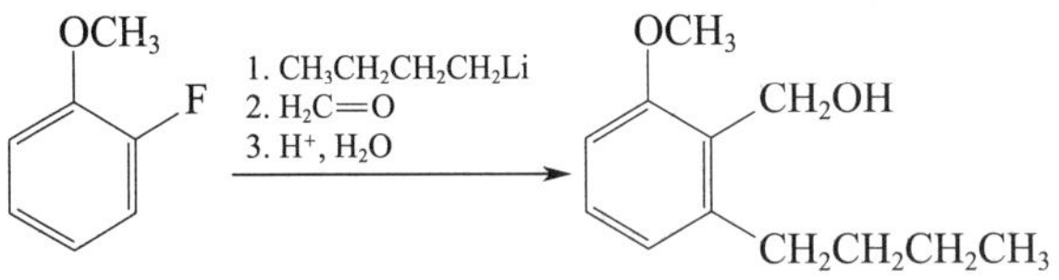

1. $CH_3CH_2CH_2CH_2Li$
2. $H_2C{=}O$
3. H^+, H_2O

51. 通过加成-消除机理发生的芳香亲核取代反应中，氟是最容易被取代的卤素，尽管 F^- 是目前为止所有卤素中离去能力最差的离去基团。例如，1-氟-2,4-二硝基苯与胺的反应比相应的氯化物的反应快得多，解释这一现象。（**提示：**考虑在决速步骤中卤素性质的影响。）

52. 根据Pd催化卤代苯和氢氧根离子反应提出的机理，写出Pd催化1-溴-3-甲氧基苯和2-甲基-1-丙胺反应生成3-甲氧-*N*-(2-甲丙基)苯胺的合理机理，如22-4节所示。

53. 给出下列每个反应可能的产物，每个反应的条件都是Pd催化剂、膦和加热。

(a) 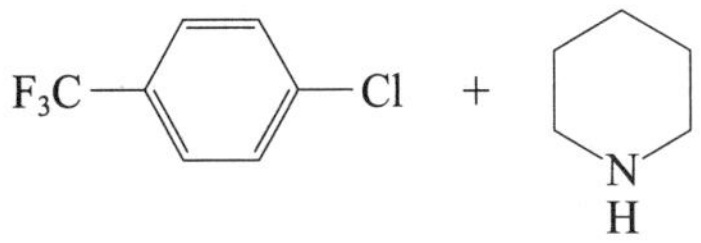 F_3C—C₆H₄—Cl + 哌啶（N—H）

(b)  C₆H₅—Br + $CH_3CH_2CH_2SH$

(c) 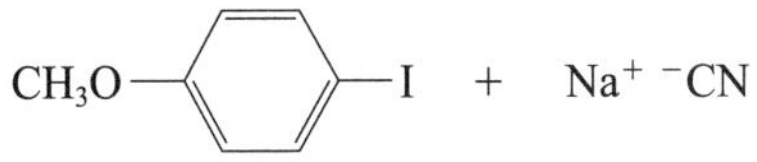 CH_3O—C₆H₄—I + $Na^+\ ^-CN$

(d) 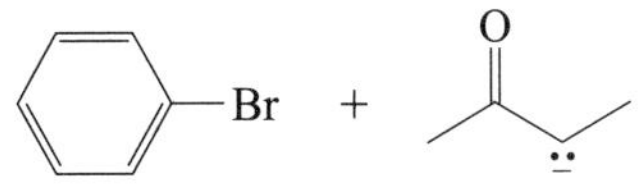 C₆H₅—Br + 2-丁酮（烯醇负离子）

54. 2006年报道了一条很有效、很短的合成白藜芦醇（真实生活22-1）的路线。从（a）到（d）填入合适的试剂。需要时可参考课本有关章节。

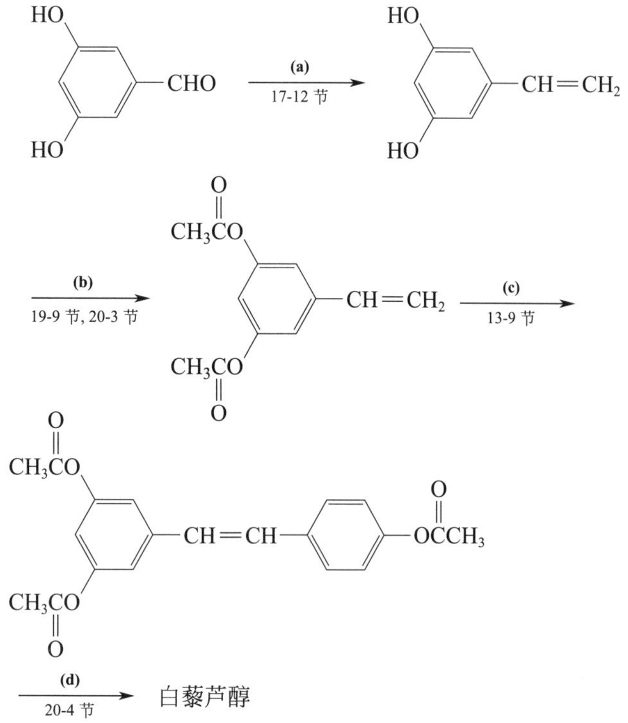

HO, HO-苯-CHO $\xrightarrow[\text{17-12 节}]{\text{(a)}}$ HO, HO-苯-$CH{=}CH_2$

$\xrightarrow[\text{19-9 节, 20-3 节}]{\text{(b)}}$ ($CH_3\overset{O}{\overset{\|}{C}}O$)$_2$-苯-$CH{=}CH_2$ $\xrightarrow[\text{13-9 节}]{\text{(c)}}$

($CH_3\overset{O}{\overset{\|}{C}}O$)$_2$-苯-$CH{=}CH$-苯-$O\overset{O}{\overset{\|}{C}}CH_3$

$\xrightarrow[\text{20-4 节}]{\text{(d)}}$ 白藜芦醇

55. 下面给出了合成 2,4,5-三氯苯氧乙酸（2,4,5-T，一种强效除草剂）的方法。2,4,5-T 丁酯和它的二氯化类似物 2,4-T 丁酯的 1∶1 混合物在 1965～1970 年的越南战争中被作为脱叶剂使用，代号橙剂。提出合成该物质的反应机理。因接触它而对健康的影响仍然是备受争议的话题。

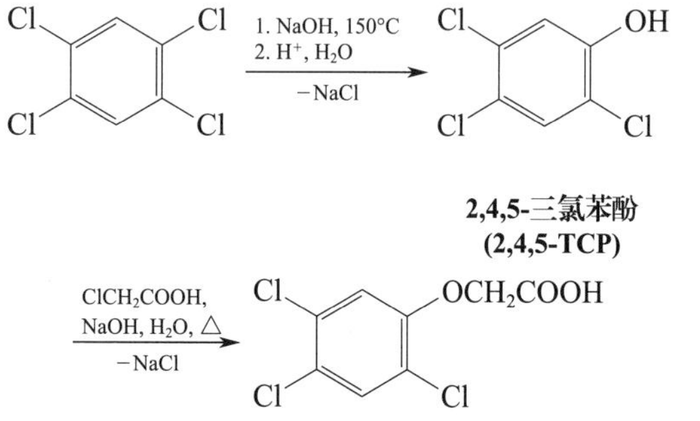

1,2,4,5-四氯苯 $\xrightarrow[-NaCl]{\text{1. NaOH, 150°C; 2. } H^+, H_2O}$ 2,4,5-三氯苯酚

2,4,5-三氯苯酚
(2,4,5-TCP)

$\xrightarrow[-NaCl]{ClCH_2COOH,\ NaOH, H_2O, \triangle}$ 2,4,5-三氯苯-OCH_2COOH

85%
2,4,5-三氯苯氧基乙酸
(2,4,5-T)

56. 提出下列每个反应和反应序列的预期主产物。

（a）八氢蒽 $\xrightarrow{\text{1. } KMnO_4, {}^-OH, \triangle;\ \text{2. } H^+, H_2O}$

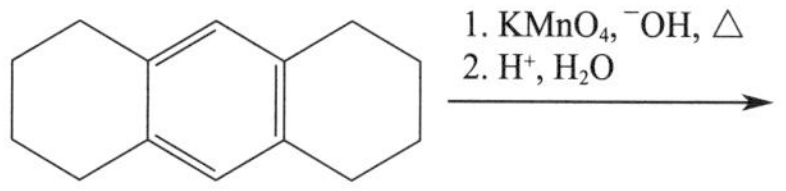

（b）邻-(CH_2OH)-苯-$CH_2\overset{O}{\overset{\|}{C}}CH_3$ $\xrightarrow{\text{1. } MnO_2\text{, 丙酮; 2. KOH, } H_2O, \triangle}$

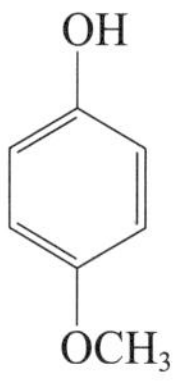

（c）CH_3-苯 $\xrightarrow{\text{1. } (CH_3)_2CHCl, AlCl_3;\ \text{2. } HNO_3, H_2SO_4;\ \text{3. } KMnO_4, NaOH, \triangle;\ \text{4. } H^+, H_2O}$

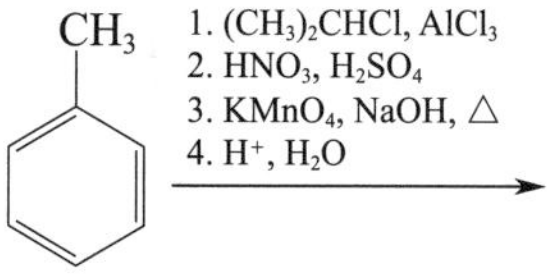

57. 按酸性递减的顺序排列下列化合物。

（a）CH_3OH　（b）CH_3COOH

（c）4-SO_3H-苯酚（OH, SO_3H）　（d）4-OCH_3-苯酚（OH, OCH_3）

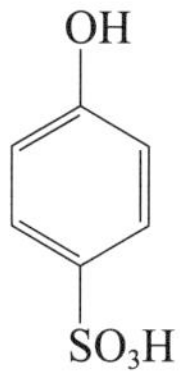

（e）4-CF_3-苯酚（OH, CF_3）　（f）苯酚（OH）

58. 以苯或任何一种单取代苯的衍生物开始，设计合成下列每一种酚。

（a）4-CH_3-苯酚（OH, CH_3）　（b）2,6-二溴苯酚（OH, Br, Br）

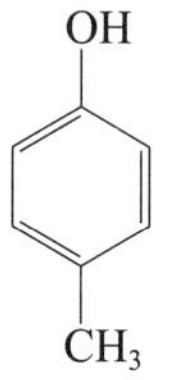

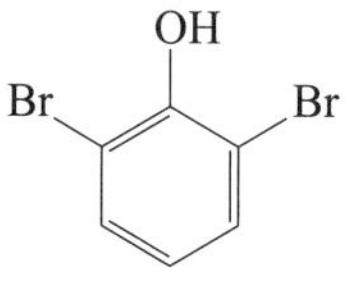

（c）三种苯二酚　（d）2-氯-4,6-二硝基苯酚（OH, Cl, NO_2, NO_2）

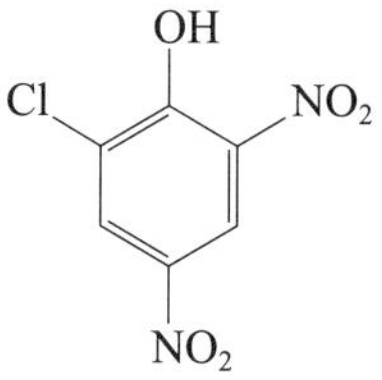

59. 以苯开始，提出合成下列每种酚衍生物的方法。

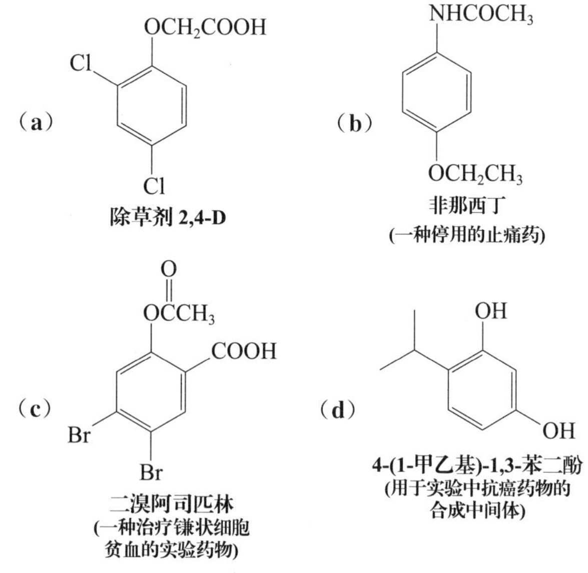

60. 命名下列每个结构的化合物。

（a）（OH, Cl, Br）　（b）（OH, CH_2OH）

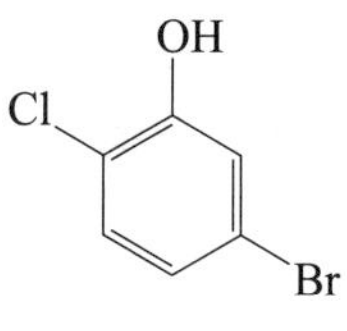

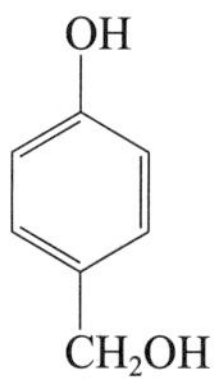

(c) 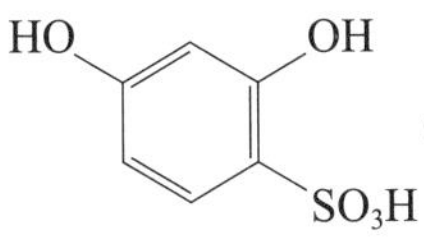 (d)

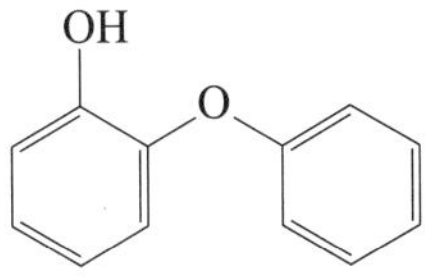

(e) 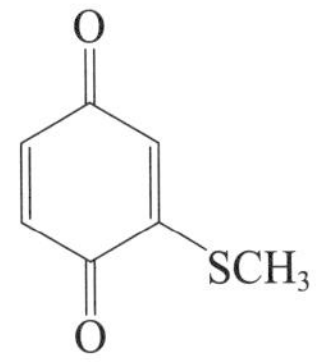 (f)

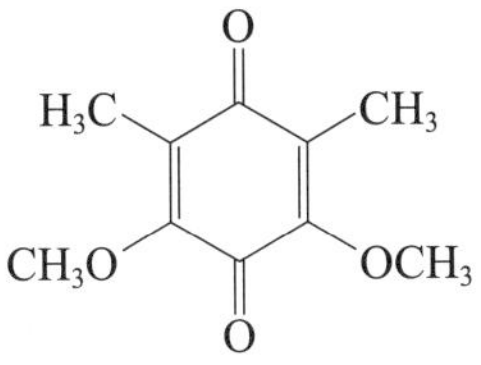

61. 给出下列每个反应序列的预期产物。

(a) 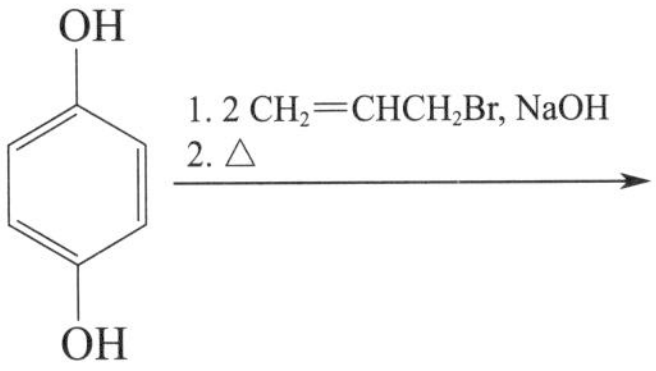 1. 2 CH_2═$CHCH_2Br$, NaOH 2. △

(b) 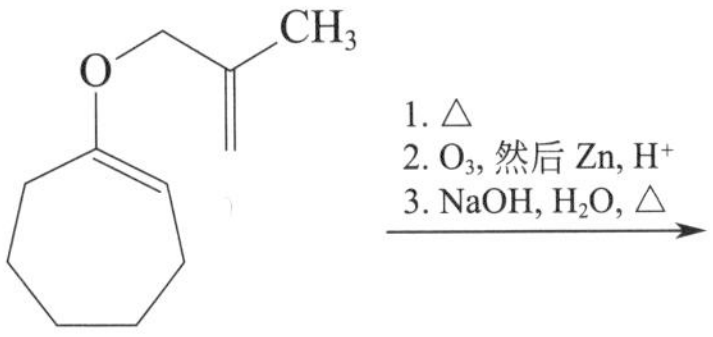 1. △ 2. O_3, 然后 Zn, H^+ 3. NaOH, H_2O, △

(c) 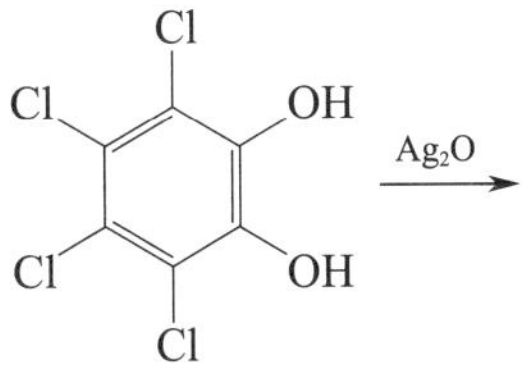 Ag_2O

(d) 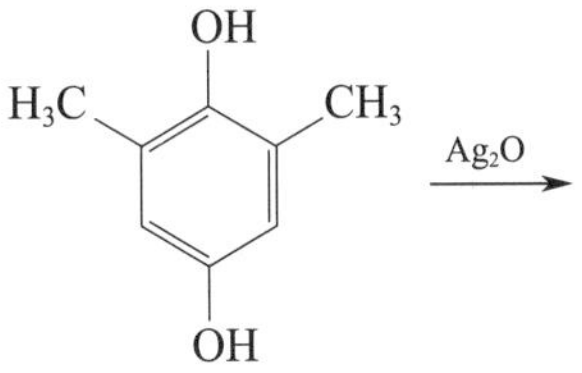 Ag_2O

(e) 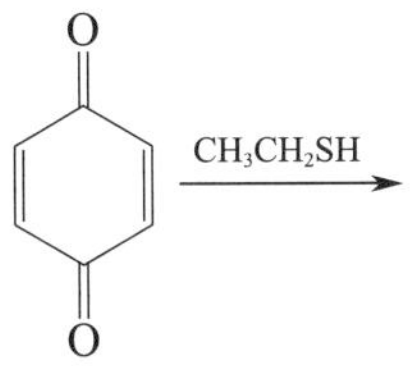 CH_3CH_2SH (两种可能性)

(f) 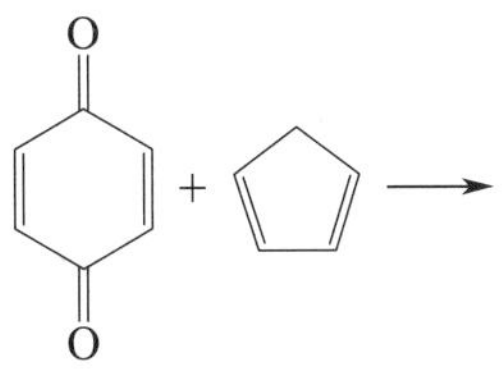 +

62. 作为一种儿童药物，对乙酰氨基酚（泰诺）比阿司匹林有更大的市场优势。泰诺的液体制剂稳定（特别是将泰诺溶于带有香味的水中），而类似的阿司匹林溶液不稳定。的确，烷基酸苯酯比烷基酸烷基酯更快地进行水解（和酯交换），反应性是阿司匹林（真实生活22-2）作用机理的基础。请说明原因。

63. 辣椒含相当大量的维生素 A、C 和 E，以及叶酸和钾。它们也含有少量辣椒素，这是小辣椒“辣”的本质（见教材 1081 页）。事实上其纯品是相当危险的，化学家处理辣椒素必须有特殊的空气过滤罩并穿全身保护的工作服。1mg 样品放在皮肤上都会引起严重烧伤。辣椒素本身没有味道或气味，它的刺激性以刺激口腔黏膜中神经的形式存在，甚至其样品的水溶液稀释到一千七百万分之一都能检测到。最辣的辣椒的刺激性大概是这种刺激水平的二十分之一。

辣椒素的结构在第 1080 页，下面列出用以推导其结构的一些数据，尽你可能解释这些信息。

MS：m/z = 305（M^+），195（怪！），137（基峰），122；

IR：$\tilde{\nu}$=972，1660，3016，3445，3541 cm^{-1}；

^1H NMR：δ 0.93（d，J = 8Hz，6H），1.35（quin，J = 7Hz，2H），1.62（quin，J = 7Hz，2H），1.97（q，J = 7Hz，2H），2.18（t，J = 7Hz，2H），2.20（m，1H），3.85（s，3H），4.33（d，J = 6Hz，2H），5.33（m，2H），5.82（br s，2H），6.73（dd，J = 8，2Hz，1H），6.78（d，J = 2Hz，1H），6.85（d，J = 8Hz，1H）。

64. 挑战题 芳香环的生物化学氧化是由肝脏中的芳基羟化酶催化的。这个化学过程的部分反应是把毒性的芳烃（如苯）转变为水溶性苯酚而很容易地排泄掉。但是，该酶的首要用途是合成生物学上有用的化合物，如从苯丙氨酸合成酪氨酸（如下）。

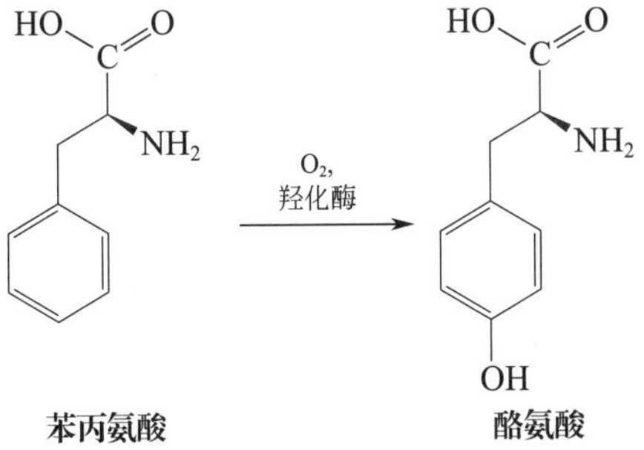

O_2, 羟化酶

苯丙氨酸 **酪氨酸**

（**a**）利用所学过的关于苯的化学知识推测下面三种可能性中哪一种最合理：氧是由亲电进攻苯环引入的；氧是由自由基进攻苯环引入的；氧是由亲核进攻苯环引入的。（**b**）大家普遍怀疑氧杂环丙烷在芳烃羟基化中起了作用，部分证据来自如下的实验：当羟基化的部位用氘标记时，大部分产物中仍然含有氘原子，不过它显然迁移到了羟基化位置的邻位。

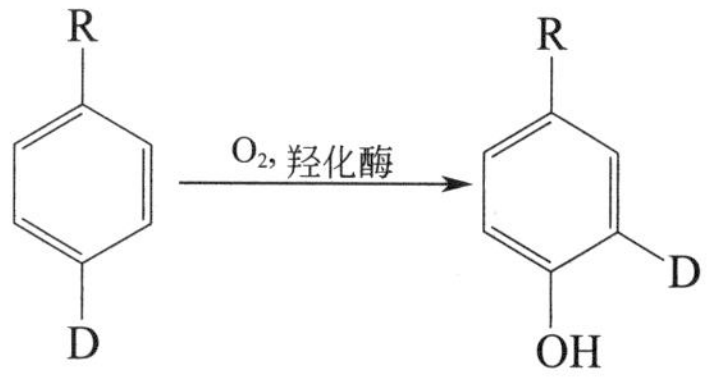

R
O_2, 羟化酶
R
D
D
OH

通过

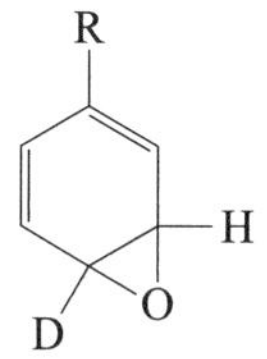

R
H
O
D

作为中间体

针对形成氧杂环丙烷中间体并变成观测到的产物，提出一个比较合理的机理。（**提示：** 羟化酶把 O_2 变成过氧化氢，HO—OH。）如果确有必要，可假定存在催化量的酸和碱。

注意： 在苯酮尿症（PKU）这一遗传性疾病的患者中，上述羟化酶系统不能正常工作。代替它的是，脑中的苯丙氨酸变成 2-苯基-2-氧代丙酸（苯丙酮酸）。第 21 章习题 57 给出了该反应的逆过程。这个化合物在脑中积累会引起严重的大脑迟钝。因此患有 PKU 的人（在出生时就能诊断出）必须严格控制饮食，要摄入低苯丙氨酸的食物。

65. Cope 重排常用于扩环步骤，在下列构建十元环的方案中，填上未给的试剂和产物。

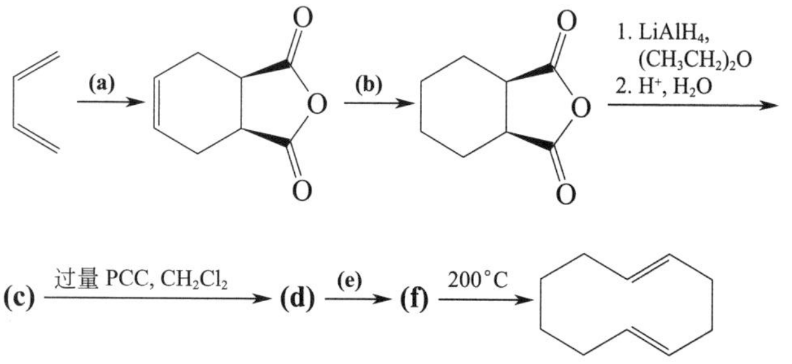

(a)
O
O
O
(b)
O
O
O
1. $LiAlH_4$, $(CH_3CH_2)_2O$
2. H^+, H_2O
(c)
过量 PCC, CH_2Cl_2
(d)
(e)
(f)
200°C

66. 正如 22-10 节所提到的，在 Sandmeyer 反应中芳基重氮盐的氮被 Cl^-、Br^- 或 CN^- 取代需要亚铜离子作为催化剂，并按复杂的自由基机理进行。为什么这些取代不按 S_N2 途径？为什么 OH^- 和 I^- 取代经常采用的 S_N1 机理在这里却不奏效？

67. 用分子式表示苯胺在 HCl 和 $NaNO_2$ 存在下重氮化反应的详细机理。接着用含水碘离子（如 K^+I^-）处理，结果生成碘化苯，对此反应提出一个比较合理的机理。谨记习题 66 的解答。

68. 写出如何把 3-甲基苯胺转变成下列每个化合物：(**a**) 甲苯；(**b**) 1-溴-3-甲基苯；(**c**) 3-甲基苯酚；(**d**) 3-甲基苯腈；(**e**) *N*-乙基-3-甲基苯胺。

69. 设计以苯为原料合成下列取代苯衍生物的路线。

(**a**)
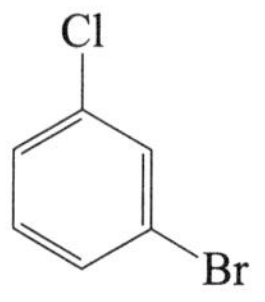

Cl
Br

(**b**)
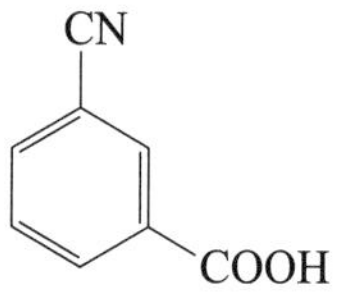

CN
COOH

(**c**)
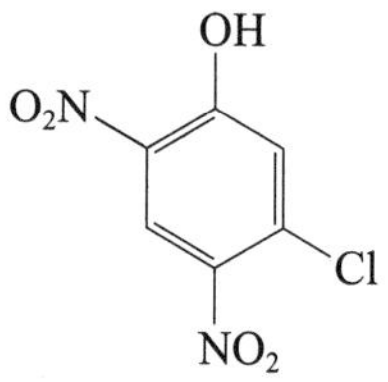

OH
O_2N
Cl
NO_2

(**d**)
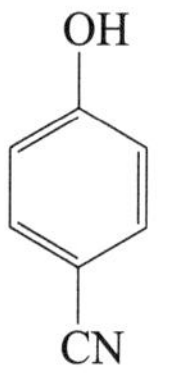

OH
CN

(**e**)
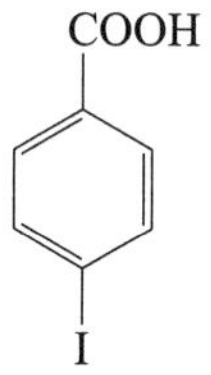

COOH
I

(**f**)
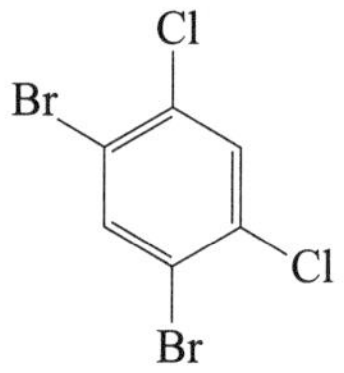

Cl
Br
Cl
Br

(**g**)
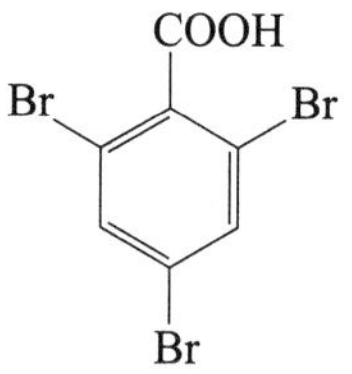

COOH
Br
Br
Br

70. 写出下列每个反应产物最合理的结构。

(**a**)
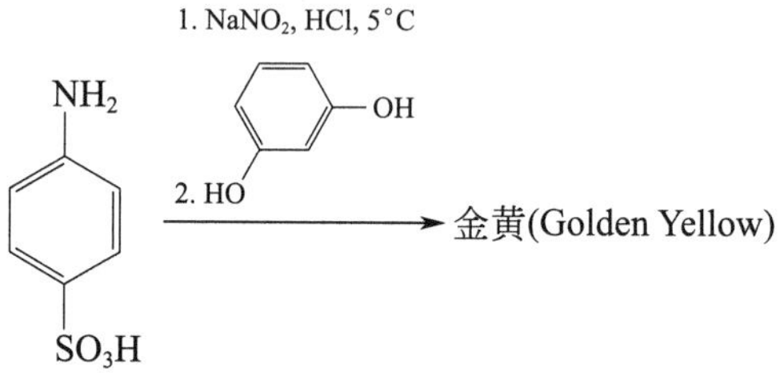

1. $NaNO_2$, HCl, 5°C
NH_2
OH
2. HO
SO_3H
金黄(Golden Yellow)

(**b**)
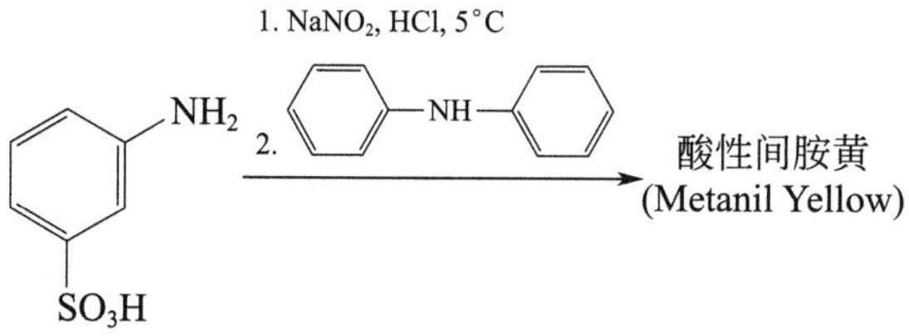

1. $NaNO_2$, HCl, 5°C
NH_2
2.
NH
SO_3H
酸性间胺黄
(Metanil Yellow)

对下列反应，假设亲电取代优先发生在活性最强的环上（16-6 节）。

(**c**)
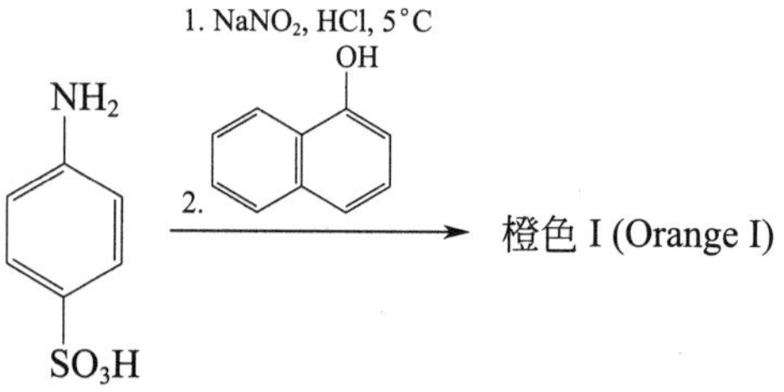

1. $NaNO_2$, HCl, 5°C
OH
NH_2
2.
SO_3H
橙色 I (Orange I)

71. 指出用重氮偶联反应合成下列三个化合物中

各自所需的试剂，其结构请看 22-11 节。

(a) 甲基橙；(b) 刚果红；

(c) 百浪多息（Prontosil），第一个商业抗菌药物。

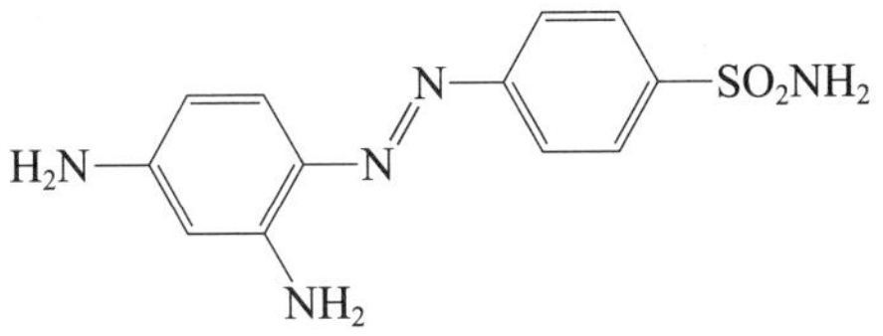

72. 挑战题 (a) 给出并说明防腐剂 BHT 阻断脂肪氧化中的关键反应。(b) 体内脂肪被氧化的程度可通过测量呼吸时呼出的正戊烷的量来测定。在饮食中增加维生素 E 的量会减少呼出的正戊烷的量。检查 22-9 节所讲述的过程，确定何者能产生正戊烷。必须从该节所给出的具体反应中作一些外推才可。

73. 挑战题 毒常春藤和毒栎中的漆酚有刺激性，会使人发红疹，接触部位发痒。用下列信息确定漆酚 Ⅰ（$C_{21}H_{36}O_2$）和 Ⅱ（$C_{21}H_{34}O_2$）的结构。在让人感到不适的化合物家族中，它们是两个主要成员。

漆酚 Ⅱ —(H_2, Pd-C, CH_3CH_2OH)→ 漆酚 Ⅰ

漆酚 Ⅱ —(过量 CH_3I, NaOH)→ $C_{23}H_{38}O_2$ **二甲基漆酚 Ⅱ** —(1. O_3, CH_2Cl_2 2. Zn, H_2O)→

$CH_3CH_2CH_2CH_2CH_2CH_2CHO$ + $C_{16}H_{24}O_3$ **醛 A**

醛A的合成

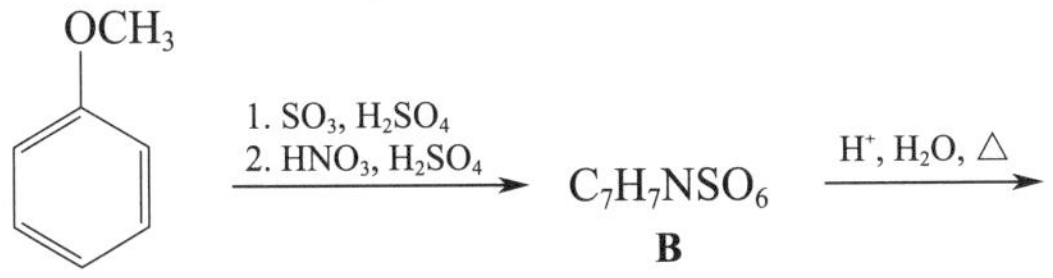

OCH_3（苯甲醚）—(1. SO_3, H_2SO_4 2. HNO_3, H_2SO_4)→ $C_7H_7NSO_6$ **B** —(H^+, H_2O, △)→

$C_7H_7NO_3$ **C** —(1. H_2, Pd, CH_3CH_2OH 2. $NaNO_2$, H^+,H_2O 3. H_2O, △)→

$C_7H_8O_2$ **D** —(1. CO_2, 压力, $KHCO_3$, H_2O_2 2. NaOH, CH_3I 3. H^+, H_2O)→

$C_9H_{10}O_4$ **E** —(1. $LiAlH_4$, $(CH_3CH_2)_2O$ 2. H^+, H_2O 3. MnO_2, 丙酮)→

$C_9H_{10}O_3$ **F** —(1. $C_6H_5CH_2O(CH_2)_6CH{=}P(C_6H_5)_3$ 2. 过量 H_2, Pd-C, CH_3CH_2OH 3. PCC, CH_2Cl_2)→ 醛 **A**

74. 多巴胺生物合成去甲肾上腺素（第 5 章习题 66）的反应位点是否和本章所述的原理一致？非酶促地重复这个转化是更容易还是更困难？请解释。

团队练习

75. 作为一个团队，考虑由下列简略步骤全合成一种由秃柏树籽提取分离得到的潜在抗癌药——落羽松酮 D（Taxodone D）的方案。对第一个反应式，分成两组：第一组讨论影响第一步还原 A 的最好选择，第二组用所提供的部分谱学数据指出 B 的结构。

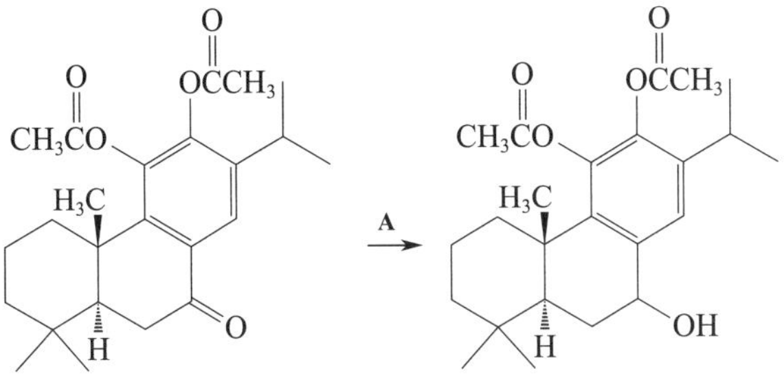

—(A)→

—(H^+, 甲基苯 (甲苯), △)→ **B**

^{1}H NMR: δ = 5.99 (dd, 1 H), 6.50 (d, 1 H)。
IR: $\tilde{\nu}$ = 1720 cm^{-1}。
MS: m/z = 384 (M^+)。

再集中讨论第一个反应式的两个部分。然后合为一个组，分析下面第二个反应式的合成问题，利用谱学数据来确定 C 和落羽松酮 D 的结构。

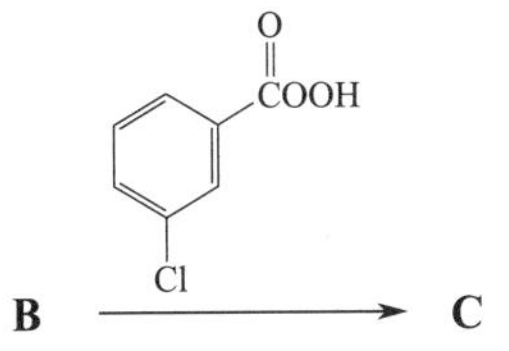

B —(间氯过氧苯甲酸)→ **C**

^{1}H NMR: δ=3.51 (dd, 1 H), 3.85 (d, 1 H)。
MS: m/z = 400 (M^+)。

—(^-OH, H_2O)→ **D**

落羽松酮
^{1}H NMR: δ = 6.55 (d, 1 H), 6.81 (s, 1 H)，
没有其他烯基或芳基信号。
IR: $\tilde{\nu}$ = 1628, 3500, 3610 cm^{-1}。
UV-Vis: λ_{max} (ε) = 316(20,000) nm。
MS: m/z = 316 (M^+)。

提出由 C 形成 D 的机理。（**提示：** 酯水解后，酚氧离子中一个氧通过苯环可提供电子对来影响对位的反应，产物含有一个烯醇型羰基。一些谱学数据的解释，参见 17-3 节。）

预科练习

76. 氯苯在水中煮沸 2h 后，下列哪一种有机化合物以最大浓度出现？

（a）C_6H_5OH　（b） 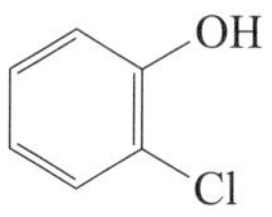　（c） 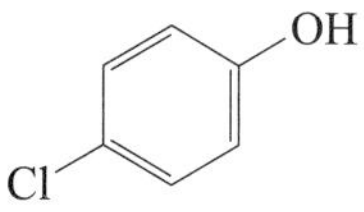　（d）C_6H_5Cl　（e）

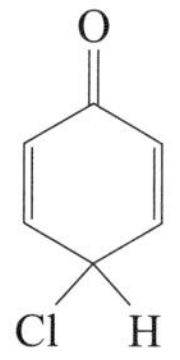

77. 下列反应的产物是什么？

$C_6H_5OCH_3 \xrightarrow{HI, \triangle} ?$

（a）$C_6H_5I+CH_3OH$　（b）$C_6H_5OH+CH_3I$

（c）$C_6H_5I+CH_3I$　（d）$+H_2$

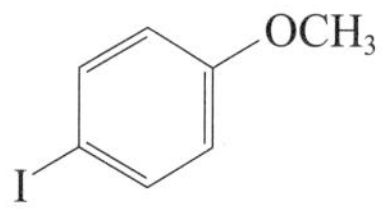

78. 下列哪一组试剂能最优实现从溴化4-甲基重氮苯转化成甲苯。

（a）H^+，H_2O；　（b）H_3PO_2，H_2O；

（c）H_2O，^-OH；　（d）Zn，NaOH。

79. 苯胺和亚硝酸钾及盐酸在0 ℃下反应，将得到的浆状物加到4-乙基苯酚中的主要产物是什么？

（a） 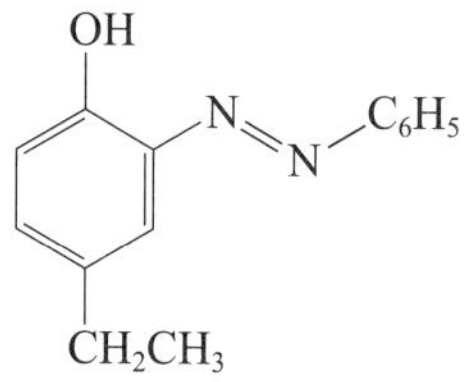　（b） 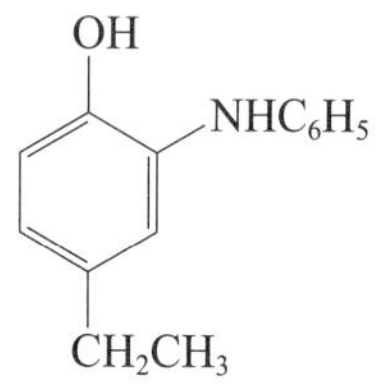　（c） 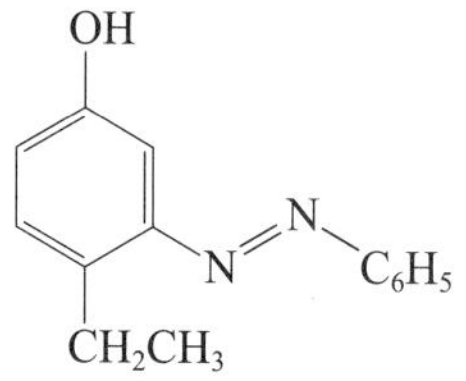　（d）

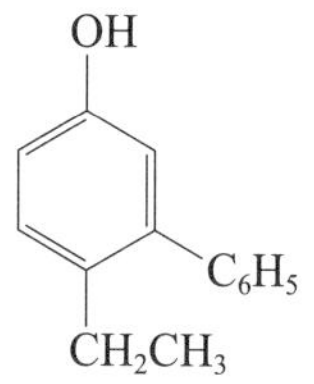

80. 下列三个硝基苯酚异构体的^1H NMR表明，其中一个化合物的酚羟基质子比其他两个化合物在更低场的位置出现，它是哪一个异构体？

（a） 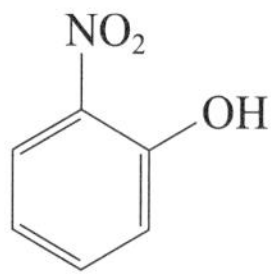　（b） 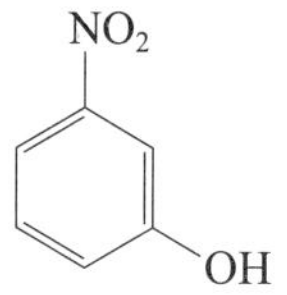　（c）

习题解答

37. （a） 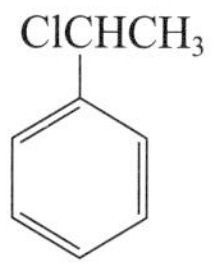　（b）

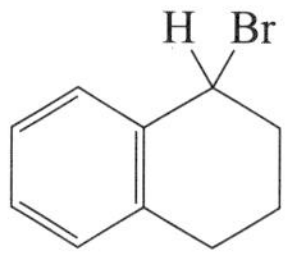

38. 自由基化学：链引发，链增长，链终止（以下答案中省略了这步）。

链引发：

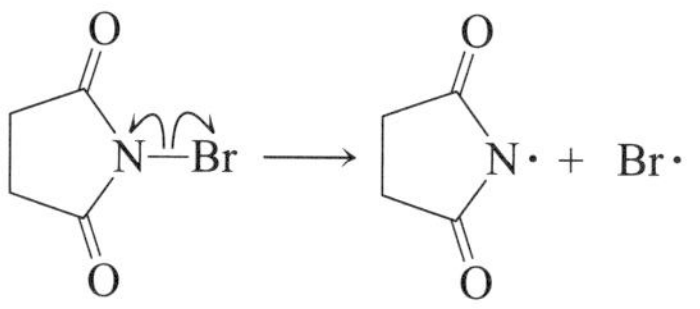

链增长：

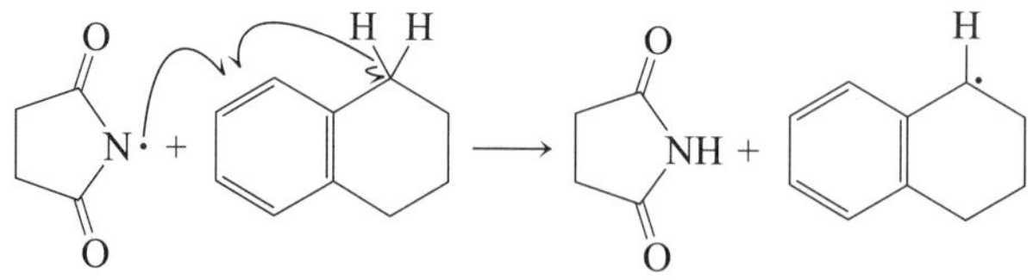

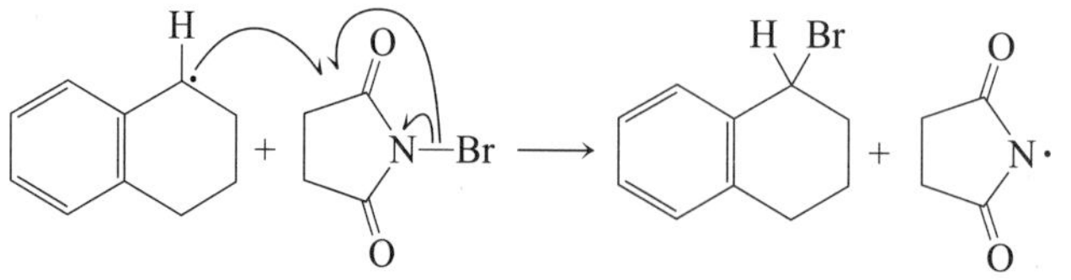

39. 这几个反应是我们前面章节学过的基础反应的演变。

(a) $C_6H_5CH_2CH_3 \xrightarrow{Cl_2\ (1\ e.q.), h\nu} C_6H_5CHClCH_3$

(b) $C_6H_5CHClCH_3 \xrightarrow[2.\ H_3O^+,\ \triangle]{1.\ KCN,\ DMSO} C_6H_5CH(COOH)CH_3$ (HOOCCHCH$_3$)

(c) $C_6H_5CHClCH_3 \xrightarrow{KOC(CH_3)_3} C_6H_5CH{=}CH_2 \xrightarrow[2.\ NaOH,\ H_2O_2]{1.\ BH_3,\ THF} C_6H_5CH_2CH_2OH$

(d) $C_6H_5CH{=}CH_2 \xrightarrow{MCPBA}$ 苯基环氧乙烷

40.

$ClCH_2$-苯 $\xrightarrow{-Cl^-}$ [$\overset{+}{C}H_2$ ⟷ CH_2 ⟷ CH_2 ⟷ CH_2]

$ClCH_2$-苯-OCH_3 $\xrightarrow{-Cl^-}$ [$\overset{+}{C}H_2$ / OCH_3 ⟷ CH_2 / OCH_3 ⟷ CH_2 / $:\ddot{O}CH_3$ ⟷ CH_2 / $\overset{+}{O}CH_3$ ⟷ CH_2 / OCH_3]

$ClCH_2$-苯-NO_2 $\xrightarrow{-Cl^-}$ [$\overset{+}{C}H_2$ / NO_2 ⟷ CH_2 / NO_2 ⟷ CH_2 / NO_2 ⟷ CH_2 / NO_2]

很不稳定

氯甲基苯（苄氯，最上面的图）形成的正离子能用四个共振式表示。1-(氯甲基)-4-甲氧基苯（4-甲氧基苄氯，中间的图）形成的正离子增加了额外的氧原子上的孤对电子离域在苯环上的稳定化作用（右边第二个共振式）。1-(氯甲基)-4-硝基苯（4-硝基苄氯，最下面的图）最不稳定，因为其中一个共振式正离子位于吸电子硝基邻位，该共振式非常不稳定。

41.

CH_2Cl-苯（产物具有芳香性） $\xleftarrow[\text{苄位}]{Cl\cdot}$ [$\cdot CH_2$ ⟷ CH_2] $\xrightarrow[\text{对位}]{Cl\cdot}$ CH_2 / H Cl（非芳香性的）

42. 三苯甲基自由基和三苯甲基正离子都存在很多个共振式。电荷（在正离子中）或奇电子（在自由基中）的离域效应有效地稳定了这两种物质的共振结构。下图给出了三苯基甲基自由基的三种共振式。你还能画出几种？

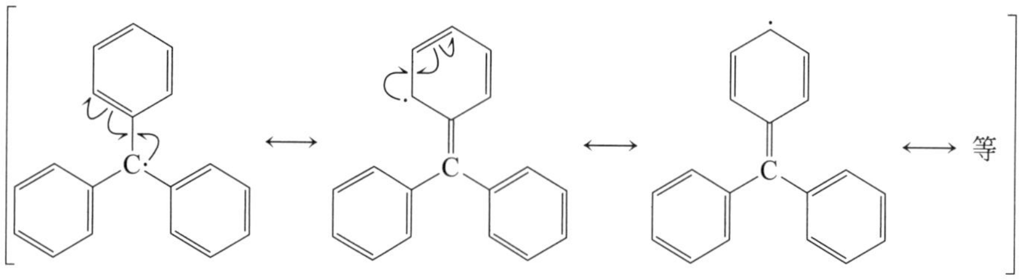

$\longleftrightarrow$ 等

43.

（a）$BrCH_2CH_2CH_2$—⟨苯环⟩—CH_2OH　（b）⟨苯环⟩—CH_2COOH

苄位在亲核取代反应中活性最高。

（c）H, C_6H_5 (E和Z) 经由 H Li $\xrightarrow{C_6H_5CHO}$ OH H C_6H_5 $\xrightarrow{-H_2O}$ 产物

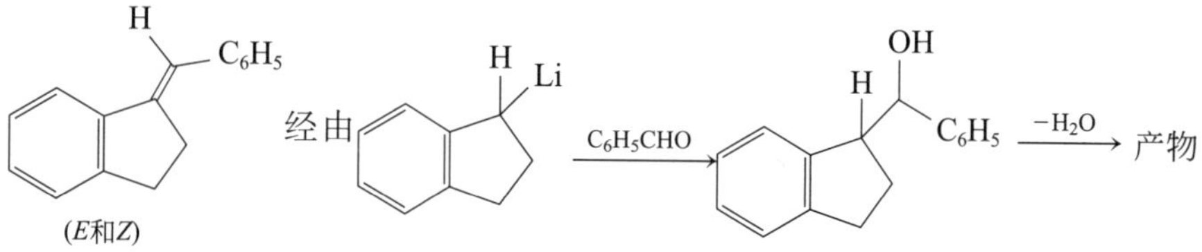

44.

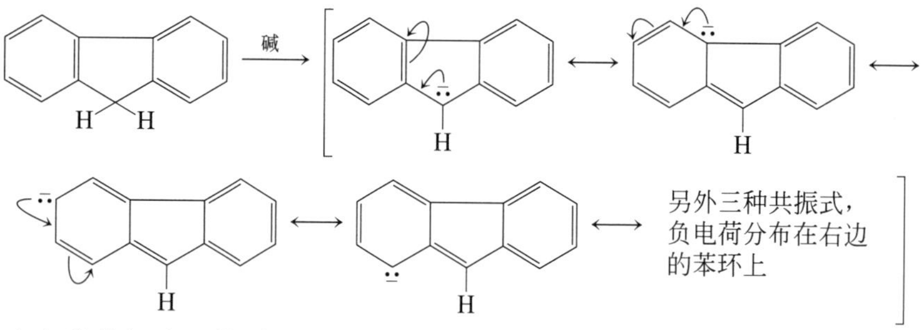

碱

H H　H　H

H　H

另外三种共振式，负电荷分布在右边的苯环上

该碳负离子有七种共振式，特别稳定，且该负离子连续的 p 轨道上有 14 个 π 电子，具有芳香性。

45. 伯奇还原每次向苯环引入一个电子。当苯环上有给电子甲氧基时，引入的电子更倾向于分布在未被甲氧基取代的碳原子上。

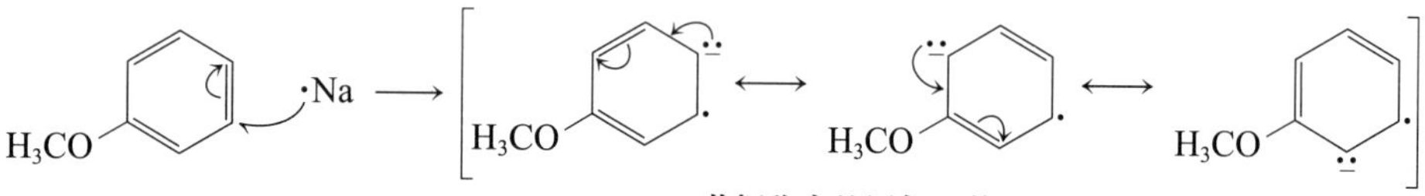

H_3CO ·Na $\longrightarrow$ [H_3CO $\longleftrightarrow$ H_3CO $\longleftrightarrow$ H_3CO]

共振稳定的甲氧基苯自由基负离子

如教材 22-2 节中所述，Birch 还原的趋势是中间共振式的负电荷位点会被质子化。加上第二个电子并质子化后得到 1,4-二烯产物，甲氧基位于其中一个双键上。采用不同共振式将得到不同的产物，根据题目所给分子可以写出两种产物。

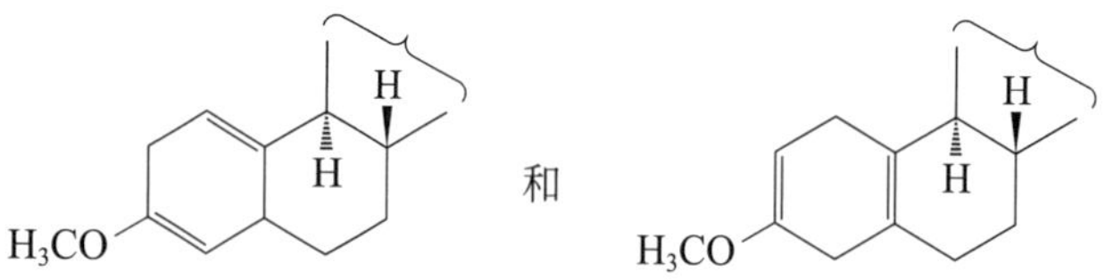

H H H_3CO 和 H H H_3CO

核磁共振波谱表明产物仅有一个烯烃氢的信号峰，与右边的结构相符。原因是右边的结构含有更稳定的四取代双键，在反应中占优势。

46.（a）一种迂回的合成策略：

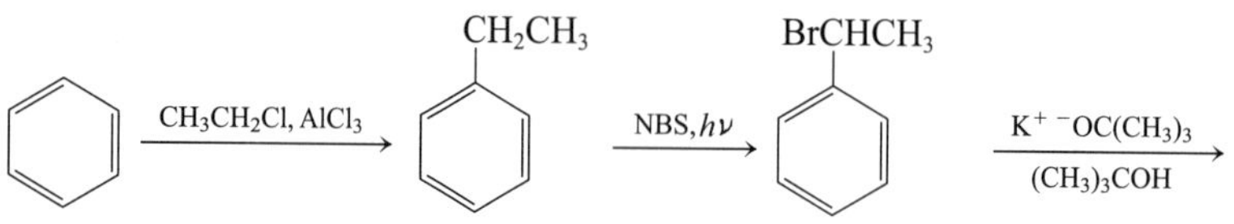

$\xrightarrow{CH_3CH_2Cl,\ AlCl_3}$ CH_2CH_3 $\xrightarrow{NBS,\ h\nu}$ $BrCHCH_3$ $\xrightarrow[(CH_3)_3COH]{K^+\ ^-OC(CH_3)_3}$

$CH{=}CH_2$（苯环）$\xrightarrow[\text{(反马氏规则)}]{\text{HBr, ROOR}}$ CH_2CH_2Br（苯环）

（b）

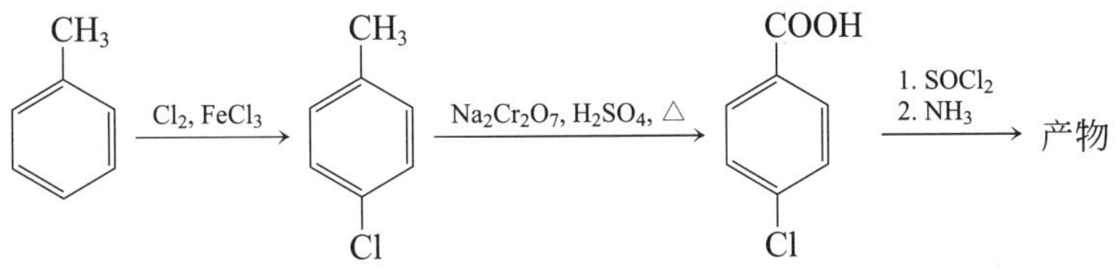

CH_3（苯环）$\xrightarrow{Cl_2,\ FeCl_3}$ CH_3（苯环，对位 Cl）$\xrightarrow{Na_2Cr_2O_7,\ H_2SO_4,\ \triangle}$ COOH（苯环，对位 Cl）$\xrightarrow[2.\ NH_3]{1.\ SOCl_2}$ 产物

（c）

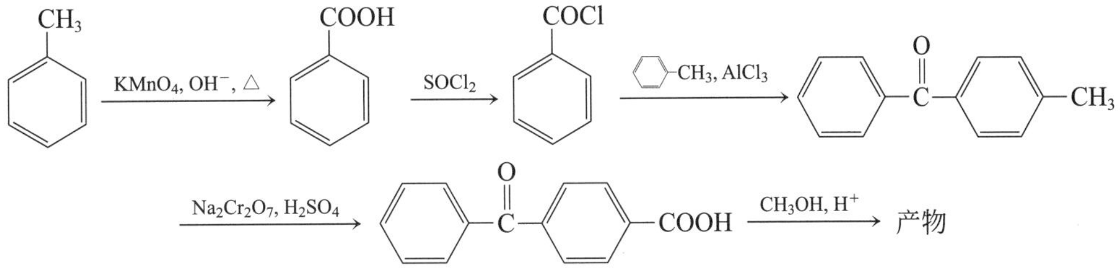

CH_3（苯环）$\xrightarrow{KMnO_4,\ OH^-,\ \triangle}$ COOH（苯环）$\xrightarrow{SOCl_2}$ COCl（苯环）$\xrightarrow{C_6H_5CH_3,\ AlCl_3}$ $C_6H_5-\overset{O}{\overset{\|}{C}}-C_6H_4-CH_3$

$\xrightarrow{Na_2Cr_2O_7,\ H_2SO_4}$ $C_6H_5-\overset{O}{\overset{\|}{C}}-C_6H_4-COOH$ $\xrightarrow{CH_3OH,\ H^+}$ 产物

（d）

CH_3（苯环）$\xrightarrow{SO_3,\ H_2SO_4}$ CH_3（苯环，对位 SO_3H）$\xrightarrow{2\ Br_2,\ FeBr_3}$ CH_3（苯环，Br，Br，SO_3H）$\xrightarrow{H_2O,\ \triangle}$

CH_3（苯环，Br，Br）$\xrightarrow{Na_2Cr_2O_7,\ H_2SO_4}$ 产物

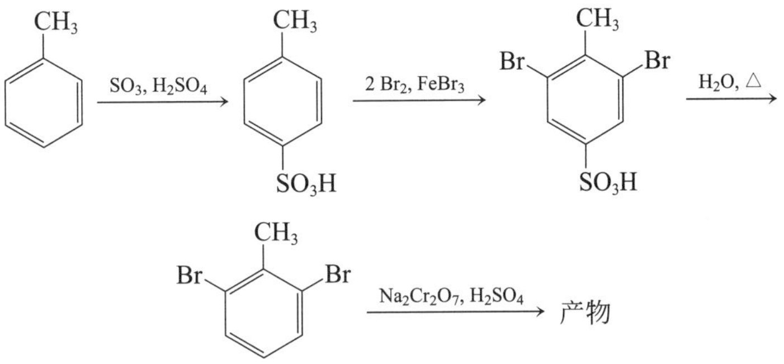

47. NO_2 位于离去基团的邻位或对位的化合物反应活性最高，因此有：

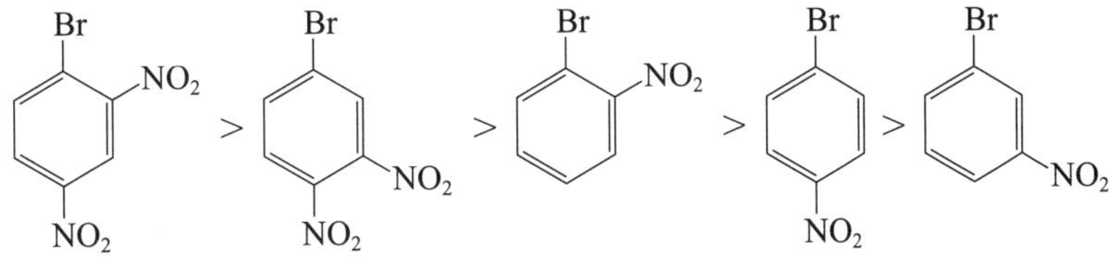

Br（苯环，NO_2，NO_2） > Br（苯环，NO_2，NO_2） > Br（苯环，NO_2） > Br（苯环，NO_2） > Br（苯环，NO_2）

(硝基和离去基团更靠近，诱导效应更强)

48. 离去基团邻对位有强吸电子基团（如 NO_2）时，加成-消除机理的芳香亲核取代反应更容易发生。当邻对位没有强吸电子基团时，更倾向于发生苯炔机理的芳香亲核取代反应。

（a）$NHNH_2$（苯环，NO_2，NO_2）

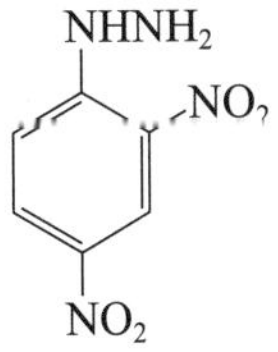

（b）Cl（苯环，CH_3O，NO_2，NO_2）　Cl 在 NO_2 邻对位最容易被取代

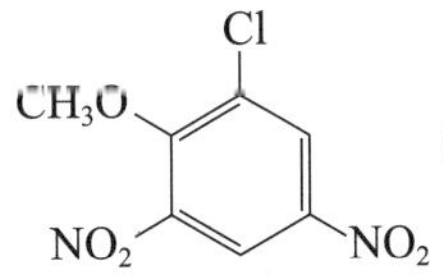

（c）CH_3（苯环，间位 $N(CH_2CH_3)_2$） + CH_3（苯环，对位 $N(CH_2CH_3)_2$）　苯炔机理

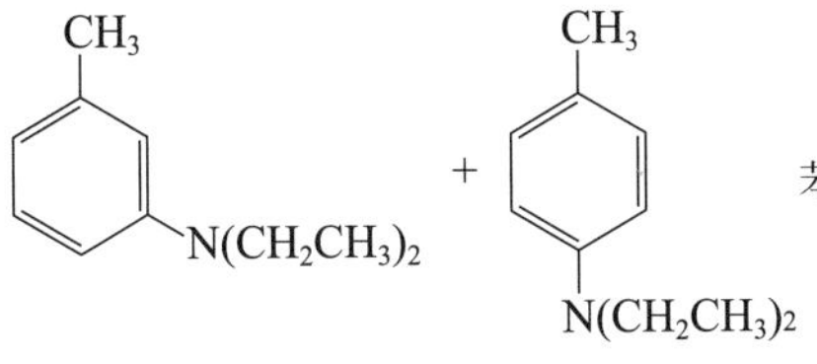

49.（a）1. CH_3COCl（形成酰胺，降低苯环的反应活性，控制接下来的溴化反应只发生一次，避免过度溴化），2. Br_2，$CHCl_3$，3. KOH，H_2O，△（酰胺水解得到苯胺）；（b）1. CF_3CO_3H，CH_2Cl_2，

2. Cl_2，$FeCl_3$；（**c**）KCN（芳香亲核取代反应）；（**d**）H^+，H_2O，△

50.

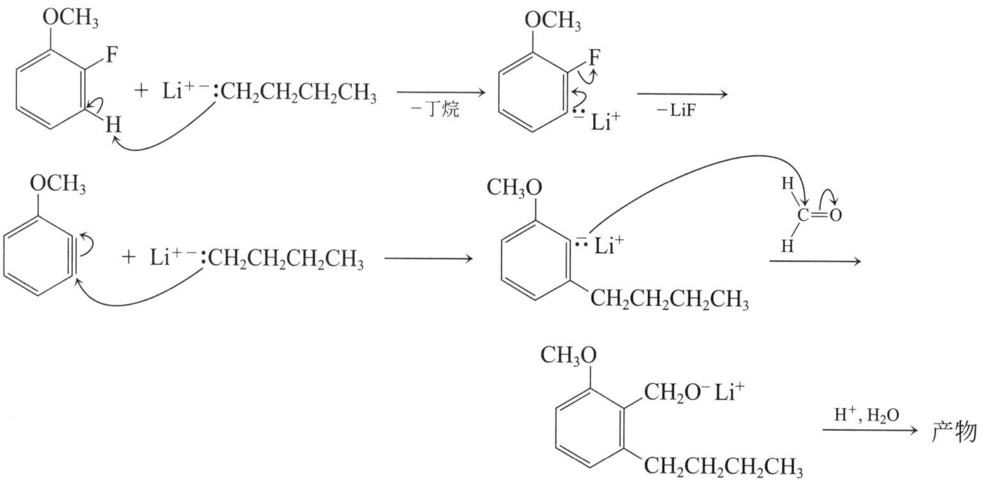

第一步强碱丁基锂使反应物消去 HF 得到苯炔，第二摩尔丁基锂作为亲核试剂加成到苯炔上。直接加成的原因在练习 22-14 中有说明。

51. 经历加成-消除机理的芳香亲核取代反应，加成步骤是其决速步。氟是电负性和吸电子能力最强的卤素，因此分子中的 F 能最大程度地降低亲核加成反应的过渡态能量，并通过诱导效应稳定所得负离子。虽然 F^- 是卤素阴离子中离去性最差的，然而在决速步加成反应以后，苯环重新芳构化使离去基团的消去反应速率很快。在第 25 章我们甚至会遇到消去离去性更差的基团而形成芳环的情况。

52.

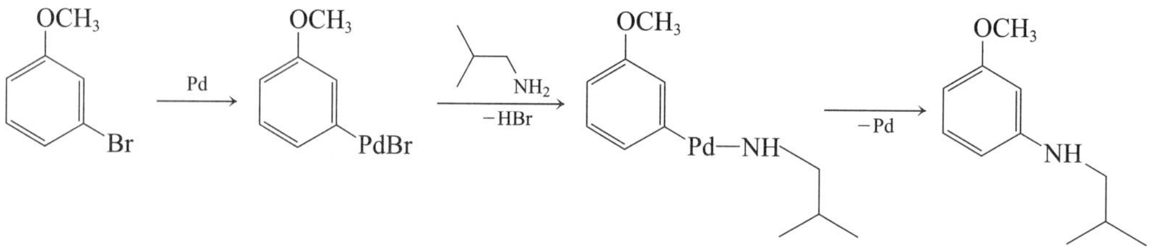

53.

（**a**）F_3C—C₆H₄—N（哌啶基）

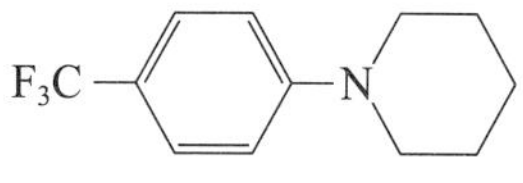

（**b**）C₆H₅—$SCH_2CH_2CH_3$

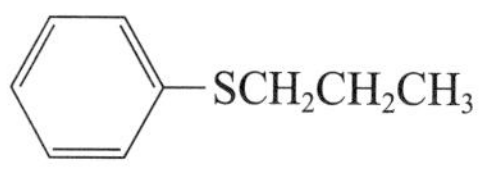

（**c**）CH_3O—C₆H₄—CN

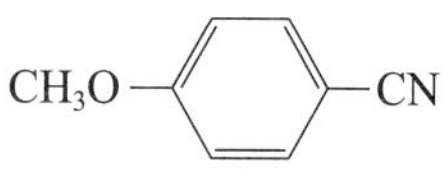

（**d**）

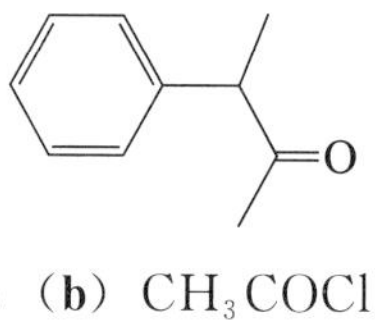

54.（**a**）$Ph_3P{=}CH_2$（Wittig 反应）；（**b**）CH_3COCl，NaOH，H_2O；

（**c**）Pd$(OCOCH_3)_2$，R_3P，100 ℃（Heck 反应）；（**d**）NaOH，H_2O。

55. 第一步将氧原子引入芳环。最合理的方法是芳香亲核取代反应，形成的苯酚可作为亲核试剂进攻合适的底物以生成最终产物。

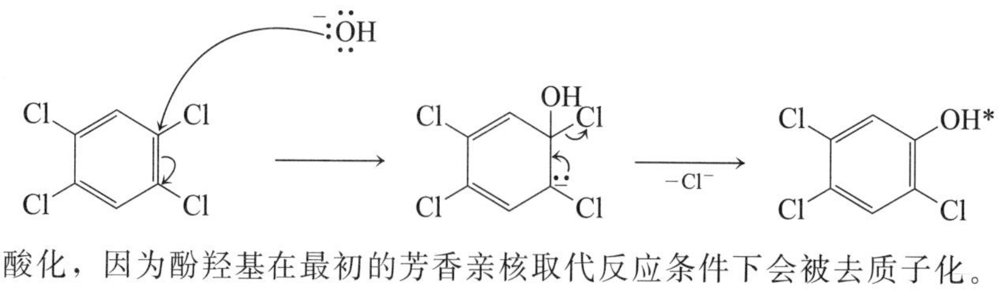

*后处理需要酸化，因为酚羟基在最初的芳香亲核取代反应条件下会被去质子化。

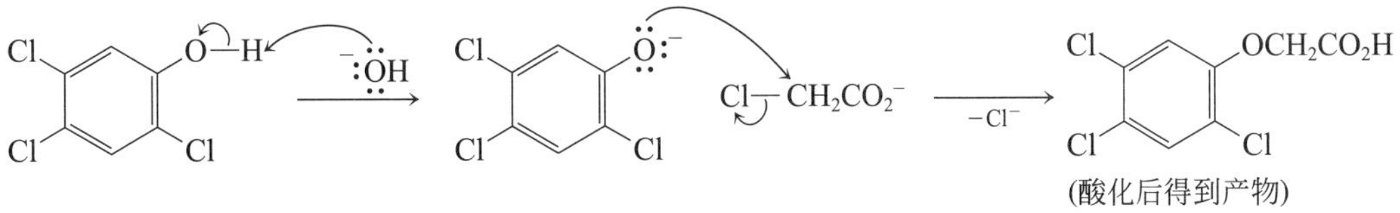

Cl Cl Cl O—H $^{-}$:ÖH: $\longrightarrow$ Cl Cl Cl Ö:$^{-}$ Cl—$CH_2CO_2^-$ $\xrightarrow{-Cl^-}$ Cl Cl Cl OCH_2CO_2H

(酸化后得到产物)

56. (a) HOOC COOH HOOC COOH

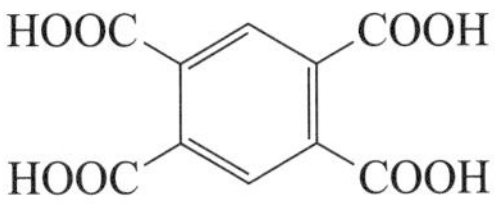

(b) 第一步将苄醇氧化为醛后，能发生分子内 Aldol 缩合形成第二个含有 α,β-不饱和酮的六元环。这个酮比较特殊，是个环己二烯酮，经过互变异构形成更稳定的酚。具体方程式如下：

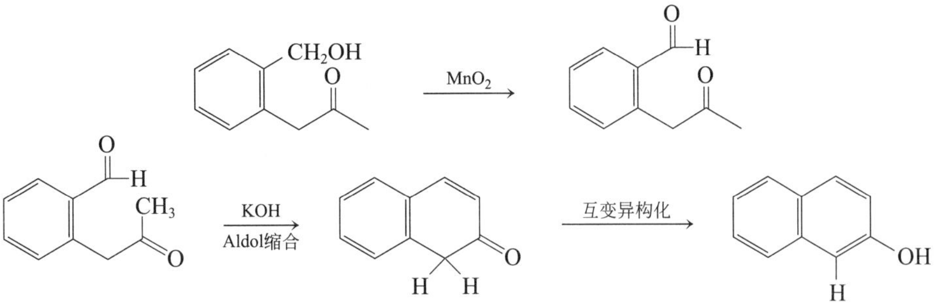

CH_2OH O $\xrightarrow{MnO_2}$ O H O

O H CH_3 O $\xrightarrow[\text{Aldol缩合}]{KOH}$ O H H $\xrightarrow{\text{互变异构化}}$ OH H

(c) COOH NO_2 COOH

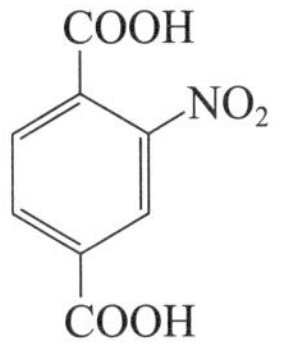

57. (c)（SO_3H 基团酸性很强）>(b)>(e)>(f)>(d)>(a)。羧酸的酸性比大多数苯酚强，苯酚上带有吸电子基团能增强其酸性。

58.

(a) CH_3 $\xrightarrow{Br_2,\ FeBr_3}$ CH_3 Br $\xrightarrow{NaOH,\ Pd}$ 产物

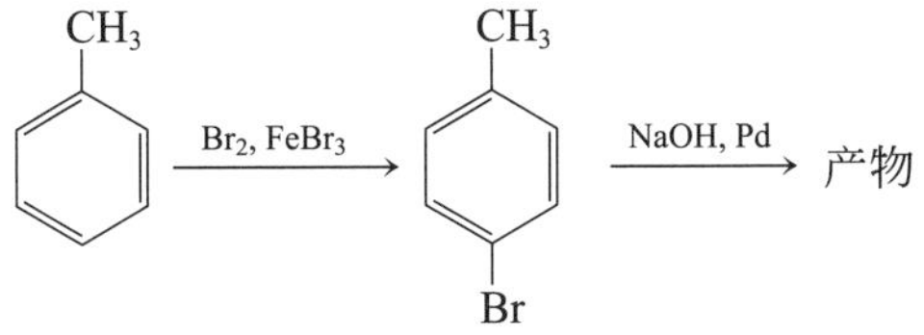

(b) OH $\xrightarrow{1.\ H_2SO_4;\ 2.\ \text{过量}Br_2}$ OH Br Br SO_3H $\xrightarrow{H_2O,\ \triangle}$ 产物

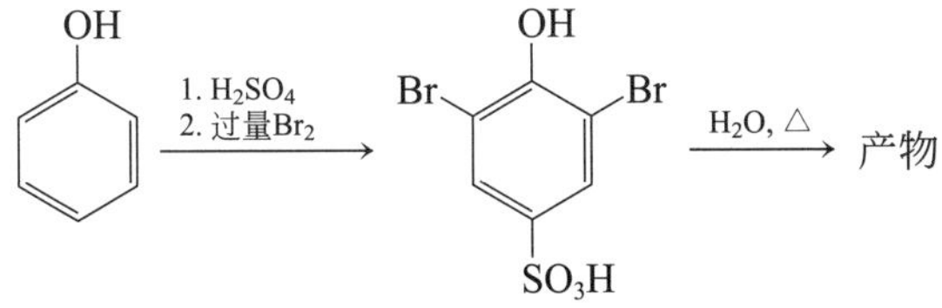

(c) OH $\xrightarrow{H_2SO_4,\ SO_3}$ OH SO_3H $\xrightarrow{HNO_3,\ H_2SO_4}$ OH NO_2 SO_3H $\xrightarrow{H_2O,\ \triangle}$ OH NO_2 $\xrightarrow{H_2,\ Ni}$

OH NH_2 $\xrightarrow{NaNO_2,\ HCl,\ H_2O,\ \triangle}$ OH OH

O $OCCH_3$ $\xrightarrow{1.\ HNO_3,\ H_2SO_4;\ 2.\ H_2,\ Ni}$ O $OCCH_3$ NH_2 $\xrightarrow{NaNO_2,\ HCl,\ H_2O,\ \triangle}$ O $OCCH_3$ OH $\xrightarrow{NaOH,\ H_2O}$ OH OH

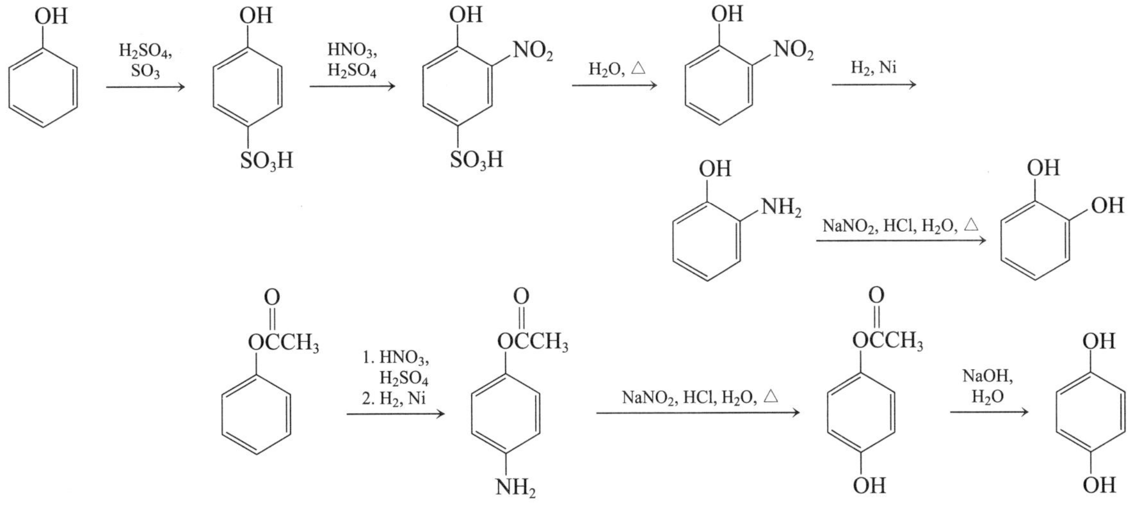

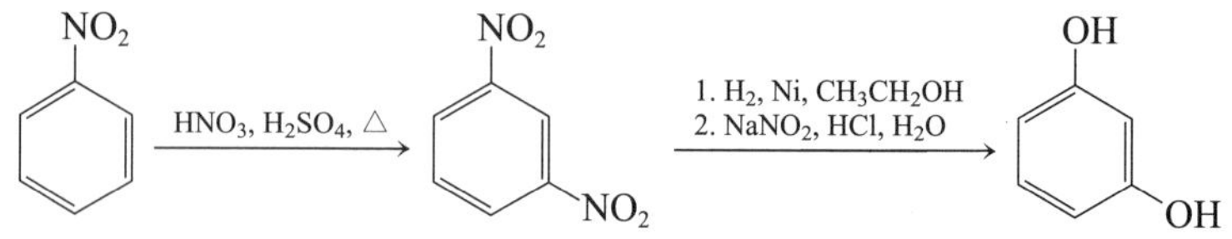

NO_2 $\xrightarrow{HNO_3, H_2SO_4, \triangle}$ NO_2, NO_2 $\xrightarrow{1. H_2, Ni, CH_3CH_2OH;\ 2. NaNO_2, HCl, H_2O}$ OH, OH

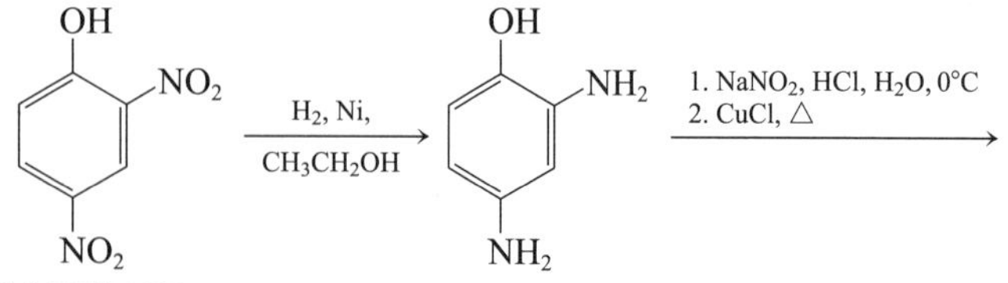

（d） Cl $\xrightarrow{过量HNO_3, H_2SO_4, \triangle}$ Cl, NO_2, NO_2 $\xrightarrow[(芳香亲核取代)]{NaOH, H_2O, \triangle}$ OH, NO_2, NO_2 $\xrightarrow{Cl_2, FeCl_3}$ Cl, OH, NO_2, NO_2

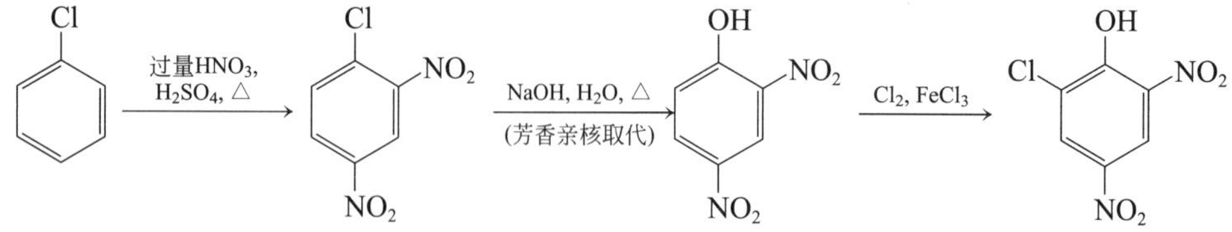

59.

（a） OH, NO_2, NO_2 [源自习题58(d)] $\xrightarrow[CH_3CH_2OH]{H_2, Ni,}$ OH, NH_2, NH_2 $\xrightarrow{1. NaNO_2, HCl, H_2O, 0°C;\ 2. CuCl, \triangle}$

OH, Cl, Cl $\xrightarrow[(Williamson 醚合成)]{1. NaOH, CH_3CH_2OH;\ 2. ClCH_2COOCH_3}$ OCH_2COOCH_3, Cl, Cl $\xrightarrow{NaOH, H_2O}$ 2,4-D

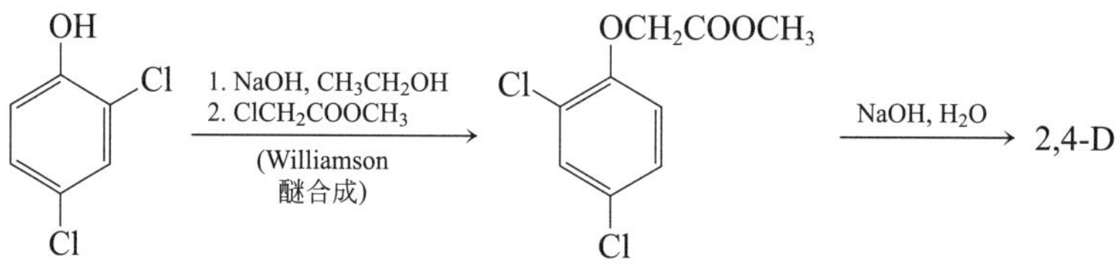

2,4-二氯苯酚可以经过苯酚的两次直接氯化合成吗？答案是可以，但是两次相继的氯化反应区域选择性不理想：第一次氯化时，将同时得到2-氯苯酚和4-氯苯酚两种产物，接着发生第二次氯化将得到2,4-和2,6-二取代产物的混合物。

（b） $\xrightarrow{1. Br_2, FeBr_3;\ 2. KOH, Pd}$ OH $\xrightarrow{1. NaOH, CH_3CH_2OH;\ 2. CH_3CH_2Br}$ OCH_2CH_3 $\xrightarrow[CH_3CH_2OH]{1. HNO_3, H_2SO_4;\ 2. H_2, Ni}$ OCH_2CH_3, NH_2 $\xrightarrow{CH_3COCCH_3 (O\ O), \triangle}$ 产物

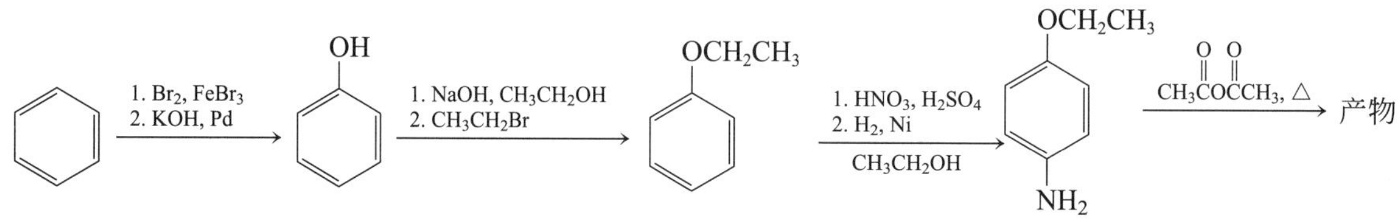

（c） $\xrightarrow{1. HNO_3, H_2SO_4;\ 2. Br_2, FeBr_3}$ NO_2, Br $\xrightarrow{1. Fe, HCl;\ 2. NaNO_2, HCl, 0°C;\ 3. H_2O, 100°C;\ 4. CO_2, 加压, KHCO_3, H_2O}$ OH, COOH, Br $\xrightarrow{Br_2, CCl_4, 0°C}$

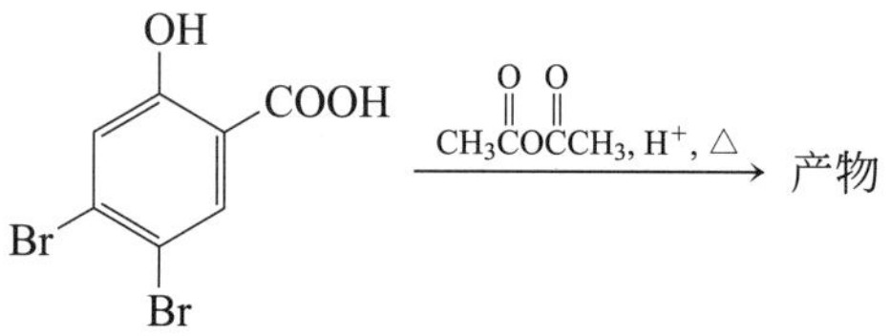

OH, COOH, Br, Br $\xrightarrow{CH_3COCCH_3 (O\ O), H^+, \triangle}$ 产物

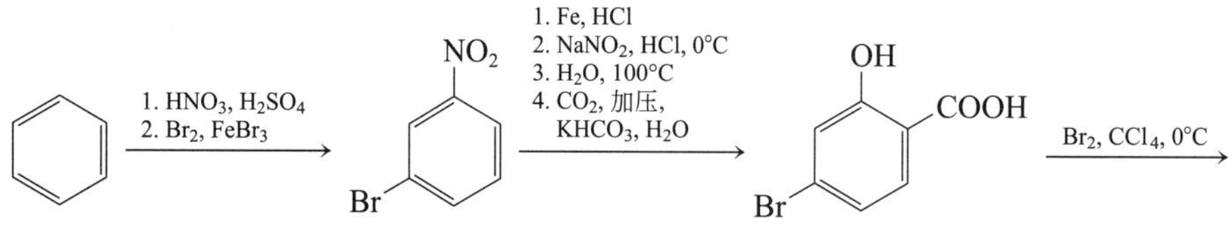

（d） 首先苯环和2-氯丙烷、$AlCl_3$ 发生Friedel-Crafts反应，接着使用相应的产物（异丙基苯）经过习题58(c)中的步骤合成1,3-苯二酚。

60. （a） 5-溴-2-氯苯酚　　（b） 4-(羟基甲基)苯酚

（c） 2,4-二羟基苯磺酸　　（d） 2-酚氧基苯酚

（e） 2-甲基硫醚-2,5-环己二烯-1,4-二酮

（f） 2,6-二甲氧基-3,5-二甲基环己-2,5-二烯-1,4-二酮

61.（**a**）经过两次 Claisen 重排得

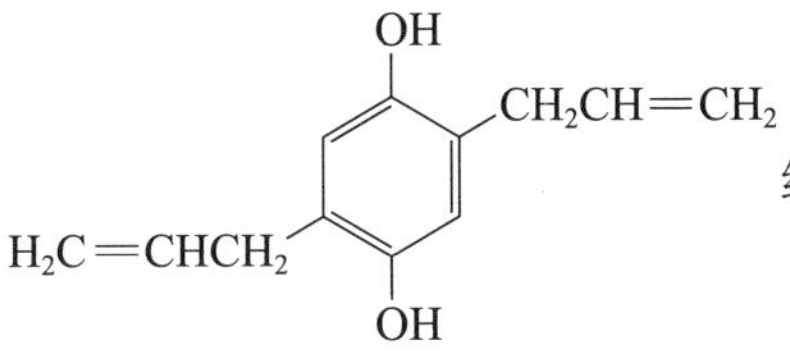

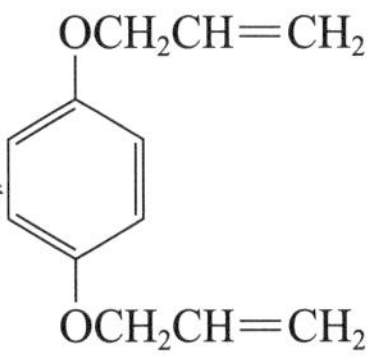

（**b**）分步反应：

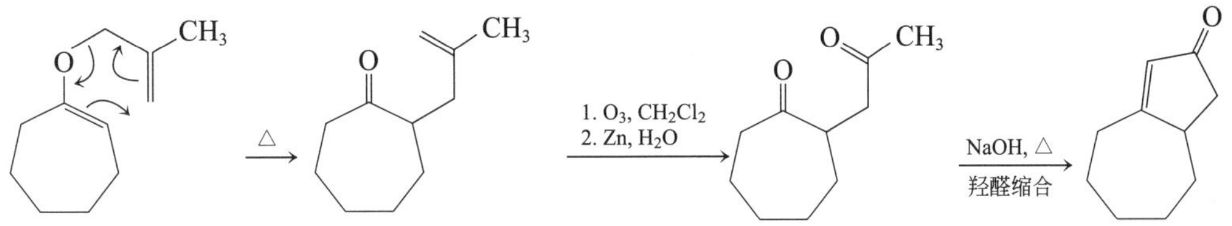

NaOH, △ 羟醛缩合

（**c**）

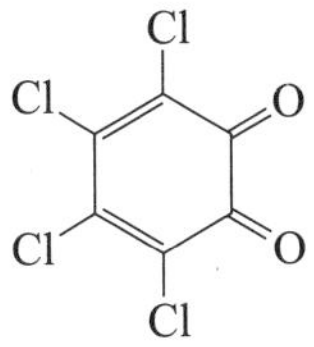

（**d**）

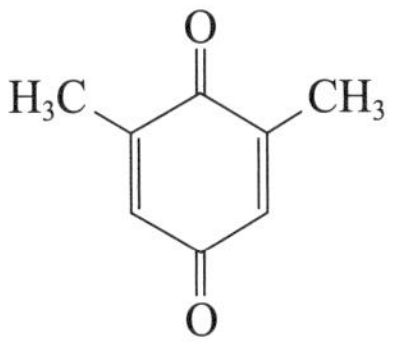

（**e**）共轭加成⟶

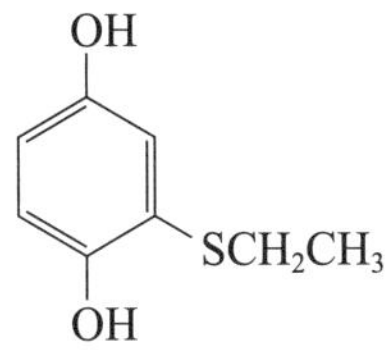

（**f**）

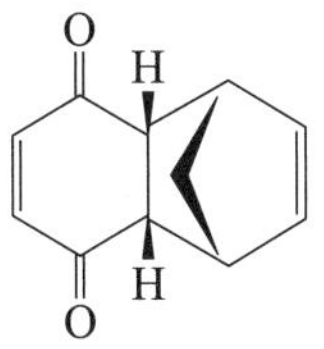

62. 阿司匹林是烷基酸苯酯。烷基酸苯酯比一般酯类更容易水解，有以下两个原因：(1) 苯酚氧原子的孤对电子离域在苯环上，削弱了其对羰基的离域性（酯的共振，见 20-1 节），导致羰基碳正电性更强，易被亲核试剂进攻，且邻位吸电子的 COOH 基团增强了这种效应。(2) 从热力学角度考虑，苯酚和羧酸形成烷基酸苯酯的反应平衡更倾向于反应物方向（见 22-5 节）。因此，室温下水溶液中的阿司匹林迅速水解得到水杨酸和乙酸。

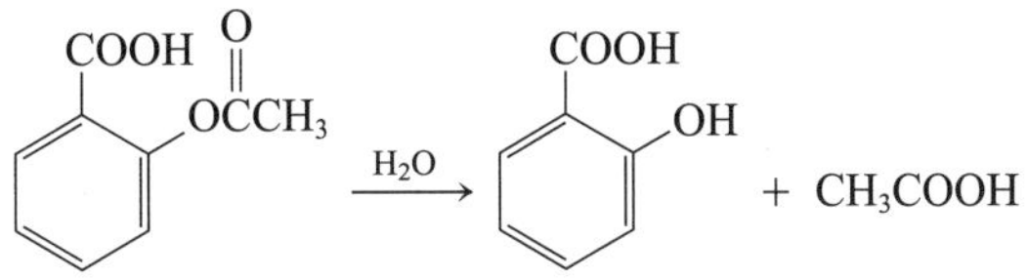

$$\xrightarrow{H_2O} \quad + \ CH_3COOH$$

泰诺是一种酰胺，比阿司匹林更难被亲核试剂进攻，因此泰诺水解需要较长时间的加热和强酸或强碱的催化。（事实上，苯胺制备的酰胺，比如 *N*-乙酰苯胺，通常在中性沸水中重结晶纯化，进一步说明了酰胺的稳定性。）

63. 在未进行精确质谱测量时，仅通过分子离子峰 $m/z=305$ 不足以推断出分子式（符合该分子量的可能分子式太多）。但是，结合给出的实际分子结构倒推，我们可以推测主要的碎片离子峰是从哪里产生的。我们已经通过简单地加和原子量标记了部分分子片段的质量，如下图所示（H，1；C，12；N，14；O，16）：

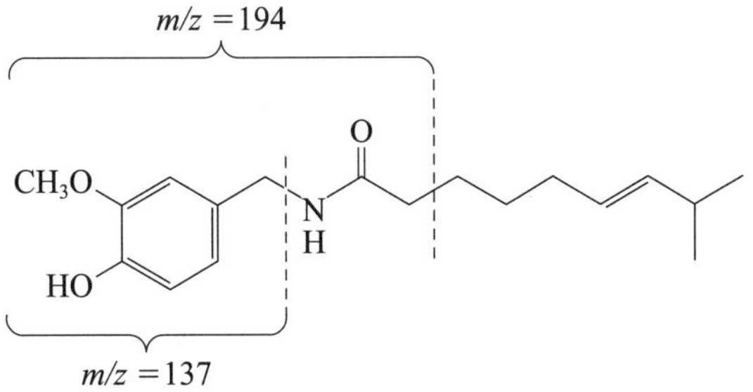

$m/z=194$

$m/z=137$

马上可以推断 $m/z=137$ 基峰对应苄位碳断裂形成的共振稳定的正离子：

CH_3O $\overset{+}{C}H_2$ HO

该正离子失去一个甲基（$m/z=15$）得到 $m/z=122$ 的碎片离子峰。"反常"的 $m/z=195$ 碎片离子峰实际上是 $m/z=194$ 的碎片离子加上氢原子后得到的，它的结构如下：

CH_3O HO N H O CH_3 $]^{+\cdot}$

该结构片段是怎么生成的呢？回忆羰基化合物的 McLafferty 裂解反应：如下所示，α 和 β 碳原子之间碳-碳键断裂形成甲基酮的烯醇异构体，即目标碎片。

CH_3O HO N H O H $]^{+\cdot}$ $\xrightarrow{-C_8H_{14}\ (m/z=110)}$ CH_3O HO N H OH CH_2 $]^{+\cdot}$

红外光谱数据也能较为直接地进行归属：972 cm^{-1} 吸收峰来自反式烯烃的双键弯曲振动，1660 cm^{-1} 吸收峰代表酰胺 C═O 的伸缩振动，3016 cm^{-1} 吸收峰表示烯烃和芳基 C—H 键的伸缩振动，3445cm^{-1} 和 3541cm^{-1} 吸收峰分别来自酰胺 N—H 键和苯酚 O—H 键的伸缩振动。

最后，核磁共振氢谱能非常有效地得到不同基团各自氢原子的信息。仔细观察谱图的积分和偶合裂分，根据 $N+1$ 规则，可以判断每组峰的归属如下所示：（br 代表宽的单峰；m 代表多重峰；quin 代表五重峰）：

6.78 (d) 4.33 (d) O 1.97 (q) 1.35 (quin) 2.20 (m)
3.85 (s) CH_3O N H 0.93 (d)
5.82 (br) HO 1.62 (quin) 5.33 (m) 2.18 (t)
6.73 (dd)和 6.85 (d) 5.82 (br)

分子中 OH 和 NH 的氢原子在核磁共振谱里不可区分，重合后形成了 $\delta=5.82$ 处的宽峰。有意思的是，NH 的氢原子使相邻的苄位 CH_2 基团发生裂分，导致 $\delta=4.33$ 处本该为单重峰的信号峰变成双重峰（只能通过排除法来确定该归属——分子中没有其他任何 CH_2 基团能在核磁共振氢谱中显示为双重峰）。

64.（**a**）只含有烷基取代基的苯环受到亲核试剂或自由基进攻的可能性较小，因此反应最有可能经过亲电进攻。（**b**）氧杂环丙烷的形成可能涉及酸催化的 H_2O_2（氧气经羟化酶得到）试剂对苯环的亲电进攻，如下所示：

R D $\xrightarrow[-H_2O]{HO-\overset{+}{O}H_2}$ R + HÖ D $\rightleftharpoons$ R +O H D $\underset{}{\overset{-H^+}{\rightleftharpoons}}$ R :O D

最后生成产物苯酚可能经历了上图最后两步反应的逆反应。尽管羟基进攻碳正离子总可以生成环氧，但是碳正离子发生 D 迁移并芳构化即可生成氘代苯酚。

R + D OH $\longrightarrow$ R D H + OH $\longrightarrow$ R D OH

D^+ 也可能在最后一步去质子化时消去，生成不含氘的苯酚。

65.

（**a**）O，△（Diels-Alder）　　（**b**）H_2，Pd/C，CH_3CH_2OH

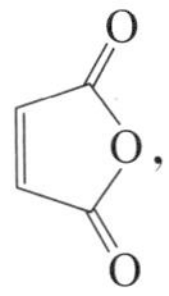

（**c**）CH_2OH CH_2OH　　（**d**）CHO CHO

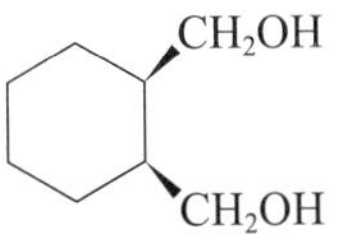

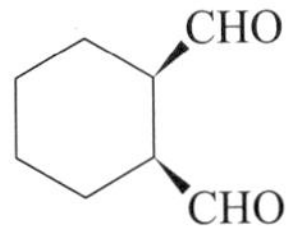

现在从产物逆向推导：

△ Cope 重排　　$2\ H_2C{=}P(C_6H_5)_3$ 两次Wittig反应

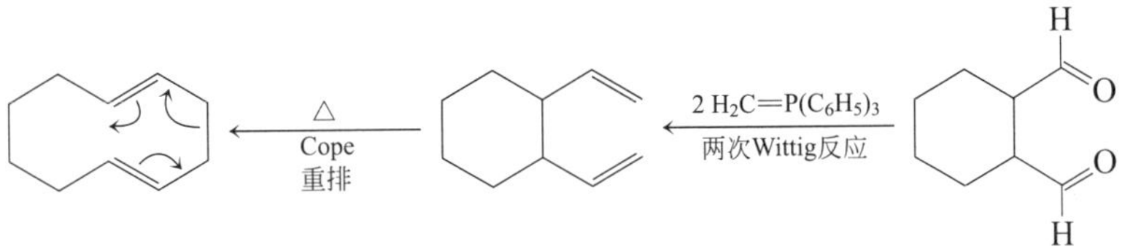

66. 苯环的碳原子很难形成普通 S_N2 反应过渡态“背后进攻”的几何构型。目前没有证据支持苯环碳原子可以直接进行 S_N2 机理的取代反应。

S_N1 反应需要形成碳正离子中间体。我们已经学过烯基卤代物不能发生取代反应（13-9 节）。与苯环一样，烯基卤代物的立体结构决定了它很难发生 S_N2 取代反应。并且，带正电荷的空 sp^2 轨道导致烯基正离子的能量非常高。类似地，苯基正离子也具有带正电荷的空 sp^2 轨道，因此它的能量也非常高，难以形成。

为什么空的 sp^2 轨道非常不稳定？sp^2 轨道包含部分 s 轨道成分，s 轨道离原子核的距离比 p 轨道近，而 p 轨道在正电性的原子核处是一个节面。因此带有 s 轨道成分的杂化轨道比 p 轨道更难失去电子。回忆我们在第 7 章学习过的碳正离子，它们都有空 p 轨道：

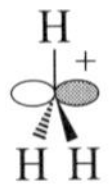

H H H

sp^2杂化
空的p轨道

由于苯基正离子难以形成，芳基重氮盐中的氮原子经 Sandmeyer 反应被 Cl、Br 和 CN 取代经历的是另一种铜催化的自由基过程。然而，用水或碘离子取代 N_2 不需要加铜催化剂，表明反应有可能是 S_N1 反应机理，经过芳基正离子中间体。在芳基重氮盐和热水反应生成苯酚的过程中，加热或许能促进 N_2 释放生成芳基正离子，随即被作为溶剂的水迅速捕获。相比之下，碘离子是更好的亲核试剂，如果溶液中存在碘离子，将优先和苯基正离子反应。下面习题 67 将对这一过程给出更详细的解答。

67.

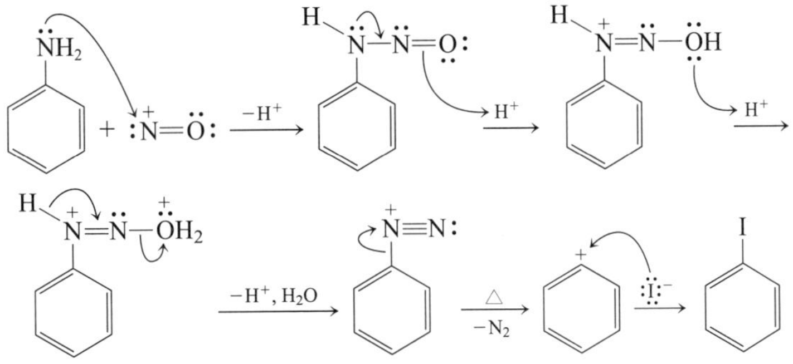

NH_2 + $:\overset{+}{N}{=}\ddot{O}:$ $\xrightarrow{-H^+}$ $\xrightarrow{H^+}$ $\xrightarrow{H^+}$

$\xrightarrow{-H^+,\ H_2O}$ $\xrightarrow[-N_2]{\triangle}$ $:\ddot{I}:^-$ I

(一种可能)

目前仍不清楚以上反应是否真正经过苯基正离子。一种可能的机理是加成-消除过程（22-4 节），但是这种可能性和动力学研究结果显示的单分子反应并不一致。另一种可能的机理是自由基过程，碘离子能还原苯基重氮正离子形成苯基自由基有效支持了这一过程的可能性。由于苯基重氮自由基脱除 N_2 生成苯基自由基的链增长过程是反应的决速步，也是单分子反应，且苯基自由基比苯基正离子更容易形成，因此自由基机理的可能性更大。

虽然重氮正离子制备碘苯的具体机理仍不清楚，经历苯基正离子中间体也并非完全不可能，例如芳基重氮盐和热水反应合成苯酚中，被广泛接受的反应中间体就是苯基正离子（22-4 节）。此外，同位素研究表明重氮正离子中的 N_2 可以和气体 N_2 进行交换，直接证明了苯环上的 N_2 可逆解离能形成芳基碳正离子。这个例子说明，看起来非常简单的反应可能经过复杂的反应过程。

68. 化合物（a）～（d）需要使用 3-甲基苯胺的亚硝化反应（或称为重氮化反应，在 $NaNO_2$、HCl、0 ℃条件下进行）变成 3-甲基苯重氮盐，接着用合适的试剂处理能得到目标产物：（**a**）H_3PO_2（用 H 替代 N_2^+）；（**b**）CuBr，100 ℃（溴取代）；（**c**）H_2O，加热（羟基取代）；（**d**）CuCN，KCN，50 ℃（氰基取代）。对于化合物（**e**），需要在氮上增加取代基而不是替代氮原子。具体来讲，涉及伯胺转化为仲胺的反应，还原胺化反应是最有效的方法（21-6 节）：

H_3C—C₆H₄—NH_2 (3-甲基苯胺) $\xrightarrow[\text{2. }NaBH_3CN]{\text{1. }CH_3CHO}$ H_3C—C₆H₄—$NHCH_2CH_3$

69. 苯重氮盐中间体在这些合成中非常实用。

（**a**）苯 $\xrightarrow{HNO_3,\ H_2SO_4}$ 硝基苯 $\xrightarrow{Br_2,\ FeBr_3}$ 3-溴硝基苯 $\xrightarrow[\text{2. }NaNO_2,\ HCl,\ H_2O,\ 0°C]{\text{1. }H_2,\ Ni}$ 3-溴苯重氮盐（$N_2^+Cl^-$，Br）$\xrightarrow{CuCl,\ \triangle}$ 产物

（**b**）苯 $\xrightarrow[\text{*单烷基化的选择性更好}]{\text{1. }CH_3CH_2CH_2Cl^*,\ AlCl_3\ \ \text{2. }KMnO_4,\ HO^-}$ 苯甲酸（COOH）$\xrightarrow{HNO_3,\ H_2SO_4,\ \triangle}$

3-硝基苯甲酸（COOH，NO_2）$\xrightarrow[\text{2. }NaNO_2,\ HCl,\ H_2O,\ 0°]{\text{1. }H_2,\ Ni,\ CH_3CH_2OH}$ 重氮盐（COOH，$N_2^+Cl^-$）$\xrightarrow{CuCN,\ \triangle}$ 产物

（**c**）3-氯苯重氮盐（$N_2^+Cl^-$，Cl）[见(a)] $\xrightarrow{H_2O,\ \triangle}$ 3-氯苯酚（OH，Cl）$\xrightarrow{HNO_3,\ H_2O,\ 0°C}$ 产物

（**d**）苯 $\xrightarrow[\text{2. }KOH,\ Pd]{\text{1. }Br_2,\ FeBr_3}$ 苯酚（OH）$\xrightarrow{HNO_3,\ H_2O,\ 0°C}$ 4-硝基苯酚（OH，NO_2）$\xrightarrow[\text{2. }NaNO_2,\ HCl,\ H_2O,\ 0°C]{\text{1. }H_2,\ Ni,\ CH_3CH_2OH}$ 重氮盐（OH，$N_2^+Cl^-$）$\xrightarrow{CuCN,\ \triangle}$ 产物

（**e**）$(CH_3)_2CH$—C₆H₅ [以(b)为原料] $\xrightarrow{HNO_3,\ H_2SO_4}$ $(CH_3)_2CH$—C₆H₄—NO_2 $\xrightarrow{Na_2Cr_2O_7,\ H_2SO_4}$ 4-硝基苯甲酸（COOH，NO_2）$\xrightarrow[\text{2. }NaNO_2,\ HCl,\ H_2O,\ 0°C]{\text{1. }H_2,\ Ni,\ CH_3CH_2OH}$ 重氮盐（COOH，$N_2^+Cl^-$）$\xrightarrow[H_2O,\ \triangle]{KI}$ 产物

仔细思考第一步反应：甲苯硝化会得到一定比例的邻位产物。增加烷基取代基的位阻能有效阻碍邻位进攻从而主要得到对位产物。

（f）苯 $\xrightarrow[HNO_3, H_2SO_4, \triangle]{过量}$ 1,3-二硝基苯 $\xrightarrow[2. NaNO_2, HCl, H_2O, 0°C]{1. H_2, Ni, CH_3CH_2OH}$ 1,3-苯双重氮盐（$N_2^+Cl^-$） $\xrightarrow{CuCl, \triangle}$ 1,3-二氯苯

$\xrightarrow[HNO_3, H_2SO_4, \triangle]{过量}$ 1,5-二氯-2,4-二硝基苯 $\xrightarrow[2. NaNO_2, HCl, H_2O, 0°C]{1. Fe, HCl}$ 4,6-二氯-1,3-苯双重氮盐（$Cl^-N_2^+$，$N_2^+Cl^-$） $\xrightarrow{CuBr, \triangle}$ 产物

（g）苯胺（NH_2）[以(a)为原料] $\xrightarrow{Br_2, H_2O}$ 2,4,6-三溴苯胺 $\xrightarrow{NaNO_2, HCl, H_2O, 0°C}$ 2,4,6-三溴苯重氮盐（$N_2^+Cl^-$） $\xrightarrow[2. H^+, H_2O, \triangle]{1. CuCN, \triangle}$ 产物

70.

（a）HO—（2-OH）苯基—N=N—苯基—SO_3H（4-[(2,4-二羟基苯基)偶氮]苯磺酸）

（b）（3-SO_3H）苯基—N=N—苯基—NH—苯基

（c）HO—萘基—N=N—苯基—SO_3H（4-羟基-1-萘基偶氮）

如果可能的话，重氮偶联反应优先发生在活化基团的对位。

71.

（a）$(CH_3)_2N$—苯基 + $^+N_2$—苯基—SO_3^-

（b）2 4-氨基-1-萘磺酸钠（$SO_3^-Na^+$，NH_2） + $^+N_2$—联苯—N_2^+

注意苯环在偶联反应中是如何被 OH、NH_2 等相关基团活化的。

（c）H_2N—苯基（3-NH_2） + $^+N_2$—苯基—SO_2NH_2

72.

（a）脂肪—O· 或 脂肪—O—O· + 2,6-二叔丁基-4-甲基苯酚（OH，$(CH_3)_3C$，$C(CH_3)_3$，CH_3） ⟶ 脂肪—OH 或 脂肪—O—OH + 2,6-二叔丁基-4-甲基苯氧自由基（O·，$(CH_3)_3C$，$C(CH_3)_3$，CH_3）

（b）从亚油酸的脂肪过氧化物出发，如 22-9 节中所示的“链增长步骤”形成了烷氧基自由基。烷氧基自由基通过 β-裂解形成 $CH_3(CH_2)_4$·，然后 $CH_3(CH_2)_4$·再从任意活泼氢供体（例如另一个脂类分子）夺取氢原子生成戊烷。

$CH_3(CH_2)_4$ R′ O OH $\xrightarrow{-\cdot OH}$

$CH_3(CH_2)_4$ R′ O· $\longrightarrow$ H O R′ + $CH_3(CH_2)_4\cdot$

73. 本题目有多个突破点，可以按照以下步骤逐步分析。

（**1**）不饱和度（第 11 章）

漆酚Ⅰ，$H_{sat}=42+2=44$；不饱和度$=\dfrac{44-36}{2}=4$，表明分子中有 4 个 π 键或环。

漆酚Ⅱ，不饱和度$=\dfrac{44-34}{2}=5$，表明分子中有 5 个 π 键或环

（**2**）漆酚Ⅱ只有一个容易氢化的双键。漆酚Ⅰ中 4 个不饱和度必定来源于环或者难以氢化的 π 键（比如苯环）。

（**3**）漆酚Ⅱ包含如下碎片：

$CH_3CH_2CH_2CH_2CH_2CH_2CH{=}\underbrace{CHR}_{\text{醛A的一部分}}$

（**4**）题中给出了醛 A 的合成路线，其中间体结构如下：

OCH_3 NO_2 SO_3H **B**　OCH_3 NO_2 **C**　OCH_3 OH **D**　OCH_3 OCH_3 COOH **E**

(经过Kolbe反应向苯环引入COOH)

OCH_3 OCH_3 CHO **F** $\xrightarrow[\text{Wittig反应}]{C_6H_5CH_2O(CH_2)_6CH=P(C_6H_5)_3,\ THF}$ OCH_3 OCH_3 $CH{=}CH(CH_2)_6OCH_2C_6H_5$ $\xrightarrow[CH_3CH_2OH]{\text{过量}\ H_2,\ Pd/C}$

OCH_3 OCH_3 $(CH_2)_8OH$ $\xrightarrow[CH_2Cl_2]{PCC}$ OCH_3 OCH_3 $(CH_2)_7CHO$

(双键还原并脱除苄基)　**醛A**

回到第三步，使用倒推法推导出漆酚Ⅱ的结构：

OCH_3 OCH_3 $(CH_2)_7CHO$ + $CH_3(CH_2)_5CHO$ $\xleftarrow[2.\ Zn,\ H_2O]{1.\ O_3,\ CH_2Cl_2}$ OCH_3 OCH_3 $(CH_2)_7CH{=}CH(CH_2)_5CH_3$ $\xleftarrow[CH_3I,\ NaOH]{\text{过量}}$

二甲基漆酚Ⅱ

OH OH $(CH_2)_7CH{=}CH(CH_2)_5CH_3$

漆酚Ⅱ

再思考第 2 步，得出漆酚Ⅰ的结构为：

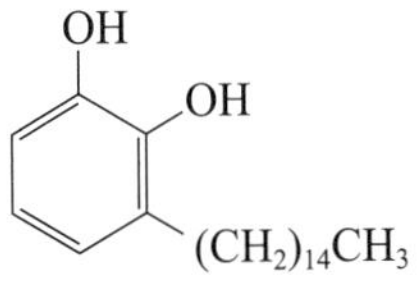

OH
OH
$(CH_2)_{14}CH_3$

74. 第一问中，多巴胺生物合成去甲肾上腺素的反应位点与本章所述原理是一致的：苄位碳原子被氧化。第二问中，非酶促地重复该反应难度更大：首先胺官能团很活泼，容易被氧化，因此在反应中需要预先保护起来；其次，合成构型绝对合适的新立体中心难度非常大，尽管拆分外消旋产物也能直接获得其单一对映异构体。

75.

$NaBH_4$
A

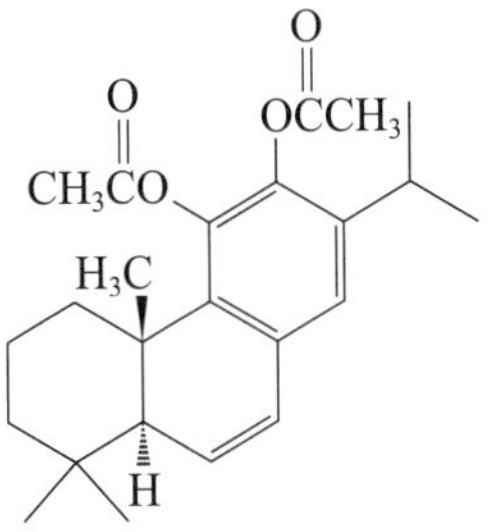

O
OCCH$_3$
O
CH_3CO
H_3C
H
B

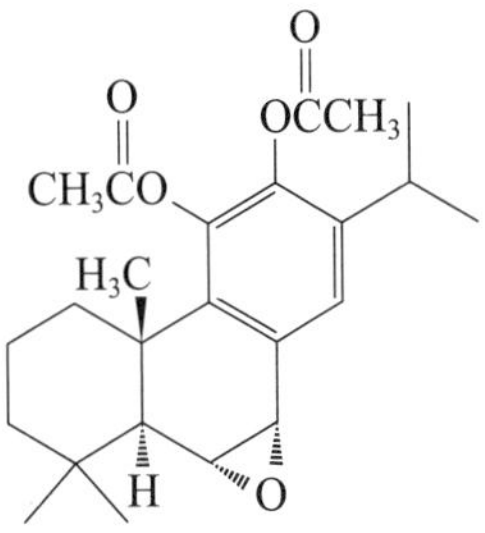

O
OCCH$_3$
O
CH_3CO
H_3C
H
O
C

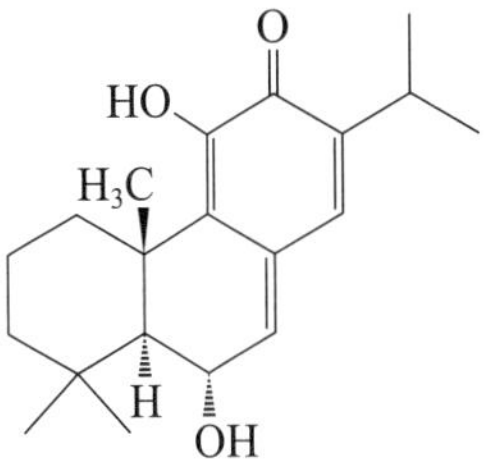

O
HO
H_3C
H
OH
D

76.（**d**）氯苯转化为酚需要更苛刻的条件，不是仅在沸水中反应 2 小时那么简单。

77.（**b**） **78.**（**b**） **79.**（**a**）

80.（**a**）只有邻位羟基异构体的氧原子可以和硝基形成分子内氢键。

23

烯醇酯和Claisen缩合：β-二羰基化合物的合成；酰基负离子等价体

在人工合成并具有生物活性的有机化合物中，很大一部分含有多个官能团。因此，研究这些化合物的制备方法显得很有必要。你已经了解了很多关于羟醛缩合及其形成β-羟基羰基化合物和共轭烯酮的反应方法（第18章）。本章通过展示有关酯的Claisen缩合反应，拓展了羰基缩合反应的概念。除了作为构建碳-碳键的新方法，Claisen缩合还生成了一大类具有其独特反应性和效用的化合物，即β-或1,3-二羰基化合物。本章最后部分介绍一个更先进的碳-碳键形成方法，它显示了如何把羰基碳进行适当的修饰，使它（由亲电的）变成亲核的基团，并用于取代和加成反应。

本章概要

23-1　β-二羰基化合物：Claisen缩合

构建多用途的羰基合成砌块。

23-2，23-3　β-二羰基化合物的合成应用

23-4　酰基负离子等价体：α-羟基酮的制备

在合成中含碳官能团的正常极性的反转。

本章重点

23-1 β-二羰基化合物：Claisen 缩合

Claisen 缩合是合成 1,3-二羰基化合物的主要方法。根据其与羟醛缩合（18-5 节）的相似性分析，这个反应是一个烯醇化离子加成到羰基上的过程，键的形成发生在一个羰基化合物（可能是酯或酮）的碳和另一个酯的羰基碳之间。注意有个限制条件：只有当 1,3-二羰基化合物的两个羰基之间仍然存在一个氢时反应才能进行。过量碱去质子化酸性 H 使得平衡移向产物，这是勒夏特列原理起作用的一个很好例子。

因为有几种 β-羰基化合物可以从 Claisen 缩合反应中获得，下表提供了一些例子供你学习参考。

Claisen 缩合

反应组分		产物	
羰基化合物	烯醇化物	新官能团	结构(显示新键)
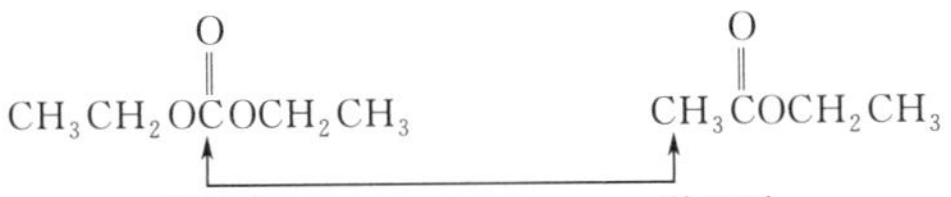 $CH_3CH_2O\overset{O}{\overset{\|}{C}}OCH_2CH_3$ 碳酸酯	$CH_3\overset{O}{\overset{\|}{C}}OCH_2CH_3$ 普通酯	酯＋酯	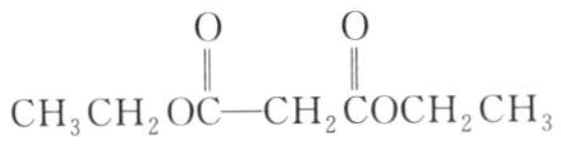 $CH_3CH_2O\overset{O}{\overset{\|}{C}}—CH_2\overset{O}{\overset{\|}{C}}OCH_2CH_3$ 1,3-二酯
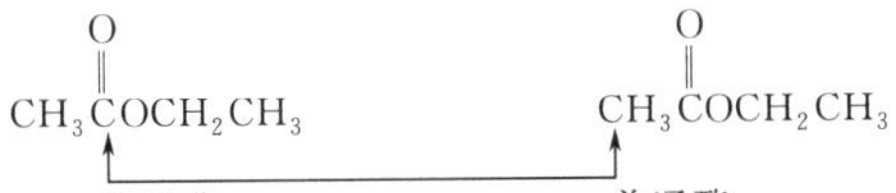 $CH_3\overset{O}{\overset{\|}{C}}OCH_2CH_3$ 普通酯	$CH_3\overset{O}{\overset{\|}{C}}OCH_2CH_3$ 普通酯	酮＋酯	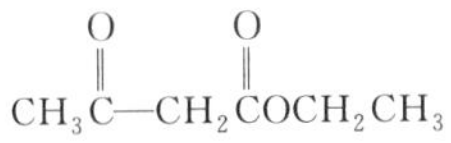 $CH_3\overset{O}{\overset{\|}{C}}—CH_2\overset{O}{\overset{\|}{C}}OCH_2CH_3$ 3-酮酯
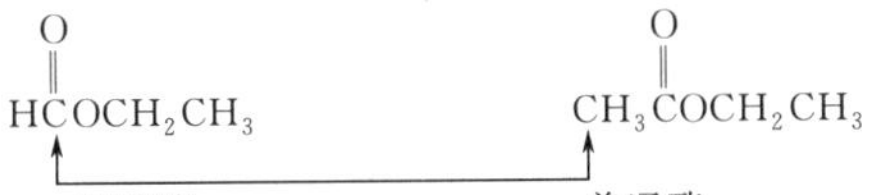 $H\overset{O}{\overset{\|}{C}}OCH_2CH_3$ 甲酸酯	$CH_3\overset{O}{\overset{\|}{C}}OCH_2CH_3$ 普通酯	醛＋酯	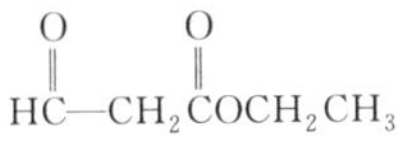 $H\overset{O}{\overset{\|}{C}}—CH_2\overset{O}{\overset{\|}{C}}OCH_2CH_3$ 甲醛酯
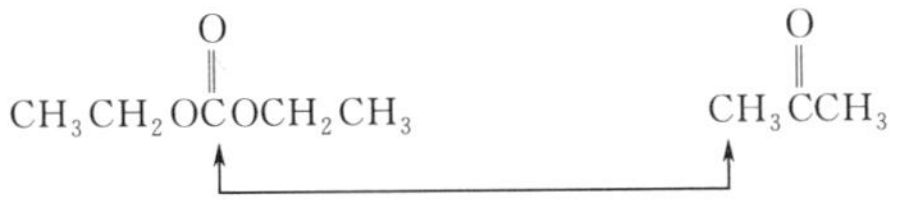 $CH_3CH_2O\overset{O}{\overset{\|}{C}}OCH_2CH_3$ 碳酸酯	$CH_3\overset{O}{\overset{\|}{C}}CH_3$ 酮	酯＋酮	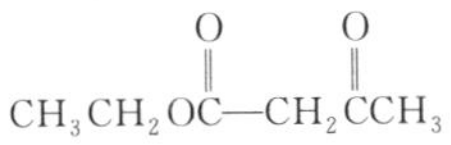 $CH_3CH_2O\overset{O}{\overset{\|}{C}}—CH_2\overset{O}{\overset{\|}{C}}CH_3$ 3-酮酯 （较难的合成的路线）
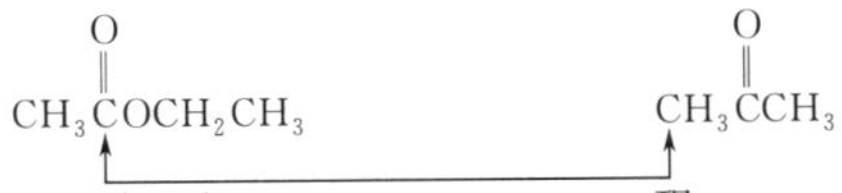 $CH_3\overset{O}{\overset{\|}{C}}OCH_2CH_3$ 普通酯	$CH_3\overset{O}{\overset{\|}{C}}CH_3$ 酮	酮＋酮	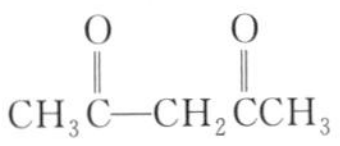 $CH_3\overset{O}{\overset{\|}{C}}—CH_2\overset{O}{\overset{\|}{C}}CH_3$ 1,3-二酮
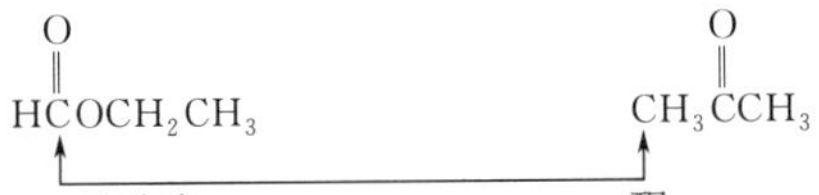 $H\overset{O}{\overset{\|}{C}}OCH_2CH_3$ 甲酸酯	$CH_3\overset{O}{\overset{\|}{C}}CH_3$ 酮	醛＋酮	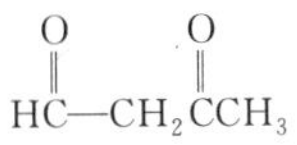 $H\overset{O}{\overset{\|}{C}}—CH_2\overset{O}{\overset{\|}{C}}CH_3$ 3-酮醛

23-2，23-3 β-二羰基化合物的合成应用

在 23-2 节中介绍了 β-二羰基化合物的两种反应：第一种是容易去质子化的中间的碳的烷基化；第二种适用于至少有一个是酯羰基的 β-二羰基化合物。酯水解产生羧酸，容易失去二氧化碳（脱羧）。当按这个反应历程进行时，β-酮酯生成酮，而丙二酸二酯生成羧酸。对于每一种情况，初始烷基化步骤引入的基团都保留在产物中。

值得注意的是乙酰乙酸酯的合成只得到**甲基酮**，因为乙酰乙酸酯分子的 CH_3CO 部分是无变化地带入到最终的产物中。要制备其他种类的酮，需要先制备 3-酮酯。习题 47 概述了这种情况，下面通式说

明这一过程。

酮的3-酮酯合成通式

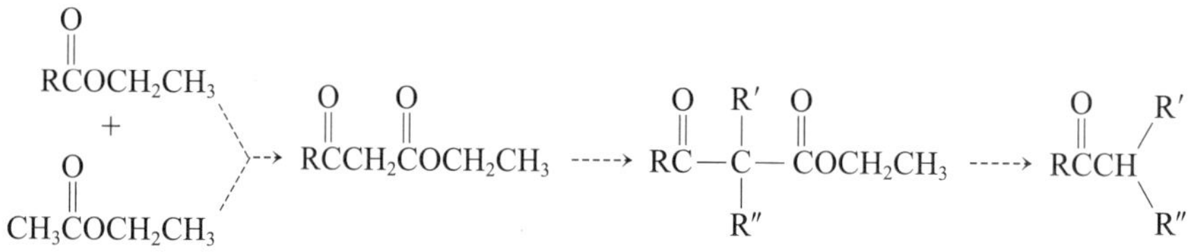

$$RCOCH_2CH_3\ (\text{C=O}) + CH_3COCH_2CH_3\ (\text{C=O}) \dashrightarrow RCCH_2COCH_2CH_3 \dashrightarrow RC(=O)-C(R')(R'')-COCH_2CH_3 \dashrightarrow RC(=O)CH(R')(R'')$$

注意：所需的3-酮酯来自交叉Claisen缩合。因此，$RCO_2CH_2CH_3$ 必须是一个自身不发生Claisen缩合的酯（也就是R不能有α-CH_2 基团），否则交叉Claisen缩合将使反应变得非常复杂。

23-3节强调一个事实，即β-二羰基负离子还是烯醇盐。因此，你将发现它们与α,β-不饱和羰基化合物发生1,4-加成反应（Michael加成）。而且，这些加成可与分子内缩合串联实现Robinson环化反应，最终生成六元环产物。

23-4 酰基负离子等价体：α-羟基酮的制备

如何制备α-羟基酮？因为它含有羟基，你可能会首先考虑第8章醇的合成中介绍的方法，利用金属有机试剂（碳负离子）对醛和酮进行加成反应。但是，如果试图采用这条途径，你可能会遇到一些问题：必需的碳负离子会有一个亲核的羰基碳 $R\overset{O}{\overset{\|}{C}}:^-$ 结构，这种所谓的酰基负离子是不容易制备的。事实上，从第8章开始你就已经了解到，羰基碳是**亲电**的而不是亲核的。亲核的酰基负离子的遐想与你所学的一切相矛盾。

所以，鉴于这一切，怎么做才能绕开这个限制？是的，**可以把羰基碳进行化学修饰使它变成亲核的**。一个方法是将醛的羰基转变为硫缩醛，然后用强碱使它去质子化，形成1,3-二硫杂环己烷（1,3-二噻烷）负离子。另一个方法是醛在噻唑盐的作用下，起始的羰基碳去质子化，得到亲核性的负离子。两种方法都能使这个碳原子的正常极性发生反转。一旦形成这种负离子（酰基负离子等价体），它就能以常见的方式加成到另一个分子的正常亲电性的羰基上。**其结果是在两个起始是同样极性（亲电的）的碳之间形成新的碳-碳键**，这是很**重要的**。

极性反转在有机化学中的应用并不是不可思议的，你所做的是将羰基变成能够承载负电荷的新物种。然后，在你用完它们之后，可将它们变回羰基。尽管如此，这些内容学起来可能很麻烦。出于学习目的，你可以尝试如下方法：写下几个醛和它们的酰基负离子（难以合成），接下来按照教材中显示的两个一般反应步骤之一进行操作，画出相应的酰基负离子等价体，将它加到另一个羰基上，并再生原始的羰基碳。特别要注意原始羰基碳要如何被修饰，以便能够承载负电荷和变成亲核性的。这些练习对你有好处。

习 题

27. 按酸性递增的顺序排列下列化合物。

(a) 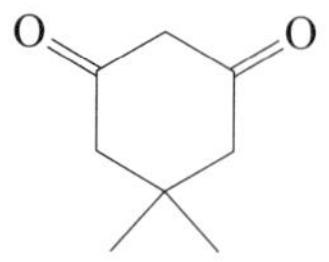 5,5-二甲基环己烷-1,3-二酮（结构式）　(b) CH_3CO_2H

(c) CH_3OH　(d) 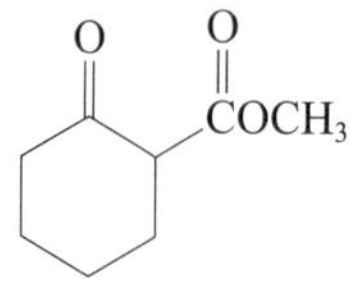 2-(甲氧羰基)环己酮（结构式，$\overset{O}{\|}COCH_3$）

(e) CH_3CHO　(f) 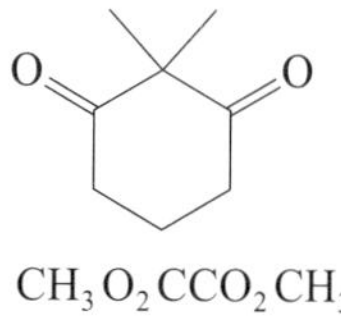 2,2-二甲基环己烷-1,3-二酮（结构式）

(g) $CH_3O_2CCH_2CO_2CH_3$　(h) $CH_3O_2CCO_2CH_3$

28. 写出下列每个分子（或分子组合）与过量乙醇钠在乙醇溶液中反应，随后用酸性水溶液处理的预期产物。

(a) $CH_3CH_2CH_2COOCH_2CH_3$

(b) $C_6H_5CH(CH_3)CH_2COOCH_2CH_3$

(c) $C_6H_5CH_2CH(CH_3)COOCH_2CH_3$

(d) $CH_3CH_2OC(=O)(CH_2)_4C(=O)OCH_2CH_3$

(e) $CH_3CH_2OC(=O)CH(CH_3)(CH_2)_4C(=O)OCH_2CH_3$

(f) $C_6H_5CH_2CO_2CH_2CH_3 + HCO_2CH_2CH_3$

(g) $C_6H_5CO_2CH_2CH_3 + CH_3CH_2CH_2CO_2CH_2CH_3$

(h) 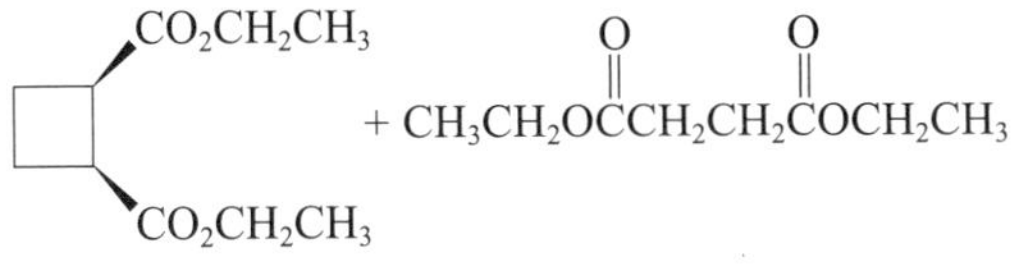 环丁烷-1,2-二($CO_2CH_2CH_3$) $+ CH_3CH_2OC(=O)CH_2CH_2C(=O)OCH_2CH_3$

(i) 邻苯二($CH_2CO_2CH_2CH_3$) $+ CH_3CH_2OC(=O)—C(=O)OCH_2CH_3$

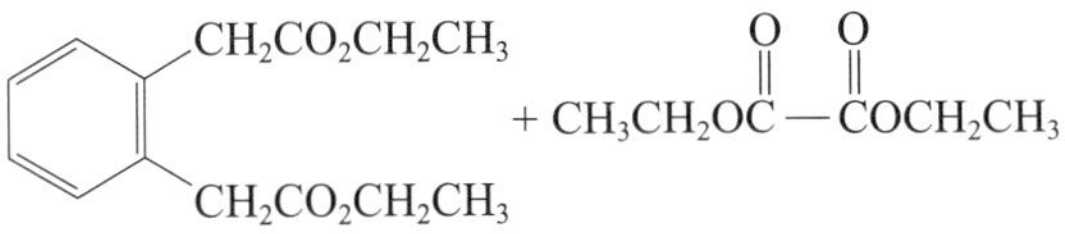

29. 在下列混合 Claisen 缩合反应中，当一种原料过量存在时，反应进行得最好。两种原料中哪一种应该是过量的？为什么？如果两种反应物用量差不多，会有哪些副反应竞争？

$$CH_3CH_2C(=O)OCH_3 + (CH_3)_2CHC(=O)OCH_3 \xrightarrow{NaOCH_3,\ CH_3OH} (CH_3)_2CHC(=O)CH(CH_3)C(=O)OCH_3$$

30. 提出用 Claisen 或 Dieckmann 缩合反应合成下列每个 β-二羰基化合物的路线。

(a) 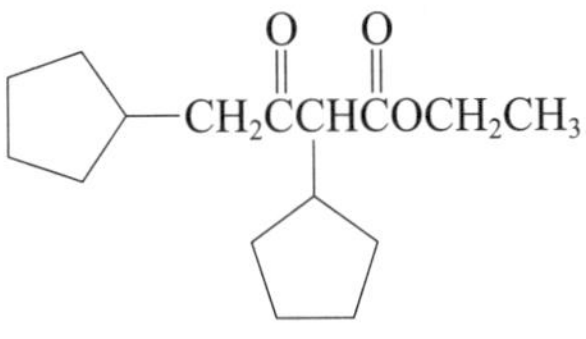 环戊基$-CH_2C(=O)CH(环戊基)C(=O)OCH_2CH_3$

(b) $C_6H_5C(=O)CH(C_6H_5)C(=O)OCH_2CH_3$

(c) 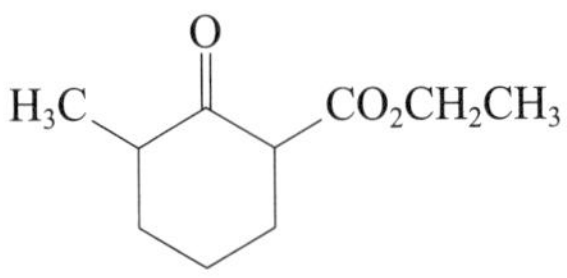 2-甲基-6-($CO_2CH_2CH_3$)环己酮（H_3C、$CO_2CH_2CH_3$）

(d) $HC(=O)C(=O)CH_2C(=O)OCH_2CH_3$

(e) $C_6H_5C(=O)CH_2C(=O)C_6H_5$

(f) $CH_3CH_2OC(=O)CH_2C(=O)OCH_2CH_3$

(g) 环丙基$-C(=O)CH_2C(=O)CH_3$

31. 由简单的 Claisen 缩合反应容易制备下面所示的丙二醛吗？为什么能或为什么不能？

$HC(=O)CH_2C(=O)H$

丙二醛

32. 用乙酰乙酸酯合成法制备下列酮。

(a) 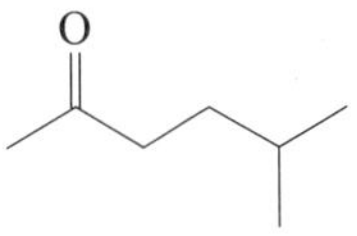 5-甲基-2-己酮（键线式）　(b) 环丁基甲基酮（键线式）

(c) 3-苄基-5-己烯-2-酮（键线式）　(d) 3-乙基-4-氧代戊酸乙酯（键线式，OCH_2CH_3）

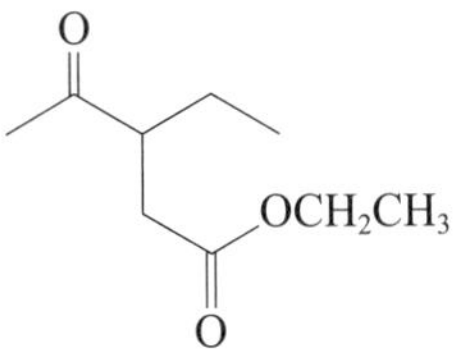

33. 用丙二酸酯合成法制备下列四种化合物。

(a) 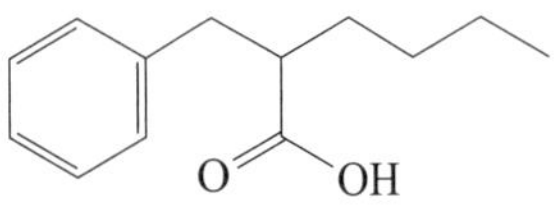 2-苄基己酸（键线式，OH）

(b) 2,4-二甲基戊酸（键线式，OH）　(c) 丁二酸（键线式，HO、OH）

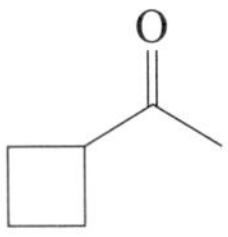

(d) 茚满-2-羧酸（COOH）

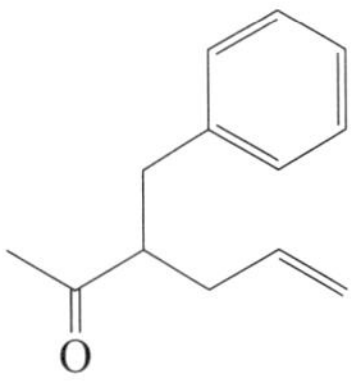

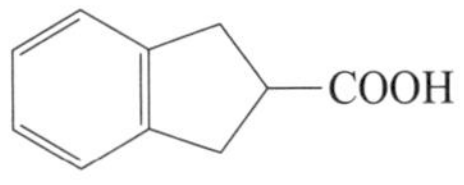

34. 用 23-3 节所述方法以及其他所需反应合成下列化合物。每一种方法的原料都要包含一个醛或酮和一个 β-二羰基化合物。

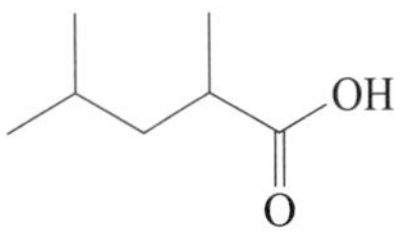

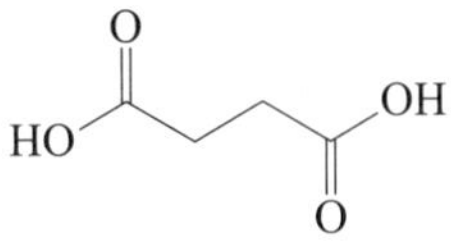

(a) 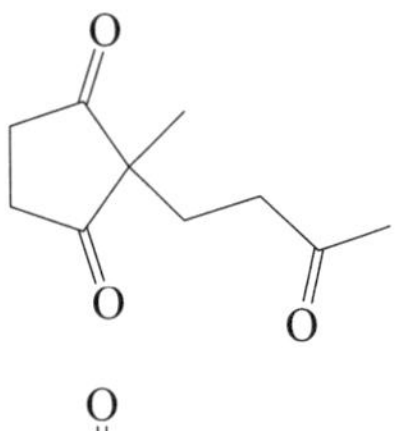 2-甲基-2-(3-氧代丁基)环戊烷-1,3-二酮（键线式）

(b) 3-[$CH(CO_2CH_2CH_3)_2$]环庚酮

(c) 3-(2-氧代丙基)环戊酮（键线式）　(d) 2-($CH_2CH_2CO_2H$)环己酮

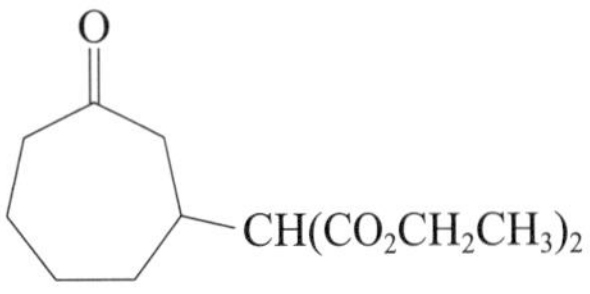

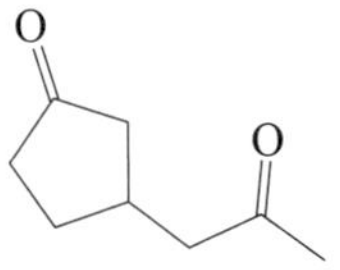

[**提示**: 对(c)和(d)部分需要脱羧]

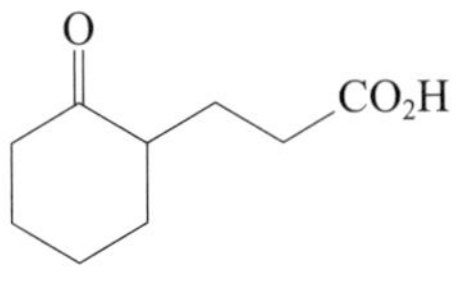

35. 挑战题 碳酸，H_2CO_3，(HO–C(=O)–OH)，通常认为它是一种不稳定的化合物，容易分解成一分子水和一分子二氧化碳：$H_2CO_3 \longrightarrow H_2O + CO_2\uparrow$。确实，我们在打开任何一种碳酸饮料时的亲身体验都支持这一显而易见的想法。但是，在2000年发现这种假设不是完全正确的：碳酸实际上是非常稳定的，在完全无水条件下也是可分离的。它的分解是一种脱羧反应，水有强烈催化作用。不使用专门的技术要完全排除水分是非常困难的，这也说明了为什么难以得到纯碳酸。根据23-2节所讨论的3-酮酸脱羧机理，提出水分子在催化碳酸的脱羧化时所起的作用。(**提示：**试把一个水分子和一个碳酸分子写成由氢键稳定的六元环，然后看脱羧时是否有芳香过渡态存在。)

> 碳酸的酸性有多强?通常引用的pK_a值大约是6.4。这有误导性，因为它指的是二氧化碳水溶液和碳酸的混合物的平衡酸度，它含的主要都是二氧化碳分子。碳酸的真正酸度要大得多，正如2009年的一项研究所证实的，碳酸的pK_a值是3.5，接近甲酸(3.6)。

36. 根据对习题35的回答，预测水是否会催化下列化合物的脱羧。假如水能催化，给出过渡态和最终产物。

(**a**) RO–C(=O)–OH （碳酸单酯）

(**b**) RO–C(=O)–OR （碳酸二酯）

(**c**) H_2N–C(=O)–OH （氨基甲酸）

(**d**) H_2N–C(=O)–OR （氨基甲酸酯）

37. 详细写出在乙氧基负离子存在下丙二酸酯对3-丁烯-2-酮的Michael加成机理。指出所有可逆的步骤。反应整体是放热的还是吸热的？说明为什么只需要催化量的碱。

38. 写出下面每个反应可能的产物，所有的反应都是在Pd催化剂、金属配体（例如膦）和加热的条件下进行的。(**提示：**参见22-4节有关卤代苯和亲核试剂的Pd催化反应。)

(**a**) C_6H_5Br + $^{-}:CH(CO_2CH_2CH_3)_2$

(**b**) O_2N–C_6H_4–Cl + 5,5-二甲基-1,3-环己二酮碳负离子

39. 根据卤代苯和氢氧离子（22-4节）的Pd催化反应机理写出习题38(a) Pd催化反应的合理机理。

40. 应用本章讲述的方法，设计多步反应合成下列每个分子，利用所提供的砌块作为产物中所有碳原子的来源。

(**a**) 3-甲基-2-环己烯酮，从 $CH_3CO_2CH_2CH_3$ 和 $CH_3\overset{O}{\overset{\|}{C}}CH{=}CH_2$。

(**b**) 双环烯二酮，从 CH_3I, $CH_2(CO_2CH_2CH_3)_2$ 和 $CH_3\overset{O}{\overset{\|}{C}}CH{=}CH_2$。(**提示:** 先合成 1,3-环己二酮。)

(**c**) 双环烯二酮（五元环），从 CH_3I, $CH_2(CO_2CH_2CH_3)_2$ 和 $BrCH_2\overset{O}{\overset{\|}{C}}CH_3$。(**提示:** 先合成 1,3-环戊二酮。)

41. 写出下列醛在催化量 *N*-十二烷基噻唑溴化物作用下的产物。(**a**) $(CH_3)_2CHCHO$；(**b**) C_6H_5CHO；(**c**) 环己基甲醛；(**d**) $C_6H_5CH_2CHO$。

42. 写出下列反应的产物。

(**a**) $C_6H_5CHO + HS(CH_2)_3SH \xrightarrow{BF_3}$

(**b**) (a)的产物 $+ CH_3CH_2CH_2CH_2Li \xrightarrow{THF}$

(b)中形成的产物和习题41中的醛反应，随后在 $HgCl_2$ 存在下水解，结果生成什么？

43. (a) 基于下列数据，确定在搅拌之前的新鲜奶油中发现的未知物A和具有黄油所特有的黄色和黄油味的化合物B。

A：MS：m/z（相对丰度）$= 88(M^+$，弱)，45(100)，43(80)。

^1H NMR：δ 1.36(d，$J = 7Hz$，3H)，

2.18(s,3H),3.73(br s,1H), 4.22(q, $J=7$Hz,1H)。

^{13}C NMR：δ 119.5，24.9,73.2，211.1。

IR：$\tilde{\nu}=1718\ cm^{-1}$ 和 $3430\ cm^{-1}$。

B:MS:m/z(相对丰度)=86(17),43(100)。

^{1}H NMR：δ 2.29 (s)。

^{13}C NMR：δ 23.3，197.1。

IR：$\tilde{\nu}=1708\ cm^{-1}$。

(b) 化合物 A 转化成化合物 B 是什么类型的反应？这个反应是否一定发生在新鲜奶油做成黄油的搅拌过程？解释原因。

(c) 只用含两个碳的化合物为原料，列出化合物 A 和 B 的实验室合成方法。

(d) 化合物 A 的 UV 光谱是在 271 nm 有最大吸收，而化合物 B 的最大吸收是在 290 nm。[后者的吸收向可见区（14-11 节）红移，这是化合物 B 呈现黄色的原因。] 请解释最大吸收的差异。

44. 用化学方程式说明碱（如乙氧基负离子）和羰基化合物（如乙醛）之间可能发生的所有主要反应步骤。说明为什么在这个体系里羰基碳不发生明显的去质子化。

45. 诺卡酮（Nootkatone）是双环酮，是葡萄柚的风味和香气[除 2-(4-甲基-3-环己烯)-2-丙硫醇外，参见 9-11 节]的主要原因。诺卡酮也是一种针对蜱虫、蚊子和白蚁的环境友好型驱虫剂。请在下面制备异诺卡酮的部分合成步骤中填入空缺的试剂，每一个转化可能需要不止一步合成。

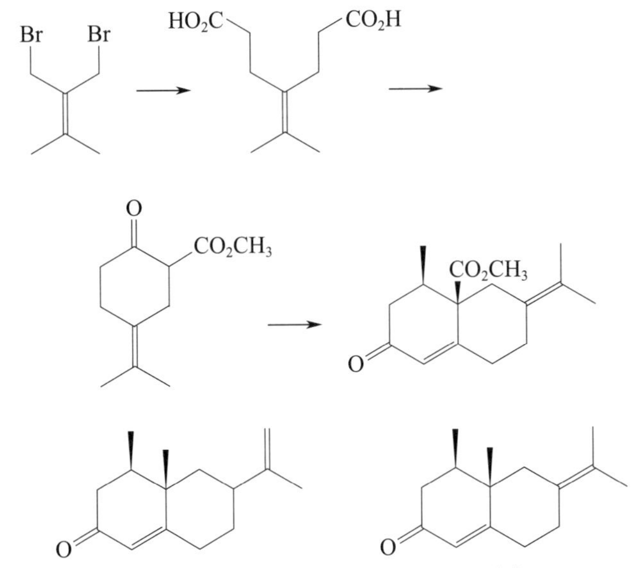

Br　Br　→　HO_2C　CO_2H　→

O　CO_2CH_3　→　CO_2CH_3　O

诺卡酮　　异诺卡酮

46. β-二羰基化合物和自身不发生羟醛反应的醛、酮缩合，产物是 α,β-不饱和二羰基衍生物，这个过程称为 Knoevenagel 缩合。

(a) 写出下面 Knoevenagel 缩合的机理。

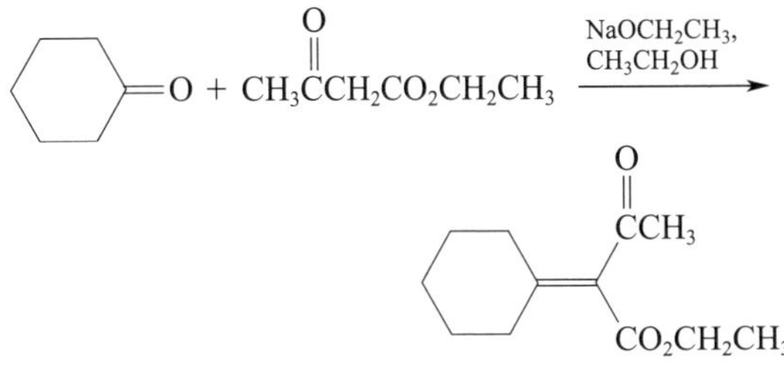

$$\text{环己酮}=O + CH_3\overset{O}{\overset{\|}{C}}CH_2CO_2CH_2CH_3 \xrightarrow[CH_3CH_2OH]{NaOCH_2CH_3,}$$

O ‖ CCH_3；$CO_2CH_2CH_3$

(b) 写出下面 Knoevenagel 缩合的产物。

$$C_6H_5CHO + CH_2(CO_2CH_2CH_3)_2 \xrightarrow[CH_3CH_2OH]{NaOCH_2CH_3,}$$

(c) 下面所示的二酯是异诺卡酮合成中使用的二溴化物的原料（习题 45）。用 Knoevenagel 缩合制备这个二酯，依次写出把它转变成习题 45 中的二溴化物的反应。

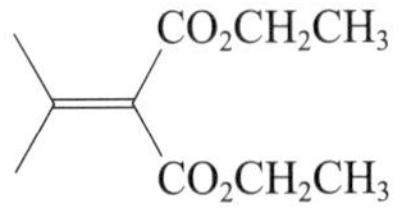

$CO_2CH_2CH_3$；$CO_2CH_2CH_3$

47. 下列酮不能用乙酰乙酸酯合成法来合成（为什么?）但可用其改良方法来制备。改良方法是用 Claisen 缩合制备合适的 3-酮酸酯 $R\overset{O}{\overset{\|}{C}}CH_2\overset{O}{\overset{\|}{C}}OCH_2CH_3$，所含 R 基团将出现在最终产物中。合成下列酮，并且指出必要的 3-酮酸酯结构和合成方法。

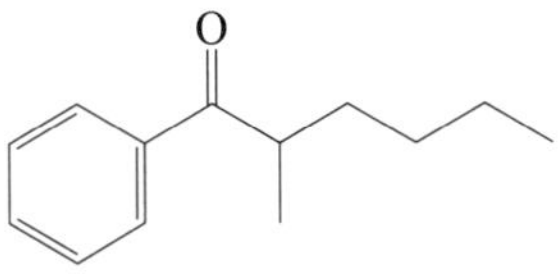

(a)　O　(b)　O

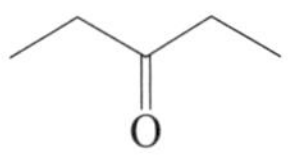

(c)　O　(提示：用 Dieckmann 缩合。)　(d)　$C_6H_5CH_2$　O　O　$C_6H_5CH_2$　(提示：用两次 Claisen缩合。)

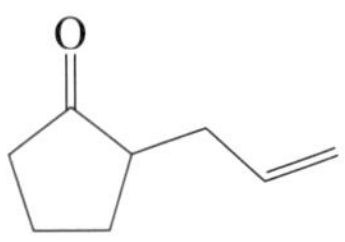

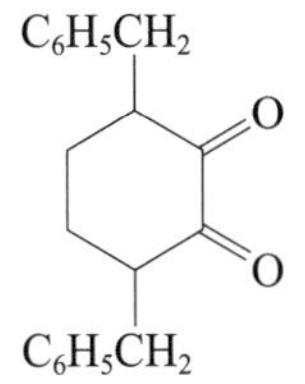

48. 一些最重要的合成砌块都是很简单的分子，虽然环戊酮和环己酮可以很容易购得，但了解一下怎样用简单分子来制备它们也是有益的。下面是这两个酮的逆合成分析（8-8 节）。以它们为指南，写出从指定的原料到每个酮的合成。

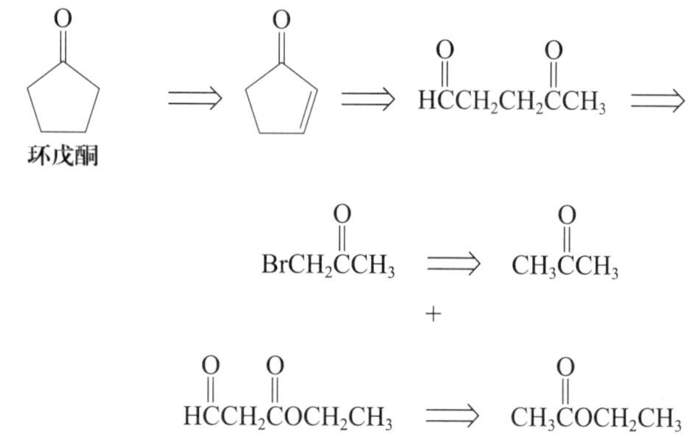

环戊酮 $\Longrightarrow$ $\Longrightarrow$ $HCCH_2CH_2CCH_3$ (O, O) $\Longrightarrow$

$BrCH_2CCH_3$ (O) $\Longrightarrow$ CH_3CCH_3 (O)

+

$HCCH_2COCH_2CH_3$ (O, O) $\Longrightarrow$ $CH_3COCH_2CH_3$ (O)

环己酮 $\Longrightarrow$ $\Longrightarrow$ $HCCH_2CH_2CH_2CCH_3$ (O, O) $\Longrightarrow$

$CH_2{=}CHCCH_3$ (O) $\Longrightarrow$ CH_3CCH_3 (O)

+

$HCCH_2COCH_2CH_3$ (O, O) $\Longrightarrow$ $CH_3COCH_2CH_3$ (O)

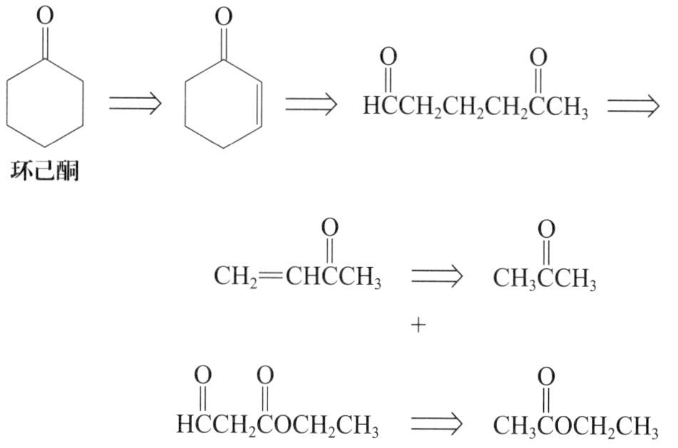

49. 下面所示的是简短构筑甾族化合物骨架的一个方法（激素雌甾酮全合成的一部分），用分子式表示每步反应的机理。（**提示**：类似于第二步的过程参见第18章习题46）。

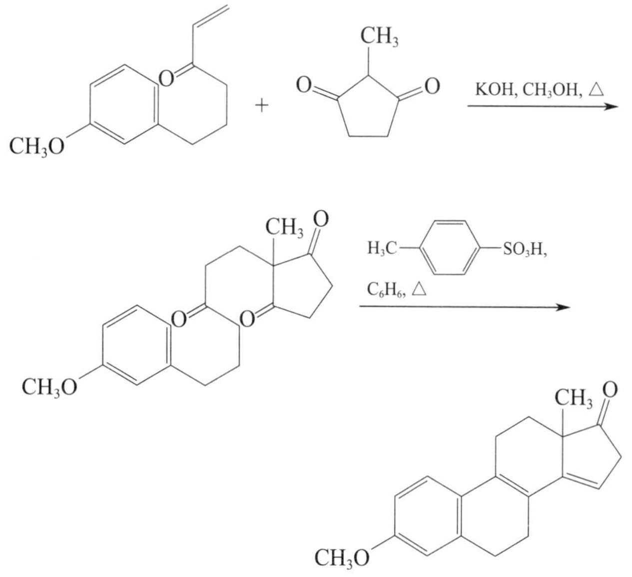

CH_3O ... + ... CH_3 ... $\xrightarrow{KOH,\ CH_3OH,\ \triangle}$

CH_3O ... CH_3 ... $\xrightarrow[C_6H_6,\ \triangle]{H_3C-C_6H_4-SO_3H,}$

CH_3O ... CH_3 ...

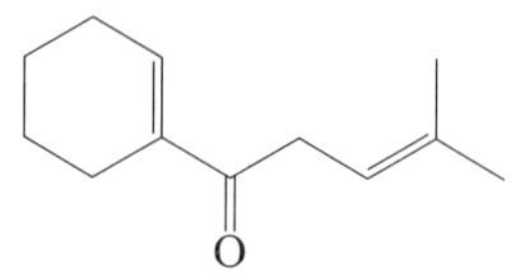

50. 挑战题 应用23-4节所描述的方法（也就是极性反转），提出合成下列每个分子的简单方法。

(a) 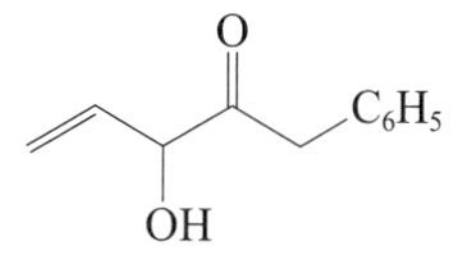 ... C_6H_5 ... OH

(b)

(c) OH ... O ... H

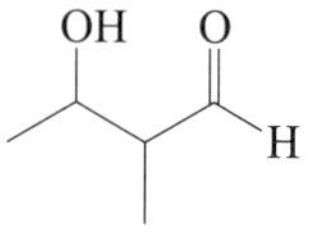

51. 挑战题 提出酮C的合成方法，它是一些抗肿瘤药物的核心部分。可用醛A、内酯B和其他需要的任何材料来合成。

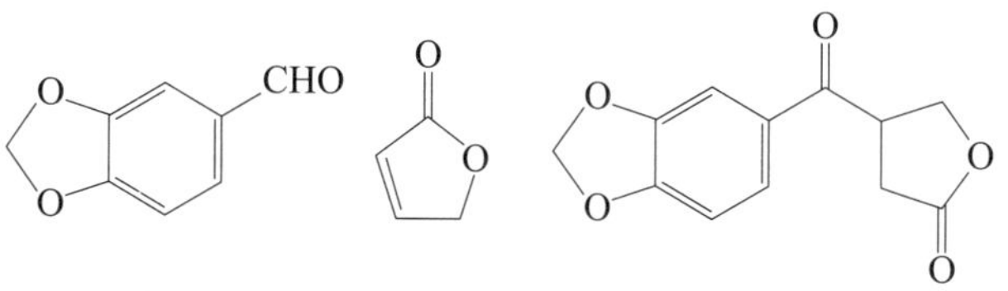

A（CHO） B C

团队练习

52. 把团队分成两组，每组用机理分析下列其中一个反应系列（^{13}C＝碳-13同位素）。

(a) 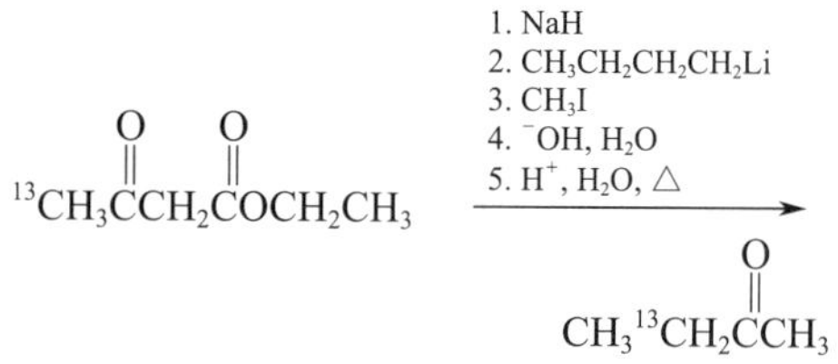 $^{13}CH_3CCH_2COCH_2CH_3$ (O, O) $\xrightarrow{1.\ NaH;\ 2.\ CH_3CH_2CH_2CH_2Li;\ 3.\ CH_3I;\ 4.\ ^-OH,\ H_2O;\ 5.\ H^+,\ H_2O,\ \triangle}$ $CH_3{}^{13}CH_2CCH_3$ (O)

(b) $CH_3CCH_2COCH_2CH_3$ (O, O) $\xrightarrow{1.\ CH_3CH_2O^-,\ CH_3CH_2OH;\ 2.\ (CH_3)_3CCl;\ 3.\ ^-OH,\ H_2O;\ 4.\ H^+,\ H_2O,\ \triangle}$ CH_3CCH_3 (O) + $H_2C{=}C(CH_3)_2$

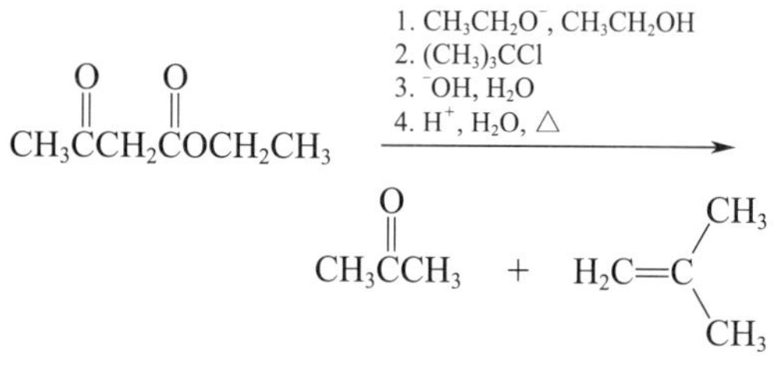

再集体讨论结果，说明（a）产物中^{13}C标记的位置和（b）中未能烷基化的原因。

作为一个团体，同样也要讨论下列转化的机理。（**提示**：第一步至少需要3倍量的KNH_2）。

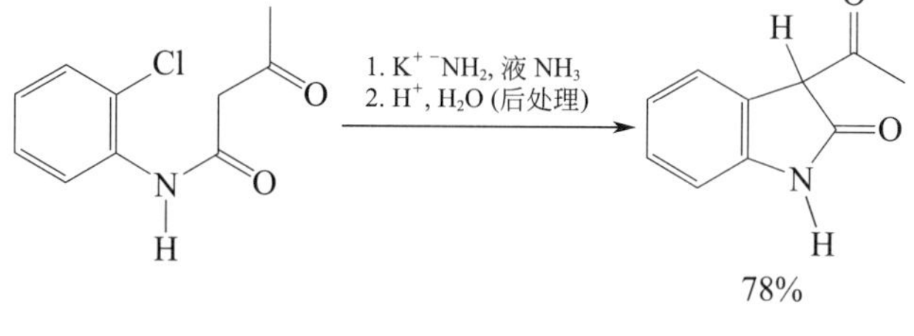

Cl ... O ... N H ... O $\xrightarrow{1.\ K^+\ ^-NH_2,\ 液\ NH_3;\ 2.\ H^+,\ H_2O\ (后处理)}$ O ... O ... N H

78%

预科练习

53. 下面四个化合物中有两个酸性比甲醇更强（也就是K_a比甲醇的大），是哪两个？

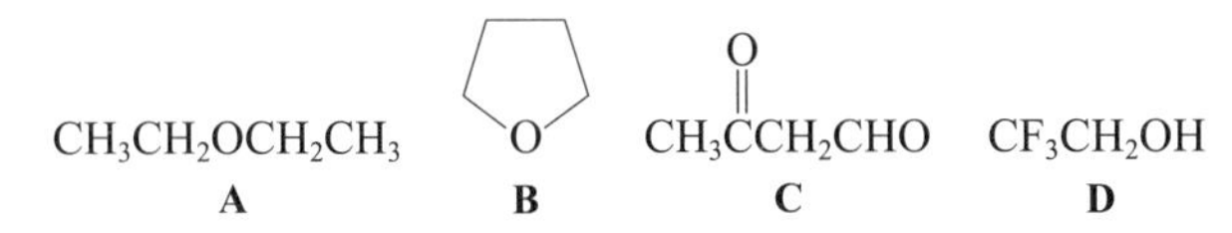

（a）A和B；（b）B和C；（c）C和D；
（d）D和A；（e）D和B。

54. 丁酸乙酯和乙醇钠在乙醇中反应得到以下哪种物质？

（a）$CH_3CH_2CH_2CH(OH)CH(CH_2CH_3)CO_2CH_2CH_3$

（b）$CH_3CH_2CH_2C(=O)CH(CH_2CH_3)CO_2CH_2CH_3$

（c）$CH_3CH_2C(=O)CH_2CH_2CO_2CH_2CH_3$

（d）$CH_3CH_2CH_2CH(OH)CH_2CO_2CH_2CH_3$

55. 当把酸A加热到230℃时，能逸出二氧化碳和水并形成新的化合物，是哪一个？

$HO_2C(CH_2)_2CH(CO_2H)_2$

A

（a）$HO_2CCH_2CH{=}C(CO_2H)_2$ （b）$HO_2CCH_2CH_2CH_2CH_3$

（c）（环状酸酐，五元环） （d）$CH_3CH_2CH(CO_2H)_2$ （e）（环状酸酐，六元环）

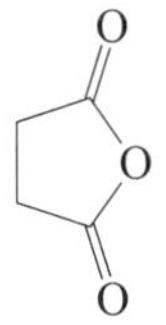

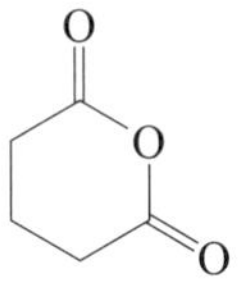

56. 一个化合物，熔点为－22 ℃，质谱在 m/z＝113有一个基峰，^{1}H NMR谱显示 δ＝1.2(t, 3H), 3.5(s, 2H)和4.2(q, 2H)。IR谱显示重要的谱带在 $\tilde{\nu}$＝3000, 2250, 1750 cm^{-1}。它的结构是哪一个？

（a） （b） （c） 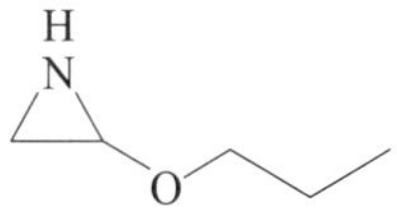 （d） （e）

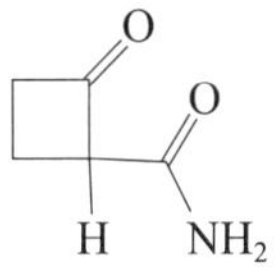

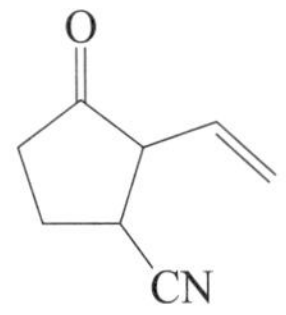

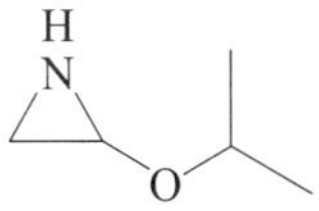

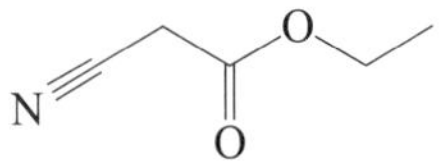

习题解答

27. 首先确定在杂原子（例如氧）上含有氢的任何官能团并给出它的一个合理的 pK_a 值（查阅一下）：（**b**）CH_3CO_2**H**，4.8（表19-3）；（**c**）CH_3O**H**，15.5（表8-2）。**你应该尽早地记住：简单的羧酸一般的** pK_a **值为** 4～5，**醇的** pK_a **值为** 16～18。

下一步，查看所有的化合物，酸性最强的氢是连到羰基的α-碳上的氢。特别是要识别两边有多个羰基的那些氢，它们的酸性更强，估计它们的 pK_a 值（或再查一下表23-1）。一定要区分含羰基官能团类型的化合物（醛、酮、酯等）之间差别，因为它们使α-氢呈酸性的程度不同，醛最强，酮次之，酯最小。

两个羰基之间有α-氢：

（**a**） 两个酮羰基之间；估计 pK_a＝9

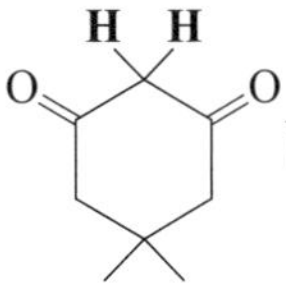

（**d**） 酮和酯之间；估计 pK_a＝11

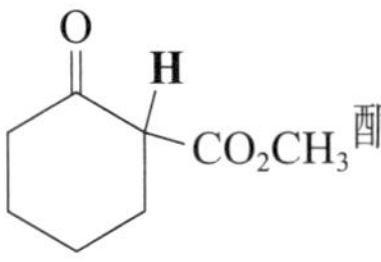

（**g**）CH_3O_2CC**H_2**CO_2CH_3 两个酯的羰基之间；估计 pK_a＝13

α-氢只邻接一个羰基：

（**e**）**CH_3**CHO 醛；估计 pK_a＝17

(f) 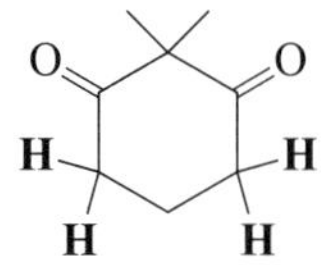 酮；估计 $pK_a=20$

化合物（h）没有 α-氢，在它的甲基上的氢没有明显的酸性，所以排在最后。这样，这些化合物酸性的最终顺序为：(**b**)>(**a**)>(**d**)>(**g**)>(**c**)>(**e**)>(**f**)>(**h**)。

28. Claisen 缩合：(a)，(b)，(c) 涉及两个相同分子之间的缩合反应；(d)，(e) 是分子内缩合反应的例子；(f)，(g)，(h)，(i) 是混合型的缩合反应。在一个酯的羰基碳和另一个酯的 α-碳之间构建新的碳-碳键（粗的黑线）。

(**a**) 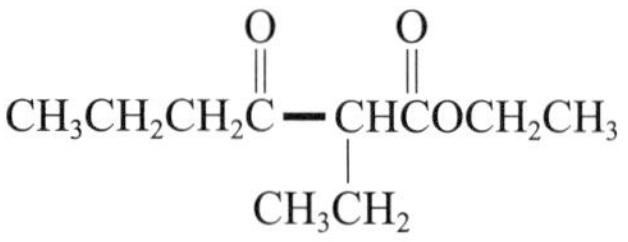

(**b**) 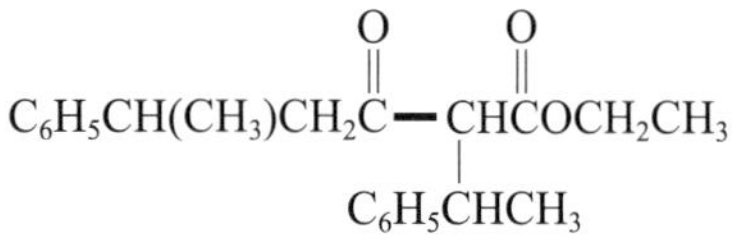

(**c**) 因为分子中的 α-碳只有一个氢，不利于平衡向产物方向移动。Claisen 缩合产物是不稳定的，因为它缺少一个能被碱除去的酸性氢，所以没有观察到反应在进行。

(**d**) 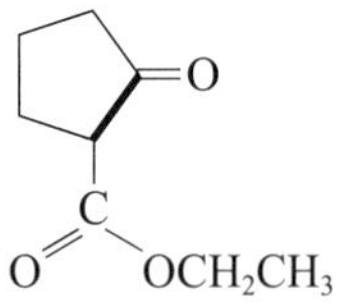

(**e**) 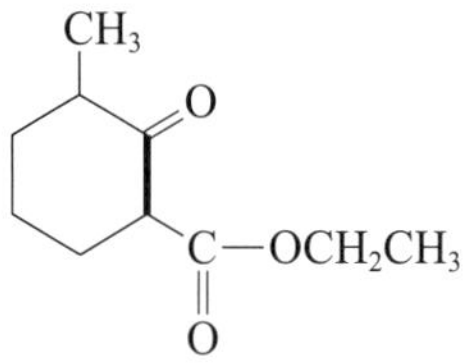

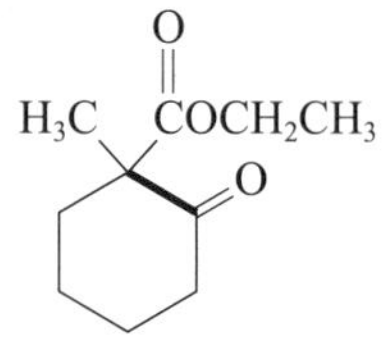

这个可能的产物是不稳定的(两个C＝O基之间缺少一个酸性氢)，因此无法被分离。

(**f**) 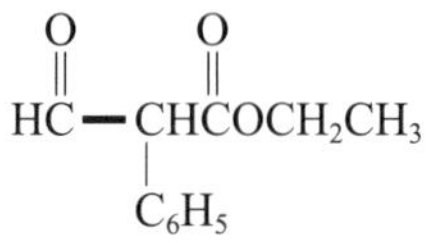

(**g**) 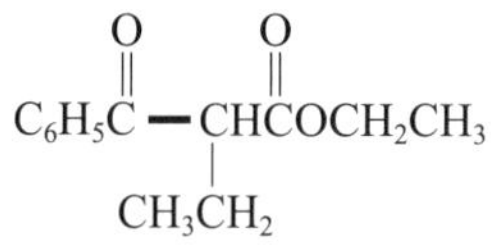

(**h**) 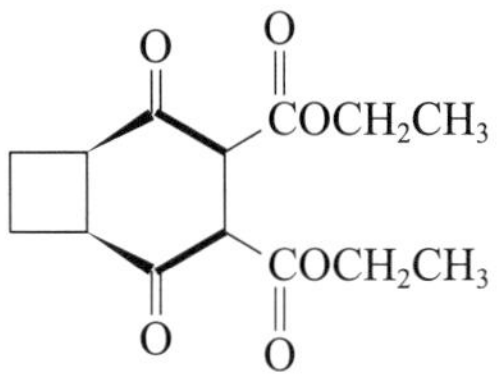

(**i**) 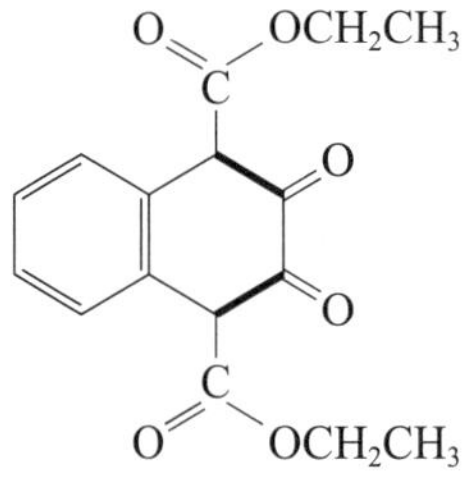

29. 第二个酯 $(CH_3)_2CHC(=O)OCH_3$ 一定要过量存在，因为（1）它自身不会发生 Claisen 缩合形成稳定的产物，（2）它能够更有利地与来自第一个酯的烯醇离子反应。可能的副反应（第一个酯自身缩合）如下：

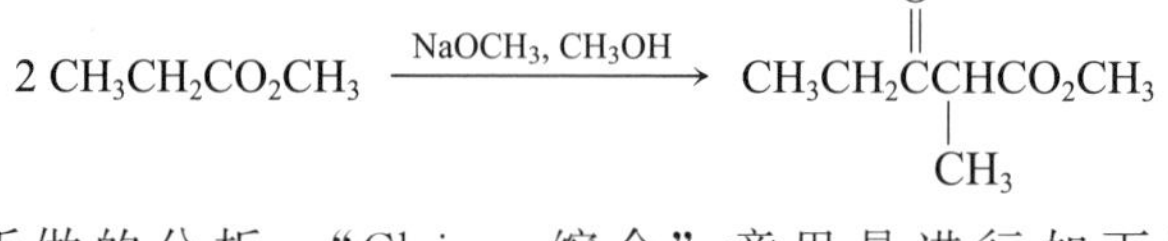

30. 如你在习题 **28** 所做的分析，"Claisen 缩合"意思是进行如下反应：（1）$NaOCH_2CH_3$，CH_3CH_2OH，（2）H^+，H_2O。

(**a**) 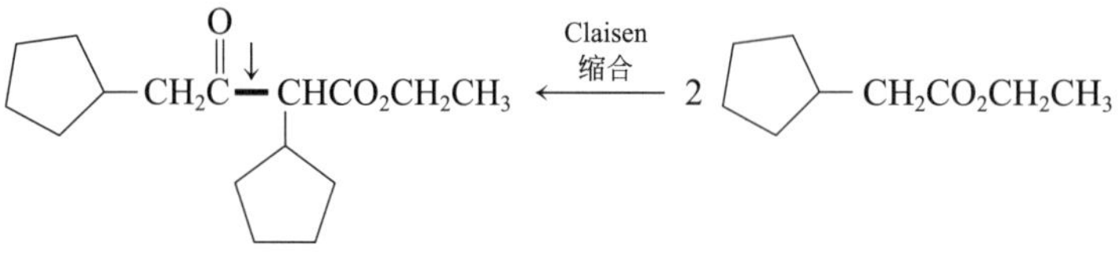

(b) $C_6H_5\overset{O}{\overset{\|}{C}}{-}\underset{C_6H_5}{\underset{|}{CH}}CO_2CH_2CH_3 \xleftarrow[\text{缩合}]{\text{Claisen}} C_6H_5CO_2CH_2CH_3 + C_6H_5CH_2CO_2CH_2CH_3$

(c) 2-甲基-6-乙氧羰基环己酮 $\xleftarrow[\text{缩合}]{\text{Claisen}}$ $H_3C{-}CH(CO_2CH_2CH_3)CH_2CH_2CH_2CH_2CO_2CH_2CH_3$ [习题 28(e)!]

(d) $H\overset{O}{\overset{\|}{C}}\overset{O}{\overset{\|}{C}}{-}CH_2CO_2CH_2CH_3 \xleftarrow[\text{缩合}]{\text{Claisen}} H\overset{O}{\overset{\|}{C}}CO_2CH_2CH_3 + CH_3CO_2CH_2CH_3$

(e) $C_6H_5\overset{O}{\overset{\|}{C}}{-}CH_2\overset{O}{\overset{\|}{C}}C_6H_5 \xleftarrow[\text{缩合}]{\text{Claisen}} C_6H_5CO_2CH_2CH_3 + CH_3\overset{O}{\overset{\|}{C}}C_6H_5$

(酯+酮)

(f) $CH_3CH_2O\overset{O}{\overset{\|}{C}}{-}CH_2\overset{O}{\overset{\|}{C}}OCH_2CH_3 \xleftarrow[\text{缩合}]{\text{Claisen}} CH_3CH_2O\overset{O}{\overset{\|}{C}}OCH_2CH_3 + CH_3CO_2CH_2CH_3$

(碳酸酯+酯)

(g) $\text{环丙基}{-}\overset{O}{\overset{\|}{C}}{-}CH_2\overset{O}{\overset{\|}{C}}CH_3 \xleftarrow[\text{缩合}]{\text{Claisen}} \text{环丙基}{-}CO_2CH_2CH_3 + CH_3\overset{O}{\overset{\|}{C}}CH_3$

(酯+酮)

31. $H\overset{O}{\overset{\|}{C}}{-}CH_2\overset{O}{\overset{\|}{C}}H \Longrightarrow HCO_2CH_2CH_3 + CH_3\overset{O}{\overset{\|}{C}}H$?

这个反应不太可能发生反应，因为两分子醛的羟醛缩合是主要的竞争过程。

32. 逆合成分析：$CH_3\overset{O}{\overset{\|}{C}}\underset{R'}{\underset{|}{C}}H{-}R \Longrightarrow CH_3\overset{O}{\overset{\|}{C}}{-}\underset{R'}{\underset{|}{\overset{R}{\overset{|}{C}}}}{-}CO_2CH_2CH_3 \Longrightarrow CH_3\overset{O}{\overset{\|}{C}}CH_2CO_2CH_2CH_3$

每个合成的原料

假设我们以乙酯为原料，那么这个习题和下一个习题中每个反应使用的溶剂都必须是乙醇。

(**a**) $R=-CH_2CH(CH_3)_2$，$R'=H$。则反应条件依次为 1. $NaOCH_2CH_3$，2. $(CH_3)_2CHCH_2Br$，3. NaOH，H_2O，4. H^+，H_2O，△；(**b**) $R=R'=-CH_2CH_2CH_2-$。则反应条件依次为 1. $2NaOCH_2CH_3$，2. $BrCH_2CH_2CH_2Br$，3. NaOH，H_2O，4. H^+，H_2O，△；(**c**) $R=-CH_2C_6H_5$，$R'=-CH_2CH=CH_2$。则反应条件依次为 1. $NaOCH_2CH_3$，2. $C_6H_5CH_2Br$，3. $NaOCH_2CH_3$，4. $H_2C=CHCH_2Br$，5. NaOH，H_2O，6. H^+，H_2O，△；(**d**) $R=-CH_2CH_3$，$R'=-CH_2CO_2CH_2CH_3$。则反应条件依次为 1. $NaOCH_2CH_3$，2. $BrCH_2CO_2CH_2CH_3$，3. $NaOCH_2CH_3$，4. CH_3CH_2Br，5. NaOH，H_2O，6. H^+，H_2O，△（脱羧只发生在酮的α-碳的羧基上），7. CH_3CH_2OH，H^+（将其他羧基又转变回乙基酯）。

33. 通式

$$\underset{R'}{\overset{R}{>}}CH{-}COOH \Longrightarrow \underset{R'}{\overset{R}{>}}C\underset{CO_2CH_2CH_3}{\overset{CO_2CH_2CH_3}{<}} \Longrightarrow H_2C\underset{CO_2CH_2CH_3}{\overset{CO_2CH_2CH_3}{<}}$$

每个合成的原料

(**a**) 1. $NaOCH_2CH_3$，2. $CH_3CH_2CH_2CH_2I$，3. $NaOCH_2CH_3$，4. $C_6H_5CH_2Br$（完成必要的烷基化），5. NaOH，H_2O(水解酯)，6. H^+，H_2O，△(脱羧)；(**b**) 1. $NaOCH_2CH_3$，2. $(CH_3)_2CHCH_2I$，3. $NaOCH_2CH_3$，4. CH_3I（完成烷基化），5. NaOH，H_2O，6. H^+，H_2O，△；(**c**) 1. $NaOCH_2CH_3$，2. $BrCH_2CO_2CH_2CH_3$ [烷基化，制成 $CH_3CH_2O_2CCH_2CH(CO_2CH_2CH_3)_2$]，3. NaOH，$H_2O$，4. H^+，H_2O，△；(**d**) 1. 2 $NaOCH_2CH_3$，2. 邻二(溴甲基)苯（$C_6H_4(CH_2Br)_2$），3. NaOH，H_2O，4. H^+，H_2O，△。

34. （a）2-甲基-1,3-环戊二酮 + $H_2C{=}CHCCH_3$（C=O） $\xrightarrow[\text{CH}_3\text{CH}_2\text{OH (Michael加成)}]{\text{Cat. NaOCH}_2\text{CH}_3}$ 产物

（b）2-环庚烯酮 + $CH_2(CO_2CH_2CH_3)_2$ $\xrightarrow[\text{CH}_3\text{CH}_2\text{OH}]{\text{Cat. NaOCH}_2\text{CH}_3}$ 产物

（c）2-环戊烯酮 + $CH_3\overset{O}{\overset{\|}{C}}CH_2CO_2CH_2CH_3$ $\xrightarrow[\text{CH}_3\text{CH}_2\text{OH (Michael加成)}]{\text{Cat. NaOCH}_2\text{CH}_3}$ 3-[CH(COCH$_3$)CO$_2$CH$_2$CH$_3$]环戊酮 $\xrightarrow[-\text{CO}_2]{\text{1. NaOH, H}_2\text{O}\ \ \text{2. H}^+\text{, H}_2\text{O, }\triangle}$ 产物

（d）2-(H)(CO$_2$CH$_2$CH$_3$)环己酮 + $H_2C{=}CHCO_2CH_2CH_3$ $\xrightarrow[-\text{CO}_2]{\text{1. Cat. NaOCH}_2\text{CH}_3\text{, CH}_3\text{CH}_2\text{OH}\ \ \text{2. NaOH, H}_2\text{O}\ \ \text{3. H}^+\text{, H}_2\text{O, }\triangle}$ 产物

35. 这是解答该问题的一个方法：

$HO{-}C(=O){-}OH$（水分子的 $\ddot{O}$ 进攻 O—H 的 H，另一 O—H 的 H 转移到水）$\longrightarrow$ $H{-}O{-}H$ + $O{=}C{=}O$ + $H{-}O{-}H$

36. （a）$R{-}O{-}C(=O){-}OH$ + $H_2\ddot{O}$ $\longrightarrow$ $R{-}O{-}H$ + $O{=}C{=}O$ + $H{-}O{-}H$

（c）$H_2N{-}C(=O){-}OH$ + $H_2\ddot{O}$ $\longrightarrow$ $H_2N{-}H$ + $O{=}C{=}O$ + $H{-}O{-}H$

（b），（d）反应不进行，因为反应需要一个 O—H 键（看上面机理）。

37. $(CH_3CH_2O_2C)_2CH{-}H$ $\xrightarrow[-\text{CH}_3\text{CH}_2\text{OH}]{^-:\ddot{O}CH_2CH_3}$ $(CH_3CH_2O_2C)_2\ddot{C}H^-$ + $H_2C{=}CH\overset{O}{\overset{\|}{C}}CH_3$ $\overset{*}{\rightleftharpoons}$

$(CH_3CH_2O_2C)_2CHCH_2\ddot{C}HCOCH_3$ + $H{-}CH(CO_2CH_2CH_3)_2$ $\longrightarrow$

$(CH_3CH_2O_2C)_2CHCH_2CH_2COCH_3$（产物） + $\ddot{C}H(CO_2CH_2CH_3)_2$（再生，继续反应）

用星号标记的一步是可逆的，事实上这是不利的平衡，因为产物（一个简单的酮烯醇负离子）是不太稳定的负离子，丙二酸酯负离子的稳定性是其两倍。但是，接下来的一步和过量的丙二酸酯反应生成一个新的丙二酸酯负离子促使平衡向产物移动。这一反应是碱催化过程，因为丙二酸酯负离子在最后一步再生。

38. 这些反应所形成的分子都具有亲核取代产物的特征。

（**a**）C_6H_5—$CH(CO_2CH_2CH_3)_2$ （**b**）O_2N—

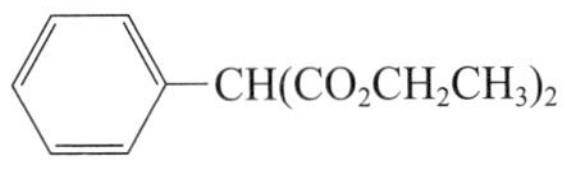

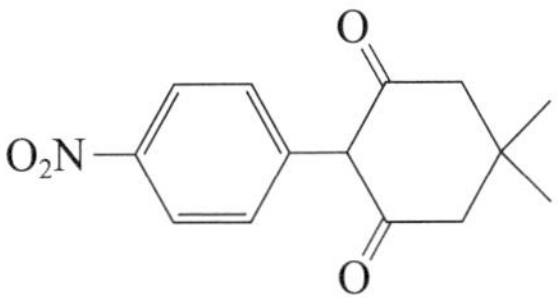

39. Br，Pd，$^-$:$CH(CO_2CH_2CH_3)_2$，$CH(CO_2CH_2CH_3)_2$，Pd，−Pd，$CH(CO_2CH_2CH_3)_2$

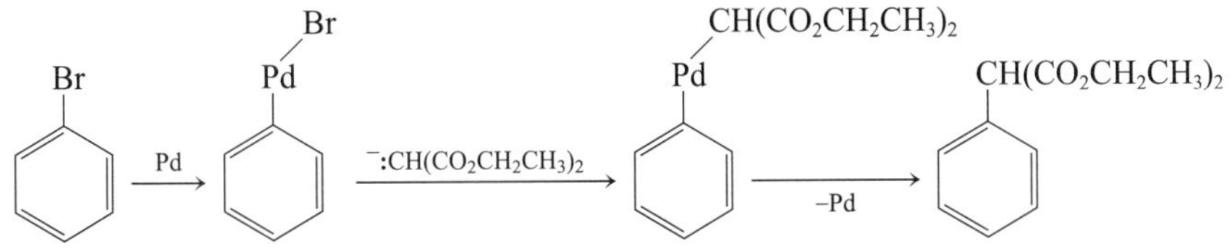

40. 逆合成分析，注意新形成的碳-碳键（箭头所指）。

（**a**）NaOH, H_2O, △ 羟醛缩合 CH_3 O CH_3 如何考虑乙酰乙酸酯的Michael加成？

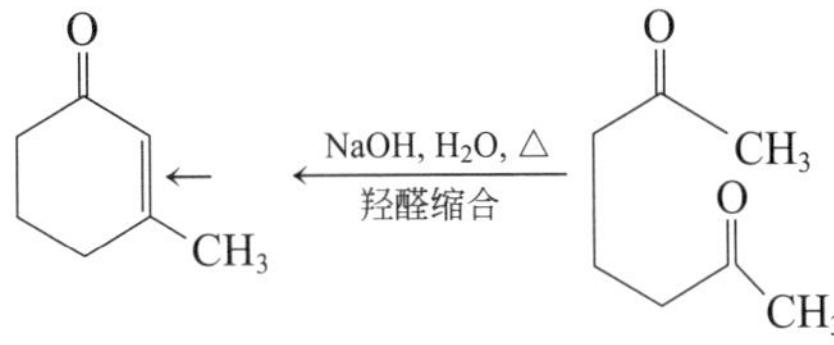

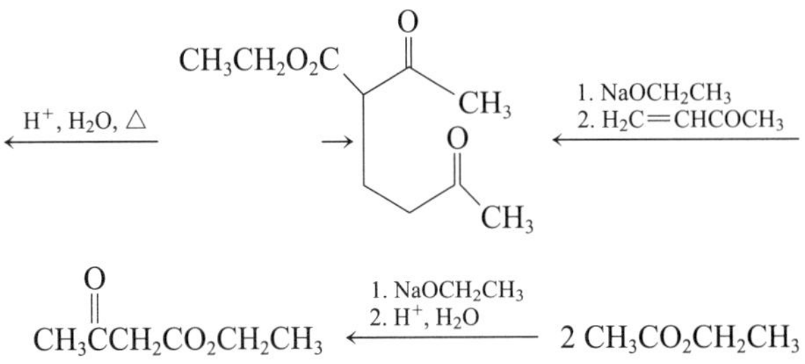

$CH_3CH_2O_2C$ O CH_3 O CH_3 H^+, H_2O, △ 1. $NaOCH_2CH_3$ 2. $H_2C{=}CHCOCH_3$

$CH_3\overset{O}{\overset{\|}{C}}CH_2CO_2CH_2CH_3$ ← 1. $NaOCH_2CH_3$ 2. H^+, H_2O — 2 $CH_3CO_2CH_2CH_3$

（**b**）NaOH, H_2O, △ 羟醛缩合 ← 1. NaOH 2. $H_2C{=}CHCOCH_3$ Michael加成

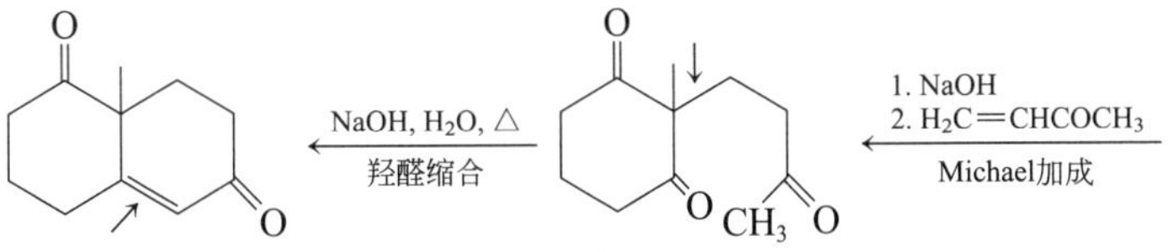

(Robinson成环反应)

O CH_3 O ← 1. NaOH 2. CH_3I 烷基化 ← 1. $NaOCH_2CH_3$ 2. H^+, H_2O Claisen缩合

$CO_2CH_2CH_3$ O CH_3 ← H^+, CH_3CH_2OH 再生酯 — COOH O CH_3 ← 1. NaOH, H_2O 2. H^+, H_2O, △ $-CO_2$

$CH_3CH_2O_2C$ $CO_2CH_2CH_3$ CH CH_2 CH_2 $\overset{O}{\overset{\|}{C}}$ CH_3 ← 1. $NaOCH_2CH_3$ 2. $H_2C{=}CHCOCH_3$ Michael加成 — $CH_2(CO_2CH_2CH_3)_2$

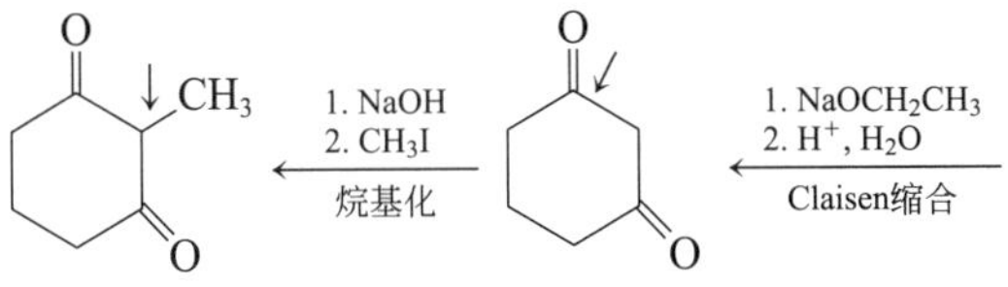

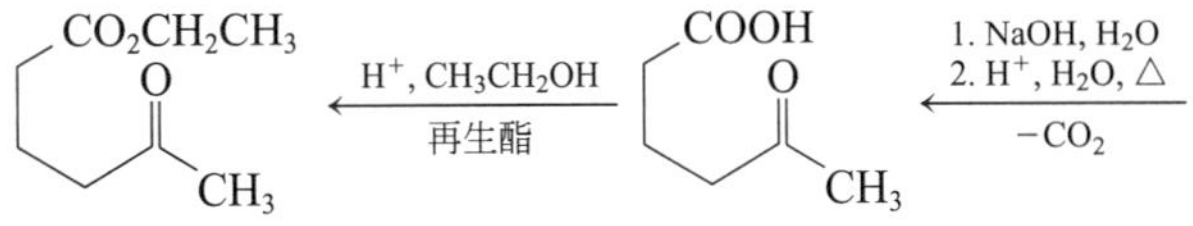

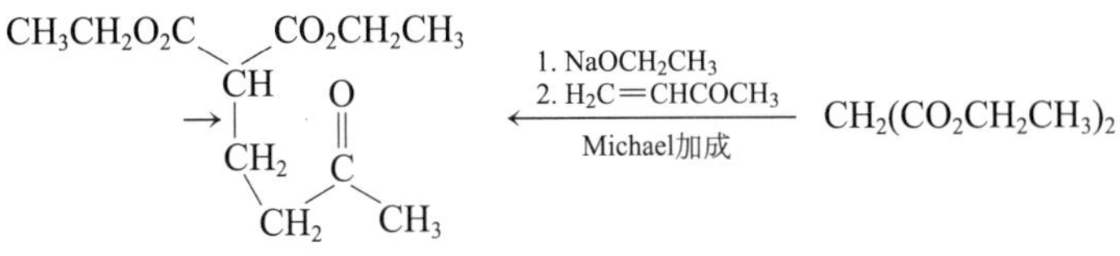

（**c**）与（b）相同的反应顺序，但用 $BrCH_2COCH_3$ 两次烷基化代替对 $H_2C{=}CHCOCH_3$ 的两次 Michael 加成。

41.（**a**）$(CH_3)_2CH—\overset{O}{\overset{\|}{C}}—\overset{OH}{\overset{|}{CH}}—CH(CH_3)_2$

（**b**）$C_6H_5—\overset{O}{\overset{\|}{C}}—\overset{OH}{\overset{|}{CH}}—C_6H_5$

(c) $C_6H_{11}—\overset{O}{\overset{\|}{C}}—\overset{OH}{\overset{|}{C}H}—C_6H_{11}$

(d) $C_6H_5CH_2—\overset{O}{\overset{\|}{C}}—\overset{OH}{\overset{|}{C}H}—CH_2C_6H_5$

42. (a) 2-C_6H_5-1,3-二噻烷（S, S; C_6H_5, H） (b) 2-C_6H_5-1,3-二噻烷碳负离子 $S\overset{..}{\underset{-}{C}}S\ Li^+$，$C_6H_5$

与习题 41 相同的顺序：

(a) $C_6H_5—\overset{O}{\overset{\|}{C}}—\overset{OH}{\overset{|}{C}H}—CH(CH_3)_2$

(b) $C_6H_5—\overset{O}{\overset{\|}{C}}—\overset{OH}{\overset{|}{C}H}—C_6H_5$（相同产物！）

(c) $C_6H_5—\overset{O}{\overset{\|}{C}}—\overset{OH}{\overset{|}{C}H}—C_6H_{11}$

(d) $C_6H_5—\overset{O}{\overset{\|}{C}}—\overset{OH}{\overset{|}{C}H}—CH_2C_6H_5$

43. (a) 未知物 A：IR 光谱数据显示分子中存在羰基和羟基（因为分子量是偶数，不可能是氨基）。

$$\text{H}^1\ \text{NMR: } \underset{1.4(d)}{H_3C}—\underset{4.2(q)}{CH}\langle \quad \underset{2.2(s)}{H_3C}—\overset{O}{\overset{\|}{C}}— \quad \underset{3.7}{—OH} \text{ 结构是 } CH_3\overset{OH}{\overset{|}{C}H}—\overset{O}{\overset{\|}{C}}—CH_3\ (C_4H_8O_2)$$

未知物 B：现在，分子量减少 2 个单位，所以分子式可能是 $C_4H_6O_2$。IR 光谱数据显示只有羰基信号。

^{1}H NMR 谱显示所有的 H 是等价的。MS 谱显示分子很容易断裂成两半，得到 m/z 43，即 C_2H_3O 碎片，最简单的解析为 $H_3C—\overset{O}{\overset{\|}{C}}—$，因此，分子为 $CH_3\overset{O}{\overset{\|}{C}}\overset{O}{\overset{\|}{C}}CH_3$

(b) 氧化，搅拌奶油使它与空气混合。这样，使空气与酮醇 A 反应生成二酮化合物 B。

(c) 你可以用催化剂量的 N-十二烷基噻唑盐（23-4 节）和乙醛反应来合成 A，氧化得到 B。

(d) 二酮是共轭的。

44. 羰基的加成：

$$CH_3\overset{O}{\overset{\|}{C}}H + CH_3CH_2\ddot{\underset{..}{O}}:^- \rightleftharpoons CH_3\overset{O^-}{\overset{|}{\underset{H}{\underset{|}{C}}}}—OCH_2CH_3$$

α-碳的去质子化：

$$H\overset{O}{\overset{\|}{C}}CH_2—H + CH_3CH_2\ddot{\underset{..}{O}}:^- \rightleftharpoons \underset{\text{烯醇化物}}{H\overset{O}{\overset{\|}{C}}\overset{-}{\ddot{C}}H_2} + HOCH_2CH_3$$

醛基碳去质子化生成一个比烯醇化物稳定性差得多的阴离子：$CH_3\overset{O}{\overset{\|}{C}}:^-$，它在 sp^2 轨道上有一电子对，不能被共振所稳定。上面所显示的两个过程是有利过程，而 $—\overset{O}{\overset{\|}{C}}H$ 的去质子化是根本没有竞争

力的。

45. 1. $Na^+\ ^-CH(CO_2CH_3)_2$ 2. NaOH, H_2O 3. H_2SO_4, H_2O, △; $-2\ CH_3OH$, $-2\ CO_2$; CH_3OH, H^+

1. $NaOCH_3$, CH_3OH 2. H^+, H_2O; $-CH_3OH$; 1. $NaOCH_3$ 2.

1. $NaOCH_3$, CH_3OH 2. H^+, H_2O; $-H_2O$

46. Knoevenagel 缩合是变异的羟醛缩合，用 β-二羰基化合物作为反应组分烯醇化合物的来源，它的反应机理与羟醛缩合相同：

(a) $CH_3\overset{O}{\overset{\|}{C}}CH_2CO_2CH_2CH_3$ $\xrightarrow{NaOCH_2CH_3}$ $CH_3\overset{O}{\overset{\|}{C}}\ddot{C}HCO_2CH_2CH_3$ ⟶ ⟶

(b) 如羟醛缩合一样，除去水组分（来自丙二酸酯碳中的两个氢原子和醛中的一个氧原子）并用碳-碳双键来替代它们：

$C_6H_5-CH{=}C(CO_2CH_2CH_3)_2$

(c) $(CH_3)_2C{=}O$ + $CH_2(CO_2CH_2CH_3)_2$ $\xrightarrow{NaOCH_2CH_3,\ CH_3CH_2OH}$ $(CH_3)_2C{=}C(CO_2CH_2CH_3)_2$ $\xrightarrow{1.\ LiAlH_4\ 2.\ H^+,\ H_2O}$ $(CH_3)_2C{=}C(CH_2OH)_2$ $\xrightarrow{PBr_3}$ $(CH_3)_2C{=}C(CH_2Br)_2$

47. 用乙酰乙酸酯合成法只对**甲基酮**的合成有好处：

$$\mathbf{CH_3\overset{O}{\overset{\|}{C}}}-CHRR' \text{ 来自 } \mathbf{CH_3\overset{O}{\overset{\|}{C}}}-CH_2CO_2CH_2CH_3$$

对于其他酮，必须用 Claisen 缩合来制备合适的 3-酮酸酯。

(a) $CH_3CH_2\overset{O}{\overset{\|}{C}}CH_2CH_3$ $\xleftarrow{1.\ NaOH,\ H_2O\ 2.\ H^+,\ H_2O,\ \triangle}$ $CH_3CH_2\overset{O}{\overset{\|}{C}}\underset{CH_3}{\underset{|}{C}}HCO_2CH_2CH_3$ $\xleftarrow[\text{(习题30)}]{\text{Claisen缩合}}$ $2CH_3CH_2CO_2CH_2CH_3$

（b）$C_6H_5COCH(CH_3)CH_2CH_2CH_2CH_3 \xleftarrow{1.\ NaOH, H_2O;\ 2.\ H^+, H_2O, \triangle} C_6H_5COC(CH_3)(CH_2CH_2CH_2CH_3)CO_2CH_2CH_3 \xleftarrow{1.\ NaOCH_2CH_3;\ 2.\ CH_3I}$

$C_6H_5COCH(CH_2CH_2CH_2CH_3)CO_2CH_2CH_3 \xleftarrow{混合\ Claisen缩合} C_6H_5CO_2CH_2CH_3 + CH_3(CH_2)_4CO_2CH_2CH_3$

（c）2-($CH_2CH=CH_2$)环戊酮 $\xleftarrow{1.\ NaOH, H_2O;\ 2.\ H^+, H_2O, \triangle}$ 2-($CO_2CH_2CH_3$)-2-($CH_2CH=CH_2$)环戊酮 $\xleftarrow{1.\ NaOCH_2CH_3;\ 2.\ BrCH_2CH=CH_2}$ 2-($CO_2CH_2CH_3$)环戊酮

$\xleftarrow{Dieckmann缩合} CH_3CH_2O_2C(CH_2)_4CO_2CH_2CH_3$

（d）3,6-二($CH_2C_6H_5$)-1,2-环己二酮 $\xleftarrow{1.\ NaOH, H_2O;\ 2.\ H^+, H_2O, \triangle}$ 3,6-二($CH_2C_6H_5$)-3,6-二($CO_2CH_2CH_3$)-1,2-环己二酮 $\xleftarrow{1.\ 2\ NaOCH_2CH_3;\ 2.\ 2\ C_6H_5CH_2Br}$ 3,6-二($CO_2CH_2CH_3$)-1,2-环己二酮

$\xleftarrow{双Claisen缩合} CH_3CH_2O_2C(CH_2)_4CO_2CH_2CH_3 + CH_3CH_2OC(=O)C(=O)OCH_2CH_3$

48. 除非另有说明，反应溶剂都是乙醇。

环戊酮

$$HCO_2CH_2CH_3 + CH_3CO_2CH_2CH_3 \xrightarrow{Claisen缩合} HCOCH_2CO_2CH_2CH_3$$

$$CH_3COCH_3 \xrightarrow{Br_2, CH_3CO_2H} BrCH_2COCH_3$$

$$HCOCH_2CO_2CH_2CH_3 \xrightarrow{1.\ NaOCH_2CH_3;\ 2.\ BrCH_2COCH_3} HCOCH(CO_2CH_2CH_3)CH_2COCH_3 \xrightarrow{H^+, H_2O, \triangle}$$

$$HCOCH_2CH_2COCH_3 \xrightarrow[羟醛缩合]{NaOH, H_2O, \triangle} 环戊烯酮 \xrightarrow{H_2, Pd\text{-}C} 环戊酮$$

环己酮

$$CH_3COCH_3 + H_2C=O \xrightarrow[羟醛缩合]{NaOH, H_2O} CH_3COCH_2CH_2OH \xrightarrow{H^+, \triangle} CH_3COCH=CH_2$$

$$\underset{来自上面的}{HCOCH_2CO_2CH_2CH_3} \xrightarrow[Michael加成]{1.\ NaOCH_2CH_3;\ 2.\ CH_3COCH=CH_2} HCOCH(CO_2CH_2CH_3)CH_2CH_2COCH_3 \xrightarrow{与上面相同的步骤} 环己酮$$

49.

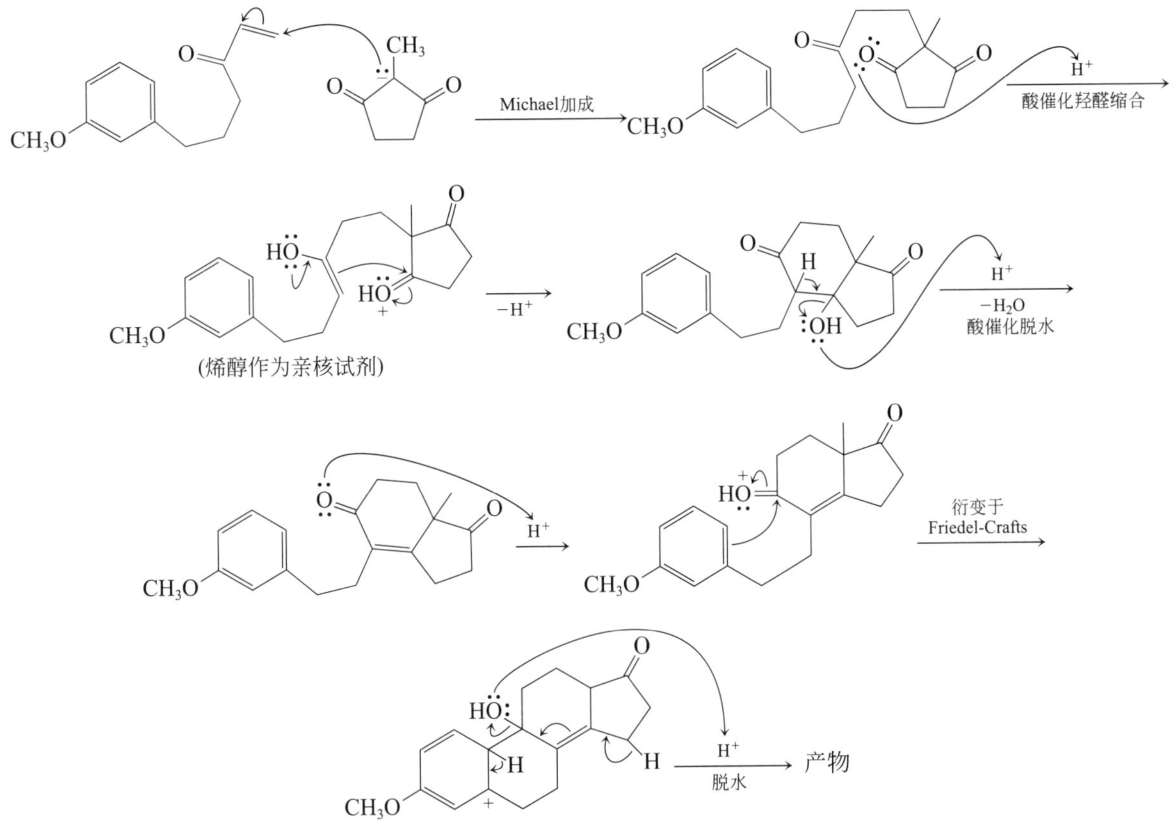

O CH$_3$ O O CH$_3$O

Michael加成

O O O O CH$_3$O

H^+

酸催化羟醛缩合

O HO HO + CH$_3$O

(烯醇作为亲核试剂)

$-H^+$

O H O CH$_3$O OH

H^+

$-H_2O$

酸催化脱水

O O O CH$_3$O

H^+

O HO + CH$_3$O

衍变于

Friedel-Crafts

O HO H H CH$_3$O +

H^+

脱水

产物

50. 这并不容易。如果你还没掌握它，先看看（a）的答案，然后再自己试试（b）和（c）。用粗线表示逆合成分析时键断裂部位。

（a）

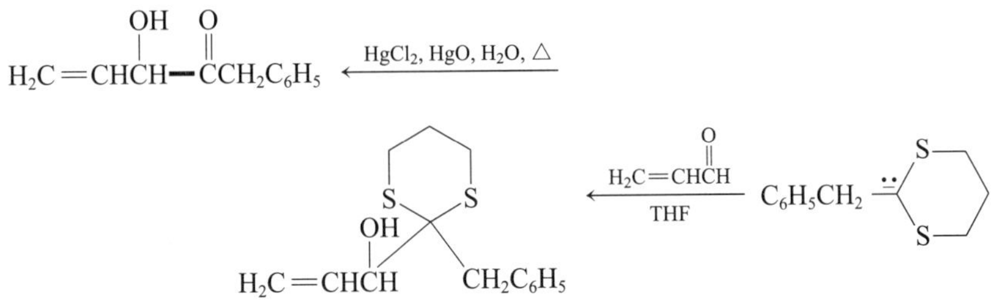

OH O

$H_2C{=}CHCH{-}\overset{}{C}CH_2C_6H_5$ ← $HgCl_2$, HgO, H_2O, △

S S OH $H_2C{=}CHCH$ $CH_2C_6H_5$ ← $H_2C{=}CHCH$(O) / THF ← $C_6H_5CH_2$ S S

（b）

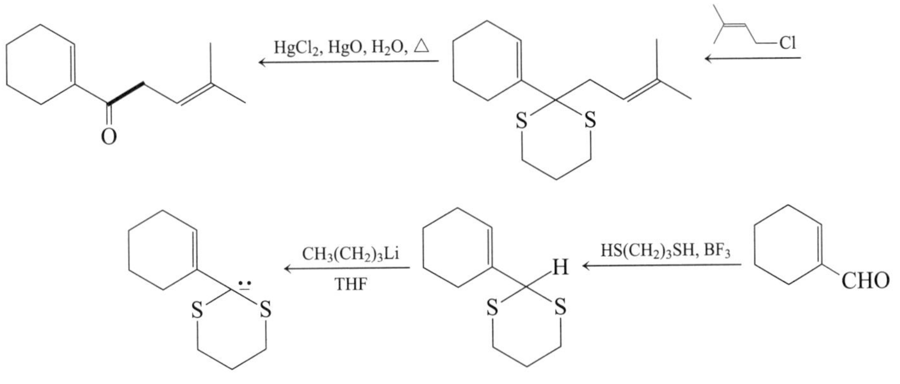

O ← $HgCl_2$, HgO, H_2O, △ S S ← Cl

S S ← $CH_3(CH_2)_3Li$ / THF ← H S S ← $HS(CH_2)_3SH$, BF_3 CHO

（c）

OH CH$_3$ O

$CH_3CH{-}CH{-}CH$ ← $HgCl_2$, HgO, H_2O, △

OH CH$_3$

$CH_3CH{-}CH{-}$ S S ← H S S / THF ← O CH$_3$ CH$_3$

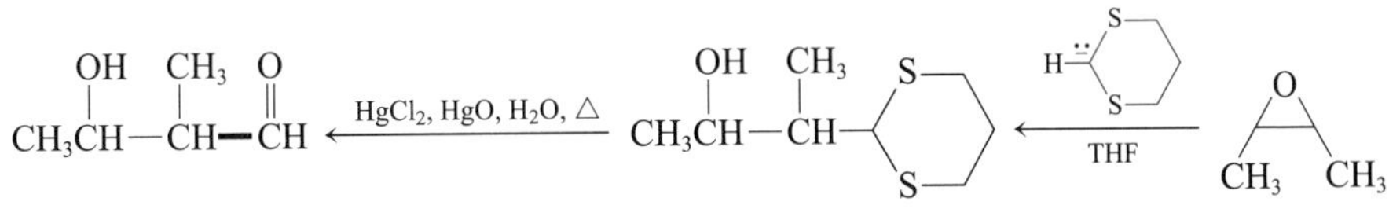

51. 确定所建立的键，看起来像是由酰基负离子等价体对 α,β-不饱和内酯的 1,4-加成。

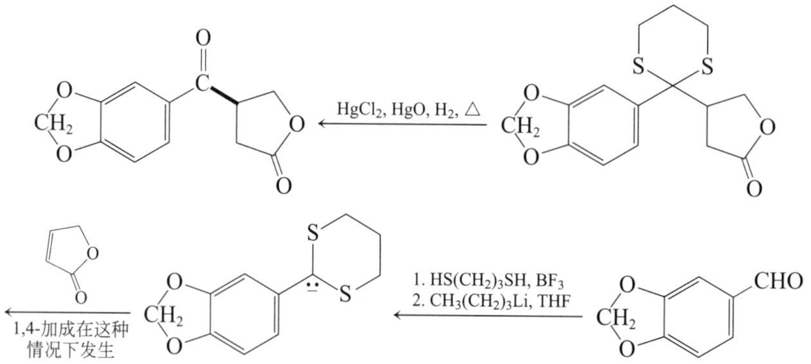

HgCl$_2$, HgO, H$_2$, △

1. HS(CH$_2$)$_3$SH, BF$_3$
2. CH$_3$(CH$_2$)$_3$Li, THF

1,4-加成在这种情况下发生

52. (**a**) 注意反应顺序是以处理原料和 2 e. q. 的碱开始，结果形成双阴离子，它可用下面的路易斯结构来表示。

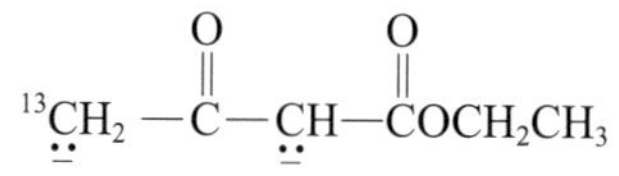

$$^{13}\ddot{C}H_2-\overset{O}{\overset{\|}{C}}-\ddot{C}H-\overset{O}{\overset{\|}{C}}OCH_2CH_3$$

两个阴离子的碳原子中，末端一个（^{13}C）是比较显碱性的，因为电荷被邻位唯一的羰基稳定，因此是较强的亲核试剂。剩下来的步骤就是完成 *β*-酮酯酮的合成。

(**b**) 试图用叔卤代烷来使 *β*-二羰基负离子烷基化（S$_N$2 过程），注定得到 E2 消除产物（课本 7-9 节）。

题外话：关键是需要 3 e. q. 的强碱，前 2 e. q. 是使 *β*-酮酰胺 C-2 位的 CH$_2$ 和 NH 分别去质子化，另外 1 e. q. 是做什么呢？它从苯环中消去 HCl 得到苯炔，酮酰胺负离子加成到炔键上。

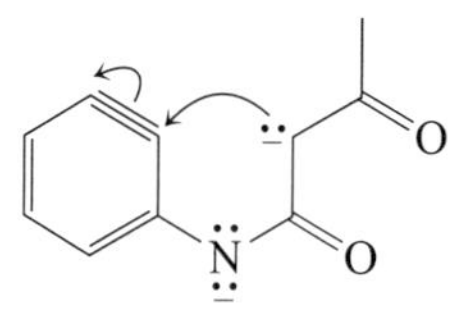

53. (**c**)

54. (**b**)

55. (**e**) 从开链二酸的热致脱水得到环酸酐（参见课本 19-8 节）。

56. (**e**) IR 谱中峰 2250 cm^{-1} 显然是氰基的叁键，只有这个分子和 NMR 光谱匹配（2H 信号和一个乙基）。

24

碳水化合物：自然界中的多官能团化合物

在本章中，你将要开始把你刚刚学到的知识应用于真实世界中的一大类分子——碳水化合物（糖）。这里有点变化，命名法将发挥更核心的作用，因为糖及其衍生物的名称遵循它们自己的独立系统，包括一些特殊的立体化学术语。另一方面，大多数反应都是旧反应，仅用于有限的目的，例如结构测定、衍生物的相互转换或从一种糖合成另一种糖。你需要擅长演绎推理，这样你才能解决一些问题带来的困惑。如果你能做到的话，那么这一章对你来说应该不会太难。

本章概要

24-1 至 24-3　碳水化合物的命名和结构

为出现的许多新术语做好准备。

24-4 至 24-8　糖的多官能团化学

基础知识：大多数（但不完全）是复习资料。

24-9，24-10　糖的逐步构建和降解

在合成和结构测定中的应用。

24-11，24-12　自然界中复杂的糖

本章重点

24-1 碳水化合物的命名和结构

本节中介绍的命名系统来自历史上衍生的各种通用名称，这些名称构成一个普遍使用的半正式系统。所以，糖是含有羟基的酮或醛，它们的英文名称都以-ose结尾。几乎所有的糖都有手性中心，通常用最靠近顶部带有羰基的一条竖直碳链的Fisher投影式来描述它们的结构。如果Fisher投影式**最靠近底部**的手性中心有一个羟基在右边，则它是*R*构型，把这个糖定为D型糖；如果这个羟基在左边，则它就是*S*构型，属于L型糖，参阅图24-1和24-2，图中每行水平线所包含的结构都是彼此的**非对映异构体**，但没有给出任何这些异构体的镜像结构（**对映体**）；但是，任何D型糖的镜像正是带有相同名称和所有的手性中心相反的L型糖。

24-2和24-3 糖的构象和环状结构；变旋

因为糖含有羟基和羰基，它们可形成环状结构，通常为带有五元或六元环的半缩醛（并且通常也是这样）。将一个开链的结构转化为环形半缩醛是很不容易的。下面介绍一步步完成这一转化的方法。

1. 如对一个D型糖，在它的旁边用虚-实锲形线画出其结构，将顶部向右下移（顺时针旋转90°）。然后，找到你要用羰基与之形成环形半缩醛的羟基。

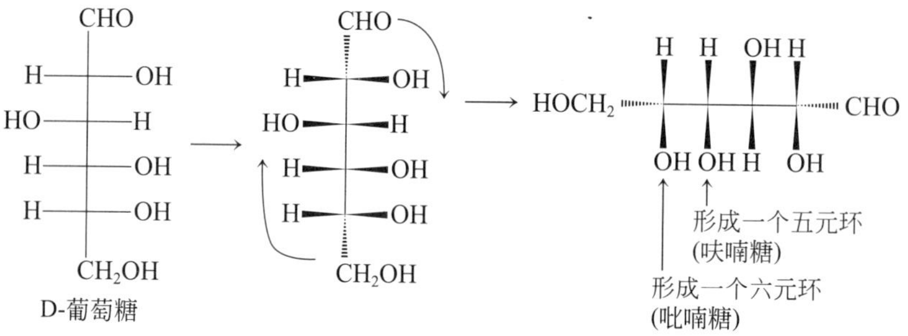

CHO
H—OH
HO—H
H—OH
H—OH
CH_2OH
D-葡萄糖

→ CHO / H—OH / HO—H / H—OH / H—OH / CH_2OH → $HOCH_2$—CHO（上：H H OH H；下：OH OH H OH）

形成一个五元环（呋喃糖）

形成一个六元环（吡喃糖）

2. 围绕碳-碳键向你选定的羟基的右边旋转，直到羟基到达水平线并指向远离你的方向为止（做一个模型）。然后弯曲纸平面后面链的左端将羟基靠近羰基碳。最后，形成半缩醛（这个操作顺序将在495页一步步显示）。

按照惯例，对L型糖，将其结构的顶部**向左**下移。这样，当它们并列排放时，能让L和D的结构看起来像镜像，并保留异头羟基正确的立体化学名称：羟基向下的是α，羟基向上的是β。

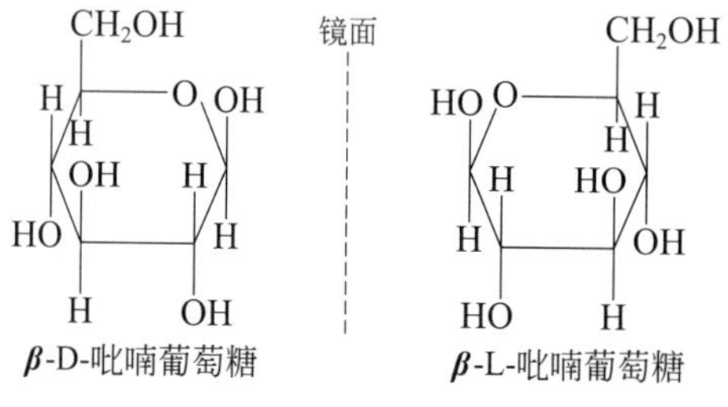

CH_2OH 镜面 CH_2OH

***β*-D-吡喃葡萄糖** ***β*-L-吡喃葡萄糖**

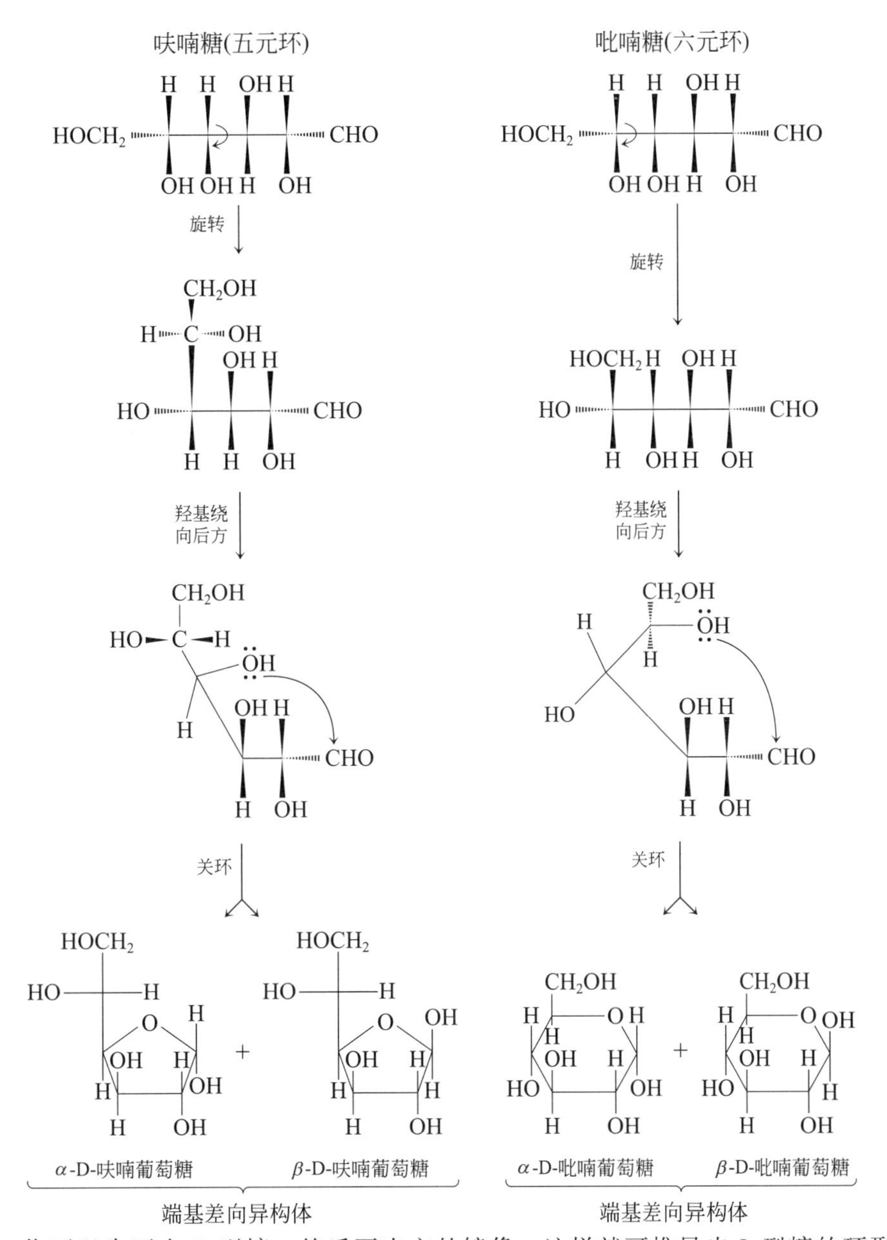

如果愿意，你可以先画出 D 型糖，然后画出它的镜像，这样就可推导出 L 型糖的环形结构。

记住，溶液中的糖通常以开链和环形半缩醛结构的平衡混合物存在。例如葡萄糖，在它的平衡混合物中包含有 63.6%的 β-吡喃糖和 36.4%的 α-吡喃糖以及微量的开链和呋喃构型的糖。β 和 α 差向异构体的相互转换称为变旋（mutarotation）。

24-4 至 24-8　糖的多官能团化学

尽管这几节中的大多数反应是旧的、典型的醇或醛的化学，但也引入了一些新的试剂。这些试剂主要是能在多官能团的糖分子上进行选择性反应。例如，溴水只将醛糖的醛基氧化成羧酸，硝酸能将醛糖的端基碳氧化形成二羧酸。

本章后半部分几节的反应是根据其在糖化学实践方面的重要性而选择性讲述的。

24-9，24-10　糖的逐步构建和降解

确定糖的结构是一项重大的成就，由此开发一系列延长或缩短糖链的反应方法并使用一些巧妙的逻辑推理来处理糖及其衍生物的立体化学。“Fischer 证明”说明了确定单糖相对构型所使用的主要技术。注意，该过程重复使用二羧酸的合成，这是测试分子中是否存在光学活性。糖衍生的没有光学活性的二

酸表明是一个内消旋的化合物，含有一个对称平面，这种信息可用来大大缩小未知糖的可能结构。

24-11，24-12　自然界中复杂的糖

这两节简单扩展了刚刚学完的内容。大自然母亲开发了一种方便的方法来将糖分子结合在一起：一个糖的羟基与另一个糖的半缩醛基反应形成缩醛，这种连接称为**糖苷键**（glycoside），其实是糖与普通的醇（如甲醇）反应形成的简单缩醛（形成甲糖苷，如 24-8 节）的高级版。同样，这也是未知结构测定中一个常见问题。有两个重要的特征可区分是否含有游离半缩醛基的糖。在溶液中，半缩醛总是与醛处于平衡状态。如此，含有半缩醛的糖：（1）发生变旋，（2）容易被温和的氧化剂（像 Ag^+）氧化。后一个特征是 Tollens 试剂测定还原（也就是说可氧化的）糖的基础。在这一节里，一些糖含有缩醛基而不是半缩醛基。找出它们！这些是“非还原”糖的例子。

习　题

34. 糖的 D 型和 L 型是指编号最高的手性中心的构型。如果将 D-核糖（图 24-1）的编号最高的手性中心的构型从 D 改变成 L，那么产物是不是 L-核糖？如果不是，那该产物是什么？它怎样与 D-核糖关联（即它们是哪一种异构体）？

35. 下列单糖属于哪一类糖？哪个是 D 型？哪个是 L 型？

（a）CHO; H—|—OH; HOCH$_2$—|—OH; CH$_2$OH
(+)-芹菜糖

（b）CHO; H—|—OH; H—|—OH; HO—|—H; HO—|—H; CH$_3$
(−)-鼠李糖

（c）CH$_2$OH; =O; HO—|—H; HO—|—H; H—|—OH; H—|—OH; CH$_2$OH
(+)-甘露庚酮糖

36. 画出 L-(＋)-核糖和 L-(－)-葡萄糖的开链（Fischer 投影式）结构（练习 24-2）。它们的系统名称是什么？

37. 鉴别下列各糖中，哪些不是用符合习惯的 Fischer 投影式表示的。（**提示**：需要将这些投影式转化为符合习惯的表示法，并且不能使任何手性中心发生翻转。）

（a）H; HOCH$_2$—|—CHO; OH

（b）CH$_2$OH; =O; HOCH$_2$—|—H; OH

（c）CH$_2$OH; HO—|—H; HO—|—H; H—|—OH; HO—|—H; CHO

（d）H; OHC—|—OH; H—|—OH; HOCH$_2$—|—OH; H

（e）HO; H—|—CHO; HOCH$_2$—|—H; OH

38. 按 Fischer 投影式和开链形式重画下列糖，写出它们的通用名称。

（a）OHC, HO H HO H, HO H H OH, CH$_2$OH

（b）HOCH$_2$, O, H, H, H, OH, OH, HO, CH$_2$OH

（c）CH$_2$OH, O, HO, H, H, H, HO, H, OH, OH, H

（d）HO, O, OH, HO, CH$_2$OH, OH

39. 用 Haworth 投影式画出下列各糖所有合理的环状结构；指出哪些结构是吡喃糖，哪些结

构是呋喃糖，并标出 α-和 β-端基异构体。
(**a**)(－)-苏阿糖；(**b**)(－)-阿洛糖；(**c**)(－)-核酮糖；(**d**)(＋)-山梨糖；(**e**)甘露庚酮糖（习题 35）。

40. 习题 39 的糖中有没有不能发生变旋作用的？试解释。

41. 画出下列各糖的最稳定的吡喃糖构象：(**a**)α-D-阿拉伯糖；(**b**)β-D-半乳糖；(**c**)β-D-甘露糖；(**d**)α-D-艾杜糖。

42. 酮糖对 Fehling 和 Tollens 溶液显示正反应，不仅氧化成 α-二羰基化合物，而且经过第二个过程：在碱存在下酮糖异构化为醛糖。然后，醛糖又在 Fehling 和 Tollens 溶液中发生氧化。应用图 24-2 中的任何酮糖，提出碱催化生成相应的醛糖的机理和途径（**提示：**复习 18-2 节）。

43. 高碘酸断裂下列每个化合物的产物是什么？产物的比率是多少？(**a**)芹菜糖（习题 35）；(**b**)鼠李糖（习题 35）；(**c**)山梨醇。

44. 写出以下各糖与以下四组试剂反应的预期产物 (i) Br_2，H_2O；(ii) HNO_3，H_2O，60 ℃；(iii) $NaBH_4$，CH_3OH；(iv) 过量 $C_6H_5NHNH_2$，CH_3CH_2OH，△，并写出所有产物的常用名。
(**a**)D-(－)-苏阿糖；(**b**)D-(＋)-木糖；(**c**)D-(＋)-半乳糖。

45. 画出某己醛糖的 Fischer 投影式并给出常用名。该糖所生成的脎分别和以下的糖相同：(**a**)D-(－)-艾杜糖；(**b**)L-(－)-阿卓糖。

46. **挑战题**　在俄罗斯化学家 M. M. Shemyakin 的一系列同位素标记实验之前，成脎机理一直是一个谜。他用 2-羟基环己酮作为糖形成脎的类似物鉴定了下列中间体：

（2-羟基环己酮：O，OH，H）$\xrightarrow[-H_2O]{C_6H_5NHNH_2}$（$NNHC_6H_5$，OH，H）**羟腙**

$\xrightleftharpoons{\text{互变异构}}$（$NHNHC_6H_5$，OH）**烯醇烯胺**

$\xrightarrow{-C_6H_5NH_2}$（NH，O）**亚氨基酮** $\xrightarrow[-NH_3,\ -H_2O]{2\ C_6H_5NHNH_2}$（$NNHC_6H_5$，$NNHC_6H_5$）**脎**

写出这个过程每个箭头中的机理。亚胺形成时（17-9 节），假设有酸存在可作为催化的质子来源（**提示：**为了使烯醇烯胺转变为亚氨基酮，考虑环状机理。其他的所有过程与以前讲述的转化类似。）

47. (**a**)哪一个戊醛糖（图 24-1）在用 $NaBH_4$ 还原后会生成光学活性的糖醇？(**b**)用 D-果糖说明酮糖 $NaBH_4$ 还原的结果。是否比醛糖的还原情况更复杂？请解释。

48. 下列葡萄糖和葡萄糖衍生物中哪个能发生变旋作用？(**a**)α-D-吡喃葡萄糖；(**b**)α-D-吡喃葡萄糖甲苷；(**c**)α-2,3,4,6-四-*O*-甲基-D-吡喃葡萄糖甲苷（即在 2,3,4,6 位碳的四甲基醚）；(**d**)α-2,3,4,6-四-*O*-甲基-D-吡喃葡萄糖；(**e**)α-D-吡喃葡萄糖 1,2-丙酮缩醛。

49. (**a**)试解释为什么吡喃醛糖 C-1 上的氧比分子中其他氧更容易被甲基化。(**b**)试解释为什么全甲基化的吡喃醛糖的 C-1 甲基醚单元比分子中其他甲基醚官能团的水解要容易得多。(**c**)写出下列反应的预期产物。

$$\text{D-果糖} \xrightarrow{CH_3OH,\ 0.25\%\ HCl,\ H_2O}$$

50. 在四个戊醛糖中，当用过量酸性丙酮处理时，两个容易形成双缩醛，而另两个则只形成单缩醛。试解释。

51. D-景天庚酮糖是将葡萄糖最终转化为 2,3-二羟基丙醛（甘油醛）和 3 分子 CO_2 的代谢循环（戊糖氧化循环）中的一个糖中间体。试根据以下信息测定 D-景天庚酮糖的结构。

$$\text{D-景天庚酮糖} \xrightarrow{6\ HIO_4} 4\ \overset{O}{\overset{\|}{HCOH}} + 2\ \overset{O}{\overset{\|}{HCH}} + CO_2$$

$$\text{D-景天庚酮糖} \xrightarrow{C_6H_5NHNH_2} \text{脎，与另一个糖（庚醛糖A）形成相同的脎}$$

$$\text{庚醛糖A} \xrightarrow{\text{Ruff 降解}} \text{己醛糖B}$$

$$\text{己醛糖B} \xrightarrow{HNO_3,\ H_2O,\ \triangle} \text{光学活性产物}$$

$$\text{己醛糖B} \xrightarrow{\text{Ruff 降解}} \text{D-核糖}$$

52. 在 Kiliani-Fischer 链延长中，两个不同的立体异构醛糖是否可能得到同样的产物，为什么？

53. 在下列每组三个 D 醛糖中，找出两组在 Ruff 降解时得到同样产物的糖。(**a**)甘露糖，古洛糖，塔罗糖；(**b**)葡萄糖，古洛糖，艾杜糖；(**c**)阿洛糖，阿卓糖，甘露糖。

54. 说明 D-塔罗糖通过氰醇化链延长的结果。形成了几种产物？画出它们结构。用温热的 HNO_3 处理后，产物是光学活性的还是非光学活性的二羧酸？

55. **挑战题**　(**a**)写出 β-D-呋喃果糖（从蔗糖水

解而来）异构化成 β-吡喃糖和 β-呋喃糖平衡混合物的详细机理。（**b**）尽管果糖作为多糖组分时通常以呋喃糖形式出现，但在纯的结晶形态时，果糖是 β-吡喃结构。画出 β-D-吡喃果糖最稳定的构象。在 20 ℃水中，平衡混合物含有大约 68%的 β-D-吡喃糖和 32%的 β-D-呋喃糖。（**c**）在 20℃时，吡喃糖和呋喃糖之间的自由能差是多少？（**d**）纯的 β-D-吡喃果糖 $[\alpha]_D^{20}=-132°$，吡喃糖-呋喃糖混合物平衡时 $[\alpha]_D^{20}=-92°$，计算出纯 β-D-呋喃果糖的 $[\alpha]_D^{20}$。

56. 将下列每个糖和糖衍生物按还原糖和非还原糖归类：（**a**）D-甘油醛；（**b**）D-阿拉伯糖；（**c**）β-D-吡喃阿拉伯糖-3,4-丙酮缩醛；（**d**）β-D-吡喃阿拉伯糖丙酮二缩醛；（**e**）D-核酮糖；（**f**）D-半乳糖；（**g**）β-D-吡喃半乳糖甲苷；（**h**）β-D-半乳糖醛酸（如下所示）；（**i**）β-纤维二糖；（**j**）α-乳糖。

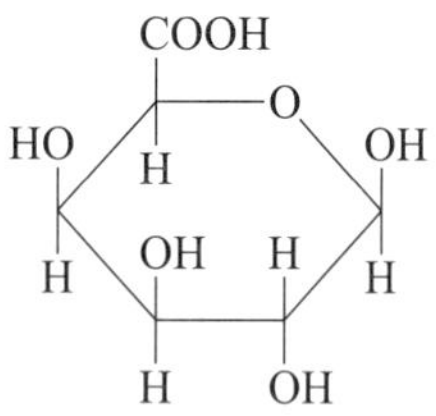

COOH, O, HO, H, OH, H, OH, H, H, H, OH

β-D-半乳糖醛酸

57. α-乳糖能否发生变旋作用？用方程式来说明你的答案。

58. 海藻糖、槐糖和松二糖都是二糖。海藻糖存在于某些昆虫的茧中，槐糖存在于一些豆类中，而松二糖则是蜜蜂以松树汁为食时酿造的蜂蜜的成分。根据以下信息，鉴定下列结构式中哪个分别对应于海藻糖、槐糖和松二糖：(i) 松二糖和槐糖是还原糖，海藻糖是非还原糖。(ii) 水解后，槐糖、海藻糖各得到 2 分子醛糖。松二糖得到 1 分子醛糖和 1 分子酮糖。(iii) 构成槐糖的两个醛糖互为端基异构体。

（**a**） HOCH₂, HO, O, HO, O, OH, HOCH₂, O, HO, HO, OH

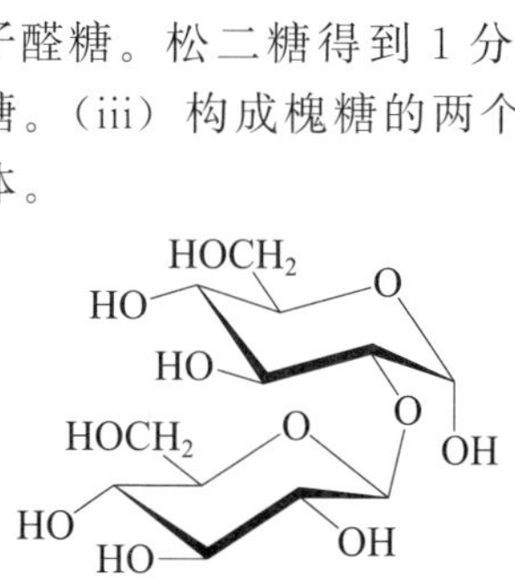

（**b**） HO, CH₂OH, O, HO, OH, O, HOCH₂, O, HO, OH, OH

（**c**） HOCH₂, HO, O, HO, HO, O, HO, O, CH₂OH, OH, OH

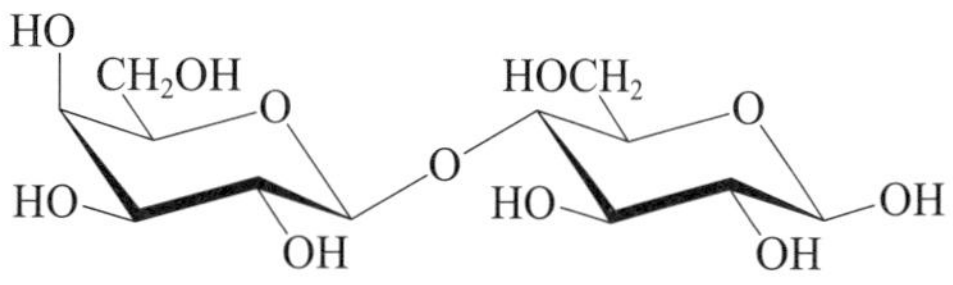

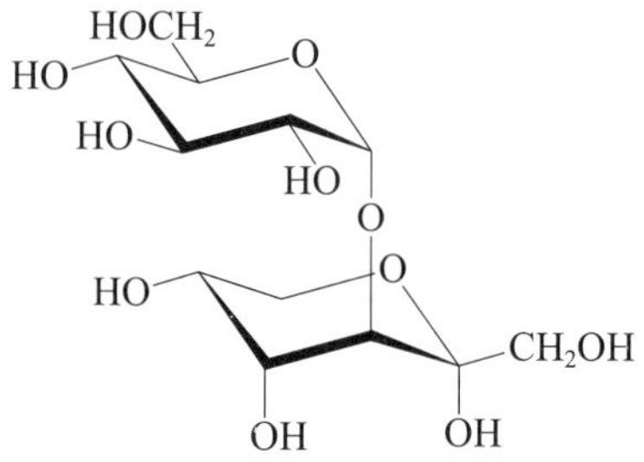

（**d**） HOCH₂, HO, O, HO, HO, O, O, CH₂OH, HO, OH, OH

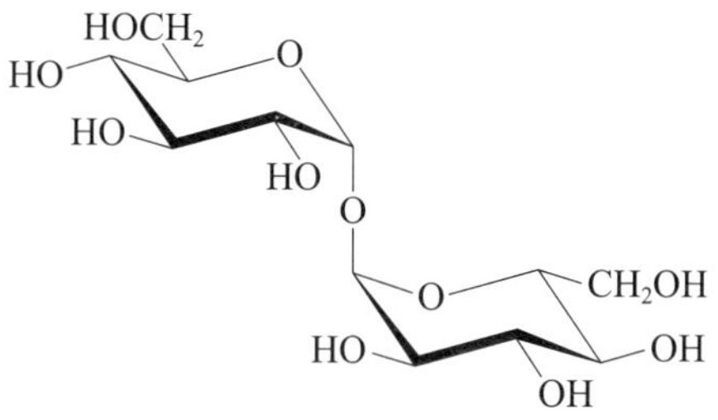

59. 鉴定构成荚豆二糖结构中的两种单糖，也就是 HexVic（3-己烯基荚豆二糖苷）中的二糖（见教材 1199 页“真的吗？”）。其中一个的立体化学有什么特殊之处？（**提示：**将两个单糖椅式构象转换为 Fischer 投影式，并将它们与图 24-1 中的相比较。）

60. 运用 24-1 节和 24-11 节中的信息，鉴定甜菊苷（真实生活 24-2）中碳水化合物的结构并写出其名称。

61. 连在 B 型血红细胞表面的寡糖末端的二糖是 α-D-吡喃半乳糖基-β-D-吡喃半乳糖。第一个半乳糖的 C-1 缩醛键连在第二个半乳糖的 C-3 羟基上。换句话说，全名是 3-(α-D-吡喃半乳糖基-1-)-β-D-吡喃半乳糖。画出这个二糖的结构，六元环用椅式构象表示。

62. 在微量酸存在下，葡萄糖与氨反应主要生成 β-D-吡喃葡萄糖胺（24-12 节）。试为这一转化提出合理的机理。为什么只有 C-1 处羟基被取代？

63. （**a**）当(*R*)-2,3-二羟基丙醛（D-甘油醛）和 1,3-二羟基丙酮的混合物用 NaOH 水溶液处理时，迅速产生以下三种糖的混合物：D-果糖、D-山梨糖和外消旋树酮糖（dendroketose）（下面只给出一个对映体）。写出这一结果详细的机理。（**b**）如果上述醛或酮单独用碱处理也得到同样的产物混合物。试解释。[**提示：**仔细检查（a）答案中的中间体。]

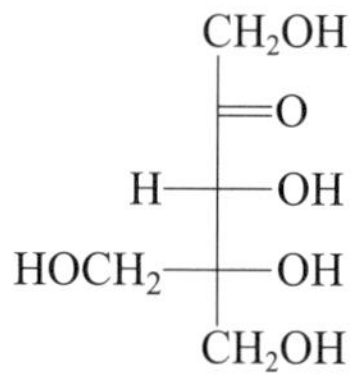

CH₂OH, =O, H—OH, HOCH₂—OH, CH₂OH

树酮糖

64. 写出或画出（a）～（g）中未写出的试剂和结构。（g）的常用名是什么？

D-(+)-木糖 —(a)→ (b) D-木糖酸 —(c)→

(d) D-木糖酸甲酯 —NH_3, △→ $C_5H_{11}NO_5$ (e) —Br_2, NaOH→

CO_2 + $C_4H_{11}NO_4$ (f) —△→ NH_3 + $C_4H_8O_4$ (g)

上述反应步骤（称为 Weerman 降解）和本章中讲过的什么反应得到相同的末端产物？

65. 挑战题　Fischer 确定糖结构的方法，通过实验来实现时实际上比 24-10 节所说的要困难得多。只提一件事，当时他从天然来源能获得的糖只有葡萄糖、甘露糖和阿拉伯糖（赤藓糖和苏阿糖不论是从天然来源或是用合成手段当时实际上都是无法得到的）。他那天才般的解决方案中需要一种方法来交换葡萄糖和甘露糖 C-1 和 C-6 上的官能团，才能作出本节末讲述的关键性区分（当然，如果自然界中存在古洛糖，则所有这些努力都是不必要的，但 Fischer 没有那么幸运）。Fischer 的计划遇到了意想不到的困难，因为在关键阶段他得到了麻烦的产物混合物。现今，我们用如下的方式解决这一问题。补充从（a）～（g）未写出的试剂和结构。所有的结构都用 Fischer 投影式。按照括号中的指示和提示进行。

D-(+)-葡萄糖 —(a)→ (b) D-葡萄糖甲苷（两个异构体，只写一个） —O_2, Pt（只氧化C-6伯羟基为羧基的特殊反应）→

(c) D-葡萄糖醛酸甲苷 —H^+, H_2O→ (d) D-葡萄糖醛酸（只写开链型） —$NaBH_4$→

(e) 古洛糖酸 —△→ H_2O + (f) 古洛糖酸内酯

—Na–Hg（内酯还原成醛）→ (g) 古洛糖（只写开链型）

66. 挑战题　维生素 C（抗坏血酸，参见 22-9 节）几乎存在于所有植物和动物中（按照 Linus Pauling 的说法，山地山羊每天生物合成 12～14 g 维生素 C）。动物可通过 4 步反应在肝脏中从 D-葡萄糖合成维生素 C［D-葡萄糖→D-葡萄糖醛酸（习题 65）→D-葡萄糖醛酸-γ-内酯→L-古洛糖酸-γ-内酯→维生素 C］。

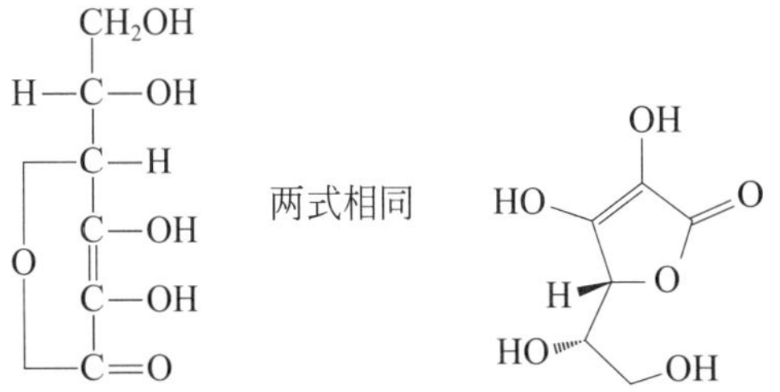

（结构式：CH_2OH、H—C—OH、C—H、C—OH、C—OH、C=O 的内酯环 Fischer 式）　两式相同　（HO、OH、O、H、HO、OH 标注的五元环式）

维生素 C

人类、某些猴子、豚鼠和鸟类缺乏催化最后一步反应的酶（L-古洛糖酸内酯氧化酶），大概是由于发生在 6 千万年前的一次突变产生了缺损的基因。因此，我们只好从食物中获取或者在实验室中制备维生素 C。事实上，几乎所有的维生素补充剂中的抗坏血酸都是合成的。下面是主要的商业合成路线之一的概要。写出（a）～（f）中未给出的试剂和产物。（**提示：** 参见 24-8 节的糖缩醛。）

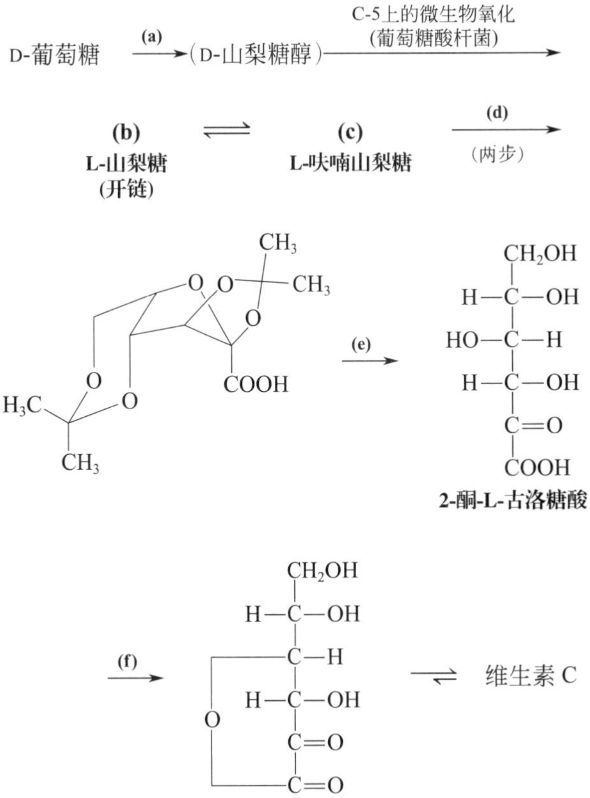

D-葡萄糖 —(a)→（D-山梨糖醇）—C-5上的微生物氧化（葡萄糖酸杆菌）→

(b) L-山梨糖（开链） ⇌ (c) L-呋喃山梨糖 —(d)（两步）→

（双丙酮缩醛结构：CH_3、O、O、CH_3、O、COOH、O、O、H_3C、CH_3） —(e)→ 2-酮-L-古洛糖酸（CH_2OH、H—C—OH、HO—C—H、H—C—OH、C=O、COOH）

—(f)→ 酮式维生素 C（CH_2OH、H—C—OH、C—H、H—C—OH、C=O、C=O，内酯环 O） ⇌ 维生素 C

团队练习

67. 这个问题是为了鼓励你们作为一个团队思考如何用一些手头的额外信息来鉴别一个简单

二糖的结构。例如 D-乳糖（24-11 节），假定你们不知道它的结构。你们所具有的信息是：它是二糖；以 β 方式连接于一个糖的异头碳上；你们还有全部己醛糖（24-1 节）和它们可能的甲醚结构。集体解决以下问题或先把问题适当分开解决，然后一起讨论。

（**a**）温和酸可将“未知物”水解成 D-半乳糖和 D-葡萄糖。从这个结果你们能引申出多少信息？

（**b**）用一个实验来说明这两个糖不是通过它们各自的异头碳互相连接的。

（**c**）用一个实验来说明这两个糖中的哪一个含有用来与其他糖连接的缩醛基。（**提示：**本章所讲的单糖的官能团化学也适用于更高的糖。这里可特别考虑 24-4 节。）

（**d**）利用单糖组分全部可能的甲醚结构，设计实验，说明哪一个碳（非异头碳）的羟基用于该二糖的连接。

（**e**）相似地，能否用这一方法区分能够变旋的二糖中的呋喃糖和吡喃糖。

预科练习

68. 大多数天然糖具有和下面 Fischer 投影式所示的（R）-2,3-二羟基丙醛相同的手性中心。这个分子最常用的名称是什么？

（**a**）D-(＋)-甘油醛；（**b**）D-(－)-甘油醛；
（**c**）L-(＋)-甘油醛；（**d**）L-(－)-甘油醛。

CHO
H—┼—OH
CH_2OH

69. 下面所示化合物是哪种糖？

（**a**）戊醛糖；（**b**）戊酮糖；
（**c**）己醛糖；（**d**）己酮糖。

$HOCH_2CH(OH)CH(OH)CH_2CHO$

70. 对于 β-D-(＋)-吡喃葡萄糖的氧杂环己烷构象，以下哪一个说法是对的？

（**a**）一个 OH 是直立键，其他剩下的取代基都是平伏键。（**b**）CH_2OH 是直立键，其他剩下的基团都是平伏键。（**c**）全部基团都是直立键。（**d**）全部基团都是平伏键。

71. 用以下哪些试剂处理甘露糖可制备甘露糖甲苷？

（**a**）$AlBr_3$，CH_3Br；（**b**）稀的 CH_3OH 水溶液；（**c**）CH_3OCH_3 和 $LiAlH_4$；（**d**）CH_3OH，HCl；（**e**）氧杂环丙烷，$AlCl_3$。

72. 关于下面所示的糖，哪一个说法是正确的？

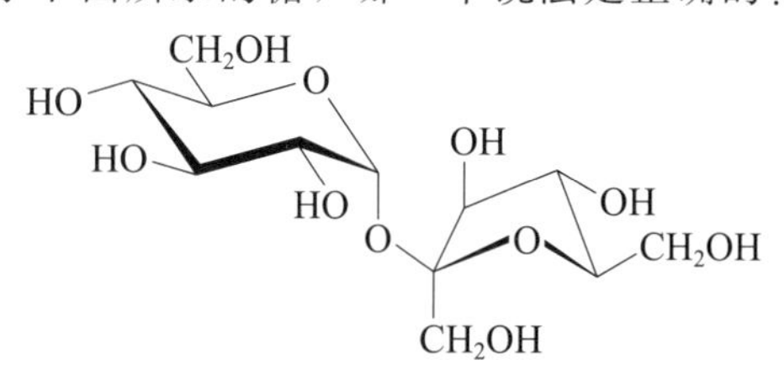

（**a**）它是非还原糖；（**b**）它可形成脎；（**c**）它存在 2 个端基异构体；（**d**）它发生变旋作用。

习题解答

34. 你得到

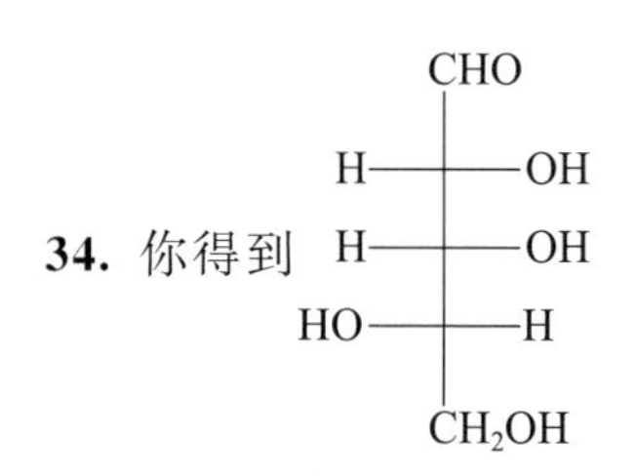

这个化合物是 **D-来苏糖**的镜像（对映体）（图 24-1）。因此，这个糖是 **L-来苏糖**，D-核糖的**非对映异构体**。

35.（**a**）D-丁醛糖（注：只有**一**个手性中心）；（**b**）L-己醛糖；（**c**）D-庚酮糖。

36.

CHO
HO—H
HO—H
HO—H
CH_2OH

L-核糖

系统命名：(2*S*,3*S*,4*S*)-2,3,4,5-四羟基戊醛

CHO
HO—H
H—OH
HO—H
HO—H
CH_2OH

L-葡萄糖

系统命名：(2*S*,3*R*,4*S*,5*S*)-2,3,4,5,6-五羟基己醛

37. 你只需要回顾 5-5 和 5-6 节就可以了。本节的**学习指导内容**也可能有所帮助。

（**a**）L-甘油醛；（**b**）D-赤藓酮糖；（**c**）D-葡萄糖（只是上下颠倒）；

（**d**）L-木糖；（**e**）D-苏阿糖。

38. 如果需要可做个模型。

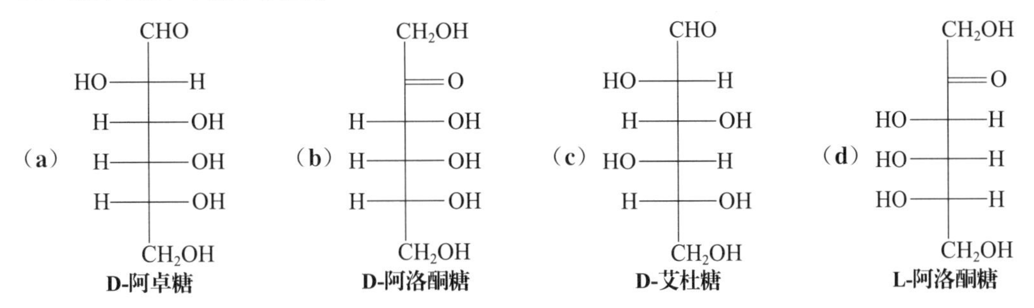

39. 提示：使用图 24-1 和 24-2 的结构和**旋光信息**开始你的作业（特别是要决定每个化合物属于哪个对映体系列）。查看本章学习指导部分内容中从链向环转换的过程，小心（b）和（c）是 L 型糖。它们的 Haworth 结构式是将异头碳画在左边而不是右边。

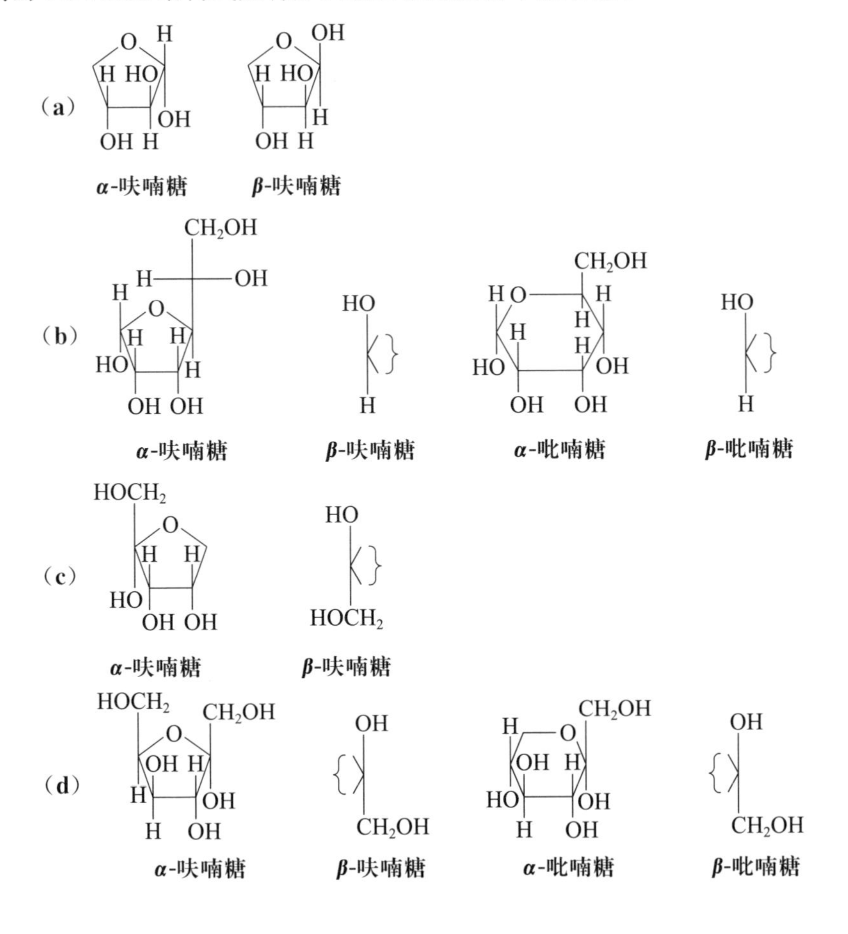

(e) α-呋喃糖 ⇌ β-呋喃糖 ⇌ α-吡喃糖 ⇌ β-吡喃糖

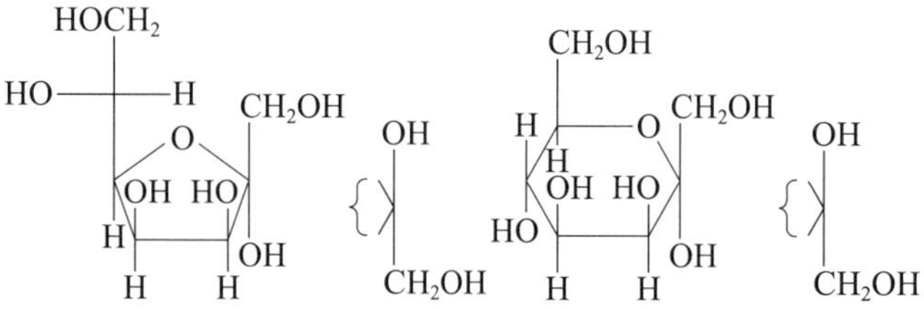

40. 没有不能发生变旋作用的。它们都是半缩醛，因此它们的 α-和 β-端基异构体能够很容易相互转换。

41. (a) 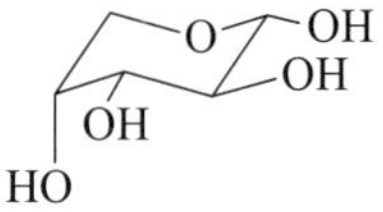 (b) 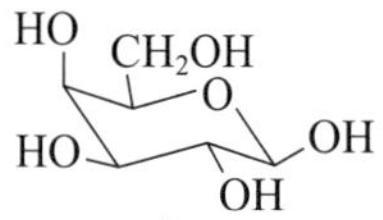 (c) 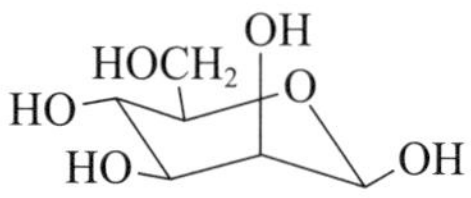 (d)

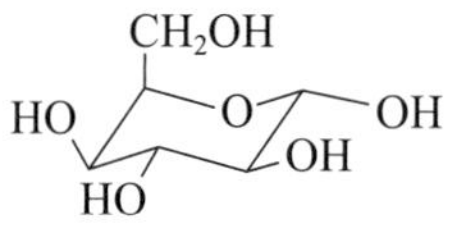

注意：(d) 是一种不常见的情况，CH_2OH 被迫处于直立键，以使所有四个 OH 基处于平伏键。

42. 碱催化烯醇化能发生相互转化。但要注意产物不是通常的烯醇，它在双键的两个碳上都有羟基：它是一种烯二醇。因此，当发生互变异构时，它选择性地失去两个羟基中的一个质子，生成原来的酮或同分异构的醛。

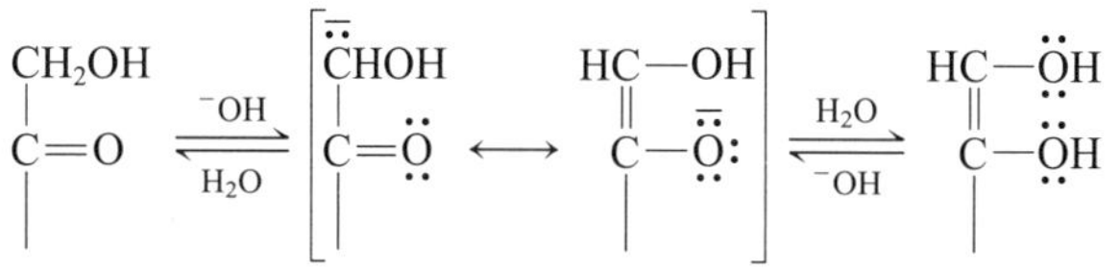

酮糖 ⇌(^-OH / H_2O) [烯醇化物] ⇌(H_2O / ^-OH) 烯二醇

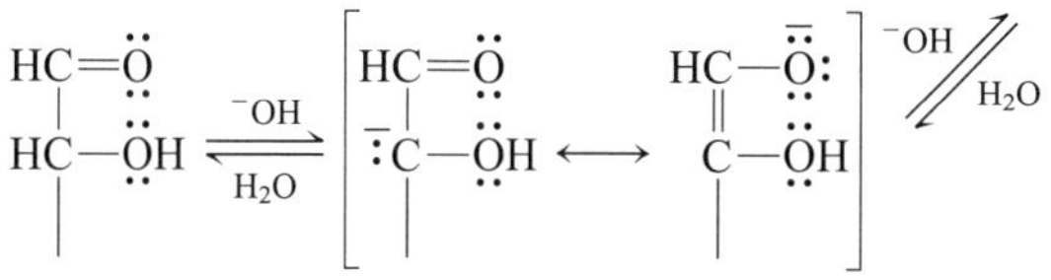

醛糖 ⇌(^-OH / H_2O) [其他烯醇化物]

43. 将起始糖中的每个碳原子与用 HIO_4 裂解后的产物并排。断裂前后每个碳上氢的个数依然相同。

(a) 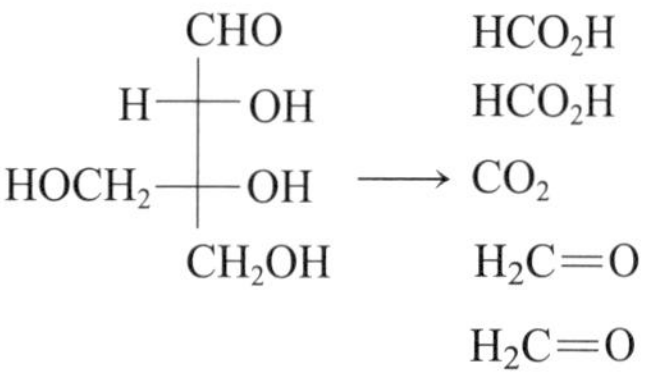 CHO, H—C—OH, $HOCH_2$—C—OH, CH_2OH ⟶ HCO_2H, HCO_2H, CO_2, $H_2C=O$, $H_2C=O$ 也就是 2 甲醛＋3 甲酸＋1 CO_2

(b) 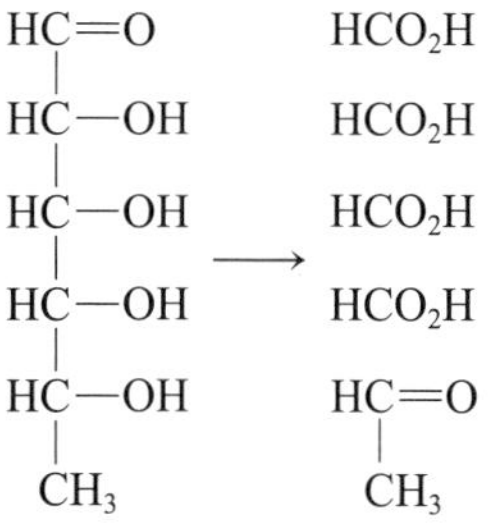 HC=O, HC—OH, HC—OH, HC—OH, HC—OH, CH_3 ⟶ HCO_2H, HCO_2H, HCO_2H, HCO_2H, HC=O—CH_3 也就是 4 甲酸＋1 乙醛

(c) 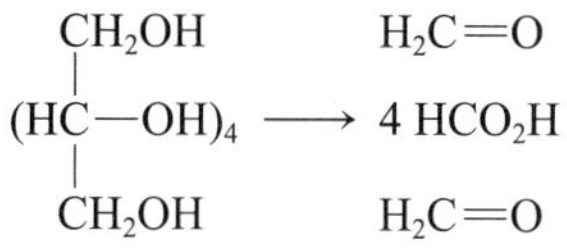 CH_2OH—$(HC—OH)_4$—CH_2OH ⟶ $H_2C=O$ + 4 HCO_2H + $H_2C=O$ 也就是 4 甲酸＋2 甲醛

44. (a) (i) COOH, HO—C—H, H—C—OH, CH_2OH **D-苏糖酸** (ii) COOH, HO—C—H, H—C—OH, COOH **D-酒石酸** (iii) CH_2OH, HO—C—H, H—C—OH, CH_2OH **D-苏糖醇** (iv) $CH=NNHC_6H_5$, $C=NNHC_6H_5$, H—C—OH, CH_2OH **D-苏糖苯脎***

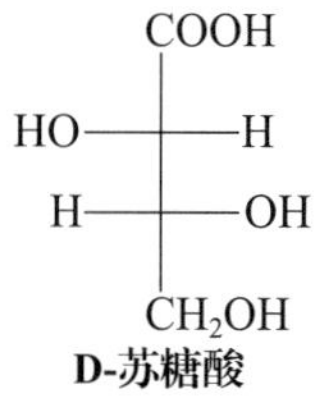

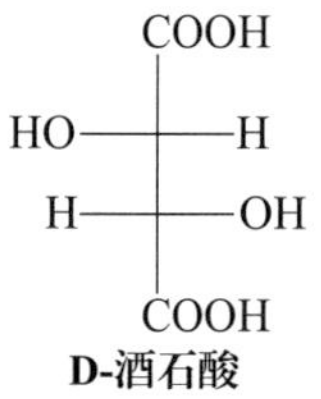

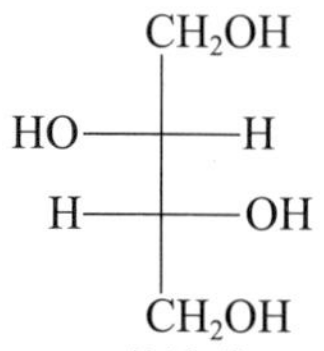

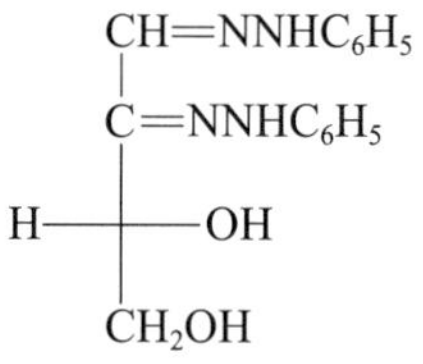

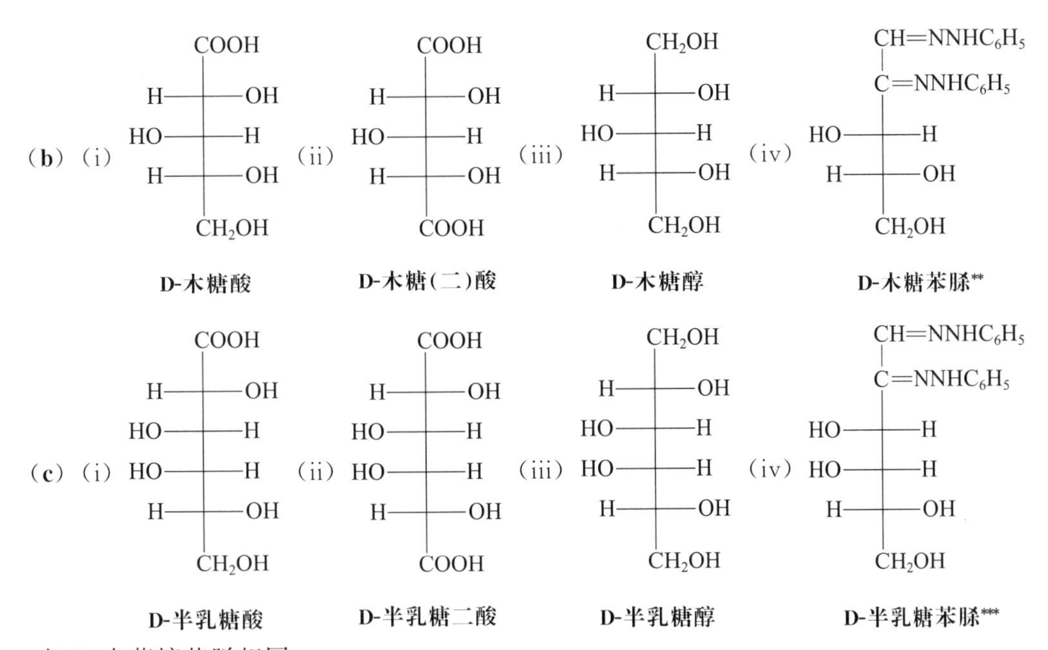

*与 D-赤藓糖苯脎相同。

**与 D-来苏糖苯脎相同。

***与 D-塔罗糖苯脎相同。

45. (**a**) D-古洛糖（图 24-1）；(**b**) L-阿洛糖（所有的羟基都在左边）。

46. 如下所示：步骤 1～4 是生成腙，其机理与生成亚胺相同（17-9 节）；步骤 5 和 6 是酸催化亚胺-烯胺的互变异构（18-4 节），其机理与醛、酮和烯醇之间的互变异构相同（18-2 节）；步骤 7 是消除反应。需要注意的是酸以两种方式参与反应：在步骤 1 和 5 中，它有助于使双键碳具有更好的亲电性，而在步骤 3 和 7 中，它有助于首先将氧和随后是氮变成更好的离去基团。

:O: → H+ ; OH ; H —1→ +OH ; OH ; H + H2NNHC6H5 —2→ :OH, +NH, H, NHC6H5, OH, H —3→

:+OH2, N, H, NHC6H5, OH, H —4 (−H+, −H2O)→ NNHC6H5, OH, H（羟腙） —5→ +NHNHC6H5, OH, H

—6 (−H+)→ NHNHC6H5 → H+, OH（烯醇烯胺） —7→ NH—+NH2C6H5, O—H —8 (−C6H5NH2)→ NH, O:（亚氨基酮）

从亚氨基酮开始，用超过两分子苯肼重复步骤 1～4 两次，以使亚氨基和酮两个基团完全变成腙，做做看！

47. (**a**) 阿拉伯糖和来苏糖。核糖醇和木糖醇是内消旋化合物。

（b）D-果糖 $\xrightarrow[CH_3OH]{NaBH_4}$ D-山梨糖醇 + D-甘露糖醇

在 C-2 位产生一个新的手性中心，因此生成两个非对映异构的糖醇。相反，任何醛糖的还原将更简单，因为没有产生新的手性中心，可能只形成单一产物。

48.（a）和（d），因为它们仍具有半缩醛的功能。在（b）和（c）中，葡萄糖 C-1 位的 OH 变为 OCH_3，此时分子是乙缩醛，不可能变旋。

（e）是 在 C-1 位也有缩醛，但不是半缩醛。

49.（a）吡喃醛糖 C-1 位的氧是半缩醛的氧，不是简单的醇羟基氧。因此，它可以像半缩醛转化为缩醛一样被甲基化，用甲醇和酸反应经由稳定的碳正离子。

（b）在这种情况下，C-1 的氧是缩醛氧，不是简单的甲基醚。像在（a）中，由于形成如上所述的稳定的碳正离子中间体，微弱的酸水溶液足以让其水解（该机理与所示的机理正好相反）。

（c）可能生成四个甲基糖苷（参见 24-2 节中呋喃果糖和吡喃果糖的结构）。

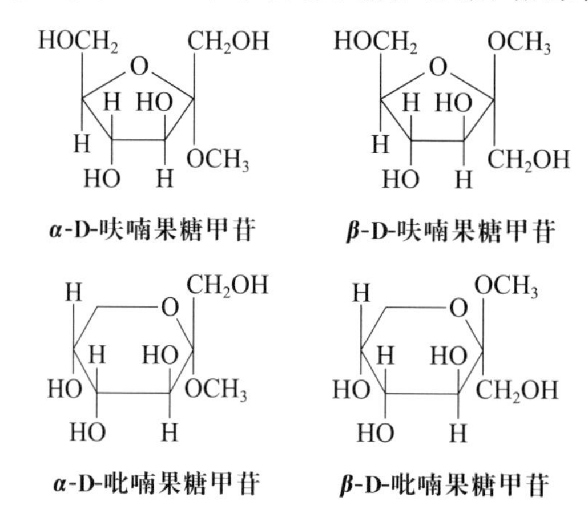

α-D-呋喃果糖甲苷　β-D-呋喃果糖甲苷

α-D-吡喃果糖甲苷　β-D-吡喃果糖甲苷

50. 阿拉伯糖（作为 β-吡喃糖）形成双缩醛（24-8 节）。核糖也是这样，因为它是 α-吡喃糖型，所有四个羟基都是顺式。

α-D-吡喃核糖 $\xrightarrow{CH_3COCH_3,\ H^+}$

木糖和来苏糖只有一对相邻的顺式羟基，所以，它们很容易形成单缩醛。

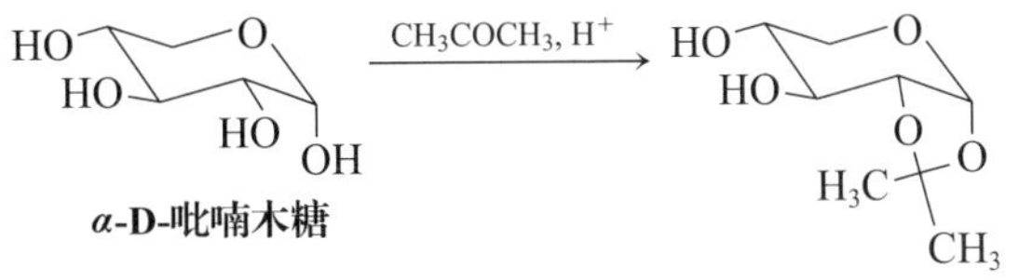

$\xrightarrow{CH_3COCH_3,\ H^+}$

α-D-吡喃木糖

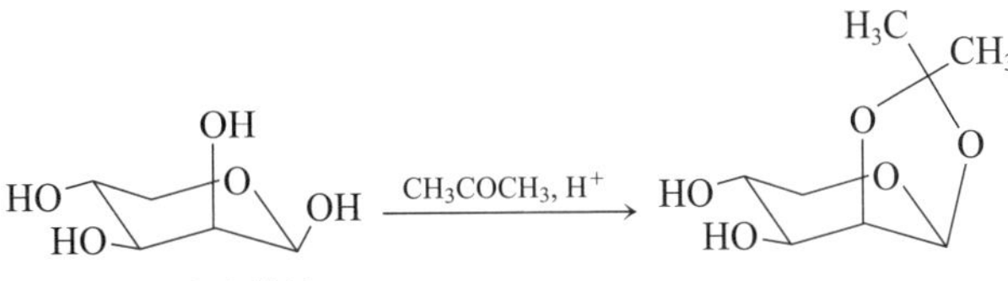

$\xrightarrow{CH_3COCH_3,\ H^+}$

β-D-吡喃来苏糖

51.（ i ）该糖是酮糖，有七个碳，因为 HIO_4 处理时产生 1 mol CO_2（参见 24-5 节，D-果糖的相似反应）。该糖有两个 CH_2OH 基团（生成 2 mol 甲醛）和四个 CHOH 基团（生成 4 mol 甲酸）。

（ ii ）因为该糖与**醛糖**形成相同的脎，酮基必须在 C-2 位。因此，到目前为止，你已经知道有如下的部分结构：

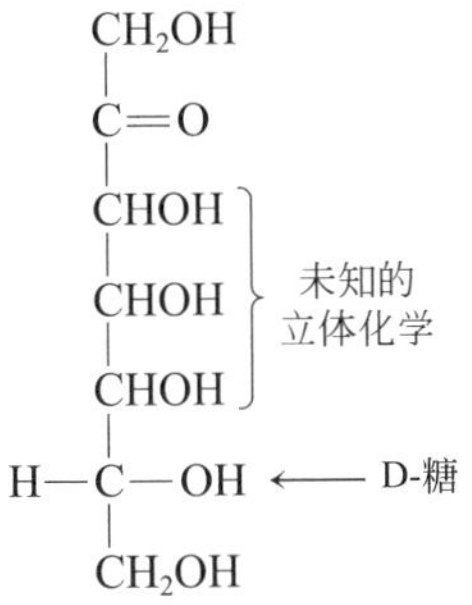

CH_2OH–C=O–CHOH–CHOH–CHOH（未知的立体化学）–H–C–OH（← D-糖）–CH_2OH

（iii）和（ v ）告诉你：

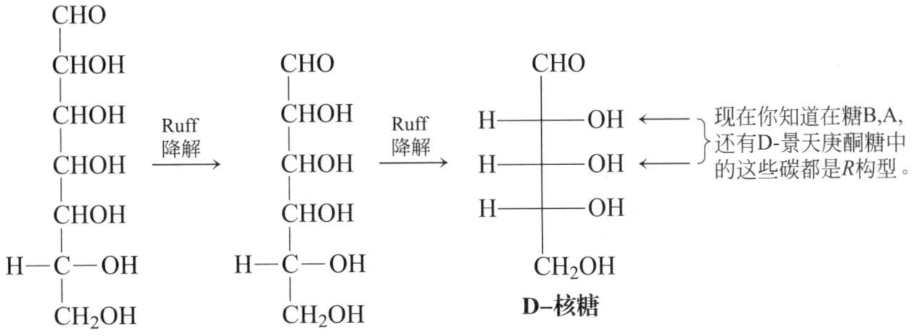

醛庚糖A $\xrightarrow{\text{Ruff 降解}}$ 醛己糖B $\xrightarrow{\text{Ruff 降解}}$ D–核糖

现在你知道在糖B,A,还有D-景天庚酮糖中的这些碳都是R构型。

接下来，（iv）告诉你：

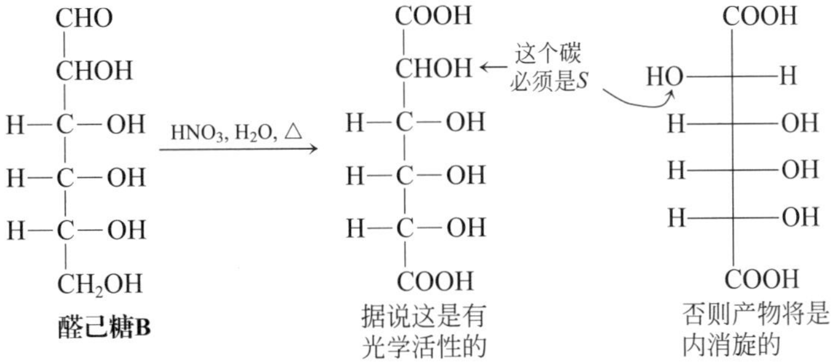

醛己糖B $\xrightarrow{HNO_3,\ H_2O,\ \triangle}$

这个碳必须是S

据说这是有光学活性的

否则产物将是内消旋的

从这些信息中，你现在可以回过头来确定这个未知物的结构。D-景天庚酮糖的手性中心一定是 3*S*，4*R*，5*R* 和 6*R*。

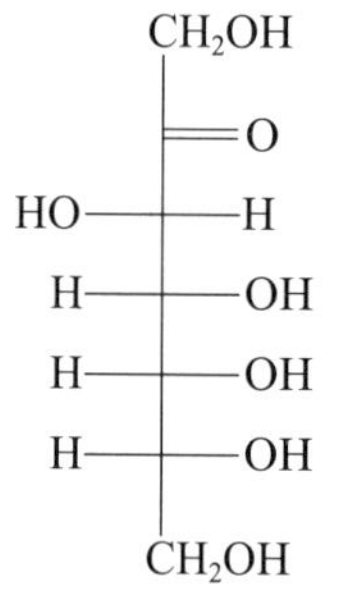

D-景天庚酮糖(D-sedoheptulose)

52. 不可能。因为 Kiliani-Fischer 的链延长不能改变起始物的手性中心。任何两个醛糖的 Kiliani-Fischer 链延长后的两对产物在新手性中心处是不同的，这与起始物链延长的原理一样。因此，它们之间是彼此的非对映异构体。

参照图 24-1 举例说明，每行所有的醛糖都是彼此的非对映异构体。Kiliani-Fischer 链延长可将上一行中的一个醛糖转化为它下面的两个醛糖。不可能一行中的两个醛糖（譬如戊糖）会得到下面相同的醛糖（己糖）。

53. 参照图 24-1，Ruff 降解是将下一行的一个醛糖转化为它上面的一个醛糖。(**a**) 半乳糖和塔罗糖二者都得到来苏糖（古洛糖得到木糖）；(**b**) 古洛糖和艾杜糖二者都得到木糖（葡萄糖得到阿拉伯糖）；(**c**) 阿洛糖和阿卓糖二者都得到核糖（甘露糖得到阿拉伯糖）。

54. D-塔罗糖链延长后形成两个醛庚糖。用 HNO_3 处理后，一个得到光学活性的二酸，另一个是没有光学活性的内消旋化合物。

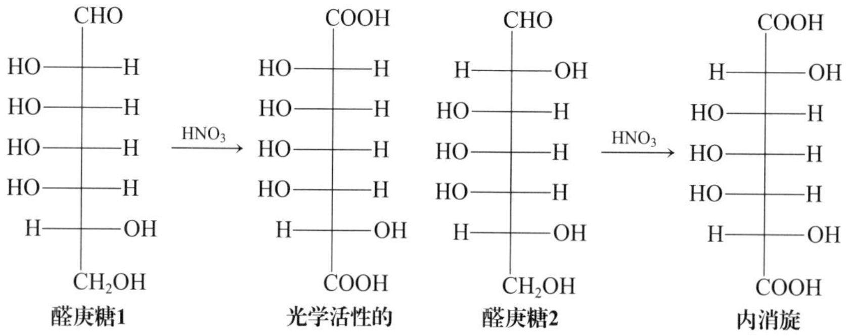

醛庚糖1 → (HNO_3) 光学活性的　　醛庚糖2 → (HNO_3) 内消旋

55. (**a**)

质子化后的产物
(两个异头物)

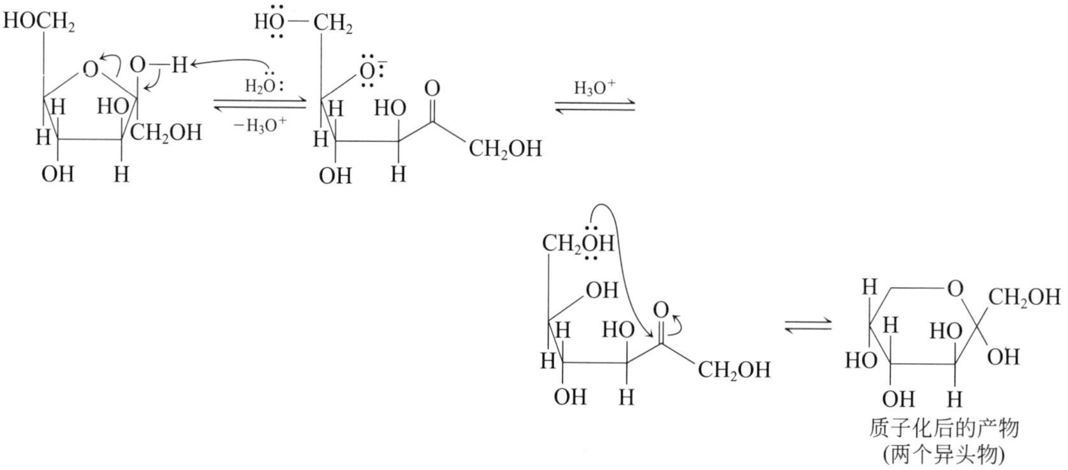

(**b**)

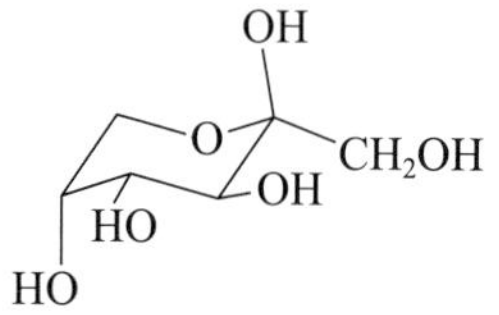

(三个平伏键和两个直立键的取代物)

(**c**) 0.65 kcal•mol^{-1} (表 2-1)

(**d**)“加权平均”的一个例子：$[\alpha]_{混合物}=X_A[\alpha]_A+X_B[\alpha]_B$，其中 X＝每个组分的摩尔分数。如果让A＝吡喃糖和B＝呋喃糖。那么，$-92°=(0.68)\times(-132°)+(0.32)\times[\alpha]_B$，则 $[\alpha]_B=-6°$.

56. 描绘出除（a）外所有化合物的环状结构并确定其异头碳，它是连接两个氧原子的碳。如果一个氧是羟基上的，那么存在半缩醛，这个糖就是还原糖，(**a**)、(**b**)、(**c**)、(**e**)、(**f**)、(**h**)、(**i**) 和 (**j**) 都是还原糖（都有半缩醛基团）。

57. 能。α-乳糖的分子结构式（24-11 节）的右下部分是半缩醛基团。

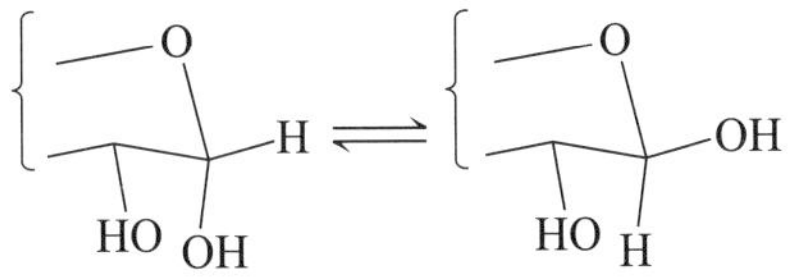

58. 海藻糖一定是 (**d**)，图中唯一的非还原糖。(**c**) 是松二糖，唯一一个含酮糖的（底下半部分）。(**a**) 是槐糖（顶部一半是 α-端基异构体，底部一半是 β-端基异构体。(**b**) 糖是由两个在 C-4 位彼此的差向异构体的醛糖组成。

59.

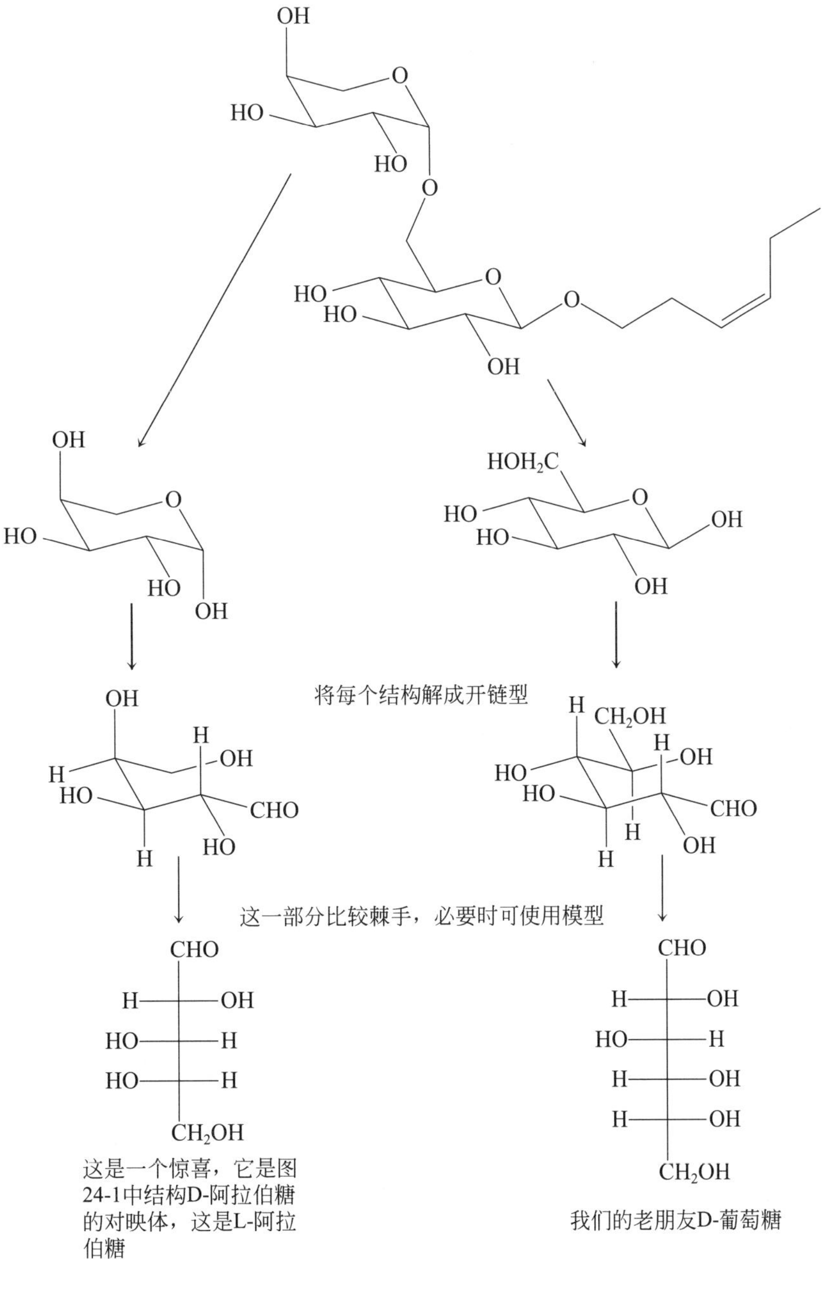

将每个结构解成开链型

这一部分比较棘手，必要时可使用模型

这是一个惊喜，它是图24-1中结构D-阿拉伯糖的对映体，这是L-阿拉伯糖

我们的老朋友D-葡萄糖

60. 结构如下图，标出三个碳水化合物单元。分开重画每个单元，然后旋转它，使其呈现一种比较常规的视角，能方便地与你知道的单糖来进行比较。

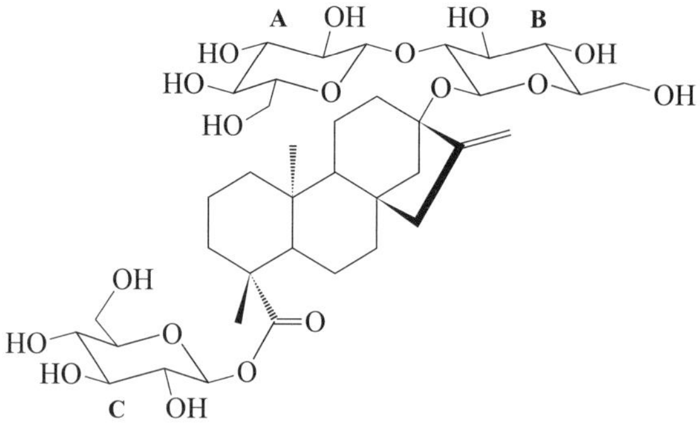

A OH HO B
HO O O OH
HO O O OH
HO
OH
HO O
HO O
C OH

A HO OH OH HO O CH_2OH 沿着水平轴旋转180° CH_2OH HO O HO OH OH

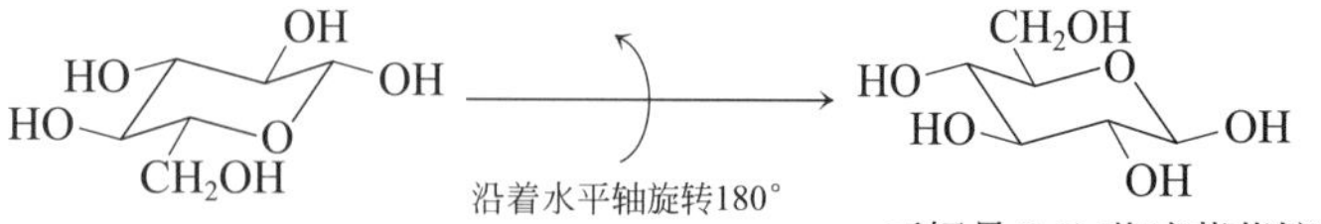

正好是β-D-吡喃葡萄糖

B HO HO OH HO O O CH_2OH 沿着直立轴旋转120°(1/3圈) CH_2OH HO O HO OH OH

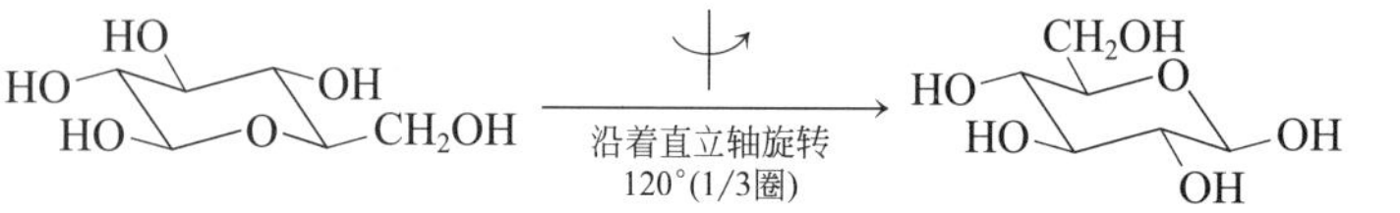

正好又是β-D-吡喃葡萄糖

C CH_2OH HO O HO OH OH 这个也是β-D-吡喃葡萄糖。

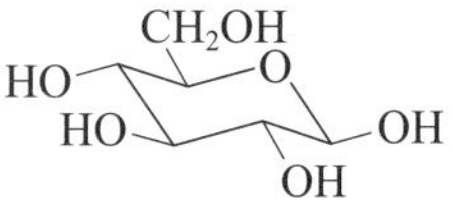

甜菊糖分子结构中含有三分子的葡萄糖。

61. 你可以在课本的1202页上找到β-D-半乳糖的一个好的构象图，即乳糖结构的左半部分。将C-1的立体化学转换成α-异构体。请注意以下答案中的名称3-(α-D-吡喃半乳糖基-1-)-β-D-吡喃半乳糖是如何转换成如下结构：

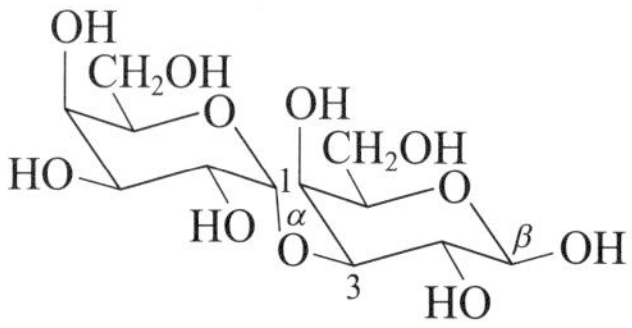

OH CH_2OH O OH CH_2OH HO 1 O HO α O 3 β OH HO

62. C-1上的羟基在质子化时很容易离去，因为产生了共振稳定的碳正离子。

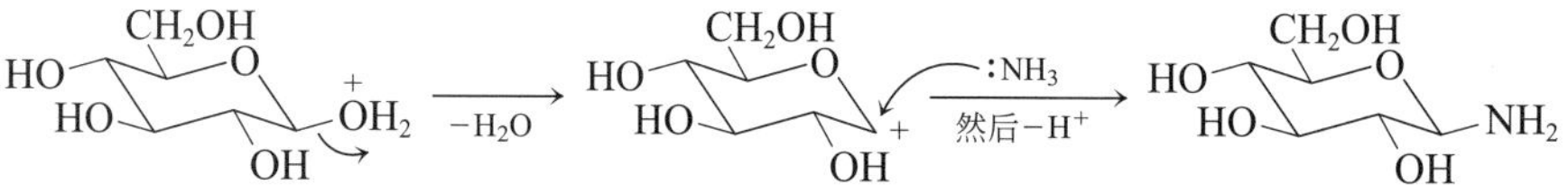

CH_2OH HO O HO $\overset{+}{O}H_2$ OH $\xrightarrow{-H_2O}$ CH_2OH HO O HO + OH $\xrightarrow[\text{然后}-H^+]{:NH_3}$ CH_2OH HO O HO NH_2 OH

63. (**a**) 这个反应是羟醛缩合！简略机理如下所示，有关更详细的资料可参阅18-6节。

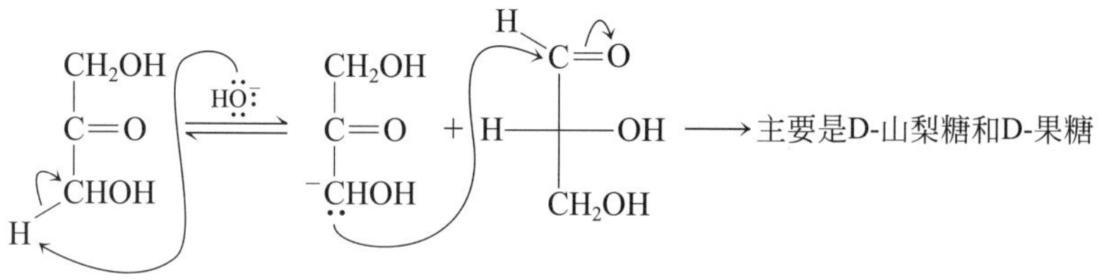

CH_2OH C=O CHOH H $\overset{HO^-}{\rightleftharpoons}$ CH_2OH C=O $^-$CHOH + H C=O H—OH CH_2OH $\longrightarrow$ 主要是D-山梨糖和D-果糖

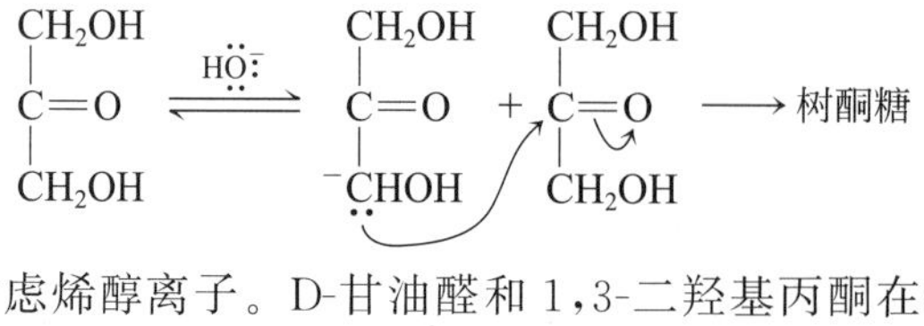

CH_2OH C=O CH_2OH $\overset{HO^-}{\rightleftharpoons}$ CH_2OH C=O $^-$CHOH + CH_2OH C=O CH_2OH $\longrightarrow$ 树酮糖

(**b**) 这个提示是想让你考虑烯醇离子。D-甘油醛和1,3-二羟基丙酮在碱性水溶液中很容易经由烯醇化物和烯醇中间体进行**相互转化**。

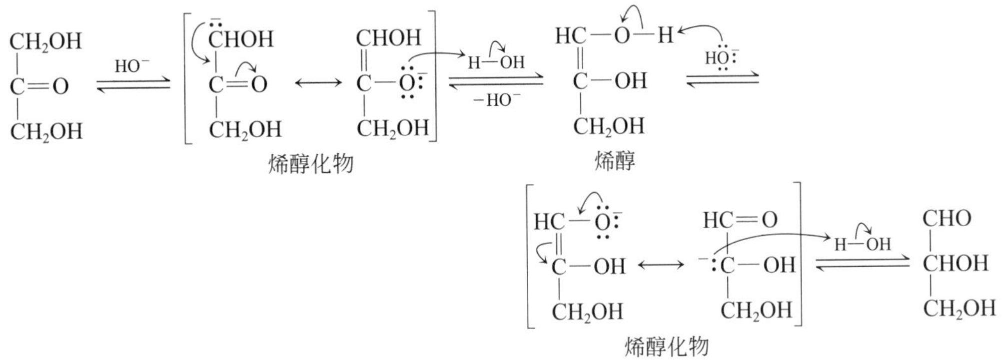

CH_2OH—C=O—CH_2OH $\overset{HO^-}{\rightleftharpoons}$ [$\ddot{C}HOH$—C=O—CH_2OH ⟷ CHOH=C—$\ddot{O}^-$—CH_2OH] $\underset{-HO^-}{\overset{H-OH}{\rightleftharpoons}}$ HC—O—H=C—OH—CH_2OH $\overset{H\ddot{O}^-}{\rightleftharpoons}$

烯醇化物 烯醇

[HC—$\ddot{O}^-$=C—OH—CH_2OH ⟷ HC=O—$^-$:C—OH—CH_2OH] $\overset{H-OH}{\rightleftharpoons}$ CHO—CHOH—CH_2OH

烯醇化物

所以这两种化合物中任何一种的碱性溶液会迅速变成这两种的混合物，(a) 中的反应就会发生。这种醛糖和酮糖的互变是很普遍的，例如葡萄糖和果糖在碱性水溶液中会互变。我们在习题 42 中看到同样的机理。

64. (**a**) Br_2，H_2O；(**b**) 看习题 44(b) 的答案；(**c**) CH_3OH，H^+；(**d**) (b) 中顶部羧酸的酯：$—COOCH_3$；(**e**) 在顶部形成酰胺$—CONH_2$。

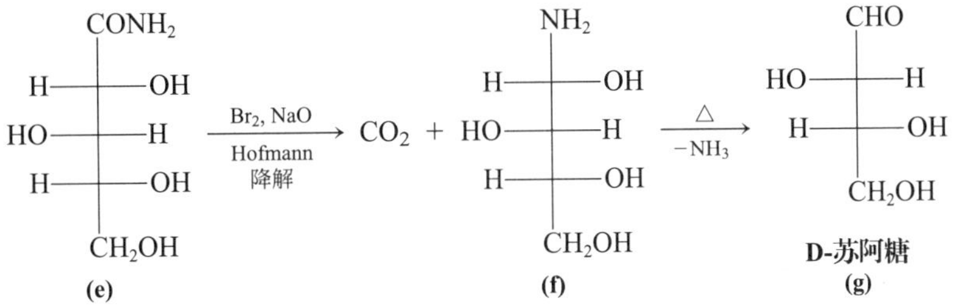

(e) $CONH_2$; H—OH; HO—H; H—OH; CH_2OH $\xrightarrow[\text{Hofmann 降解}]{Br_2, NaO}$ CO_2 + (f) NH_2; H—OH; HO—H; H—OH; CH_2OH $\xrightarrow[-NH_3]{\triangle}$ (g) CHO; HO—H; H—OH; CH_2OH

D-苏阿糖

(e) (f) (g)

羟胺 (f) 加热时容易失去 NH_3 得到醛。这一系列反应实现了从醛糖中去除 C-1 以形成少一个碳的新醛糖，就像 Wohl 和 Ruff 降解一样。

65. (**a**) CH_3OH, H^+

(**b**) CH_3O—H; H—OH; HO—H; H—OH; H—(O环); CH_2OH

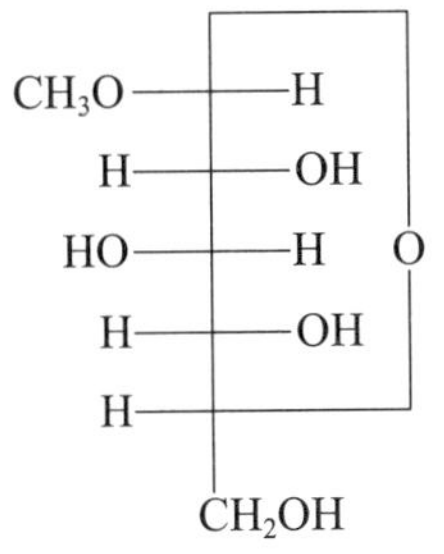

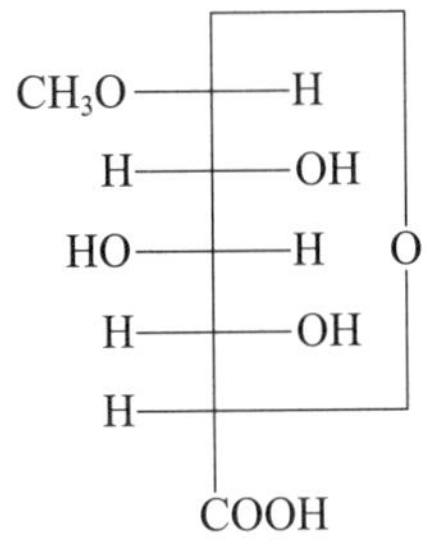

(**c**) CH_3O—H; H—OH; HO—H; H—OH; H—(O环); COOH

(**d**) CHO; H—OH; HO—H; H—OH; H—OH; COOH

(**e**) CH_2OH; H—OH; HO—H; H—OH; H—OH; COOH

(**f**) CH_2OH; H—OH; (O环)—H; H—OH; O H—OH; C=O

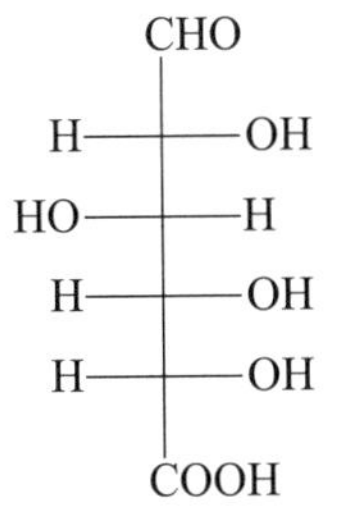

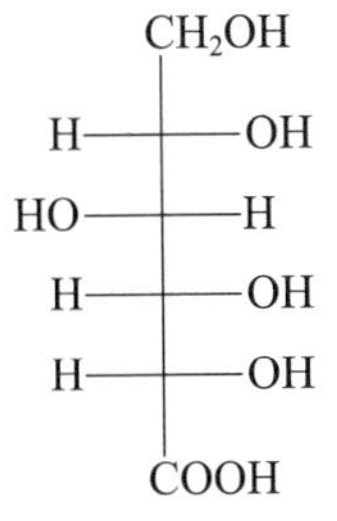

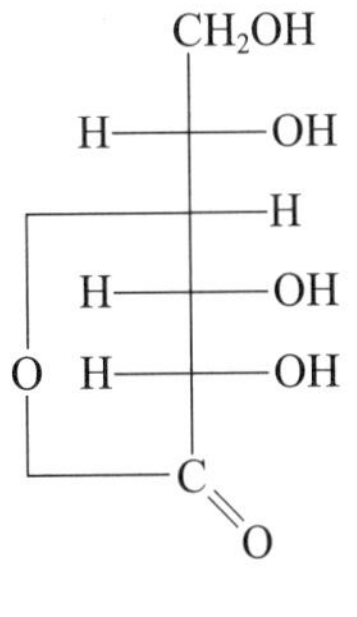

(**g**) CH_2OH; H—OH; HO—H; H—OH; H—OH; CHO $\xrightarrow{旋转180°}$ CHO; HO—H; HO—H; H—OH; HO—H; CH_2OH

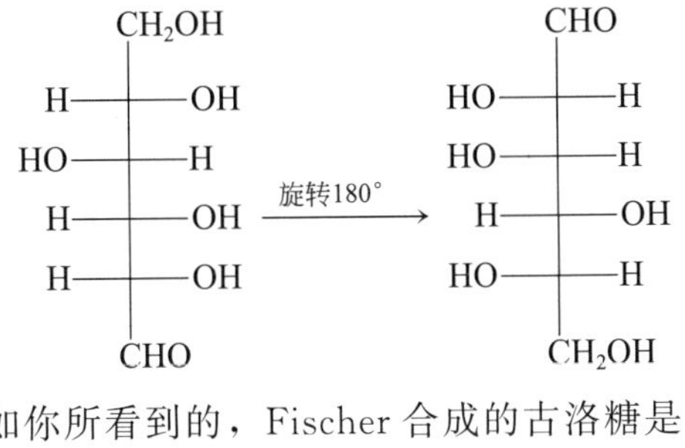

正如你所看到的，Fischer 合成的古洛糖是 L-对映异构体 (C-5 位的羟基在左边)。

66. 首先，D-葡萄糖醛酸-γ-内酯是：

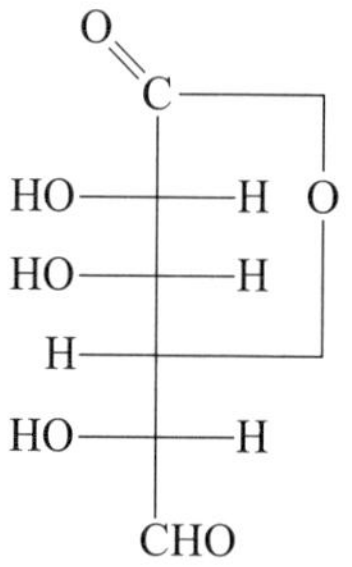

(Fischer投影式：C(=O)—O 内酯环；HO—C—H；HO—C—H；H—C—(O)；HO—C—H；CHO)

L-古洛糖酸-γ-内酯已经说明了［见习题 65(f) 答案］。

(**a**) $NaBH_4$ (**b**) 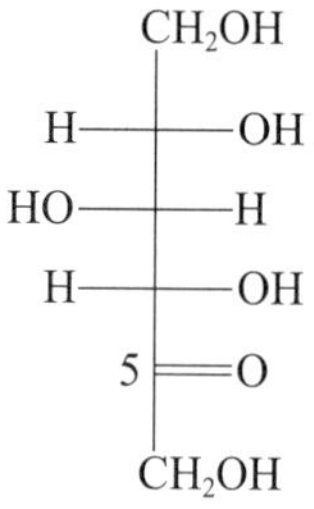 (Fischer投影式：CH_2OH；H—C—OH；HO—C—H；H—C—OH；5 C=O；CH_2OH) (**c**) (呋喃环：H、O、OH；H、HO；HOH_2C、CH_2OH；OH、H)

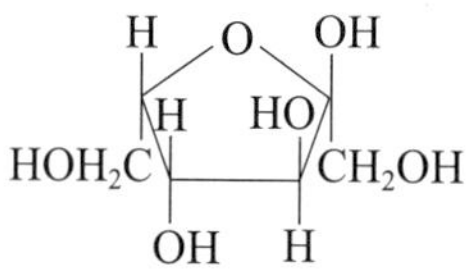

(**d**) 1. $2CH_3COCH_3$，H^+，2. $KMnO_4$ 将未保护的伯羟基氧化成羧酸；

(**e**) H_2O，H^+（水解缩醛）；

(**f**) △（$-H_2O$）。

67. 按照 24-11 节中 D-乳糖的真实结构进行。

(**a**) 温和酸断裂缩醛键，你知道连接两个单糖的是哪一种官能团，但你对缩醛基的哪些碳原子带有氧原子一无所知。

(**b**) 测试一下看看"未知物"是不是还原糖。如果是，证明两种单糖成分之一保留了半缩醛。(否则，它就像蔗糖，两个异头碳通过缩醛氧连接在一起。)

(**c**) 用硫酸二甲酯将所有的游离羟基完全甲基化，接着用温和酸水解后表明：半乳糖部分增加四个甲基，但葡萄糖部分只增加三个甲基。因此，半乳糖的异头碳是连接两个糖的缩醛基的一部分。

(**d**) 和 (**e**) 用甲基化-水解程序得到的三甲基葡萄糖产物与已知化合物进行比较是确定 C-4 和 C-5 位羟基没有被甲基化的一种方法。因为，对于这两个位置，一个必须负责二糖连接（缩醛键），另一个是环形半缩醛的一部分，但我们不知道哪个是哪个。我们需要用其他化学方法来打开半缩醛环并确定哪一个羟基是它的一部分。有这样的一个反应：在 24-4 节中我们学到醛糖（以环状的半缩醛存在）的 C-1 羟基在溴水中被氧化成（非环的）醛糖酸，因此以乳糖开始，我们会有

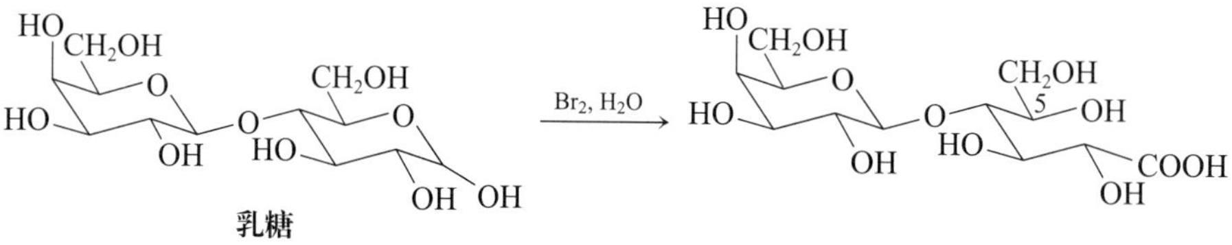

(反应式：乳糖 $\xrightarrow{Br_2,\ H_2O}$ 醛糖酸产物（HO、CH_2OH、O、HO、OH、O、CH_2OH、5、OH、HO、COOH、OH）)

乳糖

这种氧化反应不但使二糖连接的缩醛键不受影响，而且释放出环形半缩醛的羟基。因此，甲基化将发生在实际结构中（属于）半缩醛的 C-5 的羟基上（见上面）。温和酸水解后，C-5 位甲氧基的出现和 C-4 位游离羟基的存在，结果表明：二糖链连接的是葡萄糖单元的 C-4 羟基，这个葡萄糖是以含有连接到 C-5 的氧的吡喃糖环的形式存在的。

68. (**a**) **69.** (**a**)

70. (**d**) **71.** (**d**)

72. (**a**)

25

杂环：环状有机化合物中的杂原子

本章内容分为两类：非芳香杂环和芳香杂环。你已经看到了很多非芳香杂环的例子（请参阅本章正文开头部分的参考内容）。这里还会有新的，特别是三、四或五元环中含有氮原子的化合物。

杂原子也可能存在于芳香环中，具有这个特征的化合物是本章最后六节的主题。一般来说，杂环化合物的特性可根据你已经学到的原理进行预测：它们将类似于具有相似杂原子的无环化合物，除非环是具有张力的，或具有芳香性的。当环是芳香的，杂原子对其化学性质的影响将很重要，这是一个新的主题，将用到你学过的有关诱导效应和共振效应的知识。

本章概要

25-1　杂环的命名

25-2　非芳香杂环

25-3，25-4　芳香杂环戊二烯的结构、性质和反应：吡咯、呋喃和噻吩

25-5，25-6　吡啶，一个氮杂苯

最普通的单环杂芳香化合物。

25-7　喹啉和异喹啉：苯并吡啶

25-8　生物碱

含有更多的氮杂环。

本章重点

25-1 杂环的命名

请注意，教材对非芳香杂环使用严格的系统命名法，但对芳香系统则使用普遍接受的通用名称。

25-2 非芳香杂环

这一节概括了你之前了解的有关环醚的制备和反应的知识。含氮和硫的杂环化合物基本上也和含氧的相关化合物相似：开环释放环张力使较小的环（三或四个原子）更具反应性。

25-3 至 25-7 芳香杂环

五元环和六元环的杂环化合物构成了绝大多数含芳香杂原子的系统。但计算这些环状 π 体系中的电子有时会令人困惑。这里介绍一个简单方法来确定杂原子的孤对电子是否是环状 π 体系的一部分：如果**只有单键**将杂原子与其在环中的邻位原子相连接，那么来自杂原子的**一对**孤对电子可能位于 p 轨道并成为环状 π 体系的一部分，例如吡咯、呋喃和噻吩。值得注意的是，在呋喃和噻吩中，杂原子的两对孤对电子中只有一对是 π 体系的一部分，在 sp^2 轨道上的另一对与分子的芳香性无关。如果杂原子与另一个成环原子以双键连接，如吡啶，则其中的孤对电子将位于 sp^2 轨道中，并且**永远不会**计入分子中的环状 π 体系。尝试将这些规则应用于这几节中所阐明的尽可能多的结构中（它们都是芳香族的），这样，你就会知道答案应该是什么。

通常，芳香杂环的合成是利用羰基缩合反应结合烯醇化物和杂原子亲核试剂对 α,β-不饱和羰基化合物的 1,2-或 1,4-加成来实现的，这里基本上没有什么新的化学反应类型。这些芳香杂环的反应混合了苯-芳香族化学和具有相同杂原子的非芳香类似物化学。呋喃是一个很好的例子：它发生亲电取代（芳香族化学），在酸中开环（醚化学）和 Diels-Alder 环加成（二烯化学）。将这里的大量反应放入适当的地方应该有助于你的知识系统化以进行学习和解决问题。

习 题

30. 命名以下化合物或画出其结构。（**a**）顺-2,3-二苯基氧杂环丙烷；（**b**）3-氮杂环丁酮；（**c**）1,3-氧杂硫杂环戊烷；（**d**）2-丁基-1,3-二硫杂环己烷。

（**e**） 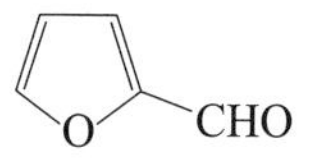 O, CHO

（**f**） 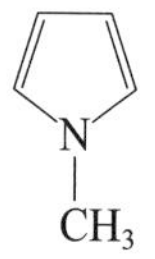 N, CH_3

（**g**） 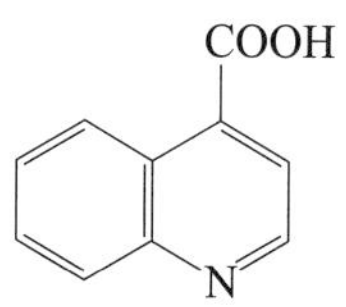 COOH, N

（**h**） CH_3, S, CH_3

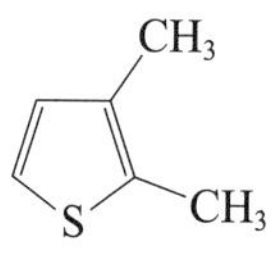

31. 尽你所能用名称（IUPAC 命名或常用名）识别教材中表 25-1 中所示结构中包含的杂环化合物。

32. 给出下列各系列反应的预期产物。

（**a**） 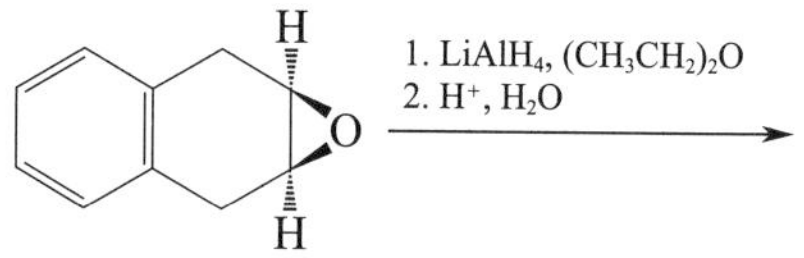 H, O, H —— 1. $LiAlH_4$, $(CH_3CH_2)_2O$; 2. H^+, H_2O ⟶

（**b**） N, CH_3 —— $NaOCH_2CH_3$, CH_3CH_2OH, △ ⟶

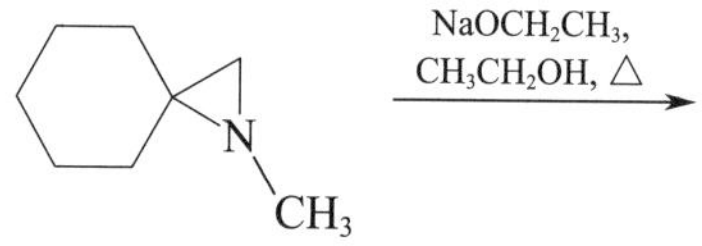

（**c**） OCH_2CH_3, H_3C, O, CH_3, CH_3 —— 稀 HCl, H_2O ⟶

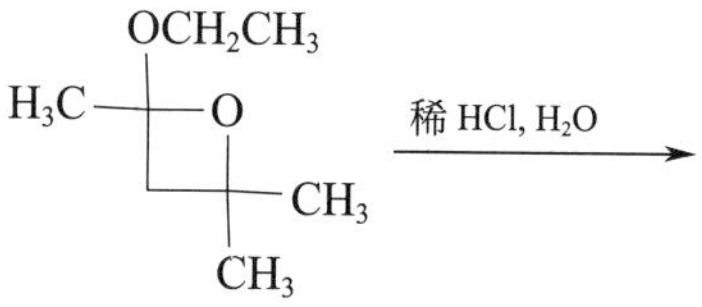

33. 青霉素是一类含两个杂环的抗生素，它干扰细菌细胞壁的形成（真实生活 20-2）。该干

扰是由青霉素与蛋白质的氨基反应引起的，该蛋白质可以封闭细胞壁构建过程中产生的间隙。细胞内部物质漏出，有机体死亡。（**a**）试为青霉素 G 与蛋白质氨基（蛋白质-NH_2）的反应给出合理的产物（**提示：**首先找出青霉素中最活泼的亲电位点）。

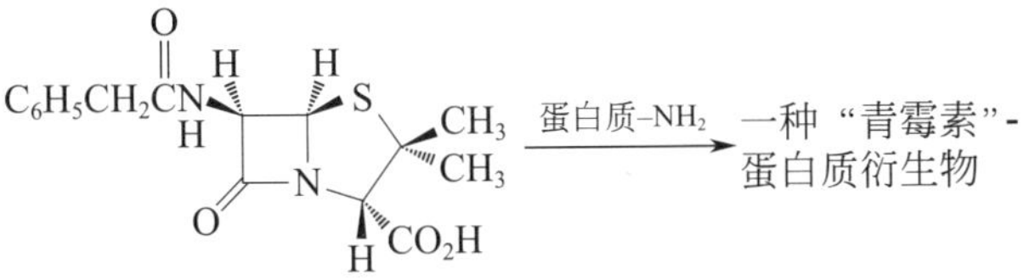
蛋白质-NH2
一种"青霉素"-蛋白质衍生物

青霉素 G

（**b**）青霉素抗性细菌分泌一种酶（青霉素水解酶），它催化该抗生素的水解速率快于该抗生素进攻细胞壁蛋白质的速率。试给出该水解产物的结构，并给出一个理由，为什么水解破坏了青霉素的抗生素性质？

青霉素 G $\xrightarrow{H_2O，青霉素水解酶}$ 青霉酸

（水解产物，没有抗生素活性）

34. 试为下面的转化提出合理的机理。

（**a**）
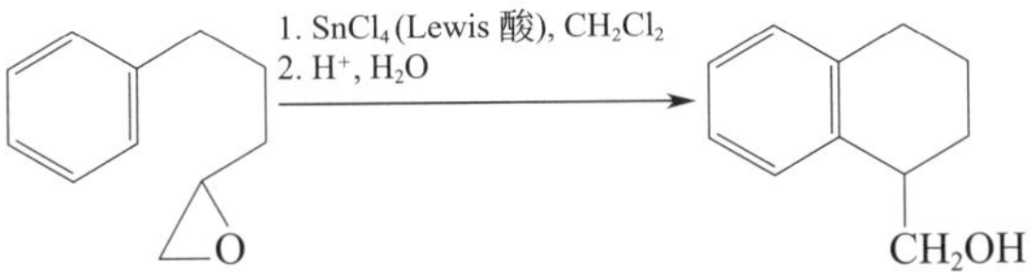
1. SnCl4(Lewis 酸), CH2Cl2
2. H+, H2O

（**b**）
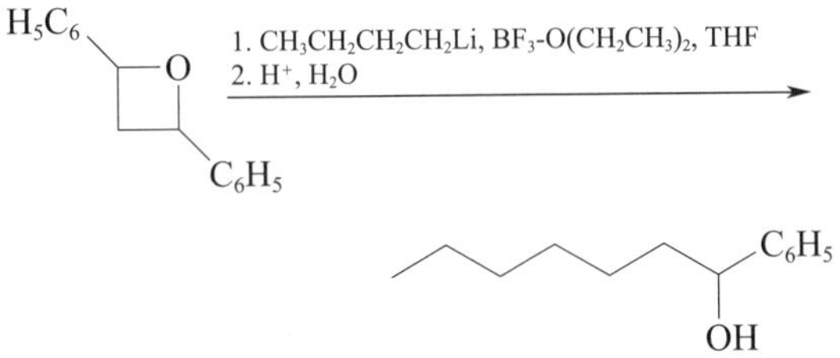
1. CH3CH2CH2CH2Li, BF3-O(CH2CH3)2, THF
2. H+, H2O

（**c**）
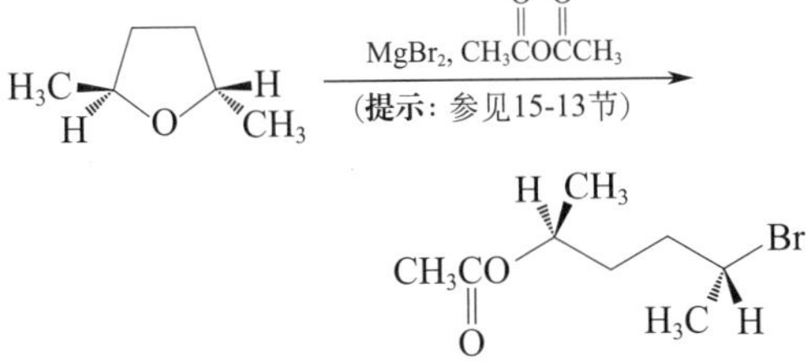
MgBr2, CH3COCCH3
(提示：参见15-13节)

35. 按碱性递增的顺序排列以下物质：水、氢氧化物、吡啶、吡咯、氨。

36.（**a**）下面的杂环戊二烯都含有一个以上的杂原子。找出被杂原子上的所有孤对电子占据的轨道，确定这些分子是否符合芳香性的要求。这些分子中的哪些比吡咯的碱性更强？

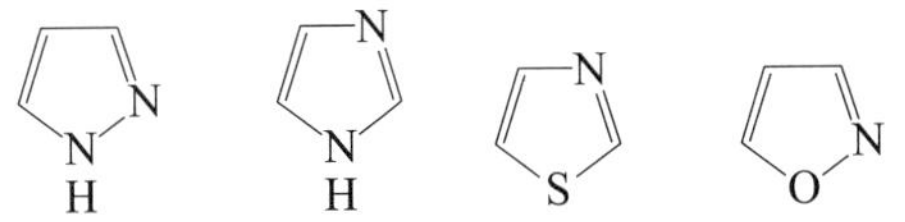

吡唑　咪唑　噻唑　异噁唑

（**b**）以下反应是由 *N*-杂环卡宾（NHC）引起的醛二聚反应的一个例子，*N*-杂环卡宾是一类化合物的成员之一，这种化合物在无金属催化领域得到越来越多的应用。这些过程为生物燃料和生物塑料的制备提供了更加"绿色"的有用原料。

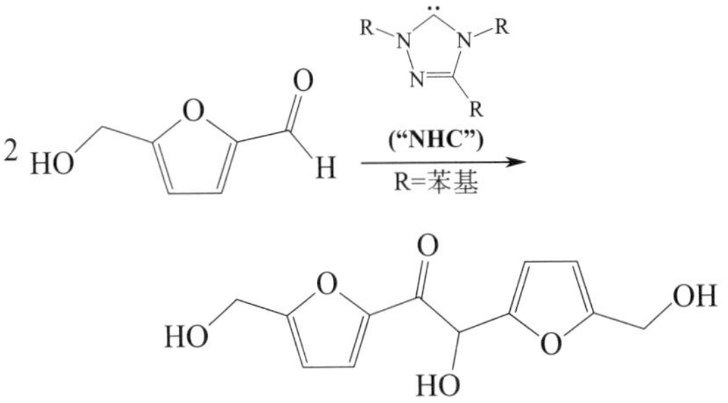
("NHC")
R=苯基

（i）描述 NHC（氮杂环）卡宾环中原子的轨道特征，特别要注意孤对电子。你认为这个化合物是芳香性的吗？（**提示：**复习卡宾的电子结构，参见 12-9 节。）

（ii）NHC 与一种天然产物密切相关，这种天然产物催化过程与题目所画的过程很相似。它是什么？（**提示：**参见 23-4 节。）

（iii）以你在（ii）中确定的物质的机理化学作为模型，提出上述转化的机理。

37. 给出下列每个反应的产物。

（**a**）
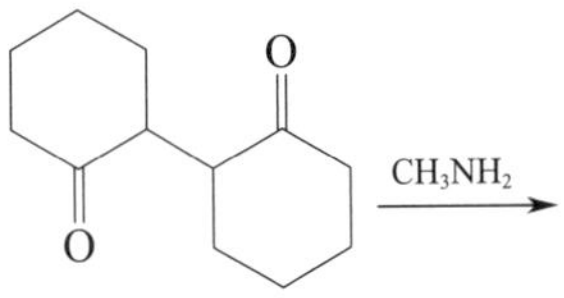
CH3NH2

（**b**）
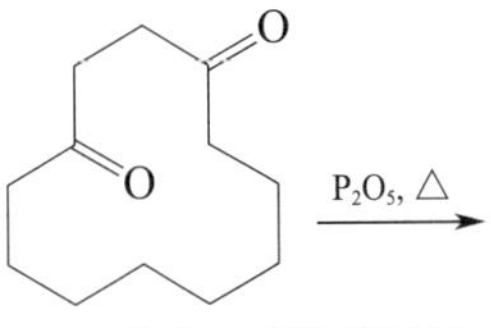
P2O5, △

38. 1-杂-2,4-环戊二烯可通过 α-二羰基化合物与某些含杂原子的二酯的缩合来制备。试为下面的吡咯合成提出机理。

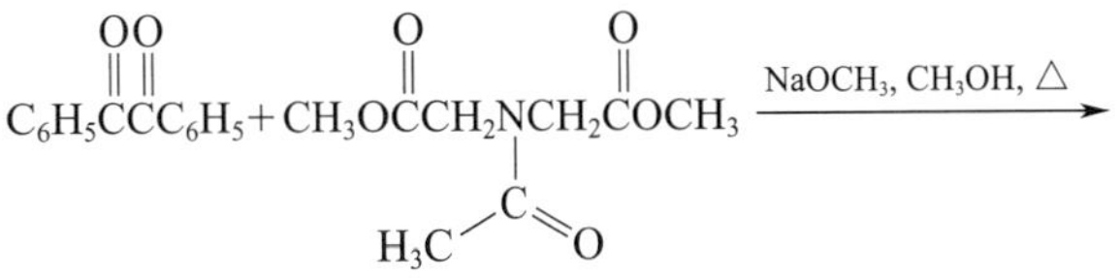
NaOCH3, CH3OH, △

H_5C_6　C_6H_5

CH_3OOC　N　$COOCH_3$
H

如何用类似的途径合成 2,5-噻吩二羧酸？

39. 给出下列每个反应预期的主产物。解释在每种情况下你是如何选择取代位置的。

(a) $COOCH_3$ $\xrightarrow{Cl_2}$

(b) S CH_3 $\xrightarrow{HNO_3,\ H_2SO_4}$

(c) S C(=O)CH_3 $\xrightarrow{CH_3CHClCH_3,\ AlCl_3}$

(d) Br S $\xrightarrow{Br_2}$

(e) N N H $\xrightarrow{C_6H_5N_2^+Cl^-,\ NaOH,\ H_2O}$ (**提示:** 碱性条件。首先在氮上去质子化。)

40. 给出下列每个反应的预期产物。

(a) H_3C N CH_3 N $\xrightarrow{发烟\ H_2SO_4,\ 270°C}$

(b) O + S O O O $\xrightarrow{\triangle,压力}$

(c) N Br $\xrightarrow{KSH,\ CH_3OH,\ \triangle}$

(d) S $\xrightarrow{1.\ C_6H_5COCl,\ SnCl_4\quad 2.\ Raney\ Ni,\ \triangle}$

(e) N $\xrightarrow{(CH_3)_3CLi,\ THF,\ \triangle}$

41. 用本章所介绍的合成反应，提出下列每个取代杂环的合成路线。

(a) H_3C CH_3 H_3C O CH_3　(b) H_5C_6 N C_6H_5

(c) H_3C CH_3 N H　(d) CH_3 H_3C S

42. 在 25-8 节中给出了咖啡因（咖啡中的主要兴奋剂）以及可可碱（巧克力中的类似物）的结构。请提出一个从可可碱转化为咖啡因的有效的合成方法。

43. 三聚氰胺或 1,3,5-三氮杂苯-2,4,6-三胺是一种杂环化合物。它与因摄入受三聚氰胺沾污的食品的家养宠物和人的肾功能衰竭引起的疾病和死亡有关。正如它的分子式所显示，三聚氰胺的含氮量很高。蛋白质（第 26 章）是食品中氮的主要天然来源，氮分析通常用于测定食品中蛋白质的含量，非法在包装食品中加入三聚氰胺可以增加它们的氮含量并使它们看起来更富含蛋白质；实际上，它们是致命的。(a) 食品中典型的蛋白质含有大约 15％的氮，三聚氰胺中 N 的质量分数是多少？这个结果是否解释了三聚氰胺"掺杂"包装食品背后的动机？(b) 通常向氰脲酰氯（2,4,6-三氯-1,3,5-三氮杂苯）加入氨来合成三聚氰胺。这是什么类型的反应？用分子式画出反应机理并解释为什么氰脲酰氯会发生这种类型的化学反应。

Cl N N Cl N Cl $\xrightarrow{NH_3}$ NH_2 N N H_2N N NH_2

氰脲酰氯　**三聚氰胺**

44. 白屈菜酸是 4-氧杂环己酮（常用名为 γ-吡喃酮）的衍生物，存在于多种植物中，可由丙酮和乙二酸二乙酯合成。试为该转化提出机理。

$CH_3\overset{O}{\overset{\|}{C}}CH_3$ + 2 $CH_3CH_2O\overset{O}{\overset{\|}{C}}\overset{O}{\overset{\|}{C}}OCH_2CH_3$

$\xrightarrow{1.\ NaOCH_2CH_3,\ CH_3CH_2OH\quad 2.\ HCl,\ \triangle}$ HOOC O COOH（4 位 =O）

白屈菜酸

45. 卟啉是生命体系中（26-8 节）运输氧气的血红蛋白和肌红蛋白分子的多杂环成分；也是在生物氧化还原过程中（22-9 节）起核心作用的细胞色素的多杂环组分；以及调节所有绿色植物光合作用的叶绿素（真实生活 24-1）的多杂环组分。卟啉是在酸的存在下吡咯和醛之间显著反应的产物。

N
H
+
:O:
R　C　H
$\xrightarrow{H^+}$
R
N　H
N
R　R
N
H　N
R

卟啉

这种反应很复杂，步骤很多。一分子苯甲醛和两分子吡咯经较简单的缩合得到如下面所示的产物二吡咯基甲烷，说明了卟啉形成的第一阶段。试为这一过程提出分步机理。

H　C　O:
2　N
H
+
$\xrightarrow{H^+}$
N
H　N
H

二吡咯基甲烷

46. 异噁唑（习题 36）作为合成目标越来越重要，因为它们存在于一些最近发现的有希望成为抗生素的天然分子结构中（真实生活 20-2）。异噁唑可通过炔与含有特殊氧化腈官能团的试剂来制备：

$RC\equiv CR + R'C\equiv \overset{+}{N}—\ddot{O}:^- \longrightarrow$
R′　N　O
R　R

氧化腈　异噁唑

试为此过程提出机理。

47. 利血平（Reserpine）是天然存在的吲哚生物碱，具有强大的镇静和抗高血压活性。许多这样的化合物具有特征的结构特点：化合物中嵌入 2-(3-吲哚基)-乙胺（色胺）的基本结构（教材 1238 页页边）。

CH_3O　N
N
H　H　H
H
OOC　OCH_3
OCH_3
OCH_3
CH_3OOC　OCH_3

利血平

已经合成了具有该结构特征经修饰的一系列化合物，它们都具有抗高血压活性以及抗纤维性颤动的性质。这里显示了一个这样的合成。命名或画出（a）～（c）结构中缺少的试剂和产物。

N　$CO_2CH_2CH_3$　$\xrightarrow{\text{(a)}}$　N
H　$CO_2CH_2CH_3$

H
N
$\xrightarrow[-CH_3CH_2OH]{H_2C—CH_2,\triangle} C_8H_{14}N_2O \xrightarrow{LiAlH_4} C_8H_{16}N_2$

(b)　(c)

48. 从苯胺和吡啶开始，试提出抗微生物的磺胺类药物磺胺吡啶的合成路线。

N
O
NHS　NH_2
O

磺胺吡啶

49. 苯并咪唑衍生物具有类似吲哚和嘌呤（其中腺嘌呤是一个例子，参见 25-1 节和真实生活 25-2）的生物活性。苯并咪唑通常是从 1,2-苯二胺制备的。试为从 1,2-苯二胺合成 2-甲基苯并咪唑设计一条简短的合成路线。

N
N　H　N
H　N
N　N
H

苯并咪唑　吲哚　嘌呤

NH_2
?
N
CH_3
NH_2　N
H

1,2-苯二胺　2-甲基苯并咪唑

50. Darzens 缩合是合成三元杂环的比较古老的方法（1904 年）。最常见的是在碱存在下 2-卤代酯与羰基衍生物的反应。下面的 Darzens 缩合的例子说明它是如何应用于氧杂环丙烷环和氮杂环丙烷环的合成的。试为每个反应提出合理的机理。

(a) $C_6H_5CHO + C_6H_5\overset{Cl}{\overset{|}{C}}HCOOCH_2CH_3 \xrightarrow[(CH_3)_3COH]{KOC(CH_3)_3,}$ $H_5C_6-\underset{H}{C}\overset{O}{-}C(C_6H_5)COOCH_2CH_3$

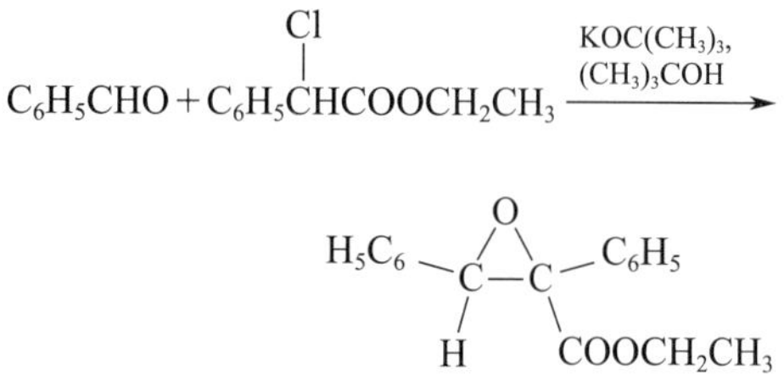

(b) $C_6H_5CH{=}NC_6H_5 + ClCH_2COOCH_2CH_3 \xrightarrow[CH_3OCH_2CH_2OCH_3]{KOC(CH_3)_3,}$ $C_6H_5CH-\overset{N(C_6H_5)}{}-CHCOOCH_2CH_3$

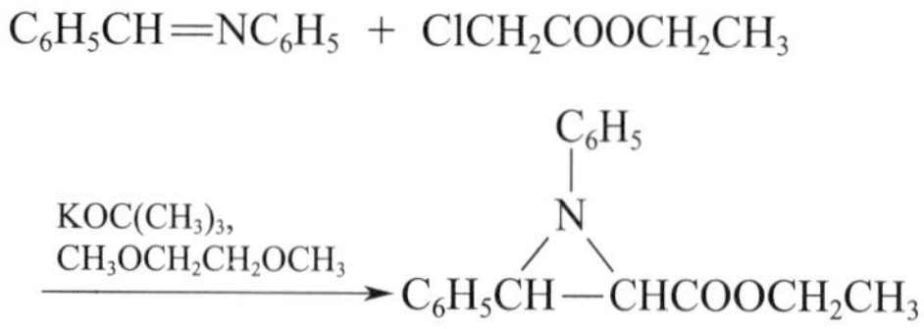

51. (**a**) 面所显示的化合物的常用名是 1,3-二溴-5,5-二甲基乙内酰脲，它可用作加成反应的亲电溴（Br^+）的来源。试给出该杂环化合物的系统命名。

(**b**) 更特殊的杂环化合物（ii）是通过以下反应系列制备的。试用所给的信息推导出化合物（i）和（ii）的结构，并命名后者。

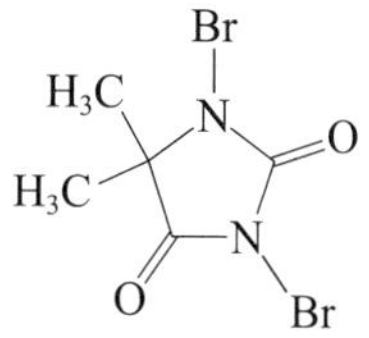

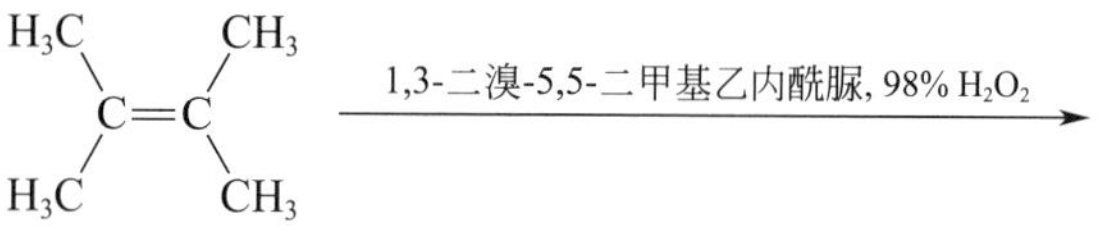

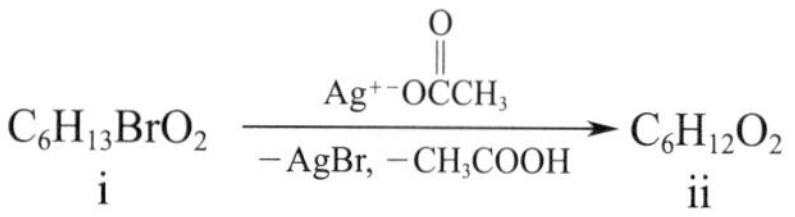

$(CH_3)_2C{=}C(CH_3)_2 \xrightarrow{1,3\text{-二溴-5,5-二甲基乙内酰脲},\ 98\%\ H_2O_2}$

$\underset{i}{C_6H_{13}BrO_2} \xrightarrow[-AgBr,\ -CH_3COOH]{Ag^{+}\ {}^{-}OCCH_3\ (O)} \underset{ii}{C_6H_{12}O_2}$

杂环（ii）是黄色结晶，是闻起来有甜味的化合物，温和加热使它分解为 2 分子丙酮，其中之一直接以 n→π* 激发态（14-11 节和 17-3 节）的形式形成。这个电子受激发的产物是化学发光的。

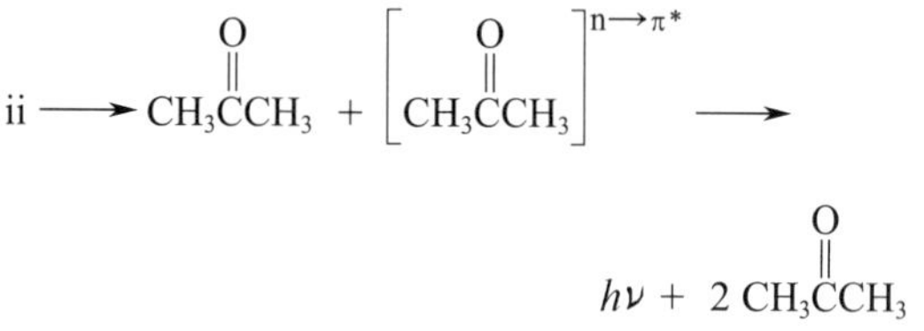

$$ii \longrightarrow CH_3\overset{O}{\overset{\|}{C}}CH_3 + \left[CH_3\overset{O}{\overset{\|}{C}}CH_3\right]^{n\rightarrow\pi^*} \longrightarrow h\nu + 2\,CH_3\overset{O}{\overset{\|}{C}}CH_3$$

与化合物（ii）类似的杂环是许多生物物种产生化学发光的原因［如萤火虫（真实生活 9-1）和几种深海鱼类］；它们也在商用的化学发光产品中用作能源，如荧光棒。

52. 氮杂环己烷（哌啶）可通过氨与交叉共轭的二烯酮（酮与双键在两侧共轭）的反应来合成。试为以下 2,2,6,6-四甲基氮杂-4-环己酮的合成提出机理。

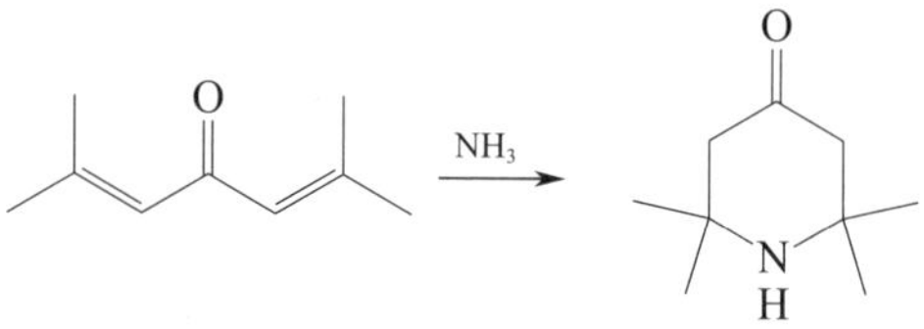

$\xrightarrow{NH_3}$

53. 喹啉（25-7 节）是广泛用于药物化学的杂环，因为它们的衍生物显示出生物活性的多样性，包括抗癌效用。合成 3-酰基二氢喹啉（温和氧化可将其转变为 3-酰基喹啉）的反应如下所示。试提出这个过程的机理（**提示**：回顾 18-10 节）。

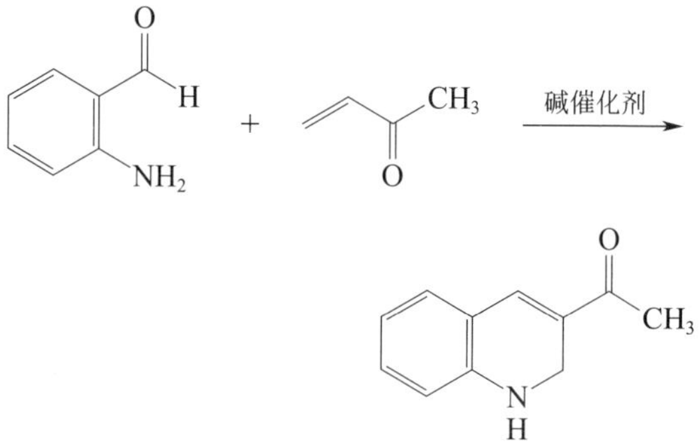

$+ \xrightarrow{碱催化剂}$

54. 挑战题 3-乙酰基喹啉在硫酸和发烟硝酸的混合物存在下发生硝化反应，你预期会在哪个位置发生？这个反应比喹啉本身的硝化反应快还是慢？

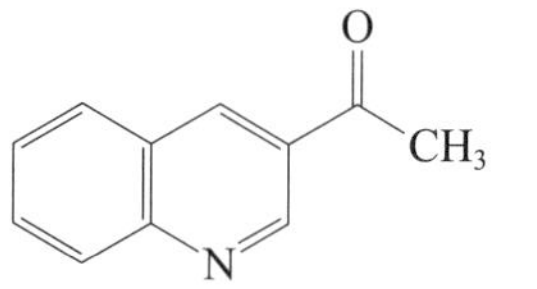

3-乙酰基喹啉

55. 化合物 A，C_8H_8O，显示 ^1H NMR 谱图 A。用浓盐酸水溶液处理后，它几乎立刻转化为谱图 B 所示的化合物。化合物 A 是什么？用酸水溶液处理后的产物又是什么？

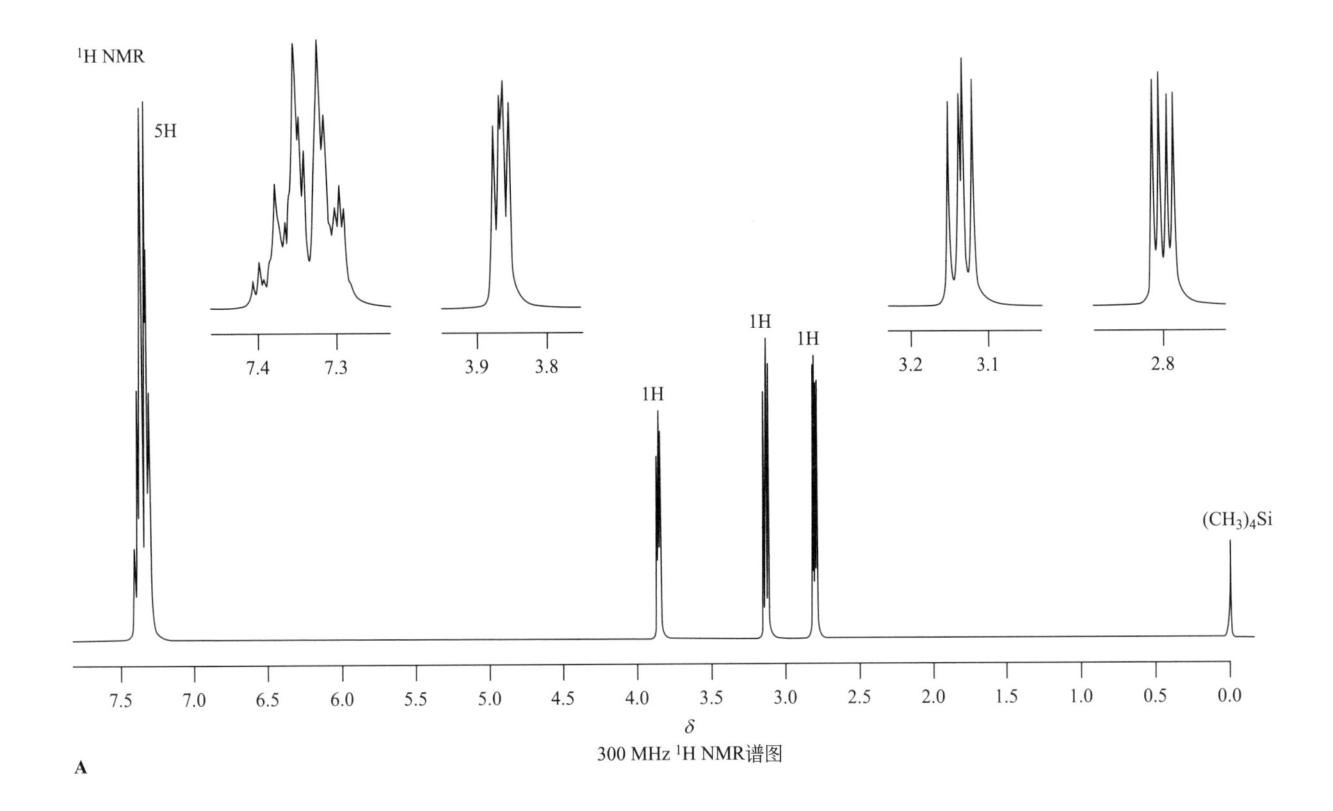

A　300 MHz ^1H NMR谱图

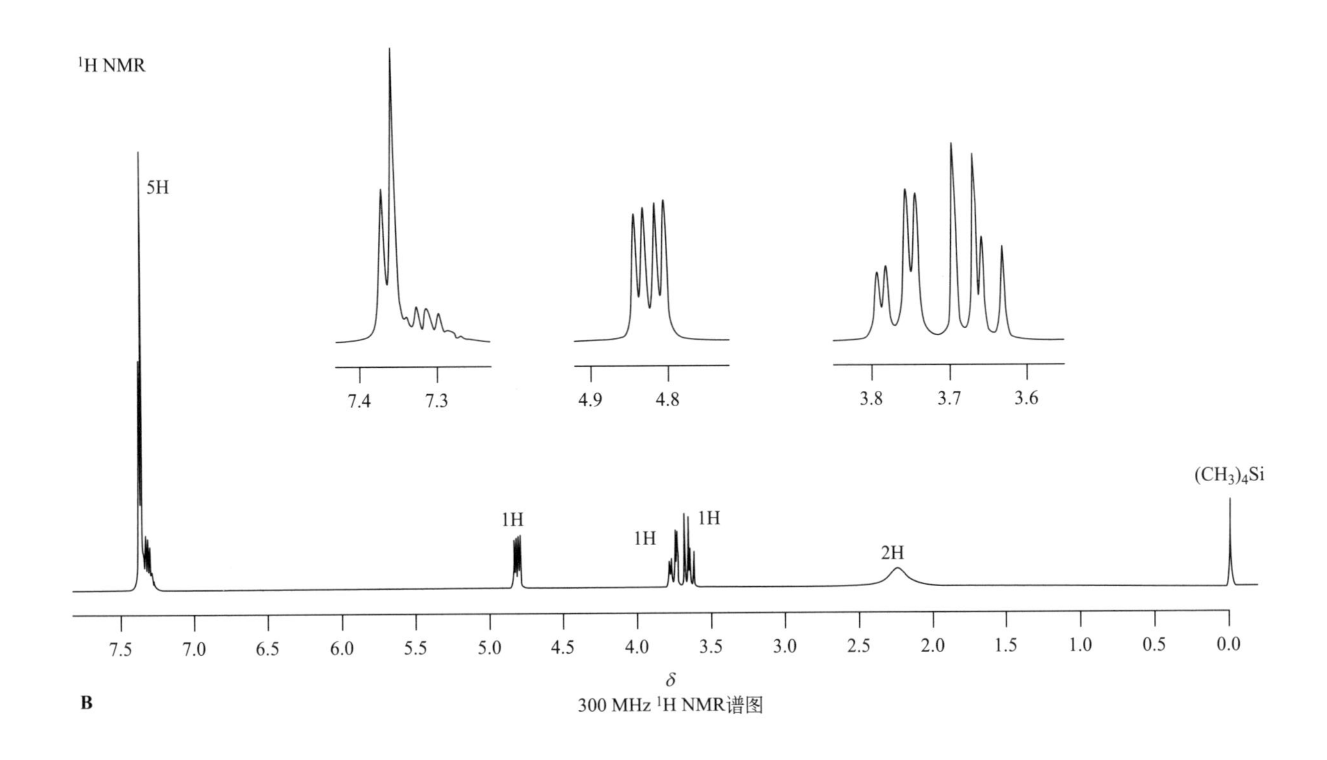

B　300 MHz ^1H NMR谱图

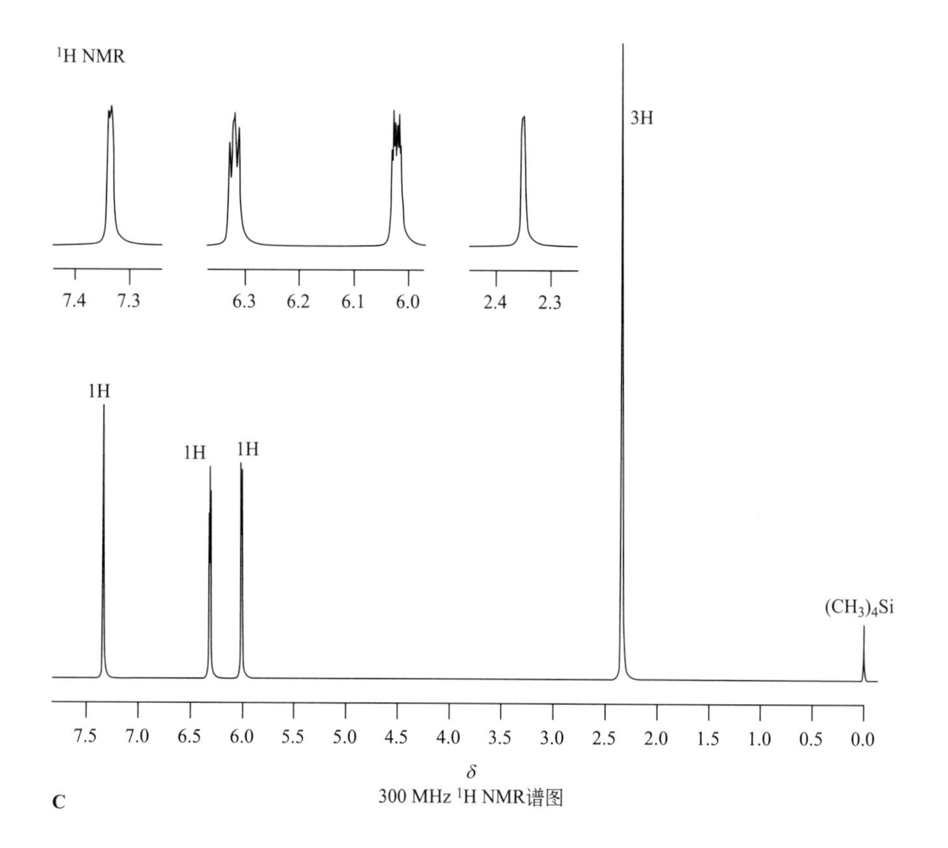

C

300 MHz ^{1}H NMR谱图

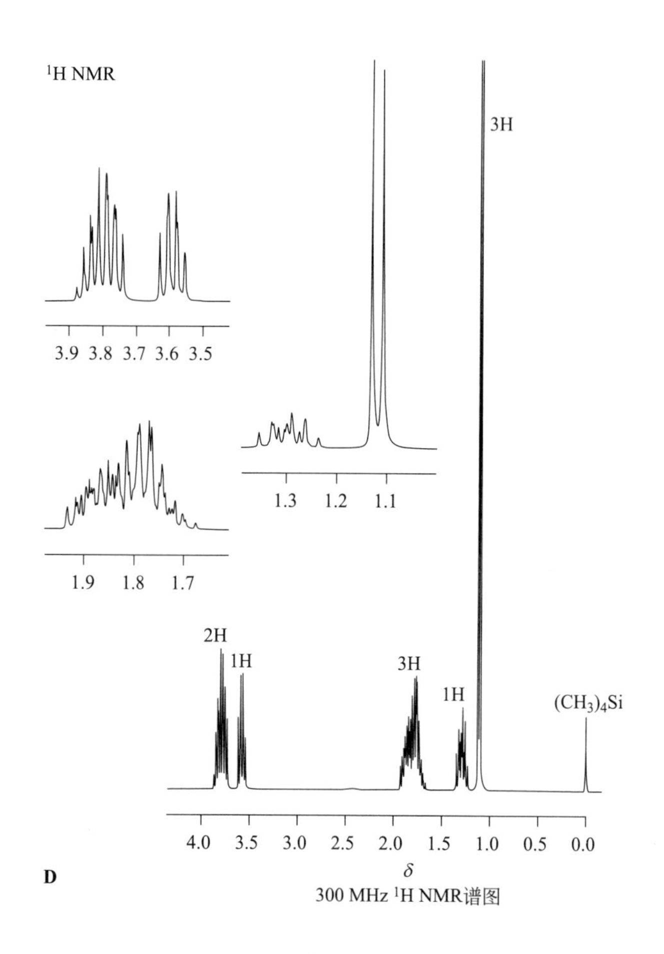

D

300 MHz ^{1}H NMR谱图

56. 杂环 C，分子式为 C_6H_5O，显示^{1}H NMR 的谱图 C，用 H_2 和 Raney Ni 转化为化合物 D（$C_5H_{10}O$），显示谱图 D。试鉴定化合物 C 和 D。（**注意：**本题和下一题中化合物的偶合常数都很小，因此在结构鉴定中不像苯环的偶合常数那样有用。）

57. 挑战题　一种有用的杂环衍生物的商业合成需要在脱水条件下用热酸处理戊醛糖混合物（来自玉米芯、稻草等）。产物 E 有^{1}H NMR 谱图 E，在 1670 cm^{-1} 处有强 IR 谱带，并且以近乎定量的产率形成。试鉴定化合物 E 并提出其形成机理。

$$\text{戊醛糖} \xrightarrow{H^+,\triangle} \underset{\mathbf{E}}{C_5H_4O_2}$$

化合物 E 是有价值的合成原料。下面的反应将它转化为 furethonium，它可用于治疗青光眼。化合物 furethonium 的结构是什么？

$$\text{E} \xrightarrow[\text{2. 过量 } CH_3I,\ (CH_3CH_2)_2O]{\text{1. } NH_3,\ NaBH_3CN} \text{furethonium}$$

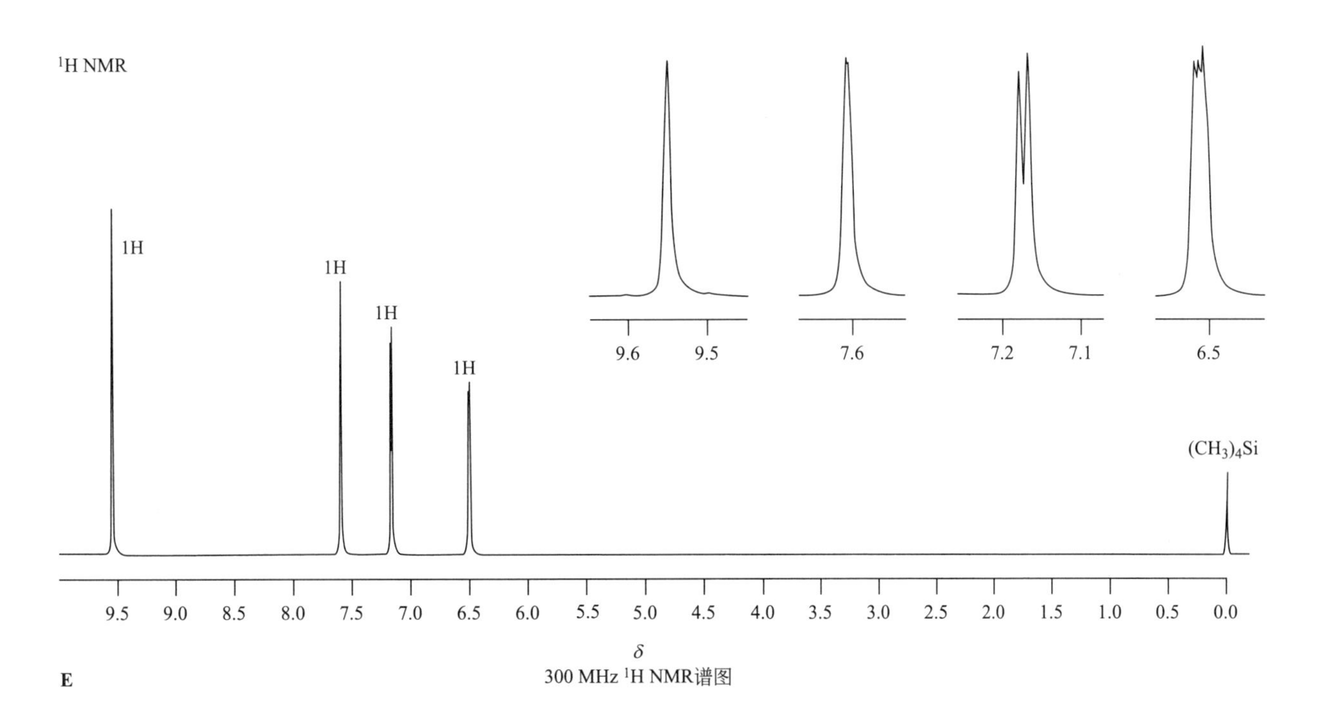

E　300 MHz ^{1}H NMR谱图

58. 挑战题　用 $LiAlH_4$ 在 $(CH_3CH_2)_2O$ 中处理 3-烷酰基吲哚将羰基完全还原为 CH_2 基团。试用可能的机理解释。（**提示：**烷氧基被氢负离子直接 S_N2 取代是不可能的。）

（3-烷酰基吲哚 $\xrightarrow[(CH_3CH_2)_2O,\ \triangle]{\text{过量 } LiAlH_4}$ 3-CH_2R-吲哚）　（比较　$C_6H_5COR \xrightarrow{LiAlH_4} C_6H_5CH(OH)R$）

59. 下边的系列反应是本章一个杂环的快速合成。试画出该产物的结构，它显示^{1}H NMR 谱图 F（下一页）。

茚 $\xrightarrow{\text{1. } O_3,\ CH_2Cl_2;\ \text{2. } (CH_3)_2S;\ \text{3. } NH_3}$

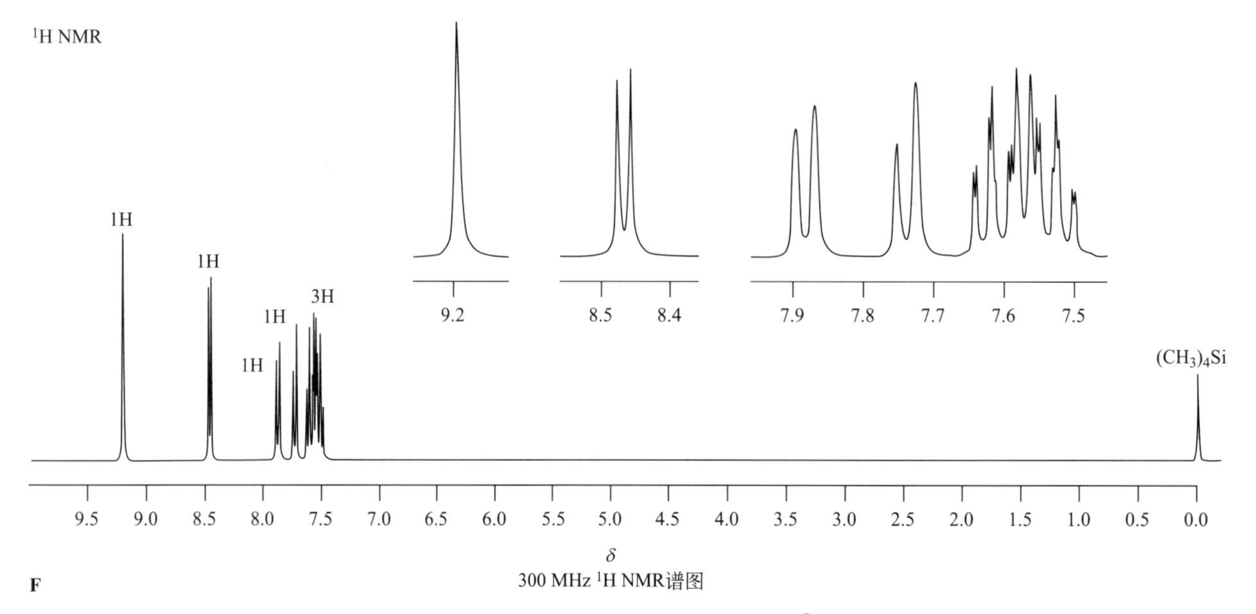

F 300 MHz ^1H NMR谱图

团队练习

60. 本练习引入两个文献报道的吲哚衍生物的合成方法，现在要你们提出可能的机理。分两组，每个小组集中讨论其中一个方法。

2-苯基吲哚的 Fischer 吲哚合成

H^+, $-H_2O$；H^+, $-NH_4^+$

2-苯基吲哚

在该过程中，可烯醇化的醛或酮的腙在强酸中加热，发生闭环的同时释放出氨，得到吲哚核。［**提示**：该反应的机理分 5 个阶段进行：(1) 亚胺-烯胺互变异构（回忆 17-9 节）；(2) 电环化反应（“二氮杂-Cope”重排，回忆 22-7 节）；(3) 另一个亚胺-烯胺（现在是苯胺）互变异构；(4) 杂环的闭环；(5) NH_3 的消除。］

吲哚-2-羧酸乙酯的 Reissert 吲哚合成

2-甲基硝基苯（邻硝基甲苯） + 草酸二乙酯 $\xrightarrow{K^{+-}OCH_2CH_3}$ **2-氧代丙酸乙酯（丙酮酸酯）** $\xrightarrow{H_2, Pt}$ **吲哚-2-羧酸乙酯**（$CO_2CH_2CH_3$）

在该过程中，首先将 2-甲基硝基苯（邻硝基甲苯）转化为 2-氧代丙酸乙酯（丙酮酸酯，参见真实生活 23-2），还原后，转化为目标吲哚。［**提示**：(1) 硝基是第一步成功的关键，为什么？这一步是否让你回想起另一个反应？哪一个？(2) 哪一个官能团是还原步骤的目标（回忆 16-5 节）？(3) 杂环的闭环需要缩合反应。］

预科练习

61. 吡啶的质子去偶 ^{13}C NMR 谱图会显示几个峰？(**a**) 1 个；(**b**) 2 个；(**c**) 3 个；(**d**) 4 个；(**e**) 5 个。

62. 吡咯是比氮杂环戊烷（吡咯烷）弱得多的碱，其原因是下面哪一个？(**a**) 吡咯中的氮比吡咯烷中的氮更具电正性；(**b**) 吡咯是 Lewis 酸；(**c**) 吡咯有四个电子；(**d**) 吡咯烷比吡咯更容易失去氮上的质子；(**e**) 吡咯是芳香性的。

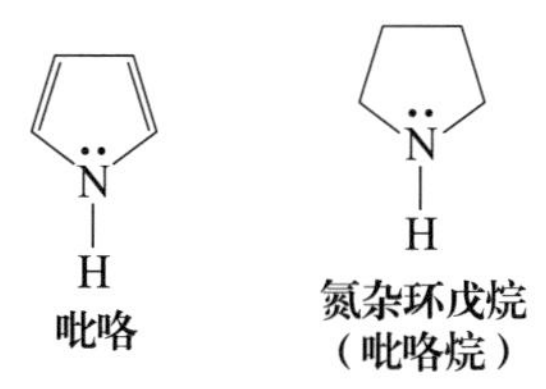

吡咯　**氮杂环戊烷（吡咯烷）**

63. 这里所示的两步反应中，你预期下面哪一个结构是其主要的有机产物？

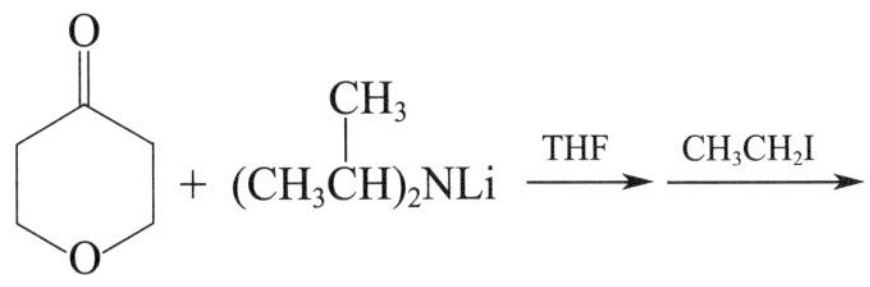

$$\text{四氢吡喃-4-酮} + [(CH_3)_2CH]_2NLi \xrightarrow{THF} \xrightarrow{CH_3CH_2I}$$

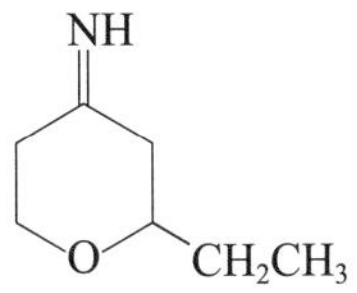

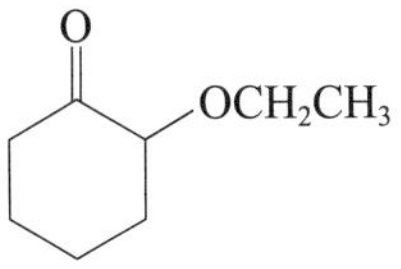

（a）3-乙基四氢吡喃-4-亚胺（CH_2CH_3）　（b）2-乙基四氢吡喃-4-亚胺（CH_2CH_3）

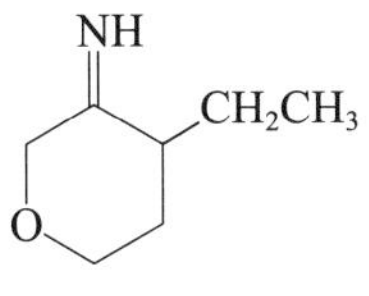

（c）2-乙氧基环己酮（OCH_2CH_3）　（d）3-乙基四氢吡喃-4-酮（CH_2CH_3）

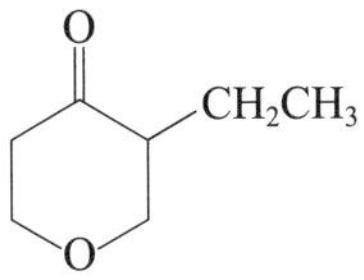

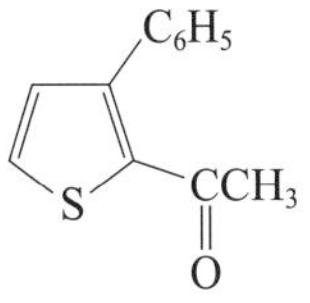

64. 这个反应产生一个主要的有机产物，它是下面的哪一个？

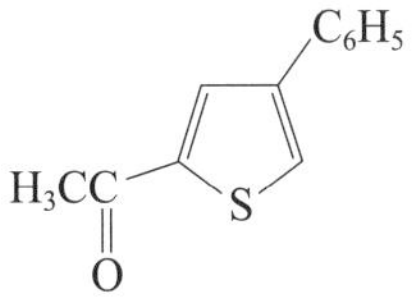

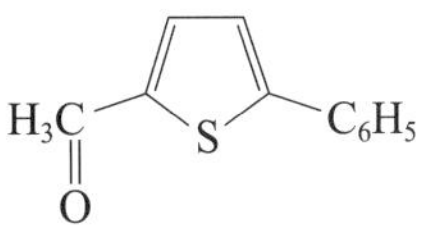

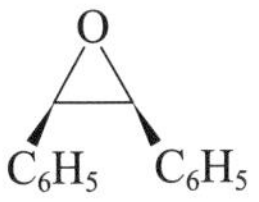

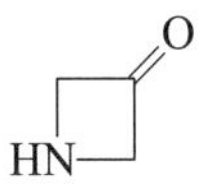

$$\text{2-苯基噻吩} \xrightarrow{SnCl_4,\ CH_3\overset{O}{\overset{\|}{C}}Cl}$$

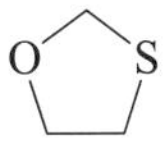

（a）3-C_6H_5-2-噻吩基 $\overset{O}{\overset{\|}{C}}CH_3$　（b）$H_3C\overset{O}{\overset{\|}{C}}$-（4-$C_6H_5$-2-噻吩基）

（c）$H_3C\overset{O}{\overset{\|}{C}}$-（5-$C_6H_5$-2-噻吩基）　（d）2-（2-噻吩基）苯乙酮

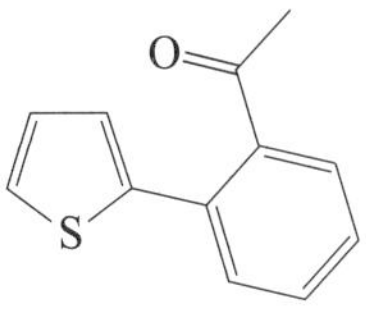

习题解答

30.（a）顺-2,3-二苯基环氧乙烷（C_6H_5，C_6H_5）　（b）氮杂环丁-3-酮（HN，O）　（c）1,3-氧硫杂环戊烷　（d）2-丁基-1,3-二噻烷（$CH_2CH_2CH_2CH_3$）

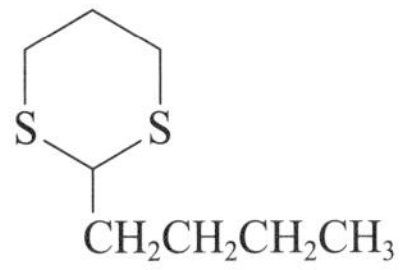

（e）2-甲酰呋喃或呋喃-2-甲醛（优先）；（f）*N*-甲基吡咯或1-甲基吡咯；

（g）喹啉-4-羧酸；（h）2,3-二甲基噻吩

31. 1. 氮杂环戊烷（吡咯烷），咪唑，氧杂环戊烷（四氢呋喃），氮杂环己烷（哌啶）和以二酮互变异构形式的二羟基-1,3-二氮杂苯（嘧啶）；

2. 氮杂环戊烷和氮杂环己烷（哌啶）的二酮衍生物；

4. 噻吩，1-氮杂-3-氧杂戊烷-2-酮，1-氮杂-4-氧杂己烷-2-酮；

7. 1,4-二氮杂环己烷和1,2,4-三氮杂环戊二烯（三唑）；

8. 1,3-二氮杂苯（嘧啶）；

10. 吡啶和咪唑。

32.（a）四氢萘-2-醇（H，OH；H，H）　（b）1-（乙氧甲基）-N-甲基环己胺（$CH_2OCH_2CH_3$，$NHCH_3$）

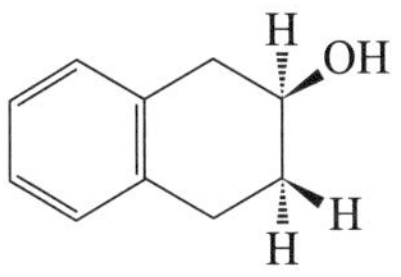

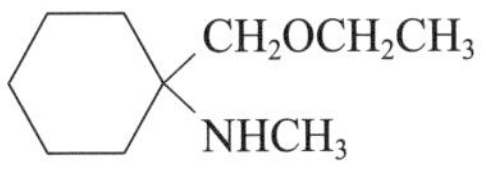

（c）题目有点儿刁钻，可按照这个机理。

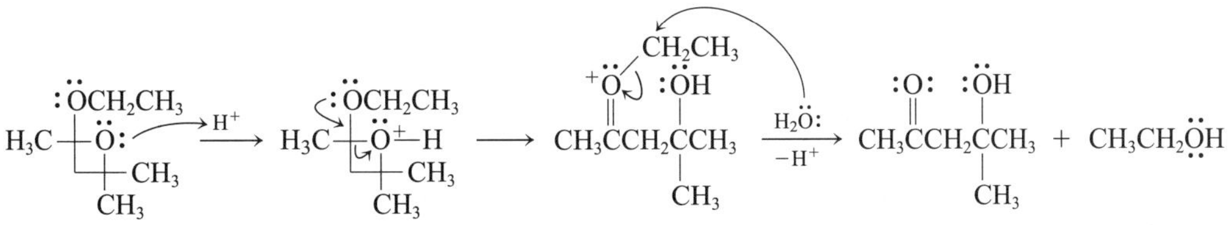

$$\text{环氧醚} \xrightarrow{H^+} \text{质子化环氧} \longrightarrow CH_3\overset{\overset{+}{O}CH_2CH_3}{\overset{\|}{C}}CH_2\overset{OH}{\underset{CH_3}{C}}CH_3 \xrightarrow[-H^+]{H_2\ddot{O}:} CH_3\overset{O}{\overset{\|}{C}}CH_2\overset{OH}{\underset{CH_3}{C}}CH_3 + CH_3CH_2\ddot{O}H$$

33.（a）$C_6H_5CH_2\overset{O}{\overset{\|}{C}}NH$-青霉素（S，$CH_3$，$CH_3$，N，O，COOH）；对亲核试剂反应活性最大 → β-内酰胺羰基 $\xrightarrow{\text{蛋白质-}\ddot{N}H_2}$

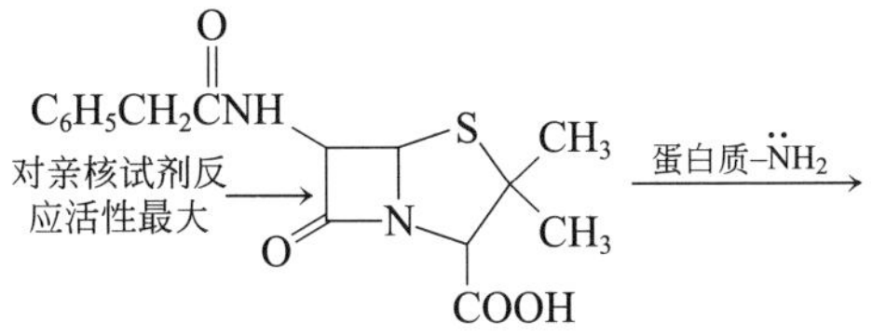

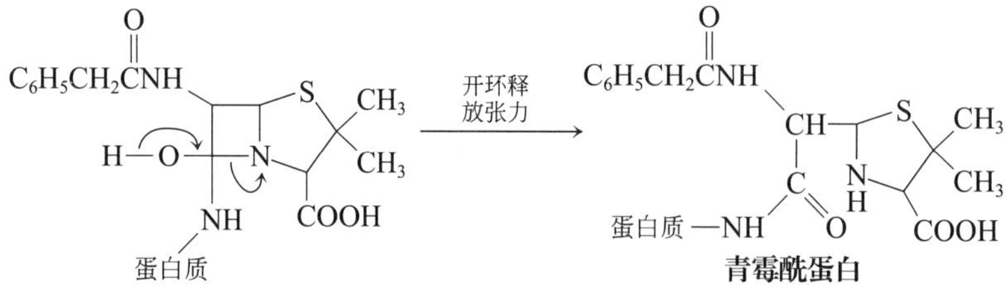

青霉酰蛋白

（b） 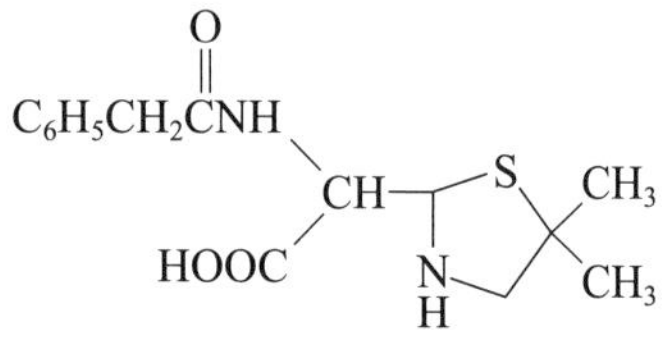 以H_2O为亲核试剂通过相似机理形成这个产物。这个青霉酸不再具有与细菌蛋白反应所需的氮杂丁酮张力环。因此，它缺乏任何抗生素的特性。

34. 用 Lewis 酸来活化（a）和（b）中的环氧。

（a）

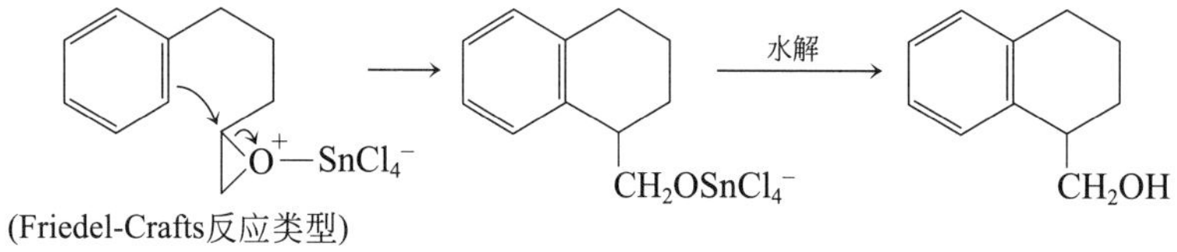

(Friedel-Crafts反应类型)

（b）

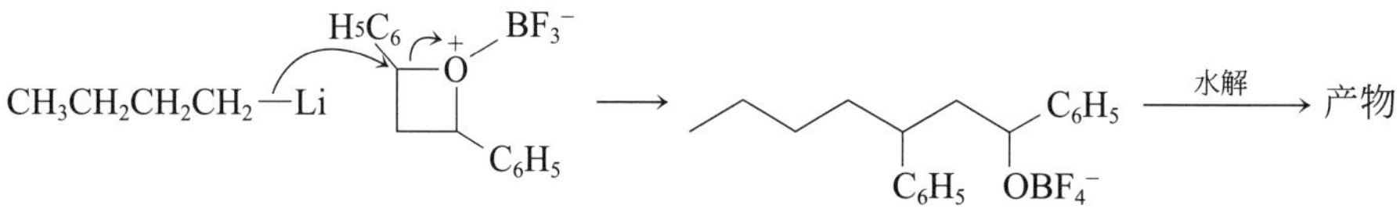

（c）用 Lewis 酸来活化酸酐并形成酰基正离子，类似于 Friedel-Crafts 酰化反应中的第一步。

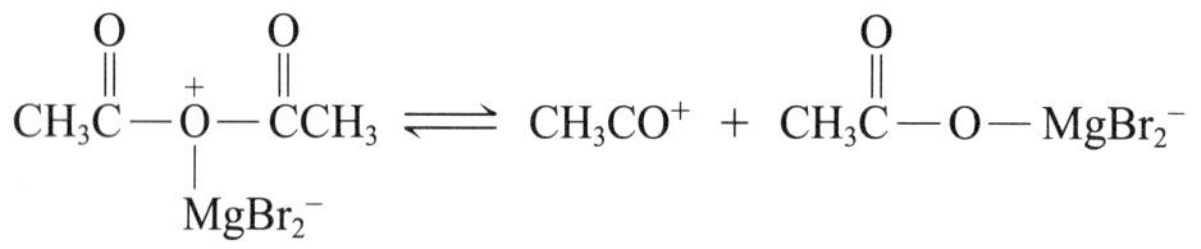

$$CH_3\overset{O}{\overset{\|}{C}}—\underset{MgBr_2^-}{\overset{+}{O}}—\overset{O}{\overset{\|}{C}}CH_3 \rightleftharpoons CH_3CO^+ + CH_3\overset{O}{\overset{\|}{C}}—O—MgBr_2^-$$

和

$$CH_3\overset{O}{\overset{\|}{C}}—O—MgBr_2^- \rightleftharpoons CH_3\overset{O}{\overset{\|}{C}}—O—MgBr + Br^-$$

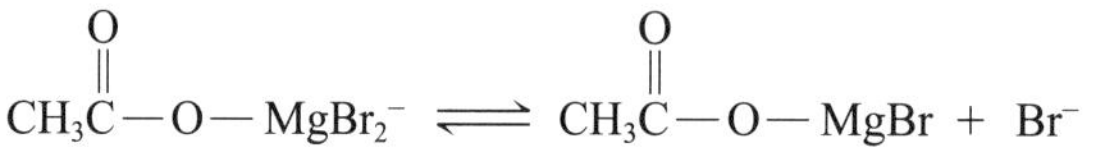

接着，酰基正离子将醚的氧变成很好的离去基团，并能使 Br^- 进攻发生 S_N2 取代反应。

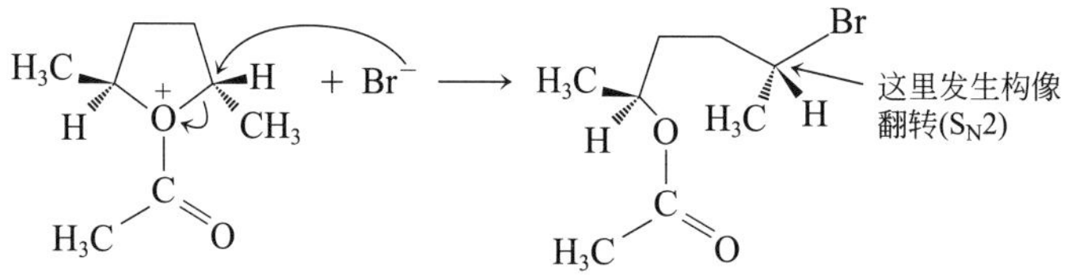

35. 碱性的顺序与其共轭酸的酸性顺序相反（结构下面显示其 pK_a 值）。

碱性

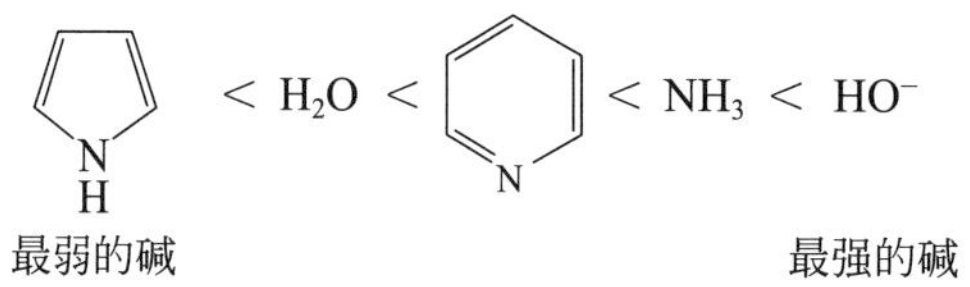

共轭酸

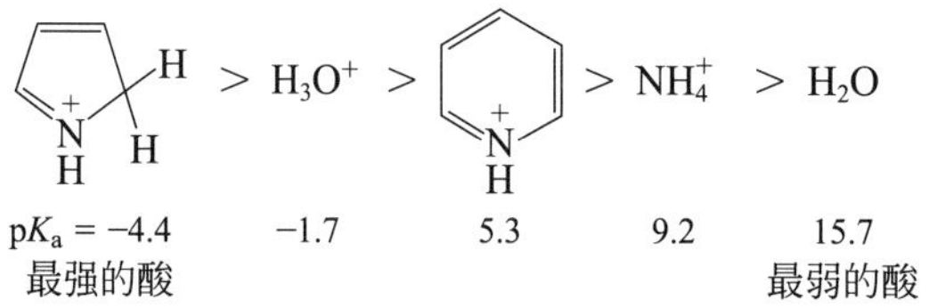

pK_a = −4.4	−1.7	5.3	9.2	15.7
最强的酸				最弱的酸

（这里记录的和课本中引用的水合氢离子的数值来自于严格应用在平衡时水和水合氢离子各自显示的数值。参见 *J. Chem. Ed.* **1990**，67，386-388。在与其他种类的酸度比较时使用这些数值是合适的。）

36.（**a**）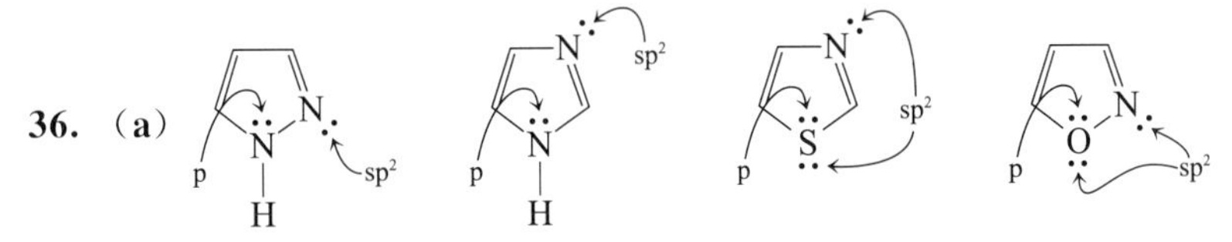

因为所有结构都有两个双键加上 p 轨道上一对孤对电子（6 个 π 电子），所以**全都**具有芳香性。所有这些在氮上都有 sp^2 杂化的孤对电子，不受芳香 π 体系的束缚，因此，可作为 Lewis 碱来使用。吡咯缺少一个 sp^2 杂化的孤对电子，因此，上面**所有的**化合物都比吡咯的碱性强得多。

（**b**）（ⅰ）*N*-杂环卡宾（NHC）包含一个具有六电子体的平面三角形的碳原子。它的孤对电子可能占据环平面的 sp^2 轨道或垂直于环平面的 p 轨道。典型卡宾碳原子上的孤对电子位于 sp^2 轨道（12-9 节），这样它的部分 s 特性使电子比占据 p 轨道的情况更靠近原子核，这也就是 NHC 的情况。双键和来自两个单键氮原子的两个孤对电子形成带有六个 π 电子的平面环状芳香的排列。不再需要卡宾孤对电子来使体系呈现芳香性，故卡宾上的孤对电子停留在 sp^2 轨道上。

（ⅱ）它是噻唑盐，如天然维生素硫胺素（23-4 节和真实生活 23-2），与它们的共振式之一在杂原子之间的亲核碳上展现出的卡宾特性有关系。如 NHC，在这些盐中卡宾的孤对电子不是芳香性所必需的，它们身处在 sp^2 轨道。

（ⅲ）

(这里是酸)　(这里是亲核的)

就像硫胺和其他噻唑盐加成物一样，之前的羰基碳现在是亲核性的，它在烯胺双键的末端（18-4 节）。因此：

呋喃　呋喃　呋喃　呋喃　产物 + NHC

37.（**a**）　（**b**）

38. 简略的机理如下：

$C_6H_5CCC_6H_5$ + $CH_3OOC\bar{C}HNCH_2COOCH_3$ (CH_3CO) ⟶ CH_3OOCCH—N(CH_3CO)—$\bar{C}HCOOCH_3$ ⟶

在这样的反应条件（$NaOCH_3$，CH_3OH，加热）下，酰胺键会因甲醇解断裂，过程类似于酯交换。参见第20章习题60。

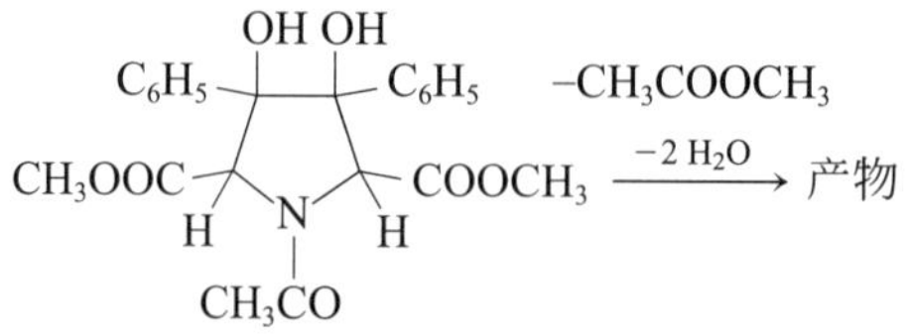

OH OH; C_6H_5; C_6H_5; $-CH_3COOCH_3$; CH_3OOC; $COOCH_3$; H; N; H; CH_3CO; $\xrightarrow{-2\,H_2O}$ 产物

合成

$HC(=O)-CH(=O)$ + $CH_3OOCCH_2SCH_2COOCH_3$ $\xrightarrow{NaOCH_3}$ CH_3OOC–(S)–$COOCH_3$ $\xrightarrow{NaOH,\ H_2O}$ 产物

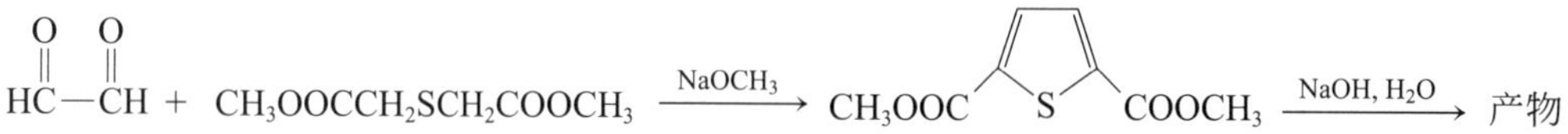

39. 需要牢记三点：(1) 这些化合物本身优先在C-2位取代而不是C-3位；(2) 与苯相比，所有这些化合物的反应性要强得多；(3) 取代基的诱导效应（其作用方式与苯相同）。这些都是较难理解的!

(a) 两种互相矛盾的优先

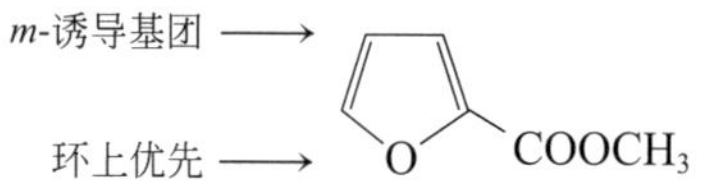

m-诱导基团 ⟶；环上优先 ⟶；O；$COOCH_3$

在这种情况下，可能生成混合物：

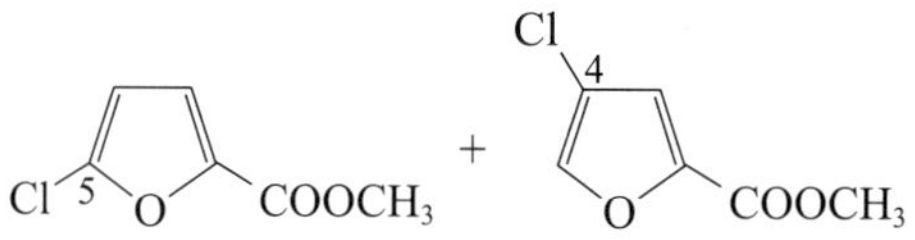

Cl 5 O $COOCH_3$ + Cl 4 O $COOCH_3$

第一个实际上是主产物；活化环氧对C-5的诱导效应胜过中等去活化的$COOCH_3$基团在C-4的诱导效应。

(b) 比较容易

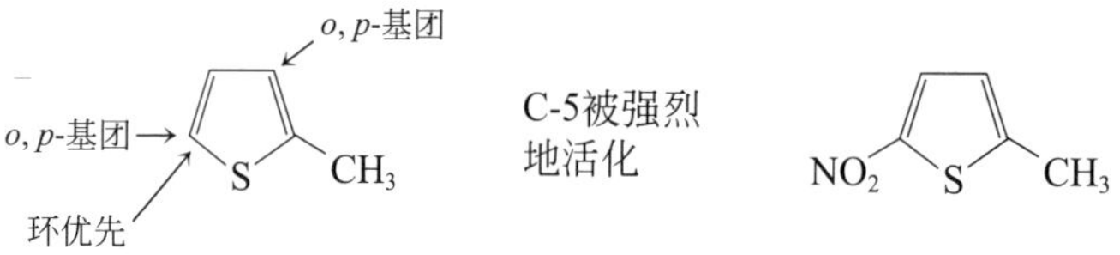

o, *p*-基团；*o*, *p*-基团 ⟶；S；CH_3；环优先

C-5被强烈地活化

NO_2 S CH_3

(c) 题目比较刁钻。如果这是苯，因为$COCH_3$基团的存在，Friedel-Crafts反应完全不会发生。但这里确实发生反应，因为杂环的反应性更强。而且，反应时羰基取代基被$AlCl_3$络合，使其产生更加强烈的去活化和间位诱导效应。总体结果是缓慢地形成下面的化合物：

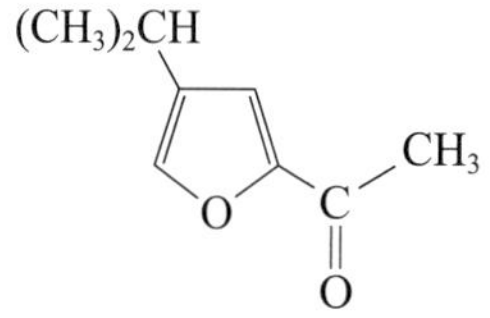

$(CH_3)_2CH$；O；C；CH_3；O

(d) 容易

o, *p*-基团；Br；*o*, *p*-基团；环优先；S；2；环优先 ⟶ Br；S；Br

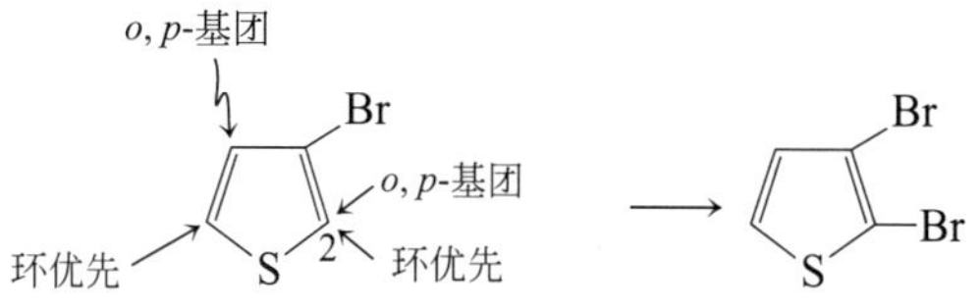

C-2是双倍优先

(e) 现在你必须从头做起，比较在各个碳上的进攻情况。

C-2

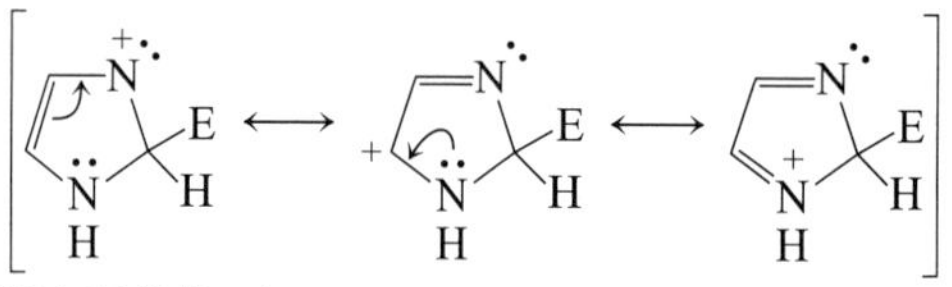

[$\overset{+}{N}$; N̈; H; E; H ⟷ N; +; N; H; E; H ⟷ N; $\overset{+}{N}$; H; E; H]

差!(在顶部的N上缺乏八偶体)

C-4

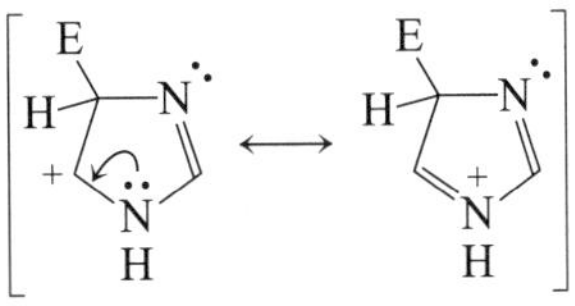

[E H N: + N: H ⟷ E H N: + N H]

只有两种共振形式

C-5

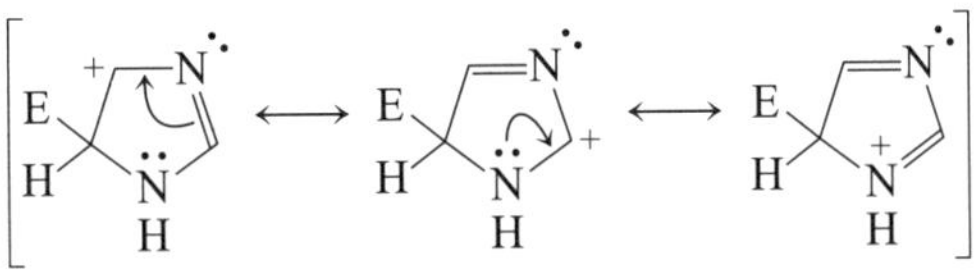

[E H + N: N: H ⟷ E H N: + N: H ⟷ E H N: + N H]

三种好的共振形式

排除 C-4（进攻 C-4 产生的正离子只有两种共振形式），接下来排除 C-2，因为进攻 C-2 会使两个电负性的氮原子之一上形成电子六偶体和带正电荷。因此，C-5 是典型的亲电进攻位点。然而，在这个特定的例子中，主产物是由重氮在 C-2 处发生的偶联得到的，因为在**碱性**条件下咪唑**负离子**受到进攻，在 C-2 反应得到具有两个等价的共振形式的对称中间体。

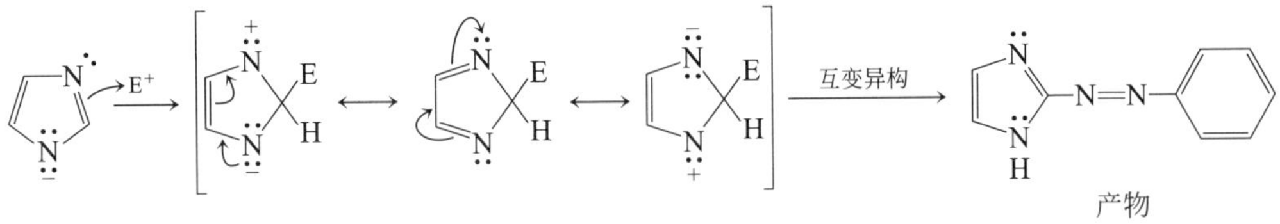

N: N: − $\xrightarrow{E^+}$ [+ N: E H N: − ⟷ N: E H N ⟷ − N: E H N: +] $\xrightarrow{互变异构}$ N: N: H —N=N—C₆H₅

产物

$E=C_6H_5N_2^+$

40.（a）$(CH_3)_2N$ SO_3H N

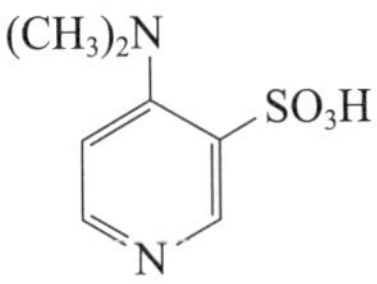

（b）Diels-Alder 反应：O O O O S + O S O O O

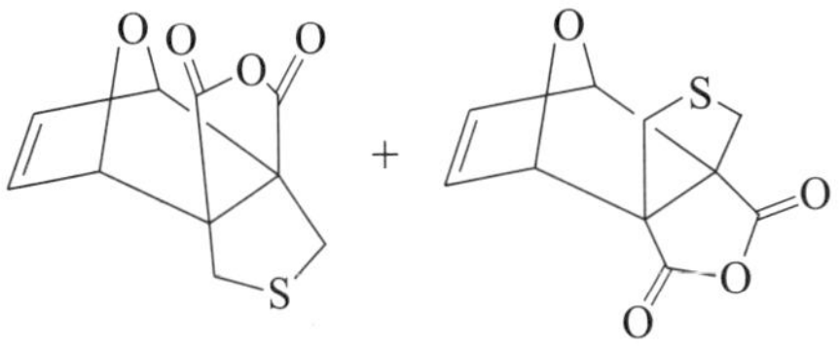

（c）N SH

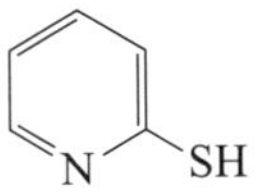

（d）$CH_3CH_2CH_2CH_2\overset{O}{\overset{\|}{C}}C_6H_5$（经由 S $\overset{O}{\overset{\|}{C}}-C_6H_5$）

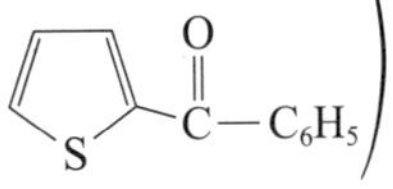

（e）N $C(CH_3)_3$

41.（a）H_3C CH_3 H_3C CH_3 O O $\xrightarrow{P_2O_5,\triangle}$ H_3C CH_3 H_3C O CH_3

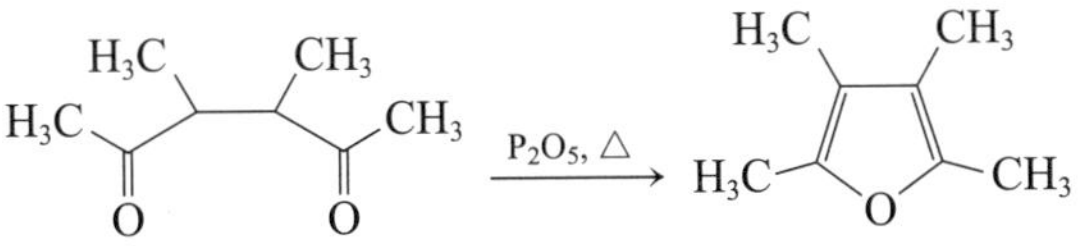

（b）Hantzsch 吡啶合成法：$C_6H_5\overset{O}{\overset{\|}{C}}CH_2\overset{O}{\overset{\|}{C}}OCH_2CH_3$ $\xrightarrow{H_2C=O,\ NH_3}$

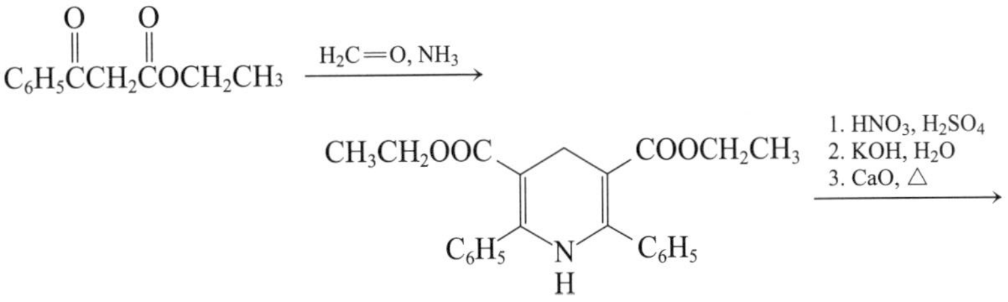

CH_3CH_2OOC $COOCH_2CH_3$ C_6H_5 N H C_6H_5 $\xrightarrow[3.\ CaO,\ \triangle]{1.\ HNO_3,\ H_2SO_4;\ 2.\ KOH,\ H_2O}$ 产物

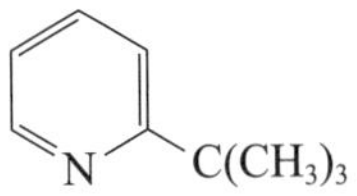

（c）Paal-Knorr 合成法：$H\overset{O}{\overset{\|}{C}}\underset{CH_3}{\underset{|}{C}H}-\underset{CH_3}{\underset{|}{C}H}\overset{O}{\overset{\|}{C}}H$ $\xrightarrow{NH_3}$ 产物

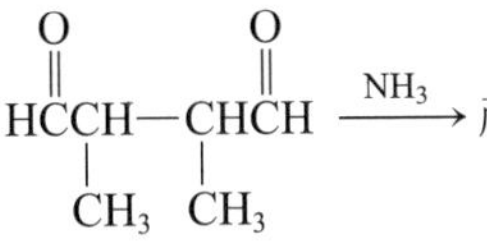

(d) H_3C–CO–CH_2–CH(CH_3)–CHO $\xrightarrow{P_2S_5,\ \triangle}$ 2,4-二甲基噻吩

42. 两者唯一的结构差异是咖啡因氮上存在一个甲基，可可碱中含有一个氢。凑巧的是，这个氢应该是有用的酸，因为它连接的氮位于两个羰基之间。回想一下（21-5 节），在 1,2-苯二甲酰亚胺（邻苯二甲酰亚胺）中类似的氢，其 pK_a 大约为 8。因此，(1) 用碱（NaOH 应该绰绰有余）去质子化；(2) 用 CH_3I 来甲基化。

43. (**a**) 我希望你没有忘记如何做这个计算。三聚氰胺的近似分子量是：36（3C）+6（6H）+84（6N）=126，其中 84 是氮。因此，

N（%）=（84/126）×100%=67%

显然，在任何食品中掺入相当少量的三聚氰胺都会增加氮含量，造成当前的蛋白质含氮量比实际情况多的假象。

(**b**) 反应经由加成-消去机理的亲核芳香取代（回想 22-4 节）。

NH_3 + 三氯三嗪 ⟶ 加成中间体 $\xrightarrow{-Cl^-}$ $\xrightarrow{-H^+}$ 2-氨基-4,6-二氯三嗪 $\xrightarrow{\text{重复进行两次}}$ 三聚氰胺

这个过程得益于环中三个电负性的氮原子以及氯取代基的存在，所有这些都有助于稳定中间体的负电荷。

44. CH_3CCH_3（O）+ CH_3CH_2OOC–$COOCH_2CH_3$ ×2 $\xrightarrow[\text{双Claisen缩合}]{NaOCH_2CH_3,\ CH_3CH_2OH}$ CH_3CH_2OOC–CO–CH_2–CO–CH_2–CO–$COOCH_2CH_3$ $\xrightarrow[-H_2O\ (\text{酯水解})]{HCl,\ \triangle}$ HOOC–(4-吡喃酮)–COOH

与由 1,4-二酮合成呋喃等进行比较。

45. 酮和醛的质子化可产生能够进行芳香取代的亲电试剂。

C_6H_5CHO + H^+ ⟶ [$C_6H_5CH{=}\overset{+}{O}H$ ⟷ $C_6H_5\overset{+}{C}H{-}OH$]

然后，

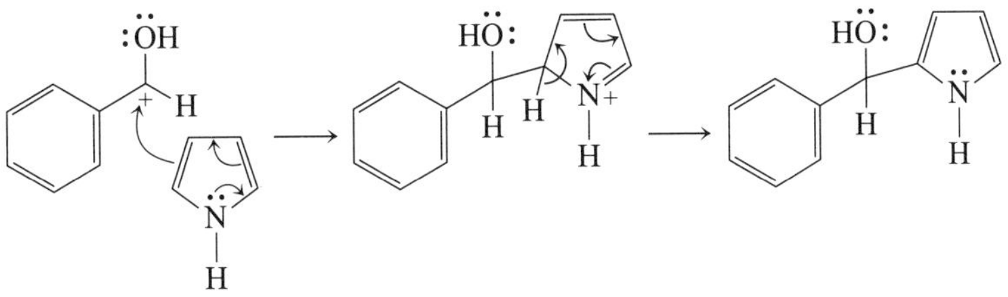

接下来，羟基的质子化使它离去。结果产生的羰基正离子可被第二个吡咯环取代：

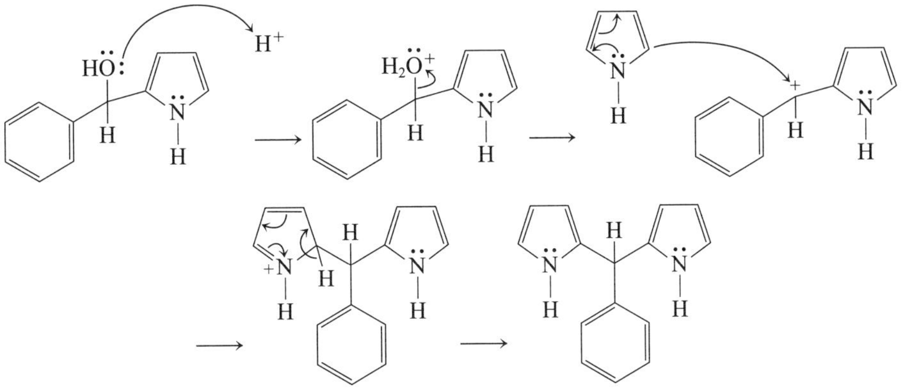

46. 六电子的环加成直接得到产物。

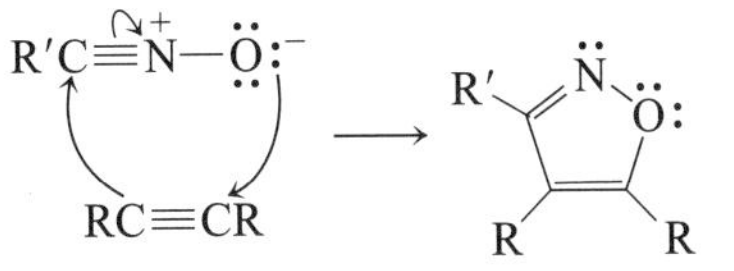

47.（**a**）H_2，Pt；（**b**）分步反应，首先氮杂环丙烷开环，接着分子内酰胺形成。

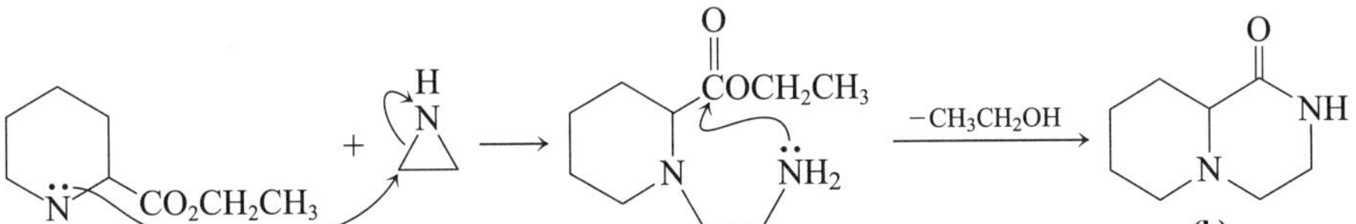

$-CH_3CH_2OH$

(**b**)

（**c**）

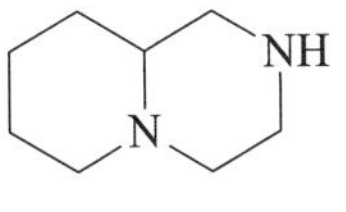

48. CH_3CCl, Py　$ClSO_3H$　（第15章，习题51）

1. $NaNH_2$, NH_3
2. H^+, H_2O

HO^-, H_2O, △ → 产物

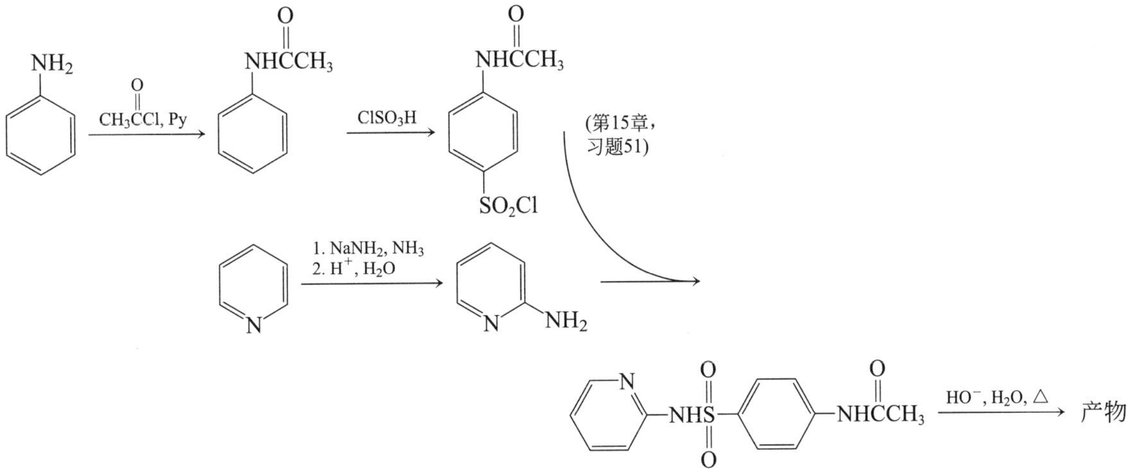

49. 1,2-苯二胺与活化的乙酸衍生物如酸酐反应将得到产物。

$$\text{C}_6\text{H}_4(\text{NH}_2)_2 + \text{CH}_3\text{C(=O)-O-C(=O)CH}_3 \xrightarrow[\text{先形成酰胺}]{\triangle} \left[\text{C}_6\text{H}_4(\text{NH}_2)(\text{NHC(=O)CH}_3) + \text{CH}_3\text{COOH}\right] \xrightarrow[-\text{H}_2\text{O}]{\text{进一步}\triangle} \text{产物}$$

50. （a）$C_6H_5CH{=}O + C_6H_5\ddot{C}^-(Cl)COOCH_2CH_3 \longrightarrow C_6H_5CH(\ddot{O}^-)-C(Cl)(C_6H_5)COOCH_2CH_3 \xrightarrow{-Cl^-} \text{产物}$

（b）$C_6H_5CH{=}NC_6H_5 + Cl\ddot{C}^-HCOOCH_2CH_3 \longrightarrow C_6H_5CH(C_6H_5\ddot{N}^-)-CH(Cl)COOCH_2CH_3 \xrightarrow{-Cl^-} \text{产物}$

51. （a）1，3-二溴-5，5-二甲基-1，3-二氮杂-2，4-环戊二酮。

（b）机械地考虑，有以下几点：

$$(H_3C)_2C{=}C(CH_3)_2 \xrightarrow{\text{“}Br^+\text{”}} (H_3C)_2C-\overset{+}{Br}-C(CH_3)_2 \xrightarrow{H\ddot{O}OH} (CH_3)_2C(Br)-C(CH_3)_2(OOH)\ \ \mathbf{i} \xrightarrow[-AgBr]{Ag^+}$$

$$(CH_3)_2\overset{+}{C}-C(CH_3)_2(H\ddot{O}-O) \longrightarrow (CH_3)_2C-C(CH_3)_2(\text{H}\overset{+}{O}-O) \xrightarrow{-H^+} (CH_3)_2C-C(CH_3)_2(O-O)$$

ii

3，3，4，4-四甲基-1，2-二氧环丁烷

52. 简略的机理（注意“双”Michael 加成）。

$$(CH_3)_2C{=}CHC(=O)CH{=}C(CH_3)_2 + \ddot{N}H_3 \xrightarrow[-H^+]{1,4\text{-加成}} (CH_3)_2C{=}CHC(=O)CH_2C(CH_3)_2(\ddot{N}H_2) \xrightarrow[-H^+]{\text{再一次}} \text{产物}$$

53. 由于去质子化产生的负离子具有共振稳定性，氮上的氢原子相对显酸性。然后，该负离子共轭加成再发生分子内羟醛缩合得到产物：

$$\text{C}_6\text{H}_4(\text{CHO})(\text{NH}_2) \overset{\text{碱}}{\rightleftharpoons} \text{C}_6\text{H}_4(\text{CHO})(\ddot{\text{N}}\text{H}^-) + CH_2{=}CHC(=O)CH_3 \longrightarrow \text{C}_6\text{H}_4(\text{CHO})(\text{NHCH}_2\ddot{\text{C}}^-\text{HC(=O)CH}_3) \xrightarrow{\text{羟醛缩合}} \text{3-乙酰基-1,2-二氢喹啉 (N-H)}$$

54. 首先要回答第二个问题，这个过程会比喹啉本身的硝化反应慢得多。硝化是亲电取代，而酰基对芳香亲电取代是强的去活化基团。因此苯环比吡啶环对亲电试剂更具反应性，取代发生在苯环。如果没有乙酰基，预期会在5位和8位发生取代，因为在这些位置取代的阳离子中间体不会破坏吡啶环的芳香性。但是，乙酰基取代后使5位失活（参见其共振式），故最可能的结果是8位取代。

在C-5位的取代：

$$E^+ + \text{3-乙酰基喹啉（C(=O)CH}_3\text{；5、8 位标注，N）} \longrightarrow$$

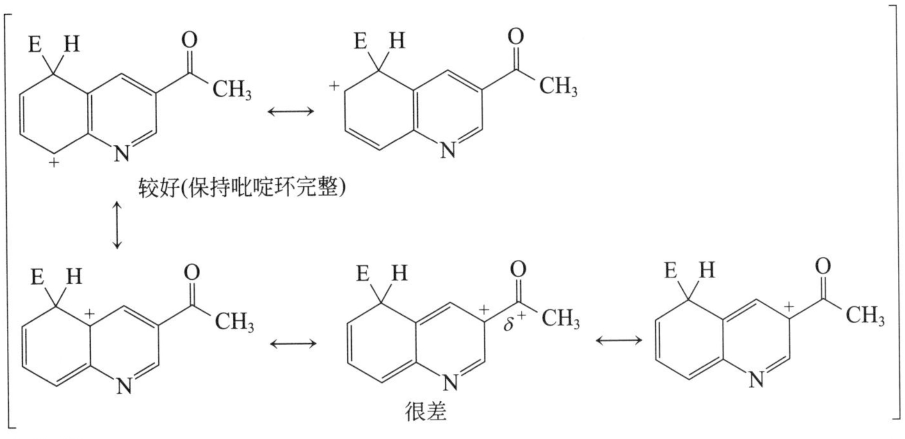

E H　O　CH_3　+　N　⟷　E H　O　+　CH_3　N

较好(保持吡啶环完整)

E H　O　+　CH_3　N　⟷　E H　O　+　δ^+　CH_3　N　⟷　E H　O　+　CH_3　N

很差

在 C-8 位的取代：

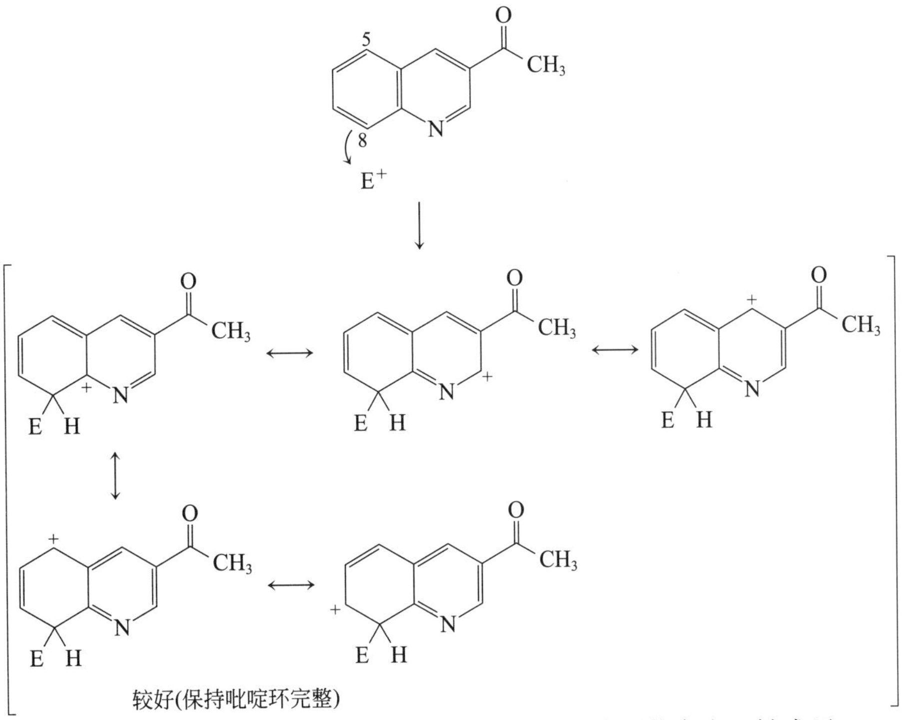

O　5　CH_3　8　N　E^+

E H　O　CH_3　+ N　⟷　E H　O　CH_3　N +　⟷　E H　O　+　CH_3　N

E H　O　+　CH_3　N　⟷　E H　O　+　CH_3　N

较好(保持吡啶环完整)

55. $H_{饱和}=2\times8+2=18$；不饱和度＝ $(18-8)/2=5$，分子中可能存在 π 键或环。

^{1}H NMR：存在 C_6H_5—，合计不饱和度为 4，没有烯烃 C—H 信号，所以最后一个不饱和度可能是环。到目前为止，存在 C_6H_5—，2C，3H，1O，加起来 C_6H_8O。三个氢都是相互偶合的（所有三个信号都是分开的），所以不太可能是羟基，因此那个氧是醚的氧，只有一个可能的答案：

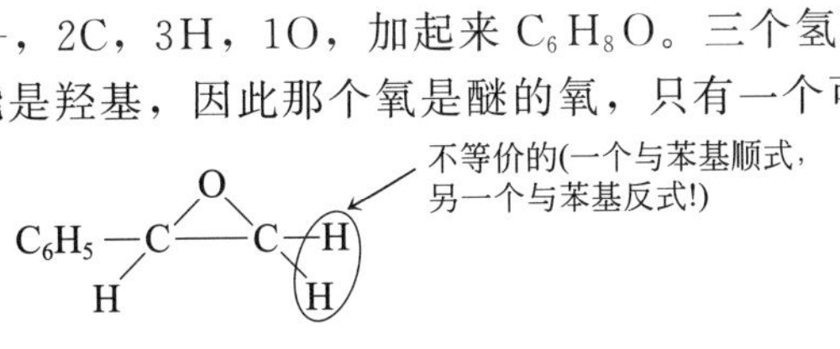

C_6H_5—C(H)—O—C(H)(H)

不等价的(一个与苯基顺式，另一个与苯基反式!)

2-苯基氧杂环丙烷

浓盐酸导致开环，得到：

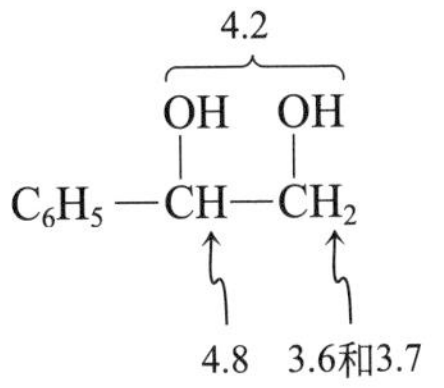

4.2

OH　OH

C_6H_5—CH—CH_2

4.8　3.6和3.7

CH_2 基团上的两个 H 是不等价的，因为受邻位的手性中心的影响。

56. $H_{饱和}=2\times5+2=12$；不饱和度＝ $(12-6)/2=3$，分子中可能含有 π 键或杂环 C 中的环。D 中

有一个 π 键或环。H_2 加到杂环 C 的反应结果表明它有两个 π 键和一个环，而 π 键在 D 中消失。

杂环 C 的 NMR：CH_3— （$\delta=2.3$），或许存在三个 CH，留下一个 C 和一个 O。没有存在醇的证据，所以假设 O 是醚，有下列几种可能性：

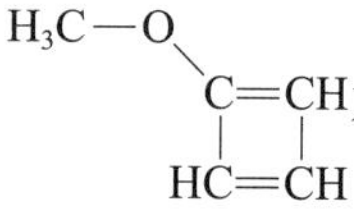

$H_3C-O-C=CH$（四元环，HC=CH）不合理。甲基信号应该在更低场，且环会很不稳定（15-6 节）。

现阶段两种合理的可能性：

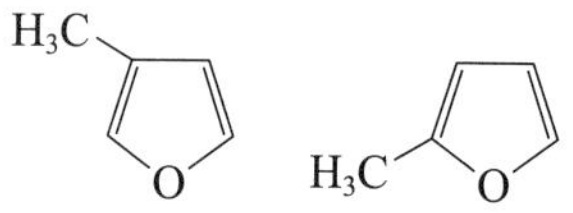

（3-甲基呋喃）　（2-甲基呋喃）

化合物 D 的 NMR：情况复杂，但有两条信息可分析，首先 CH_3—在高场（$\delta=1.1$）并且是双重峰，符合下面任何一种

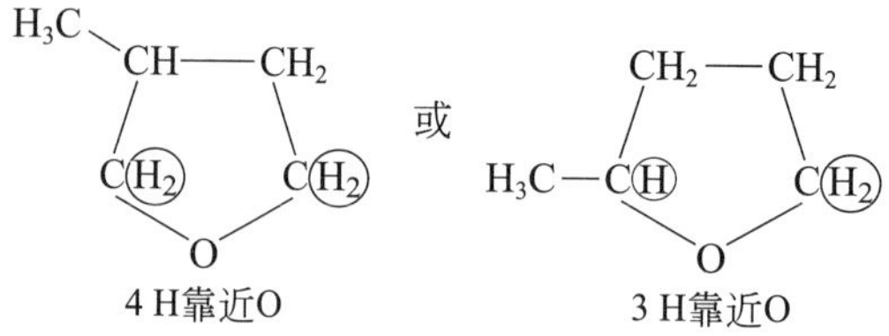

4 H靠近O　或　3 H靠近O

其次，靠近 O 的 C 上的 H，化学位移在 $\delta=3.5$ 和 4.0 之间信号积分是 **3H**，只符合第二个结构。因此，C 是 2-甲基呋喃，D 是 2-甲基氧杂环戊烷。

57. $H_{饱和}=2\times5+2=12$；不饱和度＝（12－4）/2＝4，分子中可能存在 π 键或环。

NMR：$\delta=9.6$，提示可能是醛（IR 数据支持），加上 3 个 CH，类似于习题 49，尝试呋喃作为一种可能性：

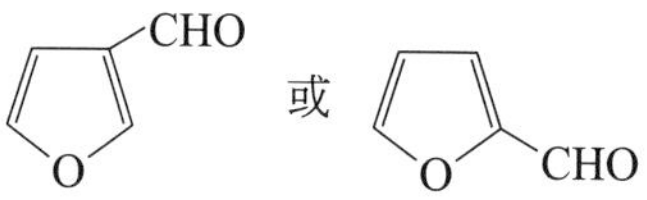

（3-呋喃甲醛）或（2-呋喃甲醛）

如何选择？哪一个更有可能来自戊醛糖？一种可能的（简化）机理：

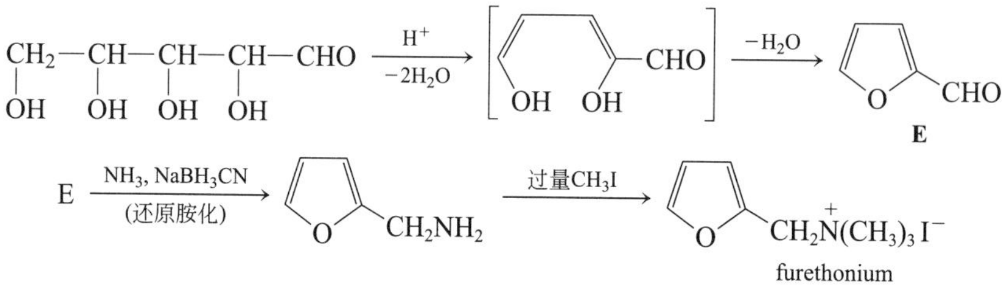

$CH_2(OH)-CH(OH)-CH(OH)-CH(OH)-CHO \xrightarrow[-2H_2O]{H^+}$ [烯醇中间体] $\xrightarrow{-H_2O}$ 2-呋喃甲醛 **E**

$E \xrightarrow[\text{(还原胺化)}]{NH_3,\ NaBH_3CN}$ 2-呋喃甲胺（CH_2NH_2）$\xrightarrow{\text{过量}CH_3I}$ $CH_2\overset{+}{N}(CH_3)_3\ I^-$

furethonium

58. $\xrightarrow[\text{酸-碱}]{H^-}$ $\xrightarrow{H^-}$

$\xrightarrow[\text{(对照LiAlH}_4\text{+酰胺，18-5节)}]{-^-OAl}$ （CHR）$\xrightarrow[\text{1,4-还原}]{H^-}$ （CH_2R）$\xrightarrow[H^+,\ H_2O]{\text{然后}}$ 产物

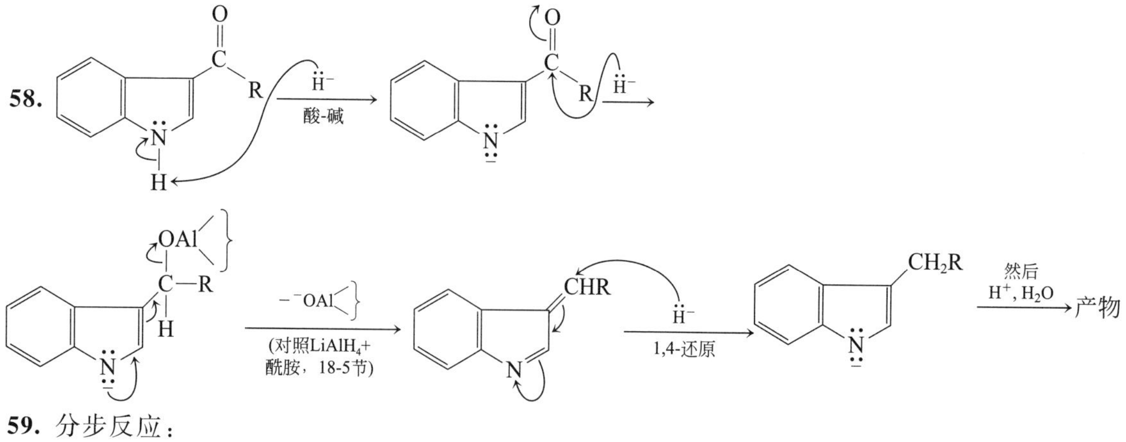

59. 分步反应：

茚 $\xrightarrow[2.\ (CH_3)_2S]{1.\ O_3,CH_2Cl_2}$ （CHO，CHO）$\xrightarrow[-H_2O]{NH_3}$

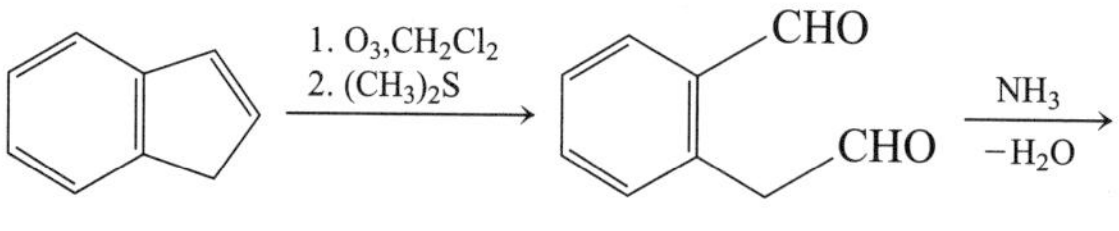

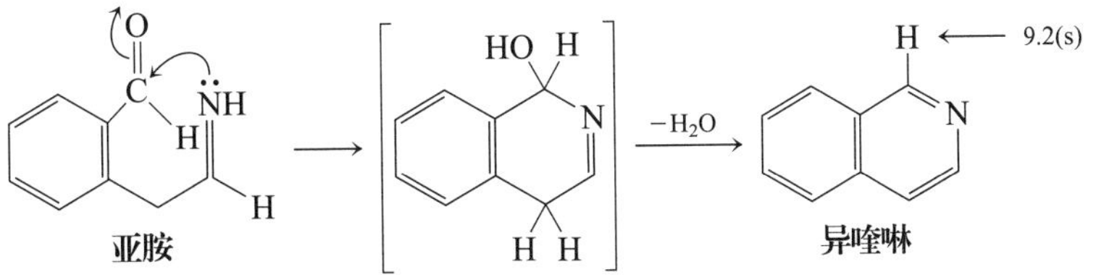

O C N̈H H H

亚胺

→ [HO H N H H] $\xrightarrow{-H_2O}$ H ← 9.2(s) N

异喹啉

60. 以反应流程中间显示的腙开始，检验产物的结构：在甲基和氮邻位的苯环碳之间需要一个键。为简明起见，将催化的质子附在与它们所催化的反应相同的步骤中。其实，质子化一般先发生，随后发生互变异构或加成反应。

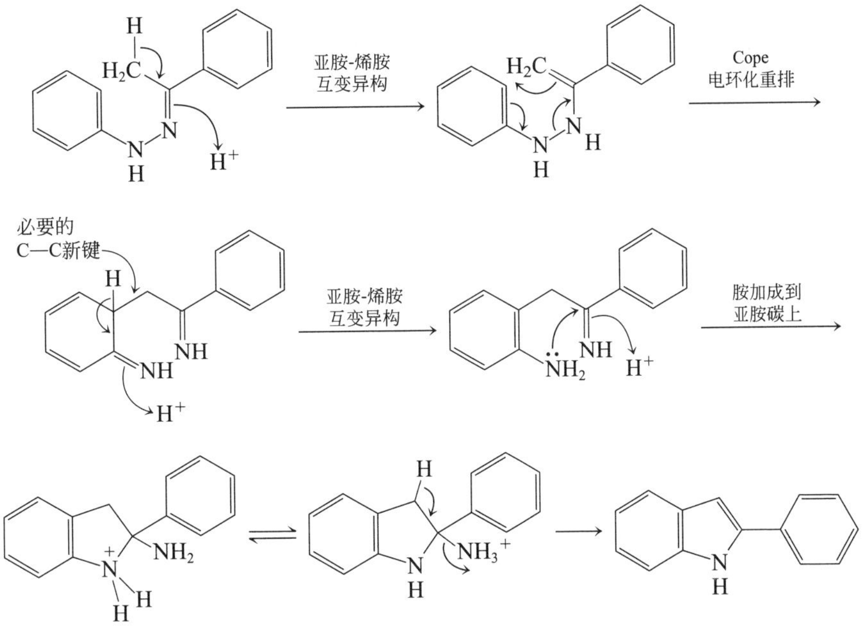

H H_2C N N H H^+ $\xrightarrow{亚胺-烯胺互变异构}$ H_2C N N H H $\xrightarrow{Cope 电环化重排}$

必要的 C—C新键 H NH NH H^+ $\xrightarrow{亚胺-烯胺互变异构}$ $\ddot{N}H_2$ NH H^+ $\xrightarrow{胺加成到亚胺碳上}$

$\overset{+}{N}$ H H NH_2 ⇌ H N H NH_3^+ → N H

这就是 Fischer 吲哚合成法。在某些方面，Reissert 合成法更为简单。第一步与 Claisen 缩合有密切关系，它是硝基稳定的苄基阴离子取代了加到酯的羰基上的烯醇阴离子，如下所示：

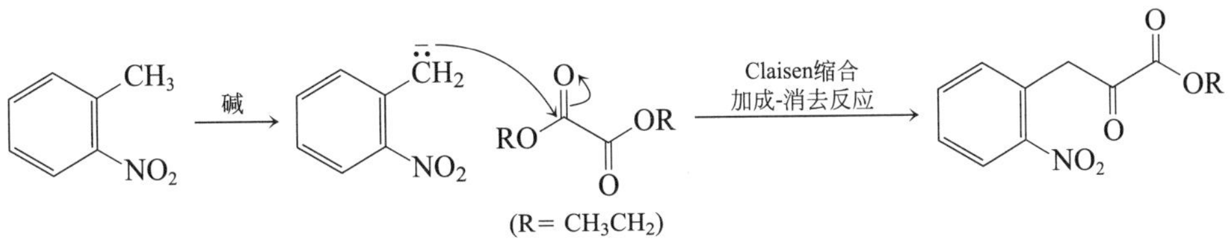

CH_3 NO_2 $\xrightarrow{碱}$ $\ddot{C}H_2$ NO_2 O RO OR O $\xrightarrow{Claisen缩合 加成-消去反应}$ O OR O NO_2

($R= CH_3CH_2$)

硝基氢化后，接着完成反应，这与上面的 Fishcher 合成法相似。

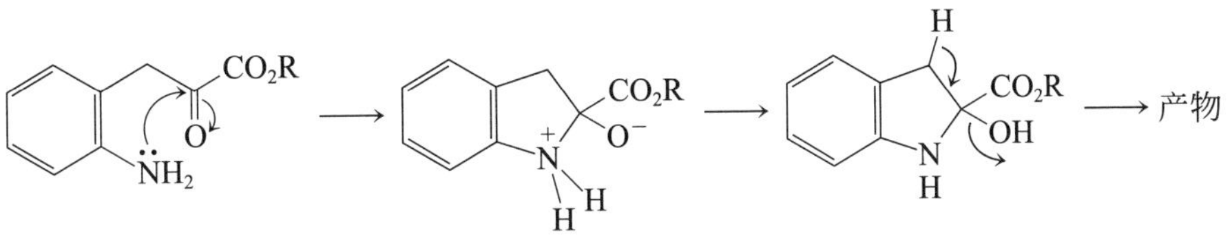

CO_2R O $\ddot{N}H_2$ → CO_2R O^- $\overset{+}{N}$ H H → H CO_2R OH N H → 产物

61.（c） **62.**（e）

63.（d） **64.**（c）

26

氨基酸、肽、蛋白质和核酸：自然界中的含氮聚合物

这是最后一章，但这与其说是结束，不如说也是开始。一般来说，化学，特别是有机化学并不是孤立的领域。有机化学是生物学的基础，本章将这两者联系在一起。指导有机分子行为的基本原则在这里被证明直接适用于更大和更复杂的分子。你在这里可以看到一些从有机化学家的角度来看的最基本的生命分子，朝这个方向迈出的下一步就是生物化学。

本章概要

26-1　氨基酸的结构和性质

自然界中最多样性的合成砌块。

26-2，26-3　氨基酸的合成

涉及两个完全不同官能团的花式步法。

26-4　肽和蛋白质：氨基酸的寡聚体和多聚体

整体大于各部分之和。

26-5　一级结构的确定：氨基酸测序

运用逻辑加上大量辛勤的工作。

26-6，26-7　多肽的合成：对保护基应用的挑战

花样百出：大自然如何这么容易做到??!!

26-8　自然界中的多肽：肌红蛋白和血红蛋白的输氧作用

26-9，26-10　蛋白质的生物合成：核酸

大自然似乎很容易地做到这一点。

26-11　DNA 测序和合成：基因工程的奠基石

未来已来！

本章重点

26-1　氨基酸的结构和性质

阅读完本章序言和这节的内容介绍，然后回到这里。读完了吗？好，我们先看一下大的背景。生命的化学很复杂，需要构造结构来支撑生命体系，需要许多的化学反应来执行维系生命的各种功能，比如能量的储存和利用。这些都必须在非常有限的条件下发生：水是唯一可用的溶剂，并且要在非常窄的温度和 pH 值范围下进行，否则一切都会崩溃。那么，它是如何做到的？答案从氨基酸开始。

首先来看这二十种最普通的氨基酸的结构（表 26-1）。它们的差别仅在于连到 α-碳上的基团不同。这些基团的多样性决定氨基酸的多功能性。其中，有大有小的非极性基团，能产生不同程度的空间效应；有不带电荷的极性基团，能形成氢键；有不同碱性强度的含氮基团，其中有些在 pH＝7 时会被质子化而带正电荷；有不同酸性强度的含氧和硫的基团，其中有些在 pH＝7 时会去质子化而带负电荷。基于这样的多变性，自然界可以从这 20 种化合物中恰到好处地选择一种来满足任何一些化学需求。本节强调的一个特征是氨基酸的酸-碱特性。表 26-1 列出所有相关基团的 pK_a 值。要注意一件事，将氨基酸写成 H_2N—CHR—COOH 是**错误**的。在溶液中，氨基酸实际上从未以这种形式存在过，即中性的氨基和羧酸基同时存在。根据 pH 的不同，这些基团中的一个或两个总是带电的，pH＝7 时其结构为^+H_3N—CHR—COO^-。正是基于这个特点，不同的取代基 R 赋予了氨基酸在非常宽的 pH 值范围内酸碱缓冲特性。显然，pH 对氨基酸的结构的影响很重要，习题 34 会给你一些例子来练习，可以直观感受一下。

26-2，26-3　氨基酸的合成

尽管这两节中每个反应都不是新的，但它们的强力序列组合却可解决在同一个分子中同时引入酸性和碱性基团的难题。

26-4，26-5　肽和蛋白质：氨基酸的寡聚体和多聚体

测定肽和蛋白质结构的技术已非常完善（习题 52～57 会给你很多机会来自己尝试）。这些结果，特别是这些多聚物链折叠的精妙之处，揭示了不同特性的氨基酸会在多大程度上结合并产生自然界具有于特定生物功能的大分子组装体。习题 48～51 旨在让你在这方面有所思考。

26-6，26-7　多肽的合成：对保护基应用的挑战

永远不要忘记氨基酸之间的连接只不过是一个简单的酰胺键（—HN—CO—）这一事实。尽管如此，在实验室中从简单氨基酸构建肽链曾经是一个重大的挑战，其原因与交叉羟醛缩合或 Claisen 缩合（18-6 节和 23-1 节）遇到的棘手问题一样：所涉及的每个氨基酸都有一个潜在的亲核性原子（N 原子）和一个潜在的亲电性原子（羧基 C）。因此，将氨基酸 1 的氨基与氨基酸 2 的羧基连接起来的尝试将变得很复杂，因为需要防止两个氨基酸 1 相互连接以及两个氨基酸 2 相互连接，或者两个氨基酸顺序颠倒，即氨基酸 1 的羧基连到氨基酸 2 的氨基上。最终问题的解决方案在于一系列精心设计的官能团的保护-脱保护程序。现在，这些程序非常完善，并已实现自动化。其中在这里介绍最简单的方法，习题 58 和 59 会让你自己去尝试。

26-8 至 26-11　蛋白质的作用；生物合成；DNA 和基因工程

显然，在这四个章节中只能展现这些主题所涉及的一小部分内容。尽管如此，你应该能够感受到相对较小的单元之间的连接产生了具有如此高度复杂功能的结构。这些内容真的很吸引人，你禁不住会想阅读更多关于它的信息。

习 题

32. 画出异亮氨酸和苏氨酸（表 26-1）正确的立体化学结构式。苏氨酸的系统名称是什么？

33. 在氨基酸的术语中，缩写 *allo* 指非对映异构体。画出 *allo*-L-异亮氨酸并给出它的系统命名。

34. 画出以下每个氨基酸在指定的 pH 值水溶液中的结构。(**a**) 丙氨酸，pH＝1，7 和 12；(**b**) 丝氨酸，pH＝1，7 和 12；(**c**) 赖氨酸，pH＝1，7，9.5 和 12；(**d**) 组氨酸，pH＝1，5，7 和 12；(**e**) 半胱氨酸，pH＝1，7，9 和 12；(**f**) 天冬氨酸，pH＝1，3，7 和 12；(**g**) 精氨酸，pH＝1，7，12 和 14；(**h**) 酪氨酸，pH＝1，7，9.5 和 12。

35. 按照它们在 pH＝7 是 (**a**) 带正电荷、(**b**) 中性或 (**c**) 带负电荷，对习题 34 的氨基酸分组。

36. 指出习题 34 中氨基酸的 p*I* 值（表 26-1）是如何推导出来的。对有多于两个 pK_a 值的每个氨基酸，在计算 p*I* 时你是如何选择的，说明理由。

37. 指出如何用 Hell-Volhard-Zelinsky 法先溴化后胺化合成下列外消旋的氨基酸：(**a**) 甘氨酸；(**b**) 苯丙氨酸；(**c**) 丙氨酸。

38. 指出如何应用 Strecker 合成法得到下面每个外消旋的氨基酸：(**a**) 甘氨酸；(**b**) 异亮氨酸；(**c**) 丙氨酸。

39. 按下列的合成顺序进行会产生什么氨基酸？

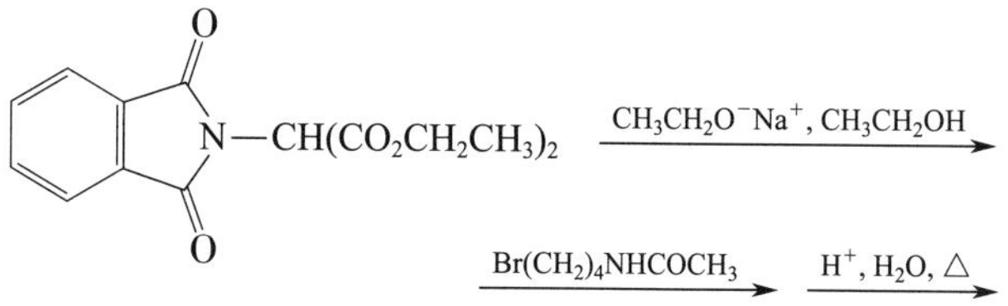

N—CH($CO_2CH_2CH_3$)$_2$ $\xrightarrow{CH_3CH_2O^-Na^+,\ CH_3CH_2OH}$ $\xrightarrow{Br(CH_2)_4NHCOCH_3}$ $\xrightarrow{H^+,\ H_2O,\ \triangle}$

40. 用 26-2 节中的任一方法，或者用你自己设计的路线，为以下每个氨基酸的外消旋体提出合理的合成路线：(**a**) 缬氨酸；(**b**) 亮氨酸；(**c**) 脯氨酸；(**d**) 苏氨酸；(**e**) 赖氨酸。

41. (**a**) 说明苯丙氨酸的 Strecker 合成。产物是不是手性的？有无光学活性？(**b**) 已经发现，在苯丙氨酸的 Strecker 合成中用光学活性的胺代替 NH_3 会导致一种产物对映体过量。在下列结构中，为每个手性中心指认 *R* 或 *S* 构型，并解释为什么使用手性胺会导致最终产物的一个手性中心优先形成。

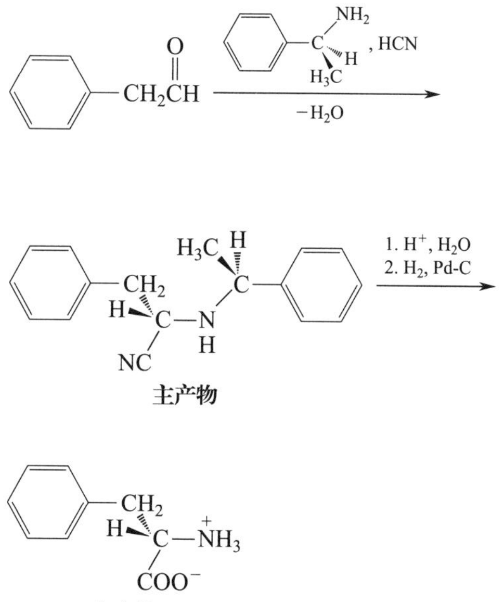

$C_6H_5CH_2CH$=O $\xrightarrow[-H_2O]{C_6H_5CH(NH_2)CH_3,\ HCN}$

主产物

$\xrightarrow{1.\ H^+,\ H_2O;\ 2.\ H_2,\ Pd\text{-}C}$

主产物

42. 在自然界中，稀有氨基酸鸟氨酸（教材 1288 页）不具有核酸密码子，因此不能直接合成入延伸的肽链中。相反，它来源于蛋白质构建后另一种常见氨基酸的酶促修饰。鸟氨酸的前体是含氮酸中的一种。识别它并建议用实验室方法将其转化为鸟氨酸。

43. 大蒜中的抗菌剂大蒜素（第 9 章习题 81），是由于蒜氨酸酶的作用从稀有氨基酸蒜氨酸合成的。因为蒜氨酸酶是细胞外酶，所以仅当大蒜细胞被压碎时才会发生此过程。试提出从习题 39 的原料合成氨基酸蒜氨酸的合理路线。(**提示：**从设计一个表 26-1 中结构上与蒜氨酸有关的氨基酸的合成开始。处理硫官能团，复习 9-10 节。)

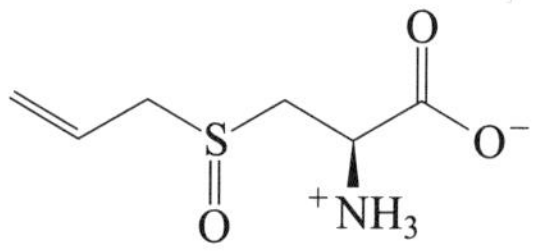

蒜氨酸

44. 试设计一个程序，用于将异亮氨酸的四个立体异构体的混合物分离成四个组分：(＋)-异亮氨酸；(－)-异亮氨酸；(＋)-别异亮氨酸；(－)-别异亮氨酸（习题 33）。(**注意：**在 80% 乙醇中，在所有温度下别异亮氨酸的溶解度比异亮氨酸的都大。)

45. 将下列结构鉴定为二肽、三肽等，并指出所有的肽键。

(a)

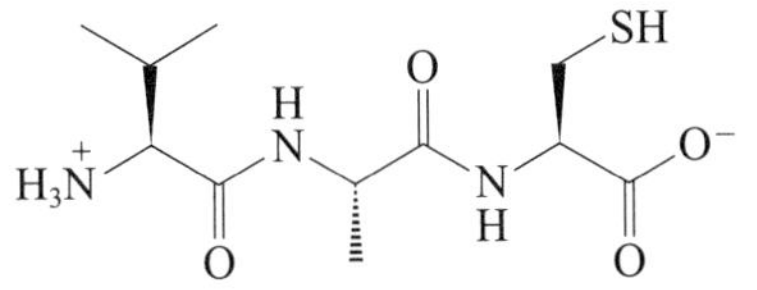

(b)

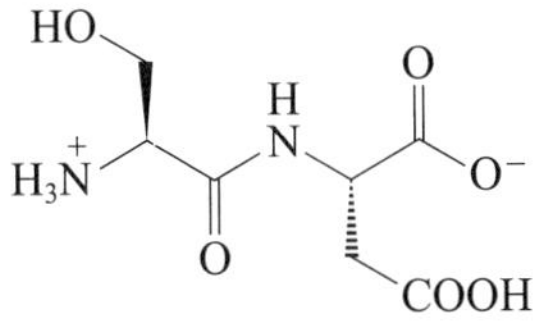

(c)

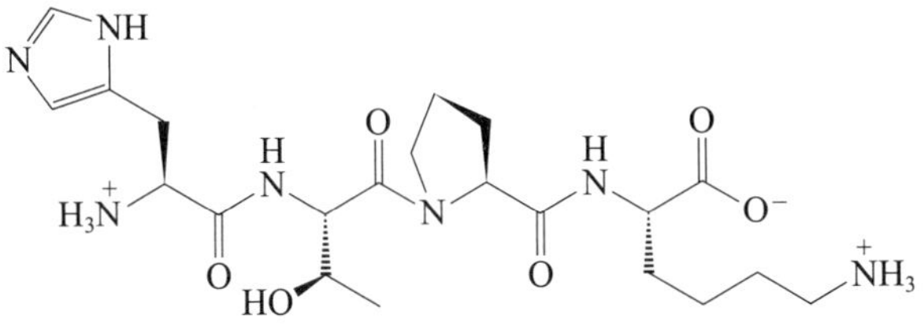

(d)

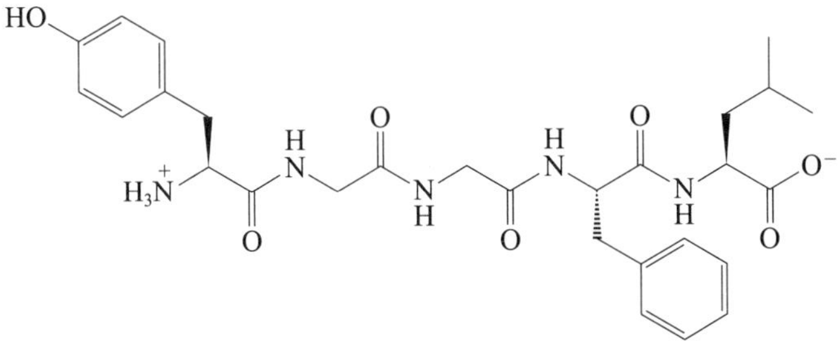

46. 用氨基酸的三字码缩写简短地表示习题 45 中肽的结构。

47. 指出习题 34 中氨基酸和习题 45 中肽在 pH＝7 的电泳装置中会朝着（**a**）阳极还是（**b**）阴极移动。

48. 蚕丝是由 β-折叠构成的，其由重复单元 Gly-Ser-Gly-Ala-Gly-Ala 组成。氨基酸侧链的什么特性是有利于这个结构的？图 26-3（A）显示了具有单一折叠的两股相邻的链，这说明了什么？

49. 尽可能多地在肌红蛋白结构（图 26-8C）中找出 α-螺旋段。脯氨酸位于肌红蛋白的 37、88、100 和 120 位，这些脯氨酸各如何影响分子的三级结构？

50. 在肌红蛋白的 153 个氨基酸中，78 个含有极性侧链（即 Arg、Asn、Asp、Gln、Glu、His、Lys、Ser、Thr 和 Tyr）。当肌红蛋白采取其天然的折叠构象时，这 78 个极性侧链中的 76 个（除两个组氨酸之外所有的）都从其表面朝外突出。同时，除两个组氨酸外，肌红蛋白的内部只含有 Gly、Val、Leu、Ala、Ile、Phe、Pro 和 Met。试解释。

51. 试解释以下三个现象：（**a**）蚕丝，像大多数具有折叠片层结构的多肽一样，是不溶解于水的。（**b**）诸如肌红蛋白的球状蛋白一般易溶解于水。（**c**）球状蛋白三级结构的解体（变性）导致其从水溶液中沉淀出来。

52. 用你自己的话，概述研究人员测定后叶加压素中存在哪些氨基酸可能遵循的程序（练习 26-12）。

53. 写出习题 45 中的肽单次 Edman 降解的产物。

54. 短杆菌肽 S 与异硫氰酸苯酯反应（Edman 降解）的结果是什么？（**提示**：该物质与哪个官能团反应?）。

55. 舒缓激肽是一种组织激素，能发挥强力的止痛剂作用。用 Edman 试剂进行单次处理，鉴定出其 *N*-端氨基酸是 Arg。该完整多肽的不完全酸水解使很多舒缓激肽分子发生随机断裂，产生多种肽片段，包括 Arg-Pro-Pro-Gly、Phe-Arg、Ser-Pro-Phe 和 Gly-Phe-Ser。完全酸水解后进行氨基酸分析，表明氨基酸比例为 3Pro、2Phe、2Arg、1Gly 和 1Ser。试推导出舒缓激肽的氨基酸序列。

56. Met-脑啡肽是具有强力鸦片样生物活性的脑肽，其氨基酸序列为 Tyr-Gly-Gly-Phe-Met，其逐步的 Edman 降解的产物是什么？
习题 45（d）部分所示的肽是 Leu-脑啡肽，它是 Met-脑啡肽的亲戚，具有类似的性质。Leu-脑啡肽 Edman 降解的结果与 Met-脑啡肽有什么不同？

57. 由脑垂体分泌的促肾上腺皮质激素是一种刺激肾上腺皮质的激素。试从以下信息确定其一级结构。(i) 用胰凝乳蛋白酶水解产生 6 个肽：Arg-Trp、Ser-Tyr、Pro-Leu-Glu-Phe、Ser-Met-Glu-His-Phe、Pro-Asp-Ala-Gly-Glu-Asp-Gln-Ser-Ala-Glu-Ala-Phe 和 Gly-Lys-Pro-Val-Gly-Lys-Lys-Arg-Arg-Pro-Val-Lys-Val-Tyr。(ii) 用胰蛋白酶水解产生游离的赖氨酸、游离的精氨酸和以下 5 个肽：Trp-Gly-Lys、Pro-Val-Lys、Pro-Val-Gly-Lys、Ser-Tyr-Ser-Met-Glu-His-Phe-Arg 和 Val-Tyr-Pro-Asp-Ala-Gly-Glu-Asp-Gln-Ser-Ala-Glu-Ala-Phe-Pro-Leu-Glu-Phe。

58. 提出从氨基酸组分合成 Leu-脑啡肽的方案［习题 45(d)］。

59. 下面的分子是促甲状腺素释放激素（TRH）。它是由下丘脑分泌的，促使脑垂体释放促甲状腺素，它又反过来刺激甲状腺。甲状腺产生的激素（如甲状腺素）一般用来控制代谢。

焦谷氨酸 组氨酸 脯氨酰胺

初步分离 TRH 需要处理 4 吨下丘脑组织，才能从中得到 1 mg TRH。无需说明，在实验室中合成 TRH 要比从天然来源提取更方便一些。试为从 Glu、His 和 Pro 合成 TRH 设计一条路线。注意，焦谷氨酸就是谷氨酸的内酰胺，将谷氨酸加热到 140℃很容易得到它。

60. （**a**）四个 DNA 碱基所示的结构（26-9 节）只代表最稳定的互变异构体。试为这些杂环再画出 1～2 个另外的互变异构体（复习互变异构现象，参见 13-7 和 18-2 节）。（**b**）在某些情况下，少量的较不稳定的互变异构体的存在，由于错误的碱基配对，可能引起 DNA 复制或 mRNA 合成错误。一个例子是腺嘌呤的亚胺互变异构体，可与胞嘧啶配对而不与胸腺嘧啶配对。试为这一氢键结合的碱基对画一个可能的结构（图 26-11）。（**c**）用表 26-3，写出编码 Met-脑啡肽五个氨基酸（习题 56）的 mRNA 的可能的核酸序列。如果（b）中所说的错误配对是在该 mRNA 序列合成的第一个可能的位置，则在该肽的氨基酸序列中会造成什么后果？（忽略起始密码子。）

61. “因子Ⅷ”是参与血栓形成的蛋白质之一。缺失编码“因子Ⅷ”的 DNA 基因是发生经典血友病的原因。“因子Ⅷ”含有 2332 个氨基酸。合成需要编码多少个核苷酸？

62. 除了表 26-1 和表 26-3 中常见的 20 种氨基酸之外，使用 26-10 节中描述的基于核酸的细胞机器将另外两种硒代半胱氨酸（Sec）和吡咯赖氨酸（Pyl）掺入蛋白质中。Sec 和 Pyl 的三碱基密码分别是 UGA 和 UAG。这些密码通常用于终止蛋白质合成。但是，如果它们的前面有某些特定的碱基序列，则导致这些不寻常的氨基酸的掺入和肽链的持续增长。

Pyl 很罕见，仅存在于一些古老的细菌中。含有 CH_2SeH 侧链的 Sec 则是很普遍的；事实上，它至少存在于二十四种人类蛋白质中，这些蛋白质依赖必需的微量元素硒的反应性来发挥其功能。Sec 中 SeH 官能团的 pK_a 是 5.2。（半胱氨酸中 SH 的 pK_a 是 8.2。）（**a**）画出 Sec 在 pH＝7 时的结构；在相同 pH 与半胱氨酸进行比较。（**b**）测定 Sec 的等电点 pI。（**c**）给出 S 和 Se 在周期表上的相互关系和 SH 和 SeH 之间 pK_a 的差别。据此对 Sec 和 Cys 化学反应性的比较，你如何预料？

63. 挑战题 羟脯氨酸（Hyp），像许多其他未“正式”列为必需氨基酸的氨基酸一样，是个非常必要的生物物质。它约占胶原蛋白氨基酸含量的 14%。胶原蛋白是皮肤和结缔组织的主要成分。它还和无机物质一起存在于指甲、骨骼和牙齿中。（**a**）羟脯氨酸的系统名称是（2S,4R）-4-羟基氮杂环戊烷-2-羧酸。试画出该氨基酸正确的立体化学结构式。（**b**）在身体中，Hyp 是以肽结合的形式由肽结合的脯氨酸和 O_2 合成，该合成是需要维生素 C 的酶催化过程。当缺乏维生素 C 时，只能生成有缺陷的、缺少 Hyp 的胶原蛋白。维生素 C 缺乏会引起坏血病，其特征是皮肤出血并水肿、牙龈出血。

以下反应是有效的羟脯氨酸的实验室合成路线。试在（i）和（ii）中填写需要的试剂，并写出带星号步骤的详细机理。

$ClCH_2$—环氧 →(i) N-(环氧丙基)邻苯二甲酰亚胺 →($Na^{+-}CH(COOCH_2CH_3)_2$*) 内酯（$COOCH_2CH_3$, NCH_2）→(SO_2Cl_2) 氯代内酯（Cl, $COOCH_2CH_3$, NCH_2）→(ii*) 羟脯氨酸

（**c**）明胶是部分水解的胶原蛋白，富含羟脯氨酸，因此，常常被推荐为治疗指甲开裂和发脆的药物。像大多数蛋白质一样，明胶在被吸收之前，在胃和小肠里几乎完全断裂为单个的氨基酸。因此，游离的羟脯氨酸被引入到血液中，对于身体合成胶原蛋白是否有用？（**提示：** 表 26-3 有没有列出羟脯氨酸的三碱基密码？）

64. 挑战题 寡糖的生物合成（第 24 章）利用了蛋白质和核酸以及碳水化合物的化学成分。

在下面的例子中，在一分子半乳糖和一分子 *N*-乙酰基半乳糖胺之间形成二糖键。半乳糖（“供体”糖）作为尿嘧啶核苷二磷酸酯进入该过程，而“受体”半乳糖胺则通过与蛋白质丝氨酸残基的羟基所形成的糖苷键被固定在位。半乳糖基转移酶专一性地在供体的 C-1 位和受体的 C-3 位之间形成二糖键。这一反应与哪一种机理过程相似？讨论该反应的各个参与者所起的作用。

尿苷二磷酸酯-半乳糖

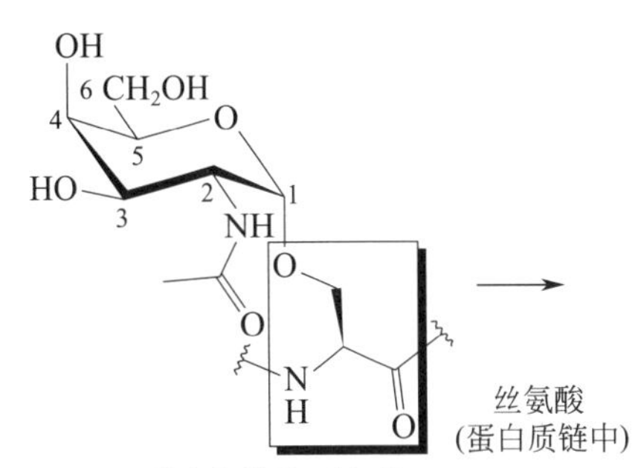

***N*-乙酰半乳糖胺-蛋白质**

半乳糖($\beta \to 3$)*N*-乙酰半乳糖胺-蛋白质

尿苷二磷酸酯 (UDP)

65. 挑战题 镰状细胞贫血常常是一种致命的遗传疾病，由编码血红蛋白 β 链的 DNA 基因的单个错误引起的。正确的核酸序列（从 mRNA 模板读出）以 AUGGUGCACCUGACUC-CUG**A**GGAGAAG……开始，依此类推。(**a**) 将该序列翻译成蛋白质相应的氨基酸序列。(**b**) 引起镰状细胞贫血的变异是上面序列中黑体的 **A** 被 U 取代。该变异在相应的氨基酸序列中造成的后果是什么？(**c**) 这一氨基酸取代改变了血红蛋白分子的性质，特别是它的极性和形状。试为这两个作用找出原因。[氨基酸结构可参见表 26-1，肌红蛋白结构可参见图 26-8（C），该结构与血红蛋白相似。注意该氨基酸在蛋白质三级结构中取代的位置。]

66. 镰状细胞贫血的治疗极具挑战性。然而，目前有希望的潜在治疗方法已在临床试验中。包括 5-(羟甲基)-呋喃-2-甲醛（5-羟甲基糠醛，5-HMF）。这种产品是焦糖的副产品（参见教材 1198 页页边）。试提出一种简单的碳水化合物（图 24-1），在催化酸存在下加热后可以很容易地转化为 5-HMF，并提出这个过程的机理。

5-羟甲基糠醛 (5-HMF)

团队练习

67. 在有机合成中，氨基酸可用作对映体纯的原料。图示Ⅰ是用于制备对映体纯 *β*-氨基酸试剂合成的第一步，如出现在紫杉醇侧链中的那些（4-7 节）。图示Ⅱ是相同氨基酸的酯，用来制备一种用于多肽构象研究的稀有的杂环二肽。

图示Ⅰ. 对映体纯试剂的合成

天冬酰胺的钾盐 → **A** $C_9H_{15}N_2O_3^-K^+$ 六元氮杂环

1. $NaHCO_3$, $ClCOOCH_3$
2. H^+, H_2O

→ **B** $C_{11}H_{18}N_2O_5$

考虑以下问题：

（1）A 以 90∶10 的比例形成两个非对映异构体。主要异构体是具有最稳定椅式构象的一个，环上的两个取代基彼此是顺式的还是反式的？以平伏键或直立键标出它们的位置。

（2）哪个氮是亲核的并产生氨基甲酸酯（20-6节）B？

图示Ⅱ．稀有的杂环二肽的合成

天冬酰胺(1,1-二甲基乙基)酯 + 苯甲醛 ⟶ C $\xrightarrow{\text{Fmoc-氨基酰氯}}$ D

$C_{15}H_{20}N_2O_3$（非环化合物）　　杂环二肽

因为需要用氨基酸酰氯形成新的酰胺键，所以用Fmoc保护基（示于灰色方框中）来代替你们熟悉的Cbz或Boc。在这些条件下Cbz和Boc都不稳定。

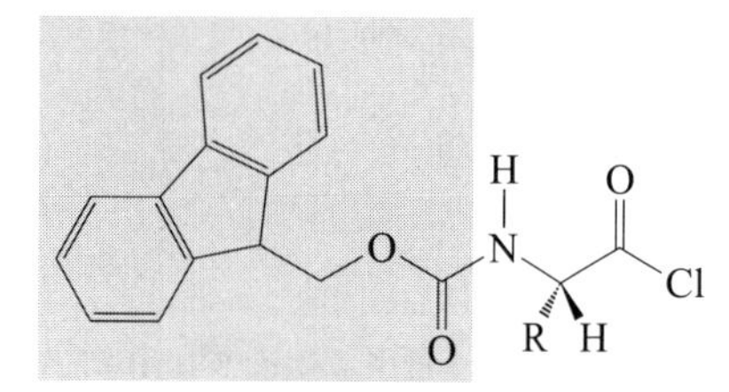

芴甲氧羰基(Fmoc)-氨基酸氯

考虑以下问题：

（1）在C中生成了什么官能团？

（2）D中肽键在哪里，把它圈出来。

讨论每个方案中提出问题的答案，以及你们为A～D提出的结构。

预科练习

68. A（如下所示）是一个天然存在的 α-氨基酸的结构。从下式选择它的名称：（**a**）甘氨酸；（**b**）丙氨酸；（**c**）酪氨酸；（**d**）半胱氨酸。

COOH
H_2N—+—H
CH_3
A

69. 蛋白质一级结构是指：（**a**）以二硫键交联；（**b**）存在 α-螺旋；（**c**）多肽链中 α-氨基酸的序列；（**d**）侧链在三维空间中的取向。

70. 以下五个结构中哪一个是两性离子？

（a）$^-O_2CCH_2\overset{O}{\overset{\|}{C}}NH_2$　（b）$^-O_2CCH_2CH_2CO_2^-$

（c）$H_3\overset{+}{N}CH_2CO_2^-$　（d）$CH_3(CH_2)_{16}CO_2^-K^+$

（e）[H—C(=O)—Ö:⁻ ⟷ H—C(—Ö:⁻)=O]

71. 当 α-氨基酸溶解在水中并将此溶液pH调节到12时，下列物质中哪个占多数？

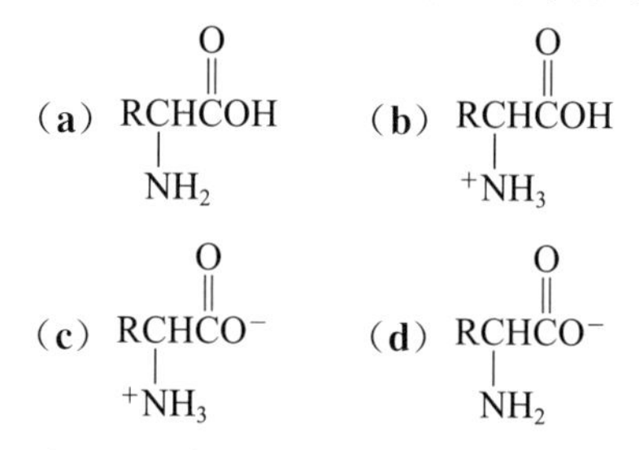

72. 在天然存在的小肽甘氨酰丙氨酰丙氨酸中，存在几个手性中心？（**a**）0；（**b**）1；（**c**）2；（**d**）3。

习题解答

32.

L-异亮氨酸	L-苏氨酸
COOH	COOH
H_2N—+—H (S)	H_2N—+—H (S)
H_3C—+—H (S)	H—+—OH (R)
CH_2CH_3	CH_3

L-苏氨酸的系统命名为：(2*S*,3*R*)-2-氨基-3-羟基丁酸。

33. 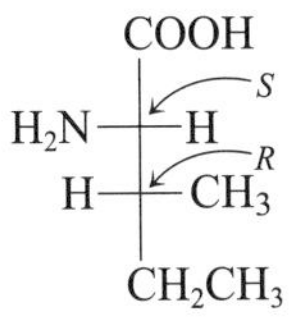 COOH；H_2N—C—H（S）；H—C—CH_3（R）；CH_2CH_3

***allo*-L-异亮氨酸**

allo-L-异亮氨酸的系统命名为：(2*S*,3*R*)-2-氨基-3-甲基戊酸。

34. 每个氨基酸在不同 pH 值（括号中的数值）水溶液中的结构：

（**a**）$H_3\overset{+}{N}$—CH(COOH)—CH_3 (pH 1)　$H_3\overset{+}{N}$—CH(COO^-)—CH_3 (pH 7)　H_2N—CH(COO^-)—CH_3 (pH 12)

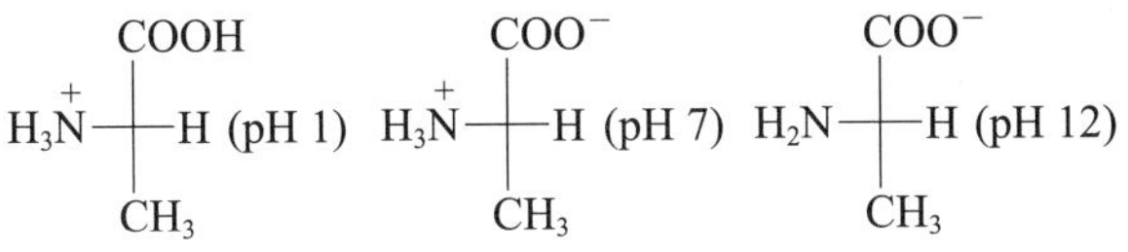

（**b**）$H_3\overset{+}{N}$—CH(COOH)—CH_2OH (pH 1)　$H_3\overset{+}{N}$—CH(COO^-)—CH_2OH (pH 7)　H_2N—CH(COO^-)—CH_2OH (pH 12)

（**c**）$H_3\overset{+}{N}$—CH(COOH)—$(CH_2)_4$—$\overset{+}{N}H_3$ (pH 1)　$H_3\overset{+}{N}$—CH(COO^-)—$(CH_2)_4$—$\overset{+}{N}H_3$ (pH 7)　H_2N—CH(COO^-)—$(CH_2)_4$—$\overset{+}{N}H_3$ (pH 9.5)　H_2N—CH(COO^-)—$(CH_2)_4$—NH_2 (pH 12)

（**d**）$H_3\overset{+}{N}$—CH(COOH)—CH_2—咪唑鎓（N—H，$\overset{+}{N}H$）(pH 1)　$H_3\overset{+}{N}$—CH(COO^-)—CH_2—咪唑鎓（N—H，$\overset{+}{N}H$）(pH 5)　$H_3\overset{+}{N}$—CH(COO^-)—CH_2—咪唑（N—H，N）(pH 7)　H_2N—CH(COO^-)—CH_2—咪唑（N—H，N）(pH 12)

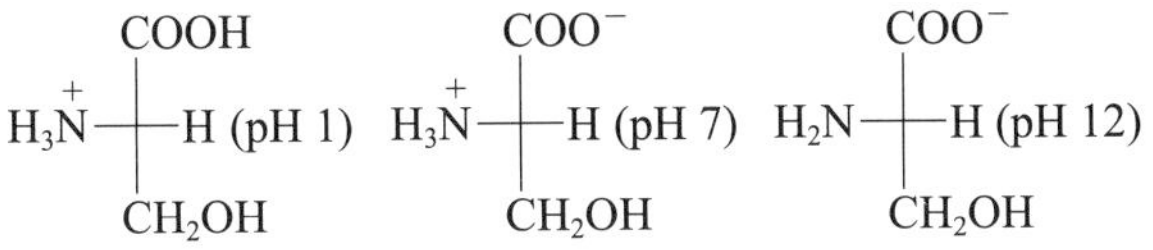

（**e**）$H_3\overset{+}{N}$—CH(COOH)—CH_2SH (pH 1)　$H_3\overset{+}{N}$—CH(COO^-)—CH_2SH (pH 7)　$H_3\overset{+}{N}$—CH(COO^-)—CH_2S^- (pH 9)　H_2N—CH(COO^-)—CH_2S^- (pH 12)

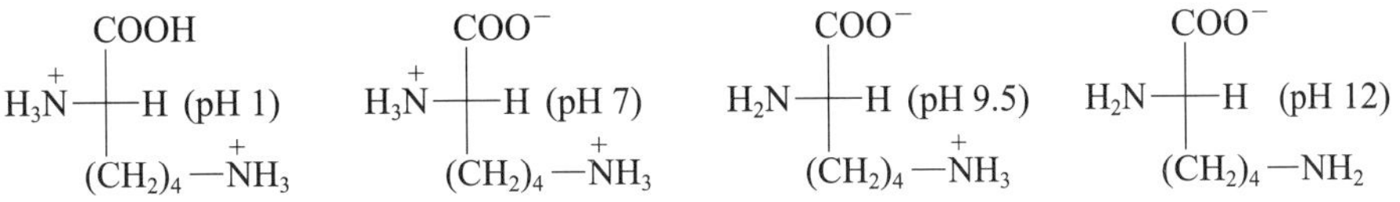

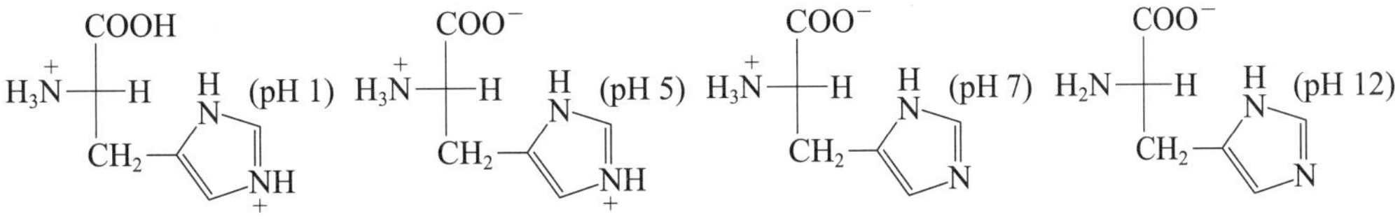

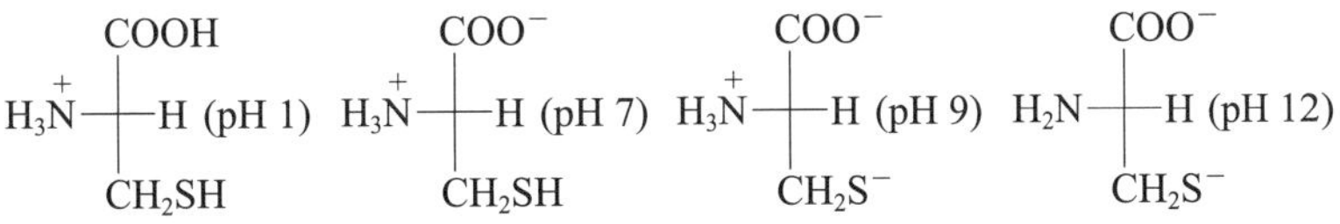

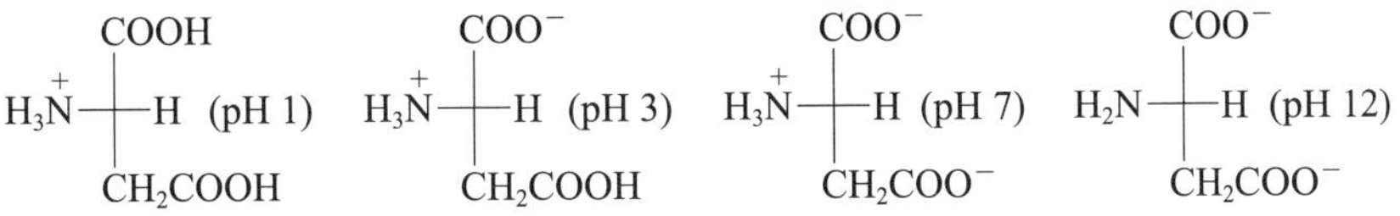

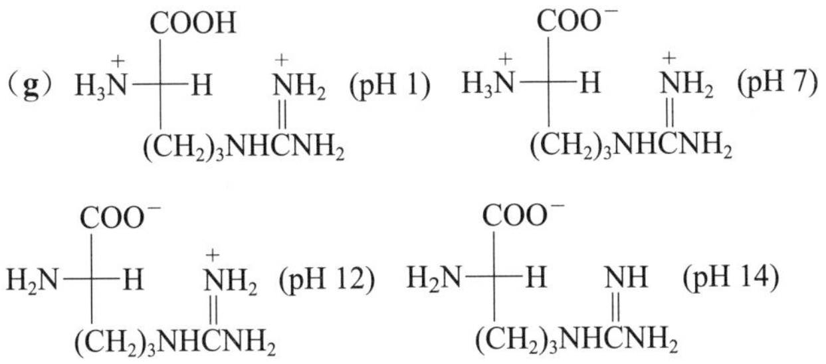

（**f**）$H_3\overset{+}{N}$—CH(COOH)—CH_2COOH (pH 1)　$H_3\overset{+}{N}$—CH(COO^-)—CH_2COOH (pH 3)　$H_3\overset{+}{N}$—CH(COO^-)—CH_2COO^- (pH 7)　H_2N—CH(COO^-)—CH_2COO^- (pH 12)

（**g**）$H_3\overset{+}{N}$—CH(COOH)—$(CH_2)_3NHC(=\overset{+}{N}H_2)NH_2$ (pH 1)　$H_3\overset{+}{N}$—CH(COO^-)—$(CH_2)_3NHC(=\overset{+}{N}H_2)NH_2$ (pH 7)

H_2N—CH(COO^-)—$(CH_2)_3NHC(=\overset{+}{N}H_2)NH_2$ (pH 12)　H_2N—CH(COO^-)—$(CH_2)_3NHC(=NH)NH_2$ (pH 14)

（**h**）$H_3\overset{+}{N}$—CH(COOH)—CH_2—C_6H_4—OH (pH 1)　$H_3\overset{+}{N}$—CH(COO^-)—CH_2—C_6H_4—OH (pH 7)　$H_2\ddot{N}$—CH(COO^-)—CH_2—C_6H_4—OH (pH 9.5)　$H_2\ddot{N}$—CH(COO^-)—CH_2—C_6H_4—O^- (pH 12)

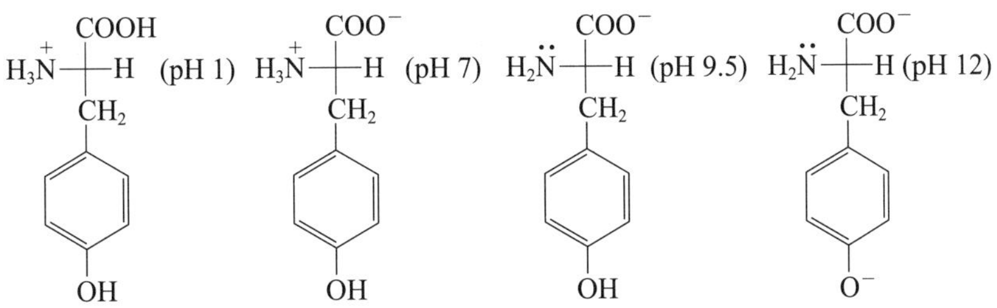

35.（**a**）赖氨酸，精氨酸；（**b**）丙氨酸，丝氨酸，组氨酸，半胱氨酸，酪氨酸；（**c**）天冬氨酸。

36. 首先确定各氨基酸的电中性结构，它总是带有一个正电荷和一个负电荷。选择两个 pK_a 值，它们分别是该结构中酸性最强基团去质子化的 pK_a 和碱性最强的基团质子化的 pK_a 值。它们的平均值是 pI。

(**c**) (9.0+10.5)/2=9.7　　(**d**) (9.2+6.1)/2=7.6

(**e**) (8.2+2.0)/2=5.1　　(**f**) (3.7+1.9)/2=2.8

(**g**) (12.5+9.0)/2=10.8　　(**h**) (9.1+2.2)/2=5.7

37. 这三个氨基酸的合成方案都遵循相同的模式：首先，找到目标氨基酸的结构；然后，根据要求使用的反应，从缺乏氨基的羧酸开始；最后将氨基连接到 α-碳上。

(**a**) 甘氨酸 $CH_3CO_2H \xrightarrow{Br_2，催化 PBr_3} BrCH_2CO_2H \xrightarrow{NH_3，H_2O} {}^+H_3NCH_2CO_2^-$

(**b**) 苯丙氨酸 $C_6H_5CH_2CO_2H \xrightarrow{Br_2，催化 PBr_3} C_6H_5CHBrCO_2H \xrightarrow{NH_3，H_2O} C_6H_5CH(NH_3^+)CO_2^-$

(**c**) 丙氨酸 $CH_3CH_2CO_2H \xrightarrow{Br_2 催化 PBr_3} CH_3CHBrCO_2H \xrightarrow{NH_3，H_2O} CH_3CH(NH_3^+)CO_2^-$

38. 这个问题与最后一个问题有关，除了 Strecker 合成的原料是醛外，其结果增加一个碳（氰基，CN，它变成羧基）。所以，每个原料必须比预定的目标产物少一个碳。

(**a**) 对于甘氨酸 $H_2C{=}O \xrightarrow[2.\ HCN]{1.\ NH_3} H_2NCH_2CN \xrightarrow{H^+，H_2O} {}^+H_3NCH_2CO_2^-$

(**b**) 对于异亮氨酸 $CH_3CH_2CH(CH_3)CHO \xrightarrow[2.\ HCN]{1.\ NH_3} CH_3CH_2CH(CH_3)CH(NH_2)CN \xrightarrow[H_2O]{H^+} CH_3CH_2CH(CH_3)CH(NH_3^+)CO_2^-$

(**c**) 对于丙氨酸 $CH_3CHO \xrightarrow[2.\ HCN]{1.\ NH_3} CH_3CH(NH_2)CN \xrightarrow{H^+,H_2O} CH_3CH(NH_3^+)CO_2^-$

39. 第一和第二步之后，得到（邻苯二甲酰亚胺基）N—$C(CO_2CH_2CH_3)_2$（$CH_2CH_2CH_2CH_2NHCOCH_3$），酸水解不仅会从环氮中裂开邻苯二甲酰亚胺基团，还会从第二个氮上断裂乙酰基，得到 ${}^-O_2CCH(NH_3^+)CH_2CH_2CH_2CH_2NH_3^+$，它是赖氨酸。

40. (**a**) 因为 R 基团是二级碳，应避免烷基化，可用 Strecker 合成法合成。

$$(CH_3)_2CHCHO \xrightarrow[2.\ HCN]{1.\ NH_3} (CH_3)_2CHCH(NH_2)CN \xrightarrow{H^+,H_2O} (CH_3)_2CHCH(NH_3^+)COO^-$$

(**b**) R 基团是一级碳，现在你有一个选择。可用 $(CH_3)_2CHCH_2CHO$ 作原料的 Strecker 合成法，或用 Gabriel 伯胺合成法来合成。

$$\text{(邻苯二甲酰亚胺基)N—}CH(CO_2CH_2CH_3)_2 \xrightarrow{1.\ NaOCH_2CH_3,\ CH_3CH_2OH;\ 2.\ BrCH_2CH(CH_3)_2;\ 3.\ H^+,H_2O,\triangle} (CH_3)_2CHCH_2CH(NH_3^+)COO^-$$

甚至 Hell-Volhardt-Zelinsky 胺化合成法在这里也能得到很好的效果。

$$(CH_3)_2CHCH_2CH_2COOH \xrightarrow{Br_2,PBr_3} (CH_3)_2CHCH_2CH(Br)COOH \xrightarrow{NH_3,H_2O} (CH_3)_2CHCH_2CH(NH_3^+)COO^-$$

(**c**) 合成脯氨酸有几种方法，但你必须首先认识到需要一个三碳结构单元，每端都要带有离去基团，使得 α-碳和（后来形成的）氨基氮两者之间能成环。下面以 Gabriel 合成法开始。

$$\text{(邻苯二甲酰亚胺基)N—}CH(CO_2CH_2CH_3)_2 \xrightarrow{1.\ NaOCH_2CH_3,\ CH_3CH_2OH;\ 2.\ BrCH_2CH_2CH_2OC(=O)CH_3;\ 3.\ H^+,H_2O,\triangle} HOCH_2CH_2CH_2CH(NH_3^+)COO^-$$

$\xrightarrow[\text{(将-OH转化为-Br，变为好的离去基团)}]{\text{浓的HBr}}$ $\left[BrCH_2CH_2CH_2\overset{^{+}NH_3}{\overset{|}{C}}HCOO^- \rightleftharpoons H^+ + BrCH_2CH_2CH_2\overset{:NH_2}{\overset{|}{C}}HCOO^- \right] \xrightarrow{-Br^-}$ 脯氨酸（$H_2\overset{+}{N}$环，COO^-）

（**d**）应用 Gabriel 合成法。不是通过与卤代烷的 S_N2 反应形成必要的碳-碳键，而是采用与乙醛的羟醛缩合。

邻苯二甲酰亚胺基 $NCH(CO_2CH_2CH_3)_2$ $\xrightarrow[\text{2. CH}_3\text{CHO}]{\text{1. NaOCH}_2\text{CH}_3}$ 邻苯二甲酰亚胺基 $N—C(CO_2CH_2CH_3)_2$（$HOCHCH_3$） $\xrightarrow{H^+, H_2O, \triangle}$ $CH_3\overset{HO}{\overset{|}{C}}H\overset{\overset{+}{N}H_3}{\overset{|}{C}}HCOO^-$

（**e**）无论使用何种方法，多余的氨基都必须以保护基的形式存在。这是一个 Gabriel 合成法。

邻苯二甲酰亚胺 $N^- K^+$ $\xrightarrow[\text{以保护形式引入多余氨基}]{Br(CH_2)_4Cl}$ 邻苯二甲酰亚胺基 $N(CH_2)_4Cl$ $\xrightarrow[NaOCH_2CH_3]{\text{邻苯二甲酰亚胺基}NCH(CO_2CH_2CH_3)_2,}$

邻苯二甲酰亚胺基 $N(CH_2)_4CH(CO_2CH_2CH_3)_2$（CH 上连邻苯二甲酰亚胺基 N） $\xrightarrow{H^+, H_2O, \triangle}$ $H_3\overset{+}{N}(CH_2)_4\overset{^{+}NH_3}{\overset{|}{C}}HCOO^-$

41.（**a**）

$C_6H_5CH_2CHO \xrightarrow[\text{3. H}^+\text{, H}_2\text{O}]{\text{1. NH}_3\text{; 2. HCN}}$ $C_6H_5CH_2\overset{^{+}NH_3}{\overset{|}{C}}HCOO^-$ 手性，但是外消旋(也就是没有光学活性)

手性中心

（**b**）使用光学活性的胺（显示 *S*-对映体）意味着加成产物实际上是混合物，因为产生了第二个手性中心，它可能是 *R* 或 *S*。因此，这是一个（*R*,*S*）和（*S*,*S*）的混合产物。因为这些产物彼此是**非对映异构体**，它们不一定会得到相同的产率。事实上，（*S*,*S*）产物（图示）占优势，水解并用氢气脱去苄基后，主要得到 *S*-氨基酸。

42. 开始在表 26-1 中寻找一种氨基酸，它与鸟氨酸具有相同的碳骨架并且在正确的位置也有一个氮。你能找到一个吗？是的，精氨酸。

鸟氨酸：COO^-；$^{+}H_3N$—C—H；$CH_2CH_2CH_2NH_3^+$

精氨酸：COO^-；$^{+}H_3N$—C—H；$CH_2CH_2CH_2NH\overset{NH_2^+}{\overset{||}{C}}NH_2$

鸟氨酸 **精氨酸**

我们以它们在 pH＝7 时最有可能具有的形态展示这些结构。

自然界有一种酶促方法能将精氨酸的胍基降解为鸟氨酸的简单氨基。这个过程失去两分子氨和一分子二氧化碳。在实验室中，水解可解决这个问题。文献中的实际操作步骤是在 100 ℃下用氢氧化钡水溶液处理精氨酸两小时。

你能在表 26-1 中找到任何其他可以作为鸟氨酸前体的氨基酸吗？重新寻找在合适位置有氮原子的类似的碳骨架。

43. 大蒜素在结构上与半胱氨酸相关，如果你能首先想出一条合成丝氨酸的途径，那么应该很容易获得半胱氨酸。

$$\text{(邻苯二甲酰亚胺基)}NCH(CO_2CH_2CH_3)_2 \xrightarrow[\text{羟醛缩合[与习题40(d)对照比较]}]{NaOH,\ H_2C=O}$$

$$\text{(邻苯二甲酰亚胺基)}N-C(CO_2CH_2CH_3)_2(HOCH_2) \xrightarrow{1.\ PBr_3;\ 2.\ Na^+\ {}^-SH} \text{(邻苯二甲酰亚胺基)}N-C(CO_2CH_2CH_3)_2(HSCH_2)$$

这一步水解会生成丝氨酸

用热酸水溶液处理这个产物直接得到半胱氨酸。此外，

$$\xrightarrow[\text{硫的烷基化}]{1.\ NaOH;\ 2.\ H_2C=CHCH_2Br} \text{(邻苯二甲酰亚胺基)}N-C(CO_2CH_2CH_3)_2(CH_2SCH_2CH=CH_2) \xrightarrow{1.\ H_2O_2;\ 2.\ H^+,\ H_2O,\ \triangle} H_2C=CHCH_2\overset{O}{\overset{\|}{S}}CH_2\overset{^+NH_3}{\overset{|}{C}}HCOO^-$$

44. 别异亮氨酸是异亮氨酸的非对映异构体，因此，简单的重结晶就可将它们分开。

混合物 $\xrightarrow{1.\ \text{溶于80\%的热乙醇};\ 2.\ \text{冷至0℃}}$
- 结晶 → (+)-和(−)-异亮氨酸
- 溶液 → (+)-和(−)-别异亮氨酸

分别继续处理**每种**对映体的混合物，使用番木鳖碱作为拆分剂。

$$\underset{(+)/(-)\text{混合物}}{CH_3CH_2CH(CH_3)\overset{^+NH_3}{\overset{|}{C}}HCOO^-} \xrightarrow[(\text{例如，}R=C_6H_5)]{RCOCR(\text{酸酐}),\ \triangle}$$

$$\underset{(+)/(-)}{CH_3CH_2CH(CH_3)\overset{RCNH\ (R\overset{O}{\overset{\|}{C}}NH)}{\overset{|}{C}}HCOOH} \xrightarrow{1.\ \text{番木鳖碱，甲醇，0℃};\ 2.\ \text{分离(结晶)}}$$
- (+)-酸的盐
- (−)-酸的盐

最后，依次用酸水处理释放出每个纯的氨基酸对映体。

45. (**a**) 三肽；(**b**) 二肽；(**c**) 四肽，(**d**) 五肽。肽键是简单的酰胺键，

$$-\overset{O}{\overset{\|}{C}}\underset{\uparrow}{-}NH-$$

例如，三肽 (**a**)：

$$H_3\overset{+}{N}-\overset{(CH_3)_2CH}{\overset{|}{C}H}-\overset{O}{\overset{\|}{C}}\underset{\uparrow}{-}NH-\overset{CH_3}{\overset{|}{C}H}-\overset{O}{\overset{\|}{C}}\underset{\uparrow}{-}NH-\overset{HSCH_2}{\overset{|}{C}H}-COO^-$$

46. 按照惯例，三字码缩写总是从带有氨基（“*N*-末端”或“氨末端”）的肽链末端开始。

(**a**) 缬氨酸-丙氨酸-半胱氨酸；(**b**) 丝氨酸-天冬氨酸；(**c**) 组氨酸-苏氨酸-脯氨酸-赖氨酸；
(**d**) 酪氨酸-甘氨酸-甘氨酸-苯丙氨酸-亮氨酸。

47. 确定 pH=7 时氨基酸或肽的净电荷，然后回想一下：带负电荷的物种向阳极（A）移动，带正电荷的向阴极（C）移动，中性的完全不移动（N）。

氨基酸（习题 34）：(a)、(b)、(d)、(e) N；(f) A；(C)，(g) C。

多肽（习题45）：(a) N；(b) A；(c) C；(d) N。

48. 侧链都很小（—H，$—CH_3$ 或—CH_2OH），而且大多是非极性的。请注意，在插图中，尤其是图26-3，折叠结构将R基团包进折叠片层之间的小凹槽中，在那里只有小基团才容易进入。六个基团中五个基团的非极性也与其位置相容，这是一个相对非极性的区域，附近几乎没有氢键。

49. 通过Pro 37、Pro 88、Pro 100、Pro 120四个氨基酸的螺旋形状带来的α-螺旋折叠是相当明显的（比较图26-4）。肌红蛋白实际上包含八个明显的α-螺旋的折叠，用字母A～H标记：

α-螺旋	氨基酸数目	α-螺旋	氨基酸数目
A	3～18	E	58～77
B	20～35	F	86～94
C	36～42	G	100～118
D	51～57	H	125～148

在这个图表中，除了α-螺旋D（从这个角度看它是在端点），所有的螺旋都很容易辨认出来。四个脯氨酸位于或接近α-螺旋的末端，与分子整体的“扭结”状三级结构中的重合，这是五元环构象特征的结果。

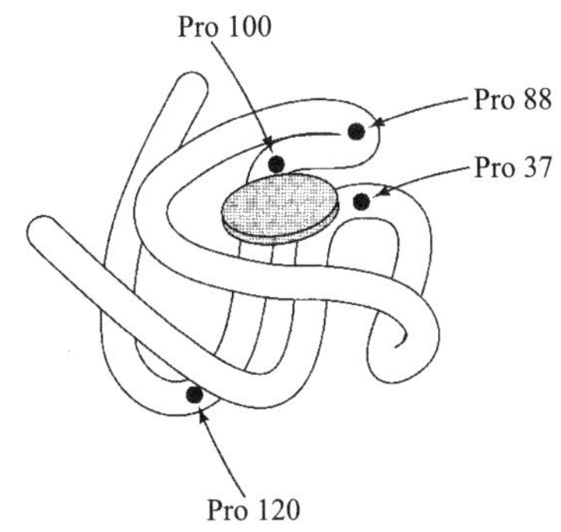

50. 除了与血红素结合的铁原子相关联的两个组氨酸外，所有极性侧链都位于能很好地与溶剂分子（水）形成氢键的位置。相比之下，所有非极性侧链都占用内部位置，避免与极性溶剂分子接触。

51. **(a)** 折叠结构由带有小的、非极性侧链的氨基酸形成，因此对极性溶剂（如水）的氢键结合能力非常弱（习题48）。**(b)** 在球状蛋白中，极性侧链暴露在溶剂中，使整个分子易溶解于水（习题50）。在肥皂分子形成的胶束中也可以看到类似的效果，其中极性基团位于表面，使具有水溶性，而非极性基团则埋在内部（真实生活19-1）。**(c)** 如果球状蛋白质的三级结构被破坏，其非极性氨基酸侧链会暴露在极性溶剂中，从而大大降低蛋白质分子的整体溶解度。

52. (1) 纯化并裂解二硫键（9-10节）。(2) 对一部分样品，通过酰胺水解（$6mol \cdot L^{-1}$ HCl，110 ℃，24 h）降解整条链，用氨基酸分析仪测定氨基酸组成。(3) 对该样品的另一部分，应用重复的Edman降解来确定氨基酸序列。因为只有九个氨基酸，整条链可以这样来测序。

53. **(a)** S　NH　N　$CHCH(CH_3)_2$　O ＋丙氨酸-半胱氨酸

(b) S　NH　N　$CHCH_2OH$　O ＋天冬氨酸

(c) S　NH　N　$CHCH_2$　H　N　N　O ＋苏氨酸-脯氨酸-赖氨酸

（d） +甘氨酸-甘氨酸-苯丙氨酸-亮氨酸

54. 因为肽是环形的，Edman 过程不会得到正常的结果。它会简单地在两个“特别”的鸟氨酸氨基上形成硫脲衍生物。

因为没有氨基可以参与反应，温和的酸处理不会切割产物中的键，环状多肽结构将保持完整。

55. 完全水解表明舒缓激肽总共存在九个氨基酸单元。检查不完全水解的四个片段，已知肽从精氨酸开始（已鉴定出 *N*-末端是精氨酸），这样的话，四肽碎片（Arg-Pro-Pro-Gly）必须是在第一位。只有一个甘氨酸存在，所以这个四肽的最后一个甘氨酸一定和三肽（Gly-Phe-Ser）开头的甘氨酸是同一个。你可以用同样的逻辑来开始重叠对照所有的碎片以生成整个分子的解决方案。因为只有一个丝氨酸存在，所以上述三肽中的最后一个丝氨酸必须与另一个三肽（Ser-Pro-Phe）中的第一个丝氨酸相同。到目前为止，你有

```
1   2   3   4   5   6   7   8
Arg-Pro-Pro-Gly
            Gly-Phe-Ser
                    Ser-Pro-Phe
```

最后一个片段（Phe-Arg）显然是在末端，与位置 8 的苯丙氨酸重叠。所以答案是：Arg-Pro-Pro-Gly-Phe-Ser-Pro-Phe-Arg。

56. Edman 降解产物，按出现的顺序排列如下：

2

Leu-脑啡肽的最后一个产物与 Met-脑啡肽的不同，它是

57. 首先寻找一段不是这两种酶任一种的酶切位点的氨基酸结尾的片段。所有的**胰凝乳蛋白酶**酶切碎片都是以苯丙氨酸、色氨酸或酪氨酸结尾，因此这没有帮助。**胰蛋白酶**结果较有用，它只在精氨酸或赖氨酸之后断裂。所以，以苯丙氨酸结尾的 18 氨基酸片段一定是在完整激素的末端。现在的问题是如何将所有的碎片相互吻合地拼接起来。从胰蛋白酶水解的这一端开始，并与胰凝乳蛋白酶片段进行重叠。

（胰蛋白酶碎片）　Val-Tyr-Pro-Asp-Ala-Gly-Glu-Asp-Gln-Ser-Ala-Glu-Ala-Phe-Pro-Leu-Glu-Phe

（胰凝乳蛋白酶碎片）　Pro-Asp-Ala-Gly-Glu-Asp-Gln-Ser-Ala-Glu-Ala-Phe-Pro Leu-Glu-Phe

现在确定胰凝乳蛋白酶碎片和胰蛋白酶碎片的缬氨酸-酪氨酸（Val-Tyr）前端的部分进行重叠，然后继续这个过程，直到整个激素的 *N*-末端（起始端）。

Ser-Tyr-Ser-Met-Glu-His-Phe-Arg Trp-Gly-Lys Pro-Val-Gly-Lys　Pro-Val-Lys Val-Tyr-

Ser-Tyr Ser-Met-Glu-His-Phe Arg-Trp Gly-Lys-Pro-Val-Gly-Lys-Lys-Arg-Arg-Pro-Val-Lys-Val-Tyr

完整的答案是直接解读，以丝氨酸-酪氨酸（Ser-Tyr，就在上面）开始，用胰蛋白酶的大碎片与缬氨酸-酪氨酸（Val-Tyr）重叠，然后一直到最后结果。

Ser-Tyr-Ser-Met-Gln-His-Phe-Arg-Trp-Gly-Lys-Pro-Val-Gly-Lys-Lys-Arg-Arg-Pro-Val-Lys-Val-Ty-Pro-Asp-Ala-Gly-Glu-Asp-Gln-Ser-Ala-Glu-Ala-Phe-Pro-Leu-Glu-Phe

58. 以羧基末端开始。

1. Phe + $(CH_3)_3COC(=O)OC(=O)OC(CH_3)_3$ $\longrightarrow$ Boc-Phe（N-保护的苯丙氨酸）

2. Leu $\xrightarrow{CH_3OH,\ H^+}$ Leu-OCH_3（甲基酯：羧基保护的亮氨酸）

3. Boc-Phe + Leu-OCH_3 $\xrightarrow{DCC}$ Boc-Phe-Leu-OCH_3 $\xrightarrow{稀的H^+}$ Phe-Leu-OCH_3

4. Gly + $(CH_3)_3COC(=O)OC(=O)OC(CH_3)_3$ $\longrightarrow$ Boc-Gly（N-保护的甘氨酸）

5. Boc-Gly + Phe-Leu-OCH_3 $\xrightarrow{DCC}$ Boc-Gly-Phe-Leu-OCH_3 $\xrightarrow{稀的H^+}$ Gly-Phe-Leu-OCH_3

6. Boc-Gly(再次) + Gly-Phe-Leu-OCH_3 $\xrightarrow{DCC}$ Boc-Gly-Gly-Phe-Leu-OCH_3 $\xrightarrow{稀的H^+}$ Gly-Gly-Phe-Leu-OCH_3

7. Tyr + (过量) $(CH_3)_3COC(=O)OC(=O)OC(CH_3)_3$ $\longrightarrow$ Boc-Tyr（N-和酚的O-保护的酪氨酸）

8. Boc-Tyr + Gly-Gly-Phe-Leu-OCH_3 $\xrightarrow{DCC}$ Boc-Tyr-Gly-Gly-Phe-Leu-OCH_3 $\xrightarrow{1.\ H^+,\ H_2O;\ 2.\ HO^-,\ H_2O}$ Tyr-Gly-Gly-Phe-Leu（Leu-脑啡肽）

59. 1. His $\xrightarrow{Cbz\text{-}Cl}$ 环 N-保护的（Cbz）His $\xrightarrow{(CH_3)_3COC(=O)OC(=O)OC(CH_3)_3}$ 胺 N-保护的 Boc-(Cbz) His

这里的目的是保护组氨酸的两个不同的活性 N。Boc 保护基稍后将被酸除去以形成肽键，而环 N 仍然保留 Cbz 保护。

2. Pro $\xrightarrow{CH_3OH,\ H^+}$ Pro-OCH_3（C-保护的脯氨酸）

3. Boc-(Cbz)His + Pro-OCH_3 $\xrightarrow{DCC}$ Boc-(Cbz)His-Pro-OCH_3 $\xrightarrow{稀的H^+}$ (Cbz)His-Pro-OCH_3

4. Glu $\xrightarrow{135\sim140\ ℃}$ 焦谷氨酸（氨基现在是酰胺，所以不需要进一步保护）

5. 焦谷氨酸＋(Cbz) His-Pro-OCH_3 $\xrightarrow{DCC}$ 焦谷氨酰-(Cbz) His-Pro-OCH_3 $\xrightarrow{1.\ HO^-,\ H_2O;\ 2.\ DCC;\ 3.\ NH_3}$ 焦谷氨酰-(Cbz) His-Pro-NH_2 $\xrightarrow{H_2,\ Pd}$ TRH

60. （a）胞嘧啶（C）：

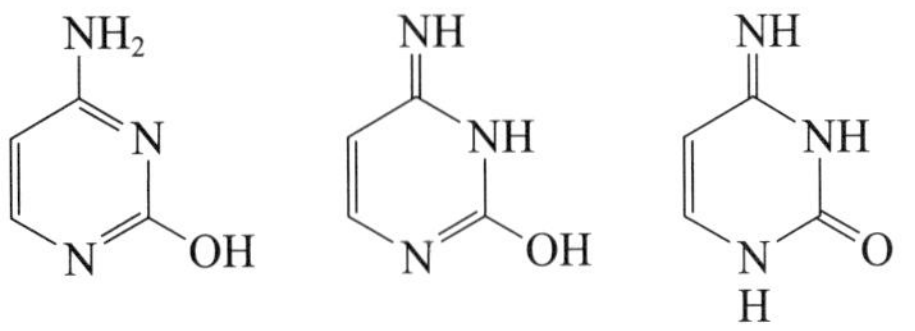

胸腺嘧啶（T）：

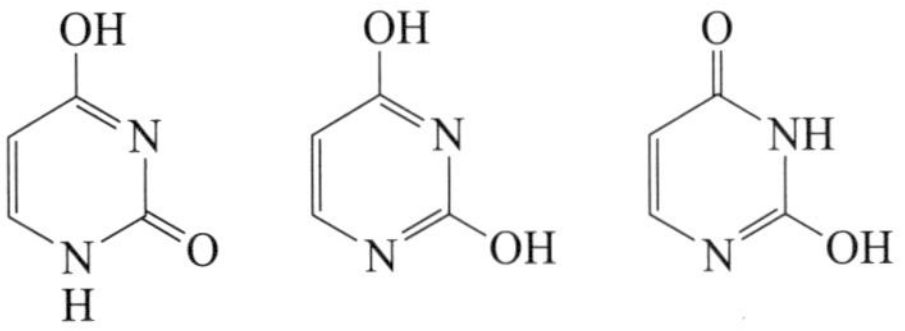

腺嘌呤（A）：NH, N, NH, N, N, H

鸟嘌呤（G）：OH, N, N, N, NH$_2$, N, H　　O, N, NH, N, NH, N, H, H　　OH, N, NH, N, NH, N, H, H

（b）H, N, H, N, NH, O, HN, H, N, N, N, N, H

亚胺-A

这种错误配对使A看起来像G(它与C而不是U配对)

（c）**氨基酸序列**：Tyr-Gly-Gly-Phe-Met。

可能的mRNA编码序列：AUG-Ⓤ AC-GGA-GGA-UUU-AUG-UGA。

在画圈位置的mRNA合成中，如果DNA链中的A与C错配而不是U配对时，结果对应的新链将是CAC而不是UAC，这使得它编码组氨酸而不是酪氨酸。因此，最后合成的肽会是组氨酸-甘氨酸-甘氨酸-苯丙氨酸-甲硫氨酸。

61. 2332×3＋3（起始密码子）＋3（终止密码子）＝7002

62.（**a**）在pH＝7时酸性较强的SeH基团将去质子化：

COO^-, $H_3\overset{+}{N}$—C—H, CH_2Se^-　比较　COO^-, $H_3\overset{+}{N}$—C—H, CH_2SH

在pH＝7时，高于SeH基团的pK_a值（5.2），但低于半胱氨酸中SH基团的pK_a值（8.2）。

（**b**）上面硒代半胱氨酸（Sec）在pH＝7时的结构是带负荷的。你需要将pH降低至5.2（SeH基团的pK_a值）以下才能开始观察到可观浓度的电中性结构，这类似于上面右边的半胱氨酸（Cys）结构。因此，pI＝（5.2＋2.0）/2＝3.6。

（**c**）酸性更强，但亲核性更强。

63.（**a**）$\overset{+}{N}H_2$, 2S, COO^-, H, H, OH, 4R　（**b**）（ⅰ）O, N^- K^+, O　（ⅱ）1. H^+, H_2O, △; 2. HO^-, H_2O, △

机理：

（ⅰ）O, NCH_2CH—O—CH_2 ＋ $^-$:$CH(COOCH_2CH_3)$, O ⟶ O, $^-$:Ö:, O, C, OCH_2CH_3, $NCH_2CHCH_2CHCOOCH_2CH_3$, O （ii）对于下面前三行中的结构，“i”部分最终产物中 CH_2 上的取代基缩写为“R”。

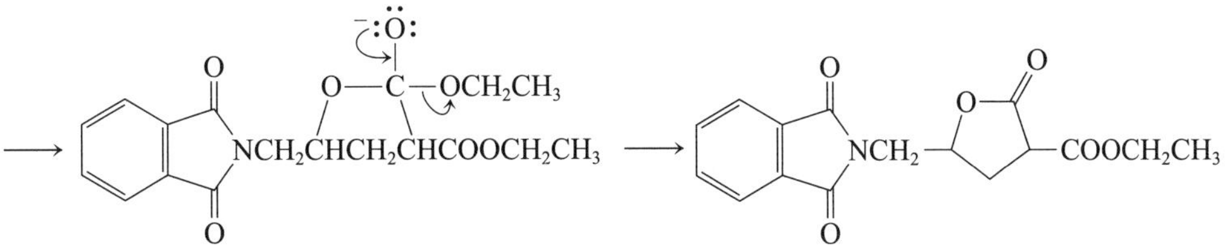

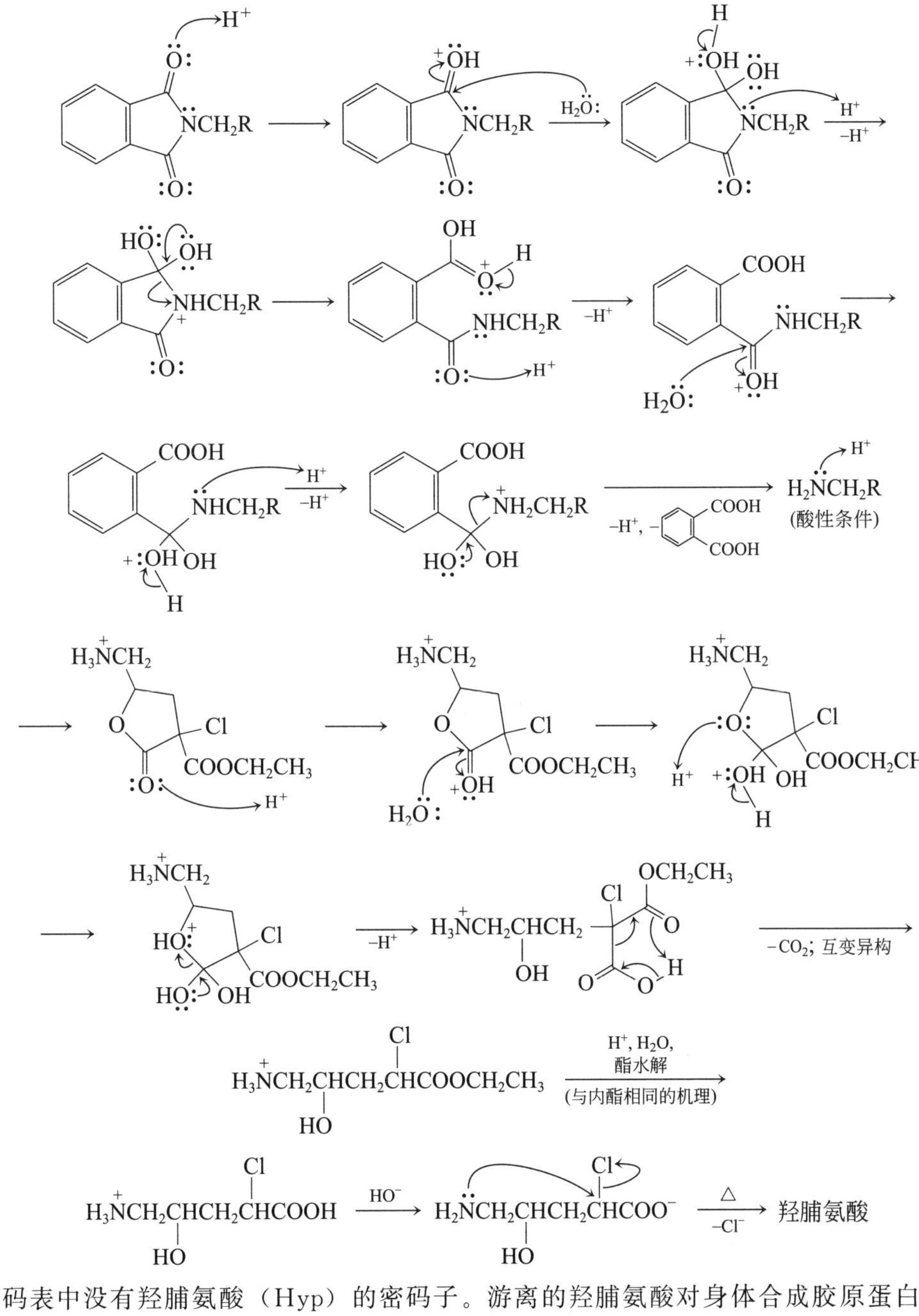

$H_3\overset{+}{N}CH_2CHCH_2CHCOOCH_2CH_3$（2 位 OH，4 位 Cl）$\xrightarrow[\text{(与内酯相同的机理)}]{H^+, H_2O, \text{酯水解}}$

$H_3\overset{+}{N}CH_2CHCH_2CHCOOH$（2 位 OH，4 位 Cl）$\xrightarrow{HO^-}$ $H_2NCH_2CHCH_2CHCOO^-$ $\xrightarrow[-Cl^-]{\triangle}$ 羟脯氨酸

（c）密码表中没有羟脯氨酸（Hyp）的密码子。游离的羟脯氨酸对身体合成胶原蛋白毫无用处，因为身体没有办法将游离的羟脯氨酸插入肽链中。明胶能提供大量的脯氨酸，所以在这方面是有用的，但它不能取代胶原蛋白生物合成中对维生素 C 的不可缺少的需求。

64. 这个过程是亲核取代的一种形式。反应发生在起始的尿苷二磷酸酯-半乳糖分子中半乳糖部分的 C-1 位置上。C-1 是异头碳，该位置最容易发生取代反应，如典型的在稀酸条件下的 S_N1 取代反应（回想糖苷的形成和水解，24-8 节）。在这种情况下，整个的尿苷二磷酸（UDP）分子是离去基团，蛋白质结合的 *N*-乙酰半乳糖胺的 C-3 羟基是亲核部位。

65.（a）AUG-GUG-CAC-CUG-ACU-CCU-GAG-GAG-AAG-等。
起始码 Val- His- Leu- Thr- Pro- Glu- Glu- Lys-等。

（b）GAG→GUG，现在是缬氨酸的密码子。

（c）用非极性的缬氨酸（在 pH=7 时为中性）取代极性的谷氨酸（在 pH=7 时为阴离子），降低分子整体的极性，水溶性更低。因为非极性的缬氨酸更喜欢存在于分子内部（它取代一个亲水的氨基酸），分子的整体形状（也就是三级结构）发生了变化。这种变化是尤其灾难性的，因为这种取代发生在靠近分子内 α-螺旋的第一个长的折叠的开端。其结果是使血红蛋白有缺陷，容易聚集成阻塞血管的不溶性团块，通常会降低血液输送氧气的能力。

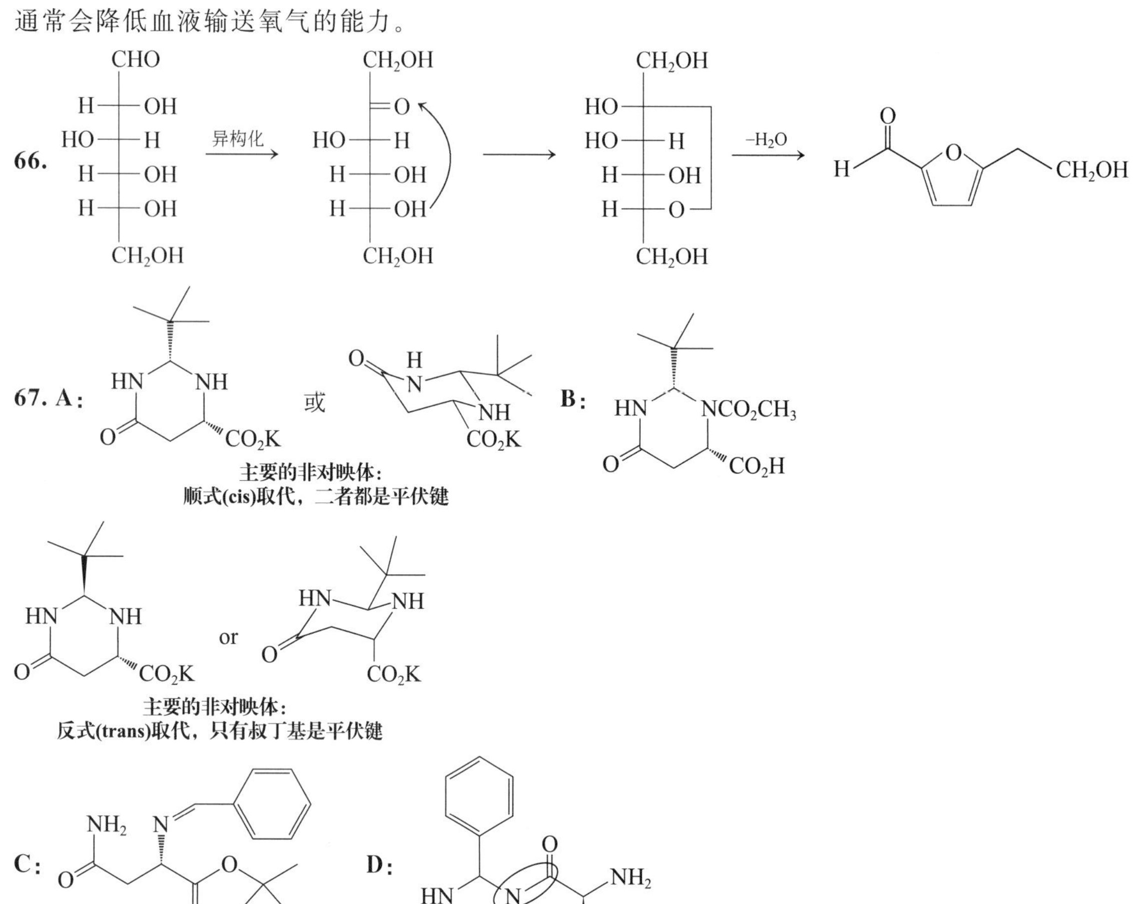

68.（b） **69.**（c）

70.（c） **71.**（d）

72.（c）

关键词

英文术语	中文术语	术语解释
Absolute configuration	绝对构型	手性中心周围基团的排列方式，根据次序规则分为 *R* 型和 *S* 型
Abstraction	移除	一个原子的消除
Acene	并苯	苯环线性稠和的结构，如三个苯环相并形成的蒽
Acetal	缩醛(酮)	$R_2C(OR')_2$。酸催化下过量醇对醛(酮)的稳定加成产物
Acetaldehyde	乙醛	CH_3CHO。乙酸对应的醛
Acetal hydrolysis	缩醛(酮)的水解	酸催化且水过量的条件下，缩醛(酮)转化为羰基化合物和醇的过程
Acetic acid	乙酸	CH_3COOH。一种羧酸，食醋的主要成分之一
Acetoacetic acid synthesis	乙酰乙酸合成法	通过对 β-酮酯的烷基化合成 3 位单取代或 3,3-双取代甲基酮的方法
Acetone	丙酮	$(CH_3)_2C{=}O$。英文系统命名为 2-propanone(也称 dimethyl ketone)的常用名
Acetyl group	乙酰基	CH_3CO—
Acetylene	乙炔	英文系统命名为 ethyne 物质的常用名
Achiral molecule	非手性分子	具有镜像对称性，能与其镜像完全重合的分子
Acid dissociation constant(K_a)	酸解离常数(K_a)	对酸强度的数学表示，由与水发生质子交换反应的平衡常数决定
Activating group	活化基团	加快反应速率的取代基，例如芳香亲电取代反应中芳香环上的给电子基
Acyl anion equivalent	酰基负离子等价体	一种含有碳负离子的反应物，其中负电荷所在的碳可以转化为羰基
Acyl group	酰基	RCO—。存在于酰卤等羧酸衍生物中
Acylium cation	酰基正离子	傅-克酰基化的中间体之一
Adams's catalyst	亚当斯催化剂	二氧化铂(PtO_2)，在氢气存在下转化为胶体铂
Addition reaction	加成反应	π 键断裂，新单键生成的反应
Addition-elimination reaction	加成-消除反应	经历四面体中间体的羧酸和羧酸衍生物的亲核取代反应
Adenine (A)	腺嘌呤	在 DNA、RNA 中都存在的一种碱基，有多个官能团的双环含氮杂环
Alcohol	醇	含羟基的一类有机分子
Aldaric acid	醛糖二酸	一种二元羧酸(又称糖酸)，可通过硝酸对糖的剧烈氧化得到
Aldehyde	醛	含羰基($C{=}O$)的一类有机分子，其中羰基碳同两个氢原子相连(形成甲醛)或者同一个氢原子和一个碳原子相连

续表

英文术语	中文术语	术语解释
Alditol	醛糖醇	一种通过还原糖类化合物得到的多羟基化合物
Aldol addition	羟醛加成	碱性低温条件下，两分子醛发生缩合生成3-羟基醛，经历烯醇负离子中间体
Aldol condensation	羟醛缩合	碱催化高温条件下，两分子醛经历烯醇负离子中间体发生缩合生成α,β-不饱和醛
Aldonic acids	醛糖酸	一种羧酸，斐林试剂和土伦试剂同糖作用的产物，也是溴氧化糖的产物
Aldose	醛醣	基于醛结构的糖，如三碳的丙醛醣
Aliphatic compound	脂肪族化合物	非芳香化合物
Alkaloid	生物碱	一种有生理活性的含氮化合物，常含有杂环，例如可卡因
Alkanal	烷醛	醛(aldehyde)的英文系统命名，如甲醛(俗称 formaldehyde，系统命名为 methanal)
Alkanamine	烷胺	化学文摘(*Chemical Abstract*)对脂肪族胺(aliphatic amine)的英文命名的简称，如甲胺(简称 methanamine，也称 methylamine、aminomethane)
Alkane	烷烃	仅含单键的碳氢化合物，一类缺乏官能团的有机分子
Alkanoate	烷基酸酯	一种有机酯
Alkanoic acid	烷基酸	从烷类化合物衍生的羧酸，例如丁酸
Alkanol	烷基醇	从烷类化合物衍生的醇
Alkanone	烷酮	酮(ketone)的英文系统命名，如丁酮(butanone)
Alkene	烯烃	一种官能团为碳-碳双键的有机化合物
Alkenol	烯基醇	烯醇(enol)和其他含有碳碳双键的醇的统称
Alkenyl	烯基	作为取代基的烯类化合物，比如烯基卤(alkenyl halides)，在合成中是有用的中间体
Alkenyne	烯炔	一种同时含有碳-碳双键和碳-碳叁键的碳氢化合物
Alkoxide ion	烷氧基负离子	醇去质子化得到的一种离子
Alkoxy group	烷氧基	—OR，醚的官能团
Alkoxycarbonyl	烷氧羰基	酯作为取代基，—COOR
Alkyl	烷基	作为取代基的烷烃片段
Alkyl azide	烷基叠氮	$R—N_3$，叠氮根离子进攻卤代烷的产物
Alkylene	烷基烯	英文命名中烯烃(alkene)的俗称，如乙烯(ethylene，系统命名为 ethene)
Alkylthio group	烷硫基	RS—，作为阴离子时称为巯基阴离子
Alkyne	炔烃	一种官能团为碳-碳叁键的有机化合物
Alkynol	炔醇	含有羟基的炔
Alkynyl	炔基	炔作为取代基
Allene	联烯	两个π键共用一个碳原子的二烯
Allyl	烯丙基	2-丙烯基(系统命名为 2-propenyl)的俗称，一种共振稳定化的三碳中间体

续表

英文术语	中文术语	术语解释
Ambident species	两可物种	存在两个可进攻位点、给出两种不同产物的化合物
Amidate ion	酰胺离子	酰胺中氮去质子化形成的阴离子 RCH_2CONH^-
Amide	酰胺	一种官能团为 $-\overset{O}{\overset{\|}{C}}-\overset{\|}{N}-$ 的有机化合物，氮以单键连接在羰基上
Amine	胺	一种官能团为单键连接的氮的有机化合物
Amino acid	氨基酸	C-2 为氨基的羧酸，自然界中有手性的氨基酸均为 2S 构型（α-构型）
Amphoteric	两性	同时具有酸性和碱性
Amylopectin	支链淀粉	淀粉中的一种有支链的多聚糖成分
Amylose	直链淀粉	淀粉中的一种螺旋构象的多聚糖成分
Anhydride	酸酐	一类含有两个羰基分别与一个共同氧原子相连结构（ $-\overset{O}{\overset{\|}{C}}-O-\overset{O}{\overset{\|}{C}}-$ ）的有机化合物
Aniline	苯胺	英文中是苯胺（系统命名为 benzenamine）的俗称
[N]Annulene	[N]轮烯	由 N 个碳原子组成的共轭单环烃，服从休克尔规则，具有芳香性
Anomeric carbon	异头碳	在糖的环式结构中，同两个氧原子相连的碳原子
Anomers	异头物	以异头碳为手性中心的一对异构体，异头碳这个手性中心是糖半缩醛（酮）化形成的
Anthracene	蒽	三个苯环线性稠和得到的化合物
anti conformation	反式构象	在这种构象中，一个碳原子上的基团与其临近原子上的另一个基团相远离，比邻位交叉式构象中的距离更远
anti dihydroxylation	反式双羟基化	一个氧化-水解的反应过程，在烯类化合物 π 键的两侧接上羟基，得到二醇
Aprotic solvent	非质子溶剂	不含电正性极化氢原子的溶剂
Arene	芳烃	一种有取代基的苯
Arenediazonium salt	芳基重氮盐	苯基重氮盐的衍生物，正电荷被共振稳定化
Aromatic compound	芳香化合物	(1)苯及其衍生物，以含三个双键的六元碳环为结构特征；(2)任何一个含有环形离域 π 键且参与形成 π 键的电子数为 $4n+2$ 的化合物，其中 n 为非负整数
Aromaticity	芳香性	一种共振能，如苯和非芳香性的环三烯稳定化能的差异，或任意芳香化合物和其对应的非芳香类似物之间存在的能量差异
Aryl (Ar)	芳基	作为取代基的芳烃，以苯基作为起始连接位点
Asymmetric carbon	不对称碳原子	碳手性中心，与四个不同的取代基相连
Asymmetric hydrogenation	不对称加氢反应	高度（立体）选择性的氢气对烯的加成反应，被用于氨基酸的不对称合成
Atomic orbital	原子轨道	在量子力学中，表示与原子周围的电子相关的一部分区域
Aufbau principle	构造原理	描述电子在原子轨道中排布方式的规律

续表

英文术语	中文术语	术语解释
Axial bond	直立键	平行于分子主轴的键，经常用于描述环烷烃分子中的化学键
Azacycloalkane	氮杂环烷烃	饱和的含氮杂环，如氮杂环己烷(哌啶)，$C_5H_{11}N$
Azide ion	叠氮离子	N_3^-，一种亲核试剂，可以有效地用于引入氨基
Azo group	偶氮基	许多染料中含有的官能团，如偶氮苯
Backside displacement	背面取代	一种协同反应的机理，亲核试剂从离去基团的对侧进攻(例如 S_N2 取代)
Baeyer-Villiger oxidation	拜耳-维利格氧化	过氧羧酸对羰基加成后重排为酯的反应
Base	碱/碱基	(1)质子受体；(2)酸的共轭碱；(3)核酸中含有的四种杂环结构
Benzene	苯	一种芳香化合物 C_6H_6，具有显著稳定性的环状共轭体系
Benzoic acid	苯甲酸	一种芳香酸，C_6H_5—COOH
Benzyl	苄基	C_6H_5—CH_2—，也称苯甲基，可形成共振稳定化的苄基自由基
Benzylic resonance	苄位共振	苄基自由基、苄基阳离子和苄基阴离子的共振稳定
Benzyne	苯炔	1,2-双脱氢苯，一种高度活泼的中间体(C_6H_4)，存在一个弯曲的叁键
Bimolecular reaction	双分子反应	常为二级反应，两个分子参与过渡态的反应
Birch reduction	伯奇还原	与碱金属反应将苯转化为1,4-环己二烯
Boat conformation	船式构象	一种不稳定的环己烷构象，C-1 和 C-4 两个碳原子向其余四个碳原子形成的平面的同一侧伸出
Boc	叔丁氧羰基	多肽合成中的保护基
Bond dissociation energy($DH^{\ominus}$)	键解离能	化学键均裂所需的能量，或其逆过程所释放的能量
Bond length	键长	成键释放能量最大时两个原子核间的距离，在此基础上任何的距离改变都不会释放更多能量
Bond-angle strain	键角张力	由于偏离理论键角而引起的不稳定性
Bond-line notation	键线式	使用直线表示主要碳链，省略连在四价碳上氢原子的一种分子表示形式
Branched alkane	支链烷烃	一个或多个亚甲基氢被烷基取代的烷烃
Bridgehead carbon	桥碳	被两个环共用的碳原子
Buckminsterfullerene	巴克敏斯特富勒烯	也即巴基球，C_{60}，碳最常见的闭壳同素异形体
Carbamic acid	氨基甲酸	RNH—COOH，一种羧酸，是酰胺的衍生物
Carbamic ester	氨基甲酸脂	RNH—COOR′，一种酯，是酰胺的衍生物，如氨基甲酸乙酯(尿烷)
Carbanion	碳负离子	带有负电荷的碳原子
Carbene	卡宾	R_2C:活性很高的物质，如亚甲基卡宾(H_2C:)
Carbenoid	类卡宾	类似卡宾的活性反应物，可以将烯烃立体特异性地转化为环丙烷

续表

英文术语	中文术语	术语解释
Carbocation	碳正离子	带有正电荷的碳原子
Carbocyclic compound	碳环化合物	仅由碳原子组成的环
Carbohydrate	碳水化合物	糖类，可能是单糖、淀粉或纤维素等
α-Carbon	α-碳	羰基邻位的碳原子
^{13}C NMR spectrometry	^{13}C 核磁共振谱	一种通过观测同位素碳 13 揭示分子结构的核磁共振谱
Carbonyl group	羰基	C=O，醛和酮的官能团，可与羟基结合就形成了羧酸的官能团羧基
Carboxamide	酰胺	羧酸的一种衍生物
Carboxylate	羧化物	一种羧酸形成的有机酯或盐等（见下）
Carboxylate salt	羧酸盐	羧酸对应的盐，如甲酸钠
Carboxylic acid	羧酸	一种官能团为羧基的化合物
Catalytic hydrogenation	催化氢化	在异相催化剂表面发生的氢气对双键的加成
Cbz	苄氧羰基	多肽合成中的保护基
Cellulose	纤维素	以 C-4 为连接位点的多聚葡萄糖
Chair conformation	椅式构象	环张力最小的一种环己烷构象，C-1 和 C-4 上两个碳原子向其余四个碳原子形成的平面的两侧伸出
Chemical shift	化学位移	核磁共振谱信号的位置，与被观测核周围的分子结构有关
Chichibabin reaction	齐齐巴宾反应	在液氨中，氨基钠与吡啶反应，发生氨基对吡啶的亲核取代
Chiral molecule	手性分子	缺乏反演对称性的分子，存在两个不能完全叠合的镜像异构体
Chromic ester	铬酸酯	含铬的有机酯类似物，是六价铬氧化醇过程的中间体
cis isomer	顺式异构体	取代基在环或双键同一面（侧）的立体异构体，与反式异构体相对
Claisen condensation	克莱森缩合	酯的烯醇式对另一分子酯发生亲核加成-消除反应，得到 β-二羰基化合物
Claisen rearrangement	克莱森重排	烯丙基苯基醚的电环化反应，得到 2-烯丙基苯酚
Clemmensen reduction	克莱门森还原	在盐酸和锌存在下，将羰基还原为亚甲基的反应，可用于合成烷基苯
Coal tar	煤焦油	煤的固态馏出物（留下的残渣称为焦炭），是许多芳香化合物的来源
Codon	密码子	RNA 中三个核苷酸组成的序列，在蛋白质生物合成中翻译成一个氨基酸
Common name	常见名（俗名）	与系统命名相对的习惯性称呼，常常是与分子的来源和发现者相关
Competition experiment	竞争实验	比对两种底物相对反应活性的实验
Complex sugar	多糖	单糖的寡聚或多聚体
Concerted reaction	协同反应	旧键断裂和新键生成同时发生的反应
Condensation	缩合	两个分子相结合，同时失去一分子水的过程

续表

英文术语	中文术语	术语解释
Condensed formula	缩写式	省略所有孤对电子和主要碳链中所有化学键的分子表示方式
Conformational analysis	构象分析	对构象的热力学和动力学分析
Conformations	构象	仅由碳-碳单键旋转引起的不同的分子结构，英文中也叫 conformers 或 rotamers
Conjugate acid	共轭酸	碱(B)质子化得到的物质(HB^+)
Conjugate addition	共轭加成	α,β-不饱和羰基化合物的 1,4-加成，见迈克尔加成
Conjugate base	共轭碱	酸(HA)去质子化得到的物质(A^-)
Conjugated diene	共轭二烯	含有两个由碳-碳单键连接的双键的分子结构
Conrotatory process	顺旋过程	碳原子向同方向旋转的反应过程，如顺旋的开环反应
Constitutional isomers	构造异构体	具有相同分子式，但是原子连接方式不同的分子
Coordination	配位	路易斯碱向一个原子提供电子对的过程
Cope rearrangement	Cope 重排	含有 1,5-二烯结构单元的分子的协同反应
Coulomb's law	库仑定律	描述电荷间相互作用的数学定律，这种相互作用对化学键有关键贡献
Coupling	偶合	在核磁共振谱中，一个信号峰受相邻结构影响裂分成更复杂形式的现象
Covalent bond	共价键	通过两个原子共享电子形成的化学键，与离子键相对
Cracking	裂解	烷烃分裂为更小碎片的过程，如在原油精炼过程中
Cross-linkage	交联	两个或多个高分子链的连接，是橡胶硬度和弹性的来源
Crossed aldol condensation	交叉羟醛缩合	两种不同醛或酮的羟醛缩合
Cyano group	氰基	—CN，腈的官能团
Cyanohydrin	腈醇	RR′C(CN)OH，氢氰酸对羰基加成的产物
Cyclic bromonium ion	溴鎓离子	一种加成反应的中间体，溴原子桥联在双键的两个碳原子之间形成三元环
Cycloaddition	环加成反应	一种加成反应，产物为闭合的环，如迪尔斯-阿尔德反应
Cycloalkane	环烷烃	碳原子形成环的烷烃
Cycloalkanecarboxylic acid	环烷酸	饱和的环羧酸
Cycloalkanone	环酮	英文中环酮(cyclic ketone)的系统命名
Cytosine (C)	胞嘧啶	在 DNA、RNA 中都存在的一种碱基，有多个官能团的含氮杂环
D, L sugars	D、L 构型糖	**基于最大编号**立体中心 *R*/*S* 构型的手性标注方式。所有的天然糖类都是 D 构型的
DCC	二环己基碳二亚胺	多肽合成中使用的一种脱水剂
Deactivating group	钝化基团	使反应速率变慢的基团，比如亲电过程中苯环上的吸电子基团
Decoupling	去偶	去除 NMR 中偶合现象的技术，例如质子去偶和快速质子交换。

续表

英文术语	中文术语	术语解释
Degenerate orbital	简并轨道	能量相同的轨道，比如三个 p 轨道 p_x、p_y、p_z
Degree of unsaturation	不饱和度	分子中环和 π 键的数目之和，由化合物的分子式决定
Dehydration	脱水	消除一分子水
Delocalization	离域	电子在多个原子核上分布，就像共振杂化体中的电子那样
DNA	脱氧核糖核酸	核苷酸链形成的二聚体螺旋，携带遗传信息——基因序列
Deshielding	去屏蔽效应	由于局部磁场的增强或者原子核周围电子云密度的下降而导致的 NMR 位移向低场的移动
Dextrorotatory molecule	右旋分子	当观测者面向偏振光时，使其观察到偏振面顺时针旋转的一种对映体分子
Diamine	二胺	一种含有两个氨基的化合物，例如 1,4-丁二胺（腐胺）
Diastereomers	非对映体	不互为镜像关系的立体异构体
Diastereoselectivity	非对映立体选择性	倾向于生成所有可能的立体异构体产物中的一种的反应
1,3-Diaxial interaction	1,3-二直立键相互作用	环上 1,3 位轴向取代基的空间拥挤导致的跨环张力
Diazo compound	重氮化合物	带有重氮基团的化合物（$R_2C=N_2$），例如重氮甲烷（CH_2N_2）。这类化合物是一类有用的合成中间体
Diazo coupling	重氮偶联反应	使用芳基重氮盐进行的亲电取代反应，生成偶氮染料
Diazonium ion	重氮离子	$R—N_2^+$，一种由伯胺和亚硝酸反应生成的高活性的物种
Diazotization	重氮化	以苯胺（苯胺类化合物）为原料与冷的亚硝酸反应生成芳基重氮盐的反应
β-Dicarbonyl compound	β-二羰基化合物	一种在同一个碳上连有两个羰基的中间体化合物，在合成中十分有用
Dieckmann condensation	狄克曼缩合	分子内的克莱森缩合，生成环状 3-酮酯
Diels-Alder reaction	狄尔斯-阿尔德反应	含有 4 个 π 电子的双烯体与含有两个电子的烯烃反应生成环己烯类化合物的[4+2]协同反应
Diene	二烯	一种含有两个双键的化合物，包含共轭二烯、非共轭二烯以及累积二烯
Difunctional molecule	双官能团分子	一种具有两个官能团的分子，同时拥有两种官能团的反应活性
Dimer	二聚体	两个相同单体发生键连形成的分子，通常在聚合反应的第一步生成
Dioic acid	二酸	含有两个羧基的羧酸，例如丙二酸（胡萝卜酸）
Disaccharide	二糖	一种由两个单糖缩合而成的化合物，例如由葡萄糖和果糖缩合而成的蔗糖
Disrotatory process	对旋过程	反应中（例如电环化关环反应）一侧碳原子顺时针旋转，另一侧碳原子逆时针旋转的过程
Dissociation	解离	打破化学键的过程
Disulfide	二硫化物	一种含有硫-硫键的化合物
DMSO	二甲亚砜	一种常用的极性非质子溶剂

续表

英文术语	中文术语	术语解释
Double Claisen condensation	双克莱森缩合	先进行分子间克莱森缩合，再进行分子内克莱森缩合最终得到环状产物的反应
E/*Z* system	E/Z 体系	针对含双键的非对映体的命名规则，按照每个碳原子上取代基的优先顺序命名
Eclipsed conformation	重叠式构象	从 C—C 轴的方向看过去，每个氢或取代基都与下一个碳上的氢或取代基相互重叠的构象
Edman degradation	埃德曼降解	通过逐步水解肽链 N 端的氨基酸进行的测序反应
Electric dipole	电偶极	中性分子发生电荷分离，导致其两端分别带有等量的正负电荷
Electrocyclic reaction	电环化反应	一种涉及环电流流动的关环反应
Electron affinity，EA	电子亲和能	当一个电子和一个原子结合时所释放的能量
Electronegativity	电负性	接纳电子的能力，在元素周期表中越靠右电负性越大
Electrophile	亲电试剂	一类易于与含有未共用电子对的物质反应的物种(在教材中以蓝色标记)
Electrophilic addition	亲电加成	双键首先被亲电试剂进攻并生成碳正离子，接着碳正离子被亲核试剂捕获的加成过程
Electrophilic aromatic substitution	亲电芳香取代	在苯环上发生的氢原子被亲电试剂取代的反应
Elemental analysis	元素分析	测定一种化学物质的实验式，同时得到其元素组成及比例的分析手段
Elimination(E)	消除反应	一种单分子(E1)或者双分子(E2)反应。反应过程中一对原子被消除(比如卤素原子和氢原子)并于原位生成双键的反应
Enamine	烯胺	氨基与羰基缩合产生的含有一个碳-碳双键和一个氨基的产物
Enantiomers	对映异构体	一对不可重叠的彼此互为镜像的分子
Enantioselectivity	对映选择性	偏向于生成一对对映异构体产物中一种的反应
Endo adduct	内型加成物	相对于外型加成物而言，取代基位于与较短的桥处于反式位置的双环产物
Endo rule	内型规则	在狄尔斯-阿尔德反应中，对内型产物的生成有着更好的选择性
Endothermic reaction	吸热反应	吸收热量，焓变为正的反应
Enol	烯醇	含有双键的醇
Enolate	烯醇负离子	一种由共振稳定的阴离子，由消除羰基化合物 α 位的氢原子而生成
Enone	烯酮	α,β-不饱和酮
Enthalpy change($\Delta H^{\ominus}$)	焓变	恒压下的反应热效应，负值代表放热
Entropy change($\Delta S^{\ominus}$)	熵变	体系向能量耗散更多的方向转变——正的熵变更有利于这种转变
Enzyme	酶	一种在生物体中发现的催化剂
Epimers	差向异构体	只有一个立体中心构型不同的非对映异构体
Epoxide	环氧化合物	环氧丙烷的简称

续表

英文术语	中文术语	术语解释
Equatorial bond	平伏键	近似垂直于分子主轴的键
Equilibrium	化学平衡	化学反应中产物和反应物浓度都不再变化的状态
Ester	酯类	在有机化学中，含有 $-\overset{\overset{O}{\parallel}}{C}-O-$ 官能团的分子，其中氧原子以单键和一个羰基相连
Ester hydrolysis	酯水解	酯化反应的逆反应，在过量水的存在下生成羧酸和醇
Esterification	酯化	在无机酸催化剂的存在下，由醇和羧酸生成酯和水的反应
Ether	醚	官能团为烷氧基(—OR)的有机分子
Exact mass	准确质量	质谱峰的精确质量
Excitation	激发	对分子吸收辐射而发生能量跃迁的描述
Exo adduct	外型加成物	相对于内型加成物而言，取代基位于与较短的桥处于顺式位置的双环产物
Exothermic reaction	放热反应	放出热量、焓值为负数的反应
Extended π system	扩展的 π 体系	拥有两个以上共轭双键的分子，例如苯环
Fat	脂肪	一种长链的羧酸酯，在室温下为固体——与液态的油脂不同
Fatty acid	脂肪酸	脂肪和油脂中的羧酸部分
Fehling's test	斐林试验	一种通过使用硫酸铜将醛基其氧化成羧酸，并生成红色的氧化亚铜沉淀来检测醛类化合物的化学方法
Fingerprint region	指纹区	红外光谱在 600～1500 cm^{-1} 之间的区域
Fischer projection	费歇尔投影式	一种表示化合物立体构型的方法，水平的线表示指向读者的化学键，垂直的线表示指向纸面里的化学键
Fischer-Tropsch reaction	费托合成法	由合成气催化合成烃类的方法
Formaldehyde	甲醛	$H_2C=O$。最小的醛类化合物——与甲酸相对应的醛类
Formalin	福尔马林	甲醛的水溶液，常见的消毒剂
Formic acid	甲酸	HCOOH，最小的羧酸
Formyl group	醛基	官能团 HCO—
Fragmentation pattern	裂解模式	显示一种分子离子的特征碎片峰的相对丰度的质谱图谱
Friedel-Crafts reactions	傅-克反应	苯的亲电芳香取代，包括烷基化和酰基化
Frontside displacement	正面取代	一种(假设的)机理，描述了亲核试剂从离去基团一侧进攻的反应过程
Fructose	果糖	一种在蜂蜜以及许多水果中发现的己酮糖
Fullerene	富勒烯	一个形似足球的闭壳分子，C_{60}
Functional group	官能团	一组调控有机化合物反应活性的原子，也被称为基团(Function)
Functionalization	官能团化	对一个官能团的引入，例如向分子中引入双键、叁键或者其他官能团
Furan	呋喃	C_4H_4O，一种芳香性五元氧杂环戊二烯
Furanose	呋喃糖	一种含有五元环的单糖

续表

英文术语	中文术语	术语解释
Fused ring	稠环	两个环共用两个相邻碳原子的结构
Gabriel synthesis	盖布瑞尔伯胺合成法	使用1,2-苯二甲酰亚胺(邻苯二甲酰亚胺)合成伯胺的方法
gauche conformation	邻位交叉构象	一种交叉构象,相邻的碳原子上体积较大的基团相距很近——与对位交叉构象相反
Geminal coupling	同碳偶合	同一个碳原子上不等价氢的偶合效应,例如端烯上的两个H的偶合效应
Geminal diol	偕二醇	$RC(OH)_2R'$,一种水合羰基化合物
Gibbs standard free energy change ($\Delta G^{\ominus}$)	吉布斯自由能变	一个与温度有关的数学函数,描述反应的平衡
Glucose	葡萄糖	一种己醛糖,英文也被称为dextrose或grape sugar
Glutathione	谷胱甘肽	一种作为细胞内还原剂的肽
Glycogen	糖原	一种拥有大量分支的多糖,由葡萄糖缩合而成。它是人体和动物的储能物质
Glycoside	糖苷	链接单糖的糖缩醛单元
Glycosyl	糖基	作为取代基与其异头碳相连的糖单元
Grignard reagent	格氏试剂	RMgX,一种有机合成中常用的试剂
Guanadine	胍基	基团$NH{=}C(NH_2)NH{-}$,如精氨酸中存在的胍基结构
Guanine(G)	鸟嘌呤	DNA和RNA中的四个碱基之一,有多个官能团的氮杂双环
Haloalkane	卤代烷	一种含有碳-卤键的有机化合物
Halogenation-dehydrohalogenation	卤代-脱卤化氢反应	通过烯基卤化物中间体合成炔烃的反应
Hantzsch pyridine synthesis	汉斯吡啶合成法	两分子β-二羰基化合物、一分子醛以及一分子氨缩合生成氮杂芳环的反应
Hashed-wedge line notation	虚-实楔形线式	用虚线表示位于纸面下方的化学键,用楔形实线表示位于纸面上方的化学键的标记方式
Haworth projection	哈沃斯投影式	一种糖类分子的立体表达方式。在D型糖中,异头碳在右侧,取代基使用垂直的竖线连接
Heat of combustion ($\Delta H^{\ominus}_{comb}$)	燃烧焓	分子燃烧释放的热量,是衡量其稳定性的一种有用的方法
Heck reaction	赫克反应	在金属如镍或钯的催化下,烯基卤化物与烯发生偶联生成联烯的反应
Hell-Vollhard-Zelinsky reaction	赫尔-乌尔哈-泽林斯基溴化反应	在微量磷的催化下,羧基α位的氢与溴发生卤代的反应
Heme group	血红素	肌红蛋白和血红蛋白(天然的多肽化合物)中的含氧卟啉取代基
Hemiacetal	半缩醛(酮)	HRC(OH)OR,一分子醇和一分子醛或酮反应的产物
Hemiaminal	缩醛胺	$HRC(NH_2)OH$,氮取代的半缩醛类似物
Heteroatom	杂原子	除碳以外的元素,通常是氮或氧
Heterocycle	杂环	环上带有杂原子的有机化合物
Heterogeneous catalyst	非均相催化剂	在催化体系中不溶于反应溶剂的催化剂
Heterolytic cleavage	异裂	与均裂相对的概念,成键电子对全部移向一个原子的离解

续表

英文术语	中文术语	术语解释
Hofmann elimination	霍夫曼消除	由季铵盐生成烯烃的反应，常用于确定胺类化合物的结构
Hofmann rearrangement	霍夫曼重排	伯酰胺在卤素和碱的存在下失去羰基的反应
Hofmann rule	霍夫曼规则	使用大位阻的碱进行 E2 消除反应时，由于受到位阻效应的影响容易生成末端烯烃的现象
HOMO-LUMO	最高占据分子轨道-最低未占据分子轨道能级差	分子在最高占据分子轨道和最低未占据分子轨道之间跃迁时需要跨越的能垒
Homologous series	同系物	拥有相同种类以及数量的官能团，且只相差一个或多个亚甲基的分子
Homolytic cleavage	均裂	与异裂相对的概念——两个成键电子以自由基的形式分裂
Hückel's rule	休克尔规则	芳香性环必须遵守含有 $4n+2$ 个离域电子的规则
Hund's rule	洪特规则	描述了电子填充简并轨道的顺序，电子优先以相同的自旋状态填充空的简并轨道
Hybrid orbital	杂化轨道	由单个原子上的原子轨道组合而成的轨道
Hydration	水合	向一个双键上加成一分子水的反应过程
Hydrazine	肼	$H_2N—NH_2$
Hydrazone	腙	$RR'C=N—NH_2$，一种用于检测醛酮的结晶亚胺化合物
Hydride ion	氢负离子	$[H:]^-$，一种氢的阴离子，和氦是等电子体
Hydride shift	负氢迁移	氢带着它的一对成键电子向邻近的碳正离子转移的一种重排
Hydroboration	硼氢化反应	将一分子甲硼烷(BH_3)加成到双键的反应
Hydroboration-oxidation	硼氢化-氧化反应	将一分子水加成到双键上的两步反应，遵循反马氏规则
α-Hydrogen	α-氢	羰基 α 位的酸性氢被称为 α-氢
Hydrogen bond	氢键	一种偶极-偶极相互作用，发生在因极化而带正电的氢原子和强电负性原子之间
Hydrogen(^1H)NMR spectroscopy	氢核磁共振波谱	用于检测分子中氢核信息，进而得出分子结构的核磁共振波谱分析手段
Hydrogenation	氢化反应	将一分子氢气(H_2)加成到双键上的反应
Hydrogenolysis	氢解作用	分子接受氢的同时发生键的断裂
Hydrophilic	亲水的	易溶于水的
Hydrophobic	疏水的	不溶于水的
Hydroxy group	羟基	—OH，醇类化合物的官能团
Hyperconjugation	超共轭	成键电子对向空的轨道或者部分空的轨道离域，可以使结构更加稳定
Imidazole	咪唑	双氮杂环戊二烯，一种存在于组氨酸等氨基酸中的芳香杂环
Imide	酰亚胺	环状酸酐的氮类似物，其中两个羰基碳原子位于氮原子的两侧
Imine	亚胺	一类有机化合物，别称席夫碱，其官能团是碳氮双键

续表

英文术语	中文术语	术语解释
Iminium ion	亚胺离子	$[R_2N—CH_2^+ \longleftrightarrow R_2\overset{+}{N}=CH_2]$，质谱分析中胺类化合物失去烷基后形成的由共振稳定化的碎片
Indole	吲哚	苯并吡咯，一种氮原子取代的五并六芳香杂环
Inductive effect	诱导效应	通过沿着原子链的传递使电荷稳定化的效应
Infrared(IR) radiation	红外线	能量恰低于可见光的电磁波，在有机分子官能团的光谱分析中有重要作用
Infrared spectroscopy	红外光谱	通过将振动激发对应到特定官能团以确定分子结构的光谱分析手段
Initiation	链引发	自由基链式反应机理中的起始步骤
Intermediate	中间体	在由反应物生成产物的过程中形成的(通常)未观测到的物种，正如反应机理所示
Intramolecular aldol condensation	分子内羟醛缩合	在同一分子中发生的烯醇负离子与羰基的羟醛缩合反应
Intramolecular esterification	分子内酯化反应	在无机酸催化下羟基酸形成内酯的反应
Inversion	转化	在酸或酶驱动下，蔗糖的比旋光度下降，得到一种被称作转化糖的混合物的现象
Inversion of configuration	构型翻转	一种立体选择性反应，其中反应物和产物的构型相反
Ionic bond	离子键	由原子间的电子转移所形成的化学键，与共价键有显著差别
Ionization potential(IP)	电离能	将电子从原子中移除所需要的能量
Ipso substitution	原位取代	对芳环上非氢基团的取代
Isoalkane	异烷烃	在 2 号碳上有甲基取代基的烷烃
soelectric point (p*I*)	等电点(p*I*)	氨基酸的电中性物种为主要存在形式时的等电 pH 值
Isomers	同分异构体	具有相同分子式的物质，如构造异构体和立体异构体
Isoquinoline	异喹啉	2-氮杂萘，一种不饱和的六并六杂环化合物
IUPAC rules	IUPAC 规则	国际纯粹与应用化学联合会采用的表示分子结构的命名法则
Kekulé structure	凯库勒式结构	成键电子用线段表示，孤对电子用点表示或省略的分子结构表示方法
Keto	酮式	羰基的互变异构体，在酸或碱的存在下，可与不稳定的烯醇式快速转化
Ketone	酮	一种有机分子，其中羰基(C=O)与两个碳原子成键
Ketose	酮糖	以酮为基础的糖，例如对于一个三碳链就是丙酮糖
Kiliani-Fischer synthesis	克利安尼-费歇尔合成	一种通过氰醇中间体延长糖的碳链的较老的合成方法
Kinetic control	动力学控制	反应主要产物是生成速率最快的那一种产物的情况
Kolbe reaction	科尔伯反应	酚氧离子对二氧化碳亲核加成，得到 2-羟基苯甲酸的反应
Lactam	内酰胺	一种环状酰胺，即羰基碳原子与氮原子以单键结合形成的环状化合物
Lactone	内酯	一种环状酯，是分子内酯化反应的产物
Lactose	乳糖	最丰富的天然二糖，由葡萄糖和半乳糖单元构成

续表

英文术语	中文术语	术语解释
Leaving group	离去基团	在取代反应中被取代的原子团(教材中用绿色表示)
Leaving-group ability	离去基团的离去能力	一个基团在亲核取代反应中被取代的难易程度,与基团的碱性成反比
Levorotatory molecule	左旋分子	当观察者面对光时,使偏振面逆时针旋转的一种对映体
Lewis structure	路易斯结构	用点表示价电子的分子结构表示方法
Lindlar's catalyst	林德拉催化剂	钯的一种特殊的失活形式,用于炔烃部分氢化形成顺式烯烃
Lipid	类脂	由蜡和脂肪组成的不溶于水的生物分子
Lipid bilayer	脂质双层	由磷脂组成的双分子层
Lithium aluminum hydride	氢化铝锂	$LiAlH_4$,有机合成中常用的还原剂
London forces	伦敦力	非极性分子间的弱相互作用力,由分子接近时电子的相互作用产生
Magnetic resonance imaging (MRI)	核磁共振成像	利用质子核磁共振技术进行人体成像的诊断工具
Major resonance contributor	主要共振贡献结构	最能代表一个离域分子中电子分布的路易斯结构
Malonic ester synthesis	丙二酸酯合成法	由丙二酸二乙酯(丙二酸酯)合成 2-取代或 2,2-二取代羧酸的方法
Maltose	麦芽糖	由缩醛键连接起来的葡萄糖二聚体
Mannich base	曼尼希碱	一类游离胺,其盐可由曼尼希反应生成
Mannich reaction	曼尼希反应	用亲电的亚胺离子使烯醇烷基化,得到 β-氨基羰基化合物的反应
Markovnikov rule	马氏规则	烯烃亲电加成反应的一类区域选择性,其中亲电试剂进攻取代基较少的碳
Masked acyl anion	掩蔽的酰基负离子	酰基负离子的等价物
Mass spectrometry	质谱	由分子离子碎片在磁场中的偏转确定结构的方法
McLafferty rearrangement	麦氏重排	质谱中有 γ-H 原子的羰基化合物发生分解,得到烯烃和烯醇的反应
Mechanism	机理	一个反应更加详细的过程,包括中间体形成而后迅速转化为产物的步骤
Mercapto group	巯基	SH 基团
Merrifield solid-state peptide synthesis	梅里菲尔德固相肽合成	用聚苯乙烯固定肽链的自动合成法
meso compound	内消旋化合物	一类具有至少两个手性中心,但可以和自身镜像重合的化合物
meta-(*m*-)	间	1,3-二取代苯的常用名称前缀
meta directing	间位定位	使亲电取代反应主要在间位发生的效应,如苯环上的三氟甲基为间位定位基
Metallation	金属化	金属有机试剂的制备
Methylene	亚甲基卡宾	高活性物种 $H_2C:$,最简单的卡宾
Methylene group	亚甲基	$-CH_2-$,烷烃的基本组成单元
Micelle	胶束	水溶液中的球形团簇,如肥皂中碱金属长链羧酸盐的团簇

续表

英文术语	中文术语	术语解释
Michael addition	迈克尔加成	烯醇盐对 α,β-不饱和醛或酮的共轭加成反应
Mixed Claisen condensation	交叉克莱森缩合	两种不同酯参与的克莱森缩合反应，常常得到混合产物
Molar extinction coefficient (ε)	摩尔吸光系数	衡量化学物质在特定波长吸光能力的参数，也称摩尔吸收率
Molecular ion	分子离子	一种自由基阳离子，$M^{+\cdot}$，在质谱仪中由电子轰击形成
Molecular orbital	分子轨道	由不同原子的原子轨道重叠形成的轨道
Monomer	单体	二聚体、低聚物和高聚物中的重复单元
Monosaccharide	单糖	简单糖，即含有至少两个额外羟基的羰基化合物
Mutarotation	变旋	当糖与其差向异构体达成平衡时，旋光度发生变化的现象
$N+1$ rule	$N+1$ 规则	在核磁共振中，N 个临近的同种原子由于自旋-自旋裂分而产生 $N+1$ 个峰的规律
Naphthalene	萘	由并在一起的两个苯环组成，是最简单的稠环芳烃
Natural product	天然产物	由生物体产生的化合物
Neoalkane	新烷烃	在 2 号碳上有两个甲基取代基的支链烷烃
Newman projection	纽曼投影式	沿碳链表示烷烃，以便于观察其构象的结构表示方法
Nitrile	腈	一类有机化合物，其官能团为碳氮叁键
N-Nitrosamine	*N*-亚硝胺	$R_2N—N═O$，二级胺与亚硝酸反应得到的致癌产物
Nitrosyl cation	亚硝基正离子	NO^+，由亚硝酸衍生出的由共振稳定化的亲电试剂
NMR spectrometry	核磁共振波谱学	由原子核在磁场中对辐射的吸收来确定分子结构的方法（核磁共振）
NMR time scale	核磁共振时标	对谱图解析的一个限制—如果一个变化在“核磁共振时标”上很快，那么这个变化导致的峰的改变便无法区分
Node	节面	将波函数算符相反的部分隔开的界面，表示电子从不在此出现
Nuclear core	原子实	原子中原子核及除价电子以外的其他内层电子
Nuclear magnetic resonance	核磁共振	磁性原子核在外磁场中的特征激发，可使其“翻转”，即改变自旋状态
Nucleic acid	核酸	DNA 或 RNA，携带遗传密码并控制蛋白质的生物合成的核苷酸聚合物
Nucleophile (Nu)	亲核试剂	带有孤对电子并进攻正电中心的物种（教材中用红色表示）
Nucleophilic aromatic substitution	芳香亲核取代	原位取代，得到苯酚、苯胺、烷氧基苯等
Nucleophilic substitution	亲核取代	亲核试剂替代离去基团的双分子（S_N2）或单分子（S_N1）反应
Nucleophilicity	亲核性	亲核试剂的反应性
Nucleoside	核苷	核苷酸的糖-碱基亚单元
Nucleotide	核苷酸	磷酸取代的核苷—DNA 和 RNA 的基本组成单元
Octet	八隅体	八电子组，在氦之后的稀有气体的最外层电子
Oil	油脂	一种长链羧酸酯，在常温下呈液态，这与固态的脂肪不同

续表

英文术语	中文术语	术语解释
Oligomer	低聚物	亚单元只重复几次的一类分子，是进攻二聚体或三聚体的结果
Optical activity	光学活性	手性分子对入射光偏振面的旋转，也称为旋光性
Optical isomer	光学异构体	具有光学活性，能使入射光偏振面旋转的分子，如一个对映体分子
Optical purity	光学纯度	观测到的光学活性相对于纯对映体的光学活性的百分比
Organic molecules	有机分子	含碳化合物（通常不包括 CO_2 和除 CN 亚单元外不含碳的化合物）
Organometallic reagent	金属有机试剂	有机基团中的碳原子与金属结合的一类化合物，是亲核性碳原子的一种来源
ortho-（*o*-）	邻-	1,2-(相邻)二取代苯的常用名称前缀
ortho and *para* directing	邻对位定位	使亲电取代反应主要在邻对位发生的效应，如苯环上的甲基为邻对位定位基
Oxacycloalkane	氧杂环烷烃	环状醚，即碳原子被氧原子取代的环状化合物
Oxalic acid	草酸	乙二酸的俗称，最简单的二羧酸
Oxidation	氧化	在分子中引入负电性的原子（如氧原子）或从分子中移除氢原子
Oxime	肟	RRC$=$NOH，一种用于鉴别醛酮的晶状亚胺产物
Oxonium ion	氧𬭩离子	醇的共轭酸
Oxymercuration-demercuration	羟汞化-脱汞	通过加入汞盐和水使双键水合，再脱除汞的反应过程
Ozonolysis	臭氧化分解反应	使烯烃 π 键断裂形成羰基化合物的反应
Paal-Knorr synthesis	帕尔-诺尔合成	由 γ-二羰基化合物环化合成吡咯的方法
para-（*p*-）	对-	1,4-二取代苯的常用名称前缀
Pauli exclusion principle	泡利不相容原理	一个原子轨道最多容纳两个电子的规则
PCC	氯铬酸吡啶盐	一种氧化试剂
Penicillin	青霉素	一种环状的 β-内酰胺
Peptide	肽	由酰胺键连接的氨基酸低聚物—有二肽、三肽等
Peptide bond	肽键	肽链中的羧酸-胺的链接
Peri fusion	角型稠合	苯环的有角度的稠合，如三环系统中的菲
Pericyclic reactions	周环反应	具有过渡态的电环化反应和其他反应，在过渡态中原子核和电子呈环状排列
Peroxide	过氧化物	含有由单键直接相连的两个氧原子的任意系统
Peroxycarboxylic acid	过氧羧酸	RCO_3H，含有一个额外的亲电氧原子的羧酸
Phenol	苯酚	由苯衍生的醇类化合物，以前被称作石炭酸
Phenoxide ion	酚氧离子	$C_6H_5O^-$，导致苯酚具有酸性的由共振稳定化离子
Phenoxy	苯氧基	C_6H_5O—，即苯酚作为取代基
Phenyl	苯基	苯作为取代基，最简单的芳基，C_6H_5—
Phenylmethyl group	苯甲基	$C_6H_5CH_2$—，也称为苄基

续表

英文术语	中文术语	术语解释
Phenylmethyl radical	苯甲基自由基	由共振稳定化的苄基自由基 $C_6H_5CH_2\cdot$
Phenylosazone	苯脎	一种由苯肼与糖的羰基缩合形成的二苯腙
Pheromone	信息素	一类用于生物间交流的天然存在的物质
Phospholipid	磷脂	一种羧酸和磷酸的二酯或三酯，是细胞膜的组成部分
Photosynthesis	光合作用	植物利用太阳光的能量，由二氧化碳和水合成碳水化合物的过程
Pi (π) bond	π键	由平行的p轨道形成的键，是双键和叁键的组成部分
$\pi\rightarrow\pi^*$ transitions	$\pi\rightarrow\pi^*$跃迁	可见光或紫外光下π轨道中电子的激发
Picric acid	苦味酸	2,4,6-三硝基苯酚，一种极易爆炸的酸
Plane-polarized light	平面偏振光	电场矢量位于一个平面，即偏振平面上的光
Polarimeter	旋光仪	测量旋光度的仪器
Polarizability	可极化性	原子中电子对变化电场的应对能力
Polarized bond	极性键	电负性不同的原子形成的共价键，其键合电子为不平均共享
Polycyclic benzenoid hydrocarbon	多环芳烃	一种拓展的稠环系统，也称为稠环芳烃（PAH）
Polyethene	聚乙烯	一种支化聚合物，英文中也常称 polyethylene，常用作塑料储物袋和容器
Polyfunctional compound	多官能团化合物	具有多种官能团的化合物，如碳水化合物
Polymer	聚合物	具有重复亚单元的分子，如聚乙烯和教材中表12-3中列出的其他合成化合物
Polymerization	聚合	聚合物的合成反应
Polypeptide	多肽	氨基酸的多聚体，如蛋白质，其中的链有时以二硫键相连
Polysaccharide	多糖	聚合的复合糖
Polystyrene	聚苯乙烯	由乙烯基苯（苯乙烯）形成的聚合物
Porphyrin	卟啉	由四个相连的吡咯单元形成的环状分子，如血红素基团
Potential energy diagram	势能图	反映势能变化的图表，如在一个化学反应或碳-碳键旋转过程中的势能变化
precursor	前体	合成一种化合物时的起始原料
Primary carbon	一级碳	只与一个其他碳原子直接相连的 sp^3 杂化（四面体）碳
Primary structure	一级结构	肽链中氨基酸的序列—与表示折叠方式的二级结构不同
Priority	优先次序	不对称碳（立体中心）上的取代基按顺序规则排列
Propagation	链增长	自由基链式反应机理中链引发之后的步骤，此时原子或自由基进攻其他反应物
Prostaglandin (PG)	前列腺素	一种含有羟基、碳-碳双键和羰基的有强效的类激素物质
Protecting group	保护基	使一个官能团暂时失去反应性的基团
Proteins	蛋白质	大型的天然多肽，如用作酶的球蛋白、肌肉中的纤维蛋白和血红蛋白
Protic solvent	质子溶剂	含有正电性的氢的溶剂，可与阴离子亲核试剂相互作用

续表

英文术语	中文术语	术语解释
Pyranose	吡喃糖	六元环状单糖
Pyridine	吡啶	C_5H_5N，一种氮杂苯，即不饱和的氮杂六元环
Pyrolysis	热解	当分子受热时烷烃键的断裂
Pyrrole	吡咯	C_4H_5N，一种芳香性的杂原子环戊二烯
Quanta	量子	构成电磁辐射的分立单元，每个量子的能量取决于波长
Quaternary carbon	季碳	与其他四个碳直接相连的碳原子
Quinoline	喹啉	即1-氮杂萘，一个不饱和六元杂环和一个苯环相稠和的结构
Quinomethane	亚甲基醌	即 $CH_2C_6H_4O$，苯酚羟基化反应的中间产物
Quinone	醌	环己二烯二酮（cyclohexadiendione）衍生物的俗名，即苯醌（benzoquinone），一种环二酮
Racemic mixture	外消旋混合物	即外消旋体（racemate），一对对映异构体的等摩尔混合物
Racemize	外消旋化	进行外消旋化作用，即一个对映体转化为其镜像并与之达成平衡
radical	自由基	分子发生均裂后形成的带有一个未成对电子的碎片
Radical chain mechanism	自由基链式机理	反应产生的自由基引发下一步自由基生成的循环过程直到发生链终止
Raffinose	棉籽糖	一种非还原性的三糖
Raney nickel，Ra-Ni	雷尼镍	由高度分散的镍制成的催化剂
Rate-determining step	决速步	各反应步骤中最慢的一步，决定整个反应的反应速率
Reaction coordinate	反应坐标	势能图的横坐标，描述了反应的进程
Reducing sugars	还原糖	在斐林（Fehling）和土伦（Tollen）试验中被氧化为羧酸的糖类
Reduction	还原反应	在分子上消除电负性较大的原子，如氧原子，或加上氢原子的过程
Reductive amination	还原胺化	羰基化合物与胺缩合形成亚胺中间体，然后还原得到产物胺的过程。这是胺的一种合成方法
Reformate	重整产品	从旧碳氢化合物中改造或转化而得的新碳氢化合物
Regioselectivity	区域选择性	反应物在多个可能的位点中优先进攻某一特定位点
Residue	残基	组成肽的氨基酸单元
Resolution	拆分	对映体的分离
Resonance energy	共振能	离域结构与非离域结构之间的能量之差
Resonance hybrid	共振杂化	一种分子的表示法，应用于路易斯结构式无法正确表示分子结构时，因为电子在几个原子核上是离域或共享的
Retro-Claisen condensation	逆克莱森缩合	用碱处理某些β-二羰基化合物时发生的逆向克莱森缩合过程
Retrosynthetic analysis	逆合成分析	通过寻找可能构建的化学键，从目标产物反推到原料的合成路线设计方法
Reverse polarization	极性反转	一个碳原子从亲电中心转变成亲核中心，或反之

续表

英文术语	中文术语	术语解释
Ribonucleic acid，RNA	核糖核酸	核糖核苷酸链，排列成密码子，控制蛋白质的生物合成
Ribose	核糖	一种戊醛糖，核糖核酸的组成单元之一
Ring strain	环张力	扭转张力和键角张力赋予小环的相对不稳定性
Robinson annulation	罗宾森环化	Micheal 加成之后接着进行的分子内羟醛缩合反应，用于甾族化合物的合成
Rotamers	旋转异构体	即构象异构体
Ruff degradation	拉夫降解	通过氧化脱羧缩短糖的碳链
Saccharides	糖类	即糖类（sugars）
Sandmeyer reaction	桑德迈尔反应	在亚铜盐的作用下，芳基重氮盐转化为卤代芳烃
Saturated compound	饱和化合物	只含有单键的化合物，如烷烃
Saytzev rule	扎依采夫规则	在小位阻碱的作用下，E2 消除倾向于生成热力学稳定的烯烃
Secondary carbon	仲碳	与其他两个碳原子直接相连的 sp^3 杂化（四面体）碳原子
Secondary structure	二级结构	肽链的折叠模式——与代指氨基酸序列的一级结构相对
Selectivity	选择性	几种可能产物中的一种为优势产物，则称试剂具有选择性
Semicarbazone	脲腙	$RR'C=N-NH-CONH_2$，一种用于鉴别醛和酮的亚胺晶体
Sequence rules	顺序规则	由原子序数和质量确定的连接在分子立体中心上各基团的优先级顺序
Sequencing	测序	确定肽链的一级结构
shielding	屏蔽作用	核外电子运动造成局部磁场的减弱，导致化学位移趋向高场
Side chain	侧链	连接在主链上的取代基，或者多肽中的残基
Sigma bond	σ 键	原子轨道沿键轴共线重叠所形成的化学键，如碳-碳单键
Simmons-Smith reagent	西蒙-史密斯试剂	ICH_2ZnI，一种用于与烯烃制备环丙烷的卡宾
Simple sugar	单糖	英文名又称 monosaccharide，带有至少两个羟基的羰基化合物
Single bond	单键	原子通过共享两个电子获得八隅体结构形成的共价键
Singlet	单峰	核磁共振谱图中一个尖锐的峰
Skew conformation	邻交叉构象	两基团在对交叉构象和重叠构象之间的排列方式
[α]，Specific rotation	比旋光度	表征手性化合物旋光性质的标准值
Spectrometer	分光光度计	一种记录光谱数据的仪器，工作原理为比较通过样品池的光信号和对应的参考值
Spectrometry	光谱分析法	一种根据分子的吸光情况确定分子结构的方法
Spectrum，spectra	光谱图	强度-波长图，显示分子对于电磁辐射的吸收峰
Spin	自旋	电子、原子核或其他量子尺度物体的固有角动量
Spin-spin splitting	自旋-自旋裂分	或自旋-自旋偶合，邻位原子核使核磁共振谱图的峰分裂成更复杂的模式

续表

英文术语	中文术语	术语解释
Staggered conformation	交叉构象	沿着碳轴方向看过去，第一个碳上的每个氢或其他基团都在下一个碳各取代基的正中间
Starch	淀粉	葡萄糖通过 α-缩醛键相连形成的多糖
Stereocenter	立体中心	连有四个不同取代基的碳原子，只有一个立体中心的分子是手性的
Stereoisomers	立体异构体	具有相同的原子连接模式但空间结构不同的化合物
Stereoselectivity	立体选择性	在几种可能的立体异构产物中具有一种优势产物
Stereospecific reaction	立体专一性反应	单一立体异构体的原料转化为单一立体异构体的产物
Steric hindrance	位阻	近距离原子之间的相互排斥作用，使得分子的能量更高
Steroid	甾族化合物	甾族化合物含有三个六元环和一个五元环相稠和的结构，例如性激素和胆固醇
Strecker synthesis	斯特雷克尔合成法	一种以氢氰酸和氨气为原料生成亚胺中间体的氨基酸合成方法
Substitution	取代反应	反应中底物的一个取代基被试剂的若干原子所替换，例如亲核取代反应
Substrate	底物	反应中被进攻的一方，例如亲核取代反应中亲核试剂的进攻目标
Sucrose	蔗糖	由葡萄糖和果糖构成的二糖
Suger	糖类	经验式为 $C_m(H_2O)_n$ 的化合物
Sulfate	硫酸酯	具有 $ROSO_3^-$ 结构的硫衍生物
Sulfonamide	磺酰胺	磺酰氯和胺的反应产物，如磺胺药物
Sulfonate	磺酸酯	具有 RSO_3^- 结构的硫衍生物
Sulfone	砜	具有 RSO_2R 结构的分子
Sulfonic acid	磺酸	具有 RSO_3H 结构的分子
Sulfonyl chloride	磺酰氯	即磺酸的氯化物，分子式为 RSO_2Cl
Sulfoxide	亚砜	具有 RSOR 结构的分子，例如溶剂二甲亚砜（DMSO）
Synthesis	合成	根据对反应机理的认识，设计反应物、催化剂和反应条件制造分子
Synthesis gas	合成气	一氧化碳和氢气的加压混合物，是合成碳氢化合物的有用原料
Systematic nomenclature	系统命名法	遵循 IUPAC 和化学文摘所制定规则的命名方法，反映了分子的结构
Tautomers	互变异构体	由于质子和双键的移动而相互转化的异构体，例如烯醇与相应的羰基化合物
C-Terminal amino acid	*C*-端氨基酸	肽链羧基末端的残基，在图示中位于右侧
N-Terminal amino acid	*N*-端氨基酸	肽链氨基末端的残基，在图示中位于左侧
Terpene	萜类	由异丁二烯或其他五碳单元构成的一类（通常有芳香气味）天然化合物
Tertiary carbon	叔碳	与其他三个碳原子直接相连的 sp^3 杂化（四面体）碳原子

续表

英文术语	中文术语	术语解释
Tertiary structure	三级结构	肽链二级结构的进一步卷曲聚集
Tetrahedral intermediate	四面体中间体	羧酸衍生物加成-消除反应的中间体，因其碳反应中心而得名
Tetrahydrofuran，THF	四氢呋喃	氧杂环戊烷，常见溶剂
Thermal isomerization	热异构化	立体异构体受热相互转化，是一种测量 π 键强度的有用方法
Thermodynamic control	热力学控制	使得在几种可能的产物中尽可能生成最稳定产物的反应条件
Thiacycloalkane	硫杂环烷烃	饱和的硫杂环化合物
Thiazolium ion	噻唑离子	带有一个 N—R 基团和一个硫杂原子的五元环化合物，两个杂原子之间的质子是相对酸性的
Thioacetal	硫缩醛	乙酰的硫衍生物，用雷尼镍处理可能发生脱硫
Thiol	硫醇	醇的硫衍生物，具有 RSH 的结构
Thiophene	噻吩	C_4H_4S，一种芳香杂环戊二烯
Thymine，T	胸腺嘧啶	四种 DNA 碱基之一，具有多个官能团的含氮杂环
Tollen's test	土伦试验	一种通过将醛氧化成羧酸并生成银镜状沉淀来鉴别醛基的化学测试
Toluene	甲苯	甲基苯 $C_6H_5CH_3$ 的俗名，常用溶剂
Torsional strain	扭转张力	分子中相邻氢的重叠导致的相对不稳定性
Total synthesis	全合成	获得目标产品的最有效路径，通常是一系列的化学反应
Trans isomer	反式异构体	取代基在环或双键对侧的立体异构体，与顺式异构体相对
Transannular strain	跨环张力	分子中跨环基团的空间拥挤而导致的相对不稳定性
Transesterification	酯交换	在酸或碱的催化下，酯和醇的互换反应
Transition state	过渡态	一个反应过程的势能图中能量极大点所对应的状态
Trivial name	俗名	化合物的常用名，与系统命名相对
Twist-boat conformation	扭船式构象	通过部分消除环己烷船式构象的跨环张力而得到的结构
Ubiquinone	泛醌	一种醌类化合物，也通称为辅酶 Q（CoQ），用于氧的生物还原
Ultraviolet/UV radiation	紫外辐射	能量仅比可见光高的电磁辐射，用于激发电子光谱
Unimolecular reaction	单分子反应	一级反应，其速率仅与一种物质的浓度成正比
Unsaturated compound	不饱和化合物	含有双键或叁键，能发生加成反应的化合物，例如烯烃
Uracil，U	尿嘧啶	四种 RNA 碱基之一，有多个官能团的含氮杂环
Urea	尿素	RNH—CO—NHR′，碳酸的酰胺衍生物
UV-visible spectrometry	紫外-可见光谱法	通过电子激发确定不饱和体系的结构
Valence electrons	价电子	可用于形成共价键的最外层电子
van der Waals forces	范德华力	导致分子聚集为固体或液体的分子间作用力
Vibrational excitation	振动激发	原子间化学键吸收红外辐射时的特征激发
Vicinal coupling	邻位偶合	核磁共振中相邻碳原子上非等效氢之间的偶合

续表

英文术语	中文术语	术语解释
Vinyl	乙烯基	ethenyl 的俗称，即 CH_2 ═CH—，例如 PVC（聚氯乙烯）的单体氯乙烯具有乙烯基
VSEPR method	VSEPR 理论	通过最小化价层电子对的排斥作用决定的分子形状
Wacker process	瓦克过程	乙醇催化转化为乙醛的过程
Wave function	波函数	在量子力学中，用来预测电子或其他微粒最可能位置的数学表达式
Wax	蜡	由长链羧酸和长链醇构成的酯
Williamson ether synthesis	威廉醚合成法	烷氧化物通过 S_N2 机理与一级卤代烷烃或磺酸酯生成醚的反应
Wittig reaction	维蒂希反应	膦叶立德亲核进攻醛或酮，生成碳-碳双键
Wolff-Kishner reduction	沃尔夫-凯惜纳还原反应	碱处理下腙的分解反应，用于醛和酮的脱氧
Woodward-Hoffman rules	伍德沃德-霍夫曼规则	电环化反应中的立体化学，基于 π 分子轨道的对称性
Xylene	二甲苯	英文中是 dimethylbenzene 的俗名
Ylide	叶立德	以膦叶立德 $RHCP(C_6H_5)_3$ 最为常见，分子中的杂原子稳定了碳负离子
Zwitterion	两性离子	一种偶极离子（或分子内盐），是能同时作为酸和碱的结构，例如氨基酸